CHEMIE

Dr. sc. nat. Hans Rudolf Christen

CHEMIE

Verlag Sauerländer, Aarau
Verlag Diesterweg · Salle, Frankfurt am Main

ISBN 3-7941-0169-3 (Sauerländer)
ISBN 3-425-05393-0 (Diesterweg · Salle)

9., neu bearbeitete Auflage 1974
Herausgegeben in Zusammenarbeit mit der
Vereinigung Schweizerischer Naturwissenschaftslehrer

Einbandentwurf: Karl Mannhart
Zeichnungen: Bruno Baur, Basel, und Harald Hager, München

Herstellung: Sauerländer AG, Aarau, und Jordi AG, Belp BE
Printed in Switzerland

Geleitwort

Die chemischen Wissenschaften stehen inmitten einer stürmischen Entwicklung, zu der es keine historische Parallele gibt. Ein einfaches Lehrbuch der vorliegenden Art soll den Geist und die Begeisterung vermitteln, welche heute die Forschung tragen, jedoch ebenso die Aufgabe erfüllen, die modernen Aspekte in den Rahmen des Gewordenen und Bleibenden einzuordnen. Im Abwägen der Gewichte dieser Ansprüche des Lesers prägt der Autor wesentliche Charakterzüge des Buches.

Unter diesen bestimmt die Anwendung physikalisch und chemisch sinnvoller Materiemodelle die allgemeine Chemie am unmittelbarsten. Der heutige Schüler möchte in den chemischen Phänomenen nicht nur ein magisch bleibendes Spiel schematischer Valenzregeln sehen, sondern sie als Ausdruck eines in den Grundzügen anschaulich darstellbaren atomaren Geschehens verstehen. Dieses ist heute in allen wesentlichen Zügen bekannt. Die Ableitung der beobachteten atomaren und molekularen Phänomene aus der Atommechanik ist ein quantitativer mathematischer Prozeß. Bei komplizierteren Atomverbänden ist dieser nur näherungsweise durchführbar. Es gibt deshalb, mindestens auf der qualitativen Stufe der Beschreibung, kein einzelnes Modell der chemischen Bindung, das allen beobachteten Gesetzmäßigkeiten gleich gut Rechnung trägt. Die komplizierte Vielfalt der Natur kann nur durch mehrere Modelle ausgedrückt werden, von denen jedes einzelne Züge besonders treffend, andere nur ungenau wiederzugeben vermag. Diese Einsicht gehört zum Erkenntnisprozeß der Naturwissenschaften und ist für alle ihrer Disziplinen gültig.

Ein Lehrbuch ist selbst bei den mehr phänomenologischen Kapiteln an ein deduktives Vorgehen gebunden. Induktion ist methodische Spiegelfechterei, weil dem Leser die erklärende Regel ja nicht vorenthalten werden kann; schließlich ist nicht jeder ein zweiter Kekulé! Die größte Entdeckerfreude erlebt der Lernende, wenn er aus einer Modellüberlegung eine Hypothese zu formen vermag, welche eine vorgegebene Gruppe von Beobachtungen zu ordnen und zu deuten erlaubt. Dann erkennt er im Kleinen, wie die großen Ideen in der heutigen Chemie enstanden sind.

Konsequent modern ist die saubere Verwendung funktioneller Begriffe und der dazugehörigen quantitativen Gleichgewichtslehre bei der Beschreibung des Reaktionsverhaltens der Stoffe: Säure, Base; elektrophile, nucleophile Partikel; Oxidations-, Reduktionsmittel; Zentralatom, Ligand u. a. m. Wie reich wird der Ausblick auf die wissenschaftliche Chemie, der dabei gewonnen wird! Neben kinetischen ergänzen einfache chemisch-thermodynamische Überlegungen das Bild, zu dessen Vollständigkeit notwendigerweise Energie *und* Entropie betrachtet werden müssen. Die technologischen Prozesse ordnen sich folgerichtig ein; sie werden zur Demonstration allgemeiner Zusammenhänge verwendet und sind nicht Selbstzweck der Darstellung. Hiermit erreicht die Schulchemie endlich den Weg, der in der Physik schon seit langem beschritten wird.

Viele Kapitel dieses Buches weisen über die Schule hinaus. Studierende der Medizin oder solche, die Chemie als Nebenfach wählen, finden hier einen wesentlichen Grundstock der von ihnen angestrebten chemischen Kenntnisse.

Möge auch diese Auflage des Buches die begeisterte Aufnahme finden, die es verdient!

Prof. Dr. E. Schumacher
Universität Bern

Vorwort zur neunten Auflage

Die erste Auflage dieses Buches erschien im Frühjahr 1962. Von allem Anfang an war es so angelegt, daß es in erster Linie den Bedürfnissen von Schülern mathematisch-naturwissenschaftlicher Gymnasien (bzw. der Sekundarstufe II) dienen sollte; mit Absicht enthielt es deshalb bedeutend mehr Stoff als im Unterricht einer solchen Schule behandelt werden kann, so daß sich der interessierte Schüler darin zusätzliche Informationen beschaffen können sollte. Im Laufe der Jahre hat sich der Benutzerkreis des Buches nun stark vergrößert, da es sich zeigte, daß es auch Nebenfachchemikern wie Medizinern, Apothekern, Agronomen usw. dienen kann. Um den Ansprüchen auch dieser Benutzer zu genügen, wurde der Text mehrmals stark erweitert und an verschiedenen Stellen ergänzt.

Für die vorliegende neunte Auflage wurde der gesamte Text überarbeitet. Das Buch gliedert sich jetzt in drei Hauptteile: «Aufbau der Materie», «Die chemische Reaktion» und «Die Vielfalt der Stoffe». Im ersten Teil wird jetzt der Aufbau der Elektronenhülle zunächst nur durch das Energieniveauschema begründet und zur Deutung des Periodensystems benutzt; erst im Anschluß daran erfolgt die Behandlung des «Wolkenmodells» des Atoms. Dabei wird mit Nachdruck auf die Tatsache hingewiesen, daß das – zunächst ausschließlich verwendete – Kugelwolkenmodell zur Bedeutung der Molekülgeometrie benutzt wird und gewissermaßen das Atom «im gebundenen Zustand» beschreibt. Die Einführung des Ein-Elektronen-AO-Modelles (des «Orbital-Modelles») erfolgt später im Zusammenhang mit der Behandlung aromatischer Systeme. Im letzten, den biologisch wichtigen Verbindungen gewidmeten Kapitel ermöglichte die Beschränkung auf die drei Substanzklassen der Kohlenhydrate, Proteine und Proteide eine wesentlich vertieftere Behandlung des Stoffes als früher. – Im übrigen wurde die bewährte Gliederung beibehalten; wichtige Erkenntnisse oder Aussagen sind jetzt vermehrt durch die zweite Farbe hervorgehoben.

Wiederum möchte ich allen, die mich durch Anregungen oder Kritik unterstützt haben, danken. Dies betrifft auch diesmal wieder in erster Linie meine Schüler, die mit Aufmerksamkeit und Sorgfalt den Text studiert haben und dabei nicht nur noch stehengebliebene Fehler entdeckt, sondern mich auch auf schwieriger zu verstehende Formulierungen aufmerksam gemacht haben. Auch meinen Kollegen, den Herren Prof. Dr. W. Friedli (Winterthur), Dr. E. Weth (Winterthur) und Prof. Dr. D. Zäch (Zürich) sei für ihre Anregungen herzlich gedankt. Schließlich gebührt auch dem Verlag Sauerländer (Herrn Hans Sauerländer und Herrn R. Kleinschnittger), dem Verlag Diesterweg-Salle (Herrn J. Neubert) und den Graphikern (Herrn H. Hager, München und Herrn B. Baur, Basel) mein Dank für alle ihre Bemühungen. Herrn Kleinschnittger danke ich für die mühevolle Arbeit der Herstellung des Sachregisters ganz besonders.

Winterthur, im Januar 1974

Dr. H. R. Christen

Professor an der Kantonalen Oberrealschule

Inhaltsverzeichnis

2. Teil: Die chemische Reaktion

Anhang

Einleitung

Unter den Naturwissenschaften (Biologie, Geologie, Geographie, Astronomie, Physik, Chemie) nehmen Physik und Chemie eine besondere Stellung ein, weil sie sich nicht mit einem besonderen Objekt (der Erde) oder einem begrenzten Gebiet (den Lebewesen) beschäftigen, sondern ganz allgemein Aufbau, Eigenschaften und Verhalten der Materie untersuchen. Physik und Chemie bilden daher die eigentlichen Grundlagen der Naturwissenschaften, und ihr Studium ist für jeden Naturwissenschafter – gleich welcher Fachrichtung – von großer Bedeutung.

Die gegenseitige Abgrenzung von Physik und Chemie ist oft nicht leicht. Etwas vereinfacht läßt sich sagen: Die *Physik* ist die *Lehre von den Zuständen und den Zustandsänderungen;* die **Chemie untersucht Stoffe und stoffliche Veränderungen.** Einige Beispiele mögen den Unterschied erläutern:

Hält man einen Platindraht in eine Gasflamme, so beginnt er zu glühen. Nimmt man ihn aus der Flamme, so kühlt er sich ab und zeigt in seinen Eigenschaften keine Änderungen gegenüber dem Ausgangszustand. Es handelt sich also hier um einen physikalischen Vorgang (das Glühen ist nur eine vorübergehende Zustandsänderung). Hält man hingegen ein Stück Magnesiumband in die Flamme (Magnesium ist ein silberweißes, gut biegbares, leichtes Metall), so verbrennt es unter intensiver, blendend weißer Flamme, wobei sich aus dem Metall ein spröder, weißer Stoff bildet, der ganz andere Eigenschaften hat als das ursprüngliche Metall. Es ist also ein *neuer Stoff* entstanden, d.h. es liegt ein chemischer Vorgang vor. Hält man schließlich ein Stück Kupferblech in die Flamme, so läuft das vorher blanke Metall an und wird allmählich dunkel und schwarz. Man könnte meinen, daß das Metall infolge des Erhitzens nur seine Farbe ändere; erhitzt man aber längere Zeit, so blättert eine blauschwarze, spröde Schicht vom darunterliegenden Metall ab. Auch hier ist ein chemischer Vorgang eingetreten; das Metall hat sich an der Oberfläche in einen *neuen Stoff* mit *anderen Eigenschaften* verwandelt.

Ein weiteres Beispiel bietet das Erhitzen von Naphthalin und Zucker, zwei weißen, festen Stoffen. Naphthalin schmilz tzuerst zu einer wasserklaren, leichtbeweglichen Flüssigkeit, verdampft nachher, ohne dabei seinen charakteristischen Geruch zu verlieren, und wird dann beim Abkühlen wieder fest. Rohrzucker hingegen färbt sich nach dem Schmelzen sehr bald dunkelgelb, dann braun, wobei ein weißlicher Nebel entweicht. Dieser riecht zunächst angenehm (nach «Caramel»), beim weiteren Erhitzen jedoch bald brenzlig-stechend. Die Nebelentwicklung wird immer heftiger, und der Zucker färbt sich schwarz; er verkohlt. Die Entwicklung von Nebel hört nach dem Abkühlen auf, der Rückstand bleibt jedoch schwarz. Damit ist eine bleibende stoffliche Änderung eingetreten.

Um eine stoffliche Veränderung (eine «**Stoffumwandlung**») erkennen zu können, müssen die Eigenschaften der *Ausgangsstoffe («Edukte» oder «Reaktanten»)* und der *Endstoffe («Produkte»)* bekannt sein. Zu ihrer Charakterisierung und Unterscheidung benützt man ihre «**spezifischen Eigenschaften**»: Schmelz- und Siedepunkt, Farbe, Dichte, Härte, Geruch, elektrische und thermische Leitfähigkeit, Löslichkeit, Kristallform usw.

Da sich die erwähnten Eigenschaften beobachten oder messen lassen, ohne daß stoffliche Veränderungen auftreten, nennt man sie **physikalische Eigenschaften.** Im Gegensatz dazu beziehen sich die «**chemischen**» **Eigenschaften** einer Substanz auf *ihr Verhalten bei chemischen Vorgängen* («**Reaktionen**») (Beispiele: Brennbarkeit, Beständigkeit gegenüber Säuren, Wärmebeständigkeit usw.). Die meisten spezifischen Eigenschaften verändern sich allerdings je nach den *äußeren Bedingungen* (Druck, Temperatur), bei welchen sie beobachtet werden: Abhängigkeit des Siedepunktes vom äußeren Druck, Veränderung der Farbe, Dichte, Leitfähigkeit mit steigender Temperatur, Brennbarkeit erst bei höherer Temperatur. Bei der Angabe bestimmter Eigenschaften sollten deshalb jeweils auch die Bedingungen angegeben werden, bei welchen man eine bestimmte Eigenschaft festgestellt oder gemessen hat[1].

Stimmen zwei Körper in ihren physikalischen und chemischen Eigenschaften überein, so bestehen sie aus demselben **Stoff** (derselben **Substanz**). Verunreinigungen zeigen sich meist in geringen Abweichungen der beobachteten Eigenschaften von den für die betreffende Substanz typischen Merkmalen.

Oft ist es nicht leicht, stoffliche Veränderungen mit einfachen Mitteln eindeutig zu erkennen und damit zu entscheiden, ob im konkreten Fall ein *physikalischer* oder ein **chemischer Vorgang** vorliegt. Gibt man z. B. Kochsalz ins Wasser, so «löst» es sich. Die entstehende Lösung sieht aus wie Wasser, besitzt jedoch den typischen Salzgeschmack, leitet den elektrischen Strom viel besser als Wasser und siedet bei etwas höherer Temperatur als reines Wasser. Haben sich nun die stofflichen Eigenschaften verändert?

Einige einfache *Versuche* sollen uns deshalb *weitere Merkmale chemischer Vorgänge* zeigen. Übergießt man beispielsweise eine kleine Menge von festem Natriumhydroxid mit konzentrierter Salzsäure, so tritt unter starker Wärmeentwicklung eine heftige Reaktion ein, wobei sich Wasser und ein salzartig schmeckendes festes Produkt bilden. Umgekehrt kann man durch stetige Wärmezufuhr aus Kaliumchlorat, einem weißen, festen Stoff, ein Gas herstellen, das einen glimmenden Holzspan zu hellem Aufflammen bringt. Beide Versuche zeigen, daß chemische Vorgänge von einem *Energieumsatz* begleitet sind: entweder wird dabei Energie (Wärme, Licht, elektrische Energie) frei oder es wird Energie verbraucht. Der plötzliche Farbumschlag, der eintritt, wenn man verdünnte Salzsäure langsam zu einer mit etwas Bromthymolblau (einem künstlichen Farbstoff) versetzten Natronlauge zufließen läßt, zeigt, daß die Ausgangsstoffe Salzsäure und Natronlauge *nur in ganz bestimmten Mengenverhältnissen* an der beobachteten Reaktion teilnehmen, wiederum eine für alle chemischen Vorgänge geltende Tatsache. Die Beobachtungen, daß Eisen nur an feuchter Luft rostet, eine Kerze nur dann brennt, wenn sie angezündet worden ist, daß sich eine Mischung aus Zinkpulver und Schwefel erst nach Erwärmen oder Entzünden (dann allerdings unter sehr heftiger Wärme- und Lichtentwicklung) zu einem gelblichweißen Pulver umsetzt, weisen darauf hin, daß chemische Vorgänge meist *nur unter ganz bestimmten Bedingungen* (z. B. nach Erreichen einer bestimmten Temperatur) eintreten. Oft läßt sich dann durch Wahl geeigneter Bedingungen ein chemischer Vorgang wieder *rückgängig* machen; die Produkte lassen sich dann also wieder in die Ausgangsstoffe umwandeln.

Für den Laien haben chemische Vorgänge häufig etwas Rätselhaftes, weil zwar die stofflichen Umwandlungen oft sehr deutlich in Erscheinung treten, aber eine einleuchtende Erklärung nicht unmittelbar gefunden werden kann. Es ist die Hauptaufgabe dieses Buches, die Eigenschaften von Stoffen, das Wesen, die Ursache und den Verlauf chemischer Vorgänge zu erklären und mit Hilfe einfacher Vorstellungen verständlich zu machen. Der beschreibenden Chemie steht die wichtige theoretische Chemie gegenüber, welche die vielen einzelnen Beobachtungen zueinander in Beziehung setzen muß. Es gibt zwar bis heute noch keine einheitliche, das Gesamtgebiet der Chemie umfassende Theorie; es ist jedoch durch die Entwicklung der Chemie in den letzten Jahrzehnten möglich geworden, wesentlich tiefere Einblicke in die gegenseitigen Beziehungen zwischen Stoffen und chemischen Vorgängen zu erhalten und wenigstens in größeren Teilgebieten viele experimentelle Beobachtungen durch die Theorie zu verknüpfen.

[1] Ohne besondere Hinweise bezieht man gewöhnlich die Messungen auf «Normalbedingungen», d.h. auf 0°C (=273°K) und 1 atm.

Da die Stoffumwandlung das eigentliche Untersuchungsgebiet der Chemie bildet, ist es nicht erstaunlich, daß ihre praktischen Anwendungen außerordentlich vielfältig sind. Es gibt wohl kaum irgendeinen Bereich menschlicher Tätigkeit, in dem nicht die Anwendung von Ergebnissen der Chemie eine Rolle spielt, und kaum irgendeinen Gegenstand, mit dem wir zu tun haben, der nicht im Laufe seiner Herstellung oder Gewinnung irgendeinen chemischen Prozeß über sich hat ergehen lassen müssen. In Untersuchung, Gewinnung, Veredlung, Neuentwicklung, Verarbeitung und Kontrolle der Fabrikation von Stoffen eröffnet sich dem Chemiker ein ausgedehntes und vielseitiges Tätigkeitsfeld.

Literatur über die Bedeutung der Chemie

W. Greiling *Chemie erobert die Welt.* Econ-Verlag, Düsseldorf 1963

K. Hutton *Chemistry*. Penguin Books, Harmondsworth 1961

J. Rudolph *Knaurs Buch der modernen Chemie.* Knaur, München 1971

H.-J. Streiff *Chemie für Dich.* Benziger-Taschenbuch, Benziger, Einsiedeln 1964

1. Teil: Der Aufbau der Materie

1 Stoffarten

1.1 Mischung und reiner Stoff

Die Chemie beschäftigt sich mit der Umwandlung von Substanzen. Bevor man aber das Wesen und die Ursache chemischer Vorgänge untersuchen kann, ist es notwendig, die *Arten* und *Eigenschaften der Stoffe* zu kennen. Betrachtet man die Substanzen, aus denen sich z. B. die Materie unserer Umwelt aufbaut, so erkennt man sofort, daß ein Teil von ihnen aus verschiedenen Stoffen zusammengesetzt ist, während andere durch und durch einheitlich aussehen. Auch mit den stärksten, lichtmikroskopisch erreichbaren Vergrößerungen lassen sich in solchen *«homogenen»* Stoffen, wie z. B. Glas, Brunnenwasser, Leuchtgas, Zucker, Benzin usw., keine verschiedenen Bestandteile erkennen. Einen homogenen Anteil der Materie bezeichnet man mit dem Ausdruck «**Phase**»; die erwähnten Substanzen bestehen also aus einer einzigen Phase, während andere Substanzen, wie Granit, Nagelfluh, Erde, Viehsalz, Holz, Seifenschaum usw., aus mehreren Phasen bestehen (uneinheitliche, *«heterogene»* Substanzen).
Mehrphasige Stoffe lassen sich im allgemeinen durch physikalische Operationen, also ohne daß sich die Eigenschaften der einzelnen Phasen ändern, in ihre Bestandteile zerlegen *(«fraktionieren»)*. Aber auch manche homogene Stoffe sind durch physikalische Vorgänge in weitere Komponenten zerlegbar. So läßt sich beispielsweise eine (homogene!) Lösung von Kochsalz in Wasser dadurch trennen, daß man das Wasser durch Erhitzen verdampft oder durch Stehenlassen langsam verdunsten läßt.

Tabelle 1.1. Beispiele von Mischungen

	Zustand der Phasen	Bezeichnung	Beispiel
Heterogen	fest/fest		Erde, Granit
	fest/flüssig	Suspension	aufgewirbelter Schlamm in Wasser
	fest/gasförmig	Rauch	Rauch eines Feuers
	flüssig/flüssig	Emulsion	Milch; Öl in Wasser
	flüssig/gasförmig	Schaum (Gasblasen in Flüssigkeit)	Waschmittelschaum
		Nebel (Flüssigkeitstropfen im Gas)	Wolken in der Atmosphäre
Homogen	fest	feste Lösung	Gold/Silber-Legierung
	flüssig	«Lösung»	Salzwasser
	gasförmig	Gasgemisch	Luft, Leuchtgas, Erdgas

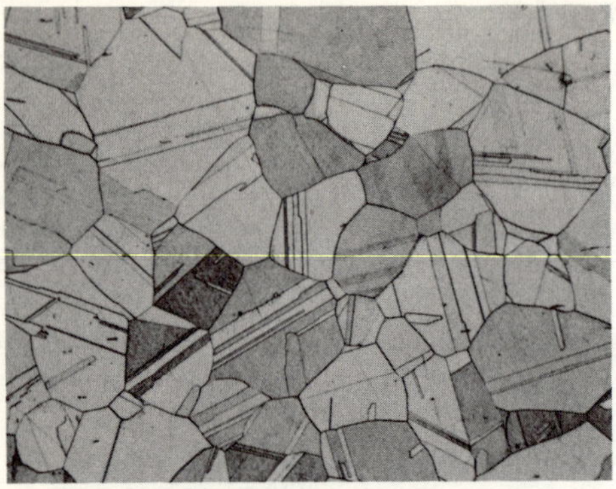

Abb. 1.1. Gefüge von geätztem Messing

Man bezeichnet Substanzen, welche durch physikalische Operationen in weitere stoffliche Komponenten getrennt werden können, als **Mischungen. Reine Stoffe** können durch physikalische Methoden nicht mehr in weitere Stoffe zerlegt werden. Reine Stoffe sind naturgemäß stets homogen, bestehen also aus einer einzigen Phase; Mischungen können heterogen oder homogen sein (Abb.1.1).
In der Natur kommen reine Stoffe kaum vor. Für Experimente, bei denen man aber das Verhalten bestimmter Stoffe unter festgelegten, genau kontrollierten Bedingungen untersuchen will, werden möglichst reine Stoffe benötigt. Die Fraktionierung von Gemischen ist daher eine wichtige Aufgabe des Chemikers.

Trennung von Mischungen. Mischungen zwischen festen Phasen können unter Umständen auf Grund der verschiedenen Dichten getrennt werden. Bringt man ein solches Gemisch in eine geeignete Flüssigkeit, so setzt sich der spezifisch schwerere Anteil sofort ab, während der leichtere eventuell sogar schwimmt *(Sedimentation* und *Aufrahmen;* Anwendung zur Abtrennung feingemahlener Erze vom Begleitgestein; Goldwäscherei). Durch *Zentrifugieren* kann die Sedimentationsgeschwindigkeit oft wesentlich beschleunigt werden.
Unterscheiden sich die Bestandteile eines Gemisches in der Löslichkeit in einem bestimmten Lösungsmittel, so kann man den leichter löslichen damit herauslösen («extrahieren», *Extraktion).* Dies geschieht z.B. bei der Gewinnung von Kochsalz. Man löst dabei das Salz mit Wasser aus dem Gestein heraus und dampft nachher die Sole (d.h. das konzentrierte Salzwasser) ein.

Feste Substanzen, welche nur verhältnismäßig geringe Mengen anderer Substanzen beigemischt enthalten, können oft auch durch *«Umkristallisieren»* gereinigt werden, indem man eine heiße, möglichst konzentrierte Lösung des Gemisches in einem geeigneten Lösungsmittel langsam abkühlen läßt. Die sich ausscheidenden Kristalle bestehen dann aus der reinen (oder nahezu reinen) Substanz, während die in viel geringeren Mengen vorhandenen Beimengungen in Lösung bleiben.
Zur Trennung einer Suspension benützt man die *Filtration.* Im Laboratorium verwendet man dafür meistens Filter aus ungeleimtem Papier, das Poren einer Größe von 2 bis 5 μ besitzt (Abb. 1.2); für technische Zwecke können auch Filterpressen mit Tuch- oder Sandfiltern in Frage kommen (letzteres z.B. bei der Filtration von Seewasser zur Bereitung von Trinkwasser).
Homogene Flüssigkeitsgemische trennt man durch *Destillation* (Trennung auf Grund verschiedener Siedepunkte); Gasgemische können z.B. dadurch getrennt werden, daß man das Gemisch durch hohen Druck und Abkühlen verflüssigt und anschließend die Komponenten stufenweise verdampft (Luftverflüssigung zur Gewinnung von Sauerstoff, Stickstoff und Edelgasen aus der Luft).

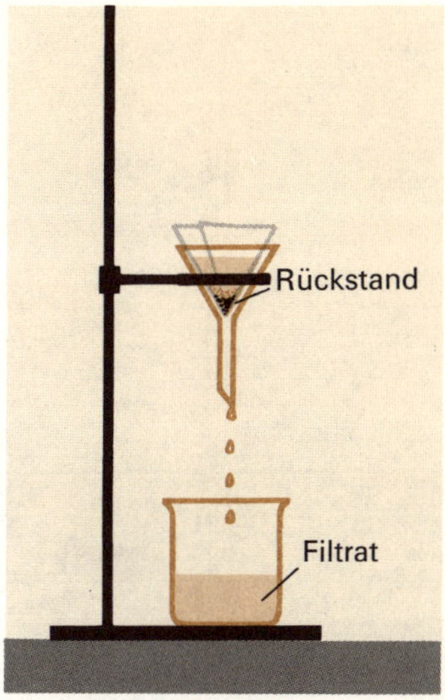

Abb. 1.2. Filtration

In besonderen Fällen verwendete Methoden sind die *Sublimation* (direkter Übergang vom festen in den gasförmigen Zustand; angewandt beispielsweise zur Reinigung von Iod) oder die stufenweise *Kristallisation* durch Abkühlen einer flüssigen Mischung (Trennung auf Grund verschiedener Schmelzpunkte). Über die heute besonders wichtig gewordenen *chromatographischen Trennverfahren* siehe S. 358.

Destillation. Da die Destillation nicht nur in der Technik, sondern auch im Laboratorium häufig zur Reinigung von Substanzen und zur Trennung flüssiger Gemische verwendet wird, muß ihr Verlauf noch etwas genauer untersucht werden. Im allgemeinen besitzen Lösungen etwas höhere Siedepunkte[1] als die reinen Stoffe (siehe S. 139). Eine Lösung von Salz in Wasser beginnt daher etwas oberhalb von 100 °C zu sieden (Abb. 1.3). In dem Maß, wie Wasser entweicht und

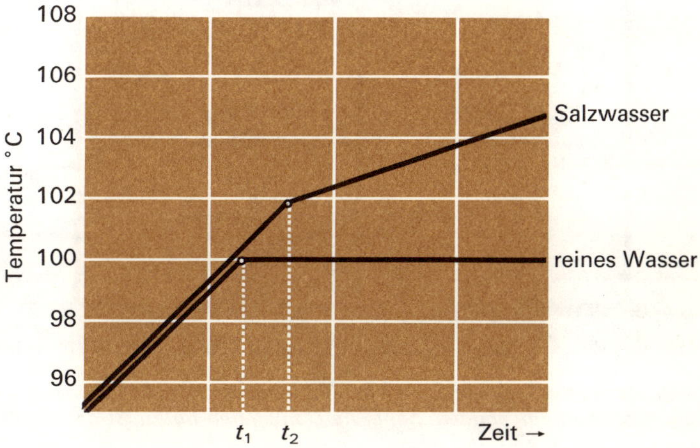

Abb. 1.3. Siedekurven von reinem Wasser und von Salzwasser. Zur Zeit t_1 beginnt das Wasser zu sieden, zur Zeit t_2 siedet das Salzwasser

[1] Der Siedepunkt eines Stoffes ist diejenige Temperatur, bei welcher ihr Dampfdruck gleich dem äußeren Druck ist; die Höhe des Siedepunktes hängt deshalb vom Außendruck (im allgemeinen dem Luftdruck) ab (siehe auch S. 139).

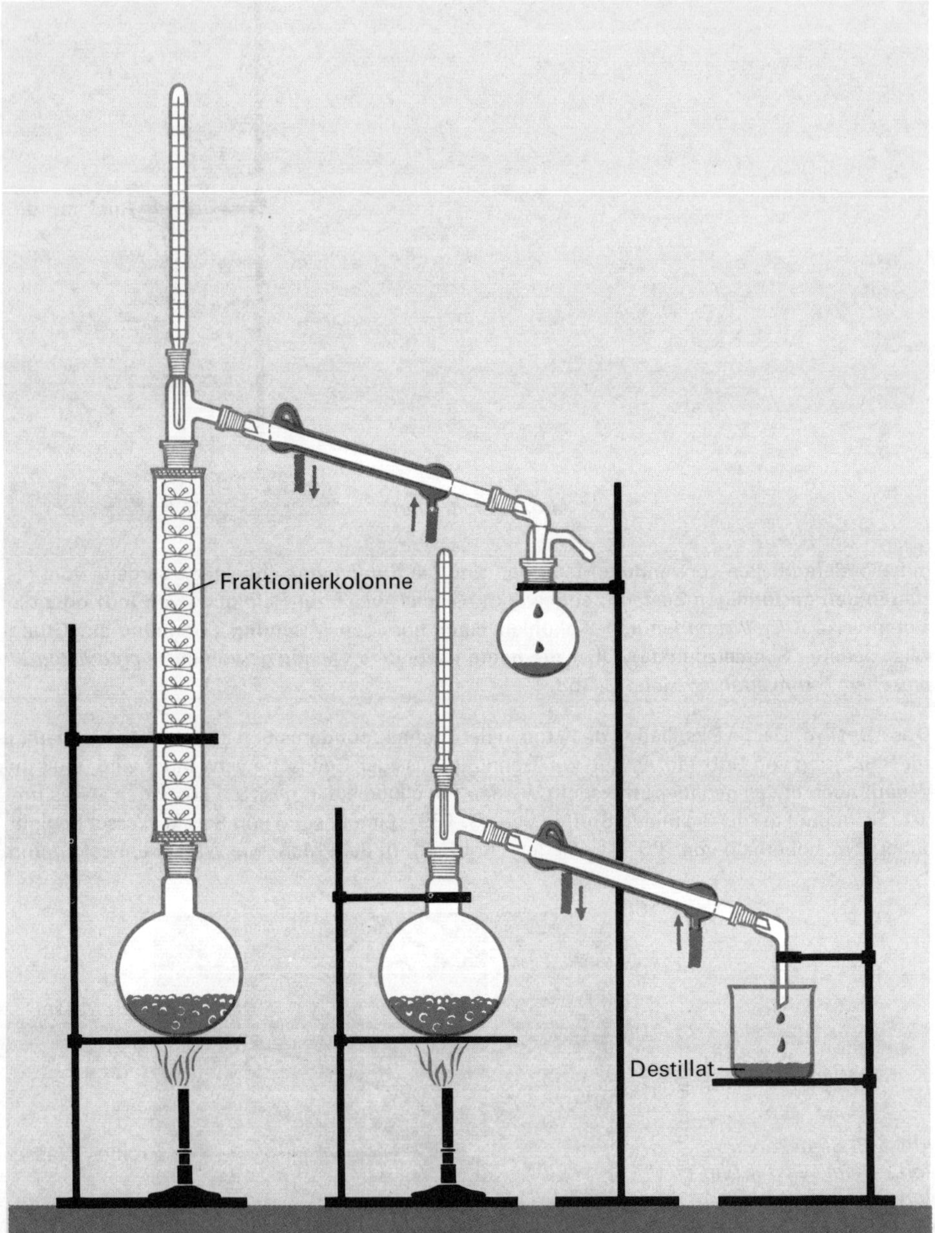

Abb. 1.4 (rechts). Einfache Destillationsapparatur. Das Thermometer taucht nicht in die siedende Flüssigkeit ein, sondern hängt im Dampfraum und mißt die Kondensationstemperatur. Bei der Destillation von Salzwasser würde das Thermometer den Siedepunkt des reinen Wassers angeben

Abb. 1.5 (links). Destillation mit Fraktionierkolonne

die Konzentration der zurückbleibenden Lösung steigt, wird auch die Siedetemperatur allmählich höher, bis schließlich das Salz vollständig auskristallisiert, wenn alles Wasser verdampft ist. Eine Lösung zeigt deshalb – im Gegensatz zu einem reinen Stoff – im allgemeinen keinen konstanten Siedepunkt. Nur in besonderen Fällen verdampfen beide Komponenten im gleichen Mengenverhältnis, so daß dann der Siedepunkt während der Destillation konstant bleibt und keine Trennung eintritt (sogenannt konstant siedende oder *azeotrope Gemische)*. Ein bekanntes Beispiel einer konstant siedenden Mischung ist 96% Alkohol.

Zur Destillation von Salzlösungen oder Flüssigkeitsgemischen, bei denen die Siedepunkte der Komponenten genügend weit auseinanderliegen, benützt man einfache Destillierkolben (Abb. 1.4).

Versucht man aber ein Gemisch aus Flüssigkeiten mit verhältnismäßig nahe beieinanderliegenden Siedepunkten zu destillieren (z. B. Methanol, Sdp. 65°C, und Wasser, Sdp. 100°C, beide bei 1 atm), so enthält der Dampf beim Siedepunkt des Gemisches stets auch einen gewissen Anteil der höhersiedenden Flüssigkeit, daß diese auch schon unterhalb ihres eigentlichen Siedepunktes merklich verdunstet. Im Destillat ist zwar die flüchtigere Substanz stark angereichert, aber eine vollkommene Trennung ist nicht erreicht worden. Nur durch mehrfache Wiederholung der Destillation ist eine vollständige Trennung möglich. Statt mehrfach zu destillieren, kann man an Stelle eines einfachen Destillierkolbens auch Kolben mit *Fraktionieraufsätzen* oder *Fraktionierkolonnen* verwenden (Abb. 1.5). In diesen kondensiert ein großer Teil des beim Kochen entstandenen Dampfes wieder (vorwiegend dessen schwererflüchtige Anteile), und nur die leichtestflüchtigen Anteile gelangen in den Kühler.

Durch fortgesetzte Fraktionierung erhält man schließlich **reine Stoffe.** Jeder reine Stoff kann durch die ihm eigenen physikalischen und chemischen Eigenschaften (vgl. S. 12) *charakterisiert* werden[1]. Die Eigenschaften eines *Gemisches* hingegen können variieren und hängen von seiner *Zusammensetzung* ab. So ist beispielsweise der Siedepunkt von Salzwasser um so höher, je mehr Salz in einer bestimmten Menge Wasser gelöst ist. Viele Eigenschaften eines Gemisches (z. B. die Farbe) setzen sich *additiv* aus den Eigenschaften der Komponenten zusammen. In jedem Fall aber ist die *Bildung eines Gemisches* aus mehreren Substanzen ein *physikalischer Vorgang* und weder von stofflichen Veränderungen noch von stärkeren Energieeffekten (Abgabe von Wärme oder Licht; Aufnahme von Wärme) begleitet. *Eine beim Zusammenbringen verschiedener Substanzen zu beobachtende starke Erwärmung oder Abkühlung, ein Aufglühen oder gar eine Flammenbildung, zeigt immer, daß sich dabei kein physikalischer, sondern ein chemischer Vorgang abspielt, selbst wenn die Stoffumwandlung als solche nicht ohne weiteres zu erkennen ist.*

1.2 Einteilung reiner Stoffe auf Grund physikalischer Eigenschaften

Eine Einteilung der reinen Stoffe kann z. B. nach den wichtigsten physikalischen Eigenschaften, wie elektrische Leitfähigkeit, Härte, Farbe usw., vorgenommen werden. Betrachtet man beispielsweise Wasser, Alkohol, Äther, Naphthalin, Chlor, Kochsalz, Marmor, Kupfersulfat, Eisen, Aluminium, Chrom, Quecksilber, Gold, Diamant, Quarz und Schmirgel, so erkennt man, daß alle diese Stoffe einer der unten näher charakterisierten Stoffgruppen angehören. Eine solche Gruppe von Stoffen mit sehr ähnlichen physikalischen Eigenschaften bilden z. B. die Metalle; Wasser, Alkohol, Naphthalin, Äther und Chlor – die alle verhältnismäßig tief sieden – bilden eine weitere und Diamant, Quarz und Schmirgel eine dritte solche Gruppe. Die Eigenschaften dieser Gruppen stehen in engem Zusammenhang mit dem Aufbau der zugehörigen Stoffe.

[1] Zur eindeutigen Kennzeichnung eines bestimmten reinen Stoffes genügt eine einzige spezifische Eigenschaft nur selten. Man benötigt vielmehr die Kenntnis mehrerer Eigenschaften, um eine Substanz sicher identifizieren zu können.

Metallische Stoffe. Wichtigste Merkmale bilden die *elektrische Leitfähigkeit* im festen und flüssigen Zustand, der bei kompakten Stücken starke Glanz *(«Metallglanz»)* und die *schwarze Farbe* (viele Metalle sind allerdings nur in sehr fein verteiltem Zustand rein schwarz). Die Siedepunkte variieren stark (Quecksilber 360°C, Wolfram > 6000°C), liegen jedoch im allgemeinen ziemlich hoch. Charakteristisch für viele Metalle ist die *Duktilität* («Verformbarkeit» durch Hämmern, Biegen, Walzen, Ziehen usw.). Gewisse Metalle sind allerdings spröde und daher schlecht verformbar (Chrom, Wismut). – Die Löslichkeit bestimmter Metalle (wie Natrium) in Wasser beruht auf chemischen Vorgängen. Mit Ausnahme von Quecksilber sind die Metalle physikalisch absolut wasserunlöslich (Quecksilber löst sich in äußerst geringen Spuren).

Flüchtige Stoffe. Ihr Hauptmerkmal ist *ihr relativ tiefer Schmelz- und Siedepunkt.* Viele flüchtige Stoffe sind bereits bei Zimmertemperatur Gase, oder sie lassen sich durch geringes Erwärmen (bis 300–400°C) verdampfen (Schwefel mit Sdp. 444°C). Flüchtige Stoffe sind oft farblos und in dünnen Schichten meistens durchsichtig und besitzen keine elektrische Leitfähigkeit. Im festen Zustand sind sie gewöhnlich ziemlich weich (Naphthalin, Schwefel, Eis, Trockeneis).

Salzartige Stoffe. Salzartige Stoffe *(«Salze»)*[1] *leiten den elektrischen Strom* ebenfalls, jedoch – im Gegensatz zu den Metallen – *nur im flüssigen* (geschmolzenen) oder *im gelösten Zustand.* Als Begleiterscheinung der Stromleitung treten chemische Vorgänge auf («Elektrolyse»). So entsteht am einen Pol metallisches Natrium, am anderen gasförmiges Chlor, wenn man einen Gleichstrom durch geschmolzenes Kochsalz leitet. Schmelzpunkt und besonders Siedepunkt salzartiger Stoffe liegen im allgemeinen hoch (Kochsalz mit Sdp. 1440°C); Salze sind also *schwerflüchtig.* Alle Salze sind – allerdings in sehr unterschiedlichem Maß – *wasserlöslich.* Auch schwerlösliche Salze (die oft ungenau als «unlöslich» bezeichnet werden) lösen sich in geringen Spuren (z. B. von Marmor etwa 7 mg im Liter).

Diamantartige Stoffe. Ihre wesentlichen Merkmale stellen die sehr hohe *Härte* (Diamant ist der härteste natürliche Stoff) und ihre hohen Schmelz- und Siedepunkte dar. Typisch diamantartige Stoffe sind in Wasser völlig unlöslich. Die *Schwerflüchtigkeit* ist noch viel stärker ausgeprägt als bei den Salzen. Diamantartige Stoffe leiten den elektrischen Strom nicht.

Hochmolekulare Stoffe. Stoffe wie Eiweiß, Cellulose, Kunstharze, Plexiglas, Nylon oder Gummi und der durch «Abschrecken» (d.h. sehr rasches Abkühlen) von hocherhitztem flüssigem Schwefel zu erhaltende «γ-Schwefel» bilden eine weitere Gruppe von Stoffen mit charakteristischen Merkmalen. Es sind *Festkörper,* harzartige oder weiche Massen mit einer manchmal stark ausgeprägten Neigung zum *Fadenziehen.* Beim Erwärmen erweichen sie allmählich und zeigen *keine scharfe Schmelztemperatur.* In Wasser meist unlöslich, werden sie oft durch gewisse organische Lösungsmittel gelöst oder wenigstens gequollen.

Selbstverständlich gibt es viele reine Stoffe, die Charaktere verschiedener Gruppen in sich vereinigen und damit Übergänge zwischen ihnen bilden: So ist Glas recht hart, in Wasser kaum löslich und besitzt keinen scharfen Schmelzpunkt; flüssiges Glas leitet aber den elektrischen Strom. Es zeigt daher sowohl Merkmale von salzartigen, diamantartigen und hochmolekularen Stoffen. Anderseits besitzt Pyrit (Schwefelkies), ein gelbglänzendes, ziemlich häufiges, oft gut kristallisierendes Mineral, Merkmale von Salzen und Metallen zugleich, bildet also ein Zwischenglied zwischen salzartigen und metallartigen Stoffen.

[1] Das gewöhnliche Kochsalz zeigt die Eigenschaften salzartiger Stoffe in typischer Weise; nach ihm werden alle Stoffe mit den gleichen charakteristischen Eigenschaften als Salze bezeichnet.

1.3 Element und Verbindung

Viele reine Stoffe lassen sich unter *chemischen Veränderungen* in weitere Substanzen trennen. Wird z. B. in einem Reagenzglas der reine Stoff Quecksilberoxid (ein orangerotes Pulver) erhitzt, so schlagen sich nach einiger Zeit am Glas Tropfen von flüssigem *Quecksilber* nieder, und es entweicht ein Gas, das einen glimmenden Span zum Entflammen bringt *(Sauerstoff)* (Abb. 1.6). Schließlich ist nichts mehr vom ursprünglichen Pulver vorhanden. Es ist also möglich, Quecksilberoxid in weitere Stoffe zu zerlegen, doch treten dabei chemische Veränderungen auf. Eine Zerlegung durch physikalische Vorgänge ist nicht durchführbar.

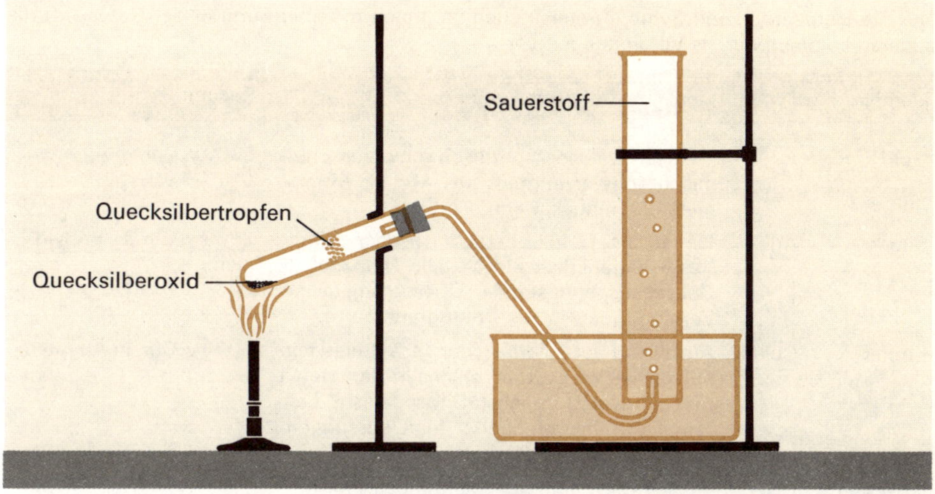

Abb. 1.6. Zersetzung von Quecksilberoxid durch Erhitzen

Reine Stoffe, die wie Quecksilberoxid durch chemische Vorgänge in weitere stoffliche Komponenten getrennt werden können, nennt man **Verbindungen.** Bei fortgesetzter Zerlegung von Mischungen und Verbindungen findet man schließlich Substanzen, welche sich auch durch chemische Vorgänge nicht mehr in andere Stoffe spalten lassen. Diese nennt man nach Boyle[1] Grundstoffe oder **Elemente.**

1.3.1 Elemente

Man kennt heute rund 100 verschiedene Elemente. Die Mehrzahl von ihnen (etwa 80) gehört zu den *Metallen.* Nur etwa 15 Elemente sind ausgesprochene Nichtmetalle (vorwiegend flüchtige Stoffe). Gewisse Elemente, wie Silicium, Arsen und Selen, zeigen nur einzelne Eigenschaften metallischer Stoffe oder besitzen nicht typischen Metallcharakter *(«Halbmetalle»). Salze* gibt es unter den Elementen *nicht.*

Zur abgekürzten Bezeichnung der Elemente dienen die **Symbole** (Abkürzungen oder Anfangsbuchstaben lateinischer oder griechischer Namen). Die Symbole werden durch eine internationale Kommission festgelegt, während die Namen der Elemente in den verschiedenen Sprachen verschieden lauten können. Über weitere Bedeutungen des Symbols siehe S. 47.

[1] Robert Boyle (1627–1691), englischer Naturforscher. Sein Hauptwerk, *The Sceptical Chymist,* erschien 1661. Darin betrachtete er erstmals die Elemente nicht bloß als Namen oder als Träger bestimmter Eigenschaften, sondern als nicht mehr weiter zerlegbare Grundstoffe. Siehe Abb. 1.14, S. 34.

Man beachte, daß es nach der Definition von Boyle unter Umständen schwierig sein kann, einen Stoff als Element zu erkennen! So hielt man noch zu Beginn des 19. Jahrhunderts den gebrannten Kalk (eine Verbindung aus Calcium und Sauerstoff) für ein Element, da es mit den damaligen Mitteln nicht gelang, den Stoff in die Komponenten zu trennen. Umgekehrt wurde Chlor zunächst als Sauerstoffverbindung betrachtet. Erst viele Mißerfolge, daraus Sauerstoff abzutrennen, führten zur Erkenntnis, daß es sich bei dem Gas in Wirklichkeit um ein Element handelt.

Tabelle 1.2. Einige wichtige metallische Elemente

Nur die Elemente, deren Symbol unterstrichen ist, treten in reiner Form in der Natur auf; die anderen kommen nur als Verbindungen vor

Element	Symbol	Eigenschaften, Verwendung	Bekannt seit
Gold	<u>Au</u>	Ziemlich weiches, spezifisch schweres, chemisch schwer angreifbares Metall; Münzmetall, Schmuck, Zahntechnik.	5000 v. Chr. in Ägypten
Silber	<u>Ag</u>	Härter als Gold, charakteristischer Glanz. Beste Leitfähigkeit aller Metalle. Münzmetall, Gebrauchsgegenstände, Überzugsmetall. Verbindungen in der Photographie u. a.	2900 v. Chr. in Babylonien
Kupfer	<u>Cu</u>	Auffallend rote Farbe (nur in äußerst fein pulverisiertem Zustand erscheint das Metall fast schwarz!), nächst Silber beste Leitfähigkeit. Elektrotechnik; für Legierungen (Bronze: Cu/Sn; Messing: Cu/Zn).	5000 v. Chr. in Ägypten
Quecksilber	<u>Hg</u>	Einziges bei Zimmertemperatur flüssiges Metall (Smp. − 39 °C, Sdp. 357 °C); Dämpfe giftig! Thermometer; Hg-Legierungen («Amalgame») in der Zahntechnik.	1500 v. Chr. in Ägypten (in Griechenland im 1. Jahrhundert n. Chr.)
Blei	Pb	Schweres, bläulichweißes, weiches Metall, an der Luft mattblau, ohne Glanz (Oxidschicht!). Röhren, Kabel, Behälter; als säurefestes Metall in der chemischen Industrie.	1500 v. Chr. bei den Phöniziern
Eisen	Fe	Reines Eisen ist ziemlich weich und weißglänzend. Rostet an feuchter Luft. Stahl (mit < 1,7 % C) ist relativ hart. Wichtigstes Werkmetall.	2000 v. Chr. in Babylon; in Mitteleuropa 500 v. Chr.
Zink	Zn	Bläulichweiß, mit starkem Glanz (Glanz verschwindet an der Luft). Leicht schmelzbar und leicht zu bearbeiten. Überzugsmetall, Herstellung von Messing.	1100 n. Chr. in Indien. Erste industrielle Herstellung im 18. Jahrhundert in England
Zinn	Sn	Weiches, gut dehnbares Metall von schwach gelblichem Glanz. Wandelt sich unterhalb 13 °C (sehr langsam) in eine graue, pulvrige Form um. Die Umwandlung, welche nur dann auftritt, wenn Sn-Gegenstände längere Zeit bei sehr tiefen Temperaturen gehalten werden, geht von einzelnen Staubzentren aus (Zinnpest). Herstellung von Bronze.	3000 v. Chr. in Ägypten. In Mitteleuropa schon um 2000 v. Chr.

Element	Symbol	Eigenschaften, Verwendung	Bekannt seit
Nickel	Ni	Silberweiß, schmiedbar, schwach magnetisch; wird von Säuren nur langsam angegriffen. Münz- und Überzugsmetall; für nichtrostende Stähle.	1751 entdeckt (Cronstedt). In der Bergmannssprache war «Nikkel» ein Schimpfwort; als «Kupfernickel» wurde ein Erz bezeichnet, das nach dem Aussehen für ein Cu-Erz gehalten wurde, aus dem aber kein Cu zu erhalten war
Chrom	Cr	Weißglänzend, hart und spröde; chemisch widerstandsfähig. Zur Herstellung von Edelstählen, als Überzugsmetall.	1797 entdeckt (Vauquelin); industrielle Herstellung ab 1898
Platin	Pt	Sehr edles, grauweiß glänzendes, hartes, chemisch sehr schwer angreifbares Metall. Für manche chemische Prozesse als Katalysator; Laboratoriumsgeräte. Schmuck.	1736 in Kolumbien entdeckt. Die großen Lager im Ural wurden 1822 gefunden.
Wolfram	W	Weißglänzendes Metall von enormer Festigkeit (Dichte 19,3); höchster Smp. (3380 °C) und Sdp. (6000 °C) aller Metalle. Verwendung für Glühdrähte (Glühlampen) und als Legierungsbestandteil für Hartmetalle.	1783 von de Elhuyar durch Reduktion von WO_3 mit Kohle hergestellt
Aluminium	Al	Silberweißes Leichtmetall, gut dehnbar und walzbar. Dank einer Oxidschicht trotz ziemlich unedlem Charakter an der Luft sehr beständig. Leichtmetall; Folien. Viele Legierungen.	1825 entdeckt (Oersted); industrielle Herstellung ab 1887 (erste Al-Fabrikation in Neuhausen am Rheinfall)
Magnesium	Mg	Silberweißes, an der Luft rasch mattweiß anlaufendes Leichtmetall. Verwendung für Leichtmetall-Legierungen (Flugzeugbau).	1808 von Davy dargestellt
Calcium	Ca	Silberweißes, weiches Metall, an der Luft sehr schnell stark anlaufend. Reagiert mit Wasser (Bildung von H)! Verbindungen wichtig (Kalk, Zement, Knochensubstanz).	1808 von Davy dargestellt
Natrium	Na	Sehr weiches, schneidbares Metall (Smp. 98 °C, Sdp. 883 °C). Nur wenn frisch geschnitten mit Silberglanz, läuft an der Luft rasch an. Aufbewahrung unter Petrol. Dichte nur 0,97. Reagiert ziemlich heftig mit Wasser (Bildung von Wasserstoff). Verwendung als Element für gewisse organische Reaktionen. Verbindungen zahlreich und wichtig (Kochsalz, Soda, Seifen usw.).	1807 erstmals von Davy dargestellt; eine als Waschmittel dienende Substanz «neter» wird schon im Alten Testament erwähnt, ist möglicherweise identisch mit Soda

Sauerstoff (O). Farb-, geruch- und geschmackloses Gas (Sdp. −183,0 °C), unterhält die Verbrennung (Nachweis mit glimmendem Holzspan!). Luft enthält 21 Vol.-% Sauerstoff (Gewinnung durch Luftverflüssigung und anschließendes fraktioniertes Verdampfen).

Tabelle 1.3. Zusammensetzung der Luft

	Volumen-%	Siedepunkt (°C)
Stickstoff	78,09	−195,8°
Sauerstoff	20,95	−183,0°
Argon	0,92	−185,8°
Kohlendioxid	0,03	(sublimiert bei −78,5°)
Neon	0,0018	−245,9°
Helium	0,00052	−268,9°
Krypton	0,0001	−152,0°
Wasserstoff	0,00005	−252,6°
Xenon	0,000008	−108,0°

Erhitzt man gewisse Metalle (Kupfer, Blei) an der Luft, so verändern sie sich oberflächlich, sie «laufen an». Führt man dies in einem abgeschlossenen Luftvolumen aus (z. B. mit dem Apparat der Abb. 1.7), so kann man beobachten, wie das Luftvolumen dabei um 21% abnimmt und der zurückbleibende «Luft»-Rest die Flamme erstickt. Das heiße Metall entzieht also der Luft den Sauerstoff und bildet dabei eine Sauerstoffverbindung («**Oxid**»). Auch bei den gewöhnlichen Verbrennungsvorgängen wird Sauerstoff verbraucht, und es entstehen Sauerstoffverbindungen; die Produkte sind deshalb schwerer als die Ausgangsstoffe (Abb. 1.8). Über die Entdeckung des Sauerstoffes und die Aufklärung seiner Rolle bei den Verbrennungsvorgängen siehe S. 34.

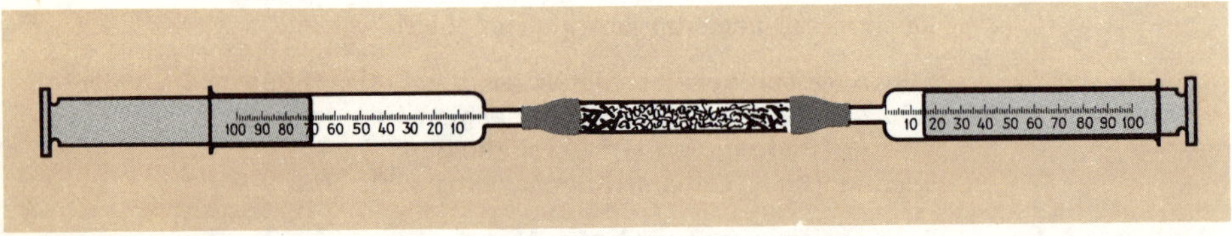

Abb. 1.7. Apparatur zur Bestimmung des Sauerstoffgehalts der Luft. Die beiden Glaskolben sind in den Zylindern beweglich und schließen absolut luftdicht; das mittlere Röhrchen enthält Kupferspäne. In der einen «Gasspritze» mißt man 100 cm³ Luft ab, erhitzt das Kupfer und drückt die Luft mehrmals über das Metall. Das Volumen nimmt dabei um $^1/_5$ ab

Wasserstoff (H). Farb-, geruch- und geschmackloses Gas (Sdp. −252 °C), leichtestes aller Elemente. Wasserstoff verbrennt mit sehr heißer Flamme zu *Wasser;* Wasser ist also eine Verbindung von Wasserstoff und Sauerstoff (Abb. 1.9). Gemische von Wasserstoff mit Luft oder mit Sauerstoff verbrennen beim Erwärmen oder bei Zündung (Funken!) explosionsartig («**Knallgas**»). Die große entstehende Wärmemenge hat eine enorme Volumenausdehnung zur Folge,

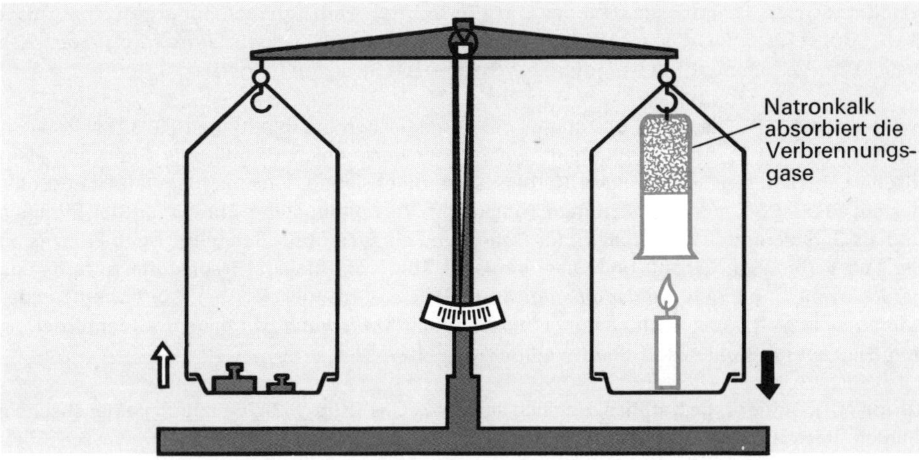

Abb. 1.8. Verbrennen einer Kerze auf einer Waage

so daß die Brisanz einer Knallgasexplosion sehr groß ist[1]. Entdeckung durch Cavendish[2] (1766); Nachweis des Wasserstoffes im Wasser durch Lavoisier[3] (Abb.1.10).

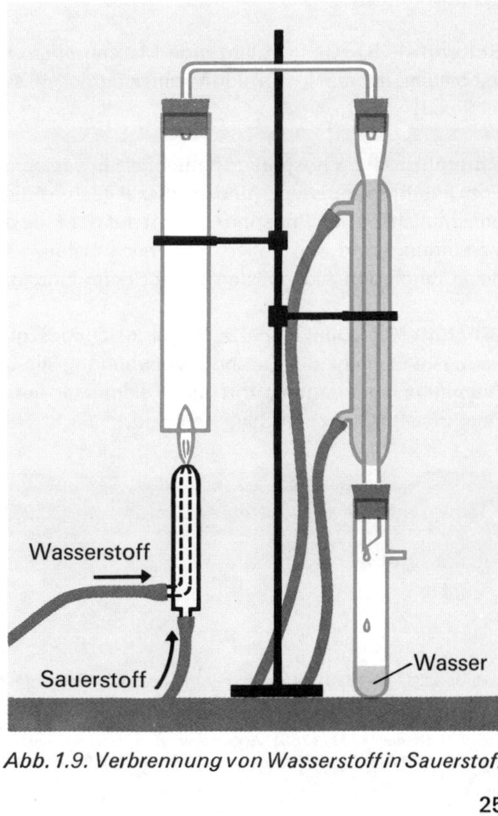

Abb. 1.9. Verbrennung von Wasserstoff in Sauerstoff

[1] Beim Arbeiten mit Wasserstoff muß man sich immer sorgfältig vergewissern, ob kein explosives Gemisch vorliegt («**Knallgasprobe**»): Man füllt ein Reagenzglas mit dem zu untersuchenden Gas und entzündet es *fern vom zu prüfenden Gemisch* an einem Brenner. Wasserstoff allein verbrennt fast geräuschlos, Knallgas mit einem heulenden Ton.

[2] H. Cavendish (1731–1810), Privatgelehrter. Führte eine Reihe hervorragender Experimentaluntersuchungen über Gase durch.

[3] Antoine Lavoisier (1743–1794), einer der Begründer der wissenschaftlichen Chemie. Erkannte das Gesetz von der Erhaltung der Masse, führte viele quantitative chemische Untersuchungen durch. Deutete erstmals die Verbrennung als Aufnahme von Sauerstoff, erkannte Sauerstoff und Wasserstoff als Elemente und widerlegte damit die Phlogistontheorie (siehe S.34).
Lavoisier wurde als ehemaliger Steuerpächter während der Revolution hingerichtet; sein Verteidiger erhielt vom Richter die Antwort: «La république n'a pas besoin de savants.»

Stickstoff (N). Hauptbestandteil der Luft (78 Vol.-%). Farb-, geruch- und geschmackloses Gas (Sdp. −195,8°C), das sehr schwer chemische Vorgänge eingeht *(«reaktionsträge»* ist), erstickt die Verbrennung. Verwendung für Synthesen (Stickstoffdünger).

Kohlenstoff (C). Dieses als Bestandteil der «organischen» Verbindungen (S. 32) sehr wichtige Element tritt in zwei Formen auf: *Graphit* (schwarz, weich, metallischer Glanz und elektrische Leitfähigkeit) und *Diamant* (farblos, hart, durchsichtig, Isolator). Gewöhnliche Kohle besteht zu 90–96% aus graphitartigem Kohlenstoff. Verwendung von Graphit für Bleistiftminen und als Schmiermittel, von Diamant für Bohrer und als Brillant für Schmuck. Beim Erhitzen an der Luft verbrennen Graphit und Diamant sowie kohlenstoffhaltige Brennstoffe zu farb- und geruchlosem, ungiftigem *Kohlendioxidgas.* Bei Sauerstoffmangel oder bei sehr hohen Temperaturen kann sich dabei auch das geruchlose, giftige *Kohlenmonoxid* bilden. – Identifizierung von Diamant mit Kohlenstoff durch Verbrennung (Lavoisier, 1780).

Chlor (Cl). Giftiges, gelbgrünes, ziemlich schweres Gas (Sdp. −34°C) mit charakteristischem Geruch. Verwendung für Synthesen und zur Desinfektion von Trink- und Badewasser. Chlor tritt auf der Erde nur in Form von Verbindungen auf (Salzsäure im Magensaft; Kochsalz ist Natriumchlorid). Entdeckt 1774 durch Scheele; als Element erkannt von Davy (1810)[1].

Brom (Br). Schwarzbraune, leicht verdampfende Flüssigkeit (Sdp. 58,8°C); Dämpfe rotbraun, sehr unangenehm, erstickend riechend *(bromos* gr. = Gestank). Verbindungen wichtig (Silberbromid für Photographie); für Farbstoffe und Heilmittel. Entdeckt 1825 durch Balard in Asche von Seetangen.

Schwefel (S). Gelbe, glänzende Massen oder charakteristisch ausgebildete Kristalle, brennt mit blauer Flamme unter Bildung eines farblosen, stechend riechenden, giftigen Gases (Schwefeldioxid).

Phosphor (P). Phosphor tritt ebenfalls in verschiedenen Formen auf: roter P (ungiftig, höhere Entzündungstemperatur) und weißer P (sehr giftig, Entzündungstemperatur um 50°C, selbstentzündlich). Auch Phosphor kommt auf der Erde nur in Form von Verbindungen vor (P-haltige Verbindungen in den Zellen, Knochensubstanz; Phosphorverbindungen als Dünger). – Entdeckt durch den Alchemisten Brandt beim Eindampfen von Harn (1669).

Silicium (Si). Dunkelgraues, undurchsichtiges, glänzendes Halbmetall, ist das nach Sauerstoff häufigste Element der Erdrinde. Verwendung als Legierungsbestandteil (korrosionsbeständige Aluminiumlegierungen); tritt nicht elementar auf. Verbindungen sehr verbreitet (Gesteine!). Bergkristall (Quarz) ist Siliciumdioxid.

[1] H. Davy (1778–1829), einer der berühmtesten Chemiker des frühen 19. Jahrhunderts. Stellte erstmals Natrium und Kalium durch Schmelzelektrolyse her, zerlegte Wasser durch Elektrolyse in Wasserstoff und Sauerstoff, bewies die Elementnatur von Chlor u.a. Erfand auch die Sicherheitslampe für Bergwerke.
C.W. Scheele (1742–1786), Apotheker, ein großer Meister des Experimentes. Entdeckte Sauerstoff, Chlor u.a. und isolierte eine große Zahl organischer Säuren aus Naturstoffen.

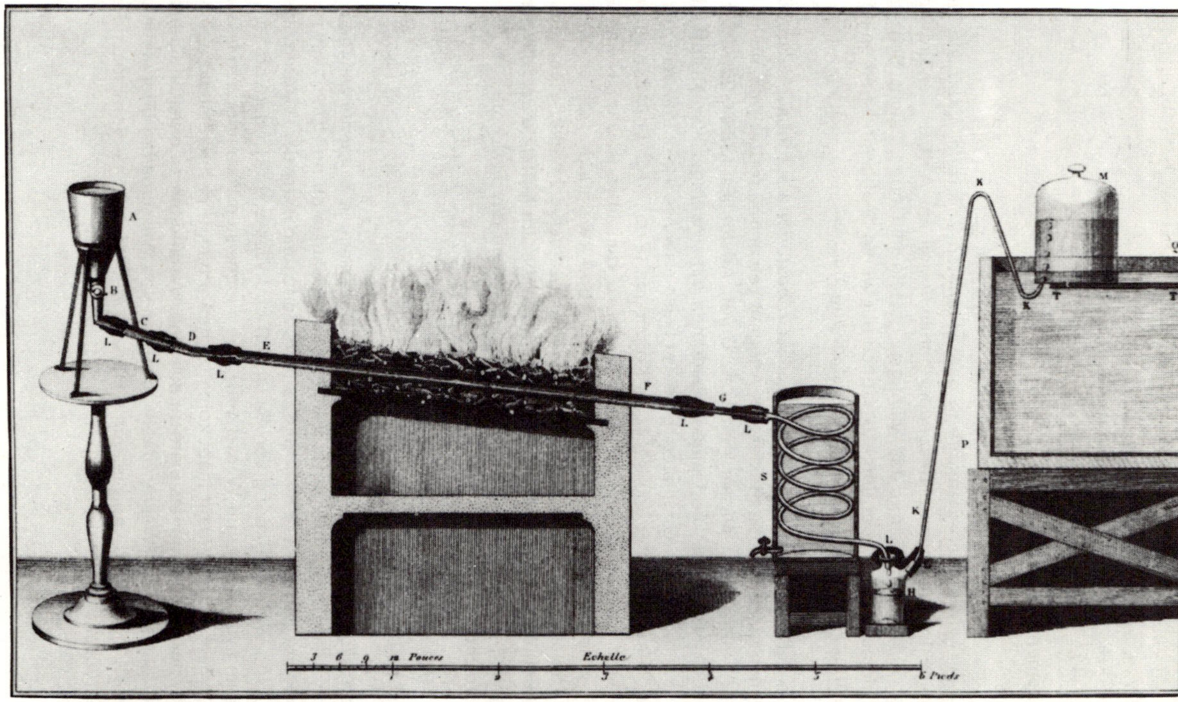

Abb. 1.10. Versuch von Lavoisier zur Zerlegung des Wassers (nach Lavoisier). Wasser wird durch einen glühenden Flintenlauf geleitet; in der Vorlage sammelt sich Wasserstoffgas. Das Rohr bedeckt sich innen mit grauschwarzem Eisenoxid

Tabelle 1.4. Anteil der häufigsten Elemente am Aufbau der Erdrinde (inbegriffen Hydro- und Lithosphäre); Gewichtsprozente

O	49,20%	K	2,40%	Mn	0,08%
Si	25,67%	Mg	1,93%	C	0,08%
Al	7,50%	H	0,87%	S	0,06%
Fe	4,71%	Ti	0,58%	Ba	0,04%
Ca	3,39%	Cl	0,19%	N	0,03%
Na	2,63%	P	0,11%	F	0,03%
Alle übrigen Elemente 0,47%					

Die *Häufigkeit* der wichtigsten Elemente in den bekannten Teilen der Erdkruste wird durch Daten der Tabelle 1.4 angegeben. Besonders hohen Anteil am Aufbau der Erdrinde haben Sauerstoff (fast 50%) und Silicium, das wichtigste gesteinsbildende Element. Sehr viele praktisch wichtige Elemente sind zwar durchschnittlich nur wenig häufig, sind aber an bestimmten Lagerstätten (oft in Form von Verbindungen) stark angereichert.

Die Vorstellung, daß die Stoffe aus nur wenigen *«Grundstoffen»* aufgebaut seien, war schon den alten Griechen geläufig. Empedokles aus Agrigent (etwa 450 v. Chr.) nahm vier Elemente als Urstoffe an: Feuer, Erde, Wasser und Luft. Durch Aristoteles (384–322 v. Chr.) wurde diese Lehre weiter ausgebaut. Die Elemente bedeuten dabei weniger etwas Stoffliches, sondern hatten eher den Sinn von Qualitäten. Erde war beispielsweise der Träger der Eigenschaften «kalt» und «trocken»; ein fester und trockener Körper mußte demnach Erde enthalten. Ähnlich drückte das Element Wasser die Eigenschaften «feucht» und «kalt» aus. Das Element Luft stellte «feucht» und «warm», das Element Feuer «trocken» und «warm» dar. Durch Mischung der vier Elemente sollten die verschiedenen Stoffe mit den entsprechenden Eigenschaften entstehen. Die Lehren von Aristoteles wurden durch die Araber im Mittelalter an die europäische Welt weitergegeben und blieben im wesentlichen bis gegen das Ende des 16. Jahrhunderts unverändert herrschend.

1.3.2 Verbindungen

Verbindungen lassen sich mit den Methoden des Chemikers in Elemente zerlegen. Beispiele dafür bilden etwa die Zerlegung von Quecksilberoxid in Sauerstoff und Quecksilber durch Erhitzen *(«Thermolyse»)* oder die *«Elektrolyse»* (d. h. Zerlegung unter der Wirkung eines elektrischen Stroms) von Wasser (Bildung von Sauerstoff und Wasserstoff) oder von konzentrierter Salzsäure (Bildung von Chlor und Wasserstoff). Die allermeisten Verbindungen lassen sich jedoch nur durch mehrere, zudem oft recht komplizierte Vorgänge in ihre Elemente trennen; einfacher ist es oft, nur ein bestimmtes Element aus einer Verbindung zu erhalten (Beispiele: Gewinnung von Wasserstoff aus Wasser durch Überleiten von Wasserdampf über glühendes Eisen [Lavoisier, Abb. 1.10]; Bildung von Blei durch Erhitzen eines Gemisches von Bleioxid und Kohle [gleichzeitig entweicht Kohlendioxid!]).

Chemische Laboratorien einst und jetzt

Analytisches Laboratorium von Liebig in Gießen, Zeichnung von Trautschold, 1842 (Vorlage: Deutsches Museum, München)

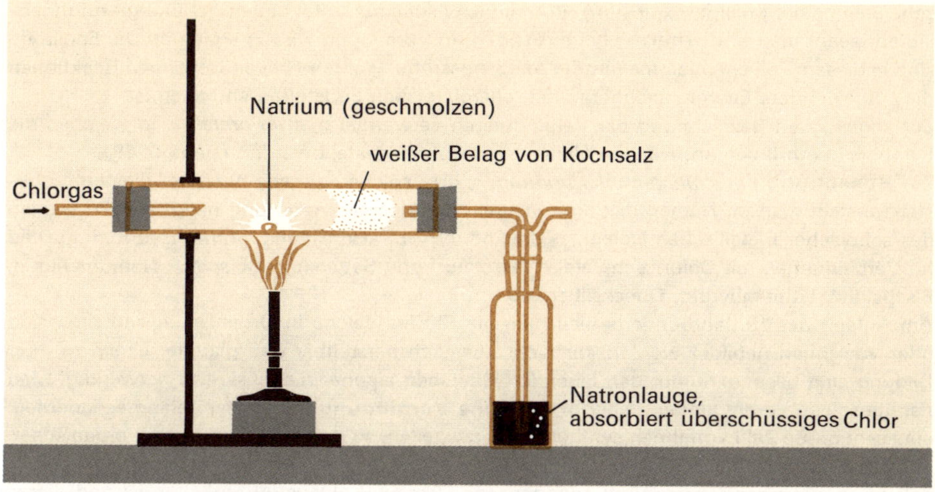

Abb. 1.11. Synthese von Kochsalz aus Natrium und Chlor

Natürlich ist nicht nur die Zerlegung einer Verbindung (ihre «**Analyse**») ein chemischer Vorgang, sondern auch ihre Bildung («**Synthese**»). Die Eigenschaften der Elemente verschwinden bei einer solchen Synthese vollkommen, und es entstehen Verbindungen, die ganz andere Eigenschaften besitzen. Besonders deutlich zeigen dies etwa die Synthese von Kochsalz aus den Elementen Natrium und Chlor (Abb.1.11) oder die Bildung einer Verbindung von Eisen und Schwefel.

Natrium ist ein weiches, schneidbares Metall, das an der Luft sofort anläuft und unter Petroleum aufbewahrt werden muß (mit Wasser reagiert es heftig, wobei Wasserstoff entsteht). Chlor ist ein grünliches, erstickend riechendes, giftiges, schweres Gas. Leitet man Chlorgas über erhitztes Natrium, so «verbrennt» das Metall mit intensiver, gelber Flamme, und man erhält weißes, ungiftiges Kochsalz, das sich an der Luft nicht verändert, in Wasser leicht (physikalisch) löslich ist und sich nur durch sehr starkes Erhitzen schmelzen oder gar verdampfen läßt.

Mischt man Eisen- und Schwefelpulver, so erhält man ein graues Pulver, das die Eigenschaften der ursprünglichen Bestandteile zeigt: Im Wasser sinkt Eisen unter, Schwefel schwimmt; mittels eines Magneten kann man das Eisen (allerdings nicht rein) und durch Herauslösen mit Kohlenstoffdisulfid («Schwefelkohlenstoff») den Schwefel daraus abtrennen. Durch Erwärmen mit Salzsäure entsteht aus dem Gemisch Wasserstoff, genau wie mit reinem Eisen allein. Erhitzt man das Gemisch (am besten im Massenverhältnis 7:4) in einem Reagenzglas ein wenig, so verwandelt es sich unter starkem Aufglühen in eine blauschwarze Masse. Diese ist kaum mehr magnetisch, mit Kohlenstoffdisulfid läßt sich aus ihr kein Schwefel mehr herauslösen, und beim Übergießen mit Salzsäure entwickelt sich statt des geruchlosen Wasserstoffes ein nach faulen Eiern riechendes Gas. Eisen und Schwefel haben sich also zu einer *Verbindung* mit ganz neuen Eigenschaften vereinigt.

Weil sowohl Zerlegung wie Aufbau einer Verbindung chemische Reaktionen sind, ist damit stets ein **Energieumsatz** verknüpft. So muß zur Zerlegung von Quecksilberoxid oder Wasser dauernd Energie in Form von Wärme bzw. elektrischer Energie zugeführt werden, während bei der Bildung von Wasser, Kochsalz oder Eisensulfid Energie frei wird (Wärme, Licht; mechani-

Forschungslabor des Farbendepartementes der Ciba-Geigy
(Aufnahme: Ciba-Geigy AG, Basel)

sche Energie der Knallgasexplosion). Vorgänge, welche nur unter dauernder Energiezufuhr ablaufen, nennt man **endotherm**; bei **exothermen** Vorgängen wird Energie frei. Die Endstoffe sind in diesem Fall energieärmer als die Ausgangsstoffe, während bei endothermen Reaktionen die aufgewendete Energie nachher in den energiereichen Endstoffen enthalten ist.
Zur abgekürzten Bezeichnung der Verbindungen verwendet man *«Formeln»*, in welchen die Symbole der in ihnen enthaltenen Elemente zusammengestellt werden (siehe S. 48).
Zur **Benennung** der *«binären» Verbindungen*, d.h. solcher, die aus nur zwei Elementen bestehen, stellt man im Namen das mehr metallische Element voran und hängt an den Namen des schwächer metallischen Elementes die Endung *-id*, also Chlorid, Sulfid, Hydrid, und Oxid für Verbindungen mit Chlor, Schwefel, Wasserstoff und Sauerstoff. Beispiele: Natriumchlorid, Eisensulfid, Lithiumhydrid, Quecksilberoxid.
Am Anfang des 19. Jahrhunderts hielt man die Stoffe, welche in Organismen enthalten sind oder von ihnen gebildet werden, für nicht künstlich herstellbar und glaubte, es sei zu ihrer Bildung eine besondere, nur den lebenden Geweben eigene «Lebenskraft» notwendig. Man nannte solche Verbindungen daher **organische Verbindungen.** Seither gelang es indessen, eine sehr große Zahl von ihnen synthetisch herzustellen, so daß die Trennung der organischen von den anorganischen Stoffen die prinzipielle Berechtigung verloren hat. Da es sich aber zeigte, daß in allen «organischen» Verbindungen das Element Kohlenstoff enthalten ist und dieses infolge gewisser besonderer Eigenschaften fähig ist, viel mehr Verbindungen einzugehen als die übrigen Elemente, hat man die Einteilung in anorganische und organische Chemie beibehalten und versteht nun unter der letzteren die Chemie der Kohlenstoffverbindungen. Man kennt heute weit über eine Million organische Verbindungen, darunter Zucker, Cellulose, Essigsäure, Fette, Alkohol, Äther, Eiweiße, Seifen, Farbstoffe, Nylon usw.

1.4 Geschichtliches zur Entwicklung der Chemie

Die Chemie ist eine der jüngsten Naturwissenschaften. Mathematik, Physik und Astronomie können auf eine mehrtausendjährige Geschichte zurückblicken; die Chemie als selbständige Wissenschaft entstand hingegen erst im Laufe des 17. Jahrhunderts. Während langer Zeit wurden die Betätigungen, welche sich allmählich zur heutigen Chemie entwickelten, ziemlich plan- und ziellos betrieben, und erst sehr spät setzte sich die Erkenntnis durch, daß es die eigentliche Aufgabe der Chemie sei, die Eigenschaften und die wechselseitigen Umwandlungen der verschiedenen Stoffe zu erforschen. – Die Herkunft des Namens *«Chemie»* ist unsicher. Manche Forscher führen ihn zurück auf das Wort *«chemi»*, eine alte Bezeichnung des Landes Ägypten (in Ägypten wurden zuerst gewisse chemische Erkenntnisse gewonnen). Es ist jedoch auch denkbar, daß der Ausdruck «Chemie» aus dem ägyptischen Wort *«chame»* entstanden ist (*chame* bedeutet «schwarz» und bezeichnet vor allem die schwarze Erde des Nillandes; Chemie wäre also soviel wie «schwarze Kunst») oder daß er sich vom griechischen *«chyma»* (Metallguß) ableitet.
Im ganzen *Altertum* war die Chemie im heutigen Sinne unbekannt. Vereinzelte Kenntnisse in chemischer Hinsicht brachten die tägliche Erfahrung und das Erwerbsleben mit sich; es fehlte jedoch die planmäßige weitere Erforschung. Immerhin finden sich bereits um 1500 v. Chr. in Ägypten Ansätze zu einer chemischen Technik; die Ägypter kannten neben der Herstellung keramischer und metallischer Gegenstände auch die Gewinnung von Farbstoffen aus Pflanzen und Tieren, die Essigbereitung, die Glasherstellung und die Bereitung von Heilmitteln, Salben und Schminken. Die von den Ägyptern, Babyloniern, Juden, Phöniziern und Persern gesammelten Erfahrungen wurden von den Griechen und Römern teilweise übernommen, ohne jedoch wesentlich vermehrt zu werden, denn für den gebildeten Griechen galt das Wort von Aristoteles: «Gewerbliches, auf den Verdienst ausgerichtetes Schaffen führt zu niederer Sinnes-

art.» Im Verlaufe des Überganges vom Altertum zum Mittelalter übernahmen die *Araber* die ägyptischen und griechischen Erkenntnisse, entwickelten sie weiter und vermittelten sie später an die europäischen Völker. Sie verwendeten den Ausdruck *«Alchemie»* («die» Chemie) für die Kunst, Elemente ineinander umzuwandeln, wobei allerdings noch ausschließlich die Elementenlehre von Aristoteles herrschend war. Für weitere Elemente oder «Prinzipien» hielten die Alchemisten das Quecksilber, welches mit seinem Glanz und seinem hohen spezifischen Gewicht das «Metallische» verkörperte, und den Schwefel, das Prinzip des Brennbaren. Mit allen möglichen Mitteln suchte man nach dem geheimnisvollen *«Stein der Weisen»,* dem «lapis philosophorum» oder der «essentia quinta», mittels welchem es möglich sein sollte, billige Stoffe in Gold zu verwandeln. Die Entwicklung der Alchemie wurde durch allerlei philosophische und religiöse Ideen beeinflußt, und die mit ihren mystischen Verhüllungen, allegorischen Darstellungen und magischen Gedanken oft sehr schwer verständliche alchemistische Literatur sowie das geheimnisvolle, oft auch betrügerische Gebaren ihrer Jünger trugen dazu bei, die Alchemie als «schwarze Kunst» in Verruf zu bringen. Immerhin wurden fortlaufend neue Erkenntnisse gesammelt und auch neue Stoffe entdeckt, so daß sich nach und nach eine eigentliche chemische Experimentiertechnik entwickelte (Abb.1.12). Mit der Wende des *15. zum 16.Jahrhundert* (Entdeckungen, Reformation) beginnt auch für die Entwicklung der Naturwissenschaften ein neuer Abschnitt. Eine hervorragende Gestalt dieser Zeit ist der aus Einsiedeln gebürtige, später zunächst in Basel tätige, dann aber ein ungeregeltes Wanderleben führende Arzt Theophrastus Bombastus Paracelsus. Paracelsus hatte sich durch eifriges Experimentieren gründliche Kenntnisse in der Chemie angeeignet und ging bei seiner ärztlichen Tätigkeit von der Vorstellung aus, daß alle Lebensvorgänge chemisch zu deuten und auf chemischem Weg zu beeinflussen seien. Er wurde damit zum Begründer der *«Iatrochemie» (iatros* gr. = Arzt), welche die Chemie ganz in den Dienst der Medizin stellen will.

Abb. 1.12. Destillationsapparat nach Petrus Kertzenmacher, Frankfurt 1589 (aus Fierz, Entwicklungsgeschichte der Chemie)

Abb. 1.13. Theophrastus Paracelsus (1493–1541), geboren in Einsiedeln, verbrachte ein ruheloses Leben in unsteten Fahrten durch viele Länder. Stadtarzt und Professor in Basel. Veröffentlichte seine Arbeiten erstmals in deutscher (statt wie vorher in lateinischer) Sprache (Vorlage: Deutsches Museum, München)

Abb. 1.14. R. Boyle

Aber erst mit Boyle beginnt die Chemie eine selbständige Wissenschaft zu werden, mit der Absicht, die Natur zu erforschen, ohne auf einen bestimmten Zweck (Goldmacherei, Heilkunst) ausgerichtet zu sein. In seinem Hauptwerk, *The Sceptical Chymist,* bekämpft Boyle die alchemistischen Anschauungen und erklärt die Elemente als einfache, nicht mehr weiter zerlegbare Substanzen. Anstelle mystischer Spekulationen stellte Boyle als erster ganz bewußt das *Experiment. «Nur der Versuch ist schlüssig, niemals die unbewiesene Behauptung.»*

In der Folgezeit beschäftigte man sich neben der Erforschung einfacherer und bereits auch komplizierter Substanzen vor allem mit dem Phänomen der *Verbrennung.* Schon Leonardo da Vinci wußte, daß bei der Verbrennung ein Teil der Luft verbraucht wird, während der übrigbleibende Rest die Flamme erstickt, veröffentlichte indessen seine Erkenntnisse nicht. Erst in der zweiten Hälfte des 18. Jahrhunderts gelang es, die verschiedenartigen Gase (Wasserstoff, Stickstoff, Sauerstoff, Kohlendioxid) aufzufangen und zu unterscheiden. Vorher nahm man an, daß alle brennbaren Stoffe einen *«Feuerstoff» (Phlogiston)* enthielten, der beim Verbrennen entweiche. Diese *Phlogistontheorie* (aufgestellt vom deutschen Arzt und Chemiker Stahl, 1722) wurde damit begründet, daß bei vielen Verbrennungen das Gewicht der brennenden Stoffe abnimmt (weil die Verbrennungsprodukte als Gase entweichen). Die Leichtigkeit und Heftigkeit, mit der die verschiedenen Stoffe verbrennen, wurde auf verschiedenen Gehalt an *Phlogiston* und auf die Stärke, mit der sie ihr Phlogiston festhalten, zurückgeführt. Durch das Löschen einer Flamme mit Wasser glaubte man das Entweichen von Phlogiston zu verhindern. 1774 entdeckte der englische Naturforscher Priestley[1], daß beim Erhitzen vom «Quecksilberkalk» (Quecksilberoxid) ein Gas entstand, welches einen glimmenden Span zum hellen Aufflammen brachte und von ihm als «dephlogistierte Luft» betrachtet wurde. Nahezu gleichzeitig (1773) wurde die «Feuerluft», d.h. der Sauerstoff, auch von Scheele entdeckt. Sowohl Priestley wie Scheele erkannten indessen die wahre Bedeutung des Elementes für die Verbrennungsvorgänge noch nicht. Erst Lavoisier vermochte alle bis dahin bekannten Tatsachen in einen lückenlosen logischen Zusammenhang zu bringen und damit nicht nur die Natur des Verbrennungsvorganges, sondern auch die Zusammensetzung der «Metallkalke» (d.h. ihrer Oxide) und des Wassers aufzuklären.

[1] J. Priestley (1733–1804), englischer Theologe und Chemiker; überzeugter Anhänger der Phlogistontheorie. Bewies als erster endgültig, daß außer Luft auch andere Gase existieren.

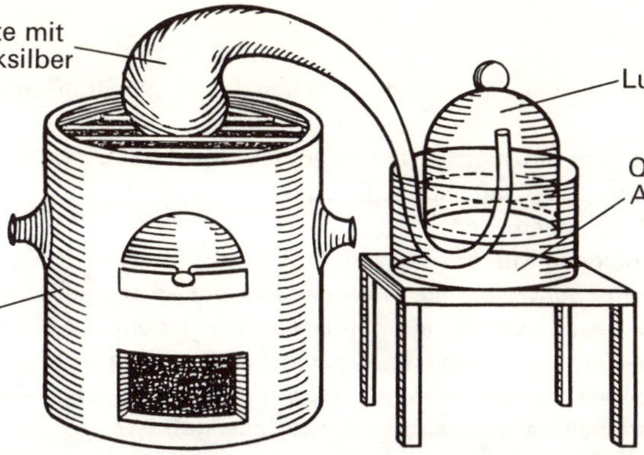

Abb. 1.15. Versuch von Lavoisier zur Entfernung des Sauerstoffes aus der Luft durch Bildung von Quecksilberoxid (nach Lavoisier)

Zur Untersuchung der Luft erhitzte Lavoisier Quecksilber auf etwa 350°C, und zwar in einer Retorte, die mit einem abgesperrten Luftraum in Verbindung stand (1774). Dabei bildete sich nach einigen Tagen an der Oberfläche eine Schicht des später Quecksilberoxid genannten roten Pulvers, während sich das Luftvolumen um etwa $^1/_5$ verkleinerte (Abb.1.16). Den Luftrest, der die Verbrennung nicht mehr unterhielt, nannte Lavoisier «Azote» *(zotikos* = gr. das Leben erhaltend, *a* gr. = Verneinung), deutsch Stickstoff. Durch Erhitzen des Quecksilberoxids auf noch höhere Temperatur erhielt Lavoisier wieder das Metall sowie ein Gas, dessen Volumen gleich groß war wie die beim Erhitzen des Quecksilbers verschwundene Luft. Dieses Gas erwies sich als identisch mit der von Scheele (1773) erhaltenen, die Verbrennung fördernden «Feuerluft». Lavoisier nannte es «Oxygène» (deutsch Sauerstoff), da er es irrtümlicherweise für den wesentlichen Bestandteil der Säuren hielt *(oxys* gr. = sauer, *gennan* gr. = bilden), und erkannte es als Element.

Abb. 1.16. A. L. Lavoisier
(Vorlage: Deutsches Museum, München)

[1] Da der Vorgang umkehrbar ist (HgO spaltet wieder O ab), betrug die Verminderung des Luftvolumens etwas weniger als $^1/_5$.

Übungen

1.1 Woran kann man erkennen, ob es sich bei einem gegebenen Stoff um eine Mischung handelt?
1.2 Welche der folgenden Substanzen sind heterogen, welche sind homogen: Zucker, Wasser, Eisen, Wein, Beton, Glas, Salz, Kohle, Gneis?
1.3 Welches sind Mischungen?
1.4 Wie kann man folgende Mischungen trennen: Alkohol/Wasser, Zucker/Sand?
1.5 Beim Eingießen von Schwefelsäure in Wasser entsteht unter starker Erwärmung eine farblose Lösung. Ist dieses «Lösen» ein physikalischer oder ein chemischer Vorgang?
1.6 Was versteht man unter «Nebel», unter «Suspension», unter «Phase»?
1.7 Wie kann man beweisen, daß bei der Verbrennung einer Kerze Luft verbraucht wird?
1.8 Wie beweist man, daß der verbrauchte Anteil Sauerstoff ist?

Literatur

G. Bugge *Das Buch der großen Chemiker* (Band I). Verlag Chemie, Weinheim 1961

H. Fierz *Entwicklungsgeschichte der Chemie.* Birkhäuser, Basel 1945

G. Lockemann *Geschichte der Chemie.* Sammlung Göschen, Band 264 und 265

R. Sachtleben und A. Hermann *Große Chemiker.* Battenberg, Stuttgart 1960

Selected Readings in the History of Chemistry. Chemical Education Publishing Company, Easton 1965

M. E. Weeks *Discovery of the Chemical Elements.* Chemical Education Publishing Company, Easton 1966

2 Der atomare Aufbau der Materie

2.1 Das Dalton-Modell

In der zweiten Hälfte des 18. Jahrhunderts wurde immer mehr die Waage zur gewichtsmäßigen Untersuchung von chemischen Vorgängen und zur Ermittlung der Zusammensetzung von Stoffen herangezogen. Das Ergebnis vieler Messungen drückte Lavoisier mit dem Satz aus: «Nichts wird erschaffen, weder in den Experimenten noch in den Veränderungen der Natur, und man kann das Prinzip aufstellen: in jedem Vorgang hat sich die Menge Materie nicht geändert.» Diese Erkenntnis, welche bereits im Altertum von einigen griechischen Philosophen postuliert wurde, bezeichnen wir heute als den **Satz von der Erhaltung der Masse.** Nachprüfungen, die von Landolt[1] zwischen 1890 und 1910 mit äußerst empfindlichen Waagen durchgeführt wurden, ergaben innerhalb der Wägegenauigkeit keine Änderung der Masse bei chemischen Vorgängen[2]. Bei Vorgängen, an welchen Gase beteiligt sind, muß natürlich bei solchen Messungen dafür gesorgt werden, daß während des Vorganges verbrauchte oder entstehende Gase mitgewogen werden! So läßt sich bei der Zerlegung von Quecksilberoxid die Konstanz der Masse dadurch zeigen, daß man den Sauerstoff in einer abgeschlossenen, leergepumpten Glaskugel auffängt und das Reagenzglas samt Glaskugel wägt.
Untersucht man die *Zusammensetzung einer bestimmten Verbindung,* so findet man (unabhängig von der Menge der Ausgangssubstanz oder der Art ihrer Herstellung) immer dasselbe Massenverhältnis der Elemente. Diese Gesetzmäßigkeit wurde als Ergebnis allerdings noch ziemlich

Tabelle 2.1. Zusammensetzung von Kupfersulfid
(Ergebnisse von 10 Praktikumsversuchen)

% Kupfer	% Schwefel	
79,9	20,1	
79,9	20,1	
79,1	20,9	
79,8	20,2	
80,0	20,0	
79,6	20,4	
79,8	20,2	
80,3	19,7	
80,1	19,9	
79,8	20,2	
79,8	20,2	Durchschnitt
79,84	20,16	Theoretischer Wert

[1] H. Landolt (1831–1910), Physikochemiker, Berlin.
[2] Nach Einstein besitzt auch die Energie eine Masse: $E = m \cdot c^2$, wobei E = Energie, m = Masse und c = Lichtgeschwindigkeit bedeuten. Der Satz von der Erhaltung der Masse muß daher heute als «Satz von der Erhaltung der Masse und Energie» formuliert werden: Die Summe von Masse und Energie im Weltall ist konstant. Im Gegensatz zu Reaktionen mit Atomkernen, bei denen relativ viel Masse in Energie verwandelt wird, sind die bei chemischen Vorgängen auftretenden Energiebeträge zu klein, um als Masseänderung ins Gewicht zu fallen.

ungenauer Wägungen bereits von Lavoisier ausgesprochen: *Verbindungen besitzen eine definierte, konstante Zusammensetzung;* die Elemente verbinden sich also stets in konstanten Massenverhältnissen («**Gesetz der konstanten Verhältnisse**»).
Erhitzt man beispielsweise ein gewogenes Stück Kupferblech in einem Porzellantiegel, der genügend Schwefel enthält, so reagieren die beiden Elemente unter starkem Aufglühen zu schwarzblauem Kupfersulfid. Nachdem der überschüssige Schwefel verdampft ist, kann man das Blech wieder wägen. Aus der Massenzunahme und der Masse des ursprünglichen Bleches berechnet sich die prozentuale Zusammensetzung von Kupfersulfid zu 79,8% Cu und 20,2% S. Die gleichzeitige Ausführung mehrerer Versuche gibt im allgemeinen gute Übereinstimmung.
Lavoisiers Behauptung wurde durch zahlreiche sorgfältige Analysen von Proust[1] bestätigt, der zum Schlusse kam: «Wir müssen erkennen, daß Zusammensetzung und Eigenschaften einer echten Verbindung überall auf der Erde gleich sind. Zinnober aus Japan besitzt die gleichen Eigenschaften und die gleiche Zusammensetzung wie Zinnober aus Spanien; auf der ganzen Welt existiert nur *ein* Kochsalz, *ein* Salpeter usw., und die künstlich hergestellten Oxide haben dieselbe Zusammensetzung wie die natürlich vorkommenden.»
Lavoisiers und Prousts Behauptungen wurden von den Zeitgenossen nicht ohne Widerspruch hingenommen. Besonders Berthollet[2] hielt die Zusammensetzung von Verbindungen auf Grund von Analysen von Mineralien u.a. für variabel und bekämpfte die Ansicht von Proust. Erst viel später zeigte sich, daß es tatsächlich eine große Zahl von Verbindungen gibt, deren Zusammensetzung innerhalb gewisser Grenzen schwanken kann («nicht-daltonide» oder «**berthollide**» Verbindungen, siehe S. 135).

Abb. 2.1. J. Dalton (1766 - 1844)
(Vorlage: Deutsches Museum, München)

Durch das Gesetz der konstanten Proportionen gelangte J. Dalton[3] zur **Atomhypothese** (1803 bis 1805). Daltons wesentliche Aussagen sind folgende: *Die Materie besteht aus sehr kleinen Atomen, die nicht weiter zerlegbar sind und weder erschaffen noch zerstört werden können.*

[1] L. Proust (1754–1826), französischer Chemiker, Madrid, Paris.
[2] Claude Berthollet (1748–1822), französischer Chemiker.
[3] J. Dalton (1766–1844), Sohn eines armen Webers. Zuerst Lehrer an verschiedenen Schulen, später Privatgelehrter. Sein Hauptverdienst ist die Begründung der modernen Atomistik. Weitere Arbeitsgebiete sind die Rot-Grün-Blindheit («Daltonismus»), die Ausdehnung der Gase u.a. Er fand auch, daß der Druck eines Gasgemisches gleich der Summe der Partialdrucke der Komponenten ist.

Die Atome verschiedener Elemente besitzen verschiedene Eigenschaften und verschiedene Massen; *alle Atome eines bestimmten Elementes sind jedoch unter sich gleich.* Bei chemischen Vorgängen ändert sich die Gesamtmasse der beteiligten Stoffe nicht, da die Atome unveränderlich sind. Aus der konstanten Zusammensetzung von Verbindungen schließt Dalton, daß sich *die Atome bei der Bildung einer Verbindung in einem bestimmten Zahlenverhältnis vereinigen,* ohne allerdings dafür eine Erklärung geben zu können.
Mit der Atomhypothese wurde eine sehr alte Vorstellung wieder aufgegriffen. Bereits die Philosophen Demokrit und Leukipp[1] (5. Jahrhundert v. Chr.) nahmen kleinste Teilchen als Bausteine von Stoffen an. Insbesondere lehrte Demokrit, daß nur Materie und leerer Raum existiere. Erstere bestehe aus kleinsten unteilbaren Teilchen, den Atomen *(atomos* = unteilbar). Die verschiedenen Körper bilden sich nach Demokrit durch Zusammenprall von Atomen, indem diese dann in verschiedener Zahl und Lage zusammentreten. Geschmacks- und Geruchsqualitäten seien nur Schein.
Die Atomvorstellung von Demokrit stand in schroffem Gegensatz zur Lehre von den vier Elementen, welche als Folge der Schriften von Aristoteles das ganze Mittelalter über die herrschende Anschauung bildete. Experimentelle Anhaltspunkte für die wirkliche Existenz von Atomen waren natürlich nicht vorhanden. Erst im 17. und 18 Jahrhundert wurde die Vorstellung vom Aufbau der Materie aus kleinsten Teilchen vereinzelt wieder zur Erklärung bestimmter Eigenschaften (vor allem von Gasen) herangezogen (Gassendi, Descartes, Newton, Bernoulli[2]). Obschon die Atomhypothese nicht nur für die quantitative Zusammensetzung von Verbindungen eine einleuchtende Erklärung bot (siehe auch das Gesetz der vielfachen Verhältnisse), sondern auch das physikalische Verhalten von Gasen und Flüssigkeiten weitgehend erklären konnte, stieß sie lange Zeit auf Ablehnung und blieb eine «Hypothese» (Annahme), da zunächst kein direkter Beweis für das tatsächliche Vorhandensein der Atome erbracht werden konnte. Erst durch die Entwicklung von Physik im Laufe der zweiten Hälfte des 19. Jahrhunderts (kinetische Gastheorie, Clausius, Boltzmann; Vorgänge bei elektrischen Entladungen in Gasen, Crookes, Lenard u. a.; Radioaktivität und Röntgenstrahlen, Becquerel, Curie, Röntgen, v. Laue) konnte der atomare Aufbau der Materie direkt bewiesen werden. Die Atom-«Hypothese» ist dadurch zur Atom-«Theorie» geworden. Sie ist wohl die wichtigste Theorie der Chemie überhaupt. Die Existenz der Atome muß heute als Tatsache angenommen werden.

Eine bereits von Dalton aus der Atomhypothese gezogene *Folgerung* ist das «**Gesetz der vielfachen Verhältnisse**» («multiple Proportionen»). Haben nämlich die Atome zweier Elemente die Möglichkeit, sich in verschiedenen Zahlenverhältnissen zu verbinden (z. B. 1 Atom A mit 1 Atom B oder 1 Atom A mit 2 Atomen B; die Elemente A und B bilden dann verschiedene Verbindungen miteinander), so müssen sich die Massen des einen Elementes (z. B. B), die mit ein und derselben Menge des anderen Elementes (A) verbunden sind, unter sich wie kleine ganze Zahlen verhalten. Dieses Gesetz ließ sich in der Folge experimentell bestätigen und bildete eine Hauptstütze für die «Atomhypothese» (siehe Tabelle 2.2).

Gesetz, Hypothese und Theorie. Eine allgemeine Feststellung, die auf Beobachtung und Experiment gegründet ist, nennen wir ein «Gesetz» (z. B. konstante Proportionen, Fallgesetz, Ohmsches Gesetz usw.). Ein Gesetz gibt daher nur eine Beschreibung von Vorgängen oder Er-

[1] Demokritos (460–371 v. Chr.), aus Abdera (Kleinasien), begründet mit seinem Lehrer Leukippos die Atomlehre.
[2] P. Gassendi (1592–1655), Probst von Digne (Provence), betrachtete die Stoffe aufgebaut aus den von Gott als unveränderlich erschaffenen Atomen und leerem Raum. Alle Atome bestehen nach ihm aus derselben Substanz, unterscheiden sich aber durch Gestalt, Größe und Gewicht. Alle Veränderung und aller Wechsel in den Körpern ist auf die Bewegung der Atome zurückzuführen, alle Eigenschaften der Körper auf Gestalt und Ordnung der Atome. Diese treten zuerst zu kleineren Gruppen *(moleculae)* zusammen und dann zu immer größeren Körpern.
R. Descartes (1596–1650), französischer Mathematiker und Philosoph.
I. Newton (1643–1727), englischer Physiker (Gravitationsgesetz!) und D. Bernoulli (1700–1782), Basler Physiker, verwendeten den Atombegriff zur Erklärung des Verhaltens von Gasen.

Tabelle 2.2. Zusammensetzung der Stickstoffoxide und einiger Kohlenstoff-Wasserstoff-Verbindungen

Verbindungen von Stickstoff mit Sauerstoff	
Stoff	Massenverhältnis Sauerstoff : Stickstoff
Distickstoffoxid	0,571 : 1 = (1 · 0,571) : 1
Stickoxid	1,142 : 1 = (2 · 0,571) : 1
Distickstofftrioxid	1,713 : 1 = (3 · 0,571) : 1
Stickstoffdioxid	2,284 : 1 = (4 · 0,571) : 1
Distickstoffpentoxid	2,855 : 1 = (5 · 0,571) : 1
Verbindungen von Kohlenstoff mit Wasserstoff	
Stoff	Massenverhältnis Wasserstoff : Kohlenstoff
Acetylen	0,0839: 1 = (1 · 0,084) : 1
Äthylen	0,168 : 1 = (2 · 0,084) : 1
Äthan	0,252 : 1 = (3 · 0,084) : 1
Methan	0,336 : 1 = (4 · 0,084) : 1

scheinungen, aber keine Erklärung. Um Gesetze «verständlich» zu machen, d.h. um sie zu «erklären», führt man eine Annahme («Hypothese») ein. Eine solche Hypothese kann sich im Laufe der Zeit als Irrtum herausstellen, wenn ihr weitere Versuchsergebnisse widersprechen (siehe Phlogistonhypothese). Lassen sich aber aus der Hypothese Schlüsse ziehen, welche durch Experimente bestätigt werden, oder stehen weitere Beobachtungen und experimentelle Untersuchungen im Einklang mit ihr, so gewinnt sie an Wahrscheinlichkeit und wird zur «Theorie», d.h. zu einer Aussage, welche zahlreiche Einzelergebnisse miteinander verknüpft und sie auf eine gemeinsame Grundlage zurückführt.

2.1.1 Die Aggregatzustände

Die Vorstellung, daß alle Stoffe aus kleinsten Teilchen aufgebaut sind, erklärt besonders gut auch die Eigenschaften der verschiedenen Aggregatzustände.

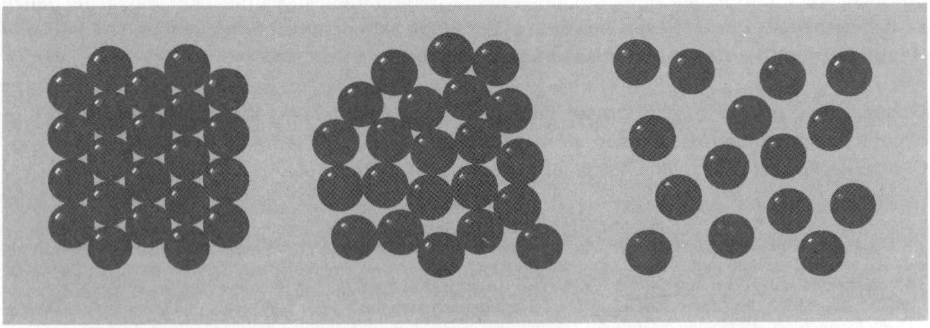

Abb. 2.2. Ordnung der Teilchen in den verschiedenen Aggregatzuständen

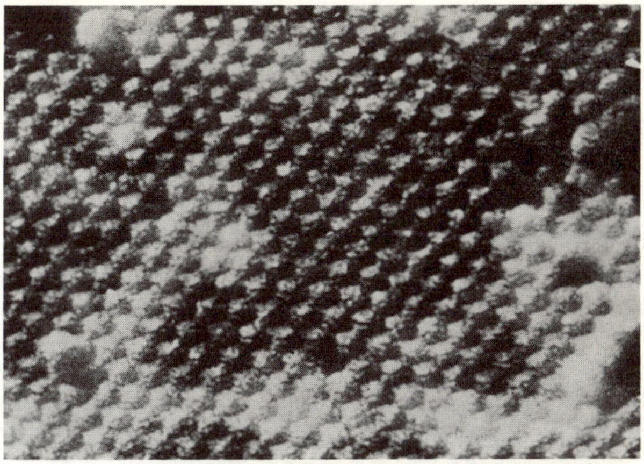

Abb. 2.3. Im Elektronenmikroskop sichtbare Ordnung der kugeligen Teilchen des Tabak-Nekrose-Virus. Jedes «Kügelchen» stellt eine Virus-Einheit dar. Etwa 140000mal vergrößert (aus einer Arbeit von Labaw und Wyckoff)

Gitteraufbau. Die bestimmte Form und die geringe Zusammendrückbarkeit eines *festen Stoffes* weisen darauf hin, daß hier die kleinsten Teilchen kein regelloses Durcheinander bilden, sondern eine bestimmte, gesetzmäßige räumliche Ordnung besitzen (eine sogenannte *«Gitteranordnung»* oder kurz «**Gitter**», siehe z. B. Abb. 2.3 und 3.12). Jedes einzelne Teilchen ist von einer bestimmten Zahl anderer Teilchen umgeben, wobei die Teilchen unter sich durch *«Kohäsionskräfte»* verbunden sind. Das Wesen dieser Kräfte wird später erklärt werden (siehe S. 99 und S. 112); sicher sind diese Kräfte jedoch bei schwerflüchtigen Stoffen größer als bei leichtflüchtigen. In einem Idealkristall ist die geometrische Ordnung der Teilchen völlig regelmäßig. Diese gesetzmäßige Anordnung der Teilchen ist das typische Merkmal eines **Kristalles** und nicht etwa die Kristallflächen mit ihren charakteristischen Winkeln (die besondere Stellung der Kristallflächen rührt allerdings vom Gitterbau her!). In einem *«amorphen»*, d. h. nichtkristallinen Stoff, sind zwar die Teilchen auch stark aneinander gebunden, jedoch ist die Ordnung innerhalb des Stoffes nicht regelmäßig (Beispiel: Glas, siehe S. 312).
Eine Folge des Gitteraufbaues der Kristalle ist die Erscheinung der *Anisotropie.* Darunter versteht man die Tatsache, daß gewisse physikalische Eigenschaften, wie z. B. Wärmeleitfähigkeit, Härte, Lichtbrechung, Lichtabsorption usw., richtungsabhängig sind, d. h. je nach der untersuchten Richtung im Kristall verschiedene Größe besitzen. Besonders deutlich zeigt sich die Richtungsabhängigkeit der Wachstumsgeschwindigkeit, denn jeder Kristall müßte Kugelform besitzen, wenn er allseitig mit gleicher Geschwindigkeit wachsen würde. Ebenso wie die äußere Kristallform ist auch die Spaltbarkeit eines Kristalles (welche meist nur parallel ganz bestimmten Flächen möglich ist) geradezu ein Abbild der Anisotropie. Im Gegensatz zu den kristallinen Festkörpern sind amorphe Stoffe und Flüssigkeiten *«isotrop»*, d. h. die Größe einer bestimmten Eigenschaft hängt hier nicht von der Richtung ab. Stoffe, welche wie die Metalle aus zahlreichen kleinen, regellos angeordneten Kriställchen («Kristalliten») bestehen, sind *«statistisch isotrop»*, weil sich die Anisotropie der einzelnen Kristalliten im Ganzen aufhebt.
Die Erklärung der Anisotropie liegt darin, daß die *Teilchenabstände* in einem Kristallgitter *in verschiedenen Richtungen verschieden* sind und sich dabei sprunghaft – je nach der Richtung – ändern (Abb. 2.4). Es ist einleuchtend, daß das physikalische Verhalten in einer Richtung, in welcher Teilchen in kurzen Abständen aufeinanderfolgen, ein anderes sein wird als in einer verhältnismäßig locker mit Teilchen besetzten Richtung.
Wie schon auf S. 39 gesagt worden ist, schloß Dalton aus der *konstanten Zusammensetzung von Verbindungen,* daß sich in einer Verbindung die Atome der Elemente stets im gleichen Zahlenverhältnis vereinigen. Bei *schwerflüchtigen Substanzen* (Salze, diamantartige Stoffe),

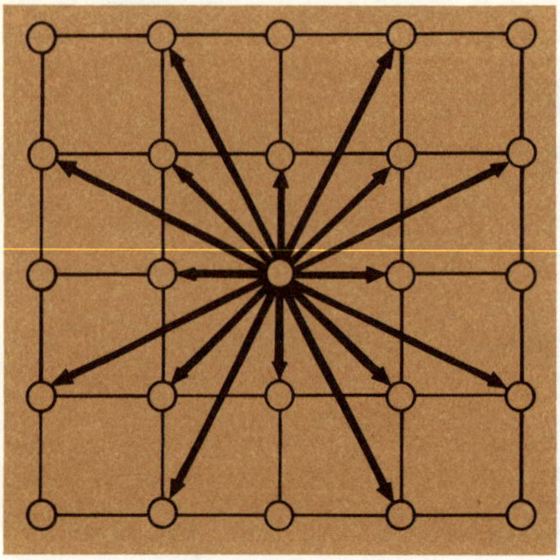

Abb. 2.4. Kürzeste Teilchenabstände: Die Abstände benachbarter Teilchen auf verschiedenen, durch denselben Punkt gehenden Geraden hängen von der Richtung ab

die bei Raumtemperatur ein Gitter bilden, in dem die Gitterteilchen stark aneinander gebunden sein müssen, kann ein bestimmtes konstantes Zahlenverhältnis der Atome dadurch zustande kommen, daß **die verschiedenen Atomarten sich im Gitter nicht regellos,** sondern **in ganz bestimmter Weise gesetzmäßig anordnen** (vgl. dazu die Abb. 3.12, S. 100, die den Bau des Gitters von Kochsalz darstellt). In *flüchtigen Stoffen* sind die Gitterteilchen nur schwach aneinander gebunden (die betreffenden Substanzen lassen sich ja ohne großen Energieaufwand schmelzen und verdampfen); die für die betreffende Substanz charakteristischen Teilchen – die auch im flüssigen und gasförmigen Zustand als Einheiten vorhanden sind! – müssen deshalb die Atome der die Verbindung bildenden Elemente ebenfalls in einem konstanten Zahlenverhältnis enthalten. Solche Substanzen bestehen darum aus unter sich gleichen, aus mehreren Atomen bestehenden, in sich abgeschlossenen Teilchen, die **Moleküle** genannt werden. Wasser beispielsweise besteht in allen Aggregatzuständen aus H_2O-Molekülen (mit zwei H-Atomen und einem O-Atom), während Wasserstoffperoxid aus H_2O_2-Molekülen mit zwei H- und zwei O-Atomen besteht.

Aggregatzustandsänderungen. Wird eine feste, kristalline Substanz langsam erwärmt, so führt man Energie zu, welche sich als kinetische Energie der Teilchen äußert. Diese rotieren oder schwingen immer rascher um ihre Schwerpunktslage, bis schließlich beim weiteren Erwärmen die geometrische Ordnung zusammenbricht: Der Stoff *schmilzt.* In der *Flüssigkeit* sind die Teilchen kaum mehr geordnet, und sie können sich stärker bewegen als im festen Zustand; die Anziehungskräfte zwischen ihnen sind aber noch so stark, daß der Zusammenhalt des Stoffes bestehen bleibt. Erst beim Erreichen des *Siedepunktes,* d. h. beim Verdampfen, führt das Erwärmen dazu, daß sich die Teilchen voneinander lösen, so daß sie sich im *Gaszustand* frei und unabhängig voneinander bewegen können; die Abstände zwischen ihnen sind dann im Vergleich zur eigenen Größe sehr groß.
Zur Zerstörung der festen Gitterordnung muß beim Schmelzen ein bestimmter Wärmebetrag aufgewendet werden (die sogenannte *Schmelzwärme).* Ebenso ist zur Überwindung der Kohäsionskräfte beim Sieden eine bestimmte Wärmemenge nötig *(Verdampfungswärme).* Trotz weiterer Wärmezufuhr steigt daher während des Schmelzens und Siedens die Temperatur nicht weiter an, bis alle Substanz geschmolzen bzw. verdampft ist (Abb. 2.5). Umgekehrt wird bei der Kondensation eines Gases zur Flüssigkeit und beim Erstarren (Gefrieren) einer Flüssigkeit je eine entsprechende Wärmemenge wieder frei[1].

[1] Kühlt man eine Flüssigkeit in einem wärmeisolierten Gefäß langsam bis zum Erstarrungspunkt ab, so kann man beobachten, wie während des Erstarrens die Temperatur wieder etwas ansteigt!

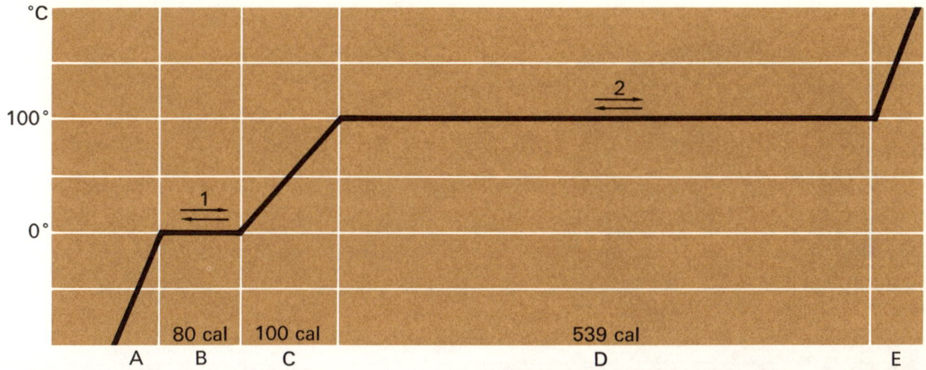

Abb. 2.5. Haltepunkte des Wassers bei Atmosphärendruck. A Eis; B Eis + Wasser; C Wasser; D Wasser + Dampf; E Dampf; 1 Schmelzen und Gefrieren, 2 Sieden und Kondensieren (die angegebenen Schmelz- und Verdampfungswärmen beziehen sich auf 1 g Wasser)

Beim *Schmelzen* und *Sieden* einer Substanz wird also zuerst die Gitterordnung zerstört, und dann werden schließlich die Kräfte zwischen den Teilchen durch die zugeführte Wärme überwunden. Hohe Schmelz- und Siedepunkte bedeuten daher, daß zwischen den Teilchen starke Kräfte wirksam sein müssen; Schmelz- und Siedetemperatur liegen dabei um so weiter auseinander, je stärker diese Kräfte sind. Zwischen den Teilchen flüchtiger Stoffe wirken nur relativ schwache Kräfte; die Teilchen salzartiger und besonders diamantartiger Stoffe sind ganz besonders stark aneinander gebunden. Schon unterhalb des Siedepunktes können aber besonders energiereiche Teilchen die Flüssigkeit verlassen *(«verdunsten»)*, die weniger schnellen Teilchen bleiben in der Flüssigkeit zurück, und diese wird kühler. Da sich die verdunsteten Teilchen ebenfalls wie Gasteilchen frei bewegen, können sie sich aus dem Gefäß entfernen. Aus der Flüssigkeit entweichen weitere Teilchen, bis sie schließlich völlig verdunstet ist. Hält man jedoch das Gefäß verschlossen, so werden zwar zunächst immer mehr Teilchen in den Dampfraum übergehen, hingegen geraten Teilchen, die während ihrer Bewegung nahe zur Flüssigkeitsoberfläche gelangen, dort unter die Wirkung der von den Flüssigkeitsteilchen ausgehenden Kräfte und werden «eingefangen». Es stellt sich daher mit der Zeit ein für die betreffende Temperatur charakteristisches *Gleichgewicht* ein; der Raum über der Flüssigkeit wird mit Dampf gesättigt. Den Druck, den dieser Dampf auf die Wand ausübt, bezeichnet man als *Dampfdruck.* Mit zunehmender Temperatur steigt der Dampfdruck, bis er beim Siedepunkt den Atmosphärendruck erreicht.

Im *Gaszustand* bewegen sich die Teilchen regellos durcheinander, wobei sie sehr häufig elastisch zusammenstoßen oder auf die Gefäßwände prallen. Die Summe aller Stöße von Teilchen auf die Gefäßwände ergibt den *Gasdruck;* ist keine Wand vorhanden, so breitet sich das Gas als Folge der regellosen Bewegung im Raum gleichmäßig aus. Die *mittlere kinetische Energie* der Gasteilchen ist *der (absoluten) Temperatur proportional;* bei gleicher Temperatur besitzen die Teilchen verschiedener Gase im Mittel also dieselbe kinetische Energie. Teilchen von geringerer Masse bewegen sich rascher als schwerere Teilchen; die *Ausbreitung* bzw. die *Diffusion* eines Gases durch poröse Wände geschieht deshalb um so schneller, je leichter die Gasteilchen sind. Der Gasdruck wächst mit zunehmender Temperatur, weil dabei auch der mittlere Impuls ($m \cdot v$) der Teilchen zunimmt; ebenso nimmt der Druck *mit zunehmender Teilchenzahl pro Volumen* (mit zunehmender «Teilchenkonzentration») zu.

Dieses einfache *Modell* gibt die wesentlichen Eigenschaften der Gase zutreffend wieder. Es *vernachlässigt* allerdings die zwischen den Gasteilchen wirkenden *Anziehungskräfte* (die bei Raumtemperatur zwar nur sehr gering, jedoch doch noch wirksam sind) sowie das *Eigenvolumen*

Abb. 2.6. A. Avogadro

der Teilchen (diese werden als punktförmig betrachtet). Die Abweichungen vom «**idealen**» Verhalten (welches durch die Zustandsgleichung idealer Gase charakterisiert wird), die bei «**realen Gasen**» beobachtet werden, sind die Folge dieser Vernachlässigungen.
Haben wir nun *zwei Behälter, deren Volumen gleich groß* ist, die aber *mit verschiedenen Gasen gefüllt* sind, und sind *Druck und Temperatur der beiden Gase gleich,* so *müssen die Behälter dieselbe Anzahl Teilchen enthalten.* Da nämlich der Druck von der Anzahl der pro Zeiteinheit erfolgenden Stöße auf die Behälterwand (also von der Teilchenzahl pro Volumen) und von der Temperatur abhängt, müssen – bei gleichem Druck und gleicher Temperatur – auch die Teilchenzahlen in beiden (gleich großen!) Behältern gleich groß sein.
Mit anderen Worten ausgedrückt: *Das Volumen eines Gases hängt bei gegebenen Bedingungen* (Druck, Temperatur) *nur von der Anzahl der vorhandenen Teilchen und nicht von ihrer Masse ab.*

Die Feststellung, daß **gleiche Raumteile verschiedener Gase bei gleichen Bedingungen gleich viele Teilchen enthalten,** wurde als *Hypothese* bereits von Avogadro[1] (1810) ausgesprochen und zunächst zur Erklärung der von Gay-Lussac[2] und v. Humboldt[3] beobachteten einfachen und ganzzahligen Volumenverhältnisse bei Reaktionen gasförmiger Substanzen herangezogen.
Aus dieser Hypothese ergab sich die *Folgerung,* daß die kleinsten, frei existierenden Teilchen gewisser Elemente nicht Atome, sondern aus zwei Atomen zusammengesetzte «**Moleküle**» sind (siehe S. 42). Dadurch geriet Avogadro in Widerspruch zu Dalton, der die Atome selbst als kleinste Teilchen aller Elemente postulierte. Weil es den meisten damaligen Chemikern sehr schwer fiel, den Unterschied zwischen Daltons unteilbaren Atomen und Avogadros teilbaren Molekülen zu erfassen und die beiden Teilchen in die richtige Beziehung zueinander zu setzen, stieß die Hypothese von Avogadro bei seinen Zeitgenossen fast ausnahmslos auf Ablehnung. Erst in der Mitte des 19. Jahrhunderts wurden diese Zusammenhänge endgültig geklärt.

[1] Graf Amadeo Avogadro di Quaregna (1776–1856), Professor für Physik in Turin.
[2] J.-G. Gay-Lussac (1778–1850), Professor der Chemie und Physik in Paris. Untersuchungen über Gase (Volumengesetz, Wärmeausdehnung).
[3] A. v. Humboldt (1769–1859), sehr vielseitiger Naturforscher. Arbeitete zusammen mit Gay-Lussac über Gase.

2.1.2 Die Atommasse («Atomgewicht»)

Dalton postulierte, daß die Atome eine bestimmte, unveränderliche Masse besitzen. Er hielt aber diese Massen für unvorstellbar klein und glaubte, sie seien niemals zu bestimmen. Hingegen versuchte er, die Verhältnisse der Massen der verschiedenen Atome zueinander zu ermitteln.
Dabei nahm er an, daß in den meisten Verbindungen zweier Elemente deren Atome im Zahlenverhältnis 1 : 1 verbunden seien. So käme etwa im Wasser ein H- auf ein O-Atom, im Kupfersulfid ein Cu- auf ein S-Atom, usw. Unter dieser Voraussetzung gibt das Massenverhältnis der Elemente in einer solchen Verbindung direkt das Verhältnis der **Atommassen.** Weil Dalton die wirklichen Massen der Atome für unbestimmbar hielt, wählte er als Einheit für seine auf diese Weise bestimmten Atommassen die Masse eines Wasserstoffatoms (Wasserstoff ist das leichteste Element!). So gelangte Dalton bereits zu einer Tabelle der Atommassen von etwa 20 Elementen.
Die von Dalton angegebenen weichen von den heutigen Werten aus verschiedenen Gründen ziemlich stark ab. Nicht nur waren die ihm zur Verfügung stehenden Daten über die mengenmäßige Zusammensetzung der Verbindungen noch recht ungenau, sondern es steht auch nicht zum vornherein fest, daß das Zahlenverhältnis der Atome in einer «binären» (aus nur zwei Elementen bestehenden) Verbindung immer 1 : 1 sein müsse. Da sich zunächst keine Möglichkeit bot, diese Zahlenverhältnisse exakt zu bestimmen, blieben viele Atommassen recht unsicher. Hinweise auf die wirklichen Atommassen (und damit auf die wirklichen Atomverhältnisse in Verbindungen) erhielt man unter anderem aus der Regel von Dulong und Petit, nach welcher das Produkt aus Atommasse und spezifischer Wärme bei vielen Metallen ungefähr 6 cal/Grad ist.
Durch Anwendung des Satzes von Avogadro auf die *Volumenverhältnisse bei der Bildung gasförmiger Verbindungen* ließen sich jedoch wenigstens für gewisse Verbindungen die Zahlenverhältnisse der Atome eindeutig festlegen.
Aus Wasserstoff und Chlor erhält man nach Erhitzen oder Zündung ein farbloses, stechend riechendes Gas, *Chlorwassersto*ff. Untersucht man die Volumenverhältnisse dieser Reaktion, so findet man, daß ein Raumteil Wasserstoff mit einem Raumteil Chlor zwei Raumteile Chlorwasserstoff gibt. Zerlegt man Wasser durch Elektrolyse, so entstehen Wasserstoff und Sauerstoff im Volumenverhältnis 2 :1. Im gleichen Verhältnis vereinigen sich die beiden Gase bei der Wassersynthese. Führt man die Synthese oberhalb 100°C aus (z. B. in einem durch eine Heizspirale erhitzten Glasrohr), so beobachtet man, daß dabei aus zwei Raumteilen Wasserstoff und einem Raumteil Sauerstoff zwei Raumteile Wasserdampf entstehen.
Nun enthält aber nach Avogadro ein Raumteil eines Gases bei gleichen Bedingungen stets gleich viele Teilchen. Bei der Bildung von Chlorwasserstoff aus den Elementen entstehen somit aus

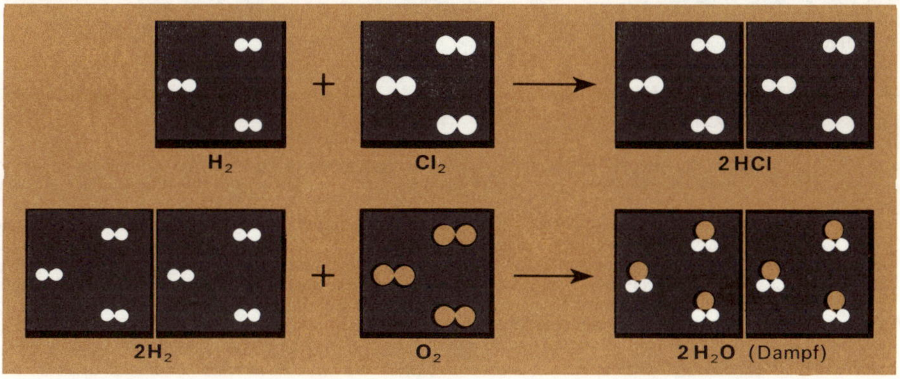

n H- und *n* Cl-Teilchen insgesamt 2 *n* Chlorwasserstoffteilchen, während bei der Wassersynthese 2 *n* H-Teilchen mit *n* O-Teilchen zusammen 2 *n* Wasserteilchen bilden.
Aus diesen Überlegungen folgt zunächst, daß sich sowohl die Wasserstoff- wie die Chlor- und die Sauerstoffteilchen bei der Bildung der beiden Verbindungen *teilen* müssen, denn ein Chlorwasserstoffteilchen enthält mindestens ein H- und ein Cl-Atom, und ein Wasserteilchen enthält mindestens ein O-Atom. Die frei existierenden Teilchen der Elemente Wasserstoff, Chlor und Sauerstoff können also *nicht Atome* sein (diese sind nach Dalton bei chemischen Reaktionen unteilbar!), sondern sind aus (mindestens) zwei Atomen bestehende **Moleküle.**
Als zweite Folgerung ergibt sich weiter, daß sich H- und Cl-Atome im *Zahlenverhältnis* 1:1, H- und O-Atome im Zahlenverhältnis 2:1 zu Chlorwasserstoff bzw. Wasser verbunden haben. Das für Wasser experimentell gefundene Massenverhältnis der Elemente von angenähert 1:8 führt damit auf das Verhältnis 1:16 für die Atommassen von Wasserstoff und Sauerstoff.
In neuester Zeit gelang es schließlich, die Massen der Atome direkt zu messen *(Massenspektroskopie,* siehe S. 51; 1920).

Die Massen der Atome können nun in irgendeiner Masseneinheit angegeben werden. Weil die Atommassen aber außerordentlich klein sind, würden sich bei der Verwendung von Gramm als Einheit sehr kleine, unhandliche Zahlen ergeben. Man setzt deshalb eine willkürliche kleinere Einheit fest *(«Atommasseneinheit»,* mit u oder AME abgekürzt), welche ursprünglich der Masse eines H-Atoms gleichgesetzt wurde, heute aber aus verschiedenen praktischen Gründen als $^1/_{12}$ der Masse eines C-Atoms definiert ist. Wenn in diesem Buch in Zukunft von **Atommassen** schlechthin gesprochen wird, so ist damit die **Masse eines Atoms in Atommasseneinheiten** ($^1/_{12}$ des C-Atoms) gemeint[1,2,3]. Die (auf eine ganze Zahl auf- oder abgerundete) Maßzahl der in u angegebenen Atommasse wird als *Atommassenzahl* bezeichnet.
Die Maßzahlen der Atommassen in Atommasseneinheiten (u) und in anderen Einheiten (g, kg usw.) sind einander natürlich proportional. Den Proportionalitätsfaktor zwischen der Atommasseneinheit u und einem Gramm bildet die **Loschmidtsche Zahl N_L** (die auch als **Avogadrosche Zahl** bezeichnet wird), welche heute auf ganz verschiedenen Wegen experimentell bestimmt werden kann (vgl. z. B. S. 124):

$$\mathbf{N_L = 6{,}022169 \cdot 10^{23}}$$

Tabelle 2.3. Atommassen einiger Nichtmetalle

Verbindung	Massenverhältnis	Volumenverhältnis bei der Bildung aus den Elementen	Atommassen (bezogen auf H = 1)
Chlorwasserstoff	H : Cl = 1 : 35,5	1:1	Cl = 35,5
Wasser	H : O = 1 : 8	2:1	O = 16
Ammoniak	H : N = 1 : 4,66	3:1	N = 14

[1] In der Literatur spricht man heute noch vielfach von «**Atomgewichten**» an Stelle von Atommassen, weil man gewöhnlich die Massen durch Wägung bestimmt. Wir schließen uns hier dem in der Physik üblichen Sprachgebrauch an.

[2] Bis zum 31. Dezember 1960 diente Sauerstoff als Basis der Atommassenskala. Die Physiker betrachteten das Isotop ^{16}O, die Chemiker das Mischelement (mit einem geringen Anteil an ^{17}O und ^{18}O) als Grundlage, so daß sich physikalische und chemische Atommassen um einen (allerdings unwesentlichen) Betrag unterschieden (Begriff der «Isotope» siehe S. 55). Heute hat das häufigste Isotop des Kohlenstoffes definitionsgemäß die Atommasse 12,00000 u; weil natürlicher Kohlenstoff auch einen geringen Anteil an schweren Isotopen enthält, wird die Atommasse des natürlichen (Misch-) Elementes 12,01115 u.

[3] Nach den Richtlinien der IUPAP (International Union of Pure and Applied Physics) wurde für die Atommasseneinheit die Abkürzung u eingeführt.

Somit ist 1 u = 1/N_L g; ein H-Atom, ein O-Atom und ein Ag-Atom wiegen also 1,007 97/N_L g bzw. 15,9994/N_L g bzw. 107,870/N_L g.
N_L H-Atome haben eine Masse von 1,007 97 g, während die Masse von N_L O-Atomen bzw. N_L Ag-Atomen 15,9994 g bzw. 107,870 g beträgt. *Die Loschmidtsche Zahl gibt also die Zahl der Atome in einem «Grammatom» (d. h. in so vielen Gramm, wie der Atommasse entspricht)* an.

Es ist sehr schwer, sich von dieser riesigen Zahl eine Vorstellung zu machen. Würde man z. B. von der Erde eine Straße zur Sonne bauen und diese mit Millimeterpapier bekleben und dann auf jedem mm^2 ein Atom legen, so wäre für $6 \cdot 10^{23}$ Atome eine etwa 4000 km breite Straße notwendig!
Aus der Atommasse, der Dichte und der Loschmidtschen Zahl lassen sich *Masse* und *Größe eines Atoms* überschlagsmäßig berechnen.
Beispiel: N_L Eisenatome wiegen 56 g und nehmen ein Volumen von 7,10 cm^3 ein (die Dichte von Eisen beträgt 7,9 g cm^{-3}). Die Masse eines Atoms ist

$$m_{\text{Fe-Atom}} = \frac{56}{6 \cdot 10^{23}} = 9{,}35 \cdot 10^{-23}\,\text{g}.$$

Wenn das Atom als würfelförmig betrachtet wird, erhält man für die Kante des Würfels (und damit für den Atomdurchmesser)

$$d = \sqrt[3]{\frac{7{,}10}{0{,}6 \cdot 10^{24}}} = \sqrt[3]{11{,}9} \cdot 10^{-8}\,\text{cm} = 2{,}3\,\text{Å}.$$ [2]

2.1.3 Symbol und Formel

Im Mittelalter benützten die Alchemisten Planeten- oder Tierkreiszeichen als Symbole zur Bezeichnung einzelner Metalle. Lavoisier und Dalton verwendeten für einzelne Elemente ebenfalls willkürliche Zeichen:

Sauerstoff = ○	Wasserstoff = ⊙	Kohlenstoff = ●
Wasser = ○ ⊙	Kohlendioxid = ○ ●	

Die heute übliche «Formelsprache» geht auf den schwedischen Chemiker Berzelius[3] zurück. Berzelius gab dem Symbol eines Elementes neben der *qualitativen* auch *quantitative Bedeutung.*

Das **Symbol** dient damit nicht nur zur Abkürzung eines Namens, sondern bedeutet auch *«ein Atom des betreffenden Elementes»* sowie *«so viele Massenteile, wie seine Atommasse angibt»*. Die **Formel** einer Verbindung bringt dann die *Zahlenverhältnisse der Atome sowie die Massen-* (Gewichts-) *verhältnisse der Elemente in einer Verbindung zum Ausdruck.*

Beispiel: O = Sauerstoff
= 1 Atom Sauerstoff
16 Massenteile Sauerstoff

[1] J. Loschmidt (1821–1895), zuerst Volksschul- und Reallehrer, dann Professor in Wien.
[2] 1 Å = 1 Ångström = 10^{-8} cm.
[3] Jöns J. Berzelius (1779–1848), Professor der Medizin und der Pharmazie, ab 1815 Professor für Chemie, Stockholm. Sehr vielseitiger Forscher. Untersuchte Mengenverhältnisse in Verbindungen, stellte eine Tabelle der Atomgewichte auf, begründete eine elektrochemische Theorie der Verbindungsbildung.

H_2O = Wasser besteht aus Wasser und Sauerstoff
Auf zwei Atome Wasserstoff kommt ein Atom Sauerstoff
Die Massenanteile der beiden Elemente stehen im Verhältnis
$2 \cdot 1{,}00797 : 15{,}9994$

Es muß betont werden, daß diese Formeln *nichts anderes als das Zahlenverhältnis der Atome* und *damit das Massenverhältnis der Elemente zum Ausdruck bringen.* Man nennt sie auch etwa «**Atomzahl-Verhältnisformeln**» oder «**Substanzformeln**».
Wenn die Atommassen bekannt sind, kann man aus den experimentell gefundenen Gewichts- (Massen-) verhältnissen der Elemente in einer Verbindung ihre Formel berechnen. *Jede Formel ist daher indirekt das Ergebnis einer quantitativen Analyse.*

Beispiel: Kupfersulfid enthält 79,8% Kupfer und 20,2% Schwefel (siehe S. 37). Das Massenverhältnis der Elemente ist 79,8 : 20,2; es kommen also auf 79,8 u Kupfer 20,2 u Schwefel. Weil die Masse *eines* Cu-Atoms 63,5 u und die Masse *eines* S-Atoms 32,0 u beträgt, ist das Zahlenverhältnis der Atome

$$\frac{79{,}8}{63{,}5} : \frac{20{,}2}{32{,}0} \text{ oder gekürzt } 2 : 1.$$

Die Formel von Kupfersulfid lautet deshalb $\underline{Cu_2S}$.

Allgemein erhält man die Formel einer Verbindung, indem man die Gewichtsanteile (Prozentzahlen) der in ihr enthaltenen Elemente durch deren Atommassen teilt und die Quotienten auf kleine, ganze Zahlen umrechnet (kleinste Zahl = 1 setzen und die größeren durch diese teilen).

Beispiel: Eine Verbindung enthält 33,9% Kupfer, 14,9% Stickstoff und 51,2% Sauerstoff. Gesucht wird ihre Substanzformel.

$$\left.\begin{aligned} 33{,}9 : 63{,}5 &= 0{,}53 \\ 14{,}9 : 14 &= 1{,}06 \\ 51{,}2 : 16 &= 3{,}2 \end{aligned}\right\} \text{ Teilen aller Zahlen durch die kleinste ergibt } 1 : 2 : 6.$$

Die Formel lautet also CuN_2O_6 oder $\underline{Cu(NO_3)_2}$.

2.2 Das Rutherford-Modell des Atoms

Das «Partikel-» (Teilchen-) Modell der Materie liefert eine anschauliche Vorstellung vom Aufbau der Stoffe und vermag die charakteristischen Eigenschaften der drei Aggregatzustände verständlich zu machen. Die Kräfte, die zwischen den Teilchen eines festen und flüssigen Stoffes herrschen, können allerdings mit dem Dalton-Modell nicht erklärt werden. Die konstante Zusammensetzung einer Verbindung wird nach Dalton damit begründet, daß sich die Atome stets in bestimmten Zahlenverhältnissen verbinden; einen Grund dafür und einer Erklärung, warum gerade die beobachteten Zahlenverhältnisse und nicht auch andere auftreten, kann aber das Dalton-Modell nicht geben. Im Verlaufe des 19. Jahrhunderts wurden zudem verschiedene Erscheinungen beobachtet und erforscht, die darauf schließen lassen, daß die Atome nicht unteilbar sind, wie es Dalton postuliert hatte. Die folgenden Abschnitte suchen die weitere Entwicklung unserer Anschauungen darzustellen; man muß sich allerdings stets bewußt sein, daß auch die heutigen Vorstellungen *Modellcharakter* tragen und nicht ohne weiteres die Wirklichkeit abbilden.

2.2.1 Die elektrische Ladung

Schon im Altertum war bekannt, daß ein Stück Bernstein, welches mit einem Fell gerieben wird, die Fähigkeit erhält, andere Körper, z. B. Haare oder Federn, anzuziehen. Der Leibarzt der Königin Elisabeth I. von England, Gilbert, nannte diese Anziehungskraft *«vis electrica»* (*«elektrische Kraft»*, von *elektron* gr. = Bernstein). In der Folgezeit wurden die elektrischen Erscheinungen weiter studiert. Man fand, daß auch Glasstäbe, Siegellack usw. «elektrisch» werden, wenn man sie mit entsprechenden Materialien (Hirschleder, Wolle u. a.) reibt. Im Laufe des 18. Jahrhunderts gelangte man schließlich zur Überzeugung, daß die Elektrizität oder *«elektrische Ladung»* etwas Stoffliches sein müsse und daß sie von einem auf einen anderen Körper übertragbar sei. Experimente mit verschiedenen geladenen Körpern zeigten, daß es zwei Arten Elektrizität geben muß, die man willkürlich als *positive* und *negative Ladung* unterschied.

Wenn man ein an einem Faden hängendes Holundermarkkügelchen mit einem durch Reiben mit einem Fell elektrisch gemachten Bernsteinstab berührt, so wird das Kügelchen nach der Berührung durch den Stab abgestoßen. Offenbar wird bei der Berührung des Kügelchens «Ladung» vom Stab auf das Holundermark übertragen. Die gleiche Beobachtung macht man, wenn man statt Bernstein einen Glasstab verwendet, den man mit einem Hirschleder reibt. Berührt man aber das Kügelchen zuerst mit dem geladenen Bernsteinstab und bringt nachher einen geladenen Glasstab in die Nähe, so wird das Holundermark vom Glasstab sofort angezogen. Dies zeigt, daß die Ladung des Glas- und des Bernsteinstabes verschieden sein muß. Gleich geladene Körper stoßen sich ab, während sich verschieden geladene Körper anziehen; elektrisch geladene Körper üben also allgemein Kräfte aufeinander aus.

Die Größe der anziehenden bzw. abstoßenden Kraft ist proportional den Größen der Ladungen, umgekehrt proportional dem Quadrat des Abstandes der Körper (d. h. eigentlich dem Quadrat des Abstandes der Ladungsschwerpunkte) und hängt auch vom Material zwischen den beiden Körpern ab:

$$F = k \cdot \frac{1}{\varepsilon} \cdot \frac{Q_1 \cdot Q_2}{r^2}$$

(«**Coulombsches Gesetz**» von Coulomb 1785 aus Messungen abgeleitet). F = Kraft; Q_1 bzw. Q_2 = Ladungen; r = Abstand; ε = Dielektrizitätskonstante (Materialkonstante des Stoffes zwischen den Körpern); k = Proportionalitätsfaktor, verschieden, je nach dem für Kraft, Ladungen und Abstand verwendeten Maßsystem.

Seit Faraday[1] stellt man sich vor, daß ein elektrisch geladener Körper von einem *«Feld»* umgeben sei, welches die Kraftwirkung auf eine zweite «Probe-Ladung» vermittle. Dieses Feld umgibt einen geladenen Körper allseitig, eine freistehende Kugel z. B. kugelsymmetrisch.

Weitere Arbeiten im Laufe des 19. Jahrhunderts (Faraday u. a.) führten zum Schluß, daß alle natürlich vorkommenden Ladungen ganzzahlige Vielfache einer kleinsten Ladungsmenge (eines «Elektrizitätsatoms») sind. Diese «**elektrische Elementarladung**» läßt sich auf verschiedene Weise bestimmen, indirekt aus Messungen bei Elektrolysen, direkt durch einen von Millikan[2] 1909 durchgeführten Versuch («Öltropfenversuch», Abb. 2.7).

Zwischen zwei entgegengesetzt aufgeladene Metallplatten wurden mit einer feinen Düse kleine Öltröpfchen eingestäubt und durch ein Mikroskop beobachtet. Größe und Masse der ungeladenen Tröpfchen lassen sich aus ihrer Fallgeschwindigkeit und der Dichte des Öls bestimmen.

[1] M. Faraday (1791–1867), ursprünglich Buchbinderlehrling, später Assistent von Davy. Arbeitete über Halogenkohlenwasserstoffe, entdeckte das Benzol im Leuchtgas. 1834 Entdeckung der nach ihm benannten elektrochemischen Gesetze. Berühmte Untersuchungen über Elektromagnetismus und Induktionsströme.

[2] R. A. Millikan (1868–1953), amerikanischer Physiker. Erhielt 1923 den Nobelpreis für Physik.

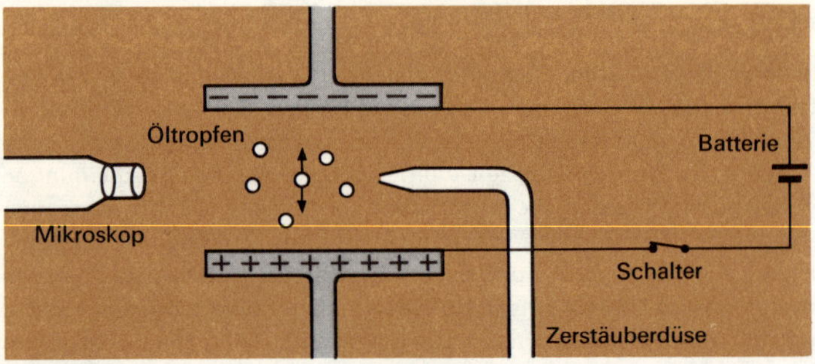

Abb. 2.7. Öltropfenversuch von Millikan (Schema)

Durch die Wirkung radioaktiver Strahlen konnten die Tröpfchen elektrisch geladen werden. Dadurch änderte sich ihre Fallgeschwindigkeit (je nach dem Vorzeichen der Ladung der Platten und der Tröpfchen), und aus den Geschwindigkeitsänderungen ergaben sich die Ladungen der einzelnen Tröpfchen. Millikan fand, daß sie stets ganzzahlige Vielfache einer kleinsten Ladungsmenge betrugen. Diese stimmten gut mit auf andere Weise (indirekt) erhaltenen Werten überein. Der genaue Wert beträgt

$$e = 1{,}6020 \cdot 10^{-19}\ \mathrm{As}$$

(1 As oder 1 Coulomb ist die Ladungsmenge, welche durch einen Leiterquerschnitt strömt, falls 1 Sekunde lang der Strom «1 Ampère» fließt. Die Stromstärke entspricht der pro Sekunde durch einen Leiter hindurchfließenden Ladung.)

2.2.2 Die wichtigsten Elementarteilchen

Dalton hielt die Atome für unteilbar. – Im Laufe des 19. Jahrhunderts wurden jedoch Teilchen entdeckt, welche wesentlich leichter und kleiner sind als Atome.

Kathodenstrahlen. Die zuerst untersuchten dieser «Elementarteilchen» waren die in den sogenannten *«Kathodenstrahlen»* auftretenden **Elektronen.** Solche Strahlen entstehen z. B. in einem mit verdünntem Gas gefüllten und mit zwei einander gegenüberliegenden Elektroden versehenen Glasrohr, wenn man eine hohe elektrische Spannung an die Elektroden anlegt (Abb. 2.8). Aus der negativen Elektrode *(«Kathode»)* treten dann Elektronen aus, welche sich mit hohen Geschwindigkeiten auf die positive Elektrode *(«Anode»)* zu bewegen. Durch elektrische oder magnetische Felder sind die Elektronen sehr leicht abzulenken; durch Messung der Ablenkung unter der Wirkung bestimmter elektrischer und magnetischer Kräfte konnten Geschwindigkeit und Masse des Elektrons bestimmt werden. Seine Masse beträgt $\frac{1}{1837}$ der Masse eines H-Atoms; die Ladung ist gleich der negativen Elementarladung (−e).

Kanalstrahlen. Verwendet man eine Röhre mit einer durchbohrten Kathode (Abb. 2.9), so kann man eine weitere Korpuskularstrahlung erkennen. Die Teilchen dieser Strahlung bewegen sich durch die Bohrung in der Kathode von der Anode weg; es muß sich bei ihnen also um *positiv* geladene Teilchen handeln. Sie entstehen dadurch, daß die Elektronen der Kathodenstrahlen beim Zusammenstoß mit Atomen oder Molekülen des in der Röhre enthaltenen Gases den Gasteilchen Elektronen «herausschlagen». Der Verlust eines Elektrons bewirkt, daß das Gasteilchen eine positive Ladung erhält und sich auf die Kathode zu bewegt. Dort nehmen die

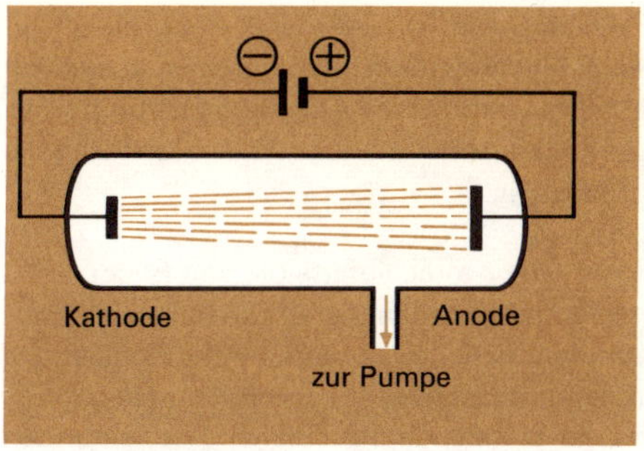

Abb. 2.8. Schema eines Kathodenstrahlrohrs

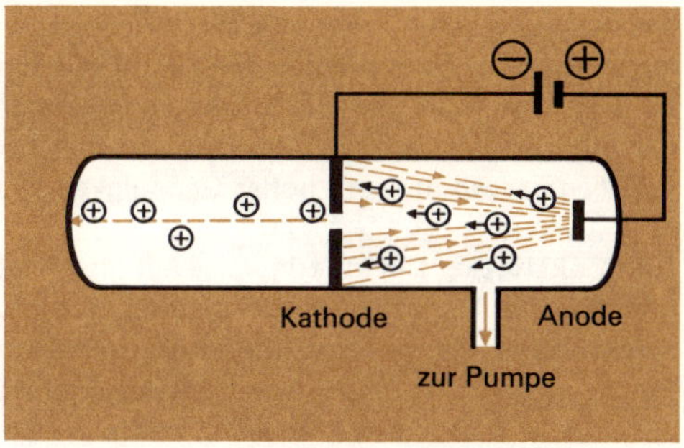

Abb. 2.9. Schema eines Kanalstrahlrohrs. Von der Kathode fliegen Elektronen zur Anode (Kathodenstrahlen); positiv geladene Teilchen fliegen auf die Kathode zu und zum Teil durch sie hindurch (Kanalstrahlen)

meisten positiven Teilchen wieder Elektronen auf und werden elektrisch neutral; nur diejenigen unter ihnen, welche auf die Bohrung fliegen, können auf der anderen Seite als *«Kanalstrahlen»* beobachtet werden.

Die Masse der Kanalstrahlteilchen ist viel größer als die Elektronenmasse und hängt davon ab, was für ein Gas zur Füllung der Röhre verwendet wurde (sie entspricht der Masse der Gasatome bzw. -moleküle!); sie kann ähnlich wie die Elektronenmasse durch Ablenkung im elektrischen oder magnetischen Feld bestimmt werden. Das kleinste Kanalstrahlteilchen hat angenähert die Atommasse 1 u und eine positive Elementarladung (+e); man bezeichnet es als **Proton.**

Sowohl Kathoden- wie Kanalstrahlen sind selbst unsichtbar; sie vermögen jedoch die verdünnten Gase in den Röhren zum Leuchten zu bringen und wirken auf photographische Filme und Platten wie Licht.

Massenspektrographie. Durch Messung der Ablenkung von Kanalstrahlteilchen lassen sich ihre Massen sehr genau bestimmen. Man verwendet diese Methode heute vor allem zur genauen Bestimmung von Atom- und Molekülmassen (Aston, 1920). Im Prinzip werden dabei die Atome oder Moleküle zuerst «ionisiert» (d.h. durch Abspaltung von Elektronen elektrisch

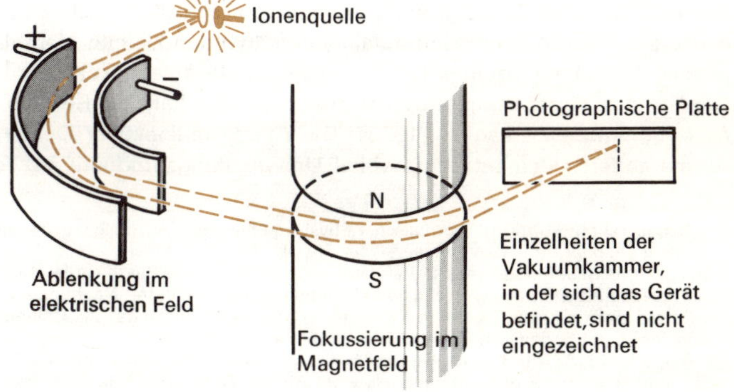

Abb. 2.10. Schema eines einfachen Massenspektrographen (nach Pauling)

geladen) und dann durch elektrische Felder beschleunigt. Mit Hilfe weiterer elektrischer und magnetischer Felder werden die Strahlen nachher derart abgelenkt, daß *Teilchen derselben Ladung, aber verschiedener Masse, voneinander getrennt* werden (die Ablenkung ist proportional ihrer Ladung und ihrer Masse!). Aus den beobachteten Ablenkungswinkeln lassen sich die *Teilchenmassen* mit sehr hoher Genauigkeit bestimmen.

Radioaktivität. Direkte Hinweise auf die «Teilbarkeit» der Atome lieferte die von Becquerel[1], dem Ehepaar Curie[2], Rutherford, Soddy[3] u.a. untersuchte «Radioaktivität». Becquerel beobachtete 1896, daß gewisse Uranerze Strahlen aussenden, welche eine in lichtundurchlässiges Papier eingepackte Photoplatte schwärzen und Luft leitend machen. M. und P. Curie begannen anschließend an diese Entdeckung eine systematische Untersuchung solcher Erscheinungen und fanden nach jahrelanger, mühevoller Arbeit in Pechblende, einem Uranerz, zwei in sehr geringen Mengen vorhandene, vorher unbekannte, stark strahlende Elemente: Polonium (Po) und Radium (Ra). Radium und seine Verbindungen senden dreierlei Arten Strahlen aus (Abb. 2.11):

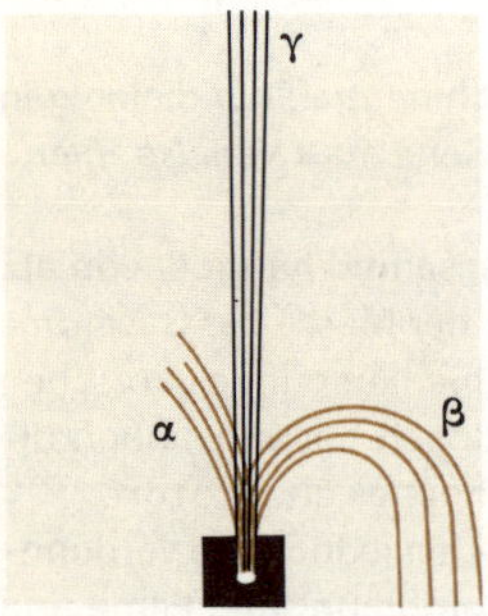

Abb. 2.11. Strahlungen des Radiums in einem Magnetfeld

- *α-Strahlen,* positiv geladene, relativ schwere Teilchen (ihre Masse beträgt ungefähr die vierfache Masse eines H-Atoms),
- *β-Strahlen:* Elektronen,
- *γ-Strahlen,* nicht aus materiellen Teilchen bestehend, sondern kurzwellige Röntgenstrahlen («Licht»-Energie), elektrisch ungeladen.

Die Strahlen selbst sind unsichtbar, können jedoch durch das Aufleuchten eines Leuchtschirmes sichtbar gemacht werden. Betrachtet man mittels eines Mikroskops einen Leuchtschirm, der mit α-Strahlen bestrahlt wird, so erkennt man, daß das scheinbar stetige Leuchten in Wirklichkeit aus vielen sehr rasch aufeinanderfolgenden kleinen Lichtblitzen besteht, die offenbar jeweils durch ein einzelnes Teilchen eines Strahles verursacht werden.
Die Ursache dieser Strahlung blieb zunächst rätselhaft, bis Rutherford sie als Folge eines *Zerfalls von Atomen* erkannte (1903). Die Atome radioaktiver Elemente wandeln sich dabei in Atome anderer Elemente um, wobei Umwandlungsprodukte als Teilchen der verschiedenen

[1] H. Becquerel (1852–1908), französischer Physiker. Entdeckte die Radioaktivität von Uran. Erhielt 1903 gemeinsam mit dem Ehepaar Curie den Nobelpreis für Physik.

[2] Marya Curie geb. Sklodowska (1867–1934), Chemikerin, und Pierre Curie (1859–1906), Physiker, untersuchten die Pechblende (ein Uranerz) auf unbekannte, radioaktive Stoffe. Nach äußerst mühevollen Trennungsarbeiten isolierten sie die neuen Elemente Polonium (Po) und Radium (Ra) als Chloride. Nobelpreis für Physik (1903) gemeinsam mit Becquerel; Nobelpreis für Chemie 1911.

[3] E. Rutherford (1871–1937), englischer Physiker. Erklärte 1903 gemeinsam mit Soddy die Radioaktivität als Zerfall der Atome; Schöpfer des «Kernmodells» der Atome. Erste künstliche Atomumwandlung 1919. Einer der bedeutendsten Physiker der Jahrhundertwende. Begründer einer Schule, aus der viele Kernphysiker hervorgingen. Nobelpreis 1908.

Abb. 2.12. E. Rutherford
(Photo: Deutsches Museum, München)

Strahlen frei werden. Der radioaktive Zerfall verläuft bei verschiedenen Elementen ganz verschieden rasch und ist durch keinerlei Mittel zu beeinflussen. Ein Maß für seine Geschwindigkeit ist die sogenannte *Halbwertszeit,* d. h. die Zeit, in der die Hälfte einer gewissen Menge eines radioaktiven Elementes zerfallen ist. Die Halbwertszeiten stellen für jede radioaktive Atomart charakteristische Größen dar und bewegen sich zwischen 10^{10} Jahren und 10^{-7} sec.
Durch Versuche von Rutherford wurde später die *Teilbarkeit der Atome* direkt bestätigt (1919): Rutherford bestrahlte Stickstoff mit energiereichen α-Teilchen. Dabei wandelten sich Stickstoff- in Sauerstoffatome um unter Aussendung von Protonen (d. h. positiver Teilchen der Ladung +e und der Masse eines H-Atoms). Offenbar wurde zunächst ein α-Teilchen von einem Stickstoffatom eingefangen; das dadurch entstandene neue Atom war instabil und zerfiel in ein Sauerstoffatom und das Proton. Dieser ersten Beobachtung einer *«Atomumwandlung»* folgte später eine Reihe weiterer, bei denen schließlich folgende Teilchen als «Atombausteine» gefunden wurden:

Tabelle 2.4

	«Atommasse»	Masse	Ladung
Elektron	0,0005486 u	$0{,}91091 \cdot 10^{-27}$ g	−e
Proton	1,007276 u	$1{,}6725 \cdot 10^{-24}$ g	+e
Neutron	1,008665 u	$1{,}6748 \cdot 10^{-24}$ g	elektrisch neutral

Bei Kernreaktionen und in der sogenannten «Höhenstrahlung» (einer aus dem Weltraum stammenden Strahlung) hat man eine Anzahl weiterer, meist wenig stabiler «Elementarteilchen» beobachtet: Positronen (Teilchen von der Masse des Elektrons, aber der Ladung +e), Mesonen (mit der Ladung +e oder −e, aber mit höherer Masse als die Elektronen), Antiprotonen (mit der Masse des Protons, aber der Ladung −e) u. a. Positronen entstehen auch beim radioaktiven Zerfall bestimmter Atome.

Da ein Atom als Ganzes elektrisch neutral ist, *entspricht die Zahl der Protonen der Elektronenzahl.* Das Wasserstoffatom als einfachstes Atom enthält ein Proton und ein Elektron. Die *Masse eines Atoms* wird durch die Zahl seiner Protonen und Neutronen bestimmt, da die verschwindend kleine Masse der Elektronen neben der Masse der schweren Teilchen nicht ins Gewicht fällt. Sowohl Proton wie Neutron haben eine Masse von nahezu 1 u; die Differenz zwischen der Atommassenzahl und der Protonenzahl eines Atoms gibt deshalb die Zahl der Neutronen.

2.2.3 Der «Streuversuch» von Rutherford

Wichtige Aufschlüsse über den Aufbau des Atoms lieferte der von Rutherford 1911 durchgeführte «Streuversuch» (Abb. 2.13, 2.14).

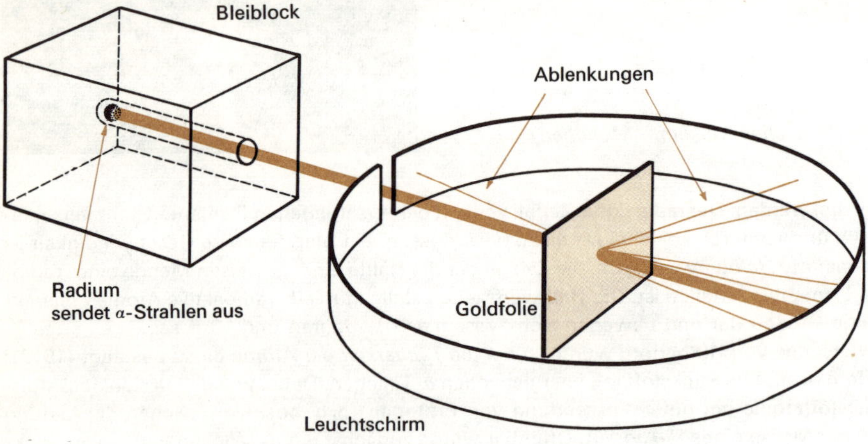

Abb. 2.13. Rutherfords Apparat zur Durchführung des Streuversuches

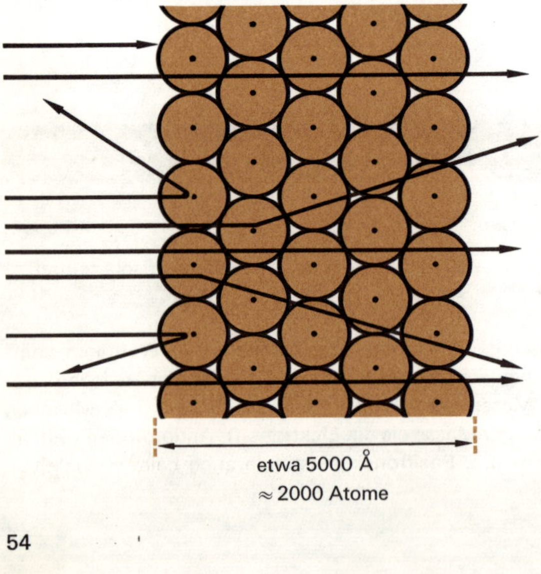

Abb. 2.14
«Streuversuch» von Rutherford: Durchstrahlung einer dünnen Metallfolie mit α-Strahlen

Eine dünne Goldfolie (etwa 5000 Å dick, enthält etwa 2000 Atomlagen hintereinander) wurde mit α-Strahlen durchstrahlt. Wenn man annimmt, daß die Atome kompakte Massenteilchen darstellen, müßte jeder α-Strahl auf Atome stoßen und stark abgelenkt werden; nur wenige Strahlen würden das Metall durchdringen. In Wirklichkeit durchdrangen die meisten Teilchen das Metall unter schwacher Ablenkung. Ganz wenige α-Teilchen wurden sehr kräftig abgelenkt. Rutherford erklärte dieses Ergebnis mit der Annahme, daß die Atome im Prinzip «leer» seien (da die meisten Strahlen unter geringer Ablenkung durch die 2000 Atome hindurchgehen) und daß die starke Ablenkung einzelner Strahlen durch positive «Zentren» innerhalb der Atome bewirkt werde. Diese «Zentren» müssen offenbar relativ weit auseinander liegen, weil nur ein kleiner Bruchteil der Strahlen von ihnen stark beeinflußt wird.

Die weitere Auswertung solcher Versuche führte zum «**Kernmodell**» des Atoms: Die Atome bestehen aus dem positiv geladenen **Atomkern** und einer **Atomhülle** aus Elektronen. Der Atomkern ist sehr klein (Durchmesser etwa 10^{-13} cm; Atomdurchmesser in der Größenordnung von 10^{-8} cm!) und enthält Protonen und Neutronen. Denkt man sich den Atomkern auf 1 cm vergrößert, so würde der Atomdurchmesser 1 km! Trotz dieser ganz außerordentlichen Kleinheit macht der Atomkern fast die ganze Masse eines Atoms aus, muß also eine ganz ungeheuer große Dichte aufweisen. Durch Messung der Ablenkungswinkel der α-Strahlen in den Streuversuchen konnte die Ladung der streuenden Kerne (d. h. ihre Protonenzahl!) bestimmt werden. Die Atomhülle ist leicht, weit und fast masselos. Die Elektronen müssen sich dabei in ständiger Bewegung befinden, da sie sonst «in den Kern stürzen» würden.

Isotope. Bei sehr vielen Elementen weicht die Atommasse ziemlich stark von ganzzahligen Werten ab. Wie mittels des Massenspektrographen festgestellt werden konnte, stellen diese Elemente Mischungen verschiedener Atomsorten von gleicher Elektronen- und Protonenzahl, aber verschiedener Neutronenzahl (und damit verschiedener Masse!) dar. Da vor allem die Elektronen eines Atoms sein chemisches Verhalten bestimmen, besitzen solche Atome weitgehend gleiche chemische Eigenschaften; sie reagieren also bei chemischen Vorgängen in der gleichen Weise und können nur durch solche Vorgänge getrennt werden, wo sich die geringen Massenunterschiede auf das Verhalten auswirken (z. B. verschiedene Diffusions- oder Reaktionsgeschwindigkeit). Da sie im Periodensystem (siehe S. 70) am gleichen Platz stehen, nennt man diese Atome **Isotope** (*isos* gr. = gleich; *topos* gr. = Ort). Die Massen der einzelnen Isotopen eines Elementes können heute mit dem Massenspektrographen sehr genau bestimmt werden; es zeigte sich dabei, daß nur sehr wenige Elemente «Reinelemente» sind, d. h. aus einer einzigen Atomsorte bestehen (Be, F, Na, Al, I).

Beispiele: Chlor besteht aus zwei Isotopen mit den Atommassen 34,961 und 36,959, aus deren prozentualer Verteilung eine durchschnittliche Atommasse von 35,453 u resultiert. Gewöhnlicher Wasserstoff ist eine Mischung von Isotopen: H (Atom, aus einem Proton und einem Elektron bestehend) und «D» (Deuterium, schwerer Wasserstoff; mit einem Kern aus einem Proton und einem Neutron). In äußerst geringer Menge ist auch das radioaktive Isotop «Tritium» (Kern aus einem Proton und zwei Neutronen; Atommasse 3 u) im natürlich vorkommenden Wasserstoff vorhanden (Massenverhältnisse der drei Isotope $1 : 1{,}6 \cdot 10^{-4} : 10^{-18}$).

Dalton hatte ein Element als einen Stoff definiert, der aus lauter gleichartigen Atomen besteht. Diese Definition läßt sich heute nicht mehr aufrechterhalten, weil die meisten Elemente Mischungen verschiedener Isotope darstellen. Heute muß daher die Definition des Elementes geändert werden:

Ein Element besteht aus Atomen der gleichen Protonenzahl.

Durch Beschuß mit schnellen Teilchen können stabile Atome in **radioaktive Isotope** verwandelt werden. Dabei muß der *Atomkern verändert* werden; diese Teilchen müssen also die Elektronenhülle durchstoßen und in den Kern eindringen. Wenn man mit α-Teilchen oder Kanalstrahlteilchen arbeitet, muß man diese im Cyclotron oder anderen Teilchenbeschleunigern auf sehr hohe kinetische Energie bringen, damit sie trotz der abstoßenden Wirkung der Kernladung in den Kern gelangen. Einfacher ist der «Beschuß» mit Neutronen, welche keine abstoßende Kraft seitens des Kernes überwinden müssen, da sie keine Ladung tragen. In jedem Fall vereinigen sich die eindringenden Teilchen mit dem Kern, und es bildet sich ein neuer unbeständiger, also radioaktiver Kern, der sich früher oder später unter Aussendung von Strahlen stabilisiert oder zerfällt. Da durch die Aufnahme eines Neutrons die Ladung (Protonenzahl) des Kerns nicht verändert wird, entsteht ein (radioaktives) Isotop des ursprünglichen Atoms. Manche solche künstlich hergestellte radioaktive Isotope zerfallen sehr rasch, andere besitzen eine verhältnismäßig hohe Halbwertszeit.
Künstliche radioaktive Isotope haben heute schon sehr viele *praktische Anwendungsgebiete* gefunden. Man kann z. B. in Verbindungen **bestimmte Atome «markieren»**, indem man an Stelle stabiler Atome deren radioaktive Isotope darin «einbaut». Durch ihre Strahlung, welche mit empfindlichen Zählapparaten leicht festgestellt und quantitativ gemessen werden kann, zeigen die radioaktiven Isotope genau an, wo sie sich in einem bestimmten Moment befinden. Das Arbeiten mit markierten Verbindungen ist besonders zur Erforschung von *chemischen Vorgängen im lebenden Körper* und zur Untersuchung des genauen Ablaufes chemischer Reaktionen wichtig geworden. Durch Verwendung von radioaktiven Salzen kann beispielsweise der Weg dieser Verbindungen in einer Pflanze, ihre Aufnahme in den Wurzeln, ihre Umwandlung in andere pflanzliche Substanzen und schließlich ihr Abbau genau verfolgt werden. In der *Medizin* verwendet man radioaktive Isotope sowohl für diagnostische wie für Heilungszwecke (Untersuchung der Schilddrüsenfunktion mit radioaktivem Iod; frühzeitiges Erkennen von gewissen Krebsgeschwülsten, weil z. B. in Gehirntumoren radioaktiver Phosphor bevorzugt angereichert wird; Heilung von Hauterkrankungen, Entzündungen und Tumoren durch äußerlich oder in Körperhöhlungen oder Körperflüssigkeiten eingeführte radioaktive Isotope).
Auf der Existenz radioaktiver Isotope beruht auch eine Methode **zur Bestimmung des Alters von organischem Material.** Natürlicher Kohlenstoff enthält in sehr geringen Mengen das radioaktive Isotop ^{14}C (Massenzahl 14), das dadurch entsteht, daß Neutronen aus der Höhenstrahlung auf atmosphärischen Stickstoff einwirken. Weil sich im Laufe der Erdgeschichte ein Gleichgewicht zwischen dem radioaktiven Zerfall von ^{14}C und seiner Neubildung aus Stickstoff eingestellt hat, besitzt die Luft einen konstanten Gehalt an radioaktivem Kohlendioxid. Die Pflanzen nehmen nun bei der Assimilation Kohlendioxid auf, und zwar radioaktives und inaktives ohne Unterschied, und bauen daraus Stärke, Cellulose usw. auf. Tiere, die sich von Pflanzen ernähren, bauen den Kohlenstoff des von den Pflanzen aufgenommenen Kohlendioxids in ihre Gewebe ein, wobei das Verhältnis zwischen radioaktivem und inaktivem Kohlenstoff dasselbe ist wie in der Atmosphäre. Nach dem Absterben der Pflanze oder des Tieres hört der Stoffwechsel auf, und der Gehalt an ^{14}C sinkt als Folge des radioaktiven Zerfalles. Durch die Bestimmung der Radioaktivität einer Kohlenstoffprobe, die aus Holz, Kohle, Knochen, Horn, Haut oder anderen pflanzlichen oder tierischen Überresten erhalten wurde, läßt sich deshalb die Zeit bestimmen, die seit der Bindung des Kohlenstoffes (als Kohlendioxid) aus der Atmosphäre verstrichen ist. Die ^{14}C-Methode erlaubt eine Datierung von Gegenständen bis etwa 20000 Jahre in die Vergangenheit zurück (die Halbwertszeit von ^{14}C beträgt 5568 Jahre). Sie besitzt damit eine besondere Bedeutung für die *Datierung vor- oder frühgeschichtlicher Funde.* So gelang es damit nachzuweisen, daß in den kurdischen Vorgebirgen des heutigen Irak bereits vor 7000 Jahren ein primitiver Ackerbau getrieben wurde. In manchen Fällen wurden die Altersschätzungen durch die Archäologen mit der ^{14}C-Methode bestätigt, in anderen berichtigt. Für die sogenannte Sonnenpyramide in Teotihuacán in Mexiko wurde beispielsweise

ein Alter von 3000 Jahren festgestellt, während die meisten Archäologen ein Alter von 15000 Jahren angenommen hatten. – Zur Altersbestimmung von Gesteinen ist die ^{14}C-Methode nicht geeignet; man muß hier die Zusammensetzung der Zerfallsprodukte radioaktiver Atomarten mit längerer Halbwertszeit bestimmen.
Auch in den *Kernreaktoren* («Uranpile») entstehen fortlaufend große Mengen radioaktiver Isotope. Die bei *Atombombenexplosionen* als *Staub* in die Luft gelangenden radioaktiven Elemente können von lebenden Zellen aufgenommen werden. Ihre Gefährlichkeit beruht darauf, daß vor allem die γ-Strahlen in den Organismen sehr schwerwiegende Schäden verursachen (energiereiche β-Strahlen wirken ähnlich). Besonders gefährlich ist das *Strontium-Isotop* ^{90}Sr, welche als Zerfallsprodukt bei Kernreaktionen entsteht und wegen seiner chemischen Ähnlichkeit mit Calcium vorwiegend in die Knochensubstanz eingelagert wird. Es wandelt sich dort in ein Yttrium-Isotop um, das ein besonders starker β-Strahler ist. β- und γ-Strahlen beeinflussen einerseits die *Erbsubstanz*, indem sie Mutationen hervorrufen, welche meistens zu schweren Schädigungen führen und die, weil sie erblich sind, auf die Nachkommenschaft übertragen werden, anderseits können sie *krebserregend* wirken. Bei allen Anwendungen radioaktiver Substanzen sind deshalb einwandfrei arbeitende Schutzmaßnahmen Vorbedingung.

2.2.4 Die Entstehung der Elemente

Bis zum Beginn dieses Jahrhunderts wurde die auf Dalton zurückgehende Auffassung der Unzerstörbarkeit und Unerschaffbarkeit der Atome geradezu als Axiom betrachtet. Nach der Deutung der Radioaktivität als Zerfall von Atomen wurde indessen klar, daß man die Atome nicht als schlechthin unveränderlich betrachten darf. Die Umwandlung eines Atoms in ein anderes (also die Umwandlung eines Elementes in ein anderes – ein uralter Traum der Forscher!) gelang erstmals Rutherford (1919) beim Bestrahlen von Stickstoff mit α-Teilchen:

$$^{4}_{2}He + ^{14}_{7}N \rightarrow ^{17}_{8}O + ^{1}_{1}H$$

(Bei solchen «Gleichungen» bedeuten die Symbole die betreffenden Atomkerne; links oben steht deren Massenzahl und links unten die Protonenzahl.)

In der Folgezeit wurden Tausende solcher *Kernumwandlungen* durchgeführt, wobei als «Geschosse» vor allem auch Protonen, Neutronen und Deuteronen (d.h. Kerne von schwerem Wasserstoff) verwendet wurden, die man im Cyclotron oder anderen Teilchenbeschleunigern zunächst auf hohe Geschwindigkeiten (d.h. hohe kinetische Energie) brachte. 1938 beobachteten Hahn und Straßmann, daß durch Bestrahlen von Uran mit langsamen Neutronen ein regelrechter *Zerfall* von Atomkernen – wie es sich später zeigte, nur des Uran-Isotops ^{235}U – auftritt, wobei als Spaltstücke Atomkerne zahlreicher leichterer Elemente sowie Neutronen entstehen. (Da diese Neutronen durch geeignete Substanzen, «Moderatoren», gebremst werden können, kann diese Reaktion in einem aus Uran und der betreffenden Bremssubstanz aufgebauten Aggregat kettenartig weiterlaufen; sie wurde damit zur Grundlage der Gewinnung von *Atomenergie* und der *Uranbombe.)*
Es sollte nun auch möglich sein, durch *Verschmelzung* (engl. *fusion)* von Kernbestandteilen schwerere Kerne *aufzubauen.* (Tatsächlich nimmt man heute an, daß die von den Fixsternen (also auch von der *Sonne!)* ausgestrahlte Energie eine Folge solcher Kernverschmelzungsreaktionen ist. Bei den auf den Fixsternen herrschenden sehr hohen Temperaturen (auf der Sonne 10^6°C; auf anderen Sternen bis 10^9°C) haben nämlich die «Atome» ihre Elektronenhüllen vollständig verloren, und ihre kinetische Energie ist so groß, daß «thermonucleare» Reaktionen auftreten können. Man weiß mit ziemlicher Sicherheit, daß die *energieliefernde Reaktion* auf *der Sonne* in einer Verschmelzung von Protonen zu Heliumkernen besteht:

$$^{1}_{1}H + ^{1}_{1}H \rightarrow \underset{\text{Deuteron}}{^{2}_{1}H} + \text{Positron}$$

$$^{2}_{1}H + ^{1}_{1}H \rightarrow \underset{\text{He-3-Kern instabil}}{^{3}_{2}He} + \gamma\text{-Quant}$$

$$^{3}_{2}He + ^{3}_{2}He \rightarrow ^{4}_{2}He + 2\,^{1}_{1}H$$

(Je zwei $^{3}_{2}He$-Kerne verschmelzen unter Abgabe zweier Protonen zu $^{4}_{2}He$)

Um Vorstellungen über die *Entstehung der schwereren Elemente* entwickeln zu können, sollte die *Häufigkeit* der verschiedenen Elemente im Universum bekannt sein. Geochemische Untersuchungen an Gesteinen und Meteoriten sowie spektralanalytische Messungen an Sternatmosphären, an der Sonne und an interstellarer Materie erlauben ziemlich genaue Schätzungen (Abb. 31). Überraschenderweise zeigte sich dabei, daß irdische und außerirdische Materie weitgehend identisch zusammengesetzt sind, was darauf hindeutet, daß die gesamte Materie des Weltalls durch übereinstimmende, plötzlich oder kontinuierlich verlaufende Vorgänge gebildet worden ist. Interessant ist weiter, daß die Häufigkeit der verschiedenen Elemente zunächst bis etwa zum Element 40 (Zirkonium) stark abnimmt, um dann ungefähr konstant zu bleiben, und daß Elemente mit ungeradzahliger Protonenzahl weniger häufig sind als solche mit geradzahliger. Man nimmt nun heute an, daß die Bildung der Elemente während einer sehr langen Zeit (in etwa 10^{10} Jahren) erfolgt ist. Die Grundlagen für diese Vorstellungen lieferten Beobachtungen über die *Entwicklungsphasen der Sterne.* In Sternen bestimmter Typen zeigen nämlich gewisse Elemente eine ganz besondere Häufigkeit, was darauf hinweist, daß im Innern dieser Sterne thermonucleare Prozesse ablaufen, durch welche diese Elemente gebildet werden.

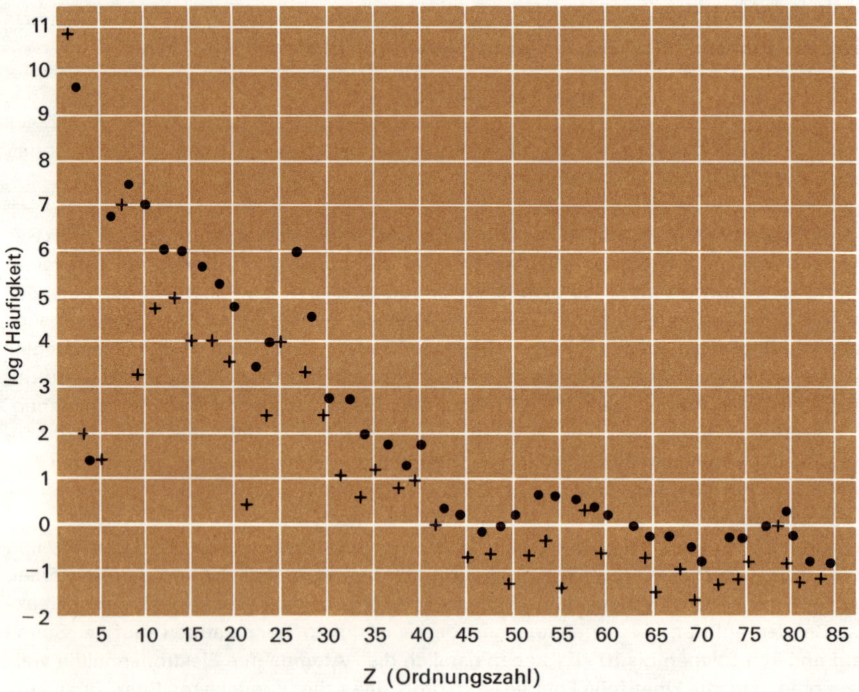

Abb. 2.15. Kosmische Häufigkeit der Elemente, verglichen mit Silicium (10^6); logarithmische Darstellung (nach Suess und Urey). + ungerade Ordnungszahl, ● gerade Ordnungszahl

Im *ersten* Entwicklungsstadium eines Sternes (der sich aus einer interstellaren Gaswolke gebildet hat) wird hauptsächlich Wasserstoff in Helium umgewandelt, gemäß der oben dargestellten Reaktionsfolge. Nach dem Ausbrennen des Wasserstoffes dehnt sich der Stern aus und erreicht Temperaturen von bis 10^8 °C, wodurch neue Kernprozesse möglich werden können. Der wichtigste unter ihnen besteht in der Bildung von ^{12}C durch Verschmelzung von drei ^4_2He-Kernen:

$$3\,^4_2He \longrightarrow {}^{12}_6C + \text{Energie}$$

Durch Verschmelzung mit weiteren He-Kernen entstehen auch ^{16}O, ^{20}Ne, ^{24}Mg, ^{28}Si usw.; durch Kombination solcher Kerne können – unter Protonenaussendung – auch andere stabile Isotope, wie z. B. ^{23}Na, gebildet werden. Am Ende dieses Stadiums – der Stern erscheint dann als sogenannter *Roter Riesenstern* – werden noch höhere Temperaturen erreicht, und es bilden sich höhere Elemente bis etwa zum Eisen. Schließlich findet eine Kontraktion des Sternes unter Massenabbau statt (die Sterne gehen in das Stadium der *«Weißen Zwerge»* über) und die relative Unbeständigkeit dieses Stadiums führt zu eigentlichen thermonuclearen «Explosionen», den sogenannten *Supernovae-Ausbrüchen.* Dabei werden nicht nur alle im Laufe der Sternentwicklung gebildeten Elemente in den interstellaren Raum geschleudert, sondern es entstehen als Folge des massenhaften Auftretens von Neutronen auch zusätzlich noch schwerere Elemente (Uran und Transurane). Nach einem solchen Ausbruch könnte sich die Materie des explodierten Sternes mit dem durch die Materieverluste der übrigen Sterne entstandenen «Gas» vermischen, welches sich schließlich zu neuen *Sternen* oder zu *Planeten* verfestigt. Die Elemente unserer Erde stammen also nach dieser Hypothese letzten Endes aus dem Innern einer nach langer Entwicklung gebildeten Supernova.

2.3 Energiestufen der Elektronen

Seit dem Ende des 19. Jahrhunderts war bekannt, daß *Metalldämpfe* oder *Edelgase* (die beide aus einzelnen, freien Atomen bestehen) *Licht ganz bestimmter Wellenlängen aussenden,* wenn man ihnen durch Erhitzen oder durch elektrische Funken genügend Energie zuführt. Wenn man bei der spektralen Zerlegung des Lichtes mittels eines Prismas oder eines Gitters zusammen mit der Lichtquelle auch einen Spalt optisch abbildet (Abb. 2.16), treten die einzelnen Wellenlängen (Farben) in Form einzelner *«Spektrallinien»* in Erscheinung (Abb. 2.17); (**Linienspektrum**). Im Gegensatz dazu erhält man vom Sonnenlicht oder vom Licht einer Glühlampe ein *«kontinuierliches» Spektrum,* das nicht nur einzelne, sondern alle «Spektralfarben» enthält. Sonnenlicht enthält also innerhalb eines bestimmten Bereiches alle möglichen Wellenlängen, während *einzelne*

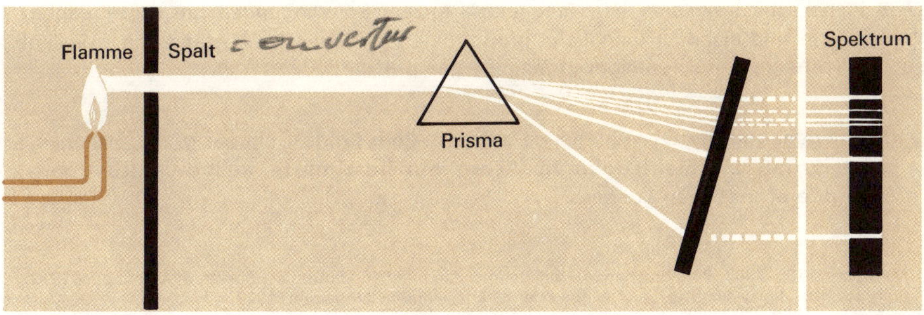

Abb. 2.16. Spektrale Zerlegung des Lichtes mittels Prisma

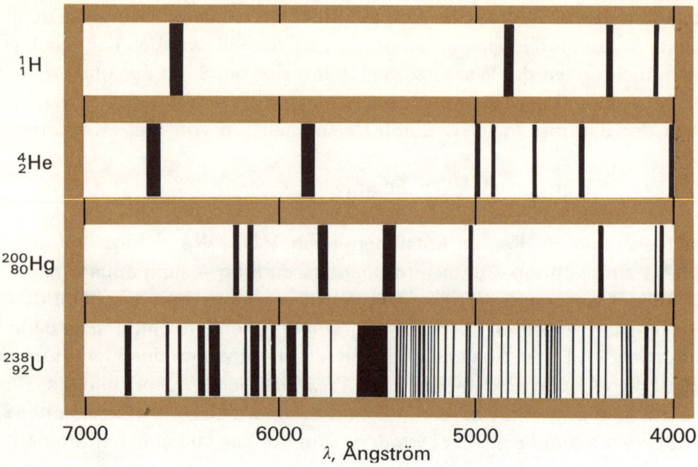

Abb. 2.17. Linienspektren verschiedener Atome

Atome nur Licht ganz bestimmter Wellenlängen aussenden können. Werden Edelgase oder Metallatome mit weißem Licht bestrahlt, so beobachtet man, daß gerade diejenigen Wellenlängen absorbiert werden, welche auch emittiert werden können.

Diese Emissions- und Absorptionsspektren bilden charakteristische Eigenschaften der betreffenden Elemente und können z. B. für ihren Nachweis verwendet werden (**Spektralanalyse**).

Die einzelnen Wellenlängen eines solchen Spektrums stehen untereinander in einem bestimmten, mathematischen Zusammenhang und lassen sich in sogenannte Serien ordnen (Abb. 2.18).

Die Spektren ähnlicher Elemente (z. B. der Alkalimetalle) zeigen darin eine gewisse Übereinstimmung.

Die Erklärung dieser Erscheinungen gelang dem dänischen Physiker N. Bohr[1] (1913) mit Hilfe der Planckschen **Quantentheorie**[2]. Die wichtigste Aussage dieser für die moderne Physik grundlegend gewordenen Theorie ist, daß die Energie eines Systems nicht in beliebigen Beträgen, sondern nur als ganzzahliges Vielfaches von **Energiequanten** («Energiepaketen») auftreten kann. Die Größe dieser Energiequanten (d. h. ihr Energieinhalt) hängt zusammen mit der Frequenz der die Energie «transportierenden» Strahlung und wird durch die Formel von Planck gegeben:

$$E = h \cdot \nu$$

(h = Plancksche Konstante, ν = Frequenz = Anzahl Schwingungen pro sec. Frequenz und Wellenlänge sind einander umgekehrt proportional: je länger der Abstand von «Wellenberg» zu «Wellenberg», um so weniger «Wellenberge» pro sec!).

Die Anwendung der Quantentheorie auf das Atom führte Bohr zur grundsätzlichen Erkenntnis, **daß die Elektronen im Atom nur bestimmte, ausgewählte Energiezustände einnehmen** können.

[1] Niels Bohr, 1885–1962. Bahnbrechende Arbeiten über Atombau (Erklärung der Spektren; Atommodell 1913); Deutung des Periodensystems aus dem Aufbau der Elektronenhülle. Nobelpreis 1922.

[2] M. Planck (1858–1947), deutscher Physiker. Arbeitete zuerst auf dem Gebiet der Thermodynamik, leitete die Quantentheorie ab aus den Erscheinungen der Strahlung eines schwarzen Körpers (1900). Nobelpreis 1918.

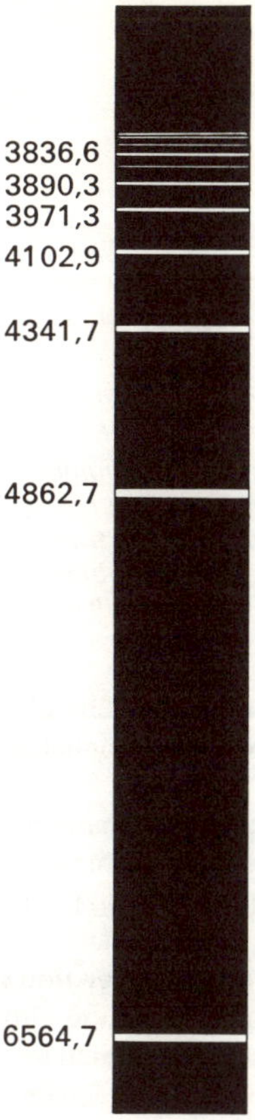

Abb. 2.18. Die «Balmer-Serie» des Wasserstoffspektrums. Die angegebenen Wellenlängen (in Å) entsprechen «Sprüngen» des angeregten Elektrons auf das zweitunterste Niveau

Abb. 2.19. N. Bohr

Die Entstehung der Linienspektren konnte dann folgendermaßen erklärt werden:

Die Elektronen eines Atoms befinden sich normalerweise im energieärmsten Zustand, dem *«Grundzustand»*. Durch Aufnahme von Energiequanten (z. B. beim Erhitzen der Substanz) können Elektronen in Zustände höherer Energie (in *«angeregte» Zustände)* übergehen; weil die Energieaufnahme aber quantenhaft geschieht, sind *nur ganz bestimmte*, nicht beliebige *angeregte Zustände* möglich. Die angeregten Zustände der Elektronen sind nun aber nicht stabil; die Elektronen «fallen» vielmehr sofort wieder auf tiefere Energiezustände zurück, wobei eine der Differenz zwischen den beiden Energiezuständen entsprechende Energie frei wird. Diese wird als Strahlung ausgesandt und hat nach Planck eine bestimmte Frequenz (und daher eine bestimmte Wellenlänge, d. h. im sichtbaren Gebiet eine bestimmte Farbe!):

$$E = E_2 - E_1 = h \cdot \nu \qquad \nu = \frac{E_2 - E_1}{h}$$

(E_2 = Energie des höheren, E_1 = Energie des tieferen Zustandes).

Eine **Spektrallinie** (eine bestimmte Farbe des Atomspektrums) **entspricht also der Differenz zwischen zwei Energiezuständen eines Elektrons.**

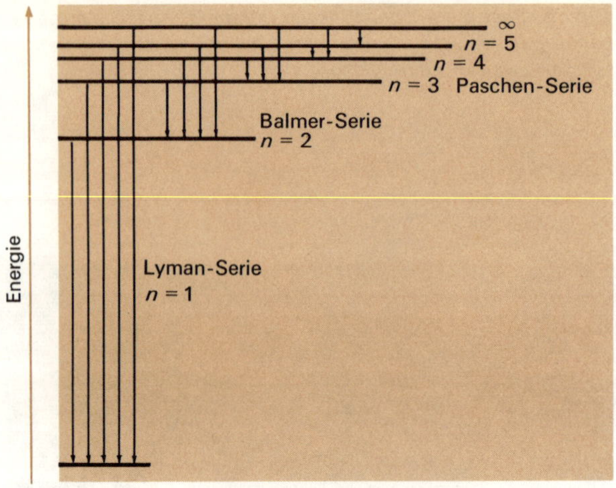

Abb. 2.20. Energiestufenschema des Wasserstoffatoms. Die einzelnen Spektrallinien erscheinen in Serien, je nachdem das angeregte Elektron auf das zweitoberste, drittoberste usw. Niveau «zurückfällt»

Aus den verschiedenen Farben im Spektrum eines Atoms kann man auf die möglichen Energiezustände seiner Elektronen schließen; ein Spektrum stellt geradezu ein Abbild aller möglichen Sprünge zwischen den verschiedenen Energiezuständen dar (Abb. 2.20).

Bei Atomen mit mehreren Elektronen werden die Spektren naturgemäß komplizierter. Immerhin gelang es schon kurze Zeit nach der Aufstellung der Bohr-Theorie, diese Spektren wenigstens qualitativ zu deuten und damit auch für solche Atome die verschiedenen, durch die Quantentheorie bestimmten Energiezustände («**Energieniveaux**») der Elektronen zu bestimmen.

Zu ganz analogen Ergebnissen gelangt man auch, wenn man die «**Ionisierungsenergien**» verschiedener Atome vergleicht (Tabelle 2.5), d.h. die Energien, welche zur Abtrennung einzelner Elektronen aus einem Atom aufgewendet werden müssen. Die Ionisierungsenergien lassen sich aus den *Röntgenspektren* der Atome (S. 73) oder auch durch *direkte Messungen* verhältnismäßig genau bestimmen. Bestrahlt man z.B. Metalldämpfe mit energiereichen Lichtquanten (Ultraviolettlicht) oder mit Kathodenstrahlen, so vermögen die Quanten bzw. die Elektronen der Kathodenstrahlen den Atomen ein Elektron «herauszuschlagen», wenn ihre Energie der Ionisierungsenergie entspricht. Dabei ist ein Elektron natürlich um so leichter vom Atom abzutrennen, je weniger fest gebunden, d.h. je energiereicher es ist.

Die Tabelle 2.5 liefert entsprechende Daten für die ersten 20 Elemente. Man erkennt sofort, daß die Abtrennung eines zweiten, dritten usw. Elektrons aus einem Atom immer schwieriger wird (d.h. eine immer höhere Ionisierungsenergie erfordert), denn die positive Ladung, welche das Atom durch die Abtrennung eines Elektrons erhalten hat (die Hülle enthält dann ein Elektron weniger als Protonen im Kern vorhanden sind), hält die noch vorhandenen Elektronen stärker fest. Nun beobachtet man aber z.B. bei den Elementen *Lithium* (mit 3 Elektronen) bis *Neon* (mit 10 Elektronen) *eine ganz besonders große Zunahme* der Ionisierungsenergie, wenn nach dem drittletzten Elektron das zweitletzte Elektron abgetrennt wird. Zur Abspaltung des zweitletzten Elektrons wird also stets *unverhältnismäßig viel mehr Energie* benötigt als zur Abtrennung des drittletzten Elektrons. Offenbar sind bei den Atomen dieser Elemente *zwei Elektronen* ganz *besonders fest gebunden,* befinden sich also in einem besonders energiearmen Zustand. Das *Natrium*atom besitzt ein Elektron mehr als das Neonatom (insgesamt 11), von denen eines besonders leicht abzutrennen ist, das zweite aber zur Abspaltung wieder bedeutend mehr Energie benötigt, während zur Abtrennung der letzten zwei Elektronen nochmals ein (verglichen mit dem drittletzten Elektron) ganz beträchtlich größerer Energiebetrag erforderlich ist. Bei den auf das Natrium folgenden Elementen *Magnesium* bis *Argon* (mit insgesamt 12 bis 18 Elektronen) sind

Tabelle 2.5. Ionisierungsenergien der ersten 20 Elemente

Nr.	Symbol	Ionisierungsenergien in eV[1] 1.	2.	3.	4.	5.	6.	7.	8.	9.	10. abgespaltenes Elektron	
1	H	13,6										Elektronenzahl = 1
2	He	24,6	54,4									= 2
3	Li	5,4	75,6	122,4								1 + 2 = 3
4	Be	9,3	18,2	153,9	217,7							2 + 2 = 4
5	B	8,3	25,1	37,9	259,3	340,1						3 + 2 = 5
6	C	11,3	24,4	47,9	64,5	391,9	489,8					4 + 2 = 6
7	N	14,5	29,6	47,4	77,5	97,9	551,9	666,8				5 + 2 = 7
8	O	13,6	35,2	54,9	77,4	113,9	138,1	739,1	871,1			6 + 2 = 8
9	F	17,4	35,0	62,6	87,2	114,2	157,1	185,1	953,6	1100,0		7 + 2 = 9
10	Ne	21,6	41,0	64,0	97,1	126,4	157,9	207,0	238,0	1190,0	1350,0	8 + 2 = 10
11	Na	5,1	47,3	71,6	98,9	138,6	172,4	208,4	264,1	299,9	1460,0	1 + 8 + 2 = 11
12	Mg	7,6	15,0	80,1	109,3	141,2	186,7	225,3	266,0	328,2	367,0	2 + 8 + 2 = 12
13	Al	6,0	18,8	28,4	120,0	153,8	190,4	241,9	285,1	331,6	399,2	3 + 8 + 2 = 13
14	Si	8,1	16,3	33,5	45,1	166,7	205,1	246,4	303,2	349,0	407,0	4 + 8 + 2 = 14
15	P	11,0	19,7	30,1	51,4	65,0	220,4	263,3	309,2	380,0	433,0	5 + 8 + 2 = 15
16	S	10,4	23,4	35,0	47,3	72,5	88,0	281,0	328,8	379,1	459,0	6 + 8 + 2 = 16
17	Cl	13,0	23,8	39,9	53,5	67,8	96,7	114,3	348,3	398,8	453,0	7 + 8 + 2 = 17
18	Ar	15,8	27,6	40,9	59,8	75,0	91,3	124,0	143,5	434,0	494,0	8 + 8 + 2 = 18
19	K	4,3	31,8	46,0	60,9	83,0	101,0	120,0	155,0	176,0	501,4	1 + 8 + 8 + 2 = 19
20	Ca	6,1	11,9	51,2	67,0	84,0	111,0	127,0	151,0	189,0	211,4	2 + 8 + 8 + 2 = 20

[1] Ionisierungsenergien werden oft in der Einheit eV («Elektronenvolt») angegeben. 1 eV ist die Energie, die *ein Elektron* beim Durchlaufen der Spannung 1 Volt erhält (1 eV ≈ 23 kcal/Mol).

jeweils 2, 3, 4, 5, 6, 7 und 8 Elektronen leichter abzutrennen als die übrigen. Wiederum sind die «letzten» zwei Elektronen am schwersten abzuspalten.

Es zeigt sich also, daß sich die Elektronen dieser (und ebenso auch der schwereren) Atome in verschiedene «**Gruppen**» von unterschiedlicher Energie ordnen lassen. Es liegt nahe, sich diese «Gruppen» oder «**Niveaux**» als **konzentrisch um den Atomkern angeordnete «Schalen»** vorzustellen.

Die innerste dieser «Schalen» (die *K*-«Schale», das niedrigste Energieniveau) würde dann *zwei*, die zweite *(L)*-«Schale» (das zweite Energieniveau) maximal *acht* und die dritte (M-) «Schale» (das dritte Energieniveau) ebenfalls *acht* Elektronen aufnehmen.
Vergleicht man nun bei den Elementen Kohlenstoff bis Neon die Differenzen zwischen den Ionisierungsenergien für die Elektronen der *L*-«Schale», so stellt man fest, daß jeweils vor der Abtrennung des zweitletzten Elektrons der *L*-«Schale» die Ionisierungsenergie deutlich stärker zunimmt als vor der Abtrennung des drittletzten oder zweitletzten Elektrons:

Differenzen der Ionisierungsenergien zwischen	1.	2.	3.	4.	5.	6.	7.	8. abgespaltenem Elektron
Kohlenstoff	13	24	16	327	99			
Stickstoff	15	18	30	20	454	151		
Sauerstoff	12	20	22	37	24	601	132	
Fluor	18	25	25	25	43	27	768	
Neon	20	23	33	29	31	49	31	

Man muß deshalb annehmen, daß *innerhalb einer «Schale»* **Untergruppen** *(«Unterniveaux»,* «**Unterschalen**») existieren, *die sich bezüglich ihrer Energie* (allerdings nicht sehr stark) *unterscheiden.*

Von diesen kann im Fall der *L*-«Schale» die energieärmere maximal zwei, die energiereichere maximal sechs Elektronen aufnehmen. Man bezeichnet diese beiden Unterniveaux mit den Buchstaben *s* und *p* und hat also innerhalb der *L*-«Schale» zwischen zwei *s*- und sechs *p-Elektronen* (abgekürzt: den zwei 2*s*- und den sechs 2*p*-Elektronen) zu unterscheiden.
Wie man sich mittels den Daten der Tabelle 2.5 überzeugen kann, gilt dasselbe auch für die dritte «Schale». Sowohl die Spektren wie die Ionisierungsenergien von Atomen mit höheren Elektronenzahlen zeigen jedoch, daß hier noch eine *weitere* Untergruppe existiert, die maximal 10 Elektronen aufnehmen kann und die als *d-Niveau* (die betreffenden Elektronen als *d*-Elektronen) bezeichnet wird bzw. werden. In der vierten «Schale» kommt sogar noch eine weitere, vierte Untergruppe, das *4f-Niveau* hinzu, welches mit maximal 14 Elektronen belegt werden kann.
Zusammengefaßt ergibt sich die Darstellung der Abb. 2.21 *(«Energieniveauschema»).* Das Diagramm zeigt, wie die zweite, dritte und vierte «Schale» verschiedene Unterniveaux besitzen (*s*-, *p*-, *d*- und *f*-Niveaux[1]). Die relativen Energien der verschiedenen Unterniveaux – welche die Reihenfolge, mit welcher diese Niveaux nacheinander mit Elektronen belegt werden, bestimmen – werden im nächsten Abschnitt genauer diskutiert.

[1] Die Bezeichnungen *s, p, d* und *f* stammen von den willkürlichen Namen bestimmter Spektrallinienserien.

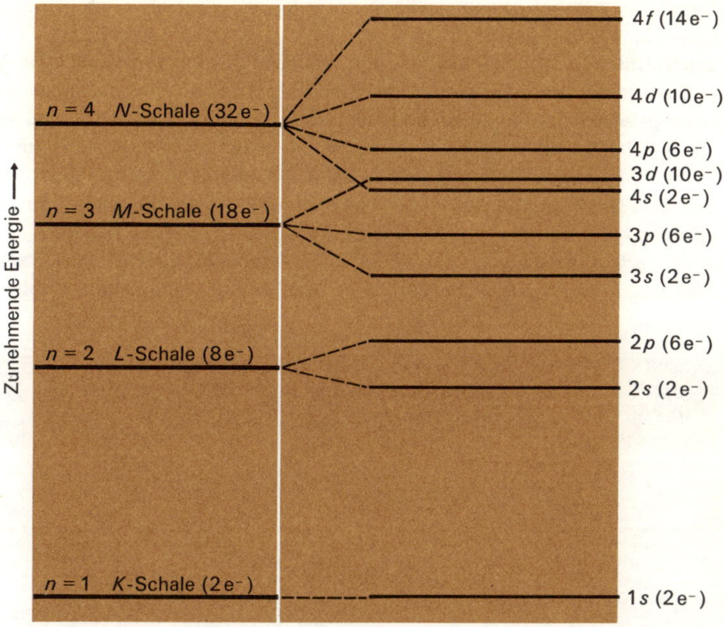

Abb. 2.21. Energieniveauschema. Das Diagramm zeigt, wie die L-, M- und N-Schale verschiedene Untergruppen («Unterniveaux») enthalten (s-, p-, d- und f-Niveaux)

2.4 Der Aufbau der Elektronenhülle

Entsprechend der Zunahme der Protonenzahl muß auch die Zahl der Elektronen in der Hülle bei den verschiedenen Atomen wachsen. Die Elektronen eines Atoms besetzen die jeweils zur Verfügung stehenden Energieniveaux, wobei *im Grundzustand* immer die *niedrigsten (energieärmsten) Niveaux belegt* werden. Um die Tatsache, daß jedes Niveau nur eine beschränkte Zahl Elektronen aufnehmen kann, zu erklären, wurden von Bohr die sogenannten **Quantenzahlen** eingeführt, Zahlen, *welche nur ganz bestimmte Werte annehmen können* und welche die einzelnen Energieniveaux charakterisieren. Eine *Begründung* für die erlaubten Kombinationen der Quantenzahlen vermochte allerdings erst die Weiterentwicklung der Bohr-Theorie, die «Wellenmechanik» zu liefern (de Broglie, Schrödinger; 1924, 1926).

Von den vier verschiedenen Quantenzahlen charakterisiert die **Hauptquantenzahl *n*** das *Hauptenergieniveau*, die *«Schale»*. Sie ist 1 für die Elektronen der *K*-«Schale», 2 für die Elektronen der *L*-«Schale», 3 für die Elektronen der *M*-«Schale» usw.; sie kann also die Werte 1, 2, 3, 4 ... annehmen.

Die **Nebenquantenzahl *l*** gibt an, zu welchem *«Unterniveau»* ein bestimmtes Elektron gehört; sie kann alle Werte von 0 bis $n-1$ annehmen. Ist $l = 0$, so handelt es sich um ein *s*-Elektron; für *p*-Elektronen wird $l = 1$, und für *d*-Elektronen ist $l = 2$. Für die Hauptquantenzahl 2 kann *l* also nur 0 oder 1 sein: die L-«Schale» umfaßt nur *s*- und *p*-Niveaux. Die **Magnetquantenzahl** *m* charakterisiert das Verhalten eines Elektrons in einem Magnetfeld; sie bringt die Tatsache zum Ausdruck, daß dann die (jeweils unter sich gleichen) *s*-, *p*-, *d*- und *f*-Niveaux derselben «Schale» in energetisch verschiedene Niveaux aufgespalten werden. Bei einem gegebenen Wert der

aufspalten = fendre, séparer, décomposer

Nebenquantenzahl *l* kann *m* die Werte +1 ··· 0 ··· −1 annehmen; für die *d*-Niveaux (*l* = 2) also +2, +1, 0, −1, −2.
Durch Uhlenbeck und Goudsmit wurde schließlich noch eine vierte Quantenzahl, die sogenannte **Spinquantenzahl** *s*, eingeführt. Sie vermochten nämlich zu zeigen, daß sich die Feinstrukturen gewisser Spektrallinien erklären lassen, wenn man annimmt, daß sich die Elektronen von sonst gleichen Quantenzahlen in einer weiteren Eigenschaft unterscheiden, die man anschaulich als *Drehimpuls* des Elektrons deuten kann. Nach Uhlenbeck und Goudsmit zeigt also das Elektron eine *Eigenrotation* (als «**Spin**» bezeichnet), die im Uhrzeiger- oder im Gegenuhrzeigersinn erfolgen kann und der die Spinquantenzahl + ½ bzw. − ½ zukommt.
Jede «erlaubte» Kombination der vier Quantenzahlen stellt einen möglichen Zustand eines Elektrons in einem Atom dar. Von Pauli[1] (1926) wurde nun erkannt, daß in einem Atom niemals

Hauptquantenzahl («Schale»)	Nebenquantenzahl (Untergruppe)	Magnetquantenzahl	Spinquantenzahl
1	0	0	+ ½ / − ½
2	0 (*s*-Gruppe)	0	+ ½ / − ½
	1 (*p*-Gruppe)	+1	+ ½ / − ½
		0	+ ½ / − ½
		−1	+ ½ / − ½
3	0 (*s*-Gruppe)	0	+ ½ / − ½
	1 (*p*-Gruppe)	+1	+ ½ / − ½
		0	+ ½ / − ½
		−1	+ ½ / − ½
	2 (*d*-Gruppe)	+2	+ ½ / − ½
		+1	+ ½ / − ½
		0	+ ½ / − ½
		−1	+ ½ / − ½
		−2	+ ½ / − ½

[1] W. Pauli (1900–1958), Professor für theoretische Physik an der ETH in Zürich; Nobelpreis 1945.

zwei Elektronen in bezug auf ihren Zustand vollkommen übereinstimmen, daß *also niemals zwei Elektronen für alle vier Quantenzahlen dieselben Werte besitzen können.* Dieses «**Pauli-Prinzip**» wurde zunächst als Postulat aufgestellt, um die Auffüllung der Elektronenzustände (der Energieniveaux) verständlich zu machen; es hat bis heute trotz intensiver Anwendung niemals zu irgendwelchen Widersprüchen geführt und muß – ähnlich wie der Energiesatz oder die Newtonschen Prinzipien der Mechanik – als *Naturgesetz* betrachtet werden. Die verschiedenen erlaubten Kombinationen der Quantenzahlen ergeben nun unmittelbar die verschiedenen, überhaupt möglichen Elektronenzustände:

Nachdem nun bekannt ist, wie viele «Plätze» auf jeder «Schale» vorhanden sind, läßt sich mit Hilfe des Energieniveauschemas (Abb. 2.21) die Auffüllung der verschiedenen Energieniveaux und damit der **Aufbau der Elektronenhülle** verstehen.

Die *K*-«Schale» wird bei den Elementen Wasserstoff und Helium, die *L*-«Schale» bei den Elementen Lithium bis Neon besetzt. Das Lithiumatom besitzt auf der *L*-«Schale» ein (2*s*-) Elektron, das Berylliumatom zwei (2*s*-) Elektronen, das Boratom drei Elektronen (zwei 2*s*-Elektronen und ein 2*p*-Elektron). Zur abgekürzten Darstellung der «**Elektronenkonfiguration**»

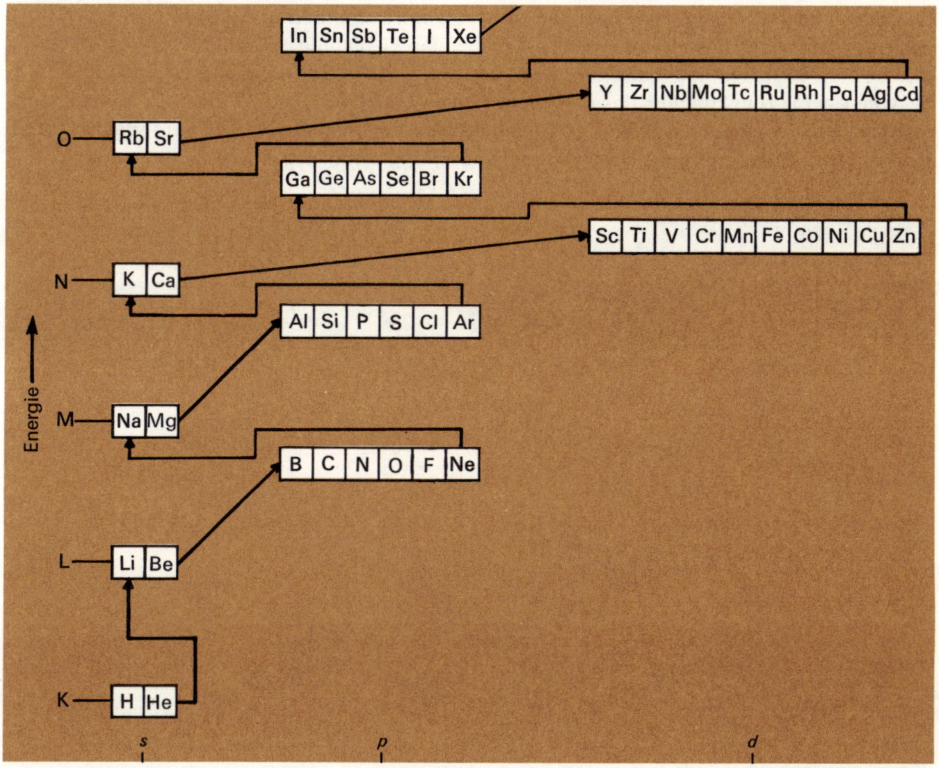

Abb. 2.22. Energieniveauschema der Elemente. Bei der Auffüllung der möglichen Elektronenzustände werden jeweils die Zustände geringster Energie zuerst besetzt; die auf das Ar folgenden Elemente K und Ca besitzen in der N-Schale ein bzw. zwei s-Elektronen, und die M-Schale wird erst vom Sc zum Zn vollständig gefüllt (d-Niveaux). Die Pfeile geben die Aufeinanderfolge der Elemente (nach wachsender Protonenzahl) an

schreibt man die Anzahl Elektronen eines Unterniveaus als Exponent; für Lithium, Beryllium, Bor und Kohlenstoff also

Li: $1s^2\ 2s^1$ Be: $1s^2\ 2s^2$ B: $1s^2\ 2s^2\ 2p^1$ C: $1s^2\ 2s^2\ 2p^2$

(gelesen: Lithium eins-*s*-zwei, zwei-*s*-eins usw.)

Die dritte *(M-)* «Schale» wird vom Natrium bis zum Argon mit 8 Elektronen belegt, welche das 3*s*-Niveau (2 Elektronen) und das 3*p*-Niveau (6 Elektronen) besetzen. Das auf dieser «Schale» noch vorhandene 3*d*-Niveau wird erst bei den Elementen Scandium (21 Protonen) bis Zink (30 Protonen) aufgefüllt; bei den auf das Argon folgenden Elementen Kalium und Calcium (19 bzw. 20 Protonen) wird das *s*-Niveau der vierten (*N*-) «Schale» besetzt.

Die Tatsache, daß beim *Kalium* und *Calcium* die *Besetzung der vierten «Schale» begonnen wird, bevor die dritte «Schale»* (d.h. *die 3d-Niveaux) aufgefüllt sind,* erscheint auf den ersten Blick sehr *befremdend.* Der Grund dafür liegt darin, daß **die 3d-Elektronen energiereicher sind als die 4s-Elektronen** (vgl. Abb. 2.21), so daß *zuerst* das *energieärmere 4s-Niveau* mit zwei Elektronen belegt werden muß. Nachdem dann bei den Elementen Scandium bis Zink das 3*d*-Niveau vollständig aufgefüllt worden ist, wird vom Gallium bis zum Krypton das 4*p*-Niveau mit insgesamt sechs Elektronen besetzt. Auch bei den Elementen der Protonenzahlen 39 bis 48 und 57 bis 80 werden neu hinzukommende Elektronen auf «innere» Schalen angeordnet, wobei vom Cer bis zum Lutetium das 4*f*-Niveau belegt wird. Die Abb. 2.22 und 2.23 zeigen nochmals die *Reihenfolge,* in welcher die verschiedenen Energieniveaux aufgefüllt werden, während die Abbildung auf S. 69 die Elektronenanordnung sämtlicher Elemente wiedergibt.

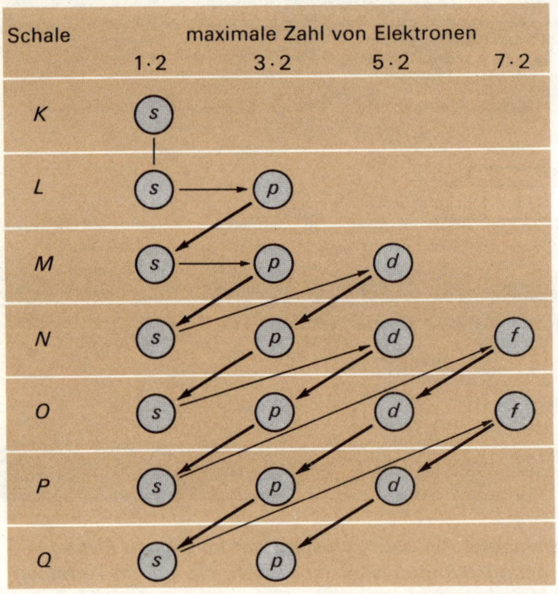

Abb. 2.23. Reihenfolge, in welcher die verschiedenen Energiezustände aufgefüllt werden (gewisse Ausnahmen bei den Lanthaniden)

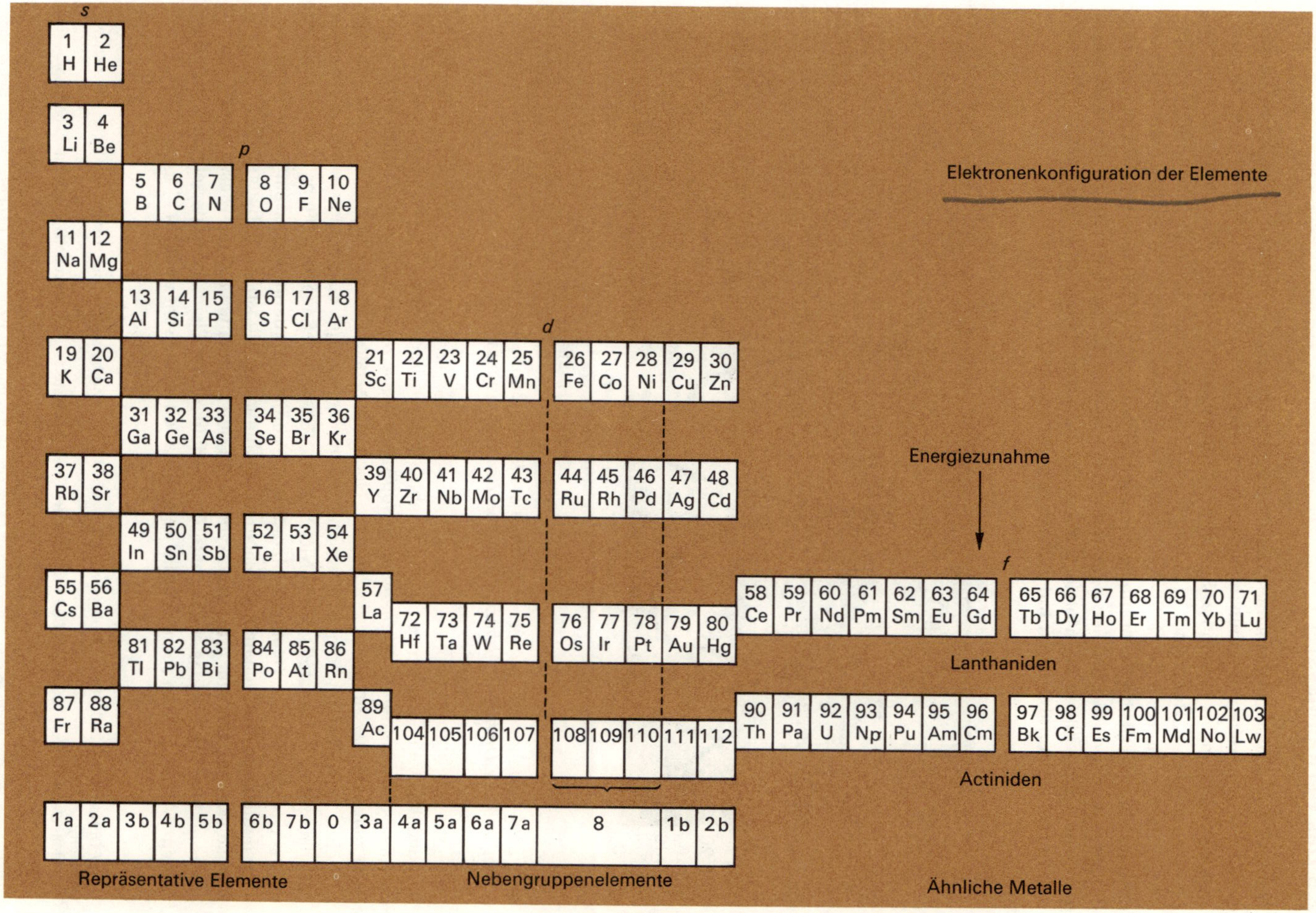
Elektronenkonfiguration der Elemente
s
p
d
f
Energiezunahme
Lanthaniden
Actiniden
Repräsentative Elemente
Nebengruppenelemente
Ähnliche Metalle
1a 2a 3b 4b 5b 6b 7b 0 3a 4a 5a 6a 7a 8 1b 2b

2.5 Das Periodensystem

Trotz der auffallenden Verschiedenartigkeit der Elemente lassen sich auch gewisse Beziehungen und Ähnlichkeiten zwischen ihnen erkennen. Versuche zu ihrer Klassifizierung und zur Aufstellung von Gruppen verwandter Elemente wurden schon verhältnismäßig früh unternommen. So erkannte bereits Döbereiner [1] 1819, daß die Atommasse des Leichtmetalles Strontium (Sr; 87,62) ziemlich genau in der Mitte liegt zwischen den Atommassen der beiden dem Strontium chemisch und physikalisch sehr ähnlichen Metalle Calcium (Ca; 40,08) und Barium (Ba; 137,34). Er nannte diese drei Metalle eine *«Triade»* von Elementen. Wie später ebenfalls von Döbereiner gefunden wurde, bilden die Metalle Lithium, Natrium und Kalium sowie die reaktionsfähigen Nichtmetalle Chlor, Brom und Iod weitere solche «Triaden».

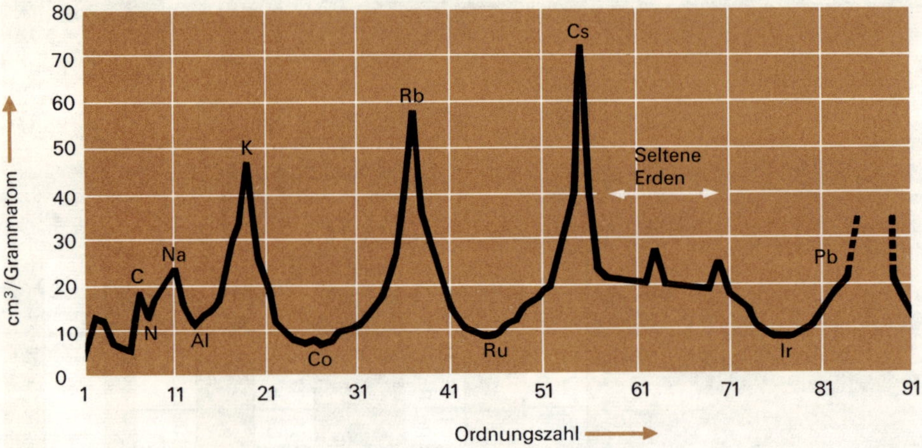

Abb. 2.24. Atomvolumenkurve. Die Kurve stellt den Quotienten aus der Masse eines Grammatoms und der Dichte in Abhängigkeit von der Ordnungszahl dar

D. Mendelejew [2] und gleichzeitig und unabhängig von ihm L. Meyer [3] stellten nun 1869 fest, daß die *Eigenschaften der Elemente in periodischer Weise regelmäßig wechseln, wenn man sie nach zunehmender Atommasse anordnet.* Nach Wasserstoff und Helium kommt Lithium, ein typisches Metall; dann folgen Elemente mit immer weniger ausgeprägtem Metallcharakter (Beryllium, Bor Kohlenstoff), dann Nichtmetalle (Stickstoff, Sauerstoff, Fluor, Neon), nachher wieder typische Metalle (Natrium, Magnesium, Aluminium), dann wieder ein Element mit weniger deutlichem Metallcharakter (Silicium), Nichtmetalle (Phosphor, Schwefel, Chlor, Argon), Metalle (Kalium, Calcium u. a.) usw. Wenn man den Quotienten aus der Masse eines Grammatoms und der Dichte (das sogenannte Atomvolumen) der Elemente in derselben Reihenfolge aufträgt (Abb. 2.24), so zeigt sich die Periodizität ebenfalls sehr deutlich.

[1] J. W. Döbereiner (1780–1849), Professor der Chemie in Jena, eng befreundet mit Goethe. Entdecker der Katalyse (Platin).

[2] D. Mendelejew (1834–1907), ab 1856 Professor der Chemie in Petersburg (Leningrad). Berühmter Lehrer, arbeitete auch nach der Aufstellung des Periodensystems stark an seinem Ausbau weiter.

[3] Lothar Meyer (1830–1895), Tübingen. Sein wichtigstes Werk, *Die modernen Theorien der Chemie*, vereinigte die Hypothese von Avogadro mit der Daltonschen Atomistik und vermochte viele, vorher unüberwindliche Schwierigkeiten zu klären.

Periodensystem
der Elemente

H 1	He 2

O	I	II	III	IV	V	VI	VII	O
He 2	Li 3	Be 4	B 5	C 6	N 7	O 8	F 9	Ne 10
Ne 10	Na 11	Mg 12	Al 13	Si 14	P 15	S 16	Cl 17	Ar 18

O	Ia	IIa	IIIa	IVa	Va	VIa	VIIa	VIII			Ib	IIb	IIIb	IVb	Vb	VIb	VIIb	0
Ar 18	K 19	Ca 20	Sc 21	Ti 22	V 23	Cr 24	Mn 25	Fe 26	Co 27	Ni 28	Cu 29	Zn 30	Ga 31	Ge 32	As 33	Se 34	Br 35	Kr 36
Kr 36	Rb 37	Sr 38	Y 39	Zr 40	Nb 41	Mo 42	Tc 43	Ru 44	Rh 45	Pd 46	Ag 47	Cd 48	In 49	Sn 50	Sb 51	Te 52	I 53	Xe 54
Xe 54	Cs 55	Ba 56	La 57 *	Hf 72	Ta 73	W 74	Re 75	Os 76	Ir 77	Pt 78	Au 79	Hg 80	Tl 81	Pb 82	Bi 83	Po 84	At 85	Rn 86
Rn 86	Fr 87	Ra 88	Ac 89 ⊙															

*Metalle der seltenen Erden (Lanthaniden)

⊙ Uran-Metalle (Actiniden)

Ce 58	Pr 59	Nd 60	Pm 61	Sm 62	Eu 63	Gd 64	Tb 65	Dy 66	Ho 67	Er 68	Tm 69	Yb 70	Lu 71
Th 90	Pa 91	U 92	Np 93	Pu 94	Am 95	Cm 96	Bk 97	Cf 98	E 99	Fm 100	Mv 101	No 102	Lw 103

Abb. 2.25. L. Meyer
(Photos: Deutsches Museum, München)

Abb. 2.26. D. Mendelejew

Durch Untereinanderstellen von Elementen mit ähnlichen chemischen Eigenschaften erhielten Meyer und Mendelejew das **Periodensystem** der Elemente (oft sprachlich unrichtig als «Periodisches System» bezeichnet).

Das Periodensystem gibt nicht nur eine übersichtliche Zusammenstellung der bekannten Elemente, sondern erwies sich bald auch als äußerst fruchtbares Prinzip zur Ordnung und zur Abklärung der gegenseitigen Beziehungen zwischen den Elementen. Damit nämlich jeweils überall wirklich Elemente von ähnlichem Verhalten untereinandergestellt werden konnten, mußte Mendelejew an verschiedenen Stellen des Systems *Lücken* für noch nicht entdeckte Elemente offen lassen, deren Eigenschaften sich teilweise mit verblüffender Genauigkeit voraussagen ließen (Tabelle 2.6), weil die oberhalb oder unterhalb dieser Lücken stehenden Elemente bereits

Tabelle 2.6. Vergleich der vorausgesagten und beobachteten Eigenschaften von Germanium und einigen Germaniumverbindungen

Mendelejews Voraussage	Nach der Entdeckung des Elementes durch Winkler (1886) beobachtete Eigenschaften
Atommasse ungefähr 72 u	Atommasse 72,59 u
Dunkelgraues Metall mit hohem Schmelzpunkt; Dichte 5,5 g/cm³; spezifische Wärme 0,073 cal/Grad	Weißlichgraues Metall; Smp. 958°C; Dichte 5,36 g/cm³; spezifische Wärme 0,76 cal/Grad
Beim Erhitzen an der Luft entsteht XO_2	Beim Erhitzen an der Luft entsteht GeO_2
Oxid schwerflüchtig; Dichte 4,7 g/cm³	Smp. von GeO_2 1100°C; Dichte 4,7 g/cm³
Chlorid (XCl_2) ist eine leichtflüchtige Flüssigkeit (Sdp. wenig unter 100°C); Dichte 1,9 g/cm³	$GeCl_2$ ist flüssig (Sdp. 83°C); Dichte 1,88 g/cm³

bekannt waren. Mendelejew erkannte auch, daß man an einigen Stellen die Reihenfolge der Elemente nach wachsender Atommasse umkehren muß, um immer ähnliche Elemente untereinanderstellen zu können. Das dem Chlor und Brom ähnliche, zur gleichen Triade gehörende Iod hat z. B. eine kleinere Atommasse als das dem Schwefel und dem Selen ähnliche Tellur. Auch von den Elementen Argon/Kalium und Kobalt/Nickel besitzt jeweils das erstere die höhere Atommasse.
Es war jedoch weder Meyer noch Mendelejew möglich, eine *Erklärung für den Aufbau des Systems* zu geben. Fragen, wie z. B. worauf die Ähnlichkeit der senkrecht untereinanderstehenden Elemente oder die Periodizität der Eigenschaften beruhe oder ob vielleicht noch eine ganze «Gruppe» (d. h. senkrechte Reihe) von Elementen unentdeckt geblieben sei, vermochte man zunächst nicht zu beantworten. Erst nach der Entwicklung der Vorstellungen über den Bau der Atome war der Aufbau des Periodensystems einer Erklärung zugänglich.

2.5.1 Der Aufbau des Periodensystems

Zunächst erkannte Moseley[1], daß nicht die Atommasse, sondern die *Kernladungszahl* (die Zahl der Protonen im Kern) die richtige *Reihenfolge der Elemente* im System bestimmt. Von Element zu Element nimmt die Kernladung jeweils um eine Einheit zu; es kommt also stets ein weiteres Proton hinzu. Die Kernladungszahl erwies sich damit als identisch mit der «Platznummer» eines Elementes im System, die man schon früher als «**Ordnungszahl**» bezeichnet hatte.
Die Reihenfolge der Ordnungszahlen konnte von Moseley (1913) durch Auswerten der *Röntgenspektren* der Elemente festgelegt werden. Röntgenstrahlen entstehen, wenn schnelle Elektronen auf eine Anode aus Metall auftreffen. Hier werden sie durch die äußeren Elektronen der Metallatome abgebremst, haben aber immer noch soviel Energie, daß sie aus der «innersten» Elektronenschale ein Elektron herausreißen, dessen Platz dann sofort von einem Elektron eines höheren Niveaus eingenommen wird. Dieses äußere Elektron sendet beim Übergang vom höheren auf das tiefere Niveau Energie aus; da es sich bei diesen «Sprüngen» zwischen verschiedenen Schalen um ziemlich hohe Energiedifferenzen handelt, hat das ausgesandte Licht nach Planck eine hohe Frequenz, d. h. eine kurze Wellenlänge. Derart kurzwelliges «Licht» hat die Eigenschaften der von Röntgen 1895 entdeckten Strahlen. Moseley fand nun, daß die beim Auftreffen der Elektronen auf die verschiedenen Elemente ausgesandten Röntgenstrahlen eine mit der Ordnungszahl steigende Frequenz zeigen. Damit konnten sämtliche noch offenen Lücken im System (unbekannte Elemente!) eindeutig erkannt werden.
Entsprechend der Zunahme der Ordnungszahl muß auch die Elektronenzahl in der Reihenfolge der Elemente im System wachsen. Von Element zu Element kommt also immer ein Elektron hinzu. Der *Aufbau des Periodensystems* steht deshalb in engstem Zusammenhang mit dem *Aufbau der Elektronenhülle;* mit anderen Worten, **die Stellung eines Elementes im Periodensystem gibt zugleich seine Elektronenkonfiguration an.**
Ein Vergleich des Periodensystems mit den auf S. 67 gegebenen Erläuterungen der Elektronenkonfiguration zeigt folgendes:
Innerhalb der horizontalen Reihen des Systems (der «**Perioden**») werden die *«Schalen»* aufgefüllt. Bei den *ersten* zwei Elementen wird die innerste «Schale» besetzt, während bei den Elementen der *zweiten Periode* (Li–Ne) die neu hinzukommenden Elektronen die zweite «Schale» auffüllen. Die hier neu hinzukommenden Elektronen besetzen also alle Energieniveaux der Hauptquantenzahl 2. Bei den Elementen der *dritten Periode* (Na–Ar) werden die *s*- und *p*-Niveaux der Hauptquantenzahl 3 besetzt, so daß die dritte Periode ebenfalls acht Elemente umfaßt. Die *vierte Periode* (K–Kr) ist «länger» und enthält nicht 8, sondern 18 Elemente, da nach dem Calcium (Ordnungszahl 20) das *3d-Niveau* aufgefüllt wird (vom Scandium [Ordnungszahl

[1] H. Moseley (1887–1915), englischer Physiker.

Tabelle 2.7. Übersicht über die Verteilung der Elektronen auf die Schalen

Schale		*K*	*L*	*M*	*N*	*O*	*P*	*Q*
1	H	1						
2	He	2						
3	Li	2	1					
4	Be	2	2					
5	B	2	3					
6	C	2	4					
7	N	2	5					
8	O	2	6					
9	F	2	7					
10	Ne	2	8					
11	Na	2	8	1				
12	Mg	2	8	2				
13	Al	2	8	3				
14	Si	2	8	4				
15	P	2	8	5				
16	S	2	8	6				
17	Cl	2	8	7				
18	Ar	2	8	8				
19	K	2	8	8	1			
20	Ca	2	8	8	2			
					←			
31	Ga	2	8	18	3			
32	Ge	2	8	18	4			
33	As	2	8	18	5			
34	Se	2	8	18	6			
35	Br	2	8	18	7			
36	Kr	2	8	18	8			
37	Rb	2	8	18	8	1		
38	Sr	2	8	18	8	2		
						←		
49	In	2	8	18	18	3		
50	Sn	2	8	18	18	4		
51	Sb	2	8	18	18	5		
52	Te	2	8	18	18	6		
53	I	2	8	18	18	7		
54	Xe	2	8	18	18	8		
55	Cs	2	8	18	18	8	1	
56	Ba	2	8	18	18	8	2	
							←	
81	Tl	2	8	18	32	18	3	
82	Pb	2	8	18	32	18	4	
83	Bi	2	8	18	32	18	5	
84	Po	2	8	18	32	18	6	
85	At	2	8	18	32	18	7	
86	Rn	2	8	18	32	18	8	
87	Fr	2	8	18	32	18	8	1
88	Ra	2	8	18	32	18	8	2

An die mit Pfeilen bezeichneten Stellen gehören die **«Übergangselemente»**. Die von Element zu Element neu hinzukommenden Elektronen werden bei ihnen nicht auf der äußersten, sondern auf inneren Schalen angeordnet. Die einzelnen Schalen werden häufig durch die Buchstaben *K, L, M* usw. bezeichnet.

21] bis zum Zink [Ordnungszahl 30]). Auch die *fünfte Periode* umfaßt 18 Elemente, wobei wiederum bei den Elementen 39–48 das *4d-Niveau* belegt wird. Die *sechste Periode* schließlich enthält insgesamt 32 Elemente. Beim Caesium (55) und Barium (56) wird das *6s-Niveau* besetzt, beim Lanthan (57) und den Elementen Hafnium (72) bis Quecksilber (80) wird das *5d-Niveau* belegt, während bei den Elementen 58–71 (den sogenannten *seltenen Erden)* das *4f-Niveau* aufgefüllt wird. Da hier die drittäußerste «Schale» mit Elektronen belegt wird und dabei die Zahl der Elektronen in den beiden äußeren «Schalen» (n = 5 und n = 6) konstant bleibt, zeigen die Elemente der seltenen Erden unter sich eine ganz besonders große Ähnlichkeit. Vom Element Thallium (81) bis zum Radon (86) wird schließlich das *6p-Niveau* besetzt.

Die Elemente, bei welchen *d*- oder *f*-Niveaux innerer «Schalen» aufgefüllt werden, während die Zahl der Elektronen höherer Hauptquantenzahlen (fast immer) konstant bleibt, heißen **Übergangselemente** oder **Übergangsmetalle.** Bezüglich gewisser (scheinbarer) *Unregelmäßigkeiten* bei der Besetzung der *d*-Niveaux sei auf den ausführlicheren Band *«Grundlagen der allgemeinen und anorganischen Chemie»* verwiesen.

Der *periodische Wechsel der Eigenschaften* der Elemente und damit auch die Übereinstimmung in den chemischen Eigenschaften untereinanderstehender Elemente hängt also eng mit ihrer *Elektronenkonfiguration* zusammen. Ein Vergleich der Tabelle 2.7 (S. 74) mit dem Periodensystem zeigt, daß im System untereinanderstehende Elemente (eine *Elementgruppe)* im höchsten besetzten Hauptenergieniveau (höchste Hauptquantenzahl) gleich viele Elektronen besitzen. Diese «**Außenelektronen**» sind am wenigsten stark an den Kern gebunden und am leichtesten vom Atom zu entfernen; offenbar sind sie weitgehend für das chemische Verhalten eines Elementes verantwortlich[1]. Häufig wird zwischen Elementen der *«Hauptgruppen»* und der *«Nebengruppen»* unterschieden: Bei den Hauptgruppenelementen werden jeweils die *s*- und die *p*-Niveaux aufgefüllt, während bei den Elementen der Nebengruppen die *d*- bzw. *f*-Niveaux aufgefüllt werden.

2.5.2 Die Gruppen des Periodensystems

Alkalimetalle. Die Metalle Lithium (Li), Natrium (Na), Kalium (K), Rubidium (Rb), Caesium (Cs) und Francium (Fr)[2] bilden eine Elementgruppe von sehr einheitlichem Charakter. Es sind alles leichte, weiche, relativ tief schmelzende Metalle (Cs mit Smp. 28,5°C; Li mit Smp. 179°C), die an der Luft sehr schnell anlaufen (Aufbewahrung unter Petroleum oder in einem inerten, d.h. mit ihnen nicht reagierenden Gas). Die Alkalimetalle sind sehr reaktionsfähig; die Reaktionsfähigkeit nimmt vom Li zum Cs zu. Mit Wasser reagieren sie heftig (Kalium und die schwereren Alkalimetalle sogar unter Feuererscheinung); es entstehen dabei salzartige Verbindungen der Zusammensetzung MeOH (sogenannte Hydroxide), welche sich im Wasser leicht lösen. Diese Lösungen sind schlüpfrig anzufühlen, brennen in den Augen und haben einen unangenehm-scharfen Geschmack; gewisse Farbstoffe werden von ihnen in charakteristischer Weise verfärbt (z.B. wird roter Lackmus [ein Farbstoff einer Flechte] blau). Man bezeichnet dieses Verhalten als *«alkalische Reaktion»;* die Elementgruppe hat ihren Namen von der leichten Bildung solcher alkalischer Lösungen erhalten. In der Natur treten alle Alkalimetalle nur in Form von Verbindungen auf; man stellt sie meist durch Elektrolyse geschmolzener Salze (Chloride oder Hydroxide) her.

Erdalkalimetalle. Beryllium (Be), Magnesium (Mg), Calcium (Ca), Strontium (Sr), Barium (Ba) und Radium (Ra). Die Erdalkalimetalle sind härter und schwerer als die Alkalimetalle; ihre Reaktionsfähigkeit ist deutlich geringer. Beryllium (im Edelstein Beryll enthalten) und Magne-

[1] Die Außenelektronen heißen wegen der Beziehung zur sogenannten «Wertigkeit» oder «Valenz» (s. S. 142) häufig auch Valenzelektronen.

[2] Francium ist ein durch Kernumwandlung künstlich hergestelltes, radioaktives Element, dessen Chemie noch sehr unvollkommen bekannt ist.

sium bedecken sich an der Luft mit einer dünnen, kompakten Oxidschicht; Calcium und die schwereren Erdalkalimetalle oxidieren stärker, jedoch nicht so rasch wie die entsprechenden Alkalimetalle. Mit Wasser bilden sie ebenfalls salzartige Hydroxide; die Reaktion ist jedoch weit weniger heftig als beim Alkalimetall der gleichen Periode, und die Hydroxide lösen sich [mit Ausnahme des mäßig gut löslichen $Ba(OH)_2$] nur wenig im Wasser. Magnesium und neuerdings auch Beryllium sind dank ihrer geringen Dichte wichtige Werkmetalle. Auch die Erdalkalimetalle treten in der Natur nicht elementar auf. Ihr Name stammt von den Oxiden, salzartigen, pulvrigen, schwer schmelzbaren, «erdigen» Substanzen, welche sich im Wasser in geringem Maß unter alkalischer Reaktion lösen.

Erdmetalle. Von den Erdmetallen [Bor (B), Aluminium (Al), Gallium (Ga), Indium (In) und Thallium (Tl)] besitzt nur das Aluminium als Werkstoff größere Bedeutung (Leichtmetall!). Es ist ein an sich ziemlich unedles, reaktionsfähiges Metall, das aber durch seine kompakte Oxidschicht gegen den Angriff anderer Stoffe (Sauerstoff, Säuren) weitgehend geschützt ist. Es kommt in der Natur nicht elementar vor und wird durch Elektrolyse einer Schmelze von Al_2O_3 gewonnen (siehe S. 335). Als dritthäufigstes Element der Erdkruste spielt Aluminium für die Chemie der Gesteine eine wichtige Rolle.

Kohlenstoff/Silicium-Gruppe: Kohlenstoff (C), Silicium (Si), Germanium (Ge), Zinn (Sn) und Blei (Pb). Von diesen Elementen kommt nur Kohlenstoff elementar in der Natur vor (als Diamant und Graphit); alle übrigen Elemente dieser Gruppe müssen aus Verbindungen gewonnen werden. Sowohl Kohlenstoff wie Silicium besitzen innerhalb der Chemie eine gewisse Sonderstellung: Kohlenstoff als Element der organischen Verbindungen (siehe S. 32) und Silicium (zusammen mit Sauerstoff) als wichtigstes gesteinsbildendes Element (S. 306). Silicium und Germanium sind *Halbmetalle* (spröde; geringe, aber mit zunehmender Temperatur wachsende elektrische Leitfähigkeit, Metallglanz); Zinn und Blei sind typische Metalle (Verwendung als Werkstoffe!). Das von Mendelejew vorausgesagte Germanium, ein sehr seltenes Element, hat in der letzten Zeit für die Elektrotechnik Bedeutung bekommen (Halbleiter für Transistoren, siehe S. 119).

Stickstoff/Phosphor-Gruppe: Stickstoff (N), Phosphor (P), Arsen (As), Antimon (Sb) und Wismut (Bi). Auch hier nimmt der metallische Charakter der Elemente von Stickstoff (ausgesprochenes Nichtmetall, reaktionsträges Gas) zu Wismut (typisches Metall) sehr deutlich zu. Arsen ist ein Halbmetall; Antimon ein sehr sprödes, hartes, schlecht leitendes Metall. Als einziges Element dieser Gruppe tritt Phosphor nicht elementar in der Natur auf (Stickstoff in der Luft, Arsen als sogenannter Scherbenkobalt, Antimon als Alemontit [eine Sb/As-Legierung] und gediegenes Wismut auf Zinn-Lagerstätten). Phosphor existiert wie Kohlenstoff in verschiedenen Formen, die sich in ihren Eigenschaften stark unterscheiden (siehe S. 269). Auch Arsen kommt in zwei Formen vor, einer mehr metallähnlichen grauen und einer nichtmetallischen gelben Form. Die flüchtigen Oxide N_2O_5 und P_2O_5 ergeben mit Wasser Säuren (Salpetersäure, HNO_3; Phosphorsäure H_3PO_4). Auch Arsen und Antimon bilden (instabile) Säuren.

Chalkogene. Zu dieser Gruppe gehören Sauerstoff (O), Schwefel (S), Selen (Se), Tellur (Te) und Polonium (Po). Auf die Nichtmetalle Sauerstoff und Schwefel folgen auch hier ein Halbmetall (Selen; existiert auch in einer nichtmetallischen, roten Form!) sowie die Metalle Tellur und Polonium. Viele Metallverbindungen von Schwefel und Sauerstoff treten in der Natur als Mineralien auf (die Formel der Sulfide entspricht jeweils der Formel der Oxide) und sind wichtige Erze (*chalkos* gr. = Erz; *gennan* gr. = bilden). Oxide (XO_2 und XO_3) und Wasserstoffverbindungen (H_2X) sind typisch flüchtige Verbindungen. Manche Oxide bilden mit Wasser Säuren (z. B. entsteht Schwefelsäure, H_2SO_4, aus SO_3 und Wasser).

Halogene: Fluor (F), Chlor (Cl), Brom (Br), Iod (I) und Astatin (At)[1]. Fluor (ein gelbliches Gas), Chlor (gelbgrünes Gas), Brom (schwarzrote, niedrig siedende Flüssigkeit, bildet sehr unangenehm erstickend riechende rotbraune Dämpfe) und Iod (blauschwarze, metallisch glänzende Schuppen; sublimiert leicht zu violettem Dampf) zeigen untereinander stärkere Ähnlichkeiten als die Elemente der meisten anderen Gruppen. Die vier Elemente sind recht reaktionsfähige Stoffe, vor allem Fluor und (in etwas geringerem Maß) Chlor. Viele Metalle «verbrennen» in Fluor- oder Chlorgas heftig. Mit den meisten Metallen bilden die Halogene typische Salze (*hals* gr. = Salz; *gennan* gr. = bilden). Die Oxide sind im allgemeinen ziemlich unbeständige, flüchtige Verbindungen. Die Lösungen der gasförmigen Halogenwasserstoffverbindungen HX sind sauer. Keines dieser Elemente tritt elementar in der Natur auf; Fluor und Chlor gewinnt man durch Elektrolyse ihrer Salze (siehe S. 251 und S. 261).

Edelgase. Helium (He), Neon (Ne), Argon (Ar), Krypton (Kr), Xenon (Xe) und Radon (Rn). Die Edelgase, eine Gruppe auffallend ähnlicher, gasförmiger Elemente, wurden erst nach der Aufstellung des Periodensystems entdeckt[2]; sie ordneten sich aber ihrem Atombau nach sehr gut zwischen die Halogene und die Alkalimetalle ein. Sie kommen in sehr geringen Mengen in der Luft vor (das häufigste Edelgas, Ar, macht ungefähr 0,95 Vol.-% aus) und haben heute teilweise in der Beleuchtungstechnik (Neonröhren, Krypton und Xenon als Füllgase für Glühlampen) Verwendung gefunden. Lange Zeit glaubte man, daß überhaupt keine chemischen Verbindungen dieser Elemente existieren würden (ihre Atome treten in allen Aggregatzuständen als einzelne, freie Teilchen auf, verbinden sich also nicht zu Molekülen!). Erst 1962 wurden echte Verbindungen von Xenon und Krypton (z. B. XeF_4, $XePtF_6$, KrF_4) dargestellt.

Die **Übergangsmetalle** (Elemente 21–30, 39–48, 57–80 und 89–103) sind zwar keine Elementgruppen, sondern gehören als *«Nebengruppen»* zu den besprochenen *«Hauptgruppenelementen»* (z. B. bilden Cu, Ag und Au die erste, Zn, Cd und Hg die zweite Nebengruppe, usw.). Bei ihnen werden die noch nicht vollständig besetzten zweit- oder drittäußersten Schalen mit Elektronen aufgefüllt, während die Zahl der Elektronen der äußersten Schale konstant bleibt. Aus diesen Gründen zeigen die Übergangselemente doch gewisse *gemeinsame Merkmale:* Alle sind Metalle, viele bilden farbige Salze, bei den meisten wirken auch die zusätzlichen Elektronen der zweitäußersten Schale neben den beiden äußersten Elektronen als Valenzelektronen, und sie bilden daher Verbindungen, in denen sie mit verschiedenen Oxidationszahlen vorkommen (siehe S. 144). Sehr viele Übergangsmetalle besitzen als Werk- oder Schmuckmetalle große Bedeutung (siehe S. 328).

Überblickt man nun zum Schluß die **Perioden,** so erkennt man, daß *innerhalb der Perioden der metallische Charakter der Elemente von rechts nach links zunimmt* (vgl. Fluor–Lithium; Chlor–Natrium). *Innerhalb einer Gruppe nimmt der metallische Charakter nach unten zu* (Stickstoff [Nichtmetall] – Antimon und Wismut [Metalle]; Fluor und Chlor [Gase] – Iod [mit metallischem Glanz]). Die typischen Metalle finden sich daher links und unten im System; typische Nichtmetalle stehen rechts und oben. Diese Regelmäßigkeiten hängen damit zusammen, daß innerhalb einer Periode die Ladung des Atomrumpfes von links nach rechts wächst (also bei den links stehenden Elementen am kleinsten ist), daß aber bei den Elementen einer Gruppe die Ausdehnung eines Atomrumpfes von oben nach unten größer wird. Beide Effekte bedingen, daß die Außenelektronen bei den Elementen links und unten weniger stark an den Atomrumpf gebunden werden. Tatsächlich ist für Metallatome das Vorhandensein von locker gebundenen Außenelektronen kennzeichnend (siehe S. 106).

[1] Auch Astatin ist ein nicht natürlich vorkommendes, bisher erst in sehr kleinen Mengen künstlich hergestelltes Element.

[2] 1892 entdeckte Lord Rayleigh, daß Stickstoff, der aus der Luft durch Entfernen des Sauerstoffs hergestellt worden war, eine etwas höhere Dichte zeigt als aus Verbindungen gewonnener Stickstoff. Die genaue Untersuchung des «Luftstickstoffes» ergab dann, daß er noch geringe Mengen schwerer Gase enthielt.

2.6 Modelle der Elektronenhülle

Um sich vom Aufbau der Atome anschauliche Vorstellungen zu machen und mit ihrer Hilfe die Eigenschaften von Elementen und Verbindungen deuten zu können, sind verschiedene **Modellvorstellungen** entwickelt worden. Das Rutherford-Modell – welches die Atome aus Kern und Hülle bestehend betrachtet – wurde bereits erwähnt. Ein gegenüber diesem einfachen Modell wesentlich verfeinertes Modell wurde – zusammen mit der Deutung des Wasserstoffspektrums durch die Quantentheorie – von *Bohr* (1913) vorgeschlagen und von *Sommerfeld* (1916) verbessert. Nach den Vorstellungen von Bohr und Sommerfeld bewegen sich die Elektronen auf Kreisbahnen oder elliptischen Bahnen um den Atomkern, wobei die Hauptquantenzahl im wesentlichen den Abstand eines Elektrons vom Kern (den Radius der Bahn) bestimmt. *s*- und *p*-Niveaux unterscheiden sich in diesem Modell durch die Form der Bahn (Kreis oder Ellipse). Nach dem Bohr-Sommerfeld-Modell stellt das Atom ein winziges *«Planetensystem»* dar; den Übergängen vom angeregten zum Grundzustand (bei der Aussendung von Licht) entsprechen dann «Sprünge» der Elektronen von äußeren auf innere Bahnen.

Schon wenige Jahre nach der Aufstellung dieses Modelles zeigte sich indessen, daß es trotz mancher Erfolge (z. B. bei der Erklärung des Wasserstoff-Spektrums) *versagt,* mit anderen Worten, daß es entweder zu Folgerungen führt, die im Experiment nicht bestätigt werden konnten oder daß gewisse Beobachtungen durch dieses Modell überhaupt nicht erklärt werden konnten. Insbesondere ist das Bohr-Sommerfeld-Modell unbrauchbar zur Deutung des Zustandekommens und der Eigenschaften von Molekülen. Somit stellt das «Planetenmodell» nur eine ganz grobe Annäherung an die Wirklichkeit dar, und es ist notwendig, ein «besseres», d. h. der Wirklichkeit näher kommendes und damit *leistungsfähigeres* Modell zu entwickeln. Dies geschah in den Jahren 1925–1930 und wurde in erster Linie dank den Arbeiten von Heisenberg[1] (1925) und Schrödinger[2] (1926) möglich.

Heisenberg erkannte, daß *die hauptsächliche Unzulänglichkeit des Bohr-Sommerfeld-Modelles in der Annahme genau erfaßbarer Elektronenbahnen besteht,* denn nach der von ihm formulierten, für die Atomphysik grundlegenden «**Unschärfebeziehung**» ist es *prinzipiell unmöglich, gleichzeitig Ort und Impuls* (und damit *Geschwindigkeit) eines Elektrons – also den exakten Ablauf seiner Bewegung! – ganz genau zu kennen.*

Wenn nämlich durch Verfeinerung der Meßmethoden der Ort eines Elektrons genauer bestimmt werden kann, wird die Unsicherheit in bezug auf die Geschwindigkeit größer (und umgekehrt). Die Ursache für diese sich gegenseitig ausschließende Genauigkeit der Bestimmung von Ort und Geschwindigkeit liegt nicht etwa in mangelnder Apparatetechnik, sondern ist prinzipieller Art; denn es ist unmöglich, den Ort eines Elektrons genau zu bestimmen, ohne gleichzeitig dadurch seine Geschwindigkeit in unkontrollierbarer Weise zu verändern, so daß dann eben keine genaue Aussage über diese möglich ist.

Eine rohe *Analogie* möge dies veranschaulichen. In einem verdunkelten Raum soll sich eine weiße Kugel auf einem schwarzen Tisch bewegen, der durch weiße Striche wie Millimeterpapier in Felder eingeteilt ist. Die Aufgabe sei, gleichzeitig Ort und Geschwindigkeit der Kugel zu bestimmen. Wenn wir mit einem Blitzlichtgerät im Abstand von einer Sekunde je eine photographische Aufnahme machen, können wir aus den beiden Bildern sowohl Ort wie Geschwindigkeit bestimmen, da das Blitzlicht ohne Einfluß auf die Bewegung der Kugel ist. Haben wir nun kein Hilfsgerät und wollen wir die Bewegung der Kugel im Dunkeln erfassen, indem wir sie in einem bestimmten Moment und dann wieder eine Sekunde später berühren (wobei eine leichte, nur streifende Berührung der Kugel nicht erlaubt sein soll), so wird gerade durch die Berührung

[1] W. Heisenberg (geboren 1901), deutscher Physiker (Göttingen). Nobelpreis 1932.
[2] E. Schrödinger (1887–1961), österreichischer Physiker. Nobelpreis 1933.

die Geschwindigkeit geändert, und wir können nicht wissen, wo sich die Kugel eine Sekunde später befunden haben würde, wenn wir sie nicht berührt hätten. Anders gesagt, wir können auf diese Weise nicht gleichzeitig Ort und Geschwindigkeit der Kugel genau bestimmen.

Als Folge der Unschärfebeziehung lassen sich zwar für die Elektronen des Atoms keine exakt bestimmten Bahnen angeben; jedoch ist man in der Lage, durch gewisse mathematische Verfahren die *Räume* zu ermitteln, *in denen sich die Elektronen aufhalten,* und man kann auch die Wahrscheinlichkeit, mit der ein Elektron in einem bestimmten Gebiet eines solchen Raumes angetroffen wird, berechnen. Ein solcher «**Wahrscheinlichkeitsraum**» kann als eine in bestimmter Weise über das Atom verteilte «Wolke» negativer Ladung aufgefaßt werden, wobei diese «**Ladungswolken**» an den Stellen größter Aufenthaltswahrscheinlichkeit (d.h. dort, wo sich ein Elektron am häufigsten aufhält) ihre größte «Dichte» besitzen.
Die Darstellungen solcher Wolken in der Art der Abb. 2.27 muß man sich durch Summierung zahlloser *«Momentaufnahmen»* eines Elektrons entstanden denken; ein Punkt entspricht dem Ort eines Elektrons in einem bestimmten Augenblick. Dort, wo die Punkte dichter liegen, hält sich das Elektron häufiger auf. Nach außen hin haben solche Ladungswolken keine scharfen Grenzen; in den Darstellungen auf S. 81–83 entsprechen die Umgrenzungslinien willkürlich einer bestimmten Minimaldichte.

Abb. 2.27. Form der Ladungswolken der s- und p-Zustände im Wasserstoffatom

Die mathematische Formulierung der Unschärfebeziehung (das Produkt aus Orts- und Impulsungenauigkeit ist gleich der Planckschen Konstanten h) führt zu dem wichtigen Ergebnis, daß ein Elektron notwendigerweise eine bestimmte *minimale kinetische Energie* besitzen muß, wenn ihm durch einen gegebenen Raum *Beschränkungen in seiner Bewegung* auferlegt sind, und zwar ist seine *kinetische Energie um so größer, je kleiner der Raum ist,* der für die Bewegung zur Verfügung steht. Je kleiner nämlich dieser Raum ist, um so schärfer ist der «Ort» des Teilchens bestimmt, so daß die Geschwindigkeit um so weniger exakt bestimmbar, die kinetische Energie um so höher sein muß. Wir werden sehen, daß gerade diese Aussage für das Verständnis der Eigenschaften gewisser Atomverbände von entscheidender Bedeutung ist.

Räumliche Verteilung der Ladungswolken. Für das *Wasserstoffatom* (mit einem einzigen Elektron!) läßt sich die Ladungsdichteverteilung dieses Elektrons (d.h. die *Form seiner Ladungswolke)* auch für angeregte Zustände (*p*-, *d*- und *f*-Niveaux höherer Hauptquantenzahlen) *genau berechnen* (Schrödinger). Zur Charakterisierung eines bestimmten Energieniveaus dient eine mathematische Funktion ψ; ihr Quadrat (ψ^2) beschreibt die räumliche Ladungsdichteverteilung. Den *s*-Niveaux sind kugelförmige, den *p*-Niveaux hantelförmige, den *d*- und einigen *f*-Niveaux kreuz- oder rosettenförmige Ladungswolken zuzuordnen (Abb. 11.14, S. 386). Für *Atome mit mehreren Elektronen* ist allerdings keine exakte Berechnung von ψ^2 (also der genauen Ladungsdichteverteilung) mehr möglich, da es unmöglich ist, die Wechselwirkungen zwischen den einzelnen Elektronen mathematisch zu bewältigen. Man gelangt jedoch zu einem **für**

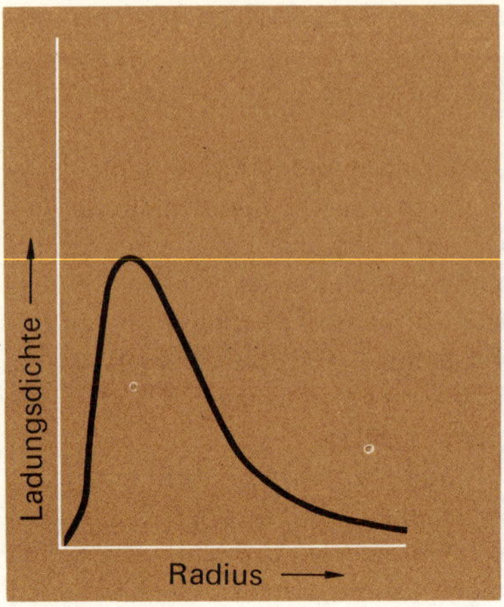

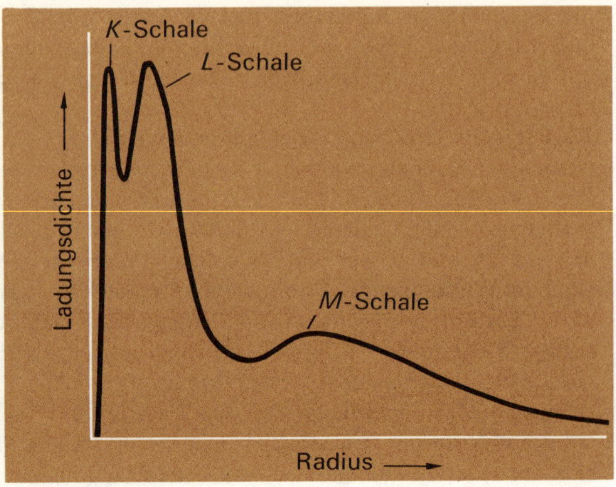

Abb. 2.28. Ladungsdichte in Abhängigkeit vom Atomradius: a) Wasserstoffatom, b) Argonatom

viele Zwecke brauchbaren Modell, wenn man die am H-Atom gewonnenen Ergebnisse auch auf Atome mit mehreren Elektronen überträgt, d.h. wenn man auch für die Elektronen in solchen Atomen Ladungswolken von der gleichen Form annimmt, wie man sie für das H-Atom exakt berechnen kann. Man muß sich jedoch bewußt sein, daß die Ladungsdichteverteilung eines Atoms mit mehreren Elektronen auf die Weise nur *näherungsweise* beschrieben werden kann. Immerhin läßt sich die radiale Elektronendichte eines Atoms mit ziemlicher Genauigkeit angeben; bei Atomen mit vielen Elektronen erhält man dann für bestimmte Abstände deutliche Maxima (Abb. 2.28).

Wie wir im nächsten Kapitel erfahren werden, geschieht die *«Verbindung»* zweier Atome in *Molekülen* dadurch, daß sich Ladungswolken verschiedener Atome *«überlappen»* und dadurch Wolken gebildet werden, die *beiden Atomen gemeinsam* angehören. Die im Experiment (z.B. durch Beugung von Röntgenstrahlen) ermittelte *räumliche Struktur* von Molekülen läßt sich aber in vielen Fällen nur dann verstehen, *wenn man die Unterscheidung von s-, p-* (und in gewissen Fällen auch *d-) Niveaux* bei den einzelnen Atomen *wieder aufgibt.* Mit anderen Worten, **bei der Verbindungsbildung verhalten sich die Elektronen ein und derselben Hauptquantenzahl** (ein und derselben Schale) **häufig völlig gleichartig,** ungeachtet der Tatsache, daß sie sich im freien, unbeeinflußten Atom auf (energetisch verschiedene) *s-, p-* und *d-*Niveaux verteilen.

Ein sehr gutes *Beispiel* für diese Verhältnisse ist das Molekül von *Methan* (CH_4). Wie man schon sehr lange weiß, ist das Molekül *tetraedrisch* gebaut; die vier H-Kerne (Protonen) sitzen an den Ecken eines regelmäßigen Tetraeders und der C-Kern in dessen Zentrum. Von den insgesamt 10 Elektronen bewegen sich zwei in einer kugelsymmetrischen Wolke um den Kern des C-Atoms (sie entsprechen den beiden Elektronen seiner innersten Schale), während die acht anderen Elektronen paarweise vier Wolken besetzen, die tetraedrisch angeordnet sind und je einen H-Kern enthalten (Abb. 2.29). Eine solche Struktur besitzt die für dieses System *größtmögliche Symmetrie*, und zudem sind die *Wechselwirkungen zwischen gleichartigen Ladungen* auf diese Weise am *geringsten;* ein solches Molekül entspricht demnach einem Zustand *geringster Gesamtenergie.*

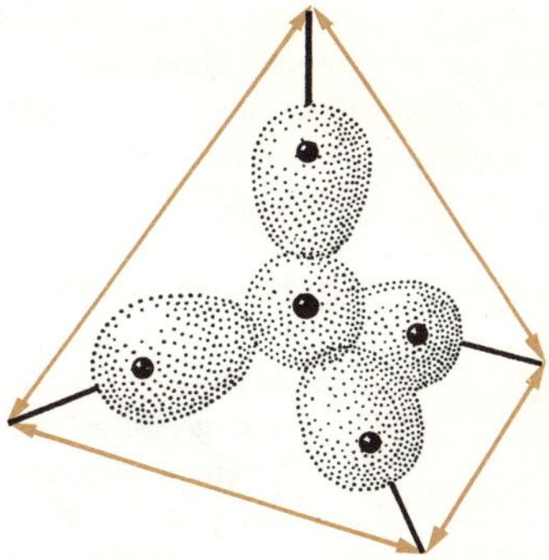

Abb. 2.29. Räumliche Anordnung der Elektronenwolken im Methan-Molekül

Wenn wir aber vom *Modell* des *C-Atoms* mit zwei 2*s*- und 2*p*-Elektronen ausgehen, läßt sich die Bildung des Methan-Moleküls nur verstehen, wenn wir annehmen, daß sich bei der Verbindungsbildung die *Außenelektronen* des C-Atoms *neu ordnen*, und zwar derart, daß ein *Zustand minimaler Gesamtenergie* erreicht wird *und die Unterschiede zwischen s- und p-Elektronen verschwinden.* Um diesen «**Zustand minimaler Gesamtenergie**» – d.h. genauer gesagt diejenige Struktur eines Moleküls, welche diesem Zustand entspricht – *ableiten* zu können (denn wir sind zunächst gerade am Bau und den Eigenschaften einfacher Moleküle besonders interessiert), verwenden wir vorläufig ein *vereinfachtes Wolkenmodell* der Atome, das für alle Atome ein und derselben Hauptquantenzahl mehr oder weniger kugelförmige Ladungswolken annimmt («**Kugelwolkenmodell**»). Dieses Modell macht also *keinen Unterschied zwischen den* (im Experiment für das freie Atom unterscheidbaren!) *s-, p- und d-Niveaux, beschreibt also den Grundzustand eines Atoms nicht richtig,* sondern stellt gewissermaßen das Atom *in «gebundenem Zustand»* dar; es läßt sich jedoch in durchsichtiger Weise zur Ableitung der Struktur einfacher Atomverbände verwenden und ist deshalb für den Anfänger besonders gut brauchbar.

Da nach dem Pauli-Prinzip jede Wolke mit höchstens zwei Elektronen besetzt sein kann (die dann entgegengesetzten Spin besitzen müssen) und sich die Elektronen gegenseitig abstoßen, sich die Wolken also möglichst weit voneinander entfernen, erhalten wir für die ersten 11 Atome die folgenden Modellbilder[1]:

Wasserstoff — Das H-Atom besteht aus einem Proton und einem Elektron, welches sich in einem kugelsymmetrischen Raum um das Proton bewegt.

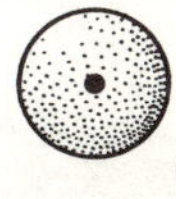

Helium — Das He-Atom besitzt zwei Elektronen. Beide können sich (mit entgegengesetzt gerichtetem Spin; Pauli-Prinzip!) in der gleichen Wolke bewegen.

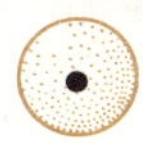

[1] In den Abbildungen der Atommodelle werden doppelt besetzte Elektronenwolken mit Farbe dargestellt.

Als Folge des Pauli-Prinzips kann die Wolke, welche beim He-Atom mit zwei Elektronen besetzt ist, keine weiteren Elektronen mehr aufnehmen. Sie bildet die innerste Elektronenschale und bleibt bei den folgenden Elementen erhalten; nimmt aber wegen der wachsenden Kernladung (welche die Elektronen näher zu sich heranzieht!) einen immer kleineren Raum ein.

Lithium

Die Atome von Lithium enthalten drei Elektronen. Das dritte Elektron bewegt sich in einer neuen, weiter außen gelegenen Wolke[1]. Wegen des größeren Abstandes vom Kern ist dieses Elektron besonders leicht vom Atom abzuspalten (vgl. S. 63).

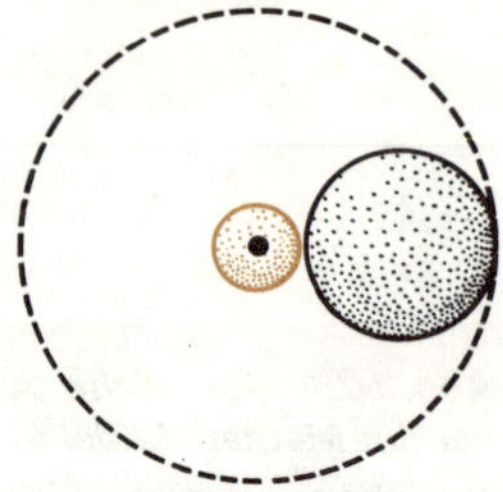

Beryllium

Die beiden Elektronen der zweiten *(«L»-)* Schale bewegen sich in zwei einander gegenüberliegenden Wolken (Abstoßung!). Sie könnten zwar an sich auch eine einzige, doppelt besetzte Wolke bilden; da sich aber zwei Elektronen auch bei entgegengesetzt gerichtetem Spin abstoßen, werden die bei einem bestimmten Atom überhaupt möglichen Wolken vergleichbarer Energie immer zunächst nur mit einem Elektron besetzt, bevor ein weiteres Elektron in eine solche Wolke hineinkommt.

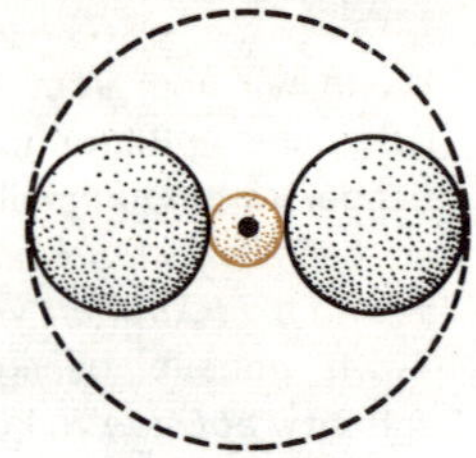

Bor

Die drei Wolken der *«L»*-Schale stoßen sich ebenfalls gegenseitig ab und liegen daher möglichst weit auseinander.

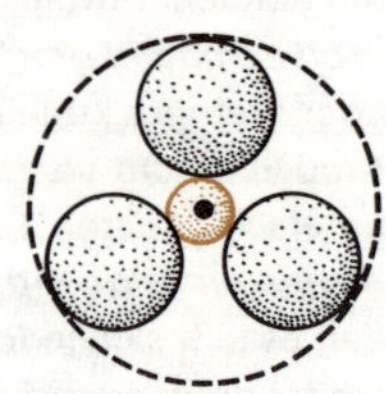

Kohlenstoff

Die vier Wolken der *«L»*-Schale ordnen sich tetraedrisch um den Atomrumpf (d. h. um Kern und innere Schale)[2].

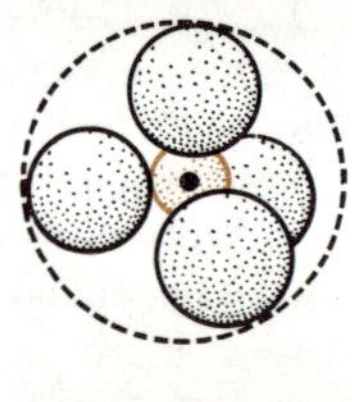

Stickstoff

Das N-Atom besitzt wiederum ein Elektron mehr als das C-Atom. Es wäre denkbar, daß es sich in einer weiteren Wolke bewegt. Um den kleinen Atomrumpf können aber nur vier Wolken günstig (möglichst nahe dem Kern) angeordnet werden, so daß die doppelte Besetzung einer Wolke trotz der gegenseitigen Abstoßung einem tieferen Energiezustand entspricht und deshalb stabiler ist.

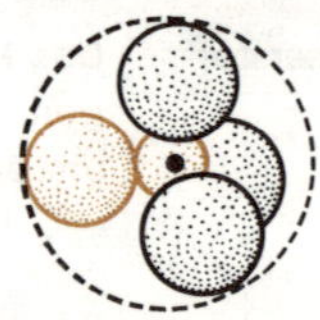

[1] Im Falle der nicht kugelsymmetrisch verteilten Elektronenwolken zeigen die Ladungswolken eine Drehbewegung, deren Achse im Raum nicht feststeht. Aus diesem Grund wirken auch Atome wie Li, Be, B und folgende nach außen wie eine *Kugel*. Die gestrichelten Linien der Abbildungen geben die *«Wirkungssphären»* der Atome an.

[2] Unter **Atomrumpf** versteht man das Atom ohne die Elektronen der äußersten Schale.

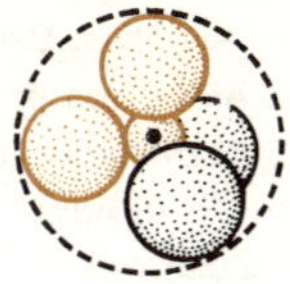

Sauerstoff
Fluor

Die weiteren Elektronen kommen ebenfalls in die tetraedrisch angeordneten Wolken; das O-Atom enthält zwei, das F-Atom eine einfach besetzte äußere Wolke.

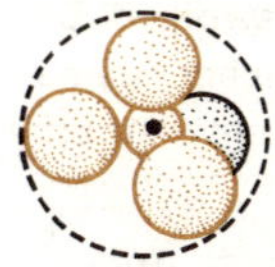

Neon

Um die innerste Wolke sind vier doppelt besetzte Wolken tetraedrisch angeordnet.

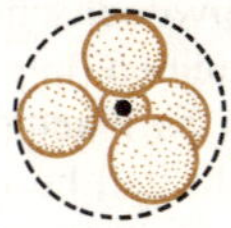

Natrium

Das Na-Atom besitzt ein Elektron mehr als das Ne-Atom. Die vier äußeren Wolken des Ne-Atoms können jedoch keine weiteren Elektronen mehr aufnehmen (Pauli-Prinzip!); ein Elektron muß sich deshalb – ähnlich wie beim Li-Atom – in einer noch weiter außen gelegenen Wolke bewegen.

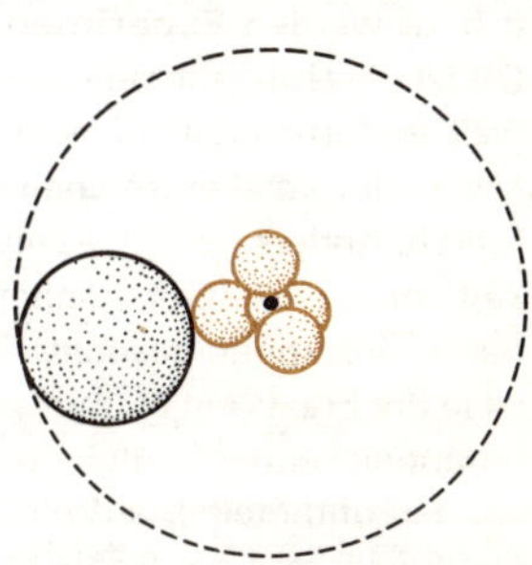

Die weiteren Elektronen der Elemente Magnesium bis Argon ordnen sich in der gleichen Weise um den Atomrumpf, wie es für die äußeren Elektronen der Elemente Beryllium bis Neon beschrieben wurde. Das Ar-Atom besitzt wiederum vier tetraedrisch angeordnete, doppelt besetzte äußerste Wolken.

Das Kugelwolkenmodell läßt sehr schön die verschiedenen *Elektronenschalen* erkennen. Die Elektronen einer Schale rotieren aber nicht auf bestimmten, genau erfaßbaren Bahnen mit festgelegten, der Schale entsprechenden Bahnradien, sondern bewegen sich innerhalb der kugelförmigen Räume («Wolken»), welche sich möglichst symmetrisch um den Kern ordnen und gleichen Abstand von ihm haben. Die Zahl der Elektronen einer Schale wird einerseits durch das Pauli-Prinzip, anderseits durch die Zahl günstiger «Plätze» für Elektronenwolken festgelegt. Die zweite Schale, auf welcher nur 4 Wolken günstig angeordnet werden können, enthält daher maximal 8 Elektronen. Die Wolken der dritten Schale besitzen aber bereits einen größeren Abstand vom Kern, so daß diese mehr als 8 (insgesamt 18) Elektronen aufnehmen kann (siehe S. 68).

Es sei nochmals betont, daß das Kugelwolkenmodell nicht zwischen s-, p-, d- und f-Wolken unterscheidet und damit kein zutreffendes Bild von der Ladungsdichteverteilung eines Atoms im Grundzustand liefert. Zur Interpretation der Spektren und zur Erklärung von Erscheinungen, bei welchen *d*- oder *f*-Elektronen beteiligt sind (also z. B. zur Erklärung des chemischen Verhaltens der Übergangsmetalle) ist es deshalb nicht geeignet.

Die rechnerischen Grundlagen dieses einfachen, anschaulichen und trotzdem für viele Zwecke sehr gut brauchbaren (auch rechnerisch vorzügliche Ergebnisse liefernden) Modelles wurden 1951–1959 durch den amerikanischen Physikochemiker Kimball und seine Mitarbeiter erarbeitet. Seine Grundlagen bilden das Coulombsche Gesetz, die Unschärfebeziehung und das Pauli-Prinzip. Zusammen mit der einleuchtenden Vorstellung, daß sich die Elektronen «so weit als möglich aus dem Weg gehen», ergibt sich die geschilderte Verteilung und Besetzung der Ladungswolken. Berechnungen, welche auf Grund dieses Modells von Kimball selbst und von Schumacher (damals Universität Zürich) durchgeführt wurden, lieferten Ergebnisse, die mit der experimentellen Erfahrung sehr gut übereinstimmen.

2.7 Über die naturwissenschaftliche Methode und die Bedeutung von Modellvorstellungen

Die Naturwissenschaft hat die Aufgabe, die gesamte uns umgebende lebendige und tote Natur zu beschreiben (ihre Erscheinungen zu ordnen und zu klassifizieren) und die Naturvorgänge verständlich zu machen. Zu diesem Zweck werden die Naturerscheinungen selbst beobachtet, untersucht und beschrieben; sehr häufig werden auch Beobachtungen an ausgewählten Objekten unter bestimmten, willkürlich festgelegten und wiederholbaren Bedingungen angestellt, d.h. es werden **Experimente** ausgeführt.
Oft ist die Untersuchung der interessierenden Gegenstände selbst unmöglich, sei es, weil sie zu weit entfernt oder für eine direkte Untersuchung zu klein sind (Himmelskörper; Atome und Moleküle). In allen solchen Fällen muß die Wissenschaft Wege finden, welche *indirekt* zum Ziel führen. Anders gesagt, es muß versucht werden, das Unzugängliche in eine logische Abhängigkeit von etwas Zugänglichem zu bringen, welches beobachtet oder gemessen wird, so daß das darin verborgene gesuchte Ergebnis gewissermaßen rückwärts erschlossen werden kann. Dies ist in der Praxis ein oft mühseliges, die Geduld und die Denkfähigkeit hart beanspruchendes Unterfangen; ein auf solchen Umwegen erhaltenes Resultat kann aber genauso zuverlässig sein wie ein unmittelbar auf direktem Weg gewonnenes Ergebnis.
Die Ergebnisse der Beobachtungen, Messungen, Experimente bilden Anhäufungen von *Beobachtungsmaterial,* von Daten und Zahlen. Die Wissenschaft kann aber dabei nicht stehenbleiben; ihr Ziel ist vielmehr, *möglichst viele Erscheinungen miteinander logisch zu verknüpfen,* d.h. sie zu *«erklären».* Zu diesem Zweck versucht der Wissenschafter, **Modelle** oder **Hypothesen** zu ersinnen, welche bestimmte Phänomene auf anschauliche Weise beschreiben und erklären sollen. In der Regel lassen sich dann aus solchen Modellen gedankliche *Folgerungen* ziehen, welche durch weitere, neue *Experimente nachgeprüft* werden können. Vielleicht wird damit die Hypothese bestätigt, vielleicht muß aber das Modell verbessert oder sogar völlig aufgegeben werden. **Bei Modellvorstellungen kann es sich also niemals um «ewig gültige Wahrheiten» handeln; sie unterliegen Wandlungen entsprechend dem Fortschreiten der Erkenntnis.** «Wahrheit» liegt einzig in den Aussagen sorgfältig und exakt durchgeführter Experimente. *«Nur das Experiment ist schlüssig, niemals die unbewiesene Behauptung»* (R. Boyle).
Ein Beispiel einer solchen Modellvorstellung bildet das «Ptolemäische Weltsystem», das sich die Erde als Mittelpunkt der Welt und die Sonne um die Erde kreisend vorstellte. Dieses Modell vermochte zwar eine ganze Reihe von Beobachtungen zur erklären, mußte jedoch aufgegeben werden, als Tatsachen bekannt wurden, die mit ihm nicht vereinbar waren und damit durch ein anderes Modell zu beschreiben waren. In einer ganz analogen Weise vermag die Strahlenoptik (mit der modellmäßigen Vorstellung des Lichtes als Bündel einzelner Strahlen) einzelne Erscheinungen, wie Reflexion und Brechung des Lichtes, zu deuten, kann aber keine Erklärung geben für zahlreiche andere Erscheinungen, wie Beugung, Dispersion usw. Dafür muß vielmehr ein neues «Modell» herangezogen werden: die Vorstellung des Lichtes als «Wellenbewegung».

Das «Wellenmodell» des Lichtes versagt aber bei der Beschreibung gewisser Effekte (Photoeffekt) ebenfalls. Vielleicht wird man sich nun fragen: Was *ist* Licht wirklich? Ist es ein kontinuierlicher Strahl, ist es eine Welle oder ist es etwa gar ein Strahl von Korpuskeln (Teilchen)? Das wirkliche Wesen des Lichtes kann offenbar mit einem einzigen Modell nicht genau erfaßt werden. *Jede der Modellvorstellungen ist innerhalb eines bestimmten Arbeitsgebietes brauchbar und erlaubt innerhalb dieses Gebietes Voraussagen von Erscheinungen,* die im Versuch bestätigt werden können. Unter Umständen kann eine bestimmte Summe von Erfahrungstatsachen aber auch durch mehrere, voneinander verschiedene Modelle beschrieben werden, von denen wieder keines der Wirklichkeit ganz genau entspricht.
Das Verhalten der Stoffe in ihren verschiedenen Aggregatzuständen, die Massenverhältnisse der Elemente in Verbindungen usw. können durch das *Dalton-Modell* («Das Atom ist ein kompaktes Massenteilchen») anschaulich beschrieben werden. Zur Erklärung des H-Spektrums reicht das *Bohr-Sommerfeld-Modell* aus. Das Zustandekommen chemischer «Bindungen», den Aufbau und die Eigenschaften von Molekülen und anderen Teilchen kann man jedoch nur mit einem *«Wolkenmodell»* zweckmäßig beschreiben. Dabei ist es durchaus vernünftig und zulässig, für bestimmte Zwecke ein Modell zu benützen, das wie das Kugelwolkenmodell zwar gewissen experimentellen Ergebnissen widerspricht (nämlich in der Nicht-Unterscheidung der *s-*, *p-*, *d-* und *f-*Niveaux!), das aber für diese bestimmten Zwecke sehr leistungsfähig ist. Man wird allerdings dann früher oder später auf Phänomene stoßen, die sich mit diesem vereinfachten Modell nicht mehr erklären lassen, so daß man dann ein *verfeinertes* Modell (welches die Unterscheidung von *s-*, *p-*, *d-* und *f-*Niveaux berücksichtigt) heranziehen muß. Man muß sich aber stets bewußt sein, *daß letztlich alle diese Atommodelle auf gedanklichen Konstruktionen beruhen, welche es erlauben, experimentelle Phänomene plausibel zu machen,* d.h. *logisch zu erklären* und die nicht einfach der Wirklichkeit gleichzusetzen sind. Wie ein Atom genau «aussieht», vermögen wir nicht zu sagen.

Übungen

2.1 Das Massenverhältnis von Calcium und Sauerstoff im Calciumoxid beträgt 20,04 : 8,00. Die spezifische Wärme von Calcium beträgt etwa 0,15 cal/Grad. Wie groß ist die genaue Atommasse von Calcium?
2.2 Wie viele Atome sind in 1 cm^3 Quecksilber enthalten?
2.3 Wie groß ist die Masse von N_L O-Atomen, von N_L Wassermolekülen und von $12 \cdot 10^{23}$ C-Atomen?
2.4 Eine Verbindung enthält 43,4 % Natrium, 11,32 % Kohlenstoff und 45,28 % Sauerstoff. Wie lautet ihre Substanzformel?
2.5 Berechnen Sie die Länge der Strecke, die sich bei einer einfachen Aneinanderreihung von N_L Fe-Atomen ergäbe.
2.6 2 g Wasserstoff, 32 g Sauerstoff und 4 g Helium nehmen dasselbe Volumen ein. Geben Sie dafür eine Erklärung.
2.7 Was für Experimente und Beobachtungen haben zum Schluß geführt, daß die Atome – im Gegensatz zur Hypothese von Dalton – nicht unteilbar sind?
2.8 Geben Sie von folgenden Atomen die Elektronen-, Protonen- und Neutronenzahl an: O, F, Al, Cr (Chrom), Bi (Wismut), Cs (Caesium).
2.9 Warum ist das Atomgewicht vieler Elemente nicht nahezu ganzzahlig?
2.10 Erklären Sie möglichst knapp das Zustandekommen der Atomspektren.
2.11 Welches ist die wichtigste Aussage der Bohr-Theorie?
2.12 Welche Bestätigungen existieren für das «Schalenmodell»?

2.13 Warum muß das Bohr-Modell schon bei den Erklärungen einfacherer Erscheinungen versagen?

2.14 Zeichnen Sie mit dem Kugelwolkenmodell die Verteilung der Elektronen im C-, F-, Na- und S-Atom.

2.15 Entspricht diese gezeichnete Verteilung der Elektronen der Wirklichkeit?

2.16 Warum stimmt die Reihenfolge der Elemente im Periodensystem (nach wachsender Atommasse geordnet) nicht immer ganz genau mit der Reihenfolge der Ordnungszahlen überein?

2.17 Wieso gehören Stickstoff (Gas) und Wismut (Bi, ein Metall) in die gleiche Elementgruppe?

2.18 Wo im Periodensystem befinden sich die Metalle, die Nichtmetalle?

Literatur

H. A. Bent — Tangent-Sphere Models of Molecules. *J. Chem. Educ. 40* (1963) 446, 523 und *42* (1965) 302, 348

C. L. Chernick — The Noble Gas Compounds. *Chemistry* (1964) No. 1

C. D. Coryell — The Chemistry of the Creation of the Heavy-Elements. *J. Chem. Educ. 38* (1965) 67

G. Choppin — *Nuclei and Radioactivity.* Benjamin, New York 1964

H. R. Christen — *Grundlagen der allgemeinen und anorganischen Chemie.* Sauerländer, Aarau 1973

C. A. Coulson — *Valence.* Oxford University Press, 1962

M. C. Day und J. Selbin: — *Theoretical Inorganic Chemistry.* Reinhold, New York 1969

H. Fierz — *Entwicklungsgeschichte der Chemie.* Birkhäuser, Basel 1945

A. B. Garrett — E. Rutherford: The Nuclear Atom. *J. Chem. Educ. 39* (1962) 287
The Bohr Atomic Model. *J. Chem. Educ. 39* (1962) 534
The Discovery Process and the Creative Mind. *J. Chem. Educ. 41* (1964) 479

R. Heslop und P. Robinson — *Inorganic Chemistry.* Elsevier, London 1960

R. M. Hochstrasser — *Behavior of Electrons in Atoms.* Benjamin, New York 1964

G. E. Kimball und G. Newmark — *J. Chem. Physics 26* (1957) 1285

A. Labbauf — The Carbon-12 Scale of Atomic Masses. *J. Chem. Educ. 39* (1962) 282

H. Mohler — *Die Elektronentheorie der Chemie.* Sauerländer, Aarau 1947 (Darstellung früherer Atommodelle!)

R. E. Mueller — Chemistry in Planetology. *J. Chem. Educ. 42* (1956) 294

J. P. Platt — Chemical Bond and Distribution of Electrons in Molecules. *Handbuch der Physik,* Springer, 1961 (insbesondere S. 258/259: Kugelwolkenmodell!)

H. Sisler — *Electronic Structure, Properties and the Periodic Law.* Reinhold, New York 1963

U. W. Steinlin — Der Lebenslauf der Sterne (Geburt und Jugend). *Sandoz-Bulletin 2* (1965)

J. W. v. Spronsen — The Prehistory of the Periodic System of the Elements. *J. Chem. Educ. 36* (1959) 565

3 Atomverbände: Moleküle, Kristalle, Komplexe

3.1 Die chemischen Bindungstypen

Nach Dalton bestehen alle Stoffe aus Atomen. Eine *Verbindung* enthält die Atome der Elemente, aus denen sie entstanden ist. Bei der Bildung der Verbindung sind also Atome miteinander «verbunden» worden. Es müssen also zwischen ihnen Kräfte («**Bindungen**») wirksam sein. Auch in den *reinen Elementen* treten die Atome zu größeren *Verbänden* (Molekülen, Kristallen) zusammen. *Einzig die Edelgasatome existieren als voneinander völlig unabhängige Individuen.* Man hat aber schon früh beobachtet, daß keineswegs jede denkbare Kombination von Atomen einer stabilen Verbindung entspricht, und hat eine Anzahl empirischer Regeln aufgestellt, um das experimentelle Tatsachenmaterial zu ordnen. Die Existenz bestimmter, nicht beliebiger Verbände von Atomen mußte aber lange Zeit einfach als Erfahrungstatsache hingenommen werden. Erst die *Theorie der «chemischen Bindung»* vermochte mit Hilfe der Atommodelle Stabilität und Zustandekommen von Atomverbänden sowie die Beziehungen zwischen Aufbau und Eigenschaften der Stoffe weitgehend zu erklären.

Oktettregel. Ein erstes Hilfsmittel zum Verständnis der Bildung von Bindungen bot die von Kossel (1915) und Lewis (1916)[1] nahezu gleichzeitig ausgesprochene *«Oktettregel»*. Da die Edelgasatome als einzige Atome keine Verbindungen untereinander und nur verhältnismäßig wenige Verbindungen mit anderen Atomen bilden, entspricht offenbar die Anordnung von vier tetraedrisch angeordneten, doppelt besetzten Wolken einem *ganz besonders stabilen Zustand* (da die innerste Schale höchstens zwei Elektronen aufnehmen kann, stellt auch das He-Atom einen solchen ausgezeichneten Zustand dar). Ein Vergleich der zur Abspaltung eines Elektrons nötigen Energien innerhalb einer Periode bestätigt diese Feststellung: Die *Ionisierungsenergie* des ersten Elektrons zeigt jeweils bei den *Edelgasen* ein deutliches *Maximum* (Abb. 3.1). Kossel und Lewis stellten fest, daß die Atome der übrigen Elemente durch Veränderung ihrer Elektronenhüllen in vielen Verbindungen einen Zustand mit vier doppelt besetzten, tetraedrisch angeordneten Wolken erlangen, und nahmen an, daß bei der Verbindungsbildung die *Tendenz* bestehe, *den Edelgaszustand zu erreichen.* Man hat jedoch schon nach kurzer Zeit erkannt, daß dieses «Oktettprinzip» nur als *Regel* zu betrachten ist, die zwar viele richtige Voraussagen ermöglicht, aber auch viele *Ausnahmen* besitzt, und man weiß heute, daß die Oktettregel eigentlich nur für die Atome der ersten Periode (Li bis F) streng gilt. Ein tieferes Verständnis der Erscheinung der chemischen Bindung ist deshalb auf Grund des Oktettprinzips allein nicht möglich.

Energetische Betrachtungen. Die Bildung eines Atomverbandes aus einzelnen Atomen, also die Bildung einer «Verbindung», ist ein chemischer Vorgang und damit stets von *Energieänderungen* begleitet. Wenn sich nun zwei Atome einander nähern, bieten sich – energetisch gesehen – zwei Möglichkeiten (Abb. 3.2). Im einen Fall (Kurve *a*) beeinflussen sich die Elektronenwolken beider Atome in einer solchen Weise, daß mit abnehmender Entfernung die gegenseitige Abstoßung wächst. Es bildet sich kein stabiler Zustand aus: die Atome bewegen sich wieder voneinander weg und verbinden sich nicht. Dies trifft offenbar zu, wenn sich z. B. zwei Neon-Atome einander nähern. Im anderen Fall führen die Wechselwirkungen zwischen den

[1] W. Kossel (1888–1956), deutscher Physiker; G. N. Lewis (1875–1946), amerikanischer Chemiker.

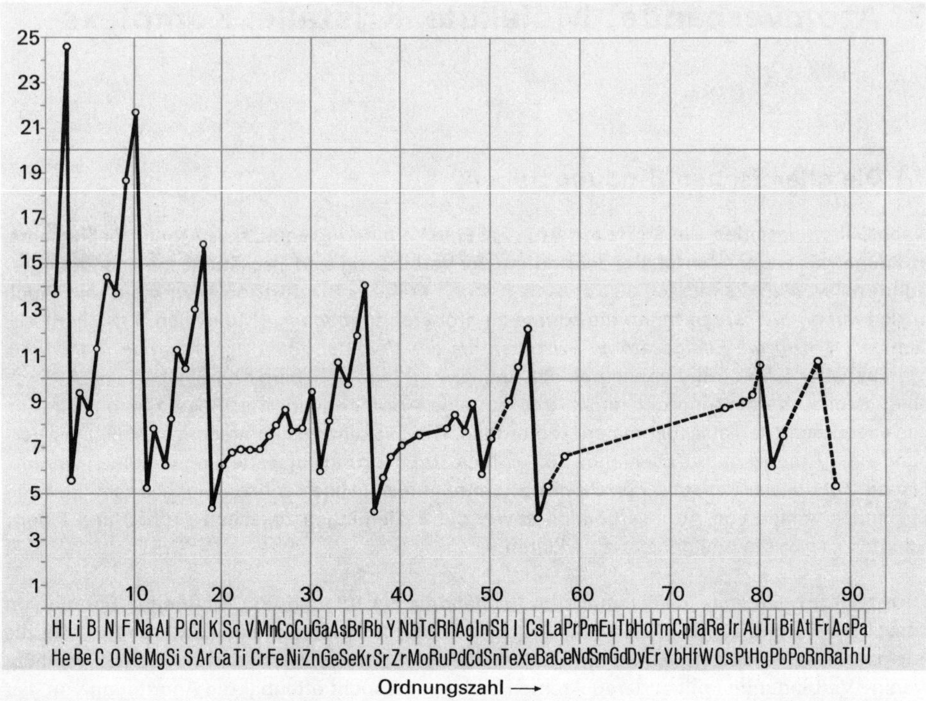

Abb. 3.1. Die Energie zur Abspaltung des ersten Elektrons in Abhängigkeit von der Ordnungszahl

Elektronenwolken dazu, daß die potentielle Energie des Systems bei der Annäherung der beiden Atome zunächst abnimmt (die Atome «ziehen sich an») und erst bei weiterer Annäherung stark wächst, weil dann die Abstoßungskräfte zwischen ihnen als Folge der gegenseitigen Abstoßung der Atomrümpfe viel stärker zunehmen als jede Art Anziehung. Das Ergebnis des Zusammenwirkens von Anziehung und Abstoßung ist dann die Kurve *b*, nach welcher die potentielle Energie

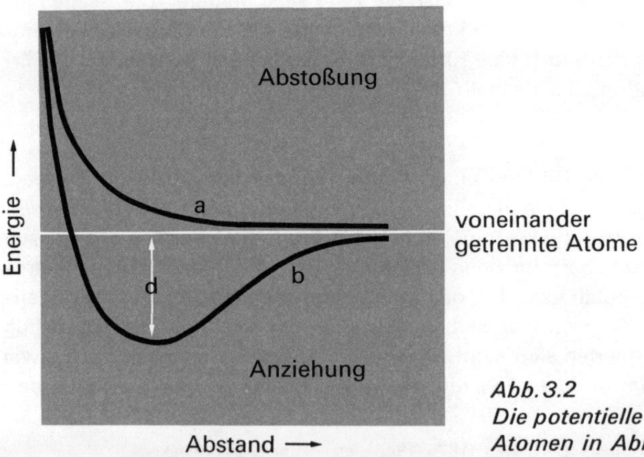

Abb. 3.2
Die potentielle Energie eines Systems aus zwei Atomen in Abhängigkeit von ihrem Abstand

des Gesamtsystems in einem bestimmten Abstand ein *Minimum* zeigt. Damit bildet sich aber aus den Einzelatomen unter Energieabgabe ein bestandfähiger Atom*verband.* Um ihn wieder in Einzelatome zu zerlegen (d. h. um die Atome wieder voneinander zu trennen), muß ein Energiebetrag *d* aufgewendet werden. Natürlich können diese Betrachtungen auch auf die Bildung von Atomverbänden aus mehr als zwei Atomen übertragen werden; allerdings kann dann kein so einfaches Diagramm mehr gezeichnet werden.
Was für Effekte bewirken nun die Abnahme der potentiellen Energie bei der gegenseitigen Näherung zweier Atome? Im wesentlichen liegen die Ursachen dafür in der Tatsache, daß die Elektronenwolken des einen Atoms auch unter den Einfluß der Wolken und des Rumpfes des anderen Atoms geraten und dabei der Zustand der Elektronen in bestimmter Weise verändert wird. Rücken nämlich zwei Atome genügend nahe zusammen, so werden die Elektronen jedes Atoms nicht nur von seinem eigenen Kern, sondern auch vom Kern des anderen Atoms angezogen. Im Extremfall können einzelne Elektronen sogar vom einen Atom völlig «weggelöst» und vom anderen Atom gebunden werden.

3.1.1 Atombindung

In diesem ersten Abschnitt wird zunächst die Bildung von Atomverbänden aus *Nichtmetallatomen* dargestellt, also aus Atomen, die einen Atomrumpf mit relativ hoher Rumpfladung und eine relativ hohe Zahl von Außenelektronen besitzen. Zur Veranschaulichung der Verbindungsbildung benützen wir vorerst ausschließlich das *Kugelwolkenmodell.*

Das Wasserstoff- und das Chlormolekül. Aus den Volumenverhältnissen bei der Bildung von Chlorwasserstoffgas folgt nach Avogadro, daß die kleinsten, frei existierenden Teilchen von Wasserstoff und Chlor aus zwei Atomen bestehen (S. 46). Das Zustandekommen eines solchen H_2-Moleküls kann man sich folgendermaßen erklären:

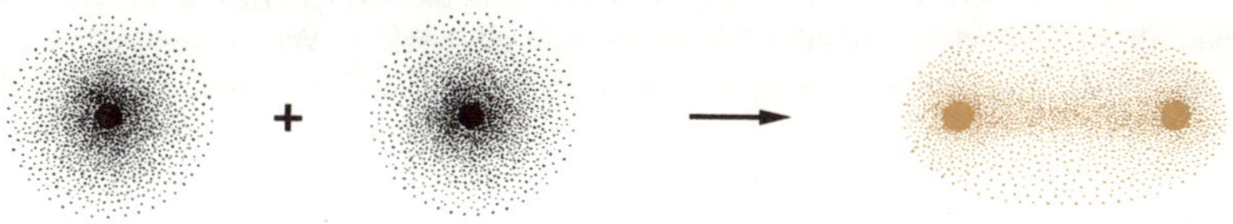

Ein H-Atom enthält einen Kern und ein Elektron, welches sich in einer den Kern kugelsymmetrisch umgebenden Wolke bewegt. Nähern sich zwei Atome einander, so werden sich schließlich die beiden Elektronenwolken etwas überlappen. Im Überlappungsgebiet wird aber dadurch die Ladungsdichte größer, und jeder Kern wird etwas von der Mitte der Wolke gegen das Überlappungsgebiet gezogen. Die Wolken können dieser Bewegung folgen, und die Kerne nähern sich einander weiter, bis schließlich die anziehende Wirkung des Überlappungsgebietes durch die gegenseitige Abstoßung der Kerne gerade kompensiert wird. Das Gebilde bleibt *«stabil»*, d.h. die Kerne verharren in diesem «Gleichgewichtsabstand». Das System befindet sich jetzt in einem *Zustand minimaler Gesamtenergie,* denn sowohl zur Verringerung wie zur Vergrößerung des Kernabstandes müßte Energie aufgewendet (Arbeit geleistet) werden: Würde der *Kernabstand noch kleiner,* so würden die *Abstoßungskräfte* zwischen den Kernen *überwiegen* und müßte *zudem die kinetische Energie der beiden Elektronen* (die sich hauptsächlich im Überlappungsgebiet aufhalten) *stark wachsen;* würde der *Kernabstand hingegen größer,* so müßte man *Arbeit gegen die Anziehung zwischen Überlappungsgebiet und Kernen leisten.*

Die eigentliche Bindung wird also durch die zwischen den beiden Kernen angehäufte negative Ladung bewirkt.

Durch Energiezufuhr kann die Bindung «gelöst» werden, können also die beiden Atome wieder voneinander getrennt werden. Erhitzt man z. B. Wasserstoffgas auf einige 1000 °C, so bekommen die Moleküle so viel kinetische Energie, daß sie bei einem Zusammenstoß auseinanderbrechen können und wieder Einzelatome entstehen. Die Energie, welche zur Trennung einer solchen Bindung aufzuwenden ist, nennt man **Bindungsenergie.** Sie beträgt für die H—H-Bindung 104,2 kcal/Mol[1]. Umgekehrt erfolgt natürlich die Bildung eines H_2-Teilchens stark exotherm; pro Mol werden dabei 104,2 kcal frei.

Ein solches H_2-Teilchen kann nun aber kein weiteres H-Atom mehr binden, weil die Elektronenwolke nach dem Pauli-Prinzip von höchstens zwei Elektronen besetzt sein kann. Auf andere, gleichartige Teilchen übt es nur sehr schwache Anziehungskräfte aus, und es existiert deshalb als individuelle Einheit, als **Molekül** (vgl. S. 42).

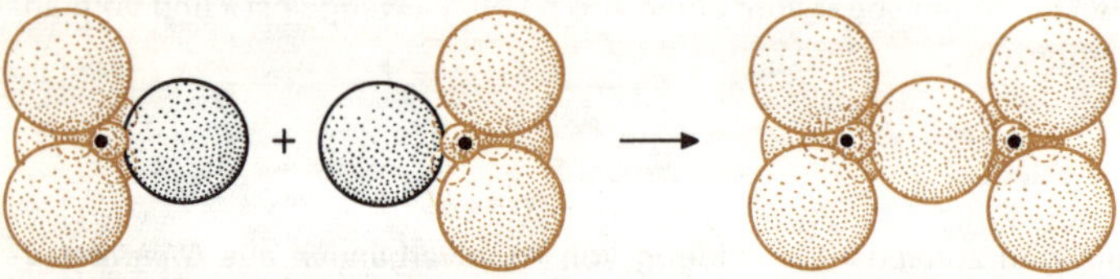

$:\ddot{\underset{..}{Cl}}\cdot \quad + \quad \cdot\ddot{\underset{..}{Cl}}: \quad \longrightarrow \quad :\ddot{\underset{..}{Cl}}:\ddot{\underset{..}{Cl}}:$

Abb. 3.3. Cl_2-Molekül

In der gleichen Weise läßt sich die Bildung eines *Cl_2-Moleküls* verstehen (Abb. 3.3). Jedes Chloratom besitzt außen neben drei doppelt besetzten eine einfach besetzte Elektronenwolke; alle Wolken sind tetraedrisch um den kleinen, stark geladenen Atomrumpf geordnet. Ein kleiner Rumpf mit einer so hohen Rumpfladung (+ 7) wirkt stark elektronenanziehend; wenn sich zwei Cl-Atome nähern, zieht deshalb jeder Rumpf die einfach besetzte Wolke des anderen Atoms in seine äußere Elektronenschale hinein. Dadurch überlagern sich die beiden einfach besetzten Wolken und bilden eine doppelt besetzte Wolke, welche durch ihre Ladung die beiden Atomrümpfe «verbindet». Auch hier wird die potentielle Energie des Moleküls kleiner als die Energie der beiden getrennten Atome; zur Trennung der Cl—Cl-Bindung müßte die Bindungsenergie von 58 kcal/Mol aufgewendet werden[2]; mit anderen Worten, *das Cl_2-Molekül ist um 58 kcal/Mol stabiler als zwei getrennte Cl-Atome.* Verbinden sich zwei Cl-Atome zum Molekül, so werden 58 kcal/Mol (in Form von Wärme) frei.

Zur *formalen Darstellung* dieser Verhältnisse kann man die Außenelektronen eines Atoms durch Punkte veranschaulichen. Das *Symbol* stellt dann nur noch den *Atomrumpf* dar. Häufig verwendet man Striche, wobei ein Strich eine doppelt besetzte Elektronenwolke symbolisiert. Striche zwischen den Symbolen bedeuten beiden Atomen zugehörige Wolken:

$$H^{\cdot} + .H \rightarrow H:H \qquad :\ddot{\underset{..}{Cl}}\cdot + \cdot\ddot{\underset{..}{Cl}}: \rightarrow :\ddot{\underset{..}{Cl}}:\ddot{\underset{..}{Cl}}:$$

$$H^{\cdot} + .H \rightarrow H—H \qquad |\overline{\underline{Cl}}\cdot + .\overline{\underline{Cl}}| \rightarrow |\overline{\underline{Cl}}—\overline{\underline{Cl}}|$$

[1] Man bezieht die Bindungsenergien (wie auch andere Angaben über bei chemischen Vorgängen umgesetzte Energiemengen) gewöhnlich nicht auf Einzelatome oder -moleküle, sondern auf N_L Teilchen. 1 Mol ist die Menge von N_L Teilchen (siehe S. 147).

[2] Die Bindungsenergie der Cl–Cl-Bindung ist beträchtlich kleiner als die Bindungsenergie der H–H-Bindung. Dies kommt davon her, daß sich die beiden Cl-Rümpfe (Rumpfladung + 7) stärker abstoßen als die beiden H-Kerne (Protonen) und daß das bindende Elektronenpaar unter der zusätzlichen Wirkung der doppelt besetzten *(«freien»)* Wolken der beiden Atome steht

Chlorwasserstoff und Wasser. Die Bildung der Verbindungen Chlorwasserstoff und Wasser ist mit dem Kugelwolkenmodell leicht zu verstehen. Wenn sich die einfach besetzte Elektronenwolke des Cl-Atoms mit der Wolke des H-Atoms überlagert *(«überlappt»)*, wird der Kern des H-Atoms an das Cl-Atom gebunden, und es entsteht ein *HCl-Molekül* (Abb. 3.4). Im Gegensatz zum Cl-Atom besitzt das O-Atom zwei einfach besetzte Elektronenwolken; es kann deshalb zwei H-Atome binden, so daß ein Molekül aus zwei H- und einem O-Atom entsteht: H_2O. Zahlreiche Experimente (z. B. die Messung des Dipolmomentes; siehe S. 115) zeigen, daß die drei Kerne im *H_2O-Molekül* nicht auf einer Geraden liegen (daß das Molekül also nicht «gestreckt» gebaut ist), sondern daß sie einen *Winkel* einschließen (Abb. 3.4). Auch diese Tatsache wird mit dem Kugelwolkenmodell leicht verständlich: Der Kern des O-Atoms und die beiden einfach besetzten Wolken des O-Atoms liegen nicht auf einer Geraden.

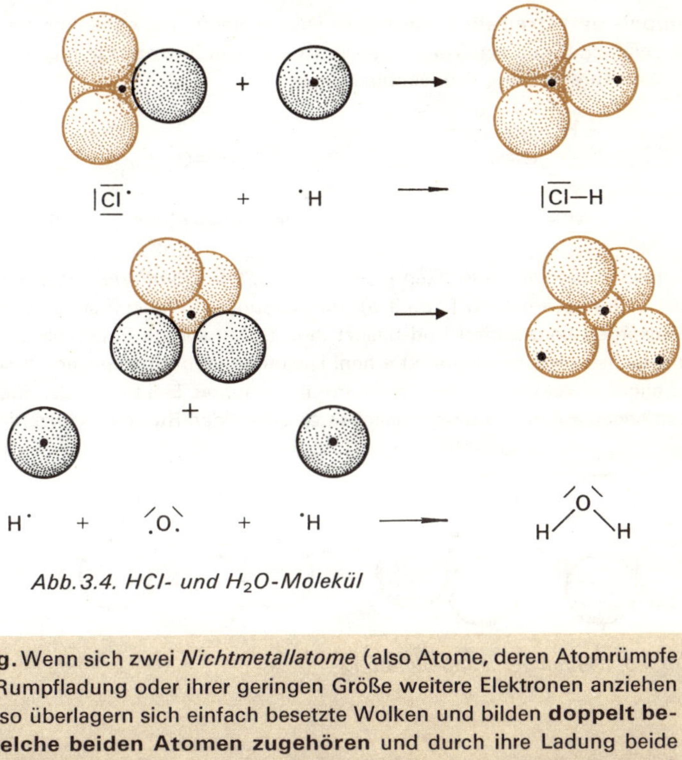

Abb. 3.4. HCl- und H_2O-Molekül

Zusammenfassung. Wenn sich zwei *Nichtmetallatome* (also Atome, deren Atomrümpfe wegen ihrer hohen Rumpfladung oder ihrer geringen Größe weitere Elektronen anziehen können) verbinden, so überlagern sich einfach besetzte Wolken und bilden **doppelt besetzte Wolken, welche beiden Atomen zugehören** und durch ihre Ladung beide Atomrümpfe anziehen, d. h. diese miteinander *«verbinden»*. Zur Trennung der Bindung muß ebenso wie zum Näherzusammenbringen der Atome Energie aufgewendet werden; die *Bindung* stellt also einen *Zustand minimaler Gesamtenergie* dar. Bei Verwendung des Kugelwolkenmodelles ergibt sich die *Richtung der Bindungen* aus der Anordnung der einfach besetzten Wolken in den Atomen, weil die Überlagerung mit anderen Wolken nur in gewissen Richtungen möglich ist[1]. Die Zahl der einfach besetzten Wolken bestimmt die

[1] Vom **wissenschaftlichen Standpunkt** aus ist allerdings **diese Formulierung nicht haltbar,** da die Struktur eines Moleküls durch die Wechselwirkungen zwischen bindenden und nichtbindenden Elektronenpaaren und den Atomrümpfen *(und nicht durch eine für ein isoliertes Atom postulierte Ladungsdichteverteilung!)* bestimmt wird. Vgl. dazu besonders auch S. 109.

Anzahl der Bindungen, welche ein Atom eingehen kann und damit das Zahlenverhältnis der Atome, d. h. die *Zusammensetzung der Verbindung.*
Solche «**Atombindungen**» (oft auch «**Elektronenpaarbindungen**» oder «**Kovalenzbindungen**» genannt) führen sehr häufig zu **Molekülen.** Wie wir bereits früher (S. 42) festgestellt haben, sind Moleküle in sich geschlossene Atomgruppen, die nur eine geringe Tendenz haben, andere Moleküle anzuziehen; die Kräfte zwischen ihnen (die «**zwischenmolekularen Kräfte**»; siehe S. 112) sind also im allgemeinen nur schwach. Verbindungen, die aus Molekülen bestehen, sind deshalb im allgemeinen flüchtig, bzw. umgekehrt ausgedrückt: **Flüchtige Stoffe bestehen** (mit Ausnahme der Edelgase!) **aus Molekülen.** Im festen Zustand bilden solche Substanzen ein **Molekülgitter,** d. h. ein Gitter, dessen Bausteine einzelne Moleküle sind.

Doppel- und Dreifachbindungen. Doppelbindungen entstehen durch Überlappung von je zwei einfach besetzten Wolken zweier Atome. Durch Überlagerung von je drei einfach besetzten Wolken entstehen Dreifachbindungen:

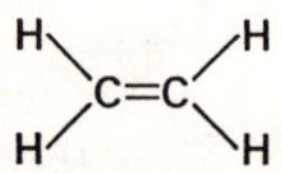

Äthen-Molekül

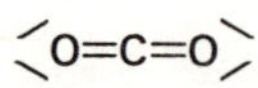

Kohlendioxid-Molekül

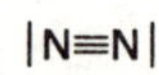

Stickstoff-Molekül

Die beiden bindenden Wolken einer solchen *Doppelbindung* zeigen im Prinzip stets eine ähnliche Ladungsverteilung (Abb.3.5). Ihre Ladung ist weniger stark auf die Mitte zwischen den Atomkernen konzentriert und besitzt ihre größte Dichte unterhalb und oberhalb der Verbindungsachse zwischen beiden Kernen. Die bindenden Wolken sind etwas voluminöser, weil die anziehende Wirkung der beiden Atomrümpfe auf die Elektronen geringer ist, wenn ihre Ladung nicht genau auf die Verbindungsachse zwischen den Rümpfen konzentriert ist. Als Folge davon

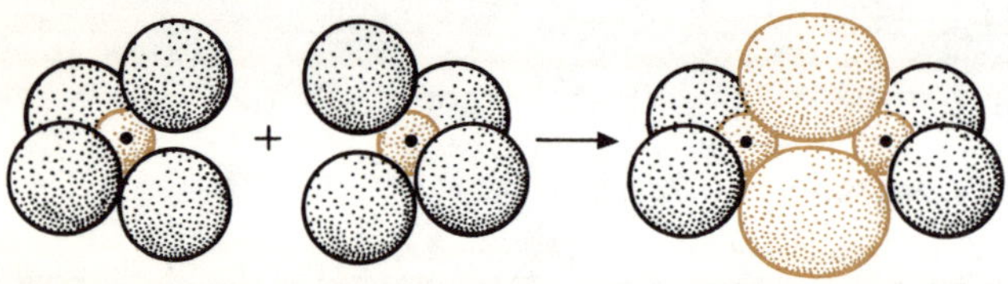

Abb. 3.5. Modell der Doppelbindung

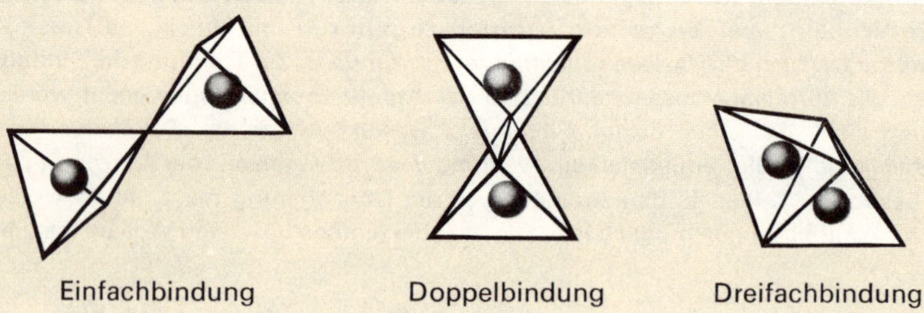

Abb. 3.6. Tetraedermodell der Einfachbindung, Doppelbindung und Dreifachbindung

sind *Doppelbindungen deutlich schwächer als zwei einfache Bindungen zusammengenommen* (Bindungsenergie einer C—C-Einfachbindung 80 kcal/Mol; Bindungsenergie einer C=C-Doppelbindung 142 kcal/Mol). In Übereinstimmung mit dem Tetraedermodell (Abb. 3.6) sind Doppel- und Dreifachbindungen kürzer als einfache Bindungen.
Sowohl Doppel- wie Dreifachbindungen werden fast nur von Atomen der *zweiten Periode* gebildet (C, N, O). Bei den Atomen höherer Perioden sitzen die halbbesetzten Wolken an der Oberfläche größerer (voluminöserer) Atomrümpfe und können sich deshalb wegen der gegenseitigen Abstoßung der Atomrümpfe weniger gut überlagern (die im Überlappungsgebiet erhöhte Ladungsdichte vermag die Abstoßung der Atomrümpfe nicht mehr zu kompensieren). Diese «**Doppelbindungsregel**» erklärt eine Reihe von Unterschieden, die zwischen Verbindungen von Elementen der zweiten und der folgenden Periode festzustellen sind (siehe S. 313).

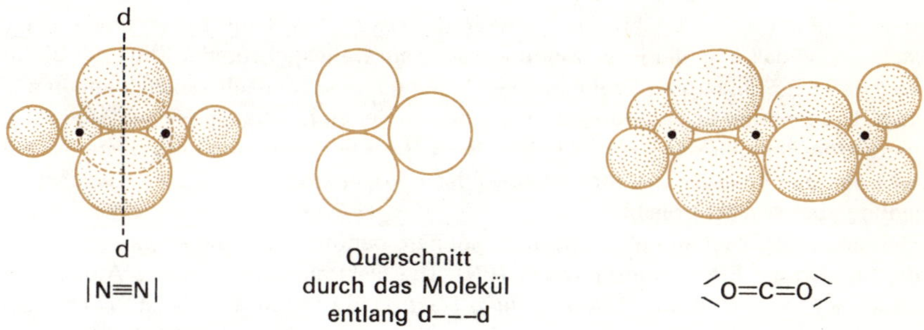

Abb. 3.7. CO_2- und N_2-Molekül

Die polare Atombindung. Im Wassermolekül (Abb. 3.8) zieht die höhere Ladung des Sauerstoffatomrumpfes die gemeinsamen Elektronen näher zu sich und stößt gleichzeitig die beiden Wasserstoffkerne (Protonen) von sich weg. Diese liegen deshalb stark exzentrisch in der gemeinsamen Wolke, und die Bindungselektronen halten sich im zeitlichen Durchschnitt näher beim Sauerstoffkern auf. Dadurch erhält das Sauerstoffatom einen Überschuß an negativer Ladung, während das Wasserstoffatom im Vergleich dazu positiv geladen erscheint. Die Bin-

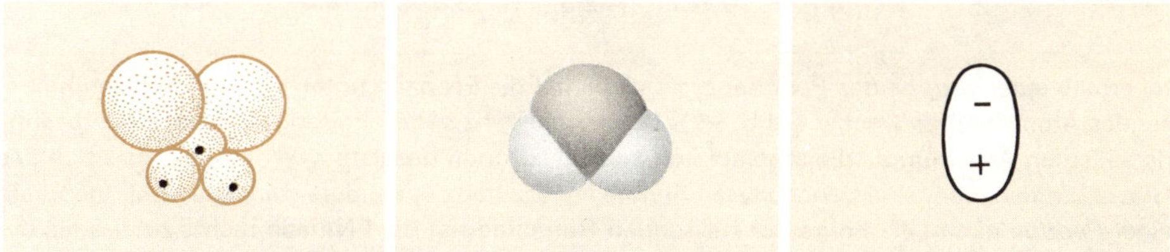

a) *Kugelwolkenmodell. Die freien Elektronenpaare (die nur unter der anziehenden Wirkung des Sauerstoffrumpfes stehen) nehmen einen größeren Raum ein als die bindenden Elektronenpaare*[1]

b) *«Kalottenmodell», gibt die Wirkungssphären der Atome, d.h. die äußere Form des Moleküls, wieder*

c) Ladungsverteilung in *einem Dipol*

Abb. 3.8. Das Wassermolekül

[1] Diese Abbildung gibt also das Größenverhältnis der Wolken ungefähr richtig wieder, im Gegensatz zur schematischen Darstellung der Seite 91.

dung bekommt ein positives und ein negatives Ende, d.h. sie wird **polar.** Obschon das Wassermolekül als Ganzes elektrisch neutral ist, ist die Ladung in ihm nicht gleichmäßig verteilt: es besitzt ein positives und ein negatives Ende, d.h. es ist ein «**Dipol**» (Abb. 3.8c).
Nur wenn zwei *gleiche Atome* miteinander eine Atombindung eingehen, halten sich die gemeinsamen Elektronen genau in der Mitte zwischen den Kernen am häufigsten auf, da dann beide Atomrümpfe die gleiche Anziehungskraft auf die negative Ladung ausüben. Bindungen zwischen *verschiedenen Atomen* sind fast stets mehr oder weniger stark polar, weil das Atom mit dem kleineren Rumpf oder der größeren Rumpfladung die gemeinsamen Elektronen mehr anzieht und der *Schwerpunkt der bindenden Ladung näher zum elektronenanziehenden Atom hinrückt.*
Betrachtet man z.B. die Reihe der C—H-, N—H-, O—H- und F—H-Bindungen, so erkennt man, daß die Rumpfladung von +4 (C) bis +7(F) zunimmt. Der in der bindenden Wolke liegende H-Kern (das Proton) erfährt damit eine in der erwähnten Reihe zunehmende elektrische Abstoßung, so daß er in der F—H-Bindung relativ am weitesten von der Mitte der Bindungswolke weg und der Schwerpunkt der negativen Ladung relativ am nächsten zum anderen (F-) Rumpf liegt. Die Polarität der Bindungen nimmt also in der angegebenen Reihenfolge zu. Umgekehrt nimmt die Polarität der F—H-, Cl—H-, Br—H- und I—H-Bindungen in dieser Reihenfolge ab, weil der Durchmesser des Atomrumpfes der Halogenatome von F zum I wächst, die Rumpfladung aber konstant bleibt.
Um Bindungspolaritäten abschätzen zu können, benützt man eine *empirisch ermittelte* Größe, die sogenannte **Elektronegativität** (EN). Die Elektronegativität eines Atoms wird definiert als *seine Fähigkeit, in einer Atombindung Elektronen anzuziehen.* Sie ist um so größer, je kleiner der Atomrumpf und je höher seine Rumpfladung ist. Besonders große Elektronegativitäten erwartet man also für die Elemente Fluor, Sauerstoff und Chlor.
Die *Polarität* einer Bindung ist um so größer, je mehr sich die beiden Atome in der Elektronegativität unterscheiden. Als Maß für die *EN* dient eine Skala von *relativen Zahlen,* die von Pauling[1] empirisch abgeleitet wurde, wobei das elektronegativste Element die willkürliche Zahl 4,0 erhielt:

H P	I	C S	Br	N Cl	O	F
2,1	2,4	2,5	2,8	3,0	3,5	4,0

Innerhalb einer *Gruppe* des Periodensystems nimmt die EN nach unten ab, weil der Durchmesser des Atomrumpfes wächst (Abb. 3.9). Die Atome der zweiten Periode besitzen einen besonders kleinen Atomrumpf (die innerste, mit zwei Elektronen besetzte *K*-Wolke), so daß sich das Hinzukommen einer einzigen weiteren Schale jeweils ganz besonders stark auswirkt. Innerhalb einer *Periode* nimmt als Folge der steigenden Rumpfladung die EN nach rechts zu; wegen der geringen Größe des Rumpfes zeigt sich dieser Effekt in der ersten Periode am stärksten.
Die angegebenen EN-Werte beziehen sich auf das Verhalten eines Atoms in Molekülen, die aus Atomen von nur zwei Elementen bestehen. Da sich die Umgebung eines Atoms verändert, wenn es an verschiedenartige andere Atome gebunden ist, kann die EN eines Atoms nicht genau konstant sein, sondern verändert sich je nach dem Bindungszustand oder dem Charakter weiterer, an das betreffende Atom gebundener Atome.

Da sich entgegengesetzt geladene Enden polarer Bindungen anziehen, sind *polare Bindungen stärker als unpolare,* weil diese elektrische Ladung zusätzlich zur bindenden Wirkung der gemeinsamen Ladungswolke hinzukommt. Polare Bindungen sind deshalb schwerer in Atome zu spal-

[1] L. Pauling (geboren 1901), amerikanischer Chemiker. Theorie der chemischen Bindung (Hauptwerk: *The Nature of the Chemical Bond,* 1939), Arbeiten über Eiweißstruktur. 1954 Nobelpreis für Chemie.

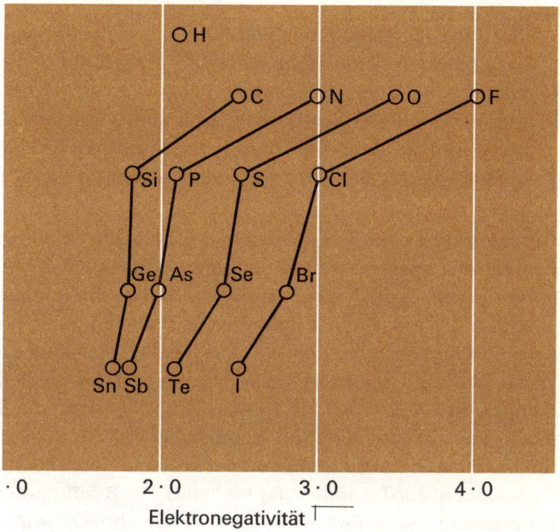

Abb. 3.9. Elektronegativität und Periodensystem

ten als unpolare, d. h. es muß zur Trennung der Bindung in Atome mehr Energie aufgewendet werden als bei unpolaren Bindungen. Die *Bindungsenergie* ist deshalb *um so höher, je polarer die Bindung ist* (je größer die Differenz zwischen den Elektronegativitäten der beiden Atome ist). Anderseits wird die Bindungsenergie bei der Bildung der Bindung aus Atomen frei; diese freiwerdende Energie ist wiederum um so größer, je polarer die entstehende Bindung ist.

Vorgänge, bei welchen aus Teilchen mit wenig polaren Bindungen andere Teilchen mit stark polaren Bindungen entstehen, verlaufen deshalb meist stark exotherm.

Beispiele dafür bieten etwa die Reaktion von Wasserstoff mit Sauerstoff («Knallgasreaktion»), die Verbrennung von Methan (CH_4) oder anderen Kohlenwasserstoffen (Benzin, Heizöl) usw.

Substanzen, die in ihren Molekülen polare Bindungen enthalten, sind meistens thermisch sehr «**stabil**». Sie werden erst durch Erhitzen auf recht hohe Temperaturen (über 1000 °C) merklich in Einzelatome gespalten. Anderseits werden aber bei vielen chemischen Reaktionen Atombindungen in der Weise getrennt, daß das bindende Elektronenpaar dem elektronegativeren Atom vollständig verbleibt. Da eine solche Trennung in einer polaren Bindung gewissermaßen bereits angedeutet ist, tritt sie bei stärker polaren Bindungen leichter ein als bei unpolaren. Bei Raumtemperatur reagieren deshalb Moleküle, die polare Bindungen enthalten, oft leichter mit anderen Molekülen als Moleküle, die unpolare Bindungen besitzen. *Polare Bindungen sind also reaktionsfähiger, aber gegenüber Erhitzen stabiler als unpolare.*

Es muß besonders betont werden, daß *die beiden Begriffe* «**stabil**» und «**reaktionsträg**» *nicht miteinander verwechselt werden dürfen.* «**Stabil**» bedeutet «**energiearm**»; bei der *Bildung stabiler Verbindungen* aus den Elementen *wird viel Energie* frei bzw. stabile Verbindungen lassen sich nur durch relativ großen Energieaufwand in die Elemente zerlegen. Eine «**reaktionsträge**» Substanz hingegen **reagiert besonders langsam** mit anderen Substanzen, ohne daß sie deswegen besonders energiearm sein muß. Es kann sogar durchaus möglich sein, daß an sich wenig stabile Verbindungen sehr reaktionsträg sind und anderseits stabile Verbindungen sich durch große Reaktionsfähigkeit auszeichnen. *Zwischen den beiden Eigenschaften «stabil» und «reaktionsträg» besteht also im allgemeinen kein direkter Zusammenhang.* Nur am Rand sei angemerkt, daß das *Schmelzen* oder *Verdampfen* einer Substanz mit ihrer «Stabilität» selbstverständlich *nicht das Geringste* zu tun hat, denn bei Aggregatzustandsänderungen werden nur die Moleküle voneinander getrennt, also die zwischenmolekularen Kräfte überwunden.

Bindungsenergie. Für zweiatomige Moleküle ist die zur Trennung in Atome aufzuwendende Energie aus spektroskopischen Daten oder durch direkte thermochemische Messungen verhältnismäßig einfach zu bestimmen. Bei mehratomigen Molekülen müssen die Bindungsenergien der einzelnen Bindungen indirekt ermittelt werden. Beispielsweise erhält man aus den Bindungsenergien des H_2- und des O_2-Moleküls und der bei der Bildung von Wasser aus Wasserstoff und Sauerstoff freiwerdenden Wärme für die Reaktion $2\,H + O \longrightarrow H_2O$ die Wärmemenge von 221,2 kcal/Mol. Diese 221,2 kcal bilden die Summe der Energien, welche man umgekehrt aufwenden muß, um zunächst ein H-Atom aus dem H_2O-Molekül zu entfernen (d.h. um die eine O—H-Bindung zu spalten) und dann auch die zweite O—H-Bindung zu trennen. Nun sind die zur Trennung der beiden O—H-Bindungen aufzuwendenden Energiebeträge wohl kaum genau gleich, jedoch wahrscheinlich ähnlich groß, und man nimmt deshalb als Bindungsenergie der O—H-Bindung das Mittel, also $\frac{221{,}2}{2} = 110{,}6$ kcal/Mol. In ähnlicher Weise verfährt man zur Bestimmung der Energien von Bindungen in anderen mehratomigen Molekülen.

Je kleiner die Bindungsenergie einer Bindung ist, um so leichter läßt sich die Bindung in Einzelatome trennen. Eine solche Trennung kann z. B. bei starkem Erhitzen der Substanz geschehen; die Bindungsenergien geben deshalb wichtige Hinweise auf die *Hitzebeständigkeit (Thermostabilität)* von Verbindungen (Abb. 3.10, 3.11).

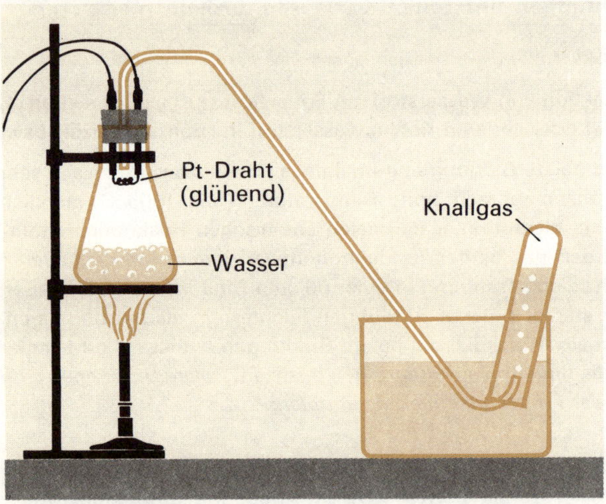

Abb. 3.10. Thermolyse von Wasser. Wasserdampf zersetzt sich an der Oberfläche des Platindrahtes in H_2 und O_2 (Temperatur > 1200 °C)

Die Bindungsenergien hängen hauptsächlich von drei Faktoren ab: von der **Anzahl** der gemeinsamen Elektronenpaare, von der *Länge der Bindung* (d.h. von der **Kompaktheit der bindenden Wolke**) und von ihrer **Polarität**. Die beiden letzteren Faktoren sind allerdings oft nicht immer klar zu unterscheiden, weil durch die Wirkung der Polarität (Anziehung zwischen dem positiven und negativen Ende) der Kernabstand verkürzt wird. Die Energien der Cl—H- und

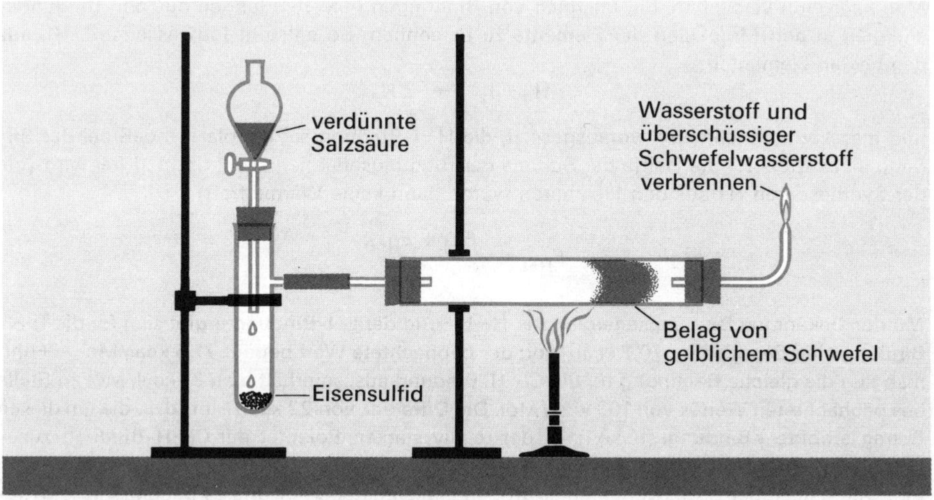

Abb. 3.11. Thermolyse von Schwefelwasserstoff. H_2S entsteht durch Auftropfen von Salzsäure auf Eisensulfid und wird durch das Erhitzen im Rohr in Schwefel und Wasserdampf gespalten (Temperatur etwa 400°C)

S—H- sowie der Br—H- und Se—H-Bindungen (mit jeweils vergleichbarer Bindungslänge) machen jedoch den Einfluß der Polarität deutlich. Ein Vergleich der Energien der H—H-, Cl—Cl-, Br—Br- und I—I-Bindungen zeigt den Einfluß der Bindungslänge (die auffallend kleine Bindungsenergie des F_2-Moleküls ist auf die starke Abstoßung der beiden kleinen, hochgeladenen Rümpfe und die Wechselwirkung des bindenden Paares mit den freien Wolken zurückzuführen). Die geringere Kompaktheit der bindenden Wolken bewirkt auch, daß die Bindungsenergien von Doppelbindungen nicht die doppelten Werte der entsprechenden Energien von Einfachbindungen betragen.

Tabelle 3.1. Bindungsenergien (in kcal/Mol)

H—H	104,2	C—H	98,8	C—N	69,7
C—C	80,0	Si—H	70,4	C—O	84,0
Si—Si	42,2	N—H	93,4	C—F	105,4
F—F	36,6	P—H	76,4	C—Cl	78,5
Cl—Cl	58,0	As—H	58,6	C—Br	65,9
Br—Br	46,1	O—H	110,6	C—I	57,4
I—I	36,1	S—H	81,1	Si—F	129,3
S—S	63,8	Se—H	66,1	O—F	44,2
		Te—H	57,5	O—Cl	48,5
N≡N	225	F—H	134,6		
O=O	118	Cl—H	103,2	C=O [1]	196
C=C	142	Br—H	87,5	C≡N	206
C≡C	186	I—H	71,4		

[1] Im CO_2.

Man kann nun versuchen, die Energien von Bindungen in Verbindungen aus den Bindungsenergien in den Molekülen der Elemente zu berechnen. So entsteht Iodwasserstoff, HI, aus den beiden Elementen:

$$H_2 + I_2 \longrightarrow 2\,HI$$

und man kann annehmen – vorausgesetzt, die H—I-Bindung sei unpolar! –, daß bei der Bildung eines Mols HI die Hälfte der Summe der Bindungsenergien H—H und I—I frei wird (bei der Synthese von HI aus den Elementen würde dann keine Wärme frei!):

$$E_{H-I} = \frac{E_{I-I} + E_{H-H}}{2}.$$

Mit den bekannten Bindungsenergien der H—H- und der I—I-Bindung ergibt sich für die H—I-Bindung eine Energie von 70,1 kcal/Mol; der beobachtete Wert beträgt 71,5 kcal/Mol. – Führt man nun die gleiche Rechnung für die Cl—H-Bindung aus, so erhält man 81 kcal/Mol an Stelle des beobachteten Wertes von 103 kcal/Mol. Die Differenz von 22 kcal/Mol (d. h. die um diesen Betrag erhöhte «Bindungsstärke») ist der relativ starken Polarität der Cl—H-Bindung zuzuschreiben; es ergibt sich also, daß die EN von Chlor wesentlich höher sein muß als die EN von Iod. Durch geeignetes Auswerten eines großen Zahlenmaterials gelang es Pauling, diese Differenzen zwischen beobachteter und (unter der Annahme, die betreffende Bindung sei unpolar) berechneter Energie als Maß für die EN-Differenzen zu verwenden und damit die bereits besprochene EN-Skala aufzustellen.

3.1.2 Ionenbindung

Die meisten Reaktionen von *Metallen,* wie Natrium, Magnesium, Calcium, Kupfer, Eisen usw., mit *Nichtmetallen,* wie Sauerstoff, Chlor, Schwefel u.a., verlaufen äußerlich ähnlich, jedoch verschieden heftig. Unter meist starker Feuererscheinung (Flamme oder Aufglühen) entstehen dabei feste, *salzartige* Produkte. Besonders heftig reagieren die Alkalimetalle und Magnesium mit Chlor oder Sauerstoff. Die Tatsache, daß die Produkte solcher Vorgänge kaum flüchtig sind, läßt darauf schließen, daß sich ihre kleinsten Teilchen sehr stark anziehen. Es kann sich bei diesen also nicht um Moleküle handeln.

Die *Metalle* stehen im Periodensystem links und unten. Ihre Atome besitzen nur wenige Außenelektronen. Innerhalb einer Periode nimmt der metallische Charakter nach rechts stark ab (ganz rechts stehen die typischen Nichtmetalle). Die anziehende Wirkung der Rumpfladung auf die Außenelektronen sinkt also vom Fluor zum Lithium bzw. vom Chlor zum Natrium stark, weil die Kernladung in dieser Reihenfolge abnimmt und die Zahl der inneren, die Ladung des Kernes abschirmenden Elektronen konstant bleibt. Die ganz links stehenden typischen Metalle sind deshalb äußerst *wenig elektronegativ.* Bei der Reaktion eines Metalles mit einem Nichtmetall zie-

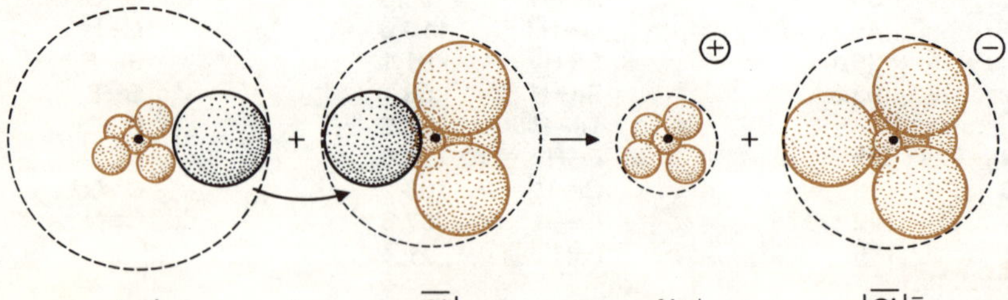

$$Na^{\bullet} \quad + \quad \cdot\overline{\underline{Cl}}| \longrightarrow Na^{+} \quad + \quad |\overline{\underline{Cl}}|^{-}$$

hen daher die (viel stärker elektronegativen) Nichtmetallatome die nur locker gebundenen Außenelektronen der Metallatome vollständig zu sich herüber und füllen damit ihre äußerste Schale auf. Es werden hier also nicht beiden Atomen gemeinsame Wolken gebildet, sondern es findet ein **Übergang von Elektronen** statt.

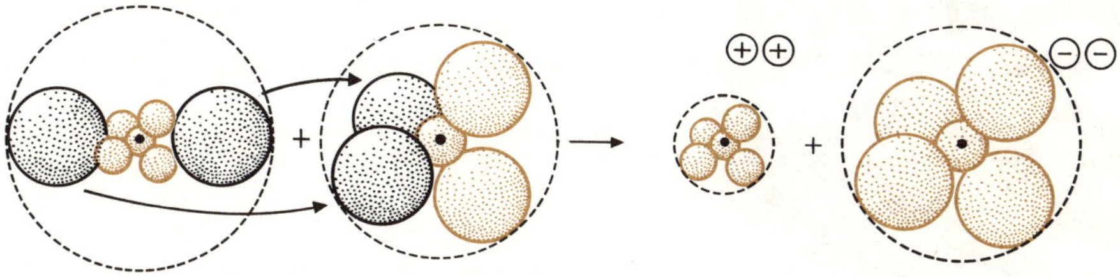

Mg˙˙ + ·Ō| ⟶ Mg^{2+} + |Ō|$^{2-}$

Durch die Abgabe bzw. Aufnahme von Elektronen werden die Atome elektrisch geladen, denn die Zahl der Elektronen in der Hülle entspricht nach der Elektronenübertragung nicht mehr der Zahl der Protonen im Kern. Solche elektrisch geladene Atome (oder auch Atomgruppen) nennt man **Ionen** (Einzahl **Ion**).

Metallatome bilden *positiv geladene, Nichtmetallatome negativ geladene Ionen*. Die durch die Elektronenaufnahme bzw. -abgabe bewirkten Änderungen im Zustand der Elektronenhülle bedingen, daß die Ionen vollkommen andere Eigenschaften besitzen als die Atome, aus denen sie entstanden sind.

Vergleich von Atomen und Ionen:

Natrium-Atome	Chlor-Atome	Natrium- und Chlorid-Ionen
bilden einen leichten, sehr weichen, reaktionsfähigen metallischen Stoff.	treten paarweise zu Molekülen zusammen und bilden ein grünes, giftiges, erstickend riechendes Gas.	können nicht ohne «Begleitionen» existieren, da ein «Stoff» elektrisch neutral sein muß. Zusammen bilden Na^+- und Cl^--Ionen einen weißen, typisch salzartigen Stoff: Kochsalz.

Durch einen solchen Elektronenübergang entsteht zunächst ein *Ionenpaar* Na^+Cl^-, das auf andere Ionen sehr starke *Anziehungskräfte* ausübt. Da die von den Ionen ausgehenden Kräfte räumlich *allseitig* wirken, wird sich ein positives Ion allseitig mit negativen Ionen zu umgeben suchen und umgekehrt.
Die Ionenpaare bleiben deshalb nicht als Moleküle erhalten, sondern es kommt zur Bildung eines **Ionengitters,** d.h. eines Kristallgitters mit Ionen als Gitterbausteinen. *Moleküle* (Teilchen aus einer bestimmten, begrenzten Anzahl Atome oder Ionen) *sind darin nicht vorhanden* (Abb. 3.12).

Die Ladungen der Ionen heben sich gegenseitig auf, so daß der Kristall als Ganzes elektrisch neutral ist. Da die zwischen den Gitterbausteinen (den Ionen) wirkenden Kräfte verhältnismäßig stark sind, *schmelzen* Ionenkristalle im allgemeinen *hoch* bis *sehr hoch.*
Die *Formel der Ionenverbindung,* d.h. das «Atom»- (eigentlich Ionen-) Verhältnis, wird durch die *Ladungen* der Ionen bestimmt, d.h. durch die Anzahl der Außenelektronen beider Atom-

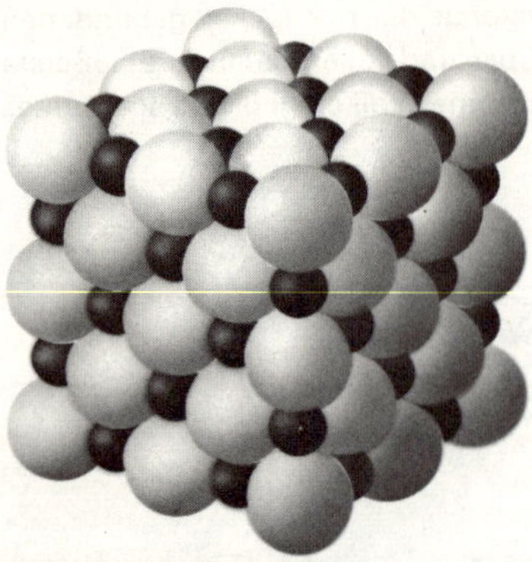

Abb. 3.12. Anordnung der Ionen im Gitter von festem Kochsalz (weiße Kugeln = Chlorid-Ionen, schwarze Kugeln = Natrium-Ionen)

arten. Da das O-Atom doppelt negativ geladene Ionen bildet (es kann zwei weitere Elektronen aufnehmen), wird die Formel des Natriumoxids Na_2O. Umgekehrt sind die Mg-Ionen doppelt positiv geladen, und das Magnesiumchlorid hat die Formel $MgCl_2$. In gleicher Weise folgt für die Sulfide der Alkalimetalle die Formel Me_2S (Me = Metall), für das Oxid von Aluminium Al_2O_3, für Magnesiumnitrid Mg_3N_2 usw. Die Formeln für Verbindungen der Übergangselemente lassen sich allerdings in dieser Weise nicht immer voraussagen, weil viele von ihnen keine edelgasähnlichen Ionen bilden. (Von Eisen existiert z. B. ein Fe^{2+}- und ein Fe^{3+}-Ion, nicht aber ein Fe^{8+}-Ion!)

Energetische Betrachtungen. Zerlegen wir die Reaktion, welche zur Bildung eines Ionengitters aus einem Metall und einem Nichtmetall führt, in einzelne Teilschritte, so ergibt sich das Schema der Abb. 3.13. Durch eine solche Betrachtung wird indessen nichts über den tatsächlichen Ablauf ausgesagt; die einzelnen Schritte stellen vielmehr bloß Abstraktionen zum Zwecke des Verständnisses der Energiebilanz dar.

Bevor ein Metall und ein Nichtmetall überhaupt miteinander reagieren können, müssen aus den Elementen *freie Atome* entstehen, denn nur beim Zusammenstoß zwischen einzelnen Atomen wird eine Elektronenübertragung stattfinden können. Sowohl die Überführung des Metalls in den Gaszustand wie die Spaltung der Moleküle benötigt je einen gewissen Energiebetrag *(«Sublimations»-* bzw. *Bindungsenergie).* Nun geschieht auch die Bildung eines *positiven Ions* unter *Aufwand von Energie,* der **Ionisierungsenergie,** weil die Elektronen gegen die Anziehung durch die Rumpfladung entfernt werden müssen. Anderseits wird nur bei der Bildung einfach negativ geladener Ionen, also bei der Aufnahme eines einzigen Elektrons (z. B. durch ein Halogenatom), Energie frei **(Elektronenaffinität).** Die Bildung *mehrfach negativ geladener Ionen* (z. B. des edelgasähnlichen O^{2-}-Ions) erfordert hingegen einen *Energieaufwand,* weil das zweite Elektron nur gegen die starke Abstoßung durch das bereits negativ gewordene Atom noch aufgenommen werden kann. Die Bildung höher negativ geladener Ionen ist noch mehr erschwert und nur bei kleinen Atomen möglich (N, P, beide mit −3fach geladenen Ionen; ein C^{4-}-Ion existiert in gewissen salzähnlichen Carbiden). **Sämtliche positive sowie die mehrfach geladenen negativen Ionen sind also energiereicher, d. h. weniger stabil als die entsprechenden Atome,** und es ist deshalb **nicht richtig,** wenn man – wie es oft geschieht – davon spricht, daß beispielsweise die Metallatome eine *«Tendenz zur Erreichung des Edelgas-*

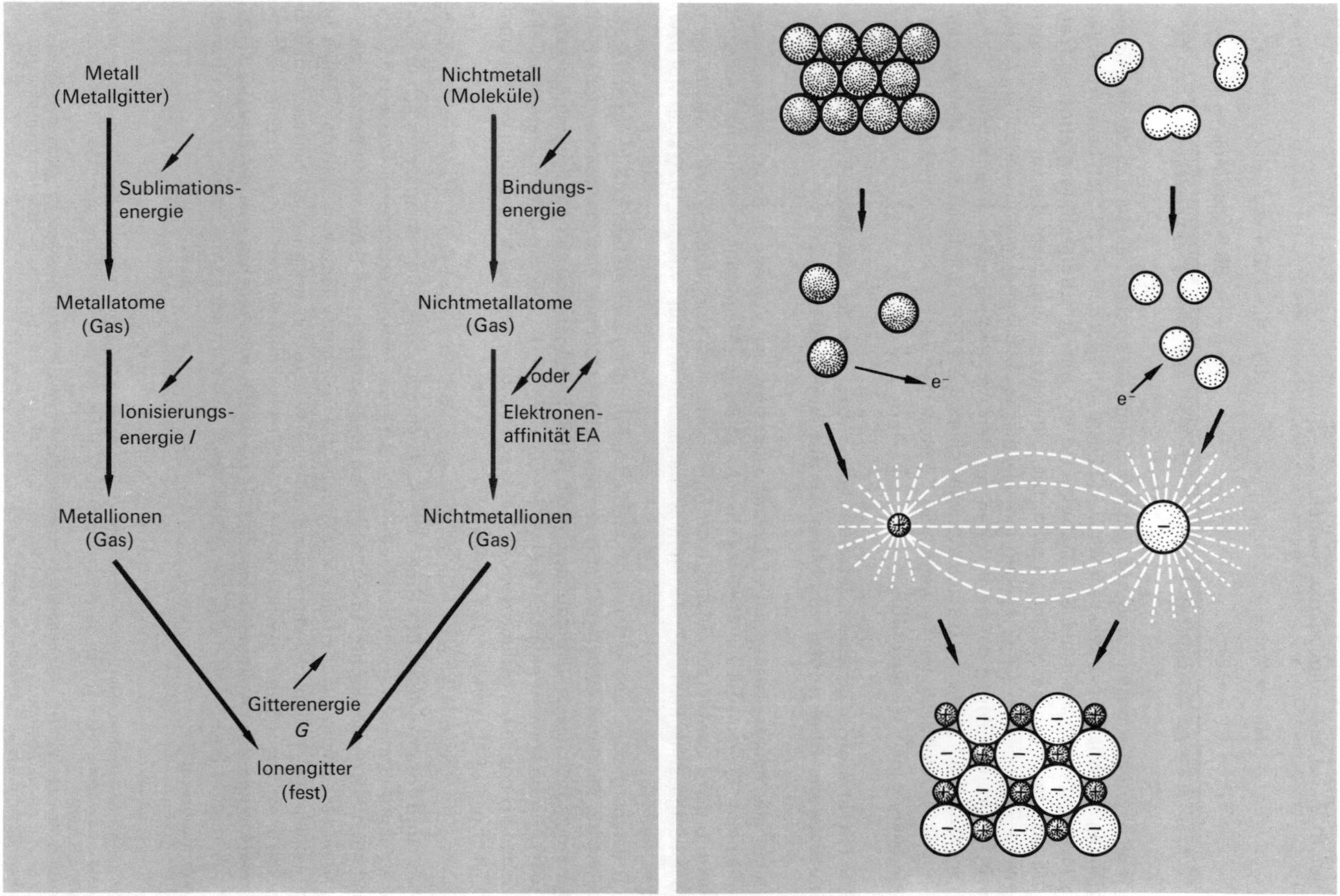

Abb. 3.13. Schematische Darstellung der Vorgänge bei der Bildung einer Ionenverbindung aus den Elementen

zustandes» besitzen. Für die Bildung freier Na^+- und Cl^--Ionen muß z. B. insgesamt eine Energie von 31,9 kcal/Mol aufgewendet werden:

$Na \rightarrow Na^+ + e^-$	ΔH[1]	= +118,4 kcal/Mol
$e^- + Cl \rightarrow Cl^-$	ΔH	= − 86,5 kcal/Mol
$Na + Cl \rightarrow Na^+(g) + Cl^-(g)$	ΔH	= + 31,9 kcal/Mol

Wenn sich nun aber positive und negative Ionen einander so stark nähern, daß die elektrische Anziehung zwischen ihnen wirksam wird, so bilden sich *Ionenpaare,* die sich beim Abkühlen zum **Ionengitter** zusammenlagern. **Dabei wird ein beträchtlicher Energiebetrag frei,** der als «**Gitterenergie**» bezeichnet wird. Die Gitterenergie entspricht der zur vollständigen Trennung der Ionen im Gitter (gegen ihre elektrische Anziehung) aufzuwendenden Arbeit. Obschon also die Bildung der freien Ionen aus den Atomen insgesamt endotherm ist, bildet sich schließlich ein ähnlicher Zustand aus, wie er bereits auf S. 88 graphisch dargestellt worden ist (Abb. 3.2)[2], weil die hohe (freiwerdende) Gitterenergie die zur Bildung der Ionen aufzuwendende Energie mehr als übertrifft.

Die Gitterenergie ist also letzten Endes die Ursache des stark exothermen Verlaufes vieler Reaktionen von Metallen mit Nichtmetallen.

Sie bildet also gewissermaßen die *«Triebkraft»* eines solchen Vorganges. So ist beispielsweise nur die hohe Gitterenergie von MgO die Ursache dafür, daß Magnesium so heftig im Sauerstoff verbrennt, denn sowohl zur Bildung von Mg^{2+}- wie auch der (doppelt negativ geladenen, jedoch edelgasähnlichen!) O^{2-}-Ionen muß Energie aufgewendet werden (520 kcal/Mol bzw. 166 kcal/Mol).
Die Gitterenergie des Ionengitters ist auch die Ursache der vor allem bei der Bildung einfacher Salze häufig befolgten *Oktettregel,* also der bevorzugten Bildung *edelgasähnlicher Ionen.* An sich wären nämlich feste Verbindungen, wie z. B. Ca^+F^-, gegenüber den Atomen durchaus stabil (ein Ca^+-Ion entsteht natürlich leichter als ein Ca^{2+}-Ion!), aber die Gitterenergie von CaF_2 ist wegen der doppelten Ladung des Ca^{2+}-Ions so viel höher, daß bei der Reaktion von Calcium und Fluor nicht CaF, sondern CaF_2 entsteht[3].

Atom- und Ionenradien. Die Größe von Atomen oder Ionen übt einen wesentlichen Einfluß auf ihre Anordnung sowie auf andere Eigenschaften (Ionisierungsenergie!) aus und kann damit auch die physikalischen und chemischen Eigenschaften von Substanzen bestimmen.
Die *Atomradien* nehmen innerhalb einer Gruppe des Periodensystems von oben nach unten zu (vgl. Tabelle 3.2), weil nach jeder Periode wieder eine neue Elektronenschale hinzukommt und dadurch das gesamte Ladungswolkensystem immer ausgedehnter wird. Innerhalb einer Periode nehmen hingegen die Atomradien stark ab, da die Kernladung wächst, aber die Zahl der Schalen unverändert bleibt, und durch die größer werdende Kernladung die Ladungswolke immer stärker «schrumpft».

[1] Für die bei chemischen Reaktionen umgesetzte (freiwerdende oder aufgenommene) Energie, die sogenannte **Reaktionswärme,** benützt man die Abkürzung ΔH. Wird Energie *frei,* so erhält ΔH ein *negatives* Vorzeichen (siehe S. 156).
[2] Im Gitter herrscht also ein «Gleichgewicht» zwischen der Anziehung der entgegengesetzt geladenen Ionen und der gegenseitigen Abstoßung der Elektronenhüllen. Sowohl zur Trennung wie zum Näherzusammenbringen der Ionen müßte Energie aufgewendet werden.
[3] Anderseits wäre die zur Bildung eines Ca^{3+}-Ions («CaF_3») aufzuwendende Ionisierungsenergie viel zu hoch! (vgl. Tabelle 2.5, S. 63).

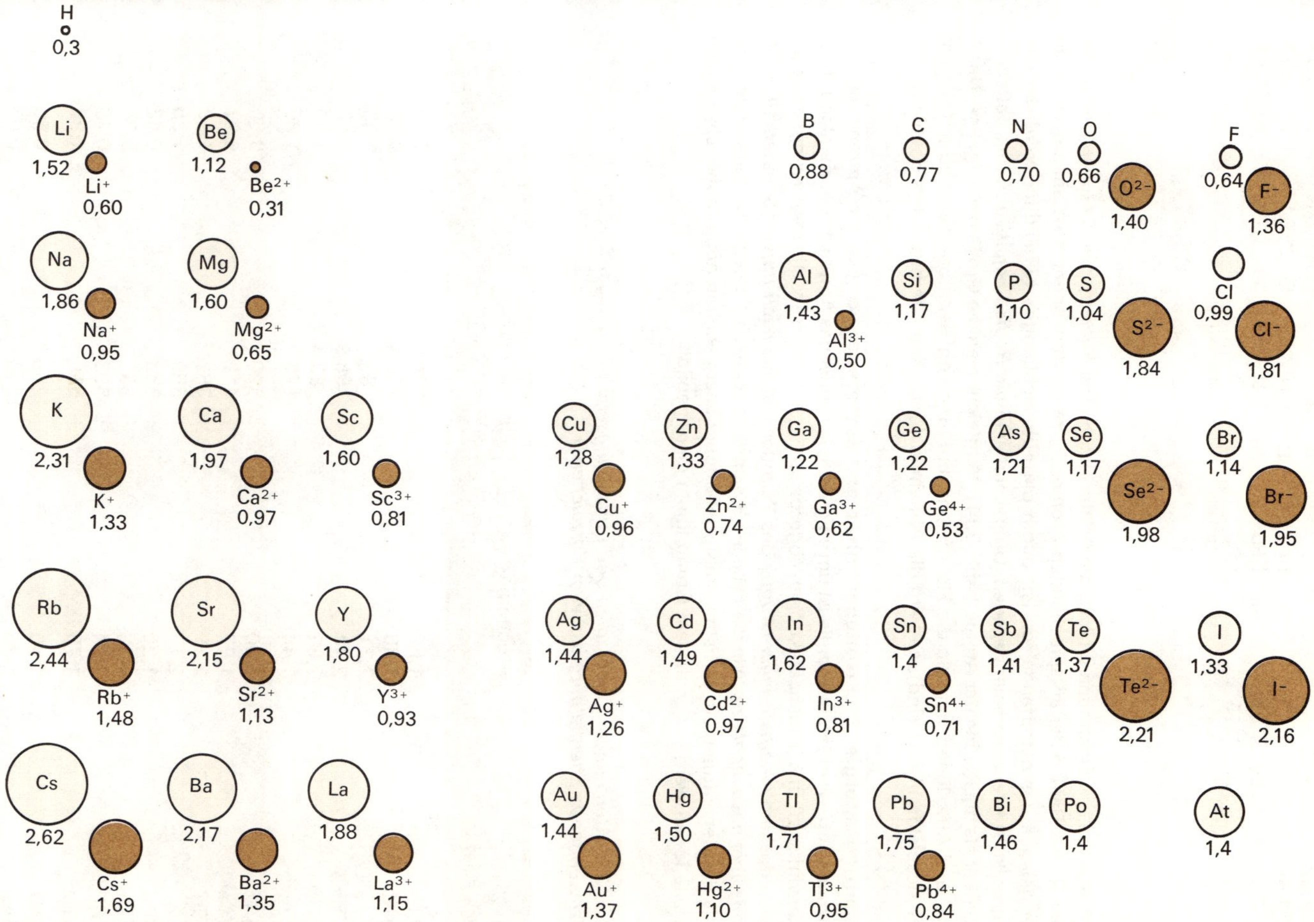

Abb. 3.14. Atom- und Ionenradien in Å

Tabelle 3.2. Atomradien einiger Elemente (Å)

Li	1,52					N	0,70	O	0,66	F	0,64
Na	1,86	Mg	1,60	Al	1,43	P	1,10	S	1,04	Cl	0,99
K	2,31	Ca	1,97	Sc	1,60	As	1,21	Se	1,17	Br	1,14
Rb	2,44	Sr	2,15	Y	1,80	Sb	1,41	Te	1,37	I	1,33
Cs	2,62	Ba	2,17	La	1,88						

Durch Abgabe von Elektronen werden die Atome kleiner. Die *Radien positiver Ionen* sind daher kleiner als die Radien der entsprechenden Atome. Diese Größenabnahme ist um so stärker, je höher geladen das betreffende Ion ist; durch die «überschüssige» Kernladung wird die Ladungswolke stärker zusammengezogen. Umgekehrt sind die *Radien negativer Ionen* beträchtlich größer als die Radien der Atome (Abb. 3.14). Vergleicht man die Größe der O^{2-}, F^{-}-, Na^{+}-, Mg^{2+}- und Al^{3+}-Ionen (die alle die Elektronenanordnung von Neon besitzen und mit diesem Atom «isoelektronisch» sind), so wird die Abnahme der Ionengröße besonders deutlich.

Ionisierungsenergie, Elektronenaffinität und Gitterenergie. Die zur Abtrennung der Elektronen aufzuwendende Energie ist um so größer, je kleiner das Atom ist (die Kernladung ist stärker wirksam) und je mehr Elektronen abgespalten werden müssen. Die *Ionisierungsenergien* nehmen deshalb *innerhalb einer Gruppe* des Periodensystems *nach unten ab, innerhalb einer Periode* aber *nach rechts zu.* Wie die Tabellen 3.3 und 3.4 zeigen, ist bereits zur Bildung doppelt positiv geladener Ionen ein verhältnismäßig sehr hoher Energiebetrag nötig; höher als +4fach geladene Ionen werden aus diesem Grund kaum mehr gebildet.

Tabelle 3.3. Atomradien, Ionenradien und Ionisierungsenergien einiger Metalle (aufzuwendende Energie mit positivem Vorzeichen!)

Element	Atomradius (Å)	Ionisierungsenergie (kcal/g Atom)	Ionenradius (Å)
Li/Li^{+}	1,52	+ 124,5	0,60
Na/Na^{+}	1,86	+ 118,5	0,95
K/K^{+}	2,31	+ 99,7	1,33
Rb/Rb^{+}	2,44	+ 95,9	1,48
Cs/Cs^{+}	2,62	+ 89,4	1,69
Ag/Ag^{+}	1,44	+ 175	1,26
Mg/Mg^{2+}	1,60	+ 520	0,65
Ca/Ca^{2+}	1,97	+ 412	0,97
Sr/Sr^{2+}	2,15	+ 382	1,13
Ba/Ba^{2+}	2,17	+ 350	1,35
Fe/Fe^{2+}	1,26	+ 553	0,83
Zn/Zn^{2+}	1,33	+ 631	0,74
Ni/Ni^{2+}	1,24	+ 595	0,78
Pb/Pb^{2+}	1,75	+ 516	1,32
Al/Al^{3+}	1,43	+ 1219	0,50
Fe/Fe^{3+}	1,26	+ 1330	0,67

Tabelle 3.4. Atomradien, Ionenradien und Elektronenaffinitäten einiger Nichtmetalle (aufzuwendende Energie mit positivem Vorzeichen)

Element	Atomradius (Å)	Elektronenaffinität (kcal/g Atom)	Ionenradius (Å)
F/F^-	0,64	− 90,0	1,36
Cl/Cl^-	0,99	− 92,5	1,81
Br/Br^-	1,14	− 87,1	1,95
I/I^-	1,33	− 79,2	2,16
O/O^{2-}	0,66	+ 166	1,40
S/S^{2-}	1,04	+ 79,5	1,84

Auch *die Elektronenaffinität* hängt vom Atomradius, von der Anzahl aufzunehmender Elektronen und von der Kernladung ab. Bei den Halogenen sowie beim Wasserstoff wird bei der Aufnahme eines Elektrons in die einfach besetzte Wolke Energie frei. Das Maximum, das die Elektronenaffinität beim Chlor zeigt, muß davon herrühren, daß die Wirkung der vom Fluor zum Chlor steigenden Kernladung die Wirkung des ebenfalls wachsenden Atomradius übertrifft.

Tabelle 3.5. Gitterenergien einiger Salze (kcal/Mol)

LiF	240	LiCl	193	MgO	913	CaF_2	614
LiCl	193	NaCl	180	CaO	823	$CaCl_2$	513
LiBr	183	KCl	164	BaO	741	$CaBr_2$	484
Li I	170	RbCl	159	Al_2O_3	3609	CaI_2	459
		CsCl	149				
				MgS	790		
				CaS	727		
				BaS	647		

Wie bereits erwähnt, geschieht die Bildung mehrfach negativ geladener Ionen stark endotherm.

Die *Gitterenergie* hängt in erster Linie von den Ladungen der Ionen sowie vom Abstand der Ladungsschwerpunkte, d. h. von den Ionenradien, ab (Tabelle 3.5). Verbindungen mit kleinen, hochgeladenen Ionen (Al_2O_3, CaF_2, Oxide der Erdalkalimetalle) besitzen deshalb hohe Gitterenergien und bilden sich – trotz großen aufzuwendenden Ionisierungsenergien und Elektronenaffinitäten – stark exotherm.
Die Gitterenergie ist ein *Ausdruck des Zusammenhalts des Ionengitters.* Ionengitter mit hohen Gitterenergien sind gewöhnlich recht hart, spröde, schwer zu schmelzen und oft auch schwer zu lösen. Die Kenntnis der Gitterenergie vermag deshalb wichtige Hinweise auf die physikalischen Eigenschaften einer Ionenverbindung zu geben. Sie kann aus thermochemischen Daten direkt bestimmt, oder – bei bekannter Gittergeometrie – aus Ladungen und Größe der Ionen auch *berechnet* werden (vgl. *Grundlagen der allgemeinen und anorganischen Chemie,* S. 126). In gewissen Fällen ist allerdings die Übereinstimmung zwischen gemessener und berechneter Gitterenergie schlecht (die tatsächlichen Gitterenergien sind stets höher als die berechneten); es handelt sich dann meist um Verbindungen der Übergangsmetalle, in denen keine typische Ionenbindung mehr vorliegt (siehe S. 130).

3.1.3 Metallische Bindung

Die typischen *Metalle* besitzen *Atome mit wenig Außenelektronen* und entsprechend geringer Rumpfladung; Metallatome untereinander können keine Ionen oder stabile Moleküle bilden.

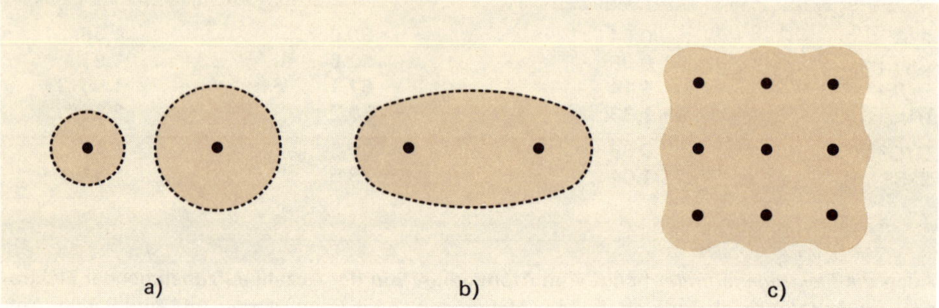

Abb. 3.15. Schema der verschiedenen Bindungstypen

a) Ionenbindung: Die Elektronen gehören vollständig dem einen oder dem anderen Ion an
b) Atombindung: Beiden Atomen sind Elektronen gemeinsam
c) Metallische Bindung: Die Außenelektronen sind dem ganzen Gitterverband gemeinsam

Die metallischen Eigenschaften lassen sich hingegen mit einer *Modellvorstellung* verstehen, die annimmt, daß im Gitter der Metalle die *Außenelektronen locker gebunden* sind und sich leicht von Atom zu Atom verschieben lassen, also – etwas übertrieben formuliert – zwischen den Atomrümpfen nahezu frei beweglich sind und sich damit in gewissem Sinn mit den Teilchen eines Gases vergleichen lassen. Im Unterschied zu echten Gasen stehen aber die Elektronen eines solchen *«Elektronengases»* in starker Wechselwirkung mit den positiven Atomrümpfen. Die aber – im Gegensatz zu den Ionenkristallen! – schon im festen Zustand beweglich geladenen Teilchen bedingen die *elektrische Leitfähigkeit* der Metalle. Die als «Stromwärme» beobachtete Wärme kann man anschaulich als «Reibungswärme» der Elektronen an den Atomrümpfen deuten.

Bei dieser *«metallischen Bindung»* wirken die Elektronen des *«Elektronengases»* gewissermaßen als «Kittsubstanz» zwischen den Atomrümpfen, ähnlich wie bei der Atombindung; zum Unterschied von dieser gehören die bindenden Elektronen nicht zwei bestimmten, sondern *allen Atomrümpfen* an, und die Bindung zeigt *keine räumliche Richtung.*

Übungen

3.1 Geben Sie eine Erklärung der Oktettregel und begründen Sie, warum diese Regel nur für die Atome der ersten Periode *streng* gilt.

3.2 Wodurch wird die «Bindung» im Falle der Atombindung bewerkstelligt? Von welchen Faktoren hängt die «Stärke» der Bindung ab?

3.3 Zeichnen Sie die Modelle folgender Moleküle: NH_3, H_2O_2, SO_2. Ist das letztere gestreckt oder gewinkelt?

3.4 Ordnen Sie folgende Verbindungen nach wachsender Stabilität: H_2S, PH_3, CH_4, NCl_3, HF, CO_2, F_2O.

3.5 Die Verbrennung von Methan (CH_4) zu CO_2 und H_2O ist stark exotherm. Warum?

3.6 Welche Formeln haben folgende Verbindungen: Magnesiumnitrid, Natriumphosphid, Aluminiumoxid, Bariumsulfid, Caesiumfluorid, Kaliumoxid?

3.7 Stellen Sie die Energiegrößen zusammen, welche einen Einfluß auf die Bildungswärme einer Ionenverbindung haben, und diskutieren Sie die Zusammenhänge zwischen diesen Größen und den Atom- bzw. Ionenradien sowie den Ionenladungen.

3.8 Wie wird die Reaktion von Aluminium mit Schwefelpulver verlaufen?

3.9 Warum bildet sich Magnesiumnitrid aus den Elementen unter starker Wärmeentwicklung, trotzdem viel Ionisierungsenergie und Elektronenaffinität aufzuwenden ist?

3.10 Erklären Sie die charakteristischen Eigenschaften der Metalle.

Literatur

P. Ander und A. J. Sonnessa	*Principles of Chemistry.* Macmillan, New York 1965
D. H. Andrews und R. J. Kokes	*Fundamental Chemistry.* Wiley, New York 1964
H. A. Bent	Tangent-Sphere Models of Molecules. *J. Chem. Educ. 40* (1963) 446, 523 und *42* (1965) 302, 348
Chemistry to-day	(A guide for teachers). Published by the OECD, Paris 1963 (aussi en français)
C. L. Chernick	The Noble Gas Compounds. *Chemistry 37* (1964) No. 1
H. R. Christen	*Grundlagen der allgemeinen und anorganischen Chemie.* Sauerländer, Aarau 1973
C. A. Coulson	*Valence.* Oxford University Press, 1962
M. C. Day und J. Selbin	*Theoretical Inorganic Chemistry.* Reinhold, New York 1969
R. J. Gillespie	The Valence-Shell Electron-Pair Repulsion Theory of Directed Valency. *J. Chem. Educ. 40* (1963) 295
E. S. Gould	*Inorganic Reactions and Structure.* Holt, New York 1955
H. B. Gray	*Electrons and Chemical Bonding.* Benjamin, New York 1964
R. Hoppe	Valenzverbindungen der Edelgase. *Angew. Chem. 76* (1964) 455
G. E. Kimball und E. M. Loebl	A Quantum Mechanical Theory of Complex Ion Formation. *J. Chem. Educ. 36* (1959) 233
B. H. Mahan	*University Chemistry.* Addison-Wesley, New York 1969
L. Pauling	*Die Natur der chemischen Bindung.* Verlag Chemie, Weinheim 1962
J. P. Platt	Chemical Bond and Distribution of Electrons in Molecules, *Handbuch der Physik,* Springer, 1961
W. Ryschkewitsch	*Chemical Bonding and the Geometry of Molecules.* Reinhold. New York 1962
H. A. Staab	*Einführung in die theoretische organische Chemie.* Verlag Chemie, Weinheim 1966
C. A. Vanderwerf	*Acids, Bases and the Chemistry of the Covalent Bond.* Reinhold, New York 1961
A. F. Wells	*Structural Inorganic Chemistry.* Oxford University Press, 1967

3.2 Beziehungen zwischen Struktur und Eigenschaften

3.2.1 Molekülverbindungen

Molekülverbindungen bilden im festen Zustand ein **Molekülgitter**, also ein *Gitter mit Molekülen als Gitterbausteinen.* Da die Anziehungskräfte zwischen den Molekülen im allgemeinen ziemlich schwach sind, sind Molekülkristalle meist ziemlich weich und schon durch mäßige Temperaturerhöhung zu verdampfen. Wir können damit auch umgekehrt formulieren:

Flüchtige Stoffe sind Molekülverbindungen

Die Höhe des *Schmelz-* und des *Siedepunktes* eines reinen Stoffes hängt also vom **Kristallaufbau** ***(Ionen- oder Molekülgitter)***, d. h. *den Kräften zwischen den Gitterbausteinen,* ab und *nicht* etwa von der Art der Bindung zwischen den Atomen. In dieser Hinsicht ist besonders ein Vergleich der Siedepunkte und der Bindungsarten analoger Verbindungen der Elemente einer Periode von Interesse. In der Reihe

$$NaCl—MgCl_2—AlCl_3—SiCl_4—PCl_3—SCl_2—Cl_2$$

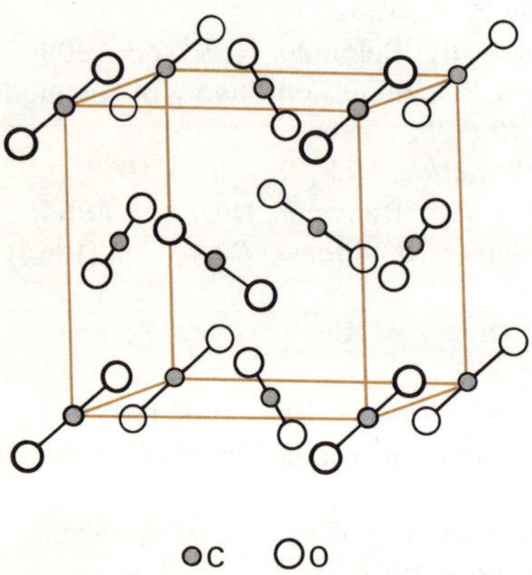

Abb. 3.16. Gitter von festem Kohlendioxid als Beispiel eines Molekülgitters

liegt bei NaCl reine Ionenbindung, im Cl_2-Molekül reine (unpolare) Atombindung vor, während sich dazwischen der Bindungszustand allmählich ändern muß. Einerseits werden die Atombindungen in der Reihe $Cl_2—SCl_2—PCl_3—SiCl_4$ immer stärker polar; anderseits werden in der Reihe $NaCl—MgCl_2—AlCl_3—SiCl_4$ die Elektronenwolken der Anionen als Folge der steigenden Ladungskonzentration der Kationen (zunehmende Ionenladung verbunden mit abnehmendem Ionenradius) immer stärker gegen die Kationen gezogen, bis sich schließlich die Elektronen der Anionen auch im Gebiet der Kationen aufhalten und die Bindung besser als (allerdings stark polare) Atombindung betrachtet werden muß. Trotz diesem *allmählichen Übergang im Bindungstyp* ändern sich die *Siedepunkte,* also der *Gittertyp,* in der erwähnten Reihe *sprunghaft:*

	NaCl	$MgCl_2$	$AlCl_3$	$SiCl_4$	PCl_3	SCl_2	Cl_2
Siedepunkte (°C)	1440	1412	183	58	76	59	–34

$NaCl$ und $MgCl_2$ bilden typische Ionengitter, $SiCl_4$, PF_3 usw. (und auch SiF_4) sind Molekülverbindungen und bilden Molekülgitter, obschon die Bindung z. B. im SiF_4 noch eher als Ionenbindung betrachtet werden kann. Das Zustandekommen eines solchen *«Ionenmoleküls»* wird dadurch erklärt, daß die im Verhältnis zum Kation sehr großen und voluminösen Anionen dieses «umhüllen» und dadurch seine Wirkungen nach außen fast völlig abschirmen (Abb. 3.17).

Abb. 3.17
Umhülltes Ion

Einen besonders interessanten Fall bilden die *Aluminiumhalogenide.* AlF_3 ist eine typische Ionenverbindung mit sehr hohem Schmelzpunkt (1291 °C), denn das Al^{3+}-Ion kann von drei F^--Ionen nicht umhüllt werden (im Gegensatz zum Si^{4+}-Ion!). $AlBr_3$ bildet auch im festen Zustand ein Molekülgitter. $AlCl_3$ hingegen kristallisiert in einem Ionengitter, das beim Schmelzen und Verdampfen in Al_2Cl_6-Moleküle zerfällt. Erst oberhalb 400 °C treten im Dampfzustand $AlCl_3$-Moleküle auf. Aluminiumchlorid ist also insofern eine bemerkenswerte Verbindung, als sie in den verschiedenen Aggregatzuständen aus verschiedenen Teilchen aufgebaut ist[1].

Ein weiterer solcher Fall ist die Verbindung Phosphorpentachlorid, eine weiße, feste, bei 100 °C sublimierende Substanz. Ihr Dampf enthält PCl_5-Moleküle, während sie im festen Zustand aus PCl_4^+- und PCl_6^--Ionen besteht (die im CsCl-Gitter [S. 117] kristallisieren!).

Strukturen einfacher Moleküle. Da erst der dritte Teil des Buches der eigentlichen «Stofflehre» gewidmet sein wird, ist es zweckmäßig, wenn wir schon hier einige Beispiele von Molekülverbindungen kennenlernen und insbesondere die Struktur ihrer Moleküle näher betrachten.

Weil wir zum Verständnis der *räumlichen Struktur* eines Moleküls das anschauliche *Kugelwolkenmodell* der Atome benützen, muß hier nochmals auf einen ganz wesentlichen Aspekt hingewiesen werden, um nicht *falsche Vorstellungen* aufkommen zu lassen. Man könnte nämlich meinen, daß die räumliche Anordnung der Atome in einem Atomverband (also z. B. die tetraedrische Anordnung der vier H-Atome um ein C-Atom im Methan) die Folge der Tatsache sei, daß die negative Ladung (die einfach besetzten Elektronenwolken) bereits im freien, unbeeinflußten Atom tetraedrisch verteilt wäre und somit *eine Überlappung der Elektronenwolken nur in bestimmten, ausgezeichneten Richtungen möglich* wäre. In Tat und Wahrheit ist dies *keineswegs* der Fall; die Ladungsdichteverteilung eines isolierten Atoms ist *kugelsymmetrisch,* und **die Struktur eines Atomverbandes wird im wesentlichen durch die Wechselwirkungen zwischen bindenden und nichtbindenden Elektronenpaaren und den Atomrümpfen bestimmt.** Anders gesagt, es sind *energetische Gründe,* die eine bestimmte Struktur ergeben, und *nicht* etwa eine für ein isoliertes Atom postulierte Ladungsdichteverteilung. Wir haben deshalb bei der Einführung des Kugelwolkenmodelles auch ausdrücklich betont, daß es den Grundzustand eines Atoms nicht richtig wiedergibt, sondern das Atom gewissermaßen im *«gebundenen Zustand»* darstellt, und daß es deshalb besonders zur Verdeutlichung des räumlichen Baues von Molekülen verwendbar ist. Unser Modell leitet sich also aus den (experimentell festgestellten!) *Molekülstrukturen* ab, während umgekehrt die Molekülstruktur zwar mittels des Modelles «erklärt» werden kann, *jedoch nicht etwa die «Folge» der vom Modell postulierten Anordnung der Elektronenwolken ist.*

[1] Beim Lösen im Wasser bilden sich $[Al(H_2O)_6]^{3+}$- und Cl^--Ionen, weil die sehr hohe Hydrationsenergie (S. 120) die gelösten Ionen stabilisiert. Die Lösung leitet also den Strom, während geschmolzenes $AlCl_3$ kaum leitet!

Die Moleküle der *Halogenwasserstoffverbindungen* (alles farblose, stechend riechende Gase) sind polar, wobei die Polarität – die man experimentell durch Bestimmung des Dipolmomentes (S. 115) messen kann – vom HF zum HI abnimmt. Die Bindungsenergie der H—X-Bindung und die Bildungswärme der Halogenwasserstoffe nehmen ebenfalls vom HF zum HI ab.

Wasser, Schwefelwasserstoff (ein wie faule Eier riechendes, giftiges Gas) und ebenso *Selen-* und *Tellurwasserstoff* (ebenfalls übelriechende, sehr giftige Gase) besitzen gewinkelte Moleküle:

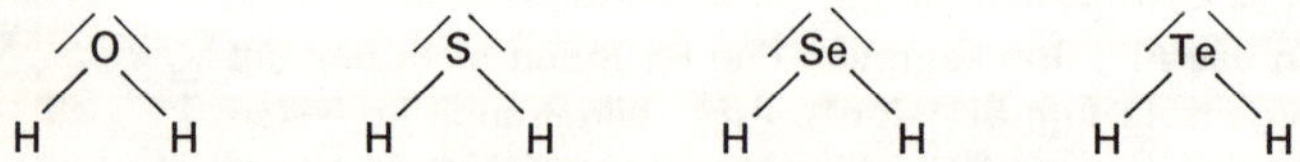

Im H_2S-Molekül beträgt der Bindungswinkel nur 92,2° (Wasser: 105°), wohl in erster Linie eine Folge der gegenseitigen Abstoßung der nichtbindenden Elektronenpaare. Auch bei den Molekülen von H_2Se und H_2Te beträgt der Bindungswinkel ungefähr 90°.
Das Molekül von *Ammoniak* (NH_3) ist pyramidal gebaut: die drei Kerne der H-Atome bilden die Grundfläche, der Kern des N-Atoms die Spitze einer flachen Pyramide. Im gasförmigen und flüssigen Zustand schwingt jedoch das N-Atom dauernd durch die Ebene der drei H-Atome in die entgegengesetzte Lage und wieder zurück (Schwingungsfrequenz etwa $2{,}4 \cdot 10^{10}$ sec^{-1}!), so daß das Molekül im zeitlichen Durchschnitt eher scheibenförmig erscheint. Nur im festen Zustand tritt diese *«Inversionsschwingung»* nicht auf, weil dann das nichtbindende Elektronenpaar des N-Atoms mit anderen Atomen in Wechselwirkung tritt (H-Brücken, siehe S. 113) und das N-Atom dadurch in seiner Lage fixiert wird.
In den *Kohlenstoff-Wasserstoff-Verbindungen* ist ein C-Atom jeweils *tetraedrisch* von vier Nachbaratomen umgeben. Im Gegensatz zu nahezu allen anderen Atomarten können sich *C-Atome* aber nahezu beliebig *unter sich zu Ketten oder Ringen verbinden,* so daß die Zahl der existierenden C—H-Verbindungen außerordentlich groß ist. Der Grund für die relative Beständigkeit der C—C-Bindung liegt in ihrer (trotz fehlender Polarität!) verhältnismäßig großen Bindungsenergie (80,0 kcal/Mol); in erster Linie eine Folge der Tatsache, daß die bindenden Wolken ziemlich kompakt sind und den Rumpf des C-Atoms gut abschirmen. Aus demselben Grund sind C—C-Bindungen im allgemeinen auch *sehr reaktionsträg.* Nur wenn C—H-Verbindungen Doppel- oder Dreifachbindungen zwischen C-Atomen enthalten, ist die Reaktionsfähigkeit größer. Aus der Vielfalt solcher Verbindungen sind nebenstehend einige Beispiele[1] erwähnt.

Methan bildet den Hauptbestandteil des *Erdgases.* Auch die übrigen, hier angeführten Verbindungen sind farb- und fast geruchlose Gase (der schlechte Geruch des Acetylens rührt von beigemischtem PH_3 her); Propan und Butan treten ebenfalls als Bestandteile von Erdgasen auf, werden aber – ebenso wie Äthen und Propen – auch bei der Raffination von Erdöl gewonnen. Insbesondere Methan, aber auch Propan und Butan besitzen als *Heizgase* Bedeutung (ihre Verbrennung verläuft stark exotherm, da aus unpolaren C—C-, C—H- und O=O-Bindungen polare C=O- und H—O-Bindungen entstehen); Äthen, Propen und Acetylen sind sehr wichtige Ausgangsstoffe für zahlreiche organische *Synthesen.*
Bei den entsprechenden *Silicium-Wasserstoff-Verbindungen* wird der Rumpf des Si-Atoms durch die Nachbaratome viel weniger gut abgeschirmt, so daß er beispielsweise durch ein negativ geladenes Ion (oder ein negativ polarisiertes Atom) leicht angegriffen werden kann. Zudem werden die Si-Atome als Folge ihrer geringeren *EN* deutlich positiv polarisiert, so daß Si—Si-

[1] Man beachte, daß die nebenstehenden Formeln die *räumliche Struktur* der Moleküle *nicht* wiedergeben!

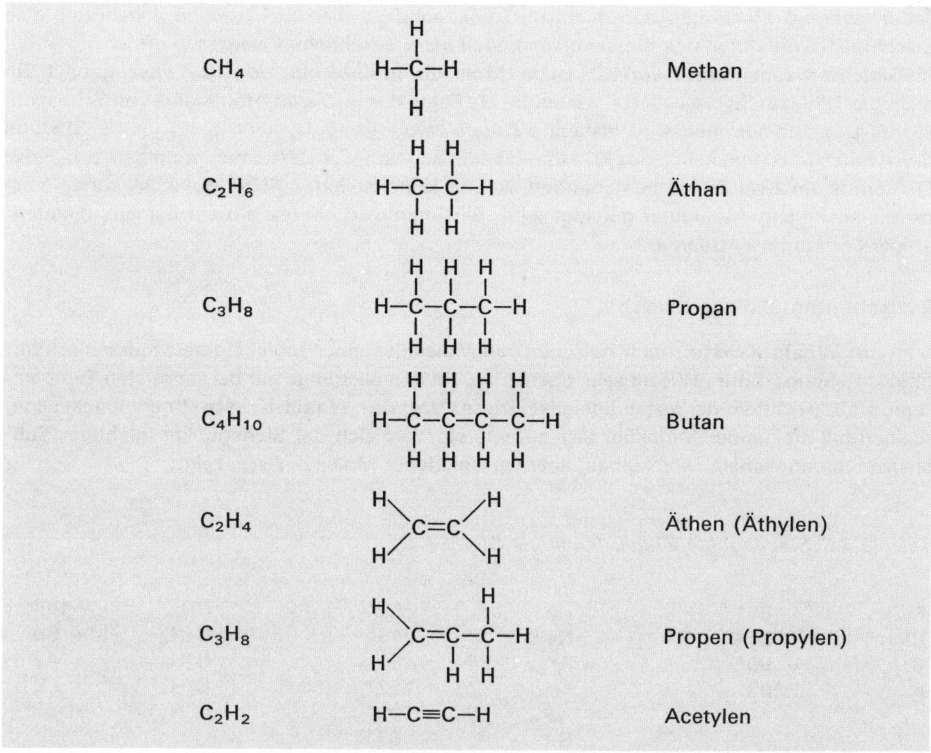

Bindungen beträchtlich *weniger stabil* und zudem *viel reaktionsfähiger* sind als C—C-Bindungen. Die abschirmende Wirkung der Nachbaratome auf den Atomrumpf zeigt sich sehr deutlich auch beim Vergleich der Eigenschaften von CCl_4 und $SiCl_4$ (beides Flüssigkeiten): Beide Moleküle sind tetraedrisch gebaut und enthalten polare C—Cl- bzw. Si—Cl-Bindungen; obschon die Polarität (und damit auch die Bindungsenergie) im Fall der Si—Cl-Bindung viel größer ist (und $SiCl_4$ damit «stabiler» ist als CCl_4), ist $SiCl_4$ außerordentlich reaktionsfähig und setzt sich z. B. mit Wasser sehr rasch zu SiO_2 und HCl um, indem ein negativ polarisiertes O-Atom eines H_2O-Moleküls das Si-Atom bzw. dessen Atomrumpf angreift.
Für *Schwefeldioxid* (SO_2; farbloses, stechend riechendes Gas), das normale Verbrennungsprodukt von Schwefel, läßt sich bei Benützung der Oktettregel die folgende Struktur erwarten:

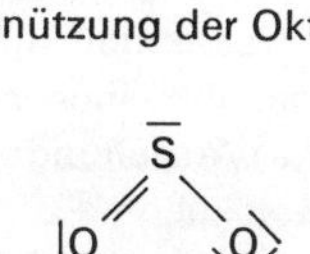

In der Tat ist das Molekül *gewinkelt* gebaut. Im Widerspruch zu dieser Struktur steht jedoch die experimentell erwiesene Tatsache, daß die beiden S—O-Bindungen *gleich lang* sind, wobei ihre Bindungslänge kürzer ist als die Länge einer normalen S—O-Einfachbindung, jedoch länger als die Bindungslänge einer S=O-Doppelbindung. Offenbar entsprechen die Bindungsverhältnisse der hier formulierten Elektronenstruktur nicht; wir werden später sehen (S. 313), daß man in diesem Fall (und ebenso in zahlreichen anderen, ähnlichen Fällen) annehmen muß, daß zwei

(oder mehrere) Elektronenpaare nicht nur zwei, sondern allen drei Atomen angehören, eine Erscheinung, die durch das Kugelwolkenmodell *nicht* beschrieben werden kann.
Im Gegensatz zum Molekül von SO_2 ist das Molekül von *Kohlendioxid* (CO_2) *linear* gebaut. Ein analoges Molekül SiO_2 existiert – wiederum als Folge des größeren Atomradius von Si! – nicht (Si=O-Doppelbindungen sind instabil; *«Doppelbindungsregel»,* siehe S. 93 und S. 313). Im *Siliciumdioxid* ist vielmehr jedes Si-Atom tetraedrisch von vier O-Atomen umgeben, und jedes O-Atom ist an zwei Si-Atome gebunden, so daß keine isolierten SiO_2-Moleküle, sondern ein dreidimensionales Atomgitter gebildet wird. Siliciumdioxid ist deshalb ein beinahe diamantartiger Festkörper *(«Quarz»).*

Zwischenmolekulare Kräfte

Van der Waals-Kräfte. Auch zwischen den Molekülen eines Molekülgitters müssen schwache Anziehungskräfte wirksam sein, ebenso z. B. in den allerdings nur bei sehr tiefen Temperaturen stabilen Gittern der festen Edelgase. Diese «**Van der Waals-Kräfte**»[1] nehmen im allgemeinen mit steigender Molekülmasse zu, wie ein Vergleich der Siedepunkte flüchtiger Substanzen mit ähnlichem Molekülbau, aber verschiedener Molekülmasse, zeigt:

Tabelle 3.6. Siedepunkte einiger flüchtiger Stoffe (°C)

F_2	– 187°	He	– 269°	CH_4	– 164°
Cl_2	– 34,6°	Ne	– 246°	C_2H_6	– 89°
Br_2	+ 59°	Ar	– 190°	C_3H_8	– 42°
I_2	+ 183°	Kr	– 152°	C_4H_{10}	– 0,5°
		Xe	– 109°	C_5H_{12}	+ 36°
		Rn	– 62°		

Ebenso wie die Ionen- und die Atombindung beruhen auch die Van der Waals-Kräfte letzten Endes auf der Anziehung zwischen entgegengesetzten *elektrischen Ladungen.*
In einem Atom, z. B. einem Edelgasatom, bewegen sich die Elektronen innerhalb bestimmter Räume um den Atomkern. Nun kann während eines Bruchteils einer Sekunde die Ladungsverteilung unsymmetrisch werden, so daß das Atom dann als Dipol mit einer negativen und einer positiven Seite erscheint. Ist in diesem Moment ein anderes Atom in der Nähe, so werden dessen Elektronen in Richtung zur positiven Seite des ersten Atoms verschoben, so daß dieses zweite Atom auch zu einem Dipol («polarisiert») wird (Abb. 3.18). Weil ein solcher Dipol – im Gegensatz zu polaren Molekülen, wie z. B. dem Wassermolekül – erst unter der Einwirkung eines äußeren elektrischen Feldes entsteht, nennt man ihn einen *«induzierten» Dipol.* Die Van der Waals-Kraft ist nichts anderes als die (elektrische) Anziehung zwischen einem solchen induzierten Dipol und einem anderen Atom bzw. Molekül.
Da die Elektronen ständig in Bewegung sind, ändert sich die Ladungsverteilung in Atomen und Molekülen fortwährend, so daß solche Anziehungskräfte nur *schwach* sein können und deshalb auch mit zunehmender Entfernung der beiden Teilchen sehr stark abnehmen. Sie werden jedoch *um so größer, je größer die Oberfläche der Teilchen* ist (denn die Möglichkeit zur Polarisierung

[1] Die Bezeichnung stammt von einer durch den holländischen Physiker van der Waals aufgestellten Zustandsgleichung für Gase, in welchen – im Gegensatz zur «idealen Gasgleichung» $p \cdot V = n \cdot R \cdot T$ – auch die zwischenmolekularen Kräfte berücksichtigt sind.

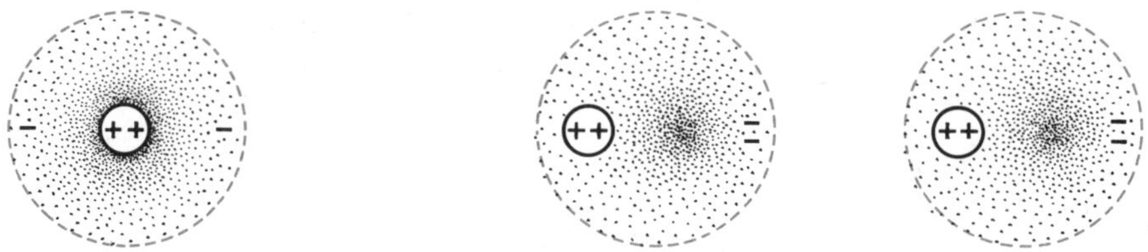

Heliumatom mit symmetrischer Elektronenwolke — *Vorübergehend polarisierte Heliumatome*

Abb. 3.18. Van der Waals-Kräfte zwischen Heliumatomen

wird dadurch größer) *und je leichter die Ladungsverteilung* in einem Teilchen *durch ein Nachbarteilchen polarisiert* wird (je leichter die Elektronen darin verschiebbar sind). Beide Faktoren erklären die Zunahme der Van der Waals-Kräfte mit steigender Atom, bzw. Molekülmasse: Größere Teilchen haben einerseits größere Oberflächen; anderseits werden die sich weiter vom Kern entfernt bewegenden Elektronen von diesem weniger fest gebunden und sind daher leichter verschiebbar. Unter Umständen können zwischen sehr großen Molekülen die Van der Waals-Kräfte sogar stärker sein als die Atombindungen (welche die einzelnen Atome verknüpfen); die betreffende Substanz kann dann nicht mehr ohne Zersetzung zum Sieden gebracht werden.

Wasserstoffbrücken. Vergleicht man nun die Siedepunkte der vier Halogenwasserstoff-Verbindungen oder der Wasserstoffverbindungen von Sauerstoff, Schwefel, Selen und Tellur (Abb. 3.19), so erkennt man, wie jeweils die erste einer Reihe einen ganz abnorm hohen Siede-

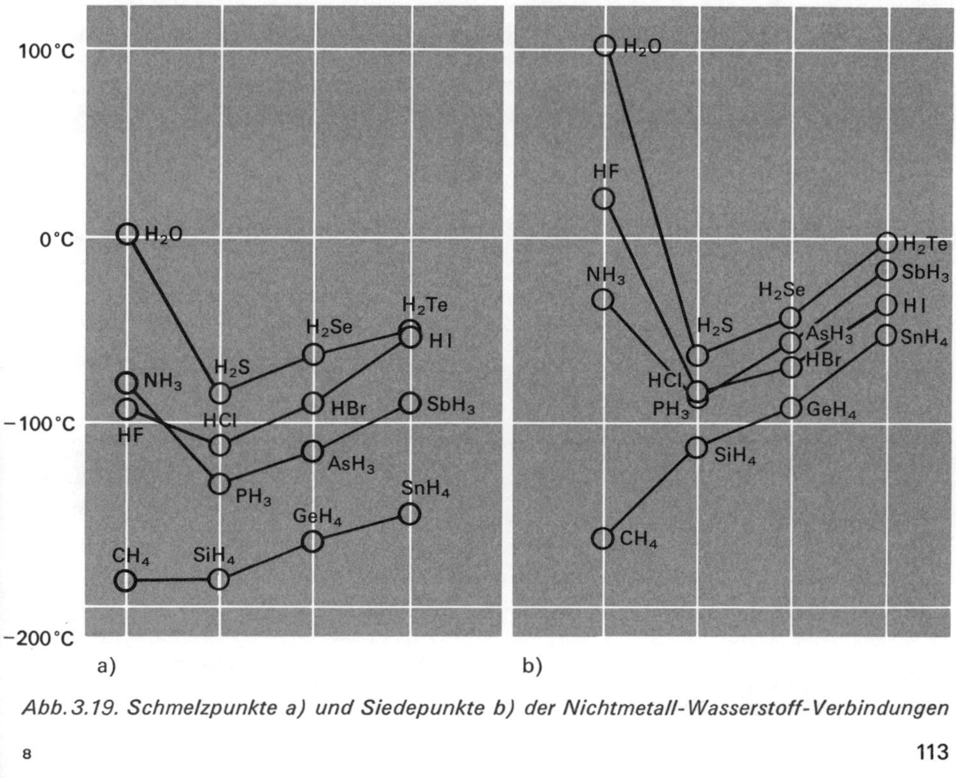

Abb. 3.19. Schmelzpunkte a) und Siedepunkte b) der Nichtmetall-Wasserstoff-Verbindungen

punkt besitzt (eigentlich sollten ja H_2O und HF tiefer sieden als H_2S bzw. HCl!). Offenbar sind in diesen Fällen die *Anziehungskräfte* zwischen den Molekülen *ganz besonders groß.*
Dies muß davon herrühren, daß die H_2O- und HF-Moleküle (in geringerem Maß auch die Moleküle von NH_3) wegen ihrer stark polaren Kovalenzbindung ausgesprochene *permanente* (d.h. bleibende) *Dipole* darstellen und diese sich sehr stark anziehen. Diese «**Dipolkräfte**» sind wesentlich größer als die Van der Waals-Kräfte, weil – im Gegensatz zu den induzierten Dipolen in Edelgasatomen oder in Molekülen – die Ladungsverteilung im H_2O- und HF-Molekül dauernd unsymmetrisch und die Aufladung der beiden Enden viel stärker ist. Besonders häufig findet man solche Dipolkräfte, wenn ein *Wasserstoffatom* mit einem *stark elektronenanziehenden* (elektronegativen) F-, O- oder N-*Atom* verbunden ist. Das dann positiv polarisierte Wasserstoffatom wirkt wegen seiner geringen Größe (d.h. seiner großen «Ladungskonzentration») nach außen ganz besonders stark anziehend auf ein anderes, negativ polarisiertes Atom. Für diese Fälle verwendet man den Ausdruck «**Wasserstoffbrücke**» oder «**Wasserstoffbindung**»; es handelt sich dabei aber nicht um eine besondere Art Bindung, sondern lediglich um eine stark ausgeprägte Wirkung der Polarität (Abb. 3.20).

Obschon die *Bindungsenergie einer H-Brücke* viel kleiner ist als beispielsweise die Bindungsenergie einer Atombindung[1], handelt es sich bei diesen Bindungen um *außerordentlich wichtige Kräfte.* Nicht nur die «abnorm» hohen Schmelz- und Siedepunkte von Wasserstoffverbindungen, von Zucker u.a., sondern auch die lockere Struktur von Eis (und damit seine gegenüber flüssigem Wasser geringere Dichte; siehe S. 280), die besondere Struktur zahlreicher anderer fester Substanzen, die Wasserlöslichkeit vieler organischer Verbindungen, die Festigkeit faserartiger Stoffe, wie Cellulose, Nylon usw., werden durch Wasserstoffbrücken bedingt. Eine ganz besonders bedeutsame Rolle spielen H-Brücken auch beim Aufbau der *Eiweiße* und der als Träger der Erbeigenschaften wichtigen *Nucleinsäuren.*

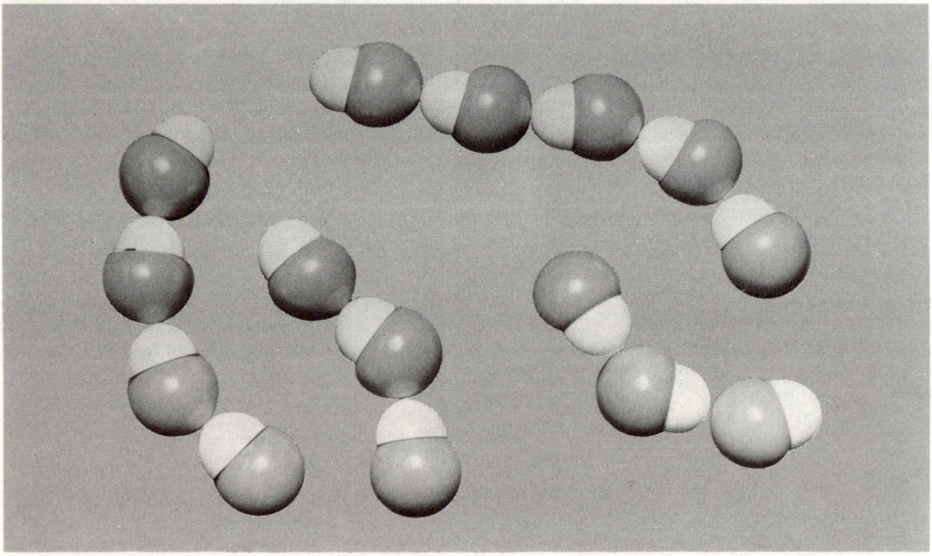

Abb. 3.20. Wasserstoffbrücken in flüssigem Fluorwasserstoff

[1] Die Bindungsenergie der stärksten H-Brücke —F···H— beträgt etwa 8 kcal/Mol. Vgl. dagegen die Bindungsenergie der H—O-Bindung (102 kcal/Mol)!

Dipole und Dipolmoment

Permanente Dipole werden durch das *Dipolmoment* μ charakterisiert. Man versteht darunter das Produkt aus Ladung und Abstand zwischen den Ladungsschwerpunkten. Die Bestimmung von Dipolmomenten (aus dem Verhalten von Molekülen im elektrischen Feld) gibt wichtige Hinweise auf Struktur und Eigenschaften eines Moleküls.

Beispiele von Dipolmomenten:[1]

HF	1,9 D	H_2O	1,844 D	PF_3	1,025 D
HCl	1,03 D	H_2S	0,92 D	BF_3	0
HBr	0,74 D	NH_3	1,46 D		
HI	0,38 D	CO_2	0		
		CCl_4	0		

Im allgemeinen ist das Dipolmoment um so größer, je polarer die Bindungen sind (vgl. die Reihe HF, HCl, HBr, HI). Trotz ziemlich stark polarer Bindungen kann jedoch ein Molekül als Ganzes auch unpolar sein und ein Dipolmoment Null besitzen, wenn die Schwerpunkte der positiven und der negativen Ladungen zusammenfallen. So sind im CCl_4-Molekül zwar die C—Cl-Bindungen polar, aber die vier Cl-Atome sind tetraedrisch um das C-Atom herum gelagert, so daß das ganze Molekül unpolar ist. Aus dem gleichen Grund ist auch das Molekül von CO_2 kein Dipol (die Tatsache, daß das Dipolmoment von Kohlendioxid Null ist, beweist, daß die drei Atome im Molekül auf einer Geraden liegen müssen). Das Dipolmoment Null der Verbindung BF_3 zeigt, daß die drei F-Atome in den Ecken eines gleichseitigen Dreieckes liegen müssen, denn das Molekül als Ganzes ist wiederum unpolar. Das PF_3-Molekül hingegen hat die Gestalt einer Pyramide (mit dem P-Atom an der Spitze). Das hohe Dipolmoment von Wasser zeigt die starke Dipolnatur des H_2O-Moleküls; es bildet den experimentellen Beweis dafür, daß hier die drei Atome einen Winkel einschließen.
Bringt man Dipolmoleküle in ein elektrisches Feld, z. B. zwischen die geladenen Platten eines Kondensators, so richten sich die Moleküle dem Feld entsprechend aus. Ihr negatives Ende wird der positiven Platte, ihr positives Ende der negativen Platte zugekehrt. Dadurch wird das angelegte äußere Feld teilweise «neutralisiert», d.h. seine Wirkung geschwächt. Dies äußert sich darin, daß solche Stoffe hohe Dielektrizitätskonstanten besitzen. Die hohe Dielektrizitätskonstante z. B. des Wassers ist also eine Folge der hohen Polarität des betreffenden Moleküls.

3.2.2 Ionenverbindungen

Ionenverbindungen bilden im *festen Zustand* ein Ionengitter. Im *flüssigen* und *gasförmigen Zustand* werden die Ionen mehr oder weniger beweglich. Da aber die Anziehungskräfte zwischen den Ionen verhältnismäßig stark sind (und um so stärker werden, je höher geladen die Ionen sind), muß viel Energie aufgewendet (d.h. hoch erwärmt) werden, um solche Substanzen zu verdampfen, wobei das Intervall zwischen Schmelz- und Siedepunkt sehr groß ist (meist mehrere 100°C!). Typische Ionenkristalle sind daher ausgesprochen *schwerflüchtig.* Im *Dampf* treten *Ionenpaare* aus zwei entgegengesetzt geladenen Ionen oder kleinere Ionenschwärme auf, die aber nur kurze Zeit bestehen bleiben und sich fortwährend neu gruppieren. Das Wasser vermag dank seiner hohen Dielektrizitätskonstante (und der Erscheinung der *Hydration,* siehe S. 120)

[1] 1 D (= 1 Debye, nach dem holländisch-amerikanischen Physiker P. Debye) ist die Einheit des Dipolmomentes. Zwei Ladungen von je $1 \cdot 10^{-18}$ elektrostatischen Ladungseinheiten im Abstand 1 cm geben ein Dipolmoment von 1 D.

die Anziehungskräfte zwischen den Ionen herabzusetzen, so daß sich das Ionengitter mehr oder weniger gut löst. Wegen des Vorhandenseins geladener Teilchen, die in einem elektrischen Feld wandern können (Anziehung durch entgegengesetzt geladene Pole), zeigen Ionenverbindungen im flüssigen und gelösten Zustand *elektrische Leitfähigkeit (ion* gr. = wandernd). Das Ionengitter ist hingegen ein Nichtleiter, weil die feste Gitterordnung (d. h. die starken elektrischen Kräfte zwischen den Ionen) ein Verschieben der Ionen verhindert.
Die Eigenschaften der Ionenverbindungen sind also die typischen Eigenschaften salzartiger Stoffe. Wir können deshalb auch umgekehrt formulieren:

Salze sind Verbindungen, die im festen Zustand aus Ionen bestehen.

Der Begriff «Salz» bedeutet also eine Substanz von bestimmtem Aufbau und bestimmten Eigenschaften, unabhängig von seiner chemischen Zusammensetzung oder von der Herstellungsweise.

Ionengitter. Bei festen Stoffen lassen sich Anordnung und Größe der Teilchen mit *Röntgenstrahlen* bestimmen. Aus der Optik ist bekannt, daß Licht an Strichgittern abgebeugt wird, wobei charakteristische Beugungsfiguren entstehen. Die (dreidimensionale) Gitterordnung der Teilchen in einem festen Stoff wirkt in ganz ähnlicher Weise auf Röntgenstrahlen, die ja nichts anderes sind als Licht von besonders kurzer Wellenlänge. Die Auswertung der auf einem Leuchtschirm oder einem photographischen Film sichtbar gemachten Beugungsfiguren erlaubt, die geometrische Anordnung und die Abstände der Teilchen genau zu ermitteln. Aus den Röntgendiagrammen von Kristallen läßt sich durch ein kompliziertes mathematisches

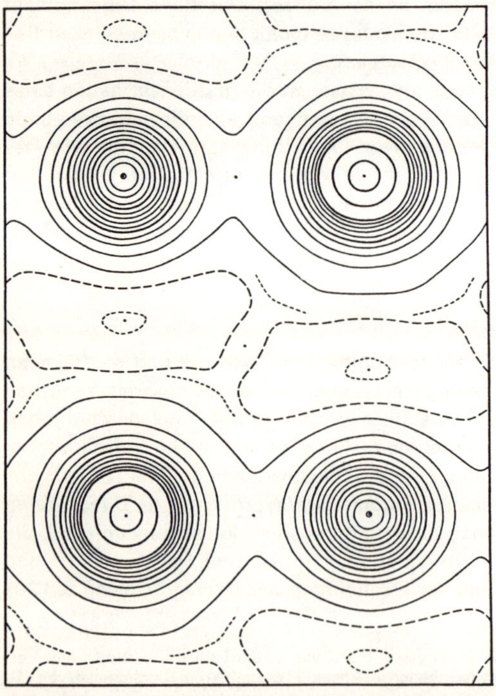

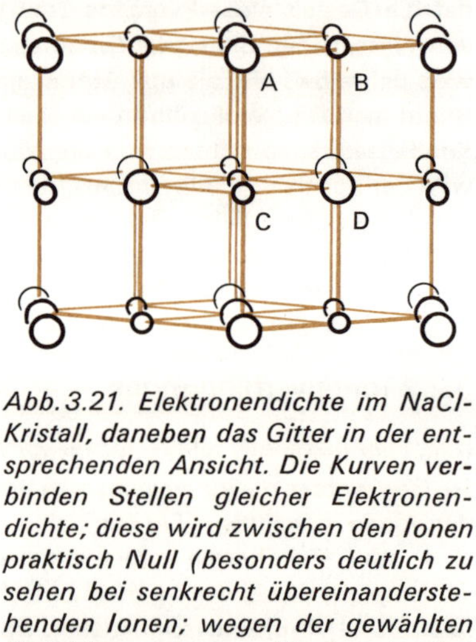

Abb. 3.21. Elektronendichte im NaCl-Kristall, daneben das Gitter in der entsprechenden Ansicht. Die Kurven verbinden Stellen gleicher Elektronendichte; diese wird zwischen den Ionen praktisch Null (besonders deutlich zu sehen bei senkrecht übereinanderstehenden Ionen; wegen der gewählten Projektionsrichtung überlagern sich horizontal nebeneinanderliegende Ionen etwas). Solche Kurven werden durch ein kompliziertes mathematisches Verfahren zur Auswertung von Röntgendiagrammen erhalten (nach Winkler)

Verfahren auch die *Elektronendichte* an verschiedenen Stellen erhalten (Abb. 3.21); man erkennt aus dieser Abbildung, wie sich im Raum zwischen den Ionen praktisch keine Elektronen aufhalten.

Im Gitter umgibt sich jedes Ion allseitig mit Gegenionen, wobei sich entgegengesetzt geladene Ionen so stark nähern, bis die elektrische Anziehung durch die Wechselwirkung der Elektronensysteme (Abstoßung!) kompensiert wird. Der nahezu konstante Radius eines bestimmten Ions in allen typischen Ionenverbindungen zeigt, daß die Ionen in erster Näherung als *starre Kugeln* betrachtet werden dürfen.

Die *Anordnung der Ionen* wird in erster Linie durch ihre *Größe* und ihre *Ladung* bestimmt. Die *energetisch günstigste Struktur* besitzt die *jeweils größtmögliche Gitterenergie,* so daß bei der Bildung des Ionengitters die größtmögliche Energie frei wird. Von verschiedenen an sich möglichen Strukturen entspricht dabei die dichteste der größten Gitterenergie (kleinere Abstände zwischen den Ionen ergeben stärkere Anziehung). Lockere Strukturen zeigen immer kleinere Gitterenergien.
Ein Gitter wird durch die Angabe der «**Koordinationszahlen**» (KZ) der beiden Ionen charakterisiert, d.h. durch die Zahl der nächsten Nachbarn eines Ions. Die Koordinationszahl eines Teilchens hängt stark von seiner Größe ab: Größere Teilchen vermögen mehr andere Teilchen um sich zu gruppieren.
Im *Steinsalzgitter* (Abb. 3.22a) ist jedes positive von sechs negativen und jedes negative von sechs positiven Ionen umgeben; beide Ionen haben also die KZ 6. Mit der gleichen Gitterstruk-

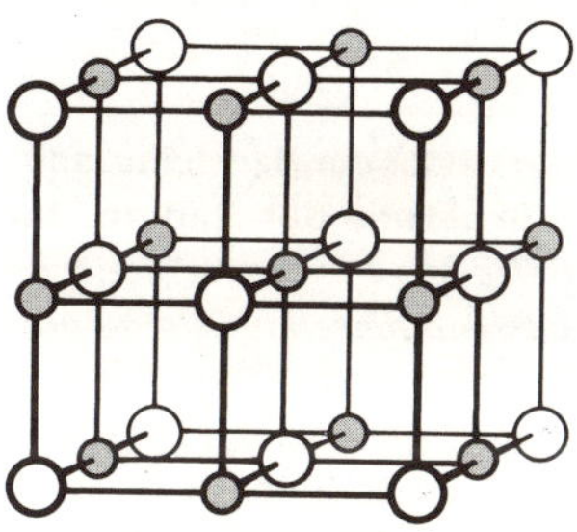

a)

● = Na^+ ○ = Cl^-

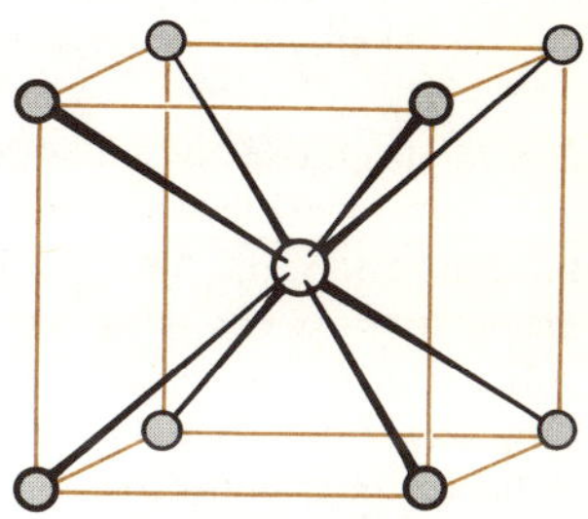

b)

● = Cs^+ ○ = Cl^-

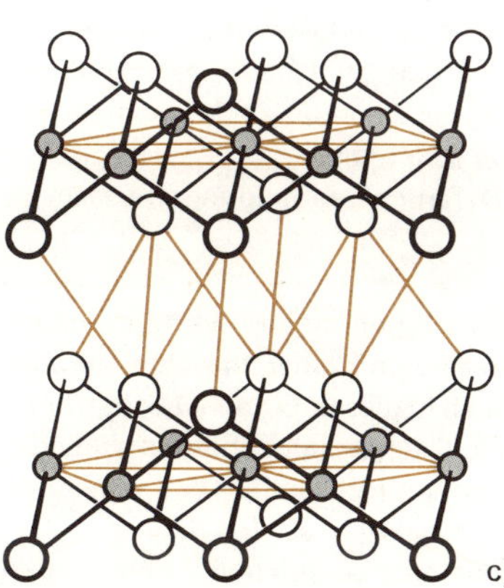

c)

Abb. 3.22. Gitterstrukturen von Salzen

a) NaCl-Struktur } *(beide bei Verbindungen der*
b) CsCl-Struktur } *Zusammensetzung AB häufig)*
c) CdI_2-Struktur, ein bei Verbindungen der Zusammensetzung AB_2 (besonders Hydroxiden und Halogeniden) häufiges Schichtgitter

tur kristallisieren die übrigen Halogenide der Alkalimetalle (außer CsCl, CsBr und CsI) und MgO, CaO, CaS, PbS usw. Im *Caesiumchloridgitter* (Abb. 3.22 b) hat hingegen jedes Ion die Koordinationszahl 8. Würde CsCl auch im Steinsalzgitter kristallisieren, so würden die Cl^--Ionen durch die großen Cs^+-Ionen auseinandergedrängt, so daß die Struktur lockerer und damit weniger stabil würde. Wenn aber umgekehrt NaCl auch im CsCl-Gitter kristallisieren würde, müßten sich die Cl^--Ionen gegenseitig berühren, und zwischen den Na^+- und den Cl^--Ionen wäre leerer Platz vorhanden. Eine solche Struktur wäre wieder energetisch weniger stabil als das (bei NaCl tatsächlich vorliegende) Steinsalzgitter. *Die Gittergeometrie wird also vom Verhältnis der Radien von positivem Ion («Kation») und negativem Ion («Anion») bestimmt.*

Im CsCl-Gitter sitzen 8 Cl^--Ionen an den Ecken eines Würfels und ein Cs^+-Ion in dessen Zentrum. Wenn wir den Radius der negativen Ionen = 1 setzen und diese sich eben berühren, so wird die Seitenlänge des Würfels a = 2. Der Radius eines Ions, das im «Loch» in der Mitte des Würfels so untergebracht werden kann, daß es gerade die 8 umliegenden negativen Ionen berührt, ist gleich der Länge der halben Würfeldiagonale minus dem Radius des Eck-Ions, also

$$r = a\sqrt{3} \cdot \frac{1}{2} - 1 = \frac{2}{2}\sqrt{3} - 1 = \sqrt{3} - 1 = \underline{0{,}732}.$$

Man kann daher erwarten, daß das Caesiumchloridgitter stabil ist, solange das Radienverhältnis $r_{Kation} : r_{Anion} > 0{,}732$ ist. Ist das positive Ion kleiner, so muß ein Gitter niedrigerer Koordinationszahl gebildet werden. Für das Steinsalzgitter führt eine analoge Überlegung auf das minimale Radienverhältnis 0,414 (hier sitzt das kleinere, positive Ion im Zentrum eines Quadrates, dessen Ecken von vier negativen Ionen besetzt werden).

Der Vergleich von NaCl und CsCl lehrt, wie nicht der chemische Charakter der Bausteine, sondern (neben der Ionenladung) *geometrische Faktoren*, d. h. das **Verhältnis der Radien der beiden Ionen,** die Anordnung der Ionen im Gitter bestimmen. *Salze aus ganz verschiedenen Elementen und von ganz verschiedenen Eigenschaften können deshalb dieselbe Gitteranordnung besitzen.* Beispielsweise kristallisieren $KMnO_4$ (Kaliumpermanganat, ein leicht lösliches, in schwarzvioletten Nadeln kristallisierendes Salz), $BaSO_4$ (Bariumsulfat, ein weißes, sehr wenig lösliches Salz) und KBF_4 (Kaliumfluoroborat, ein farbloses, leicht lösliches Salz) im gleichen Gittertyp (alle enthalten negative Ionen der Zusammensetzung $[AX_4]$), obschon ihre chemischen Eigenschaften völlig verschieden sind. Es ist auch nicht verwunderlich, daß *Ionen ähnlicher Größe*, aber unter Umständen ganz verschiedener Eigenschaften, *sich in Ionengittern ersetzen* und «**Mischkristalle**» bilden können. Wenn man z. B. eine heiße Lösung, die sowohl $KMnO_4$ wie $KClO_4$ (ein farbloses, in der Kälte ziemlich wenig lösliches Salz) gelöst enthält, abkühlt, so kristallisiert ein violettes Salz aus, das vorwiegend aus $KClO_4$ besteht, aber auch einen gewissen Anteil an violetten MnO_4^--Ionen enthält. In manchen Fällen lassen sich Ionen nur innerhalb gewisser Grenzen durch andere ersetzen; haben zwei Ionen aber sehr ähnliche Größe und gleiche Ladung, so kann der Ersatz in jedem Verhältnis möglich sein. Derartige «Verbindungen» besitzen dann **keine konstante Zusammensetzung**!

Gitter mit Fehlordnungen. Nur in «Idealkristallen» sind die Ionen durch und durch regelmäßig geordnet. Alle wirklichen Kristalle bestehen aus einem Haufen kleiner, in sich mehr oder weniger regelmäßig geordneter Bereiche (Abb. 3.23). Aber auch in diesen Einzelbereichen können *Fehler in der Gitterordnung* vorhanden sein, wenn einzelne Gitterstellen unbesetzt sind oder wenn sich Ionen zwischen den geordneten Teilchen aufhalten. Im Eisensulfid (FeS) sind z. B. meist in einem gewissen Maß Fe^{3+}-Ionen statt Fe^{2+}-Ionen vorhanden, so daß dann zum Ladungsausgleich einige Gitterplätze unbesetzt bleiben. Dies erklärt die bei solchen Verbindungen innerhalb gewisser Grenzen **schwankende Zusammensetzung.** Da sie im Gegensatz zum Gesetz der konstanten Proportionen stehen (Dalton!), bezeichnet man sie als «**nichtdaltonide**» oder «**berthollide**» **Verbindungen.** Zu ihnen gehören viele Oxide, Sulfide und Selenide von Schwermetallen.

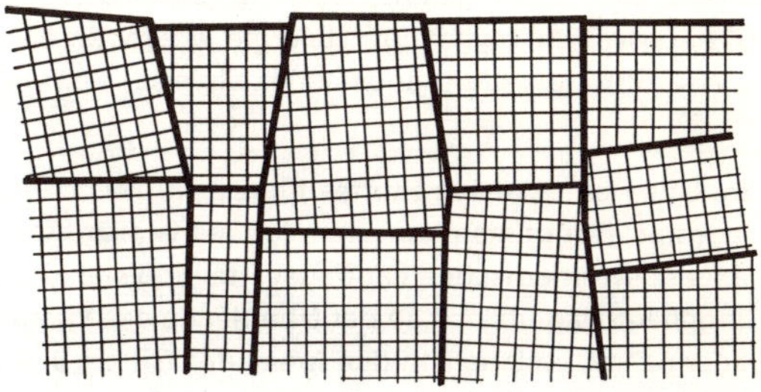

Abb. 3.23. Mosaikkristall

Kristalle mit Störstellen zeigen verschiedene besondere Eigenschaften. Viele von ihnen besitzen die Fähigkeit, zu fluoreszieren, d. h. die Energie von unsichtbarem Licht (Ultraviolett) oder von Elektronenstrahlen zu absorbieren und einen Teil dieser Energie in Form sichtbaren (längerwelligen, d. h. energieärmeren) Lichtes wieder auszustrahlen. Klingt diese *«Fluoreszenz»* nach der Bestrahlung nur langsam ab, so spricht man von *«Phosphoreszenz».* Fluoreszierende oder phosphoreszierende Substanzen spielen in der Technik zur Sichtbarmachung von radioaktiven und Röntgenstrahlen oder von Ultraviolettlicht und als Bildschirme für Kathodenstrahlrohre (Fernsehröhren, Oszillographen) eine große Rolle. In den Fluoreszenzröhren wird das Ultraviolett des Quecksilberspektrums durch Fluoreszenz zur Beleuchtung ausgenutzt; Leuchtmassen (z. B. von Leuchtziffern) bestehen meist aus Zinksulfid, das mit Spuren von Kupfersulfid verunreinigt ist (Störstellen!) und enthalten kleine Mengen eines radioaktiven Elementes. Störstellen in Kristallen können unter bestimmten Voraussetzungen auch eine *besondere Art elektrischer Leitfähigkeit* bedingen («**Halbleiter**»). In einem Kristall von FeO (das ebenfalls stets etwas Fe^{3+} an Stelle von Fe^{2+} und eine entsprechende Zahl «Leerstellen» im Gitter enthält) können Kationen in benachbarte Lücken rücken, oder ein Elektron kann von einem Fe^{2+}- auf ein Fe^{3+}-Ion übergehen, so daß die Ladung der beiden Ionen vertauscht wird. In dieser Weise kann Ladung durch das ganze Gitter verschoben werden (Leitfähigkeit!). Die Leitfähigkeit von Halbleitern nimmt im allgemeinen mit wachsender Temperatur stark zu.
Halbleiter besitzen heute für die Elektrotechnik eine sehr große Bedeutung. In der Praxis verwendet man meist Germanium, Silicium oder Selen, die zunächst in hochreinem Zustand hergestellt werden und denen man dann zur Bildung von Störstellen sehr geringe Mengen anderer Elemente zusetzt. Sind z. B. in das Gitter von Germanium (Atomgitter mit Diamantstruktur) Arsen- oder Bor-Atome eingebaut, so sind überschüssige Elektronen oder «Elektronenleerstellen» vorhanden (As-Atome besitzen fünf, B-Atome nur drei Außenelektronen!), so daß Leitfähigkeit durch Elektronenüberschuß oder Elektronendefekt möglich ist. Geeignete Kombinationen von Elektronenüberschuß- und Elektronendefektleitern wirken als Gleichrichter (d. h. leiten «Ladung» nur in einer Richtung) und können zur Verstärkung von schwachen Strömen verwendet werden (Transistoren).

Löslichkeit von Ionenkristallen

Hydration und Hydrationsenergie. Um einen Ionenkristall zu verdampfen, muß stets viel Energie aufgewendet werden. Im Wasser lösen sich jedoch viele Salze ohne nennenswerten Energieaufwand, ja manche sogar unter Energieabgabe. Wie ist dieser Unterschied zu erklären?

Sowohl beim Verdampfen wie beim Lösen werden die positiven und negativen Ionen gegen ihre elektrische Anziehung voneinander getrennt. Es muß also *die Gitterenergie überwunden* werden. Die dazu notwendige Energie wird im Falle des Schmelzens und Siedens durch direktes Erwärmen aufgebracht; beim Lösen muß offenbar die Wechselwirkung mit den Lösungsmittelteilchen, die *«Solvation»* (im besonderen Fall des Wassers «**Hydration**» genannt), Energie liefern, so daß die Solvations- (**Hydrations-**) **energie** die Gitterenergie (mindestens teilweise) kompensieren kann.

Im Gitter eines festen Stoffes führen die Teilchen Pendelbewegungen um ihre Schwerpunktslage aus. Bringt man nun einen Ionenkristall ins Wasser, so werden Wassermoleküle (die infolge ihrer unsymmetrischen Ladungsverteilung starke Dipole sind; siehe S. 91) von den Ionen angezogen und lagern sich an der Oberfläche des Kristalls an diese an. Dabei wird aber bereits etwas Energie frei, welche von den Ionen des Gitters übernommen wird. Einzelne von ihnen beginnen sich stärker zu bewegen, und schließlich gelingt es den energiereichsten von ihnen, sich aus dem Gitterverband zu lösen. Ein auf diese Weise freigewordenes Ion wird aber sofort auf allen Seiten von Wassermolekülen eingehüllt (Abb. 3.24). Die Energie, welche dabei weiter frei wird, führt dazu, daß sich weitere Ionen aus dem Gitter lösen, sofern die Gitterenergie (d.h. die Anziehung der Ionen im Gitter) nicht allzu groß ist und dies verhindert. Das Salz löst sich schließlich ganz auf. Der *«Wassermantel»* um die Ionen schwächt die zwischen ihnen wirkenden Anziehungskräfte so stark ab, daß die hydratisierten Ionen sich einzeln in der Lösung bewegen können.

Abb. 3.24. Vorgang beim Auflösen eines Salzes: Die Ionen werden frei und hydratisieren sich

Die *Hydration*, die Bildung einer «Wasserhülle» um die Ionen, verläuft **exotherm**, denn zur Abtrennung der gebundenen Wassermoleküle müßte wieder Arbeit gegen die elektrische Anziehung geleistet werden. Die freiwerdende **Hydrationsenergie** kann unter Umständen recht hoch sein:

$$Na^+ \longrightarrow [Na(H_2O)_6]^+ \qquad \Delta H = -\ 100 \text{ kcal/Mol}^1$$
$$Al^{3+} \longrightarrow [Al(H_2O)_6]^{3+} \qquad \Delta H = -1100 \text{ kcal/Mol}$$

Im Falle des Na^+-Ions werden also pro gebundenes Wassermolekül 16,6 kcal/Mol frei, im Falle des Al^{3+}-Ions aber 183 kcal/Mol! (vgl. daneben die Bindungsenergie der H—H-Bindung [102 kcal/Mol] oder die Gitterenergie von NaCl [180 kcal/Mol]). Das Al^{3+}-Ion bindet die H_2O-Moleküle also außerordentlich fest.
Es wurde bereits auf S. 100 erwähnt, daß (mit Ausnahme der Halogene und von Wasserstoff) die Ionen nur unter Energieaufwand aus den Atomen entstehen, mit anderen Worten, daß einzelne (gasförmige) Ionen energiereicher und damit weniger stabil sind als die entsprechenden Atome[1]. **Die bei der Bildung des Ionengitters freiwerdende Gitterenergie stabilisiert aber das feste Salz,** so daß sich dieses in exothermer Reaktion bilden kann. In ganz ähnlicher Weise **stabilisiert die Hydrationsenergie die gelösten Ionen** und ermöglicht damit das Auflösen eines Salzes in Wasser. Wie die Gitterenergie hängt auch die Hydrationsenergie vom Radius und der Ladung (von der «**Ladungskonzentration**») der Ionen ab. Kleine und hochgeladene Ionen sind also besonders stark hydratisiert. *Innerhalb einer Periode* des Systems *nimmt* aus diesem Grund die *Hydrationsenergie nach rechts zu*, während sie *innerhalb einer Gruppe nach unten abnimmt.*
Besonders stark hydratisiert sind viele Ionen der *Übergangsmetalle,* weil sich hier die freien Elektronenwolken der H_2O-Moleküle mit dem Elektronensystem des Ions (das noch freie «Plätze», d. h. unbesetzte Energieniveaux, besitzt) überlappen können. Eine derartige Bindung bedeutet eine Änderung des Zustandes der Elektronen im Ion; sie macht sich häufig durch eine Farbveränderung sichtbar. So ist das freie Cu^{2+}-Ion farblos, das hydratisierte Cu^{2+}-Ion dagegen blau.
Salze mit hohen Gitterenergien besitzen oft auch große Hydrationsenergien. Überwiegt diese, so löst sich das Salz exotherm, im andern Fall endotherm. Die Gitterenergie wird dann der Umgebung entzogen, und die Lösung kühlt sich ab. Ein Vergleich der *Löslichkeit der Halogenide von Natrium* oder von *Magnesium* zeigt deutlich die Wirkung der Gitterenergie: Die Fluoride sind jeweils am wenigsten gut löslich (Tabelle 3.7). Bei Verbindungen mit relativ großen negativen Ionen verändert sich die Gitterenergie nur wenig, wenn sich die Größe des positiven Ions ändert, so daß dann die Hydrationsenergie den hauptsächlichsten Einfluß auf die Löslichkeit hat. Aus diesem Grund nimmt z. B. die *Löslichkeit der Sulfate* und *Carbonate der Erdalkalimetalle* vom Beryllium zum Radium sehr deutlich ab (mit zunehmendem Radius des positiven Ions geringere Hydrationsenergie!). Sind hingegen die Radien der positiven und der negativen Ionen von ähnlicher Größenordnung, so sinkt mit zunehmendem Radius des positiven Ions die Gitterenergie stärker, als die Hydrationsenergie abnimmt. Die *Löslichkeit der Erdalkalifluoride* und *-hydroxide* steigt deshalb mit zunehmendem Radius des positiven Ions. Ebenso verhalten sich die Fluoride der Alkalimetalle.

Kristallwasser. Ionen, die stark hydratisiert sind, können ihr Hydratwasser beim Eindunsten der Lösung ins Kristallgitter «mitnehmen», d. h. sind auch im Gitter hydratisiert. Man spricht in solchen Fällen von *«Kristallwasser».* Durch Erhitzen lassen sich solche Salze vom Kristallwasser

[1] Beim Verdampfen eines Salzes entstehen deshalb auch keine isolierten Ionen, sondern Ionenpaare oder Ionengruppen!

Tabelle 3.7. Löslichkeiten einiger Alkali- und Erdalkalisalze (g/100 cm³; Zimmertemperatur)

NaF	4,22	MgF_2	0,0076	$MgSO_4$	26
NaCl	35	$MgCl_2$	35	$CaSO_4$	0,298
NaBr	79,5	$MgBr_2$	48	$SrSO_4$	0,011
NaI	158,5	MgI_2	100	$BaSO_4$	0,00023

Tabelle 3.8. Formeln einiger Alkali- und Erdalkalisalze mit Kristallwasser

$Na_2SO_4 \cdot 10\,H_2O$	$MgCl_2 \cdot 6\,H_2O$	$MgSO_4 \cdot 7\,H_2O$
K_2SO_4 –	$CaCl_2 \cdot 6\,H_2O$	$CaSO_4 \cdot 2\,H_2O$
	$BaCl_2 \cdot 2\,H_2O$	$BaSO_4$ –

befreien *(«kalzinieren»)*. Tabelle 3.8 zeigt auch hier den Einfluß der Radien und der Ladung der positiven Ionen. Wegen ihrer lockeren Struktur besitzen kristallwasserhaltige Salze gewöhnlich kleinere Gitterenergien und lösen sich daher meist schneller (allerdings endotherm, weil keine Hydrationsenergie mehr frei wird!).

Bildung fester Salze aus Lösungen. Beim Eindampfen einer Salzlösung werden die Ionen immer mehr zusammengedrängt. Die Anziehungskräfte werden immer stärker wirksam, und die Ionen verlieren durch die Wärmezufuhr das Hydratwasser. Schließlich scheidet sich das feste Salz aus. Dampft man eine Lösung ein, welche verschiedene positive und negative Ionen nebeneinander enthält, so *kristallisieren zuerst die beiden Ionen als Salz* aus, *deren Gitter die größte Gitterenergie hat,* d.h. *am schwersten löslich ist.* Beim Verdunsten von *Meerwasser* (enthält Na^+, K^+, Ca^{2+}, Mg^{2+}, Cl^- und SO_4^{2-}) bildet sich daher zuerst das am schwersten lösliche $CaSO_4$ und nachher NaCl. Die Mg- und K-Salze scheiden sich zuletzt aus und bilden in den Steinsalzlagern die heute als Rohstoffe (zur Gewinnung von Magnesium-Metall und Kalidüngern) wichtigen *«Abraumsalze»* (der Name rührt davon her, daß man diese Salze früher als wertlos weggeräumt hat, bevor man das Steinsalz gewinnen konnte).
Einen Spezialfall bildet das *Ausfällen schwerlöslicher Salze.* Bringt man zwei Lösungen zusammen, von denen die eine Ag^+-, die andere Cl^--Ionen enthält, so entsteht beim Zusammengießen ein «Niederschlag» von AgCl. Dessen Löslichkeit ist so gering (hohe Gitterenergie), daß sich fast alle Ag^+- mit den Cl^--Ionen als Ionengitter ausscheiden. Man kann diesen Vorgang durch folgende «Gleichung» veranschaulichen:

$$Ag^+ + Cl^- \longrightarrow \underset{\downarrow}{\underline{AgCl}}$$

Oder wenn man die Begleit-Ionen ebenfalls in der Gleichung darstellen will:

$$Ag^+NO_3^- + Na^+Cl^- \longrightarrow \underset{\downarrow}{\underline{Ag^+Cl^-}} + Na^+NO_3^-$$

Die Na^+- und NO_3^--Ionen bleiben (hydratisiert) in der Lösung zurück.

Elektrische Leitfähigkeit von Salzen

Fließt ein Gleichstrom durch eine $CuCl_2$-Lösung, so entsteht am positiven Pol *(«Anode»)* Chlorgas und am negativen Pol *(«Kathode»)* metallisches Kupfer (Abb. 3.25). Offenbar geben an der Anode Cl^--Ionen Elektronen ab und werden zu Cl-Atomen (welche sich unmittelbar nachher zu Cl_2-Molekülen vereinigen), während an der Kathode Cu^{2+}-Ionen zwei Elektronen aufnehmen und zu Cu-Atomen werden. In der Lösung wandern die Ionen entsprechend dem Vorzeichen ihrer Ladung zu den Elektroden, daher die Bezeichnungen «**Kationen**» und «**Anionen**» für positive und negative Ionen. Die Stromquelle (Batterie) bewirkt den Transport der Elektronen durch den Draht von der Anode zur Kathode.
Ganz analog verlaufen die Vorgänge bei der «Elektrolyse» eines geschmolzenen Salzes. Aus Bleichlorid entstehen Blei und Chlor, aus Aluminiumoxid erhält man Aluminium und Sauerstoff usw.
Allgemein werden Stoffe, die den elektrischen Strom durch Ionenwanderung leiten, als **Elektrolyte** bezeichnet. Die in ihnen vorhandenen beweglichen Ionen verschieben sich unter dem Einfluß eines elektrischen Feldes entsprechend dem Vorzeichen ihrer Ladung in bestimmten Richtungen. Salze zeigen nur im flüssigen (geschmolzenen) oder im gelösten Zustand elektrolytische Leitfähigkeit, weil die Ionen im Ionengitter unbeweglich sind. Viele flüchtige Stoffe (die aus Molekülen bestehen) bilden beim Lösen in Wasser Ionen, werden also durch das Lösen zu Elektrolyten. In dieser Weise verhalten sich z. B. die Halogenwasserstoffverbindungen (siehe S. 189). Die elektrische Leitfähigkeit der Elektrolyte ist stets geringer als die Leitfähigkeit typischer Metalle. Außerdem treten an den Elektroden chemische Vorgänge auf.

Die *Zusammenhänge zwischen Stoffmenge, Stromstärke und Zeit* bei einer Elektrolyse wurden bereits von Faraday (1834) studiert.

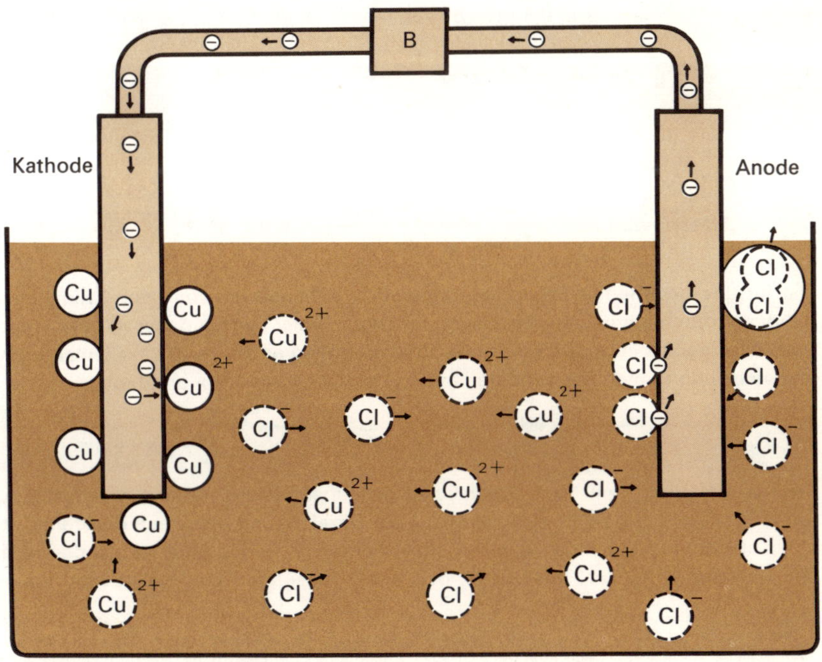

Abb. 3.25. Elektrolyse einer $CuCl_2$-Lösung. B = Batterie

Die abgeschiedenen **Stoffmengen** sind sowohl **der Zeit wie der Stromstärke proportional**, denn zur Entladung eines Ions ist immer eine bestimmte Zahl Elementarladungen, also eine bestimmte Ladungsmenge, nötig, und die Ladung kann als Produkt von Stromstärke und Zeit dargestellt werden (S. 50). Eine bestimmte Ladung (d.h. ein während einer gewissen Zeit fließender Strom) scheidet aus verschiedenen Elektrolyten «äquivalente» (einander gleichwertige) Mengen aus, welche sich wie die Quotienten aus Atommasse und Ladung des betreffenden Ions verhalten.

Beispiel: Die durch eine Stromstärke von 1 A während 10 min aus Lösungen von $CuCl_2$, $AgNO_3$ und $Pb(NO_3)_2$ erhaltenen Metallmengen verhalten sich wie

$$m_{Cu} : m_{Ag} : m_{Pb} = \frac{63{,}5}{2} : \frac{107{,}9}{1} : \frac{207}{2} .$$

Zur Entladung von N_L einfach geladenen Ionen (N_L = Loschmidtsche Zahl, siehe S. 46) sind N_L Elementarladungen nötig. Die Masse von N_L Ionen beträgt aber so viele Gramm, wie ihre Atommassenzahl angibt. Durch Messung der Stromstärke, der Zeit und der entstandenen Stoffmenge läßt sich daher die Ladungsmenge von N_L Elementarladungen – und bei Kenntnis der Elementarladung selbst (die durch den Millikan-Versuch direkt bestimmt werden kann) – die *Loschmidtsche Zahl* ermitteln.

Beispiel: Eine verdünnte Kupfersulfatlösung wurde während 15 Minuten mit 0,4 A elektrolysiert. Durch Wägung der Kathode vor und nach dem Versuch fand man, daß 0,120 g Kupfer entstanden waren.

0,120 g Cu brauchten zur Entladung 0,4 A während 15 Minuten,
d.h. $0{,}4 \cdot 15 \cdot 60$ As,

63,5 g Cu brauchten daher $\dfrac{0{,}4 \cdot 15 \cdot 60 \cdot 63{,}5}{0{,}120}$ As.

Da die Cu-Ionen doppelt positiv geladen sind, entspricht diese Ladung insgesamt $2\,N_L$ Elementarladungen ($e = 1{,}60 \cdot 10^{-19}$ As).

$$\text{Daher wird } N_L = \frac{0{,}4 \cdot 15 \cdot 60 \cdot 63{,}5}{0{,}120 \cdot 2 \cdot 1{,}6 \cdot 10^{-19}} = \underline{5{,}95 \cdot 10^{23}}.$$

Die für das betreffende Experiment verwendete Waage erlaubte eine Wägegenauigkeit von 5 mg; der durch die beiden Wägungen bedingte Fehler beträgt daher ± 0,01 g oder ± 8%. Das Versuchsergebnis liegt also gut innerhalb der Fehlergrenzen. – Die zur Entladung von N_L einfach geladenen Ionen notwendige Ladung heißt «**1 Faraday**» und beträgt

$$\mathbf{1\,f = 96\,486\ As.}$$

Im Zusammenhang mit den Untersuchungen über Elektrolyse und elektrische Leitfähigkeit führte Faraday auch den Ausdruck «Ion» zur Bezeichnung elektrisch geladener Atome ein. Er nahm allerdings an, daß die Ionen erst durch den Einfluß des Stromes aus den Atomen entstehen würden. Arrhenius[1] postulierte, daß in den Lösungen von Elektrolyten Ionen schon vor

[1] Svante Arrhenius (1859–1927), schwedischer Physikochemiker. 1883 *Untersuchungen über die galvanische Leitfähigkeit der Elektrolyte*. Begründer der «Dissoziationstheorie» der Elektrolyte: Die Ionen entstehen nicht erst beim Anlegen einer Spannung, sondern sind schon vorher in der Elektrolytlösung vorhanden; sie werden durch Zerfall von Molekülen gebildet. Nobelpreis 1903.

dem Stromdurchgang vorhanden seien, und erklärte mit dieser Vorstellung eine Reihe vorher unverständlicher Eigenschaften von Elektrolytlösungen (Siedepunkterhöhung, Gefrierpunkterniedrigung u.a., siehe S. 140).

Salze mit Komplex-Ionen

Fügt man zu einer wäßrigen Lösung eines Kupfersalzes (z. B. $CuCl_2$) eine verdünnte Lösung von Ammoniak (NH_3), so färbt sich die vorher hellblaue Lösung tiefdunkelblau. Hat man für den Versuch $CuCl_2$ verwendet, so erhält man durch Zusatz einer Silbersalzlösung auch aus der tiefblauen Lösung einen weißen Niederschlag von AgCl, der das Vorhandensein von freien (in der Lösung natürlich hydratisierten) Cl^--Ionen anzeigt. Durch vorsichtiges Eindunsten läßt sich aus der tiefblauen Lösung ein festes Salz derselben Farbe erhalten, welches beim Erhitzen wiederum Ammoniak abgibt. Dabei läßt sich durch eine quantitative Untersuchung feststellen, daß auf ein Cu^{2+}-Ion vier NH_3-Moleküle kommen; das tiefblaue Salz hat also die Zusammensetzung $Cu(NH_3)_4Cl_2$. Da das gereinigte Salz auch den typischen Ammoniak-(Salmiakgeist-)geruch nicht mehr zeigt, muß es neben den Cl^--Ionen positive Ionen der Zusammensetzung $[Cu(NH_3)_4]^{2+}$ enthalten. Solche zusammengesetzte Ionen nennt man **Komplex-Ionen;** Salze, welche Komplex-Ionen enthalten, heißen **Komplexsalze.**

Ein weiteres, einfacheres Beispiel eines Komplexsalzes bildet das bereits auf S. 118 erwähnte *Kaliumperchlorat,* $KClO_4$. In diesem Salz lassen sich leicht K^+-Ionen nachweisen (die Ionen der Alkalimetalle können durch ihre charakteristische Farbe, welche sie einer Gasflamme verleihen, leicht erkannt werden); seine Lösung gibt aber mit einer Silbersalzlösung keinen Niederschlag von AgCl. Das Salz kann also keine Cl^--Ionen enthalten. Offenbar bilden die 4 O- mit dem Cl-Atom zusammen ein Komplex-Ion von der Ladung −1.
Das $[ClO_4]^-$-Ion ist *tetraedrisch* gebaut (das Cl-Atom sitzt im Zentrum des Tetraeders), wobei die O-Atome durch Atombindungen an das Cl-Atom gebunden sein müssen (beides sind Nichtmetalle). Es besitzt also folgende Elektronenstruktur:

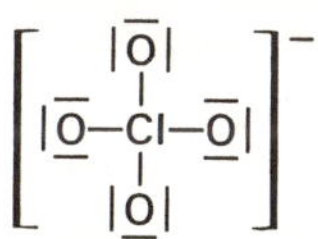

Ein **«Komplex» im allgemeinen Sinn ist also ein aus verschiedenen Atomen aufgebautes, in sich abgeschlossenes Teilchen.** Zwischen den miteinander verbundenen Atomen wirken in der Regel (mehr oder weniger stark polare) *Atombindungen.* Gewisse Komplexe können allerdings auch mit einem reinen *Ionenmodell* beschrieben oder als *Ionen-Dipol-Komplexe* aufgefaßt werden. In beiden Fällen nimmt man an, daß die eine Ionenart bzw. die Dipolmoleküle die andere Ionenart so vollkommen umhüllen, daß die elektrischen Wirkungen dieses «Zentralions» nach außen fast völlig abgeschirmt werden. Insbesondere bei Übergangsmetallkomplexen – auch bei solchen, von denen zweifelsfrei feststeht, daß sich die Elektronenwolken des Zentralatoms und der an dieses gebundenen **«Liganden»** (*ligare* lat. = binden) mindestens in einem gewissen Ausmaß überlappen – hat sich das Ionenmodell als recht erfolgreich erwiesen.

Komplexionen tragen als Ganzes eine elektrische *Ladung* (die nicht auf ein bestimmtes Atom zu lokalisieren ist); *Moleküle* stellen also gewissermaßen *«ungeladene Komplexe»* dar. Als

Zentralatome können Metall- oder Nichtmetallatome auftreten; ihre häufigsten *Koordinationszahlen* sind 4 und 6 (die Liganden sind dann planar-quadratisch oder tetraedrisch bzw. oktaedrisch angeordnet [«koordiniert»]).

Beispiele. *Edelgasähnliche Metallionen* bilden nur relativ wenige stabile Komplexe. Hingegen bilden zahlreiche *Nichtmetallatome* Komplexe, insbesondere mit *Sauerstoffatomen* als Liganden (sogenannte **Oxo-Komplexe**):

$$[SO_4]^{2-} \quad [ClO_4]^{-} \quad [PO_4]^{3-} \quad [NO_3]^{-} \quad [CO_3]^{2-} \quad [IO_6]^{5-}$$

Auch das OH^--Ion («**Hydroxid-Ion**») in den salzartigen Metallhydroxiden ist ein einfaches Komplexion.

Die hier erwähnten Oxo-Komplexe bilden sich entweder dadurch, daß Moleküle flüchtiger Verbindungen wie z.B. von H_2SO_4 oder von HNO_3 (Schwefelsäure bzw. Salpetersäure) aufgespalten werden, oder dann durch direkte Reaktion aus Metall- und Nichtmetalloxiden:

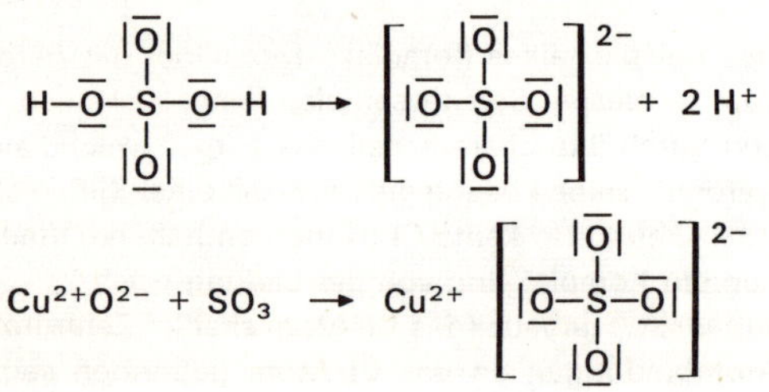

Besonders viele und in Lösung oft recht stabile Komplexe bilden die *Übergangsmetalle*. Hier dienen besonders auch Moleküle (wie H_2O, NH_3) oder einfache andere Komplexionen (wie OH^-, CN^-) als Liganden. Beispiele bilden zahlreiche Komplexe von Eisen, Kobalt, Nickel, Kupfer und Silber:

$$[Fe(CN)_6]^{4-} \quad [Co(NH_3)_6]^{+} \quad [Ni(CN)_4]^{2-} \quad [CuCl_4]^{2-} \quad [Ag(NH_3)_2]^{+}$$

Alle diese Liganden besitzen freie Elektronenpaare, welche Bindungen mit dem Zentralion eingehen und unter Umständen mit dessen *d*-Elektronen in Wechselwirkung treten können:

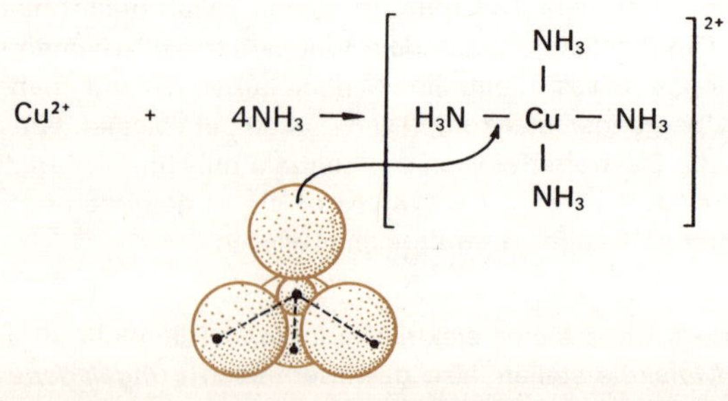

Dadurch können die an sich oft nicht besonders stabilen Elektronenanordnungen von Ionen der Übergangsmetalle häufig ganz wesentlich stabilisiert werden. Das Fe^{2+}-Ion erreicht z.B. durch Komplexbildung mit sechs CN^--Ionen die Elektronenanordnung des Kryptons! Moleküle, die mehr als ein freies Elektronenpaar besitzen, können als Liganden mehrere Bindungen gleichzeitig mit einem Zentralatom eingehen, wenn diese Elektronenpaare genügend weit auseinanderliegen. Auf diese Weise entstehen *«mehrzähnige»* Komplexe oder «**Chelate**» (chele gr. = Krebsschere). Ein einfaches Beispiel eines Chelatkomplexes bildet der Komplex von Kobalt mit Äthylendiamin:

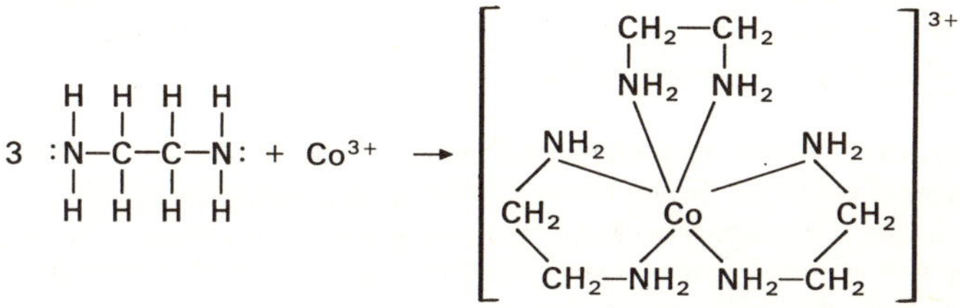

Chelatkomplexe spielen in der analytischen Chemie zur Fällung oder quantitativen Bestimmung eine wichtige Rolle (Diacetyldioxim zur Fällung von Ni^{2+}; «Komplexone» als Komplexbildner mit sehr vielen Metall-Ionen, u.a. auch Ca^{2+} und Mg^{2+}). Ihre Stabilität ist oft ganz besonders groß. Zu ihnen gehören auch wichtige biologische Substanzen: Chlorophyll, ein Mg-Komplex, und Hämoglobin (roter Blutfarbstoff), ein an Eiweiß gebundener Fe-Komplex.

Eigenschaften. Komplexsalze enthalten im Gitter (Abb. 3.26) und in Lösung die Komplex-Ionen neben den Begleit-Ionen. Die *Stabilität* der Komplexe ist ganz verschieden; sie hängt von der Stabilität der Elektronenanordnung der Liganden und des Zentralatoms sowie von der Stärke der Bindung zwischen Ligand und Zentralatom ab. Manche Komplexe (besonders Komplexe von Metall-Ionen) zerfallen schon beim mäßigen Erhitzen oder Tauchen in Lösung ihre Liganden leicht gegen andere Liganden aus.

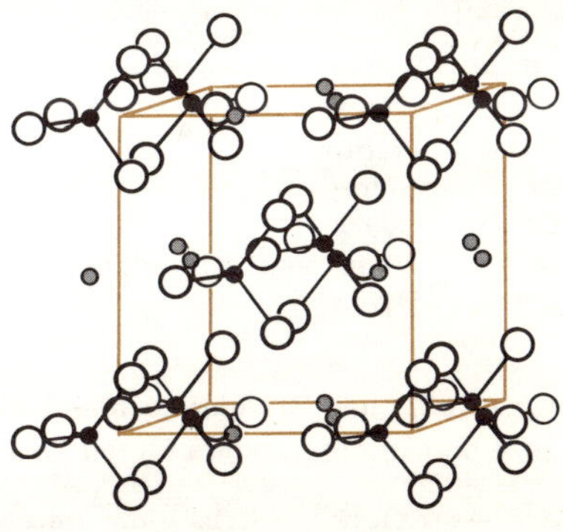

Abb. 3.26. Gitter von (wasserfreiem) Calciumsulfat ($CaSO_4$) ● Ca ● S ○ O

So können z.B. die hydratisierten Metall-Ionen als solche *«labile» Komplexe* aufgefaßt werden; ebenso wie z.B. das hydratisierte Cu^{2+}-Ion beim Zusatz von Ammoniaklösung die H_2O- gegen NH_3-Moleküle austauscht, ist bei vielen anderen hydratisierten Ionen von Übergangsmetallen ein solcher *«Ligandenaustausch»* möglich. Andere Komplexe sind dagegen in Lösung völlig stabil und brauchen zur Zerstörung relativ viel Energie; Beispiele dafür bilden gewisse *Nichtmetall-Sauerstoff-Komplexe*. Nur wenn darin die Bindungen zwischen Zentralatom und den O-Atomen wenig polar sind, lassen sich die Komplexe durch relativ schwaches Erhitzen trennen. So bildet sich Sauerstoff, wenn man $KClO_4$ auf etwa 400°C erwärmt:

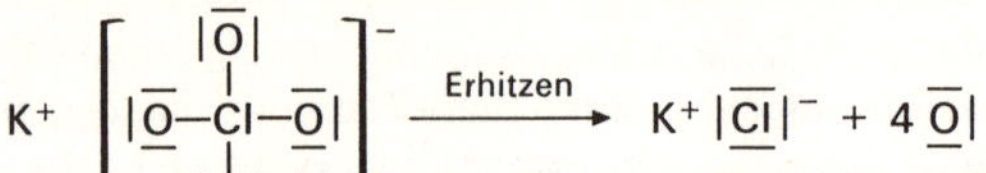

(je zwei O-Atome vereinigen sich sofort zu einem O_2-Molekül!)

Fast immer liegen aber die *Zersetzungstemperaturen* von Komplexsalzen unterhalb ihrer Schmelz- oder gar Siedepunkte, so daß man Komplexsalze nur in Ausnahmefällen unzersetzt schmelzen und kaum je unzersetzt verdampfen kann.

Bezeichnung. Die Chemie der Metallkomplexe wurde besonders von A. Werner[1] eingehend untersucht. Werner klärte die Struktur sehr zahlreicher Komplexe auf und vermochte viele vorher unverständliche Eigenschaften komplexbildender Ionen zu erklären. Von ihm stammt auch der Begriff der Koordinationszahl, welcher zuerst nur zur Angabe der Anzahl der Liganden eines Zentralatoms diente. Zur *Bezeichnung* von Komplexverbindungen fügt man seit Werner dem Namen des Kations den Namen des Anions an, wobei letzteres die Endung -at erhält[2]. Zur Nennung der Bestandteile des Komplex-Ions gibt man zuerst die Zahl, dann die Art der Liganden und schließlich das Zentralatom selbst an. Tabelle 3.9 gibt die Namen einiger häufiger Liganden. Die römischen Zahlen im Namen geben die «Oxidationszahlen» (d.h. die Ladung) des Zentralatoms an; über den Begriff der Oxidationszahl siehe S. 142.

Beispiele:

	$[Ag(NH_3)_2]^+$	Diammin-Silber-Ion
	$[Cu(NH_3)_4]SO_4$	Tetrammin-Kupfer (II)-Sulfat
	$Na_2[Zn(OH)_4]$	Natrium-Tetrahydroxo-Zinkat
	$K_4[Fe(CN)_6]$	Kalium-Hexacyano-Ferrat (II)

Hydratisierte Metall-Ionen werden oft als *Aquo-Komplexe* bezeichnet; da die Anzahl der gebundenen Wassermoleküle nicht immer genau bekannt ist, verwendet man dafür häufig Me^+ aq.

Tabelle 3.9. Häufig vorkommende Liganden

F^-	Fluoro-	O^{2-}	Oxo-
Cl^-	Chloro-	S^{2-}	Thio-
CN^-	Cyano-		
SCN^-	Thiocyanato-(Rhodano-)	H_2O	Aquo-
OH^-	Hydroxo-	NH_3	Ammin-

Aus historischen Gründen werden viele Sauerstoffkomplexe gewöhnlich nicht als Oxo-Komplexe bezeichnet, sondern führen *Trivialnamen:*

$[CO_3]^{2-}$	Carbonat-Ion	$[MnO_4]^-$	Permanganat-Ion
$[NO_3]^-$	Nitrat-Ion	$[CrO_4]^{2-}$	Chromat-Ion
$[PO_4]^{3-}$	Phosphat-Ion	$[Cr_2O_7]^{2-}$	Dichromat-Ion
$[SO_4]^{2-}$	Sulfat-Ion	$[OH]^-$	Hydroxid-Ion
$[ClO_4]^-$	Perchlorat-Ion		
$[ClO_3]^-$	Chlorat-Ion		

[1] A. Werner (1866–1919), Professor der Chemie an der Universität Zürich. Viele Untersuchungen über Komplexe. Nobelpreis 1913.

[2] Gewisse Nichtmetall-O-Komplexe besitzen im Namen die Endung -it!

3.2.3 Festkörperverbindungen

Typische Ionen- und Molekülverbindungen lassen sich meistens schmelzen und auch verdampfen, ohne daß sie sich zersetzen, und sie sind auch in bestimmten Lösungsmitteln – unter Umständen allerdings nur wenig! – löslich. In der Schmelze, meist auch im Dampf, treten dabei die gleichen Teilchen auf, die auch das Gitter aufbauen (Ausnahmen sind z. B. $AlCl_3$, PCl_5 u. a.); in Lösung sind die Teilchen solvatisiert.
Im Gegensatz zu diesen typisch salzartigen und flüchtigen Stoffen gibt es nun aber eine große Anzahl Substanzen, *die beim Schmelzen ihre charakteristischen Eigenschaften verlieren* und meist kaum oder sogar überhaupt nicht löslich sind. Zu diesen «**Festkörperverbindungen**» gehören die *diamantartigen Stoffe* (Diamant selbst, Silicium, SiC, SiO_2), ferner viele *Oxide* und *Sulfide* von *Metallen, die Silicate, Gläser,* aber auch die *organischen hochmolekularen Stoffe,* wie Polyäthylen, Kunstharze, Nylon usw. Die Eigenschaften der Festkörperverbindungen werden sehr weitgehend durch ihren Aufbau bestimmt. Obschon sie erst in den letzten Jahrzehnten genauer erforscht werden konnten, spielen viele als Bau- und Werkstoffe seit langem eine sehr große Rolle; ein großer Teil der festen Erdkruste besteht aus Festkörperverbindungen (Silicaten).

Atomgitter. Im Diamant ist jedes C-Atom tetraedrisch von vier anderen C-Atomen umgeben, mit welchen es durch Atombindungen verbunden ist (Abb. 3.27). Der Kristall enthält also keine Moleküle (stabile C_2-Moleküle sind nicht möglich, weil sich dann alle vier einfach besetzten Wolken der beiden Atome überlagern müßten und die beiden Kerne zusammenfallen würden), sondern er stellt gewissermaßen ein einziges riesiges Molekül, einen **Atomkristall,** dar. Die *Gitterkräfte* (Atombindungen!) sind *sehr groß* und bedingen die hohe Härte, den außerordentlich hohen Schmelz- und Siedepunkt sowie die Unlöslichkeit in Wasser oder anderen Lösungsmitteln. In der gleichen Struktur kristallisieren Silicium, Siliciumcarbid (SiC, «Carborundum») und eine erst in letzter Zeit hergestellte und untersuchte Form des Bornitrids, BN (die Summe der Elektronenzahlen eines B- und eines N-Atoms entspricht der Elektronenzahl von zwei C-Atomen; BN ist «isoelektronisch» mit Diamant und besitzt dank der gleichen Struktur dieselbe hohe Härte).

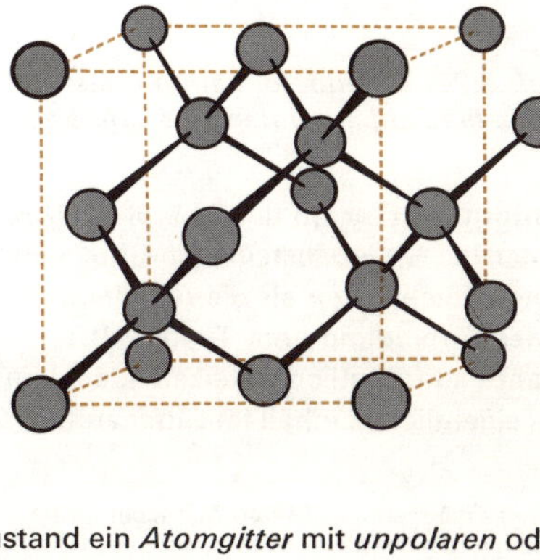

Abb. 3.27. Anordnung der Atome im Diamantgitter

Typisch *diamantartige Stoffe* besitzen also im festen Zustand ein *Atomgitter* mit *unpolaren* oder *wenig polaren Atombindungen*. Eine Anzahl Oxide mit diamantähnlichen Eigenschaften enthalten bereits so stark polare Atombindungen, daß sie als *Übergänge zwischen diamantartigen und typisch salzartigen Stoffen* betrachtet werden müssen. Sie besitzen meist noch recht hohe Schmelzpunkte (BeO 2530°C, Al_2O_3 2050°C, SiO_2 1710°C) und bilden härtere Kristalle als die typischen Salze; die Schmelzen von *Oxiden* wie BeO oder Al_2O_3 leiten jedoch den elektrischen

Strom und enthalten Ionen. Beispiele solcher Oxide bilden neben den erwähnten Substanzen auch TiO_2, ZrO_2, GeO_2 u.a.
Zwischen Oxiden mit gleichartiger Substanzformel und gleichem Gitteraufbau gibt es mannigfache *Mischkristallbildungen*, indem sich im Gitter der einen Substanz Teilchen von ähnlicher Größe und gleicher Ladung ersetzen. In Gittern der einfachen Oxide können aber auch deren positive «Ionen» durch zwei andere positive «Ionen» verschiedener Ladung derart ersetzt werden, daß die Summe der Ladungen keine Änderung erfährt (die Summe der Ladungen der neuen Ionen muß der Gesamtladung der ersetzten Atome gleich sein). Ein solches *«Mischoxid»* stellt z.B. das $AlPO_4$ dar, welches in derselben Struktur wie SiO_2 kristallisiert, wo aber die eine Hälfte der Si-Atome durch Al-, die andere Hälfte durch P-Atome ersetzt worden ist.
Wie bereits auf S.105 erwähnt wurde, besitzen manche *Ionenverbindungen* (besonders Halogenide, Oxide und Sulfide der Übergangsmetalle) höhere Gitterenergien, als man aus Ladung und Abstand berechnet. Dies kommt dadurch zustande, daß durch die Wirkung der positiven Ladung des Kations die negativen Ionen *«deformiert»* werden, d.h. daß deren Elektronenhüllen zu den Kationen herübergezogen werden und die Elektronen dann bis zu einem gewissen Grad beiden Ionen angehören (Abb.3.28). Im Extremfall – dies gilt besonders für gewisse Ionen der Übergangsmetalle – können die Elektronen der Anionen auch zur Auffüllung noch freier «Plätze» (d.h. unbesetzter Energieniveaux) der nichtedelgasähnlichen Kationen dienen. Es kommt damit auch auf diese Weise zu einem Übergang zwischen Ionen- und Atomgitter. Solche Substanzen zeigen oft keinen typischen Salzcharakter mehr (extreme Schwerlöslichkeit, andere Gitterstrukturen[1]). Beispiele solcher Verbindungen sind die Silberhalogenide, CuCl, CuBr und CuI, die Sulfide von Hg, Cd, Pb, Cu, Zn, Ni u.a.

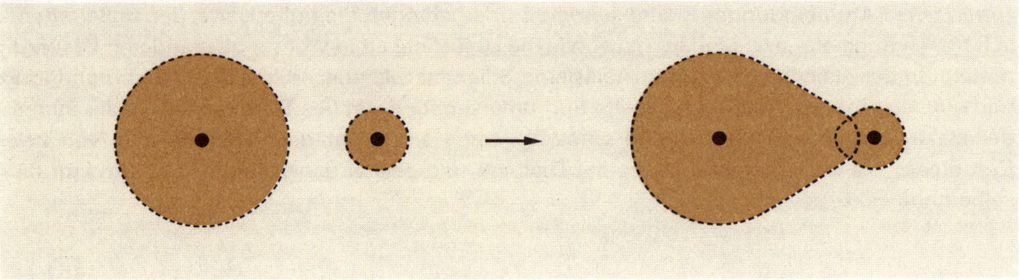

Abb.3.28. Ionendeformation. Das kleine, relativ hochgeladene positive Ion zieht die Hülle eines benachbarten negativen Ions zu sich herüber

Anionengitter. In den Komplexsalzen bilden die Komplexionen zusammen mit ihren Begleit-Ionen die Gitterbausteine. Im Gitter von $CuSO_4$ sind also die Abstände von S- zu den O-Atomen beträchtlich kürzer als die Abstände der O-Atome von den Cu^{2+}-Ionen. Wenn sich nun aber in einer Verbindung vom Typus ABO_x die Atome A und B in ihrem Metallcharakter (ihrer EN) nicht mehr deutlich unterscheiden, kann der Fall eintreten, daß die Gruppe $[BO_x]$ nicht mehr als eigentliche Einheit im Gitter auftritt. Die Bindungen A—O und B—O besitzen dann ähnlichen

[1] So kristallisieren CuCl und AgI nicht im NaCl-Gitter (wie es nach den Radienverhältnissen zu erwarten wäre), sondern in der gleichen Struktur wie Diamant.

Hornblende (ein Silicat mit bandförmigen Gerüstanionen, siehe S.307), garbenförmig in kristallinem Schiefer. Fundort: Cornopaß (Oberwallis). (Aufnahme: Mineralogisches Institut ETH)

Charakter und müssen als Übergänge zwischen typischer Ionen- und Atombindung aufgefaßt werden. Die O-«Atome» werden zu (allerdings deformierten) O^{2-}-Ionen und bilden ein «**Anionengitter**» mit geometrisch regelmäßiger Anordnung. Die A- und B-Atome sind als Kationen gesetzmäßig in Hohlräume des Anionengitters eingelagert. Auch hier können sich natürlich Kationen von ähnlicher Größe und gleicher Ladung weitgehend ersetzen; *Mischkristallbildung* ist deshalb auch bei dieser Art «Doppeloxide» sehr häufig. Obschon echte «Bindungen» zwischen den Gitterteilchen bestehen und obschon solche Substanzen oft als sehr gut ausgebildete Kristalle auftreten, kann ihre Zusammensetzung in oft sogar ziemlich weiten Grenzen schwanken; es handelt sich also auch bei ihnen um *«berthollide» Verbindungen*. Beispiele dafür bilden die *Spinelle* $Me^{2+}(Me^{3+})_2O_4$ oder $Me^{4+}(Me^{2+})_2O_4$: $MgAl_2O_4$, $FeCr_2O_4$ u.a., welche als Edelsteine eine gewisse Bedeutung besitzen, aber auch manche scheinbar «einfach» zusammengesetzte *Metalloxide*, wie $Fe_3O_4[= Fe^{2+}(Fe^{3+})_2O_4]$ oder Pb_3O_4, Mennige, $[= Pb^{4+}(Pb^{2+})_2O_4]$.

Gerüstanionen. Einen weiteren Übergangstypus zwischen salzartigen und diamantartigen Stoffen stellen die *Silicatmineralien* dar. Im Gegensatz zu den Carbonaten enthalten sie keine isolierten $[SiO_3]^{2-}$- oder $[SiO_4]^{4-}$-Ionen als Gitterbausteine, sondern die Si- und die O-Atome bilden gewissermaßen «unendlich» ausgedehnte Verbände, in welchen ein Si- immer mit 4 O-Atomen durch Atombindungen verbunden ist. Die SiO_4-Gruppen treten zu kettenartigen, bandartigen oder schichtförmigen **Gerüstanionen** zusammen, die sich den Atomgittern vergleichen lassen, aber im Gegensatz zu diesen Ladungen tragen und deshalb nur mit einer entsprechenden Zahl Kationen zusammen auftreten. Die ausgesprochen stenglig-fasrigen Mineralien, wie Asbest, Strahlstein u.a., enthalten Ketten- oder Band-Gerüstanionen, die Glimmer u.a. Schicht-Gerüstanionen (siehe S.308). Auch hier ist für den Gitteraufbau in erster Linie Größe und Ladung der Teilchen, nicht ihr chemischer Charakter ausschlaggebend; es ist deshalb nicht zu verwundern, daß auch die meisten Silicate eine innerhalb bestimmter Grenzen *schwankende Zusammensetzung* aufweisen und damit auch keine daltoniden Verbindungen sind.
Auch in den Gläsern sind solche Gerüstanionen aus Si- und O-Atomen vorhanden, die aber – im Gegensatz zu den Silicatmineralien – keine bestimmte, gesetzmäßige räumliche Ordnung zeigen. Glas ist deshalb nicht kristallin, sondern «amorph», ähnlich wie eine Flüssigkeit. Wie in den Silicatmineralien werden auch in den Gläsern die Gerüstanionen durch eingelagerte Kationen zusammengehalten (siehe S.312).

Hochmolekulare Stoffe. Substanzen wie Cellulose, Plexiglas, Nylon, Gummi oder γ-Schwefel müssen ebenfalls als Festkörperverbindungen betrachtet werden, weil auch sie meist nicht unzersetzt schmelzbar sind oder dann beim Verflüssigen ihre charakteristischen Eigenschaften verlieren. Im Gegensatz zu den bisher besprochenen Festkörperverbindungen bestehen aber die hochmolekularen Stoffe aus *Molekülen,* nicht aus Ionen oder Atomgittern. Ihre Moleküle sind immer aus einer außerordentlich großen Zahl von Atomen aufgebaut (einige Hundert bis einige 100000!); ihre oft recht hohe Festigkeit ist damit auf die *starken zwischenmolekularen Kräfte* (Van der Waals-Kräfte und H-Brücken) und nicht auf zwischen den verschiedenen Molekülen vorhandene chemische Bindungen zurückzuführen. Die Molekülform und die Ordnung der Moleküle im Festkörper haben einen besonders großen Einfluß auf die Eigenschaften der betreffenden Substanzen. Die meisten hochmolekularen Stoffe sind C-Verbindungen (es gibt nur verhältnismäßig wenige anorganische hochmolekulare Stoffe: γ-Schwefel, gewisse N—P-Verbindungen u.a.); ihr Aufbau und ihre Eigenschaften werden deshalb erst in der organischen Chemie näher diskutiert.

Quarz, SiO_2 (Bergkristall). Fundort: Maderanertal (Uri)
(Aufnahme: Mineralogisches Institut ETH)

Zusammenfassung

Bindungsart	Bausteine	Die Verbindung aufbauende Elemente	Im festen Zustand	Charakter	Beispiele
Van der Waals-Kräfte	Atome	Edelgase	Atomgitter mit einzelnen, nicht im eigentlichen Sinn verbundenen Atomen	flüchtig	Ne, Ar
Atombindung	Atome bilden Moleküle	Nichtmetalle	Molekülgitter	flüchtig	CO_2, H_2
Atombindung	Atome	Nichtmetalle	Atomgitter	diamantartig	C, Si
Ionenbindung	Ionen	Metall + Nichtmetall	Ionengitter	salzartig	NaCl, MgO
Ionenbindung und Atombindung (Atombindung innerhalb der Komplex-Ionen!)	Ionen	Metall + verschiedene Nichtmetalle	Ionengitter	salzartig	NaOH, $CaCO_3$, $Cu[NH_3]_4SO_4$
Übergänge zwischen typischer Ionen- und Atombindung	deformierte «Ionen»; Atome	verschiedene Metalle und Nichtmetalle	Ionen-Atomgitter	Festkörperverbindung; salzähnlich bis diamantartig	CuCl, AgI, Al_2O_3, SiO_2, Spinelle, Silicate
Metallische Bindung	«Atome» mit lockeren Außenelektronen	Metalle	Metallgitter	metallisch	Na, Cu, Messing

Zusammenfassung. Der Abschnitt *«Festkörperverbindungen»* zeigt, wie neben den typischen salzartigen und flüchtigen Verbindungen, die mit den konventionellen Methoden des Chemikers (Untersuchungen im Gaszustand oder in Lösung) verhältnismäßig einfach und ziemlich vollständig zu erforschen sind, viele Substanzen existieren, deren Aufbau nur durch vorwiegend physikalische Methoden (z. B. Röntgenstrukturanalyse) zu untersuchen ist und die ihre charakteristischen Merkmale nur im festen Zustand zeigen. *Im Gegensatz zu einfachen Salzen und Molekülverbindungen gilt für sie das Gesetz der konstanten Verhältnisse* (S.38) *nur sehr bedingt,* weil nicht chemische, sondern geometrische Faktoren den Aufbau und die Struktur bestimmen. Die Bindungen zwischen den «Atomen» sind meistens keine typischen Ionen- oder Atombindungen, sondern stellen Übergänge zwischen den «klassischen» Bindungstypen dar. Festkörperverbindungen haben als *Werkstoffe* (neben den Metallen!) eine außerordentlich große Bedeutung *(keramische Materialien, Kunststoffe, Holz),* und sie spielen auch für den Aufbau der festen Erdrinde eine sehr große Rolle. Chemie und Physik der Festkörper bilden deshalb äußerst wichtige und interessante Forschungsgebiete.

3.2.4 Lösungen

Im weitesten Sinn wird der Ausdruck «**Lösungen**» für alle *homogenen (einphasigen) Mischungen* verwendet (siehe S.15). Wir beschränken uns hier aber auf *flüssige Systeme,* also Lösungen im engeren Sinn.

Lösungsvorgang. Das Auflösen einer Substanz in einem Lösungsmittel kann prinzipiell auf eine der folgenden Arten erfolgen:

- «Lösen» durch chemische Reaktion mit dem Lösungsmittel, wobei völlig neue Substanzen (Teilchen) entstehen; Beispiel: Lösen von Natrium in Wasser, Lösen von Metallen in Säuren.
- Auflösung einer Substanz unter Bildung solvatisierter Teilchen (eigentlich auch eine chemische Reaktion!)
- Auflösen einer Substanz als Folge bloßer Dispersion, d. h. durch die Wärmebewegung bedingter Verteilung im Lösungsmittel, ohne ausgesprochene Wechselwirkungen zwischen Lösungsmittel und gelösten Teilchen.

In diesem Abschnitt wollen wir uns nur mit der zweiten und dritten Möglichkeit befassen.

Wenn ein Stück Zucker mit Wasser übergossen wird, verschwindet es und «löst» sich. Die einzelnen Zuckermoleküle verteilen sich gleichmäßig in der ganzen Lösung. Zunächst müssen dabei aber einzelne Moleküle den Gitterverband verlassen (d. h. es muß *Arbeit gegen die Gitterkräfte* geleistet werden!), und es müssen Wassermoleküle verdrängt werden, so daß zwischen ihnen ein *«Loch»* entsteht, in welchem ein Zuckermolekül Platz findet. Auch dabei muß *Arbeit (gegen die starken zwischenmolekularen Kräfte* des Wassers; H-Brücken!) geleistet werden. Die für beide Schritte notwendige Energie wird durch die Wechselwirkungen zwischen gelösten und Lösungsmittelmolekülen, die *Solvation,* aufgebracht (Zuckermoleküle bilden mit H_2O-Molekülen starke H-Brücken und hydratisieren sich ähnlich wie Ionen); unter Umständen reicht die Solvationsenergie dazu nicht ganz aus, und die mittlere kinetische Energie der H_2O-Moleküle wird etwas kleiner: die Lösung kühlt sich ab.

Damit sich *Molekülverbindungen* also im Wasser lösen, müssen die Anziehungskräfte zwischen den gelösten Molekülen und den H_2O-Molekülen von ähnlicher Art und Größe sein wie die Anziehungskräfte der Wassermoleküle untereinander, denn sonst ist die Solvationsenergie nicht genügend groß. *Wasser* ist deshalb ein ausgezeichnetes Lösungsmittel für Substanzen mit *polaren* Molekülen oder mit Molekülen, welche mit H_2O-Molekülen *H-Brücken* bilden können. Bei *unpolaren Molekülen* wie CCl_4 oder Benzin sind zwar die zwischenmolekularen Kräfte meist klein, aber die Wechselwirkung mit den H_2O-Molekülen reicht nicht aus, um die Bildung von «Löchern» im Wasser zu ermöglichen.

Salze verhalten sich in dieser Hinsicht wie extrem polare Molekülverbindungen; die starke Anziehung, welche die Ionen auf die H_2O-Moleküle ausüben, ermöglicht sogar die Überwindung weit höherer Gitterenergien, als die meisten festen Molekülverbindungen besitzen.

Bringt man nun eine *unpolare Substanz,* wie z. B. CCl_4, mit Wasser zusammen, so werden keine Wechselwirkungen zwischen CCl_4- und H_2O-Molekülen auftreten, und man würde denken, daß sich die beiden Stoffe nicht mischen. Sorgfältige Untersuchungen zeigen aber, daß doch eine (allerdings sehr geringe!) Löslichkeit vorhanden ist: Bei 20°C lösen sich 0,08 g CCl_4 in 100 cm^3 Wasser. Der Grund für diese doch *meßbare Löslichkeit* liegt darin, daß ein System nicht nur die Tendenz hat, in einen möglichst *energiearmen Zustand* überzugehen, sondern auch einen Zustand möglichst großer «**Unordnung**» zu erreichen sucht[1]. Die CCl_4-Moleküle sind nun natürlich in der Lösung weniger «geordnet» als in der flüssigen CCl_4-Phase (ähnlich wie auch im Gaszustand die Ordnung geringer ist als im flüssigen oder gar festen Zustand). Weil aber viel Energie aufzuwenden ist, um die CCl_4-Moleküle zwischen die H_2O-Moleküle hineinzubringen und die H-Brücken zwischen diesen zu trennen, ist die Löslichkeit nur sehr gering. In Lösungsmitteln mit kleinen zwischenmolekularen Kräften ist aber das «Durchmischen» leicht, so daß dann die Löslichkeit viel größer wird. Benzol (C_6H_6) mit ebenfalls ganz unpolaren Molekülen mischt sich mit CCl_4 sogar in jedem Verhältnis. Die Löslichkeit ist in solchen Fällen nicht mehr nur auf Solvationseffekte, sondern vor allem darauf zurückzuführen, daß sich Substanzen als Folge der Wärmebewegung ihrer Teilchen in einem zu Verfügung stehenden Raum möglichst *gleichmäßig ausbreiten*. Dies ist das Auflösen als Folge bloßer *Dispersion*.

Zusammenfassend läßt sich feststellen: Eine *polare Substanz* ist ein gutes *Lösungsmittel* für *polare Moleküle* oder eventuell *Ionenverbindungen. Unpolare Substanzen* lösen *unpolare Moleküle gut,* hingegen polare Moleküle oder gar Ionen nur schlecht. Kürzer formuliert: Similia similibus solvuntur (Ähnliches wird von Ähnlichem gelöst).

Beispiele

Verrührt man etwas Öl (Paraffin- oder Olivenöl) mit Wasser, so beobachtet man, wie sich die Öltröpfchen nachher sofort zu einer auf dem Wasser schwimmenden Schicht vereinigen. Beide Öle bestehen aus völlig unpolaren Molekülen, die nur durch typische Van der Waals-Kräfte aneinander gebunden werden; die Wassermoleküle aber bilden unter sich starke H-Brücken und ziehen die Ölmoleküle nicht an, so daß sich die beiden Substanzen trennen.
Mischt man hingegen Alkohol (C_2H_5OH), dessen Molekül eine stark polare O—H-Bindung enthält, mit Wasser, so können auch zwischen Alkohol- und Wassermolekülen H-Brücken gebildet werden (Solvation!), und die beiden Stoffe mischen sich völlig und in jedem Verhältnis miteinander.
Von den Halogenen lösen sich Brom und besonders Iod nur wenig in Wasser (Fluor reagiert mit dem Wasser chemisch!). Die sehr geringe Löslichkeit von Iod ist eine Folge der ziemlich starken

[1] Über das «**Unordnungsprinzip**» und das «**Prinzip vom Energieminimum**», die beide in der Chemie und Physik eine große Rolle spielen, siehe S. 161/162.

Van der Waals-Kräfte (große Molekülmasse). Chlor löst sich ziemlich gut in Wasser, weil die Cl_2-Moleküle gut in Hohlräume der lockeren «Wasser-Struktur» hineinpassen (in ähnlicher Weise löst sich auch Methan, CH_4, in Wasser trotz unpolaren Molekülen!). Sowohl Brom wie Iod lösen sich aber sehr gut in unpolaren Lösungsmitteln. CO_2, NH_3 und andere Moleküle mit polaren Bindungen sind wiederum besser wasserlöslich.

Löslichkeit. Fügt man zu einem Lösungsmittel immer mehr von einer darin löslichen Substanz, so löst sie sich zunächst, bis schließlich eine bestimmte Konzentration erreicht wird, welche sich beim weiteren Zufügen nicht mehr ändert. Gibt man aber weiter von der zu lösenden Substanz dazu, so bleibt sie als feste (flüssige) Phase ungelöst zurück[1]. Die Lösung ist «gesättigt». Die Menge eines Stoffes, die sich in einer bestimmten Menge eines Lösungsmittels gerade noch lösen läßt (seine *«Löslichkeit»*), ist eine charakteristische Eigenschaft des betreffenden Stoffes; sie hängt allerdings stark von der Temperatur ab (Abb. 3.29).

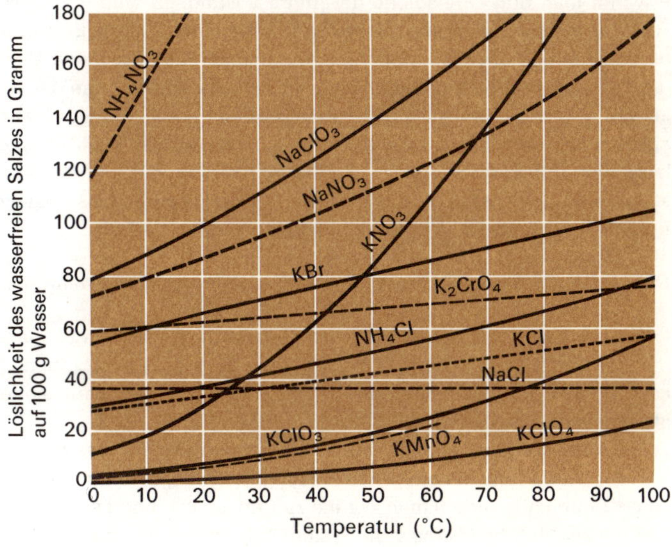

Abb. 3.29. Löslichkeitskurven einiger Salze

An der *Phasengrenzfläche* Lösung / Bodenkörper stellt sich ein ähnlicher *Gleichgewichtszustand* ein, wie er bereits auf S. 43 für das System Flüssigkeit / Gas beschrieben wurde. Einerseits vermögen dauernd einige Teilchen die feste (oder flüssige) Phase des Bodenkörpers zu verlassen und in Lösung überzugehen, anderseits werden gelöste Teilchen, die durch ihre regellose Bewegung in die Nähe des Bodenkörpers geraten, wieder von diesem angezogen und ins Gitter (oder die Flüssigkeit) eingebaut.
Solange die Lösung noch nicht gesättigt ist, überwiegt der Lösungsvorgang; steht aber eine gesättigte Lösung in Berührung mit ungelöstem Bodenkörper, so laufen beide Vorgänge dauernd nebeneinander her (Abb. 3.30). Pro Zeiteinheit verlassen dann gleich viele Teilchen den Bodenkörper, wie aus der Lösung in den Bodenkörper hineingelangen; die Konzentration der

[1] Manche Flüssigkeiten mit Molekülen von ähnlicher Polarität mischen sich allerdings in jedem beliebigen Verhältnis miteinander!

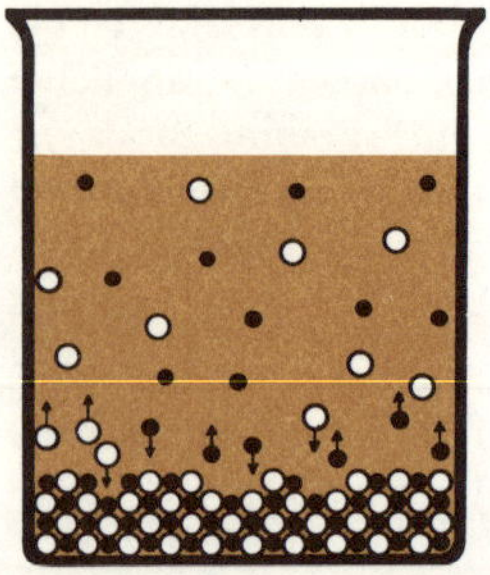

Abb. 3.30. Löslichkeitsgleichgewicht

Lösung ändert sich also nicht mehr weiter. Man spricht in solchen Fällen von einem **«dynamischen» Gleichgewicht.**
Erwärmt man nun eine solche gesättigte Lösung, so wird meistens mehr Bodenkörper gelöst (die Löslichkeit steigt also mit zunehmender Temperatur). Es gibt jedoch auch Fälle, wo sich beim Erwärmen mehr Bodenkörper ausscheidet, die Löslichkeit also mit zunehmender Temperatur sinkt. Betrachtet man das dynamische Gleichgewicht an der Grenzfläche Lösung/Bodenkörper, so läßt sich dies leicht verstehen. Wenn nämlich die Solvationsenergie die beim Lösen aufzuwendenden Energien nicht ganz überwiegt, der Lösungsvorgang also endotherm verläuft, wird durch die Energiezufuhr beim Erwärmen dieser Vorgang begünstigt: Die Löslichkeit steigt, weil mehr Teilchen in die Lösung hinaus gelangen, als umgekehrt aus der Lösung in den Bodenkörper geraten. Wir können deshalb verallgemeinern:

Die Löslichkeit von Substanzen, die sich endotherm lösen, steigt mit zunehmender Temperatur.

Umgekehrt wird die Löslichkeit einer Substanz, die sich unter Wärmeabgabe löst, mit zunehmender Temperatur sinken. Je mehr Wärme beim Lösen verbraucht (oder frei) wird, desto stärker wird sich die Löslichkeit mit Veränderung der Temperatur ändern (desto steiler verlaufen also die Löslichkeitskurven).
Diese Aussage bildet eine einfache Anwendung des *Prinzips der Flucht vor dem Zwang* (siehe S.178), das für alle dynamischen Gleichgewichte gilt. Übt man auf das Lösungsgleichgewicht einen Zwang aus, indem man Wärme zuführt, so verändert sich das Gleichgewicht in der Weise, daß die zugeführte Wärme vom System aufgenommen und verbraucht wird, mit anderen Worten, daß sich – je nach dem Charakter des Lösungsvorganges – mehr oder weniger Substanz löst.

Siede- und Schmelzpunkte von Lösungen. Ist in einem Lösungsmittel ein nichtflüchtiger Stoff gelöst, so ist das Entweichen von Lösungsmittelteilchen in den Dampfraum erschwert, weil sich nicht nur Lösungsmittelteilchen (die verdunsten können), sondern auch gelöste nichtflüchtige Teilchen an der Flüssigkeitsoberfläche befinden. Der *Dampfdruck einer Lösung* ist deshalb bei einer bestimmten Temperatur *kleiner als der Dampfdruck des reinen Lösungsmittels.* Die Erniedrigung des Dampfdruckes ist abhängig von der in einem bestimmten Flüssigkeitsvolumen gelösten Anzahl Teilchen, d. h. *proportional der Anzahl der darin gelösten Mole.* 1 Mol einer beliebigen Substanz in einem bestimmten Volumen ein und derselben Flüssigkeit gelöst ergibt immer die gleiche Dampfdruckerniedrigung.

Die Tatsache, daß Lösungen einen niedrigeren Dampfdruck besitzen als das reine Lösungsmittel, zeigt sich z. B. in folgendem Versuch (Abb. 3.31). Man stellt unter eine luftdicht schließende Glasglocke zwei Bechergläser, die beide gleich hoch gefüllt werden. Das eine enthält die Lösung, das andere das reine Lösungsmittel. Im Verlaufe der Zeit steigt nur der Flüssigkeits-

Abb. 3.31. Experimenteller Vergleich der Verdampfung von Wasser aus reinem Wasser (I) und einer Lösung (II)

spiegel im Glas mit der Lösung, während er im anderen Glas sinkt, weil das reine Lösungsmittel den höheren Dampfdruck hat (aus diesem Glas also mehr Teilchen in den Dampfraum entweichen), aber die Kondensationsgeschwindigkeit über beiden Flüssigkeitsoberflächen dieselbe ist.

Als Folge des niedrigeren Dampfdruckes zeigt eine *Lösung* einen *höheren Siedepunkt* und einen *tieferen Schmelzpunkt* als das reine Lösungsmittel (Abb. 3.32)[1]. Siedepunkterhöhung (ΔE_s) und Schmelzpunkterniedrigung (ΔE_g) sind ebenfalls proportional der in einem bestimmten Flüssigkeitsvolumen gelösten Anzahl Mole; durch Messung der Siedepunkterhöhung oder der Schmelzpunkterniedrigung einer Substanz in einem bestimmten Lösungsmittel läßt sich deshalb ihre Molekülmasse bestimmen (siehe S. 148). Versucht man, nach dieser Methode die Molekülmasse von Elektrolyten zu ermitteln, so erhält man immer «abnorm» niedrige Werte,

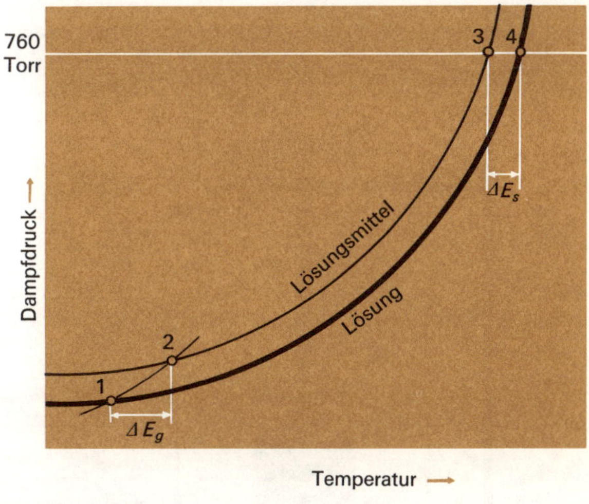

Abb. 3.32. Dampfdruckkurven einer Lösung und des reinen Lösungsmittels.
1 Schmelzpunkt der Lösung, 2 Schmelzpunkt des reinen Lösungsmittels, 3 Siedepunkt des reinen Lösungsmittels, 4 Siedepunkt der Lösung

[1] Beim *Siedepunkt* ist der Dampfdruck gleich dem Atmosphärendruck; beim *Schmelzpunkt* schneiden sich die Dampfdruckkurven der Substanz im flüssigen und im festen Zustand.

weil diese Substanzen nicht aus Molekülen, sondern aus einer entsprechend höheren Zahl Ionen bestehen. So gibt eine Lösung von 58,5 g (= Summe der Atommassenzahlen!) Kochsalz in 1000 g Wasser eine Schmelzpunkterniedrigung von angenähert 2 · 1,86 °C (der molare ΔE_g-Wert von Wasser beträgt 1,86 °C), weil statt N_L Moleküle N_L Na^+- und N_L Cl^--Ionen, insgesamt also 2 N_L Teilchen, gelöst sind. Eine Lösung von 95,3 g Magnesiumchlorid ($MgCl_2$) in 1000 g Wasser ergibt sogar den rund dreifachen Wert. Diese Beobachtungen waren es, die Arrhenius zur Vorstellung geführt hatten, daß die Elektrolytlösungen Ionen statt Moleküle gelöst enthalten und daß die Ionen nicht erst als Folge des Stromdurchganges bei der Elektrolyse entstehen, wie es Faraday vorher angenommen hatte.

Aktivität. Nun geben allerdings nur sehr verdünnte Salzlösungen wirklich die erwarteten mehrfachen Werte der Schmelzpunkterniedrigung bzw. Siedepunkterhöhung. Der Grund liegt darin, daß bei höheren Konzentrationen auch *Anziehungskräfte zwischen den Ionen* wirksam werden, so daß sich sowohl Kationen wie Anionen nicht völlig unabhängig voneinander bewegen und sich Schwärme von entgegengesetzt geladenen Ionen bilden. Dadurch sind aber weniger gelöste Teilchen in der Lösung frei verschiebbar, als wirklich vorhanden sind, und die *wirksame Konzentration* oder *«Aktivität»* der Lösung ist dann kleiner als die wirkliche Konzentration:

$$A = f \cdot c$$

(c = Konzentration; f = empirisch bestimmter «Aktivitätskoeffizient»).

Die Anziehungskräfte zwischen entgegengesetzt geladenen Ionen werden mit zunehmendem Abstand rasch kleiner; in konzentrierteren Lösungen, wo die Ionen näher zusammenrücken, werden sie größer, wird also die Aktivität kleiner ($f < 1$). In sehr verdünnten Lösungen (0,001 bis 0,01 Mol Substanz/Liter Lösung) werden Aktivität und effektive Konzentration gleichbedeu-

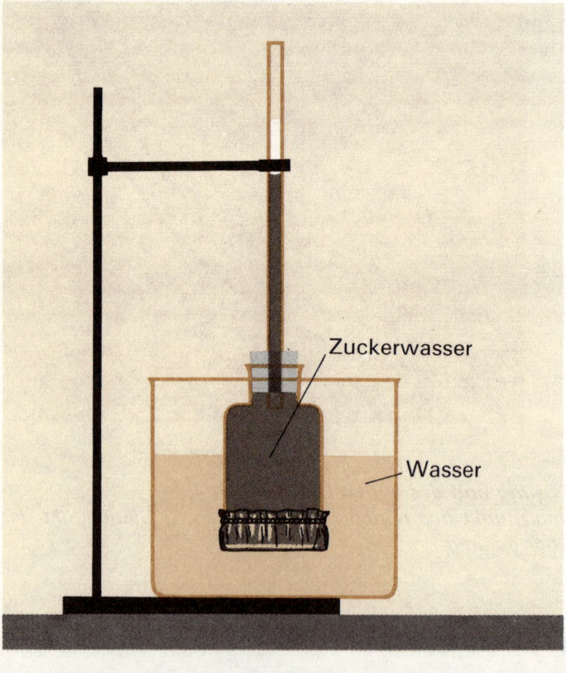

Abb. 3.33. Apparatur zur Demonstration der Osmose

tend. Für praktische Zwecke setzt man allerdings oft auch in konzentrierteren Lösungen Aktivität und Konzentration einander gleich.

Osmose. Füllt man eine Flasche ohne Boden, die oben ein Steigrohr aufgesetzt erhält und unten mit einer gereinigten Schweinsblase oder einer Kollodiumhaut dicht verschlossen ist, mit konzentrierter Zucker- oder Salzlösung und stellt sie in reines Wasser, so beobachtet man nach einigen Tagen, daß Flüssigkeit ins Steigrohr hinaufgestiegen ist (Abb. 3.33). Es muß also Wasser von außen in die Flasche eingedrungen sein. Diese Erscheinung beruht darauf, daß die Schweinsblase oder die Kollodiumhaut *«semipermeabel»* (halbdurchlässig) ist und nur den Durchtritt von Wassermolekülen, nicht aber von hydratisierten Ionen oder Zuckermolekülen (die beide größer sind als H_2O-Moleküle!) gestattet. Von der Lösung her prallen aber weniger Wassermoleküle auf die Flächeneinheit der semipermeablen Wand als von der Wasserseite her, und es werden mehr Wassermoleküle in die Lösung eindringen, als umgekehrt nach außen gelangen.
Ein solcher Austausch durch eine semipermeable Membran, der in den beiden Richtungen verschieden rasch geht, wird «**Osmose**» genannt. Die Osmose dauert so lange an, bis der im Inneren der konzentrierteren Lösung entstandene hydrostatische Druck bewirkt, daß nun pro Zeiteinheit gleich viele Wassermoleküle in beiden Richtungen durch die Membran wandern. Man nennt diesen Druck den *«osmotischen Druck»* einer Lösung.
Ebenso wie der Dampfdruck einer Lösung hängt auch ihr osmotischer Druck von der in einem bestimmten Flüssigkeitsvolumen gelösten Anzahl Teilchen ab. N_L Teilchen (1 Mol), in der gleichen Flüssigkeitsmenge gelöst, ergeben daher den gleichen osmotischen Druck. Durch Messungen osmotischer Drucke von Lösungen bekannter Konzentration können deshalb ähnlich wie durch Messung der Fixpunktverschiebungen die Molekülmassen der gelösten Teilchen bestimmt werden. Solche Messungen sind vor allem zur Untersuchung der Moleküle hochmolekularer Stoffe wichtig geworden.
Es gibt sehr viele semipermeable Membranen, die für ganz verschiedene Lösungen verwendet werden können, denn die Halbdurchlässigkeit eines bestimmten Materials wird durch seine Porengröße bestimmt. Besonders wichtig ist die Halbdurchlässigkeit der äußersten Membranen des *Cytoplasmas* und gewisser Zellen, wie der roten Blutkörperchen Medikamente, die als Lösung ins Blut eingespritzt werden, müssen denselben osmotischen Druck besitzen wie das Blut (sie müssen *«isotonisch»* sein), weil sonst die Blutkörperchen durch übermäßige Aufnahme oder Abgabe von Wasser geschädigt würden (in zu verdünnten Lösungen würden sie schließlich platzen). Der im Innern von Zellen herrschende *«Zelldruck»* (Turgor) ist darauf zurückzuführen, daß der Zellsaft konzentrierter ist als die in den Hohlräumen der Zellwände zirkulierende Lösung. Legt man pflanzliche oder tierische Zellen aber in konzentriertere Lösungen, so geben sie Wasser ab und schrumpfen (Plasmolyse; Konservierung von Lebensmitteln durch Salz [Butter, Fleisch] oder durch Zucker [Obst]).

3.2.5 Die Formeln von Verbindungen

Die *Substanzformeln* geben die *Zahlenverhältnisse der Atome in Verbindungen* an. Diese Zahlenverhältnisse richten sich bei Ionenverbindungen nach den Ladungen der Ionen; bei Molekülverbindungen oder in Komplex-Ionen wird das Zahlenverhältnis durch die Bindungszahlen der Atome (d. h. durch die Zahl einfach besetzter Elektronenwolken) bestimmt.

Beispiele: $Na_2^+O^{2-}$, $Mg^{2+}Cl_2^-$, K^+F^-, $Na^+[OH]^-$, $Ba^{2+}[SO_4]^{2-}$, $Al_2^{3+}[SO_4]_3^{2-}$, $K_2^+[CO_3]^{2-}$

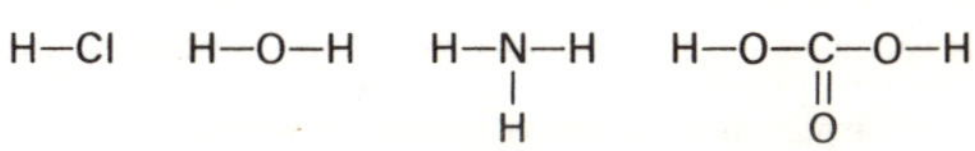

Dem H-Atom fehlt ein, dem O-Atom fehlen zwei, dem N-Atom drei und dem C-Atom vier Elektronen zur «Edelgasschale» (zum Oktett von vier doppelt besetzten Wolken); so geht das H-Atom eine, das O-Atom zwei, das N-Atom drei und das C-Atom vier Atombindungen ein.

Es wäre nun sehr bequem, wenn man aus der Stellung eines Elementes im Periodensystem ablesen könnte, was für Ladungen seine Ionen besitzen oder wieviel Elektronenpaarbindungen seine Atome eingehen können. Man könnte dann die Formeln aller überhaupt möglichen Verbindungen direkt aus dem Periodensystem ableiten. Viele Elemente bilden jedoch verschiedene (verschieden geladene) Ionen (darunter oft auch solche ohne Edelgascharakter, wie z.B. die Übergangselemente), und manche Nichtmetallatome können noch weitere Teilchen mittels freier Elektronenpaare binden und gehen so verschieden viele Elektronenpaarbindungen ein. Es ist daher zweckmäßig, zur Ableitung der Formeln einen *Hilfsbegriff* einzuführen. Dies ist die sogenannte **Oxidationszahl** *(Oxidationsstufe, Ladungswert)*[1]. In einer *Ionenverbindung* sind Oxidationszahl eines Elementes und effektive Ionenladung identisch. Für Atome in *Kovalenzbindungen* lassen sich Oxidationszahlen festlegen, indem man die Elektronenpaarbindung in Gedanken zerlegt. Man ordnet dabei die bindenden Elektronen dem mehr elektronegativen Atom zu und bezeichnet die dann auftretende Ladung als seine Oxidationszahl. Sie entspricht hier also nicht einer wirklich vorhandenen, sondern nur einer gedanklichen, *«imaginären»* Ladung. Um in Zukunft zwischen wirklicher Ionenladung und Oxidationszahl zu unterscheiden, bezeichnen wir diese mit römischen Ziffern, die Ionenladungen aber mit arabischen Ziffern.

Beispiele:	NaCl	Na^{+I}	Cl^{-I}	Hier entspricht die Oxidationszahl der Ladung der betreffenden Ionen
	$BaCl_2$	Ba^{+II}	Cl^{-I}	
	Al_2O_3	Al^{+III}	O^{-II}	
	Mg_3N_2	Mg^{+II}	N^{-III}	

Eisen bildet ein Oxid der Formel Fe_2O_3; daraus ergibt sich die Oxidationszahl des Eisens in dieser Verbindung + III (das Oxid-Ion kann nur zweifach negativ geladen sein).

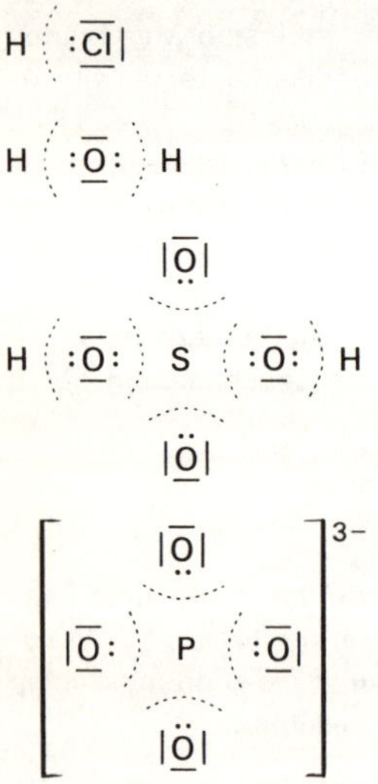

$H^{+I}\,Cl^{-I}$

$H^{+I}\,O^{-II}$

$H^{+I}\,S^{+VI}\,O^{-II}$

$P^{+V}\,O^{-II}$

Um aus der Formel einer Verbindung die Oxidationszahlen der in ihr enthaltenen Elemente abzuleiten, geht man von den Oxidationszahlen bekannter Elemente aus (H, O, Na, K, Cl) und berücksichtigt, daß die algebraische Summe der Oxidationszahlen in einer Verbindung *Null* sein muß. H hat (außer in den Metallhydriden) stets die Oxidationszahl +I; O hat (mit Ausnahme der Peroxy-Verbindungen, d.h. der Derivate von H_2O_2) die Oxidationszahl −II; die Alkalimetalle haben immer Oxidationszahlen von +I, und die Halogene besitzen weniger elektronegativen Atomen gegenüber stets die Oxidationszahl −I. Da Fluor das am stärksten elektronegative Element ist, hat es immer die Oxidationszahl −I. Sind die Elemente frei, d.h. nicht in Verbindungen vorhanden, so wird deren Oxidationszahl gleich Null.

[1] Der Begriff der Oxidationszahl deckt sich ungefähr mit der früher vielfach verwendeten «Wertigkeit». Da dieser Ausdruck jedoch im Laufe der Zeit mehrdeutig geworden ist, vermeidet man ihn besser. In diesem Buch wird deshalb nur der schärfer umrissene Begriff der Oxidationszahl verwendet.

Beispiele:	$CaCO_3$	Ca^{+II}, O^{-II},	also C^{+IV}
	Na_3AlF_6	Na^{+I}, F^{-I},	also Al^{+III}
	KNO_2	K^{+I}, O^{-II},	also N^{+III}
	$NaMnO_4$	Na^{+I}, O^{-II},	also Mn^{+VII}
	$K_2Cr_2O_7$	K^{+I}, O^{-II},	also Cr^{+VI}

Tabelle 3.10. Die häufigsten Oxidationszahlen wichtiger Elemente

+I	H, *Li, Na, K, Ag, Cu*
+II	*Mg, Ca, Sr, Ba, Fe, Ni, Cu, Zn, Cd, Hg, Pb*
+III	B, *Al, La, Fe,* N, P
+IV	C, Si, Sn, Pb, S
+V	N, P, As, Cl
+VI	S
+VII	Cl, I
+VIII	Os
−I	*F, Cl, Br, I*
−II	*O, S*
−III	*N, P*
−IV	C

Nur die *kursiv* gedruckten Atome treten auch mit den entsprechenden Ladungen als Ionen in Salzen auf.

Ein Vergleich dieser Tabelle mit dem *Periodensystem* zeigt einige *Gesetzmäßigkeiten.* Die Alkalimetalle, die Erdalkalimetalle, die Elemente Bor, Aluminium, Scandium usw. sowie die Elemente Kohlenstoff, Silicium, Titan, Zirkonium usw. können durch Abgabe einer entsprechenden Zahl Elektronen die Elektronenanordnung eines Edelgases erreichen (Scandium, Titan usw. sind Übergangselemente und geben dabei auch *d*-Elektronen ab!). Man bezeichnet diese Metalle auch etwa als *A-Metalle.* Bei ihnen entspricht die *Gruppennummer* im System der *Oxidationszahl:*

	1. Gruppe Alkalimetalle	2. Gruppe Erdalkalimetalle	3. Gruppe Erdmetalle	4. Gruppe C/Si-Gruppe
Formel des Chlorids	$MeCl$	$MeCl_2$	$MeCl_3$	$MeCl_4$
Formel des Oxids	Me_2O	MeO	Me_2O_3	MeO_2

Die *B-Metalle,* d.h. die auf die Elemente Nickel, Palladium und Platin folgenden Metalle, erreichen durch Elektronenabgabe den Zustand von Ni, Pd bzw. Pt, der – wie es der auffallend edle Charakter von Palladium und Platin zeigt – ebenfalls verhältnismäßig stabil ist. Zu den B-Metallen gehören Kupfer, Zink, Gallium, Germanium, dann Silber, Cadmium, Indium und Zinn sowie Gold, Quecksilber, Thallium und Blei. Ihre häufigste *Oxidationszahl* ist ebenfalls gleich der *Gruppennummer.*

Bei den *Nichtmetallen* entspricht die Gruppennummer gewöhnlich der höchsten *positiven Oxidationszahl;* deren Ergänzung zu 8 gibt die *negative Oxidationszahl.* Nichtmetalle können natürlich nur gegenüber stärker elektronegativen Elementen in positiven Oxidationszahlen auftreten!

	5. Gruppe N/P-Gruppe	6. Gruppe Chalkogene	7. Gruppe Halogene
Formel des sauerstoffreichsten Oxids	X_2O_5	XO_3	X_2O_7
Formel des höchsten Fluorids	XF_5	XF_6	XF_7
Formel der Verbindung mit Natrium	Na_3X	Na_2X	NaX

Weil besonders die *Übergangselemente* durch Abgabe von verschieden viel Elektronen in Gittern oder Lösungen stabile Ionen bilden können, kommen die betreffenden Elemente in Verbindungen mit mehreren, verschiedenen Oxidationszahlen vor. Bei Verbindungen von solchen Elementen bringt man die in der betreffenden Verbindung wirklich vorhandene Oxidationszahl im Namen zum Ausdruck:

$FeCl_2$	(Fe^{+II})	Eisen (II)-chlorid (gelesen: Eisen-zwei-chlorid)
$FeCl_3$	(Fe^{+III})	Eisen (III)-chlorid
Fe_2O_3	(Fe^{+III})	Eisen (III)-oxid
Fe_3O_4	$(Fe^{+II}$ und $Fe^{+III})$	Eisen (II, III)-oxid

Kennt man die Oxidationszahlen der Elemente, die eine bestimmte Verbindung aufbauen, so läßt sich nun die *Formel dieser Verbindung* ableiten.

Beispiele

– Schwefel bildet folgende Oxide: $SO_2 (S^{-IV})$ und $SO_3 (S^{+VI})$.
– Die Formeln für Bleibromid, Zinksulfid, Silbersulfid, Nickeloxid und Zinnoxid lauten $PbBr_2$, ZnS, Ag_2S, NiO, SnO_2.
– Die Komplexsalze Silbersulfat, Zinknitrat, Bleicarbonat, Nickelhydroxid besitzen die Formeln Ag_2SO_4, $Zn(NO_3)_2$, $PbCO_3$, $Ni(OH)_2$.

Übungen

3.11 Erklären Sie die Eigenschaften salzartiger Stoffe.
3.12 Warum bilden LiCl und KCl keine Mischkristalle miteinander, obschon beide im Steinsalzgitter kristallisieren?
3.13 Ist das «Gesetz» der konstanten Proportionen ein Naturgesetz?
3.14 Was sind Halbleiter?
3.15 Erklären Sie die Tatsache, daß beim Lösen von wasserfreiem $CaCl_2$ Wärme frei wird, daß hingegen das Lösen von $CaCl_2 \cdot 6\,H_2O$ zu einer deutlichen Abkühlung führt.
3.16 Warum nimmt die Löslichkeit in der Reihe CaF_2—CaI_2 zu?
3.17 Welche Elektrodenprodukte entstehen bei der Elektrolyse einer Schmelze des salzartigen Lithiumhydrids (LiH)?
3.18 Wie lange muß ein Strom von 10000 A fließen, damit aus einer Schmelze von Aluminiumoxid 1 Tonne Aluminium erhalten wird?
3.19 Was sind Komplex-Ionen?
3.20 Lösungen von $KClO_3$ und $KClO_4$ geben mit $AgNO_3$ keinen Niederschlag von AgCl. Erklärung?
3.21 Wie heißen folgende Salze: KOH, Na_2SO_4, $CaCO_3$, $FePO_4$, $Ba(NO_3)_2$?
3.22 Warum sind K_2SO_4, LiOH, $NaClO_3$ gut löslich, jedoch nicht verdampfbar (sie zersetzen sich beim Verdampfen)?
3.23 Erklären Sie den sprunghaften Abfall der Siedepunkte vom $MgCl_2$ zum $AlCl_3$.

3.24 SiF_4 ist leichtflüchtig. Warum?

3.25 Rohrzucker hat die Substanzformel $C_{12}H_{22}O_{11}$. Von den 11 O-Atomen sind 8 als OH-Gruppen am C-Gerüst des Moleküls vorhanden. Erklären Sie die sehr hohe Wasserlöslichkeit.

3.26 Erklären Sie den Bau der Moleküle PF_3 und BF_3 mit dem Kugelwolkenmodell.

3.27 Warum ist die eine Form von Bornitrid gleich hart wie Diamant?

3.28 Was sind Festkörperverbindungen? Beispiele? Bedeutung?

3.29 Geben Sie Stoffe an, welche Übergänge zwischen Ionengittern und Atomgittern zeigen.

3.30 Warum löst sich Benzin (ein Gemisch von C—H-Verbindungen) schlecht in Wasser?

3.31 Schließen Sie aus den Löslichkeitskurven, welche Salze sich exotherm und welche sich endotherm lösen.

3.32 Warum haben Lösungen höhere Siedepunkte und tiefere Schmelzpunkte als die reinen Lösungsmittel?

3.33 Warum kann man nur der Blutflüssigkeit isotonische Lösungen in die Blutgefäße einspritzen?

3.34 Welche Oxidationszahlen besitzen die hervorgehobenen Elemente in den Formeln folgender Verbindungen:
$K_2\mathbf{Cr}_2O_7$, $K\mathbf{Cl}O_3$, $Na_3\mathbf{P}O_4$, $Na\mathbf{N}O_2$, $Li\mathbf{H}$, $(\mathbf{N}H_4)_2SO_4$, $K_2\mathbf{Pt}Cl_6$?

3.35 Stellen Sie die Formeln folgender Verbindungen auf:
Eisen(III)-sulfat, Aluminiumhydroxid, Kaliumnitrat, Magnesiumnitrid, Bariumbromid, Kupfersulfat, Lithiumcarbonat, Zinkoxid, Lithiumnitrid.

Literatur

R. Allmann	Die Kristallstrukturanalyse. *Chemie für Labor und Betrieb 16* (1965) 177
J. C. Bailar	*The Chemistry of Coordination Compounds*. Reinhold, New York 1956
F. Basolo und R. Johnson:	*Coordination Chemistry*. Benjamin, New York 1964
H. R. Christen	*Grundlagen der allgemeinen und anorganischen Chemie*. Sauerländer, Aarau 1973
F. A. Cotton	Ligand Field Theory. *J. Chem. Educ. 41* (1964) 466
F. A. Cotton und G. Wilkinson	*Advanced Inorganic Chemistry*. Interscience, New York 1966
M. C. Day und J. Selbin	*Theoretical Inorganic Chemistry*. Reinhold, New York 1969
E. S. Gould	*Inorganic Reactions and Structure*. Holt, New York 1955
D. P. Graddon	*An Introduction to Coordinate Chemistry*. Pergamon, Oxford 1968
A. Liehr	Molecular Orbital, Valence Bond and Ligand Field. *J. Chem. Educ. 39* (1962) 135
Th. Moeller	*Inorganic Chemistry*. Wiley, New York 1952
R. K. Murmann	*Inorganic Complex Compounds*. Reinhold, New York 1964
P. Niggli	*Grundlagen der Stereochemie*. Birkhäuser, Basel 1945
L. Pauling	*Die Natur der Chemischen Bindung*. Verlag Chemie, Weinheim 1962
R. G. Pearson	Crystal Field Theory and Substitution Reactions of Metal Ions. *J. Chem. Educ. 38* (1961) 164
J. L. Speier	The Si—C Bond and Silicones. *Chemistry 37* (1964) No. 7
F. H. Verhoek	What is a Metal? *Chemistry 37* (1964) No. 11
H. Winkler	*Struktur und Eigenschaften der Kristalle*. Springer, Berlin 1952
A. F. Wells	*Structural Inorganic Chemistry*. Oxford University Press, 1962

2. Teil: Die chemische Reaktion

4 Quantitative Beziehungen

4.1 Grundlegende Begriffe

Wie bereits auf S. 46 erklärt worden ist, kann man die *Atommasse* in irgendeiner Masseneinheit angeben. Die gebräuchliche Einheit ist die *Atommasseneinheit* (u), die als $^{1}/_{12}$ der Masse des Nuclids ^{12}C definiert ist[1]:

$$1\ u = {}^{1}/_{12} \text{ der Masse des Nuclids } {}^{12}C = 1/N_L\ g$$

Die *Molekülmassenzahl* (oft als «Molekülmasse» schlechthin bezeichnet; häufig auch – unkorrekt! – *«Molekulargewicht»* genannt) ist die Masse eines Moleküls in Atommasseneinheiten; sie ist gleich der Summe der Atommassenzahlen für das betreffende Molekül[2].

Als Einheit der *Substanzmenge* verwendet man in der Chemie gewöhnlich das Mol:

1 Mol ist diejenige Substanzmenge, die N_L chemische Einheiten enthält

Es ist dabei zu beachten, daß von *«chemischen Einheiten»* die Rede ist, die jeweils *im konkreten Fall näher angegeben* werden müssen. 23 g Natrium (N_L Na-Atome), 44 g Kohlendioxid (N_L CO_2-Moleküle), 2 g Wasserstoff (N_L H_2-Moleküle) und 35,5 g Chlorid-Ionen (N_L Cl^--Ionen) sind je 1 Mol. Selbstverständlich läßt sich der Begriff «Mol» auch auf Salze und Festkörperverbindungen anwenden; da die kleinste «Einheit» z. B. von Kochsalz ein Ionenpaar Na^+Cl^- ist, sind 58,5 g Kochsalz 1 Mol. Ebenso wie bei anderen Einheiten verwendet man auch Vielfache der Grundeinheit: 1 Kilomol ist das Tausendfache, 1 Millimol der tausendste Teil eines Mols.

Ursprünglich wurde die Masse von N_L Atomen als *«Grammatom»* (S. 47), die Masse von N_L Molekülen als *«Gramm-Molekül»*, abgekürzt «Mol», bezeichnet. Man dürfte dann aber streng genommen den Begriff «Mol» für Salze nicht anwenden, da diese nicht aus Molekülen bestehen. Die hier angegebene, den Richtlinien der IUPAC (International Union of Pure and Applied Chemistry) entsprechende Definition des Begriffes «Mol» als Einheit der Substanzmenge gilt jedoch für alle Stoffarten. Man muß sich dabei bloß bewußt sein, daß bei Salzen die «chemische Einheit» ein Ionenpaar oder eine Ionengruppe ist; 1 Mol $MgCl_2$ (95,3 g) enthält insgesamt 3 N_L Ionen, 1 Mol $Al_2(SO_4)_3$ (342 g) enthält sogar 5 N_L Ionen.

[1] Nach den Vorschlägen der IUPAP (International Union of Pure and Applied Physics) werden einzelne Atomarten, welche dieselbe Ordnungszahl besitzen, als Nuclide bezeichnet.

[2] Im allgemeinen Sprachgebrauch verwendet man den Ausdruck Molekülmasse («Molekulargewicht») auch für Salze, also für Substanzen, die aus Ionen bestehen und gar keine Moleküle besitzen. Hier meint man damit gewöhnlich einfach die Formelmasse (also die Summe der Atommassen gemäß der Formel) und nicht die tatsächliche Masse eines Moleküls.

Da nun nach Avogadro gleich viele Teilchen bei gleichen Bedingungen im Gaszustand den gleichen Raum einnehmen, ist das Volumen eines Mols für alle Gase bei gleichen Bedingungen dasselbe:

V_m = Molvolumen = 22,414 Liter (bei 0°C und 1 atm = 760 Torr)

Diese Zahl gilt allerdings genau genommen nur für **«ideale Gase»**. Bei der Ableitung der kinetischen Gastheorie – das Gesetz von Avogadro ist eine Folgerung daraus! — wird nämlich die vereinfachende Annahme gemacht, daß die Gasteilchen einander überhaupt nicht anziehen und daß sie punktförmig sind. Bei den meisten *«realen»* Gasen sind die zwischenmolekularen Kräfte aber schon bei Zimmertemperatur nicht völlig zu vernachlässigen, so daß solche Gase mehr oder weniger stark vom idealen Verhalten abweichen. Ebenso gilt die Zustandsgleichung ($p \cdot V = n \cdot R \cdot T$; n = Anzahl Mole, R = universelle Gaskonstante, T = absolute Temperatur) nur für ideale Gase. Reale Gase gehorchen der *«Van der Waalsschen Zustandsgleichung»*, welche die zwischenmolekularen Kräfte sowie das Eigenvolumen der Teilchen berücksichtigt. Von den gewöhnlichen Gasen verhalten sich Wasserstoff und Helium bei Zimmertemperatur annähernd ideal.

4.2 Atom- und Molekülmassen

Die *Atommassen* der Elemente wurden ursprünglich aus den Massenverhältnissen der Elemente in den Verbindungen bestimmt. Voraussetzung dafür war aber die Kenntnis der wirklichen Zahlenverhältnisse der Atome in der betreffenden Verbindung, welche für gasförmige Verbindungen durch Anwendung des Satzes von Avogadro auf die Volumenverhältnisse bei ihrer Bildung aus den Elementen eindeutig festgelegt werden konnten. Heute werden die Atommassen direkt mit dem Massenspektrographen ermittelt (siehe S. 51), der eine viel höhere Genauigkeit gewährleistet.
Um nun die *Molekülmasse* experimentell zu bestimmen, kann man einfach die Masse von 22,4 Liter der betreffenden Substanz im Gaszustand ermitteln. Mißt man das Volumen nicht bei Normalbedingungen, so muß es mittels der Gasgleichung auf Normalbedingungen (0°C und 1 atm) umgerechnet werden.
Die wichtigsten experimentellen Methoden zur Ermittlung der Molekülmasse stammen von Dumas[1] und von V. Meyer[2]. Nach Dumas bestimmt man zuerst die Masse eines Gefäßes (leer), nachher mit einem bekannten und schließlich mit dem unbekannten Gas gefüllt. Die Molekülmassen der beiden Gase verhalten sich wie ihre gewogenen Massen. Bei der Methode von V. Meyer wirft man eine abgewogene Menge der zu untersuchenden Substanz in einem Gläschen in den durch ein Dampfbad geheizten Apparat. Die verdampfende Substanz verdrängt ein entsprechendes Luftvolumen in das Gasmeßrohr. Aus dem dort abgelesenen Volumen, dem Druck und der Temperatur sowie dem Gewicht der Substanz läßt sich ihr Molvolumen berechnen.

Beispiel: 0,2 g Pentan verdrängen 70 cm^3 Luft von 17°C und 720 Torr. Das Volumen unter Normalbedingungen (1 atm = 760 Torr und 0°C) wird

$$V_n = \frac{p \cdot V \cdot T_n}{T \cdot p_n} = \frac{720 \cdot 70 \cdot 273}{290 \cdot 760} = 62{,}5\ \text{cm}^3.$$

[1] J. B. Dumas (1800–1884), französischer Chemiker. Bekannt durch die «Substitutionstheorie» zur Erklärung des Aufbaues organischer Verbindungen.
[2] V. Meyer (1848–1897), Professor der Chemie in Stuttgart, Zürich (ETH), Göttingen und Heidelberg. Viele Experimentaluntersuchungen über organische Verbindungen.

62,5 cm³ (bei Normalbedingungen) haben eine Masse von 0,2 g. Damit wird d
Masse von

$$1 \text{ Mol } (22{,}4 \text{ l}) = \frac{0{,}2 \cdot 22400}{62{,}5} \text{ g} = 72 \text{ g}.$$

Von Verbindungen, die wie z. B. Rohrzucker nicht unzersetzt verdampfen, läßt sich die Molekülmasse nicht auf diese Weise bestimmen. Man verfährt in solchen Fällen so, daß man eine bestimmte Menge Substanz in einer gemessenen Menge eines geeigneten Lösungsmittels löst und die *Schmelzpunkterniedrigung* bzw. die *Siedepunkterhöhung* mißt. Aus den bekannten molalen ΔE_g- und ΔE_s-Werten läßt sich die Molekülmasse berechnen.

Beispiel: 1,82 g Resorcin wurden in 100 g Äther gelöst und ergaben eine Siedepunkterhöhung von 0,354°C. Die molale Siedepunkterhöhung von Äther ist 2,16°C.[1]

18,2 g in 1000 g ergeben ein ΔE_s von 0,354 °C
x g in 1000 g ergeben ein ΔE_s von 2,16 °C

$$x = \frac{2{,}16 \cdot 18{,}2}{0{,}354} = 111 \text{ g}.$$

Die Molekülmasse von Resorcin beträgt also 111 u.

Zur Bestimmung von Molekülmassen nach dieser Methode wählt man am besten Lösungsmittel mit besonders großen Siedepunkterhöhungen bzw. Schmelzpunkterniedrigungen. Für organische Stoffe ist Campher geeignet (molale ΔE_g = 40°C). Für anorganische Stoffe verwendet man meist Wasser (molale ΔE_s = 0,52°C, molale ΔE_g = 1,86°C). Sehr genaue Thermometer dienen zur Temperaturmessung.
In ähnlicher Weise kann man die Molekülmassen durch Messungen des *osmotischen Druckes* einer Lösung bekannter Konzentration bestimmen. Dieses Verfahren wird besonders für Lösungen hochmolekularer Substanzen (Cellulose, Eiweiße) sehr häufig angewandt.

4.3 Stöchiometrische Berechnungen

Darunter verstehen wir die Berechnung von Gewichten (eigentlich Massen!) oder Volumina, mit denen sich Substanzen an chemischen Reaktionen beteiligen *(stoicheion* gr. = Elementarbestandteil, *metrein* gr. = messen).
Schon früher (S. 47) wurde festgestellt, daß den Symbolen und Formeln neben der ursprünglich rein qualitativen auch eine quantitative Bedeutung zukommt. Stellt man die an einem Vorgang beteiligten Substanzen durch ihre Symbole bzw. Formeln dar, so erhält man die *stöchiometrische Gleichung* der betreffenden Reaktion. Bei Reaktionen, an denen Ionen beteiligt sind, benützt man häufig auch «**Ionengleichungen**», welche nur die an der fraglichen Reaktion teilnehmenden Ionen (nicht aber die entgegengesetzt geladenen Begleitionen) enthält. Selbstverständlich müssen bei jeder Gleichung auf beiden Seiten des Gleichheitszeichens oder Pfeiles von jedem Element gleich viele Atome vorhanden sein; bei Ionengleichungen muß zudem die algebraische Summe aller Ionenladungen auf beiden Seiten gleich groß sein.
Ebenso wie die Symbole und Formeln bringen die Reaktionsgleichungen die Massen- (und bei Reaktionen, an denen Gase beteiligt sind, auch die Volumen-) verhältnisse zum Ausdruck.

[1] Man bezieht die ΔE_s- und ΔE_g-Werte gewöhnlich auf ein Volumen von 1000 g Lösungsmittel; sie müssen dann als *«molale»* Größen bezeichnet werden. (Die *«Molalität»* gibt die Anzahl Mol pro kg Lösungsmittel an.)

Stöchiometrische Gleichungen stellen stets die **Ergebnisse von durchgeführten Experimenten,** von Messungen der quantitativen Zusammensetzung von Verbindungen und des massenmäßigen Ablaufes von Reaktionen dar; sie geben keinerlei Aufschluß darüber, auf welche Weise und wie rasch die Umwandlung der Ausgangsstoffe in die Endstoffe geschieht, d. h. sie sagen nichts aus über den «Mechanismus» der betreffenden Reaktion.

Aus den Gleichungen lassen sich in einfacher Weise Stoffmengen oder Gasvolumina berechnen.

1. Beispiel: Wieviel Gramm Kohlenstoff werden zur Reduktion von 20 g Bleioxid benötigt?

Damit die Aufgabe gelöst werden kann, ist es notwendig, zuerst die richtige Gleichung des Vorganges zu kennen. Wenn Bleioxid reduziert wird, muß Kohlenstoff oxidiert werden. In dem hier vorliegenden Fall entsteht daraus CO_2. Die richtige Gleichung lautet daher:

$$2\,PbO + C \rightarrow CO_2 + 2\,Pb$$

Beim Aufstellen einer Gleichung muß darauf geachtet werden, daß auf beiden Seiten des Pfeiles gleich viele Atome jedes Elementes vorhanden sind. Beim «Richtigstellen» einer Gleichung dürfen aber nicht die Formeln von Verbindungen verändert werden (Formeln sind der Ausdruck der quantitativen Zusammensetzung einer Verbindung!); die Atomzahlen dürfen also nur dadurch ausgeglichen werden, daß ganze Formeln mit entsprechenden Faktoren multipliziert werden, daher hier 2 · PbO!

Die Gleichung gibt nun die Massenverhältnisse:

$$\underset{2 \cdot 223\ \text{Teile}}{2\,PbO} + \underset{12\ \text{Teile}}{C} \rightarrow \underset{44\ \text{Teile}}{CO_2} + \underset{2 \cdot 207\ \text{Teile}}{2\,Pb}$$

Die gesuchte Menge Kohlenstoff (*x* Gramm) verhält sich zu 20 g wie 12 : 2 · 223, also

$$x : 20 = 12 : (2 \cdot 223) \qquad x = \frac{12 \cdot 20}{2 \cdot 223}\ \text{g} = 0{,}538\ \text{g}$$

0,538 g C reduzieren also 20 g PbO.

2. Beispiel: Wie viele Liter Wasserstoff entstehen, wenn man 20 g Zink mit Salzsäure reagieren läßt, und wieviel 15% Salzsäure braucht man dazu?

Zink und Salzsäure (die Lösung von HCl-Gas in Wasser) ergeben Wasserstoff und (gelöstes) Zinkchlorid ($ZnCl_2$):

$$\underset{65{,}4\ \text{Teile}}{Zn} + \underset{2 \cdot 36{,}5\ \text{Teile}}{2\,HCl} \rightarrow \underset{136{,}4\ \text{Teile}}{ZnCl_2} + \underset{2\ \text{Teile}}{H_2}$$

65,4 g Zink ergeben 2 g Wasserstoff oder 22,4 Liter Wasserstoff;
20 g Zink ergeben *x* Liter:

$$65{,}4 : 22{,}4 = 20 : x \qquad x = \frac{20 \cdot 22{,}4}{65{,}4}\ \text{Liter} = \underline{6{,}86\ \text{Liter}\ H_2}$$

Zur Reaktion mit 65,4 g Zink sind 2 · 36,5 g HCl, für 20 g Zink also *y* g HCl nötig:

$$65{,}4 : (2 \cdot 36{,}5) = 20 : y \qquad y = \frac{20 \cdot 2 \cdot 36{,}5}{65{,}4}\,\text{g} = 22{,}3\ \text{g (reines) HCl}$$

Um die benötigte Menge der 15% Säure zu erhalten, multiplizieren wir mit $\frac{100}{15}$:

$$\frac{22{,}3 \cdot 100}{15} = \underline{148{,}5\ \text{g}\ 15\%\ \text{Salzsäure}}$$

3. Beispiel: Um den Gips- ($CaSO_4$-) Gehalt in Wasser zu bestimmen, kann man zu einer Wasserprobe $BaCl_2$-Lösung hinzugeben. Die Ba^{2+}-Ionen bilden mit den SO_4^{2-}-Ionen das sehr schwerlösliche $BaSO_4$, welches abfiltriert und gewogen werden kann. 100 cm³ eines Mineralwassers gaben 0,173 g $BaSO_4$. Wie groß war der Gipsgehalt?

Die Gleichung für die Ausfällung von $BaSO_4$ lautet

$CaSO_4$	+	$BaCl_2$	$\longrightarrow$	$BaSO_4$	+	$CaCl_2$
(Ionen, gelöst)		(Ionen, gelöst)		Ionengitter *schwerlöslich*		(Ionen, gelöst)
136 Teile				233,4 Teile		

233,4 Teile $BaSO_4$ entstehen aus 136 Teilen $CaSO_4$; 0,173 g $BaSO_4$ daher aus *x* g $CaSO_4$:

$$233{,}4 : 136 = 0{,}173 : x \qquad x = \frac{0{,}173 \cdot 136}{233{,}4}\,\text{g} = 0{,}1007\ \text{g}$$

Das Mineralwasser enthielt also 1,007 g/l oder rund <u>1 ‰ $CaSO_4$</u>.

Um den Gehalt einer Lösung zu bestimmen, verfährt man oft so, daß man eine andere Lösung von bekanntem Gehalt mit ihr reagieren läßt und aus dem Verbrauch dieser «Standardlösung» die ursprüngliche Konzentration berechnet (*Maßanalyse* oder *Titration*, siehe S. 213 und Rechenbeispiel 6). Zur Angabe des Gehaltes von Lösungen sind folgende **Konzentrationsmaße** gebräuchlich:

Massen- oder **Volumenprozente**: Gramm der betreffenden Substanz in 100 g Lösung bzw. 100 ml Lösung. Wo keine anderen Angaben gemacht werden, meint man gewöhnlich Massenprozente.

Molarität: Die Molarität einer Lösung ist die Anzahl Mole des gelösten Stoffes in 1 Liter Lösung. Die Molarität – abgekürzt mit M – ist die am häufigsten verwendete Konzentrationsangabe. Sie ist insbesondere für Laboratoriumsarbeiten sehr praktisch, weil wäßrige Lösungen einer gewünschten Molarität sehr leicht durch Abwägen der nötigen Substanzmenge und Auffüllen zum nötigen Volumen hergestellt werden können. Da aber das Volumen einer Lösung temperaturabhängig ist, ist die molare Konzentration genau genommen auch *temperaturabhängig*. Weiter ist zu beachten, daß beispielsweise eine 0,2-M-Lösung von $BaCl_2$ zwar 0,2 Mol $BaCl_2$ (= 41,6 g) im Liter gelöst enthält, daß jedoch die Konzentration der Cl^--Ionen 0,4-M ist (die Lösung enthält pro Liter 2 · 0,2-Mol-Cl^--Ionen!), während die Konzentration der Ba^{2+}-Ionen 0,2-M beträgt. In Formeln oder Gleichungen werden molare Konzentrationen sehr häufig dadurch angegeben, daß man die Symbole oder Formeln der betreffenden Substanzen in *runde Klammern* schreibt oder sie mit dem Buchstaben *c* versieht: $(Ba^{2+}) = 0{,}5$ oder $c_{Ba^{2+}} = 0{,}5$ bedeutet dann: die molare Konzentration der Ba^{2+}-Ionen ist 0,5 Mol/Liter.

Molalität: Dies ist die Anzahl Mole, gelöst in 1000 g Lösungsmittel. Die auf S. 140 angegebenen ΔE_g- und ΔE_s-Werte beziehen sich jeweils auf ein Volumen von 1000 g Lösungsmittel; sie müssen deshalb als molale ΔE_g- und ΔE_s-Werte bezeichnet werden.

Über die **Normalität** siehe S. 213.

Weitere Rechenbeispiele:

4. Konzentrierte Salpetersäure enthält 69 Gewichts-% HNO_3 (ϱ = 1,41). Man berechne ihre Molarität und ihre Molalität. Wieviel dieser Säure wird zur Herstellung von 100 ml 1-M HNO_3 benötigt?

   a) Berechnung der Molarität:

   1 Liter = 1410 g enthalten 69% = 973 g reine HNO_3; das sind $\frac{973}{63}$ Mol = 15,42 Mol.
   Die konzentrierte Säure ist also <u>15,42-molar.</u>

   b) Berechnung der Molalität:

   1410 g konzentrierte Säure enthalten 973 g reine HNO_3 und 437 g H_2O. Auf 1000 g H_2O kommen somit $\frac{973 \cdot 1000}{437}$ =2230 g HNO_3. Das sind $\frac{2230}{63}$ = 35,4 Mole. Die konzentrierte Säure ist also <u>35,4-molal.</u>

5. Konzentrierte Salzsäure enthält 36 Gewichts-% HCl ($\varrho = 1{,}19\ g \cdot cm^{-3}$).

   a) Welches Volumen HCl-Gas und wieviel ml Wasser müssen genommen werden, um 1 Liter konz. Salzsäure zu erhalten?

   b) Wie viele Liter HCl-Gas müssen in 1 Liter Wasser gelöst werden, um konzentrierte Salzsäure zu erhalten? Wieviel (g, ml) konzentrierte Salzsäure erhält man dadurch?

   c) Welches ist die Molarität von konzentrierter Salzsäure?

   a) 1 Liter konz. Salzsäure wiegt 1190 g und enthält 36% = 428 g HCl. Um 1 Liter konz. Salzsäure zu bekommen, benötigt man somit 762 g (= 762 ml) Wasser und 428 g HCl. Das Volumen des benötigten HCl-Gases ist

   $$V_{HCl} = \frac{428 \cdot 22{,}4}{36{,}5} = \underline{\underline{262 \text{ Liter.}}}$$

   b) Da auf 762 g Wasser 428 g HCl-Gas kommen, benötigen wir für 1000 g (= 1000 ml) Wasser

   $$m_{HCl} = \frac{428 \cdot 1000}{762} = 562 \text{ g. Das Volumen ist}$$

   $$V_{HCl} = \frac{562 \cdot 22{,}4}{36{,}5} = \underline{\underline{345 \text{ Liter.}}}$$

   In 1 Liter Wasser müssen somit 345 Liter HCl-Gas gelöst werden, wodurch man 562 g + 1000 g = 1562 g konzentrierte Salzsäure mit einem Volumen von 1562/1,19 = 1305 ml erhält.

   c) 1000 ml konz. Salzsäure enthalten nach a) 428 g HCl-Gas. Dies sind 428/36,5 Mol; ihre Molarität ist also <u>11,7.</u>

6. Ein Verfahren zur quantitativen Bestimmung des Cu^{2+}-Gehaltes von Kupfersalzen besteht darin, daß man die Lösung mit einem Überschuß von KI versetzt, wobei sich gemäß folgender Reaktion I_2 bildet:

$$2\,Cu^{2+} + 4\,I^- \longrightarrow I_2 + 2\,CuI$$

Das ausgeschiedene Iod wird mit einer Maßlösung von Natriumthiosulfat ($Na_2S_2O_3$) bestimmt:

$$2\,Na_2S_2O_3 + I_2 \longrightarrow 2\,NaI + Na_2S_4O_6$$

Der Endpunkt wird dadurch erkannt, daß eine zugesetzte Stärkelösung, die mit I_2 eine Blaufärbung gibt, schlagartig farblos wird.
Zur Bestimmung des Kupfergehaltes einer Legierung wurde nun 1 g der Legierung in einer Säure gelöst und auf 100 ml aufgefüllt. 10 ml dieser Lösung verbrauchten nach Zusatz von KI und Stärkelösung 11,8 ml einer 0,1-M Thiosulfatlösung. Gesucht ist der Gehalt der Legierung an Kupfer.
Aus den beiden Reaktionsgleichungen ergibt sich, daß 1 Mol Thiosulfat 1 Mol Cu = 63,5 g Cu entspricht. 1 ml 0,1-M Thiosulfatlösung enthält 0,1 mMol Thiosulfat und entspricht damit 0,1 mMol = 6,35 mg Kupfer.
11,8 ml 0,1-M $Na_2S_2O_3$-Lg. entsprechen $11{,}8 \cdot 6{,}35$ mg = 75 mg Cu.
Da für die Bestimmung nur $^1/_{10}$ der gesamten Lösung verwendet wurde, enthielt 1 g der Legierung 750 mg Cu oder <u>75% Kupfer.</u>

Übungen

4.1 Stellen Sie die verschiedenen Methoden der Molekülmassenbestimmung zusammen.
4.2 Erklären Sie die Ausdrücke «Molekülmassen», «Mol», «Aktivität».
4.3 Wieviel Teilchen sind enthalten in 1 Mol CO_2, ½ Mol Kochsalz, 1 Mol Na_2SO_4 und 1 Mol $K_4[Fe(CN)_6]$?
4.4 Was drückt eine chemische Gleichung aus?
4.5 Stellen Sie folgende «Gleichungen» durch Einführen entsprechender Faktoren richtig:

$$FeS_2 + O_2 \longrightarrow SO_2 + Fe_2O_3$$
$$C_6H_{14} + O_2 \longrightarrow CO_2 + H_2O$$
$$Mg_3N_2 + H_2O \longrightarrow Mg(OH)_2 + NH_3$$
$$Fe_3O_4 + Al \longrightarrow Al_2O_3 + Fe$$

4.6 Wieviel Liter Bromwasserstoff enthält 1 Liter konz. Bromwasserstoffsäure (48 Gew.-%; Dichte = 1,48 g/cm³) gelöst?
4.7 Wieviel Liter Luft sind nötig, um 20 g Mg zu verbrennen?
4.8 Wieviel Kalkstein (enthält 95% $CaCO_3$) muß man brennen, um 1 Tonne CaO zu erhalten?
4.9 Welche Molekülmasse hat ein Gas, dessen Litergewicht 1,2504 g beträgt?
4.10 Welches Litergewicht hat Schwefeldioxid?
4.11 Wieviel mal schwerer als Luft sind Kohlendioxid und Kohlenmonoxid?
4.12 Eine Lösung von 10 g Zucker in 500 g dest. Wasser gefriert bei −0,108°C. Berechnen Sie die Molekülmasse von Zucker.
4.13 Wieviel Fe erhält man bei der Reduktion von 10 Tonnen eines Erzes, das 65% Fe_2O_3 enthält, und wieviel eines Gasgemisches, das neben Stickstoff und CO_2 15% CO enthält, braucht es dazu?

4.14 1,60 g eines Eisenoxids wurden im Wasserstoffstrom bis zur vollständigen Umwandlung in Eisen erhitzt. Es entstanden 1,12 g Eisen. Substanzformel des Oxids?

4.15 Wenn man Bariumbromid ($BaBr_2$) im Chlorstrom erhitzt, wird es quantitativ in Bariumchlorid, $BaCl_2$, umgewandelt. Aus 1,50 g $BaBr_2$ entstanden in einem bestimmten Fall 1,05 g $BaCl_2$. Berechnen Sie die Atommassenzahl von Barium.

4.16 4,22 g einer Mischung von $CaCl_2$ und NaCl wurden gelöst und mit Na_2CO_3-Lösung versetzt, so daß die Ca^{2+}-Ionen vollständig als $CaCO_3$ gefällt wurden. Nachdem der $CaCO_3$-Niederschlag abfiltriert worden war, wurde er durch Glühen in CaO übergeführt. Man erhielt dabei 0,959 g CaO. Wie groß war der prozentuale Anteil an $CaCl_2$ in der ursprünglichen Mischung?

4.17 2,07 g reines Blei werden in Salpetersäure aufgelöst. Die dadurch entstandene Lösung von Bleinitrat wird mit Salzsäure, Chlorgas und Ammoniumchlorid behandelt und dadurch in Ammoniumhexachloroplumbat, $(NH_4)_2PbCl_6$, übergeführt. Wie groß ist die maximal mögliche Ausbeute?

4.18 Eine bestimmte Menge eines unbekannten Bariumoxids ergaben bei starkem Glühen 5,00 g reines BaO und 366 ml Sauerstoff (bei 273°K und 1 atm). Welches ist die Substanzformel des unbekannten Oxids? Wieviel Oxid war ursprünglich vorhanden?

4.19 Konzentrierte Salpetersäure enthält 69 Gew.-% HNO_3 und hat eine Dichte von 1,41 g/cm³. Welches Volumen und welches Gewicht der Säure werden benötigt zur Herstellung von 100 ml 6-M Säure?

4.20 100 g einer bestimmten Lösung enthalten 10 g NaCl. Die Dichte der Lösung beträgt 1,071 g/cm³. Geben Sie die Molarität und die Molalität der Lösung an.

4.21 Eine Lösung von 0,402 g Naphthalin in 26,6 g Chloroform siedet um 0,455°C höher als reines Chloroform. Geben Sie die molale Siedepunkterhöhung von Chloroform an! (Naphthalin = $C_{10}H_8$).

4.22 Ein Gemisch von 2,560 g Schwefel und 100 g Naphthalin schmilzt um 0,680°C tiefer als reines Naphthalin (E_g = 6,8°C). Molekülmasse von Schwefel?

Literatur

G. M. Barrow *et al.*	*Understanding Chemistry I: Chemical Quantities*. Benjamin, New York 1967
W. F. Kieffer	*The Mole Concept in Chemistry*. Reinhold, New York 1962
P. Nylén und N. Wigren	*Einführung in die Stöchiometrie*. Steinkopff, Darmstadt 1955
M. J. Sienko	*Freshman Problems and How to Solve Them*. Part I: *Stoichiometry and Structure*. Benjamin, New York 1964
W. Wittenberger	*Rechnen in der Chemie*. Springer, Wien 1962

5 Der Verlauf chemischer Vorgänge

5.1 Energie und chemische Vorgänge

Energie, d. h. die Fähigkeit, Arbeit zu leisten, existiert in verschiedenen Formen: Wärme, elektrische und mechanische Energie usw., und kann als kinetische (Bewegungs-) Energie (z. B. Energie einer rollenden Kugel; Wärme als kinetische Energie kleinster Teilchen) oder potentielle Energie in Erscheinung treten (z. B. Energie einer gespannten Feder oder eines Sprengstoffes). Potentielle und kinetische Energie wie auch die verschiedenen Energieformen überhaupt können weitgehend ineinander umgewandelt werden:

Tabelle 5.1. Wechselseitige Umwandlung von Energiearten

Energieform		Energieform
mechanische Energie		Wärmeenergie
Bewegung	Reibung →	Reibungswärme
Bewegung	← Dampfmaschine	Wärme des Wasserdampfes
mechanische Energie		elektrische Energie
Energie des in einer Druckleitung fließenden Wassers	Generator →	elektrischer Strom
Schall	← Lautsprecher	elektrischer Strom
Wärmeenergie		elektrische Energie
Wärme des Wasserdampfes	Dampfturbine →	elektrischer Strom
Wärme	← Kochherd	elektrischer Strom
Wärmeenergie		Lichtenergie
zugeführte Wärme	glühendes Metall →	Licht
aufgenommene Wärme	← bestrahlte Gegenstände	Sonnenlicht
Wärmeenergie		chemische Energie
zugeführte Wärme	Kochherd →	gekochte Lebensmittel
ausgestrahlte Wärme	← Ofen	Brennstoff
elektrische Energie		chemische Energie
elektrischer Strom	Laden einer Autobatterie →	chemische Energie (in der Batterie gespeichert)
elektrischer Strom	← Entladen einer Autobatterie	chemische Energie (in der Batterie gespeichert)

Oft wird jede Energieform in einer besonderen Einheit gemessen; die mechanische in Joule oder Meterkilopond (mkp), die elektrische in Elektronvolt (eV) oder Kilowattstunden (kWh), die der Gase in Literatmosphären (l atm), die Wärme in Kalorien (cal bzw. kcal) usw. Im *«SI-System»* (Système International d'Unités), wird *nur noch das Joule* für *alle Energieformen* verwendet. Da sich das SI-System immer mehr durchsetzen wird, wollen wir den Umrechnungsfaktor zur Umwandlung von cal (kcal) (die in der chemischen Literatur am meisten verwendete Einheit) in Joule (Kilojoule) besonders angeben:

1 cal = 4,186 J 1 kcal = 4,186 kJ

Tabelle 5.2. Umrechnungsfaktoren für verschiedene Energieeinheiten

	eV	kWh	Joule	mkp	l atm	kcal
eV	1	$4{,}45 \cdot 10^{-26}$	$1{,}6 \cdot 10^{-19}$	$1{,}63 \cdot 10^{-20}$	$1{,}63 \cdot 10^{-21}$	$3{,}83 \cdot 10^{-23}$
kWh	$2{,}24 \cdot 10^{25}$	1	$3{,}6 \cdot 10^{6}$	$3{,}67 \cdot 10^{5}$	$3{,}67 \cdot 10^{4}$	$0{,}86 \cdot 10^{3}$
Joule	$0{,}65 \cdot 10^{19}$	$2{,}78 \cdot 10^{-7}$	1	$1{,}02 \cdot 10^{-1}$	$1{,}02 \cdot 10^{-2}$	$2{,}39 \cdot 10^{-4}$
mkp	$0{,}61 \cdot 10^{20}$	$2{,}72 \cdot 10^{-6}$	$0{,}98 \cdot 10$	1	$1 \cdot 10^{-1}$	$2{,}34 \cdot 10^{-3}$
l.at	$0{,}61 \cdot 10^{21}$	$2{,}72 \cdot 10^{-5}$	$0{,}98 \cdot 10^{2}$	10	1	$2{,}34 \cdot 10^{-2}$
kcal	$2{,}61 \cdot 10^{22}$	$1{,}16 \cdot 10^{-3}$	$4{,}18 \cdot 10^{3}$	$4{,}27 \cdot 10^{2}$	$4{,}27 \cdot 10$	1

Reaktionswärme. Jeder chemische Vorgang ist mit einem Energieumsatz verknüpft. Die freiwerdende oder verbrauchte Energie wird als «**Reaktionswärme**» oder «Wärmetönung» bezeichnet, weil die Energie sehr häufig in Form von Wärme auftritt. Zur Abkürzung der Reaktionswärme dient das Symbol ΔH. Bei exothermen Vorgängen wird Energie frei; ΔH erhält dann – der in der physikalischen Chemie üblichen Konvention folgend – negatives Vorzeichen: Die Substanzen verlieren Energie an die Umgebung. Man gibt also das Vorzeichen von ΔH vom Standpunkt der Stoffe aus! Bei endothermen Reaktionen schreibt man ΔH mit positivem Vorzeichen: die Produkte sind energiereicher als die Ausgangsstoffe[1].
Die Tatsache, daß als Begleiterscheinung chemischer Vorgänge Energie abgegeben oder aufgenommen wird, zeigt, daß offenbar jedem Stoff eine bestimmte Energiemenge (ein «**Energieinhalt**» oder eine «**Enthalpie**») zugeschrieben werden muß. Die Enthalpie eines bestimmten Stoffes ist im festen Zustand am kleinsten, im Gaszustand am größten (zum Schmelzen und Verdampfen muß der Substanz Energie zugeführt werden!) und stellt seine gesamte thermische und chemische Energie (d.h. Bewegungs-, Rotations- und Schwingungsenergie der Teilchen sowie Gitter-, Bindungs- usw. -energie) dar. Die absoluten Werte der Enthalpien sind nicht meßbar; *man definiert deshalb willkürlich die Enthalpien der Elemente* im Standard- oder *«Grund»-Zustand* (d.h. im stabilsten physikalischen Zustand bei 25°C und 1 atm) *gleich Null.*
Führt man eine chemische Reaktion bei konstanter Temperatur aus (die Endstoffe liegen dann bei der gleichen Temperatur vor wie die Ausgangsstoffe), so wird die **Reaktionswärme** gleich der Differenz zwischen den Enthalpien der Ausgangs- und der Endstoffe.

Reaktionsenthalpien («Reaktionswärmen»)[2] werden auch heute noch meistens in kcal angegeben und jeweils auf einen *«Formelumsatz»* bezogen. Dabei werden von jedem Reaktanten so viele Mole umgesetzt, wie die Reaktionsgleichung angibt.

[1] Gelegentlich findet man in der Literatur auch die *umgekehrte* Vorzeichengebung: Reaktionswärme bei exothermen Vorgängen mit positivem Vorzeichen!
[2] **Reaktionsenthalpien** beziehen sich stets auf Vorgänge, die **bei konstantem Druck** durchgeführt werden; vgl. dazu *Grundlagen der allgemeinen und anorganischen Chemie,* S. 272.

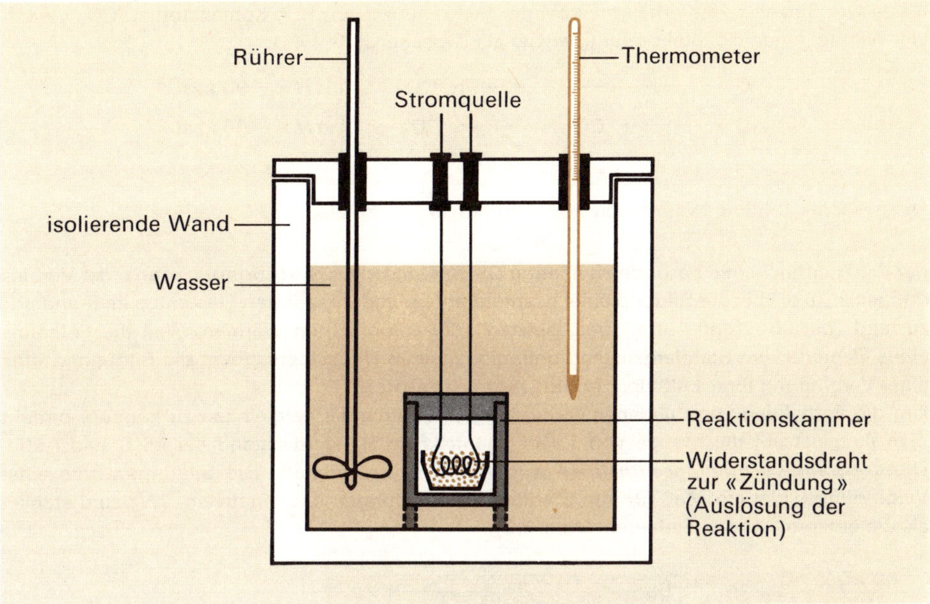

Abb. 5.1. Schema eines Kalorimeters. Das hier dargestellte Kalorimeter (eine sog. kalorimetrische Bombe) ermöglicht die Messung der Reaktionswärme bei konstantem Volumen! Zur Messung der Reaktionsenthalpie muß ein von der Atmosphäre nicht abgeschlossenes Kalorimeter benützt werden

Zur *Messung* der Reaktionswärmen führt man den zu untersuchenden Vorgang in einem *Kalorimeter* durch, einem von einem Wassermantel umgebenen, abgeschlossenen oder offenen Gefäß (Abb. 5.1). Aus der Masse des Wassers und der Differenz der Wassertemperatur vor und nach der Reaktion läßt sich die freigesetzte (oder verbrauchte) Wärme bestimmen.

Die Kenntnis von Reaktionswärmen ist nicht nur in theoretischer Hinsicht, sondern auch für die praktische Durchführung chemischer Vorgänge von großer Bedeutung. Oft läßt sich jedoch wegen experimenteller Schwierigkeiten eine bestimmte Reaktionswärme nicht direkt messen. Hingegen kann man in solchen Fällen häufig den Endzustand aus den Ausgangsstoffen über einen Umweg erreichen, der für die Messung geeigneter ist. Nach dem Satz von Heß[1] («**Gesetz der konstanten Wärmesummen**») hängt nämlich die Wärmetönung eines bestimmten Vorganges nicht vom Weg ab, d.h. ist immer dieselbe, ob man diesen Vorgang direkt oder in voneinander getrennten Schritten durchführt.

Beispiel

Die Bildungswärme von Kohlenmonoxid läßt sich nur indirekt bestimmen, weil Kohlenstoff bei der Verbrennung stets – wenn auch in gewissen Fällen nur spurenweise – Kohlendioxid bildet. Hingegen kann man folgende Reaktionsenthalpien direkt messen:

$$C + O_2 \rightarrow CO_2 \quad |\Delta H = -96 \text{ kcal} \qquad CO + \tfrac{1}{2} O_2 \rightarrow CO_2 \quad |\Delta H = -67{,}4 \text{ kcal}$$

[1] G. H. Heß (1802–1850), Chemiker in Petersburg (Leningrad). Führte insbesondere viele Messungen von Reaktionswärmen durch.

Nach dem Satz von Heß erhält man bei der Verbrennung von 12 g Kohlenstoff zu CO_2 gleichviel Wärme, wenn sie direkt oder über CO als Zwischenstufe führt:

$$C \longrightarrow CO_2 \qquad | \Delta H = -96 \text{ kcal}$$

$$C \xrightarrow[x]{} CO \xrightarrow{} CO_2 \qquad | \Delta H = -96 \text{ kcal}$$

$$\qquad\qquad \nearrow -67{,}4 \text{ kcal}$$

Die gesuchte Bildungswärme von Kohlenmonoxid beträgt also $-28{,}6$ kcal/Mol.

Für die Thermochemie besonders wichtige Größen sind die «**Bildungswärmen**» der Verbindungen, d. h. die bei der Bildung einer bestimmten Verbindung aus den Elementen im Standardzustand (bei 25°C und 1 atm) freigesetzten oder verbrauchten Wärmen. Weil die Enthalpie eines Elementes im Standardzustand definitionsgemäß Null ist, entspricht die Bildungswärme einer Verbindung ihrer Enthalpie («**Bildungsenthalpie**»).
Um die Enthalpien verschiedener Verbindungen miteinander vergleichen zu können, bezieht man sie meist auf die Menge von 1 Mol ebenfalls im Standardzustand bei 25°C und 1 atm. Diese *«Standard-Bildungsenthalpie»* wird mit ΔH_f^0 bezeichnet[1]. Die Bildungswärme einer Verbindung bildet ein Maß für ihre Stabilität; Verbindungen mit negativem ΔH_f^0 sind stabiler als die entsprechenden Elemente (Abb. 5.2).

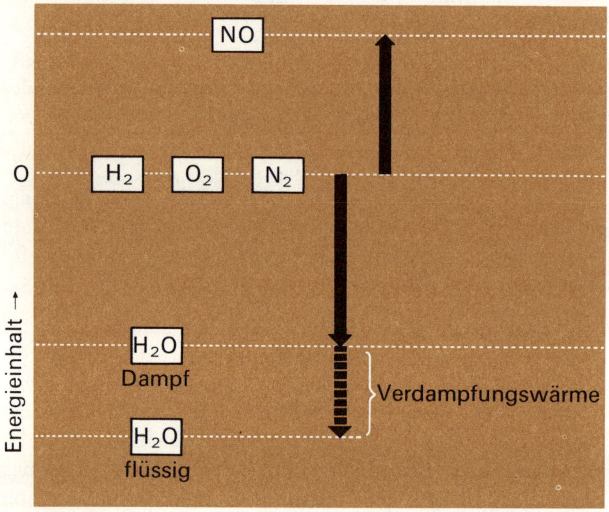

Abb. 5.2. Enthalpien von NO und Wasser

Die Bildungswärmen werden häufig auch zur **Berechnung von Reaktionswärmen** verwendet; die Reaktionswärme eines Vorganges ist gleich der Differenz zwischen der Summe der Bildungswärmen der Endstoffe (Produkte) und der Summe der Bildungswärmen der Ausgangsstoffe (Edukte):

$$\Delta H = \Sigma \Delta H_f^0 \text{ (Produkte)} - \Sigma \Delta H_f^0 \text{ (Edukte)}.$$

[1] Der Index *f* bedeutet «of formation» («Bildungs-»).

Beispiele

Kupferoxid läßt sich mit Wasserstoff in deutlich exothermer Reaktion «reduzieren», wobei sich metallisches Kupfer und Wasser bilden. Die entsprechende Reaktion mit Bleioxid erfolgt nur noch schwach exotherm. Aluminiumoxid oder Magnesiumoxid reagieren mit Wasserstoff überhaupt nicht mehr. – Wegen der hohen Bildungswärme von Aluminiumoxid verlaufen manche «Reduktionen» von Metalloxiden mit Aluminium ganz besonders heftig.

Für die Reaktion von Wasserdampf mit glühender Kohle

$$C + H_2O \longrightarrow CO + H_2$$

zeigt das Schema der Abb. 5.3 die aufzuwendende Reaktionswärme.

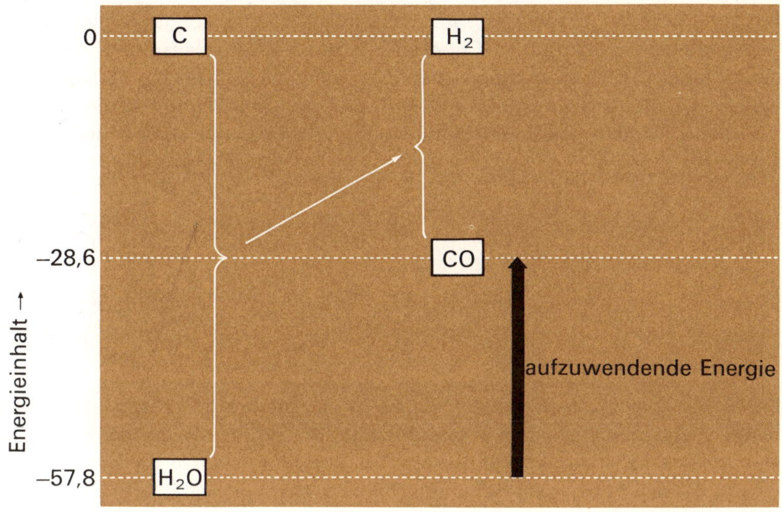

Abb. 5.3. Reaktionswärme der Umsetzung von Wasserdampf mit Kohle

Tabelle 5.3. Standard-Bildungswärmen[1] (kcal/Mol)

CaO *(s)*	−151,8	SO_2 *(g)*	− 70,96	H_2O *(g)*	−57,8
MgO *(s)*	−145,8	NO *(g)*	21,60	H_2O *(l)*	−68,3
Al_2O_3 *(s)*	−399,1	NO_2 *(g)*	8,09	H_2S *(g)*	− 4,81
Fe_2O_3 *(s)*	−196,5	CO *(g)*	− 28,6	HCl *(g)*	−22,06
ZnO *(s)*	− 83,2	CO_2 *(g)*	− 96,0	HBr *(g)*	− 8,66
PbO *(s)*	− 52,7	SiO_2 *(s)*	−209,9	HI *(g)*	6,20
CuO *(s)*	− 33,0			NH_3 *(g)*	−11,0
Ag_2O *(s)*	− 6,5			CH_2 *(g)*	−17,9

[1] Um den Aggregatzustand deutlich zum Ausdruck zu bringen, stellen wir hinter Symbole oder Formeln die Abkürzungen *(s)* für fest, *(l)* für flüssig und *(g)* für gasförmig.

Photochemische Reaktionen. Bei sehr vielen chemischen Reaktionen wird ein Teil der Reaktionswärme als *Lichtenergie* frei (Verbrennungen!). Anderseits werden gewisse Vorgänge auch durch Licht ausgelöst oder überhaupt erst ermöglicht. Solche Reaktionen nennt man *«photochemische» Vorgänge*. Das Licht kann dabei lediglich als «Aktivierungsenergie» wirken (d.h. den Vorgang auslösen), oder es kann die für einen endothermen Vorgang notwendige Energie bilden. Lichtenergie kann jedoch nur dann chemisch wirksam sein, wenn sie durch die Teilchen eines Stoffes *absorbiert* werden kann. Sichtbares Licht wird nur von farbigen Stoffen absorbiert; *nur ein System, das farbige Stoffe enthält, vermag daher auf sichtbares Licht zu reagieren.*

Zu den photochemischen Reaktionen gehört eine Reihe äußerst wichtiger Vorgänge. Beispiele bilden das Ausbleichen von Farbstoffen am Licht, die Kohlendioxid-Assimilation grüner Pflanzen (die sogenannte Photosynthese; das grüne Chlorophyll absorbiert die wirksamen Strahlen), die Vorgänge auf dem photographischen Film, die Auslösung der Explosion von Chlorknallgas (eines Gemisches von Chlorgas und Wasserstoff).

Bei der *Chlorknallgasreaktion* wirkt das Licht als Aktivierungsenergie. Der Vorgang verläuft folgendermaßen: Die grünen Cl_2-Moleküle absorbieren blaues und rotes Licht. Durch Aufnahme eines genügend energiereichen Energiequants kann ein Cl_2-Molekül in Atome gespalten werden. Die Cl-Atome reagieren mit H_2-Molekülen zu HCl und H-Atomen, welche sich wieder mit Cl_2-Molekülen zu HCl und Cl-Atomen umsetzen, usw. Es tritt daher eine «Kettenreaktion» ein:

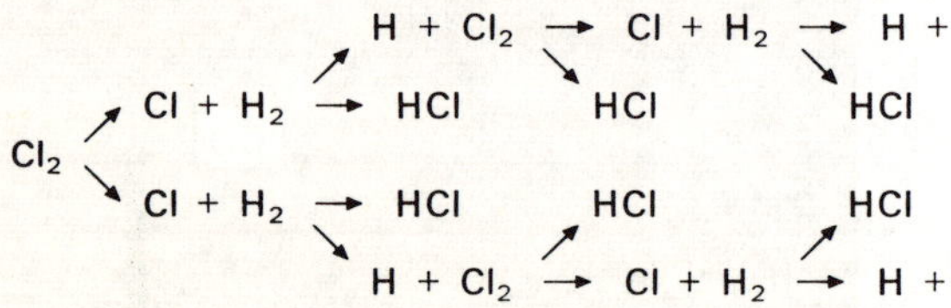

Bei sehr kräftiger Belichtung läuft im Gefäß eine riesige Zahl Reaktionsketten gleichzeitig ab, wobei als Folge der ziemlich großen Polarität des HCl-Moleküls viel Energie frei wird, so daß eine kräftige Explosion eintritt. Zerstreutes Tageslicht vermag die Reaktion auch auszulösen; wegen der viel geringeren Lichtintensität sind aber viel weniger Reaktionsketten gleichzeitig vorhanden, und der Vorgang verläuft entsprechend langsam (ohne Explosion). Rotes Licht ist – obschon es von den Cl_2-Molekülen auch absorbiert wird – nicht wirksam. Dies kommt davon her, daß die Lichtenergie quantenhaft absorbiert wird, die «roten» Energiequanten aber gemäß der Planckschen Formel[1] zu wenig energiereich sind, um ein Molekül spalten zu können. Nur die energiereicheren Quanten des blauen Lichtes enthalten genügend Energie zur Spaltung.

Anders wirkt das Licht bei der *photochemischen Zersetzung der Silberhalogenide*. Bei der Einwirkung von Licht auf das weißliche Silberchlorid (AgCl) oder das schwach gelbliche Silberbromid (AgBr) färben sich die Salze allmählich schwarz. Unter dem Einfluß der Lichtenergie wird ein Elektron von einem Cl^--Ion auf ein Ag^+-Ion übertragen; Ag^+-Ionen werden zu metallischem Silber; aus den Cl^--Ionen entsteht elementares Chlor:

$$2\,Ag^+Cl^- \longrightarrow 2\,Ag + Cl_2$$

Das Licht liefert hier die Energie, die zur Umkehrung der (exothermen) Bildung des Salzes aus den Elementen notwendig ist.

[1] Nach Planck ist $E = h \cdot \nu$, wobei ν (die Frequenz) umgekehrt proportional zur Wellenlänge ist (siehe S. 60). Blaues Licht (mit kürzeren Wellenlängen) besitzt daher energiereichere Quanten!

Dieser Vorgang bildet die Grundlage der *Photographie*. Photographische Filme oder Papiere enthalten AgBr (Kopierpapiere auch AgCl), eingebettet in eine Gelatineschicht, welche als Bindemittel dient, gleichzeitig aber wahrscheinlich auch das Silbersalz lichtempfindlicher macht. Bei der Belichtung werden in AgBr-Körnchen je nach der auffallenden Lichtmenge ein oder mehrere Ag^+-Ionen zu Ag-Atomen (das zugleich entstehende Br_2 wird von der Gelatine gebunden), wobei die Gitterordnung gestört wird. Da jedoch noch keine sichtbare Schwärzung auftritt, spricht man von «latentem» (verborgenem) Bild. Der Entwickler «reduziert» die bereits angegriffenen Körner zu metallischem Silber. Man erhält dadurch auf dem Film ein *«Negativ»*, weil die Stellen, wo am meisten Licht auf die Schicht gefallen ist, am stärksten geschwärzt erscheinen. Das unbelichtete AgBr wird durch das Fixiersalz entfernt, welches mit Ag^+-Ionen einen löslichen Komplex bildet (Störung des Löslichkeitsproduktes des schwerlöslichen AgBr, siehe S.183). Sowohl AgBr wie AgCl absorbieren nur ultraviolettes und blaues Licht; es werden daher der Schicht noch bestimmte Farbstoffe zugesetzt, welche auch die übrigen Farben des sichtbaren Lichts absorbieren und die Lichtenergie auf die AgBr-Körner übertragen können (sogenannte Sensibilisatoren). Ein Farbfilm enthält verschiedene lichtempfindliche Schichten übereinander, die für bestimmte Farben sensibilisiert sind und Farbstoffe enthalten.

5.2 Die Triebkraft chemischer Reaktionen

Warum gehen chemische Vorgänge überhaupt vor sich? Warum reagiert z.B. Sauerstoff nach Zündung mit einer Flamme oder einem Funken bei Zimmertemperatur sehr heftig mit Wasserstoff? Warum reagieren Sauerstoff und Stickstoff bei Zimmertemperatur nicht miteinander? Solche und ähnliche Fragen, die Frage nach der *Ursache chemischer Vorgänge*, gehören zu den grundlegenden Problemen der Chemie.
Die Erfahrung lehrt, daß sehr *viele exotherme Reaktionen «von selbst»* eintreten, d.h. (meist allerdings erst nach einer gewissen «Anregung») freiwillig verlaufen. Es besteht also bei chemischen Vorgängen – ebenso wie in der Mechanik! – eine offensichtliche Tendenz zur Erreichung eines energieärmeren Zustandes, also eines Zustandes, dessen Gesamtenergie unter den betreffenden äußeren Bedingungen einen minimalen Wert darstellt («**Prinzip vom Energieminimum**»).

Beispiele

Reaktionen zwischen *Metallen* und *Nichtmetallen* verlaufen besonders leicht, wenn die Bildungswärmen der entstehenden Salze (d.h. die algebraische Summe von Sublimations- und Ionisierungsenergie des Metalls, von Bindungsenergie und Elektronenaffinität des Nichtmetalls und der Gitterenergie) stark negativ sind, wenn also «stabile» Produkte entstehen (siehe S.95).

Molekülverbindungen bilden sich besonders leicht, wenn die Bindungsenergien der Atombindungen in den betreffenden Molekülen groß sind; aus diesem Grund reagiert Wasserstoff ganz besonders heftig mit Fluor und Sauerstoff, etwas weniger heftig mit Chlor und nur relativ langsam mit Schwefel. *Reaktionen zwischen Molekülverbindungen* verlaufen ebenfalls dann stark exotherm, wenn die Bindungsenergien in den entstehenden Molekülen größer sind als die Bindungsenergien der Ausgangsmoleküle, d.h. *wenn aus wenig polaren oder unpolaren Bindungen stark polare Bindungen entstehen*. Dies ist der Grund für die große, bei der Verbrennung vieler organischer Verbindungen (z.B. Benzin!) freiwerdende Wärme: Organische Verbindungen enthalten hauptsächlich C—C- und C—H-Bindungen, die ganz oder nahezu unpolar sind, die Verbrennungsprodukte CO_2 und H_2O dagegen enthalten stark polare C=O- und H—O-Bindungen.

Nun gibt es aber auch *viele endotherme Reaktionen* (mit positivem ΔH), welche *freiwillig* ablaufen, wie z. B. die auf S.159 diskutierte Reaktion von Wasserdampf mit Kohle bei einer Temperatur oberhalb 1500°C oder das Verdunsten einer Flüssigkeit, das Lösen eines Salzes usw. Sehr viele chemische Reaktionen verlaufen *umkehrbar*. Es stellt sich dann ein *«Gleichgewichtszustand»* (siehe S.175) ein, ganz unabhängig davon, ob er durch einen exothermen oder endothermen Vorgang erreicht wird. Die Reaktionswärme ΔH allein kann offenbar nicht als Maß der Triebkraft (des freiwilligen Ablaufes) einer Reaktion dienen. Es muß vielmehr neben der freiwerdenden Energie noch eine andere Größe einen Einfluß auf die Triebkraft ausüben. Dieser zweite Faktor ist die «**Unordnung**». Vergrößerung der Unordnung begünstigt den freiwilligen Ablauf eines Vorganges («**Prinzip vom Streben nach Zunahme der Unordnung**»). Beispielsweise bedeuten Übergang vom festen in den flüssigen oder den gasförmigen Zustand oder das Lösen einer festen Substanz ebenso wie z. B. die Zunahme der Teilchenzahl als Folge einer chemischen Reaktion eine Zunahme der Unordnung.

Die Triebkraft einer Reaktion wird also sowohl durch die Reaktionswärme wie durch die entstehende Unordnung bestimmt. Vorgänge, die mit einer Abgabe von Energie verbunden sind, verlaufen nur dann freiwillig, wenn die Ordnung nicht wesentlich größer wird. Freiwillig verlaufende endotherme Vorgänge sind stets mit einer starken Zunahme der Unordnung verknüpft.

Als Maß der Unordnung einer Substanz oder eines Systems dient die «**Entropie**» *S*. Die Entropie ist ebenso wie der Energieinhalt einer Substanz eine *Zustandsgröße*, d. h. sie hängt nur vom augenblicklichen Zustand ab, in welchem sich die Substanz (das System) befindet, und nicht von der Art und Weise, auf welche die Substanz (das System) in diesen Zustand gelangt ist. Die Entropie einer Substanz ist im gasförmigen Zustand naturgemäß am größten (geringste Ordnung der Teilchen!) und im flüssigen Zustand größer als im festen. Entstehen im Verlauf einer chemischen Reaktion aus flüssigen oder festen Stoffen Gase, *so nimmt die Entropie dabei zu* (die «**Reaktionsentropie**» ist *positiv*). Auch wenn die Zahl der im Gaszustand vorhandenen Teilchen während einer Reaktion wächst (wie z. B. bei der Verbrennung von Kohlenstoff zu Kohlenmonoxid: $2\,C + O_2 \longrightarrow 2\,CO$), ist die Reaktionsentropie positiv. Im Gegensatz zur Enthalpie einer Substanz läßt sich ihre Entropie aus thermischen Daten berechnen, wie nach dem «Dritten Hauptsatz der Wärmelehre» die Entropie eines idealen festen Körpers beim absoluten Nullpunkt (−273°C) gleich Null ist. Die Reaktionsentropie ΔS erhält man ebenso wie die Reaktionswärme ΔH als Differenz zwischen den Summen der Entropien der Produkte und der Summe der Entropien der Edukte:

$$\Delta S = \Sigma S\,(\text{Produkte}) - \Sigma S\,(\text{Edukte})$$

Ein sehr durchsichtiges *Beispiel für den Einfluß von Enthalpie und Entropie* auf die Richtung eines Vorganges bietet das *Verdunsten einer Flüssigkeit*. Hier wirken die beiden Faktoren *gegensinnig:* Wäre nämlich die Tendenz zur Erreichung eines Zustandes größter Unordnung allein entscheidend, so müßten alle Substanzen spontan verdampfen und schließlich sogar zerfallen, so daß im gesamten Temperaturbereich keinerlei Festkörper oder Flüssigkeiten existieren könnten. Die Tendenz zur Erreichung eines möglichst enthalpiearmen Zustandes hätte aber anderseits zur Folge, daß bei keiner Temperatur Substanzen im Gaszustand vorkommen könnten, denn der Übergang in den Gaszustand ist mit einer Enthalpiezunahme verbunden. *Oberhalb des Siedepunktes überwiegt der Einfluß der Entropiezunahme* (das Verdampfen erfolgt freiwillig), während *unterhalb dieser Temperatur die Enthalpieabnahme den Ausschlag gibt:* Das Kondensieren verläuft freiwillig.

Tabelle 5.4. Standard-Entropien S^0 (in cal/grad Mol)[1]

Al	6,77	H_2O *(l)*	16,73	He	30,13
C (Graphit)	1,37	H_2O *(g)*	45,1	Ne	34,95
Cu	7,97	CO *(g)*	47,3	H_2	31,32
Fe	6,49	CO_2 *(g)*	51,1	F_2	48,6
Si	4,51	HF *(g)*	41,5	Cl_2	53,3
AgCl	23,0	HCl *(g)*	44,6	Br_2	58,6
CuO	10,4	HBr *(g)*	47,4	I_2 *(s)*	27,76
Fe_2O_3	21,5	HI *(g)*	49,3	N_2	45,7
SiO_2	10,0	H_2S *(g)*	49,1	O_2	49,0
		NO *(g)*	50,3		
		NO_2 *(g)*	57,5		
		NH_3 *(g)*	46,0		

Offenbar entscheidet die *Temperatur*, bei welcher ein bestimmter Vorgang abläuft, darüber, wie stark die Entropiezunahme (-abnahme) gegenüber der Enthalpieabnahme (-zunahme) ins Gewicht fällt. Beim absoluten Nullpunkt ist der Entropie-Term ohne Einfluß, so daß der stabilste Zustand dem Zustand geringster Enthalpie entspricht. Mit steigender Temperatur wird die thermische Bewegung immer stärker, so daß dann die Bedeutung des Entropie-Termes wächst.

Wenn nun die *«Triebkraft»* («Freiwilligkeit») eines Vorganges durch eine *einzige Größe* charakterisiert werden soll, so muß diese sowohl die Reaktionsenthalpie ΔH wie die Reaktionsentropie ΔS enthalten, wobei die letztere mit der absoluten Temperatur multipliziert werden muß, damit die Temperaturabhängigkeit der Auswirkung des Entropie-Termes zum Ausdruck kommt. Nach Gibbs werden deshalb Reaktionsenthalpie und Reaktionsentropie in der folgenden Weise miteinander verknüpft:

$$\mathbf{\Delta G = \Delta H - T \cdot \Delta S}$$

Dabei ist *G* ebenfalls eine Zustandsgröße, die sogenannte **freie Enthalpie**[2].

ΔG ist die *Änderung der freien Enthalpie* bei einem bestimmten Vorgang. Da sowohl Enthalpieabnahme (ΔH negativ) wie Entropiezunahme (ΔS positiv) den freiwilligen Ablauf eines Vorganges begünstigen, muß ΔG bei *freiwillig* ablaufenden Vorgängen *stets negativ* sein. Die physikalische Bedeutung von ΔG liegt darin, daß die Änderung der freien Enthalpie der *größtmöglichen Arbeit* entspricht, die vom System auf dem Weg des betreffenden Vorganges geleistet werden kann; wir können also sagen, daß **bei allen freiwilligen Vorgängen die freie Enthalpie des Gesamtsystems abnimmt (ΔG negativ ist)**; der betreffende Vorgang vermag also *Arbeit zu leisten*.
Solche Vorgänge nennt man «**exergonisch**»; Vorgänge mit positivem ΔG, die nicht freiwillig verlaufen, heißen «**endergonisch**».

Die Beziehung zwischen der Änderung der freien Energie einerseits und der Reaktionswärme und Entropieänderung anderseits zeigt nochmals, daß Vorgänge dann freiwillig verlaufen, wenn ΔH negativ und (oder) ΔS positiv sind, d.h. wenn viel Wärme frei wird oder die Unordnung be-

[1] Standard-Entropien ($S°$) werden (wie Standard-Bildungswärmen) auf den Standard-Zustand (den stabilsten physikalischen Zustand bei 25°C und 1 atm) bezogen.
[2] Die Größe *G* bezieht sich (wie ΔH) auf Vorgänge, die *unter konstantem Druck* ablaufen!

trächtlich zunimmt. Bei relativ tiefen Temperaturen ist der Einfluß des Gliedes $T \cdot \Delta S$ klein, so daß in erster Linie die Reaktionswärme die Abnahme der freien Energie bestimmt: freiwillige Vorgänge verlaufen exotherm. Nur wenn die Zunahme der Unordnung besonders groß ist (wie z. B. beim Lösen einer festen Substanz) wird die Wirkung der Entropieänderung deutlich. Unter Umständen kann aber dadurch ein positives ΔH überkompensiert werden, so daß der betreffende (endotherme!) Vorgang exergonisch ist. Bei hohen Temperaturen (einigen 1000°C) überwiegt der Einfluß des Gliedes $T \cdot \Delta S$ in jedem Fall, und nur noch Reaktionen mit $\Delta S > 0$ verlaufen freiwillig. «**Alles natürliche Geschehen wird regiert einerseits von dem Bestreben nach einer Abnahme der Energie, anderseits nach einer Zunahme der Entropie**» (Ulich).

Als *Beispiele* seien drei Vorgänge etwas näher betrachtet:

1) *Verbrennung von Kohlenstoff*

$C + O_2 \rightarrow CO_2$ (1) $\qquad 2\,C + O_2 \rightarrow 2\,CO$ (2)

Die Reaktionsenthalpie ist in beiden Fällen negativ (Bildung von polaren Atombindungen). Bei der Reaktion (2) ist die Reaktionsentropie stark positiv (aus einem Molekül O_2 entstehen zwei Moleküle CO; die Entropie des festen Stoffes C ist gegenüber der Entropie sowohl von O_2 wie von CO_2 gering), während sie bei der Reaktion (1) nur ganz schwach positiv ist, da die Entropie von CO_2 (einem dreiatomigen Molekül) nur wenig größer ist als die Entropie von O_2 (einem zweiatomigen Molekül; vgl. Tabelle 5.4).
Diese qualitative Diskussion zeigt, daß als Folge der für die Reaktion (2) stark positiven Reaktionsentropie die *Verbrennung von Kohlenstoff zu CO bei hohen Temperaturen gegenüber der Verbrennung zu CO_2 begünstigt* sein muß.

2) *Reaktion von Kohle mit Wasserdampf unter Bildung von CO und H_2*

Reaktion: $C + H_2O \rightarrow CO + H_2$

Mit Hilfe der Daten der Tabellen 5.3 und 5.4 berechnet man

$\Delta H = +29{,}2$ kcal/Mol (Die Reaktion verläuft endotherm!)

$\Delta S = +32{,}1$ cal/Mol Grad (Es entstehen zwei Moleküle im Gaszustand!)

ΔG ist bei 400°K = +16,36 kcal/Mol, bei 1300°K jedoch = −12,5 kcal/Mol.

Dies bedeutet, daß der Vorgang bei 1300°K (etwa 1000°C) exergonisch von links nach rechts verläuft, während er bei 400°K (etwa 100°C) exergonisch von rechts nach links verlaufen muß. Stellt man durch Reaktion von Kohlenstoff mit Wasserdampf bei 1000°C ein Gemisch von CO und H_2 her (das sogenannte Wassergas oder Synthesegas), so müßte es sich beim Abkühlen in Kohlenstoff und Wasserdampf zurückverwandeln. Daß dies in Wirklichkeit *nicht* geschieht, ist die Folge der für die Reaktion zu großen *Aktivierungsenergie* (vgl. S.182).

3) *Zerlegung von Quecksilberoxid in Quecksilber und Sauerstoff*

$2\,HgO \rightarrow 2\,Hg + O_2$

Wir berechnen zuerst ΔH und ΔS:

$\Delta H = +21{,}7$ kcal/Mol $\qquad \Delta S = +25{,}5$ cal/Mol Grad

Wiederum verläuft die Reaktion erst oberhalb einer bestimmten Temperatur freiwillig von links nach rechts. Um diese Temperatur zu finden, setzen wir ΔG gleich Null, was bedeutet, daß dann die beiden Richtungen der Reaktion dieselbe «Triebkraft» besitzen und sich damit gewissermaßen «aufheben».

$0 = +21{,}7$ kcal/Mol $- T \cdot 25{,}5 \cdot 10^{-3}$ kcal/Mol · Grad ergibt für T den Wert 850 °K.

Dieses Ergebnis zeigt, daß oberhalb einer Temperatur von etwa 580°C die Zerlegung von HgO freiwillig verläuft, während unterhalb dieser Temperatur die Bildung des Oxids der exergonische Vorgang ist. Bei dem auf S.21 beschriebenen Versuch muß also eine *Minimaltemperatur* von etwa 600°C erreicht und aufrechterhalten werden.

5.3 Die Reaktionsgeschwindigkeit

Wir haben bereits gesehen, daß gewisse Vorgänge, für welche ΔG negativ ist, in Wirklichkeit nicht eintreten, so z. B. die Umsetzung von CO und H_2 zu CO und H_2O bei tiefen Temperaturen. Auch viele andere Systeme, die zweifellos eine starke «Triebkraft» zu einer chemischen Umsetzung in sich tragen, wie etwa ein Gemisch von Wasserstoff mit Sauerstoff (das nach Zündung explosionsartig reagiert!) bleiben während beliebig langen Zeiten völlig unverändert. Auf der anderen Seite laufen Reaktionen mit nur schwach negativem ΔG (wie etwa die Oxidation von NO zu NO_2) sehr rasch ab.

Ein negatives ΔG bedeutet somit nicht, daß der betreffende Vorgang rasch abläuft; es sagt bloß aus, daß der Vorgang bei den betreffenden Bedingungen überhaupt möglich ist. Mit anderen Worten, die Differenz der freien Enthalpien zwischen Endstoffen und Reaktanten sagt nichts aus über die *tatsächliche Reaktionsgeschwindigkeit.*

Bei jeder chemischen Reaktion nimmt innerhalb einer Zeitspanne (Δt) die Konzentration der beteiligten Substanzen (Δc) zu bzw. ab. Die **Reaktionsgeschwindigkeit** wird damit durch den Ausdruck

$$RG = \frac{\Delta c}{\Delta t}$$

gegeben. Die Geschwindigkeit in einem bestimmten Moment wird durch den entsprechenden differentiellen Ausdruck wiedergegeben:

$$RG = \frac{d\,(\text{Produkte})}{dt}$$

Die Reaktionsgeschwindigkeit muß um so größer sein, je größer die Wahrscheinlichkeit der Zusammenstöße der verschiedenen Teilchenarten ist, denn zwei Substanzen können natürlich nur dann miteinander «reagieren», wenn ihre Teilchen zusammenstoßen. Die Zahl der Zusammenstöße ist nun höher sowohl bei höherer Temperatur (schnellere Bewegung der Teilchen!) als auch bei höherer Konzentration, d.h. höherer Teilchenzahl pro Volumen[1]. Die Reaktionsgeschwindigkeit wächst deshalb im allgemeinen mit steigender *Temperatur* und zunehmender *Konzentration*. Bei heterogenen Reaktionen (Reaktionen, an denen zwei oder mehrere Phasen beteiligt sind) hat außerdem die Größe der Grenzfläche, mit anderen Worten der *«Zerteilungs-*

[1] Da nicht die in einem bestimmten Volumen vorhandene Masse, sondern die darin enthaltene Anzahl Teilchen die Zahl der Zusammenstöße bestimmt, hängt die Reaktionsgeschwindigkeit von der *«molaren Konzentration»* der Stoffe (in Mol/l oder Mol/cm^3) ab.

grad», einen Einfluß auf die Reaktionsgeschwindigkeit, denn der Vorgang spielt sich nur in der Berührungsfläche der verschiedenen Phasen ab, und je ausgedehnter diese ist, um so häufiger sind Zusammenstöße verschiedener Teilchen möglich.

Beispiele:
- Salzsäure einer bestimmten Konzentration entwickelt mit Magnesium- oder Zinkpulver oder -spänen viel rascher Wasserstoff als mit einem größeren, kompakteren Stück dieser Metalle.
- Eine bestimmte Menge Kohle verbrennt in Form von Kohlenstaub viel schneller als in Form größerer Stücke. Unter Umständen können Verbrennungen von fein zerteiltem brennbarem Material sogar explosionsartig ablaufen (Staubexplosionen in Kohlengruben, Müllereien usw.).

Konzentrationsabhängigkeit der RG. In vielen Fällen hängt die Reaktionsgeschwindigkeit in einfacher Weise von den Konzentrationen der Ausgangsstoffe ab. Beispielsweise wächst sie für die Reaktion $H_2 + I_2 \longrightarrow 2\,HI$ proportional dem Produkt der Konzentrationen von Wasserstoff und Iod:

$$RG = k \cdot (H_2) \cdot (I_2),$$

während die Geschwindigkeit der umgekehrten Reaktion ($2\,HI \longrightarrow H_2 + I_2$) proportional dem Quadrat der HI-Konzentration wächst:

$$RG = k' \cdot (HI)^2.$$

Den Proportionalitätsfaktor k (bzw. k') bezeichnet man als **Geschwindigkeitskonstante** der betreffenden Reaktion. k wächst im allgemeinen mit steigender Temperatur und hat für jede Reaktion bei gegebener Temperatur einen ganz bestimmten Wert.
Im zweiten Fall handelt es sich um einen Vorgang, der als Folge des Zusammenstoßes *zweier* Moleküle eintritt, so daß die Reaktionsgeschwindigkeit dem Produkt zweier Konzentrationen (bzw. dem Quadrat einer einzigen Konzentration) proportional wird. Eine solche Reaktion bezeichnet man als *bimolekular*. Sind Zusammenstöße von drei Molekülen für eine Reaktion erforderlich, so spricht man von *trimolekularen* Reaktionen; Vorgänge, die wie gewisse Umlagerungen keiner vorherigen Zusammenstöße bedürfen, heißen *unimolekular*. Da ein gleichzeitiger Zusammenstoß von drei (oder gar noch mehr) Teilchen sehr selten ist, wurden tri- oder höhermolekulare Reaktionen nur vereinzelt beobachtet; wie vor kurzem (1967) nachgewiesen werden konnte, verläuft die Bildung von HI aus H_2 und I_2 trimolekular.

Sehr viele Reaktionen verlaufen nun aber *schrittweise* über eine Reihe von *Teilvorgängen*. Die einzelnen Teilschritte sind zwar fast stets uni- oder bimolekulare Reaktionen; da jedoch **die Gesamtgeschwindigkeit der Reaktion durch die Geschwindigkeit der langsamsten Teilreaktion bestimmt** wird, kann die Gesamtgeschwindigkeit unter Umständen in recht komplizierter Weise von den einzelnen Konzentrationen abhängen.

Als *Beispiel* nehmen wir an, daß sich die beiden Substanzen A und B zu einem Produkt D umsetzen sollen, wobei sich zuerst in einer raschen Reaktion aus A ein *«Zwischenprodukt»* C bildet, welches in einem zweiten Schritt langsam mit B zu D reagiert:

$$\begin{aligned} A &\longrightarrow C \quad \text{(langsam)} \\ C + B &\longrightarrow D \quad \text{(schnell)} \end{aligned}$$

Die Bildungsgeschwindigkeit von C (d.h. die Geschwindigkeit des geschwindigkeitsbestimmenden Teilschrittes) ist hier nur proportional zur Konzentration von A. Damit wird aber auch die *Gesamtgeschwindigkeit proportional zur Konzentration von A allein* (eine Erhöhung der Konzentration von B hat keinen Einfluß auf die Gesamtgeschwindigkeit, da diese nur davon abhängt, wie rasch das Zwischenprodukt C gebildet wird!). Untersucht man die Abhängigkeit der Reaktionsgeschwindigkeit von den Konzentrationen der beiden Reaktanten A und B, so findet man in einem solchen Fall tatsächlich, daß die Konzentration von B ohne Einfluß auf die Gesamt-Reaktionsgeschwindigkeit ist (obschon die Reaktionsgleichung formal gleich aussieht wie die Gleichung für die Bildung von HI: $A + B \longrightarrow D$).

Man hat aus diesen Gründen zu unterscheiden zwischen der «**Reaktionsordnung**» und der *«Reaktionsmolekularität»*. Die erstere gibt den *empirisch ermittelten Zusammenhang zwischen Reaktionsgeschwindigkeit und Konzentrationen* an (das sogenannte **Zeitgesetz**), während die letztere den tatsächlichen «molekularen» Ablauf beschreibt. Für den Fall des diskutierten Beispiels würden wir ein Zeitgesetz der ersten Ordnung feststellen (die Reaktionsgeschwindigkeit hängt nur von einer einzigen Konzentration ab); der erste Reaktionsschritt wäre eine unimolekulare, der zweite eine bimolekulare Reaktion.
Reaktionsordnung und Reaktionsmolekularität sind nur in besonderen Fällen identisch (z.B. bei der Reaktion $2\,HI \longrightarrow H_2 + I_2$). Die *Reaktionsordnung* kann meist ohne weitere Schwierigkeiten *experimentell* bestimmt werden und gibt Auskunft über den Verlauf des geschwindigkeitsbestimmenden Schrittes; die Reaktionsmolekularität hingegen muß aus den Vorstellungen, die man sich über den exakten Ablauf des Vorganges bildet, gedanklich erschlossen werden.

Bei *Reaktionen erster Ordnung* ist die Geschwindigkeit proportional der molaren Konzentration eines Stoffes:

$$RG = k \cdot (A).$$

Beispiele für Reaktionen erster Ordnung bilden etwa der Zerfall von Arsenwasserstoff (AsH_3) in Arsen und Wasserstoff, der Zerfall von Stickstoff(V)-oxid (N_2O_5) in Stickstoff(IV)-oxid (NO_2) und Sauerstoff sowie der radioaktive Zerfall von Atomkernen.
Für eine *Reaktion zweiter Ordnung* gilt das Zeitgesetz

$$RG = k \cdot (A) \cdot (B) \text{ bzw. } RG = k \cdot (A)^2.$$

Reaktionen zweiter Ordnung sind Bildung und Zerfall von Iodwasserstoff, die Spaltung von Rohrzucker durch Wasser in Trauben- und Fruchtzucker («Hydrolyse» von Rohrzucker), u.a.
Die Geschwindigkeit einer *Reaktion n-ter Ordnung* würde dem Zeitgesetz

$$RG = k \cdot (A)^a \cdot (B)^b \cdot (C)^c \ldots$$

gehorchen. Einen solchen Ausdruck bezeichnet man etwa auch als «**Massenwirkungsprodukt**» der betreffenden Reaktion.
Es muß aber nochmals betont werden, daß Reaktionsordnung und Molekularität einander im allgemeinen nicht gleichgesetzt werden können. Die *Reaktionsordnung* muß immer *empirisch ermittelt* werden, kann also nicht aus der stöchiometrischen Gleichung der betreffenden Reaktion vorausgesagt werden (indem man unbesehen die Faktoren vor den Symbolen oder Formeln als Exponenten setzt). So gehorchen trotz der formalen Übereinstimmung der Gleichungen die beiden folgenden Reaktionen verschiedenen Zeitgesetzen:

$$2\,N_2O_5 \longrightarrow 4\,NO_2 + O_2 \quad (1)$$
$$2\,HI \longrightarrow H_2 + I_2 \quad (2)$$

Die Reaktion (1) verläuft nach der ersten, die Reaktion (2) aber nach der zweiten Ordnung! Der Grund für diese Verschiedenheit ist eben, daß die Reaktion (1) in mehreren Schritten verläuft, von denen der langsamste eine unimolekulare Reaktion sein muß.

Weitere Beispiele:

1) Die Geschwindigkeit der Reaktion $2\,H_2 + 2\,NO \longrightarrow 2\,H_2O + N_2$ hängt, wie sich experimentell zeigen läßt, vom Quadrat der NO-Konzentration und von der Konzentration von H_2 ab:

$$RG = k \cdot (H_2) \cdot (NO)^2$$

Der Vorgang verläuft schrittweise (der Mechanismus ist nicht genau bekannt), so daß die Konzentration von H_2 im Ausdruck der *RG* nicht im Quadrat erscheint.

2) Während die Iodwasserstoffsynthese gemäß dem Zeitgesetz zweiter Ordnung verläuft, gilt für die Synthese von Bromwasserstoff folgender experimentell bestimmter Ausdruck

$$RG = \frac{k\,(H_2)\,(Br_2)^{1/2}}{1 + k'\,(HBr)\,/\,(Br_2)}\,.$$

Die beiden formal identischen Reaktionen laufen also wieder völlig verschieden ab!

3) Bei der heterogenen Reaktion zwischen Metall und verdünnter Säure bestimmt die Zudiffusion der H_3O^+-Ionen (der in einer wäßrigen Säure wirksamen Teilchen, siehe S. 203) zur Metalloberfläche die Geschwindigkeit. Die Reaktionsgeschwindigkeit ist deshalb bei konstanter Metalloberfläche proportional zur Konzentration der H_3O^+-Ionen, selbst wenn diese in der stöchiometrischen Gleichung mit einem Faktor multipliziert werden muß, wie z. B. in der Gleichung

$$Mg + 2\,H_3O^+ \longrightarrow H_2 + Mg^{2+} + 2\,H_2O$$

Temperaturabhängigkeit der RG. Man beobachtet ganz allgemein, daß die Geschwindigkeit chemischer Reaktionen mit zunehmender Temperatur sehr stark steigt. Als Faustregel für die Temperaturabhängigkeit der *RG* kann die *«RGT-Regel»* dienen («Reaktionsgeschwindigkeit–Temperatur-Regel»): Durch eine Temperatursteigerung von 10 °C wird die Geschwindigkeit einer Reaktion etwa verdoppelt. Die *RGT*-Regel gilt aber für sehr viele Vorgänge nur ganz angenähert!

Es liegt nahe, zu vermuten, daß die bei höherer Temperatur größere Reaktionsgeschwindigkeit auf die *größere Zahl von Teilchenzusammenstößen* zurückzuführen sei. Die Anzahl der Zusammenstöße bei einer gegebenen Temperatur kann nun mittels der kinetischen Gastheorie berechnet werden; sie ist aber bereits bei Zimmertemperatur so hoch, daß alle Reaktionen nahezu momentan ablaufen müßten, wenn jeder Zusammenstoß «wirksam» wäre. Ein wesentlicher Grund, warum nicht jeder Stoß zum Erfolg führt, liegt sicher darin, daß die Teilchen nicht nur zusammenstoßen, sondern mit der *richtigen gegenseitigen Orientierung* aufeinandertreffen müssen (Abb. 5.4). Aber auch bei Reaktionen komplizierter gebauter Teilchen, bei denen die Wahrscheinlichkeit «günstiger» Zusammenstöße sehr klein sein wird, ist die beobachtete Reaktionsgeschwindigkeit immer noch viel geringer, als nach der Anzahl Zusammenstöße erwartet werden könnte. *Es ist also ganz offensichtlich, daß die Teilchen einer Substanz nicht immer reaktionsbereit sind* und daß **nur solche Teilchen miteinander reagieren können, deren Energieinhalt einen gewissen Minimalbetrag überschreitet.**

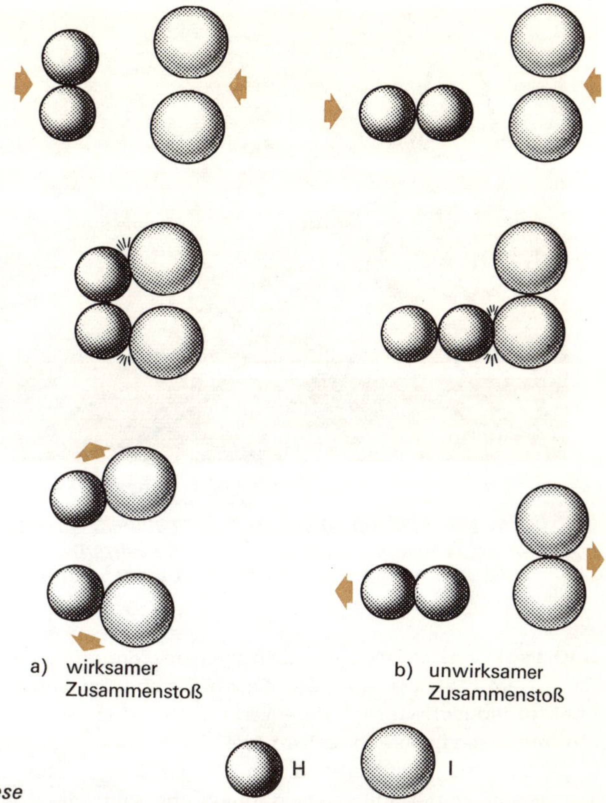

Abb. 5.4. Verlauf der HI-Synthese

a) wirksamer Zusammenstoß: Zwei I-Atome (die bei der Reaktionstemperatur im Gleichgewicht mit I_2-Molekülen stehen) treffen in der richtigen Orientierung auf ein H_2-Molekül
b) unwirksamer Zusammenstoß: ein H_2- und ein I_2-Molekül treffen aufeinander

Für den Fall der Synthese von Iodwasserstoff beispielsweise ist dies sofort ersichtlich, denn nur wenn ein Zusammenstoß eines H_2-Moleküls mit zwei I-Atomen heftig genug ist, können sich die Elektronenhüllen der Atome durchdringen und können sich die Atome so stark nähern, daß neue H—I-Bindungen ausgebildet werden können.
Diese Mindestenergie, welche in den reagierenden Teilchen vorhanden sein muß, damit bei einem Zusammenstoß eine bestimmte Reaktion eintritt, ist die **Aktivierungsenergie.** Sie kann durch elektrische Funken, Bestrahlung und – am häufigsten! – durch Erwärmung zugeführt werden. Aus der kinetischen Gastheorie ergibt sich, daß zwar die durchschnittliche Geschwindigkeit der Gasteilchen mit steigender Temperatur nur mäßig zunimmt, daß jedoch der Anteil der Teilchen, deren Energie einen gewissen durchschnittlichen Energiebetrag übersteigt, mit zunehmender Temperatur viel stärker wächst (Abb. 5.5). Bei *höherer Temperatur* besitzt daher ein *größerer Anteil* der Teilchen die für eine bestimmte Reaktion *nötige Aktivierungsenergie,* so daß sich mehr Teilchen pro Zeiteinheit umsetzen können und die betreffende Reaktion mit größerer Geschwindigkeit ablaufen kann. **Die Größe der Aktivierungsenergie bestimmt damit die tatsächliche Reaktionsgeschwindigkeit, während die freie Enthalpie (ΔG) ein Maß für die Triebkraft der Reaktion darstellt und dadurch die «Stabilität» der entstehenden Produkte bestimmt.**

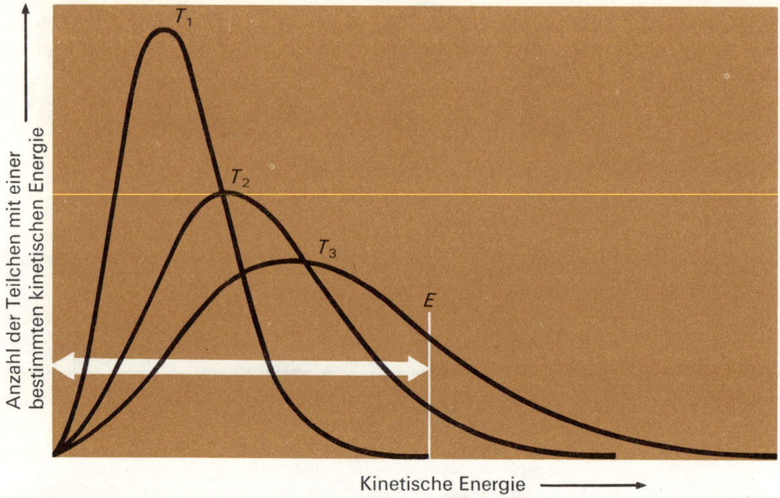

Abb. 5.5. Energieverteilung von Gasteilchen bei drei Temperaturen T_1, T_2 und T_3 ($T_3 > T_2 > T_1$). Die Anzahl der Teilchen, welche die Energie E besitzen, ist bei T_3 am höchsten. Diese Energie E kann z.B. die Aktivierungsenergie eines bestimmten Vorganges sein

Es ist also klar zu *unterscheiden* zwischen *«reaktionsfähig»* und *«stabil»*. Die Reaktionsfähigkeit («**Reaktivität**») einer Substanz einer anderen Substanz gegenüber wird **durch die Reaktionsgeschwindigkeit** – also **durch die Höhe der Aktivierungsenergie!** – **bestimmt,** während ihre **Stabilität** (verglichen mit einer anderen Substanz) **durch ihre freie Enthalpie ausgedrückt** wird. Ein reaktionsfähiger Stoff wie etwa Wasser braucht also durchaus nicht «instabil» zu sein; umgekehrt sind viele reaktionsträge Verbindungen (beispielsweise die gesättigten Kohlenstoff—Wasserstoff-Verbindungen) verhältnismäßig wenig stabil.

5.4 Über den Ablauf (den «Mechanismus») chemischer Reaktionen

Der *energetische Verlauf* einer Reaktion läßt sich sehr schön durch graphische Darstellungen veranschaulichen (Abb. 5.6):

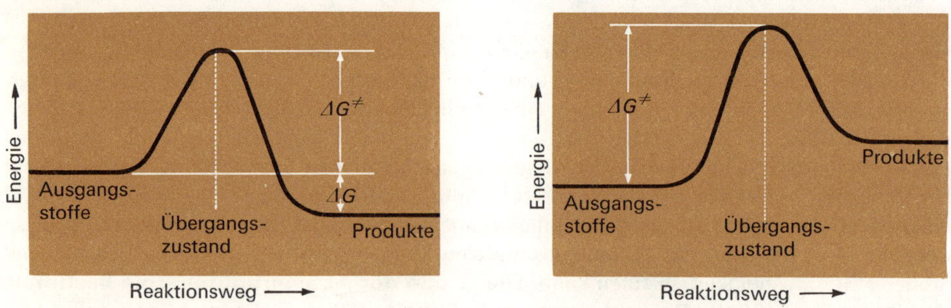

a) exotherme Reaktion *b) endotherme Reaktion*

Abb. 5.6. Energiediagramm verschiedener Vorgänge

Die Abszissen *(«Reaktionskoordinaten»)* bilden dabei ein Maß für das Fortschreiten der Reaktion, während auf der Ordinate der Energieinhalt der reagierenden Teilchen aufgetragen wird. Die Aktivierungsenergie ($\Delta G^{\neq}$) erscheint als *«Energieberg»,* welcher überstiegen werden muß; **je größer die Anzahl Teilchen, welche die nötige Aktivierungsenergie besitzen, um so größer wird die Reaktionsgeschwindigkeit.** Den Gipfel dieses «Energieberges» bezeichnet man als **Übergangszustand** oder **aktivierten Komplex**; er stellt den Zustand dar, in welchem sich die reagierenden Teilchen so weitgehend als überhaupt möglich genähert haben und wo sich die alten Bindungen lösen, während gleichzeitig neue Bindungen entstehen. Im Fall der HI-Synthese (Abb. 5.4) entspricht die aus je einem H_2-Molekül und zwei I-Atomen gebildete Vierergruppe dem aktivierten Komplex.

Es wurde bereits darauf hingewiesen, daß viele Reaktionen stufenweise, über eine Reihe von *Teilvorgängen* hinweg, ablaufen. Im Verlauf der Gesamtreaktion treten dann vorübergehend **Zwischenstoffe** auf, die meist wenig stabil sind und sofort weiter reagieren. Abb. 5.7 gibt die graphische Darstellung einer solchen Reaktion. *Die Gesamt-Reaktionsgeschwindigkeit wird durch den langsamsten Teilschritt,* also *den Schritt mit der größten Aktivierungsenergie* (im Fall der Abb. 5.7 durch den ersten Schritt) bestimmt.

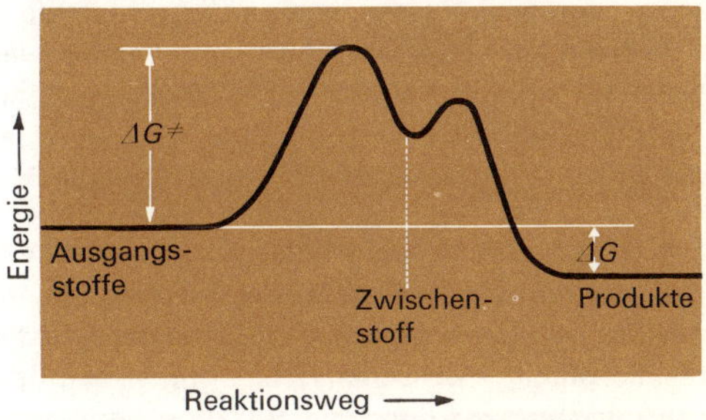

Abb. 5.7. Energiediagramm einer Reaktion, bei welcher ein (instabiler) Zwischenstoff entsteht

Das Auftreten von *Zwischenstoffen* wird verständlich, wenn man sich überlegt, auf welche Weise bei chemischen Reaktionen Atombindungen zerlegt oder neu gebildet werden können, wie es bei jeder Reaktion, an welcher Moleküle oder Komplex-Ionen beteiligt sind, der Fall ist (auch die hydratisierten Ionen können als Komplex-Ionen aufgefaßt werden!). Es bestehen dabei zwei prinzipielle Möglichkeiten:

1) A : B → A· + ·B
oder A· + ·B → A : B
} *Radikalreaktion* (Teilchen mit einzelnen, ungepaarten Elektronen heißen *Radikale)*

2) A : B → A^+ + :B^-
oder A^+ + :B^- → A : B
} *Polare* oder *ionische Reaktion*

Bei einer **Radikalreaktion** werden Atombindungen derart gespalten, daß jedes Atom «sein» Elektron behält; bei Bildung einer Bindung im Verlaufe einer solchen Reaktion trägt jedes Atom ein Elektron dazu bei. Solche Reaktionen treten vorwiegend dann ein, wenn an ihnen Teilchen *mit wenig polaren Bindungen* beteiligt sind. Radikalreaktionen gehen besonders häufig im Gaszustand vor sich (beim Zusammenstoß zweier energiereicher Teilchen können Radikale entstehen); sehr häufig können sie durch Licht oder durch Substanzen, die leicht in Radikale zerfallen, ausgelöst werden. Beispiele solcher Reaktionen bilden viele Verbrennungen kovalenter Verbindungen (Wasserstoff, Methan, Benzin); ein typisches Beispiel einer durch Licht ausgelösten Radikalreaktion ist die Chlorknallgasreaktion (S. 160). Auch die Bildung von Bromwasserstoff aus den Elementen (S. 168) ist eine Radikalreaktion.

Wenn die reagierenden Bindungen aber stark polar sind oder wenn eines der reagierenden Teilchen ein freies Elektronenpaar für eine Bindung zur Verfügung stellen kann, gehen **ionische Reaktionen** vor sich. Bei der Aufspaltung einer polaren Bindung wird dann das stärkere elektronegative Atom das gemeinsame Elektronenpaar völlig zu sich hin ziehen. Dieser Zerfall ist natürlich um so leichter möglich, je größer die Polarität der betreffenden Bindung (d.h. die EN-Differenz der beiden Atome) ist. *Polare Bindungen sind deshalb gewöhnlich reaktionsfähiger als unpolare.* Ionische Reaktionen gehen besonders häufig in Lösung oder an der Oberfläche polarer Festkörper vor sich.

Bleiben nun die im Verlaufe einer Reaktion entstehenden Radikale oder Ionen während einer gewissen, wenn auch oft nur sehr kurzen Zeitspanne im «Reaktionsknäuel» erhalten, so stellen sie instabile *Zwischenstoffe* dar.

Katalyse. Manche Reaktionen können dadurch beschleunigt werden, daß man den Ausgangsstoffen weitere Substanzen beifügt, welche zwar am Vorgang teilnehmen, aber am Ende wieder unverändert vorhanden sind. Solche Stoffe wirken als «**Katalysatoren**»; die Erscheinung, daß bestimmte Substanzen scheinbar durch ihre bloße Anwesenheit die Geschwindigkeit von Vorgängen beeinflussen, heißt *Katalyse*. Für die Reaktion von Wasserstoff mit Sauerstoff wirkt z.B. Platin als Katalysator; hält man ein angewärmtes Pt-Blech in eine Mischung der beiden Gase, so explodiert sie sofort. Wahrscheinlich adsorbiert das Platin an seiner Oberfläche H_2-Moleküle, wobei die H—H-Bindungen so stark gelockert werden, daß bei einem Zusammenstoß mit einem O_2-Molekül die Reaktion augenblicklich vor sich gehen kann.

Die *Wirkungsweise* eines Katalysators besteht also darin, daß er mit einem der Ausgangsstoffe eine *reaktionsfähige Zwischenverbindung* bildet, die mit einem anderen Stoff dann so weiter reagiert, daß der Katalysator im Laufe der Reaktion wieder freigesetzt wird. Durch die Bildung reaktionsfähiger Zwischenverbindungen **erniedrigen Katalysatoren die benötigte Aktivierungsenergie,** und die Reaktion läuft nach einem anderen Mechanismus ab als ohne Katalysator (Abb. 5.8).

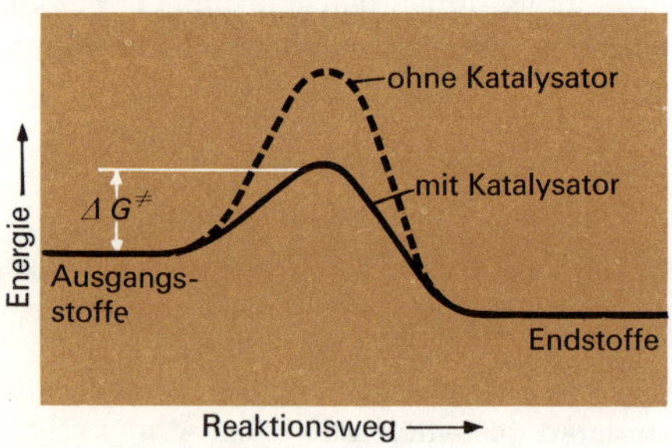

Abb. 5.8. Energiediagramm einer Reaktion unter Verwendung eines Katalysators

Ein gut untersuchtes Beispiel einer Katalyse ist die Wirkung einer starken Säure auf den Zerfall von *Ameisensäure*. Ameisensäure (HCOOH) kann exergonisch nach folgender Gleichung zerfallen:

$$HCOOH \rightarrow H_2O + CO$$

Dabei muß aber das an das C-Atom gebundene H-Atom zum O-Atom wandern, was eine ziemlich hohe Aktivierungsenergie (in der Größenordnung von 50 kcal/Mol) erfordert (Abb. 5.9).

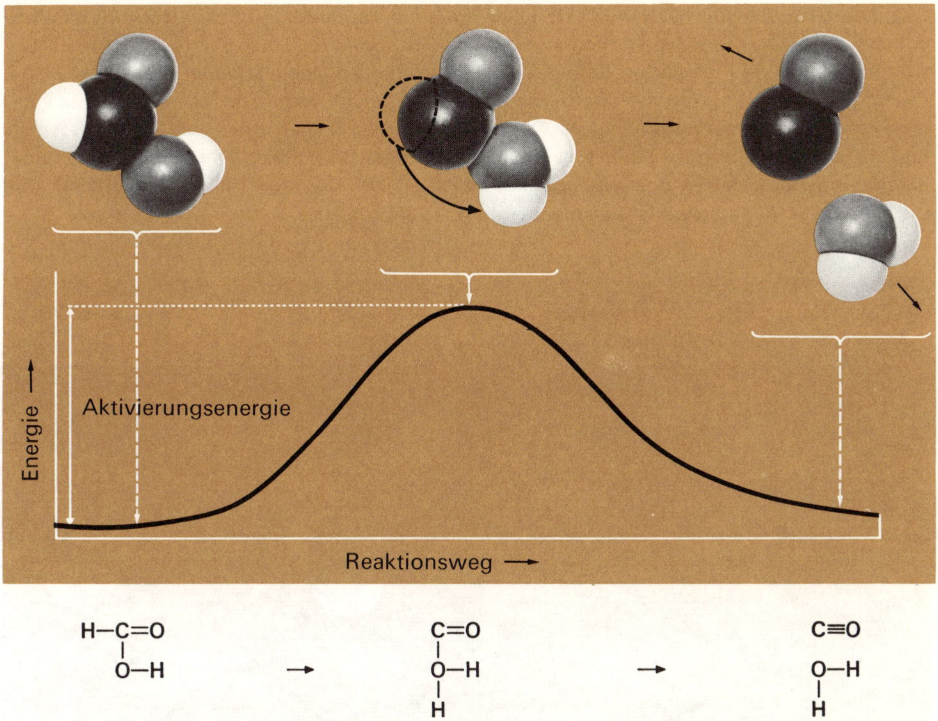

Abb. 5.9. Zersetzung von Ameisensäure in Wasser und Kohlenoxid ohne Katalysator

Bei Zimmertemperatur zerfällt deshalb Ameisensäure nicht. Tropft man aber Schwefelsäure oder eine andere starke Säure in verdünnte Ameisensäure, so entwickelt sich rasch CO. Wie wir später sehen werden, ist das gemeinsame Merkmal der Säuren, H^+-Ionen (Protonen) abspalten zu können; da sorgfältige Untersuchungen zeigen, daß die Konzentration der H^+-Ionen während des Zerfalls der Ameisensäure unverändert bleibt, daß also die H^+-Ionen nicht verbraucht werden, müssen diese offensichtlich als Katalysator wirken.
Dies geschieht dadurch, daß zunächst ein H^+-Ion von einem HCOOH-Molekül gebunden wird:

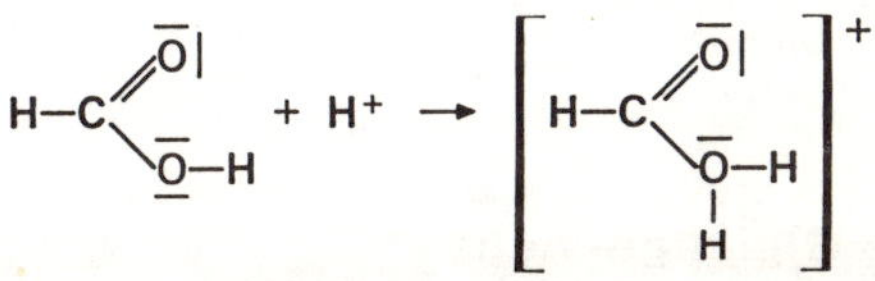

Durch die Wirkung dieses H^+-Ions wird aber die C—O-Bindung noch stärker polar, so daß sie jetzt unter verhältnismäßig geringem Energieaufwand getrennt werden kann (wobei das bindende Elektronenpaar dem O-Atom verbleibt) und ein Molekül H_2O frei wird:

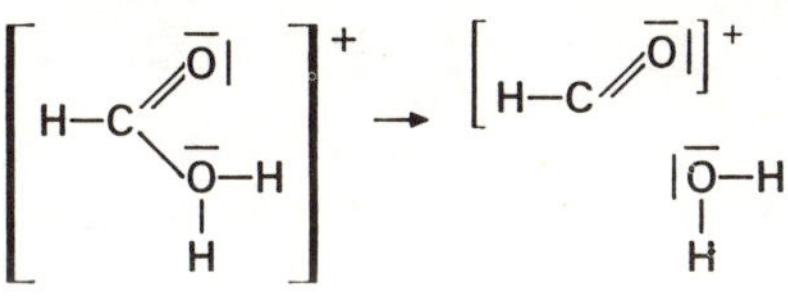

Das gleichzeitig entstehende HCO^+-Teilchen spaltet wieder ein H^+-Ion ab und wird damit zu einem CO-Molekül. Der Katalysator ist wieder frei geworden.
Bei Gegenwart des Katalysators läuft also die Reaktion nach einem *anderen Mechanismus* ab: Die Wanderung des H-Atoms vom C- zum O-Atom tritt nicht mehr ein. Jeder Schritt der katalysierten Reaktion besitzt seine eigene Aktivierungsenergie. Das Energiediagramm der Gesamtreaktion setzt sich aus den Diagrammen der Einzelschritte zusammen; die Gesamtaktivierungsenergie ist jedoch viel geringer als für die nicht katalysierte Reaktion (etwa 19 kcal/Mol), und die Zerfallsgeschwindigkeit ist entsprechend höher (Abb. 5.10).

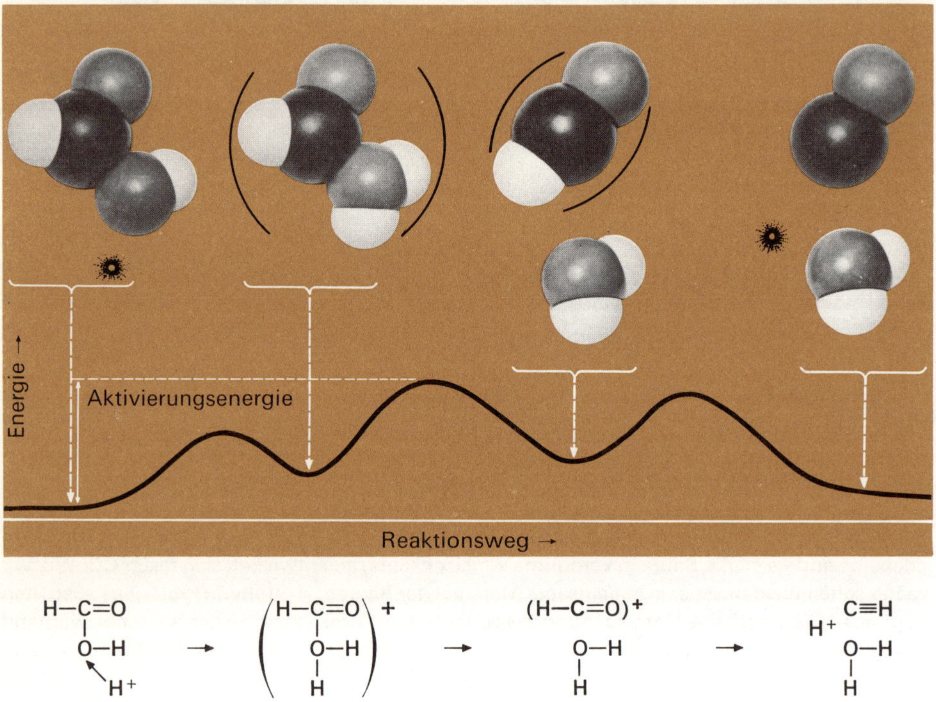

Abb. 5.10. Zersetzung von Ameisensäure in Wasser und Kohlenoxid unter der Wirkung von konzentrierter Säure als Katalysator

5.5 Das chemische Gleichgewicht

Sehr viele chemische Vorgänge verlaufen *umkehrbar*. Beispiele dafür sind die Bildung von Wasser oder von Schwefelwasserstoff aus den Elementen (S. 276). Eine besonders gut untersuchte umkehrbare Reaktion ist die Bildung von Iodwasserstoff aus Iod und Wasserstoff:

$$H_2\,(g) + I_2\,(g) \rightleftarrows 2\,HI\,(g)$$

Bringt man in einen verschließbaren Kolben eine bestimmte Menge Iodwasserstoff und erwärmt etwas, so beginnt sich die Verbindung bald in die Elemente zu zersetzen (Auftreten violetter Ioddämpfe!). Der Zerfall erfolgt jedoch nicht vollständig, sondern es bleibt stets eine ge-

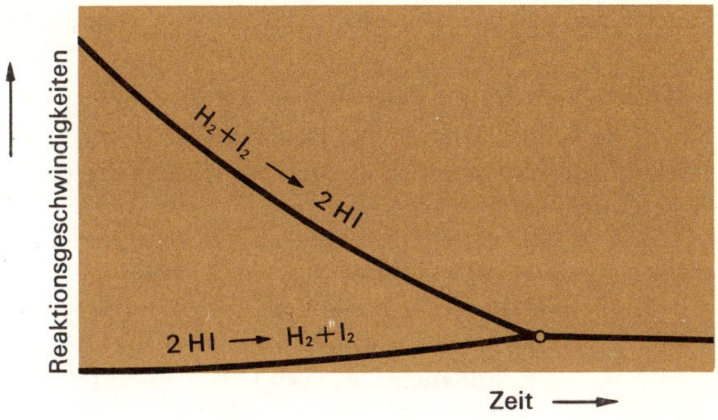

Abb. 5.11. Gleichgewichtseinstellung im System $H_2 + I_2 \rightleftarrows 2\,HI$

wisse Menge Iodwasserstoff übrig, und man beobachtet, daß jeder Temperatur ein ganz bestimmter Zersetzungsgrad entspricht. Es stellt sich also bei jeder Temperatur ein Endzustand ein, in welchem *alle drei Stoffe in bestimmten Mengen vorhanden* sind. Diesen Endzustand bezeichnet man als «**chemisches Gleichgewicht**». Auch das Erwärmen einer Mischung von Wasserstoff und Iod führt nicht zu einer vollständigen Reaktion, sondern zu einem «Gleichgewicht», in welchem alle drei Stoffe wieder in bestimmten Konzentrationen vorhanden sind. Die Geschwindigkeit der Gesamtreaktion ist gleich der Differenz der Geschwindigkeiten der Hin- und Rückreaktion und wird im Gleichgewichtszustand Null, da die Reaktion äußerlich zum Stillstand kommt.

Das Wesen dieses Gleichgewichtszustandes wird durch die Betrachtung der Geschwindigkeiten der beiden Teilvorgänge (d.h. der «Hin»- und der «Rück»-Reaktion) klar.

$$H_2 + I_2 \underset{\text{Rück-Reaktion}}{\overset{\text{Hin-Reaktion}}{\rightleftarrows}} 2\,HI$$

Die Geschwindigkeit der Bildung von HI hängt von der Konzentration (den Teilchenzahlen pro Volumen) der beiden Ausgangsstoffe ab: Je größer die Konzentration ist, um so größer wird die Wahrscheinlichkeit eines Zusammenstoßes. Da nun im Laufe der Zeit die Zahl der H_2- und I_2-Moleküle abnimmt (sie verbinden sich zu HI-Molekülen!), nimmt auch die Geschwindigkeit der «Hin»-Reaktion im Laufe der Zeit allmählich ab. Zugleich wächst aber die Menge der pro Volumeneinheit vorhandenen HI-Moleküle, so daß die Geschwindigkeit der «Rück»-Reaktion allmählich zunimmt. Einmal, d.h. bei einer bestimmten Zusammensetzung des Gasgemisches, werden die Geschwindigkeiten der Bildungs- und Zerfallsreaktion gleich groß sein. Von da an entstehen und zerfallen in der Zeiteinheit gleich viele HI-Moleküle.

Das chemische Gleichgewicht ist erreicht worden; beide Vorgänge laufen zwar – mit gleicher Geschwindigkeit – dauernd weiter, aber die Zusammensetzung des Gemisches ändert sich nicht mehr, und das System bleibt äußerlich in Ruhe.

Ein umkehrbarer Vorgang führt in einem abgeschlossenen System nicht zu einem vollständigen Umsatz, sondern zu einem (dynamischen) Gleichgewicht, und zwar ist es dabei gleichgültig, ob man von den Stoffen der linken oder der rechten Seite der Gesamtgleichung ausgegangen ist. Die Reaktion kommt äußerlich zum Stillstand, bevor die Ausgangsstoffe ganz verbraucht sind. Alle am Gesamtvorgang beteiligten Stoffe sind in bestimmten Konzentrationen im Gleichgewicht vorhanden. Weil die Geschwindigkeiten beider Richtungen von den Konzentrationen der beteiligten Stoffe und der Temperatur abhängig sind, hängen auch die Konzentrationen der verschiedenen Stoffe im Gleichgewichtszustand von den Ausgangskonzentrationen und der Temperatur ab.

5.5.1 Konzentrationsabhängigkeit des Gleichgewichtes

Das Verhältnis der Konzentrationen der verschiedenen an einem umkehrbaren Vorgang beteiligten Stoffe im Gleichgewichtszustand erhält man, wenn man die beiden Ausdrücke für die Reaktionsgeschwindigkeiten einander gleichsetzt (im Gleichgewichtszustand sind die beiden Geschwindigkeiten gleich groß!):

Beispiel: Iodwasserstoffgleichgewicht $H_2 + I_2 \rightleftharpoons 2HI$

RG der «Hin-Reaktion» $= k_1 \cdot (H_2) \cdot (I_2)$

RG der «Rück-Reaktion» $= k_2 \cdot (HI)^2$

Gleichgewicht: $k_1 \cdot (H_2) \cdot (I_2) = k_2 \cdot (HI)^2$

umgeformt $\frac{k_1}{k_2} = \frac{(HI)^2}{(H_2) \cdot (I_2)}$

Das Verhältnis $\frac{k_1}{k_2}$ ist eine neue Konstante K.

$$\frac{(HI)^2}{(H_2) \cdot (I_2)} = K$$

Dieser Ausdruck, das sogenannte **Massenwirkungsgesetz** (MWG), bestimmt das Verhältnis der Konzentrationen der am Gesamtvorgang beteiligten Stoffe im Gleichgewicht. (Das MWG wurde erstmals von den beiden Norwegern Guldberg und Waage 1867 aufgestellt; statt «Konzentration» verwendete man damals den Ausdruck «wirksame Masse».) Für den allgemeinen Fall einer Reaktion

$$aA + bB + cC + \ldots \rightleftharpoons dD + eE + fF + \ldots$$

ergibt sich der Ausdruck

$$\frac{(D)^d \cdot (E)^e \cdot (F)^f \ldots}{(A)^a \cdot (B)^b \cdot (C)^c \ldots} = \mathbf{K}$$

(Konzentrationen in Molen bzw. Mol/Liter!)

Da die beiden Geschwindigkeitskonstanten k_1 und k_2 temperaturabhängig sind, hängt auch K, die «**Gleichgewichts-**» oder «**Massenwirkungskonstante**», von der Temperatur ab.

In Worten ausgedrückt lautet das Massenwirkungsgesetz: *Der Quotient aus den «Massenwirkungsprodukten»* (siehe S.167) *der Endstoffe und der Ausgangsstoffe besitzt im Gleichgewichtszustand bei gegebener Temperatur einen bestimmten, für die betreffende Reaktion charakteristischen Wert K, die Massenwirkungs- oder Gleichgewichtskonstante.*

Es ist wichtig, darauf hinzuweisen, daß das Massenwirkungsgesetz eine Folge der Gesetze der *Thermodynamik* ist; es kann auch auf allgemeinerem Weg abgeleitet werden, als hier am Beispiel des Iodwasserstoffgleichgewichtes gezeigt wurde, und ist *unabhängig von kinetischen Überlegungen.* Es muß also nicht vorausgesetzt werden, daß die Mechanismen der Hin- und der Rückreaktion tatsächlich auf die «Massenwirkungsprodukte» als Ausdruck für die Reaktionsgeschwindigkeit führen; das MWG gilt auch dann, wenn die Vorgänge *schrittweise* ablaufen und wenn deshalb in den Gleichungen der Reaktionsgeschwindigkeiten die Konzentrationen in anderen Potenzen auftreten, als den Faktoren der stöchiometrischen Gleichung entspricht.

Um verschiedene umkehrbare Vorgänge miteinander vergleichen zu können, schreibt man die Gleichung so, daß die exotherme «Richtung» nach rechts verläuft, und stellt die Produkte in den Zähler des MWG. Ein *großer Zahlenwert von K* bedeutet dann, daß im Gleichgewicht die Konzentrationen der Produkte stark überwiegen *(ein solches Gleichgewicht «liegt rechts»)*. Eine *kleine Gleichgewichtskonstante* bedeutet umgekehrt, *daß der betreffende Vorgang bei der betrachteten Temperatur nur zu einem geringen Teil von links nach rechts verläuft.* Die Gültigkeit des MWG für das Beispiel des Iodwasserstoffgleichgewichtes zeigt Tabelle 5.5 (nach Messungen von Taylor und Crist).

Tabelle 5.5. Wasserstoff, Iod und Iodwasserstoff im Gleichgewicht (bei 425°C)

(H_2) Mol/l	(I_2) Mol/l	(HI) Mol/l	K
$1{,}8313 \cdot 10^{-3}$	$3{,}1291 \cdot 10^{-3}$	$17{,}671 \cdot 10^{-3}$	54,5
$2{,}2423 \cdot 10^{-3}$	$2{,}3360 \cdot 10^{-3}$	$16{,}850 \cdot 10^{-3}$	53,9
$2{,}9070 \cdot 10^{-3}$	$1{,}7069 \cdot 10^{-3}$	$16{,}482 \cdot 10^{-3}$	54,7
$3{,}5600 \cdot 10^{-3}$	$1{,}2500 \cdot 10^{-3}$	$15{,}588 \cdot 10^{-3}$	54,6
$4{,}5647 \cdot 10^{-3}$	$0{,}7378 \cdot 10^{-3}$	$13{,}544 \cdot 10^{-3}$	54,5
$0{,}4789 \cdot 10^{-3}$	$0{,}4789 \cdot 10^{-3}$	$3{,}531 \cdot 10^{-3}$	54,3
		Durchschnitt	54,4

Das MWG läßt die **Verschiebung eines Gleichgewichtes** durch *Änderung der Konzentrationen* verstehen. Führt man z. B. einem System, das sich im Gleichgewicht befindet, zusätzlich eine bestimmte Menge eines Ausgangsstoffes zu, so wird dadurch dessen Konzentration erhöht. Um die Gleichgewichtsbedingung zu erfüllen (K bleibt bei unveränderter Temperatur konstant!), muß sich ein Teil des zugesetzten Stoffes mit einer gewissen Menge des (oder der) anderen Ausgangsstoffes in Endstoff verwandeln. Die Folge davon ist, daß in dem sich nachher neu einstellenden Gleichgewicht die Konzentrationen der Endstoffe größer sind als vorher. **Durch Erhöhen der Konzentration eines Ausgangsstoffes läßt sich also das Gleichgewicht zugunsten der Endstoffe verschieben.**

Zahlenbeispiel

Alkohole ergeben mit Säuren «Ester» und Wasser (sogenannte Veresterung, siehe S. 426); die Reaktion ist umkehrbar und führt zu einem Gleichgewicht. Schema:

$$A + S \rightleftarrows E + H_2O$$

In einem bestimmten Fall hat die Gleichgewichtskonstante den Wert 4. Wie groß sind die Stoffkonzentrationen im Gleichgewicht, wenn man 1 Mol Alkohol mit 1 Mol Säure bzw. 2 Mole Alkohol mit 1 Mol Säure reagieren läßt?
Die Konzentration des Esters im Gleichgewicht bezeichnen wir mit x. Da gleich viele Ester- und Wassermoleküle entstehen, ist (H_2O) auch $= x$. Für den ersten Fall sind die anfänglichen Konzentrationen von Säure und Alkohol 1, im Gleichgewicht aber nur noch $1-x$ (zur Bildung jedes Estermoleküls wird ein Alkohol- und ein Säuremolekül verbraucht). Deshalb lautet das MWG:

$$\frac{x^2}{(1-x)^2} = 4.$$

Die Auflösung dieser Gleichung ergibt als Lösungen die Werte $x = 2$ und $x = \frac{2}{3}$. Nur der zweite Wert ist chemisch möglich. Es haben sich somit je ⅔ Mol Ester und Wasser gebildet; ⅓ Mol Alkohol und Säure sind übriggeblieben. Geht man von 2 Mol Alkohol und 1 Mol Säure aus, so werden ihre Konzentrationen im Gleichgewicht $= 2 - x$ bzw. $1 - x$. Das MWG lautet dann:

$$\frac{x^2}{(2-x)\cdot(1-x)} = 4 .$$

Als Lösungen erhält man $x = 3{,}165$ oder $x = 0{,}835$; der erste Wert ist unbrauchbar. Es sind jetzt also je 0,835 Mol Ester und Wasser entstanden. Im Gleichgewicht sind nur noch 1,165 Mol Alkohol und 0,165 Mol Säure übrig.

Der Vergleich beider Ergebnisse zeigt, wie die Erhöhung der Konzentration eines Ausgangsstoffes (des Alkohols) tatsächlich das Gleichgewicht zugunsten der Endstoffe verschiebt.

Statt durch Zufügen eines Ansgangsstoffes kann man das Gleichgewicht auch durch Entfernen eines Endstoffes «stören». Durch dieses Entfernen wird der Zähler des MWG kleiner. Daher werden aus den noch vorhandenen Ausgangsstoffen wieder Endstoffe gebildet, bis der Quotient aus den Massenwirkungsprodukten wieder der Gleichgewichtskonstanten entspricht. Führt man dieses «Entfernen» fortlaufend durch, so kommt es zu keinem Gleichgewicht, und die Ausgangsstoffe werden praktisch ganz in die Endstoffe verwandelt. Der Vorgang läuft dann vollständig ab. **Entziehen eines Produktes verschiebt also das Gleichgewicht ebenfalls zugunsten der Produkte.** Ein solcher Entzug eines Produktes kann z.B. dadurch geschehen, daß ein Endstoff als Gas aus dem System entweicht oder als unlöslicher Stoff aus einer Lösung ausscheidet.

Dieser Fall ist praktisch von besonderer Bedeutung. Häufig gelingt es nämlich, eine umkehrbare Reaktion, deren Gleichgewicht bei den betrachteten Bedingungen *links* liegt (die also unvollständig verläuft), mit einer *zweiten* Reaktion so zu *koppeln*, daß eines der entstehenden Produkte auf dem Weg über die zweite Reaktion ständig aus dem Gleichgewicht entfernt wird, so daß die «umkehrbare» Reaktion praktisch vollständig abläuft. Insbesondere bei biochemischen Reaktionen sind derartige Verhältnisse (sogenannte «**Fließgleichgewichte**») sehr häufig.

5.5.2 Temperaturabhängigkeit des Gleichgewichtes

Die quantitative Ableitung der Temperaturabhängigkeit von K ist ziemlich kompliziert; das von Le Chatelier (1884) formulierte Prinzip der «**Flucht vor dem Zwang**» gibt jedoch den Temperatureinfluß wenigstens qualitativ in einfacher Weise wieder: *Wird auf ein im Gleichgewicht befindliches System durch Ändern der äußeren Bedingungen ein «Zwang» ausgeübt, so verschiebt sich das Gleichgewicht derart, daß es dem Zwang ausweicht,* d.h. es stellt sich ein neues Gleichgewicht mit vermindertem Zwang ein.

Führt man also einem Gleichgewicht Wärme zu, so sucht das System die Wärme möglichst zu verbrauchen, um dem Zwang auszuweichen, d.h. die endotherme Reaktion wird begünstigt. In der üblichen Schreibweise verschiebt sich daher dieses Gleichgewicht nach links.

Beispiele: $H_2 + I_2 \rightleftarrows 2\,HI \quad | \; \Delta H = -2{,}5$ kcal (↗)

Beim Erwärmen wird der Zerfall von HI begünstigt; das Gleichgewicht verschiebt sich zugunsten von Wasserstoff und Iod.

$2\,NO \rightleftarrows N_2 + O_2 \quad | \; \Delta H = -43{,}2$ kcal (↗)

Erwärmen verschiebt das Gleichgewicht zugunsten von NO; zu seiner Herstellung aus Sauerstoff und Stickstoff sind daher sehr hohe Temperaturen nötig.

5.5.3 Die freie Enthalpie und das Gleichgewicht

Die Änderung der freien Enthalpie ist ein Ausdruck für die Triebkraft eines Vorganges (S.163). Bei allen freiwillig verlaufenden Vorgängen ist ΔG negativ; die freie Enthalpie der Produkte ist also geringer als die freie Enthalpie der Ausgangsstoffe. Bei einem umkehrbaren Vorgang stellt sich nun ein Gleichgewichtszustand (freiwillig!) ein, unabhängig davon, von welcher Seite der Gleichung man ausgeht. Es muß also in jedem Fall die freie Enthalpie bis zur Erreichung des Gleichgewichtes abnehmen; im Gleichgewichtszustand erreicht sie einen *minimalen* Wert (Abb. 5.12). Dann ist G (Edukte) gleich G (Produkte) und *ΔG wird gleich Null,* weil keine «Triebkraft» mehr besteht, das System zu ändern: es herrscht Gleichgewicht.

Abb. 5.12 a zeigt den Fall einer nicht umkehrbaren Reaktion. Sie führt vollständig zu Ende; die freie Enthalpie der Produkte ist kleiner. Eine umkehrbare Reaktion, welche zu einem stark rechts liegenden Gleichgewicht führt, wird durch Abb. 5.12 b dargestellt. Das Minimum der freien Enthalpie entspricht dem Gleichgewichtszustand. Dieses Minimum liegt sehr nahe bei Punkt 1, d.h. die Endstoffe überwiegen im Gleichgewicht. Abb. 5.12c schließlich veranschaulicht ein eher links liegendes Gleichgewicht.

Ebenso wie man die Enthalpien und Entropien auf 1 Mol der betreffenden Stoffe im Standardzustand (bei 25°C und 1 atm) bezieht, gibt man auch die freie Enthalpie einer Substanz für den *Standardzustand* an. Wenn bei einer Reaktion (die bei 25°C und 1 atm abläuft) gerade so viele Mole vollständig umgesetzt werden, wie der Reaktionsgleichung entsprechen, so wird ΔG (die Änderung der freien Enthalpie) = $\Delta G°$ (gleich der Änderung der freien Enthalpie im Standardzustand bei vollständigem Umsatz).

Setzen sich nun aber die an einer Reaktion beteiligten Substanzen *nicht in der durch die Reaktionsgleichung angegebenen Zahl Mole,* sondern *in größeren oder kleineren Mengen um,* so ist ΔG nicht mehr gleich $\Delta G°$. Für eine Reaktion

$$aA + bB \rightleftarrows cC + dD$$

hängt ΔG in folgender Weise von den molaren Konzentrationen der Reaktionsteilnehmer ab (Ableitung siehe z. B. *Grundlagen der allgemeinen und anorganischen Chemie)*:

$$\Delta G = \Delta G° + R \cdot T \cdot \ln \frac{(C)^c \cdot (D)^d}{(A)^a \cdot (B)^b} \qquad (1)$$

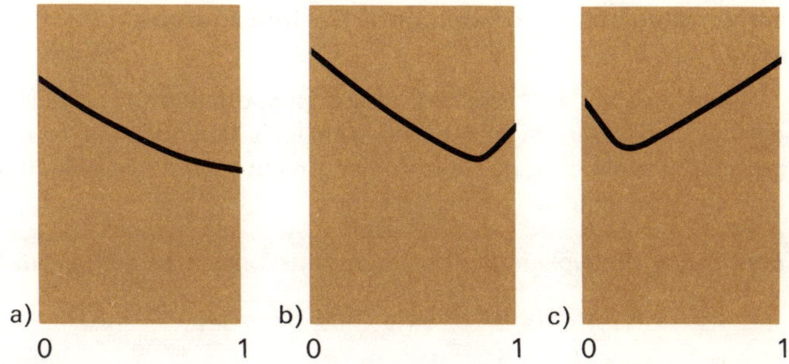

a) Freie Enthalpie der Endstoffe kleiner als der Ausgangsstoffe; Vorgang läuft vollständig ab
b) Umkehrbarer Vorgang mit rechts liegendem Gleichgewicht; Minimum der freien Enthalpie näher den Endstoffen
c) Umkehrbarer Vorgang mit links liegendem Gleichgewicht; Minimum der freien Enthalpie näher den Ausgangsstoffen

Abb. 5.12. Freie Enthalpie bei verschiedenen Vorgängen

Dabei ist T die absolute Temperatur, R die universelle Gaskonstante (1,98 cal/Grad Mol), ln der natürliche Logarithmus, d.h. der Logarithmus zur Basis e.

Die Beziehung (1) ist besonders wichtig für *umkehrbare Vorgänge.* Wenn sich ein Gleichgewichtszustand einstellt, so sind *alle Reaktionsteilnehmer noch in bestimmten Konzentrationen vorhanden;* da die Reaktion jedoch nicht vollständig verläuft, erfolgt der *Umsatz nicht vollständig,* d.h. von den Reaktanten reagieren nur Bruchteile der durch die Reaktionsgleichung angegebenen Molzahlen. Da – wie vorher gezeigt worden ist – für den *Gleichgewichtszustand selbst ΔG gleich Null ist* (die freie Enthalpie des Systems ist minimal, und es kann keine Arbeit mehr leisten), gilt

$$0 = \Delta G° + R \cdot T \cdot \ln \left[\frac{(C)^c \cdot (D)^d}{(A)^a \cdot (B)^b} \right]. \qquad (2)$$

Der in der Klammer stehende Ausdruck muß (bei konstanter Temperatur!) einen konstanten Wert besitzen, da $\Delta G°$ ebenfalls eine Konstante ist, deren Zahlenwert nur von der Art der Reaktionsteilnehmer bestimmt wird. Wir können deshalb schreiben:

$$\frac{(C)^c \cdot (D)^d}{(A)^a \cdot (B)^b} = K \qquad (3)$$

und

$$\Delta G° = -R \cdot T \cdot \ln K \qquad (4)$$

Die Gleichung (2) stellt die «thermodynamische» *Ableitung des Massenwirkungsgesetzes dar;* die dafür benötigte Gleichung (1) läßt sich ohne weitere Voraussetzungen – und *insbesondere ohne genaue Kenntnisse des Reaktionsablaufes!* – ableiten.

Besonders wichtig ist die Formulierung (4). Da nämlich $\Delta G°$ nach dem Ausdruck $\Delta G° = \Delta H° - T \cdot \Delta S°$ aus den Standardreaktionswärmen und Standardreaktionsentropien *berechnet* werden kann und diese wiederum durch thermochemische Messungen (Messungen von Reaktionswärmen und spezifischen Wärmen) experimentell bestimmt werden können, ist es mittels Gleichung (4) möglich, *Gleichgewichtskonstanten für beliebige Vorgänge zu berechnen, sofern man die Standardenthalpien bzw. -entropien der daran beteiligten Substanzen kennt.* **Es ist damit möglich, zu berechnen, ob und in welchem Ausmaß ein bestimmter Vorgang ablaufen kann, ohne ihn im Experiment überhaupt durchführen zu müssen.**

Je stärker negativ $\Delta G°$ ist, um so größer ist K, d.h. um so vollständiger verläuft der Vorgang. Ein positiver $\Delta G°$-Wert zeigt an, daß sich ein links (auf der Seite der Reaktanten) liegendes Gleichgewicht einstellt, d.h. daß der Vorgang nicht vollständig abläuft und die betreffende Gleichgewichtskonstante kleiner als 1 ist.

Beispiele: Wir wollen die Gleichgewichtskonstanten der beiden Reaktionen

$N_2 + 3\,H_2 \rightleftarrows 2\,NH_3$ und $N_2 + O_2 \rightleftarrows 2\,NO$

berechnen.

$\ln K$ ist $= -\frac{\Delta G°}{RT}$. Unter Berücksichtigung des Umwandlungsfaktors ln → log sowie mit den für 25°C eingesetzten Werten von T und R wird:

$$\log K = -\frac{\Delta G^0}{1{,}37} \; [\Delta G^0 \text{ in kcal!}].$$

ΔG^o erhält man nach $\Delta G^o = \Delta H^o - T \cdot \Delta S^o$, also:

$$\Delta G^o = [\Sigma \Delta H_f^o \text{ (Produkte)} - \Sigma \Delta H_f^o \text{ (Edukte)}] - T \cdot [\Sigma S^o \text{ (Produkte)} - \Sigma S^o \text{ (Edukte)}].$$

Berechnung von $\Delta G°$ für die erste Reaktion (Zahlenwerte von $\Delta H°$ und $S°$ siehe Tabellen 5.3 und 5.4, S. 159 und 163):

$$\Delta H_f^o \text{ (Produkte)} = -2 \cdot 11{,}0 \text{ kcal/Mol}$$
$$\Delta H_f^o \text{ (Edukte)} = 0 \text{ (Elemente im Standardzustand!)}$$
$$S^o \text{ (Produkte)} = 2 \cdot 46{,}0 \frac{\text{cal}}{\text{grad Mol}} = 0{,}092 \frac{\text{kcal}}{\text{grad Mol}}$$
$$S^o \text{ (Edukte)} = 45{,}7 + 3 \cdot 31{,}3 = 139{,}6 \frac{\text{cal}}{\text{grad Mol}} = 0{,}1396 \frac{\text{kcal}}{\text{grad Mol}}$$
$$\Delta H^o = -22{,}0 \text{ kcal/Mol}$$
$$\Delta S^o = 0{,}092 - 0{,}1396 = -0{,}0476 \frac{\text{kcal}}{\text{grad Mol}}; \quad T \cdot \Delta S^o = -14{,}5 \text{ kcal/Mol}$$
$$\Delta G^o = -22{,}0 + 14{,}5 = -7{,}5 \text{ kcal/Mol}$$
$$K = 10^{\frac{7{,}5}{1{,}37}} = \underline{10^{5{,}46}}$$

Berechnung von ΔG^o für die zweite Reaktion:

$$\Delta H_f^o \text{ (Produkte)} = 2 \cdot 21{,}6 \text{ kcal/Mol}$$
$$\Delta H_f^o \text{ (Edukte)} = 0$$
$$S^o \text{ (Produkte)} = 2 \cdot 50{,}3 = 100{,}6 \frac{\text{cal}}{\text{grad Mol}} = 0{,}1006 \frac{\text{kcal}}{\text{grad Mol}}$$
$$S^o \text{ (Edukte)} = 45{,}7 + 49{,}0 = 94{,}7 \frac{\text{cal}}{\text{grad Mol}} = 0{,}0947 \frac{\text{kcal}}{\text{grad Mol}}$$
$$\Delta H^o = 43{,}2 \text{ kcal/Mol}$$
$$\Delta S^o = 0{,}1006 - 0{,}0947 = 0{,}0059 \frac{\text{kcal}}{\text{grad Mol}}; \quad T \cdot \Delta S^o = 1{,}8 \text{ kcal/Mol}$$
$$\Delta G^o = 43{,}2 - 1{,}8 = 41{,}4 \text{ kcal/Mol}$$
$$K = 10^{-\frac{41{,}4}{1{,}37}} = \underline{10^{-31}}$$

Die Berechnung der beiden Konstanten zeigt, daß die Reaktion $N_2 + 3\,H_2 \rightleftarrows 2\,NH_3$ bei Zimmertemperatur (25°C) nahezu vollständig vor sich gehen sollte, während sich N_2 und O_2 praktisch nicht vereinigen.

5.5.4 Stabile, metastabile und instabile Systeme

Die Größe der Gleichgewichtskonstanten gibt nur das Verhältnis der Konzentrationen der verschiedenen Substanzen im Gleichgewichtszustand an, sagt aber *nichts* darüber aus, *wie rasch das Gleichgewicht erreicht* wird. So vereinigen sich Wasserstoff und Sauerstoff bei Zimmertemperatur nicht zu Wasser, obschon das Gleichgewicht der Wasserbildung praktisch völlig rechts liegt, K also sehr groß und $\Delta G°$ stark negativ ist. Die Geschwindigkeit der Reaktion

$2\,H_2 + O_2 \longrightarrow 2\,H_2O$ ist eben bei Zimmertemperatur äußerst klein. Erst nach Zündung oder Aktivierung mit einem geeigneten Katalysator tritt die (dann explosionsartige) Vereinigung ein. Eine Mischung von Sauerstoff und Wasserstoff scheint also beständig zu sein, obschon die Gleichgewichtsbedingung nicht erfüllt ist. Ein solches System nennt man «**metastabil**». Zum Unterschied von einem «**stabilen**» System (das sich im Gleichgewicht befindet), kann ein metastabiles System durch Aktivierung zur Reaktion gebracht und in den stabilen Zustand übergeführt werden. «**Instabile**» Systeme befinden sich ebenfalls nicht im Gleichgewicht; bei ihnen ist jedoch die Reaktionsgeschwindigkeit von endlicher Größe, und die Stoffe reagieren miteinander, bis wiederum der stabile Zustand erreicht wird.

Es gibt auch eine sehr große Zahl von *Verbindungen,* welche bei gewöhnlicher Temperatur metastabil sind. Ein Beispiel dafür ist das Stickoxid, NO, das mit N_2 und O_2 im Gleichgewicht steht:

$$2\,NO \rightleftharpoons N_2 + O_2 \qquad \Big| \; \Delta H = -43{,}2\ \text{kcal}$$

Nach dem Prinzip von Le Chatelier liegt das Gleichgewicht bei Zimmertemperatur stark rechts (NO entsteht erst bei sehr hohen Temperaturen aus den Elementen!), so daß sich NO bei tieferen Temperaturen in die Elemente zersetzen und nicht beständig sein sollte. Da jedoch dann die Zerfallsgeschwindigkeit sehr klein ist, bleibt NO als metastabiler Stoff unzersetzt und beständig. Die Gleichgewichtskonstante K kann durch Anwendung eines *Katalysators* nicht verändert werden. Katalysatoren vermögen daher niemals ein Gleichgewicht zu verschieben; sie bewirken nur eine *raschere Einstellung des Gleichgewichtszustandes.* Wie sich auch im Experiment leicht zeigen läßt (z. B. mit dem HI-Gleichgewicht), beeinflussen daher Katalysatoren stets die Geschwindigkeiten beider Richtungen eines umkehrbaren Vorganges.

5.5.5 Heterogene Gleichgewichte

Ein Beispiel für ein heterogenes Gleichgewicht bildet der Vorgang an der Oberfläche eines Salzes, das mit seiner gesättigten Lösung in Berührung steht. Aus dem Gitter treten ständig Ionen in die Lösung über, und aus der Lösung werden Ionen vom festen Salz eingefangen und ins Gitter eingebaut:

$$AB_{\text{fest}} \underset{2}{\overset{1}{\rightleftharpoons}} A^+ + B^- \ \text{(gelöst)}.$$

Die Geschwindigkeit des Vorganges 1 (Auflösung des Salzes) ist proportional der Oberfläche des festen Salzes Ob:

$$RG_1 = k_1 \cdot \text{Ob}$$

Die Geschwindigkeit von Vorgang 2 ist nicht nur den Konzentrationen von freien A^+- und B^--Ionen, sondern auch den freien Gitterplätzen, d. h. wiederum der Oberfläche, proportional:

$$RG_2 = k_2 \cdot (A^+) \cdot (B^-) \cdot \text{Ob}$$

Im Gleichgewichtszustand sind die beiden Geschwindigkeiten einander gleich:

$$k_1 \cdot \text{Ob} = k_2 \cdot (A^+) \cdot (B^-) \cdot \text{Ob}$$

und umgeformt sowie vereinfacht

$$\frac{k_1}{k_2} = K = (A^+) \cdot (B^-).$$

Im Gleichgewichtszustand ist also das Produkt der Konzentrationen der Ionen in der gesättigten Lösung konstant. Man bezeichnet diese Konstante als «**Löslichkeitsprodukt**» *(Lp)* des betreffenden Salzes:

$$\mathbf{Lp = (A^+) \cdot (B^-)}$$

Je kleiner das Löslichkeitsprodukt, desto schwerer löslich ist das betreffende Salz. Natürlich hängt die Größe des Löslichkeitsproduktes von der *Temperatur* ab (die Löslichkeit vieler Salze ist sehr stark temperaturabhängig!). Man beachte, daß bei Salzen von der Formel AB_2 das Löslichkeitsprodukt die Form

$$Lp = (A^{2+}) \cdot (B^-)^2$$

annimmt[1]. Tabelle 5.6 enthält die Löslichkeitsprodukte einiger schwerlöslicher Salze:

Tabelle 5.6. Löslichkeitsprodukte schwerlöslicher Salze

AgCl	10^{-10}	$CaCO_3$	$4{,}8 \cdot 10^{-9}$	HgS	10^{-54}
AgBr	$5 \cdot 10^{-13}$	$BaCO_3$	$5 \cdot 10^{-9}$	CuS	10^{-40}
AgI	10^{-16}			CdS	10^{-28}
CaF_2	$3{,}4 \cdot 10^{-11}$	$Al(OH)_3$	10^{-33}	PbS	10^{-28}
$PbCl_2$	$1{,}7 \cdot 10^{-5}$	$Fe(OH)_3$	10^{-38}	ZnS	10^{-23}
		$Fe(OH)_2$	10^{-15}	FeS	10^{-21}
$BaSO_4$	10^{-10}	$Ni(OH)_2$	10^{-14}	NiS	10^{-21}
$PbSO_4$	10^{-8}	$Mg(OH)_2$	10^{-12}		
		$Ca(OH)_2$	$8 \cdot 10^{-6}$		

Die Kenntnis des Löslichkeitsproduktes ist von Bedeutung für die Betrachtung der *Vorgänge beim Auflösen und Ausfällen von Salzen*. Hat man z.B. eine Lösung, welche Ba^{2+}-Ionen enthält, und setzt eine SO_4^{2-}-haltige Lösung zu, so beginnt sich festes $BaSO_4$ auszuscheiden, wenn das Produkt der Konzentrationen von Ba^{2+}- und SO_4^{2-}-Ionen größer wird als das Löslichkeitsprodukt, d.h. wenn das Löslichkeitsprodukt überschritten wird. Um die vorhandenen Ba^{2+}-Ionen möglichst vollständig auszufällen, verwendet man möglichst hohe Konzentrationen von SO_4^{2-}-Ionen, weil dann – gemäß dem *Lp* $(Ba^{2+}) \cdot (SO_4^{2-})$ – nur sehr kleine Mengen Ba^{2+}-Ionen in der Lösung zurückbleiben. Die *Ausfällung* eines schwerlöslichen Salzes soll daher mit einem *Überschuß des Fällungsmittels* geschehen.

Entfernt man hingegen eine Ionenart aus der gesättigten Lösung eines schwerlöslichen Salzes, so stört man dadurch das Löslichkeitsgleichgewicht, und es müssen neue Ionen aus dem Bodensatz in Lösung gehen, *bis sich das Salz schließlich völlig löst*. Das Entziehen von Ionen aus einer Lösung kann z.B. dadurch geschehen, daß eine Ionenart mit einem zugesetzten Reagens ein Komplex-Ion bildet. So beruht die Löslichkeit von AgCl in verdünnter Ammoniaklösung darauf, daß NH_3-Moleküle mit Ag^+-Ionen den $[Ag(NH_3)_2]^+$-Komplex bilden. Enthält ein Salz basische Ionen (siehe S.200), so läßt sich das Löslichkeitsprodukt dadurch stören (und das Salz dadurch lösen), daß man eine genügend starke Säure zusetzt, die mit diesen Ionen reagiert.

[1] Zum selben Ausdruck für das Löslichkeitsprodukt kann man auch dadurch gelangen, daß man für das Grenzflächengleichgewicht das MWG aufstellt und die Tatsache verwendet, daß die Konzentration des festen Salzes (AB) im festen Zustand konstant ist (solange sich die Temperatur nicht ändert). Allgemein gilt für heterogene Gleichgewichte, daß die *Konzentration fester Stoffe als konstant* betrachtet werden kann.

Aus dem Löslichkeitsprodukt läßt sich die *Löslichkeit* eines Salzes berechnen. Die molare Löslichkeit (Löslichkeit im Mol/l) eines Salzes AB entspricht der Konzentration an A^+- oder B^--Ionen; bei einem Salz AB_2 ist die molare Löslichkeit gleich (A^{2+}) oder gleich ½ (B^-), denn die Konzentration an B^--Ionen ist doppelt so hoch wie die A^{2+}-Ionenkonzentration.

Beispiele:

1. Wie groß ist die Löslichkeit von Marmor ($CaCO_3$) in g/l? Das Löslichkeitsprodukt beträgt (bei 20°) $4{,}9 \cdot 10^{-9}$.

   $Lp = (Ca^{2+}) \cdot (CO_3^{2-})$, also wird $(Ca^{2+}) = (CO_3^{2-}) = \sqrt{4{,}9 \cdot 10^{-9}} = 7 \cdot 10^{-5}$.

   Die molare Löslichkeit von $CaCO_3$ beträgt $7 \cdot 10^{-5}$.
   Da 1 Mol $CaCO_3$ 100 g wiegt, lösen sich im Liter $7 \cdot 10^{-3}$ g Marmor.

2. Die Löslichkeit von AgCl beträgt (bei 20°) $1{,}435 \cdot 10^{-3}$ g/l. Gesucht ist das Löslichkeitsprodukt des Salzes und seine Löslichkeit in einer 0,1-M NaCl-Lösung.

   1 Mol AgCl hat die Masse 143,5 g, so daß die molare Löslichkeit $= \frac{1{,}435 \cdot 10^{-3}}{143{,}5} = 1 \cdot 10^{-5}$ wird. Das Löslichkeitsprodukt ist daher

   $$Lp = 10^{-5} \cdot 10^{-5} = 10^{-10}$$

   (die molare Löslichkeit von AgCl entspricht der molaren Konzentration von Ag^+- bzw. Cl^--Ionen!). In einer 0,1-M NaCl-Lösung setzen wir die Konzentration der Cl^--Ionen = 0,1, vernachlässigen also dabei die wenigen Cl^--Ionen, die aus dem AgCl selbst stammen. Somit wird

   $$(Ag^+) = \frac{10^{-10}}{0{,}1} = 10^{-9} \text{ Mol/l} = 1{,}435 \cdot 10^{-7} \text{ g/l } 1 \cdot 10$$

   Die Löslichkeit von AgCl in dieser 0,1-M NaCl-Lösung ist also 10000 mal kleiner als im reinen Wasser. Diese sehr geringe Löslichkeit wird durch den Überschuß an Cl^--Ionen bewirkt. Denselben Effekt hätte natürlich ein Überschuß an Ag^+-Ionen. Andere Ionen, wie ClO_3^-, SO_4^{2-} usw., haben hingegen keinen Einfluß auf die Löslichkeit von AgCl.

Es muß betont werden, daß das MWG (und natürlich auch das *Lp*) in seiner hier verwendeten Form nur für genügend verdünnte Lösungen streng gilt. Schon bei mäßig konzentrierten Lösungen (konzentrierter als 0,1 Mol/l) müssen für genauere Berechnungen die *Aktivitäten* der Ionen statt ihren Konzentrationen verwendet werden. Für rein qualitative Betrachtungen genügen allerdings auch dann noch die einfacher zu ermittelnden Konzentrationen.
In gewissen Fällen ist nun die *effektive Löslichkeit* eines Salzes viel *höher,* als man nach dem Löslichkeitsprodukt berechnet. Der Grund für dieses scheinbar abnorme Verhalten liegt darin, daß die Kationen des schwerlöslichen Salzes Komplexe mit seinen Anionen bilden, wenn diese in größeren Konzentrationen vorliegen. Dadurch wird die Konzentration der freien Kationen verringert, und es muß mehr Bodenkörper in Lösung gehen. Die dann zur Hauptsache in der Lösung frei vorhandenen Teilchen sind solche Komplex-Ionen; die Konzentration der freien (hydratisierten) Kationen entspricht aber genau der nach dem Löslichkeitsprodukt zu erwartenden Konzentrationen.

Beispiel: Fügt man zu einer gesättigten Lösung von AgCl Cl^--Ionen, so sinkt seine Löslichkeit zunächst (wie nach dem Löslichkeitsprodukt zu erwarten ist), steigt dann aber bei wachsender Cl^--Konzentration an (!), weil sich Komplex-Ionen der Zusammensetzung $[AgCl_2]^-$ bilden.

Übungen

5.1 Wie und mit welchem Apparat kann man a) elektrische Energie in Wärme, b) elektrische Energie in mechanische Energie und c) chemische Energie in mechanische Energie verwandeln?

5.2 Erklären Sie die Ausdrücke «Reaktionswärme», «Enthalpie», «Bildungswärme».

5.3 Warum ist der Satz von Hess eine Folge des Energiesatzes?

5.4 Berechnen Sie die Reaktionswärmen folgender Vorgänge:

$$CuO + H_2 \longrightarrow H_2O + Cu$$
$$Fe_2O_3 + 3\,H_2 \longrightarrow 3\,H_2O + 2\,Fe$$
$$MgO + H_2 \longrightarrow H_2O + Mg$$

5.5 Wie würden Sie die Bildungswärme von Wasser messen?

5.6 Warum kann das Prinzip von Berthelot («die Reaktionswärme ist ein Maß für die Triebkraft») kein allgemeines Gesetz sein?

5.7 Kann die H_2/O_2-Knallgas-Reaktion durch Licht ausgelöst werden?

5.8 Erklären Sie den Begriff «Entropie».

5.9 Warum verlaufen viele endotherme Reaktionen bei hoher Temperatur freiwillig?

5.10 Nimmt die Entropie bei folgenden Vorgängen zu oder ab?

$$C + O_2 \longrightarrow 2\,CO$$
$$H_2 + F_2 \longrightarrow 2\,HF$$
$$NaCl_{fest} \longrightarrow NaCl_{gelöst}$$

5.11 Erklären Sie die Wirkung der Aktivierungsenergie.

5.12 Warum sind polare Bindungen bei Zimmertemperatur reaktionsfähiger als unpolare?

5.13 Was ist ein Katalysator, und wie wirkt er?

5.14 Warum wächst die Reaktionsgeschwindigkeit mit zunehmender Temperatur?

5.15 Warum geht eine umkehrbare Reaktion in einem abgeschlossenen System nicht vollständig zu Ende?

5.16 Wie kann man feststellen, ob sich ein bestimmtes System im Gleichgewicht oder in einem metastabilen Zustand befindet?

5.17 Wie kann man folgende Gleichgewichte nach rechts verschieben:

$$3\,H_2 + N_2 \rightleftarrows 2\,NH_3 \qquad |-E$$
$$CO_2 + C \rightleftarrows 2\,CO \qquad |+E$$

5.18 Das Löslichkeitsprodukt von $PbCl_2$ ist $1{,}7 \cdot 10^{-5}$. Wie groß ist die Löslichkeit in Wasser und in 0,5-M NaCl-Lösung?

5.19 Die Löslichkeit von MgF_2 ist 0,075 g/l. Wie groß ist das Löslichkeitsprodukt?

Literatur

D. H. Andrews und R. J. Kokes *Fundamental Chemistry*. Wiley, New York 1964

H. R. Christen *Grundlagen der allgemeinen und anorganischen Chemie*. Sauerländer, Aarau 1973

H. Eyring und W. Eyring *Modern Chemical Kinetics*. Reinhold, New York 1962

A. A. Frost und R. G. Pearson *Kinetik und Mechanismen homogener chemischer Reaktionen*. Verlag Chemie, Weinheim 1964

E. L. King *How Chemical Reactions Occur*. Benjamin, New York 1963

B. H. Mahan *Elementary Chemical Thermodynamics*. Benjamin, New York 1963

G. E. Wood und F. H. Verhoek How Can You Tell, Whether a Reaction Will Occur? *J. Chem. Educ. 38* (1961) 334

H. Ulich und W. Jost *Kurzes Lehrbuch der Physikalischen Chemie*. Steinkopff, Darmstadt 1960

6 Säure/Base-Reaktionen («Protolysen»)

Fast alle Reaktionen anorganischer Verbindungen lassen sich in eine der im folgenden näher beschriebenen Gruppen einordnen. Diese Einteilung gründet sich allerdings nicht auf den genauen Ablauf, den Mechanismus, der betreffenden Vorgänge; sie gibt jedoch ein nützliches *Schema* zur Übersicht und zum Ordnen der anorganischen Reaktionen.
Bei einer großen Zahl von Reaktionen verändern sich die *Ladungen* einzelner Atome oder Ionen, was sich – äußerlich – als Veränderung der Oxidationszahl gewisser Atome oder Ionen bemerkbar macht. Bei vielen anderen Vorgängen verändern sich nur die *Bindungsverhältnisse*, d.h. die Koordinationszahlen bestimmter Teilchen, während die Oxidationszahlen unverändert bleiben. Man bezeichnet die erste Gruppe von Vorgängen als *«Redoxvorgänge»*, die zweite als *«Komplexreaktionen»*. Bei letzteren hat man zu unterscheiden zwischen *eigentlichen Komplexreaktionen* (bei welchen Komplexe entstehen oder zerfallen oder bei denen Liganden ausgetauscht werden) und den *Säure/Base-Reaktionen («Protolysen»)* (bei welchen H^+-Ionen [Protonen] von einem Teilchen auf ein anderes übertragen werden). Eigentliche Komplexreaktionen und Protolysen sind polare Reaktionen und verlaufen besonders oft in Lösungen. Viele Redoxvorgänge sind Radikalreaktionen; eine große Zahl praktisch sehr wichtiger Redoxreaktionen verlaufen im Gaszustand oder sind heterogene Reaktionen. Ihr genauer Ablauf ist – im Gegensatz zu den meisten Komplexreaktionen – häufig sehr verwickelt. In den folgenden Abschnitten werden zuerst die Säure/Base-Reaktionen – deren Verlauf besonders einfach ist – betrachtet.

6.1 Die Begriffe «Säure» und «Base»

Von alters her ist der *saure Geschmack* verschiedener Substanzen, wie Essig, Zitronensaft, saurer Milch usw., bekannt. Aber erst Boyle (1663) führte eine allgemein brauchbare Definition für *Säuren* ein: Säuren färben gewisse blaue Pflanzenfarbstoffe rot, lösen Marmor und scheiden aus Lösungen bestimmter Schwefelverbindungen (z.B. Na_2S_2) Schwefel aus. Lösungen, die nicht sauer, sondern unangenehm scharf oder seifig schmecken und beim Zusammenbringen mit Säuren deren Wirkungen aufheben können, nannte man *alkalisch (al kali* arab. = Pflanzenasche). Später fand man, daß beim Zusammengeben von sauren und alkalischen Lösungen Salze erhalten werden können, und bezeichnete die in den alkalischen Lösungen gelöst enthaltenen Substanzen als *«Basen» (basis* gr. = Grundlage [nämlich für die Herstellung eines Salzes]). Lémery (1675) stellte sich vor, daß die Säureteilchen Spitzchen, die Baseteilchen Poren enthalten würden:

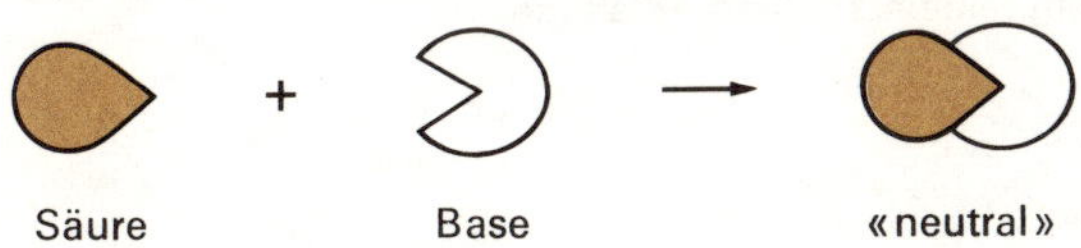

Lavoisier fand, daß beim Lösen gewisser Oxide von Nichtmetallen in Wasser saure Lösungen entstehen. Er schloß daraus, daß Sauerstoff allen Säuren gemeinsam sei und daß das Vorhandensein von Sauerstoff die «sauren Eigenschaften» bedinge[1]. Sehr bald erkannte man aber, daß es auch Säuren gibt, die keinen Sauerstoff enthalten, und Liebig (1838) definierte eine Säure als eine Substanz, die Wasserstoff enthält, der durch Metalle ersetzbar ist, weil verdünnte Säuren mit vielen Metallen Wasserstoff liefern (aus der Lösung erhält man dann beim Eindampfen ein Salz):

$$\underset{\text{Schwefelsäure}}{H_2SO_4(d)} + Mg \longrightarrow H_2 + \underset{\text{Magnesiumsulfat}}{MgSO_4(d)}$$ [2]

Während Säuren und Basen im Sinne von Lavoisier oder von Liebig bestimmte *Stoffklassen* darstellen, bezeichnet der Begriff von Boyle eine bestimmte *Funktion* als Säure. Auch unsere heutigen Säure- und Base-Begriffe sind funktionelle, nicht stoffliche Begriffe (vgl. S.191)!

Beispiele von Säuren

Salzsäure ist eine Lösung von *Chlorwasserstoffgas* (HCl) in Wasser. Das Gas entsteht durch Einwirkung von konz. Schwefelsäure auf festes Kochsalz:

$$H_2SO_4 + 2\,NaCl \longrightarrow 2\,HCl + Na_2SO_4$$

Salzsäure ist eine sehr starke Säure. Konzentrierte Salzsäure (mit HCl-Gas gesättigt) «raucht» an der Luft (entweichende HCl-Nebel!) und enthält etwa 39 Gewichts-% HCl (Dichte 1,195 g/cm^3). In einem Liter dieser Säure sind also etwa 470 g HCl-Gas gelöst.

Schwefelsäure: Reine Schwefelsäure (H_2SO_4) ist eine schwere, ölige Flüssigkeit vom Sdp. 320°C (Dichte 1,8 g/cm^3), die sich in jedem Verhältnis mit Wasser mischt. Beim Verdünnen erwärmt sich die Lösung so stark, daß sie zum Sieden kommen kann; daher immer Säure ins Wasser gießen, nie umgekehrt! Konz. Schwefelsäure wirkt stark wasseranziehend und verdünnt sich allmählich, wenn man sie in offenen Gefäßen stehen läßt: Verwendung zum Trocknen von Gasen. Die gewöhnliche konzentrierte Säure enthält etwa 93–98% H_2SO_4. Sie ist ebenfalls eine sehr starke Säure und greift nicht nur viele Metalle an, sondern zerstört auch organische Stoffe (Papier, Textilien).

Salpetersäure: Reine Salpetersäure (HNO_3) ist eine farblose Flüssigkeit (Sdp. 86°C), welche am Licht oder beim Erwärmen leicht in braunes NO_2, Wasser und Sauerstoff zerfällt. Infolge der leichten Abspaltung von Sauerstoff wirkt sie stark oxidierend und kann deshalb brennbare Materialien (Sägespäne, Terpentinöl) in Brand setzen. Salpetersäure entsteht aus Chilesalpeter (einem in der Wüste im nördlichen Chile in großen Mengen vorkommenden Salz) und Schwefelsäure:

$$\underset{\text{Chilesalpeter}}{2\,NaNO_3} + H_2SO_4 \longrightarrow 2\,HNO_3 + Na_2SO_4$$

Kohlensäure: Leitet man Kohlendioxid in Wasser, so erhält man eine Lösung von ganz schwach saurem Geschmack. Erhitzt man eine solche Lösung, so entweicht wieder Kohlendioxid, und die Flüssigkeit verliert nach einiger Zeit ihren sauren Charakter. Die Bildung der Säure aus dem Oxid und Wasser ist also umkehrbar, und man kann die Säure bei gewöhnlichen Bedingungen nicht in reinem Zustand erhalten:

$$CO_2 + H_2O \rightleftarrows \underset{\text{Kohlensäure}}{H_2CO_3}$$

[1] Daher wurde dem Element O von Lavoisier auch der Name «Oxygène» (deutsch Sauerstoff) gegeben (*oxys* gr. = sauer).

[2] Der Buchstabe (*d*) hinter einem Symbol oder einer Formel bedeutet die betreffende Substanz gelöst (wenn nichts besonderes bemerkt, in Wasser); «dissolved» (engl.) = gelöst.

Lösungen von **Basen** *(alkalische Lösungen)* vermögen die Wirkungen saurer Lösungen aufzuheben, d.h. saure und alkalische Lösungen können einander *«neutralisieren»*, wenn man sie in entsprechenden Mengenverhältnissen zusammenbringt. Die wichtigste Base ist das in den salzartigen Metallhydroxiden (NaOH, KOH, $Ca[OH]_2$, $Al[OH]_3$) enthaltene Komplex-Ion $[:\ddot{\underset{..}{O}}:H]^-$, das *Hydroxid*-Ion[1]. *Ammoniak* (NH_3), ein farbloses Gas mit charakteristischem Geruch[2], sowie das *Carbonat*-Ion (CO_3^{2-}; z.B. in Soda, Na_2CO_3, enthalten) sind weitere wichtige Basen. Lösungen starker Basen *(«Laugen»)* wirken stark ätzend, besonders auf die Augenschleimhäute (NaOH und KOH, feste, an der Luft durch Aufnahme von Wasser allmählich zerfließende Substanzen, heißen deswegen auch «Ätznatron» bzw. «Ätzkali»).

Säure/Base-Begriffe von Brönsted. Wenn man HCl-Gas in Wasser leitet, erhält man eine Lösung (= verdünnte Salzsäure!), die elektrische Leitfähigkeit besitzt, also verschiebbare Ionen enthalten muß. Da das Gas selbst aus Molekülen besteht, müssen diese Ionen beim Lösen in Wasser entstanden sein. Die Gegenwart von Wasser ist dabei von entscheidender Bedeutung, denn eine Lösung von HCl-Gas in Benzol oder Benzin leitet nicht. Fügt man zu verdünnter Salzsäure eine Silbersalzlösung, so entsteht ein weißes, wenig lösliches Salz, Silberchlorid (AgCl). Die Salzsäure muß daher freie Cl^--Ionen enthalten.

Beim Lösen von HCl-Gas in Wasser sind also aus den HCl-Molekülen Chlorid-Ionen entstanden. Dies ist nur dadurch möglich, daß sich beim Zusammenstoß von einem HCl- mit einem H_2O-Molekül die Bindung zwischen dem H-Atom und dem Cl-Atom löst (wobei die bindenden Elektronen dem Cl-Atom verbleiben!) und gleichzeitig das H^+-Ion (das Proton) durch ein freies Elektronenpaar des negativ polarisierten O-Atoms im H_2O-Molekül gebunden wird:

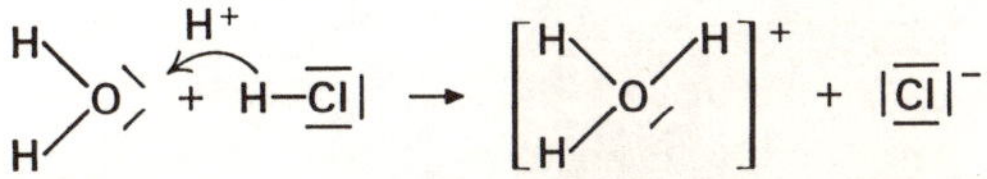

Dieser Vorgang ist ein typisches Beispiel einer polaren Reaktion. Es entstehen dabei keine freien, selbständig existierenden H^+-Ionen (Protonen); das anfänglich durch ein Elektronenpaar an das Cl-Atom gebundene Proton löst sich allmählich von der anziehenden Wirkung dieser Ladung, «schlüpft» dabei in eine der mit zwei Elektronen besetzten Wolken des O-Atoms und wird dann durch diese Elektronen gebunden:

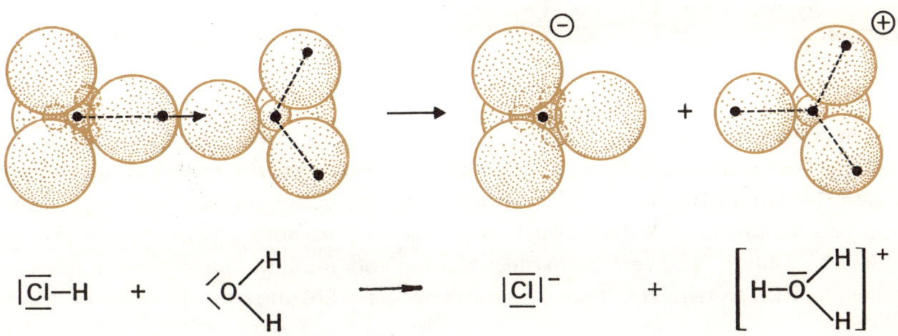

Die neue O—H-Bindung ist polarer als die Cl—H-Bindung, und die entstehenden Ionen hydratisieren sich; beide Effekte bedingen, daß beim Übergang des Protons vom HCl- auf das H_2O-Molekül ziemlich viel Energie abgegeben werden kann, und ermöglichen damit die Reaktion.

[1] Weil das OH^--Ion die basischen Eigenschaften sehr ausgeprägt zeigt, wurden früher nur Verbindungen, die OH^--Ionen enthalten, als Basen bezeichnet.

[2] *«Salmiakgeist»* ist eine Lösung von Ammoniak in Wasser; die Lösung reagiert ziemlich stark alkalisch.

Das H^+-Ion (das Proton) kann aber nur dann die bindende Wolke verlassen, wenn das HCl-Molekül mit einem anderen Teilchen zusammenstößt, das freie Elektronenpaare besitzt und Protonen zu binden vermag, denn freie, einzelne Protonen können als Ionen in Lösung oder als Gitterbausteine in Kristallen nicht existieren, weil sie, verglichen mit ihrer geringen Größe, eine sehr hohe Ladung besitzen und das elektrische Feld um ein einzelnes Proton herum sehr stark ist. Benzin und Benzol enthalten Moleküle ohne freie Elektronenpaare; HCl-Gas löst sich deshalb in diesen Lösungsmitteln als Molekül, ohne Protonen abzuspalten. Aus diesem Grund leiten solche Lösungen den elektrischen Strom nicht.

Es läßt sich nun leicht zeigen, daß auch Schwefelsäure, Salpetersäure, Essigsäure usw., die im reinen Zustand flüchtige Verbindungen sind, beim Lösen in Wasser Ionen bilden, und in ihren Lösungen lassen sich die Anionen SO_4^{2-}, NO_3^- usw. nachweisen. Ihre Moleküle geben offenbar beim Lösen ebenfalls H^+-Ionen (Protonen) an Wassermoleküle ab, und es entstehen neben den negativ geladenen Säurerest-Anionen positive H_3O^+-Ionen. Das Lösen dieser Säuren in Wasser ist also stets ein chemischer Vorgang, denn es entstehen dabei neue Teilchen mit neuen Eigenschaften. Die starke Erwärmung, welche beim Verdünnen von konzentrierter Schwefel- oder Salpetersäure spürbar ist, zeigt die chemische Veränderung deutlich an; sie ist, wie erwähnt, im wesentlichen dadurch bedingt, daß eine neue, stark polare O—H-Bindung entsteht und daß sich die Ionen hydratisieren. Insbesondere wird das relativ kleine H_3O^+-Ion stark hydratisiert; es existiert in verdünnter wäßriger Lösung (wie übrigens auch das OH^--Ion) nur mit drei weiteren, durch H-Brücken gebundenen H_2O-Molekülen (also als $[H_9O_4]^+$-Ion; Abb. 6.1).

Abb. 6.1. Das $H_9O_4^+$-Ion

In den wäßrigen Lösungen von Säuren, wie HCl, H_2SO_4, HNO_3, Essigsäure u.a., sind also H_3O^+-Ionen («Hydroxonium-Ionen» oder kürzer « **Hydronium-Ionen** ») vorhanden[1]. Die Menge der Hydronium-Ionen ist offenbar ein Maß der «sauren» Eigenschaften (saurer Geschmack, charakteristische Verfärbung von gewissen Farbstoffen [«Indikatoren»], Reaktion mit unedlen Metallen). Nun vermögen diese Säuren aber nicht nur an Wasser, sondern auch an andere Teilchen Protonen (H^+-Ionen) abzugeben; eine Lösung von HCl-Gas in Alkohol z. B.

[1] In der Literatur meistens noch (ungenau) als «Wasserstoff-Ionen» bezeichnet und mit «H^+» abgekürzt.
Daß übrigens eine verdünnte Säure wirklich H_3O^+-Ionen enthält, wird z. B. durch folgende Beobachtungen belegt: Flüssiges Schwefeldioxid (bei −30°C) löst Wasser nur sehr schlecht, HBr-Gas hingegen gut. Die Lösung von HBr in flüssigem SO_2 besitzt keine elektrische Leitfähigkeit (HBr als Molekül gelöst). Gibt man nun Wasser dazu, so nimmt eine solche Lösung pro Mol gelöstes HBr genau 1 Mol Wasser auf und leitet dann sehr gut (Bildung von H_3O^+ aus H_2O und HBr). Die Elektrolyse der Lösung ergibt an der Kathode Wasser (das sich im SO_2 ausscheidet) und Wasserstoff:

$$2\,H_3O^+ + 2\,e^- \rightarrow H_2 + 2\,H_2O$$

leitet den Strom ebenfalls. Die gemeinsame Eigenschaft der Säuren ist also, Protonen (H^+-Ionen) abspalten zu können. **Jedes Teilchen, das als Protonenspender wirken kann, muß deshalb als Säure bezeichnet werden:**

Säuren sind Protonenspender

Auch durch Einleiten von Ammoniakgas in Wasser erhält man eine den elektrischen Strom leitende Lösung. Eine solche Lösung reagiert ziemlich stark alkalisch. Dies muß mit dem Vorhandensein von OH^--Ionen verknüpft sein, denn Lösungen salzartiger Metallhydroxide (mit dem OH^--Ion als gemeinsamem Baustein) reagieren ebenfalls stark alkalisch. Die in der Lösung von Ammoniak vorhandenen OH^--Ionen können nur dadurch entstanden sein, daß ein Proton von einem H_2O-Molekül auf ein NH_3-Molekül übergegangen ist:

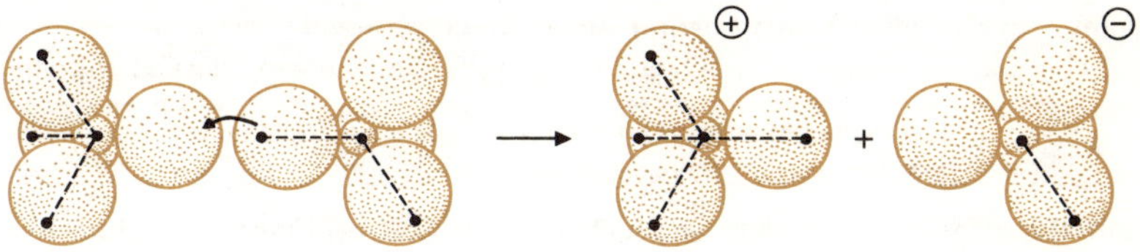

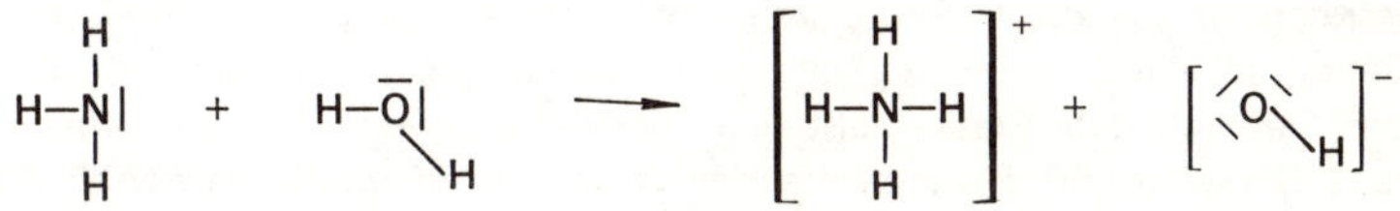

Die viel schwächere Leitfähigkeit dieser Lösung zeigt, daß die Reaktion hier in einem viel geringeren Ausmaß vor sich geht. Es läßt sich berechnen, daß nur etwa 1% aller NH_3-Moleküle zu NH_4^+-Ionen werden!
Teilchen, die wie Ammoniakmoleküle Protonen zu binden vermögen, werden als Basen bezeichnet:

Basen sind Protonenfänger

Sowohl Säuren wie Basen zeigen ihre Eigenschaft, Protonen abzuspalten bzw. aufzunehmen, nur, wenn ein anderer Protonenfänger (Base) bzw. Protonenspender (Säure) zugegen ist. Die Begriffe «Säure» und «Base» charakterisieren deshalb nicht den Zustand, sondern die *Funktion* eines Teilchens[1].

Säure/Base-Paare. Beim Zusammenbringen einer Säure mit Basen treten stets Protonenübertragungen («Protolysen») ein. Es sind typisch polare Reaktionen; wenn ein Proton abgetrennt wird, verbleibt das bindende Elektronenpaar dem zurückbleibenden Teilchen.

[1] Man könnte eine Säure auch definieren als einen Stoff, der im Wasser H_3O^+-Ionen bildet (eine Base entsprechend als einen Stoff, der im Wasser OH^--Ionen ergibt). Diese Definitionen wären aber auf das Lösungsmittel Wasser beschränkt. Die in diesem Buche verwendeten, heute in der wissenschaftlichen Literatur allgemein üblichen, von Brönsted (1923) eingeführten Begriffe sind daher viel allgemeiner anwendbar.

Beispiele von Säure/Base-Reaktionen:

1. – Beim Lösen einer Säure in Wasser entstehen H_3O^+-Kationen und «Säurerest»-Anionen:

$$HCl + H_2O \rightarrow H_3O^+ + Cl^-$$

– Aus festem Kochsalz und konzentrierter Schwefelsäure entsteht wiederum HCl-Gas:

$$2\,Na^+Cl^- + H_2SO_4 \rightarrow 2\,HCl + Na_2^+SO_4^{2-}$$

Hier wirkt das Cl^--Ion als Base und nimmt von der Schwefelsäure (sehr starker Protonenspender) ein Proton auf.

2. – Eine Base bildet in Wasser OH^--Ionen:

$$NH_3 + H_2O \rightarrow OH^- + NH_4^+$$

– Wenn man die (alkalische!) Lösung eines Metallhydroxids mit einer Säure reagieren läßt, so «neutralisieren» sich die beiden Lösungen. Dabei wirken die OH^--Ionen als Base:

$$\underset{\text{Salzsäure}}{H_3O^+Cl^-(d)} + \underset{\text{Natronlauge}}{Na^+OH^-(d)} \rightarrow 2\,H_2O + Na^+Cl^-(d)$$

Neutralisiert man wie in dem angegebenen Beispiel verdünnte Salzsäure mit Natronlauge, so erhält man eine deutlich salzig schmeckende Lösung, aus der beim Eindampfen festes Kochsalz auskristallisiert. Durch Protonenübertragung von den H_3O^+-Ionen (aus der Säure) auf die OH^--Ionen (Natronlauge ist die Lösung des Salzes NaOH!) entsteht Wasser. Das gebildete Wasser läßt sich nachweisen, wenn man gasförmiges HCl über festes NaOH leitet und den entstehenden Wasserdampf kondensiert (Abb. 6.2).

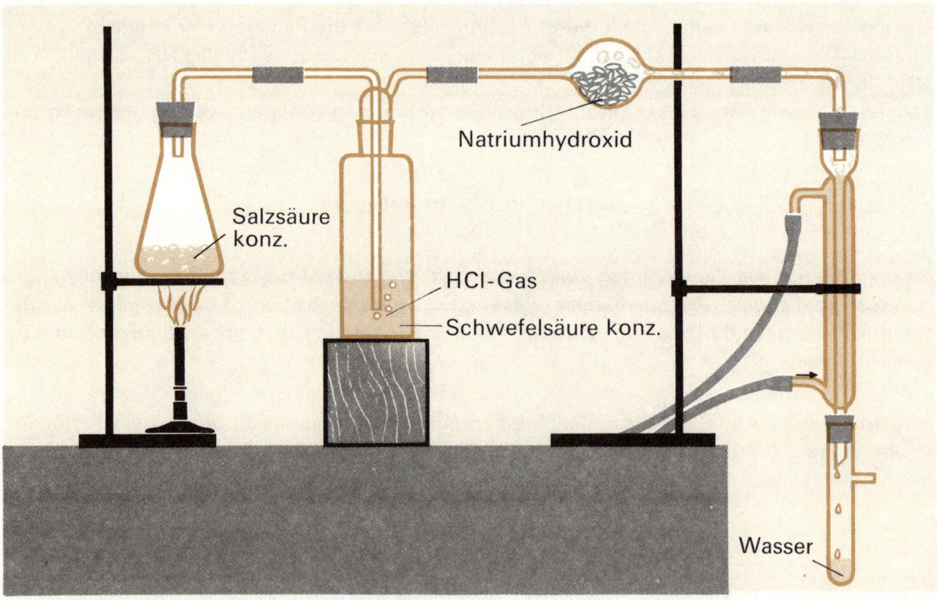

Abb. 6.2. Reaktion von HCl-Gas mit Ätznatron

Abb. 6.3. Reaktion von Ammoniak mit Chlorwasserstoff. Wird bei 1 hineingeblasen, so entweicht bei 2 ein weißer Rauch von NH_4Cl. In Versuchsanordnung b) bedeckt sich die Glasplatte am Boden allmählich mit festem NH_4Cl

3. – Aus Säuren (HCl, H_2SO_4) und NH_3-Gas entstehen feste Ammoniumsalze[1] (Abb. 6.3):

$$HCl + NH_3 \longrightarrow NH_4^+Cl^-$$

Beim Erwärmen von Ammoniumsalzen mit einer Hydroxidlösung entsteht NH_3:

$$NH_4^+Cl^- + Na^+OH^- \longrightarrow NH_3 + H_2O + Na^+Cl^-$$

Hier wirkt das NH_4^+-Ion gegenüber der Base OH^- als Säure.

Die betrachteten Reaktionen zeigen, daß die aus Säuren (HCl, H_2O, NH_4^+) durch Protonenabgabe entstehenden Teilchen (Cl^-, OH^-, NH_3) wiederum H^+-Ionen aufnehmen können, also Basen sind (die zu den betreffenden *Säuren «zugehörigen»* oder *«konjugierten» Basen)*. **Protonenaufnahme bzw. -abgabe verlaufen also umkehrbar:**

$$\underset{\text{Säure}}{HA} \underset{\text{Protonenaufnahme}}{\overset{\text{Protonenabgabe}}{\rightleftarrows}} \underset{\text{Base}}{A^-} + H^+$$

$$\underset{\text{Säure}}{HB^+} \underset{\text{Protonenaufnahme}}{\overset{\text{Protonenabgabe}}{\rightleftarrows}} \underset{\text{Base}}{B} + H^+$$

Säure und konjugierte Base bilden ein **«Säure/Base-Paar»**

Es besteht also folgende Beziehung:

$$\textbf{Säure} \rightleftarrows \textbf{Base} + \textbf{Proton}$$
$$HA \rightleftarrows A^- + H^+$$

Je leichter eine Säure ein Proton abgibt (je «stärker» die Säure ist), um so schwerer nimmt die konjugierte Base das Proton wieder auf. Mit anderen Worten, **je stärker eine Säure, um so schwächer ist ihre konjugierte Base** (oder je schwächer eine Säure, um so stärker ist ihre konjugierte Base).

[1] Das NH_4^+-Ion wird **Ammonium**-Ion genannt.

Tabelle 6.1. Beispiele von Säure / Base-Paaren (Säure / Base-Reihe)

Säurestärke nimmt ab ↓ | Basenstärke nimmt zu ↓

Säure	Base
$HClO_4$	ClO_4^-
HCl	Cl^-
H_2SO_4	HSO_4^-
H_3O^+	H_2O
HNO_3	NO_3^-
HSO_4^-	SO_4^{2-}
H_3PO_4	$H_2PO_4^-$
$[Fe(H_2O)_6]^{3+}$	$[Fe(H_2O)_5OH]^{2+}$
HAc[1]	Ac^-
H_2CO_3	HCO_3^-
H_2S	HS^-
$H_2PO_4^-$	HPO_4^{2-}
NH_4^+	NH_3
HCO_3^-	CO_3^{2-}
HPO_4^{2-}	PO_4^{3-}
HS^-	S^{2-}
H_2O	OH^-
OH^-	O^{2-}

Säuren, die wie die Schwefelsäure oder Kohlensäure mehrere Protonen abgeben können, spalten diese stufenweise ab *(«mehrprotonige Säuren»)*. Ihre konjugierten Basen (die Anionen HSO_4^- und HCO_3^-) können nochmals Protonen abgeben, wirken also einer Base gegenüber als Säure. Von einer genügend starken Säure können sie aber auch Protonen aufnehmen und wirken dann als Base. Wie das H_2O-Molekül sind auch diese Teilchen **Ampholyte**[2]; im allgemeinen überwiegt aber bei ihnen doch die eine der beiden Funktionen.

Weil sowohl die Abgabe von Protonen durch eine Säure wie auch die Aufnahme von Protonen durch eine Base umkehrbar sind, führen Protonenübertragungen gewöhnlich zu typischen *Gleichgewichten*. Der Mechanismus der meisten Protolysen ist sehr einfach (ein Proton löst sich aus einer Elektronenwolke und «schlüpft» in eine nichtbindende, doppelt besetzte Wolke); die betreffenden Gleichgewichte stellen sich deshalb stets in sehr kurzer Zeit, ja praktisch momentan, ein. Protonenübertragungen gehören darum zu den *schnellsten chemischen Reaktionen* überhaupt.

An jedem solchen Säure/Base-Gleichgewicht sind *zwei Säure/Base-Paare* beteiligt:

$$\mathbf{HA + B \rightleftarrows HB^+ + A^-}$$

(A^- ist die konjugierte Base zu HA; HB^+ ist die konjugierte Säure zu B)

In einem solchen Gleichgewicht konkurrieren die beiden Basen B und A^- um das Proton. Ist *die Base B stärker als die Base A^-* (d.h. ist die Säure HB^+ die schwächere Säure als HA), so werden die *Protonen hauptsächlich von der Base B gebunden,* wodurch *bevorzugt HB^+ und A^-*

[1] HAc ist eine willkürliche Abkürzung der Essigsäure (Formel siehe S.421, *acetum* lat. = Essig); Ac^- ist das Anion der Essigsäure («Acetat-Ion»).

[2] Ampholyte sind Teilchen, die sich gegenüber einer Säure als Base, gegenüber einer Base als Säure verhalten (*amphi* gr. = beidseitig).

gebildet werden: Das entsprechende Gleichgewicht liegt *rechts,* d.h. die betreffende *Gleichgewichtskonstante ist größer als 1.* Eine Protolyse verläuft also stets bevorzugt in derjenigen Richtung, in welcher die schwächere Säure und die schwächere Base entstehen:

stärkere Säure + stärkere Base $\rightleftharpoons$ schwächere Säure + schwächere Base

Da nun in der Säure/Base-Reihe die Stärke der Säuren nach unten abnimmt, die Stärke der konjugierten Basen dagegen nach unten zunimmt, wird eine **Protolyse zwischen einer Säure und einer Base, welche in der Säure/Base-Reihe unterhalb ihrer konjugierten Säure steht, zu einem Gleichgewicht führen, das rechts liegt, d.h. dessen Gleichgewichtskonstante größer als 1 ist.** Reagiert dagegen eine Säure mit einer Base, die schwächer ist als ihre konjugierte Base (d.h. mit einer Base, die in der Säure/Base-Reihe oberhalb ihrer konjugierten Base steht), so stellt sich ein links (auf der Seite der Reaktanten) liegendes Gleichgewicht ein: Die Gleichgewichtskonstante ist dann kleiner als 1.

Selbstverständlich können Protolysen mit $K < 1$ dadurch zum *vollständigen* Ablauf gebracht werden, daß eine weitere Reaktion (Fällung, Redoxreaktion u.a.) mit ihr *gekoppelt* und dadurch ein Produkt (HB^+ oder A^-) *fortlaufend entfernt* wird.

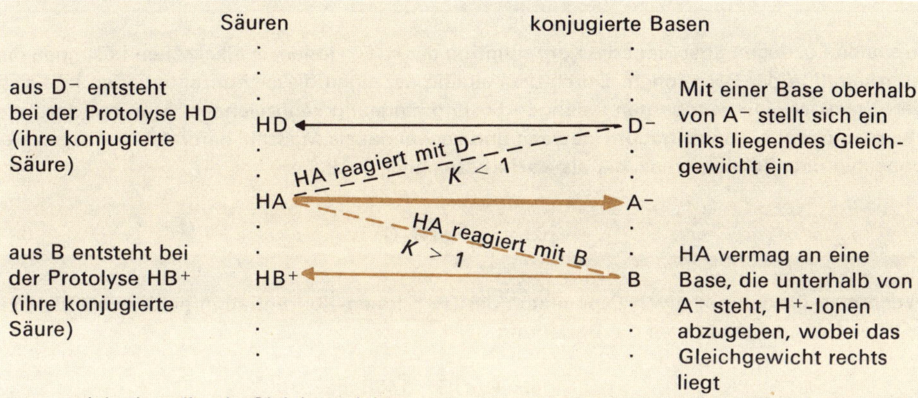

sich einstellende Gleichgewichte:

$HA + B \rightleftharpoons HB^+ + A^-$ $\qquad$ $HA + D^- \rightleftharpoons HD + A^-$

6.2 Das Protolysengleichgewicht im Wasser: der pH-Wert

Prüft man mit sehr empfindlichen Instrumenten die Leitfähigkeit von Wasser, so beobachtet man, daß auch reinstes, mehrfach in Platingefäßen destilliertes Wasser eine allerdings sehr minime Leitfähigkeit besitzt. Es müssen also auch in reinem Wasser Ionen in sehr geringer Konzentration vorhanden sein. Sie entstehen durch folgenden Vorgang:

$$H_2O + H_2O \rightleftharpoons H_3O^+ + OH^-$$

Die Reaktion ist umkehrbar und führt zu einem allerdings sehr stark links liegenden Gleichgewicht. Die Gleichgewichtskonstante läßt sich z.B. aus Leitfähigkeitsmessungen bestimmen. Dieses Gleichgewicht ist nun nicht nur in reinem Wasser, sondern *in allen wäßrigen Lösungen* vorhanden, d.h. überall, wo ein Protonenübergang von Wassermolekülen auf andere Wassermoleküle möglich ist. In Lösungen kann aber die Konzentration der H_3O^+- und der OH^--Ionen durch Zusatz einer Säure oder Base in ziemlich weitem Maß verändert werden; die Konzentration der H_2O-Moleküle (55,55 Mol/l) bleibt jedoch in verdünnten (!) Lösungen praktisch konstant. Das Massenwirkungsgesetz vereinfacht sich daher für dieses Gleichgewicht, indem (H_2O), die Konzentration der Wassermoleküle, in die Gleichgewichtskonstante K einbezogen werden kann:

$$\frac{(H_3O^+) \cdot (OH^-)}{(H_2O)^2} = k; \quad \text{wenn } (H_2O) \text{ konstant:}$$

$$\mathbf{(H_3O^+) \cdot (OH^-) = K_W}$$

Die Konstante K_W (das «**Ionenprodukt**» des Wassers) hängt nur von der Temperatur ab und beträgt bei 22°C $\mathbf{10^{-14}}$.

In verdünnten (!) wäßrigen Lösungen ist das Produkt aus H_3O^+- und OH^--Ionen-Konzentration konstant. Kennt man die eine dieser Konzentrationen, so ergibt sich die andere aus der obigen Beziehung. In einer neutralen Lösung sind (H_3O^+) und (OH^-) gleich groß:

$$(H_3O^+) = (OH^-) = \sqrt{10^{-14}} = 10^{-7} \text{ Mol/l.}$$

In sauren Lösungen überwiegt die Konzentration der H_3O^+-Ionen, in alkalischen Lösungen die Konzentration der OH^--Ionen. Durch die Angabe der einen dieser Konzentrationen läßt sich der Charakter einer verdünnten wäßrigen Lösung eindeutig kennzeichnen. Man hat dazu die Hydroniumionen-Konzentration[1] gewählt und verwendet als Maßzahl dafür den negativen Exponenten ihrer Zehnerpotenz, der als «pH» bezeichnet wird:

$$\mathbf{pH = -\log(H_3O^+)}.$$

Wenn man für den negativen Exponenten der OH^--Ionen-Konzentration noch den Ausdruck pOH einführt, so erhält man die Beziehung

$$pH + pOH = 14.$$

In sauren Lösungen [mit (H_3O^+) $>10^{-3}$ Mol/l] sind die pH-Werte kleiner als 7. In alkalischen Lösungen liegt der pH-Wert über 7. Eine neutrale Lösung hat pH 7.

Beispiele:

1. In einer 0,1-M Salzsäure ist die Konzentration der H_3O^+-Ionen praktisch = 0,1, da Chlorwasserstoff als sehr starke Säure sich mit dem Wasser nahezu vollständig umsetzt. Das pH einer solchen Salzsäure ist daher 1.

2. In einer 0,5-M Natronlauge ist die Konzentration der H_3O^+-Ionen $= \frac{10^{-14}}{0,5} = 2 \cdot 10^{-14}$ Mol/l. Der pH-Wert ist der negative Logarithmus dieser Konzentration:

$$pH = -(\log 2 + \log 10^{-14}) = -(0,3 - 14) = 13,7.$$

[1] Man nennt diese Konzentration häufig noch «Wasserstoffionen-Konzentration», weil man früher die Ionenbildung aus einem Säuremolekül einfach als Zerfall in H^+-Ionen («Wasserstoff-Ionen») und Säure-Anionen auffaßte. Da das Proton in wäßrigen Lösungen nicht frei vorkommt, entspricht das «Wasserstoff-Ion» dem H_3O^+-Ion.

Der *p*H-Wert bestimmt den Verlauf sehr vieler Reaktionen (aller Reaktionen in wäßrigen Lösungen, an denen Säuren oder Basen im allgemeinen Sinn beteiligt sind), insbesondere auch den Verlauf der meisten biologisch-chemischen Reaktionen. Die einfache und rasche *p*H-Messung besitzt deshalb für die theoretische und angewandte Chemie sehr große Bedeutung.

Die **Messung des pH-Wertes** geschieht entweder potentiometrisch (mit besonderen *p*H-Meßgeräten; siehe S.244) oder mit *Indikatoren.* Indikatoren (genauer gesagt «*p*H-Indikatoren») sind Farbstoffe, die je nach dem *p*H ihre Farbe ändern können (vgl. Farbtafel nach S.208). Beispiele von Indikatoren sind die schon von Boyle verwendeten Pflanzenfarbstoffe, wie Lackmus (der Farbstoff einer Flechte) oder die Farbstoffe von Kornblumen oder Rotkohl. Prüft man eine Lösung mit verschiedenen Indikatoren, deren Umschlagsgebiete man kennt, so läßt sich der *p*H-Wert leicht auf 0,1 bis 0,2 *p*H genau bestimmen. In der Praxis verwendet man häufig mit Indikatoren getränkte Papierstreifen *(«Indikatorpapiere»)* oder Mischungen verschiedener Indikatorlösungen, deren Umschlagsbereiche so gewählt werden, daß für jedes *p*H eine andere Farbe auftritt *(«Universalindikatoren»).*

Vergleicht man die gemessenen mit den berechneten *p*H-Werten, so findet man oft schon bei Konzentrationen von 0,1 Mol/l Abweichungen. Dies rührt davon her, daß die **Ionenaktivitäten** (wegen den bei diesen Konzentrationen bereits merklich wirksamen Anziehungskräften zwischen den Ionen) **kleiner sind als die effektiven Konzentrationen.** Für Lösungen mit Konzentrationen von über 1 Mol/l sollte die *p*H-Skala in der hier gegebenen Umschreibung nicht mehr verwendet werden; auch trifft für solche Lösungen die Annahme, daß die Konzentration der Wassermoleküle als konstant betrachtet werden darf, nicht mehr zu.

Die Bildung von Wassermolekülen durch Protonenübergang von H_3O^+-Ionen auf OH^--Ionen ist die eigentliche Reaktion bei der **Neutralisation** einer verdünnten starken Säure mit der Lösung eines Hydroxids. Die Metall-Kationen und die Säurerest-Anionen bleiben meist gelöst und bilden erst beim Eindampfen der Lösung das Ionengitter des festen Salzes. Nur in besonderen Fällen, wie z. B. bei der Neutralisation von verdünnter Schwefelsäure mit Bariumhydroxid, scheidet sich ein schwerlösliches Salz aus.
Neutralisiert man gleich konzentrierte Hydroxidlösungen mit verschiedenen starken Säuren, so wird immer derselbe Wärmebetrag frei. Diese «Neutralisationswärme» (13,7 kcal/Mol) ist die Wärmetönung der Reaktion

$$H_3O^+ + OH^- \rightleftharpoons 2\,H_2O \qquad |\,\Delta H = -13{,}7 \text{ kcal} \nearrow$$

6.3 Die Stärke von Säuren und Basen

Wie *vollständig* eine Protonenübertragung abläuft (d. h. ob das betreffende Gleichgewicht mehr auf der Seite der Produkte oder mehr auf der Seite der Ausgangsstoffe liegt), hängt davon ab, wie leicht die als Protonenspender wirkende Säure H^+-Ionen abgibt und wie leicht die Base (der Protonenfänger) die H^+-Ionen bindet, also von der *Stärke* der Säure und der Base. Um Aussagen über den Verlauf von Protolysen zu machen, ist es deshalb von Bedeutung, die Stärke von Säuren und Basen einwandfrei charakterisieren zu können.
Ein quantitatives Maß der Säure- bzw. Basenstärke wäre die Gleichgewichtskonstante der Reaktion

$$HA \rightleftharpoons A^- + H^+$$

Nun stellt aber diese Gleichung keinen Vorgang dar, der tatsächlich stattfindet, denn freie H^+-Ionen (Protonen) existieren in gewöhnlicher Materie nicht. Um die Leichtigkeit der Protonenabgabe verschiedener Säuren oder der Protonenaufnahme durch verschiedene Basen vergleichen zu können, muß man sie deshalb stets mit der gleichen Base (Säure) reagieren lassen. Dazu wählt man natürlich das *Wasser;* wegen seiner Ampholytnatur eignet es sich zu solchen Messungen besonders gut, und außerdem arbeitet man am leichtesten in wäßrigen Lösungen. Wendet man das Massenwirkungsgesetz auf die Reaktion einer Säure (HA) oder Base (B) mit Wasser an, so erhält man:

Reaktion einer Säure mit Wasser

$$HA + H_2O \rightleftharpoons A^- + H_3O^+$$

$$\frac{(A^-)\cdot(H_3O^+)}{(HA)\cdot(H_2O)} = k$$

Reaktion einer Base mit Wasser

$$B + H_2O \rightleftharpoons BH^+ + OH^-$$

$$\frac{(BH^+)\cdot(OH^-)}{(B)\cdot(H_2O)} = k'$$

Die in verdünnten wäßrigen Lösungen konstante Konzentration der Wassermoleküle kann wieder in die Konstante einbezogen werden, so daß man folgende Ausdrücke erhält:

$$\mathbf{\frac{(A^-)\cdot(H_3O^+)}{(HA)} = K_s} \qquad \mathbf{\frac{(BH^+)\cdot(OH^-)}{(B)} = K_b}$$

Die Konstanten K_s (K_b) werden **Säurekonstanten (Basenkonstanten)** genannt und charakterisieren die *Stärke* einer Säure oder Base[1]. Starke Säuren besitzen große Säurekonstanten (> 10), schwache Säuren sehr kleine (vgl. Tabelle 6.2). Für Rechnungen verwendet man häufig auch die negativen Logarithmen der Konstanten ($\mathbf{pK_s}$ bzw. pK_b).

Die *Säurestärke* wird also durch die Gleichgewichtskonstante der Reaktion

$$HA + H_2O \rightleftharpoons H_3O^+ + A^-$$

zum Ausdruck gebracht. Die Leichtigkeit der Protonenabgabe wird bestimmt durch die Differenz der freien Enthalpie zwischen Säure und ihrer konjugierten Base. Nur wenn $K_s > 1$ ($pK_s < 0$), ist die Abgabe eines Protons exergonisch; in allen anderen Fällen führt die Protonenabgabe zu einem *links liegenden Gleichgewicht,* ist also endergonisch.

K_s einer Säure und K_b ihrer konjugierten Base hängen in einfacher Weise voneinander ab:

$$HA + H_2O \rightleftharpoons H_3O^+ + A^- \qquad A^- + H_2O \rightleftharpoons HA + OH^-$$

$$K_s = \frac{(H_3O^+)\cdot(A^-)}{(HA)} \qquad K_b = \frac{(HA)\cdot(OH^-)}{(A^-)}$$

$$K_s \cdot K_b = \frac{(H_3O^+)\cdot(A^-)\cdot(HA)\cdot(OH^-)}{(HA)\cdot(A^-)} = (H_3O^+)\cdot(OH^-) = K_W = 10^{-14}$$ oder mit negativen Logarithmen ausgedrückt:

$$\mathbf{pK_s + pK_b = 14.}$$

[1] Wie alle Gleichgewichtskonstanten sind auch K_s und K_b temperaturabhängig!

Tabelle 6.2. pK_S-Werte einiger Säure-Base-Paare (bei 25°C) $pK_S = -\log K_S$

Säure		Base	pK_S
$HClO_4$	Perchlorsäure	ClO_4^-	−9
HCl	Chlorwasserstoff	Cl^-	−6
H_2SO_4	Schwefelsäure	HSO_4^-	−3
H_3O^+	Hydronium-Ion	H_2O	−1,74
HNO_3	Salpetersäure	NO_3^-	−1,32
$HClO_3$	Chlorsäure	ClO_3^-	0
HSO_4^-	Hydrogensulfat-Ion	SO_4^{2-}	1,92
H_2SO_3	Schweflige Säure	HSO_3^-	1,96
H_3PO_4	Phosphorsäure	$H_2PO_4^-$	1,96
$[Fe(H_2O)_6]^{3+}$	Hexaquo-Eisen(III)-Ion	$[Fe(OH)(H_2O)_5]^{2+}$	2,2
HF	Fluorwasserstoff	F^-	3,14
$HCOOH$	Ameisensäure	$HCOO^-$	3,7
CH_3COOH	Essigsäure	CH_3COO^-	4,76
$[Al(H_2O)_6]^{3+}$	Hexaquo-Aluminium-Ion	$[Al(OH)(H_2O)_5]^{2+}$	4,9
(H_2CO_3)	Kohlensäure	HCO_3^-	6,46
H_2S	Schwefelwasserstoff	HS^-	7,06
HSO_3^-	Hydrogensulfit-Ion	SO_3^{2-}	7,2
$H_2PO_4^-$	Dihydrogenphosphat-Ion	HPO_4^{2-}	7,21
$HClO$	Unterchlorige Säure	ClO^-	7,25
NH_4^+	Ammonium-Ion	NH_3	9,21
HCN	Blausäure	CN^-	9,4
$[Zn(H_2O)_6]^{2+}$	Hexaquo-Zink-Ion	$[Zn(OH)(H_2O)_5]^+$	9,66
HCO_3^-	Hydrogencarbonat-Ion	CO_3^{2-}	10,40
H_2O_2	Wasserstoffperoxid	HO_2^-	11,62
HPO_4^{2-}	Hydrogenphosphat-Ion	PO_4^{3-}	12,32
HS^-	Hydrogensulfid-Ion	S^{2-}	12,9
H_2O	Wasser	OH^-	15,74
OH^-	Hydroxid-Ion	O^{2-}	24

Mehrprotonige Säuren (oder Basen), welche Protonen stufenweise abgeben (aufnehmen), besitzen für jede Protolysenstufe eine besondere Säure-(Basen-)konstante.

Beispiel:

$$H_3PO_4 + H_2O \rightleftharpoons H_2PO_4^- + H_3O^+ \qquad pK_s = 1{,}96$$
$$H_2PO_4^- + H_2O \rightleftharpoons HPO_4^{2-} + H_3O^+ \qquad pK_s = 7{,}21$$
$$HPO_4^{2-} + H_2O \rightleftharpoons PO_4^{3-} + H_3O^+ \qquad pK_s = 12{,}32$$

Mit aller Deutlichkeit muß nochmals betont werden, daß die *Säurekonstanten* (Basenkonstanten) *Gleichgewichtskonstanten für die Reaktion einer Säure* (Base) *mit Wasser* darstellen. Sehr starke Säuren ($K_s > 100$) reagieren mit Wasser praktisch zu 100%, d.h. ihre wäßrigen Lösungen enthalten nahezu ausschließlich H_3O^+-Ionen sowie ihre konjugierte Base. In wäßrigen Lösungen können Säuren, die stärker sind als das H_3O^+-Ion, nur in sehr kleinen Konzentrationen existieren, oder – anders gesagt – **das H_3O^+-Ion** (die konjugierte Säure zu Wasser) **ist die stärkste Säure, die in wäßrigen Lösungen in größeren Konzentrationen existieren kann.** Ebenso ist das **OH^--Ion** (die konjugierte Base von Wasser) **die stärkste**

Base, welche **in wäßrigen Lösungen in größeren Konzentrationen** existiert. Um die Stärke von sehr starken Säuren (Basen) bestimmen zu können, müssen deshalb Gleichgewichte in schwächer basischen (sauren) Lösungsmitteln betrachtet werden, und die für solche Säuren (Basen) tabellierten pK_s- (pK_b-) Werte sind streng genommen mit den unserer Definition entsprechenden Werten nicht vergleichbar, sondern stellen *ungefähre Richtwerte* dar.

Die Tabelle 6.2 enthält eine Zusammenstellung der wichtigsten Säure/Base-Paare, geordnet nach abnehmender Säurestärke (zunehmendem pK_s-Wert). Weitere Säure/Base-Paare mit pK_s-Werten siehe S.566.

Man sieht aus dieser Zusammenstellung, wie nicht nur neutrale Moleküle, sondern auch positive und negative Ionen Säuren oder Basen sein können. Beispiele für «**Kationsäuren**» sind z.B. das NH_4^+-Ion und die hydratisierten, mehrfach geladenen Metall-Ionen. Der Säurecharakter der letzteren beruht darauf, daß H_2O-Moleküle der Hydrathülle durch die Wirkung der positiven Ladung des Zentral-Ions Protonen abgeben können, weil diese vom Zentral-Ion abgestoßen werden (Abb. 6.4):

$$[Fe(H_2O)_6]^{3+} + H_2O \longrightarrow [Fe(H_2O)_5OH]^{2+} + H_3O^+$$

In Übereinstimmung mit dieser Vorstellung steht die Tatsache, daß Lösungen von hydratisierten Metall-Ionen um so stärker sauer reagieren, je geringer der Durchmesser und je höher geladen das Metall-Ion ist. – Die Ionen HSO_4^-, $H_2PO_4^-$, HPO_4^{2-} und HCO_3^- bilden Beispiele für «**Anionsäuren**». Die wichtigste «**Anionbase**» ist das OH^--Ion; daneben gibt es eine sehr große Zahl weiterer basischer Ionen. Zu den Anionbasen gehören auch die stärksten überhaupt bekannten Basen: H^-, N^{3-} und O^{2-}.

Abb. 6.4. Fe^{3+}aq-Ion als Kationsäure

Zusammenhänge zwischen Struktur und Säure- bzw. Basenstärke. Starke Säuren enthalten Protonen, die verhältnismäßig leicht abtrennbar sind. Die Leichtigkeit, mit der in einer Atombindung X—H das Proton abgespalten wird, wird in erster Linie durch die *Elektronegativität des Atoms X,* in zweiter Linie durch die *Länge der Bindung* beeinflußt. Je stärker elektronegativ nämlich das Atom X ist, um so näher liegt der Schwerpunkt der bindenden Ladung dem Atomrumpf von X (d.h. um so polarer ist die Bindung) und um so leichter wird das Proton aus der bindenden Wolke «herausschlüpfen». In Übereinstimmung mit dieser Vorstellung steht das Verhalten der Verbindungen CH_4, NH_3, H_2O und HF:

CH_4 NH_3 H_2O HF
⟶
Säurestärke steigt, weil die EN des Nichtmetallatoms
und damit die Polarität der X–H-Bindung steigt

Auch die verschiedene Stärke der Sauerstoffsäuren ist damit leicht erklärt:

Weil im Molekül der «Unterchlorigen Säure» HOCl ein weiteres, stark elektronegatives Atom mit dem O-Atom verbunden ist, wird die bindende Ladung der O—H-Bindung nicht näher zum Rumpf des O-Atoms gezogen; die O—H-Bindung wird damit stärker polar, so daß das HOCl-Molekül eine stärkere Säure ist als das H_2O-Molekül. Weitere O-Atome, die an das Cl-Atom gebunden sind, verstärken diesen Effekt durch ihre hohe Elektronegativität:

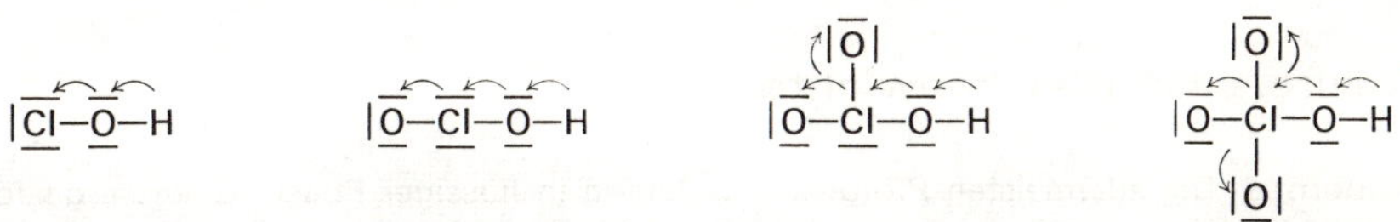

Unterchlorige Säure — Chlorige Säure — Chlorsäure — Perchlorsäure

zunehmende Säurestärke →

In den folgenden Reihen nimmt die Säurestärke ebenfalls nach rechts zu, weil die Elektronegativität des Atoms, welches die O—H-Gruppen trägt, zunimmt und dadurch die O—H-Bindung immer mehr polar wird:

H_4SiO_4 H_3PO_4 H_2SO_4 $HClO_4$

HIO_3 $HBrO_3$ $HClO_3$

zunehmende Säurestärke →

Vergleicht man aber, wie leicht die Halogenwasserstoffverbindungen (HF, HCl, HBr und HI) ihr Proton abspalten, so findet man, daß HI die stärkste, HF die schwächste Säure ist, obschon die Bindung im HF-Molekül am stärksten polar ist. Hier macht sich nun der Einfluß der stark verschiedenen Bindungslängen (Bindungsenergien!) geltend: Im HI-Molekül liegt die das Proton bindende Wolke an der Oberfläche eines großen Atomrumpfes, so daß das Proton durch eine Base relativ leicht aus dieser Wolke «herausgezogen» werden kann; das entstehende Ion hat dank seiner Größe an seiner Oberfläche nur eine geringe Ladungsdichte und damit nur eine geringe Tendenz, das Proton wieder anzuziehen. Dieselbe Regelmäßigkeit beobachtet man auch bei den Wasserstoffverbindungen der Chalkogene:

H_2O H_2S H_2Se H_2Te H_2Po

Säurestärke nimmt deutlich zu →

Die *basische Wirkung* eines Teilchens beruht auf der Fähigkeit, mit einem freien Elektronenpaar ein Proton zu binden. Sie wird um so stärker sein, je höher die negative Ladung der Base ist und je leichter das Elektronenpaar zur Bindung zur Verfügung gestellt wird (d.h. je weniger elektronegativ das Atom ist, welches eine doppelt besetzte freie Wolke besitzt). In den folgenden Reihen nimmt deshalb die Basenstärke nach rechts ab:

	NH_3	H_2O	HF
CH_3^-	NH_2^-	OH^-	F^-
	N^{3-}	O^{2-}	F^-

abnehmende Basenstärke →

Die Wirkung der negativen Ladung ist natürlich besonders groß, wenn das Baseteilchen klein ist. Dies erklärt die stark basische Wirkung von Ionen wie O^{2-}, N^{3-}, P^{3-} und insbesondere auch H^-. Aus dem gleichen Grund nimmt die basische Wirkung in den folgenden Reihen nach rechts ebenfalls ab (trotzdem die Elektronegativität in der gleichen Richtung abnimmt!):

N^{3-}	P^{3-}	As^{3-}	Sb^{3-}
O^{2-}	S^{2-}	Se^{2-}	Te^{2-}
F^-	Cl^-	Br^-	I^-

$\longrightarrow$ Basenstärke nimmt ab

6.4 Säure/Base-Gleichgewichte

Allgemeines. Die allermeisten Protolysen verlaufen in flüssiger Phase. Gewisse gasförmige Säuren und Basen reagieren allerdings auch in der Gasphase miteinander. Für Reaktionen anorganischer Verbindungen ist das Wasser das wichtigste Lösungsmittel; viele organische Protolysen gehen hingegen in nichtwäßrigen polaren Lösungsmitteln vor sich.

Wie bereits auf S.194 gezeigt worden ist, sind an jedem Protolysengleichgewicht zwei Säure/Base-Paare beteiligt:

$$\mathbf{HA + B \rightleftarrows HB^+ + A^-}$$

Da die Lage eines solchen Gleichgewichtes (d.h. die Größe der betreffenden Gleichgewichtskonstante) von der Stärke der Säure HA und der Base B abhängt *(das Gleichgewicht liegt stets auf der Seite der schwächeren Säure und Base;* vgl. S.195) und da die Stärke einer Säure (Base) durch den pK_s- (pK_b-)Wert charakterisiert werden kann, ist es möglich, die Gleichgewichtskonstante irgendeines Protolysengleichgewichtes aus den pK_s-Werten der beiden daran beteiligten Säure/Base-Paare zu berechnen *(pK_b ist bekanntlich gleich 14 – pK_s).*

Beispiel: Gesucht ist die Gleichgewichtskonstante der Reaktion

$$HCl + NH_3 \rightleftarrows NH_4^+ \; Cl^-$$

Wir zerlegen diese Reaktion in zwei Teilschritte, von denen die Gleichgewichtskonstanten bekannt sind:

$$HCl + H_2O \rightleftarrows H_3O^+ + Cl^- \quad (1)$$
$$NH_3 + H_3O^+ \rightleftarrows NH_4^+ + H_2O \quad (2)$$

Die Gleichgewichtskonstante der Gesamtreaktion (1) + (2) erhält man durch Multiplikation der Gleichgewichtskonstanten der Teilreaktionen, wobei die Konstante der Reaktion (2) gleich dem reziproken Wert von $K_{s_{NH_4^+}}$ ist [Vorgang (2) ist die Umkehrung der Reaktion der Säure NH_4^+ mit Wasser[1]]:

[1] Für die Reaktion $NH_4^+ + H_2O \rightleftarrows NH_3 + H_3O^+$ gilt: $\dfrac{(H_3O^+) \cdot (NH_3)}{(NH_4^+) \cdot (H_2O)} = K.$

Schreibt man den Vorgang umgekehrt, so wird die Konstante $= \dfrac{1}{K}$:

$$NH_3 + H_3O^+ \rightleftarrows NH_4^+ + H_2O; \quad \frac{(NH_4^+) \cdot (H_2O)}{(NH_3) \cdot (H_3O^+)} = \frac{1}{K}.$$

$$\frac{(NH_4^+)\cdot(Cl^-)}{(HCl)\cdot(NH_3)} = \frac{(H_3O^+)\cdot(Cl^-)}{(HCl)\cdot(H_2O)} \cdot \frac{(H_2O)\cdot(NH_4^+)}{(NH_3)\cdot(H_3O^+)}$$

$$K = K_{s_{HCl}} \cdot \frac{1}{K_{s_{NH_4^+}}}$$

Oder mit negativen Logarithmen:

$$pK = pK_{s_{HCl}} - pK_{s_{NH_4^+}}$$

Der pK-Wert der Gesamtreaktion wird also $= -6 - 9{,}21 = -15{,}21$. Die Gleichgewichtskonstante von $10^{15{,}21}$ zeigt, daß der Vorgang praktisch vollständig von links nach rechts verläuft.

Für den *allgemeinen Fall einer Reaktion* $HA + B \rightleftarrows BH^+ + A^-$ *gilt* also

$$\mathbf{pK = pK_{s_{HA}} - pK_{s_{BH^+}}}.$$

Ist diese Differenz *negativ,* so ist *die Gleichgewichtskonstante größer als 1,* d.h. die betreffende Reaktion ist exergonisch und läuft zu mehr als 50% nach rechts ab. Wenn die Differenz positiv ist, wird K kleiner als 1, und das sich einstellende Gleichgewicht liegt auf der Seite der Ausgangsstoffe. Der Vergleich mit der Tabelle 6.3 zeigt nochmals, *daß $K > 1$ wird, wenn eine Säure mit einer Base reagiert, die stärker ist als ihre konjugierte Base* (vgl. S.195).

Beachten Sie bitte, daß die hier für den allgemeinen Fall einer Protolyse durchgeführte Überlegung für *Protolysengleichgewichte,* an denen *Wasser* (als Säure oder Base) *beteiligt* ist, **nicht** gelten. Die Gleichgewichtskonstanten eines solchen Gleichgewichtes sind bereits durch den pK_s- bzw. pK_b-Wert der mit dem Wasser reagierenden Säure bzw. Base gegeben!

Der Protolysengrad. Das Wasser als wichtigstes *Lösungsmittel* ist häufig selbst an Protolysen beteiligt. Gegenüber einer Säure HA wirkt es als Base, gegenüber einer Base B als Säure:

$$HA + H_2O \rightleftarrows H_3O^+ + A^-$$
$$B + H_2O \rightleftarrows BH^+ + OH^-$$

Lösungen von *Säuren* reagieren deshalb *sauer* (pH < 7), Lösungen von *Basen alkalisch* (pH > 7). Säuren, deren pK_s-Wert kleiner als Null ist ($K_s > 1$), reagieren mit dem Wasser zu mehr als 50%; in ihren Lösungen überwiegen die Konzentrationen der H_3O^+- und A^--Ionen über die Konzentration der noch vorhandenen HA-Moleküle. Sehr starke Säuren ($K_s > 100$) reagieren mit dem Wasser praktisch zu 100%; ihre Lösungen enthalten nahezu ausschließlich H_3O^+- und die Säure-Anionen (vgl. S.199). **In allen verdünnten starken Säuren** wie HCl, HBr, HI, H_2SO_4 und $HClO_4$ **ist also das H_3O^+-Ion die eigentliche Säure;** ihre wäßrigen Lösungen sind daher alle gleich stark[1]. Auch sehr starke Basen, wie O^{2-}, N^{3-} und H^-, reagieren mit dem Wasser vollständig und bilden dabei OH^--Ionen[2].

[1] Die zwischen gleichkonzentrierten Lösungen starker Säuren oft feststellbaren Unterschiede im «sauren Charakter» (Geschmack, Geschwindigkeit der Reaktion mit Metallen, elektrische Leitfähigkeit) beruhen nicht auf verschiedenem Ausmaß der Protolyse mit Wasser, sondern auf der in verschiedenen Lösungen (je nach der Art der vorhandenen Begleit-Ionen) verschiedenen Aktivität der H_3O^+-Ionen sowie der verschiedenen Wanderungsgeschwindigkeit der Anionen.

[2] Aus historischen Gründen nennt man die Reaktion einer Molekülsäure mit Wasser häufig «Dissoziation», während für die Reaktion eines sauren oder basischen Ions mit Wasser der Ausdruck «Hydrolyse» gebraucht wird. Es ist jedoch nicht gerechtfertigt, die beiden durchaus gleichartigen Vorgänge mit verschiedenen Namen zu belegen. Zudem versteht man unter Hydrolyse gewöhnlich die Spaltung einer Kovalenzbindung durch Wasser. Der Ausdruck Hydrolyse sollte daher in Zusammenhang mit der Reaktion wäßriger Salzlösungen nicht verwendet werden.

Um das *Ausmaß der Protolyse* einer schwachen Säure oder Base mit Wasser vergleichen zu können, berechnet man den **Protolysengrad** α. Man versteht darunter den Anteil der reagierenden Säure (Base), welcher bei der betreffenden Reaktion umgesetzt worden ist. Der Protolysengrad gibt also das Verhältnis der Konzentration der protolysierten Säure-(Base-)teilchen zur Gesamtkonzentration der Säure (Base), d.h. zur Konzentration der Säure (Base) vor dem Protonenübergang, an:

$$\alpha = \frac{\text{Konzentration der protolysierten Teilchen}}{\text{Konzentration der gelösten Säure-(Base-)teilchen vor der Protonenübertragung}}.$$

Wenn wir die Konzentration der vor der Protolyse vorhandenen Säure- bzw. Baseteilchen mit c bezeichnen, gilt also:

$$HA + H_2O \rightleftarrows H_3O^+ + A^- \qquad\qquad B + H_2O \rightleftarrows BH^+ + OH^-$$

$$\alpha = \frac{c - (HA)}{c} = \frac{(A^-)}{c} \qquad\qquad \alpha = \frac{c - (B)}{c} = \frac{(BH^+)}{c}$$

Bei der Reaktion einer Säure HA mit Wasser wird die Konzentration der ionisierten Moleküle $= \alpha \cdot c$. Durch die Protonenübertragung entstehen also $\alpha \cdot c$ H_3O^+-Ionen und $\alpha \cdot c$ Anionen. Im Gleichgewicht befinden sich noch $c - (H_3O^+) = c - \alpha \cdot c$ unveränderte HA-Moleküle.

Zahlenbeispiel: Eine 1-M Lösung einer einprotonigen Säure soll den Protolysengrad $\alpha = 0{,}9$ besitzen. In 1 Liter dieser Lösung sind dann aus 1 Mol Säure 0,9 Mol H_3O^+- und 0,9 Mol Säure-Anionen entstanden. Die ursprünglich vorhandenen Säuremoleküle sind also zu 90% ionisiert. Die Konzentration der unveränderten Säuremoleküle beträgt $1 - 0{,}9 = 0{,}1$ Mol/l.

Durch Einsetzen ins MWG erhält man:

$$\frac{\alpha c \cdot \alpha c}{c - \alpha c} = K_s \qquad \text{oder} \qquad \frac{\alpha^2}{1 - \alpha} c = K_s.$$

Bei *schwachen Säuren* ist α sehr klein, und kann deshalb im Nenner ohne wesentlichen Fehler α gegenüber 1 vernachlässigen. Damit wird

$$\alpha = \sqrt{\frac{K_s}{c}}$$

Den Protolysengrad einer schwachen Base erhält man in derselben Weise, nur muß an Stelle von K_s K_b genommen werden.

Protonenübertragungen beim Lösen von Salzen. Die meisten Anionen sind mehr oder weniger stark basisch; viele Kationen, wie NH_4^+, und hydratisierte, mehrfach geladene Metall-Ionen wirken sauer. Beim Lösen von Salzen, die saure oder basische Ionen enthalten, muß deshalb eine Protolyse eintreten, und es entstehen H_3O^+- oder OH^--Ionen. Lösungen solcher Salze reagieren deshalb *nicht neutral* (pH $\neq 7$). Besteht ein Salz aus basischen und sauren Ionen zugleich, so kann auch zwischen den Ionen des Salzes ein Protonenübergang vor sich gehen, und das betreffende Salz ist dann entweder in Lösung unbeständig oder überhaupt nicht existenzfähig.

Beispiele:

– NaCl reagiert neutral, Natriumacetat (Salz der Essigsäure, abgekürzt NaAc) schwach alkalisch und Na_2CO_3 stark alkalisch. Die Cl^--Ionen sind nur äußerst schwach basisch und können Wassermolekülen keine Protonen entziehen. Acetat-Ionen sind bereits merklich, CO_3^{2-}-Ionen schließlich stark basisch. Deshalb stellen sich in Lösungen von Acetat und Carbonat folgende Gleichgewichte ein:

$$Ac^- + H_2O \rightleftharpoons OH^- + HAc$$
$$CO_3^{2-} + H_2O \rightleftharpoons OH^- + HCO_3^-$$

Die hydratisierten Na^+-Ionen sind so schwache Protonenspender, daß sie dem Wasser gegenüber nicht sauer wirken.
Berechnet man den Protolysengrad der beiden Reaktionen, so findet man, daß in einer 1-M Lösung nur etwa $3 \cdot 10^{-3}$% aller Acetat-Ionen mit dem Wasser reagieren. Eine 1-M Lösung von Na_2CO_3 hingegen besitzt den Protolysengrad $1{,}5 \cdot 10^{-2}$, d.h. 1,5% aller CO_3^{2-}-Ionen haben vom Wasser H^+-Ionen aufgenommen.

– NH_4Cl reagiert schwach, $[Fe(H_2O)_6]Cl_3$ jedoch ziemlich stark sauer. Die Ammonium-Ionen reagieren nur in geringem Ausmaß mit Wasser, die stark sauren Fe^{3+}aq-Ionen hingegen in einem viel höheren Grad:

$$NH_4^+ + H_2O \rightleftharpoons NH_3 + H_3O^+$$
$$[Fe(H_2O)_6]^{3+} + H_2O \rightleftharpoons [Fe(H_2O)_5OH]^{2+} + H_3O^+$$

– Salze, wie NaH, Mg_3N_2 oder CaO, reagieren mit Wasser praktisch vollständig und ergeben stark alkalische Lösungen:

$$H^- + H_2O \rightarrow H_2 + OH^-$$
$$N^{3-} + 3\,H_2O \rightarrow NH_3 + 3\,OH^-$$
$$O^{2-} + H_2O \rightarrow OH^- + OH^-$$

Die Oxide der Erdalkalimetalle sind allerdings nur in geringem Maß löslich; die O^{2-}-Ionen, die in Lösung gehen, setzen sich jedoch mit dem Wasser ebenfalls vollständig zu OH^--Ionen um.

Existenzbereiche von Säuren und Basen bei verschiedenen pH-Werten. Bei Protolysen in wäßrigen Lösungen verändert sich stets auch der *p*H-Wert. Den *Zusammenhang zwischen p*H *und den Konzentrationen der gelösten Säure und ihrer konjugierten Base* erhält man durch Umformung des MWG:

$$\frac{(H_3O^+) \cdot (A^-)}{(HA)} = K_s\text{; daraus } (H_3O^+) = K_s \cdot \frac{(HA)}{(A^-)}$$

Mit negativen Logarithmen geschrieben:

$$\mathbf{pH = pK_s + \log \frac{(A^-)}{(HA)}}$$

Auf Abb. 6.5 ist für verschiedene Säuren der Zusammenhang zwischen dem pH-Wert und dem Verhältnis $\frac{(A^-)}{(HA)}$ dargestellt. Man erhält diese sogenannte «**Pufferungskurve**», indem man die pH-Werte bestimmt, die den verschiedenen Werten des Verhältnisses $\frac{(A^-)}{(HA)}$ entsprechen.

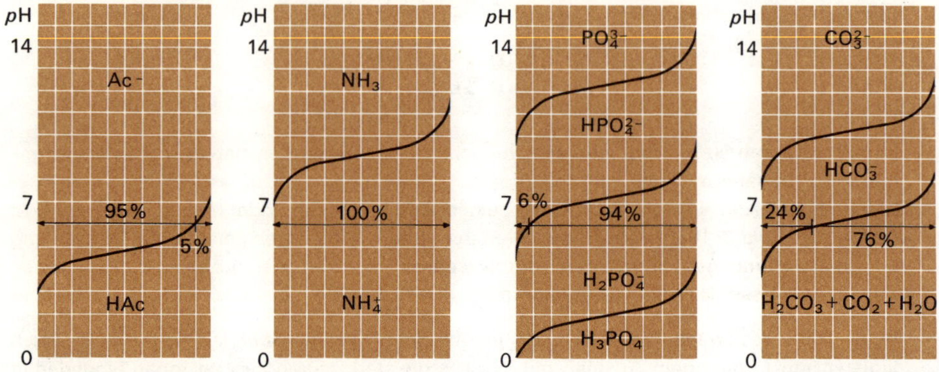

Abb. 6.5. Pufferungskurven einiger Säuren

Ist das Verhältnis = 1 (50 Mol-% A^- und 50 Mol-% HA), so ist $pH = pK_s$. Ein Verhältnis von 10:1 (90,9 Mol-% A^- und 9,1 Mol-% HA) entspricht einem pH von pK_s+1; das Verhältnis 100:1 einem pH von $pKs+2$ usw. Für $\frac{(A^-)}{(HA)} = 1:10$ wird $pH = pK_s - 1$ usw. *Experimentell* läßt sich die Pufferungskurve dadurch aufnehmen, daß man zu einer bestimmten Menge einer Säure (Base) kontinuierlich eine starke Base (Säure) zutropft und das pH in Abhängigkeit von der zugesetzten Base- (Säure-) menge mißt, z. B. dadurch, daß ein mit dem pH-Meßgerät gekoppelter und mit der Bürette (dem Zutropfgerät) synchronisierter Schreiber die Kurve direkt aufzeichnet. Bei diesem Vorgehen wird die Säure in dem Maß, wie die starke Base zugetropft wird, in ihre konjugierte Base übergeführt, so daß sich entsprechend der Gleichung von S. 205 das Verhältnis $(A^-)/(HA)$ kontinuierlich ändert. Hat man genau die Hälfte der zur vollständigen Überführung von HA in A^- notwendige Menge der Base zugesetzt, so ist $(HA) = (A^-)$, und das gemessene pH entspricht dem pKs-Wert. *Auf diese Weise werden in der Praxis gewöhnlich die pK_s-Werte von Säuren experimentell ermittelt.*

Die Darstellung der Abb. 6.5 zeigt, wie bei einem gewissen pH-Wert die Konzentrationen der Säure und ihrer konjugierten Base eines Säure/Base-Paares in einem ganz bestimmten Verhältnis zueinander stehen. Beispielsweise existiert das Säure/Base-Paar NH_4^+/NH_3 bei pH 6 zu 100% als NH_4^+ (um die NH_4^+-Ionen vollständig in NH_3 überzuführen, müßte das pH durch Zusatz einer starken Base gegen 12 erhöht werden!). Von den verschiedenen Protolysenstufen der Phosphorsäure (H_3PO_4) kommen bei pH 6 nur $H_2PO_4^-$ (94%) und HPO_4^{2-} (6%) vor. Kohlensäure (H_2CO_3 neben physikalisch gelöstem CO_2) ist bei pH 6 zu 24% in HCO_3^--Ionen übergegangen.

Wenn man die Pufferungskurven verschiedener Säuren zu einer *Kurvenschar* vereinigt, erhält man das wichtige Diagramm der Abb. 6.6.

Diese Darstellung gibt den **Existenzbereich von Säuren und Basen in wäßrigen Lösungen bei verschiedenen pH-Werten** an und erlaubt damit eine *Voraussage von sehr vielen Protolysen in wäßriger Lösung:*

– Eine Lösung von Na_2S muß alkalisch sein, weil das S^{2-}-Ion nur im stark alkalischen Gebiet beständig ist. Da das *p*H von reinem Wasser 7 ist, muß beim Lösen von Na_2S eine Protolyse eintreten, so daß OH^--Ionen entstehen:

$$S^{2-} + H_2O \rightarrow HS^- + OH^-$$

– In der gleichen Weise müssen sich beim Lösen von Na_2CO_3 OH^--Ionen bilden (CO_3^{2-}-Ionen existieren in wäßriger Lösung nur oberhalb *p*H 11 in größerer Konzentration).

– Eine Lösung von NH_3 in Wasser hat das *p*H 10 bis 11,5. Größere Konzentrationen von NH_3-Molekülen existieren in wäßriger Lösung nur bei *p*H-Werten von >10,5, also bei Gegenwart von viel OH^--Ionen. In Lösungen mit tiefem *p*H (<7) gehen die NH_3-Moleküle praktisch vollständig in NH_4^+-Ionen über.
Setzt man also eine genügend starke Säure (H_3O^+, z. B. verd. Salz- oder Schwefelsäure) zu einer Lösung von Ammoniak, so erhält man NH_4^+-Ionen, die (zusammen mit den Anionen der starken Säure) als Ammoniumsalz gelöst bleiben:

$$\underset{Cl^-}{NH_3 + H_3O^+} \rightarrow \underset{Cl^-}{NH_4^+} + H_2O$$

Umgekehrt kann durch Zusatz einer starken Base zu Ammoniumsalzen Ammoniak hergestellt werden, wenn das *p*H gegen 12 erhöht wird:

$$\underset{Cl^-}{NH_4^+} + \underset{Na^+}{OH^-} \rightarrow NH_3 + H_2O$$

Na^+ und Cl^- bleiben gelöst

– Die stark basischen S^{2-}-Ionen treten in wäßriger Lösung nur oberhalb *p*H 13,5 in größerer Konzentration auf. Erniedrigt man das *p*H einer solchen Lösung durch Zusatz von NH_4Cl auf etwa 10, so entstehen Hydrogensulfid-Ionen:

$$NH_4^+ + S^{2-} \rightarrow NH_3 + HS^-$$

Die Begleit-Ionen Na^+ und Cl^- bleiben unverändert gelöst.

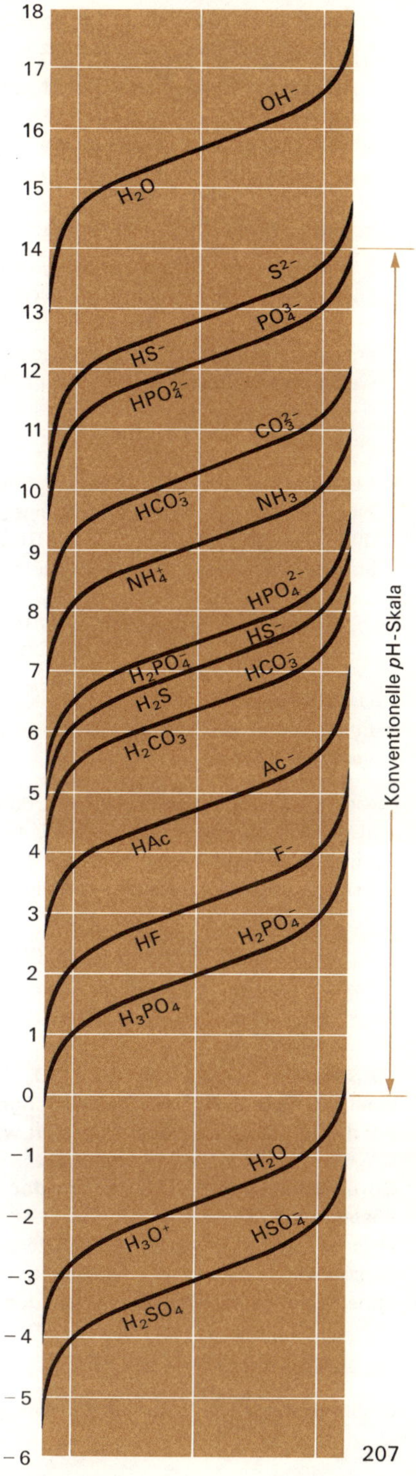

Abb. 6.6. Diagramm der Funktion
*p*H = *p*K_s + log *(A⁻)/(HA)*
(«Pufferungskurvenschar»)

Freier Schwefelwasserstoff (H_2S) entsteht in größerer Menge erst, wenn das *p*H auf etwa 5 erniedrigt wird (z. B. durch Zusatz von Essigsäure).

- Salze wie $(NH_4)_2S$ oder NH_4OH können nicht existieren, weil einerseits NH_4^+-Ionen nur unterhalb *p*H 7, S^{2-} oder OH^--Ionen nur oberhalb *p*H 13 in größeren Konzentrationen existieren können (d.h. weil sich die Existenzbereiche der Kationen und Anionen auf der *p*H-Skala nicht überschneiden). Aus dem gleichen Grund existiert kein Salz $(NH_4)_3PO_4$ (hingegen $[NH_4]_2HPO_4$!) und riecht sowohl festes wie gelöstes Ammoniumcarbonat («Hirschhornsalz») sehr stark nach Ammoniak.

- Schüttelt man CaO mit Wasser und filtriert vom gelösten Rückstand ab, so hat man eine Lösung von Calciumhydroxid $[Ca(OH)_2]$ mit *p*H 13–14, weil die in Lösung gegangenen O^{2-}-Ionen vollständig zu OH^--Ionen werden. Leitet man in das Calciumhydroxid CO_2 ein, so entsteht zunächst ein weißer Niederschlag von $CaCO_3$ (CO_2 wird im Wasser zu H_2CO_3, welche bei so hohen *p*H-Werten beide Protonen vollständig abgegeben hat):

$$Ca^{2+} + CO_3^{2-} \longrightarrow CaCO_3\,(s)$$

Leitet man weiter CO_2 ein, so erniedrigt man allmählich das *p*H, und man gelangt in das Gebiet, wo HCO_3^--Ionen beständig sind. Die CO_3^{2-}-Ionen des Niederschlages nehmen H^+ auf und gehen in HCO_3^- über; da die Gitterenergie der Verbindung $Ca(HCO_3)_2$ viel geringer ist als die Gitterenergie von $CaCO_3$, löst sich der Niederschlag beim weiteren Einleiten von CO_2 auf:

$$CaCO_3\,(s) + \underset{(CO_2 + H_2O)}{H_2CO_3} \longrightarrow Ca^{2+} + 2\,HCO_3^-\,(d)$$

Um aber aus Carbonaten (CO_3^{2-}) Kohlensäure (d.h. gasförmiges CO_2) in Freiheit zu setzen, benötigt man noch tiefere *p*H-Werte (< 5): Zusatz von Essigsäure, Phosphorsäure oder von verdünnter Salzsäure.

Diese Beispiele beleuchten die Regel, daß *stärkere Säuren* die *Anionen* (die konjugierten Basen) *schwächerer Säuren in ihre konjugierte Säure überführen*. Besteht diese aus Molekülen und können diese durch Verdampfen aus der Lösung entfernt werden, so wird das entstehende Protolysengleichgewicht gestört, und die Reaktion läuft vollständig ab:

$$Fe^{2+}S^{2-}\,(s) + 2\,(H_3O^+Cl^-)\,(d) \longrightarrow H_2S\!\nearrow (g) + (Fe^{2+} + 2\,Cl^-)\,(d)$$

$$2\,Na^+Cl^-\,(s) + H_2SO_4\,(l) \longrightarrow 2\,HCl\!\nearrow (g) + Na_2SO_4\,(s)$$

(Obschon im zweiten Beispiel H_2SO_4 die schwächere Säure ist als HCl, verläuft die Reaktion praktisch vollständig, weil das Gleichgewicht dadurch, daß HCl-Gas in konz. Schwefelsäure nur mäßig löslich ist, dauernd gestört wird [Entzug eines Produktes!].)

Berechnung des pH-Wertes in der wäßrigen Lösung einer Säure oder Base. Für die Lösung einer *Säure* gilt: $HA + H_2O \rightleftarrows H_3O^+ + A^-$. Aus Säure und Wasser entstehen gleich viele H_3O^+- und A^--Ionen, so daß deren Konzentrationen gleich groß (= x) sind. Die aus dem Wasser selbst stammende, im Verhältnis dazu sehr kleine Menge der H_3O^+-Ionen kann dabei ohne Fehler vernachlässigt werden. Jedes Paar H_3O^+- und A^--Ionen entsteht durch Reaktion

Gegenüberliegende Farbtafel: Umschlagsbereiche gebräuchlicher Indikatoren

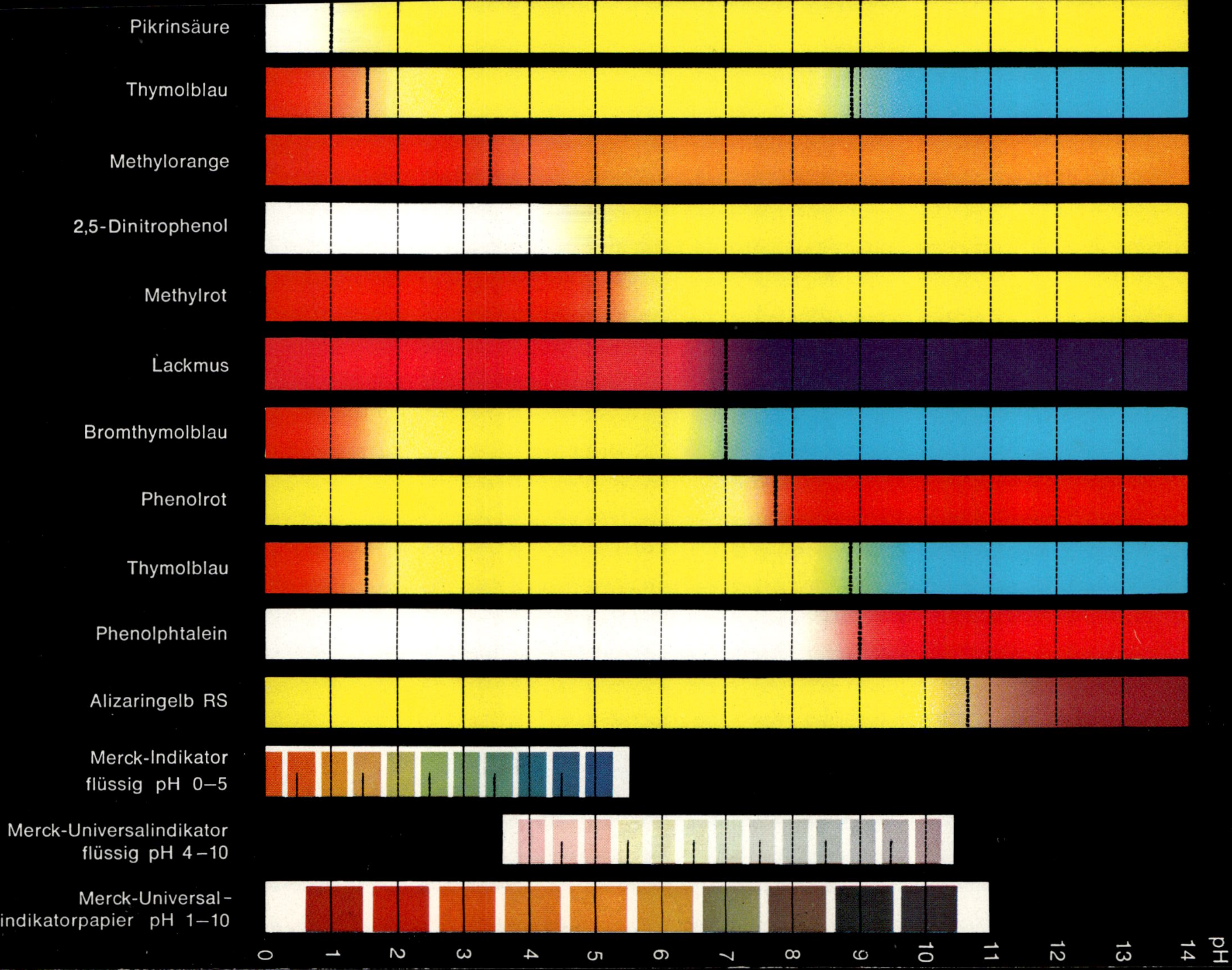
Pikrinsäure
Thymolblau
Methylorange
2,5-Dinitrophenol
Methylrot
Lackmus
Bromthymolblau
Phenolrot
Thymolblau
Phenolphtalein
Alizaringelb RS
Merck-Indikator flüssig pH 0–5
Merck-Universalindikator flüssig pH 4–10
Merck-Universal-indikatorpapier pH 1–10
0 1 2 3 4 5 6 7 8 9 10 11 12 13 14 pH

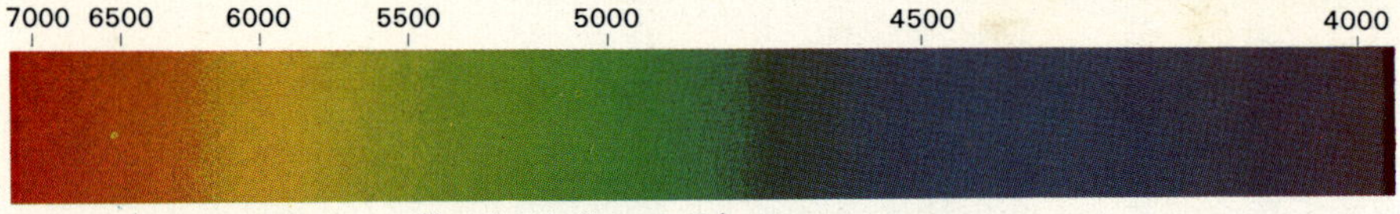

Kontinuierliches Prismenspektrum

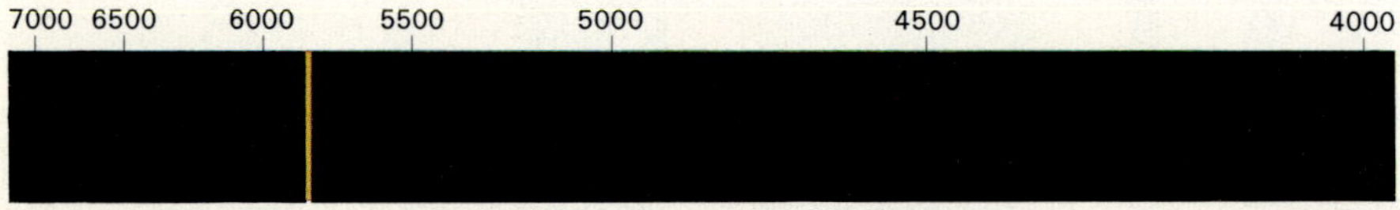

Emissionsspektrum des Natriums

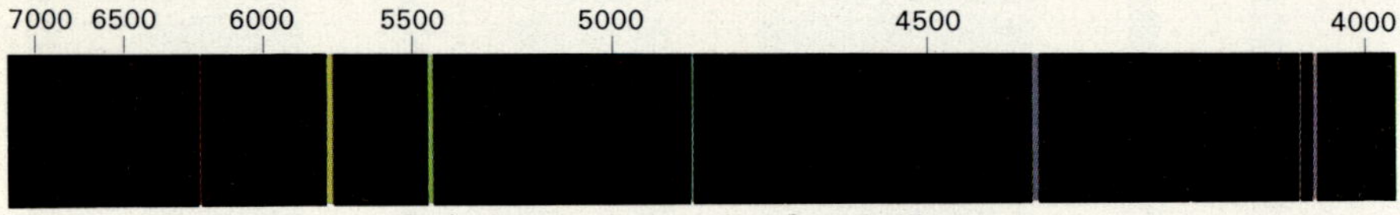

Emissionsspektrum des Quecksilbers

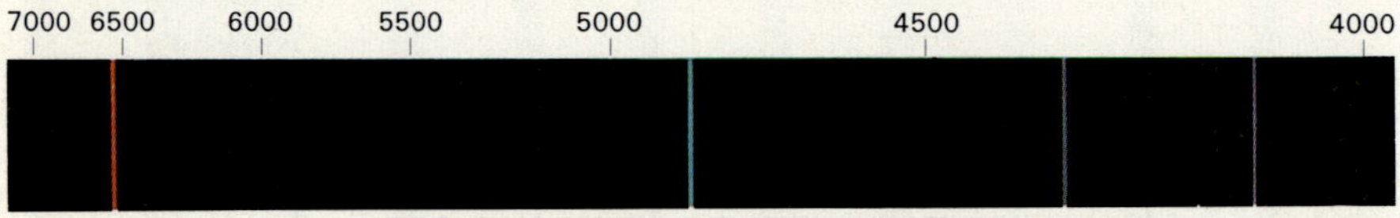

Emissionsspektrum des Wasserstoffes

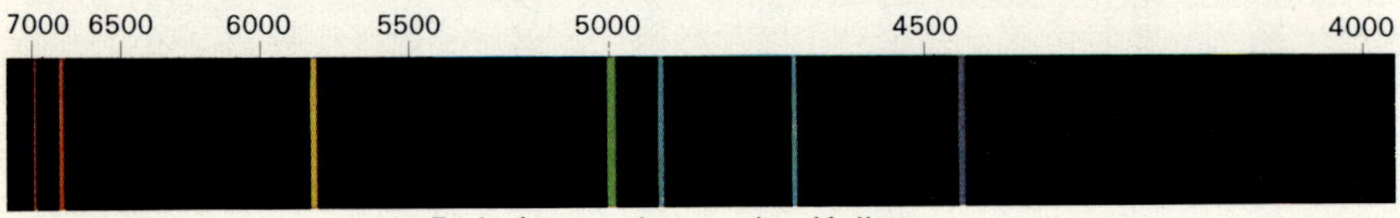

Emissionsspektrum des Heliums

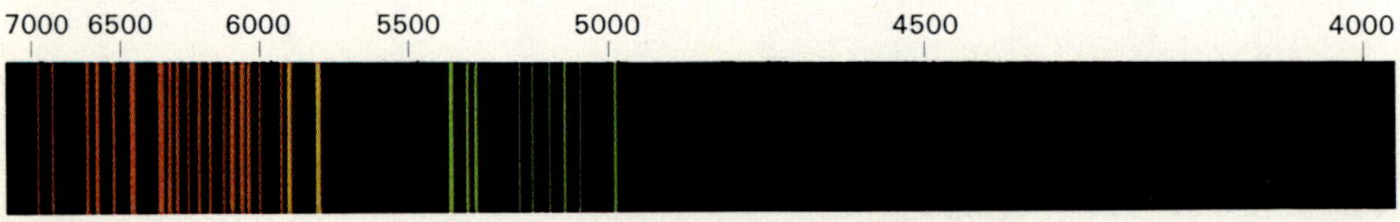

Emissionsspektrum des Neons

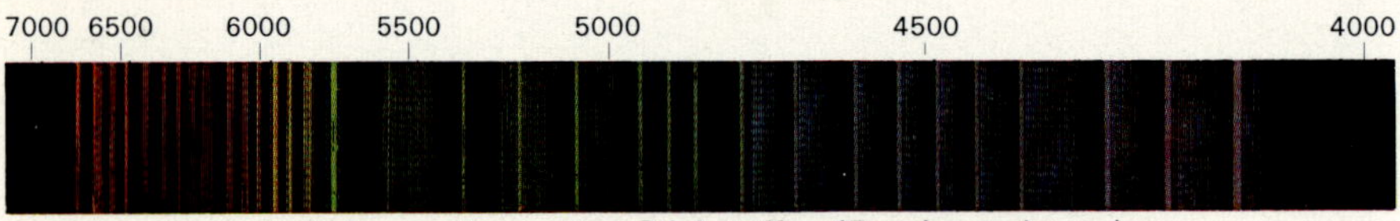

Emissionsspektrum des Stickstoffes (Bandenspektrum)

Spektren (Zahlenangaben in Å)

eines Säuremoleküls mit einem Wassermolekül; werden x H_3O^+-Ionen gebildet, so werden auch x Säuremoleküle verbraucht und $c - x$ Säuremoleküle bleiben übrig (c ist die Gesamtkonzentration der Säure). Setzt man alle diese Konzentrationen in das MWG ein, so erhält man:

$$\frac{x^2}{c - x} = K_s.$$

Dieser Ausdruck führt auf eine quadratische Bestimmungsgleichung für x (d. h. für die Konzentration der H_3O^+-Ionen); das pH wird $= -\log x$.

Diese genaue Rechnung hat aber nur bei stark verdünnten Lösungen sehr schwacher Säuren einen Sinn. Schon in mäßig konzentrierten Lösungen (0,1- bis 0,05-M) schwacher Säuren ist (H_3O^+) viel kleiner als die Gesamtkonzentration c, so daß man im Nenner des obigen Ausdruckes ohne großen Fehler x gegenüber c vernachlässigen kann. Dann wird

$$x = \sqrt{K_s \cdot c}$$

oder mit negativen Logarithmen

$$pH = \frac{pK_s - \log c}{2}.$$

In einer starken Säure ($K_s > 10$) verläuft die Bildung von H_3O^+- und A^--Ionen nahezu vollständig; die Konzentration der H_3O^+-Ionen wird damit praktisch gleich der Gesamtkonzentration der gelösten Säure.

Zur Berechnung des pH-Wertes in der Lösung einer Base geht man in der gleichen Weise vor. Statt K_s benötigt man die Basenkonstante:

$$\frac{(BH^+) \cdot (OH^-)}{(B)} = K_b = \frac{10^{-14}}{K_s}.$$

Auf diese Weise erhält man die Konzentration der OH^--Ionen und kann den pH-Wert aus der Beziehung pOH + pH = 14 berechnen.

Setzt man schließlich in den Ausdruck

$$\frac{x^2}{c - x} = K_s$$

für x die aus dem gemessenen pH-Wert einer verdünnten Säure bestimmte Konzentration der H_3O^+-Ionen ein, so läßt sich die Säurekonstante der Säure berechnen.

Rechenbeispiele

1. Gesucht ist das pH einer gesättigten Lösung von Schwefelwasserstoff (1 Liter Wasser löst 2,47 Liter H_2S) sowie der Protolysengrad.

   (H_2S) wird $= \frac{2,47}{22,4} = 0,11$ (da 1 Mol = 22,4 Liter).

   Zur Berechnung des pH-Wertes muß nur die Konstante der ersten Stufe berücksichtigt werden:

   $$pH = \frac{7,06 - \log 0,11}{2} = \frac{7,06 - (-0,958)}{2} = \underline{4,01}.$$

Um den Protolysengrad zu berechnen, bestimmt man aus $pK_s = 7{,}06$ zunächst K_s:

$$K_s = 10^{-pK_s} = 8{,}7 \cdot 10^{-8}.$$

Der Protolysengrad wird dann

$$\alpha = \sqrt{\frac{8{,}7 \cdot 10^{-8}}{0{,}11}} = \sqrt{80 \cdot 10^{-8}} = \underline{8{,}95 \cdot 10^{-4}}.$$

Durch Multiplikation von α mit 100 erhält man den prozentualen Anteil der ionisierten Moleküle. In der gesättigten H_2S-Lösung sind also nur $9 \cdot 10^{-2}\%$ aller Moleküle ionisiert.

2. Gesucht ist das *p*H einer 0,1-M Na_2CO_3-Lösung.
   Na_2CO_3 enthält die basischen CO_3^{2-}-Ionen, welche mit Wasser reagieren:

$$CO_3^{2-} + H_2O \rightleftarrows HCO_3^- + OH^-$$

   Aus der Beziehung $pK_s + pK_b = 14$ erhält man pK_b; pK_s ist die Säurekonstante der konjugierten Säure, d.h. des HCO_3^--Ions.

   Damit wird $$pOH = \frac{3{,}6 - \log 0{,}1}{2} = \frac{3{,}6 - (-1)}{2} = 2{,}3$$

   und $$pH = 14 - 2{,}3 = \underline{11{,}7}.$$

3. Gesucht ist das *p*H einer 0,2-M Eisen (III)-chloridlösung. Hydratisierte Fe^{3+}-Ionen wirken sauer ($pK_s = 2{,}2$):

$$\underline{pH} = \frac{2{,}2 - \log 0{,}2}{2} = \frac{2{,}2 - (-0{,}7)}{2} = \underline{1{,}45}.$$

4. 0,1-M Propionsäure zeigt ein *p*H von 2,94. Gesucht sind K_s und α.

   $K_s = \dfrac{10^{-2{,}94} \cdot 10^{-2{,}94}}{0{,}1 - 10^{-2{,}94}}$, wobei im Nenner $10^{-2{,}94}$ gegenüber 0,1 vernachlässigt werden darf,

   logarithmiert: $$pK_s = 2{,}94 + 2{,}94 + \log 0{,}1 = 4{,}88$$

$$\underline{K_s} = 10^{-4{,}88} = \underline{1{,}32 \cdot 10^{-5}}$$

$$\underline{\alpha} = \sqrt{\frac{1{,}32 \cdot 10^{-5}}{0{,}1}} = \sqrt{1{,}32 \cdot 10^{-4}} = \underline{1{,}15 \cdot 10^{-2}}$$

   In 0,1-M Lösung sind also 1,15 % aller Propionsäuremoleküle ionisiert.

5. In welchem Ausmaß reagieren Acetat-Ionen in 0,1-M Lösung mit Wasser?
   Die Gleichung für die Reaktion lautet:

$$Ac^- + H_2O \rightleftarrows HAc + OH^- \qquad pK_b = 14 - pK_s = 9{,}24$$

   Der Protolysengrad von Ac^- wird $$\alpha = \sqrt{\frac{10^{-9{,}24}}{0{,}1}} = \sqrt{\frac{5{,}75 \cdot 10^{-10}}{0{,}1}}$$

$$\underline{\alpha = 7{,}6 \cdot 10^{-5}}.$$

   $7{,}6 \cdot 10^{-3}\%$ der Acetat-Ionen werden zu OH^--Ionen und Essigsäuremolekülen.

6.5 Indikatoren und Pufferlösungen

Indikatoren sind *Farbstoffe, die je nach dem pH ihre Farbe ändern* können. Es handelt sich bei ihnen stets um Säuren, deren konjugierte Base eine andere Farbe (d. h. Lichtabsorption) hat als die Säure selbst. In einer wäßrigen Lösung herrscht das Gleichgewicht:

$$HIn + H_2O \rightleftarrows H_3O^+ + In^-$$

(HIn ist das Indikatormolekül, In^- seine zugehörige Base).

Durch Zusatz einer Säure wird dieses Gleichgewicht nach links verschoben; die Konzentration der HIn-Moleküle wird größer, und ihre Farbe wird sichtbar. Umgekehrt verschiebt ein Zusatz einer Base das Gleichgewicht nach rechts; die H_3O^+-Ionen geben Protonen an die Base ab und werden dadurch dem Gleichgewicht entzogen, so daß die Farbe der In^--Ionen sichtbar wird. Im Umschlagspunkt des Indikators müssen die Konzentrationen von HIn und In^- gleich groß sein:

$$K_{s_{HIn}} = \frac{(H_3O^+) \cdot (In^-)}{(HIn)}.$$

Wenn $(In^-) = (HIn)$, wird $(H_3O^+) = K_{s_{HIn}}$,

$$\mathbf{pH = pK_{s_{HIn}}}$$

Sind 10 mal so viele HIn-Moleküle wie In^--Ionen vorhanden ($pH = pK_{s_{HIn}} - 1$), so ist für das Auge praktisch nur die Farbe der HIn-Moleküle wahrnehmbar. Ist umgekehrt die Konzentration der In^--Ionen 10mal größer als die Konzentration der HIn-Moleküle, so zeigt die Lösung die Farbe der In^--Ionen. Der Indikator wechselt also seine Farbe in einem *pH-Gebiet* von ungefähr zwei Einheiten:

$$\text{Umschlagsgebiet: } pH = pK_{s_{HIn}} \pm 1.$$

Fügt man zu destilliertem Wasser eine geringe Menge einer Säure oder Base, so ändert sich das *p*H sofort sehr stark. Der *p*H-Wert von Wasser ist gegenüber Verunreinigungen sehr empfindlich und deshalb sehr leicht veränderlich. Im Gegensatz dazu besitzen **Pufferlösungen (Puffergemische)** einen stabilen *p*H -Wert, der sich auch bei Zusatz recht erheblicher Mengen von Säure oder Base nicht wesentlich ändert.
Um die Protonen bzw. H_3O^+-Ionen, die bei Zugabe einer Säure frei werden, abfangen zu können, muß die Pufferlösung eine Base enthalten. Damit der *p*H-Wert auch gegenüber einer basischen Verunreinigung unverändert bleibt, muß auch eine Säure in der Lösung vorhanden sein. Meist stellt man Pufferlösungen aus einer schwachen Säure und ihrem Alkalisalz, also aus einer Säure und ihrer konjugierten Base, her. Je nach der gewählten Säure bzw. Base vermag die Lösung in einem ganz bestimmten *p*H-Bereich zu puffern.
Mischt man eine schwache Säure HA und ihr Salz (das A^--Ionen enthält) im Molverhältnis 1:1, so werden die Konzentrationen der HA-Moleküle und der A^--Ionen einander praktisch gleich, weil durch Zusatz des Salzes das Gleichgewicht

$$HA + H_2O \rightleftarrows H_3O^+ + A^-$$

nach links verschoben wird und dann kaum mehr A^--Ionen aus der Säure entstehen. Das *p*H einer solchen Mischung wird $= pK_s$:

$$pH = pK_s + \log \frac{(A^-)}{(HA)}\text{ ; da } (A^-) = (HA) \text{ wird } pH = pK_s.$$

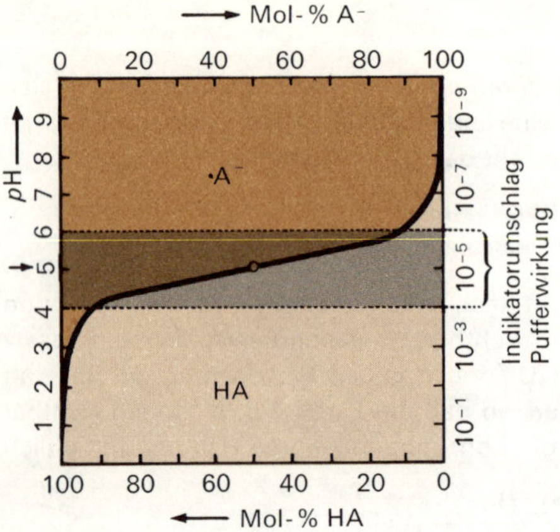

Abb. 6.7. Pufferungskurve
(K_s willkürlich als 10^{-5} angenommen)

Durch Zusatz einer Säure oder Base werden zwar die Konzentrationen von HA und A^- verändert; die Kurve der Abb. 6.7 *(Pufferungskurve)* zeigt jedoch, daß sich der *p*H-Wert trotz unter Umständen ziemlich starker Veränderung des Verhältnisses der Konzentrationen von HA und A^- nicht wesentlich ändert.

Beispiel

Zu 500 cm³ einer Pufferlösung, welche je 1 Mol Essigsäure und 1 Mol Na-acetat enthält, gibt man 500 ml 0,2-M Salzsäure (d. h. 0,1 Mol). Die H_3O^+-Ionen der Salzsäure reagieren praktisch vollkommen mit den Acetat-Ionen zu Essigsäuremolekülen:

$$H_3O^+ + Ac^- \rightleftarrows HAc + H_2O$$

Die Konzentration der Acetat-Ionen wird damit 1 – 0,1; die Konzentration der Essigsäuremoleküle 1 + 0,1:

$$1{,}8 \cdot 10^{-5} = K_s = \frac{(H_3O^+) \cdot 0{,}9}{1{,}1}$$

$$(H_3O^+) = \frac{1{,}1}{0{,}9} \cdot 1{,}8 \cdot 10^{-5} = 2{,}2 \cdot 10^{-5}.$$

Nach Zusatz der Salzsäure besitzt also der Puffer ein *p*H von 4,66 (anfänglicher Wert 4,76; $pH = pK_s$). Die Zugabe von 0,1 Mol einer starken Säure vermochte das *p*H also nur um 0,1 zu senken. Würde man aber dieselbe Menge Salzsäure zu einer ungepufferten Lösung vom *p*H 4,76 hinzufügen, so wäre das *p*H nachher ungefähr 1, da die zugesetzten H_3O^+-Ionen von keiner Base gebunden werden.

Dieses Zahlenbeispiel zeigt auch, wie die *«Pufferkapazität»* eines Puffers (d. h. die Mengen Säure oder Base, welche er abfangen und puffern kann) von der Konzentration der Säure und der Base in der Pufferlösung abhängt. Hätte man in der betrachteten Acetatpufferlösung nur je 0,2 Mol Acetat und Essigsäure im Liter, so würde nach Zusatz von 0,1 Mol Salzsäure:

$$(H_3O^+) = \frac{0{,}3}{0{,}1} \cdot 1{,}8 \cdot 10^{-5} = 5{,}4 \cdot 10^{-5}, \text{ also } pH = 4{,}29.$$

Die gleiche Salzsäuremenge bewirkt in diesem Fall eine *p*H-Änderung von fast 0,5.

Pufferlösungen haben besonders für die angewandte Chemie eine große Bedeutung, weil viele Vorgänge bei einem bestimmten, konstanten *p*H ablaufen müssen. Besonders häufig verwendete Pufferlösungen sind der Acetatpuffer (puffert um *p*H 4,5 bis 5), der Phosphatpuffer (enthält NaH_2PO_4 und Na_2HPO_4, puffert um *p*H 7) sowie der Ammoniakpuffer (NH_4Cl/NH_3-Mischung, Pufferbereich *p*H 9 bis 9,5).

Auch in *biologischen Systemen* spielen Pufferlösungen eine sehr wichtige Rolle. Wenn z. B. die Körperflüssigkeiten nicht gepuffert wären, würde die mit vielen Lebensvorgängen verknüpfte Bildung von Säuren oder Basen (z. B. von Milchsäure bei der Muskeltätigkeit!) zu lebensschädigenden Verschiebungen des *p*H-Wertes führen. So ist das *Blut* durch Kohlensäure und $NaHCO_3$ auf ungefähr *p*H 7,5 gepuffert. Eine gute Pufferung der *Erdböden* macht die von den Pflanzenwurzeln bei der Stoffaufnahme ausgeschiedenen Säuren unschädlich und verhindert damit eine Versauerung des Bodens.

6.6 Titration von Säuren und Basen

Wenn man eine verdünnte Säure oder die Lösung einer Base mit einer Hydroxid- bzw. Säurelösung neutralisiert, deren Gehalt man kennt, so kann man aus dem Verbrauch dieser «Standardlösung» die ursprüngliche Konzentration der sauren bzw. basischen Lösung berechnen (*Maßanalyse* oder *Titration*, Abb. 6.8). Das Ende der Reaktion muß dabei durch einen geeigneten *Indikator* angezeigt werden.

Die *Konzentration* eines gelösten Stoffes kann dabei in verschiedener Weise angegeben werden. Im Alltag sind oft Massenprozente (Gramm pro 100 Gramm Lösung) üblich. Bei chemischen Arbeiten ist die Angabe in Mol pro Liter Lösung (*«Molarität»*) gebräuchlicher. Bei Maßanalysen wird die Berechnung oft stark vereinfacht, wenn man die *«Normalität»* als Konzentrationsmaß verwendet, also mit sogenannten Normallösungen als Standardlösungen arbeitet.

Eine *«Normallösung»* (abgekürzt 1-N Lösung) enthält im Liter 1 «Val», d. h. 1 «Gramm-Äquivalent»; eine 0,1-N (1/10-normale) Lösung nur 0,1 Val usw. Ein Val einer Säure oder Base ist soviel Substanz, wie 1 Mol H^+-Ionen abzugeben bzw. aufzunehmen imstande ist; es entspricht einem Mol Säure, geteilt durch die Anzahl H-Atome, bzw. einem Mol Hydroxid, geteilt durch die Anzahl OH-Gruppen. «Äquivalent» heißt wörtlich gleichwertig; die Bezeichnung kommt daher, daß 1 Val irgendeiner Säure gerade 1 Val irgendeines Hydroxids zu neutralisieren vermag:

$$H^+ + OH^- \rightarrow H_2O$$

Beispiele:	$NaOH$	+	HCl	$\rightarrow$	$NaCl$	+	H_2O
	1 Mol = 1 Val		1 Mol = 1 Val				
	$2\ NaOH$	+	H_2SO_4	$\rightarrow$	Na_2SO_4	+	$2\ H_2O$
	2 Mol = 2 Val		1 Mol = 2 Val				
	$Ba(OH)_2$	+	$2\ HCl$	$\rightarrow$	$BaCl_2$	+	$2\ H_2O$
	1 Mol = 2 Val		2 Mol = 2 Val				

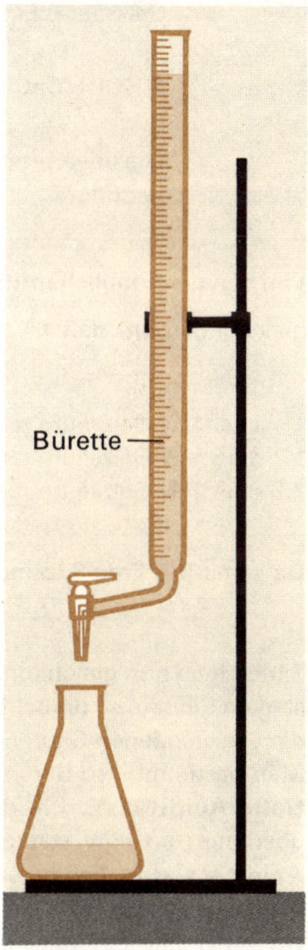

Abb. 6.8. Titration

Bei allen diesen Reaktionen reagiert stets 1 Mol OH^--Ionen (in den Hydroxidlösungen) mit 1 Mol H_3O^+-Ionen (in den verdünnten Säuren).
Da nun eine 1-N Säure (oder Hydroxidlösung) definitionsgemäß im Liter 1 Val gelöst enthält, neutralisieren sich gleiche Volumina gleichnormaler Lösungen. Sind die Konzentrationen von Säure und Lauge verschieden, so braucht es von jeder Lösung ein um so größeres Volumen, je geringer ihre Konzentration ist, also Volumen A × Konzentration A = Volumen B × Konzentration B.

1. Beispiel: Zur Neutralisation von 10 cm^3 Salzsäure brauchte man 8 cm^3 1-N Natriumhydroxid.

Wäre die Salzsäure ebenfalls 1-N, so hätte man genau 10 cm^3 Hydroxid gebraucht. Da nur 8,0 cm^3 Hydroxid benötigt wurden, ist die Säure verdünnter:

$$8{,}0 \cdot 1 = 10 \cdot x \qquad \text{Normalität der Salzsäure} = 0{,}8.$$

Die untersuchte Salzsäure war also 0,8-N, d.h. sie enthielt im Liter 0,8·36,5 g = 29,2 g HCl, war also 2,92% (das spezifische Gewicht einer so verdünnten Säure ist rund 1).

2. Beispiel: Um den Kalkgehalt einer Erde zu bestimmen, übergoß man 5 g Erde mit 10 cm^3 1-N Salzsäure. Ein Teil davon reagierte mit Kalk ($CaCO_3$) nach der Gleichung

$$2\,HCl + CaCO_3 \longrightarrow CO_2 + H_2O + CaCl_2$$

Die unverbrauchte Salzsäure wurde mit 1-N NaOH neutralisiert, wobei man 2,5 cm^3 benötigte.

Von den ursprünglichen 10 cm^3 Säure haben also 7,5 cm^3 mit Kalk reagiert. Aus der Reaktionsgleichung folgt, daß 1 Val Salzsäure mit $\frac{100}{2}$ = 50 g Kalk reagiert (1 Mol $CaCO_3 \mathrel{\hat{=}} 100$ g)

1 Liter	1-N Salzsäure reagiert also mit	50 g Kalk
1 cm^3	1-N Salzsäure reagiert mit	50 mg Kalk
7,5 cm^3	1-N Salzsäure reagieren mit	7,5·50 = 375 mg Kalk.

Da somit 5 g Erde 375 mg = 0,375 g Kalk enthielten, betrug ihr Gehalt an Kalk 7,5%.

Titriert man nun gleichkonzentrierte (z.B. je 1-N) Lösungen von verschiedenen schwachen oder starken Säuren, so braucht man stets dieselbe Menge einer Standard-Hydroxidlösung, obschon die verschiedenen Säuren – ihrer Stärke entsprechend – ganz verschiedene *p*H-Werte zeigen. Man bestimmt also durch die Titration den «potentiellen» Gehalt an H^+-Ionen (die «**potentielle Acidität**»), d.h. diejenige Menge an H^+-Ionen, welche die betreffende Säuremenge überhaupt an eine starke Base abzugeben *imstande* ist. Das *p*H mißt aber die «**aktuelle Acidität**», d.h. diejenige Menge an H^+-Ionen, welche die betreffende Säure in der vorliegenden Konzentration an die Base H_2O tatsächlich abgegeben hat. Nur bei sehr starken Säuren ($K_s > 10$) sind potentielle und aktuelle Acidität identisch!

Werden schwache Säuren (wie Essigsäure) oder Lösungen schwacher Basen (wie NH_3) titriert, so reagiert die Lösung im Endpunkt des Vorganges nicht neutral:

$$HAc + OH^- \longrightarrow Ac^- + H_2O$$

(Ac^-) existieren nur oberhalb *p*H 8 ohne gleichzeitige Gegenwart von HAc-Molekülen; siehe Pufferungskurven, Abb. 6.6

$$NH_3 + H_3O^+ \longrightarrow NH_4^+ + H_2O$$

(NH_4^+) existieren nur unterhalb *p*H 6,5 ohne gleichzeitige Gegenwart von NH_3-Molekülen!

Um den *stöchiometrischen Endpunkt der Titrationsreaktion* auch in einem solchen Fall erfassen zu können, ist es deshalb notwendig, einen Indikator zu wählen, dessen Umschlagsgebiet dem *p*H im Endpunkt der Titration entspricht. Dies kommt besonders deutlich zum Ausdruck, wenn man die *p*H-Änderung bei der Neutralisation einer Säure durch ein Hydroxid verfolgt und in der Art der Abb. 6.9 graphisch darstellt.
Man erhält diese Kurven, indem man die *p*H-Werte als Funktion des Neutralisationsgrades berechnet. Neutralisiert man z. B. eine starke Säure durch Zusatz konzentrierter Natronlauge zu 90%, so sind noch $^1/_{10}$ der ursprünglichen H_3O^+-Ionen vorhanden, und ihre Konzentration sinkt auf $^1/_{10}$ des ursprünglichen Wertes (wenn keine nennenswerte Volumenvergrößerung eintritt); das *p*H wird um 1 höher als am Anfang. Sind 99% der ursprünglichen Säure neutralisiert, so ist das *p*H um zwei Einheiten, nach der Neutralisation von 99,9% um drei Einheiten gestiegen. Im Äquivalenzpunkt wird das *p*H genau 7; dieser ist also durch einen sehr steilen Abfall der Kurve, d. h. durch eine sprunghafte *p*H-Änderung, gekennzeichnet. Die *Titrationskurve* einer schwachen Säure verläuft etwas anders, weil das Anfangs-*p*H höher ist als bei einer gleichkonzentrierten starken Säure. Die *p*H-Werte während der Titration lassen sich mit dem MWG berechnen, wenn man für das Verhältnis $(HA)/(A^-)$ die dem jeweiligen Neutralisationsgrad entsprechenden Werte verwendet [wenn z. B. $(HA)/(A^-) = 10$, sind 9,09% neutralisiert]. Im Äquivalenzpunkt wird das *p*H > 7; die Säure liegt dann vollkommen in Form ihrer konjugierten Base (die basisch ist!) vor. Eine verdünnte Essigsäure ergibt z. B. im Äquivalenzpunkt ein *p*H von etwa 8,5.

Durch Eintragen der Umschlagsgebiete einiger Indikatoren in die Titrationskurven werden die bei einer bestimmten Titration in Frage kommenden Indikatoren sofort ersichtlich. Zur Titration von Essigsäure eignet sich also nur Phenolphthalein.

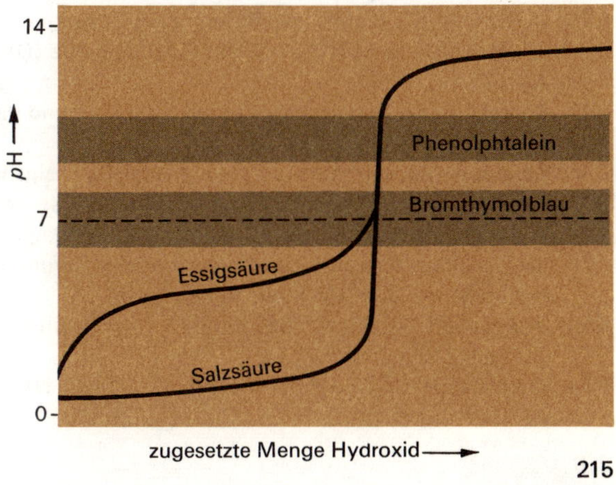

Abb. 6.9. Titrationskurven (darin eingezeichnet die Umschlagsgebiete zweier Indikatoren)

Übungen

6.1 Stellen Sie die verschiedenen, in diesem Kapitel erwähnten Säurebegriffe zusammen und begründen Sie, warum heute die Brönstedschen Säure- und Basebegriffe am meisten verwendet werden.

6.2 Vergleichen Sie die Vorgänge beim Lösen von NaCl und von HCl in Wasser.

6.3 Anilin ($C_6H_5NH_2$) ist eine Base. Löst sich Anilin besser in Wasser oder in verdünnter Salzsäure?

6.4 Geben Sie zu folgenden Säuren und Basen ihre konjugierten Basen bzw. Säuren an: HBr, H_2O, NH_4^+, O^{2-}, $Fe(H_2O)_6^{3+}$, CN^-, HCO_3^-.

6.5 Was versteht man unter «*p*H»? Warum reicht die konventionelle *p*H-Skala nur von 0 bis 14?

6.6 Warum riecht eine Lösung von «essigsaurer Tonerde» (Aluminiumacetat) nach Essig? Was für eine Substanz würde man beim Eindampfen der Lösung erhalten?

6.7 Ordnen Sie die folgenden Ammoniumsalze nach ihrer Beständigkeit: NH_4F, NH_4Cl, $(NH_4)_2S$, NH_4ClO_4, NH_4Ac.

6.8 Was geschieht beim «Lösen» von Magnesiumoxid, von Natriumhydrid in Wasser?

6.9 Wie kann man aus Ammoniumsalzen Ammoniak, aus Sulfiden Schwefelwasserstoff herstellen?

6.10 Was erhält man beim Eindampfen einer Lösung, die man durch Mischen von 1 Mol H_3PO_4 und 3 Mol NH_3 mit 100 ml Wasser erhalten hat?

6.11 In welchem Lösungsmittel lösen sich folgende Salze besser:
$ZnCO_3$ in Wasser oder in verdünnter Salzsäure?
$NaHCO_3$ in Wasser oder in verdünnter Natronlauge?
KCl in Wasser oder in verdünnter Salzsäure?
$Fe(OH)_3$ in Wasser oder in verdünnter Salzsäure?

6.12 Eine Lösung von Li_2S wird mit NH_4Cl-Lösung versetzt. Nach welchem Stoff muß sie riechen?

6.13 Welche Teilchen liegen in wäßriger Na_2S-Lösung vor?

6.14 Setzt man zu verdünnter Ammoniaklösung (die mit etwas Thymolphthalein gefärbt ist; Umschlag von Farblos nach Blau zwischen *p*H 8,5 und 10) festes NH_4Cl, so entfärbt sich die Lösung. Macht man den gleichen Versuch mit verd. NaOH, dem man NaCl zusetzt, so beobachtet man keine Farbänderung. Erklären Sie das Ergebnis.

6.15 $Mg(OH)_2$ ist schwerlöslich und kann durch Ausfällung aus einer $MgCl_2$-Lösung mit NaOH oder mit Ammoniaklösung erhalten werden. Gibt man aber vorher NH_4Cl zur Ammoniaklösung, so beobachtet man keinen Niederschlag. Warum?

6.16 Berechnen Sie die *p*H-Werte folgender Lösungen:
0,1-M HNO_3; 1-M NH_3; 0,02-M HF; 0,2-M $Ba(OH)_2$; 0,1-M NaCl; 0,1-M Na_2S; 0,2-M $Al_2(SO_4)_3$.

6.17 Berechnen Sie den Protolysengrad für 0,3-M und 0,0003-M Lösungen von Essigsäure in Wasser.

6.18 Kann man aus Natriumacetat mit NaH_2PO_4 Essigsäure herstellen?

6.19 Leitet man H_2S in eine Lösung von $CuSO_4$, so scheidet sich CuS als schwerlöslicher, schwarzer Niederschlag aus, und die Lösung reagiert nachher deutlich sauer. Erklären Sie die Reaktion; begründen Sie insbesondere, warum hier aus der schwachen Säure H_2S die viel stärkere Säure H_3O^+ entstehen kann!

6.20 In welchem Verhältnis muß man 1-M KH_2PO_4 und 1-M K_2HPO_4 mischen, um einen Puffer vom *p*H 7 zu erhalten?

6.21 Welches *p*H hat eine Pufferlösung, die 0,1 Mol NH_3 sowie 0,2 Mol NH_4Cl im Liter gelöst enthält?

6.22 Konz. Salzsäure von der Dichte 1,2 wurde zur Titration 25 mal verdünnt. 20 cm^3 dieser verdünnten Säure verbrauchten 10,7 cm^3 1-N NaOH. Prozentgehalt der konzentrierten Säure?

6.23 Welche Reaktionen gehen vor sich, wenn man Na_2CO_3-Lösung a) unter Verwendung des Indikators Phenolphthalein und b) unter Verwendung von Methylorange als Indikator titriert?

Literatur

R. P. Bell — *Acids and Bases*. Methuen, London 1952

The Proton in Chemistry. Cornell University Press, Ithaca 1959

H. R. Christen — *Grundlagen der allgemeinen und anorganischen Chemie*. Sauerländer, Aarau 1973

M. C. Day und J. Selbin — *Theoretical Inorganic Chemistry*. Reinhold, New York 1969

G. Hägg — *Die theoretischen Grundlagen der analytischen Chemie*. Birkhäuser, Basel 1950

V. Gold — *pH-Measurement*. Methuen, London 1956

Th. Moeller — *Inorganic Chemistry*. Wiley, New York 1952

F. Seel — *Grundlagen der analytischen Chemie*. Verlag Chemie, Weinheim 1970

C. A. Vanderwerf — *Acids, Bases and the Chemistry of the Covalent Bond*. Reinhold, New York 1961

7 Komplexreaktionen

Bei Komplexreaktionen ändern sich die **Koordinationszahlen** und (oder) die Art der Nachbarn einzelner Teilchen, d.h. die Zahl oder Art der Nachbarteilchen um ein bestimmtes Teilchen ist vor und nach der Reaktion verschieden.
Ein Beispiel einer typischen Komplexreaktion ist die bereits auf S.125 besprochene Bildung des Kupfertetramminkomplexes beim Zusatz von Ammoniaklösung zu $CuSO_4$-Lösung:

$$[Cu(H_2O)_4]^{2+} + 4\,NH_3 \rightarrow [Cu(NH_3)_4]^{2+} + 4\,H_2O$$

Da die Koordinationszahl des Cu^{2+}-Ions unverändert bleibt und sich nur die Art der Nachbarteilchen (der «Liganden») ändert, spricht man in solchen Fällen von «Ligandenaustausch».

Besonders wichtig sind Komplexreaktionen für die *Chemie wäßriger Lösungen von Metallverbindungen*. Da auch die relativ großen Alkali-Ionen stets hydratisiert sind («nackte» Metall-Ionen kommen in Lösung kaum vor), ist eigentlich jede Reaktion, an der solche Metall-Ionen beteiligt sind, eine Komplexreaktion, weil immer ein Austausch von Wassermolekülen gegen andere Moleküle bzw. Komplex-Ionen (ein Ligandenaustausch) oder eine Veränderung der Zahl der gebundenen Wassermoleküle eintritt. Auch Redoxvorgänge und Protonenübertragungen, an denen hydratisierte Metall-Ionen beteiligt sind, sind stets von einem Ligandenaustausch begleitet. Die Fällungsreaktionen, bei welchen beim Zusammengießen verschiedener Lösungen schwerlösliche Salze entstehen und die besonders zum analytischen Nachweis vieler Metall-Ionen große Bedeutung besitzen, können ebenfalls als Komplexreaktionen aufgefaßt werden, indem die in Lösung vorhandenen hydratisierten Ionen ihr Hydratwasser verlieren und sich im Gitter des festen Salzes mit andern Koordinationspartnern (Liganden) umgeben.
Bei vielen Komplexreaktionen, die in wäßriger Lösung vor sich gehen, lassen sich Teilchen mit freien Elektronenpaaren («Elektronenpaar-Donatoren») an andere Teilchen an, denen Elektronen zur Erreichung stabiler Zustände fehlen («Elektronenpaar-Akzeptoren»). Die Stabilität solcher Komplexe wird durch die Stärke der Bindung (d.h. durch die Wechselwirkung der beiden Elektronensysteme), die Ladung des Zentral-Ions und andere Effekte beeinflußt. Häufig beobachtet man, daß ein Ligand um so stärker gebunden wird, je stärker basisch er ist (die Bindung eines Protons durch eine Base geschieht ebenfalls um so stärker, je leichter die Base das Elektronenpaar für die Bindung zur Verfügung stellt). NH_3-Moleküle und besonders OH^--Ionen bilden deshalb meist stabilere Komplexe als H_2O-Moleküle.
Komplexbildung und -zerfall sowie Ligandenaustausch verlaufen meist umkehrbar und führen damit – ebenso wie die Protonenübertragungen – zu typischen *Gleichgewichten*. Wenn die Liganden sauren oder basischen Charakter haben (wie das oft der Fall ist), sind diese Gleichgewichte *p*H-abhängig, d.h. die Komplexgleichgewichte sind mit Protolysengleichgewichten gekoppelt.

7.1 Beispiele von Komplexgleichgewichten

Amminkomplexe. Sehr viele Ionen von Übergangsmetallen bilden Komplexe der NH_3 als Ligand *(«Amminkomplexe»)*, welche durch Austausch der H_2O-Moleküle mit Aquo-Komplexen (d.h. der hydratisierten Ionen) gegen NH_3-Moleküle entstehen. Dabei verdrängen die stärker basischen NH_3-Moleküle die H_2O-Moleküle:

$$[Cu(H_2O)_4]^{2+} + 4\,NH_3 \rightleftarrows [Cu(NH_3)_4]^{2+} + 4\,H_2O$$

Solche Ligandenaustauschreaktionen erfolgen immer stufenweise (jeweils Ersatz eines Liganden durch einen einzigen anderen); jeder Stufe entspricht eine bestimmte Gleichgewichtskonstante. Das Produkt der einzelnen Konstanten gibt die «Brutto-Konstante» für die Gesamtreaktion, die *«Komplexbildungskonstante»*.[1] Amminkomplexe mit kleiner Komplexbildungskonstante werden durch Zusatz einer genügend starken Säure zerstört, d.h. wieder in die Aquokomplexe verwandelt:

$$[Ag(NH_3)_2]^+ + 2\,H_3O^+ \rightleftarrows Ag^+aq + 2\,NH_4^+ + 2\,H_2O$$

Manche Amminkomplexe sind auffallend intensiv gefärbt ($[Cu(NH_3)_4]^{2+}$ tiefblau, $[Cr(NH_3)_6]^{3+}$ intensiv gelb, $[Co(NH_3)_6]^{3+}$ ebenfalls gelb). Solche Farbänderungen im Laufe einer Reaktion (wie hier im Laufe der Komplexbildung) weisen darauf hin, daß sich dabei der *Zustand der Außenelektronen* ändert *(«Farbe»*, d.h. Absorption von Licht bestimmter Wellenlängen, kommt dadurch zustande, daß die am wenigsten stark durch den Kern gebundenen Außenelektronen Lichtenergie aufnehmen und so in energiereichere [angeregte] Zustände übergehen können). Auch bei zahlreichen anderen Komplexreaktionen beobachtet man auffallende Farbänderungen; eine Vertiefung der Farbe deutet dabei meist auf eine engere Wechselwirkung der Elektronen von Ligand und Zentral-Ion.

Komplexe mit Anionen. Während in verdünnten wäßrigen Lösungen H_2O der bevorzugte Ligand der Metall-Kationen ist, vermögen in konzentrierterer Lösung oft *Anionen* einen *Ligandenaustausch* herbeizuführen. Setzt man z.B. einer wäßrigen Lösung eines Kupfer(II)-salzes eine konzentrierte Chloridlösung oder Salzsäure zu, so schlägt die blaue Farbe des Aquokomplexes nach Grün um, weil sich Chlorokomplexe bilden:

$$[Cu(H_2O)_4]^{2+} + 4\,Cl^- \rightleftarrows [CuCl_4]^{2-} + 4\,H_2O$$

Auch dieser Ligandenaustausch erfolgt stufenweise.

Besonders zahlreiche solche Komplexe werden von den Ionen von Eisen, Kobalt und einigen anderen *Übergangsmetallen* gebildet. Eine blaßviolette Lösung von Eisen(III)-perchlorat, $Fe(ClO_4)_3$ (die hydratisierte Fe^{3+}-Ionen enthält), wird durch Zusatz von Sulfat schwach gelb, durch Zusatz von Chlorid gelbgrün bis rotbraun, durch Zusatz von Acetat braunrot, durch Zusatz von Sulfit noch stärker rot und durch Zusatz von Thiocyanat («Rhodanid»; SCN^-) intensiv blutrot. Alle diese Farbänderungen beruhen darauf, daß im $Fe^{3+}aq$-Ion H_2O-Moleküle gegen die zugesetzten Anionen ausgetauscht werden und verschieden stark farbige Komplexe entstehen:

$$[Fe(H_2O)_6]^{3+} + Cl^- \rightleftarrows [Fe(H_2O)_5Cl]^{2+} + H_2O$$
$$[Fe(H_2O)_5Cl]^{2+} + Cl^- \rightleftarrows [Fe(H_2O)_4Cl_2]^{+} + H_2O$$

[1] Oft wird auch der reziproke Wert der Komplexbildungskonstanten verwendet *(«Komplexzerfallskonstante»*, siehe Tabelle auf S.564).

Der blutrote Thiocyanatokomplex ist ziemlich stabil; aus diesem Grund erhält man aus den übrigen erwähnten Eisenkomplexen immer diesen intensiv farbigen Thiocyanatokomplex, wenn man SCN^--Ionen einer solchen Lösung zusetzt:

$$[Fe(H_2O)_5Cl]^{2+} + SCN^- \rightleftarrows \underset{\text{gelb}}{[Fe(H_2O)_5SCN]^{2+}} + Cl^-$$

$$[Fe(H_2O)_5SCN]^{2+} + SCN^- \rightleftarrows \underset{\text{blutrot}}{[Fe(H_2O)_4(SCN)_2]^+} + H_2O$$

(Die Existenz der Zwischenstufe $[Fe(H_2O)_4SCN]^{2+}$ (gelb!) erkennt man bei starkem Verdünnen einer Lösung des Dithiocyanatokomplexes, weil die Farbe allmählich in Gelb übergeht, bevor sie ganz verschwindet.)

Ein besonders stabiler Eisenkomplex ist auch der Hexafluorokomplex, $[FeF_6]^{3-}$ (farblos), der sich beim Zusatz von F^--Ionen zur Lösung von $Fe^{3+}aq$ oder zur Lösung irgendeines der obenerwähnten Komplexe bildet (Ligandenaustausch!).

Aquo- und Hydroxokomplexe. Mehrfach geladene Aquokomplexe sind Kationsäuren. Gibt man eine Base zur Lösung eines solchen Salzes, so werden weitere H^+-Ionen vom Aquokomplex abgespalten, und es scheidet sich schließlich das elektrisch neutrale *Hydroxid* als schwerlöslicher, stark wasserhaltiger, oft gallertiger Niederschlag aus:

$$[Al(H_2O)_6]^{3+} + 3\,B^- \rightleftarrows Al(OH)_3(H_2O)_3 + 3\,HB$$

Die Ausscheidung des Hydroxid-Niederschlags geschieht dadurch, daß H_2O-Moleküle aus dem Komplex austreten und OH^--Ionen als «zweizähnige» Liganden je zwei Metall-«Atome» verknüpfen:

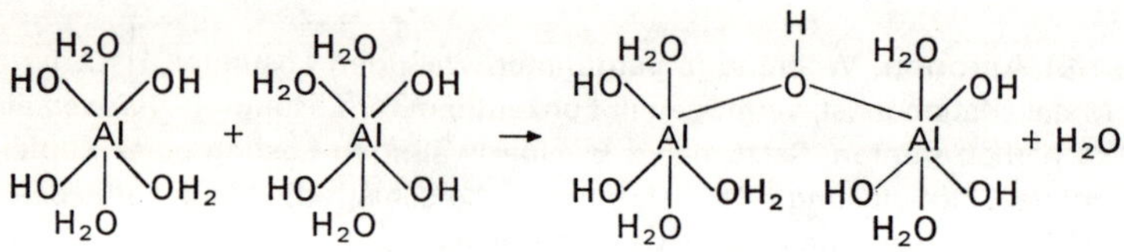

Fortgesetzte Wasserabspaltung führt schließlich zu einem Schichtgitter aus übereinander angeordneten Al—OH-Oktaedern.

Die Hydroxide gewisser Metalle (Zink, Blei, Aluminium, Chrom) lösen sich in einem Überschuß von Lauge wieder auf unter Bildung von *Hydroxokomplexen:*

$$Al(OH)_3(H_2O)_3 + OH^- \rightleftarrows [Al(OH)_4]^- + 3\,H_2O$$

Durch Zusatz einer Säure läßt sich aus diesen Hydroxokomplexlösungen das Hydroxid wieder ausfällen.

Die Ionen dieser Metalle treten also in wäßriger Lösung in verschiedener Form auf, wobei jede entsprechend der Komplexbildungskonstanten in verschiedenen *p*H-Bereichen existieren kann:

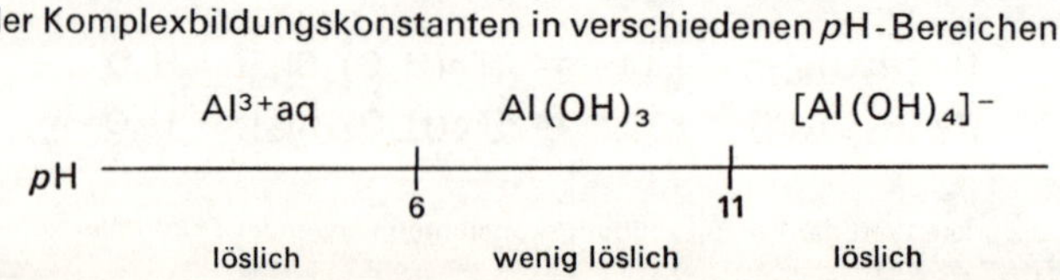

Cyanokomplexe. Von gewisser Bedeutung für die Technik und die analytische Chemie sind die Cyanokomplexe mancher Metall-Ionen:

$$[Ag(CN)_2]^- \qquad [Ni(CN)_4]^{2-} \qquad [Fe(CN)_6]^{4-}$$

Als Ligand wirkt hier das stark basische (und stark giftige!) *Cyanid-Ion* $[|C{\equiv}N|]^-$, die konjugierte Base zur schwachen Säure HCN (*«Blausäure»,* eine farblose, bei 26°C siedende Flüssigkeit mit charakteristischem Geruch nach bitteren Mandeln). Gewisse dieser Komplexe (z.B. der $[Fe(CN)_6]^{4-}$-Komplex) sind aber so stabil, daß die entsprechenden Salze nicht giftig sind, d.h. die Komplexbildungskonstante ist so groß, daß in ihren wäßrigen Lösungen nur äußerst geringe Mengen freier CN^--Ionen auftreten. Andere Cyanokomplexe, wie z.B. der Komplex $[Ni(CN)_4]^{2-}$, besitzen kleinere Komplexbildungskonstanten und zerfallen in merklichem Ausmaß in wäßriger Lösung. Weil das CN^--Ion eine starke Base ist, lassen sich solche Komplexe durch Zusatz einer starken Säure zerstören.
Lösungen von $K[Ag(CN)_2]$ und $K[Au(CN)_4]$ werden als «Galvanisierbäder» zur elektrolytischen Herstellung von Silber- bzw. Goldüberzügen verwendet. Bei der Gewinnung von Silber und Gold behandelt man das feinvermahlene Erz an der Luft mit einer Lösung von Natriumcyanid; die Metalle gehen dabei als Cyanokomplexe in Lösung:

$$4\,Au + 8\,CN^- + O_2 + 2\,H_2O \longrightarrow 4\,[Au(CN)_2]^- + 4\,OH^-$$

Obschon die Cyanokomplexe von Silber und von Gold ziemlich stabil sind, sind ihre Lösungen noch stark giftig und dürfen nur unter entsprechenden Vorsichtsmaßnahmen verarbeitet werden.

Fällungs- und Lösevorgänge. Die für die analytische sowie die präparative Chemie wichtigen *Fällungsvorgänge,* d.h. die Ausscheidung von schwerlöslichen Salzen aus Lösungen, können auch zu den Komplexreaktionen gezählt werden, weil sich dabei die Koordinationszahl der Ionen ändert (Bildung der Ionengitter aus den vorher freien Ionen). Beispiele sind das Ausfällen von Ag^+- durch Cl^--Ionen oder von Ba^{2+}- durch SO_4^{2-}-Ionen:

$$Ag^+ + Cl^- \longrightarrow AgCl\,(s) \qquad Ba^{2+} + SO_4^{2-} \longrightarrow BaSO_4\,(s)$$

Damit sich aus einer Lösung ein schwerlösliches Salz als Niederschlag ausscheidet, müssen in der Lösung winzige *«Kristallkeime»* entstehen. Solche Keime bilden sich dadurch, daß sich aus den Ionen des schwerlöslichen Salzes zunächst Komplexe bilden, wobei die Anionen als «Brücken» (zwei- oder mehrzähnige Liganden!) mehrere Kationen chelatartig verknüpfen. Diese Keime wachsen dann allmählich, indem die Komplexbildung in allen Richtungen fortschreitet, bis sich schließlich sichtbare Kriställchen des entsprechenden Ionengitters bilden. Damit gut ausgebildete Kristalle entstehen, welche möglichst wenig Fremd-Ionen einschließen (also keine Mischkristalle darstellen), muß die Übersättigung in der Lösung, d.h. die Keimbildung, möglichst langsam vor sich gehen. Dies wird oft dadurch erreicht, daß man das Fällungsmittel durch eine chemische Reaktion in der Lösung selbst erzeugt.
Sehr häufig lassen sich solche schwerlösliche Salze dadurch wieder lösen, indem man das eine Ion durch Komplexbildung dem Löslichkeitsgleichgewicht entzieht:

$$AgCl\,(s) + 2\,NH_3 \rightleftarrows [Ag(NH_3)_2]^+Cl^-\,(d)$$
$$Ni(CN)_2\,(s) + 2\,CN^- \rightleftarrows [Ni(CN)_4]^{2-}\,(d)$$

Andere schwerlösliche Salze lösen sich oft im Überschuß des Fällungsmittels durch Komplexbildung, allerdings meist nur in sehr geringem Ausmaß:

$$AgCl\ (s) + Cl^- \rightleftarrows [AgCl_2]^-\ (d)$$

Schwerlösliche Salze, welche basische Ionen enthalten, lösen sich durch Zusatz einer starken Säure:

$$CaCO_3\ (s) + 2\ H_3O^+ \rightleftarrows Ca^{2+}\ (d) + CO_2 + 3\ H_2O$$
$$Fe(OH)_3\ (s) + 3\ H_3O^+ \rightleftarrows Fe^{3+}\ (d) + 6\ H_2O$$

Übungen

7.1 Zu einer gesättigten Lösung von AgCl gießt man NH_3-Lösung. Man beobachtet, daß sich der Bodensatz auflöst. Fügt man zur klaren Lösung verdünnte HNO_3, so scheidet sich wieder ein Niederschlag aus. Erklären Sie diese Beobachtungen.
7.2 Warum ist konz. Kupfer(II)-chloridlösung grün, verdünnte hingegen blau?
7.3 Was wird geschehen, wenn man Lösungen von Fe^{3+}aq und CO_3^{2-} zusammenbringt?
7.4 Das schwerlösliche Salz $BaSO_4$ ist in konzentrierter Schwefelsäure etwas löslich. Warum?
7.5 Pb^{2+}aq gibt mit I^- einen gelben Niederschlag von PbI_2 und mit S^{2-} einen schwarzen Niederschlag von PbS. Gibt man KI bzw. Na_2S zu einer Lösung, die $[Pb(OH)_4]^{2-}$ enthält, so entsteht nur im letzteren Fall ein Niederschlag. Erklären Sie diese Beobachtung!

Literatur

F. Basolo und R. Johnson — *Coordination Chemistry*. Benjamin, New York 1964

H. R. Christen — *Grundlagen der allgemeinen und anorganischen Chemie*. Sauerländer, Aarau 1973

D. P. Graddon — *Introduction to Coordination Chemistry*. Pergamon, Oxford 1968

R. K. Murmann — *Inorganic Complex Compounds*. Reinhold, New York 1964

8 Redoxvorgänge

8.1 Begriffe

Seit Boyle bildete das Phänomen der *Verbrennung* eines der wichtigsten Probleme der Chemie. Während man zunächst die Verbrennung als Entweichen von Phlogiston zu deuten suchte (siehe S. 34), erkannte Lavoisier, daß bei jeder Verbrennung Sauerstoff verbraucht wird. Lavoisier führte dafür die Bezeichnung «**Oxidation**» ein und übertrug den Namen auf alle Vorgänge, bei denen sich eine Substanz mit Sauerstoff verbindet. Die eigentlichen Verbrennungen sind nichts anderes als besonders rasch, unter intensiver Wärme- und Lichtentwicklung verlaufene Oxidationen. Der Ausdruck «**Reduktion**», mit dem man ursprünglich nur die «Zurückführung» eines Metalloxids auf das entsprechende Metall (d. h. die Gewinnung des Metalles aus dem Oxid) bezeichnet hatte, wurde allmählich für jede Abspaltung von Sauerstoff aus einer Verbindung verwendet und erlangte damit die gegenteilige Bedeutung des Begriffes «Oxidation».
Nun gibt es aber viele Reaktionen, die sich äußerlich nicht im geringsten von eigentlichen Verbrennungen unterscheiden, an denen aber kein Sauerstoff beteiligt ist. So «verbrennt» z. B. erhitztes Natrium beim Darüberleiten von Chlor in ganz ähnlicher Weise, wie es in reinem Sauerstoff verbrennt; ebenso verbrennen Wasserstoff, Schwefel, eine Kerze u. a. in Chlor nahezu so gut wie an der Luft. Es hat sich aus diesen Gründen als zweckmäßig erwiesen, den Begriffen Oxidation und Reduktion einen erweiterten Sinn zu geben, damit sie auch auf solche, den «eigentlichen» Oxidationen ähnliche Vorgänge angewandt werden können.

Untersucht man die Vorgänge näher, die sich bei der Verbrennung von Natrium oder Magnesium in reinem Sauerstoff oder in Chlor abspielen, so erkennt man, daß beidemal die Metallatome ihre Außenelektronen abgeben und zu positiv geladenen Ionen werden. Diese Elektronen werden von den Nichtmetallatomen aufgenommen:

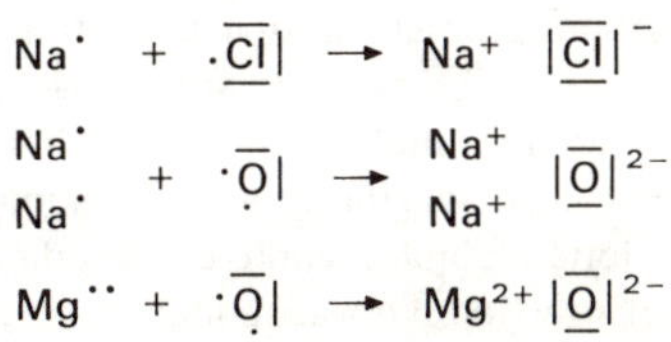

Das Gemeinsame dieser Reaktionen besteht also darin, daß die Metallatome Elektronen abgeben. Bei der Verbrennung von Wasserstoff in Sauerstoff oder Chlor findet nun zwar keine Abgabe von Elektronen durch die Wasserstoffatome statt, jedoch tritt insofern ein Entzug von Elektronen auf, als die entstehenden H—O- bzw. H—Cl-Atombindungen stark polar sind und das O- bzw. das Cl-Atom das bindende Elektronenpaar stärker zu sich zieht. Um alle diese Reaktionen in gleicher Weise behandeln zu können, wollen wir den Ausdruck *«Oxidation»* für *jeden* Vorgang verwenden, bei welchem einem Teilchen (Atom, Ion, Molekül) *Elektronen entzogen* werden:

Oxidation = Elektronenabgabe

Die einem Teilchen entzogenen Elektronen werden von anderen Teilchen (hier von den Chlor- bzw. Sauerstoffatomen) aufgenommen. Für diesen Vorgang, das Gegenteil einer Oxidation, verwendet man die Bezeichnung «Reduktion»:

Reduktion = Elektronenaufnahme

Da nun ein Teilchen nur Elektronen abgeben kann, wenn diese gleichzeitig von anderen Teilchen aufgenommen werden, verlaufen Oxidation und Reduktion stets gekoppelt. Solche Reaktionen nennt man *Redoxvorgänge:*

Redoxvorgang = Elektronenverschiebung

Substanzen, welche andere oxidieren können und damit Oxidationen bewirken, nennt man **Oxidationsmittel.** Ursprünglich verstand man darunter nur Stoffe, die leicht Sauerstoff abgeben können, wie z.B. Wasserstoffperoxid (H_2O_2), Kaliumperchlorat ($KClO_4$) oder Kaliumpermanganat ($KMnO_4$). Die Erweiterung der Begriffe Oxidation und Reduktion führt aber dazu, jeden Stoff, der imstande ist, Sauerstoff abzuspalten oder Elektronen zu binden, als Oxidationsmittel zu bezeichnen. Umgekehrt wirken Elemente oder Verbindungen, denen leicht Elektronen entzogen werden können, als **Reduktionsmittel** (Natrium, Kalium, Kohlenstoff). – Die leichte Zugänglichkeit des elementaren Sauerstoffes in der Atmosphäre und die große Bedeutung, welche dieses Element für die gewöhnlichen Verbrennungen besitzt, haben dazu geführt, daß man die «eigentlichen» Oxidationen als erste genauer untersuchte und sie nach dem daran beteiligten Element benannte; die Oxidation eines Stoffes mit Chlor oder Fluor unterscheidet sich aber im Prinzip nicht von der Oxidation mit Sauerstoff, und die Sonderstellung, welche man den eigentlichen Oxidationen früher einräumte, ist nicht gerechtfertigt.

Wir definieren deshalb heute

Oxidationsmittel = Elektronenfänger **Reduktionsmittel = Elektronenspender**

Ebenso wie die Protolysen verlaufen auch viele Redoxreaktionen *umkehrbar* (über den Ablauf von solchen Reaktionen siehe S.241). Ein Reduktionsmittel («Reduktor») steht deshalb mit dem aus ihm durch Elektronenabgabe entstehenden Oxidationsmittel («Oxidator») in einer ähnlichen Beziehung wie eine Säure zu ihrer konjugierten Base. Ebenso wie eine Säure um so «stärker» ist, je leichter sie Protonen abspaltet, wirkt ein Teilchen um so stärker reduzierend, je leichter es Elektronen abgibt, und ebenso wie die einer Säure konjugierte Base um so schwächer ist, je leichter diese Säure H^+-Ionen abgibt, wirkt ein Oxidationsmittel um so schwächer oxidierend, je leichter der konjugierte Reduktor abspaltet.

Redoxpaar: $\textbf{Red} \rightleftharpoons \textbf{Ox} + \textbf{n}\,e^-$

$$Na \xrightleftharpoons[\text{Reduktion}]{\text{Oxidation}} Na^+ + e^- \qquad HCl \xrightleftharpoons[\text{Protonenaufnahme}]{\text{Protonenabgabe}} Cl^- + H^+$$

$$2Cl^- \xrightleftharpoons[\text{Reduktion}]{\text{Oxidation}} Cl_2 + 2e^- \qquad NH_4^+ \xrightleftharpoons[\text{Protonenaufnahme}]{\text{Protonenabgabe}} NH_3 + H^+$$

Reduzierte Form Reduktor Reduktionsmittel	Oxidierte Form Oxidator Oxidationsmittel	Säure	Base

Schließlich sind an einer Redoxreaktion *zwei Redoxpaare* beteiligt, genau wie an einer Protolyse auch zwei Säure/Base-Paare beteiligt sind:

$Red^1 + Ox^2 \rightarrow Ox^1 + Red^2$ $\qquad$ $HA + B \rightarrow BH^+ + A^-$

Oxidationszahl. Der Ablauf der allermeisten Redoxreaktionen ist nun aber – im Gegensatz zum Ablauf der Protolysen – recht *verwickelt* und in vielen Fällen noch gar nicht genau bekannt. Reine Elektronenübertragungen sind jedenfalls, wie man heute weiß, sehr selten. Redoxreaktionen sind deshalb meist mit Komplexreaktionen oder Protonenübertragungen gekoppelt. Aus diesem Grund läßt sich auch oft durch Beobachtung des Reaktionsverlaufes oder aus der stöchiometrischen Gleichung einer Reaktion schwer erkennen, wo und wie Elektronen abgegeben und verschoben werden.
Beispiele dafür bieten etwa die Sauerstoffabspaltung beim Erhitzen von Kaliumperchlorat oder die Reaktion von konzentrierter Salpetersäure mit Metallen, wie z. B. Kupfer. Dabei wird das Kupfer aufgelöst, und es bildet sich neben einer blauen Lösung (die Cu^{2+}aq-Ionen enthält) braunes NO_2-Gas:

$$Cu + 4\,HNO_3 \rightarrow Cu(NO_3)_2 + 2\,NO_2 + 2\,H_2O$$

Cu wird dabei oxidiert ($Cu \rightarrow Cu^{2+} + 2e^-$) ; welches Atom dabei aber reduziert wird, ist zunächst nicht ohne weiteres ersichtlich.

Als Hilfsbegriff zur Erkennung von Reduktionen und Oxidationen vermag nun die bereits früher eingeführte **Oxidationszahl** sehr gute Dienste zu leisten. Wie auf S.142 gezeigt wurde, entspricht die Oxidationszahl der Ladung eines Ions bzw. (in Molekülen oder Komplex-Ionen) der «imaginären» Ladung eines Atoms. Da bei einer **Oxidation** einem Teilchen Elektronen entzogen werden, muß seine **Oxidationszahl** dabei **steigen** (d. h. **positiver werden**), während bei einer *Reduktion* die *Oxidationszahl sinkt (negativer* wird). Beispiele:

– Verbrennung von Natrium in Chlor:

$$2\,Na^0 + Cl_2^0 \rightarrow 2\,Na^+Cl^-$$

Die Oxidationszahl des Natriums steigt von Null auf + I, diejenige des Chlors sinkt von Null auf – I.

– Verbrennung von Wasserstoff im Sauerstoff:

$$2\,H_2^0 + O_2^0 \rightarrow 2\,H_2^{+I}O^{-II}$$

Hier steigt die Oxidationszahl von Wasserstoff (0 → + I), während die Oxidationszahl von Sauerstoff sinkt (0 → – II).

– Erhitzen von festem Bleinitrat (→ NO_2, O_2 und PbO) :

$$2\,Pb^{+II}(N^{+V}O_3^{-II})_2 \rightarrow 2\,Pb^{+II}O^{-II} + 4\,N^{+IV}O_2^{-II} + O_2^0$$

N^{+V} wird zu N^{+IV} reduziert; O^{-II} wird zu O^0 oxidiert.

– Einwirkung von konzentrierter Schwefelsäure auf Kohle (→ SO_2, CO_2 und H_2O):

$$2\,H_2^{+I}S^{+VI}O_4^{-II} + C^0 \rightarrow C^{+IV}O_2^{-II} + 2\,S^{+IV}O_2^{-II} + 2\,H_2^{+I}O^{-II}$$

S^{+VI} wird zu S^{+IV} reduziert; C^0 wird zu C^{+IV} oxidiert.

– Reaktion von konzentrierter Salpetersäure mit Kupfer:

$$4\,H^{+I}N^{+V}O_3^{-II} + Cu^0 \rightarrow Cu^{+II}(N^{+V}O_3^{-II})_2 + 2\,N^{+IV}O_2^{-II} + 2\,H_2^{+I}O^{-II}$$

N^{+V} wird zu N^{+IV} reduziert; Cu^0 wird zu Cu^{+II} oxidiert.

8.2 Redoxreaktionen

Ebenso wie eine Säure nur an eine Base Protonen abgibt, die stärker als ihre konjugierte Base ist, wird **ein Reduktor** (ein oxidierbarer Stoff) **nur durch ein Oxidationsmittel oxidiert, das stärker ist als sein konjugierter Oxidator. Redoxreaktionen laufen deshalb ebenfalls stets in der Richtung ab, in welcher das schwächere Reduktions- und Oxidationsmittel entsteht.**

Beispiele: Taucht man ein Eisenblech in eine Kupfersalzlösung, so verkupfert sich das Eisen, und die vorher blaue Lösung (Farbe der $Cu^{2+}aq$-Ionen) färbt sich allmählich grün ($Fe^{2+}aq$-Ionen):

$$Fe + Cu^{2+}aq \rightarrow Fe^{2+}aq + Cu$$

Bringt man hingegen ein Kupferblech in eine Eisen (II)-salzlösung, so kann man keine Veränderung beobachten; stellt man das Kupferblech aber in eine Silbersalzlösung, so scheidet sich Silber aus, und die Lösung färbt sich blau:

$$Cu + 2\,Ag^{+}aq \rightarrow Cu^{2+}aq + 2\,Ag$$

Auch mit einem Eisenblech kann man aus einer Silbersalzlösung Silber ausscheiden:

$$Fe + 2\,Ag^{+}aq \rightarrow Fe^{2+}aq + 2\,Ag$$

Läßt man verdünnte Salzsäure auf Eisen, Kupfer oder Silber einwirken, so beobachtet man, daß nur bei der Reaktion mit Eisen Wasserstoff entsteht; Kupfer und Silber bleiben unverändert:

$$Fe + 2\,H_3O^{+} \rightarrow Fe^{2+}aq + H_2\mathit{(g)} + 2\,H_2O$$

Solche Versuche zeigen, wie sich auch die Redoxpaare der Stärke ihrer reduzierenden oder oxidierenden Wirkung entsprechend in eine *Reihe* ordnen lassen:

Leichtigkeit der Elektronenabgabe (Oxidierbarkeit) nimmt ab ↓		Leichtigkeit der Elektronenaufnahme (Reduzierbarkeit) nimmt zu ↓
	$Fe \rightleftharpoons Fe^{2+} + 2\,e^-$	
	$H_2 + 2\,H_2O \rightleftharpoons 2\,H_3O^{+} + 2\,e^-$ [1]	
	$Cu \rightleftharpoons Cu^{2+} + 2\,e^-$	
	$Ag \rightleftharpoons Ag^{+} + e^-$	

(Vollständige Redoxreihe siehe S. 235).

[1] Das eigentliche Redoxpaar $H^0 \rightarrow H^{+I}$ wäre $H_2 \rightleftharpoons 2\,H^+$. In wäßriger Lösung ist aber das H_3O^+-Ion das «Wasserstoff-Ion», weil freie Protonen nicht existieren!

Für die Anwendung dieser Reihe gilt das gleiche Schema wie für die Säure/Base-Reihe:

Ein Reduktionsmittel, das oberhalb von Red steht, kann an Ox Elektronen abgeben

Redoxpaar

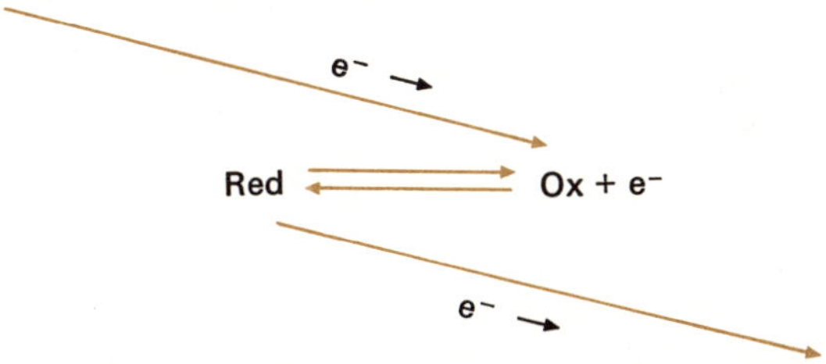

Red vermag an ein Oxidationsmittel, das unterhalb von Ox steht, Elektronen abzugeben

Beispiele einfacher Redoxvorgänge

1. *Verbrennung von Metallen* oder Wasserstoff in Sauerstoff, Chlor oder Brom; Bildung von *Metallsulfiden* aus Metallen und Schwefel. Entstehen mehr oder weniger salzartige Produkte, so verlaufen die Reaktionen um so heftiger, je größer die Gitterenergie der entstehenden Produkte ist. Verbrennungen von *nichtmetallischen* Elementen verlaufen dann besonders heftig, wenn die entstehenden Produkte stark polare Atombindungen enthalten. Flüssiges Brom oder Schwefelpulver reagieren besonders heftig mit Metallen, weil die Teilchenkonzentrationen im festen und flüssigen Zustand höher sind als im Gaszustand. So verbindet sich metallisches Kalium explosionsartig mit Brom, und ein Gemisch von Aluminium- und Schwefelpulver brennt nach der Entzündung explosionsartig ab.
   Die bei vielen solchen Verbrennungen zu beobachtenden «**Flammen**» sind nichts anderes als glühende Gase. Beim Anzünden einer *Kerze* wird beispielsweise durch die Wärme des Zündholzes etwas Stearin (Kerzensubstanz) geschmolzen; dieses steigt durch Kapillarwirkung in den Docht und verdampft – verbrennt unter Flammenbildung! – am Ende des Dochtes. **Explosionen** sind exotherme Reaktionen, die besonders rasch ablaufen und bei denen sich Gase bilden; die große entstehende Wärmemenge hat dann eine enorme Volumenausdehnung zur Folge. Alle brennbaren Gase können mit Sauerstoff (Luft) und zum Teil auch mit Chlor innerhalb gewisser Mischungsgrenzen explosive Gemische («Knallgase») bilden (Benzindampf/Luft zwischen 2,4 und 4,9 Vol.-% Benzin; Leuchtgas/Luft zwischen 8 und 19 Vol.-% Leuchtgas).
   Viele Verbrennungen von organischen Substanzen (Benzin, Heizöl, Holz) sind *Radikalreaktionen* (siehe S.171) und benötigen eine starke *Aktivierung*. Ein ungefähres Maß dafür ist die «**Entzündungstemperatur**», d.h. die Temperatur, welche erreicht werden muß, bevor die Verbrennung einsetzt. Die Entzündungstemperatur ist ein charakteristisches Merkmal brennbarer Stoffe; sie hängt bei festen und flüssigen Substanzen allerdings stark vom Zerteilungsgrad ab. Beispiele: $P_{weiß}$ 50°C, Kohlenstoffdisulfid («Schwefelkohlenstoff», CS_2) 102°C, Äther 180°C, Benzin 200–300°C, Leuchtgas 600°C.
2. *Reduktion von Metalloxiden* mit unedlen Metallen, Wasserstoff oder Kohle (teilweise technische Bedeutung zur Gewinnung von Metallen!). Beispiele:

$$CuO + H_2 \rightarrow Cu + H_2O$$
$$Al_2O_3 + 6\,Na \rightarrow 2\,Al + 3\,Na_2O$$
$$2\,PbO + C \rightarrow 2\,Pb + CO_2$$

Wenn die Bildungswärme des entstehenden Oxids überwiegt, so verläuft der betreffende Vorgang exotherm. Reduktionen unter Wärmeaufwand können nur dann durchgeführt werden, wenn die benötigte Wärmemenge nicht zu groß ist. Diese Redoxvorgänge sind zugleich ein Beispiel dafür, wie scheinbar einfache Vorgänge in Wirklichkeit komplizierter verlaufen können. Bei der Reduktion des Oxids wirken nämlich nicht die H_2-Moleküle, sondern wahrscheinlich O^{2-}-Ionen als Elektronenspender (Reduktionsmittel), die dadurch zu Sauerstoffatomen werden und sich dann an der Oberfläche des festen Stoffes mit gasförmigem Wasserstoff zu Wasser verbinden:

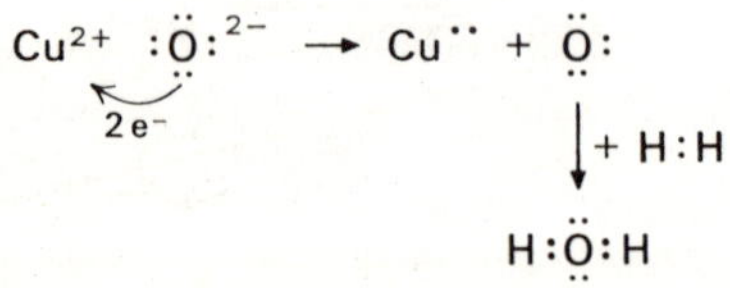

Dieser Reaktionsmechanismus ist auch deshalb besonders wahrscheinlich, weil die Schwermetalloxide keine echten Salze sind, sondern zum Teil stark deformierte O^{2-}-«Ionen» enthalten, deren Ladungswolke bereits stark zum Metall-Ion hinübergezogen ist. Daß O^{2-}-Ionen tatsächlich Elektronen an Metall-Ionen abgeben können, zeigen die Vorgänge bei der Thermolyse von Silber- oder Quecksilberoxid:

$$2\,HgO \rightarrow 2\,Hg + O_2$$

Reaktionsgleichungen von Redoxvorgängen. Bei komplizierten Redoxvorgängen, welche mit Komplexreaktionen und Protolysen gekoppelt sind, ist es oft schwierig, die stöchiometrische Gleichung aufzustellen, d.h. die Koeffizienten aufzufinden, mit denen die Formeln der reagierenden Substanzen multipliziert werden müssen, damit auf jeder Seite der Gleichung von jedem Element gleich viele Atome vorhanden sind. Fast immer kommt man jedoch leicht zum Ziel, wenn man zuerst die beiden am Vorgang teilnehmenden **Redoxpaare** formuliert. *Voraussetzung dafür allerdings, daß man die reduzierte und die oxidierte Stufe des Redoxsystems kennt,* d.h. weiß, zu welchem Ion (bzw. Komplex, Molekül) ein bestimmtes Teilchen reduziert bzw. oxidiert wird.

Zur Formulierung eines solchen Redoxsystems schreiben wir links den Reduktor, rechts den Oxidator. Die Zahl der bei der Oxidation abgegebenen Elektronen entspricht der Differenz der Oxidationszahlen zwischen reduziertem und oxidiertem Atom. Werden bei der Oxidation noch O-Atome in Komplex-Ionen «eingebaut», so kann man annehmen, daß diese in saurer Lösung aus H_2O-Molekülen, in alkalischer Lösung aus OH^--Ionen stammen; auf der oxidierten Stufe entstehen dann eine entsprechende Zahl H^+- (d.h. H_3O^+-) Ionen bzw. H_2O-Moleküle.

Beispiele

1. Mn^{2+}aq-Ionen können in saurer Lösung zu MnO_4^--Ionen oxidiert werden. Man formuliere das Redoxsystem Mn^{+II}/Mn^{+VII}.

Beim Übergang $Mn^{+II} \rightarrow Mn^{+VII}$ werden 5 Elektronen abgegeben:

$$Mn^{2+} \rightarrow MnO_4^- + 5\,e^-$$

Zur Bildung des MnO_4^--Komplexes sind 4 O-Atome nötig; auf die linke Seite müssen deshalb 4 H_2O-Moleküle und auf die rechte Seite 8 H^+-Ionen geschrieben werden. Die H^+-Ionen werden aber sofort von H_2O-Molekülen gebunden; man kann deshalb entweder (richtiger!) links 12 H_2O-Moleküle oder dann rechts statt H^+ H^+aq schreiben:

$$12\,H_2O + Mn^{2+} \longrightarrow MnO_4^- + 8\,H_3O^+ + 5\,e^-$$

Man überzeuge sich, daß diese «Gleichung» sowohl stöchiometrisch wie ladungsmäßig richtig ist!

2. $Cr^{3+}aq$-Ionen können in alkalischer Lösung zu CrO_4^{2-}-Ionen oxidiert werden. Man formuliere wiederum das Redoxsystem Cr^{+III}/Cr^{+VI}.

$$Cr^{3+} \longrightarrow CrO_4^{2-} + 3\,e^-$$

Für die 4 O-Atome sind 8 OH^--Ionen notwendig; gleichzeitig kommen auf die rechte Seite noch 4 H_2O-Moleküle:

$$8\,OH^- + Cr^{3+} \longrightarrow CrO_4^{2-} + 4\,H_2O + 3\,e^-$$

Die Gleichung für einen Redoxvorgang erhält man durch *Kombination der beiden Redoxsysteme,* wobei alle vom einen Redoxpaar abgegebenen Elektronen vom anderen Paar wieder aufgenommen werden müssen.

Beispiel: In saurer Lösung wird Natriumnitrit ($NaNO_2$) durch $KMnO_4$ zu Nitrat (NO_3^-) oxidiert.

Redoxsystem I: $[N^{+III}O_2]^- + H_2O \longrightarrow [N^{+V}O_3]^- + 2\,H^+ + 2\,e^-$ | $\cdot 5$

Redoxsystem II: $MnO_4^- + 8\,H^+ + 5\,e^- \longrightarrow Mn^{2+} + 4\,H_2O$ | $\cdot 2$

(umgekehrt geschrieben, weil MnO_4^- reduziert werden!)

Gesamtreaktion:

$$5\,NO_2^- + 5\,H_2O + 2\,MnO_4^- + 16\,H^+ \longrightarrow 5\,NO_3^- + 10\,H^+ + 2\,Mn^{2+} + 8\,H_2O$$

Gekürzt und mit H_3O^+ an Stelle von H^+ und entsprechender Ergänzung von H_2O:

$$5\,NO_2^- + 2\,MnO_4^- + 6\,H_3O^+ \longrightarrow 5\,NO_3^- + 2\,Mn^{2+} + 9\,H_2O$$

Berücksichtigt man die Begleit-Ionen ebenfalls, so erhält man

$$5\,NaNO_2 + 2\,KMnO_4 + 3\,(H_3O^+)_2SO_4^{2-} \longrightarrow 5\,NaNO_3 + 2\,MnSO_4 + K_2SO_4 + 9\,H_2O$$

(verdünnte Schwefelsäure!)

Es muß indessen mit aller Deutlichkeit betont werden, daß solche Gleichungen *nur die stöchiometrischen Verhältnisse, keinesfalls aber den wirklichen Verlauf* einer solchen Reaktion wiedergeben. Es ist vollkommen ausgeschlossen, daß der Mechanismus einer Redoxreaktion derart komplizierten Gleichungen entspricht; im besprochenen Beispiel müßten ja 5 NO_2^--Ionen, 2 MnO_4^--Ionen und 6 H_3O^+-Ionen, insgesamt also 13 Teilchen, gleichzeitig zusammenstoßen, was selbstverständlich niemals eintritt und völlig unmöglich ist. In Wirklichkeit verläuft z. B. die Reduktion der MnO_4^--Ionen über eine ganze Anzahl teilweise genau bekannter Zwischenstufen, und die *Formulierung des Redoxsystems* Mn^{+II}/Mn^{+VII} gibt nur *die am Anfang und am Ende vorhandenen Teilchen* sowie die *Massenverhältnisse,* in welchen sie am Vorgang teilnehmen, an. Trotzdem sind solche «stöchiometrische» Gleichungen für viele Zwecke nützlich; zudem kennt man heute in zahlreichen Fällen den genauen Verlauf einer Redoxreaktion überhaupt nicht[1].

Der meistens recht komplizierte Verlauf von Redoxvorgängen ist auch der Grund dafür, daß diese Reaktionen – im Gegensatz zu den Protolysen und vielen einfachen Komplexreaktionen – oft relativ große Aktivierungsenergien benötigen, also bei Zimmertemperatur «gehemmt» sind.

8.3 Redoxpotential und Redoxreihe

Um die Möglichkeit und das Ausmaß von Redoxreaktionen zu kennen, benötigt man ein *quantitatives Maß der Stärke* der reduzierenden bzw. oxidierenden Wirkung eines Reduktions- (Oxidations-) mittels. Dies ist das «**Redoxpotential**» (oft auch als «**Oxidationspotential**» bezeichnet).

Schüttelt man in einem Reagenzglas etwas Eisenpulver kräftig mit einer Cu (II)-salzlösung durch, so tritt folgende Redoxreaktion ein:

$$Fe + Cu^{2+}aq \rightarrow Fe^{2+}aq + Cu$$

Gleichzeitig kann man eine starke Erwärmung feststellen; die Reaktion ist also exotherm und exergonisch, d. h. sie tritt von selbst ein.

Während dieses Vorganges müssen nun irgendwie Elektronen von den Fe-Atomen auf die Cu^{2+}-Ionen übertragen worden sein. Eine solche Verschiebung elektrischer Ladung kann aber als *elektrischer Strom* aufgefaßt werden. Weil sich der Elektronenübergang hier in atomaren Dimensionen abspielt, läßt sich dieser Strom nicht nachweisen; hingegen wird dies möglich, wenn die beiden Teilvorgänge der Redoxreaktion (die beiden «Halbreaktionen» Reduktion und Oxidation) voneinander räumlich getrennt werden (Abb. 8.1).

Aus dem Eisenblech gehen jetzt Fe^{2+}-Ionen in die Lösung, während am Kupferblech Cu^{2+}-Ionen entladen (reduziert) werden. Die dazu notwendigen Elektronen werden durch den Draht vom Eisen- zum Kupferblech verschoben. Durch die poröse Tonwand wandern negative Ionen von der Cu^{2+}- zur Fe^{2+}-Salzlösung, weil die Cu^{2+}-Salzlösung allmählich an positiven Ionen verarmt, während sich in der Fe^{2+}-Salzlösung positive Ionen anreichern. Schaltet man ein Ampèremeter in den Stromkreis, so läßt sich der elektrische Strom nachweisen. Die während der Gesamtreaktion freiwerdende Energie läßt sich mit dieser Versuchsanordnung als (elektrische) **Arbeit** erhalten (der Strom kann z. B. einen Motor betreiben).

Damit nun aber ein «Strom» irgendwelcher Art zustande kommt, muß ein *Niveauunterschied* (ein «Gefälle») *in potentieller Energie* vorhanden sein. Ein elektrischer Strom fließt nur dann, wenn eine «**Potentialdifferenz**» oder «**Spannung**» zwischen zwei Punkten herrscht. (Das elektrische Potential bildet ein Maß für die potentielle Energie der Ladung.) Zwischen den

[1] Zur Ausführung maßanalytischer Bestimmungen mittels Redoxreaktionen benötigt man *Standardlösungen* von Oxidations- und Reduktionsmitteln. Eine 1-N Lösung enthält 1 *Redoxäquivalent* pro Liter Lösung, d. h. so viel Substanz, wie gerade 1 Mol Elektronen abgeben bzw. aufnehmen kann. 1 Redoxäquivalent $KMnO_4$ sind also $\frac{158}{5}$ g. Bei einer Titration reagieren dann ebenfalls gleiche Volumina gleichnormaler Lösungen miteinander.

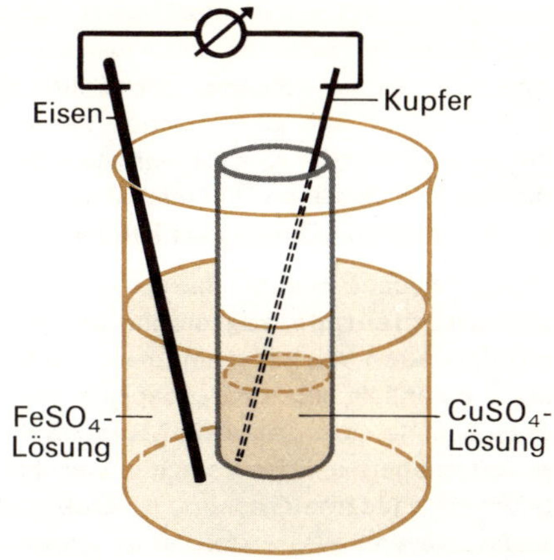

Abb. 8.1. Anordnung zur Messung der Stromstärke oder der Spannung mit zwei Metallelektroden. Die $CuSO_4$-Lösung befindet sich in einem Gefäß aus porösem Ton («Tonzelle»)

beiden Metallblechen des Versuches von Abb. 8.1 muß also eine Potentialdifferenz bestehen; schaltet man ein Voltmeter in den Stromkreis, so mißt man eine Spannung von etwa 0,8 Volt (wenn je 1-M Lösungen verwendet werden).

Ersetzt man die Fe^{2+}-Salzlösung durch eine 1-M $AgNO_3$-Lösung und das Eisen- durch ein Silberblech, so zeigt das Voltmeter einen Ausschlag von 0,45 V, aber auf die entgegengesetzte Seite. Dies bedeutet, daß jetzt Elektronen durch den Draht vom Kupfer zum Silber verschoben werden. Die Cu-Atome werden jetzt oxidiert, und Ag^+-Ionen werden reduziert. Kombiniert man das System Silber/$AgNO_3$ mit Eisen/$FeSO_4$, so mißt man ungefähr 1,25 V Spannung; die Elektronen fließen durch den Draht vom Eisen zum Silberblech.

Um schließlich – wie bereits auf S. 226 – auch das Redoxpaar H^0/H^{+I} (d. h. $H_2 + 2\,H_2O \rightleftharpoons 2\,H_3O^+$) mit den Redoxpaaren Fe/Fe^{2+}, Cu/Cu^{2+} und Ag/Ag^+ vergleichen zu können, benötigt man an Stelle der Fe- (bzw. Cu- oder Ag-) Elektrode eine «**Wasserstoffelektrode**» (Abb. 8.2). Dies ist ein Platinblech (in der Regel *«platiniert»*, d. h. noch mit sehr fein verteiltem Platin überzogen), welches von Wasserstoff unter Atmosphärendruck umspült wird und in eine Lösung taucht, welche «Wasserstoff-Ionen» (H_3O^+-Ionen) enthält (also z. B. Schwefel- oder Salzsäure). Am

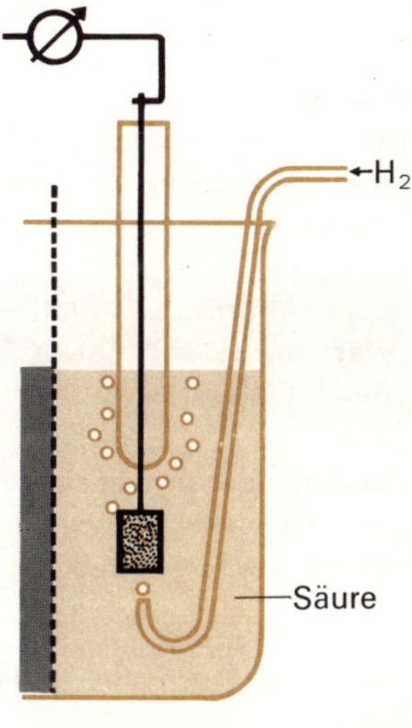

Abb. 8.2. Wasserstoffelektrode

Platinblech kann sich die Reaktion $H_2 \rightleftharpoons 2\,H^+ + 2\,e^-$ abspielen (die Protonen werden von H_2O-Molekülen gebunden oder werden von H_3O^+-Ionen abgegeben); das Blech selbst dient eigentlich nur zur Ableitung oder Zuleitung der Elektronen. Kombiniert man nun das System Fe/Fe^{2+} (1-M) mit einer solchen Wasserstoffelektrode in einer Säure vom *p*H 0 [d.h. der (H_3O^+) = 1 Mol/l], so mißt man etwa 0,45 Volt; die Kombination der Systeme Cu/Cu^{2+} bzw. Ag/Ag^+ mit derselben Wasserstoffelektrode ergibt 0,35 V bzw. 0 8 V Spannung, wobei aber der Ausschlag des Voltmeters auf die entgegengesetzte Seite erfolgt.

Diese Versuche zeigen, daß offenbar jedem Redoxpaar ein bestimmtes «Potential», das «**Redoxpotential**», zugeordnet werden kann, welches als **Maß der reduzierenden** bzw. **oxidierenden Wirkung** aufgefaßt werden muß. Es ist nun aber praktisch nicht möglich, einzelne Potentiale solcher Redoxpaare zu messen; man kann in jedem Fall Spannungen, d.h. Potentialdifferenzen, messen. Man muß deshalb einen willkürlichen **Nullpunkt** der Potentialskala festlegen, um das Verhalten verschiedener Redoxpaare vergleichen zu können, und hat dafür die «**Normalwasserstoffelektrode**» gewählt, d.h. eine Elektrode aus platiniertem Platin, die von Wasserstoff unter Atmosphärendruck umspült wird und in eine Säure der (H_3O^+) = 1 Mol/l[1] taucht. In den Versuchen von Abb. 8.1 bezeichnet man diejenige Elektrode, an welcher durch eine chemische Reaktion Elektronen frei werden (an der also eine *Oxidation* stattfindet) als *«negativ»* (sie lädt sich der anderen Elektrode gegenüber negativ auf). *Das Potential von Redoxpaaren, deren Reduktor stärker reduzierend wirkt als Wasserstoff, erhält damit das negative Vorzeichen.* Redoxpaare, *deren oxidierte Form stärker oxidierend wirkt als das H_3O^+-Ion,* besitzen *positive* Potentiale. Um einen Vergleich verschiedener Redoxpaare zu ermöglichen, mißt man das Potential eines Metalls (oder Nichtmetalls) in 1-M Lösung seiner Ionen und bezeichnet dieses als das «**Normalpotential**» E^0 des betreffenden Redoxpaares.

Ordnet man die bisher betrachteten Redoxpaare nach zunehmender Oxidationskraft der oxidierten Form, so erhält man dieselbe Reihenfolge, wie sie bereits auf S. 226 diskutiert wurde. Sie bildet einen Ausschnitt aus der «**Redoxreihe**»:

$$Fe \rightleftharpoons Fe^{2+} + 2\,e^- \qquad -0{,}44\ V$$
$$2\,H_2O + H_2 \rightleftharpoons 2\,H_3O^+ + 2\,e^- \qquad 0{,}00\ V$$
$$Cu \rightleftharpoons Cu^{2+} + 2\,e^- \qquad +0{,}35\ V$$
$$Ag \rightleftharpoons Ag^+ + e^- \qquad +0{,}81\ V$$

Das Redoxpotential eines Redoxpaares charakterisiert seine reduzierende bzw. oxidierende Wirkung in wäßriger Lösung. Je **negativer** das Potential, **desto stärker wirkt seine reduzierte Form reduzierend**; je **positiver** das Potential, **desto stärker wirkt seine oxidierte Form oxidierend.** Die Aussage von S. 227 (d.h. die schematische Darstellung von S. 227) kann jetzt folgendermaßen präzisiert werden:

Ein oxidierbares Teilchen Red^1 kann nur von einem Oxidationsmittel Ox^2 oxidiert werden, dessen Potential positiver ist als das Redoxpotential des Redoxpaares Red^1/Ox^1.

Das Zustandekommen einer Potentialdifferenz zwischen zwei «Elektroden» läßt sich leicht anschaulich verstehen, wenn man die Vorgänge an den Grenzflächen Metall/Lösung näher betrachtet. Steckt man z.B. ein Zinkblech in eine Zn^{2+}-Salzlösung, so können an der Oberfläche

[1] Auch hier sollten – besonders bei Konzentrationen > 0,1-M – für genauere Zwecke **Aktivitäten** statt Konzentrationen verwendet werden. Die Normalwasserstoffelektrode verwendet eine Säure von der H_3O^+-*Aktivität* 1-M/l.

einige Ionen das Metall verlassen. Die Elektronen bleiben an der Metalloberfläche zurück und verhindern durch die elektrische Anziehung, daß sich die Metall-Ionen aus der Nachbarschaft der Oberfläche entfernen können, so daß eine *«Doppelschicht»* aus Ionen und Elektronen entsteht (Abb. 8.3). Aus einem «edleren» Kupferblech werden aber weit weniger Ionen aus dem Metall in Lösung übergehen, so daß im Inneren des Bleches weniger Elektronen zurückbleiben, d.h. ein geringerer *«Elektronendruck»* herrscht. Verbindet man nun das Zinkblech durch einen Draht mit dem Kupferblech, so werden die Elektronen vom Ort höheren «Elektronendruckes» (Zink) zum Orte niedrigeren «Elektronendruckes» verschoben, wobei dann am Kupfer die umgekehrte Reaktion ($Cu^{2+} \rightarrow Cu$) eintritt. Die Potentialdifferenz zwischen den beiden Blechen läßt sich also sehr anschaulich mit der Druckdifferenz zwischen zwei Gasbehältern vergleichen. Starke Reduktionsmittel («Elektronenspender») stehen gewissermaßen unter hohem, Oxidationsmittel («Elektronenfänger») unter tiefem «Elektronendruck».

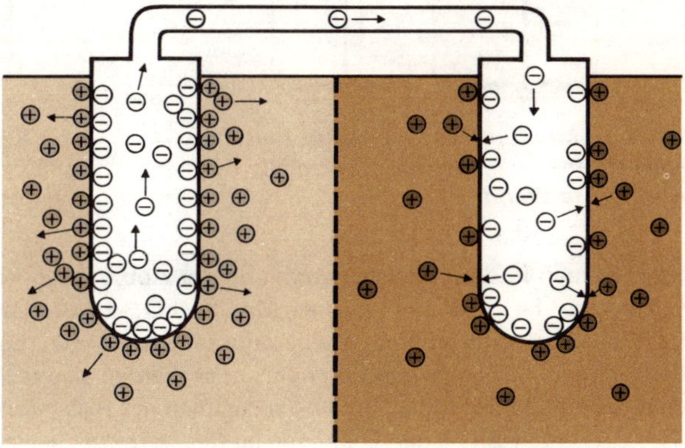

Abb. 8.3. Zustandekommen der Potentialdifferenz zwischen zwei Metallen infolge verschiedenen «Elektronendrucks»

Nun bilden auch gewisse **Nichtmetalle** (Cl_2, Br_2 usw.) in wäßriger Lösung Ionen, wobei sie Elektronen aufnehmen und reduziert werden. Um solche Redoxpaare ebenfalls in die *Redoxreihe («Spannungsreihe»)* einordnen zu können, muß man ebenso wie im Falle der Wasserstoffelektrode ein *Metall* zur Ableitung (Zuleitung) der Elektronen verwenden; wegen seiner Unangreifbarkeit durch die meisten chemischen Reagenzien ist Platin am besten dazu geeignet. Eine einfache Versuchsanordnung mit Nichtmetall-Elektroden zeigt Abb. 8.4. An der Brom-Elektrode entstehen Br^--Ionen (Br-Atome sind bessere Elektronenfänger als I-Atome: höhere Elektronenaffinität!), und an der Iod-Elektrode werden I^--Ionen zu Iod oxidiert:

$$2\,e^- + Br_2 \rightarrow 2\,Br^- \qquad\qquad 2\,I^- \rightarrow I_2 + 2\,e^-$$

Gesamtvorgang: $$Br_2 + 2\,I^- \rightarrow I_2 + 2\,Br^-$$

Auch für **kompliziertere Redoxsysteme** wie das Redoxpaar Mn^{+II}/Mn^{+VII} (d.h. $Mn^{2+} + 12\,H_2O \rightleftharpoons MnO_4^- + 8\,H_3O^+$) lassen sich Redoxpotentiale messen. Um die Normalpotentiale zu erhalten, müssen die Konzentrationen (eigentlich Aktivitäten) aller Reaktionsteilnehmer 1 Mol/l sein. Auch hier wird eine Platin-Elektrode zur Zu- bzw. Ableitung der Elektronen benötigt.

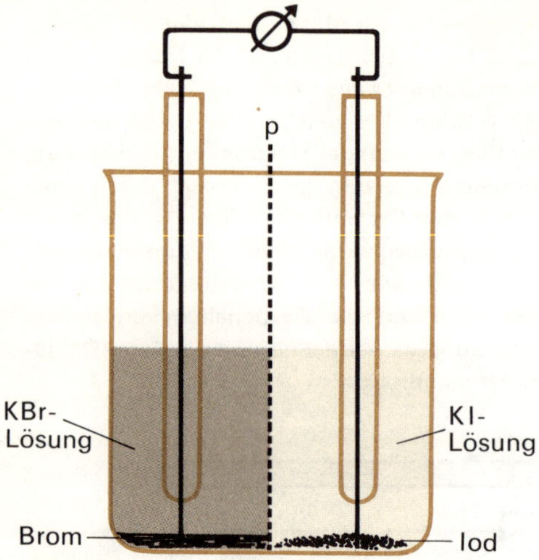

Abb. 8.4. Messung der Spannung zwischen einer Brom- und einer Iod-Elektrode. p = poröse Wand

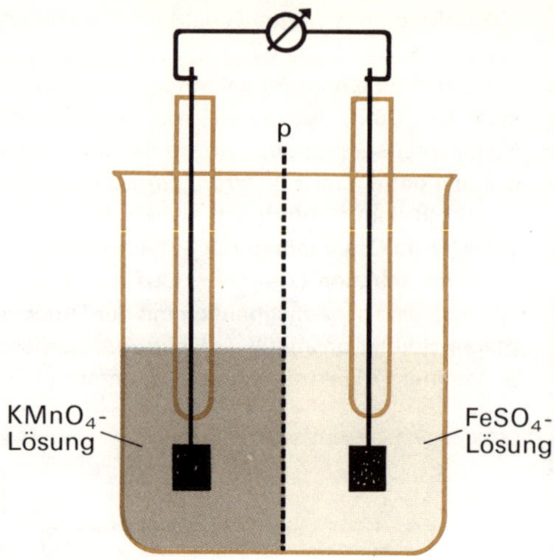

Abb. 8.5. Messung der Spannung zwischen einer Pt/Fe^{+2}- und einer Pt/MnO_4^--Elektrode. p = poröse Wand

So mißt man in der Versuchsanordnung der Abb. 8.5 die Potentialdifferenz (Spannung) zwischen einer Fe^{2+}/Fe^{3+}- und einer Mn^{2+}/MnO_4^--Elektrode. Das eine Pt-Blech taucht in eine $FeSO_4$-Lösung, das andere in eine angesäuerte $KMnO_4$-Lösung. Letzteres nimmt gegenüber dem anderen das positivere Potential an; es werden also rechts Fe^{2+}-Ionen zu Fe^{3+}-Ionen oxidiert, während links MnO_4^--Ionen (zusammen mit H_3O^+-Ionen) zu Mn^{2+}-Ionen reduziert werden. Gießt man die beiden Lösungen im *Reagenzglas* zusammen, so erfolgt die Reaktion nahezu momentan; die intensiv violette Farbe der $KMnO_4$-Lösung verschwindet.

Die Normalpotentiale charakterisieren die *Oxidationskraft* bzw. das *Reduziervermögen*. Bei Metallen und Nichtmetallen ist die Größe des Normalpotentials ein Maß für die Leichtigkeit des Überganges

$$\left.\begin{array}{l}\text{Metall}_{\text{fest}}\\ \text{Nichtmetall}_{\text{im Normalzustand}}\end{array}\right\} \longrightarrow \text{Ion}_{\text{hydratisiert}};$$

d.h. bildet ein Maß für die bei diesem Vorgang freiwerdende Energie. Diese Energie kann als algebraische Summe der Energie folgender Schritte aufgefaßt werden:

$$\text{Me}_{\text{fest}} \xrightarrow[\text{Sublimation}]{+E_S} \text{Me}_{\text{Gas}} \xrightarrow[\text{Ionisierung}]{+E_I} \overset{+}{\text{Me}}_{\text{Gas}} \xrightarrow[\text{Hydration}]{-E_H} \text{Me}^+\,\text{aq}$$

$$\text{Nime}_2 \xrightarrow[\text{Spaltung (und eventuell Sublimation)}]{+E_D} \text{Nime}_{\text{Gas}} \xrightarrow[\text{Elektronenaufnahme}]{-E_E} \overset{-}{\text{Nime}}_{\text{Gas}} \xrightarrow[\text{Hydration}]{-E_H} \text{Nime}^-\,\text{aq}$$

Bei Metallen sind Ionisierungsenergie E_I und Hydrationsenergie E_H von ähnlicher Größenordnung und erheblich größer als die Sublimationsenergie E_S; sie bestimmen daher weitgehend die Gesamtenergiebilanz. Hohe Ionisierungs- und Sublimationsenergie sowie kleine Hydrationsenergie begünstigen stärker edlen Charakter, d.h. positiveres Normalpotential. Edelmetalle sind z.B. oft durch ausgesprochen hohe Sublimationsenergien ausgezeichnet (Platin). Vgl. Kalium und Silber (Tabelle 8.2).

Tabelle 8.1. Redoxreihe («Spannungsreihe»)[1]

Red (reduzierte Form)	Ox (oxidierte Form)	E^0 Normalpotential
Li	$Li^+ + e^-$	−3,03
K	$K^+ + e^-$	−2,92
Ca	$Ca^{2+} + 2e^-$	−2,76
Na	$Na^+ + e^-$	−2,71
Mg	$Mg^{2+} + 2e^-$	−2,40
Al	$Al^{3+} + 3e^-$	−1,69
Se^{2-}	$Se + 2e^-$	−0,77
Zn	$Zn^{2+} + 2e^-$	−0,76
S^{2-}	$S + 2e^-$	−0,51
Fe	$Fe^{2+} + 2e^-$	−0,44
Pb	$Pb^{2+} + 2e^-$	−0,13
$2H_2O + H_2$	$2H_3O^+ + 2e^-$	0,00
Cu^+	$Cu^{2+} + e^-$	+0,17
Cu	$Cu^{2+} + 2e^-$	+0,35
$4OH^-$	$O_2 + 2H_2O + 4e^-$	+0,40[2]
$2I^-$	$I_2 + 2e^-$	+0,58
Fe^{2+}	$Fe^{3+} + e^-$	+0,75
Ag	$Ag^+ + e^-$	+0,81
Hg	$Hg^{2+} + 2e^-$	+0,86
$6H_2O + NO$	$NO_3^- + 4H_3O^+ + 3e^-$	+0,95
$2Br^-$	$Br_2 + 2e^-$	+1,07
$12H_2O + Cr^{3+}$	$CrO_4^{2-} + 8H_3O^+ + 3e^-$	+1,30
$2Cl^-$	$Cl_2 + 2e^-$	+1,36
Au	$Au^{3+} + 3e^-$	+1,38
$12H_2O + Mn^{2+}$	$MnO_4^- + 8H_3O^+ + 5e^-$	+1,50
$3H_2O + O_2$	$O_3 + 2H_3O^+ + 2e^-$	+1,90
$2SO_4^{2-}$	$S_2O_8^{2-} + 2e^-$	+2,05
$2F^-$	$F_2 + 2e^-$	+2,85

Reduzierende Wirkung nimmt ab ↓

Oxidierende Wirkung nimmt zu ↓

Bei den Alkalimetallen wächst die reduzierende Wirkung von Natrium bis Caesium entsprechend der Abnahme der Ionisierungs- und Sublimationsenergie. Das überraschend negative Normalpotential von Lithium ist der besonders hohen Hydrationsenergie des kleinen Li^+-Ions zuzuschreiben, welche die – verglichen mit Natrium – höhere Sublimations- und Ionisierungsenergie überkompensiert. Aus dem gleichen Grund sind die Normalpotentiale von Barium und Calcium negativer als das Normalpotential von Natrium (größere Hydrationsenergie bei dop-

[1] Weitere Normalpotentiale siehe S.568.

[2] Das Normalpotential O^{-II}/O^0 bezieht sich auf Lösungen vom *p*H 14 [(OH⁻) = 1]. Bei *p*H 7 beträgt das Potential +0,82 V.

pelt geladenen Ionen!) und besitzt Aluminium trotz sehr hoher Ionisierungsenergie ein relativ stark negatives Normalpotential.
Große Oxidationskraft von Nichtmetallen wird durch geringe Spaltungswärme (und Gaszustand, d.h. keine Sublimationsenergie!), stark negative Elektronenaffinität E_E und Hydrationsenergie E_H begünstigt. Obschon Chlor die höchste negative Elektronenaffinität der Halogene besitzt (vgl. S.105), ist Fluor das stärkste Oxidationsmittel (geringe Spaltungs- und wegen des kleinen Ionenradius auch relativ große Hydrationsenergie).

Tabelle 8.2

	K	Ag
E_S	+ 21,7 kcal	+ 67 kcal
E_I	+ 100 kcal	+ 175 kcal
E_H	− 77 kcal	− 113 kcal
Summe	+ 44,7 kcal	+ 129 kcal

Konzentrationsabhängigkeit des Redoxpotentials. Elektronenaufnahme und -abgabe sind umkehrbar. Der in einem Elektrodenmetall herrschende «Elektronendruck» hängt deshalb nach dem MWG auch von der Konzentration der Ionen in der Lösung ab. In *verdünnteren* Lösungen können die Metall-Ionen das Metall leichter verlassen als in konzentrierteren; **das Potential eines Metalles wird deshalb in einer verdünnteren Lösung negativer** als in einer konzentrierteren. **Nichtmetalle,** welche Elektronen aufnehmen, **zeigen in verdünnteren Lösungen positiveres Potential** (wirken also stärker oxidierend).
Um den Zusammenhang zwischen Redoxpotential und Konzentration abzuleiten, gehen wir von einer Kombination Fe^{2+}/Fe^{3+} ... H_3O^+/H_2 aus (Abb. 8.6). Die Fe^{2+}/Fe^{3+}-Elektrode (ein

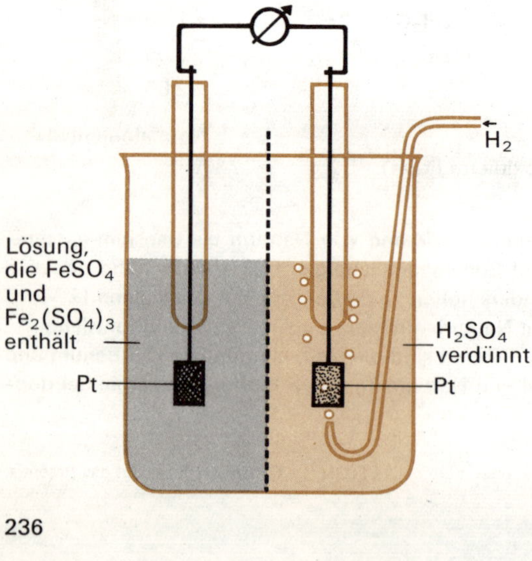

Abb. 8.6. Spannung zwischen einer Fe^{2+}/Fe^{3+}-Elektrode und einer Wasserstoffelektrode

Pt-Blech in einer Lösung, welche sowohl Fe^{2+}- wie Fe^{3+}-Ionen enthält) nimmt gegenüber der Normalwasserstoffelektrode positives Potential an. Verbindet man die beiden Elektroden mit einem Draht, so fließen Elektronen von der Wasserstoff- zur Fe^{2+}/Fe^{3+}-Elektrode, und man mißt eine von der Konzentration der Fe^{2+}- und der Fe^{3+}-Ionen abhängige Spannung. An den Elektroden laufen folgende Reaktionen ab:

$$Fe^{3+} + e^- \longrightarrow Fe^{2+} \qquad\qquad H_2 + 2\,H_2O \longrightarrow 2\,H_3O^+ + 2\,e^-$$

insgesamt: $$2\,Fe^{3+} + H_2 + 2\,H_2O \longrightarrow 2\,Fe^{2+} + 2\,H_3O^+$$

Die Reaktion läuft freiwillig ab; sie ist also *exergonisch*.

Bei einer solchen Versuchsanordnung läßt sich nun die *maximale Arbeit,* welche die chemische Reaktion zu leisten imstande ist (und die = ΔG, der Änderung der freien Enthalpie, ist), als *elektrische Arbeit* gewinnen. Die *Arbeit,* welche ein *elektrischer Strom* leisten kann, ist das Produkt aus der verschobenen Ladung und der Spannung (d.h. das Produkt aus Stromstärke, Spannung und Zeit). Bei der Kombination zweier Elektroden werden pro Mol $n\,N_L$ Elektronen verschoben, welche insgesamt die Ladung $n \cdot f = n \cdot 96486$ As tragen. Die maximale Arbeit ist dann, $n \cdot f \cdot U$ (U ist die zwischen beiden Elektroden herrschende Spannung); sie erhält bei exergonischen Reaktionen negatives Vorzeichen (der Vorgang leistet Arbeit an die Umgebung). Für unseren Versuch erhalten wir also

$$A = \Delta G = -2 \cdot U \cdot f,$$

wobei U der Differenz der beiden Elektrodenpotentiale entspricht. In unserem Beispiel ist U zahlenmäßig gleich dem Potential der Fe^{2+}/Fe^{3+}-Elektrode, weil das Potential der Normalwasserstoffelektrode definitionsgemäß Null ist.
Liegen die Fe^{2+}- und Fe^{3+}-Ionen in Konzentrationen von 1 Mol/l vor, so ist das Potential der Fe^{2+}/Fe^{3+}-Elektrode gleich E^0 und A ($= -2 \cdot E^0 \cdot f$) ist gleich ΔG^0, der Änderung der freien Energie im Standardzustand (bei 25°C und 1 atm; Konzentrationen der Reaktionsteilnehmer 1 Mol/l).
Nehmen nun aber an einer Reaktion nicht je 1 Mol, sondern beliebige Mengen teil, so gilt die Beziehung

$$\Delta G = \Delta G^\circ + RT \ln \frac{(\text{Produkte})}{(\text{Edukte})}$$ (siehe S.180).

Für den betrachteten Fall wird

$$\Delta G = \Delta G^0 + RT \ln \frac{(Fe^{2+})^2 \cdot (H_3O^+)^2}{(Fe^{3+})^2} \qquad (H_2O) \text{ und } (H_2) \text{ sind konstant!}$$

$$\text{oder } \Delta G = \Delta G^0 + RT \ln \frac{(Fe^{2+})^2}{(Fe^{3+})^2} + RT \ln (H_3O^+)^2.$$

Da $(H_3O^+) = 1$, wird das letzte Glied Null.

Wenn wir das Potential der Fe^{2+}/Fe^{3+}-Elektrode bei beliebigen Konzentrationen mit E bezeichnen, gilt

$$-2 \cdot E \cdot f = -2 \cdot E^0 \cdot f + RT \ln \frac{(Fe^{2+})^2}{(Fe^{3+})^2}$$

$$-E = -E^0 + \frac{RT}{2f} 2 \ln \frac{(Fe^{2+})}{(Fe^{3+})}$$

oder (gekürzt und Vorzeichen umgekehrt)

$$E = E^0 + \frac{RT}{f} \ln \frac{(Fe^{3+})}{(Fe^{2+})}.$$

Für den allgemeinen Fall eines Redoxpaares Red $\rightleftarrows$ Ox + ne^- erhält man

$$\mathbf{E = E^0 + \frac{R \cdot T}{n f} \ln \frac{(Ox)}{(Red)}}$$

Setzt man für R den Zahlenwert der universellen Gaskonstanten, für f 96486 As, für T die absolute Temperatur ein und berücksichtigt den Umrechnungsfaktor von ln $\rightarrow$ log, so ergibt sich (für 25°C):

$$\mathbf{E = E^0 + \frac{0{,}059}{n} \log \frac{(Ox)}{(Red)}}$$

Diese sogenannte «**Nernstsche Gleichung**»[1] gibt die *Konzentrationsabhängigkeit* des Potentials einer Elektrode, d. h. den Zusammenhang zwischen ihrem Potential E und dem Normalpotential E^0, welches gemessen wird, wenn die Konzentrationen (Aktivitäten) aller Reaktionsteilnehmer = 1 Mol/l sind. (Ox) und (Red) sind die Massenwirkungsprodukte der Konzentrationen im oxidierten und reduzierten Zustand, n ist die Zahl der entsprechend der Gleichung verschobenen Elektronen, und 0,059 ist ein temperaturabhängiger Faktor[2].

Für das Redoxsystem Mn^{2+}/MnO_4^- ($Mn^{2+} + 12\ H_2O \rightleftarrows MnO_4^- + 8\ H_3O^+ + 5\ e^-$) lautet die Nernstsche Gleichung:

$$E = E^0 + \frac{0{,}06}{5} \log \frac{(MnO_4^-) \cdot (H_3O^+)^8}{(Mn^{2+})}.$$

Bei einer **Metallelektrode** ist die Konzentration des festen Metalls bzw. des Wasserstoffes (wenn er unter konstantem Druck steht) konstant. Dadurch vereinfacht sich die Nernstsche Gleichung:

$$\mathbf{E = E^0 + \frac{0{,}06}{n} \log (Me^{n+})}.$$

[1] W. Nernst (1864–1941), deutscher Physikochemiker. Besondere Bedeutung haben seine thermodynamischen und elektrochemischen Arbeiten. Nobelpreis 1920.

[2] Für rechnerische Zwecke arbeitet man gewöhnlich mit dem Wert 0,06 an Stelle von 0,059, sofern man es mit Reaktionen bei Zimmertemperatur zu tun hat.

Insbesondere gilt für die **Wasserstoffelektrode** [weil n = 1 und log $(H_3O^+) = -pH$ ist]

$$\mathbf{E = -0{,}06 \cdot pH}$$

Für **Nichtmetallelektroden**, an denen negative Ionen entstehen, ist die Konzentration des Nichtmetalls (der oxidierten Form des Redoxpaares) konstant, so daß hier gilt:

$$\mathbf{E = E^0 - \frac{0{,}06}{n} \log (Nime^{n-})}.$$

In gleicher Weise, wie die Säurekonstanten (pK_S-Werte) ein Maß für die Stärke einer Säure (eigentlich eines Säure/Base-Paares) sind und die Fähigkeit einer Säure, an Wasser Protonen abzugeben, ausdrücken, sind die Normalpotentiale ein Maß der Stärke des Reduktions- bzw. Oxidationsvermögens eines Redoxpaares. Und ebenso wie das *pH* (die effektive Konzentration der H_3O^+-Ionen, d.h. die «aktuelle Acidität»; siehe S. 214) vom Logarithmus des Verhältnisses der Konzentrationen $\frac{(A^-)}{(HA)}$ abhängt, hängt auch das in der Lösung eines Reduktions- oder Oxidationsmittels tatsächlich vorhandene Potential (also das effektive Reduktions- bzw. Oxidationsvermögen) vom Logarithmus des Verhältnisses der Konzentrationen $\frac{(Ox)}{(Red)}$ ab:

$$pH = pK_s + \log \frac{(A^-)}{(HA)} \qquad E = E^0 + \frac{0{,}06}{n} \log \frac{(Ox)}{(Red)}$$

8.4 Beispiele für Anwendungen der Redoxpotentiale

Voraussage von Redoxvorgängen. Das Redoxpotential eines Redoxpaares – als Maß seiner oxidierenden bzw. reduzierenden Kraft – gestattet, Voraussagen darüber zu machen, ob ein bestimmter Redoxvorgang eintreten kann oder nicht, d.h. ob eine bestimmte Reduktion (oder Oxidation) überhaupt möglich ist.

1. Metalle mit negativerem Potential können die Ionen der Metalle mit positiverem Potential reduzieren:

   $$Fe + Cu^{2+} \longrightarrow Fe^{2+} + Cu \qquad \text{(vgl. S. 226)}$$

   Einen Spezialfall davon bildet die *Wasserstoffentwicklung* aus einer verdünnten *Säure* oder aus *Wasser* (Reduktion der H_3O^+-Ionen zu H_2). Alle Metalle mit negativem Normalpotential sollten aus einer Säure vom *p*H 0 [d.h. mit $(H_3O^+) = 1$] Wasserstoff in Freiheit setzen:

   $$Mg + 2\,H_3O^+ \longrightarrow Mg^{2+} + H_2 + 2\,H_2O$$

   Wegen Hemmungserscheinungen reagieren allerdings einige Metalle nur schlecht (Ni, Cr, Al: Passivität und Überspannung, siehe S. 250).

   In neutralem Wasser beträgt das Potential einer Wasserstoffelektrode –0,42 Volt. Metalle mit negativerem Normalpotential vermögen auch aus Wasser Wasserstoff zu entwickeln.

Trotzdem geben viele unedle Metalle keinen Wasserstoff, weil das bei der Reaktion $Me + H_2O \longrightarrow MeOH + \frac{1}{2} H_2$ entstehende Hydroxid eine feste, unlösliche Schutzschicht um das Metall bildet (Al, Zn, Fe). In starker Lauge lösen sich aber die Hydroxide von Al, Zn und Cr unter Komplexbildung auf. Da das Potential einer Wasserstoffelektrode in einer Lauge von *p*H 12 − 0,72 Volt beträgt, vermögen nur Al und Zn, nicht aber Cr, aus einer solchen Lauge Wasserstoff zu entwickeln.

2. Die oxidierende bzw. reduzierende Wirkung eines Redoxpaares hängt von den *Konzentrationen aller daran beteiligten Ionen* ab. Besonders groß ist der Einfluß einer Konzentration dann, wenn sie im Massenwirkungsprodukt in einer Potenz vorkommt. Dies gilt bei vielen Redoxsystemen für die Konzentration der H_3O^+-Ionen. Die *oxidierende (reduzierende) Wirkung* eines solchen Redoxpaares ist dann *stark pH-abhängig*.

   So wird z. B. die oxidierende Wirkung des MnO_4^--Ions sehr stark von der Konzentration der H_3O^+-Ionen beeinflußt. Für eine Lösung, welche MnO_4^-- und Mn^{2+}-Ionen im Verhältnis 100 : 1 enthält, wird

$$E = +1{,}5 + 0{,}012 \cdot \log \frac{100 \cdot (H_3O^+)^8}{1}\,.$$

   Bei *p*H 0 wird E = 1,524 Volt, bei *p*H 3 (etwa 0,1-M Essigsäure) aber nur noch 1,236 Volt. Bei *p*H 0 kann man mit Permanganat Cl^- zu Cl_2 oxidieren (Herstellung von Chlor aus konzentrierter Salzsäure!); bei *p*H 3 ist diese Oxidation nicht mehr möglich. Hingegen lassen sich Br^--Ionen in essigsaurer Lösung (*p*H 2–3) zu Br_2 oxidieren. Die Oxidation von I^- zu I_2 ist sogar bei *p*H 7 noch möglich.

3. Auch das *Verhältnis (Ox) / (Red)* ist für die oxidierende (reduzierende) Wirkung bestimmend. Ein reines Oxidationsmittel hätte das Potential $+\infty$; absolut reine Oxidations- oder Reduktionsmittel sind daher gar nicht herstellbar. Auch die «analysenreinen» Lösungen solcher Stoffe enthalten immer geringe Spuren der reduzierten bzw. oxidierten Stufe des Redoxsystems.

   Die Abhängigkeit der oxidierenden und reduzierenden Wirkung vom Verhältnis der Konzentration (Ox) / (Red) läßt sich z. B. am System Fe^{2+}/Fe^{3+} gut untersuchen, weil vor allem die Fe^{3+}-Ionen zahlreiche Komplexe bilden. Besonders stabil sind der Thiocyanato- und der Fluorokomplex (siehe S. 220):

$$[Fe(H_2O)_4(SCN)_2]^+ \qquad [FeF_6]^{3-}$$

   Die Spannung zwischen einer Zinkelektrode (in 1-M $ZnSO_4$) und einer Platinelektrode in einer Fe^{2+}/Fe^{3+}-Lösung (je 1-M) sinkt bei Zusatz von NaF von 1,5 V auf 0,8 V. Daraus läßt sich berechnen, daß die Konzentration der Fe^{3+}-Ionen nach dem Fluoridzusatz noch 10^{-12} Mol/l beträgt; die Komplexbildung erfolgt also sehr vollständig. Setzt man der Fe^{2+}/Fe^{3+}-Mischung zuerst Thiocyanat zu, so sinkt die Spannung etwas weniger stark, weil der Thiocyanatokomplex die kleinere Komplexbildungskonstante besitzt und deshalb noch mehr Fe^{3+}aq im Gleichgewicht mit ihm existieren.

   Durch Zusatz von Fluorid zu einer $FeSO_4$-Lösung läßt sich deren Reduktionswirkung stark erhöhen (Wegfangen der auch in einer solchen Lösung noch vorhandenen Fe^{3+}-Ionen!). Eine solche fluoridhaltige Fe^{2+}-Lösung vermag daher z. B. Cu^{2+} zu Cu^+ zu reduzieren (E_0 von Cu^+/Cu^{2+} = + 0,17 V), während dies mit gewöhnlicher $FeSO_4$-Lösung nicht möglich ist. Ihr Gehalt an Fe^{3+} ist so hoch, daß ihr Redoxpotential positiver ist als + 0,17 V.

Die Redoxpotentiale lassen nun allerdings bloß *Voraussagen* zu, *ob ein bestimmter Vorgang überhaupt möglich ist; sie sagen jedoch nichts darüber aus, ob er auch wirklich eintritt.* Kom-

plizierte Redoxvorgänge, besonders wenn daran Gase beteiligt sind, benötigen nämlich sehr oft ziemlich große **Aktivierungsenergien**, sind also stark *gehemmt*, so daß viele, an sich durchaus mögliche (exergonische) Vorgänge nur sehr langsam oder gar nicht ablaufen.
Besonders stark gehemmt ist die Bildung von Wasserstoff oder Sauerstoff aus Wasser. So müßten eigentlich alle Reduktionsmittel mit einem Normalpotential, das negativer ist als $-0{,}42$ V, aus Wasser Wasserstoff entwickeln; ebenso sollten Oxidationsmittel mit einem positiveren Potential als $+0{,}82$ V aus Wasser Sauerstoff in Freiheit setzen. [Das Potential der Reaktion $4\,OH^- \longrightarrow 2\,H_2O + O_2$ beträgt $+0{,}40 - 0{,}06 \cdot \log\,(OH^-) = +0{,}40 + 0{,}06 \cdot pOH$.] In Wirklichkeit werden aber Oxidationsmittel wie $KClO_3$, K_2CrO_4 oder sogar $KMnO_4$ von Wasser nicht im geringsten reduziert; nur die allerstärksten Oxidationsmittel wie Co^{3+}-Ionen oder elementares Fluor entwickeln aus Wasser Sauerstoff. In ähnlicher Weise ist oft auch die Reduktion mit gasförmigem Wasserstoff gehemmt; obschon das Potential des Wasserstoffes in einer sauren $KMnO_4$-Lösung viel negativer ist als das Potential der MnO_4^--Ionen, wird diese beim Einleiten von Wasserstoffgas überhaupt nicht reduziert. Nur wenn der Wasserstoff in der Lösung selbst entwickelt wird (z. B. aus einem Metall und Säure; Wasserstoff im Entstehungszustand oder *in statu nascendi*, H_{nasc}), tritt allmählich eine Reduktion ein.
Solche Hemmungserscheinungen können bestimmte, erwünschte Reaktionen verhindern; anderseits werden dadurch oft auch störende Vorgänge vermieden. Sie lassen sich in manchen Fällen durch Aktivieren (Temperatur oder geeignete Katalysatoren) beseitigen.

Diese Erscheinungen weisen darauf hin, daß der *Verlauf* der allermeisten Redoxvorgänge wesentlich komplizierter ist, als nach der stöchiometrischen Gleichung vermutet werden könnte. Untersuchungen der letzten Jahre haben gezeigt, daß die Elektronenübertragung vom Reduktions- auf das Oxidationsmittel fast immer über vermittelnde Teilchen (Atome, Ionen) vor sich geht; direkte Elektronenübertragungen sind außerordentlich selten. Auch die scheinbar einfachen Redoxvorgänge zwischen Metallen und Metall-Ionen (S. 226) verlaufen über Zwischenstufen, wobei die hydratisierten Metall-Ionen Liganden austauschen. Ein Redoxvorgang zwischen zwei Kationen (z. B. die Reduktion von Fe^{3+}aq durch Sn^{2+}aq) kann wegen der elektrostatischen Abstoßung ohnehin nicht durch einfache Kombinationen beider Teilchen vor sich gehen; es sind in diesem Fall stets negativ geladene oder elektrisch neutrale Teilchen (H_2O-Moleküle, Cl^--, Br^-- oder SO_4^{2-}-Ionen) nötig, welche als «*Brückenliganden*» die beiden Kationen verbinden und gleichzeitig beiden ein Elektronenpaar zur Verfügung stellen. Als Beispiel diene die Reduktion eines Kobalt (III)-Komplexes durch Cr^{2+}aq:

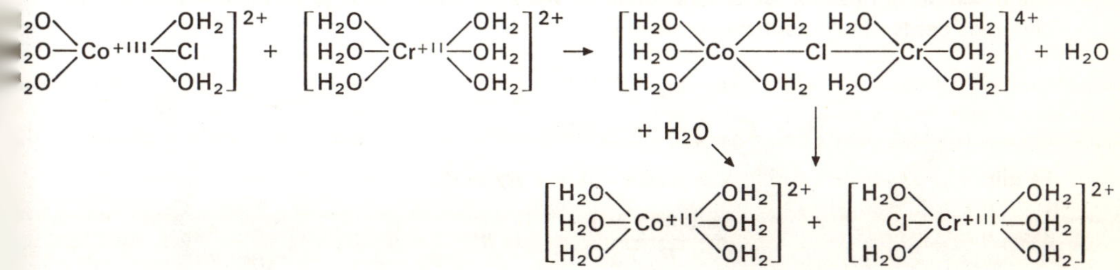

Das Elektron wird somit über den *Brückenliganden* —Cl— vom Cr^{+II} auf das Co^{+III} übertragen. Der Beweis wurde durch Zugabe von radioaktivem Chlorid zur Lösung geführt; der dann entstandene Cr^{+III}-Komplex enthielt keine Spur von radioaktivem Cl^-, so daß das im Komplex als Ligand vorhandene Cl^- aus dem Co^{+III}-Komplex stammen muß. Durch Einführen von solchen Brückenliganden in Komplexe, die an einem Redoxvorgang beteiligt sind, kann unter Umständen die Reaktionsgeschwindigkeit erheblich gesteigert werden; sie wirken gewissermaßen als Katalysatoren.

Bei *Reaktionen zwischen Kationen und Anionen* spielen sich meist Ligandensubstitutionen (Ersatz eines Liganden durch einen anderen) ab. Bei der Reduktion des Fe^{3+}-aq-Ions (das in wäßriger Lösung vorwiegend als $[Fe(H_2O)_5OH]^{2+}$ vorliegt, weil das hydratisierte Fe^{3+}-Ion eine ziemlich starke Kationsäure ist) gibt wahrscheinlich das OH^--Ion in der Hydrathülle ein Elektron an das Fe-«Atom» ab und wird von einem anderen Atom gebunden. Der Fe-Komplex nimmt sofort wieder ein H_2O-Molekül auf (auch Fe^{2+}-Ionen haben die Koordinationszahl 6), so daß bei der Reduktion von Fe^{+III} eine Ligandensubstitution stattfindet:

$$H_2O + [Fe^{+III}(H_2O)_5OH]^{2+} \longrightarrow [Fe^{+II}(H_2O)_6]^{2+} + \cdot\ddot{\underset{\cdot\cdot}{O}}{:}H$$

$$\downarrow + e^- \text{ vom Reduktionsmittel}$$

$$\text{als Ligand in Komplex} \swarrow \quad :\ddot{\underset{\cdot\cdot}{O}}{:}H$$

Als Ergebnis derartiger Untersuchungen stellte sich heraus, daß Redoxvorgänge in wäßriger Lösung nur dann rasch verlaufen, wenn in den molekularen Dimensionen möglichst kleine Änderungen auftreten (d.h. wenn sich die Art und die Anordnung der Liganden wenig ändert) oder wenn die Elektronen die «Oberfläche» des Oxidationsmittels über ein Brückenatom oder über Liganden mit Doppelbindungen (in denen die Elektronen besonders leicht beweglich sind) erreichen.

Bestimmung von Gleichgewichtskonstanten. Die wichtige Beziehung

$$\Delta G^0 = -R \cdot T \cdot \ln K$$

erlaubt auch für Redoxreaktionen die *Gleichgewichtskonstante* zu bestimmen, weil ΔG^0 gleich der im Standardzustand vom Vorgang geleisteten maximalen Arbeit ist.

Beispiel: Berechnung der Gleichgewichtskonstante für die Reaktion von Br_2 mit KI-Lösung

Bromwasser oxidiert Iodid zu Iod (siehe auch S. 233). Die Gleichung lautet

$$Br_2 + 2I^- \longrightarrow I_2 + 2Br^-$$

Die durch diese Reaktion geleistete Arbeit ist wieder gleich $-U \cdot n \cdot f$, wobei $n = 2$ und U der Differenz der Normalpotentiale entspricht.

$$\left.\begin{array}{l} E^0_{2\,Br^-/Br_2} = +1{,}07\,V \\ E^0_{2\,I^-/I_2} = +0{,}58\,V \end{array}\right\} \longrightarrow \text{ daraus } U = 0{,}49\,V.$$

Es gilt:

$$\Delta G^0 = A = -RT \ln K,$$

also

$$\frac{-0{,}49 \cdot 2 \cdot f}{R \cdot T} = -\ln K.$$

Einsetzen der Zahlenwerte und Umrechnung ln $\longrightarrow$ log ergibt

$$-\frac{0{,}49 \cdot 2}{0{,}06} = -\log K$$

$$K = 10^{16{,}33} = \underline{2{,}14 \cdot 10^{16}}$$

Da die Gleichgewichtskonstante einen so hohen Wert besitzt, verläuft also die Oxidation von Iodid zu Iod praktisch quantitativ von links nach rechts.

Als *zweites Beispiel* betrachten wir die Oxidation von Iodid zu Iod durch gasförmigen Sauerstoff (Luft). Die Gleichung für die Reaktion lautet

$$4\,I^- + O_2 + 2\,H_2O \rightleftarrows 2\,I_2 + 4\,OH^-$$

U ist = 0,58 − 0,40 = 0,18; da der Vorgang endergonisch ist (E^0 des zu oxidierenden Stoffes – Iodid – ist positiver!) wird $A = +0{,}18 \cdot 4 \cdot f$.

Damit wird

$$\Delta G^0 = A = -RT \ln K$$

$$\frac{+0{,}18 \cdot 4 \cdot f}{R \cdot T} = -\ln K$$

$$\frac{0{,}18 \cdot 4}{0{,}06} = -\log K$$

$$\underline{K = 10^{-12}}$$

Das Gleichgewicht liegt also (bei Standardbedingungen und $[OH^-] = 1$ Mol/l) ganz links. Wir wollen nun noch berechnen, ob bei *p*H 7 (also in neutraler Lösung) die Oxidation möglich ist. Das MWG für unsere Reaktion lautet

$$\frac{(I_2)^2 \cdot (OH^-)^4}{(I^-)^4 \cdot (O_2) \cdot (H_2O)^2} = 10^{-12}.$$

Für *p*H = 7 [d. h. $(OH^-) = 10^{-7}$] wird

$$\frac{(I_2)^2}{(I^-)^4} = \frac{10^{-12}}{10^{-28}} \qquad [(O_2) \text{ und } (H_2O) \text{ sind konstant!}]$$

also

$$\underline{\frac{(I_2)}{(I^-)^2}} = \underline{10^8}.$$

Im Gleichgewicht überwiegt damit die Konzentration von I_2 derart stark, daß die Oxidation von Iodid durch Luftsauerstoff bei *p*H 7 praktisch vollkommen verläuft.

Potentiometrische Konzentrationsbestimmungen. Die Konzentrationsabhängigkeit der Redoxpotentiale kann zur Messung von Konzentrationen verwendet werden (**Potentiometrie**). Diese Methode eignet sich wegen der logarithmischen Abhängigkeit der Spannung von der Konzentration besonders gut zur Messung *kleiner Konzentrationen*. Man benötigt dazu eine Elektrode von bekanntem, konstantem Potential *(Standard-* oder *Vergleichselektrode)* und eine Elektrode, deren Potential von der Konzentration des zu bestimmenden Ions abhängt *(Meßelektrode)*. Die *Spannungsmessung* muß möglichst *stromlos* geschehen, weil schon schwache Ströme Konzentrationsveränderungen an den Elektroden zur Folge haben können. In der Praxis verwendet man hochohmige Voltmeter oder Röhrenvoltmeter.

Beispiel: Zur Bestimmung des Löslichkeitsproduktes von AgI wurde die Spannung zwischen einer Silber-Elektrode in 0,1-M $AgNO_3$ und einer Silber-Elektrode in gesättigter AgI-Lösung gemessen (0,42 Volt). Das Potential der Vergleichselektrode beträgt + 0,81 + 0,06 · log 0,1 = + 0,75 Volt; das Potential der Meßelektrode (Ag/AgI) + 0,75 − 0,42 = + 0,33 Volt. Damit kann die Konzentration der Ag^+-Ionen in der gesättigten Lösung von AgI berechnet werden:

$$E = +0{,}81 + 0{,}06 \cdot \log (Ag^+); \quad \log (Ag^+) = \frac{E - 0{,}81}{0{,}06} = \frac{0{,}33 - 0{,}81}{0{,}06} = -8.$$

Die Konzentration der Ag^+-Ionen beträgt 10^{-8} Mol/l; da die Konzentration der I^--Ionen gleich groß ist, hat das Löslichkeitsprodukt den Wert 10^{-16}.

Um das Potential der Vergleichselektroden wirklich völlig konstant zu halten, verwendet man in der Praxis dazu meist sogenannte «**Elektroden zweiter Art**» (Kalomel- oder Silberchlorid-Elektroden). Eine solche Kalomelelektrode besteht aus Quecksilber, welches mit festem (schwerlöslichem!) Quecksilber(I)-chlorid (Hg_2Cl_2, «Kalomel») bedeckt ist. Dieses steht mit einer gesättigten KCl-Lösung in Berührung. Ganz analog dazu dient ein Silberdraht, der mit festem AgCl oberflächlich überzogen ist und der in eine KCl-Lösung taucht, als Silberchlorid-Elektrode.

Das Potential einer solchen Elektrode ist gegeben durch

$$E = E^0 + \frac{0{,}06}{n} \cdot \log (Me^+).$$

Da die schwerlöslichen Salze als Bodenkörper vorhanden sind, sind die Lösungen an ihren Ionen gesättigt, und es gilt

$$(Me^+) = \frac{Lp}{(Cl^-)}. \qquad Lp = \text{Löslichkeitsprodukt}$$

Weil die (Cl^-)-Konzentration in der KCl-Lösung konstant bleibt, ist auch das Potential der Elektrode *konstant*. Für eine Kalomelelektrode (mit gesättigter KCl-Lösung) wird es + 0,244 V.

Potentiometrische Verfahren werden in Laboratorien und zur Betriebskontrolle sehr häufig angewandt. Wird die Spannungsmessung mit einem Schreiber kombiniert, so lassen sich Veränderungen von Konzentrationen während bestimmter Vorgänge direkt graphisch aufnehmen. Eine besonders wichtige Anwendung der Potentiometrie ist die **pH-Messung**. Als Meßelektroden dienen hier die Wasserstoffelektrode oder andere, auf die Konzentration der H_3O^+-Ionen ansprechende Elektroden (Glas-, Chinhydron- oder Antimonelektrode). Bei modernen *p*H-Meßgeräten sind Meß- und Vergleichselektrode zu einem einzigen Aggregat vereinigt, und am Meßgerät (Röhrenvoltmeter) läßt sich der gesuchte *p*H-Wert ablesen (Abb. 8.7).

Abb. 8.7. pH-Meßinstrument (Metrohm, Herisau)

8.5 Galvanische Zellen; Korrosion

Ein Metall, das in eine Elektrolytlösung taucht, bildet eine «**Halbzelle**» oder eine «**Elektrode**». Die Kombination zweier Elektroden von verschiedenem Potential ergibt eine «**galvanische Zelle**»[1] (häufig auch als *«galvanisches Element»* bezeichnet), d.h. eine Einrichtung, welche elektrische Energie aus chemischen Vorgängen liefert («Batterie»). Ein Beispiel dafür bildet das *«Daniell-Element»* (Abb. 8.14). Die Spannung, welche eine solche Zelle liefert, ist allerdings nicht konstant, sondern nimmt mit der Zeit ab, weil das Potential der negativen Elektrode positiver wird (Erhöhung der Konzentration der Metall-Ionen in der Lösung) und das Potential der positiven Elektrode negativer wird (die Konzentration der Metall-Ionen in der Lösung nimmt ab). Trotzdem besitzen galvanische Zellen *(«Trockenelemente», «Akkumulatoren»)* auch heute noch große Bedeutung als ortsunabhängige Stromquellen.

Auch wenn zwei verschiedene Metalle in dieselbe Elektrolytlösung tauchen (z.B. Zink und Kupfer in verdünnter Schwefelsäure), kann man zwischen ihnen eine Spannung messen, da die Metalle gegenüber der Lösung verschiedenes Potential annehmen. Werden beide Metalle durch einen Draht verbunden, so daß ein Strom fließen kann, so löst sich das unedlere Metall auf, während am edleren Metall Ionen aus der Lösung reduziert werden. Eine solche Kombination bilden die häufig verwendeten *Trockenelemente («Taschenlampenbatterien»)*. Als Elektroden werden ein Zinkblech sowie ein Kohlenstab verwendet, während eine mit Sägemehl oder Kleister verdickte NH_4Cl-Lösung als Elektrolyt dient (Abb. 8.8). Bei der Stromentnahme löst sich das Zink allmählich auf. Die Kohle ist von Braunstein (MnO_2) umgeben. Dies verhindert die Bildung von Wasserstoffgas (MnO_2 wird an Stelle der H_3O^+-Ionen reduziert). Den um die Zinkelektrode vorhandenen «Schwarm» von Zn^{2+}-Ionen kann man durch Erwärmen (erhöhte Diffusionsgeschwindigkeit) im Elektrolyten gleichmäßiger verteilen, so daß dadurch die Batterie in einem gewissen Maß «aufgefrischt» werden kann.

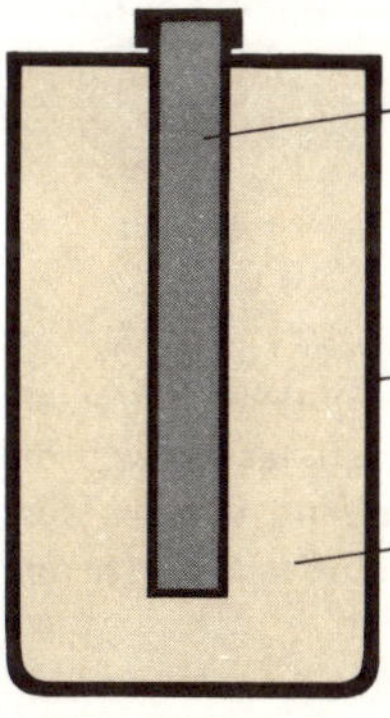

Abb. 8.8. Trockenelement

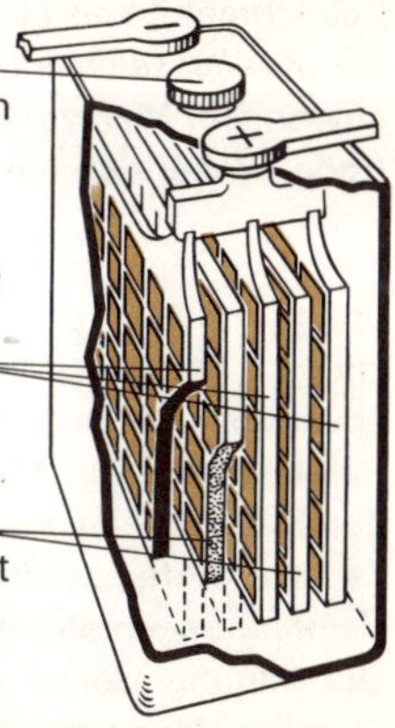

Abb. 8.9. Bleiakkumulator (nach Pauling)

Besondere Typen galvanischer Zellen bilden die *Akkumulatoren* (Abb. 8.9). Hier werden beim Laden die chemischen Vorgänge, die sich bei der Stromentnahme abspielen, wieder rückgängig gemacht.

[1] L. Galvani (1737–1798), Anatom in Bologna, entdeckte, daß frisch präparierte Muskeln von Froschschenkeln zusammenzuckten, wenn sie in Berührung mit zwei verschiedenen Metallen kamen. Durch diese Beobachtung wurde Volta (1745–1827) zu seinen Untersuchungen über die Vorgänge bei der «galvanischen» Stromerzeugung angeregt. Bis zur Mitte des 19. Jahrhunderts bildeten die «Volta-Elemente» (Kupfer- und Zinkplatten mit einem säuregetränkten Filz dazwischen) die einzige Möglichkeit zur Erzeugung stärkerer Ströme.

Von praktischer Bedeutung sind neben dem Blei-Akkumulator («Autobatterie») auch Eisen/Nickel- und Nickel/Cadmium-Akkumulatoren. Im Blei-Akkumulator wird eine Blei- und eine Bleidioxidelektrode verwendet (Elektrolyt 20% Schwefelsäure). Die Bleielektrode wird zum schwerlöslichen $PbSO_4$ oxidiert (sie bildet den negativen Pol des Akkumulators); am positiven Pol wird PbO_2 zu $PbSO_4$ reduziert:

$$\text{am negativen Pol:}\quad Pb + SO_4^{2-} \longrightarrow PbSO_4 + 2e^-$$
$$\text{am positiven Pol:}\quad PbO_2 + SO_4^{2-} + 4\,H_3O^+ + 2e^- \longrightarrow PbSO_4 + 6\,H_2O$$

Da bei der Stromentnahme Schwefelsäure zur Bildung von $PbSO_4$ verbraucht wird, kann die Messung der Dichte der Säure zur Kontrolle des Ladungszustandes dienen. Beim Laden wird das $PbSO_4$ an den Elektroden wieder in PbO_2 bzw. Blei zurückverwandelt. Nach beendeter Ladung bilden sich aus der Säure Wasserstoff und Sauerstoff (Gasentwicklung).
Gegenüber anderen Energiequellen haben galvanische Zellen und Akkumulatoren den sehr großen Vorteil, eine *wertvolle Energieart* zu erzeugen und zudem einen *sehr hohen Wirkungsgrad* zu besitzen. (Der Wirkungsgrad von Wärmekraftmaschinen ist aus prinzipiellen, theoretischen Gründen auf etwa 40% beschränkt!) Es wäre deshalb außerordentlich wertvoll, wenn sich die zur Energiegewinnung in Wärmekraftmaschinen verwendeten chemischen Reaktionen (Verbrennung von Kohle, Benzin oder Öl; Knallgasreaktion) elektrochemisch durchführen ließen. Leider haben die jahrzehntelangen Forschungen und Arbeiten über diese «**Brennstoffzellen**» bisher nur verhältnismäßig wenige praktisch verwendbare Resultate gezeitigt. Die *Hauptschwierigkeit* liegt in allen Fällen in den *hohen Aktivierungsenergien,* welche für die Verbrennungen benötigt werden. So läßt sich z.B. eine Kohle-Anode (unter Verwendung von geschmolzenem Na_2CO_3 als Elektrolyt) erst oberhalb 800°C elektrochemisch oxidieren; wegen verschiedener Wirkungen (insbesondere Korrosion der metallischen Werkstoffe) sind aber Salzschmelzen als Elektrolyte in galvanischen Elementen praktisch kaum zu gebrauchen. Einzig das *Knallgaselement* hat heute bereits eine gewisse Bedeutung (u.a. für die Raumfahrt!) gewonnen. Man verwendet dazu die Kombination einer Wasserstoff- mit einer Sauerstoffelektrode, wobei sich die Reaktionen

$$H_2 + 2\,OH^- \longrightarrow 2\,H_2O + 2e^-$$
und
$$4e^- + O_2 + 2\,H_2O \longrightarrow 4\,OH^-$$

abspielen (als Elektrolyt dient eine KOH-Lösung). Dank der Verwendung besonders konstruierter Elektroden aus Metallen, welche die betreffenden Reaktionen katalysieren, lassen sich die durch die hohen Aktivierungsenergien bedingten Schwierigkeiten weitgehend überwinden. Es ist zu hoffen, daß in Zukunft die Knallgaszelle oder eine andere Brennstoffzelle sogar den Verbrennungsmotor verdrängen wird!
Die Bildung kleiner galvanischer Elemente ist eine der Hauptursachen der **Korrosion** von Metallen. Man versteht darunter die *Zerstörung eines Metalles durch bestimmte chemische Einflüsse (corrodere* lat. = zernagen, zerfressen). Neben der Korrosion durch *Gase* (Chlor, Chlorwasserstoff; Stickstoff für Al/Mg-Legierungen) und Säuren ist vor allem die **elektrochemische Korrosion** von sehr großer Bedeutung. Dabei wird ein Metall entweder durch Elektrolyse (durch sogenannte *vagabundierende Ströme;* dort, wo *das betreffende Metall zur Anode* wird) oder durch die Bildung von *«Lokalelementen»* korrodiert. Ein solches Lokalelement ist nichts anderes als eine kleine kurzgeschlossene galvanische Zelle, die durch Berührung zweier verschieden edler Metalle entsteht. Die Berührungsstelle taucht in eine Elektrolytlösung; wegen der auch in destilliertem Wasser vorhandenen Kohlensäure genügt schon Wasser! (Abb.8.10). Das *unedlere* der beiden Metalle *löst sich auf,* während am edleren meist H_3O^+-Ionen zu Wasserstoff reduziert werden. Die bei der Reduktion von H_3O^+-Ionen aus einem wäßrigen Elektro-

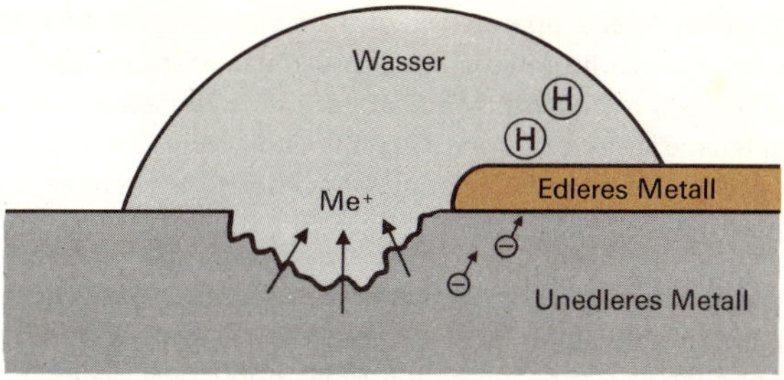

Abb. 8.10. Lokalelement

lyten zurückbleibenden OH^--Ionen bilden mit den Ionen des unedleren Metalles häufig schwerlösliche Hydroxide und wasserhaltige Oxide. Wegen ihrer meist lockeren Struktur können diese Produkte allerdings häufig nicht als Schutzschicht wirken. Manche Ionen (z. B. Cl^-) fördern das Auflösen des unedlen Metalls durch Katalysatorwirkung; andere Ionen wirken ähnlich, indem sie mit den Metall-Ionen Komplexe bilden.
Korrosion durch Lokalelementbildung ist besonders bei *unedlen Metallen* sehr häufig, da schon kleine Verunreinigungen der Oberfläche mit einem edleren Metall zum Zustandekommen von Lokalelementen genügen (Abb. 8.11). Besonders gefährdet sind natürlich Stellen, wo sich bei

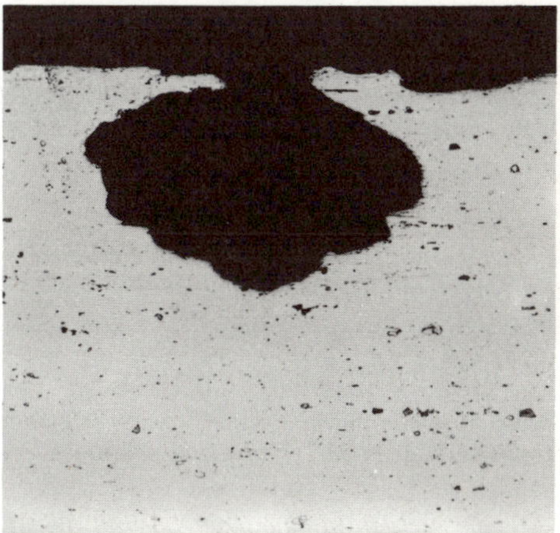
a)

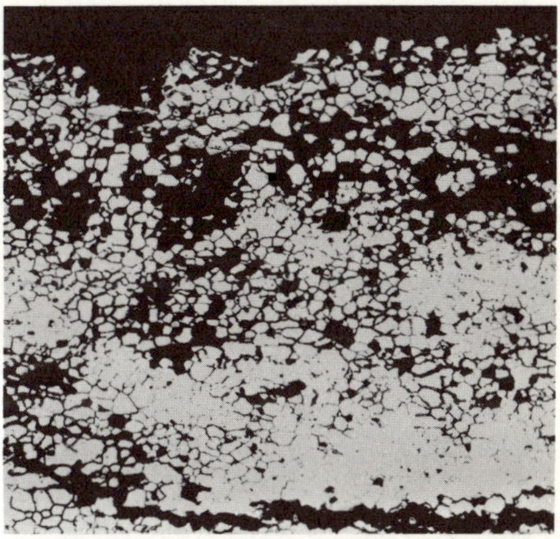
b)

Abb. 8.11
a) Lokalkorrosion von Avional («Lochfraß»)

b) Korrosion von Avional in salzsaurer NaCl-Lösung: Korrosion vor allem zwischen den Korngrenzen

a) und b): Querschnitte; Vergrößerung 150-mal

c) Aufsicht auf korrodiertes Aluminiumblech nach dreimonatiger Behandlung im Salzsprühbad

(Aufnahmen: Alusuisse, Neuhausen)

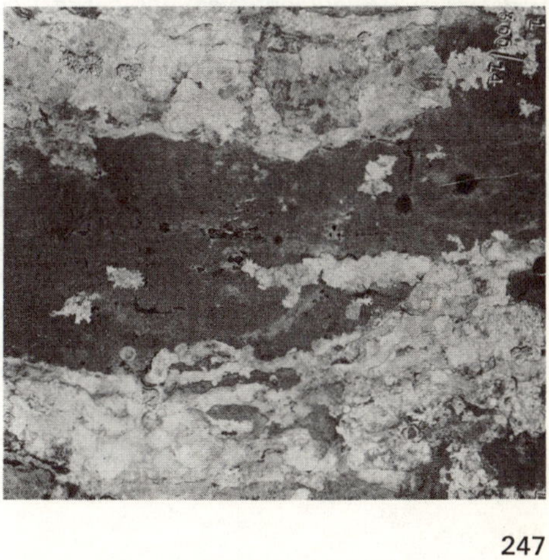
c)

Geräten oder Apparaten *zwei verschieden edle Metalle berühren* (Messingschraube in Aluminium; verchromtes Eisen mit verletzter Chromschicht usw.). Unter Umständen kann sogar schon *verschiedene Oberflächenbeschaffenheit ein und desselben Metalles* genügen, um Lokalelemente zu erzeugen. Stellen mit dickerer Oxidschicht verhalten sich z. B. edler als angefeilte oder an der Oberfläche sonstwie verletzte Stellen, so daß hier das Metall allmählich korrodiert wird (Abb. 8.12).

Die wirtschaftlichen Verluste, welche durch die verschiedenen Korrosionsvorgänge bedingt werden, sind außerordentlich hoch. So wurde der durch Korrosion allein in den USA verursachte Schaden im Jahre 1948 auf 5 Milliarden Dollar geschätzt. Beim Eisen soll sich der jährliche Verlust infolge Korrosion auf 1 bis 2% des Eisens, das sich überhaupt im Gebrauch befindet, belaufen. Dies macht – wiederum für die USA – einen Verlust von 4 bis 8 Millionen Tonnen Eisen/Jahr aus. Zum *Schutz vor Korrosion* dienen die verschiedenartigsten *Überzüge* mit Farben, anderen Metallen (jedoch wirkt ein Überzug mit einem edleren Metall nur, solange er unverletzt ist!) oder mit Oxidschichten (Eloxal-Verfahren für Aluminium). Lokalelementbildung kann auch dadurch verhindert werden, daß eine Farb- oder Kunstharzschicht zwischen die einander sonst berührenden Metalle gebracht wird (z. B. bei Nieten). Gewisse Legierungen werden durch *Passivität* (siehe S. 251) korrosionsbeständig (Al/Si-Legierungen, Chromnickelstähle u. a.).

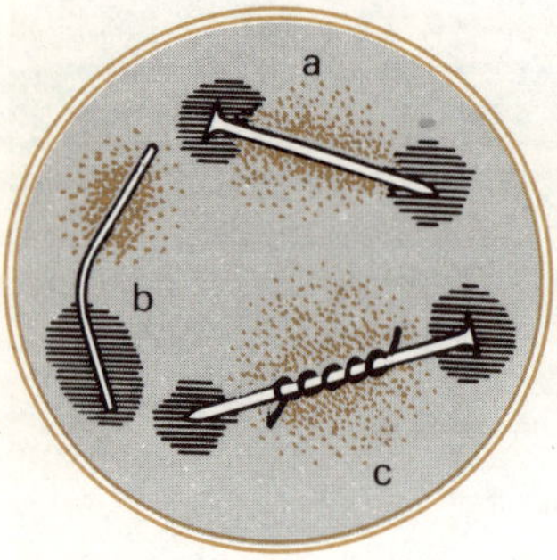

a) Fe-Nagel, an den Enden angefeilt
b) Fe-Draht, zur Hälfte in der Flamme oxidiert
c) Fe-Nagel, mit Cu-Draht umwickelt

= *rot:* $2\,H_2O \rightarrow H_2 + 2\,OH^-$; OH^-*-Ionen röten Phenolphthalein*

= *blau: austretende* Fe^{2+}*-Ionen geben mit dem gelösten* $K_3[Fe(CN)_6]$ *eine blaue Farbe*

Abb. 8.12. Korrosionsversuch: Zu korrodierende Metalle werden in eine Agar-Lösung gelegt, welche NaCl, Phenolphthalein und $K_3[Fe(CN)_6]$ *enthält und die beim Abkühlen erstarrt*

8.6 Die Elektrolyse

Bei einer Elektrolyse treten *chemische Vorgänge unter der Einwirkung eines elektrischen Stromes* ein, also unter Aufwand elektrischer Energie. Man braucht dazu eine Kathode (negative Elektrode) und eine Anode (positive Elektrode)[1]. In den einfachsten Fällen werden an den Elektroden Ionen aus der Elektrolytlösung reduziert bzw. oxidiert; sehr häufig löst sich jedoch auch das Anodenmetall unter Bildung von gelösten (hydratisierten) Ionen auf.

[1] Ein Elektrolyt leitet zwar auch Wechselstrom; chemische Vorgänge werden bei einer Wechselstromelektrolyse allerdings nur beobachtet, wenn die Frequenz gering ist. Wegen des fortwährenden Vorzeichenwechsels der Elektroden sind dann die Vorgänge an beiden Elektroden insgesamt die gleichen!

Zusammenhänge zwischen Strom und Spannung bei der Elektrolyse

Wenn man Salzsäure mit Platin- oder Kohlenelektroden elektrolysiert und dabei mittels der Schaltung von Abb. 8.13 a die an die Elektroden angelegte Spannung allmählich steigert, so stellt man fest, daß eine sichtbare Stoffausscheidung (Bildung von Wasserstoff an der Kathode und von Chlor an der Anode) erst dann eintritt, wenn die Spannung einen bestimmten Wert erreicht hat und ein meßbarer Strom fließt (Abb. 8.13 b). Nach Erreichen dieser «**Zersetzungsspannung**» wächst die Stromstärke mit wachsender Spannung linear weiter. Beim Ausschalten der Batteriespannung geht aber das Voltmeter nicht sofort auf Null zurück, und das Ampèremeter zeigt für ganz kurze Zeit einen Strom in der *entgegengesetzten Richtung* an.

Die Erklärung für diese Beobachtungen geben folgende Überlegungen: Eine geringe, von außen an die beiden Elektroden angelegte Spannung bewirkt einen *kleinen Stromstoß*. Dadurch entstehen sehr kleine Mengen Wasserstoff und Chlor, so daß die *Platinbleche* zu *Wasserstoff-* bzw. *Chlorelektroden* werden und als galvanische Zelle *eine der angelegten Spannung entgegengerichtete Spannung erzeugen*. Wenn diese durch die äußere (Batterie-) Spannung überwunden wird (d.h. wenn die äußere Spannung etwas größer geworden ist als diese Gegenspannung), fließt ein dauernder Strom. Die *Elektrolyse* ist also nichts anderes als die *zwangsweise Umkehrung* von Vorgängen, die in einer *galvanischen Zelle freiwillig* ablaufen. Die Zersetzungsspannung entspricht der Potentialdifferenz der Elektroden dieser Zelle und kann aus den Elektrodenpotentialen berechnet werden. Für eine 1-M HCl erhält man 1,36 V ($E_{H_3O^+} = 0$; $E_{Cl^-} = E^0 = +1{,}36$ V).

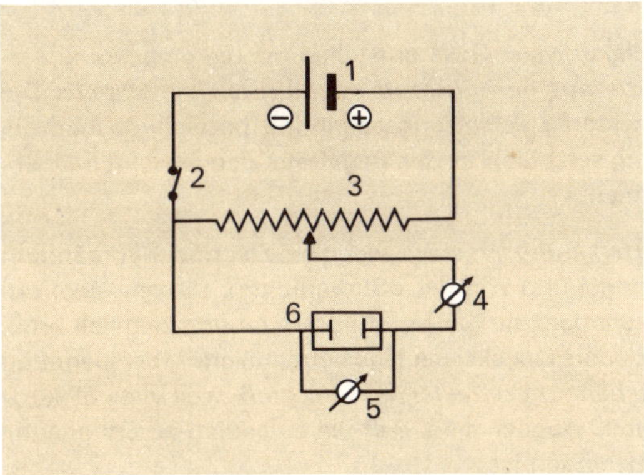

a) Schaltung zur Messung der Zersetzungsspannung: 1 Batterie, 2 Schalter, 3 Widerstand, 4 Ampèremeter, 5 hochohmiges Voltmeter, 6 Elektrolysezelle

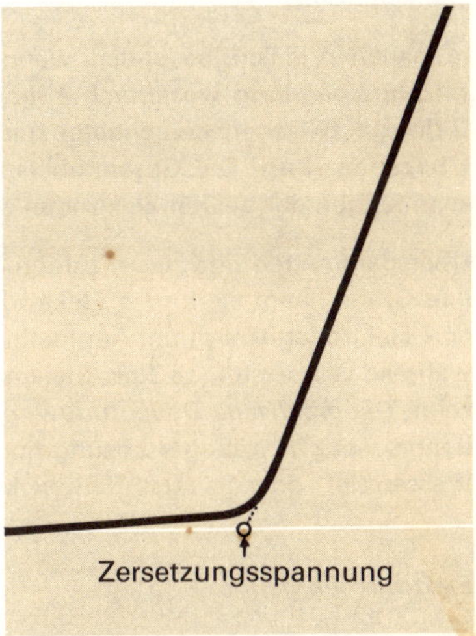

b) Strom/Spannungs-Kurve bei einer Elektrolyse

Abb. 8.13. Zersetzungsspannung

Stellt man aus einer 1-M $ZnSO_4$- und einer 1-M $CuSO_4$-Lösung ein Daniell-Element zusammen (Spannung zwischen den Elektroden 1,11 V) und legt von außen eine veränderliche Batteriespannung an die Elektroden (das Kupfer wird mit dem +-Pol, das Zink mit dem −-Pol der Batterie verbunden, siehe Abb. 8.14), so schlägt ein in den Stromkreis geschaltetes empfindliches Ampèremeter auf die entgegengesetzte Seite aus, sobald die angelegte Spannung den Betrag von 1,11 V überschreitet (zwangsweise Umkehr der Stromrichtung!). *Die Zersetzungsspannung*

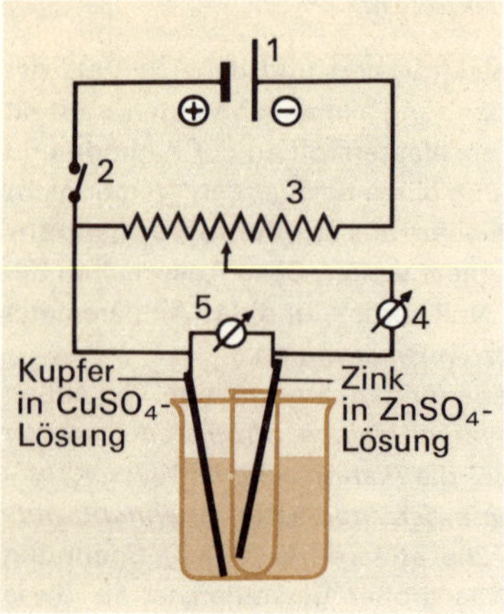

Abb. 8.14. Elektrolyse eines Daniell-Elementes. 1 Batterie, 2 Schalter, 3 hoher Widerstand, 4 Ampèremeter, 5 hochohmiges Voltmeter

ist gerade gleich der Spannung des Daniell-Elementes. Bei dieser «Elektrolyse» werden am Zinkblech Zn^{2+}-Ionen reduziert, während am Kupferblech Cu^{2+}-Ionen in Lösung gehen. Die im Daniell-Element freiwillig ablaufenden Vorgänge werden jetzt durch äußeren «Zwang» (Energieaufwand) umgekehrt.

In manchen Fällen, besonders wenn bei Elektrolysen Gase entstehen, ist die *gemessene Zersetzungsspannung wesentlich höher als die aus den Elektrodenpotentialen berechnete.* Die Differenz zwischen berechneter und gemessener Zersetzungsspannung bezeichnet man als **Überspannung.** Die Gesamtüberspannung setzt sich in der Regel aus den einzelnen Überspannungen der beiden Elektroden zusammen.

Überspannungen sind zurückzuführen auf *Hemmungserscheinungen* bei Elektrodenvorgängen; ihre Größe hängt stark vom Elektrodenmaterial und von der «Stromdichte» (Stromstärke pro cm^2 Elektrodenfläche) ab. Am Platin ist besonders die Sauerstoffüberspannung ziemlich groß, während Wasserstoff an Zink, Blei und besonders Quecksilber eine beträchtliche Überspannung zeigt. *Die praktische Bedeutung von Überspannungseffekten ist sehr groß,* weil viele Elektrodenprozesse in wäßriger Lösung nur dadurch möglich sind, daß die eigentlich zu erwartende Wasserstoff- oder Sauerstoffentwicklung behindert ist.

Elektrodenvorgänge

An der *Kathode* werden bei der Elektrolyse *Ionen* aus dem Elektrolyten entladen *(reduziert).* Sind mehrere Ionenarten vorhanden, so wird *zunächst diejenige mit dem positivsten Potential reduziert,* d. h. diejenigen Ionen, welche gemäß der Spannungsreihe am «edelsten» (am leichtesten reduzierbar) sind. Wegen der *Überspannung* wird das *Potential des Wasserstoffes* (d. h. der H_3O^+-Ionen) *oft negativer als berechnet*[1]. Nur an «platiniertem» Platin (Platinmetall, das mit feinem, elektrolytisch niedergeschlagenem Platin überzogen ist), wird Wasserstoff (bei geringen Stromstärken) ohne Überspannung abgeschieden.

[1] Daher erhält man bei der Elektrolyse einer verd. $ZnSO_4$-Lösung an einer Zinkkathode nicht nur Wasserstoff, sondern auch Zink, obwohl an sich Zink ein wesentlich negativeres Potential hat als Wasserstoff!

An der *Anode* können *Ionen* aus dem Elektrolyten *oxidiert* werden. Ist jedoch das Potential des Anodenmetalles negativer als das Potential der vorhandenen Anionen, so wird das *Anodenmetall selbst oxidiert,* d. h. es gehen Ionen aus dem Metall in Lösung. Nur Platin und Kohle lösen sich bei Elektrolysen nicht auf (sogenannte «unangreifbare» Elektroden)[1]. In bestimmten Fällen beobachtet man allerdings, daß sich eine Anode trotz ziemlich negativen Potentials nicht auflöst. Man spricht dann von «**Passivität**» des Anodenmetalls. Wenn man z. B. ein Eisenstück kurz in konz. Salpetersäure taucht und nachher bei einer Elektrolyse als Anode verwendet, so gehen keine Fe^{2+}- oder Fe^{3+}-Ionen in Lösung; das Eisen ist «passiviert». Die Ursachen der Passivität sind noch nicht vollkommen erforscht; wahrscheinlich ist bei manchen Metallen ein dünner Oxidfilm vorhanden, welcher das Metall schützt und damit edler macht.

Kathode und **Anode** können also im weiteren Sinn als **reduzierende** bzw. **oxidierende Grenzflächen** aufgefaßt werden. Unter Umständen können an ihnen nicht nur Ionen aus der *Lösung, sondern auch andere, im Elektrolyten vorhandene reduzierbare oder oxidierbare Teilchen reduziert bzw. oxidiert werden.* So kann z. B. das im Wasser sogar unlösliche Nitrobenzol kathodisch zu Anilin reduziert werden, wenn man es in einem geeigneten Elektrolyten aufschwemmt. Ebenso werden leicht reduzierbare Anionen (wie z. B. MnO_4^--Ionen) an der Kathode reduziert.

Beispiele

Die Zersetzungsspannung des Wassers. Bei *p*H 7 beträgt das Potential der H_2/H_3O^+-Elektrode −0,42 V, das Potential der OH^-/O_2-Elektrode +0,82 V. Demnach sollte man aus jeder wäßrigen Lösung beim Anlegen von mehr als 1,24 V Wasserstoff und Sauerstoff entwickeln können (vorausgesetzt, daß die gelösten Stoffe keine niedrigere Zersetzungsspannung haben als 1,24 V). Wegen der *Überspannung* sowohl von Wasserstoff wie von Sauerstoff erhält man jedoch oft andere Elektrodenprodukte. Zur Bildung von Wasserstoff und Sauerstoff z. B. aus verdünnter Schwefelsäure ist eine beträchtlich höhere Spannung notwendig (über 1,8 V).

Die Chloralkali-Elektrolyse. Die Elektrolyse wäßriger Lösungen von NaCl oder KCl *(«Chloralkali-Elektrolyse»)* besitzt eine große technische Bedeutung zur Gewinnung mannigfacher Produkte. An der Kathode bildet sich Wasserstoff (E_{H_2} bei *p*H 7 = −0,42 V; E_{Na} = −2,7 V). Es ist jedoch nicht wahrscheinlich, daß nur die in neutraler Lösung in äußerst kleiner Konzentration vorhandenen H_3O^+-Ionen an der Kathode reduziert werden, sondern vermutlich werden Wassermoleküle direkt reduziert:

$$2\,H_2O \longrightarrow H_2 + 2\,OH^-$$

Der an der *Kathode* entwickelte *Wasserstoff* entsteht also aus dem *Wasser*. An der *Anode* (Kohle) sollte nach der Spannungsreihe Sauerstoff entstehen. Da aber an Kohle die Sauerstoffüberspannung größer ist als die Chlorüberspannung, entsteht (besonders auch bei höheren Chloridkonzentrationen) an der Anode *Chlor*. Wenn man nach einiger Zeit die Kathodenflüssigkeit abzapft und eindampft, erhält man (mit NaCl verunreinigtes) Natriumhydroxid (aus den OH^--Ionen und den sich bei der Kathode ansammelnden, aber nicht reduzierten Na^+-Ionen). Um eine möglichst *chloridfreie Natronlauge* an der Kathode zu erhalten, muß man Anoden- und Kathodenflüssigkeit durch eine poröse Wand («Diaphragma») trennen (Abb. 8.15a). Verwendet man Quecksilber statt Eisen als Kathode, so bildet sich wegen der hohen Wasserstoffüberspannung kein Wasserstoffgas, sondern es werden Na^+-Ionen zu Na-Metall reduziert,

[1] Kohlenelektroden können allerdings durch O_{nasc} (O im Entstehungszustand; durch Oxidation von OH^- entstanden) unter Bildung von CO_2 angegriffen werden.

welches sich als *Natriumamalgam* («Amalgam» = Quecksilberlegierung) in der Kathode löst (Abb. 8.15 b). Läßt man nachher das Amalgam mit Wasser reagieren, so setzt sich das Natrium mit dem Wasser um, und man erhält Wasserstoff sowie reine, völlig chloridfreie Natronlauge.

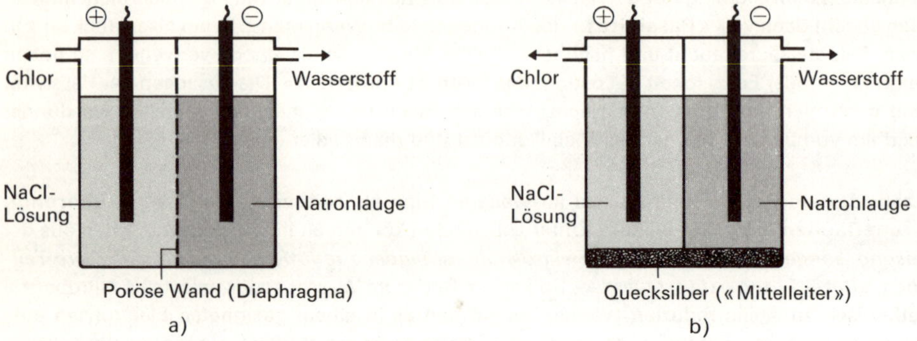

Abb. 8.15. Schematische Darstellung zweier Verfahren der Chloralkali-Elektrolyse

a) Diaphragma-Verfahren: Anoden- und Kathodenraum durch Diaphragma (poröse Wand) in Verbindung; b) Quecksilberverfahren: Anoden- und Kathodenraum getrennt. In der linken Zelle wirkt Quecksilber als Kathode. In der rechten Zelle (Quecksilber als Anode!) löst sich das Natriumamalgam auf, und es entstehen NaOH und H_2

Vermischt man hingegen die Kathoden- mit der Anodenflüssigkeit durch ständiges Umrühren, so entsteht *Hypochlorit:*

$$Cl_2 + 2\,OH^- \longrightarrow Cl^- + ClO^- + H_2O$$

Führt man schließlich die Elektrolyse bei einer Temperatur von 70 bis 80°C durch, so bilden die ClO^--Ionen *Chlorat* und Chlorid:

$$3\,ClO^- \longrightarrow ClO_3^- + 2\,Cl^-$$

Je nach den angewandten Bedingungen lassen sich also durch die Chloralkalielektrolyse Natriumhydroxid, Chlor, Wasserstoff, Hypochlorit und Chlorat gewinnen.

Anodische Oxidation von Aluminium («Eloxal-Verfahren»). Verwendet man bei der Elektrolyse von verdünnter Schwefelsäure eine Aluminiumanode, so löst sich diese nicht auf, obschon das Potential von Aluminium (−1,69 V) wesentlich negativer ist als das Potential einer OH^-/O_2-Elektrode (bei *p*H 0 = +1,24 V); das Aluminium verhält sich also *passiv*. Man kann jedoch auch *keine Sauerstoffentwicklung* beobachten, weil sich die O-Atome (im Entstehungszustand!) mit Aluminium zu *Oxid* verbinden. Dadurch kann die auch bei gewöhnlichem Aluminium schon vorhandene Oxidschicht erheblich verstärkt werden. Dieses Verfahren hat eine große Bedeutung zum Schutz des Aluminiums und seiner Legierungen vor Korrosion.

Anlage zur Chloralkalielektrolyse. Ciba-Geigy AG, Werk Monthey

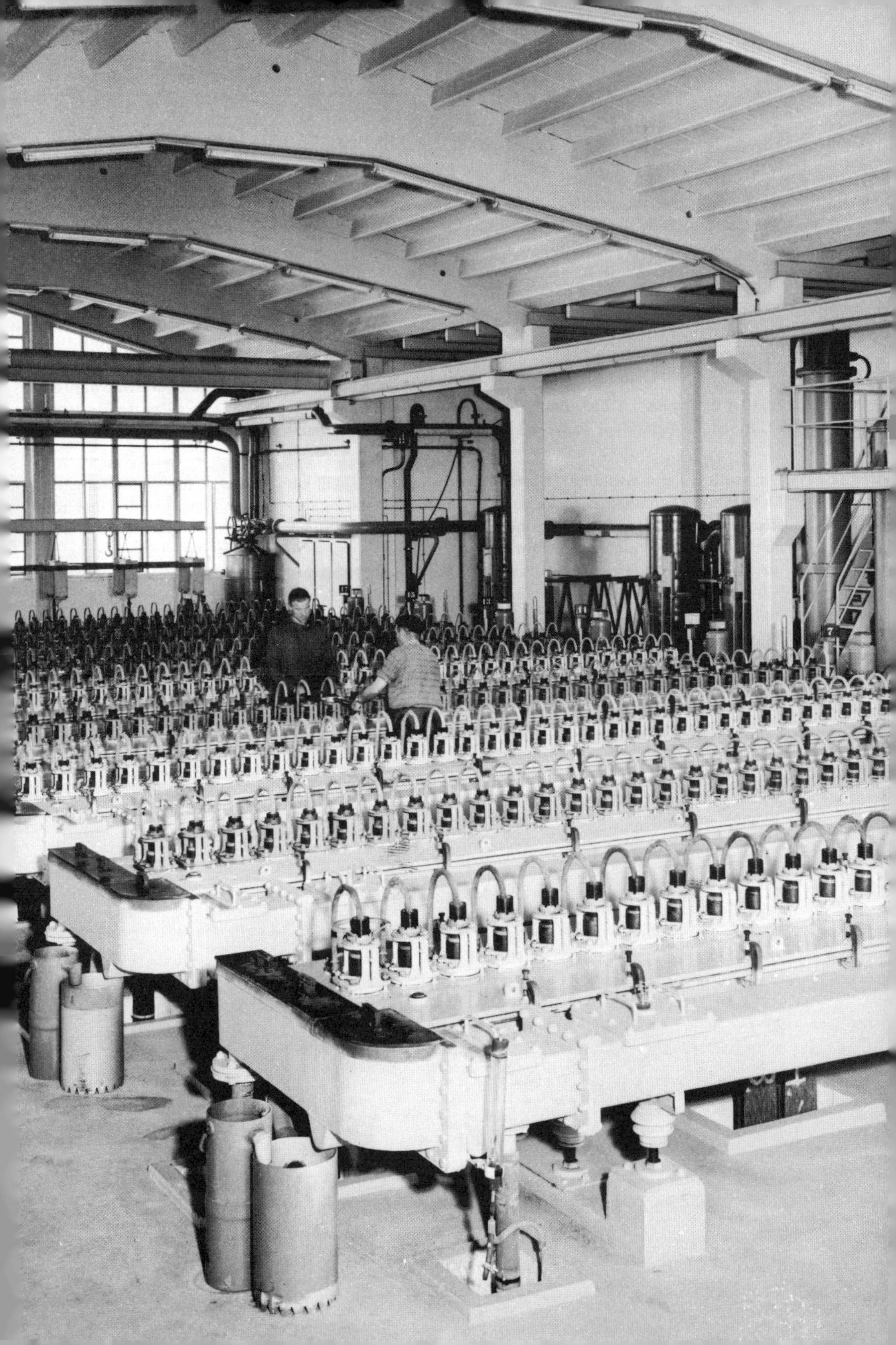

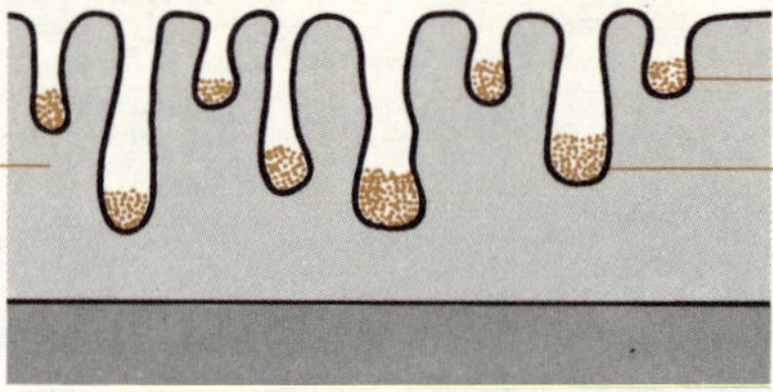

Abb. 8.16. Stark vergrößerter, schematischer Querschnitt durch eine Eloxalschicht

Wenn Schwefelsäure als Elektrolyt dient, wird das gebildete Oxid zum Teil wieder aufgelöst (die O^{2-}-Ionen reagieren mit den H_3O^+-Ionen!), und die Schicht wird porös (Abb. 8.16). (Schwächere Säuren als Elektrolyt verwendet ergeben kompakte Schichten!) In die Poren einer solchen Schicht kann man Farbstoffe, Kunstharze oder sogar lichtempfindliche Substanzen (AgBr) einlagern, so daß derartige Aluminiumgegenstände gefärbt oder als Träger für lichtempfindliche Schichten verwendet werden können (Schilderfabrikation).

Herstellung galvanischer Metallüberzüge. Ein Metall kann dadurch mit einem anderen Metall überzogen werden, daß man es bei der Elektrolyse als Kathode schaltet und einen Elektrolyten verwendet, der das Überzugsmetall als Kation (eventuell auch als Komplex-Anion) enthält (Versilbern, Verchromen, Vernickeln). Wenn man eine Anode aus dem Überzugsmetall wählt, bleibt die Konzentration des Elektrolyten praktisch konstant. Bei einer solchen Elektrolyse wird keine Zersetzungsspannung beobachtet (der Strom wächst also von Anfang an proportional der Spannung), weil sich keine galvanische Zelle ausbildet. (Der Kathodenvorgang ist die Umkehrung des Anodenvorganges!)

Elektrolytische Raffination. Zur Gewinnung von hochreinem Kupfer (Elektrotechnik!) elektrolysiert man verdünnte Schwefelsäure mit einer Rohkupfer-Anode und einer Reinkupfer-Kathode (Abb. 8.18). Das Rohkupfer enthält unedlere (Zn, Fe) und edlere (Ag, Au) Metalle als

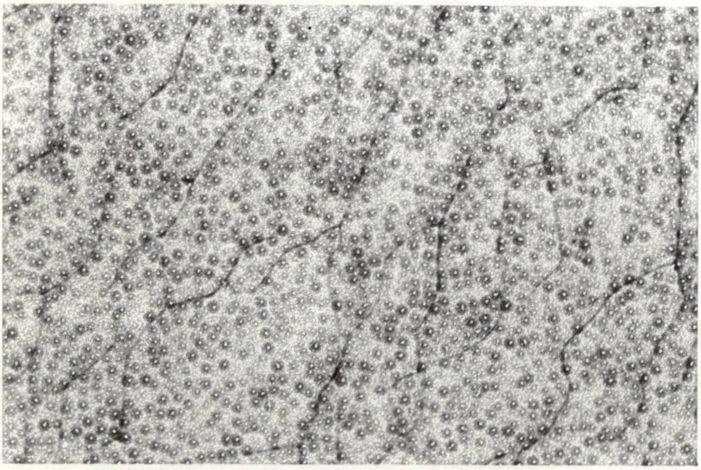

Abb. 8.17. Elektronenmikroskopische Aufnahme einer anodisch oxidierten Oberfläche. Vergrößerung 32 000 mal (Aufnahme: Alusuisse, Neuhausen)

Verunreinigungen. Bei der Elektrolyse gehen aus der Anode neben dem Kupfer nur die unedleren Metalle als Ionen in Lösung, während sich die edleren Verunreinigungen im *«Anodenschlamm»* absetzen und daraus gewonnen werden können. An der Kathode wird reines Kupfer abgeschieden, da die Cu^{2+}-Ionen das positivste Potential der in Lösung vorhandenen Ionen besitzen. Durch diese Raffination des Rohkupfers läßt sich ein Kupfer von sehr hohem Reinheitsgrad gewinnen.

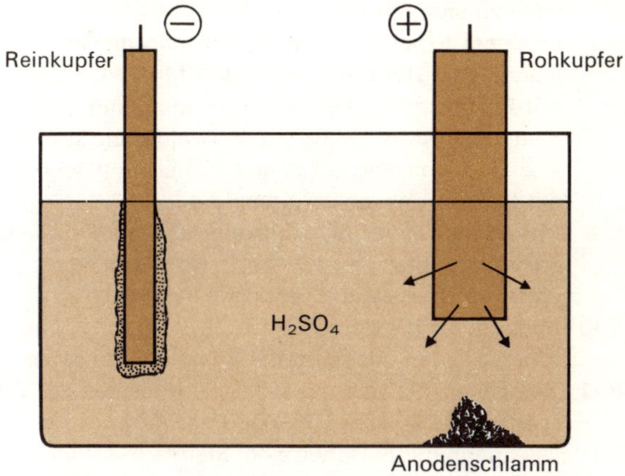

Abb. 8.18. Elektrolytische Raffination von Kupfer

Weitere Anwendungen der Elektrolyse werden im Zusammenhang mit der Gewinnung von Metallen besprochen (S. 335).

Übungen

8.1 Begründen Sie, warum man die Ausdrücke «Oxidation» und «Reduktion» heute nicht mehr nur im Sinn von Lavoisier verwendet.

8.2 Welche der folgenden Reaktionen sind Redoxvorgänge? Geben Sie die jeweils oxidierten bzw. reduzierten Atome an!

a) Wenn man Salzsäure auf festes Eisensulfid auftropfen läßt, entsteht H_2S.
b) Gibt man zu einer wäßrigen Lösung von Eisen (III)-chlorid konz. KI-Lösung, so entsteht Iod (I_2), das mit dunkelbrauner Farbe gelöst bleibt.
c) Magnesium reagiert im Stickstoffstrom sehr heftig und bildet Magnesiumnitrid.
d) Gießt man Salzsäure über Kalkstein ($CaCO_3$), so erfolgt ein starkes Aufschäumen (Bildung von CO_2). $CaCl_2$ bleibt gelöst.

8.3 Mit welchen Reduktionsmitteln lassen sich Cu^{2+}-Ionen zu Cu, S zu S^{2-}-Ionen, Fe^{3+} zu Fe^{2+}-Ionen reduzieren? Womit kann man S^{2-}-Ionen zu S oxidieren? Wie kann man aus Cl^--Ionen Chlor herstellen?

8.4 Was sind Flammen? Explosionen? Warum wirkt die Explosion eines H_2/Cl_2-Gemisches weniger stark zerstörend als die Explosion von H_2/O_2-Knallgas? (Die Gemische enthalten die Gase in den stöchiometrischen Verhältnissen.)

8.5 Stellen Sie die Gleichungen folgender Redoxreaktionen auf:
Oxidation von Fe^{2+} zu Fe^{3+} durch $Cr_2O_7^{2-}$ (in saurer Lösung).
Oxidation von H_2SO_3 zu H_2SO_4 durch $KMnO_4$ in saurer Lösung.

8.6 Nennen Sie das in wäßriger Lösung stärkste Oxidations- (das stärkste Reduktions-) mittel.

8.7 Wie würden Sie experimentell vorgehen, um die Stellung von Cadmium in der Redoxreihe zu ermitteln?

8.8 In einem Experiment verwendet man die Versuchsanordnung der Abb. 8.5. Zuerst füllt man in das Glas eine verdünnte $KMnO_4$-Lösung, in die Tonzelle eine verdünnte $FeSO_4$-Lösung und mißt eine bestimmte Spannung. Wie wird sich die Spannung verändern, wenn man a) zur $KMnO_4$-Lösung Schwefelsäure zusetzt, b) zur $FeSO_4$-Lösung $Fe_2(SO_4)_3$ zusetzt und schließlich c) zu dieser Mischung noch konz. NaF-Lösung hinzufügt? (F^- geben mit Fe^{3+} einen stabilen Komplex).

8.9 Mischt man eine $CuCl_2$-Lösung mit einer $FeSO_4$-Lösung, so beobachtet man keine Veränderung. Setzt man aber konz. NaF-Lösung zu, so entsteht schwerlösliches CuCl. Interpretieren Sie diesen Versuch.

8.10 Muß zur Oxidation von Na_2S (0,1-M) mit $KMnO_4$-Lösung ($MnO_4^-/Mn^{2+} = 10^3$) angesäuert werden oder geht die Reaktion schon beim *p*H der Sulfidlösung?

8.11 Berechnen Sie das minimale *p*H, welches zur Oxidation von Cl^- mit CrO_4^{2-} nötig ist [$(Cl^-) = 1$-M; $(CrO_4^{2-})/(Cr^{3+}) = 100$].

8.12 Die Spannung zwischen einer Standard-Kalomel-Elektrode ($E = +0{,}284$ V) und einer Ag-Elektrode über gesättigter AgCl-Lösung beträgt 0,226 V (die Ag-Elektrode ist positiver). Berechnen Sie das Löslichkeitsprodukt von AgCl.

8.13 Beschreiben Sie die Vorgänge in einer Taschenlampenbatterie.

8.14 Warum ist die Spannung eines Daniell-Elementes nicht konstant? Wie muß man die Konzentrationen wählen, um möglichst große Spannungen zu erhalten?

8.15 Stellen Sie die verschiedenen Möglichkeiten der Korrosion von Aluminium sowie des Korrosionsschutzes dieses Metalles zusammen.

8.16 Beschreiben Sie den Strom/Spannungs-Verlauf bei der Elektrolyse von verd. Schwefelsäure mit Pt-Elektroden, von verd. $CuSO_4$-Lösung mit Cu-Elektroden.

8.17 Erklären Sie die Begriffe «Zersetzungsspannung», «Überspannung» und «Passivität».

8.18 Was für Elektrodenreaktionen werden eintreten bei der Elektrolyse von 1-M NaF-Lösung sowie von 1-M $Pb(NO_3)_2$-Lösung mit Pt-Elektroden? Berechnen Sie die Zersetzungsspannungen.

8.19 Stellen Sie die verschiedenen Produkte der Chloralkali-Elektrolyse zusammen und formulieren Sie die Ionengleichungen, nach denen sie entstehen.

8.20 Wenn man bei der Elektrolyse einer Schwefelsäure eine Fe-Anode verwendet, die kurz vorher in konzentrierte HNO_3 getaucht wurde, löst sich die Anode nicht auf. Warum?

8.21 Kann man Aluminiummetall bzw. Fluor durch Elektrolyse herstellen?

Literatur

H. R. Christen	*Grundlagen der allgemeinen und anorganischen Chemie.* Sauerländer, Aarau 1973
M. C. Day und J. Selbin:	*Theoretical Inorganic Chemistry.* Reinhold, New York 1969
J. O. Edwards	*Inorganic Reaction Mechanisms.* Benjamin, New York 1964
G. Kortüm	*Elektrochemie.* Verlag Chemie, Weinheim 1962
B. H. Mahan	*University Chemistry.* Addison-Wesley, Reading 1969
G. Milazzo	*Elektrochemie.* Springer, Wien 1952
F. Seel	*Grundlagen der analytischen Chemie.* Verlag Chemie, Weinheim 1969
H. Taube	How Do Redox Reactions Take Place? *Chemistry 38* (1965) 3
H. Ulich und W. Jost	*Kurzes Lehrbuch der Physikalischen Chemie.* Steinkopff, Darmstadt 1960

3. Teil: Die Vielfalt der Stoffe

9 Die Nichtmetalle

9.1 Die Elemente

9.1.1 Allgemeines

Der *Nichtmetallcharakter* eines Elementes ist im allgemeinen um so stärker ausgeprägt, je leichter seine Atome Elektronen aufnehmen. Dies wird durch einen kleinen Atomradius, eine hohe Rumpfladung und wenige noch zu besetzende Energiezustände begünstigt. Im Periodensystem stehen deshalb die Nichtmetalle rechts und oben; innerhalb einer Gruppe nimmt der metallische Charakter jeweils mit zunehmender Atommasse deutlich zu. Von den eigentlichen Nichtmetallen kommen nur Sauerstoff, Schwefel, Stickstoff und Kohlenstoff als freie Elemente in der Natur vor. Die nichtmetallischen Elemente der 5., 6. und 7. Gruppe sind flüchtige Stoffe. Von ihnen bilden sich die Halogene sowie Sauerstoff und Stickstoff zweiatomige Moleküle:

$$|\overline{\underline{F}}-\overline{\underline{F}}| \qquad |\overline{\underline{Cl}}-\overline{\underline{Cl}}| \qquad \langle O{=}O \rangle \qquad |N{\equiv}N|$$

Die Moleküle der Elemente der zweiten und der höheren Perioden (mit Ausnahme der Halogene) bestehen aus mehr als zwei Atomen, da gewöhnliche Doppel- oder Dreifachbindungen nur zwischen Atomen der ersten Periode beständig sind (Ausnahme: Molekül von CS_2: S=C=S). (*«Doppelbindungsregel»*, siehe S. 93.)

9.1.2 Wasserstoff

Seinen physikalischen Eigenschaften nach zählt auch Wasserstoff zu den typischen Nichtmetallen. Natürlicher Wasserstoff ist ein «Mischelement» und besteht aus drei Isotopen ^{1}H, ^{2}H («Deuterium») und ^{3}H («Tritium») im Atomverhältnis $1:1{,}6\cdot10^{-4}:10^{-18}$.
Das Wasserstoffatom enthält ein einziges *s*-Elektron. Die *s*-Wolke der *K*-Schale kann aber noch ein weiteres Elektron aufnehmen. Diesen Zustand können Wasserstoffatome entweder durch Aufnahme eines Elektrons (Bildung von *Hydrid*-Ionen, H^-) oder durch Eingehen einer Atombindung erreichen. Im Wasserstoff-*Molekül* bilden die beiden Elektronen eine Wolke, welche die beiden Protonen einschließt. Die Bindungsenergie der H—H-Bindung ist recht groß (102 kcal/Mol); *molekularer Wasserstoff ist deshalb relativ reaktionsträg* und muß häufig ziemlich stark aktiviert werden. Positive Wasserstoff-Ionen (Protonen) existieren nicht in Lösungen oder in Kristallen; die in verdünnten wäßrigen Lösungen von Säuren vorhandenen, früher als positive «Wasserstoff-Ionen» bezeichneten Teilchen sind in Wirklichkeit Komplex-Ionen, in welchen das Proton durch eine Atombindung an ein H_2O-Molekül gebunden ist («Hydronium-Ionen»), d.h. wo das H-Atom auch durch Kovalenzbindung einen stabileren Zustand erreicht hat.
Wasserstoff ist das kosmisch häufigste Element (über 90% aller Materie des Weltalls ist Wasserstoff!). Bei der Bildung der Erde aus kosmischer Materie ist offenbar der größte Teil des Wasserstoffes verlorengegangen (in bezug auf die Häufigkeit in der Erdkruste steht H erst an 9. Stelle!). Auf der Erde und in erdnahen Schichten der Atmosphäre kommt Wasserstoff nicht elementar

vor. In der Technik stellte man früher Wasserstoff meist aus Wasser durch Elektrolyse oder durch Reduktion mit glühender Kohle her:

$$H_2O + C \rightarrow CO + H_2$$

Die entstehende Mischung von Kohlenmonoxid und Wasserstoff *(«Wassergas»)* wird dadurch getrennt, daß man das CO zu CO_2 oxidiert und dieses aus dem Gemisch herauslöst (z.B. mit Wasser unter Druck).

Größere Mengen Wasserstoff entstehen auch als Nebenprodukt der Chloralkali-Elektrolyse. Heute wird der Hauptanteil des technisch reduzierten Wasserstoffes als Nebenprodukt der *Rohölspaltung* (Cracking) gewonnen. In kleinerem Maßstab (Laboratorium) stellt man häufig Wasserstoff durch Reaktion von Zink oder Eisen mit Schwefelsäure dar (Reduktion der H_3O^+-Ionen durch das Metall). Der größte Teil des technisch hergestellten Wasserstoffes wird für Synthesen verwendet (Ammoniaksynthese, siehe S. 283).

Wasserstoff ist ein farb-, geruch- und geschmackloses Gas (Sdp. −252,8°C, Smp. −259,2°C). Dank seiner kleinen Molekülmasse ist er der leichteste aller Stoffe und diffundiert sehr leicht durch poröse Wände (z.B. Gummischläuche). Wegen der Brennbarkeit und der Bildung explosiver Gemische mit Luft ist beim Arbeiten mit Wasserstoff stets Vorsicht geboten (Knallgasprobe!)

Wasserstoff bildet mit Alkali- und Erdalkalimetallen salzartige *Hydride:*

$$2\,Na + H_2 \rightarrow 2\,Na^+H^-$$

Die Schmelzen solcher Hydride leiten den elektrischen Strom, wobei sich an der Anode Wasserstoff entwickelt (Oxidation der H^--Ionen). Salzartige Hydride lösen sich im Wasser unter stark alkalischer Reaktion:

$$H^- + H_2O \rightarrow OH^- + H_2$$

Diese interessante Reaktion ist gleichzeitig eine Protolyse (das H^--Ion, die konjugierte Base zum H_2-Molekül, ist eine der stärksten bekannten Basen!) und eine Redoxreaktion ($H^{-I} \rightarrow H^0$; $H^{+I} \rightarrow H^0$). – Über die Wasserstoffverbindungen der Nichtmetalle siehe S. 275 ff.

9.1.3 Die Halogene

Fluor (F), Chlor (Cl), Brom (Br), Iod (I) und Astatin (At)[1] sind typische Nichtmetalle. Iod erinnert allerdings durch seinen Glanz schon stark an die Metalle; wegen seiner geringeren Elektronegativität sind die Verbindungen, in denen es in positiven Oxidationszahlen vorkommt, stabiler als bei den anderen Halogenen. Die Ähnlichkeiten innerhalb der Gruppe treten hier deutlicher in Erscheinung als bei den meisten anderen Gruppen des Systems.

Die *Löslichkeit* in Wasser sinkt vom Chlor zum Iod (Fluor reagiert chemisch mit Wasser und bildet dabei HF neben F_2O). Brom und Iod lösen sich gut in unpolaren Lösungsmitteln. In Gegenwart von Iodid-Ionen löst sich Iod auch in Wasser (Bildung eines losen Komplexes: $I_2 + I^- \rightarrow I_3^-$). Mit Stärke bildet Iod eine tiefblau gefärbte Additionsverbindung.

[1] Fluor von *fluere* lat. = fließen (Fluorverbindungen wurden bereits im Mittelalter als Flußmittel bei der Herstellung von Metallen verwendet); *chloros* gr. = gelbgrün; *bromos* gr. = Gestank; *ioeides* gr. = veilchenfarbig; *astatos* gr. = unbeständig. Astatin ist ein künstlich hergestelltes, in der Natur nur in Spuren vorkommendes radioaktives Element von sehr kurzer Halbwertszeit. Bis heute wurden nur sehr geringe Mengen davon hergestellt, und seine Chemie ist noch unvollkommen bekannt.

Die *Farben* der Halogene entstehen durch Absorption von sichtbarem Licht, die mit der Anregung äußerer Elektronen verbunden ist. Offenbar erfolgt auch die Anregung von Molekülen um so leichter, je leichter aus den Atomen Elektronen abgespalten werden. Das «elektropositivste» Iod absorbiert deshalb Gelb und Grün und erscheint violett, während Fluor nur energiereichere violette Strahlen absorbiert und daher gelblich erscheint.

Die wichtigsten natürlichen *Halogen-Verbindungen* sind Halogenide: Steinsalz (NaCl), Sylvin (KCl), Carnallit (Doppelsalz aus KCl + $MgCl_2$), Flußspat (CaF_2), Kryolith (ein Komplexsalz, $Na_3[AlF_6]$). Bromide und Iodide kommen im Meerwasser[1] und in Steinsalzlagern (in den Abraumsalzen) vor. In gewissen Braunalgen ist Iod stark angereichert, so daß man aus ihnen das Element gewinnen kann. Die *Darstellung* der Elemente geschieht durch *Oxidation ihrer negativen Ionen oder ihrer Wasserstoffverbindungen*[2]. Als Oxidationsmittel können neben der Anode (Elektrolyse!) $KMnO_4$, MnO_2, Chlorkalk oder auch elektronegativere Elemente verwendet werden; so werden Brom und Iod technisch durch Einleiten von Chlor in konzentrierte Bromid- bzw. Iodidlösung gewonnen:

$$Cl_2 + 2\,I^- \longrightarrow I_2 + 2\,Cl^-$$

(Chlor mit positiverem Redoxpotential oxidiert die Ionen der im Periodensystem unter ihm stehenden Elemente). Die Chloralkali-Elektrolyse liefert die Hauptmenge des technisch produzierten Chlors. Fluor, das stärkste überhaupt bekannte Oxidationsmittel ($E^0 = +2{,}87$ V) kann nur durch Elektrolyse einer Fluorid-Schmelze oder einer Lösung von Kalium- (oder Natrium-) fluorid in wasserfreiem Fluorwasserstoff erhalten werden, weil kein anderes Oxidationsmittel den F^--Ionen Elektronen entziehen kann. Die Elektrolyse einer wäßrigen Fluoridlösung ergibt an der Anode Sauerstoff (zu stark positives Potential von Fluor: $E^0_{2F^-/F_2} = +2{,}85$ V; E_{OH^-} bei pH 7 = + 0,82 V).

Tabelle 9.1. Eigenschaften der Halogene

	Fluor	Chlor	Brom	Iod
Aussehen	schwach gelbliches Gas	grünes Gas	braunschwarze Flüssigkeit (Dampf rotbraun)	metallisch glänzende blauschwarze Schuppen (Dampf violett)
Smp. (°C)	−223°	−102°	−7,3°	114°
Sdp. (°C)	−187°	−34,6°	59°	183°
Elektronenaffinität (kcal/Mol)	−90,0	−92,5	−87,1	−79,2
EN	4,0	3,0	2,8	2,4
E^0 $2X^-/X_2$ (Volt)	+2,85	+1,36	+1,07	+0,58
Bindungsenergie X_2 (kcal/Mol)	38	57,2	45,4	35,5

Die Atome der Halogene erreichen durch Aufnahme eines Elektrons oder durch Eingehen einer einfachen Kovalenzbindung die Elektronenanordnung eines Edelgases. Fluor, Chlor und in geringerem Maß auch Brom wirken oxidierend; Iodid-Ionen haben hingegen bereits reduzierende

[1] Massenverhältnis $Cl^- : Br^- : I^- = 10^6 : 6000 : 1$.

[2] Iod wird auch durch Reduktion von Iodat ($NaIO_3$), das als Begleiter von Salpeter in Chile vorkommt, gewonnen.

Eigenschaften ($E^0_{2I^-/I_2}$ nur + 0,58 V!). Mit *Metallen* bilden die Halogene meist unter Feuererscheinung salzartige **Halogenide** *(hals* gr. = Salz, *gennan* gr. = bilden). Das Chlor besitzt zwar die größte Elektronenaffinität, jedoch haben Fluoride wegen des kleineren Radius des F^--Ions meist beträchtlich höhere Gitterenergien als die entsprechenden Chloride; Fluor reagiert daher von allen Nichtmetallen am heftigsten mit Metallen[1]. Nur Kupfer, Nickel und einige andere Metalle werden wegen der Bildung einer Fluorid-Schutzschicht nicht stark angegriffen. *Salzartige Fluoride* sind infolge ihrer höheren Gitterenergie häufig schwerer löslich als die entsprechenden Chloride, Bromide oder Iodide. Umgekehrt verhält sich die Löslichkeit der Silber- und Kupfer(I)-halogenide, bei welchen das Iodid am schwersten löslich ist. Die relativ kleinen Metall-Ionen vermögen hier das negative Ion stark zu deformieren (und zwar um so stärker, je größer dieses ist), so daß die Gitterenergie vom Fluorid zum Iodid stark zunimmt.

Das Fluor besitzt die höchste Elektronegativität aller Elemente; in *Kovalenzbindungen* bildet daher das F-Atom stets den negativen Partner, und es existieren keine Verbindungen mit Fluor in positiven Oxidationszahlen. (Die Verbindung OF_2 sollte als Sauerstofffluorid, nicht als Fluoroxid bezeichnet werden, weil sie Sauerstoff der Oxidationszahl +II enthält!) Kovalenzbindungen mit Fluor besitzen meist große Bindungsenergien, so daß sich auch Nichtmetalle oft sehr heftig mit Fluor verbinden.
Fluor, Chlor und zum Teil auch Brom wirken wegen ihrer oxidierenden Wirkung bleichend und desinfizierend (Chlorbleicherei, Desinfektion von Trinkwasser oder Badewasser mit Chlor). Kaliumiodid wird dem Tafelsalz zur Vorbeugung gegen Kropfbildung zugesetzt («Vollsalz»); F^--Ionen wirken (in großer Verdünnung) kariesverhindernd (Trinkwasser- und Milchfluorierung; größere Konzentrationen von Fluoriden sind giftig!).

9.1.4 Sauerstoff und Ozon

Sauerstoff, das häufigste Element (sein Anteil am Aufbau der Erdrinde beträgt rund 49 Massen-%), wird in großer Menge aus flüssiger Luft gewonnen und für viele Synthesen, Atemgeräte, heiße Flammen usw. verwendet. Im Labormaßstab gewinnt man Sauerstoff aus Verbindungen wie H_2O_2 [katalytische Zersetzung beim Auftropfen einer verdünnten Lösung auf Mangandioxid («Braunstein», MnO_2)] oder aus $KMnO_4$ oder $KClO_3$ durch Erhitzen.
Bei der *Verflüssigung der Luft* durch hohe Drucke wird die Tatsache ausgenützt, daß sich ein «reales Gas» (siehe S.148) abkühlt, wenn man es von einem hohen auf einen niedrigen Druck entspannt, weil bei der Ausdehnung Arbeit gegen die Anziehungskräfte zwischen den Gasteilchen aufgewendet werden muß *(«Joule-Thomson-Effekt»)*. Nach Linde wird die Luft in einem kontinuierlichen Arbeitsgang verflüssigt (Schema Abb. 9.1), indem die zunächst komprimierte, dann entspannte und abgekühlte Luft in einem «Gegenströmer» die weiter zuströmende komprimierte Luft vorkühlt. Die so erhaltene flüssige Luft wird durch fraktionierte Destillation in ihre Bestandteile zerlegt; neben Sauerstoff bilden auch Stickstoff und die Edelgase wichtige Produkte der Fraktionierung.

Sauerstoff ist ein farb-, geruch- und geschmackloses Gas (flüssiger Sauerstoff erscheint jedoch in dickeren Schichten deutlich blau!), Sdp. −183°C, Smp. −219°C. In Wasser ist Sauerstoff in geringem Maß löslich; die Löslichkeit steigt (wie bei allen Gasen) mit zunehmendem Druck und nimmt mit zunehmender Temperatur ab (bei 0°C und 1 atm lösen sich 0,007 g/l).

[1] Wegen der, verglichen mit der Größe des Atoms, hohen Kernladung ist die Bindungsenergie des F_2-Moleküls ganz besonders klein (die beiden Atomrümpfe stoßen sich verhältnismäßig stark ab!).

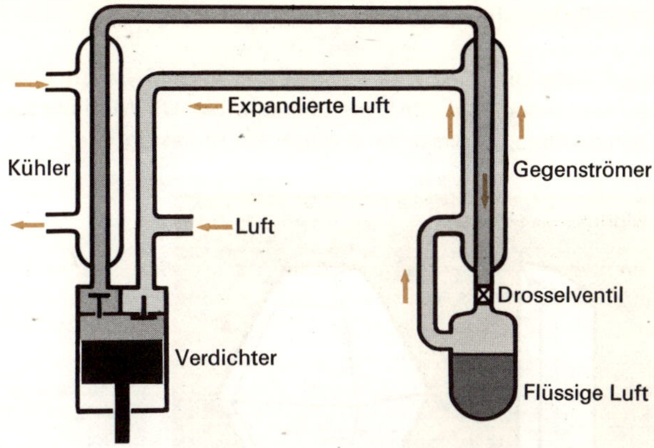

Abb. 9.1. Schema der Luftverflüssigung nach Linde

Über die *Oxide* von Metallen siehe S. 339; über Sauerstoffverbindungen der Nichtmetalle S. 290 ff.

Setzt man gewöhnlichen Sauerstoff elektrischen Entladungen aus, so bildet sich ein charakteristisch riechendes Gas: **Ozon** (*ozein* gr. = riechen). Die Molekülmasse (48 u) und die Entstehung aus Sauerstoff weisen darauf hin, daß Ozon eine besondere Form (*«Modifikation»*) des Elementes Sauerstoff ist, welche aus dreiatomigen Molekülen besteht. Seine Bildung erfolgt nach der Gleichung

$$3\,O_2 \rightleftarrows 2\,O_3 \quad \vert\, \Delta H = +\,2\cdot 34{,}5 \text{ kcal.}$$

Obschon bei der Bildung des Ozonmoleküls aus einem Sauerstoffmolekül und einem Sauerstoffatom die Bindungsenergie der neuen Paarbindung frei wird, verläuft die Umwandlung von Sauerstoff in Ozon insgesamt endotherm, da zur Spaltung eines Sauerstoffmoleküls in Atome eine beträchtliche Energie aufgewendet werden muß (118 kcal/Mol!). Diese Energie kann auch durch Erwärmen auf sehr hohe Temperaturen oder durch Bestrahlung mit kurzwelligem Ultraviolett (das von Sauerstoff absorbiert wird) aufgebracht werden (Entstehung der *Ozonschicht* in der *Stratosphäre*).
Ozon ist ein bläuliches Gas, das bei −112,4°C zu einer blauen Flüssigkeit kondensiert. Das «endotherme» O_3-Molekül zerfällt leicht in O_2 und atomaren Sauerstoff (Umkehrung der Bildung!). Reines Ozon ist deshalb *sehr explosiv;* bereits in stark verdünnter Form wirkt das Gas sehr *stark oxidierend*. Nur Fluor besitzt ein positiveres Normalpotential und damit noch stärker oxidierende Eigenschaften. So oxidiert Ozon warmes Silber zu schwarzem Silberperoxid (Ag_2O_2), Iodid sehr leicht zu Iod (Unterscheidung von gewöhnlichem Sauerstoff!), Schwefel zu Sulfat usw. Wegen seiner auch auf Mikroorganismen oxidierenden Wirkung benützt man Ozon zur Desinfektion von Luft oder Trinkwasser. In größeren Konzentrationen wirkt es auch für den Menschen giftig (Verätzung der Atmungsorgane). Auch Gummi wird zerstört.
Die Erscheinung, daß ein Stoff in verschiedenen Modifikationen auftritt, nennt man **Polymorphie** (bei Elementen oft auch *Allotropie*). Die Polymorphie von Sauerstoff beruht darauf, daß die Atome des Elementes in verschiedener Zahl zu Molekülen zusammentreten können. Häufig ist Polymorphie auch dadurch bedingt, daß verschiedene Kristallstrukturen bei ein und demselben Stoff auftreten.

9.1.5 Schwefel, Phosphor und Kohlenstoff

Auch diese drei Elemente existieren in verschiedenen Modifikationen, d.h. sind *polymorph*. Alle sind jedoch bei Zimmertemperatur fest. Die Modifikationen unterscheiden sich durch den Kristallaufbau, teilweise auch durch die Molekülgröße.

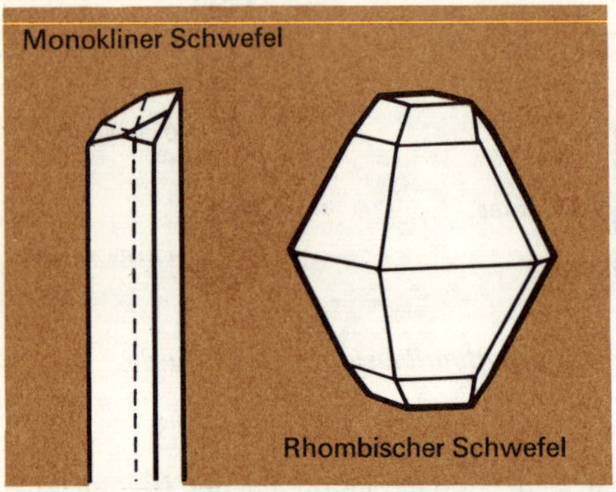

Abb. 9.2. Kristallformen der beiden Modifikationen des festen Schwefels

Die bei Zimmertemperatur stabile Form des **Schwefels** (sogenannter *α-Schwefel)* kristallisiert in «rhombischen» Kristallen (Abb. 9.2). (Die verschiedenen Kristallarten werden durch ihre Symmetrie charakterisiert und in sechs Kristallsysteme gegliedert; zum rhombischen System gehören Kristalle mit drei ungleich langen, senkrecht aufeinanderstehenden Achsen.) Wenn man α-Schwefel langsam erwärmt, so wandelt er sich bei 96°C allmählich in «monoklinen» *β-Schwefel* um. (Die Kristalle des monoklinen Systems besitzen nur zwei senkrecht aufein-

Tabelle 9.2. Schwefel, Phosphor, Kohlenstoff

	Schwefel	Phosphor	Kohlenstoff
Modifikationen	rhombischer S : S_8 monokliner S : S_8	roter P : P_∞ weißer P : P_4 schwarzer P : P_∞	Graphit, Diamant } Atomgitter
Umwandlung	$S_{rhomb.} \underset{}{\overset{96\,°C}{\rightleftarrows}} S_{monokl.}$	$P_{rot} \rightarrow$ Dampf (P_4) $\rightarrow P_{weiß} \rightarrow P_{rot}$	Diamant $\underset{1500\,°C}{\overset{Druck!}{\rightleftarrows}}$ Graphit
Smp. °C	$S_{rhomb.}$ 114° $S_{monokl.}$ 119°	P_{rot} 620° $P_{weiß}$ 44°	3500°
Sdp. °C	444°	$P_{weiß}$ 280°	3900°
Elektronegativität	2,5	2,1	2,5

Schwefel (rhombisch kristallisierend). Fundort: Cianciana (Sizilien) (Aufnahme: Mineralogisches Institut ETH)

anderstehende Achsen; die dritte steht schief zu ihnen; Abb. 9.3.) Sowohl α-Schwefel wie β-Schwefel enthalten *ringförmige Moleküle* aus 8 S-Atomen (S_8). Monokliner Schwefel wird durch Erstarren von flüssigem Schwefel erhalten. Bei weiterem Abkühlen wandelt er sich wieder in α-Schwefel um, wobei die prismatischen Nadeln des β-Schwefels in eine große Zahl mikroskopisch kleiner rhombischer Kriställchen zerfallen, die in ihrer Gesamtheit noch das Aussehen der monoklinen Kristalle wahren. Die beiden Modifikationen des Schwefels existieren innerhalb eines ganz bestimmten Temperaturbereiches und können gegenseitig ineinander umgewandelt werden.

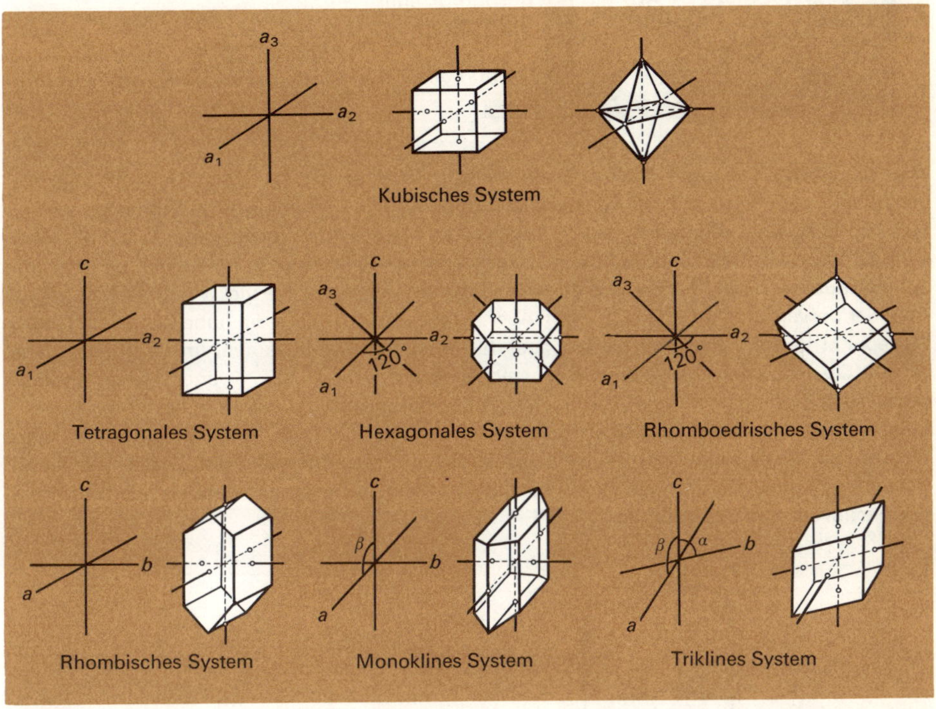

Abb. 9.3. Die sieben Kristallsysteme

Kubisches System:	*Drei gleich lange, senkrecht aufeinanderstehende vierzählige Symmetrieachsen*
Tetragonales System:	*Drei senkrecht aufeinanderstehende Achsen; zwei von ihnen sind gleich lang (die dritte ist eine vierzählige Symmetrieachse)*
Hexagonales System:	*Eine sechszählige Symmetrieachse; senkrecht dazu drei gleich lange, die Winkel von 120° einschließen*
Rhomboedrisches System:	*Eine dreizählige Symmetrieachse*
Rhombisches System:	*Drei ungleich lange, senkrecht aufeinanderstehende Achsen*
Monoklines System:	*Zwei senkrecht aufeinanderstehende Achsen; die dritte steht schief zu ihnen*
Triklines System:	*Drei schief zueinanderstehende Achsen*

Pyrit (FeS_2), Kristallform kombiniert aus Pentagondodekaeder und Würfel. Fundort: Gotthardgebiet (Aufnahme: Mineralogisches Institut ETH)

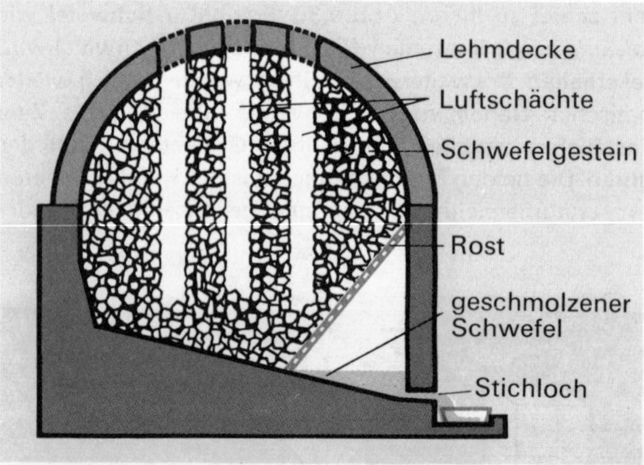

Abb. 9.4. Schnitt durch einen sizilianischen «calcarone» zur Ausschmelzung des Schwefels aus dem Begleitgestein

Wird Schwefel über seinen Schmelzpunkt hinaus weiter erhitzt, so treten nochmals verschiedene Zustandsänderungen ein. Der zunächst dünnflüssige und honiggelbe Schwefel wird bei 160–180°C zu einer sehr zähflüssigen, dunkelroten Masse, um beim Siedepunkt (444°C) beinahe schwarz, aber wieder dünnflüssig zu sein. Wahrscheinlich öffnen sich wenig oberhalb des Schmelzpunktes die S_8-Ringe, und die Atome bilden Ketten, welche viel weniger leicht gegeneinander beweglich sind und sich ineinander aufknäueln (dadurch die hohe Zähigkeit!). Beim Siedepunkt besteht Schwefel nahezu ausschließlich aus S_8-Molekülen. Im Dampf existieren bis 800°C verschiedene Molekülarten in einem Gleichgewicht (S_8, S_6, S_4 und S_2); erst oberhalb dieser Temperatur sind vorwiegend S_2-Moleküle vorhanden.
Kühlt man stark erhitzten flüssigen Schwefel sehr rasch ab (z. B. durch Eingießen in kaltes Wasser), so bleiben die Kettenmoleküle erhalten, und man bekommt ein *plastisches, fadenziehendes* Produkt, den sogenannten *γ-Schwefel*. Beim Stehenlassen wandelt sich dieser wieder allmählich in α-Schwefel um.

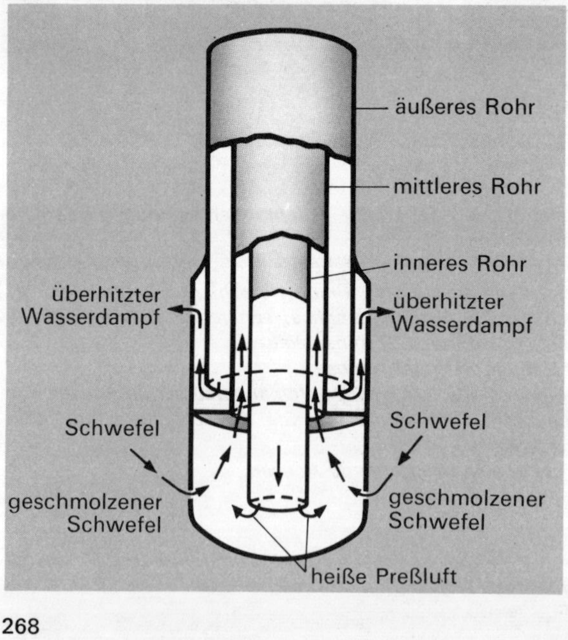

Abb. 9.5. Fußkörper der Schwefelpumpe von Frasch

Schwefel kommt als *freies Element* in der Natur in großen Lagern vor (Sizilien, Louisiana). Vermutlich sind diese Lager aus Überresten schwefelhaltiger Organismen («Schwefel-Bakterien») oder als vulkanische Ablagerungen entstanden. Der Schwefel dieser Lager bildet dichte oder körnige Massen mit glasähnlichem Glanz. Gut ausgebildete Kristalle sind selten. Man gewinnt das Element durch *Ausschmelzen aus dem Gestein.* Beim amerikanischen Verfahren nach Frasch wird der Schwefel durch überhitzten Wasserdampf in der Tiefe geschmolzen und mit Druckluft emporgepreßt, da die Schwefellager 150–250 m unter der Erdoberfläche liegen. Zur Reinigung wird der Schwefel destilliert oder sublimiert. Neuerdings wird auch sehr viel Schwefel aus H_2S-haltigen Erdgasen gewonnen (z.B. in Lacq, Südfrankreich). Elementarer Schwefel findet zum Vulkanisieren von Kautschuk, in der Zündholzindustrie, als Schädlingsbekämpfungsmittel und zur Fabrikation von Schwefelsäure Verwendung.

Die beiden wichtigsten Formen des **Phosphors**[1] unterscheiden sich in ihren Eigenschaften wesentlich stärker voneinander als α- und β-Schwefel (Tabelle 9.3). *Weißer Phosphor* enthält P_4-Moleküle, in welchen die vier Atome tetraedrisch angeordnet sind und jedes P-Atom durch Einfachbindungen mit drei anderen Atomen verbunden ist. Der abnormal kleine Bindungswinkel (60°) bedingt unter anderem den instabilen (bzw. *metastabilen)* Charakter und die *große Reaktionsfähigkeit* des weißen Phosphors. Besonders am Licht wandelt sich weißer Phosphor von selbst langsam in roten um. Die mehr oder weniger festen, oft schleimigen Produkte dieser Umwandlung sind kaum kristallin. Auch der gewöhnliche *rote Phosphor* ist nicht vollkommen kristallin geordnet; weil er aber keine diskreten Moleküle enthält, ist er weniger flüchtig, weniger löslich und *reaktionsträger* als die weiße Form. Durch längeres Erhitzen auf 550°C kann man eine kristalline Modifikation des roten Phosphors erhalten, welche in einem geordneten Schichtgitter kristallisiert und noch reaktionsträger ist. Roter Phosphor läßt sich nicht direkt in weißen verwandeln; dieser entsteht vielmehr durch Kondensation von P-Dampf. Schließlich existiert noch eine dritte, *schwarze Form* des Elementes, welche katalytisch (mit Quecksilber) oder unter hohem Druck aus weißem Phosphor erhalten werden kann und bei Zimmertemperatur *stabil* ist. Der schwarze Phosphor zeigt ein Gitter aus Doppelschichten von P-Atomen, wobei jedes Atom wiederum mit drei anderen Atomen verbunden ist (Bindungswinkel 120°). Die elektrische Leitfähigkeit dieser Form weist aber darauf hin, daß auch leicht verschiebbare Elektronen im Gitter vorhanden sein müssen.

Tabelle 9.3. Die Formen von Phosphor

	Weiß	Rot	Schwarz
Dichte	1,83	2,36	2,67
Smp. (°C)	44°	620°	587°
Sdp. (°C)	287°	subl.	
Entzündungstemperatur (°C)	60°	300–400°	
	sehr giftig	ungiftig	ungiftig
	leuchtet an der Luft im Dunkeln	leuchtet nicht	leuchtet nicht
	in CS_2 löslich energiereicher	in CS_2 unlöslich energieärmer	in CS_2 unlöslich stabile Form

[1] Entdeckung durch den Alchemisten Brandt (1669) beim Eindampfen von Harn. *Phosphoros* gr. = Lichtträger (wegen des charakteristischen Leuchtens von weißem P).

Weißer Phosphor ist leicht *selbstentzündlich,* weil er an der Luft langsam oxidiert und sich dabei erwärmt, bis die niedrige Entzündungstemperatur erreicht ist (Aufbewahrung unter Wasser!). Bei der langsamen Oxidation bildet sich ein Rauch von Oxid (P_4O_{10}), und man beobachtet im Dunkeln ein fahles Leuchten (ein Teil der freiwerdenden Oxidationsenergie!). Weißer Phosphor ist *sehr giftig* und verursacht Knochen-Nekrosen; 0,1 g, in den Magen gebracht, wirken tödlich.
Die wichtigsten *Phosphormineralien* sind Phosphorit ($Ca_3[PO_4]_2$) und Apatit, ein chlor- und fluorhaltiges Ca-Phosphat komplizierter Zusammensetzung. Manche Eisenerze enthalten beträchtliche Mengen Phosphat, die bei der Eisenerzeugung als «Thomasmehl» ein wertvolles Nebenprodukt bilden. Verbindungen der Phosphorsäure sind wichtige Bestandteile pflanzlicher und tierischer Organismen (Eiweiß; Knochensubstanz; besonders P-reich sind Zellkerne und Nervensubstanz). Phosphate sind daher wichtige Düngemittel. – Tierische und menschliche *Exkremente* sind reich an Phosphat (Ablagerungen von Guano durch Seevögel; Gewässerverschmutzung, d.h. eigentlich Gewässer-«Düngung» durch Abwässer).
Zur *Gewinnung* von elementarem Phosphor wird Phosphorit mit Kohle reduziert. Phosphor wird – in der roten Form – in großen Mengen in der *Zündholzindustrie* verbraucht. Die Zündköpfe enthalten gewöhnlich Antimonsulfid (brennbare Substanz), Kaliumchlorat (Sauerstoffspender) und Bindemittel; roter Phosphor ist – gemischt mit feinem Glaspulver – auf den Reibflächen vorhanden. Beim Anstreichen fängt der Phosphor mit dem Chlorat Feuer und setzt das Antimonsulfid in Brand. Zur Verhinderung des Weiterglimmens nach dem Erlöschen wird das Holz mit Natriumphosphat imprägniert.

Kohlenstoff tritt in der Natur als *Diamant* und *Graphit* auf. Ruß, den man früher vielfach für eine dritte Form des Kohlenstoffes hielt, ist in Wirklichkeit sehr feinkristalliner Graphit. Infolge der großen «inneren» Oberfläche wirkt solcher Kohlenstoff stark adsorbierend (Verwendung als Gasmaskenfilter und für medizinische Zwecke). Die beiden eigentlichen Modifikationen unterscheiden sich in ihren Eigenschaften sehr stark (Tabelle 9.4):

Tabelle 9.4. Diamant und Graphit

Diamant	Graphit
sehr hart (Mohs-Skala, Härte 10)	sehr weich (Mohs-Skala, Härte 1–2)
farblos, stark lichtbrechend	schwarz, undurchsichtig
keine elektrische Leitfähigkeit	metallischer Leiter
oktaedrisch spaltbar; Spaltbarkeit schlecht	sehr leicht blättrig spaltbar
Verbrennungswärme 94,2 kcal/Mol	Verbrennungswärme 93,5 kcal/Mol
Verwendung als Bohrer, zum Schneiden und Schleifen, als Achslager für Präzisionsapparate. Klare, geschliffene Diamanten (Brillanten) als Edelsteine	Verwendung als Schmiermittel (hohe Temperaturen), für Elektroden und Schmelztiegel. Bleistiftminen aus Mischungen von Graphit und Ton

Diamant ist die bei Zimmertemperatur *metastabile* Form des Elementes; erhitzt man ihn unter Luftabschluß auf 1500°C, so geht er unter geringer Wärmeentwicklung in Graphit über. Die Umwandlung von Graphit in Diamant ist erst vor 20 Jahren einwandfrei gelungen (ab 1953 in den Laboratorien der General Electric Company); sie benötigt außerordentlich hohe Drucke (über

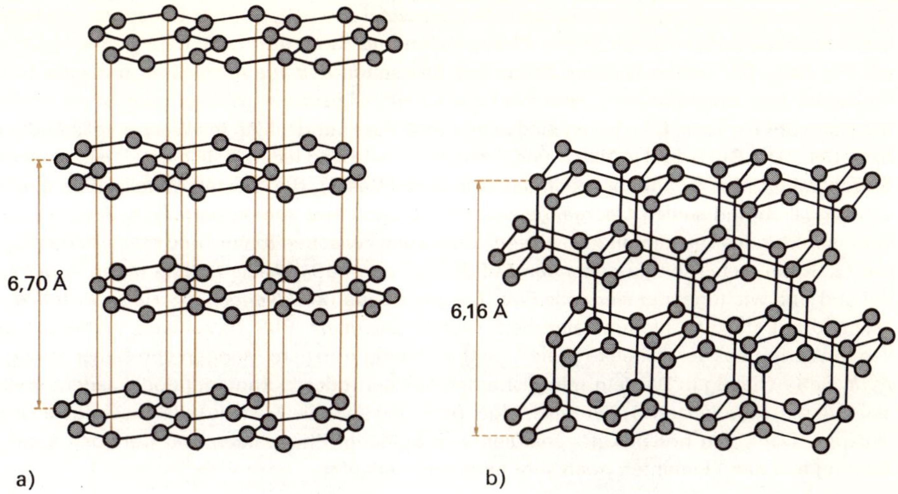

Abb. 9.6. a) Graphitgitter, b) Diamantgitter

100000 atm). Heute werden aber bereits Industriediamanten in größerer Menge künstlich hergestellt. Beide Formen verbrennen beim Erhitzen zu CO_2, an der Luft langsam, im reinen Sauerstoff unter hellem Aufleuchten.
Im *Diamantgitter,* einem typischen Atomkristall, ist jedes C-Atom von *vier* anderen C-Atomen *tetraedrisch* umgeben, wobei die Atome unter sich durch je eine Elektronenpaarbindung verbunden sind (Abb. 9.6). Beim Spalten eines solchen Kristalles müssen viele Bindungen aufgebrochen werden, deshalb die hohe Härte und die extreme Schwerflüchtigkeit.

Das *Gitter des Graphits* besteht aus ebenen *Schichten,* in denen die C-Atome zu regelmäßigen Sechsecken geordnet sind. In einer solchen Schicht ist jedes Atom mit nur drei anderen durch eine Elektronenpaarbindung verbunden (Abb. 9.6). Die «übrigen» vierten Außenelektronen jedes Atoms bilden Doppelbindungen, sind aber nicht fest an bestimmte Plätze gebunden. Dies erklärt die metallische Leitfähigkeit (sowie die schwarze Farbe und den Metallglanz) des Graphits. Zwischen den Schichten sind nur schwache Van der Waals-Kräfte wirksam (Abstände der Schichten 3,35 Å; Abstände der C-Atome innerhalb der Schicht 1,42 Å), was die leichte Spaltbarkeit parallel den Schichtebenen erklärt. Während somit ein Diamantkristall gewissermaßen ein einziges «Riesenmolekül» darstellt, bildet ein Graphitkristall eine schichtenförmige Anordnung sehr flacher «Riesenmoleküle» übereinander.
Bei der *Umwandlung* von Graphit in Diamant müssen die Schichten einander so stark genähert werden, daß die «vierten» Elektronen jedes Atoms Kovalenzbindungen zwischen den Schichten bilden können, wobei dann auch die ebene Anordnung der Atome in einer Schicht verlorengeht. Diamant bildet sich deshalb aus Graphit nur unter äußerst hohem Druck.
Natürlicher Graphit kommt auf Ceylon und Madagaskar und in den USA vor und bildet graue, glänzende Massen, die sich fettig anfühlen. Große Mengen Graphit werden künstlich durch Umwandlung von Koks in Graphit bei hoher Temperatur hergestellt. Die wichtigsten Diamantfundstätten liegen in Südafrika, im Kongogebiet und in Südamerika (Brasilien). Der größte Teil der gefundenen Diamanten wird für technische Zwecke verwendet; nur etwa 5% aller Diamanten eignen sich zur Verarbeitung auf Brillanten.

Die meisten *Verbindungen* von *Metallen* mit Schwefel sowie besonders Phosphor und Kohlenstoff sind *keine echten Salze*. In den **Phosphiden** und **Carbiden** (z. B. Ca_3P_2 oder Al_4C_3) sind die P^{3-} bzw. C^{4-}-Ionen so stark deformiert, daß schon *beinahe Atomgitter* in diesen Stoffen vorliegen. Der Ionencharakter wird höchstens beim «Lösen» in Wasser oder Säure offenbar, denn sowohl P^{3-}- wie C^{4-}-Ionen sind sehr starke Basen und bilden mit Wasser vollständig PH_3 bzw. CH_4. Die **Sulfide** der Alkali- und Erdalkalimetalle sind leicht löslich und besitzen deutlich Salzcharakter (das S^{2-}-Ion ist ebenfalls eine starke Base!); die meisten Metallsulfide aber sind schwerlöslich und stellen *Übergänge* zwischen Ionen- und Atomgittern (z. B. ZnS, das in der Gitterstruktur des Diamanten kristallisiert) oder auch zwischen Ionen- und metallischen Gittern dar (z. B. die metallisch aussehenden Sufide PbS und FeS_2). Viele Sulfide treten in der Natur auf und sind wichtige und wertvolle *Erze*. Beispiele bilden *Zinkblende,* ZnS (tetraedrisch kristallisierend mit starkem, nichtmetallischem Glanz); *Bleiglanz,* PbS (graublaue, metallisch glänzende Würfel; das verbreitetste Bleierz, enthält häufig nutzbare Mengen von Silber als Ag_2S); *Pyrit,* FeS_2 (häufig in Würfeln mit gestreiften Flächen oder in Pentagondodekaedern kristallisierend, messingglänzend); *Zinnober,* HgS (rote, hexagonale Kristalle), das wichtigste Quecksilbererz. Dank den hohen Gitterenergien von Sulfiden, Phosphiden und Carbiden kann ihre Bildung aus den Elementen noch sehr exotherm verlaufen.

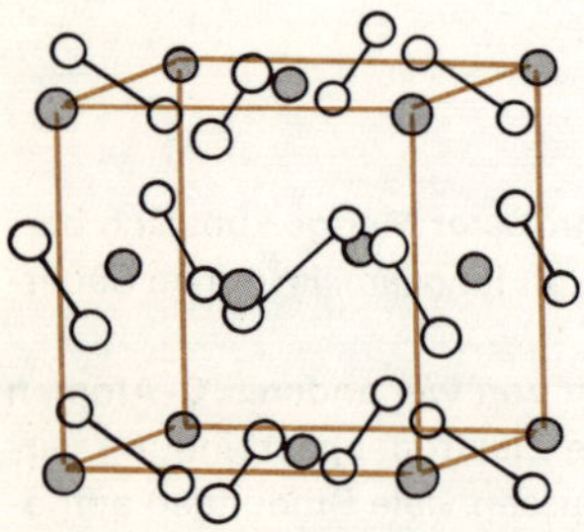

Abb. 9.7
Pyritgitter. Volle Kreise Fe^{2+}-Ionen, leere Kreise S-Atome

Viel häufiger als durch vollständige Elektronenaufnahme (Bildung negativer Ionen) stabilisieren sich Schwefel, Phosphor und Kohlenstoff durch Bildung von *Kovalenzbindungen*. Bindungen mit Sauerstoff oder Fluor sind wegen der hohen Elektronegativität dieser Elemente sehr stabil. Eine besonders wichtige Rolle spielen Atombindungen in *organischen Molekülen,* wo auch stabile Bindungen zwischen C-Atomen möglich sind.

Bleiglanz (PbS), wichtigstes Bleierz. Fundort: Aachen (Aufnahme: Mineralogisches Institut ETH)

9.1.6 Stickstoff

Als einziges Element der 5. Gruppe bildet Stickstoff bei Zimmertemperatur zweiatomige *Moleküle*. In ihnen sind die beiden Atome durch eine *Dreifachbindung* verbunden, so daß die Bindungsenergie sehr hoch ist (225 kcal/Mol). Aus diesem Grund ist elementarer Stickstoff bei niedrigen Temperaturen überaus *reaktionsträge* («inert»).
Zum Unterschied von den ebenfalls inerten Edelgasen läßt sich jedoch Stickstoff durch Energiezufuhr stark aktivieren (z. B. durch Erwärmen oder durch elektrische Funken), so daß sich das Element bei *höherern Temperaturen* ziemlich leicht mit anderen Elementen (vor allem Metallen) verbindet. So erhält man beim Verbrennen eines Häufchens Magnesiumpulver an der Oberfläche eine weiße Schicht von Oxid, während sich im Innern grünlich-gelbes *Nitrid* bildet. Durch die große, bei der Bildung von Magnesiumoxid freiwerdende Wärme wird offenbar das N_2-Molekül derart aktiviert, daß auch Nitrid entstehen kann. Auch andere Metalle können bei hohen Temperaturen Nitride bilden.
Katalysatoren vermögen Stickstoff ebenfalls zu aktivieren (Ammoniaksynthese, S. 284). Katalysatoren ganz besonderer Art und unbekannter Zusammensetzung werden von den Knöllchenbakterien der Leguminosen sowie von manchen Cyanophyceen (Blaualgen) gebildet. Diese aktivieren elementaren Stickstoff so stark, daß er sogar bei gewöhnlicher Temperatur Verbindungen eingehen kann. Neuerdings wurde gefunden, daß gewisse Übergangsmetalle (z. B. Mo) mit molekularem Stickstoff selbst bei Raumtemperatur Komplexe bilden, die ziemlich reaktionsfähig sind. Möglicherweise spielen solche Komplexe für die Bindung des Luftstickstoffes in Bakterien- und Blaualgenzellen eine Rolle.
Das sehr stark basische **Nitrid**-Ion (N^{3-}) tritt in salzartigen *Metallnitriden* auf. Dank seinem geringeren Radius neigt es weniger zur Deformation durch positive Ionen, so daß Nitride eher Salzcharakter besitzen als Phosphide. In vielen Verbindungen bildet Stickstoff *Atombindungen* (gewöhnlich drei, maximal vier). Die Bindungen mit Wasserstoff sind dabei wesentlich stabiler als die Bindungen mit Sauerstoff (Elektronegativität von Stickstoff ziemlich hoch).

Übungen

9.1 Warum können die Atome höherer Perioden nur ausnahmsweise stabile Mehrfachbindungen bilden?
9.2 Wie tritt Wasserstoff in Verbindungen auf?
9.3 Wie kann man Wasserstoff herstellen?
9.4 Wie werden Chlor und Brom technisch hergestellt? Warum läßt sich Fluor nicht auf die gleiche Weise erhalten?
9.5 Warum wirkt Ozon viel stärker oxidierend als gewöhnlicher Sauerstoff?
9.6 Wie lassen sich die Eigenschaftsänderungen beim Erwärmen von flüssigem Schwefel auf die Struktur der darin enthaltenen Teilchen zurückführen?
9.7 Stellen Sie die Eigenschaften der drei Phosphor-Modifikationen zusammen.
9.8 Was geschieht beim Zusammenbringen von Magnesiumphosphid mit Wasser?
9.9 Erklären Sie die Eigenschaften von Graphit und Diamant aus dem Gitteraufbau.
9.10 Warum sind Phosphide und Carbide keine echten Salze?
9.11 Wie kann man beweisen, daß Graphit und Diamant zwei Modifikationen desselben Elementes sind?

9.2 Die Wasserstoffverbindungen («Hydride») der Nichtmetalle

9.2.1 Allgemeines

Alle Nichtmetallhydride sind flüchtig und bilden *Moleküle,* deren Form durch die Wechselwirkungen zwischen bindenden und nichtbindenden Elektronenpaaren bestimmt wird (S. 109); gewinkelt bei H_2O und H_2S (ebenso bei H_2Se und H_2Te), pyramidal bei NH_3, PH_3 und AsH_3, tetraedrisch bei CH_4 (Abb. 9.8). Die vom Tetraederwinkel etwas abweichenden Bindungswinkeln werden hauptsächlich durch die gegenseitige Abstoßung der nichtbindenden («einsamen») Elektronenpaare sowie (in geringerem Maß) durch die Abstoßung der positiv polarisierten H-Atome bedingt.

Entsprechend der Elektronegativität des Nichtmetallatoms sind die *Bindungen in den Hydriden* mehr oder weniger *polar.* Die Polarität nimmt von den Halogenen nach links und vor allem auch von der ersten Periode nach unten ab. Besonders stark polar sind die Bindungen im HF- und H_2O-Molekül, etwas weniger polar im HCl- und NH_3-Molekül. Die starke Polarität von HF, H_2O und NH_3 zeigt sich in den «abnormal» hohen *Siedepunkten* dieser Gase (siehe S. 113), welche durch die *Wasserstoffbrücken* zwischen den Molekülen bedingt sind. Beim *Wasser* liegen die Verhältnisse zur Bildung von Wasserstoffbrücken besonders *günstig,* weil einerseits die Bindungen stark polar sind, das Sauerstoffatom anderseits zwei freie Elektronenpaare besitzt

Die *Bindungsenergien* der X—H-Bindungen verhalten sich wie ihre Polarität. Innerhalb einer Gruppe des Systems nimmt deshalb die *Thermostabilität* der Wasserstoffverbindungen nach unten stark ab. Gleichzeitig nimmt ihre *Oxidierbarkeit* zu; H_2S und HI werden bereits durch Luftsauerstoff zu Schwefel bzw. Iod oxidiert und wirken daher als *schwache Reduktionsmittel.*

Die *Bildungswärmen* entsprechen der algebraischen Summe aus den (freiwerdenden) Bindungsenergien der Hydride und den (aufzuwendenden) Bindungsenergien der Elemente. Infolge der hohen, zur Spaltung des N_2-Moleküls aufzuwendenden Energie ist die Bildungswärme von Ammoniak auffallend klein (Vergleich mit der Bildungswärme des HCl-Moleküls: Bindungen H—Cl und H—N ungefähr gleich stark polar!).

Polarität und hohe Säure- oder Basenkonstante begünstigen die *Löslichkeit in Wasser* (die Anionen und H_3O^+-Ionen hydratisieren sich!). Die Halogenhydride und Ammoniak sind deshalb besonders gut wasserlöslich.

Abb. 9.8. Molekülmodelle der Nichtmetallhydride. Untere Reihe, von links nach rechts: CH_4, NH_3, H_2O, HF. Obere Reihe: H_2S und HCl

Tabelle 9.5. Eigenschaften der Nichtmetallhydride

	Smp. (°C)	Sdp. (°C)	Dipolmoment	Bindungsenergie X—H (kcal/Mol)	Bildungswärme (kcal/Mol)	pK_s (nur 1. Stufe
HF	− 83,1°	19,5°	1,91	134,6	− 64,4	3,14
HCl	− 114,8°	− 83,7°	1,04	103,2	− 22,0	− 6
HBr	− 86,9°	− 66,8°	0,79	87,5	− 8,66	− 6
HI	− 50,7°	− 35,4°	0,38	71,4	− 6,2	− 8
H_2O	0,0°	100,0°	1,84	110,6	− 57,8	15,74
H_2S	− 85,6°	− 60,8°	1,17	81,1	− 4,81	7,06
H_2Se	− 60,4°	− 41,5°		66,1	+ 15,8	3,77
NH_3	− 77,7°	− 33°	1,44	93,4	− 11,0	
PH_3	− 133°	− 87°	0,55	76,4	+ 6,0	
AsH_3	− 133,5°	− 55°	0,15	58,6	+ 43,5	
CH_4	− 184°	− 161°	0,00	98,8	− 17,9	
SiH_4	− 185°	− 118°	0,00	70,4	− 11,9	

9.2.2 Die Bildung aus den Elementen

Der Verlauf der *Synthesen der Hydride* läßt sich aus den Elektronegativitäten der Nichtmetalle und von Wasserstoff einigermaßen voraussagen. Sie sind alle *umkehrbar;* wegen der hohen Bindungsenergie von HF und H_2O tritt hier der Zerfall erst bei sehr hohen Temperaturen in merklichem Ausmaß ein. Dementsprechend reagieren *Fluor* und *Sauerstoff* besonders heftig mit Wasserstoff (ein F_2/H_2-Gemisch explodiert schon von selbst!); auch *Chlor* kann sich explosionsartig mit Wasserstoff verbinden (Chlorknallgasreaktion, siehe S.160). Wenn man aber Wasserstoff über *Brom* oder *Iod* leitet, erhält man Bromwasserstoff und besonders Iodwasserstoff nur in geringer Ausbeute (zur Bildung von HI benötigt man Pt-Asbest als Katalysator), weil diese Reaktionen schon bei tiefer Temperatur merklich umkehrbar verlaufen (vgl. Tabelle 9.6). Auch die Reaktion von Wasserstoff mit *Schwefel* läßt sich schon durch relativ geringes Erwärmen umkehren. Das Gleichgewicht der Reaktion $N_2 + 3\,H_2 \rightleftarrows 2\,NH_3$ liegt zwar bei Zimmertemperatur fast vollständig rechts; jedoch ist es wegen der Reaktionsträgheit des *Stickstoffes* nicht möglich, ohne Erwärmen (das aber das Gleichgewicht nach links verschiebt!) Ammoniak zu erhalten. Die Wasserstoffverbindungen von *Tellur* oder *Arsen* lassen sich schließlich nur noch durch Einwirkung von H_{nasc} auf die Elemente gewinnen und sind schon bei Zimmertemperatur sehr leicht zersetzlich. Die Bildung und anschließende Zersetzung von AsH_3 ist die Reaktion beim wichtigsten Nachweis von Arsen, der sogenannten *Marsh-Probe* (Abb. 9.9), welche besonders für die Gerichtsmedizin Bedeutung besitzt.
Technisch von Bedeutung sind die Bildung von Chlorwasserstoff durch Verbrennung von Wasserstoff und Chlor, die Ammoniaksynthese (siehe S. 283) und die Synthese von Kohlenwasserstoffen («Kohlehydrierung», siehe S. 395).

	300°C	1000°C	2000°C
HF	–	–	–
HCl	–	–	0,33%
HBr	–	0,16%	3,6 %
HI	8,2%	28, %	35,1 %

Tabelle 9.6. Entsprechend der Gleichung $2\,HX \rightarrow H_2 + X_2$ *zerfallender Anteil der Halogenhydride*

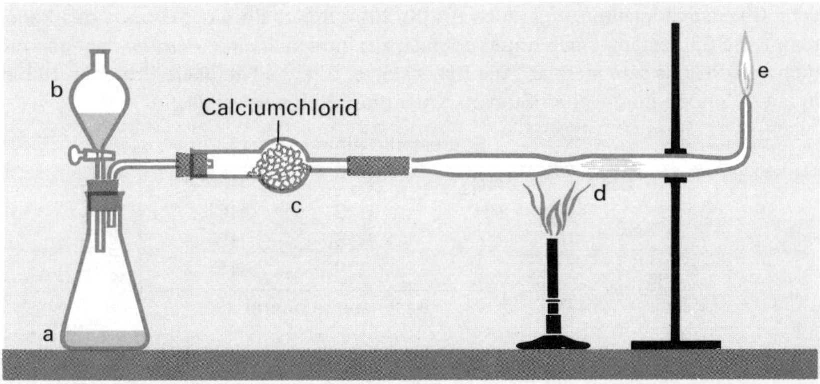

Abb. 9.9. Marsh-Probe zum Nachweis von Arsen. Der Erlenmeyerkolben a enthält Zink und Wasser, dem die zu prüfende Substanz zugesetzt wird. Aus dem Tropftrichter b wird Schwefelsäure zugetropft. Der entstehende Wasserstoff gibt mit dem Arsen flüchtiges, äußerst giftiges (!) AsH_3, der mit dem Wasserstoff entweicht. Im Trockenrohr c werden die Gase entzündet e. Wenn das Prüfrohr an einer Verengung erhitzt wird, zersetzt sich AsH_3, und das entstehende Arsen schlägt sich im Rohr als silberglänzender Belag d nieder

9.2.3 Säure/Base-Reaktionen der Nichtmetallhydride

Im Prinzip können alle Nichtmetallhydride Protonen abspalten, d.h. können als *Säure* wirken. Mit Ausnahme der Hydride der Kohlenstoff/Silicium-Gruppe, die kein freies Elektronenpaar besitzen, vermögen sie alle auch Protonen zu binden, d.h. können sich als *Base* verhalten. Ein Vergleich des Säure- und Basecharakters der verschiedenen Hydride zeigt einige charakteristi-

Tabelle 9.7. pK_s- und pK_b-Werte von Nichtmetallhydriden und ihren konjugierten Säuren und Basen

	CH_4	CH_3^-	NH_4^+	NH_3	NH_2^-	H_3O^+	H_2O	OH^-	O^{2-}	H_2F^+	HF	F^-
pK_s	34		9,24	23		–1,74	15,74	24	–	–6	3,14	–
pK_b	–	–20	–	4,76	–9	–	15,74	–1,74	–10	–	20	10,86
			PH_4^+	PH_3			H_2S	HS^-	S^{2-}		HCl	Cl^-
pK_s			0				7,06	12,9	–		–6	–
pK_b			–	14				6,94	1,1			20
							H_2Se	HSe^-	Se^{2-}		HBr	Br^-
pK_s							3,77	10,0	–		–6	–
pK_b								10,23	4,0			20
							H_2Te	HTe^-	Te^{2-}		HI	I^-
pK_s							2,64	5,0	–		–8	–
pK_b								11,36	9,0			22

sche Gesetzmäßigkeiten (vgl. auch S. 200/201). Innerhalb einer *Gruppe* des Periodensystems nimmt die Säurestärke nach unten deutlich zu; innerhalb einer *Periode* dagegen nimmt sie von rechts nach links sehr stark ab. Die Basenstärke, d. h. die Fähigkeit, Protonen zu binden, nimmt in einer Periode im gleichen Sinn zu. Oder graphisch dargestellt:

Säurestärke nimmt zu →

CH_4	NH_3	H_2O	HF	↓ Säurestärke nimmt zu
	PH_3	H_2S	HCl	
		H_2Se	HBr	
			HI	

← Basenstärke nimmt zu

Für die Abnahme der Säurestärke (und die Zunahme der Basenstärke) in der Reihe $HF \rightarrow CH_4$ ist in erster Linie die in der gleichen Reihenfolge abnehmende Elektronegativität des Nichtmetallatoms verantwortlich, während die Zunahme der Säurestärke innerhalb einer Gruppe (also in den Reihen $HF \rightarrow HI$, $H_2O \rightarrow H_2Te$ und – wenn auch abgeschwächt – $NH_3 \rightarrow SbH_3$) durch die Abnahme der Bindungsenergie (bzw. zunehmende Bindungslänge) bedingt ist.

Die *Halogenwasserstoffverbindungen* sind (mit Ausnahme von HF) in Wasser praktisch zu 100% ionisiert. Zum Vergleich ihrer Säurestärke müssen daher Lösungen in anderen, schwächer basischen Lösungsmitteln herangezogen werden. Ihre Anionen sind sehr schwache Basen, welche (mit Ausnahme des Fluorid-Ions) gegenüber Wasser nicht merklich basisch reagieren. Fluorwasserstoff bildet mit sehr starken Säuren (z. B. $HClO_4$) Salze, die $[H_2F]^+$-Ionen enthalten, ist also auch eine (sehr schwache!) Base.

Der Säurecharakter der *Hydride der Chalkogene* ist weit weniger ausgeprägt. Wasser ist ein typischer Ampholyt; das H_3O^+- und das OH^--Ion ist eine starke Säure bzw. Base. Das O^{2-}-Ion ist eine besonders starke Base. Schwefelwasserstoff ist stärker sauer; HS^- und S^{2-}-Ionen sind weniger basisch als OH^-- und O^{2-}-Ionen. Das S^{2-}-Ion entspricht in der Basenstärke etwa dem OH^--Ion.

Ammoniak ist eine mäßig schwache Base, jedoch nur eine äußerst schwache Säure. NH_4^+-Ionen sind demnach sauer, NH_2^--Ionen sehr stark basisch (dem O^{2-}-Ion vergleichbar!). Phosphorwasserstoff *(«Phosphin»)* ist wegen seiner geringen Polarität im Wasser nur wenig löslich und reagiert praktisch neutral. Base- und Säurecharakter sind wenig ausgeprägt. Phosphin bildet nur mit den stärksten Säuren beständige Salze. Von den «Phosphonium»-halogeniden ist bei Raumtemperatur einzig PH_4I als festes Salz stabil.

Beispiele typischer Säure-Base-Reaktionen sind folgende Vorgänge:

– *Bildung der Hydride* aus ihrem Anion und einer Säure, die stark genug ist, um diesem ein Proton «aufzuzwingen»: Darstellung von HF und HCl aus Fluoriden bzw. Chloriden mit konz. Schwefelsäure[1]; Darstellung von H_2S aus Sulfid und verdünnter Säure.

– Reaktion der *Metalloxide mit Wasser;* Bildung alkalisch reagierender Lösungen:

$$O^{2-} + H_2O \rightarrow 2\,OH^- \quad (\text{z. B. } CaO + H_2O \rightarrow Ca[OH]_2)$$

– Entstehung von *Ammoniumsalzen* aus *Ammoniak* und einer *Säure.* Weil Ammoniak stärker basisch ist als Wasser, bilden nur starke und mittelstarke Säuren kristallisierte Ammonium-

[1] HBr und HI können nicht auf diese Weise hergestellt werden, weil konz. Schwefelsäure Bromid-Ionen zum Teil und Iodid-Ionen fast völlig zu Brom bzw. Iod oxidiert.

salze. Salze sehr schwacher Säuren, wie $(NH_4)_2CO_3$ oder $(NH_4)_2S$, sind hingegen *nicht beständig,* weil die Anionen stärker basisch sind als Ammoniak und daher gegenüber dem Ammonium-Ion als Protonenfänger wirken.

– Darstellung von *Ammoniak* aus einem *Ammoniumsalz* und einer Base:

$$NH_4^+ + OH^- \rightleftharpoons NH_3\uparrow + H_2O$$

Durch Erwärmen entweicht NH_3; das Gleichgewicht wird gestört, und die Reaktion läuft nahezu vollständig nach rechts ab.

9.2.4 Wichtige Beispiele von Nichtmetallhydriden

Fluorwasserstoff (HF), stechend riechendes Gas mit Siedepunkt +19,5°C, mischt sich mit Wasser in jedem Verhältnis. Dank den starken H-Brücken besteht auch der Dampf von HF nicht aus Einzelmolekülen, sondern aus Molekülschwärmen. Die wäßrige Lösung von HF *(«Flußsäure»)* ätzt Glas an (Verwendung als Glasätztinte!) und kann auf der Haut sehr schmerzhafte Wunden erzeugen. Aufbewahrung in paraffinierten Glas- oder in Kunststoffgefäßen.

Chlorwasserstoff (HCl), ebenfalls stechend riechendes Gas, in Wasser gelöst: Salzsäure. Technische Herstellung durch Verbrennung von Wasserstoff in Chlor oder aus Kochsalz mit konz. Schwefelsäure. Salzsäure ist eine der am häufigsten verwendeten Säuren.

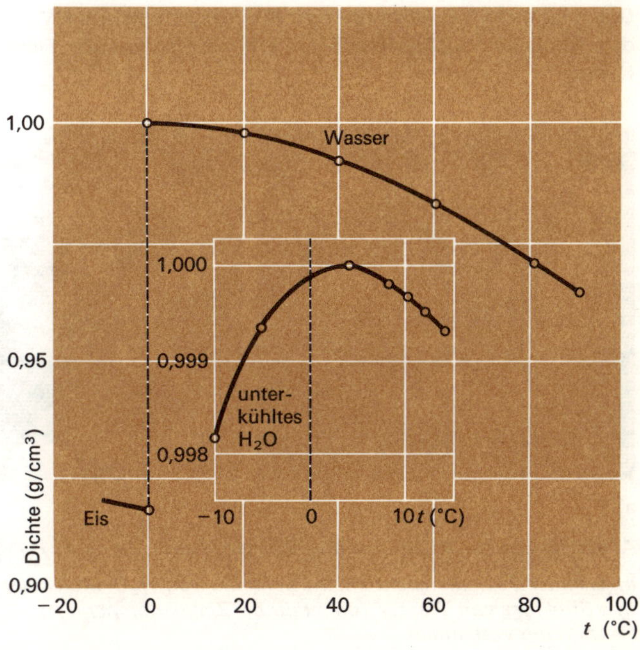

Abb. 9.10.
Dichte von Wasser

Wasser besitzt für den Stoffhaushalt der lebenden und toten Natur eine gewaltige Bedeutung. Kein Leben in der auf der Erde bekannten Form existiert ganz ohne Wasser. Diese hervorragende Stellung wird durch verschiedene, einzigartige Eigenschaften bedingt, die letzten Endes alle auf die *Struktur* des H_2O-Moleküls und seine Fähigkeit, *sehr starke H-Brücken* bilden zu können, zurückgeführt werden müssen.

Im *Eis* ist ein O-Atom tetraedrisch von vier H-Atomen umgeben, wobei zwei durch Atombindung und zwei durch H-Brücken gebunden werden. Diese Anordnung gibt eine sehr voluminöse, *lockere Struktur* (Abb. 9.11 und 9.12). Beim Schmelzen bricht die Gitterordnung zusammen, und die Moleküle können sich dichter zusammenlagern, so daß Wasser bei 0°C eine *höhere Dichte* besitzt als Eis. Beim weiteren Erwärmen nimmt einerseits die Raumbeanspruchung der Teilchen zu (stärkere Wärmebewegung!); anderseits wird die Ordnung immer mehr gestört, und die Teilchen lagern sich enger zusammen. Als Folge dieser einander entgegengesetzten Effekte zeigt Wasser ein Maximum der Dichte bei 4°C. Dieses *Dichtemaximum* verhindert ein vollständiges Gefrieren auch nur wenig tiefer Gewässer. – Die hohe Polarität des Moleküls bedingt den «abnorm» hohen *Siedepunkt* (H_2O 100°C, H_2S –61°C) und das ausgezeichnete *Lösevermögen* für Salze sowie für stark polare Molekülverbindungen, wie Aceton, Harnstoff, Zucker usw. Dank seiner Ampholytnatur löst Wasser sowohl Säuren wie Basen.

Natürliches Wasser ist niemals rein (auch Regenwasser enthält Sauerstoff und CO_2 gelöst). Die wichtigsten gelösten Bestandteile von «Brunnenwasser» sind neben Sauerstoff und CO_2 Salze wie $Ca(HCO_3)_2$, $CaSO_4$, $MgCl_2$ usw. (*«Härte»* des Wassers, siehe S. 304). Durch mehrfache Destillation kann man völlig reines «Leitfähigkeitswasser» erhalten (Prüfung der Reinheit durch Messung der Leitfähigkeit).

Die stark polare H—O-Bindung läßt sich nur durch Zufuhr erheblicher Energiemengen spalten, z. B. durch *Elektrolyse* (Zersetzungsspannung des Wassers 1,24 V; wegen der geringen Leitfähigkeit Zusatz von Schwefelsäure oder Natronlauge) oder durch starkes *Erhitzen* (bei 2000°C sind erst rund 2% des Wasserdampfes in Wasserstoff und Sauerstoff gespalten!).

Durch sehr starke Oxidations- oder Reduktionsmittel kann Wasser oxidiert oder reduziert werden (Oxidation zu Sauerstoff und HF mit elementarem Fluor; Reduktion mit elementarem Natrium).

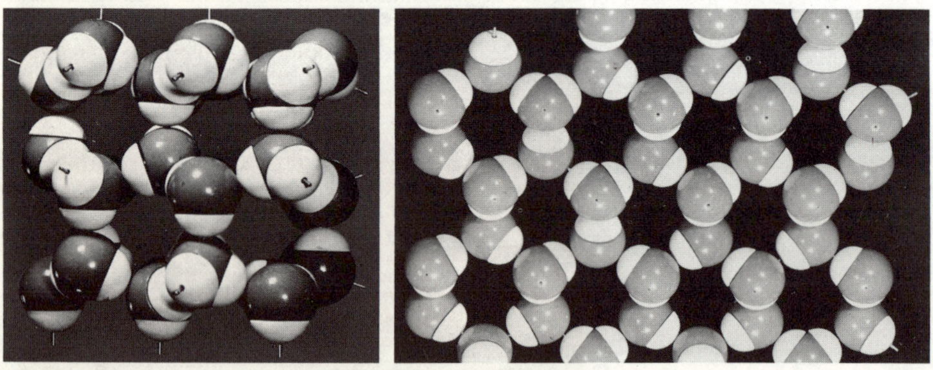

a) b)

Abb. 9.11. Strukturen von Eis und Wasser (Kalottenmodelle)

a) Eisgitter (Seitenansicht einer «Schicht» von H_2O-Molekülen), relativ lockere Anordnung;
b) «Struktur» von Wasser (ungefähr bei Zimmertemperatur). Auch hier ist noch eine gewisse Ordnung vorhanden

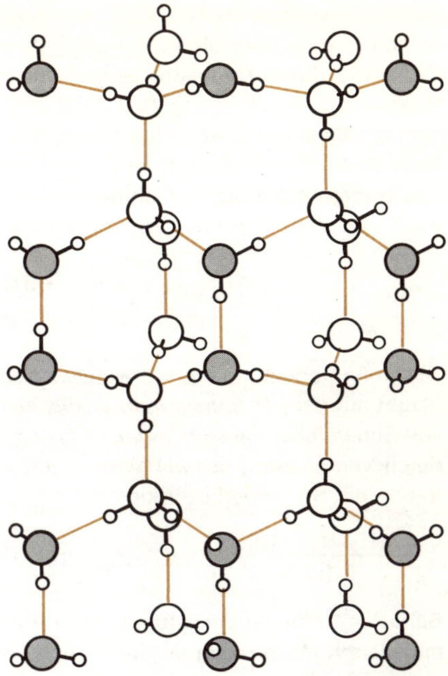

Abb. 9.12. Anordnung der H_2O-Moleküle im Eiskristall. Die farbigen Linien stellen Wasserstoffbrücken dar

Wasserstoffperoxid (H_2O_2), eine farblose, in dicker Schicht bläuliche Flüssigkeit (Sdp. 158°C). Das Molekül enthält zwei gleichsinnig polarisierte H—O-Bindungen und ist sehr *unstabil;* H_2O_2 zerfällt deshalb leicht in Wasser und Sauerstoff:

$$2\,H_2O_2 \longrightarrow 2\,H_2O + O_2 \qquad |\,\Delta H = -46{,}2\ \text{kcal}$$

Die Zerfallsgeschwindigkeit ist bei Zimmertemperatur allerdings sehr klein (H_2O_2 ist metastabil!); jedoch vermögen viele Katalysatoren, wie Braunstein, OH^--Ionen, Kaliumiodid, Platin usw., die Zersetzungsgeschwindigkeit so stark zu beschleunigen, daß sehr lebhafter, bei konzentrierten Lösungen mitunter explosionsartiger Zerfall eintritt. Gewisse «Antikatalysatoren» hemmen indessen diesen Zerfall und werden als *Stabilisatoren* für Lösungen von H_2O_2 verwendet. Infolge dieses Zerfalles ist Wasserstoffperoxid ein kräftiges Oxidationsmittel (Verwendung als Bleichmittel für Haare, Stroh, Schwämme, Leder, Textilien usw. und als «Perborat» in vielen Waschmitteln). Gegenüber sehr starken Oxidationsmitteln [$KMnO_4$, Ozon, Blei(IV)-oxid] vermag H_2O_2 auch *reduzierend* (sauerstoffaufnehmend) zu wirken.
Wasserstoffperoxid ist zwar nur äußerst schwach, jedoch deutlich stärker sauer als Wasser (pK_S 1. Stufe 11,62). Das $[O_2]^{2-}$-*(«Peroxid»-)* Ion ist eine starke Base, jedoch schwächer als das Oxid-Ion.
Manche Metalle (Natrium, Barium) bilden bei der Verbrennung an der Luft *Peroxide* (Na_2O_2, BaO_2), gelbliche oder weißliche Salze. In Wasser reagieren diese Peroxide stark alkalisch; bei Zugabe einer Säure entsteht daraus Wasserstoffperoxid ($[O_2]^{2-} + 2\,H_3O^+ \longrightarrow 2\,H_2O + H_2O_2$). Nach dieser Gleichung wird Wasserstoffperoxid aus BaO_2 und H_2SO_4 hergestellt. Die Metallperoxide sind ebenfalls starke Oxidationsmittel und können als sauerstoffabspaltende Mittel verwendet werden.

Schwefelwasserstoff (H_2S), ein farbloses, sehr giftiges, wie faule Eier riechendes Gas, kommt in der Natur als Fäulnisprodukt eiweißhaltiger Stoffe, in «Schwefelwässern» (durch bakterielle Sulfat-Reduktion entstanden) und in vulkanischen Gasen vor. Die Löslichkeit in Wasser ist ziemlich gering (bei 20°C 2,47 Liter H_2S im Liter Wasser). Schwefelwasserstoff ist eine schwache zweiprotonige *Säure;* das HS^--Ion ist eine schwache, das S^{2-}-Ion eine starke Base. Schwefelwasserstoff ist ziemlich leicht oxidierbar (Verwendung als *Reduktionsmittel!)* und verbrennt mit blauer Flamme zu Schwefeldioxid und Wasser; bei ungenügendem Luftzutritt bildet sich Schwefel («unvollständige» Verbrennung):

$$2\,H_2S + 3\,O_2 \rightarrow 2\,SO_2 + 2\,H_2O$$
$$2\,H_2S + O_2 \rightarrow 2\,S + 2\,H_2O$$

Die große Bedeutung des Schwefelwasserstoffes für die *qualitative Analyse* von Salzgemischen beruht auf der *pH-abhängigen Löslichkeit der Metallsulfide.* Dadurch können durch Einleiten von Schwefelwasserstoff in eine Lösung verschiedener Salze die Metall-Ionen gruppenweise durch Veränderung des *p*H-Wertes gefällt werden. In stark sauren Lösungen ist die Konzentration der S^{2-}-Ionen sehr klein:

$$\frac{(H_3O^+)^2 \cdot (S^{2-})}{(H_2S)} = K_{s_1} \cdot K_{s_2} = 10^{-21}\text{; bei } (H_2S) \approx 0{,}1 \text{ und } pH\ 0 \text{ wird } (S^{2-}) = 10^{-22}$$

Bei $pH < 1$ können deshalb nur Sulfide ausfallen, deren Löslichkeitsprodukt auch durch diese minimale Konzentration der S^{2-}-Ionen noch überschritten werden kann: PbS, CuS, HgS u.a. (Lp. $< 10^{-28}$).

In neutraler oder schwach alkalischer Lösung ist die Konzentration der S^{2-}-Ionen beträchtlich höher, und man erhält die schwerlöslichen Sulfide ZnS, MnS, FeS, NiS u.a. mit Löslichkeitsprodukten zwischen 10^{-15} und 10^{-22}. Nur die Sulfide der Alkali- und Erdalkalimetalle lösen sich in Wasser. Sie reagieren stark alkalisch:

$$S^{2-} + H_2O \rightleftarrows OH^- + SH^-$$

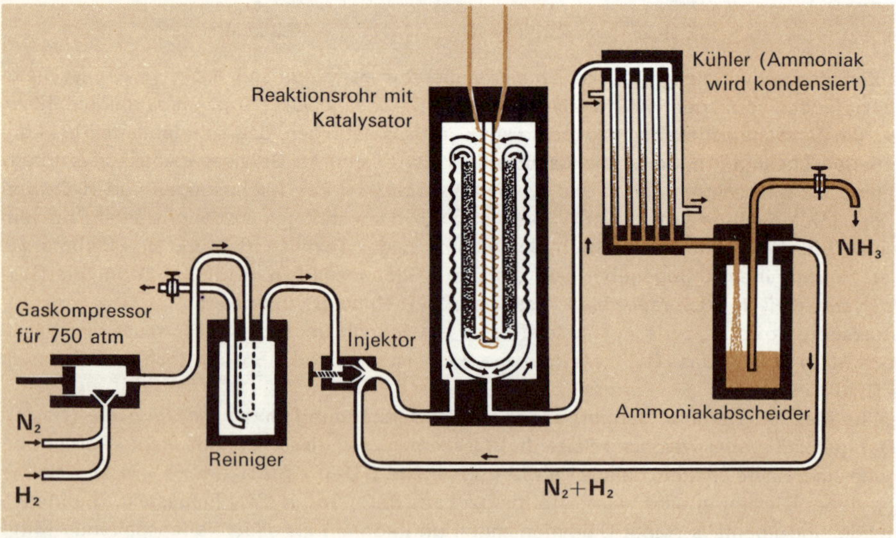

Abb. 9.13. Schema der Ammoniaksynthese der Lonza AG, Visp (Wallis)

Für analytische Zwecke wird Schwefelwasserstoff meist aus Eisensulfid und Salzsäure hergestellt. Eine elegante Methode besteht im Erhitzen einer Mischung von Paraffin und Schwefel, wobei Kohle zurückbleibt.

Ammoniak (NH_3), charakteristisch (nach «Salmiak») riechendes, farbloses, giftiges Gas, Sdp. −33,5°C, in Wasser sehr gut löslich (1 Liter Wasser löst bei 15°C 727 Liter Ammoniak!). Die Lösung, Salmiakgeist, reagiert ziemlich stark alkalisch (*p*H 10–12). Ammoniak entsteht bei der Fäulnis stickstoffhaltiger organischer Verbindungen (Eiweiß, Harnstoff); gewisse Planeten (Jupiter) besitzen eine Atmosphäre, die neben anderen Hydriden Ammoniak enthält.

Ammoniak ist eine der wichtigsten technisch produzierten Verbindungen und bildet das Ausgangsmaterial für die Gewinnung der meisten Stickstoffverbindungen. Man erhält Ammoniak als Nebenprodukt bei der trockenen Destillation der Steinkohle («Kokerei») oder durch *Synthese* aus Luftstickstoff und Wasserstoff:

$$N_2 + 3H_2 \rightleftarrows 2NH_3 \qquad | \Delta H = -2 \cdot 10{,}9 \text{ kcal}$$

Das bei *Zimmertemperatur* praktisch völlig auf der Seite von *Ammoniak* liegende Gleichgewicht wird durch Erwärmen stark nach *links* verschoben (Prinzip von Le Chatelier; da die *Reaktionsentropie negativ* ist, muß mit zunehmender Temperatur ΔG positiv werden).

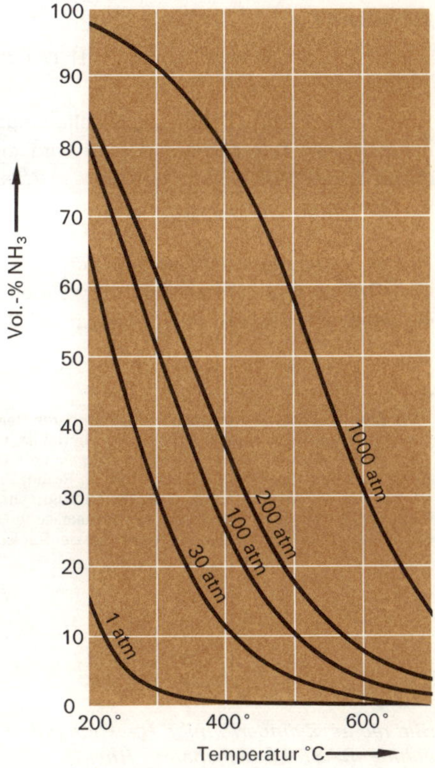

Abb. 9.14. Menge Ammoniak im Ammoniakgleichgewicht in Abhängigkeit von Druck und Temperatur

Bei tiefen Temperaturen ist jedoch die Reaktionsträgheit des Stickstoffes zu groß, d.h. die *Reaktionsgeschwindigkeit* ist äußerst klein. Katalysatoren wirken erst ab 400°C genügend stark beschleunigend, so daß man praktisch bei Temperaturen von 400–500°C arbeiten muß. Die dann sehr kleinen Ausbeuten (bei 500°C und 1 atm Druck befinden sich nur 0,1 Vol.-% Ammoniak mit Stickstoff und Wasserstoff im Gleichgewicht, siehe Abb. 9.14) lassen sich durch hohe Drucke (mindestens 200 atm) beträchtlich steigern. Da aus einem Volumen Stickstoff und drei Volumen Wasserstoff nur zwei Volumen Ammoniak entstehen, muß nach dem Prinzip von Le Chatelier hoher Druck die Bildung von Ammoniak (kleineres Volumen!) begünstigen[1].

Das *Ammoniakgleichgewicht* wurde von Haber[2] untersucht (1905–1910) und die Ergebnisse anschließend von Bosch[3] in die Technik übertragen (Badische Anilin- und Sodafabrik, Ludwigshafen am Rhein). Beim ursprünglichen «Haber-Bosch-Verfahren» wird die Synthese bei 500°C und 200 atm in 12 m hohen Stahlrohren durchgeführt, welche hochreines Eisen mit etwas Aluminium- und Alkalihydroxid als Katalysator enthalten. Unter den Bedingungen der Ammoniaksynthese wird aber der Kohlenstoff des Stahls durch Wasserstoff in Form gasförmiger Kohlenwasserstoffverbindungen aus dem Metall herausgelöst, so daß dieses spröde wird und den Druck nur kurze Zeit aushalten kann. Man mußte deshalb die Druckrohre innen mit einem Mantel aus kohlenstoffarmem Weicheisen versehen. Die erforderliche Temperatur wird zunächst im Inneren der Reaktionsrohre durch Heizdrähte erzeugt; ist die Reaktion einmal im Gang, so hält die Reaktionswärme das Gasgemisch von selbst auf der nötigen Temperatur.

Den für die Ammoniaksynthese benötigten *Wasserstoff* gewinnt man aus Wasser entweder durch Elektrolyse (Lonza-Werke, Visp) oder dadurch, daß man Wasserdampf über glühende Kohle leitet:

$$H_2O + C \rightarrow H_2 + CO$$

Heute wird dieses «Synthesegas» allerdings zur Hauptsache aus Erdgasen und Erdöl gewonnen (S. 393). Das Kohlenmonoxid wird mit weiterem Wasserdampf katalytisch zu Kohlendioxid oxidiert, welches unter Druck in Wasser gelöst und damit aus dem Gasgemisch entfernt werden kann.

Andere Verfahren unterscheiden sich vom Haber-Bosch-Prozeß durch andere Temperaturen oder Drucke. Die Lonza-Werke verwenden z. B. 750 atm und 500°C (Verfahren von Casale); ein weiteres Verfahren arbeitet sogar bei Drucken von 1000 atm. Die Ammoniaksynthese hat

[1] Die Gleichgewichtskonstante einer umkehrbaren Reaktion ist zwar nicht vom Druck abhängig; da aber die Konzentration eines Gases seinem Druck proportional ist, werden durch Erhöhung des Druckes die Konzentrationen erhöht. Beim Ammoniakgleichgewicht wirkt sich die Druck- (Konzentrations-) erhöhung des Wasserstoffes besonders stark aus, da er im MWG in der dritten Potenz erscheint, und verschiebt damit das Gleichgewicht nach rechts. Umkehrbare Reaktionen, bei denen keine Volumenänderung auftritt, lassen sich durch Druck nicht beeinflussen.
[2] F. Haber (1868–1934), Professor für physikalische Chemie in Karlsruhe. Nobelpreis 1918.
[3] C. Bosch (1874–1940), leitender Chemiker der Badischen Anilin- und Sodafabrik (Ludwigshafen). Nobelpreis 1931.

Bild rechts: Zylinderförmige Reaktionsrohre (250 atm) für die Synthese von Ammoniak (Aufnahme: BASF Ludwigshafen / Rhein)

PUS 472

Ansicht

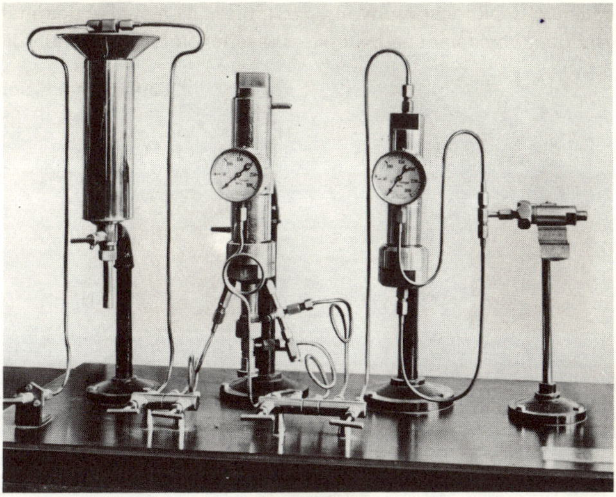

Abb. 9.15. *Versuchsapparatur von F. Haber zur Synthese des Ammoniaks*

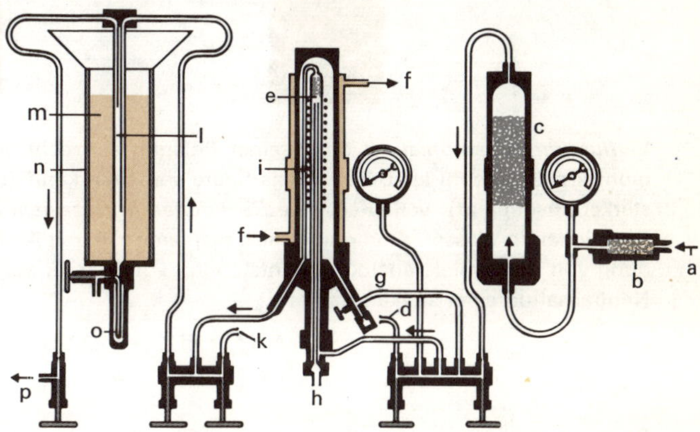

Schnittbild: a Zufuhr des Druckgases von der Umlaufpumpe (Stickstoff und Wasserstoff mit Spuren an Sauerstoff), b erhitzter Platinasbest als Katalysator für die Reaktion $O_2 + 2\ H_2 = 2\ H_2O$, c Trockner, d Probenahme des Frischgases, e Kontaktraum, f Kühlwasser, g Druckausgleichsrohr, h Thermoelement, i elektrische Heizung, k Probenahme des ammoniakhaltigen Gases, l Verflüssiger, m Kühlbad, n Wärmeschutz, o Abscheider für flüssiges Ammoniak, p Rückkehr des Hochdruckgases zur Umlaufpumpe (aus Chemie-Ingenieur-Technik 35 [1963] 817–823)

sehr große wirtschaftliche Bedeutung; sie bildet – gemessen an der Menge der erzeugten Produkte (etwa 100 Mill. t/Jahr) – einen der wichtigsten technischen Prozesse überhaupt. Die Überführung von Stickstoff in Ammoniak ist heute die einzige Möglichkeit von Bedeutung, mit welcher man die große Reaktionsträgheit des elementaren Stickstoffes überwinden kann.

Die Erforschung des *Mechanismus* der Ammoniaksynthese gelang erst vor einigen Jahren (1959/60). Stickstoff- und Wassermoleküle werden an der Oberfläche des Katalysators adsorbiert (die Geschwindigkeit, mit der die N_2-Moleküle gebunden werden, bestimmt in erster

Katalytische Oxidation von Ammoniak. Von unten wird das Luft/NH_3-Gemisch zugeführt; oben wird das NO/NO_2/Wasserdampf-Gemisch abgeleitet (Aufnahme: Lonza AG, Visp)

Linie die Reaktionsgeschwindigkeit; diese ist hier also unabhängig von den Konzentrationen!), und über verschiedene instabile Zwischenstufen entstehen die Ammoniakmoleküle:

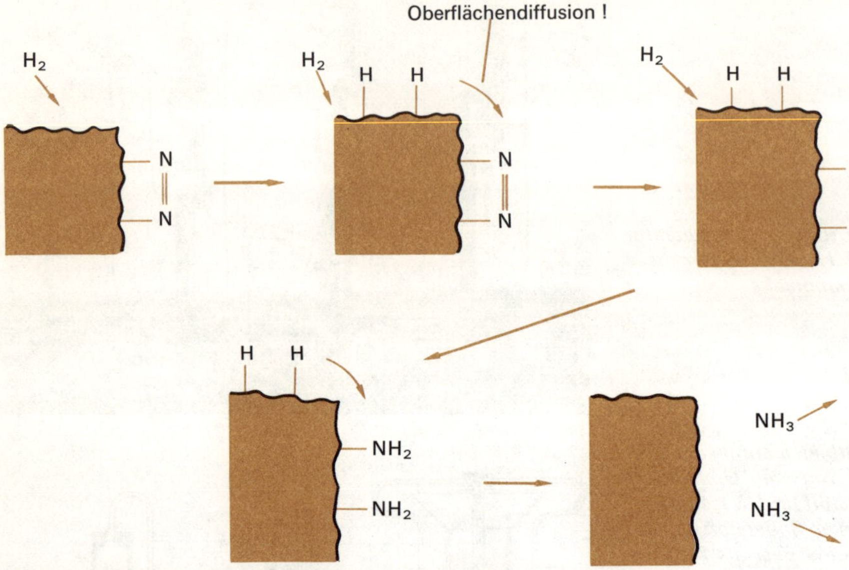

Verflüssigtes Ammoniak ist dank seiner Polarität ein recht gutes Salzlösungsmittel. Da Ammoniak sich sowohl als Base wie als Säure verhalten kann (der Basencharakter ist allerdings stärker ausgeprägt), verlaufen viele *Reaktionen in flüssigem Ammoniak* ähnlich wie analoge Reaktionen in Wasser. Ammoniumsalze reagieren z. B. mit Amiden (mit NH_2^--Ionen) unter Bildung von Ammoniak, analog der Entstehung von Wasser aus H_3O^+- und OH^--Ionen bei der Neutralisation einer starken Säure:

$$NH_4^+ + NH_2^- \longrightarrow 2\,NH_3$$
$$OH_3^+ + OH^- \longrightarrow 2\,OH_2$$

Der verglichen mit Wasser stärker basische Charakter von Ammoniak zeigt sich darin, daß viele Molekülsäuren, welche in Wasser nur in einem kleinen Ausmaß Ionen bilden, in flüssigem Ammoniak «starke» Säuren sind (d. h. nahezu vollständig ionisiert sind). Unedle Metalle (Natrium) reagieren mit Ammoniak wie mit Wasser unter Bildung von Wasserstoff:

$$2\,Na + 2\,NH_3 \longrightarrow \underset{\text{Na-amid, Salz}}{2\,NaNH_2} + H_2$$

$$2\,Na + 2\,OH_2 \longrightarrow \underset{\text{Na-hydroxid, Salz}}{2\,NaOH} + H_2$$

Schließlich neigt Ammoniak ähnlich wie Wasser stark zur *Komplexbildung* mit Metall-Ionen. Die *«Ammin-Komplexe»* sind aber im allgemeinen wesentlich stabiler als die Hydrate («Aquo-Komplexe»). Offenbar treten die Elektronen des Metall-Ions und das freie Elektronenpaar des NH_3-Moleküls in eine wesentlich engere gegenseitige Wechselwirkung.
Ammoniak kann relativ leicht *oxidiert* werden. Die Verbrennung liefert allerdings nicht so viel Wärme, daß das Gas an der Luft selbständig brennen kann; nur bei ständigem Erwärmen (oder

in reinem Sauerstoff) verbrennt es mit rötlicher oder gelber Flamme zu Wasser und Stickstoff. Ammoniak/Sauerstoff-Gemische können aber unter Umständen heftig explodieren. Die *katalytische Oxidation* von Ammoniak führt zu *Stickstoffoxiden* (siehe S. 297).
Wegen seiner großen Verdampfungswärme dient flüssiges Ammoniak als Kühlflüssigkeit in Eismaschinen.
Die *Ammoniumsalze* verhalten sich in mancher Beziehung (Löslichkeit, Kristallform) ähnlich wie Kalium- oder Rubidiumsalze (ähnlicher Radius der K^+-, Rb^+- und NH_4^+-Ionen!). Das Ammonium-Ion ist viel weniger stark sauer als das Hydronium-Ion; während nur die allerstärksten Säuren (deren Anionen also äußerst schwach basisch sind) kristallisierte Hydroniumsalze bilden können (z. B. $[H_3O]^+[ClO_4]^-$), kennt man Ammoniumsalze auch von vielen schwächeren Säuren. Ammoniumsalze mit Anionen von ausgeprägt basischem Charakter (d. h. Ammoniumsalze sehr schwacher Säuren) sind hingegen ebenfalls unbeständig. Beim Erhitzen zerfallen alle Ammoniumsalze in Ammoniak und Säure (Umkehrung der Bildung). Da sich an kälteren Stellen des Gefäßes wieder Ammoniumsalz niederschlägt, scheint das Salz zu sublimieren; in Wirklichkeit bildet jedoch der Dampf eine Mischung von Ammoniak und Säure:

$$NH_3 + HX \rightleftarrows NH_4X \qquad | - \text{Energie} \nearrow$$

Die «Sublimationstemperatur» ist um so tiefer, je stärker basisch das Anion ist. Von den Ammoniumhalogeniden sublimiert deshalb NH_4F bei besonders tiefer Temperatur. – Wäßrige Lösungen von Ammoniumsalzen starker Säuren reagieren *sauer:*

$$NH_4^+ + H_2O \rightleftarrows H_3O^+ + NH_3$$

Mit starken Basen bilden Ammoniumsalze Ammoniak (Methode zur Herstellung kleinerer Mengen von Ammoniak).
Ammonium-Ionen können von den Pflanzen aus dem Erdboden aufgenommen und direkt assimiliert (d. h. in organische Substanz) übergeführt werden. Ammoniumsalze (vor allem das Sulfat und das Nitrat) sind daher wichtige *Stickstoffdünger.* Ammoniakhaltige Abwässer können Flüsse oder Seen «düngen» und eine üppige Algenvegetation hervorrufen *(«Verschmutzung»).*
Ammoniumnitrat zerfällt bei raschem Erhitzen explosionsartig in Wasser und Distickstoffoxid («Lachgas») oder Wasser, Stickstoff und Sauerstoff, so daß es als Sprengstoff verwendet werden kann. *Salmiaksalz* (NH_4Cl) wurde im Altertum in Ägypten durch Verbrennen von Kamelmist erhalten und nach dem Heiligtum des Jupiter-Ammon *sal ammoniacum* genannt. Seine Verwendung als Lötstein verdankt es der Eigenschaft, beim Erhitzen in Ammoniak und Chlorwasserstoffgas zu zerfallen; dieses löst die Oxidschicht des zu lötenden Metalls.

Übungen

9.12 Erklären Sie den Einfluß der Polarität der Bindungen auf die wichtigsten Eigenschaften der Nichtmetallhydride (Stabilität, Säure/Base-Charakter).
9.13 Was für «Besonderheiten» hat Wasser? Wie werden sie erklärt?
9.14 Warum hat Ammoniak eine viel kleinere Bildungswärme als Wasser?
9.15 Stellen Sie die Gleichungen für folgende Reaktionen auf:
Zusammengeben von $NaNH_2$ (Na-amid) und Wasser.
«Lösen» von Natriumsulfid in Wasser.
«Lösen» von Phosphoniumiodid (PH_4I) in Wasser.
Erhitzen von Ammoniumsulfat.
Durchleiten von H_2S durch konz. Schwefelsäure.
Reaktion von Mg_2Si mit Wasser.

9.16 Berechnen Sie mit Hilfe der Löslichkeitsprodukte (S. 565), welche Metallsulfide (Konzentration der Metall-Ionen etwa 1-M) in einer gesättigten Lösung von H_2S bei $pH < 0$ und > 7 ausgefällt werden können.
9.17 Wie wirkt der Katalysator bei der Ammoniaksynthese?
9.18 Warum erhöht ein höherer Druck die Ausbeute an Ammoniak bei der NH_3-Synthese?
9.19 Essigsäure wird gelöst in Wasser und gelöst in flüssigem Ammoniak. Welche Lösung leitet besser?
9.20 Auf dem Labortisch stehen je 1-M Lösungen von HCl, HBr und HI. Welche ist die stärkste Säure? Welche wird sich am längsten unverändert aufbewahren lassen? Warum?
9.21 Warum benützt man HF zum Ätzen von Glas?

9.3 Die Sauerstoffverbindungen der Nichtmetalle

Alle Nichtmetalle bilden mehrere *Oxide*. Die meisten von ihnen sind *typisch flüchtige Stoffe*, also *Molekülverbindungen*. Durch direkte Vereinigung der Elemente können O_2F_2 (allerdings nur bei tiefen Temperaturen stabil), SO_2, NO, P_4O_6, P_4O_{10}, CO, CO_2 und SiO_2 erhalten werden. Die übrigen Oxide müssen auf Umwegen (meist über die Sauerstoffsäuren) hergestellt werden. Manche Nichtmetalloxide sind *«Säureanhydride»*, d.h. bilden beim Lösen in Wasser eine saure Lösung: Cl_2O_5, Cl_2O_7; SO_2, SO_3; N_2O_5; P_4O_6, P_4O_{10}; CO_2. Ihre Lösungen enthalten neben H_3O^+-Ionen *«Oxo-Komplexanionen»* ClO_3^-, ClO_4^-; SO_3^{2-}, SO_4^{2-}; NO_3^-; PO_4^{3-}; CO_3^{2-}. In geringen Konzentrationen kommen in einzelnen dieser Lösungen auch die «protonierten» Oxokomplexe, d.h. die den Komplexanionen entsprechenden Säuremoleküle, vor. In reiner Form sind von diesen allerdings nur $HClO_4$, H_2SO_4, HNO_3 und H_3PO_4 stabil. Über die Säurestärke der verschiedenen Nichtmetall-Sauerstoffsäuren siehe S. 201.

9.3.1 Oxide und Sauerstoffsäuren der Halogene

Die meisten *Oxide* der Halogene sind ziemlich *unbeständige* Verbindungen ohne große Bedeutung. Manche von ihnen (z.B. *Chlordioxid*, ClO_2) können schon bei geringem Erwärmen explosionsartig zerfallen. Da die Polarität der Halogen-Sauerstoff-Bindung beim Iod am größten ist, bildet dieses die stabilsten Sauerstoffverbindungen. Trotzdem spalten auch Iodoxide, Iodsäure oder ihre Salze noch ziemlich leicht Sauerstoff ab. Merkwürdigerweise ist das Anhydrid der Periodsäure, I_2O_7, bisher nicht bekanntgeworden.
Wegen seiner hohen Elektronegativität tritt *Fluor* nicht in positiven Oxidationszahlen auf und bildet deshalb keine *Sauerstoffsäuren*. Mit Ausnahme der Perchlorsäure, der Iod- und der

Tabelle 9.8. Oxide und Sauerstoffsäuren der Halogene

Oxidationszahl	Chlor		Brom		Iod	
+I	Cl_2O	HClO	Br_2O	HBrO		HIO
+III		$HClO_2$				
+IV	ClO_2		BrO_2		I_2O_4	
+V		$HClO_3$		$HBrO_3$	I_2O_5	HIO_3
+VI	Cl_2O_6					
+VII	Cl_2O_7	$HClO_4$		$HBrO_4$		HIO_4 H_5IO_6

Periodsäure sind die reinen Säuren nicht bekannt; beim Eindampfen ihrer wäßrigen Lösungen tritt (unter Umständen explosionsartiger) Zerfall ein. Ihre Salze sind größtenteils kräftige Oxidationsmittel; besonders stark oxidierend wirken die Salze der Chlor-Sauerstoff-Säuren.

Hypochlorite entstehen aus Chlor und Alkali- oder Erdalkalihydroxiden (siehe S. 252):

$$Cl_2 + 2\,OH^- \longrightarrow ClO^- + Cl^- + H_2O$$

Sie zerfallen in Lösung schon beim Stehen am Licht langsam in Chlorid und O_{nasc} und werden als *Bleichmittel* verwendet. «Eau de Javelle» ist eine Lösung von Chlor in KOH und enthält neben dem Hypochlorit auch Chlorid. *Chlorkalk* (Desinfektions- und geruchbindendes Mittel) ist $Ca^{2+}[ClO]^-Cl^-$ und entsteht aus $Ca(OH)_2$ und Chlor.
Chlorate und besonders *Perchlorate* sind wesentlich stabiler als die Hypochlorite; Perchlorate sind in wäßriger Lösung ziemlich schwer zu reduzieren (trotz des stark positiven Normalpotentials von +1,34 V!). Aus Bariumperchlorat und verdünnter Schwefelsäure erhält man eine verdünnte Lösung der Perchlorsäure, die sich eindampfen und (unter entsprechenden Vorsichtsmaßnahmen) im Vakuum unzersetzt destillieren läßt:

$$Ba(ClO_4)_2 + H_2SO_4 \longrightarrow 2\,HClO_4 + \underline{BaSO_4}\downarrow$$

Feste Chlorate und Perchlorate können aber nach entsprechender Aktivierung (Erwärmen) ebenfalls Sauerstoff abgeben; wegen ihres hohen Sauerstoffgehaltes wirken dann auch Perchlorate als starke Oxidationsmittel (Sprengmischungen, Feuerwerkerei, Zündhölzer).
Chlorate und Perchlorate können aus Hypochlorit entstehen (siehe S. 252):

$$3\,ClO^- \longrightarrow ClO_3^- + 2\,Cl^-$$
$$4\,ClO_3^- \longrightarrow 3\,ClO_4^- + Cl^-$$

Solche Reaktionen, bei welchen dieselbe Teilchenart sowohl als Reduktions- wie als Oxidationsmittel wirkt, nennt man *Disproportionierungen.*
Bromate und *Iodate* finden im Laboratorium als Oxidationsmittel Verwendung. In der «Ortho-Periodsäure» H_5IO_6 sind sechs O-Atome oktaedrisch um das Iodatom angeordnet; die bindenden Elektronen besetzen auch *d*-Niveaux im Iodatom.

9.3.2 Oxide und Sauerstoffsäuren des Schwefels

Beim Verbrennen von Schwefel bildet sich *Schwefeldioxid,* ein farbloses, stechend riechendes Gas (Sdp. –10°C), das sich ziemlich gut in Wasser löst (1 Liter Wasser löst bei 20°C 40 Liter SO_2). Die Lösung reagiert ziemlich stark sauer. Man war lange Zeit der Ansicht, eine solche Lösung enthalte *«schweflige Säure»,* H_2SO_3; es hat sich indessen gezeigt, daß kein Anzeichen dafür besteht, daß eine solche Verbindung tatsächlich existiert, und man muß vielmehr annehmen, daß aus den (hydratisierten) SO_2-Molekülen mit Wasser direkt HSO_3^-- und H_3O^+-Ionen entstehen:

$$SO_2 + H_2O \rightleftharpoons HSO_3^- + H_3O^+ \qquad pK_s = 1{,}96$$

Aus Hydrogensulfiten oder Sulfiten und einer stärkeren Säure erhält man SO_2 (Verschiebung des Gleichgewichtes nach links, wenn SO_2 als Gas aus der Lösung entweicht).

In wäßriger Lösung werden sowohl SO_2 wie die Sulfite ziemlich leicht zu Schwefelsäure bzw. Sulfaten oxidiert, wirken also als *Reduktionsmittel:*

$$3\,H_2O + SO_3^{2-} \longrightarrow SO_4^{2-} + 2\,H_3O^+ + 2\,e^- \quad \Big| \; E^0 = -0{,}90\,V$$
$$6\,H_2O + SO_2 \longrightarrow SO_4^{2-} + 4\,H_3O^+ + 2\,e^- \quad \Big| \; E^0 = +0{,}14\,V$$

Auf der reduzierenden Wirkung von SO_2 beruht die Verwendung zum Bleichen von Holz, Wolle, Papier u.a., die durch Chlor nicht gebleicht werden können. SO_2 reduziert dabei farbige Stoffe zu farblosen Produkten. SO_2 ist giftig und wird daher häufig auch zur Desinfektion und zur Konservierung verwendet (Ausschwefeln von Weinfässern). Mit einer Lösung von Calciumhydrogensulfit [«Calciumbisulfit», $Ca(HSO_3)_2$] kann aus Holz das Lignin (Holzstoff) herausgelöst werden (Cellulosegewinnung aus Holz).

Schwefeltrioxid existiert bei Zimmertemperatur in zwei Formen. «Eisartiges» SO_3 schmilzt bei 17°C und enthält SO_3-Moleküle; «fasriges» SO_3 besteht aus Ketten von zahlreichen SO_3-Gruppen, die feine, glänzende Nadeln bilden, und schmilzt bei 40°C:

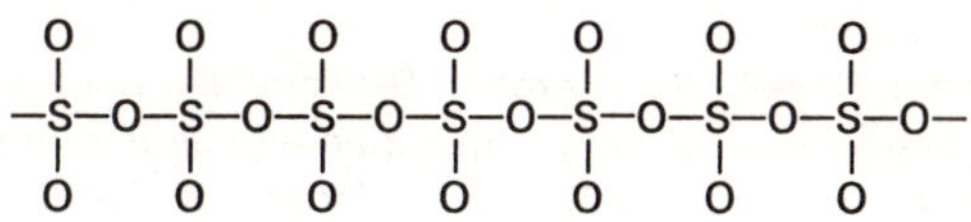

Das Schwefelatom erreicht damit wie in der Schwefelsäure und ihren Salzen die Koordinationszahl 4.

Schwefeltrioxid wird technisch als Zwischenprodukt zur *Gewinnung von Schwefelsäure* in großem Maßstab hergestellt. Bei der direkten Verbrennung von Schwefel entsteht es nur in geringen Mengen, weil die Weiteroxidation von SO_2 zu SO_3 umkehrbar und exotherm verläuft, und muß deshalb durch Oxidation von Schwefeldioxid gewonnen werden:

$$2\,SO_2 + O_2 \rightleftarrows 2\,SO_3 \quad \Big| \; \Delta H = -45\,\text{kcal}$$

Bei Zimmertemperatur reagieren SO_2 und Sauerstoff kaum miteinander; bei höheren Temperaturen verschiebt sich jedoch das Gleichgewicht zugunsten der linken Seite (Le Chatelier!):

	400°C	600°C	800°C	900°C
% SO_3 im Gleichgewicht	97,0	68,2	22,3	12,0

Um die Reaktionstemperatur möglichst tief zu halten, leitet man eine Mischung von SO_2 und Sauerstoff (d.h. Luft) über Katalysatoren (Platin wirkt ab etwa 400°C, V_2O_5 benötigt 600°C).

Das bei diesem *«Kontaktprozeß»* gebildete SO_3 löst sich sehr schlecht in Wasser; man löst es daher in konzentrierter Schwefelsäure, welche bis zu 65% ihres Gewichtes SO_3 absorbieren kann und dann eine an der Luft stark rauchende (verdunstendes SO_3!) Flüssigkeit bildet (sogenannte *«rauchende» Schwefelsäure* oder *«Oleum»)*. Durch vorsichtiges Verdünnen mit Wasser erhält man schließlich die konzentrierte Schwefelsäure mit etwa 98% H_2SO_4-Gehalt.

Das zur Schwefelsäureherstellung nötige Schwefeldioxid entsteht entweder durch direkte Verbrennung von Schwefel oder durch *«Rösten»* von Sulfidmineralien (FeS_2, ZnS, PbS), indem in Röstöfen heiße Luft über die erhitzten Sulfide geleitet wird:

$$4\,FeS_2 + 11\,O_2 \longrightarrow 2\,Fe_2O_3 + 8\,SO_2$$

Kontaktstraße im SO_3-Betrieb (katalytische Oxidation von SO_2) (Farbenfabriken Bayer AG, Leverkusen)

Die in den rohen Sulfiden in Spuren enthaltenen Selen- und Arsenverbindungen werden dabei zu SeO_2 bzw. As_2O_3 oxidiert. Vor der Weiteroxidation müssen sie durch sorgfältige Reinigung aus dem Gemisch der Röstgase entfernt werden, da sie sonst in kurzer Zeit den Katalysator unwirksam machen *(«Katalysatorgifte»)*. Platin-Katalysatoren werden besonders leicht «vergiftet»; man erhält mit ihnen zwar höhere Ausbeuten an SO_3 (tiefere Reaktionstemperatur!), sie erfordern aber eine ganz speziell gute Reinigung der Röstgase.
Neben dem seit etwa 1890 entwickelten Kontaktprozeß (der heute vor allem zur Gewinnung konzentrierter Schwefelsäure dient und etwa 70% der insgesamt erzeugten Säure liefert) existiert eine Anzahl anderer Verfahren zur Oxidation von SO_2. Das praktisch wichtigste von ihnen ist der sogenannte *«Bleikammerprozeß»*. Zur Oxidation des Schwefeldioxids wird hier Stickstoffdioxid (NO_2) verwendet, welches dabei zu Stickoxid (NO) reduziert wird. Dieses bildet mit Luftsauerstoff wiederum NO_2. NO_2 wirkt also als Sauerstoffüberträger. Schema:

$$SO_2 + NO_2 \rightarrow SO_3 + NO$$
$$2\,NO + O_2 \rightarrow 2\,NO_2$$

In Wirklichkeit verläuft der Prozeß, der in großen Bleikammern durchgeführt wird (Blei wird durch die entstehende Schwefelsäure nicht angegriffen infolge Bildung einer Schutzschicht), komplizierter, und es treten verschiedene Nebenreaktionen auf. Das Bleikammerverfahren liefert nur verdünnte Schwefelsäure.
Die *Schwefelsäure* ist eine der wichtigsten anorganischen Verbindungen überhaupt. Die reine Säure, eine ölige, schwere Flüssigkeit, nimmt sehr leicht Wasser auf; eine 98% Säure bildet ein konstant siedendes Gemisch (Sdp. 338°C). Der Dampf enthält neben H_2SO_4- auch SO_3- und H_2O-Moleküle; bereits bei 400°C sind aber darin praktisch nur noch die Zerfallsprodukte der Säure vorhanden. – Schwefelsäure ist ein sehr starker Protonenspender und wirkt daher stark wasseranziehend (die beim Verdünnen freiwerdende Wärme ist hauptsächlich die große «Hydrationsenergie» des Protons!). Verdünnte Schwefelsäure ist nahezu vollständig ionisiert und enthält neben H_3O^+- vorwiegend HSO_4^--Ionen. Dank der Bildung der Ionen nimmt die spezifische Leitfähigkeit konzentrierter Schwefelsäure beim Verdünnen zunächst zu[1], mit immer stärkerer Verdünnung jedoch wieder ab (Verringerung der molaren Konzentrationen der Ionen!); 30% Säure zeigt ein Maximum der Leitfähigkeit. Konzentrierte Schwefelsäure besitzt deutlich *oxidierende* Eigenschaften; heiße konz. Säure vermag auch mit Halbedelmetallen zu reagieren, wobei SO_2 (nicht Wasserstoff!) entsteht:

$$2\,H_2SO_4 + Cu \rightarrow CuSO_4 + SO_2 + 2\,H_2O$$

Auch Kohle usw. wird durch konz. Schwefelsäure oxidiert.
Die Hauptmenge der technisch produzierten Säure findet Verwendung zur Herstellung von *Superphosphat* (Kunstdünger); ein großer Teil wird auch durch die organisch-chemische Industrie verbraucht (Sulfonierung organischer Verbindungen, Veresterungen usw.). Die Petroleumindustrie, die Textil- und Papierindustrie verbrauchen ebenfalls erhebliche Mengen Schwefelsäure.

[1] Auch reine Schwefelsäure zeigt eine geringe Leitfähigkeit, welche auf einem Protonenübergang zwischen H_2SO_4-Molekülen (einer «Autoprotolyse») beruht:

$$H_2SO_4 + H_2SO_4 \overset{H^+}{\rightleftarrows} H_3SO_4^+ + HSO_4^-$$

Die $H_3SO_4^+$-Ionen spalten ein H_2O-Molekül ab (das ein Proton aufnimmt) und bilden HSO_3^+-Ionen.

Mit Ausnahme der sehr schwer löslichen Salze $SrSO_4$, $BaSO_4$, $RaSO_4$ und $PbSO_4$ lösen sich die *Sulfate* in Wasser. $CaSO_4$ ist nur wenig löslich. Wegen des äußerst schwach basischen Charakters des SO_4^{2-}-Ions lösen sich die schwerlöslichen Sulfate nicht in verdünnten starken Säuren; Ba^{2+}- oder Pb^{2+}-Ionen können daher (in saurer Lösung) als *Reagens auf Sulfat-Ionen* dienen. Viele Sulfate kristallieren aus den wäßrigen Lösungen mit Kristallwasser: $Na_2SO_4 \cdot 10\,H_2O$ *(Glaubersalz)*, $CuSO_4 \cdot 5\,H_2O$ *(Kupfervitriol)* usw. $BaSO_4$ *(Schwerspat)*, $SrSO_4$ *(Coelestin)*, $PbSO_4$ *(Anglesit)*, $CaSO_4$ *(Anhydrit)*, $CaSO_4 \cdot 2\,H_2O$ *(Gips)* u.a. treten in der Natur als Mineralien auf. Gips verliert beim Erhitzen auf 180°C ¾ seines Kristallwassers. Ein Brei aus «gebranntem Gips» und Wasser erstarrt (exotherm) zu einer kompakten Masse aus ineinander verfilzten kleinen Kriställchen von $CaSO_4 \cdot 2\,H_2O$. In ähnlicher Weise können sich oberflächliche Anhydritlager in Gips verwandeln, wobei eine starke Volumenvermehrung eintritt (Schwierigkeiten bei Tunnelbauten!).

Neben der Schwefelsäure existieren eine Reihe weiterer Schwefel-Sauerstoff-Säuren. Elektrolysiert man konzentrierte Sulfatlösungen oder mäßig konzentrierte Schwefelsäure mit hoher Stromdichte, so werden an der Anode SO_4^{2-}-Ionen (statt H_2O-Molekülen) oxidiert, und es bildet sich *Peroxysulfat* bzw. *Peroxyschwefelsäure*

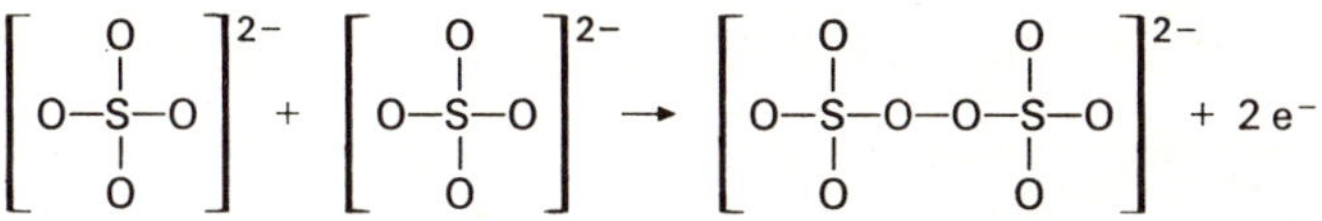

Peroxyschwefelsäure enthält eine O—O-Bindung und leitet sich vom Wasserstoffperoxid ab; sowohl die Säure wie ihre Salze sind sehr kräftige Oxidationsmittel ($E^0_{SO_4^{2-}/S_2O_8^{2-}} = +2{,}05$ V).

Die *Thioschwefelsäure* leitet sich von der Schwefelsäure durch Ersatz eines Sauerstoffatoms durch ein Schwefelatom ab; man erhält ihre Salze durch Kochen von Sulfitlösungen mit Schwefel:

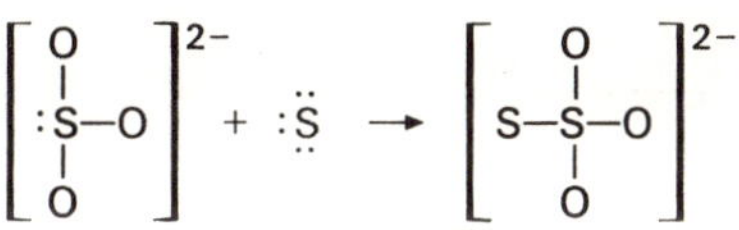

Die freie Thioschwefelsäure ist nicht beständig; beim Ansäuern einer Thiosulfatlösung bilden sich Schwefel und Schwefeldioxid. Ihr wichtigstes Salz ist das *Natriumthiosulfat* ($Na_2S_2O_3$). Es wird als Fixiersalz in der Photographie benutzt, da es mit Ag^+-Ionen einen leichtlöslichen Komplex bildet und unbelichtetes Silbersalz aus der photographischen Schicht herauslösen kann. Thiosulfate sind *Reduktionsmittel* und vermögen z.B. Iod zu Iodid zu reduzieren, wobei sie selbst zu «Tetrathionat» ($S_4O_6^{2-}$) oxidiert werden. Auf dieser Reaktion beruht eine für die analytische Chemie wichtige Methode der Maßanalyse *(Iodometrie)*.

9.3.3 Oxide und Sauerstoffsäuren des Stickstoffes

Stickstoff bildet Oxide aller positiven Oxidationszahlen bis + V; die meisten sind nur wenig stabil (N—O-Bindung schwach polar und Bindungsenergie des N_2-Moleküls sehr hoch!).

Oxidationszahl	+I	+II	+III	+IV	+V
Oxid	N_2O	NO	N_2O_3	NO_2 N_2O_4	N_2O_5

Von ihnen sind allerdings nur N_2O, NO und NO_2 von Bedeutung. N_2O_3 ist nur unter 0°C als bläuliche Flüssigkeit beständig; N_2O_5 (das Anhydrid der Salpetersäure) kann aus dieser mit wasserentziehenden Mitteln hergestellt werden; es schmilzt bei 30°C und zersetzt sich beim Erwärmen leicht.

Distickstoffoxid (N_2O) entsteht durch vorsichtige Thermolyse von NH_4NO_3. Wenn viel von dem farblosen, geruchlosen Gas eingeatmet wird, treten rauschartige Zustände auf *(«Lachgas»)*; in Mischung mit Sauerstoff wird es als Narkotikum verwendet. Lachgas unterhält die Verbrennung (aber nicht die Atmung!) und bringt einen glühenden Span zu hellem Aufflammen (ähnlich wie reiner Sauerstoff), da es bei Aktivierung in die Elemente zerfällt.

Stickoxid (NO) und *Stickstoffdioxid* (NO_2) sind die beständigsten Stickstoffoxide, obschon sie Stickstoff mit ungewöhnlichen Oxidationszahlen enthalten und Moleküle mit *ungerader Elektronenzahl* (sogenannte *«Radikale»)* besitzen. Diese Moleküle werden durch Mesomerie (siehe S. 314) besonders stabilisiert; vgl. auch *Grundlagen der allgemeinen und anorganischen Chemie*.

NO, ein farbloses, in Wasser wenig lösliches Gas, kann durch Reduktion von Salpetersäure erhalten werden. In der Technik wird es durch katalytische Oxidation von Ammoniak hergestellt. An der Luft verbindet es sich sehr leicht mit Sauerstoff zu NO_2:

$$2\,NO + O_2 \rightleftarrows 2\,NO_2 \qquad \Big|\ \Delta H = -27 \nearrow \text{kcal}$$

Schon oberhalb 650°C ist dieses Gleichgewicht allerdings praktisch völlig nach links verschoben.

NO_2 ist ein braunrotes, charakteristisch riechendes, giftiges Gas, das sich leicht verflüssigen läßt (Sdp. 22,4°C). Die Flüssigkeit wird beim Abkühlen immer heller und bildet bei −10°C farblose Kristalle. Diese Farbänderung beruht darauf, daß sich dabei je zwei NO_2-Moleküle zu einem N_2O_4-Molekül (farblos!) vereinigen:

$$2\,NO_2 \rightleftarrows N_2O_4 \qquad \Big|\ \Delta H = -14{,}7 \nearrow \text{kcal}$$

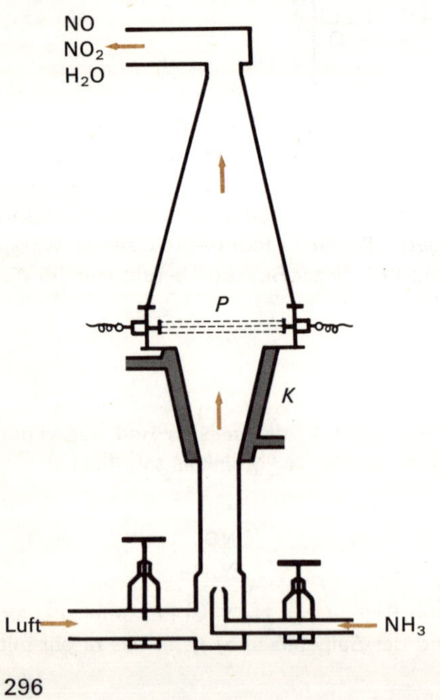

Abb. 9.16. Schema der Ammoniakoxidation nach Ostwald. K Wasserkühlung, P Platindrahtnetze, elektrisch heizbar

Stickstoffdioxid ist sehr gut wasserlöslich und bildet dabei Salpetersäure und salpetrige Säure (Disproportionierung; N^{+IV} geht gleichzeitig in N^{+III} und in N^{+V} über):

$$2\,NO_2 + H_2O \longrightarrow HNO_2 + HNO_3$$

Leitet man NO_2 zusammen mit Sauerstoff in Wasser, so entsteht praktisch nur Salpetersäure.

Salpetersäure ist neben Ammoniak die wichtigste anorganische Stickstoffverbindung. Sie wird technisch durch katalytische Oxidation von Ammoniak (über NO und NO_2) hergestellt (Ostwald-Prozeß):

$$4\,NH_3 + 5\,O_2 \xrightarrow{Pt} 4\,NO + 6\,H_2O$$

$$4\,NO + 2\,O_2 \longrightarrow 4\,NO_2$$

$$2\,H_2O + 4\,NO_2 + O_2 \longrightarrow 4\,HNO_3$$

Zur Katalyse verwendet man Platindrahtnetze, durch welche man ein Gemisch von Ammoniak und Luft streichen läßt (Abb. 9.16). Das Gemisch darf dabei den Katalysator nur während kurzer Zeit berühren, da sonst das metastabile NO in die Elemente zerfällt. Die Oxidation verläuft exotherm, so daß der Katalysator nur zu Beginn erwärmt werden muß.
Ein interessantes Verfahren, das früher technische Bedeutung hatte, bildet die sogenannte *«Luftverbrennung»*. Luft wird durch einen elektrischen Flammenbogen geschickt und nachher rasch abgekühlt, wobei sich Stickstoff und Sauerstoff zu Stickoxid verbinden:

$$N_2 + O_2 \rightleftarrows 2\,NO \quad | \; \Delta H = +42\ \text{kcal}$$

Der Vorgang verläuft stark endotherm; bei 2700°C sind erst etwa 5 Vol.-% NO mit Luft im Gleichgewicht. Durch Abschrecken wird die Zerfallsgeschwindigkeit von NO verkleinert, und das Oxid bleibt als metastabiler Stoff beständig. Wegen des hohen Energieverbrauchs besitzt dieses Verfahren heute keine praktische Bedeutung mehr.
Reine *Salpetersäure* ist eine farblose Flüssigkeit (Sdp. 86°C). Sie bildet mit Wasser ein azeotropes Gemisch, das 68,4% HNO_3 enthält *(«konzentrierte» Salpetersäure)*. Beim Sieden oder sogar beim Stehen am Licht zersetzt sich die Säure in Wasser, NO_2 und Sauerstoff. Das in der Säure gelöst bleibende NO_2 bewirkt die gelbliche Farbe der konzentrierten Säure. Das HNO_3-Molekül ist also verhältnismäßig wenig stabil.
Salpetersäure ist eine starke Säure, jedoch erheblich schwächer als Schwefelsäure ($pK_s = -1{,}32$). Gegenüber stärkeren Säuren (H_2SO_4, $HClO_4$) vermag sie sogar als *Base* zu wirken. Dabei entstehen zunächst $H_2NO_3^+$-Ionen, welche Wasser abspalten und in NO_2^+-Ionen übergehen (die H_2O-Moleküle übernehmen sofort ein weiteres Proton):

$$2\,H_2SO_4 + HNO_3 \rightleftarrows NO_2^+ + 2\,HSO_4^- + H_3O^+$$

Salpetersäure ist ein starkes *Oxidationsmittel*. Dies ist – ebenso wie die Unbeständigkeit des HNO_3-Moleküls beim Erwärmen – auf die relativ geringe Polarität der N—O-Bindungen zurückzuführen. Schwefel- und Phosphorsäure, mit wesentlich stärker polarer Bindung der Sauerstoffatome, wirken viel weniger bzw. gar nicht oxidierend (vgl. Normalpotentiale von HNO_3/NO und H_2SO_4/SO_2!). Leichtentzündliche Substanzen, wie Terpentinöl, Holzwolle u.a., können durch Salpetersäure sogar direkt in Brand gesetzt werden.
Bei der Reduktion der Salpetersäure bildet sich gewöhnlich Stickoxid; konzentrierte Säure kann auch zu Stickstoffoxid reduziert werden. Häufig entstehen bei solchen Reduktionen Gemische von NO, NO_2 bzw. N_2O_4, die mehr oder weniger intensiv braun gefärbt und sehr giftig sind *(«nitrose Gase»)*. Unter besonderen Bedingungen kann die Reduktion von HNO_3 auch zu anderen Stickstoffverbindungen niedrigerer Oxidationszahlen führen.

Da das Normalpotential der Reduktion von Salpetersäure zu NO +0,95 V beträgt, kann konzentrierte Säure von allen *Metallen* mit negativerem Potential reduziert werden. Als Beispiel diene die Reaktion mit Kupfer:

$$\begin{array}{lll} 3e^- + HNO_3 + 3H_3O^+ & \rightarrow NO + 5H_2O & | \cdot 2 \\ Cu & \rightarrow Cu^{2+} + 2e^- & | \cdot 3 \\ \hline 3Cu + 2HNO_3 + 6H_3O^+ & \rightarrow 3Cu^{2+} + 2NO + 10H_2O & \end{array}$$

In dieser Weise reagieren auch Silber und Quecksilber mit konz. Salpetersäure. Nur Gold und Platin werden von konz. Salpetersäure nicht angegriffen, können jedoch durch eine Mischung von konz. Salpeter- und konz. Salzsäure im Verhältnis 1:3 (dem sogenannten *«Königswasser»,* weil es sogar Gold, den «König» der Metalle, löst) oxidiert werden. Der eigentliche oxidierende Bestandteil des Königswassers ist freies Chlor; die Metalle bilden nachher in der Lösung Chlorokomplexe, z.B. $[AuCl_4]^-$ u.a. Eisen, Chrom und Aluminium werden – trotz ziemlich negativen Potentials – von konz. Salpetersäure ebenfalls nicht angegriffen. Infolge der oxidierenden Wirkung von Salpetersäure werden sie *passiviert,* d.h. durch eine Oxidschicht geschützt. – Stärker verdünnte Säure bildet mit genügend unedlen Metallen Wasserstoff, doch entsteht stets auch etwas NO (bzw. NO_2).
Salpetersäure wird in großen Mengen zur Herstellung von Farb- und Sprengstoffen verbraucht. Nitrate sind wichtige *Düngemittel* [$NaNO_3$, NH_4NO_3, $Ca(NO_3)_2$].
Die *Nitrat*-Ionen wirken (in neutraler Lösung) weit weniger stark oxidierend als die Säure. Erst wenn man die Salze über den Schmelzpunkt hinaus erhitzt, beginnen die NO_3^--Ionen Sauerstoff abzuspalten. Die Alkalinitrate gehen dabei in *Nitrite* über; die Nitrate der anderen Metalle bilden neben Sauerstoff auch Stickstoffdioxid:

$$2NaNO_3 \rightarrow 2NaNO_2 + O_2$$
$$2Pb(NO_3)_2 \rightarrow 2PbO + 4NO_2 + O_2$$

Sämtliche Nitrate sind in Wasser leicht löslich. Natriumnitrat («Natron-» oder *«Chilesalpeter»)* wird in großen Mengen in der Salpeterwüste im nördlichen Chile abgebaut und als Düngemittel verwendet. Kaliumnitrat *(«Kalisalpeter»)* bildet sich bei Verwesungsvorgängen. Calciumnitrat *(«Kalksalpeter»)* entsteht aus dem Mörtel von jauchedurchtränkten Mauern (an solchen Mauern als Salzkruste sichtbar) und wird aus Salpetersäure und Kalkstein hergestellt (Dünger!). Ammoniumnitrat *(«Ammonsalpeter»)* ist ebenfalls ein wichtiger Dünger. Bei langsamem Erwärmen zerfällt es in Distickstoffoxid und Wasser; bei raschem Erwärmen oder nach Initialzündung erfolgt schlagartige Zersetzung in Stickstoff, Sauerstoff und Wasser, so daß man Ammonsalpeter als *Sprengstoff* verwenden kann. Das früher vielfach gebrauchte *Schwarzpulver* besteht aus fein pulverisierter Kohle, Schwefel und Kali- oder Kalksalpeter.

Durch Ansäuern von *Nitriten* erhält man eine verdünnte Lösung von *salpetriger Säure* (HNO_2). Diese Säure, die Stickstoff der Oxidationszahl +III enthält, ist nicht beständig; beim Erwärmen ihrer verdünnten Lösungen tritt Zerfall in NO, Wasser und Sauerstoff ein. Nitrite wirken gegenüber reduzierenden Substanzen als Oxidationsmittel, wobei sie zu NO oder Stickstoff reduziert werden; von Oxidationsmitteln ($KMnO_4$) werden sie zu Nitrat (bzw. HNO_3) oxidiert. Salpetrige Säure ist eine ziemlich schwache Säure (pK_s = 3,35); sie hat eine große praktische Bedeutung zur Herstellung der sogenannten *Azofarbstoffe,* einer wichtigen Gruppe von künstlichen Farbstoffen.

9.3.4 Oxide und Sauerstoffsäuren des Phosphors

Phosphorpentoxid, das normale Verbrennungsprodukt von Phosphor, ist ein weißer, fester, leicht sublimierender Stoff (Sublimationstemperatur 350°C) und besteht aus Molekülen P_4O_{10} (Abb. 9.17), in welchen jedes Phosphoratom die Koordinationszahl 4 hat. Phosphorpentoxid verbindet sich begierig mit Wasser zu Meta- und Orthophosphorsäure und ist das stärkste bekannte wasseranziehende Mittel.

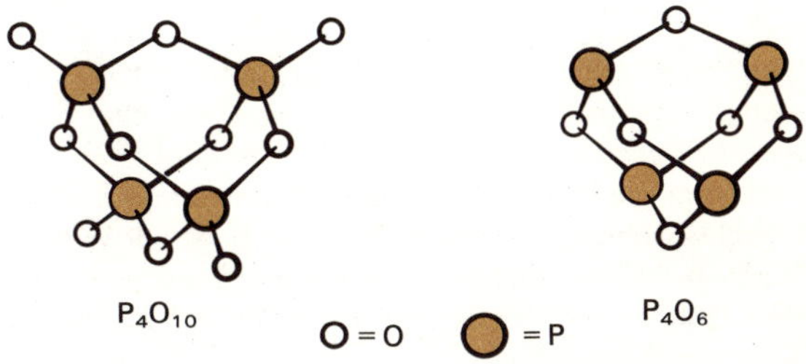

Abb. 9.17. Struktur der Phosphoroxid-Moleküle

Mit kaltem Wasser bildet sich aus Phosphorpentoxid die formal der Salpetersäure analoge *Metaphosphorsäure* (HPO_3); heißes Wasser oder Überschuß an Wasser ergibt *Orthophosphorsäure,* H_3PO_4, die gewöhnlich einfach als «Phosphorsäure» bezeichnet wird:

$$P_2O_5 + H_2O \longrightarrow 2\,HPO_3$$
$$P_2O_5 + 3\,H_2O \longrightarrow 2\,H_3PO_4$$

Die *Metaphosphorsäure* ist – im Gegensatz zur Salpetersäure – nicht flüchtig, sondern stellt eine *glasartige* Masse dar, die sich erst bei sehr starkem Erhitzen verflüchtigt. Sie enthält Ketten aus vielen HPO_3-Gruppen, ähnlich wie fasriges Schwefeltrioxid:

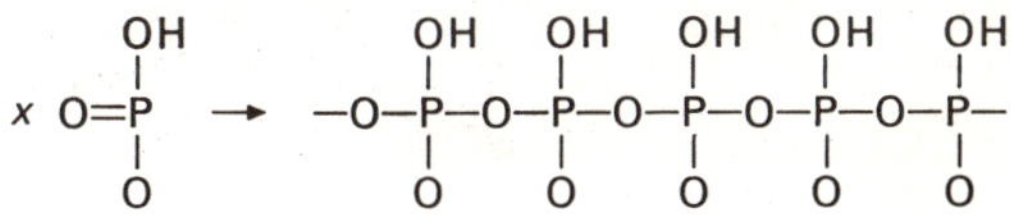

Diese Ketten entstehen durch Aneinanderlagerung und Verknüpfung zahlreicher Einzelmoleküle (**«Polymerisation»**). Phosphor erreicht in diesen Ketten (ebenso wie Schwefel im fasrigen SO_3) die Koordinationszahl 4; der Grund für die Verschiedenheit von HNO_3 und HPO_3 liegt also in der *höheren Koordinationszahl* (d.h. dem größeren Atomradius!) von Phosphor.

Die Salze der Metaphosphorsäure enthalten polymere Anionen $[PO_3]_3^{3-}$, $[PO_3]_6^{6-}$ oder $[PO_3]_\infty^{\infty-}$; einige von ihnen bilden mit Ca^{2+}-Ionen wasserlösliche Komplexe und besitzen als *Wasserenthärtungsmittel* Bedeutung.

Reine *Orthophosphorsäure* ist eine zerfließliche, feste Substanz (Smp. 42°C); sogenannte konzentrierte Phosphorsäure enthält 80–85% H_3PO_4 und ist ähnlich wie konz. Schwefelsäure eine dickliche, schwere Flüssigkeit. Phosphorsäure ist eine mittelstarke, dreiprotonige Säure (pK_s 1. Stufe 1,96). Sie bildet drei Reihen von Salzen:

NaH_2PO_4	primäres oder Dihydrogenphosphat
Na_2HPO_4	sekundäres oder Hydrogenphosphat
Na_3PO_4	tertiäres Phosphat

Sowohl $H_2PO_4^-$- wie HPO_4^{2-}-Ionen sind Ampholyte; bei $H_2PO_4^-$ überwiegt jedoch der Säurecharakter (pK_s = 7,21), bei HPO_4^{2-} aber der Basecharakter (pK_s = 12,32). Primäre Phosphate reagieren daher sauer, sekundäre dagegen basisch. Mischungen von primärem und sekundärem Phosphat puffern im pH-Gebiet von 6,5 bis 7,5. Das PO_4^{3-}-Ion ist eine starke Base. Tertiäre Phosphate existieren in wäßrigen Lösungen nur bei Gegenwart großer Mengen OH^--Ionen (bei pH > 13); Lösungen von Na_3PO_4 reagieren stark alkalisch. Mit Ausnahme der Alkalisalze sind alle tertiären Phosphate im Wasser schwerlöslich; dank der stark basischen Natur des PO_4^{3-}-Ions lösen sie sich aber beim Zusatz einer starken Säure.

Die *Titrationskurve* (pH-Wert als Funktion der bei der Titration einer Phosphorsäure zugesetzten Menge Hydroxidlösung) zeigt zwei ausgesprochene pH-Sprünge nach Zusatz von einem bzw. zwei Äquivalenten Hydroxid (Abb. 9.18). Der erste Sprung bei pH 4,5 (Umschlagsgebiet des Indikators Methylorange) entspricht dem primären Phosphat. Beim zweiten Sprung (pH $\approx$ 9; Umschlagsgebiet von Thymolphthalein) ist vorwiegend HPO_4^{2-} vorhanden. Die Bildung von tertiärem Phosphat ist von einem derart schwachen «Sprung» begleitet, daß man ihn experimentell kaum mehr feststellen kann. Die Kurve zeigt, wie mehrprotonige Säuren stufenweise neutralisierbar sind.

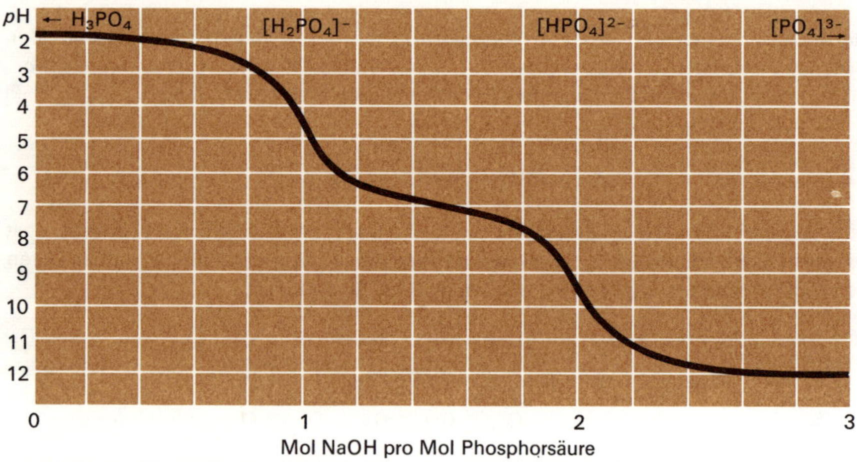

Abb. 9.18. Titrationskurve von H_3PO_4

Phosphate sind sehr wichtige *Düngemittel*. Die natürlichen Phosphormineralien Phosphorit und Apatit (siehe S. 270) sind allerdings zu wenig löslich, um von Pflanzen aufgenommen zu werden. Mit Schwefelsäure hingegen entsteht aus Phosphorit eine Mischung von Gips und Calciumhydrogenphosphat *(«Superphosphat»)*, die besser löslich ist und den wichtigsten Phosphordünger bildet:

$$Ca_3(PO_4)_2 + 2\,H_2SO_4 \longrightarrow \underbrace{2\,CaSO_4 + Ca(H_2PO_4)_2}_{\substack{\text{Superphosphat} \\ \text{(mit Kristallwasser!)}}}$$

Orthophosphorsäuremoleküle neigen zur *Kondensation*, d.h. zur Vereinigung zu größeren Molekülen, wobei – im Gegensatz zur eigentlichen Polymerisation – noch andere, meist Wassermoleküle, abgespalten werden. Aus zwei Molekülen H_3PO_4 bildet sich beim Erhitzen unter Wasserabspaltung *«Pyrophosphorsäure»*:

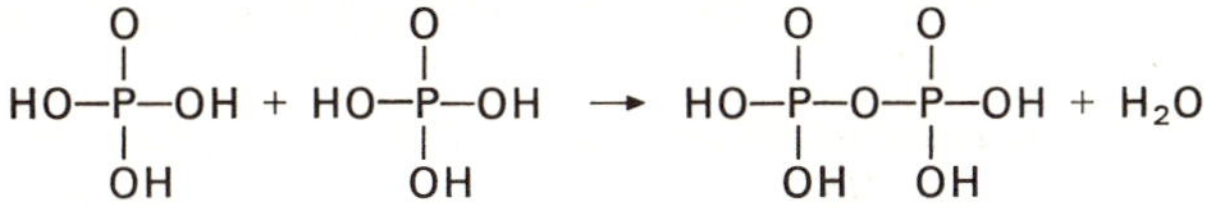

Pyrophosphorsäure
($H_4P_2O_7$)

Durch weitere Kondensation kann schließlich glasartige Metaphosphorsäure entstehen.

Vom *Phosphortrioxid* (P_4O_6), das bei unvollständiger Verbrennung (ungenügender Sauerstoffzutritt) von Phosphor entstehen kann, leitet sich die *«phosphorige Säure»* (H_3PO_3) ab. In ihr und auch in der «unterphosphorigen Säure» (H_3PO_2) besitzt Phosphor ebenfalls die Koordinationszahl 4. H_3PO_3 ist eine zweiprotonige, H_3PO_2 sogar nur eine einprotonige Säure; beide enthalten direkt an Phosphor gebundenen Wasserstoff, der in wässerigem Milieu nicht als Protonen an Basen abgegeben werden kann:

9.3.5 Kohlenoxide und Kohlensäure

Kohlenstoff bildet zwei Oxide: Kohlen(mon)oxid (CO) und Kohlendioxid (CO_2):

:O:::C: $\qquad$:Ö::C::Ö:

Beides sind farb-, geruch- und geschmacklose Gase (CO mit Sdp. −191,5°C, CO_2 sublimiert bei Atmosphärendruck; Sublimationstemperatur −78,5°C). *Kohlendioxid* entsteht als Produkt der pflanzlichen und tierischen Atmung, der alkoholischen Gärung sowie der normalen Verbrennung kohlenstoffhaltiger Brennstoffe. Freies CO_2 ist in vielen Mineralquellen vorhanden; in manchen Gegenden, besonders in der Nähe von Vulkanen, strömt es als Gas aus der Erde. CO_2 ist deutlich schwerer als Luft und sinkt in geschlossenen Räumen (Weinkellereien) ab. Luft enthält 0,03 Vol.-% CO_2; sofern genügend Sauerstoff vorhanden ist, kann man längere Zeit ohne Schaden bis 3% CO_2 enthaltende Luft einatmen. CO_2 wird für kohlensäurehaltige Getränke, als Feuerlöschmittel und (in fester Form) als Trockeneis verwendet.

Das bei unvollständiger Verbrennung entstehende *Kohlenmonoxid* ist stark giftig, weil das Hämoglobin (der rote Farbstoff in den Blutkörperchen) CO besser bindet als Sauerstoff, so daß die Körperzellen ungenügend mit Sauerstoff versorgt werden. 0,5 Liter/m^3 wirken bereits nach kurzer Zeit tödlich. Auf dem Gehalt an Kohlenoxid beruht die Giftigkeit des Leuchtgases, des Generatorgases und der Abgase von Benzinmotoren.

Das CO-Molekül zeigt die gleiche Elektronenverteilung und dieselbe Protonen- und Neutronenzahl wie das N_2-Molekül; dies erklärt die teilweise überraschend ähnlichen physikalischen Eigenschaften der beiden Gase:

	CO	N_2
Schmelzpunkt (°C)	−204°	−210°
Siedepunkt (°C)	−191,5°	−196°
Flüssigkeitsdichte	0,793	0,796
Löslichkeit in Wasser (bei 0°C; Liter Gas/l H_2O)	0,033	0,023

Kohlenoxid verbrennt mit charakteristischer hellblauer Flamme zu CO_2:

$$2\,CO + O_2 \longrightarrow 2\,CO_2 \quad \mid \Delta H = -2 \cdot 67{,}6\ \text{kcal}$$

Auf seiner ziemlich stark reduzierenden Wirkung beruht die Verwendung als *Reduktionsmittel* im *Hochofenprozeß* sowie sein Nachweis durch Schwärzung ammoniakalischer Silbersalzlösung ($Ag^+ \longrightarrow Ag$).
Kohlendioxid, Kohlenoxid und Kohlenstoff stehen miteinander im sogenannten *«Boudouard-Gleichgewicht»):*

$$C + CO_2 \rightleftarrows 2\,CO \quad \mid \Delta H = +41{,}2\ \text{kcal}$$

Dieses Gleichgewicht verschiebt sich bei hoher Temperatur nach rechts (positive Reaktionsentropie!); bei 950°C stehen 1,5 Vol.-% CO_2 mit 98,5 Vol.% CO im Gleichgewicht. Bei 450°C beträgt das Verhältnis umgekehrt 98 Vol.-% CO_2 und 2 Vol.-% CO. Kohlendioxid läßt sich deshalb oberhalb 800°C mit Kohle zu Kohlenoxid reduzieren.
Das Boudouard-Gleichgewicht ist für *Verbrennungsprozesse* und für Reduktionen sauerstoffhaltiger Verbindungen mit Kohle von großer Bedeutung. Reduziert man z. B. ein Metalloxid bei hoher Temperatur mit Kohle, so bildet sich vorwiegend CO, während bei tieferer Temperatur CO_2 entsteht. Verbrennungen kohlenstoffhaltiger Brennstoffe führen bei hohen Temperaturen ebenfalls zur Bildung von CO (besonders, wenn die Abgase über noch unverbranntes Brennmaterial streichen) und damit zu einem spürbaren Energieverlust. In sogenannten «Generatoren» (schachtförmige, mit Holz, Kohle oder Koks beschickte Öfen) erzeugt man mit Luft eine Mischung von CO und Stickstoff («Generatorgas»), welches industriell als Heizgas Verwendung findet.
Läßt man stark überhitzten Wasserdampf über glühenden Koks streichen (bei 1000–1400°C), so erhält man *«Wassergas»,* eine Mischung von CO und Wasserstoff:

$$H_2O + C \longrightarrow CO + H_2 \quad \mid \Delta H = +28{,}4\ \text{kcal}$$

Wassergas wird wegen seines hohen Heizwertes entweder direkt als Heizgas verwendet oder dem rohen Leuchtgas zugesetzt. Es bildet ferner das Ausgangsmaterial zur Gewinnung von Wasserstoff (siehe S. 260) und für die Benzinsynthese nach Fischer und Tropsch (siehe S. 395).

Eine *wäßrige Lösung von Kohlendioxid* reagiert schwach sauer (*p*H 4–5). In einer solchen Lösung treten nebeneinander folgende Gleichgewichte auf:

$$CO_2 + H_2O \rightleftarrows H_2CO_3 \qquad (1) \qquad pK = 3{,}16$$

$$H_2CO_3 + H_2O \rightleftarrows H_3O^+ + HCO_3^- \qquad (2) \qquad pK = 3{,}3$$

$$HCO_3^- + H_2O \rightleftarrows H_3O^+ + CO_3^{2-} \qquad (3) \qquad pK = 10{,}40$$

Das Gleichgewicht (1) liegt dabei ziemlich stark links; bei 20°C liegen etwa 99% des gelösten Kohlendioxids in Form physikalisch gelöster CO_2-Moleküle vor. Erwärmt man eine solche Lösung, so entweicht CO_2. Die eigentliche Kohlensäure ist in reiner Form nur bei sehr tiefer Temperatur (unterhalb −70°C) existenzfähig.

Kohlensäure ist – gemäß ihrer «eigentlichen» Säurekonstante – eine mittelstarke Säure (pK_s 1. Stufe = 3,3); da jedoch aus CO_2 und Wasser nur äußerst wenig H_2CO_3-Moleküle entstehen, wirkt sie wie eine sehr schwache Säure. Durch Zusammenfassung der Gleichgewichte (1) und

(2) erhält man die übliche Säurekonstante der Kohlensäure (1. Stufe), d.h. die Säurekonstante bezogen auf gelöstes Kohlendioxid:

$$CO_2 + 2\,H_2O \rightleftharpoons HCO_3^- + H_3O^+ \qquad (4) \qquad pK = 6{,}46$$

HCO_3^--Ionen wirken schwach basisch; das CO_3^{2-}-Ion ist eine starke Base (*p*H einer 0,1-M Na_2CO_3-Lösung etwa 11,7). Beim Ansäuern gehen Carbonate zunächst nach (3) in Hydrogencarbonat über (*p*H 7–9); bei weiterem Ansäuern (d.h. auch direkt beim Zusatz einer starken Säure zu Carbonat) bildet sich gemäß (4) CO_2, welches aus der Lösung entweicht, sobald seine Löslichkeit in Wasser überschritten wird. Mischungen von CO_2 und Hydrogencarbonat puffern um *p*H 7–7,5; durch dieses System sind z.B. Brunnenwasser und Blut auf *p*H 7,5 gepuffert.
Als zweiprotonige Säure bildet Kohlensäure zwei Reihen von Salzen: *Hydrogencarbonate* («primäre» Carbonate oder «Bicarbonate») der Formel $Me^+HCO_3^-$ und *(normale) Carbonate* ($Me^{2+}CO_3^{2-}$). Von den normalen Carbonaten lösen sich nur die Alkalicarbonate leicht in Wasser; hingegen sind sämtliche Hydrogencarbonate leicht wasserlöslich (mit Ausnahme des verhältnismäßig schwerlöslichen $NaHCO_3$). Infolge des stark basischen Charakters des CO_3^{2-}-Ions sind Carbonate von Kationsäuren (wie z.B. $[Al(H_2O)_6]^{3+}$ oder $[Fe(H_2O)_6]^{3+}$) in wäßriger Lösung unbeständig und gehen in die entsprechenden schwerlöslichen *Hydroxide* über. Beim *Erwärmen* der Carbonate tritt Zersetzung in Metalloxid und CO_2 ein, wobei die Zersetzungstemperatur um so tiefer liegt, je edler das dem Carbonat zugrunde liegende Metall ist. Hydrogencarbonate zersetzen sich bei mäßigem Erwärmen in Carbonat, Wasser und CO_2:

$$MeCO_3 \longrightarrow MeO + CO_2$$
$$Me(HCO_3)_2 \longrightarrow MeCO_3 + CO_2 + H_2O$$

Natriumcarbonat («Soda»), Na_2CO_3, kommt in Salzseen in der Natur vor (Ostafrika) und kristallisiert aus der Lösung unterhalb 32°C als «Kristallsoda» mit 10 Molen Wasser ($Na_2CO_3 \cdot 10\,H_2O$). Beim Erhitzen verliert Kristallsoda stufenweise Wasser, bis bei 109°C wasserfreie (kalzinierte) Soda entsteht. Soda wird in großen Mengen zur Fabrikation von Glas, Seife, Waschpulver u.a. und als «milde» Base zur Neutralisation von Säuren verwendet. Sie wird technisch durch den *«Ammoniak-Soda-Prozeß»* («Solvay-Prozeß») aus Kalk und Kochsalz hergestellt:

Beim Einleiten einer Mischung von Kohlendioxid und Ammoniak in konzentrierte Sole entsteht das relativ schwerlösliche $NaHCO_3$, das abgetrennt wird und durch Erhitzen in Soda übergeht. Das benötigte Kohlendioxid erhält man durch Brennen von Kalk; das gleichzeitig gebildete Calciumoxid («gebrannter Kalk») wird mit Wasser «gelöscht», d.h. in Hydroxid übergeführt. Mit diesem wird aus dem bei der Bildung von $NaHCO_3$ entstandenen NH_4Cl wieder Ammoniak in Freiheit gesetzt. Der Prozeß verläuft also etwa gemäß folgender Reaktionsfolge:

$$CaCO_3 \xrightarrow{\text{brennen}} CO_2 + CaO$$
$$H_2O + CO_2 + NH_3 + NaCl \longrightarrow NaHCO_3 + NH_4Cl$$
$$2\,NaHCO_3 \longrightarrow Na_2CO_3 + CO_2 + H_2O$$
$$CaO + H_2O \longrightarrow Ca(OH)_2$$
$$Ca(OH)_2 + 2\,NH_4Cl \longrightarrow 2\,NH_3 + 2\,H_2O + CaCl_2$$

Natriumhydrogencarbonat ($NaHCO_3$) enthält das schwach basische HCO_3^--Anion und dient als Medikament zur Neutralisation überschüssiger Magensäure sowie als Backpulver (beim Erwärmen Abspaltung von CO_2).
Calciumcarbonat ($CaCO_3$), das wichtigste Carbonat, tritt in der Natur als *Kalk, Marmor* und (in reiner Form) als *Kalkspat (Calcit)* auf. $CaCO_3$ entsteht als schwerlöslicher Niederschlag

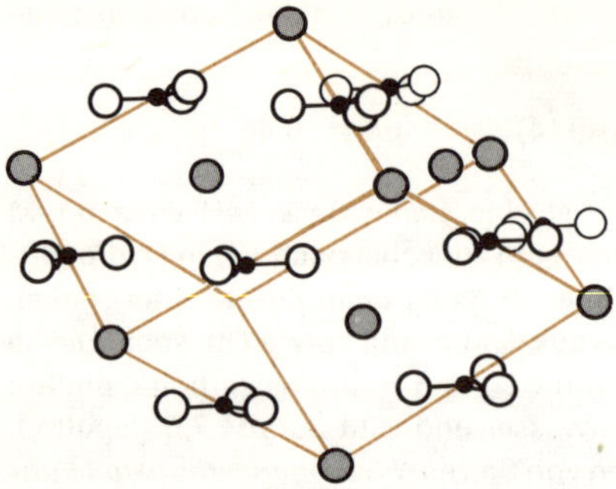

Abb. 9.19. Gitter von Calcit ($CaCO_3$)

beim Einleiten von CO_2 in Calciumhydroxidlösung sowie beim Abbinden (Erhärten) von Kalkmörtel, einer Mischung von Sand, gelöschtem Kalk [$Ca(OH)_2$] und Wasser:

$$Ca^{2+} + 2\,OH^- + CO_2 \longrightarrow \underline{CaCO_3}\!\downarrow + H_2O$$

Weitere wichtige Carbonatmineralien sind *Dolomit,* (Ca, Mg) CO_3, wobei im Calcitgitter etwa die Hälfte der Ca^{2+}- durch Mg^{2+}-Ionen ersetzt ist, ferner *Zinkcarbonat, Mangancarbonat* und *Eisencarbonat*. Die letzteren bilden wertvolle *Erze*.
Kommt CO_2-haltiges Wasser in Berührung mit Kalkstein, so wird dieser allmählich in Hydrogencarbonat verwandelt und damit aufgelöst (Protonenübergang von H_2CO_3 auf CO_3^{2-}!):

$$CaCO_3 + H_2O + CO_2 \rightleftarrows Ca(HCO_3)_2$$

Eigentlicher Vorgang:

$$CO_3^{2-} + \underbrace{CO_2 + H_2O}_{H_2CO_3} \rightleftarrows 2\,HCO_3^-$$

$CaCO_3$ löst sich also um so mehr, je mehr CO_2 das Wasser enthält!
Auf diese Weise entsteht die *«Carbonathärte»* von natürlichem Wasser, d.h. sein Gehalt an HCO_3^--Ionen[1] *(Kalkverwitterung!)*. Besonders hart ist Grundwasser und Wasser in kalkreichen Gebieten; hingegen ist Wasser in größeren Seen oft relativ weich, weil Algen und höhere Wasserpflanzen bei intensiver Assimilation (Sommer) den gelösten HCO_3^--Ionen CO_2 entziehen und damit Kalk ausscheiden können (Umkehrung der obigen Reaktion!).
Wasser mit hoher Carbonathärte[2] bildet beim Erhitzen Kalk, der sich als *«Kesselstein»* niederschlägt [Störung des $CaCO_3/Ca(HCO_3)_2$-Gleichgewichtes durch Entweichen von CO_2 beim Erwärmen!]. Mit gelöster Seife bilden Ca^{2+}-Ionen einen Niederschlag von unlöslicher «Kalkseife», welcher sich in den Textilien als «Seifenläuse» niederschlägt und durch Zersetzung die Wäsche fleckig und spröde macht. Für Waschzwecke und zur Verwendung als Kesselspeisewasser muß das Wasser daher enthärtet werden.
Bei der *Enthärtung* durch Soda scheiden sich die gelösten Ca^{2+}-Ionen als $CaCO_3$ aus:

$$Ca^{2+} + CO_3^{2-} \longrightarrow \underline{CaCO_3}\!\downarrow$$

[1] Den Gehalt an Ca^{2+}- und Mg^{2+}-Ionen bezeichnet man als «Gesamthärte».
[2] Sowohl Gesamt- wie Carbonathärte werden in «Härtegraden» gemessen. 1° französischer Härte entspricht einem Gehalt von 10 mg $CaCO_3$/l; 1° deutscher Härte einem Gehalt von 10 mg CaO/l. Die Carbonathärte läßt sich durch Titration mit verd. Salzsäure auf *p*H 4,5 (Methylorange orange) leicht bestimmen.

Wenn es nicht zur Bildung von Kesselstein kommen darf, muß man das Wasser mit *Metaphosphaten* («Calgon») enthärten, welche die Ca^{2+}-Ionen in Form löslicher Chelat-Komplexe binden. In ähnlicher Weise wirken gewisse organische Komplexbildner, die auch zur quantitativen Bestimmung von Ca^{2+}- und Mg^{2+}-Ionen verwendet werden können (Äthylendiamin-tetraessigsäure). Um Wasser vollständig zu entsalzen, verwendet man *«Ionenaustauscher»* oder *«Permutite»*.

Ionenaustauscher sind Kunstharze aus einem riesigen organischen Netzwerk mit zahlreichen sauren ($-SO_3H$)- oder basischen ($-NH_2$)-Gruppen. Läßt man einen sauren Austauscher in Wasser quellen, so bilden sich H_3O^+-Ionen, welche aber infolge ihrer Ladung an das (negativ geladene) Gerüst gebunden bleiben. In basischen Austauschern entstehen in entsprechender Weise OH^--Ionen (Abb. 9.20).

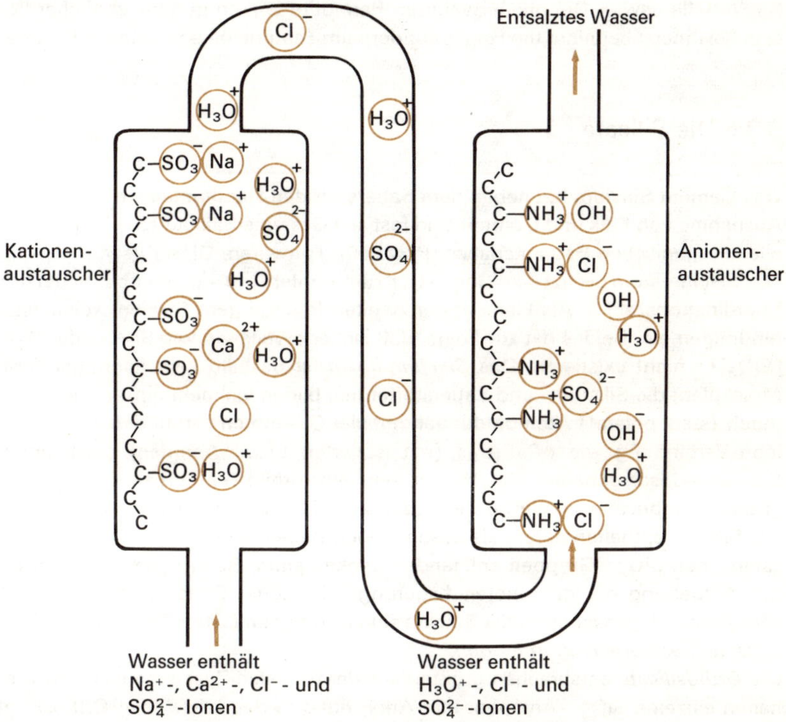

Abb. 9.20. Entsalzung von Wasser durch Ionenaustauscher (die C-Kette symbolisiert das Kunstharznetzwerk)

Läßt man nun eine Lösung mit verschiedenen Kationen und Anionen zuerst durch einen sauren, dann durch einen basischen Austauscher strömen, so bleiben die Kationen an Stelle der H_3O^+-Ionen im sauren Austauscher, während H_3O^+-Ionen an die Lösung abgegeben werden *(«Kationenaustausch»)*; im basischen Austauscher *(«Anionenaustauscher»)* werden umgekehrt Anionen gegen OH^--Ionen ausgetauscht. Da sich H_3O^+- mit OH^--Ionen gemäß dem Ionenprodukt zu Wasser verbinden, wird das Wasser durch solche Austauscherharze völlig von Elektrolyten befreit.

Der Austausch ist umkehrbar; «erschöpfte», d.h. vollkommen mit Kationen bzw. Anionen beladene Austauscher können durch konzentrierte Säure oder Lauge wieder «regeneriert» werden:

$$(R)\,H_3O^+ + Me^+ \rightleftarrows (R)\,Me^+ + H_3O^+$$
$$(R)\,OH^- + X^- \rightleftarrows (R)\,X^- + OH^-$$

Austauscherharze haben neben der Wasserenthärtung sehr vielerlei *Anwendung* gefunden: Anreicherung wertvoller Metalle aus verdünnten Lösungen (z.B. von Ag aus gebrauchten photographischen Fixierbädern); Beseitigung radioaktiver Salze aus Wasser (Abfälle von Kernreaktoren); Trennung von Ionen, die verschieden stark an das Harz gebunden werden und mit Säure «stufenweise» ausgewaschen oder durch Komplexbildner nacheinander aus dem Harz herausgelöst werden können; Herstellung von Säuren aus Salzen; Trinkwasser aus Meerwasser für Notfälle usw. – Die obenerwähnten Permutite wirken in ganz ähnlicher Weise; es handelt sich bei ihnen aber nicht um Harze, sondern um (natürliche oder künstlich hergestellte) Silicate.

9.3.6 Die Silicate

Das Element Silicium hat neben dem Sauerstoff den Hauptanteil am Aufbau der Erdkruste. Mit Ausnahme von Kalk und Dolomit sind fast alle Gesteine Silicate (Si—O-Verbindungen), ebenso alle anorganischen Baumaterialien, Porzellan, Tonwaren, Gläser usw.

Das Siliciumatom besitzt – im Gegensatz zum Kohlenstoff – gegenüber Sauerstoff die konstante Koordinationszahl 4. Als Element der zweiten Periode geht Silicium keine (stabilen) Doppelbindungen ein. Beides hat zur Folge, daß isolierte Teilchen wie Si≡O oder O=Si=O und auch $[SiO_3]^{2-}$ nicht existieren. Das *Siliciumdioxid* ist deshalb kein flüchtiger Stoff mit diskreten Molekülen; die Silicium- und Sauerstoffatome bilden vielmehr ein *Atomgitter,* wobei jedes Si- durch (stark polare!) Atombindungen mit vier O-Atomen verbunden ist. Den Carbonaten analoge Verbindung wie «$CaSiO_3$» (mit isolierten SiO_3^{2-}-Anionen) existieren ebenfalls nicht. Das tetraedrisch gebaute $[SiO_4]^{4-}$-Ion zeigt eine große Tendenz zur Bildung größerer Verbände (Kondensation, ähnlich wie bei der Bildung von Metaphosphorsäure aus Orthophosphorsäure!). Die Silicate enthalten darum als bestimmende Bauelemente *Gerüst-Anionen,* die man sich aus zahlreichen SiO_4^{4-}-Gruppen entstanden denken kann. Beim Schmelzen eines solchen Silicats tritt Aufhebung der geordneten Lagerung oder sogar Zerfall in kleinere Einheiten auf; die spezifischen Eigenschaften der Silicate sind also nur im festen Zustand vorhanden. Silicate sind typische *Festkörperverbindungen.*

Die *Orthosilicate* entsprechen größtenteils der formalen Zusammensetzung Me_2SiO_4; sie enthalten einzelne SiO_4^{4-}-Anionen. Ihre Anordnung in den kristallinen Orthosilicaten ist aber so, daß die Sauerstoffatome einen einheitlichen Bauzusammenhang bilden («dichteste Kugelpackung» u.a.); in Hohlräumen zwischen ihnen sind die Silicium-Atome (mit den Sauerstoffatomen durch polare Atombindungen verbunden) und die Metall-Ionen eingelagert. Für die Gitteranordnung ist die Größe und die Ladung der Ionen wichtig; Ionen ähnlicher Größe (aber unter Umständen ganz verschiedenen Charakters) können sich im Gitter ersetzen. Die Orthosilicate besitzen deshalb, wie übrigens alle natürlichen Silicatmineralien, eine innerhalb bestimmter Grenzen *schwankende Zusammensetzung.* Beispiele für Orthosilicatmineralien bilden die Olivine $(Mg,Fe)_2SiO_4$, die Granate u.a.

Durch Kochen oder Schmelzen von fein gepulvertem Quarz (SiO_2) mit Soda, Kaliumcarbonat oder Lauge erhält man die wasserlöslichen *Alkalisilicate.* Sie enthalten neben SiO_4^{4-}- auch $Si_2O_7^{6-}$-, $Si_3O_{10}^{8-}$- usw. Gruppen. Im Gegensatz zu echten Lösungen lassen sich die gelösten Teilchen einer solchen «Wasserglas»-Lösung mittels einer semipermeablen Membran (Perga-

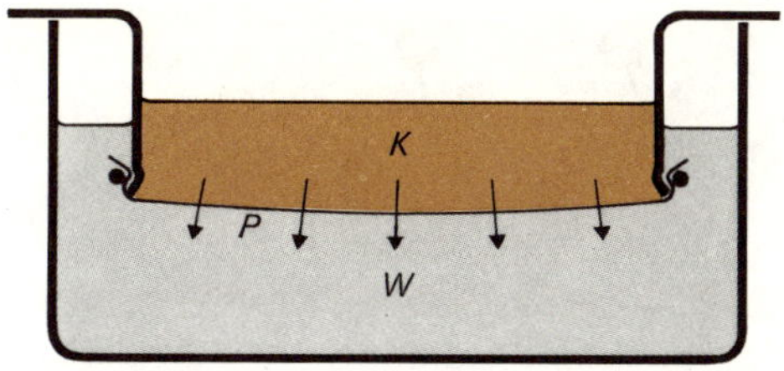

Abb. 9.21. Reinigung einer kolloidalen Lösung durch Dialyse. Die kolloidale Lösung K wird durch das Pergament P vom Wasser W abgetrennt. Ionen und Moleküle diffundieren durch das Pergament, während die größeren Kolloidteilchen nicht diffundieren können. Wenn man das Wasser von Zeit zu Zeit durch frisches Wasser ersetzt, kann die kolloidale Lösung schließlich völlig von den Ionen oder Molekülen getrennt werden

ment, Cellophan) abtrennen (Abb. 9.21; *«Dialyse»)*, und die im durchfallenden Licht klare Lösung sieht im auffallenden Licht schwach trübe aus. Ein durch die Lösung hindurchfallender Lichtstrahl kann an seiner leuchtenden Spur erkannt werden *(«Tyndall-Effekt»;* die «Lichtspur» rührt von der Beugung des Lichts an den Teilchen her, ähnlich der Beugung von Sonnenstrahlen an Staubteilchen in einem dunklen Zimmer). Solche sogenannte **«kolloidale» Lösungen** *(colla* lat. = Leim) enthalten Teilchen der Größenordnung 10^{-7} bis 10^{-5} cm, also wesentlich größere Teilchen als freie Moleküle oder Ionen (mit Dimensionen von einigen 10^{-8} cm!).
Wasserglas wird z. B. als Feuerschutzimprägnierungsmittel, zur Konservierung von Eiern und als «anorganischer Leim» zum Verkitten von Glas und Porzellan verwendet.
Säuert man eine solche Alkalisilicatlösung an, so erstarrt sie nach einiger Zeit gallertig. Die aus den SiO_4^{4-}-, $Si_2O_7^{6-}$- usw. Gruppen durch Protonenaufnahme gebildeten Säuremoleküle kondensieren untereinander zu «Polykieselsäuren», die aus Ketten oder Netzen bestehen:

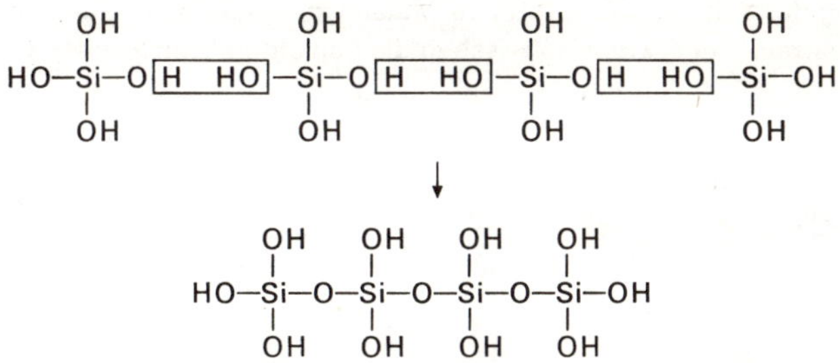

Geht die Kondensation fortgesetzt weiter, so bilden sich schließlich dreidimensionale «Netze» der Zusammensetzung SiO_2. Auf solche Art sind wahrscheinlich die amorphen Siliciumdioxid-Mineralien (Achat, Opal, Feuersteine) entstanden.

Kettensilicate enthalten zu kettenartigen Gerüst-Anionen vereinigte SiO_4-Gruppen (Abb. 9.22) oder «Bänder» aus mehreren solchen SiO_4-Ketten (z. B. in den *Hornblenden)*. Im Gegensatz zu den Kohlenstoffatomen in organischen Verbindungen sind aber in solchen Gerüst-Anionen niemals zwei Siliciumatome direkt miteinander verbunden; stets erfolgt ihre Verbindung über ein Sauerstoffatom. Die Zusammensetzung dieser Verbindungen wird noch komplizierter dadurch, daß sich auch in den SiO_4-Tetraedern Aluminium- und Siliciumatome wegen ihrer ähnlichen Größe ersetzen können. Jeder Ersatz eines Siliciumatoms durch ein Aluminiumatom erhöht aber die totale negative Ladung des Anions um eine Einheit (Al besitzt zwar in diesem Fall die Koordinationszahl 4, jedoch nur 3 Außenelektronen!), so daß zusätzlich weitere Kationen

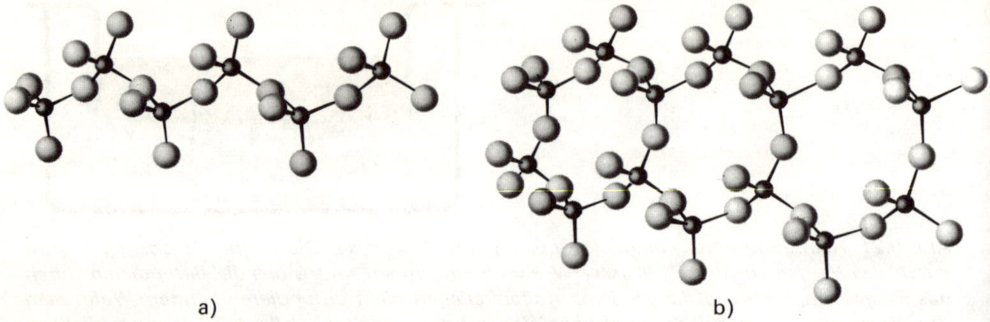

a) b)

Abb. 9.22. Struktur der Gerüstanionen bei Kettensilicaten
a) Einfache Kette aus SiO_4-Gruppen (z.B. in Augiten)
b) Doppelkette aus zwei miteinander verbundenen Ketten («Band»), z.B. in Hornblenden
Kleine Kugeln = Si-Atome, große Kugeln = O-Atome

zum Aufbau eines elektrisch neutralen Gitters notwendig sind, welche gesetzmäßig in Gitterhohlräume eingelagert werden.

In den *Schichtsilicaten* sind ebene Schichten (Netzwerke) aus SiO_4-Gruppen vorhanden, welche durch dazwischen gelagerte Kationen zusammengehalten werden (Abb. 9.23). Kettensilicate zeigen vielfach ausgesprochen stenglig-fasrige Gestalt (Strahlstein, Hornblenden, Asbeste); Schichtsilicate sind ganz ausgezeichnet blättrig spaltbar *(Glimmer)*. Der Zusammenhalt der Atome innerhalb der Gerüst-Anionen ist offenbar beträchtlich größer als der Zusammenhalt der Ketten, Bänder oder Schichten untereinander und entspricht etwa dem Zusammenhalt der Atome in einem Atomgitter.

Die Verwitterung der Schichtsilicate führt zu Metallhydroxiden und -aluminaten, die ebenfalls Schichtgitter besitzen (Tone, *Lehm)*. Zwischen die Schichten kann Wasser eingelagert werden

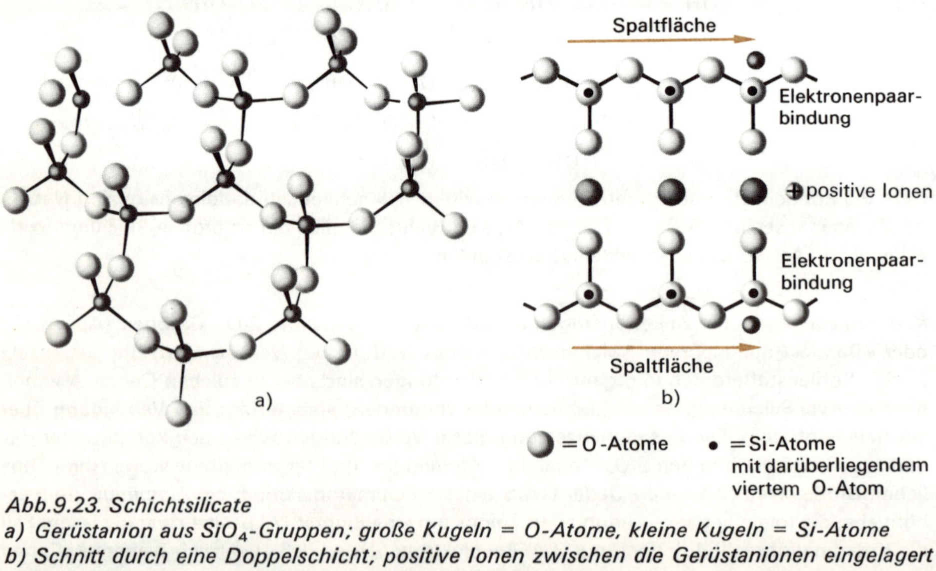

Abb. 9.23. Schichtsilicate
a) Gerüstanion aus SiO_4-Gruppen; große Kugeln = O-Atome, kleine Kugeln = Si-Atome
b) Schnitt durch eine Doppelschicht; positive Ionen zwischen die Gerüstanionen eingelagert

und bewirkt dadurch eine eindimensionale Quellung. Dadurch kommt es zur Bildung dünner, flockiger, kleiner Teilchen, deren Oberfläche mit Wassermolekülen «überzogen» ist und die leicht übereinandergleiten. Dies erklärt die plastische Verformbarkeit und die Schlüpfrigkeit von feuchtem Ton. Beim Brennen verdampft das adsorbierte Wasser, und es bilden sich größere Teilchen von einigermaßen gesetzmäßiger Ordnung; der Ton wird hart.

Werden kalk- und tonreiche Mineralien (z.B. Kalkstein und Ton oder Kalk- und Tonmergel) in einem geeigneten Verhältnis gemischt, zerkleinert und in 50–70 m langen, drehbaren Rohren («Drehrohröfen») bei 1400–1450°C gebrannt, so entsteht *«Zement»*. Dabei bilden sich Calciumsilicate und -aluminate, welche die Eigenschaft haben, zusammen mit Sand oder Kies und Wasser sehr rasch zu erhärten. Die Reaktionsprodukte (einfachere Ca-Silicate und Ca-Hydroxid, Al-Hydroxide) scheiden sich in Form sehr kleiner Kriställchen aus, die sich beim Wachsen verfilzen und dadurch das Gefüge sehr stark verfestigen. Im Gegensatz zum *«Kalkmörtel»* [bei welchem aus $Ca(OH)_2$ $CaCO_3$ entsteht] erhärtet der Zementmörtel auch unter Wasser.

Statt zu Ketten, Bändern oder Schichten können die tetraedrischen SiO_4-Gruppen auch zu einem dreidimensionalen Gitter vereinigt sein (je zwei Tetraeder über ein Sauerstoffatom verbunden), das nicht mehr ein Gitter-Anion, sondern einen elektrisch neutralen Atomkristall der Zusammensetzung SiO_2 darstellt:

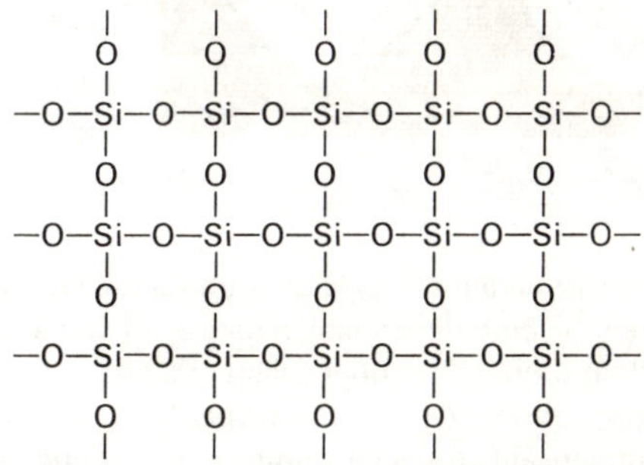

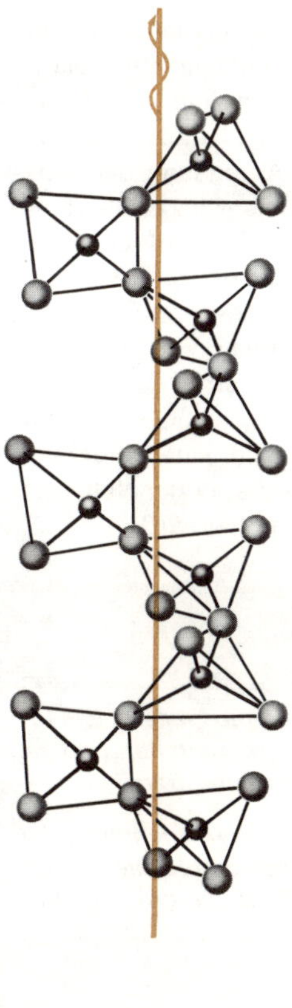

Dies ist der Aufbau des Siliciumdioxids. Eine prinzipiell ähnliche Struktur zeigen die *Gerüstsilicate*. Bei ihnen vertreten Aluminiumatome einen Teil der Siliciumatome; zum Ladungsausgleich enthält das Gitter Kationen, wie K^+, Ca^{2+}, Na^+ u.a. Zu den Gerüstsilicaten mit dreidimensionalem, gerüstartigem Anion gehören die außerordentlich verbreiteten *Feldspäte* (Kalifeldspat: $KAlSi_3O_8$; Natronfeldspat, Albit: $NaAlSi_3O_8$; Calciumfeldspat usw.). Bei manchen Gerüstsilicaten besitzt das «Alumosilicat-Anion» eine sehr lockere, weitmaschige Struktur, in welcher die Kationen nicht sehr fest gebunden sind und gegen andere Kationen leicht ausgetauscht werden können. Darauf beruht das Austauschvermögen gewisser Silicatmineralien («Permutite») für Kationen: Wird Ca^{2+} oder Fe^{2+}-haltiges Wasser durch einen solchen Permutit geschickt, so werden die doppelt geladenen Kationen gebunden und eine entsprechende Menge Na^+- oder K^+-Ionen an das Wasser abgegeben.

Abb. 9.24. Schematischer Ausschnitt aus dem Gitter von SiO_2. Die SiO_4-Gruppen winden sich um eine Schraubenachse

Das Austauschvermögen einer guten Erde, das für die Düngung und die pflanzliche Ernährung äußerst wichtig ist, wird durch das Vorhandensein von Zeolithmineralien bedingt.
Die Calcium-Zeolithe des Bodens binden K^+- und NH_4^+-Ionen beträchtlich stärker als Ca^{2+}- und Na^+-Ionen; beim Düngen mit Kalium- oder Ammoniumsalzen werden daher die für die pflanzliche Ernährung notwendigen K^+- und NH_4^+-Ionen in der Erde gebunden. Gewisse Zeolithe binden H_3O^+-Ionen noch stärker; die von den Pflanzenwurzeln ausgeschiedenen Säuren verdrängen damit die Nähr-Ionen wieder aus den Zeolithen, so daß sie von den Wurzeln aufgenommen werden können.

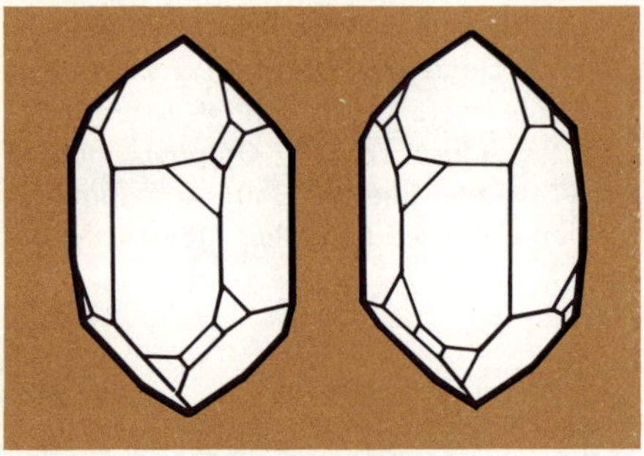

Abb. 9.25. Quarzkristalle: zwei spiegelbildliche Formen

Im *Siliciumdioxid* bilden die Silicium- und Sauerstoffatome ein *Atomgitter* aus tetraedrischen SiO_4-Gruppen. Siliciumdioxid ist deshalb – im Gegensatz zum Oxid des Kohlenstoffes, der im Periodensystem unmittelbar über Silicium steht und diesem als Element am ähnlichsten ist – kein flüchtiger, sondern ein *diamantartiger Stoff.* Es tritt in der Natur in einer Reihe verschiedener Kristallformen auf, die sich durch verschiedene Symmetrie in der Anordnung der SiO_4-Tetraeder unterscheiden. Die häufigste und wichtigste Form ist *Quarz.* Reiner Quarz ist hart und wasserklar und schmilzt bei 1705°C; kristallisierter Quarz («Bergkristall») tritt in Klüften und Höhlen von Erstarrungsgesteinen relativ häufig auf. Im Quarzgitter sind die SiO_4-Gruppen schraubig angeordnet (Abb. 9.24). Diese Schraube kann entweder rechts- oder linksgewunden sein; Bergkristall kommt deshalb in zwei zueinander spiegelbildlichen Formen vor (Abb. 9.25). Oft sind Quarzkristalle durch Einlagerung von Spuren anderer Elemente gefärbt *(Rauchquarz:* braun bis schwarz; *Amethyst:* violett; *Citrin:* gelb). Quarz bildet einen sehr wichtigen Bestandteil vieler Gesteine (Granit u.a.); Sandstein besteht größtenteils aus kleinen, miteinander verfestigten Quarzkörnchen. Amorphes Siliciumdioxid tritt als *Achat, Opal* u.a. in der Natur auf; die Schalen der Diatomeen («Kieselalgen») bestehen ebenfalls aus amorphem SiO_2.

Kolloide (Begriffe «Gel» und «Sol» siehe S. 512)

Oben: Nickelhydroxid-Sol. Die grünliche, klar durchsichtige kolloidale Lösung besteht, wie unter dem Elektronenmikroskop sichtbar wird, aus zahlreichen hexagonalen, plättchenförmigen Kriställchen. Etwa 40000 mal vergrößert (Aufnahme: H.R. Christen, Universität Bern)

Unten: Bakteriencellulose, ausgeschieden von Bacterium xylinum. Die im elektronenmikroskopischen Bild sichtbaren Stränge bestehen aus sehr vielen Cellulose-Makromolekülen (siehe S. 528); das Bild veranschaulicht die Struktur eines Gels. Etwa 35000 mal vergrößert (Aufnahme: K. Mühletaler, ETH Zürich)

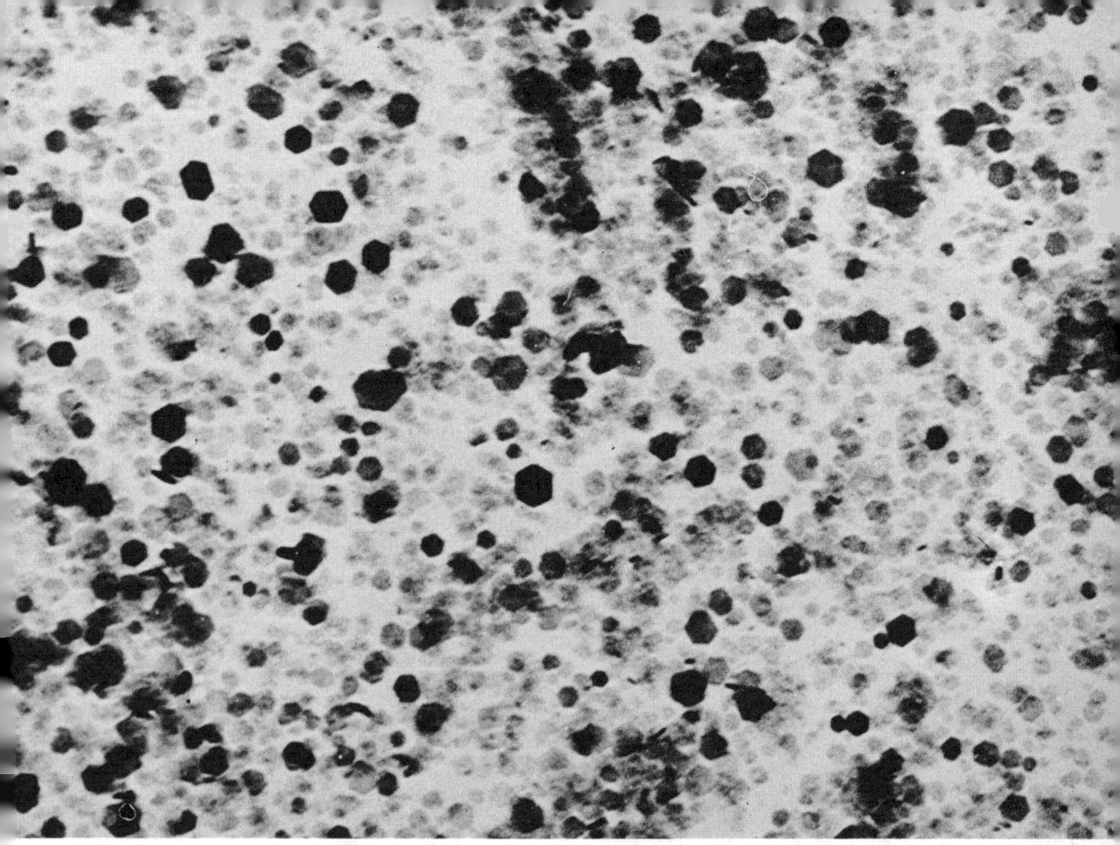

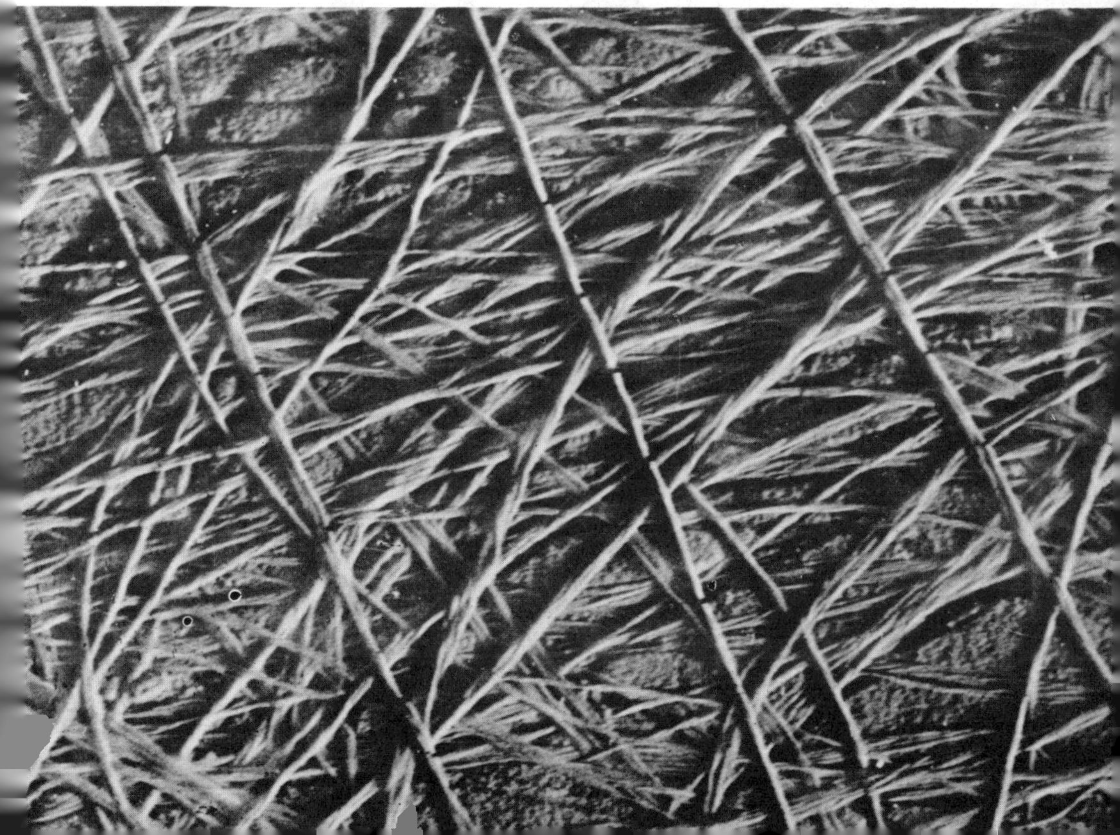

Kristallines Siliciumdioxid ist chemisch sehr reaktionsträge. Es löst sich nicht in Wasser und wird von Säuren praktisch nicht angegriffen. Nur Flußsäure (und elementares Fluor) reagieren ziemlich leicht mit Quarz unter Bildung von flüchtigem SiF_4 oder der Säure $H_2[SiF_6]$. Laugen vermögen Siliciumdioxid beim Kochen sehr langsam zu lösen. Aus solchen Lösungen lassen sich neuerdings unter Druck sehr regelmäßig gebaute Quarzkristalle beträchlicher Größe züchten, die für die Elektrotechnik von Bedeutung sind. Durch Reduktion von Quarz mit Magnesium entsteht elementares Silicium.

Wird Quarz geschmolzen und langsam abgekühlt, so tritt gewöhnlich beim Schmelzpunkt keine Kristallisation ein; die Schmelze wird vielmehr immer zäher und schließlich fest, ohne daß eine bestimmte Ordnung zustande kommt. Die Siliciumatome sind zwar noch mit je vier Sauerstoffatomen zu einer tetraedrisch gebauten SiO_4-Gruppe verbunden; die Gruppen untereinander lagern sich jedoch nicht zu einem regelmäßig gebauten Kristallgitter zusammen, sondern bleiben in der im flüssigen Zustand vorhandenen Unordnung. Ein solches *«Quarzglas»* ist nicht mehr anisotrop und zeigt keine Kristallflächen. Quarzglas wird vielfach zur Herstellung hitzebeständiger Apparate und (wegen seiner Durchlässigkeit für ultraviolettes Licht) für Quarzlampen, Ultraviolettmikroskope usw. verwendet. Dank seines geringen thermischen Ausdehnungskoeffizienten kann man Quarzglas von heller Rotglut auf Zimmertemperatur abschrecken, ohne daß es springt.

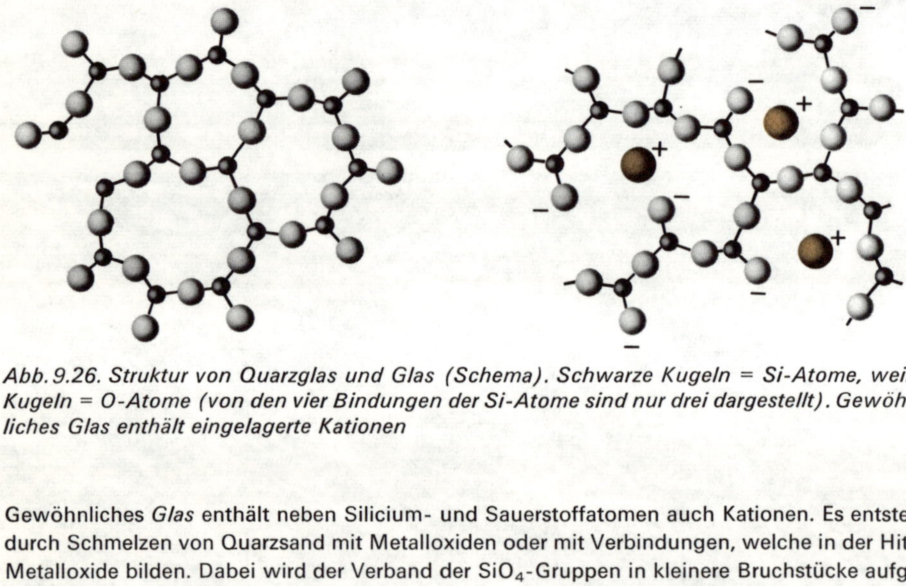

Abb. 9.26. Struktur von Quarzglas und Glas (Schema). Schwarze Kugeln = Si-Atome, weiße Kugeln = O-Atome (von den vier Bindungen der Si-Atome sind nur drei dargestellt). Gewöhnliches Glas enthält eingelagerte Kationen

Gewöhnliches *Glas* enthält neben Silicium- und Sauerstoffatomen auch Kationen. Es entsteht durch Schmelzen von Quarzsand mit Metalloxiden oder mit Verbindungen, welche in der Hitze Metalloxide bilden. Dabei wird der Verband der SiO_4-Gruppen in kleinere Bruchstücke aufgespalten. Die entstehenden Ladungen werden durch Metall-Kationen kompensiert (Abb. 9.26); ihre Anzahl steht zur Menge der Silicium- und Sauerstoffatome nicht in einem stöchiometrischen Verhältnis, sondern wird durch die Menge des verwendeten Metalloxids bestimmt.

Fenster- und *Flaschenglas* entsteht aus Soda, Kalk und Quarzsand; es enthält als Kationen Na^+- und Ca^{2+}-Ionen. Färbungen werden durch Zusatz gewisser Metalloxide erhalten. Kristallglas enthält Blei. Die chemisch und thermisch sehr widerstandsfähigen Jenaer und Pyrex-Gläser stellen «Quarzgläser» dar, in welchen eine Anzahl Silicium- durch Aluminium- oder Boratome ersetzt und zum Ladungsausgleich Kationen in das Gerüstwerk eingelagert sind, ähnlich wie in den Feldspäten.

9.3.7 Allgemeines

Koordinationszahl, Mesomerie. Bei allen nichtmetallischen Elementgruppen *steigt die Koordinationszahl der Elemente gegenüber Sauerstoff sehr deutlich mit wachsendem Atomradius an.* Dies zeigt sich besonders gut im Aufbau des fasrigen Schwefeltrioxids, der Metaphosphate und der Silicate, aber auch in den Formeln der Komplex-Anionen mit Sauerstoff:

ClO_4^- ——— IO_6^{5-}
SO_4^{2-} ——— TeO_6^{6-}
NO_3^- — PO_4^{3-} — $[Sb(OH)_6]^-$
CO_3^{2-} — SiO_4^{4-}

Die formelmäßig den einfachen, flüchtigen Verbindungen der Elemente der zweiten Periode analogen Verbindungen wie HPO_3, Metaphosphate, SiO_2 und Silicate sind nicht flüchtig, sondern besitzen den typischen Aufbau *diamantartiger* oder *hochmolekularer* Stoffe mit unendlich ausgedehnten «Molekülen» oder Gerüst-Anionen. Die so deutlichen Unterschiede in den Eigenschaften zwischen Verbindungen wie CO_2 und SiO_2 lassen sich damit zur Hauptsache auf die unterschiedliche *Größe* der Kohlenstoff- bzw. Silicium-Atome zurückführen[1].
Neben der *größeren Raumbeanspruchung* der Atome unterer Perioden ist aber die *Unfähigkeit, stabile Mehrfachbindungen* einzugehen, ein weiterer Grund zur Erhöhung der Koordinationszahl gegenüber Sauerstoff, da Moleküle wie CO_2, HNO_3 u.a. in formaler Weise mit Doppelbindungen geschrieben werden müssen:

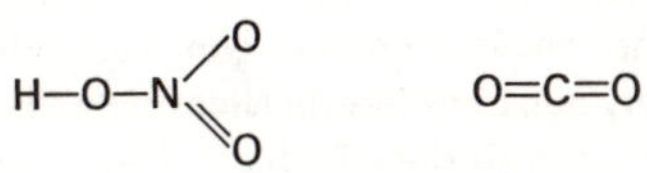

Die übliche Schreibweise, bei welcher diese Moleküle mit Doppelbindungen dargestellt werden, vermag jedoch in manchen Fällen ihre Eigenschaften nicht in befriedigender Weise zu erklären. Messungen der Bindungslängen an vielen Molekülen haben gezeigt, daß Mehrfachbindungen kürzer sind als gewöhnliche Einfachbindungen (wie es das Kugelwolkenmodell erwarten läßt). Man würde also denken, daß das HNO_3-Molekül (und ebenso das NO_3^-- und das CO_3^{2-}-Ion) eine kürzere und zwei längere Bindungen besitzen würden. In Wirklichkeit ist im HNO_3-Molekül eine der drei vom N-Atom ausgehenden Bindungen länger als die beiden gleich langen anderen; im NO_3^-- und CO_3^{2-}-Ion haben alle Bindungen die gleiche Länge. Hier liegt offenbar ein *besonderer, mit einer gewöhnlichen Elektronenformel nicht wiederzugebender Zustand* vor, der mit dem einfachen Kugelwolkenmodell nicht erklärt werden kann. Ein Elektronenpaar gehört nicht nur zwei, sondern gleichzeitig mehreren Atomen an, d.h. es bildet eine über drei (bzw. vier) Atome verteilte Wolke:

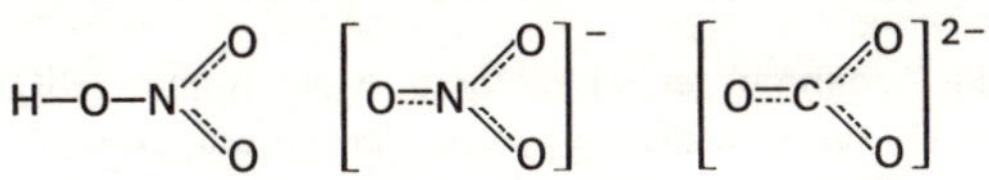

[1] Die Erhöhung der Koordinationszahl beim Übergang von Stickstoff zu Phosphor und von Kohlenstoff zu Silicium zeigt sich schon im Aufbau der betreffenden Elemente: Stickstoff hat im N_2-Molekül die KZ 1, Phosphor im P_4-Molekül die KZ 3; Kohlenstoff kann im Graphitgitter (das stabiler ist als das Diamantgitter!) die KZ 3 besitzen, während elementares Silicium nur im Diamantgitter mit der KZ 4 vorkommt.

Zur Beschreibung eines solchen Zustandes verfährt man oft auch so, daß man die verschiedenen möglichen Extremverteilungen der Elektronen durch Strichformeln darstellt und den wirklichen Zustand als in der Mitte zwischen diesen Extremen liegend auffaßt:

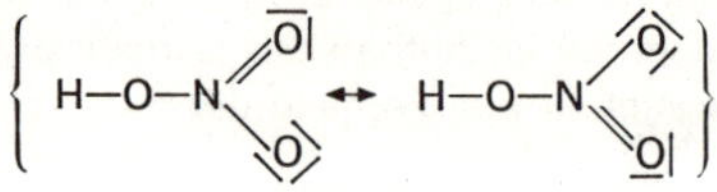

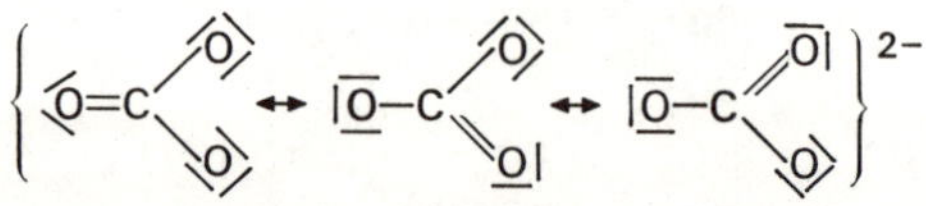

Das Zeichen ↔ deutet an, daß der wirkliche Zustand zwischen diesen «Grenzstrukturen» liegt. Es herrscht also nicht etwa ein dynamisches Gleichgewicht zwischen verschiedenen Molekülstrukturen, sondern es liegt nur *eine* Elektronenverteilung vor (es gibt nur *ein* HNO_3-Molekül bzw. NO_3^-- bzw. CO_3^{2-}-Ion), welche durch die «Grenzstrukturen» gewissermaßen «umschrieben» wird. Einen solchen Zwischenzustand, der mit einer einzigen konventionellen Elektronenformel nicht wiedergegeben werden kann, nennt man *mesomeren Zustand*. Die Erscheinung selbst heißt **Mesomerie** (in der angelsächsischen Literatur **Resonanz** genannt) (*mesos* gr. = mittel, *meros* gr. = Teil). Berechnungen des Energieinhaltes solcher Teilchen ergeben, daß der mesomere Zustand stets energieärmer (und damit stabiler) ist als jede der fiktiven Grenzstrukturen.

Stabilität und Oxidationswirkung. Da die nichtmetallischen Elemente mit Sauerstoff Kovalenzbindungen bilden, sind die entsprechenden Verbindungen im allgemeinen um so stabiler, je weniger elektronegativ das betreffende Nichtmetall ist, d. h. je polarer die Bindungen sind. Die oxidierenden Eigenschaften sind deshalb am ausgeprägtesten bei Oxiden und Sauerstoffsäuren stark elektronegativer Nichtmetalle in ihren höchsten Oxidationszahlen. Beispiele dafür bilden die Chlor-Sauerstoff-Verbindungen und die Salpetersäure. Im allgemeinen wirken die freien Säuren wesentlich stärker oxidierend als ihre Ionen in neutraler oder gar alkalischer Lösung. Offenbar sind die Säuremoleküle besonders instabil, was mit der unsymmetrischen Elektronenverteilung zusammenhängen dürfte (zu den polaren X—O-Bindungen kommt eine weitere, stark polare H—O-Bindung). Verbindungen elektronegativer Elemente in mittleren Oxidationszahlen können sich als Oxidations- oder als Reduktionsmittel verhalten, je nach dem Reaktionspartner (Schwefeldioxid, Nitrite und salpetrige Säure). Kohlenstoff, Silicium und Phosphor bilden mit Sauerstoff stark polare Bindungen, so daß ihre Sauerstoffverbindungen nur sehr geringe oder keine oxidierende Wirkung zeigen.

Übungen

9.22 Begründen Sie die Zunahme der Säurestärke in der Reihe HClO—$HClO_4$ sowie in der Reihe H_3PO_4—$HClO_4$. Warum existiert keine Verbindung HFO_4?

9.23 Stellen Sie folgende Gleichungen auf:
Oxidation von Sulfit mit konz. Salpetersäure.
Einwirkung von Salpetersäure auf Zink.

9.24 Erklären Sie die Ausdrücke «Katalysatorgift», «kolloidale Lösung», «Polymerisation», «Mesomerie».

9.25 Besitzt reine HNO_3 elektrische Leitfähigkeit? Begründen Sie Ihre Aussage!

9.26 Warum spürt man beim Anlegen eines Gipsverbandes eine deutliche Erwärmung?
9.27 Warum kann man konz. Salpetersäure in Aluminiumflaschen transportieren?
9.28 Stellen Sie alle Möglichkeiten der technischen Herstellung von HNO_3 zusammen.
9.29 Welche Reaktionen spielen sich beim Abbrennen von Schwarzpulver ab?
9.30 Leitet man einen Sauerstoffstrom durch ein Glasrohr, in welches man Holzkohle eingefüllt hat, und erhitzt die Kohle, so beobachtet man, wie sich Bariumhydroxidlösung in einer vorgelegten Waschflasche trübt, wenn der Sauerstoffstrom mäßig schwach ist. Ein starker Sauerstoffstrom führt zu heftigem Aufglühen der Kohle, und in einer weiteren Waschflasche färbt sich ammoniakalische Silbersalzlösung (mit $[Ag(NH_3)_2]^+$) schwarz. Erklären Sie diese Beobachtungen.
9.31 Warum ist Kohlensäure eine sehr schwache Säure?
9.32 Erklären Sie das Zustandekommen der Carbonathärte, die Bildung von Tropfsteinen und die Tatsache, daß man in Seewasser im allgemeinen besser waschen kann.
9.33 Stellen Sie die Wirkungsweisen und einige Anwendungen von sauren und basischen Ionenaustauschern zusammen. Wie muß man vorgehen, um z. B. aus verd. $CuSO_4$-Lösung mittels Austauschern das Kupfer wieder zu gewinnen?
9.34 Stellen Sie die Strukturprinzipien der Silicate zusammen.
9.35 Warum gehören die Silicate zu den Festkörperverbindungen?
9.36 Warum gilt für die Silicate das Gesetz der konstanten Proportionen nur beschränkt?
9.37 Was ist Glas?
9.38 Wie läßt sich eine kolloidale von einer echten Lösung unterscheiden?
9.39 Zeichnen Sie die Elektronen-(Strich-)formeln folgender Teilchen:
PO_4^{3-}-Ion; CO-Molekül; NO_3^--Ion; NO_2^+-Ion; NO_2^--Ion; SO_2-Molekül.

Literatur

H. R. Christen	*Grundlagen der allgemeinen und anorganischen Chemie.* Sauerländer, Aarau 1973
F. A. Cotton und G. Wilkinson	*Anorganische Chemie.* Verlag Chemie, Weinheim 1967
R. Heslop und P. Robinson	*Inorganic Chemistry.* Elsevier, London 1960
A. F. Holleman und E. Wiberg	*Lehrbuch der anorganischen Chemie.* De Gruyter, Berlin 1970
J. Meierhofer und A. Diem	*Entstehung und Entwicklung der chemischen Industrie* (Soda, Mineralsäuren), *Sandoz-Bulletin 1, 2* (1965)
Th. Moeller	*Inorganic Chemistry.* Wiley, New York 1952
L. Pauling	*Chemie, eine Einführung.* Verlag Chemie, Weinheim 1964
R. T. Sanderson	Principles of Halogen Chemistry. *J. Chem. Educ. 41* (1964) 361
N. V. Sidgwick	*The Chemical Elements and Their Compounds* (Vol. I, II). Oxford University Press, 1952
M. Sienko	*Inorganic Chemistry: Principles and Elements.* Benjamin, New York 1965
Vom Schwefel	*Ciba-Rundschau 5–6* (1965)

10 Metalle

10.1 Allgemeines

Von den rund hundert bekannten Elementen gehören etwa 76, also die überwiegende Mehrzahl, zu den Metallen. Metallische Elemente und in noch größerem Ausmaß ihre Legierungen, besitzen als Werkstoffe und auch als Schmuck eine außerordentliche Bedeutung. Unsere heutige Zivilisation ist – trotz der immer stärker wachsenden Bedeutung der Kunststoffe – ohne Metalle völlig undenkbar.

Schon der vorgeschichtliche Mensch kannte einige Metalle, allerdings fast ausnahmslos nicht als reine Elemente, sondern mit Beimengungen, die entweder aus dem Erz selbst stammten oder bei der Gewinnung des Metalls hinzukamen. Die zuerst bekannten Metalle sind Gold, Kupfer und Silber, welche alle auch in reinem Zustand («gediegen») auftreten. Dank ihrer Beständigkeit wurden Gold und Silber schon in den ältesten Zeiten als Schmuck verwendet; Kupfer diente zur Herstellung von Gebrauchsgegenständen. Später (etwa 3000 v. Chr.) gelang die Gewinnung von Zinn und die Herstellung der härteren Bronze aus Zinn und Kupfer. Schon um 2000 v. Chr. wurde es möglich, Eisen zu gewinnen und zu verwenden (Babylon); in Mitteleuropa begann die «Eisenzeit» allerdings erst in der Mitte des ersten Jahrtausends v. Chr. Der heutige Hochofenprozeß sowie die wichtigsten Verfahren zur Stahlherstellung wurden erst während des 19. Jahrhunderts entwickelt.

Metallische Stoffe (Elemente, Legierungen, intermetallische Verbindungen) sind durch eine Reihe spezifischer Eigenschaften charakterisiert, die sie von den typisch flüchtigen und salzartigen Stoffen trennen. Diese *«metallischen Eigenschaften»* hängen eng mit dem Aufbau zusammen.

Metallatome sind durch geringe Elektronegativität gekennzeichnet und bilden keine stabilen Moleküle. Ein Li_2-Molekül müßte beispielsweise folgendermaßen aufgebaut sein:

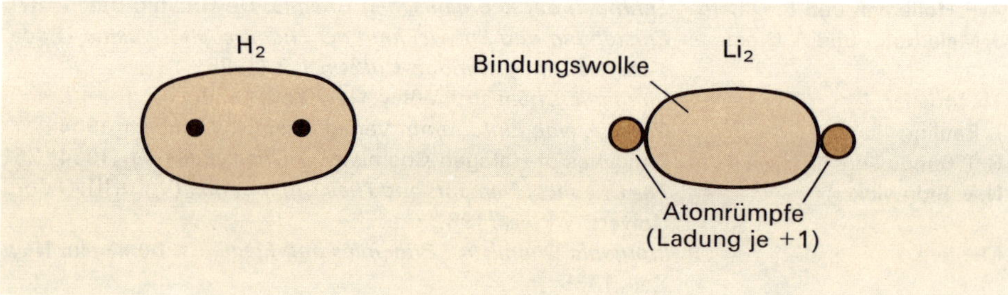

Dabei würden die beiden Atomrümpfe durch die bindende Elektronenwolke nur in einer einzigen Richtung abgeschirmt; solche Moleküle müssen deshalb gegenseitig sehr starke elektrische Anziehungskräfte aufeinander ausüben und können im festen Zustand nicht als isolierte Einheiten auftreten, sondern kondensieren zum *Metallgitter* (Abb.10.1).

In einem solchen Gitter sind die einzelnen Moleküle nicht mehr zu erkennen, und die Atomrümpfe nehmen völlig gleichwertige Positionen ein. Die gestrichelten Linien, welche die ursprünglichen «Moleküle» kennzeichnen sollen, könnten ebensogut nach einem anderen Ver-

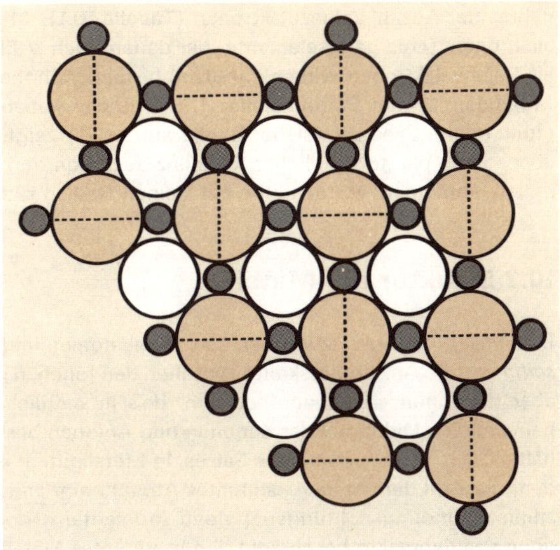

Abb. 10.1. Ebene des Festkörpers aus Li_2-Molekülen

teilungsmuster gezeichnet werden. Zwischen den Atomrümpfen und den grau schattierten bindenden Elektronenwolken sind weitere, energetisch gleichwertige Plätze für den Aufenthalt eines Bindungselektronenpaares vorhanden; man kann deshalb sagen, jeder für eine Elektronenwolke mögliche Platz sei im Mittel mit je einem Elektron besetzt, oder es sei die doppelte Zahl von Plätzen für je zwei Elektronen vorhanden. **Die Bindungselektronen sind damit nicht zwischen je zwei Atomen lokalisiert, sondern gehören dem ganzen Atomverband an.** Eine Vertauschung der Elektronen zwischen verschiedenen «Plätzen» braucht keine Energie; schon beim kleinsten angelegten elektrischen Feld fließt ein elektrischer Strom.

Die *Kräfte* zwischen den Metallatomen müssen nach dieser Vorstellung um so größer sein, je mehr Valenzelektronen dem betreffenden Atom zur Verfügung stehen. In Übereinstimmung damit steigen Schmelzpunkt und Härte (bei gleicher Gitteranordnung) entsprechend der Zu-

Tabelle 10.1. Zusammenhang zwischen der Anzahl Bindungselektronen und dem Schmelzpunkt bzw. der Härte von Metallen einer Periode

Metall	Anzahl Bindungselektronen	Schmelzpunkt (° C)	Brinellhärte[1]
K	1	63,5°	0,04
Ca	2	850°	13
Sc	3	1400°	–
Ti	4	1727°	160
V	5	1720°	260
Cr	6	1920°	70
Fe	~6	1528°	45

[1] Zur Bestimmung der Brinellhärte wird eine Stahlkugel von bestimmtem Durchmesser durch Druck in das zu prüfende Materialstück eingedrückt. Die «Härte» wird angegeben durch das Verhältnis der Last (in kg) zur Fläche der Eindruckskalotte (in mm^2).

nahme der Anzahl Valenzelektronen (Tabelle 10.1). Metalle mit einer größeren Zahl Bindungselektronen (Übergangselemente, bei denen auch *d*-Elektronen der zweitäußersten «Schale» als Valenzelektronen wirken) besitzen besonders hohe Schmelz- und Siedepunkte (Wolfram, Molybdän, Chrom, Platinmetalle). Die deutliche Abnahme der Schmelz- und Siedepunkte vom Lithium zum Caesium (siehe Tabelle auf S. 571) zeigt, daß die Kräfte zwischen den Atomen ebenso wie bei gewöhnlicher Kovalenz auch von den Abständen der Atome, d. h. den Atomradien, abhängen. Metallatome mit kleinen Radien sind unter sich stärker gebunden.

10.2 Struktur der Metalle

Die *Anziehungskräfte* zwischen den Metallatomen im Metallgitter wirken ebenso *räumlich allseitig* wie die Anziehungskräfte zwischen den Ionen in einem Salz. In einem Ionengitter müssen aber die Ionen so angeordnet sein, daß in möglichst kleinen Bereichen Elektroneutralität herrscht. Die Ladungen der Kationen und Anionen bestimmen auch ihr stöchiometrisches Verhältnis, d. h. die «Formel» des Salzes. In Metallgittern ist aber nur *einerlei Art Teilchen* vorhanden; die Zahl der um ein bestimmtes Atom herum angeordneten Atome wird weder durch bestimmte Bindungsrichtungen (wie in Atomgittern) noch durch die «Elektroneutralitätsbedingung» zahlenmäßig beschränkt. Ein bestimmtes Metallatom kann sich daher mit so vielen anderen Atomen umgeben, wie aus rein geometrischen Gründen überhaupt möglich ist. In vielen Metallgittern treten deshalb relativ *hohe Koordinationszahlen* (8 oder 12) auf.
Die allermeisten Metalle kristallisieren entweder in der **kubisch** oder der **hexagonal dichtesten Kugelpackung** oder in einem **innenzentrierten Würfelgitter** (Abb. 10.2). Dichteste

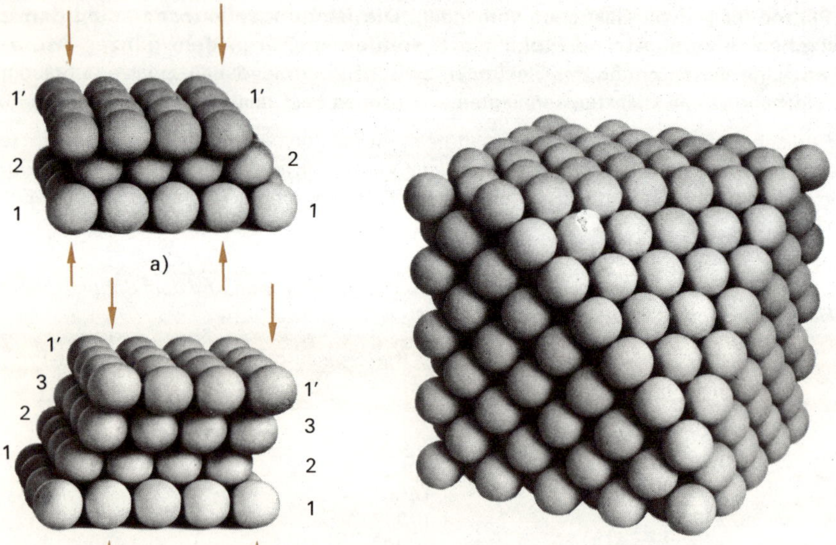

Abb. 10.2. Dichteste Kugelpackungen
a) hexagonal-dichteste Kugelpackung; b) kubisch-dichteste Kugelpackung; c) kubisch-dichteste Kugelpackung, so dargestellt, daß die kubische Symmetrie deutlich wird. Die dichtest besetzten Ebenen liegen senkrecht zu den Würfeldiagonalen

Kugelpackungen entstehen durch Übereinanderlegen von Ebenen, die möglichst dicht mit Kugeln besetzt sind (jede Kugel ist von sechs Nachbarn umgeben), und zwar so, daß die Kugeln einer höheren Schicht jeweils in die Einsenkungen zwischen den Kugeln der unteren Schicht zu liegen kommen. Bei der kubisch dichtesten Kugelpackung, der *«Goldstruktur»,* kommt jeweils die vierte Kugelschicht in identische Position mit der ersten zu liegen; die dichtest besetzten Ebenen stehen senkrecht zu den Diagonalen eines Würfels. In der hexagonal dichtesten Kugelpackung *(«Magnesiumstruktur»)* liegt bereits die dritte Kugelschicht in der gleichen Lage wie die erste.
Senkrecht zur Aufeinanderfolge der dichtesten Ebenen steht eine sechszählige Symmetrieachse («hexagonale Symmetrie»). In beiden dichtesten Packungen ist eine Kugel von zwölf anderen Kugeln im gleichen Abstand umgeben (Koordinationszahl 12). Im kubisch innenzentrierten Gitter *(«Wolframstruktur»)* ist ein Teilchen im Zentrum eines Würfels, die anderen in dessen Ecken angeordnet. Die Zahl der nächsten Nachbarn eines Teilchens ist also 8; zusammen mit den 6 übernächsten Nachbarn (die nur wenig weiter entfernt sind) ergibt sich die «Koordinationszahl» 14. Dieses Gitter ist etwas lockerer und tritt vor allem bei Metallen mit größeren Atomradien auf (z.B. Alkalimetalle; von den Erdalkalimetallen kristallisiert Barium in dieser Struktur).
In der Regel besteht ein Metallstück aus vielen kleinen, regellos angeordneten Kriställchen («Körnern» oder Kristalliten). Es ist *«polykristallin»* und deshalb statistisch isotrop. Unter besonderen Bedingungen gelingt es, Metallstücke herzustellen, die nur einen einzigen Kristall darstellen *(«Einkristalle»)*. Einkristalle zeigen gewöhnlich eine besonders hohe elektrische und thermische Leitfähigkeit, weil die Verschiebung der Elektronen nur innerhalb eines einzigen Gitters erfolgt und nicht durch Korngrenzen behindert wird. Je nach der Vorbehandlung eines Metalles (die Korngröße kann z.B. durch *«Rekristallisation»* vergrößert werden) lassen sich auch andere Eigenschaften, welche von der Anordnung und Größe der Kristallite abhängen, beeinflussen (z.B. Härte, Verformbarkeit).

Jedes Metallgitter – selbst das Gitter eines «hochreinen» Metalles – enthält in größerem oder geringerem Ausmaß *Baufehler,* sei es, daß ein Fremdatom zwischen den Metallatomen im Gitter eingelagert ist, sei es, daß ein Gitterplatz unbesetzt ist und dort eine «Leerstelle» besteht, oder sei es schließlich, daß ein Fremdatom einen Gitterplatz im Kristall einnimmt. Besonders wichtige Gitterstörungen sind die *«Versetzungen»* (Abb.10.3b), bei denen zwei Atomen des ungestörten Gitters drei Atome der benachbarten Atomreihe zugeordnet sind. Die ebene Atom-

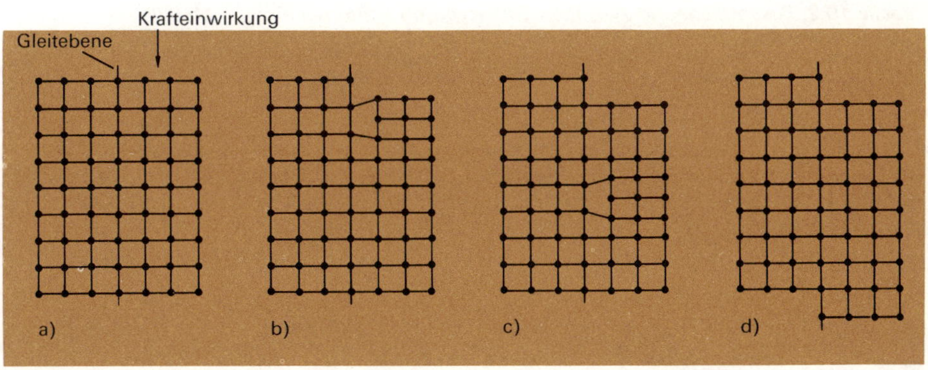

Abb.10.3. Wanderung einer Stufenversetzung entlang einer Gleitebene bei plastischer Verformung eines Metalls

anordnung der Abb.10.3 muß man sich nach vorne und hinten fortgesetzt denken, so daß solche Versetzungen als linienförmige Gitterstörungen den ganzen Kristalliten durchziehen können.

Wie die Abb.10.3 zeigt, spielen Versetzungen bei der *plastischen Verformung* eines Metallkristalles eine große Rolle. Wird das ungestörte Metallgitter einer verformend wirkenden Kraft ausgesetzt, so bilden sich Versetzungslinien, welche entlang einer Ebene *(«Gleitebene»)* durch den Kristall hindurchwandern und dadurch eine Verformung ermöglichen. Bei *Salzen* ist ein derartiges «Übereinandergleiten» von Gitterteilchen nicht möglich, weil dabei gleichartig geladene Ionen übereinanderzuliegen kommen, so daß das Gitter zusammenbricht: Salze sind spröde.

Als Gleitebenen bei Metallen kommen in erster Linie Ebenen in Frage, die mit Atomen möglichst dicht besetzt sind, weil in ihnen der Zusammenhalt besonders groß ist. Nun sind in der kubisch dichtesten Kugelpackung vier Scharen solcher dichtest besetzter Ebenen vorhanden (senkrecht zu den Würfeldiagonalen, Abb.10.2d); im hexagonal dichtesten Gitter jedoch nur eine einzige (senkrecht zur sechszähligen Symmetrieachse). Bei polykristallinen Metallen mit kubisch dichtester Kugelpackung ist bei der Verformung die Wahrscheinlichkeit größer, daß Gleitebenen in eine günstige Lage zur Angriffskraft zu liegen kommen als bei Metallen mit hexagonal dichtester Kugelpackung. Metalle, die in der *Goldstruktur* kristallisieren, sind aus diesem Grund *leichter verformbar,* während Metalle mit der *Magnesium-* und auch mit der *Wolframstruktur* (die ebenfalls wenige dichtest besetzte Ebenen besitzt) *eher spröde* sind (Chrom, Vanadin, Molybdän, Wolfram). Die relativ weichen, gut zu bearbeitenden Metalle Kupfer, Silber, Gold, Platin, Nickel, Aluminium, Blei und γ-Eisen kristallisieren alle in der kubisch dichtesten Kugelpackung. Ein Vergleich der Brinellhärte verschiedener Metalle mit jeweils gleich vielen Valenzelektronen, d.h. ungefähr gleich starker Bindung, zeigt deutlich den Einfluß der Struktur auf die Verformbarkeit (Tabelle 10.2). Eisen kristallisiert unterhalb 906°C in der Wolfram-, oberhalb dieser Temperatur in der Goldstruktur; es kann deshalb durch Wärmebehandlung die Eigenschaften der Goldstruktur annehmen und weich und gut schmiedbar werden oder die größere Härte des Wolframgitters zeigen. Die besonders hohe Härte von Stahl ist im wesentlichen darauf zurückzuführen, daß die Gleitung innerhalb der Eisenkristalle durch zwischen die Eisenatome eingelagerte Kohlenstoffkriställchen erschwert wird.

Tabelle 10.2. Zusammenhang zwischen Gittertyp und Härte bei einigen Metallen

Metall	Kürzeste Atomabstände	Anzahl der Bindungselektronen	Gittertyp	Brinellhärte
Rh	2,684 Å	~6	Au-Typ	110
Ru	2,667 Å	~6	Mg-Typ	220
Pt	2,769 Å	~6	Au-Typ	50
Re	2,745 Å	~6	Mg-Typ	250
Ni	2,487 Å	~6	Au-Typ	70
Co	2,503 Å	~6	Mg-Typ	125
Ca	3,932 Å	2	Au-Typ	13
Ba	4,343 Å	2	W-Typ	42

10.3 Legierungen

Für die Gitteranordnung bei Metallen ist in noch höherem Maß als bei den Salzen (wo die Ladung eine Rolle spielt) die Größe der Atome maßgebend. *Mischkristallbildung* ist deshalb bei Metallen besonders häufig. Kühlt man eine flüssige Mischung aus verschiedenen Metallen ab, so bilden sich *Legierungen* meist dadurch, daß im Gitter des einen Metalls Atome durch Atome des anderen Metalls ersetzt werden (statistisch oder geregelt) oder indem Metallatome in Lükken zwischen die Atome des anderen Metalles eingelagert werden (Abb. 10.4). Wenn die Atome der verschiedenen Metalle allzu verschieden voneinander sind (wenn sie z. B. ungleich viel Valenzelektronen besitzen), bilden sich beim Abkühlen aber Kristalle der reinen Metalle. Dadurch sinkt der Schmelzpunkt der Mischung immer mehr, bis schließlich die Schmelze die Zusammensetzung der Mischung mit dem tiefsten Schmelzpunkt erreicht und als Ganzes auskristallisiert. Eine solche Legierung besteht aus dem Gefüge von Körnern verschiedener Zusammensetzung.

Die *Zahlenverhältnisse,* in denen verschiedene Atome in einer Legierung vorhanden sind, gehorchen keinen einfachen Regeln und können oft in weitem Maß variieren. Nur wenn die Ein-

a) Mischkristallbildung durch Einlagerung fremder Atome (kleine, volle Kreise) in Lücken zwischen die Atome des Gitters

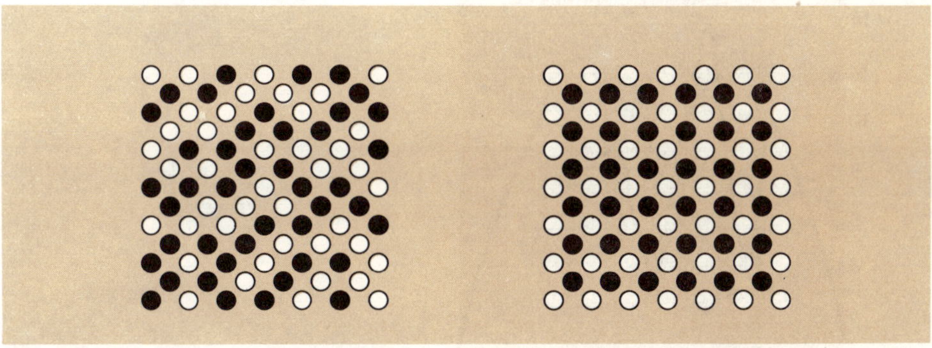

b) Mischkristallbildung durch Ersatz von Atomen im Gitter durch eine andere Atomart

Abb. 10.4. Mischkristallbildung. Jeweils links ungeregelte, rechts geregelte Mischkristallbildung

lagerung in das Gitter oder der Ersatz von Atomen geometrisch regelmäßig erfolgt, oder wenn die verschiedenen Atomarten zusammen ein neues, der betreffenden Legierung eigenes Gitter einer bestimmten Struktur bilden, ist das Zahlenverhältnis der Atome festgelegt.
Kühlt man z. B. eine Schmelze aus Kupfer (Atomradius 1,28 Å) und Gold (Atomradius 1,44 Å) ab, so bilden sich Mischkristalle der kubisch dichtesten Kugelpackung, wobei die Cu- und Au-Atome statistisch verteilt sind. Solche *«ungeregelte Mischkristalle»* sind nichts anderes als *feste Lösungen*. Eine Mischung aus 50 Atom-% Kupfer und 50 Atom-% Gold ergibt bei der Abkühlung ein Gitter, in welchem die Cu- und Au-Atome jeweils in parallelen Lagen angeordnet sind. Eine Schmelze von 75 Atom-% Kupfer und 25 Atom-% Gold bildet ebenfalls ein regelmäßig gebautes Gitter, in welchem jedes Au-Atom von 12 Cu-Atomen, jedes Cu-Atom dagegen von 4 Au- und 8 Cu-Atomen umgeben ist. Die beiden intermetallischen «Verbindungen» CuAu und Cu_3Au zeigen sehr deutlich, wie hier bestimmte stöchiometrische Verhältnisse nur deshalb zustande kommen, weil sich die Atome im Gitter besonders gut ordnen können. Die genau definierten Begriffe «Mischung» und «Verbindung» verlieren deshalb bei Legierungen weitgehend ihren Sinn.
Die *elektrische Leitfähigkeit* von Legierungen ist im allgemeinen schlechter als die Leitfähigkeit der reinen Komponenten. Die ungeregelte Einlagerung oder der statistische Ersatz von Atomen vermindert die Leitfähigkeit besonders stark; Legierungen aus «geregelten» Mischkristallen oder von einer geordneten Struktur (wie CuAu oder Cu_3Au) zeigen wieder eine etwas höhere Leitfähigkeit (Abb.10.5). Für die Elektrotechnik ist deshalb die Herstellung möglichst reiner Metalle von großer Bedeutung.

Umgekehrt ist die *Härte* von Legierungen meist höher als die Härte reiner Metalle; besonders hart sind wiederum Legierungen aus ungeregelten Mischkristallen. Die Erhöhung der Härte wird durch die *Erschwerung der Gleitung* durch die Fremdatome bedingt. So kann reines Eisen, ein ziemlich weiches Metall, schon durch Zusatz geringer Mengen Chrom oder Nickel beträchtlich gehärtet werden; auf dem gleichen Effekt beruht auch die Härtung von Silber oder Gold durch Zulegieren von Kupfer oder Silber, die gegenüber Kupfer höhere Härte von Messing usw.

Die *Korrosionserscheinungen* an Legierungen sind wesentlich komplizierter als bei reinen Metallen. Legierungen, die aus einem Gefüge von Körnern verschiedener Zusammensetzung bestehen, können z. B. durch «interkristalline Korrosion» zerstört werden, wenn die verschiedenen Körner Lokalelemente bilden. Anderseits sind Legierungen häufig beträchtlich korrosionsbe-

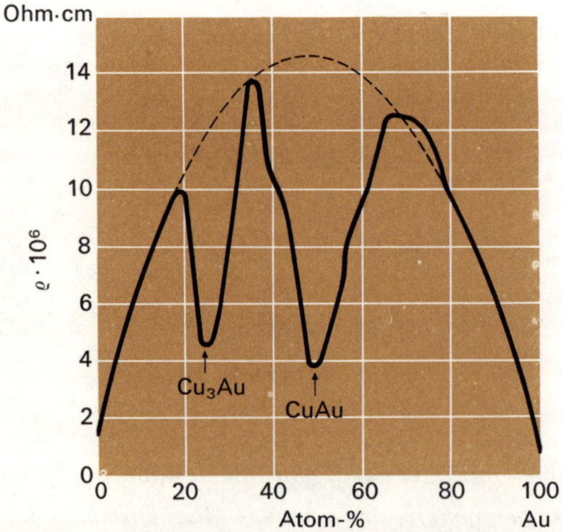

Abb. 10.5. Elektrischer Widerstand von Cu/Au-Legierungen

ständiger als die reinen Metalle. Beispielsweise werden an der Oberfläche von Messing (enthält Kupfer und Zink) zwar die Zn-Atome größtenteils in Lösung gehen; die zurückbleibende Schicht von Cu-Atomen vermag jedoch die darunterliegenden Zn-Atome vor weiterem Angriff zu schützen. Gewisse Legierungen zeigen auch eine ausgesprochene *Passivität*, genau wie manche reine Metalle. So erhält man durch Zulegierung von Chrom, Nickel oder Molybdän zu Eisen nichtrostende Stähle (z. B. 18/8-Chromnickelstahl mit 18% Cr und 8% Ni). Offenbar wird dabei die Passivität von Chrom und Nickel auf das Gesamtmetall übertragen; ein Vorgang, dessen Wesen und Ursache bis heute noch nicht vollständig geklärt ist.

Einen Überblick über die Vorgänge beim Erstarren einer flüssigen Metallmischung und über die Möglichkeiten der Legierungsbildung gibt das **«Zustandsdiagramm»** oder **«Phasendiagramm»** eines solchen Gemisches (Abb. 10.6–10.8).

Wir betrachten zuerst den Fall zweier Metalle, *die im flüssigen Zustand mischbar* sind, aber *im festen Zustand keine Mischkristalle* bilden (z. B. Ag/Cu, Cd/Zn) (Abb. 10.6). Bei der Abkühlung eines flüssigen Gemisches der beiden Metalle muß also eine *«Entmischung»*, d. h. eine Trennung in zwei Phasen, eintreten.

Ist in einem Metall A ein anderes Metall B gelöst, so besitzt die Schmelze einen tieferen Schmelzpunkt als das reine Metall A; der Effekt ist um so stärker, je mehr B in A gelöst ist. Die

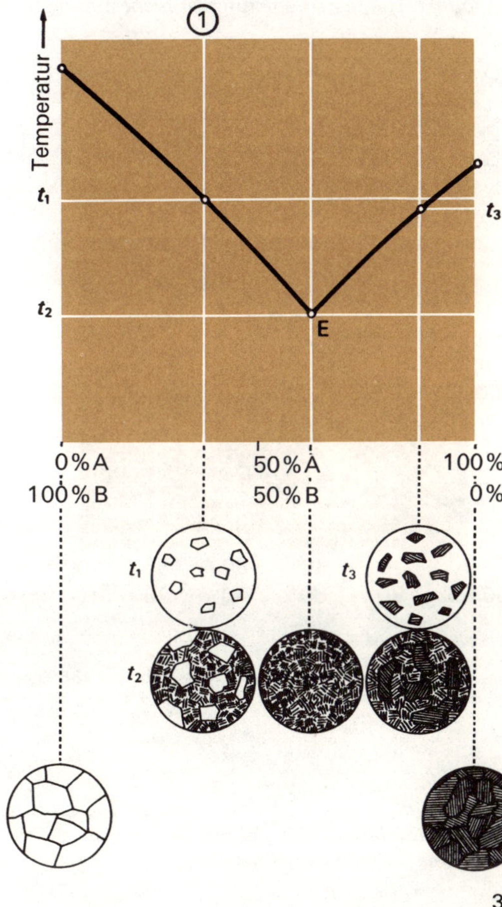

Abb. 10.6. Phasendiagramm und Gefügearten einer Legierung aus zwei im festen Zustand nicht homogen mischbaren Metallen (z. B. Cd/Zn)

graphische Darstellung der Schmelz- (oder Erstarrungs-) punkte solcher Gemische in Abhängigkeit von Gehalt an B ist also eine abfallende Kurve. Dasselbe gilt aber, wenn man in flüssigem B steigende Mengen von A löst. Beide Kurven schneiden sich in einem tiefsten Punkt *E*, dem *«Eutektikum»*. Eine Mischung von A und B im Verhältnis, die dem Eutektikum entspricht (eine *«eutektische Mischung»)*, zeigt einen besonders niedrigen konstanten Schmelzpunkt. Eutektische Gemische besitzen deshalb als tiefschmelzende Legierungen Bedeutung *(«Woodsche Legierung»* aus 50% Bi, 26,3% Pb, 13,3% Sn und 10% Cd; Smp. 70°C)[1].

Kühlt man nun eine Mischung der Zusammensetzung 1 ab, so scheidet sich bei der Temperatur t_1 festes B aus. Dadurch verarmt aber die Schmelze an B, und der Erstarrungspunkt sinkt weiter unter fortwährender Ausscheidung von B. Schließlich gelangt die Restschmelze zum eutektischen Punkt *E* und erstarrt als ein feines Gemenge von A- und B-Kriställchen, welches die zuerst entstandenen B-Kristalle einschließt. Eine solche Legierung hat also *keinen bestimmten Erstarrungspunkt;* oberhalb der Temperatur t_1 ist sie ganz flüssig, zwischen t_1 und t_2 besteht sie aus Schmelze, in der Kriställchen von B schweben, und erst unterhalb von t_2 ist sie fest.

Auch das *Schmelzen* erfolgt allmählich: Wird die feste Legierung erwärmt, so schmilzt bei t_2 die eutektische Grundmasse (wobei die Temperatur zunächst konstant bleibt), und erst wenn die eutektische Mischung geschmolzen ist, steigt die Temperatur weiter, wobei dann die A-Kriställchen geschmolzen werden. *Nur das eutektische Gemisch* besitzt einen *bestimmten Erstarrungspunkt*. Die feste Legierung ist *nicht homogen*.

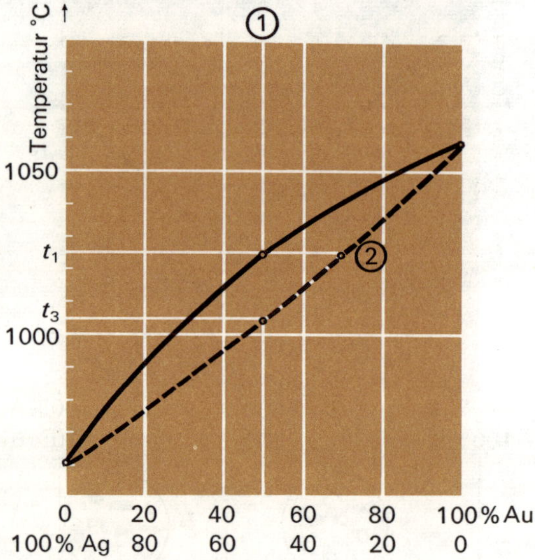

Abb. 10.7. Phasendiagramm von Silber/Gold-Legierungen

[1] Eine eutektische Mischung von Kochsalz und Eis (22,5 Gew.-% NaCl) besitzt als *«Kältemischung»* im Laboratorium eine gewisse Bedeutung (Temperatur −21°C).

Hochofen im Hüttenwerk Rheinhausen bei Duisburg. Links vom Hochofen Schrägaufzug, rechts Winderhitzer. Die Gichtgase werden durch Rohre in Entstaubungsanlagen geleitet (Aufnahme: Hüttenwerk Rheinhausen)

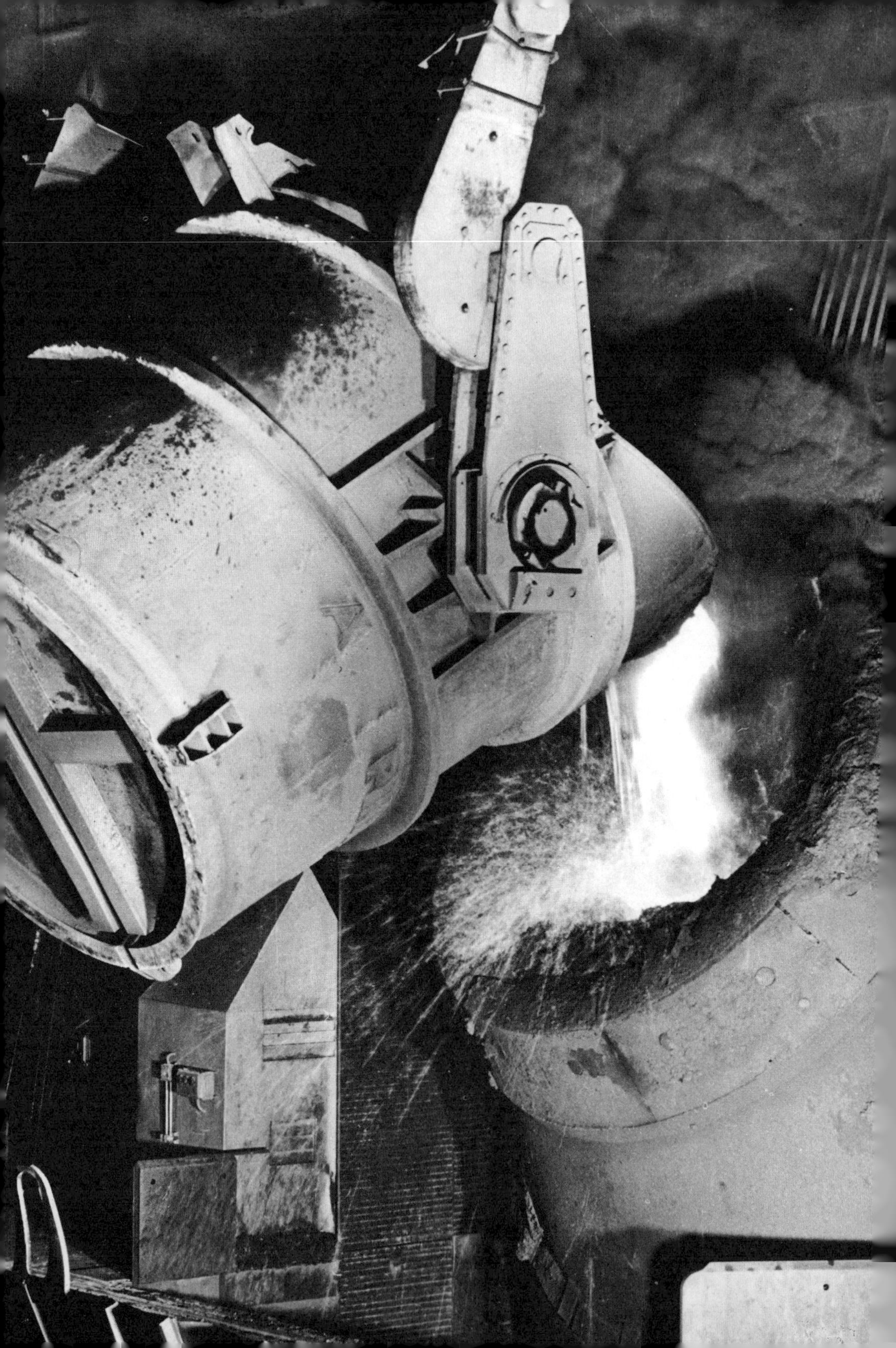

Anders verläuft der Erstarrungsvorgang, wenn die beiden Metalle miteinander feste Lösungen bilden, d.h. wenn *Mischkristalle* entstehen. Abb.10.7 zeigt den Fall der *vollkommenen Mischbarkeit auch im festen Zustand* («kontinuierliche Reihe» von Mischkristallen bei Metallen von ähnlichem Atomradius und gleichem Gittertyp: Fe/Ni, Fe/Co, Ni/Cu, Cu/Au, Ag/Au usw.). Kühlt man z.B. eine Schmelze von Silber und Gold der Zusammensetzung 1 ab, so beginnt sie bei der Temperatur t_1 zu erstarren, wobei sich Mischkristalle der Zusammensetzung 2 ausscheiden, die reicher an Gold sind als die Schmelze. Indem aus der Schmelze Ag-Atome in das Gitter der Mischkristalle hineindiffundieren, werden diese beim Abkühlen reicher an Silber, bis schließlich bei der Temperatur t_3 die ganze Schmelze einheitlich erstarrt. Läßt man das Erstarren so langsam vor sich gehen, daß die Diffusion zwischen Schmelze und Mischkristallen stattfinden kann, so erhält man schließlich eine homogene Legierung. Bei raschem Abkühlen erfolgt die Diffusion nicht vollkommen, und die Mischkristalle sind *nicht einheitlich* zusammengesetzt (im Inneren reicher an Gold, in den äußeren Schichten reicher an Silber; sogenannte *Zonenkristalle)*.
Sehr häufig tritt schließlich ein dritter Fall der Erstarrung auf (Abb.10.8). Hier sind die beiden Metalle im flüssigen Zustand unbegrenzt ineinander löslich; im festen Zustand bilden sie jedoch nur *in beschränktem Maß Mischkristalle,* weil jedes der beiden Metalle nur in begrenztem Ausmaß Atome des anderen in sein Gitter aufnehmen kann. Die Erstarrungskurve eines solchen Gemisches besitzt ebenfalls ein *Eutektikum,* bei welchem die Schmelze zu einem Gemenge von zwei Mischkristallarten der Zusammensetzung D und E erstarrt.

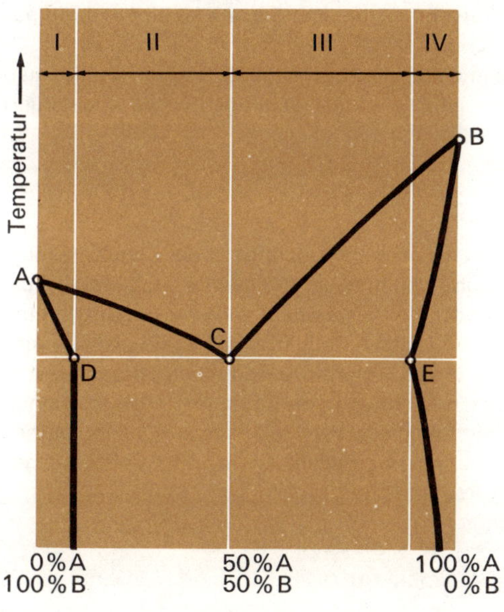

Abb. 10.8. Phasendiagramm einer Legierung aus zwei Metallen, die in beschränktem Maß Mischkristalle bilden (z.B. Pb/Sn)

Beschickung eines Konverters (Aufnahme: Demag, Duisburg)

Zwischen D und E besteht eine *«Mischungslücke»*. Gemische der Zusammensetzung I und IV erstarren bei langsamem Abkühlen zu einem homogenen Gefüge aus Mischkristallen der gleichen Zusammensetzung; schnelles Abkühlen – ohne Austausch von Atomen zwischen Schmelze und Gitter – führt zu *Zonenkristallen*. Schmelzen, deren Zusammensetzung in den Gebieten II und III liegt, ergeben *heterogene Legierungen*, die aus den primär ausgeschiedenen *Mischkristallen* und dem zuletzt entstandenen *eutektischen Gemenge* bestehen. Meistens wird die Mischungslücke mit sinkender Temperatur größer, d.h. beim weiteren Abkühlen scheiden sich aus den Mischkristallen in einem gewissen Maß Kristalle der reinen Metalle aus. – Beispiele von Legierungen, die sich diesem Schema entsprechend verhalten, sind Pb/Sn, Pb/Sb («Letternmetall» für Druckereien), Al/Si, Al/Zn, Cr/Ni usw.

Die Kenntnis der Zustandsdiagramme ist für den Metallurgen von großer Bedeutung, da sie nicht nur über den Verlauf der Abkühlung, sondern auch über das am Ende zu erwartende Gefüge Aufschluß geben. Durch Veränderung der Abkühlungsgeschwindigkeit (Bildung von Mischkristallen anderer Zusammensetzung; Verzögerung oder sogar Verhinderung des Ausscheidens von reinen Kristallen im festen Zustand) lassen sich unter Umständen die Eigenschaften von Legierungen (Härtbarkeit, Korrosionsbeständigkeit) sehr weitgehend beeinflussen.

10.4 Metallurgie: Gewinnung und Raffination von Metallen

Allgemeines. In der Natur kommen nur die edlen Metalle gediegen vor; die übrigen treten als Verbindungen auf. Die wichtigsten *Erze* (d.h. Gesteine oder Mineralien, aus denen man Metalle lohnend gewinnen kann) sind Oxide, Sulfide und Carbonate. Silicate kommen nur in gewissen Fällen zur Gewinnung von Metallen in Frage.
Um die Metalle als Elemente zu erhalten, müssen die Erze reduziert werden, wobei Sulfide und Carbonate durch *«Rösten»* bzw. *«Brennen»* zuerst in die entsprechenden Oxide übergeführt werden müssen:

$$2\,ZnS + 3\,O_2 \rightarrow 2\,ZnO + 2\,SO_2$$
$$4\,FeCO_3 + O_2 \rightarrow 2\,Fe_2O_3 + 4\,CO_2$$

Die Wahl des *Reduktionsmittels* richtet sich zunächst nach der Leichtigkeit der Reduzierbarkeit der Oxide; es soll aber auch möglichst billig sein und sich mit dem zu gewinnenden Metall nicht legieren. Am häufigsten werden *Kohle* (Koks) oder *Kohlenmonoxid* verwendet (Gewinnung von Zn, Sn, Ni, Pb und Fe), jedoch erhält man gerade bei der Reduktion mit Kohle niemals ganz reine Metalle, weil sich immer etwas C mit dem Metall legiert. Die Reduktion erfolgt meist in schachtförmigen Öfen; Zink wird aus der erhitzten Mischung von Kohle und Oxid als Dampf abdestilliert. Metalle, die sich besonders leicht mit Kohlenstoff verbinden oder legieren, müssen durch Reduktion mit *Wasserstoff* (Wolfram) oder mit *Aluminium* («Thermit-Reaktion») gewonnen werden (Mn, V, Cr, Ti; Ti auch durch Reduktion mit Mg!):

$$WO_3 + 3\,H_2 \rightarrow W + 3\,H_2O$$
$$Cr_2O_3 + 2\,Al \rightarrow 2\,Cr + Al_2O_3$$

Die Mischung von Aluminium mit dem entsprechenden Oxid wird hier in großen, mit einer feuerfesten Masse (Schamotte) ausgekleideten Eisentiegeln zur Reaktion gebracht. Durch *Elektrolyse wäßriger Lösungen* können Zn, Sn, Pb, Cu u.a. erhalten werden; die Elektrolyse eignet sich besonders zur Verarbeitung von Erzen mit geringem Metallgehalt, die durch Säure oder Lauge gelöst werden können. Unedle Metalle mit E^0 negativer als –1,5 V müssen durch *Schmelzelektrolyse* hergestellt werden (Alkalimetalle, Mg, Al).

Tabelle 10.3. Die wichtigsten als Werkstoffe dienenden metallischen Elemente

Metall	Eigenschaften	Herstellung	Verwendung (Beispiele)
Beryllium Be	stahlgrau, sehr hart, spröde. Smp. 1280 °C, Sdp. 2967 °C. An trockener Luft bleibt es blank (Oxidhaut!)	Schmelzelektrolyse einer aus Beryll hergestellten Mischung von BeO, BeF_2 und BaF_2	für Legierungen (Be/Cu) von hoher Härte und guter Leitfähigkeit (Flugmotorenbau)
Magnesium Mg	silberglänzend, läuft an der Luft an; leicht verformbar. Smp. 650 °C, Sdp. 1102 °C	Schmelzelektrolyse von $MgCl_2$ unter Zusatz von CaF_2 als Flußmittel	Leichtmetall-Legierungen, Reduktionsmittel
Titan Ti	silberweiß, zäh, schmiedbar, leicht, korrosionsbeständig gegen Luft, Seewasser, Bleichlaugen, Salpetersäure und Königswasser (!); Smp. ~1670 °C, Sdp. 3262 °C, $\varrho = 4{,}5$ g/cm³	Reduktion von $TiCl_4$ (flüssig; Sdp. 136 °) mit Magnesium unter He- oder Ar-Schutzgas (teuer)!	Flugzeugbau (Kompressoren für Strahltriebwerke), Raketentechnik. Legierungen mit Cr, Al, Mn, Fe u. a.
Zirkonium Zr	silberweiß, hart, spröde; Smp. 1860 °C, Sdp. 3580 °C, gegen verdünnte Säuren ziemlich beständig	Reduktion von $ZrCl_4$ mit Mg unter Ar	Elektronik Reaktortechnik
Vanadin V	blaugrau; wenn völlig rein, weich und hämmerbar. Smp. 1715 °C, Sdp. 3000 °C. Chemisch ziemlich beständig	Reduktion von V_2O_5 mit Al	als Ferrovanadin (Legierung mit Fe) in der Stahltechnik von großer Bedeutung (Desoxidationsmittel). Legierungsbestandteil: Vanadinstahl
Tantal Ta	blaustichiger Glanz, hervorragend duktil; große Härte und Zähigkeit sowie gute Korrosionsbeständigkeit. Smp. 3030 °C, Sdp. ~5300 °C	Schmelzelektrolyse von K_2TaF_7, einem K–Ta-Doppelfluorid	Spinndüsen; Elektronik; Reaktortechnik. Material für chemische Geräte und chirurgische Instrumente
Chrom Cr	silberglänzend, zäh, spröde, hart; gegen sehr viele Chemikalien beständig (nicht gegen konz. H_2SO_4 und konz. HCl!); Passivität! Smp. 1920 °C, Sdp. 2480 °C	Reduktion von Cr_2O_3 mit Al; Elektrolyse von Chromaten	Legierungsmetall (korrosionsbeständige Stähle), Überzugsmetall
Molybdän Mo	bleigrau, hart, spröde. Smp. 2620 °C, Sdp. ~4800 °C. Gegen oxidierende Säuren (HNO_3) nicht beständig	Reduktion von MoO_3 mit H_2 oder mit Al	Elektronik, Raketentechnik. Legierungsbestandteil (Molybdänstahl)
Wolfram W	hartes, sehr hochschmelzendes Metall, Smp. 3380 °C, Sdp. 6000 °C	Reduktion von WO_3 mit H_2	Glühdrähte in Glühbirnen; Legierungsbestandteil (Stähle)

Metall	Eigenschaften	Herstellung	Verwendung
Mangan Mn	silbergrau, hart, spröde; gegenüber Säuren nicht beständig. Smp. 1247 °C. Sdp. 2090 °C	Reduktion von Mn_3O_4 mit Al	Fe/Mn-Legierungen (Ferromangan, Spiegeleisen), als Desoxidationsmittel verwendet; Herstellung von Manganhartstahl (Panzerplatten)
Eisen Fe	silberweiß, verhältnismäßig weich. Smp. 1535 °C, Sdp. 3200 °C. Nur an trockener Luft und in luft- (bzw. O_2-) und CO_2-freiem Wasser oder in Laugen beständig	Reduktion von verschiedenen Oxiden mit CO (Hochofen)	Wichtigstes Werkmetall. Stähle, Gußeisen, Fe/Ni-Legierungen
Kobalt Co	stahlgrau, glänzend wie Fe, magnetisch. Gegen Luft und verdünnte Säuren ziemlich beständig. Smp. 1490 °C, Sdp. 3185 °C	Reduktion der Oxide mit Kohle	Überzugsmetall; für permanente Magnete; Legierungsbestandteil (Schnelldrehstahl)
Nickel Ni	silberweiß, schmiedbar, zäh. Smp. 1455 °C, Sdp. 3350 °C. Gegen nichtoxidierende Säuren und alkalische Lösungen sehr beständig (Passivität)	Reduktion des Oxids mit Kohle; Reinnickel über den $Ni(CO)_4$-Komplex (Ni-carbonyl)	Überzugsmetall; Legierungsbestandteil für korrosionsbeständige Stähle (18/8-Chromnickelstahl mit 18% Cr und 8% Ni). Ni/Fe- und Ni/Co- (für Heizdrähte) Legierungen
Iridium Ir	silberweiß, spröde, sehr hart. Smp. 2443 °C, Sdp. 4400 °C. Sehr edel, wird auch – im Gegensatz zu Pt! – von Königswasser nicht angegriffen	kommt gediegen vor (Ural)	Spitzen von Füllfedern, Laboratoriumsgeräte
Platin Pt	grauweiß, dehnbar; sehr edles, reaktionsträges Metall. Wird von Chlor und Königswasser angegriffen und legiert sich leicht mit anderen Metallen. Smp. 1774 °C, Sdp. 4350 °C	kommt gediegen vor	Laboratoriumsgeräte, Katalysatoren. Schmuckmetall
Kupfer Cu	hellrot, weich, zäh, sehr dehnbar. Smp. 1083 °C, Sdp. 2350 °C. An CO_2-haltiger Luft überzieht es sich mit einer grünen Schicht von basischem Carbonat («Patina»)	aus Cu_2S, das in Konvertern mit Cu_2O umgesetzt wird: $Cu_2S + 2\,Cu_2O \rightarrow 6\,Cu + SO_2$; Elektrolyse von $CuSO_4$-Lösung. Elektrolytische Raffination	Elektrotechnik (nach Ag mit bester Leitfähigkeit); zur Herstellung von Messing (mit Zn legiert) und Bronze (mit Sn legiert)
Silber Ag	silberweiß, weich; bester Leiter für Wärme und Elektrizität. Smp. 960 °C, Sdp. 2150 °C. läuft an H_2S-haltiger Luft an ($\rightarrow Ag_2S$)	aus Ag-Erzen durch Herauslösen mit NaCN und anschließende Reduktion mit Zn oder Al	als Legierung mit Cu für Schmuck, Geräte, Münzen

Metall	Eigenschaften	Herstellung	Verwendung
Gold Au	gelbrot, weich, Smp. 1063 °C, Sdp. 2960 °C. Wird durch Chlor und Königswasser angegriffen	kommt gediegen vor	als Legierung mit Ag oder Cu für Schmuck, Münzen
Zink Zn	bläulichweiß, spröde (bei 100–150 °C weich und dehnbar). Smp. 419 °C, Sdp. 907 °C. An der Luft beständig (Schutz durch Oxid- und Carbonatschicht)	Reduktion von ZnO mit Kohle; Elektrolyse von $ZnSO_4$-Lösung	Überzugsmetall; Legierungsbestandteil (Messing, Al- und Mg-Legierungen)
Cadmium Cd	silberweiß, ziemlich weich. Smp. 321 °C, Sdp. 767 °C. An der Luft beständig	Reduktion des Oxids mit Kohle	Überzugsmetall
Quecksilber Hg	silberweiß; im festen Zustand ziemlich weich. Smp. −38,8 °C, Sdp. 357 °C. Dämpfe giftig	Oxidation von HgS (Zinnober): $HgS + O_2 \rightarrow Hg + SO_2$	Thermometerfüllungen, Amalgame
Aluminium Al	silberweißes Leichtmetall, dehn- und walzbar. Smp. 660 °C, Sdp. 2060 °C. Dank Oxidschicht verhältnismäßig korrosionsbeständig	Schmelzelektrolyse von Al_2O_3, gelöst in Kryolith	wichtigstes Leichtmetall; meist als Legierung verwendet
Germanium Ge	grauweiß, im Diamantgitter kristallisierend, spröde. Smp. 958 °C, Sdp. 2700 °C. Gegen Luft und nichtoxidierende Säuren völlig beständig	Reduktion von GeO_2 mit H_2	Halbleiter für Elektrotechnik
Zinn Sn	silberweiß, meist mit schwach gelblichem Glanz, weich, gut dehnbar. Smp. 231 °C, Sdp. 2270 °C, gegen Luft und Wasser beständig. Unterhalb 13,2 °C Umwandlung in eine graue Form (Diamantgitter), «Zinnpest»	Reduktion von SnO_2 mit Kohle	Zinngegenstände; Überzugsmetall. In Legierung mit Cu (Bronze). Weißblech ist verzinntes Fe-Blech. Lagermetalle (Achslager) aus Pb mit Sn, Sb, Cu. Lötmetall
Blei Pb	bläulichweiß, weich, dehnbar. Smp. 327 °C, Sdp. 1750 °C. Dank Schutzschicht gegen Säuren geschützt	Reduktion von PbO mit Kohle	Bleiblech; Akkumulatoren; Schrotkugeln. Legierungen: Letternmetall (Pb, Sb, Sn), Lagermetalle
Antimon Sb	silberweiß, blättrig, sehr spröde. Smp. 630 °C, Sdp. 1640 °C. Kommt daneben in einer grauen nichtmetallischen Form vor	Reduktion von Antimonoxiden mit Kohle	Legierungsbestandteil, macht Pb oder Sn härter (Letternmetall; Lagermetalle)

10.4.1 Metallurgie der häufigsten Gebrauchsmetalle: Eisen und Aluminium

Die wichtigsten **Eisenerze** sind Fe_3O_4, Magneteisenstein oder Magnetit (Nordschweden, Ural, USA); Fe_2O_3, Roteisenstein oder Hämatit (Deutschland, England, USA, Südrußland, Schweiz: Gonzen); $Fe_2O_3 \cdot nH_2O$, Brauneisenstein oder Limonit (häufig, u.a. Lothringen, Nordspanien, Schweiz: Fricktal); $FeCO_3$, Eisenspat (Erzberg in der Steiermark).
Im *Hochofenprozeß* werden die Erze zu Roheisen reduziert. Der schachtförmige, 20–35 m hohe Hochofen wird durch ein Stahlgerüst gestützt, welches auch den Schrägaufzug trägt, und besitzt einen charakteristischen Längsschnitt (Abb. 10.9). Einige Meter über Boden wird aus einer den Ofen ringförmig umgebenden Leitung heiße Luft *(«Heißwind»)* eingeblasen. Die Abgase *(«Gichtgase»)* verlassen den Hochofen oben.
Die Hochöfen werden abwechselnd mit Koks sowie einer Mischung aus Erz und «Zuschlag» (Kalk u.a.) beschickt. Der Zuschlag ergibt mit dem unschmelzbaren Begleitgestein des Erzes, der «Gangart», die schmelzbare *Schlacke*. Im unteren Teil des Hochofens verbrennt der Koks mit dem Heißwind vorwiegend zu CO (Temperatur bis gegen 1800°C; vgl. Boudouard-Gleichgewicht S. 302). Die aufsteigenden Gase reduzieren das Erz in der mittleren Zone zu schwammigem Metall. Ein Teil des Kohlenmonoxids disproportioniert bei der hier herrschenden niedrigeren Temperatur (400–900°C) in Kohlendioxid und Kohlenstoff, welcher sich in der darunterliegenden *«Kohlungszone»* mit dem Eisen legiert. Dadurch wird sein Schmelzpunkt so stark erniedrigt, daß das *Roheisen* in *flüssiger* Form nach unten tropft und durch das «Stichloch» von Zeit zu Zeit abgelassen werden kann (Schmelzpunkt von reinem Fe 1535°C, des Roheisens je nach C-Gehalt 1150–1300°C). Die *Schlacke* tropft ebenfalls *flüssig* ab; ihr Anteil an Eisensilicat wird in der untersten Hochofenzone durch Koks direkt reduziert. Die restliche Schlacke sammelt sich auf dem Roheisen an und schützt dieses vor der Oxidation durch den eingeblasenen Heißwind. Auch die Schlacke wird von Zeit zu Zeit «abgestochen». In der obersten Zone des Hochofens werden Erz, Koks und Zuschlag durch die heißen Gase vorgewärmt; das entweichende Gichtgas (etwa 60% N_2, 8% CO_2 und bis 30% CO) hat noch eine Temperatur von 100–300°C und dient nach der Befreiung von Staub (Entstaubungsanlagen) in den Winderhitzern zur Erwärmung der eingeblasenen kalten Luft (Wärmeaustausch). Dank seines ziemlich hohen Heizwertes (bis 1000 kcal/m³) wird es im Hüttenwerk als Heizgas verwendet.

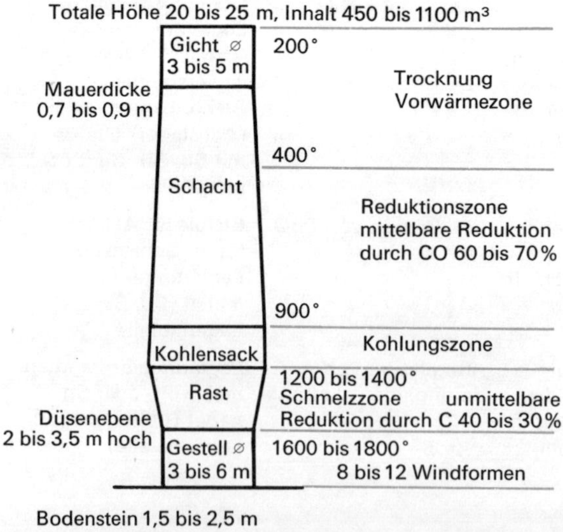

Abb. 10.9. Zoneneinteilung des Hochofens

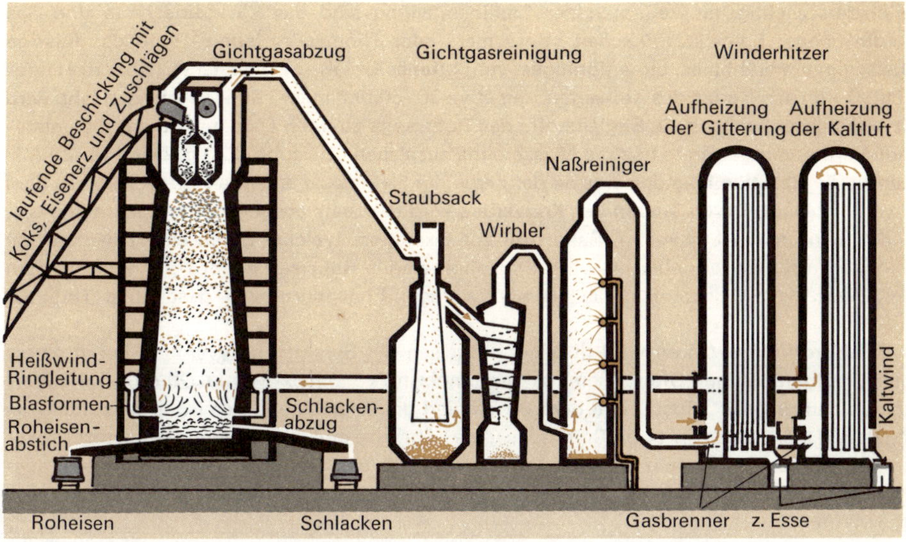

Abb. 10.10. Hochofenanlage, schematische Darstellung

Einige Daten:	Hochofenabstich alle 3–4 Stunden.	
	Pro t Roheisen nötig:	0,8 bis 1,2 t Koks, etwa 2 t Erz
		0,5 t Kalk und 2400–3800 m³ Wind
	Erzeugung eines Ofens:	900 bis maximal 2200 t in 24 Stunden
	Betrieb ununterbrochen während der Gesamtbetriebsdauer (bis 10 Jahre).	

Roheisen enthält etwa 3–7% Fremdstoffe (vorwiegend Kohlenstoff, ferner Silicium, Mangan, Phosphor, Schwefel u.a.) und kann nur vergossen, aber nicht geschmiedet oder gewalzt werden (Sprödigkeit!). Um es verformbar zu machen, muß sein Kohlenstoffgehalt auf weniger als 1,7% herabgesetzt und müssen die übrigen Begleitstoffe entfernt werden *(«Frischen»* des Roheisens): Das Roheisen wird zu *Stahl*.

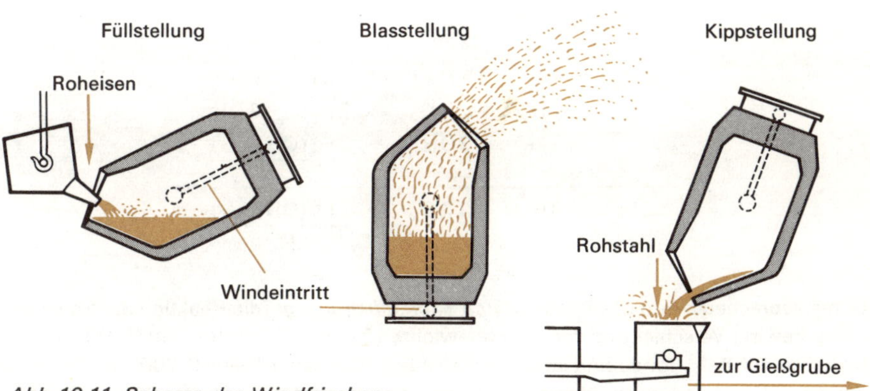

Abb. 10.11. Schema des Windfrischens

Die beiden wichtigsten Verfahren zur Stahlherstellung sind das «Windfrischen» und das «Herdfrischen». Beim *Windfrischen* (Bessemer- oder Thomas-Verfahren) wird das flüssige Roheisen in ein drehbares, birnenförmiges, vorn offenes Gefäß («Konverter») (Abb. 10.11) gebracht. Durch den Boden des Konverters, der etwa 30–60 und mehr Tonnen Roheisen faßt, wird Luft eingeblasen, welche die Begleitstoffe des Roheisens zu ihren Oxiden oxidiert; die entstehende Verbrennungswärme hält die Masse ohne zusätzliche Heizung flüssig. Nach 15–20 Minuten ist die Reaktion beendet, was an der Farbe der Flamme zu erkennen ist, welche aus dem Konverter schlägt. Durch Kippen des Konverters wird der Stahl ausgegossen. Neuerdings verwendet man anstatt Luft reinen Sauerstoff zur Oxidation, welcher durch eine Düse auf die Schmelze im Konverter geblasen wird. Phosphorhaltiges Roheisen ergibt beim Windfrischen unter Zusatz von Calciumoxid die als hochwertiger Phosphordünger geschätzte Thomasschlacke.
Für das *Herdfrischverfahren* wird flüssiges Roheisen mit Schrott und eventuell Erz in einem großen, muldenförmigen Ofen zusammengeschmolzen *(«Siemens-Martin-Ofen»)*. Der Sauerstoff aus dem Schrott (Rost!) und dem Erz oxidiert die Begleitstoffe des Roheisens; der Vorgang dauert hier viel länger (4 bis 8 Stunden); die Schmelze muß durch einen Brennstoff (Koksofengas, Öl) flüssig gehalten werden. Verbrennungsluft und Heizgas werden in großen, ausgemauerten Kammern (Wärmespeicher!), die unterhalb des Ofens liegen, durch die Abgase vorgewärmt.
Mit Mo, Mn, Cr, Ni oder V legierte Stähle werden häufig auch in *Elektroöfen* (Lichtbogen- oder Induktionsöfen) erschmolzen.

Reines Eisen ist ein ziemlich weiches, silberweißes Metall, das an feuchter Luft oder in Wasser, das Sauerstoff gelöst enthält, rasch anläuft. Das Element ist polymorph; unterhalb 906°C kristallisiert es in der Wolfram-, oberhalb 906°C in der Goldstruktur (α und γ-Eisen). *Stähle* enthalten in der Regel nicht mehr als 1,7% Kohlenstoff und oft zusätzlich andere Metalle. Liegt der Kohlenstoffgehalt zwischen 0,5 und 1,7%, so läßt sich der Stahl durch Erhitzen auf etwa 800°C und nachfolgendes Abschrecken in Wasser oder Öl *härten*. Stahl mit weniger als 0,5% Kohlenstoff ist nicht härtbar und wird als *«Schmiedeeisen»* bezeichnet. Die Härtung beruht darauf, daß die im gewöhnlichen Stahl vorliegende Mischung von Eisen und Cementit (Fe_3C) beim Erhitzen in eine feste Lösung von Cementit in Eisen übergeht. Bei raschem Abkühlen bleibt diese als metastabile Phase zum größten Teil erhalten («Martensit») und bedingt die, verglichen mit dem Schmiedeeisen, höhere Härte.

Das *«Rosten»* des Eisens ist ein ziemlich komplizierter Vorgang. Man kann ihn *schematisch* durch folgende Teilreaktionen darstellen:

$$2\,Fe \rightarrow 2\,Fe^{2+} + 4\,e^- \qquad (1)$$

$$O_2 + 4\,e^- + 2\,H_2O \rightleftharpoons 4\,OH^- \qquad (2)$$

$$2\,Fe^{2+} + H_2O + \tfrac{1}{2}\,O_2 \rightleftharpoons 2\,Fe^{3+} + 2\,OH^- \qquad (3)$$

$$2\,Fe^{3+} + 6\,OH^- \rightarrow \underline{2\,Fe(OH)_3}\,(s)\downarrow \qquad (4)$$

$$2\,Fe + 3\,H_2O + 1\tfrac{1}{2}\,O_2 \rightarrow \underline{2\,Fe(OH)_3}\,(s)\downarrow$$

Dementsprechend wird das Rosten *durch Säuren begünstigt* [die Reaktion der Säure mit OH^--Ionen bewirkt Verschiebung der Gleichgewichte (2) und (3) nach rechts!]. Die entstehenden hydratisierten Fe^{3+}-Ionen sind aber selbst ziemlich stark sauer (siehe S. 200), so daß immer wieder neue H_3O^+-Ionen entstehen. *Alkalische Lösungen hemmen das Rosten* [Verschiebung des Gleichgewichtes (3) nach links]. Das nach der dargestellten Reaktionsfolge entstehende $Fe(OH)_3$ spaltet Wasser ab und bildet zusammen mit meist vorhandenen anderen Anionen kompliziert zusammengesetzte *wasserhaltige Oxide* oder *basische Salze*. Die poröse, lockere Struktur der Produkte erlaubt den weiteren Zutritt von Luft und Feuchtigkeit zum Metall und damit schließlich ein vollständiges Durchrosten.

Aluminium ist als dritthäufigstes Element der Erde ein wichtiger Bestandteil vieler Silicate (*«Alumosilicate»,* siehe S. 309), kommt aber wegen seines stark negativen Normalpotentials (d.h. seines unedlen Charakters) nicht als freies Element vor. Die meisten Alumosilicate eignen sich nicht zur Gewinnung des Metalles, weil Aluminium in ihnen nur in kleiner Konzentration und immer in sehr feiner Verteilung vorkommt. Das weitaus wichtigste Rohmaterial zur Aluminiumherstellung ist roter *Bauxit,* ein Mineral, das etwa 55–65% Al_2O_3 («Tonerde») neben Eisenoxid, Titanoxid u.a. enthält (Vorkommen in Südfrankreich [Les Baux, Name!], Italien, Jugoslawien, Ungarn, Rußland, den USA, Südamerika, Afrika).

Vor der elektrolytischen Gewinnung des Metalles muß Bauxit zuerst in reine Tonerde übergeführt werden (die Schmelzelektrolyse ergäbe an der Kathode Eisen!), indem man mit Lauge das Aluminiumoxid als *Hydroxokomplex* löst und dann durch starke Verdünnung (*«Ausrühren»;* dabei wird das Gleichgewicht $[Al(OH)_4]^- \rightleftharpoons Al(OH)_3 + OH^-$ nach rechts verschoben!) und durch Impfen der Lösung mit festem $Al(OH)_3$ *Aluminiumhydroxid* ausscheidet und dieses in Drehrohöfen *kalziniert:*

$$\text{Bauxit} + NaOH \longrightarrow Na[Al(OH)_4] \text{ [vom ungelösten } Fe_2O_3 \text{ abfiltriert]}$$

$$\downarrow \text{ Ausrühren, Impfen}$$

$$\tfrac{1}{2}\, Al_2O_3 + \tfrac{3}{2}\, H_2O \xleftarrow{\text{Erhitzen}} \underline{Al(OH)_3} \downarrow$$

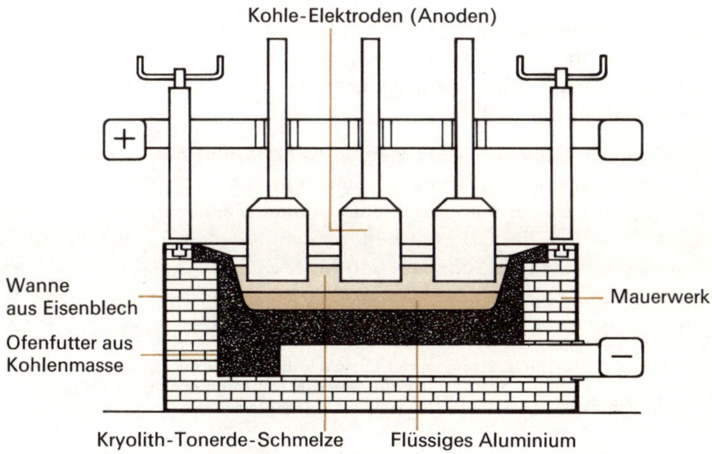

Abb. 10.12. Schematische Darstellung eines Tonerde/Kryolith-Elektrolyseofens

Aluminiumoxid zeigt dank seiner hohen Gitterenergie und der Deformierbarkeit des O^{2-}-Ions beinahe diamantartige Eigenschaften: hohe Härte, Schmelzpunkt über 2000°C. Kristallisiertes Al_2O_3 *(Korund, Schmirgel)* wird deshalb zur Herstellung von Schleifscheiben verwendet; Rubin und Saphir sind durch geringe Spuren von Fremd-Ionen gefärbtes Al_2O_3. Um den Schmelzpunkt zur Elektrolyse herabzusetzen, mischt man Tonerde mit *Kryolith* (Na_3AlF_6), der als Mineral vorkommt (Grönland), aber meist synthetisch hergestellt wird *(kryos* gr. = Eis; *lithos* gr. = Stein: das Mineral sieht aus wie Eis). Dadurch läßt sich die Schmelze bei 950–1000°C durch die Stromwärme der Elektrolyse flüssig erhalten.
Die *Elektrolyse* wird bei einer Spannung von 5–6 V und mit einer Stromstärke von gewöhnlich 24 000–40 000 A (auch bis 110 000 A) durchgeführt (nach Faraday ist die pro Zeit abgeschiedene Stoffmenge der Stromstärke proportional). Die Elektrolysewanne (Abb.10.12) ist mit Kohle ausgekleidet (Kathode!); die ebenfalls aus Kohle bestehenden Anoden tauchen von oben in die Salzschmelze ein. Das Metall sammelt sich am Boden der Wanne in flüssiger Form an. Der an der Anode entstehende Sauerstoff oxidiert die Kohle zu CO und CO_2 (Verbrauch von Anodenkohlen!). Nebenreaktionen führen zum Auftreten von Fluoriden in den Abgasen, welche die Landwirtschaft in der Umgebung der Aluminiumfabriken stark schädigen (Fluoride sind giftig für Tiere und Pflanzen!). Das Metall, welches auf diese Weise gewonnen wird, ist für die meisten Zwecke rein genug (99 bis 99,8% Al). Durch elektrolytische Raffination (über eine Schmelze als Elektrolyt) kann hochreines Aluminium mit einem Gehalt von 99,999% hergestellt werden (Raffinal).

Einige Daten: Pro Tonne Aluminium werden benötigt: 2 t Tonerde (aus 4–5 t Bauxit), 50 kg Kryolith, 0,5 t Elektrodenkohlen, 13 500 kWh
Die schweizerische Aluminiumfabrik in Chippis VS braucht pro Jahr ebensoviel elektrische Energie wie das gesamte Netz der SBB.

Aluminium ist ein silberweißes, leichtes, gut verformbares Metall (Smp. 660°C), das trotz seines negativen Normalpotentials relativ reaktionsträge ist *(Passivität,* Schutz durch *Oxidschicht)*. Durch Zulegieren von Mg, Mn, Si, Cu u.a. kann Aluminium härter und korrosionsbeständiger gemacht werden. Beispiele solcher Legierungen sind Anticorodal, das Mg und Si enthält, sowie Avional, eine Al—Mg—Cu-Legierung, Aluman (Al/Mn) und Peraluman (Al/Mg).
Aluminium wurde erst 1825 von Oersted[1] entdeckt und von Wöhler[2] durch Reduktion von $AlCl_3$ mit Kaliumamalgam in reinem Zustand erhalten. Vor 1870 konnte Aluminium ausschließlich auf diesem Weg (Reduktion mit dem billigeren Na statt mit K) erhalten werden und war dementsprechend sehr teuer. Die Großproduktion wurde erst nach der Erfindung der Dynamomaschine (Werner Siemens, 1866) möglich. Die erste europäische Aluminiumfabrik stand in Neuhausen am Rheinfall (1887/88).

In prinzipiell ähnlicher Weise werden *Natrium* und *Magnesium* hergestellt. Als Elektrolyt für die Natriumgewinnung dient eine Schmelze von Hydroxid oder von Chlorid. Ersteres schmilzt tiefer, doch muß das kathodisch entstehende Metall sorgfältig vom Wasser, das an der Anode durch Oxydation der OH^- entsteht, getrennt werden. Zur elektrolytischen Magnesiumgewinnung dient meist eine Schmelze von $MgCl_2$.

[1] H.C.Oersted (1777–1851), Professor für Physik in Kopenhagen; entdeckte den Zusammenhang zwischen Elektrizität und Magnetismus.
[2] F.Wöhler (1800–1882), Professor der Chemie in Berlin und seit 1835 in Göttingen; Freund von Liebig und Berzelius, mit beiden in ausgedehntem Briefwechsel stehend. Bedeutende Experimentaluntersuchungen über Harnstoff, Harnsäure, Benzoesäure, Cyansäure u.a. (Bild S.347).

Aluminiumgewinnung: 80000-Ampère-Elektrolyseofen mit vorgebrannten Elektroden der Alusuisse (Aufnahme: Alusuisse, Chippis)

10.5 Das chemische Verhalten der Metalle

10.5.1 Allgemeines

1. Das chemische Verhalten der *Metalle der 1. und 2. Hauptgruppe* sowie *der 1. Nebengruppe* des Systems wird durch die geringe Zahl der Außenelektronen bestimmt. Sie sind sehr unedel (negatives Normalpotential!), werden aber in gewissen Fällen durch eine *Oxidschicht* geschützt. Aus ihren Atomen entstehen durch Abgabe der Außenelektronen *edelgasähnliche Ionen,* deren *s*- und *p-Niveaux* vollkommen besetzt sind. Besonders die Ionen der Alkalimetalle, der Erdalkalimetalle (außer Beryllium) und der schweren Erdmetalle (Yttrium und Lanthan) sind sehr stabil und neigen nur wenig zur Komplexbildung. Die kleineren Be^{2+}-, B^{3+}- und Al^{3+}-Ionen besitzen eine verhältnismäßig hohe Ladungskonzentration und wirken deshalb auf negative Ionen stark deformierend. Viele ihrer Verbindungen sind *keine echten Salze* (ein isoliertes B^{3+}-Ion existiert überhaupt nicht), sondern zeigen Übergänge zur Atombindung. Wenn die negativen Ionen von den positiven Ionen sehr stark gebunden werden, können sie im Gitter oder sogar in Lösung mit dem Zentral-Ion zusammen als beständige *Komplexe* auftreten (z. B. Al_2Cl_6 als ungeladener Komplex [«Molekül»] im Dampfzustand, Hydroxo- und Aquokomplexe in wäßriger Lösung).

2. Bei den eigentlichen *Übergangselementen* (Sc—Ni, Y—Pd, La—Pt) werden die neu hinzukommenden Elektronen auf das *d*-Niveau einer inneren Schale (bei den Lanthaniden auf das *f*-Niveau der drittäußersten Schale) angeordnet. Ihre Atomradien sind verhältnismäßig klein; da gleichzeitig relativ viele Valenzelektronen vorhanden sind, besitzen viele dieser Metalle hohe Schmelz- und Siedepunkte, eine relativ hohe Dichte *(«Schwermetalle»)* und teilweise schon recht edlen Charakter. Bei den auf Nickel, Palladium und Platin folgenden Elementen werden die *p*-Niveaux der äußersten Schale aufgefüllt. Kleine Atomradien und hohe Siedepunkte bedingen ebenfalls teilweise sehr edlen Charakter.
Kupfer, Zink, Gallium sowie die unterhalb von ihnen stehenden Elemente erreichen durch Abgabe ihrer Valenzelektronen (der «äußersten» *s*- und *p*-Elektronen) einen verhältnismäßig stabilen Zustand, in welchem die *d*-Niveaux der zweitäußersten Schale vollständig besetzt sind. Edelgasähnliche Ionen können allerdings weder von ihnen noch von den eigentlichen Übergangselementen gebildet werden; nur die Elemente Sc, Y und La erreichen durch Abgabe dreier Elektronen den Edelgaszustand. Dies erklärt einerseits die Tatsache, daß die meisten dieser Metalle in Verbindungen mit *verschiedenen Oxidationszahlen* auftreten können (im Gegensatz zu den Metallen der 1. bis 3. Gruppe), anderseits die Bildung sehr vieler, teilweise *sehr stabiler Komplexe* (Komplexbildung ist besonders bei Ionen mit unvollständig besetzten Energieniveaux häufig!). Die Elektronen in der Nähe solcher unvollständiger Niveaux lassen sich oft schon durch sichtbares Licht anregen; die entsprechenden Ionen erscheinen farbig.

3. *Isolierte Metall-Ionen existieren in Lösungen überhaupt nicht,* und nur bei den Alkali- und Erdalkalimetallen sowie einigen weiteren Metallen kommen solche Ionen als unabhängige Teilchen in *Gittern* von echten Salzen vor. In wäßrigen *Lösungen* sind *die Ionen stets hydratisiert;* die Hydrationsenergien können dabei besonders bei mehrfach geladenen Ionen sehr hohe Beträge erreichen und zeigen damit die große Bildungstendenz dieser Aquo-Komplexe (Hydrationsenergie bei Alkali-Ionen etwa 100 kcal/Mol, bei Ionen von Al, Sc u. a. 800 bis 1300 kcal/Mol). Da nun die Metall-Ionen in Lösungen immer und im Gitter vielfach ebenfalls als Komplexe auftreten, geht bei allen chemischen Reaktionen solcher Ionen ein *Ligandenaustausch* vor sich. Auch Redoxreaktionen und Protonenübertragungen, an denen Metall-Ionen beteiligt sind, sind stets von einem Ligandenaustausch begleitet. Die Fällungsreaktionen, welche zum analytischen Nachweis vieler Metalle eine große Bedeutung besitzen, können schließlich ebenfalls als Komplexreaktionen aufgefaßt werden, indem die in Lösung vorhandenen hydratisierten Ionen ihr Hydratwasser verlieren und sich im schwerlöslichen Salz mit anderen Koordinationspartnern umgeben. Aus diesen Gründen ist die Chemie der meisten Metalle eine **reine Komplexchemie.**

Die Reaktionsfähigkeit eines Komplexes wird weitgehend durch die Leichtigkeit bestimmt, mit welcher er seine Liganden austauscht. *«Labile»* Komplexe gehen sehr leicht einen Ligandenaustausch ein, während *«inerte»* Komplexe viel reaktionsträger sind und dazu oft eine ziemlich große Aktivierungsenergie benötigen. Als *Liganden* für Metall-Ionen kommen neben dem Wassermolekül eine Reihe weiterer Moleküle oder Komplex-Ionen in Frage. Gewisse Liganden *(«universelle» Komplexbildner)* bilden mit den meisten Metall-Ionen Komplexe. Solche universelle Liganden sind z.B. H_2O, OH^- und die organischen Komplexone, welche Chelatringe bilden. Viele andere Komplexbildner sind mehr *«selektiv»,* d.h. ergeben nur mit bestimmten Metall-Ionen stabile Komplexe (z.B. das CN^--Ion). Meist ist die Stabilität eines Komplexes um so größer, je leichter der Ligand ein Elektronenpaar zur Bindung zur Verfügung stellt (je stärker *«nucleophil»* ein Ligand ist; siehe S.356). Im allgemeinen sind stärker basische Liganden auch stärker nucleophil (die Bindung eines Protons durch eine Base ist ebenfalls um so stärker, je leichter die Base das Elektronenpaar zur Bindung zur Verfügung stellt). Da aber bei den Übergangselementen die Elektronen der nur teilweise besetzten *d*-Niveaux mit den Elektronenpaaren der Liganden in Wechselwirkung treten, gilt für diese die Aussage, daß stärker basische Liganden stabilere Komplexe bilden, nicht unbedingt.

Zunahme der Stabilität:

$$\longrightarrow$$

Aquokomplexe	Amminkomplexe Acetatokomplexe	Hydroxokomplexe	Oxokomplexe

10.5.2 Wichtige Metallverbindungen

Die **Oxide** der *Alkali-* und *Erdalkalimetalle* sind *salzartig* und enthalten das sehr stark basische O^{2-}-Ion als Gitterbaustein. Sie ergeben mit Wasser alkalische Lösungen; wegen ihrer hohen Gitterenergie lösen sich die Erdalkalioxide allerdings nur wenig in Wasser. Die meisten *Übergangselemente* bilden *mehrere Oxide,* die im allgemeinen *nicht typisch salzartig* sind, sondern Übergänge zwischen salzartigem und metallischem, zwischen salzartigem und diamantartigem und sogar zwischen salzartigem und flüchtigem Charakter zeigen. Nicht rein salzartige Oxide sind häufig in Wasser und selbst in verdünnten Säuren sehr schwer löslich. Die Oxide niedrigerer Oxidationsstufen lassen sich oft noch *in Säuren lösen* und ergeben hydratisierte *Metall-Ionen;* Oxide höherer Oxidationsstufen (wegen der geringen Größe und der hohen Ladung des Zentral-Ions häufig als ungeladene Komplexe mehr oder weniger stark *flüchtig)* lassen sich dagegen oft in *Oxokomplexe* überführen. Beispiele dafür bilden die Oxide von Mangan und Chrom:

Mn^{+II}	MnO	Mn^{2+}-aq-Ion
Mn^{+VII}	Mn_2O_7	MnO_4^--Ion
Cr^{+III}	Cr_2O_3	Cr^{3+}-aq-Ion
Cr^{+VI}	CrO_3	CrO_4^{2-}-Ion

Von den **Sulfiden** der Metalle sind nur die *Alkali-* und *Erdalkalisulfide salzartig;* die Sulfide der *übrigen Metalle* zeigen ebenfalls Übergänge zwischen verschiedenen Bindungstypen (besonders häufig zwischen Ionen- und metallischer Bindung). Die Alkalisulfide sind im Wasser unter stark alkalischer Reaktion löslich; Aluminiumsulfid reagiert mit Wasser vollständig zu $Al(OH)_3$ und H_2S (Methode zur Darstellung von gasförmigem H_2S), weil $Al(OH)_3$ ein äußerst kleines Löslichkeitsprodukt hat und daher die nach der Reaktion

$$S^{2-} + H_2O \rightleftharpoons HS^- + OH^-$$

gebildeten OH^--Ionen durch die in Lösung gegangenen Al^{3+}-Ionen in einem solchen Ausmaß weggefangen werden, daß auch die *zweite Protolysenstufe* noch eintritt:

$$HS^- + H_2O \rightleftharpoons H_2S + OH^-$$

Die übrigen Sulfide sind in Wasser sämtlich *schwerlöslich;* gewisse Sulfide (z. B. As_2S_5) lösen sich in einem Überschuß von S^{2-}-Ionen unter Bildung von Thiokomplexen.
Nur die **Hydroxide** der Alkalimetalle und von Barium sind einigermaßen gut in Wasser löslich (Calcium- und Strontiumhydroxid sind mäßig schwerlöslich); die übrigen Hydroxide sind alle schwerlöslich. Sie kristallisieren meist in *Schichtgittern,* in welchen ein Metall-Ion von sechs OH^--Ionen umgeben ist; die Bindung zwischen OH^--Ion und Zentral-Ion ist jedoch sicher keine echte Ionenbindung (Schwerlöslichkeit!), weil die ziemlich voluminösen, polaren OH^--Ionen stark zur Deformation neigen. Die Gitteranordnung zeigt deutlich die bei den meisten Metall-Ionen vorhandene Tendenz zur *Komplexbildung* mit OH^- als Ligand; die OH^--Ionen wirken als zweizähnige Liganden und verbinden zwei Metall-Ionen miteinander (vgl. S. 220).

Schwerlösliche Hydroxide bilden sich durch Fällung der Metall-Ionen mit OH^--Ionen oder mit anderen Basen; die hydratisierten Ionen gehen dabei durch stufenweise Protonenabgabe in *Hydroxokomplexe* über, bis schließlich das *Hydroxid* als stark *wasserhaltiges Produkt* ausfällt:

$$Al(H_2O)_6^{3+} + \left\{\begin{matrix} 3\,OH^- \\ 3\,Ac^- \end{matrix}\right. \longrightarrow \underset{\downarrow}{\underline{Al(OH)_3(H_2O)_3}} + \left\{\begin{matrix} 3\,H_2O \\ 3\,HAc \end{matrix}\right.$$

Wegen dieser Reaktion kann man *Salze stark hydratisierter Metall-Ionen mit basischen Anionen nicht aus wäßrigen Lösungen erhalten.*
Die *«amphoteren» Hydroxide* von Aluminium, Chrom, Zink, Blei usw. lösen sich wieder in einem Überschuß von Lauge unter Bildung eines Hydroxokomplexes:

$$Al(OH)_3(H_2O)_3 + OH^- \longrightarrow [Al(OH)_4]^- + 3\,H_2O$$

Von den **Salzen** der wichtigsten **Sauerstoffsäuren** sind die Nitrate alle leichtlöslich. Mit Ausnahme von $SrSO_4$, $BaSO_4$ und $PbSO_4$ sind auch die *Sulfate* wasserlöslich. Hingegen sind die *Phosphate* und *Carbonate* sämtlicher Metall-Ionen (mit Ausnahme der Alkali-Ionen!) schwerlöslich. Ihre hohen Gitterenergien sind wohl nicht nur auf die höheren Ladungen der Ionen, sondern auch darauf zurückzuführen, daß in ihren Gittern *keine reine Ionenbindung* auftritt. Offenbar treten die Elektronen der Kationen und der Anionen in eine gegenseitige Wechselwirkung (Übergang zur Atombindung!); die Schwerlöslichkeit solcher Salze läßt sich damit wiederum als Ausdruck der Komplexbildungstendenz der Kationen auffassen (die Anionen verknüpfen als *mehrzähnige Liganden* mehrere Metall-Ionen). In Übereinstimmung damit steht z. B. die besonders geringe Löslichkeit der Phosphate (PO_4^{3-} als sehr starke Base ist ein starker Komplexbildner!).
Die **Halogenid**-Ionen bilden ebenfalls viele Komplexe mit Metall-Ionen als Zentral-Ionen; im Gegensatz zu den sauerstoffhaltigen Anionen oder dem OH^--Ion wirken sie aber als *einzähnige* Liganden. Die *Halogenidkomplexe* sind deshalb als *isolierte Komplex-Ionen* in Lösung beständig. Chlorokomplexe bedingen z. B. die braune Farbe von Fe(III)-chloridlösungen oder die

grüne Farbe von mit Salzsäure angesäuerten Cu(II)-salzlösungen und entstehen durch Ligandenaustausch mit den schwach violetten bzw. blauen Aquokomplexen. Bei niedriger Koordinationszahl des Metall-Ions können die Komplexe auch als elektrisch neutrale *«Moleküle»* im Gitter existieren; Beispiele dafür bieten manche Quecksilberverbindungen, wie etwa $HgCl_2$ *(«Sublimat»)*, das ziemlich leicht flüchtig ist und sich in Wasser nur sehr langsam löst.
Sauerstoffhaltige Komplex-Ionen («**Oxokomplexe**») werden besonders von einzelnen Übergangselementen (Cr, Mo, V, Mn u.a.) gebildet: CrO_4^{2-}, MoO_4^{2-}, VO_4^{3-}, MnO_4^-, MnO_4^{2-} usw. Die zugehörigen Säuren dieser Anionen sind in reiner Form unbeständig und in vielen Fällen gar nicht bekannt. Manche dieser Oxokomplexe zeichnen sich durch auffallende *Farben* aus und sind starke *Oxidationsmittel.*

10.5.3 Wichtige Verbindungen einzelner Metalle

Alkalimetalle. Beim Verbrennen der Alkalimetalle entstehen nicht die normalen Oxide, sondern *Peroxide:*

$$2\,Na + O_2 \rightarrow Na_2O_2$$

Mit Wasser bilden diese – ebenso wie die normalen Oxide – stark alkalische Lösungen. – Die Alkali-Ionen bilden eine Reihe wichtiger *Salze,* die farblos sind (wenn nicht das Anion farbig ist) und – mit ganz wenigen Ausnahmen – leicht löslich sind. Beispiele sind *Kochsalz*, NaCl, das in der Natur als Steinsalz in großen Lagern vorkommt und den Rohstoff zur Herstellung fast aller Natrium-Verbindungen darstellt; *Soda,* Na_2CO_3; *Ätznatron,* NaOH; *Glaubersalz,* $Na_2SO_4 \cdot 10\,H_2O$; *Chilesalpeter,* $NaNO_3$; *Sylvin,* KCl; usw. Stabile Komplexe mit Alkali-Ionen sind nur ganz vereinzelt bekannt. Beim Verdampfen von Alkalisalzen in einer Gasflamme entstehen neben Ionenpaaren und Ionengruppen auch freie Atome der Metalle, welche sich durch die charakteristische Färbung der Flammengase (d.h. durch ihr charakteristisches *Emissionsspektrum*[1]) unterscheiden und damit nachweisen lassen.

Erdalkalimetalle und Erdmetalle. Im Gegensatz zu den Alkalimetallen entstehen bei der Verbrennung von Magnesium, Calcium, Aluminium und den anderen Erdalkali- und Erdmetallen ihre normalen *Oxide.* BeO und Al_2O_3 bilden Übergänge zwischen salzartigen und diamantartigen Stoffen; die übrigen besitzen mehr oder weniger ausgeprägt salzartigen Charakter. Die Erdalkali-Ionen bilden eine Reihe wichtiger, zum Teil schwerlöslicher Salze (wegen der, verglichen mit den Alkali-Ionen, größeren Ladung und des kleineren Ionenradius erheblich größere Gitterenergie): $MgCO_3$ *(Magnesit)*, $CaCO_3$ *(Kalk)*, (Mg, Ca)CO_3 *(Dolomit;* im $CaCO_3$-Gitter ist etwa die Hälfte der Ca^{2+}-Ionen durch Mg^{2+}-Ionen ersetzt), $CaSO_4 \cdot 2\,H_2O$ (Gips), $BaSO_4$ *(Schwerspat,* Baryt) usw. Beim *«Brennen»* geht Kalk in *«gebrannten Kalk»*, CaO, über, der mit Wasser zu *«gelöschtem Kalk»*, $Ca(OH)_2$, wird:

$$CaCO_3 \rightarrow CO_2 + CaO \qquad CaO + H_2O \rightarrow Ca(OH)_2$$

Ein Brei aus gelöschtem Kalk und Sand erstarrt an der Luft allmählich (Bildung von $CaCO_3$ aus dem Hydroxid und dem CO_2 der Luft; *Kalkmörtel!*).

[1] Man bezeichnet das durch das von Atomen, Molekülen oder Ionen ausgesandte Licht erhaltene Spektrum als «**Emissions-Spektrum**». Im Gegensatz dazu erhält man das **Absorptions-Spektrum** einer Substanz, wenn man sie mit Licht durchstrahlt und dabei feststellt, welche Wellenlänge mehr oder weniger stark absorbiert und welche Wellenlängen von der Substanz «durchgelassen» werden.

Auch die Ionen der *Erdmetalle* bilden viele schwerlösliche Salze. Die Ionen der Erdmetalle treten besonders häufig in typischen Festkörperverbindungen auf (Alumosilicate u. a.); typische leicht; lösliche Salze der Erdmetalle sind eher selten. Eine gewisse Bedeutung besitzen die *Alaune,* Doppelsalze[1] der Zusammensetzung $Me^{+I}Me^{+III}(SO_4)_2 \cdot 12\ H_2O$, in welchen Me^{+I} = Na, K, Rb, Cs, NH_4 und Me^{+III} Al, Sc, Cr, Fe, Co u.a. sein kann. Besonders häufig wird «der» Alaun, $KAl(SO_4)_2 \cdot 12\ H_2O$, verwendet.

Zinn tritt in zwei Oxidationsstufen (Sn^{+II}, Sn^{+IV}) auf; die + IV-Stufe ist die stabilere. SnO_2, das wichtigste Zinnerz («Kassiterit»), ist eine sehr schwerflüchtige, chemisch und thermisch widerstandsfähige Substanz. Durch Schmelzen mit NaOH erhält man daraus Na_2SnO_3 (Natriumstannat; gleiche Formel wie Na_2CO_3, ist aber eine *Festkörperverbindung* und enthält keine $[SnO_3]^{2-}$-Komplexe), das beim Lösen in Wasser den *Hexahydroxostannat-Komplex* ergibt:

$$Na_2SnO_3 + 3\ H_2O \longrightarrow Na_2[Sn(OH)_6] \qquad \text{(vgl. KZ von C, Si, Sn!)}$$

$SnCl_2$, ein farbloses Salz, ist ein ziemlich starkes Reduktionsmittel; $SnCl_4$ ist eine farblose, stark rauchende Flüssigkeit (umhüllte Ionen!).

Auch **Blei** tritt in den beiden Oxidationsstufen + II und + IV auf. Im Gegensatz zum Zinn ist hier aber die + II-Stufe stabiler; Pb^{+IV}-Verbindungen sind kräftige Oxidationsmittel (PbO_2 spaltet beim Erhitzen leicht Sauerstoff ab). Pb^{4+}-Ionen existieren nur in Komplexen (z.B. im $[PbCl_6]^{2-}$-Komplex).
Das Pb^{2+}-Ion bildet zahlreiche schwerlösliche Salze: $PbSO_4$, $PbCO_3$, PbS u.a. Neben PbO_2 existieren zwei weitere Oxide: PbO *(Bleiglätte)* und Pb_3O_4 *(Mennige)*. PbO ist polymorph und kommt oberhalb 488°C in einer gelben, unterhalb dieser Temperatur in einer roten Form vor. Die leuchtend rote Mennige wird im Gemisch mit Leinöl als Schutzanstrich gegen Rosten verwendet.

Chrom tritt in Verbindungen in den Oxidationszahlen + II, + III und + VI auf. Die wichtigsten Oxide sind das grüne Cr_2O_3 (Malerfarbe!) und das rote, an der Luft zerfließliche CrO_3 *(«Chromsäure»)*. Eine Lösung von CrO_3 reagiert deutlich *sauer:*

$$CrO_3 + 3\ H_2O \longrightarrow \underset{\text{Chromat-Ion}}{CrO_4^{2-}} + 2\ H_3O^+$$

Das *Chromat*-Ion ist stark gelb gefärbt *(chroma* gr. = Farbe); Bleichromat dient als gelbe Malerfarbe («Postgelb»).
Durch Zusatz von starker Säure zu einer Chromatlösung entstehen durch Kondensation mehrerer Chromat-Ionen größere Komplexe:

$$2\ CrO_4^{2-} + 2\ H_3O^+ \rightleftharpoons \underset{\text{Dichromat-Ion}}{Cr_2O_7^{2-}} + 3\ H_2O$$

In konzentrierter Säure erhält man schließlich durch fortgesetzte Kondensation CrO_3. Mit Lauge geht hingegen das orange gefärbte *Dichromat* wieder in gelbes Chromat über.

[1] Die «**Doppelsalze**» bilden zwar einheitliche Kristallgitter, zeigen jedoch z.B. in Lösung alle chemischen Reaktionen, welche die Komponenten getrennt zeigen. Die physikalischen Eigenschaften (elektrische Leitfähigkeit Farbe, Löslichkeit) setzen sich additiv aus den Eigenschaften der Komponenten zusammen.

Chromate und Dichromate wirken in saurer Lösung ebenso wie reines CrO_3 stark oxidierend ($E^0_{Cr^{3+}/CrO_4^{2-}} = +1,3$ V); sie werden dabei zu Cr^{3+}aq-Ionen reduziert. Eine Lösung von CrO_3 oder von $K_2Cr_2O_7$ in konzentrierter Schwefelsäure wird dank ihrer stark oxidierenden Wirkung im Laboratorium zur Reinigung und Entfettung von Glasgeräten verwendet («Chromschwefelsäure»).
Die $[Cr(H_2O)_6]^{3+}$-Ionen sind violett gefärbt; in ihrem chemischen Verhalten gleichen sie den $[Al(H_2O)_6]^{3+}$-Ionen (ähnlicher Ionenradius). Mit Chlorid- und anderen Anionen bilden sich Komplexe von dunkel- oder violettgrüner Farbe. Durch starke Reduktionsmittel können sie zu den sehr stark reduzierend wirkenden Cr^{2+}-Ionen reduziert werden (gleiche Farbe wie $[Cu(H_2O)_4]^{2+}$).

Molybdän bildet ähnlich wie Chrom MoO_4^{2-}-*(«Molybdat»-)* Ionen, die in alkalischer Lösung stabil sind, bei Erniedrigung des *p*H-Wertes aber zu mehrkernigen Komplexen und schließlich zu MoO_3, einem weißen, schwerlöslichen Pulver, kondensieren. *Molybdänsulfid* (MoS_2), das in einem typischen Schichtgitter kristallisiert, ist als *Schmierölzusatz* wichtig geworden.

Die häufigsten Oxidationszahlen des **Mangans** sind +II, +IV und +VII. Mangandioxid (MnO_2, *«Braunstein»)*, als Mineral eines der wichtigsten Manganerze, ist das einzige Oxid von Bedeutung und wirkt ziemlich stark oxidierend. Noch stärkere Oxidationsmittel sind MnO_4^--Ionen, welche in saurer Lösung zu den nahezu farblosen Mn^{2+}aq-Ionen, in alkalischer oder neutraler Lösung zu braunem MnO_2 reduziert werden:

$$MnO_4^- + 8\,H_3O^+ + 5\,e^- \longrightarrow Mn^{2+} + 12\,H_2O$$
$$MnO_4^- + 2\,H_2O + 3\,e^- \longrightarrow MnO_2 + 4\,OH^-$$

Die Reduktion des MnO_4^--Ions verläuft über eine Reihe von Zwischenstufen, in denen Mn mit tieferen Oxidationszahlen auftritt; durch Reduktion mit geeigneten Reduktionsmitteln (z.B. Perborat, Sulfit bzw. SO_2) lassen sich einzelne dieser Stufen sichtbar machen (z.B. $[MnO_4]^{2-}$-[Manganat-] Ion, grün). Manganat erhält man auch durch Schmelzen von Braunstein mit NaOH oder KOH bei Gegenwart von Sauerstoff.
$KMnO_4$ *(Kaliumpermanganat)*, die wichtigste Manganverbindung, kristallisiert in nahezu schwarzen, metallisch schimmernden Kristallen; seine Lösung ist tiefviolett gefärbt. Verwendung als Oxidations- und Desinfektionsmittel.

Eisen tritt gewöhnlich in den Oxidationszahlen +II und +III auf. Das *hydratisierte Fe^{2+}-Ion* ist grün gefärbt. Durch Ausfällen mit OH^--Ionen entsteht bei Ausschluß von Sauerstoff das rein weiße $Fe(OH)_2$; an der Luft wird dieses sofort zu braunem $Fe(OH)_3$ oxidiert, wobei sich das schwerlösliche, gallertige Hydroxid zunächst grün, dann schmutzig-braungrün und schließlich braun färbt. Eisen(II)-salze sind ziemlich gute Reduktionsmittel. Das *hydratisierte Fe^{3+}-Ion* ist blaßviolett; wegen der Bildung verschiedener Komplex-Ionen sind jedoch Eisen(III)-salzlösungen gewöhnlich gelb, braun oder rötlich gefärbt. So ist die gelbe Farbe einer $FeCl_3$-Lösung dem Vorhandensein von $[Fe(H_2O)_5Cl]^{2+}$- und $[Fe(H_2O)_4Cl_2]^+$-Komplexen zuzuschreiben. Von den zahlreichen Komplexen des Eisens seien der blutrote *Thiocyanato-(«Rhodano-»)* komplex $[Fe(H_2O)_4(SCN)_2]^+$ sowie die *Cyanokomplexe* erwähnt:

$K_4^+[Fe(CN)_6]^{4-}$ *Kaliumhexacyanoferrat (II)* «gelbes Blutlaugensalz»[1]
$K_3^+[Fe(CN)_6]^{3-}$ *Kaliumhexacyanoferrat (III)* «rotes Blutlaugensalz»

[1] Früher durch Auskochen tierischer Abfälle (Blut u.a.) mit Eisenspänen und Lauge hergestellt!
[2] *kyanos* gr. = blau. Die «Blausäure» (HCN) hat ihren Namen davon erhalten, daß man sie aus diesen Komplexen herstellen kann. Die Giftigkeit von HCN und dem Cyanid-(CN^--) Ion beruht darauf, daß sie mit schwermetallhaltigen Fermenten sehr stabile Komplexe bilden und diese dadurch unwirksam machen.

Durch Zusammengeben von Lösungen dieser Komplexe mit Eisensalzlösungen, die Eisen der anderen (nicht im Komplex vorhandenen) Oxidationszahl enthalten, entsteht das tief dunkelblaue, schwerlösliche *Berlinerblau*[2]. Berlinerblau und der Thiocyanatokomplex haben zum analytischen Nachweis des Eisens große Bedeutung.

Kobalt bildet wie Eisen Ionen der Oxidationszahlen +II und +III. Das Co^{2+} aq-Ion ist rosa, das wasserfreie Co^{2+}-Ion hellblau gefärbt. Schreibt man mit einer Lösung von $CoCl_2$ auf Papier, so werden die – zunächst unsichtbaren – Schriftzüge beim Erwärmen blau *(«unsichtbare Tinte»)*. $Co(NO_3)_2$ bildet mit Al^{3+} -bzw. Zn^{2+}-Ionen bei starkem Erhitzen sehr schwer lösliche, farbige «Doppeloxide» vom Spinelltypus *(Thénards Blau,* Al_2CoO_4; *Rinmanns Grün,* $ZnCoO_2$; Verwendung zum Nachweis von Al bzw. Zn; Thénards Blau auch als Porzellanfarbe). Im Gegensatz zum Fe^{3+}aq-Ion ist das Co^{3+}aq-Ion sehr leicht reduzierbar und damit ein starkes Oxidationsmittel; in wäßriger Lösung ist es nur als Ammin- oder Cyanokomplex (oder in anderen Komplexen) stabil.

Bei **Nickel** schließlich ist nur noch die Oxidationsstufe +II stabil. Das Ni^{2+}-Ion, von charakteristisch grüner Farbe, wirkt nicht reduzierend, ebensowenig das $Ni(OH)_2$ [im Gegensatz zum $Fe(OH)_2$!]. Durch starke Oxidationsmittel (z.B. Brom in alkalischer Lösung) läßt sich jedoch $Ni(OH)_2$ zu schwarzen Verbindungen oxidieren, die Ni^{+III} enthalten. Für die Herstellung von sehr reinem Nickel ist der Komplex mit CO, das *«Nickeltetracarbonyl»,* eine farblose, stark giftige, leichtflüchtige Flüssigkeit (Sdp. 43°C) von Bedeutung. Er entsteht aus Nickel (auch aus Rohnickel!) und CO und zerfällt bei starkem Erhitzen wieder in die Komponenten

$$Ni + 4\,CO \rightarrow [Ni(CO)_4]$$

(Ni mit Oxidationszahl Null!)

Auch andere Metalle (Cr, Fe, Mo, W) bilden solche «Carbonyle».

Die wichtigsten **Kupfer**-Verbindungen enthalten das Element in der Oxidationsstufe +II: CuO (schwarzes, schwerlösliches Pulver), Cu^{2+}aq (blau) und Cu^{2+} (farblos). Besonders charakteristisch gefärbt ist der tiefblaue Amminkomplex $[Cu(NH_3)_4]^{2+}$. Durch Reduktionsmittel lassen sich Cu^{+I}-Verbindungen erhalten, die aber meist weniger stabil sind als die Cu^{+II}-Verbindungen. Cu_2O, ein rotes Pulver, entsteht unter normalem Sauerstoffdruck erst oberhalb 1000°C; CuCl, ein weißes, schwerlösliches Salz, oxidiert an der Luft langsam zu Cu^{+II}-Salzen, und in wäßriger Lösung disproportionieren Cu^{+}-Ionen in Cu^{0} und Cu^{+II}. Einzig CuI ist als sehr schwer lösliche, im Diamantgitter kristallisierende Substanz sehr stabil; seine geringe Löslichkeit ermöglicht die Reduktion von Cu^{2+} mit Iodid (obschon das Normalpotential von I^-/I^0 viel positiver ist als des Normalpotential von Cu^{+I}/Cu^{+II}):

$$2\,Cu^{2+} + 4\,I^- \rightarrow I_2 + 2\,CuI\ (s)$$

Auf dieser Reaktion gründet sich eine wichtige Methode zur quantitativen Bestimmung von Kupfer (Titration des ausgeschiedenen Iods mit Thiosulfat)

Das **Silber-Ion** (Ag^+) bildet besonders viele schwerlösliche Salze, welche sehr häufig zum Nachweis von Anionen dienen. Von den *Silberhalogeniden* ist nur AgF typisch salzartig und leichtlöslich; AgCl, AgBr und AgI sind alle im Wasser schwerlöslich. Die Ionen dieser Salze sind im Gitter nicht mehr durch reine Ionenbindung verbunden; da bei Cl-, Br- und I-Atomen auch *d*-Niveaux besetzt werden können (die Oktettregel – im Gegensatz zum F-Atom! – nicht mehr streng gilt) und das Ag^+-Ion nicht edelgasähnlich ist, tritt eine stärkere Wechselwirkung der

Ag^+-Ionen und der Halogenid-Ionen auf, welche die Schwerlöslichkeit bedingt. Ähnliches gilt auch für viele andere Silbersalze. Das wichtigste Salz ist *Silbernitrat*, $AgNO_3$ *(«Höllenstein»*, wirkt stark ätzend). Der schwarze Belag, der sich auf Silbergegenständen an der Luft allmählich bildet, ist nicht Oxid, sondern Sulfid:

$$4\,Ag + 2\,H_2S + O_2 \longrightarrow \underset{\text{schwarz}}{2\,Ag_2S} + 2\,H_2O$$

Gewisse Silberputzmittel zerstören diesen Belag durch Reduktion der Ag^+-Ionen zu Silber oder durch Bildung löslicher Thiokomplexe.

Gold ist eines der edelsten Metalle, aber unedler als Platin. Es löst sich in Königswasser, einer Mischung aus konz. Salpeter- und konz. Salzsäure, auf, wobei Tetrachloroaurat-Komplexe entstehen:

$$Au + HNO_3 + 4\,Cl^- + 3\,H_3O^+ \longrightarrow [AuCl_4]^- + NO + 5\,H_2O$$

Zink tritt in Verbindungen nur mit der Oxidationszahl +II auf: ZnO (weißes Pulver), $ZnSO_4$ (farbloses, leichtlösliches Salz) usw. **Quecksilber** (II) -Verbindungen sind meist nicht typisch salzartig; so besitzt z. B. $HgCl_2$ ein *Molekülgitter* (Smp. 275°C, Sdp. 301°C). Ebenso wie andere lösliche Quecksilberverbindungen wirkt $HgCl_2$ *(«Sublimat»)* stark giftig (Bindung an Eiweiß; «Denaturierung»). Durch Reduktion mit metallischem Quecksilber entsteht aus Hg (II)-Salzen das Hg^{+I}-Ion; ein farbloses Ion, das in Wirklichkeit aus zwei Hg^{2+}-Ionen besteht, die durch eine Atombindung verbunden sind:

$$2\,Hg^{2+} + 2\,e^- \longrightarrow [Hg:Hg]^{2+}$$

Quecksilber(I)-chlorid, *Kalomel*, dient zur Herstellung von Elektronen mit konstantem Gehalt an Cl^--Ionen (Potentiometrie, siehe S. 244). *Neßler-Reagens*, eine Lösung von $K_2[HgI_4]$, dient zum Nachweis von Ammoniak, das damit schon in geringsten Mengen eine braune Färbung gibt (Wasseruntersuchung).

Übungen

10.1 Erklären Sie die typischen Metalleigenschaften.

10.2 Warum sind Chrom, Wolfram und die Platinmetalle besonders hart, die Alkalimetalle dagegen ausgesprochen weich?

10.3 Worauf beruht die plastische Verformbarkeit der Metalle? Warum ist Stahl und insbesondere auch Gußeisen spröder als reines Eisen?

10.4 Stellen Sie die verschiedenen Möglichkeiten der Legierungsbildung zusammen.

10.5 Was ist eine eutektische Legierung? Wie ist sie aufgebaut?

10.6 Warum bilden gerade die Metalle viele nichtdaltonide Verbindungen?

10.7 Stellen Sie die verschiedenen Verfahren zur Gewinnung von Metallen aus ihren Erzen zusammen.

10.8 Was geschieht im Hochofen?

10.9 Was versteht man unter «Frischen» des Roheisens? Was geschieht dabei? Wie führt man es durch?

10.10 Warum kann man Eisengeräte durch einen Anstrich mit Calciumhydroxidlösung $[Ca(OH)_2]$ einigermaßen vor dem Rosten schützen?

10.11 Warum zeigen gerade die Übergangselemente verschiedene Oxidationszahlen, und warum bilden diese Elemente besonders viele Komplexe?

10.12 Was geschieht beim Zusammenbringen von Aluminiumsulfid mit Wasser?
Warum entsteht kein H_2S beim Lösen von Na_2S mit Wasser?

10.13 Warum sind die meisten Carbonate und Phosphate schwerer löslich als die entsprechenden Nitrate?

10.14 Warum nimmt die KZ gegenüber Sauerstoff vom C zum Sn zu?

Literatur

F. Basolo und R. Johnson	*Coordination Chemistry*. Benjamin, New York 1964
F. Basolo und R. G. Pearson	*Mechanisms of Inorganic Reactions*. A Study of Metal Complexes in Solution. Wiley, New York 1958
E. Brandenberger	*Allgemeine Metallkunde*. Reinhardt, Basel 1952
	Grundlagen der Werkstoffchemie. Rascher, Zürich 1948
H. Christen	*Materiallehre*. Huber, Frauenfeld 1962
	Werkstoffbegriffe. Huber, Frauenfeld 1964
H. R. Christen	*Grundlagen der allgemeinen und anorganischen Chemie*. Sauerländer, Aarau 1973
F. A. Cotton und G. Wilkinson	*Anorganische Chemie*. Verlag Chemie, Weinheim 1967
D. P. Graddon	*An Introduction to Coordinate Chemistry*. Pergamon, Oxford 1968
F. Henglein	*Grundlagen der chemischen Technik*. Verlag Chemie, Weinheim 1961
A. F. Holleman und E. Wiberg	*Lehrbuch der anorganischen Chemie*. De Gruyter, Berlin 1970
J. P. Hunt	*Metal Ions in Aqueous Solutions*. Benjamin, New York 1963
E. M. Larsen	*Transitional Elements*. Benjamin, New York 1965
L. E. Orgel	*An Introduction to Transition Metal Chemistry: Ligand Field Theory*. Wiley, New York 1960
F. Seel	*Grundlagen der analytischen Chemie*. Verlag Chemie, Weinheim 1970
N. V. Sidgwick	*The Chemical Elements and Their Compounds* (Vol. I, II). Oxford University Press, 1952

11 Die Chemie der Kohlenstoffverbindungen

11.1 Einleitung

Die Chemie der Kohlenstoffverbindungen wird aus historischen Gründen meist als « **organische Chemie**» bezeichnet[1]. Der Ausdruck «organisch» weist auf Beziehungen zu pflanzlichen und tierischen Organismen hin, obschon zahlreiche organische Verbindungen nichts mit Lebewesen zu tun haben und organische Verbindungen zweifellos schon auf der Erde existierten, bevor das Leben entstand.
Gewisse organische Stoffe sind schon seit dem Altertum bekannt. Vorgeschichtliche Völker kannten schon den Zucker, die Vergärung von Fruchtsäften, Honig oder Malz zu alkoholischen Getränken, die Bildung von Essig aus Wein, Färbeverfahren für Textilien mit aus Pflanzen oder Tieren gewonnenen Farbstoffen. Hingegen wurde erst in der Neuzeit begonnen, organische Stoffe aus den in der Natur vorliegenden Gemischen zu isolieren und sie rein darzustellen. So erhielt Scheele (um 1780) Citronensäure aus Zitronen, Apfelsäure aus Äpfeln, Weinsäure aus Weinstein, Milchsäure aus saurer Milch, Oxalsäure aus Sauerkleesalz, Glycerin aus Fetten usw. Lavoisier, bekannt durch seine bahnbrechenden Arbeiten über das Wesen der Verbrennung, begann mit der Untersuchung der Zusammensetzung solcher Verbindungen, indem er sie verbrannte, die Art und die Menge der Verbrennungsprodukte bestimmte und daraus auf die Zusammensetzung der untersuchten Substanz schloß. Es ergab sich, daß die meisten dieser «Naturverbindungen» aus ganz wenigen Elementen bestehen, aber in ziemlich komplizierten Massenverhältnissen aus diesen zusammengesetzt sind. Berzelius (um 1810) erkannte weitere

Abb. 11.1. F. Wöhler
(Vorlage: Deutsches Museum, München)

[1] Die Kohlenoxide, die Kohlensäure und ihre Derivate werden üblicherweise nicht zu den «organischen» Verbindungen gerechnet.

gemeinsame Merkmale dieser Stoffe (Brennbarkeit, geringe Wärmebeständigkeit) und verwendete für sie zum erstenmal die Bezeichnung «organisch», weil alle zunächst untersuchten derartigen Verbindungen aus Organismen isoliert wurden. Berzelius hielt es für unmöglich, organische Stoffe künstlich herzustellen, und glaubte, sie würden in Lebewesen durch die Wirkung einer geheimnisvollen «Lebenskraft» entstehen. 1828 gelang es aber dem Chemiker Wöhler, Harnstoff, also einen typisch organischen Stoff, aus Ammoniumcyanat, NH_4OCN (das als anorganische Verbindung aufgefaßt wurde), künstlich herzustellen. Er war sich bewußt, damit einen organischen Stoff ohne Mitwirkung der Lebenskraft hergestellt zu haben, denn er schrieb an seinen Freund Berzelius: «Ich muß Ihnen sagen, daß ich Harnstoff machen kann, ohne dazu Nieren oder überhaupt ein Tier, sei es Mensch oder Hund, nötig zu haben.»
Die Lehre von der «Lebenskraft» war damit erstmals widerlegt, und die künstliche Schranke zwischen organischer und anorganischer Chemie fiel in dem Maß immer mehr dahin, als es allmählich gelang, weitere organische Verbindungen synthetisch zu gewinnen (1845 z.B. erste Synthese der Essigsäure aus den Elementen). Im Laufe der Zeit erkannte man, daß alle «organischen» Verbindungen Kohlenstoff enthalten, und stellte auch gewisse Besonderheiten in ihrem Aufbau und ihren Eigenschaften fest, so daß die Bezeichnung «Organische Chemie» für die Chemie der Kohlenstoffverbindungen beibehalten wurde.

11.1.1 Die «Sonderstellung» der Kohlenstoffverbindungen

1. Neben Kohlenstoff sind nur verhältnismäßig wenig andere Elemente am Aufbau organischer Verbindungen beteiligt (Wasserstoff, Sauerstoff, Stickstoff, Halogene, Schwefel, Phosphor u.a.). Trotzdem kennt man ganz wesentlich mehr organische als anorganische Verbindungen (über 3 Millionen gegenüber 80000!). Diese Vielfalt liegt im **besonderen Verhalten des Kohlenstoffatoms** begründet.
Kohlenstoffatome verbinden sich mit Atomen anderer Elemente durch Atombindungen, denn zur Bildung von C^{4+}- bzw. von C^{4-}-Ionen müßte zuviel Energie aufgewendet werden. Durch Atombindungen mit anderen nichtmetallischen (und – seltener – auch mit metallischen) Elementen entstehen *Moleküle*. Die Besonderheit im Verhalten des Kohlenstoffs besteht nun darin, daß sich seine Atome in solchen Molekülen praktisch unbegrenzt *mit sich selbst* (d.h. mit anderen C-Atomen) zu Ketten, Ringen, Netzen oder dreidimensionalen Gerüsten verbinden können, mit anderen Worten, daß **C—C-Bindungen** bei normaler Temperatur **völlig beständig** sind.
Der Grund dafür liegt darin, daß die C-Atome in organischen Molekülen neben anderen C-Atomen vor allem H-Atome binden und daß die Elektronenwolken der C—C- und der C—H-Bindungen von praktisch derselben Kompaktheit sind. Es ergibt sich damit eine maximale Symmetrie der Ladungsverteilung und eine größtmögliche Abschirmung des Kohlenstoff-Rumpfes, wie es sonst bei keinen anderen H-Verbindungen des Periodensystems möglich ist. Reaktionen an gewöhnlichen C—C- und C—H-Bindungen benötigen daher ziemlich große Aktivierungsenergien; diese Bindungen sind damit « **kinetisch[1] inert**».
Das im Periodensystem unterhalb von Kohlenstoff stehende *Silicium* ist bedeutend weniger elektronegativ, besitzt einen größeren Atomrumpf und dementsprechend weniger fest gebundene Außenelektronen. Da der Atomrumpf durch die bindenden Wolken viel weniger abgeschirmt werden kann, sind Si—Si-Bindungen reaktionsfähiger. Nur dadurch, daß zwischen je zwei Si-

[1] Unter «**Reaktionskinetik**» versteht man die Lehre vom zeitlichen Ablauf chemischer Reaktionen; *«kinetisch»* bezieht sich darauf, daß die zu hohe Aktivierungsenergie (und damit die zu geringe Reaktionsgeschwindigkeit) die Ursache für die mangelnde Reaktionsfähigkeit ist.

Atome ein elektronegatives O-Atom «eingebaut» wird, können sich in den Silicaten unendlich ausgedehnte Gerüste und Gerüstanionen bilden, die dann ebenfalls eine große Vielfalt zeigen (S. 307); bei den Si—O—Si-Bindungen handelt es sich aber um so stark polare Elektronenpaarbindungen, daß sie bereits beinahe den Charakter von Ionenbindungen zeigen. Die *Silicatchemie* nimmt also innerhalb der Chemie als Ganzem ebenfalls eine gewisse Sonderstellung ein, ähnlich wie die Kohlenstoffchemie; die Si—O-Gerüste bilden jedoch keine in sich abgeschlossenen Einheiten (Moleküle), sondern salzartige bis diamantartige Festkörper, die schwer schmelzbar sind. Bei Erreichen der Schmelztemperatur bricht die regelmäßige Ordnung der Si- und O-Atome zusammen, und die typischen, durch die Struktur und Verkettung der Gerüstanionen sowie der Metall-Kationen bedingten Eigenschaften solcher Festkörperverbindungen verschwinden. Im Gegensatz zur «Molekülchemie» organischer Verbindungen ist also die Chemie des Siliciums und der Silicate eine ausgeprägte Chemie fester Stoffe, eine *«Kristallchemie»*.

Eine charakteristische Eigenschaft der allermeisten organischen Verbindungen ist ihre **geringe Wärmebeständigkeit.** Mit ganz wenig Ausnahmen verbrennen oder verkohlen organische Substanzen bereits beim Erwärmen auf wenige 100°C; sie stehen damit in schroffem Gegensatz zu schwer zu zersetzenden und oft auch schwer schmelzbaren, typisch «anorganischen» Verbindungen, wie viele Salze, Silicate, auch Wasser, Kohlendioxid, Chlorwasserstoff usw. Diese geringe thermische Stabilität ist auf den wenig oder gar nicht polaren Charakter der C—C- und der C—H-Bindungen zurückzuführen, die zwar bei Zimmertemperatur reaktionsträg sind (also ziemlich hohe Aktivierungsenergien benötigen), aber exergonisch in polare C—O- und H—O-Bindungen übergehen können. Nahezu alle organischen Verbindungen sind also **metastabil,** ihre Beständigkeit beruht auf der bei Zimmertemperatur zu hohen Aktivierungsenergie. Mit anderen Worten, C—C-Bindungen sind zwar **kinetisch inert,** jedoch **thermodynamisch instabil.**

2. Die schier unübersehbare *Mannigfaltigkeit* der organischen Verbindungen kann je nach dem Bau des Kohlenstoffgerüstes in verschiedene Gruppen von Verbindungen eingeteilt werden:

Gerüst kettenförmig: —C—C—C—C—C—C—

Gerüst ringförmig:

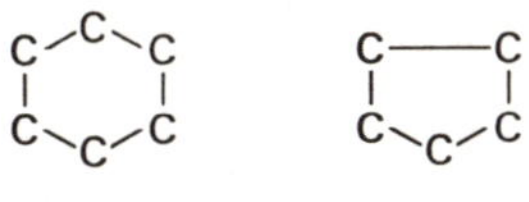

Verbindungen mit kettenförmigen Gerüsten werden häufig «**aliphatisch**» genannt (*aleiphar* gr. = Fett), weil die Fette zu dieser Gruppe von Stoffen gehören. Die Verbindungen mit ringförmigen Gerüsten gliedern sich in «**alizyklische**» und «**aromatische**» Verbindungen. Alizyklische Ringe zeigen die Bindungsverhältnisse und Eigenschaften aliphatischer Verbindungen; in aromatischen Ringen liegen dagegen besondere Strukturen vor. Ringe, die neben Kohlenstoff- auch andere Atome als Ringglieder enthalten (O, S, N), nennt man **heterozyklisch** (*heteros* gr. = verschiedenartig); **isozyklische** Ringe bestehen nur aus Kohlenstoffatomen (*isos* gr. = gleich).
Neben den meist reaktionsträgen C—H- und C—C-Bindungen enthalten die meisten organischen Verbindungen weitere reaktionsfähige Atomgruppen, indem Fremdatome, wie Sauerstoff, Stickstoff, Schwefel u.a., mit Kohlenstoff- oder Wasserstoffatomen polare (und damit reaktionsfähigere) Atombindungen bilden. Diese «**funktionellen Gruppen**» sind für das Verhalten sehr vieler Verbindungen von ganz entscheidender Bedeutung.

Beispiele wichtiger funktioneller Gruppen sind:

—O—H-Gruppe («**Hydroxyl-Gruppe**»)[1]. Sie enthält die polare O—H-Bindung und ist wesentlich reaktionsfähiger als C—C- und C—H-Bindungen. Die Reaktionsfähigkeit beruht weitgehend darauf, daß Hydroxylgruppen ähnlich wie Wasser sowohl H^+-Ionen aufnehmen oder abgeben können, also als Säure oder Base wirken können:

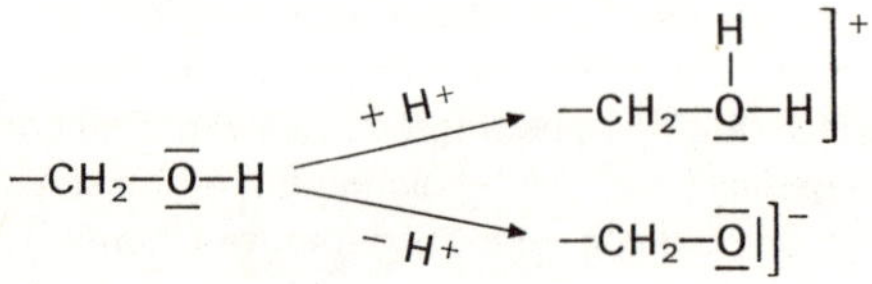

Sowohl die konjugierte Säure wie die Base können zahlreiche polare Reaktionen eingehen.

>C=O-Gruppe («**Carbonyl-Gruppe**»). Hier sind C- und O-Atom durch eine Doppelbindung verbunden; wegen der hohen Elektronegativität des Sauerstoffs ist die negative Ladung jedoch stark gegen das Sauerstoffatom verschoben, und die Bindungsenergie der C=O-Doppelbindung ist höher als diejenige der C=C-Bindung. Die elektronenanziehende Wirkung des Sauerstoffatoms ist so groß, daß auch benachbarte Bindungen polarisiert werden können; die Carbonylgruppe macht also andere Bindungen reaktionsfähiger.

—C(=O)—O—H-Gruppe («**Carboxyl-Gruppe**»). Das stark elektronegative, doppelt gebundene Sauerstoffatom bewirkt eine stärkere Polarisation auch der O—H-Bindung (die bindenden Elektronen werden näher zum O-Atom gezogen!). Das H-Atom der Carboxyl-Gruppe kann deshalb leichter als das H-Atom der Hydroxylgruppe als Proton an Basen abgegeben werden: Die Carboxylgruppe ist deutlich *sauer*. Das durch die Abgabe eines Protons entstehende Anion ist *mesomer*. Sein wirklicher Zustand kann also mit dem Kugelwolkenmodell nicht dargestellt werden und entspricht nicht einer einzigen konventionellen Strukturformel:

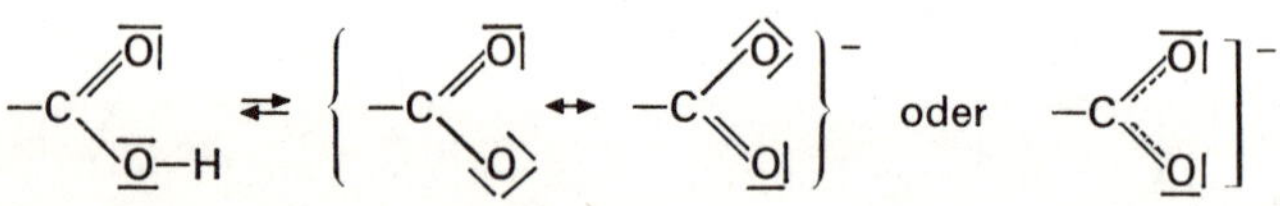

Die beiden O-Atome sind im Anion durch je eine Einfachbindung mit dem C-Atom verbunden; zwei Elektronenpaare sind über alle drei Atome verteilt (siehe S. 313 und 421). Der mesomere Zustand mit einem solchen über drei Atome ausgedehnten Elektronenpaar ist besonders energiearm und stabil (siehe S. 381), so daß die Wiederanlagerung eines Protons an das Anion erschwert ist. Die Leichtigkeit der Protonenabspaltung durch die Carboxylgruppe ist damit auch eine Folge der Stabilisierung des Anions durch Mesomerie.

[1] Das OH^--Ion heißt Hydroxid-Ion; Hydroxylgruppen sind an Moleküle (meist organische!) gebundene OH-Gruppen.

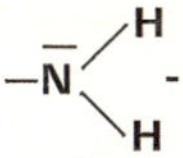 **-Gruppe («Amino-Gruppe»)**. Wie der Stickstoff im Ammoniakmolekül enthält auch der «Aminostickstoff» ein freies Elektronenpaar. Er ist daher ebenfalls befähigt, Protonen anzulagern, wobei «Ammonium-Ionen» entstehen. Amine sind deshalb *Basen*.

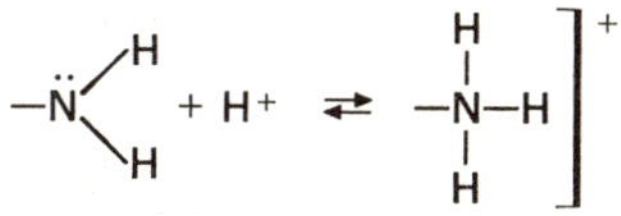

Sind Aminogruppen an ein elektronenabstoßendes Kohlenstoff-Wasserstoff-Gerüst gebunden, so wird das freie Elektronenpaar des Stickstoffatoms ebenfalls etwas weggestoßen und bindet daher ein Proton stärker. Solche Amine sind etwas stärker basisch als Ammoniak.

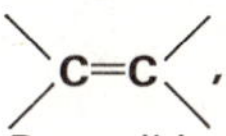, also die Verknüpfung zweier C-Atome durch eine **Doppelbindung.** Eine solche Doppelbindung entsteht durch Überlagerung von je zwei einfach besetzten Elektronenwolken eines C-Atoms (siehe auch S. 92):

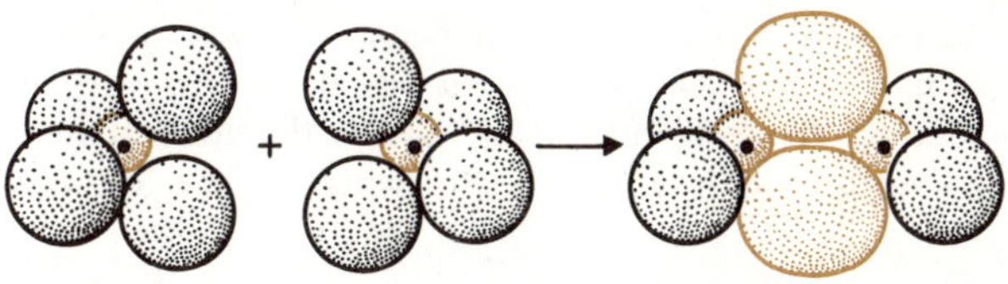

Die Überlagerung ist am wirksamsten, wenn die beiden Atome gegeneinander eine bestimmte räumliche Stellung einnehmen (die beiden sich überlagernden Ladungswolken müssen sich in derselben Ebene befinden). Die C-Atome bleiben damit aber in dieser Lage fixiert. Im Gegensatz zur Einfachbindung ist daher um eine Doppelbindung *keine freie Drehbarkeit* möglich. Wenn an beiden C-Atomen verschiedene andere Atome oder Atomgruppen vorhanden sind, führt die Aufhebung der Drehbarkeit zum Auftreten von *räumlichen Isomeren*[1]. So existieren z. B. zwei Isomere der Formel $\underset{Cl}{\underset{|}{CH}}=\underset{Cl}{\underset{|}{CH}}$:

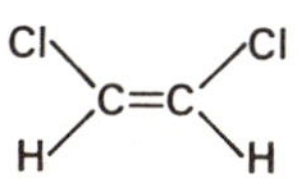

(1)

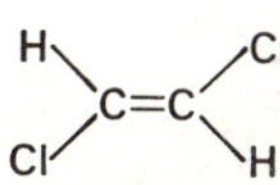

(2)

Den beiden Formeln entsprechen zwei Stoffe mit verschiedenen Eigenschaften. So beträgt z. B. das Dipolmoment der *«cis*-Form» (1) 1,84 D, während die *«trans*-Form»[2] (2) kein Dipolmoment besitzt. Wegen der symmetrischen Anordnung der C—Cl-Bindungen ist hier das Molekül als Ganzes unpolar.

Doppelbindungen sind deutlich schwächer als zwei Einfachbindungen zusammen, und ihre Elektronen lassen sich durch äußere Einflüsse (elektronegative oder elektronenabstoßende

[1] Begriffe «Isomere» und «Isomerie» siehe S. 355.

[2] *cis* lat. = diesseits, *trans* lat. = jenseits. Das zweite Fremdatom liegt dies- oder jenseits der C—C-Achse.

Atome als Nachbaratome; oft auch durch die mit einer Doppelbindung reagierenden Teilchen) verhältnismäßig leicht polarisieren. Doppelbindungen besitzen deshalb die Möglichkeit, andere Atome anzulagern (zu *«addieren»)*. Dabei entstehen an Stelle der ursprünglichen Doppelbindung neue Bindungen zu den angelagerten Atomen sowie eine C—C-Einfachbindung. Meist übersteigt die Summe der Bindungsenergien der neugebildeten Bindungen den zur Trennung der Doppelbindung nötigen Energiebetrag; solche Additionen verlaufen exotherm.
Über das heute in der Literatur vielfach verwendete Modell der Doppelbindung (mit einer σ- und einer π-Bindung) siehe S. 388.

11.1.2 Molekular- und Strukturformeln

Zur Untersuchung der quantitativen Zusammensetzung organischer Verbindungen dient auch heute noch die **Verbrennungsanalyse.** Das ursprüngliche Verfahren (Lavoisier) wurde von Liebig[1] weiter ausgebaut. Die Substanz wird im Sauerstoffstrom zusammen mit Kupferoxid der anderen sauerstoffabgebenden Verbindungen erhitzt. CO_2 wird in Kaliumhydroxid, Wasser mit P_4O_{10}, $CaCl_2$ u.a. absorbiert; Stickstoff wird als Gas aufgefangen. Sauerstoff kann – in einem Mikroverfahren – durch Verbrennen zu CO im Kohlenstoffüberschuß bestimmt werden. Zur Halogen-Bestimmung kann man die Verbindung in einem zugeschmolzenen Glasrohr mit konzentrierter Salpetersäure und etwas Silbernitrat erhitzen; Halogene gehen bei der Zersetzung der Substanz in Ionen über, welche als Silberhalogenid ausfallen und z.B. durch Wägung bestimmt werden können. Durch Pregl[2] wurde die Verbrennungsanalyse stark verfeinert. Die Methode blieb im Prinzip dieselbe, hingegen erlaubte die Verwendung kleinerer

Abb. 11.2. J. v. Liebig (Vorlage: Deutsches Museum, München)

[1] J. v. Liebig (1803–1873), einer der bedeutendsten Chemiker des 19. Jahrhunderts. Arbeitete in den verschiedensten Gebieten der Chemie (Radikaltheorie, Analytik, Erforschung der Ernährung von Pflanze und Tier). Begründer einer berühmten Schule für Chemie, aus der eine ganze Reihe hervorragender Chemiker hervorging.
[2] F. Pregl (1869–1930), Professor der Chemie in Graz. Erhielt für seine mikroanalytischen Arbeiten den Nobelpreis (1923).

Geräte und besonders empfindlicher Waagen Analysen mit Substanzmengen von minimal 0,5 mg *(«Mikroanalyse»)*. Ohne die Mikroanalyse wären die seit 1910 erreichten Fortschritte auf dem Gebiete der Naturstoffe undenkbar gewesen (Vitamine, Hormone, Antibiotika u.a.).

Das Ergebnis der quantitativen Analyse ist die **Substanzformel** («Atomzahlverhältnisformel»), welche das Zahlenverhältnis der Atome in der Verbindung wiedergibt. Die Anzahl der in einem Molekül vorhandenen Atome kann aber bei verschiedenen Verbindungen von gleicher Substanzformel verschieden sein und wird erst durch die **Molekularformel** gegeben. Um sie zu ermitteln, braucht man die Kenntnis der *Molekülmasse* (experimentell durch Messung der Dampfdichten, des Gewichtes von 22,4 l Dampf oder der Fixpunktverschiebungen, neuerdings auch durch Massenspektrographie, bestimmbar).

Tabelle 11.1

	Substanzformel	Molekülmasse (u)	Molekularformel
Traubenzucker	CH_2O	180	$C_6H_{12}O_6$
Milchsäure	CH_2O	90	$C_3H_6O_3$
Essigsäure	CH_2O	60	$C_2H_4O_2$
Formaldehyd	CH_2O	30	CH_2O

Als *Molekülverbindungen* sind viele organische Verbindungen *flüchtig:* gasförmig, flüssig oder leicht schmelzbar. Ihre chemischen und physikalischen Eigenschaften werden durch die Zahl, die räumliche Anordnung und die Art der Verknüpfung der Atome, also durch die **Struktur** des Moleküls, bestimmt.

Die Ermittlung der **Struktur** (der «**Konstitution**») einer organischen Verbindung ist sehr häufig eine recht schwierige Aufgabe. Früher wurden Strukturbestimmungen in der Regel auf rein *chemischem* Weg durchgeführt. Dabei stellt man zunächst die vorhandenen funktionellen Gruppen fest (indem man für sie charakteristische Reaktionen durchführt) und versucht dann, die chemischen Eigenschaften der unbekannten Verbindung mit verschiedenen, theoretisch möglichen Strukturen des Moleküls in Einklang zu bringen.
Kompliziertere Verbindungen werden gewöhnlich zuerst zu einfacheren abgebaut; nachdem die *Abbauprodukte* identifiziert worden sind, wird aus ihrer Struktur auf die Konstitution des ursprünglichen Moleküls zurückgeschlossen. Seit etwa 30 Jahren sind auch *physikalische Methoden* für die Strukturaufklärung immer wichtiger geworden. Zu ihnen gehören vor allem *spektroskopische Untersuchungen* (Auswertung von Infrarot-, Ultraviolett- und Kernresonanzspektren; Massenspektrometrie; vgl. S. 485), Messungen von *Dipolmomenten, Elektronen-* und *Röntgenbeugung* u.a. Die Vorteile physikalischer Methoden bestehen darin, daß mit ihrer Hilfe in relativ kurzer Zeit sehr viele Aussagen über die Struktur des betreffenden Moleküls möglich sind und daß sie meist nur geringe Substanzmengen benötigen. In jedem Fall ist die vollständige Strukturaufklärung komplizierterer Moleküle (die dann auch die Erforschung ihres *räumlichen Baues* einschließt) ein recht schwieriges Unterfangen, das unter Umständen jahrelange Arbeit benötigt.
Als ganz einfaches Beispiel diene eine Betrachtung von *Alkohol* und von *Methyläther,* zwei Verbindungen der gleichen Molekularformel C_2H_6O, aber von ganz verschiedenen Eigenschaften (siehe Tabelle 11.2).

Unter Berücksichtigung der Tatsache, daß ein C-Atom vier, ein O-Atom zwei und ein H-Atom nur eine Atombindung eingehen kann, sind die einzigen für die Molekularformel C_2H_6O möglichen Strukturen

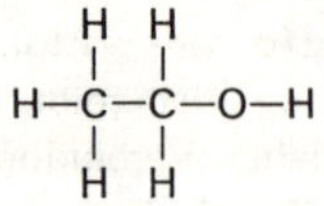

(1)

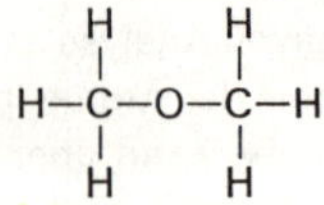

(2)

Die chemischen Eigenschaften von Alkohol lassen sich durch die Struktur (1) erklären. Bei der Reaktion mit Natrium wird offenbar das eine, an Sauerstoff gebundene und dadurch besonders

Tabelle 11.2. Eigenschaften von Alkohol und Methyläther

	Alkohol	Methyläther
Sdp.	78 °C	– 25 °C
Löslichkeit in Wasser	In jedem Verhältnis mischbar	8 g in 100 g Wasser
Verhalten gegen Natrium	Bildet Wasserstoff; ähnliche (aber weniger heftige) Reaktion wie Wasser. 1 Mol Alkohol gibt ½ Mol Wasserstoff	Reagiert nicht mit Natrium
Verhalten gegen Iodwasserstoff	Bildet mit 1 Mol HI eine Verbindung der Molekularformel C_2H_5I, wobei 1 Mol Wasser frei wird	Reagiert erst bei stärkerem Erwärmen; pro Mol Methyläther werden 2 Mol HI verbraucht. Entstehung von CH_3I neben 1 Mol Wasser

ausgezeichnete H-Atom durch Natrium «ersetzt» (wegen der Gleichwertigkeit aller H-Atome müßten im Methyläthermolekül nicht eines, sondern sechs H-Atome ersetzbar sein!), und bei der Reaktion mit Iodwasserstoff muß die OH-Gruppe durch Iod ersetzt werden:

$$CH_3CH_2OH + HI \rightarrow CH_3CH_2I + H_2O$$

Das Verhalten des Methyläthers stimmt dagegen gut mit Formel (2) überein:

$$CH_3OCH_3 + 2HI \rightarrow 2\,CH_3I + H_2O$$

(keine Abspaltung einer OH-Gruppe oder Ersatz von H-Atomen!).

Man muß sich aber klar sein, daß diese «**Strukturformeln**» nur die gegenseitige Verknüpfung *der Atome, nicht aber den räumlichen Bau eines Moleküls wiedergeben.* Eine Vorstellung vom wirklichen Aussehen der Moleküle geben die «Kalottenmodelle» (Abb. 11.3).

Abb. 11.3. Kalottenmodelle der Moleküle von Alkohol (links) und Methyläther (rechts)

Substanzen wie Alkohol und Methyläther, die trotz gleicher Molekularformel verschiedene Eigenschaften haben, nennt man **isomer** (*isos* gr. = gleich, *meros* gr. = Teil). Beruht die **Isomerie** auf verschiedener Struktur der Moleküle, so spricht man von **Strukturisomerie.**

11.1.3 Allgemeines über die Reaktionen organischer Verbindungen

Bei organischen Reaktionen wird kaum je ein Molekül als Ganzes vollkommen und tiefgreifend verändert, sondern es nehmen stets nur *einzelne Atome* am Vorgang teil (d.h. es reagieren nur *bestimmte Atomgruppen)*, und es werden von den vielen im Molekül vorhandenen Bindungen nur ganz bestimmte Bindungen getrennt. Nur dank dieser Tatsache sind Erforschung und ein Überblick über die Chemie der Kohlenstoffverbindungen überhaupt möglich geworden, andernfalls wäre die Vielfalt viel zu groß und zu unübersichtlich, um systematisch Verbindungen auf- und abbauen sowie ineinander umwandeln zu können.

Reaktionen zwischen organischen Molekülen verlaufen oft recht langsam. Ihre *Aktivierungsenergien* sind also gewöhnlich *ziemlich hoch.* Viele Reaktionen sind umkehrbar und führen zu einem *Gleichgewicht.* Im Gleichgewicht überwiegen dann die Substanzen, deren Energie (genauer: deren freie Enthalpie) unter den gegebenen Umständen am kleinsten ist. Sind die Ausgangsstoffe stabiler als die Endstoffe, so liegt das Gleichgewicht links, und die Ausbeute an den gewünschten Produkten ist nur dann genügend groß, wenn es gelingt, das Gleichgewicht zu stören und zu verschieben, beispielsweise dadurch, daß man ein Produkt aus dem Reaktionsgemisch abdestilliert.

Recht häufig können nun aber zwei Substanzen nicht nur in einer einzigen Weise miteinander reagieren, oder es kann eine bestimmte Substanz mit zwei im Reaktionsgemisch enthaltenen anderen Substanzen gleichzeitig reagieren; anders gesagt, *es können oft verschiedene Reaktionen nebeneinander ablaufen.* In solchen Fällen jeweils ist **die Reaktion mit der geringsten Aktivierungsenergie die rascheste,** auch wenn sie nicht zu den stabilsten Produkten führt, wenn sie also nicht die am meisten exergonische der verschiedenen möglichen Reaktionen ist. Wird dann das Reaktionsgemisch nach verhältnismäßig kurzer Zeit aufgearbeitet, so kann man die Produkte isolieren, welche durch die schnellste (die «**kinetisch kontrollierte**») Reaktion entstehen. Läßt man die Mischung aber längere Zeit stehen oder erhitzt etwas, so erhält man hauptsächlich die energieärmsten (stabilsten) Produkte; die Reaktion ist dann durch die **Gleichgewichtslage («thermodynamisch») kontrolliert.**

Bei Reaktionen zwischen Molekülen müssen stets Atombindungen getrennt und neu gebildet werden. Bei **Radikalreaktionen** werden Bindungen «**homolytisch**» gespalten:

$$A:B \rightleftarrows A^{\cdot} + .B$$

Manche Radikalreaktionen treten erst bei höheren Temperaturen oder unter dem Einfluß von Sonnen- oder Ultraviolettlicht ein; andere Radikalreaktionen werden durch Substanzen, die leicht in Radikale zerfallen, durch einzelne Atome oder durch *«freie Radikale»* (Moleküle mit ungeraden Elektronenzahlen, wie NO, oder mit einzelnen, ungepaarten Elektronen) ausgelöst. Gewisse Substanzen, die leicht mit Radikalen zu stabilen Produkten reagieren, werden als *«Inhibitoren»* für Radikalreaktionen (insbesondere für Radikal-Polymerisationen) verwendet, da sie eventuell entstehende Radikale abfangen und so eine allfällig mögliche Radikalreaktion verhindern.
Häufig werden bei organischen Reaktionen Bindungen auch «**heterolytisch**» getrennt, wobei das bindende Elektronenpaar dem elektronegativeren Atom verbleibt:

$$A:B \longrightarrow A^+ + :B^-$$

Da bei solchen Reaktionen häufig – jedoch nicht immer! – vorübergehend (wenig stabile) *Ionen* auftreten, nennt man sie **ionische («polare») Reaktionen.** Solche Ionen (oft als *«Kryptoionen»* bezeichnet) bilden dann *Zwischenstoffe* einer mehrstufigen Reaktion. Wenn die heterolytische Trennung und die Neubildung von Bindungen in einem einzigen, kontinuierlichen Übergang erfolgt, verläuft die Gesamtreaktion in einem Schritt; im Übergangszustand werden dann die Bindungen gleichzeitig gelöst und neugebildet.
Die vollständige heterolytische Bindungstrennung erfordert meist einen beträchtlichen Energieaufwand, da die entstehenden Ionen nur wenig stabil sind. Können sich die Kryptoionen aber solvatisieren (in einem polaren Lösungsmittel), so wird dadurch ein beträchtlicher Teil der zur Trennung aufzuwendenden Energie kompensiert. Reaktionen, die über Ionen als Zwischenstoffe verlaufen, gehen deshalb fast ausschließlich *in Lösung* vor sich.
Wenn durch eine polare Reaktion eine Bindung neugebildet wird, so stellt der eine Reaktionspartner ein Elektronenpaar für die Bindung zur Verfügung. Man bezeichnet ihn als «**nucleophil**», weil er sich an ein positiv geladenes oder wenigstens positiv polarisiertes Atom anlagert. Das andere reagierende Teilchen verhält sich «**elektrophil**», d.h. lagert sich an ein freies Elektronenpaar an. Beispiele nucleophiler Teilchen bilden H_2O- und NH_3-Moleküle sowie OH^-- und CN^--Ionen; elektrophil ist das SO_3-Molekül und sind positive Halogen-Ionen (Cl^+, Br^+).

Vom Standpunkt der *Molekülstruktur* aus lassen sich verschiedene einfache *Grundtypen* organischer Reaktionen unterscheiden:

Substitution («Verdrängung»): Ein Atom oder eine Atomgruppe wird durch ein anderes Atom oder eine andere Atomgruppe ersetzt. Dabei muß prinzipiell eine *Trennung* wie eine *Neubildung* einer Bindung erfolgen, was *in einem einzigen* oder *in zwei aufeinanderfolgenden Reaktionsschritten* geschehen kann. Im zweitgenannten Fall kann die «alte» Bindung zunächst getrennt und kann die «neue» Bindung erst nachher geknüpft werden; es ist jedoch auch möglich, daß zuerst eine Bindung neu entsteht und nachher eine Bindung getrennt wird.

Addition («Anlagerung»): Durch Bildung neuer Bindungen werden Atome oder Atomgruppen von einem Molekül gebunden, ohne daß gleichzeitig andere Atome (Atomgruppen) aus dem

Molekül austreten. Da die Bindungszahl der Atome beschränkt ist, sind Additionen nur bei Verbindungen mit **«ungesättigten»** funktionellen Gruppen (d.h. funktionellen Gruppen mit Mehrfachbindungen, wie $>C{=}C<$, $-C{\equiv}C-$, $>C{=}O$ oder $-C{\equiv}N$) möglich.

Elimination («Abspaltung»): Sie bildet den Gegensatz zur Addition; es werden also Atome (Atomgruppen) von einem Molekül abgetrennt, ohne daß gleichzeitig andere Atome angelagert werden.

Schließlich treten bei manchen Reaktionen auch **Umlagerungen** ein, wobei sich gewisse Atome (Atomgruppen) in einem Molekül umgruppieren, so daß ein Molekül mit veränderter Struktur entsteht.

Bei Substitutions- und Additionsreaktionen wird das betrachtete organische Molekül (das «**Substrat**») von einem weiteren Reaktanten angegriffen. Je nach der Art dieses Teilchens hat man zu unterscheiden zwischen Substitution durch Radikale (**S_R-Reaktion**), durch nucleophile Teilchen (**S_N-Reaktion**) oder durch elektrophile Teilchen (**S_E-Reaktion**) bzw. zwischen einer Addition von Radikalen (**A_R-Reaktion**), von Nucleophilen (**A_N-Reaktion**) oder von Elektrophilen (**A_E-Reaktion**). Ob im konkreten Fall eine radikalische, nucleophile oder elektrophile Substitution (Addition) möglich ist, hängt von der *Struktur des Substrates* (bzw. von der Art seiner funktionellen Gruppen) und von den herrschenden *Reaktionsbedingungen* (in Lösung, in der Gasphase, bei höherer Temperatur usw.) ab.

11.1.4 Reindarstellung und Identifizierung organischer Verbindungen

In der Natur liegen organische Substanzen als komplizierte **Gemische** vor. Auch bei synthetischen («präparativen») Reaktionen werden in der Regel Gemische und keine reinen Stoffe erhalten, weil viele organische Reaktionen nicht vollständig verlaufen *(Gleichgewichtsreaktionen!)* und zudem auch sehr häufig (unerwünschte) *Nebenreaktionen* auftreten. Als Produkt einer Synthese entsteht deshalb meist ein Gemisch, das neben dem gewünschten Stoff noch unveränderte Ausgangssubstanzen oder Nebenprodukte enthält. Ziel jeder organisch-präparativen Arbeit ist jedoch der *reine Stoff;* es ist darum eine sehr wichtige Aufgabe des Organikers, Gemische zu trennen und reine Stoffe zu isolieren.

Die wichtigsten **Trennverfahren** beruhen einerseits darauf, daß das zu trennende Gemisch zwischen verschiedene Phasen verteilt wird (Destillation, Zonenschmelzen, Ausschütteln, chromatographische Methoden) oder daß die Trennung nach verschiedener Teilchengröße bzw. -dichte geschehen kann (Filtration, Sedimentation). In Sonderfällen sind Trennungen durch chemische Reaktionen (Ionenaustauschchromatographie) oder durch Ausnützung der verschiedenen Wanderungsgeschwindigkeiten im elektrischen Feld (Elektrophorese) möglich.
Die **Destillation** dient zur Trennung (bzw. Reinigung) flüssiger oder leicht schmelzbarer fester Stoffgemische. Voraussetzungen für ihre Anwendbarkeit sind hinreichende Flüchtigkeit und keine Zersetzung der Komponenten beim Verdampfen. Um eine thermische Zersetzung höher siedender Substanzen zu vermeiden, destilliert man solche Stoffe im «Vakuum» («Wasserstrahl-Vakuum» etwa 10 Torr; durch Quecksilber- oder Öldiffusionspumpen erreichbares Vakuum bis 10^{-7} Torr). Eine Verminderung des Druckes auf etwa 10 Torr bewirkt eine Herabsetzung des Siedepunktes um 50 bis 70°C.
Durch eine einfache (einmalige) Destillation eines Flüssigkeitsgemisches läßt sich meist keine vollkommene Trennung erreichen. Bei der *fraktionierten Destillation* werden entweder die einzelnen Fraktionen für sich so lange weiter destilliert, bis konstante Siedetemperaturen erreicht werden, oder man verwendet Fraktionierkolonnen (Abb.11.4). Die schwerer flüchti-

gen Anteile des Dampfes kondensieren darin zum größten Teil und tropfen in den Destillierkolben zurück (dem aufsteigenden Dampf entgegen).

Besondere Methoden der Destillation sind die «**Wasserdampfdestillation**» und die «**azeotrope Destillation**». Bei der Wasserdampfdestillation nützt man die Tatsache aus, daß bei einem Gemisch aus mehreren Substanzen, die sich nicht homogen vermischen, der Gesamtdampfdruck gleich der Summe der Partialdampfdrucke ist. Die Siedetemperatur eines solchen Gemisches liegt darum tiefer als die Siedepunkte der Einzelkomponenten. In der Laboratoriumspraxis wird die Wasserdampfdestillation zur Abtrennung von Substanzen verwendet, die mit Wasser nur in sehr geringem Maß mischbar sind. Man leitet zu diesem Zweck in das Stoffgemisch Wasserdampf ein und erhitzt. Es destilliert dann ein (heterogenes) Gemisch von Wasser und der betreffenden Substanz über, das sich in der Regel leicht trennen läßt. Dadurch wird ebenfalls eine schonendere Destillation erreicht.

Abb. 11.4. Fraktionierkolonne

Wenn zwei oder mehr Komponenten eines Gemisches *azeotrope* (konstant siedende) *Gemische* bilden, ist eine Trennung durch gewöhnliche fraktionierte Destillation nicht möglich. Man hilft sich in solchen Fällen vielfach in der Weise, daß man dem Gemisch eine weitere Substanz zusetzt, welche ihrerseits mit einem der abzutrennenden Stoffe eine azeotrope Mischung bildet. So lassen sich z. B. Alkohol und Wasser durch fraktionierte Destillation nicht vollständig trennen (bei 78,8°C destilliert ein azeotropes Gemisch mit 95,6% Alkohol über); wird dem Alkohol/Wasser-Gemisch jedoch Benzol zugesetzt, so destilliert zunächst eine azeotrope Mischung von Benzol, Wasser und Alkohol ab, die das gesamte vorhandene Wasser mit sich führt, so daß zum Schluß reiner (wasserfreier) Alkohol überdestilliert.

Für die Laboratoriumspraxis von ganz besonderer Bedeutung sind die **Extraktion** und die **chromatographischen Methoden.** Im Prinzip beruhen beide darauf, daß sich ein Substanzgemisch entsprechend den Verteilungskoeffizienten seiner Komponenten zwischen zwei miteinander nicht mischbaren Phasen verteilen läßt. Im einfachsten Fall, dem *«Ausschütteln»,* wird das Gemisch zwischen zwei Lösungsmitteln von beschränkter Mischbarkeit (z. B. Wasser und Äther) verteilt. Man erreicht dadurch einen Gleichgewichtszustand, der durch ein konstantes Verhältnis der Einzelkomponenten in den beiden flüssigen Phasen gekennzeichnet ist. Die Trennung geschieht im bekannten *Scheidetrichter*. Durch ein einmaliges Ausschütteln wird wiederum meist keine vollständige Trennung erreicht, da die Unterschiede in den Verteilungskoeffizienten häufig nicht genügend groß sind, und man muß die Operation mehrfach wiederholen.

Die chromatographischen Verfahren zählen zu den wirkungsvollsten Trennmethoden überhaupt und sind darum auch für kleinste Substanzmengen anwendbar. Man benützt dabei stets eine stationäre (unbewegliche) Phase (fein verteilter fester Stoff oder eine durch ein festes Trägermaterial stationär gehaltene Flüssigkeit) und eine mobile (bewegliche) Phase. Beim ursprünglich allein verwendeten Verfahren der **Säulenchromatographie** (Tswett, 1911) ist die stationäre Phase eine feste, in ein senkrechtes Glasrohr eingefüllte Substanz (z. B. Aluminiumoxid, Silicagel, besonders präparierte Cellulose u. a.). Die Lösung, welche das Substanzgemisch enthält, wird durch diese Säule geschickt, wobei die verschiedenen Komponenten des

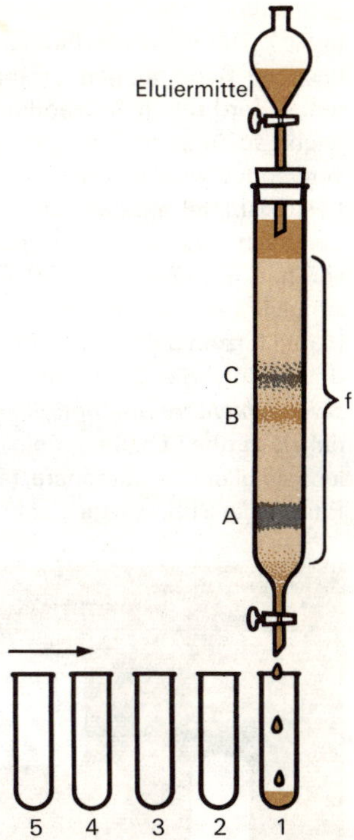

Abb. 11.5. Schema der Trennung dreier Substanzen durch Säulenchromatographie, f = stationäre Phase

Gemisches ja nach ihrem Charakter und den adsorbierenden Eigenschaften der Säule von dieser verschieden stark festgehalten werden, so daß sie diese mit verschiedenen Geschwindigkeiten passieren. Die dadurch getrennten Komponenten tropfen in verschiedenen Fraktionen aus der Säule heraus.

Bei der **Papierchromatographie** trägt man die zu untersuchende Substanzprobe (5 bis 50 γ) auf den Rand eines Filtrierpapierstreifens auf und läßt ein mit Wasser gesättigtes Lösungsmittel (Phenol, Butanol u.a.) über das ebenfalls mit Wasser gesättigte Papier laufen. Von unten nach oben (aufsteigende Papierchromatographie) erfolgt die Wanderung des Lösungsmittels durch die Wirkung der Kapillarität im Papier. Vielfach wird das Lösungsmittel auch von oben nach unten fließen gelassen (absteigende Papierchromatographie). Da das Papier vor dem Versuch mit Wasserdampf gesättigt wurde, verteilen sich die einzelnen Substanzen des Gemisches zwischen der nichtwäßrigen, beweglichen Flüssigkeit (der mobilen Phase) und den wasserhaltigen Fasern des Papiers (der stationären Phase): stärker hydrophile Stoffe werden vom stillstehenden Wasser zurückgehalten, schwächer hydrophile Substanzen wandern mit der beweglichen Phase schneller vorwärts, wobei die Wanderungsgeschwindigkeiten der einzelnen Substanzen von ihrer Verteilung zwischen Wasser und dem betreffenden Lösungsmittel abhängen. Man erhält auf diese Weise eine Reihe von Substanzflecken, die gegebenenfalls durch bestimmte Farbreaktionen (Besprühen mit «Tüpfelreagenzien») sichtbar gemacht werden müssen oder sich durch ihre Fluoreszenz unter der UV-Lampe zu erkennen geben. Als Maß für die Wanderungsgeschwindigkeiten dienen die *«R_f-Werte»*[1] (die Entfernung einer Substanz vom Aus-

[1] Retention factor (engl.).

gangspunkt dividiert durch die Entfernung der Lösungsmittelfront ebenfalls vom Ausgangspunkt). Die R_f-Werte hängen vom Lösungsmittel und von der Papiersorte ab, sind aber bei gleichen Bedingungen (Temperatur!) für die einzelnen Substanzen charakterische Konstanten. – Wird durch Anwendung eines einzigen Lösungsmittels keine genügende Trennung erreicht, so führt man das Verfahren zweidimensional durch, indem quadratische Papierbogen verwendet werden und man zunächst mit einem, dann senkrecht dazu mit einem zweiten Lösungsmittel arbeitet. Die Komponenten eines unbekannten Gemisches werden oft durch Vergleich ihrer Wanderungsgeschwindigkeiten (R_f-Werte) sowie Farbreaktionen beim Besprühen mit dem entsprechenden Verhalten bekannter Substanzen in den verwendeten Lösungsmitteln identifiziert.

In den letzten Jahren erlangten zwei weitere chromatographische Verfahren eine ebenso große Bedeutung: die **Dünnschichtchromatographie** und die **Gaschromatographie.** Bei der *Dünnschichtchromatographie* gießt oder streicht man das Adsorptionsmittel oder Trägermaterial als dünne Schicht auf eine Glasplatte, anstatt sie in eine senkrecht stehende Röhre einzufüllen; sie bildet die stationäre, feste Phase oder dann das Trägermaterial für eine stationäre flüssige Phase. Die Substanzgemische werden auch hier am einen (meist dem unteren) Rand der Glas-

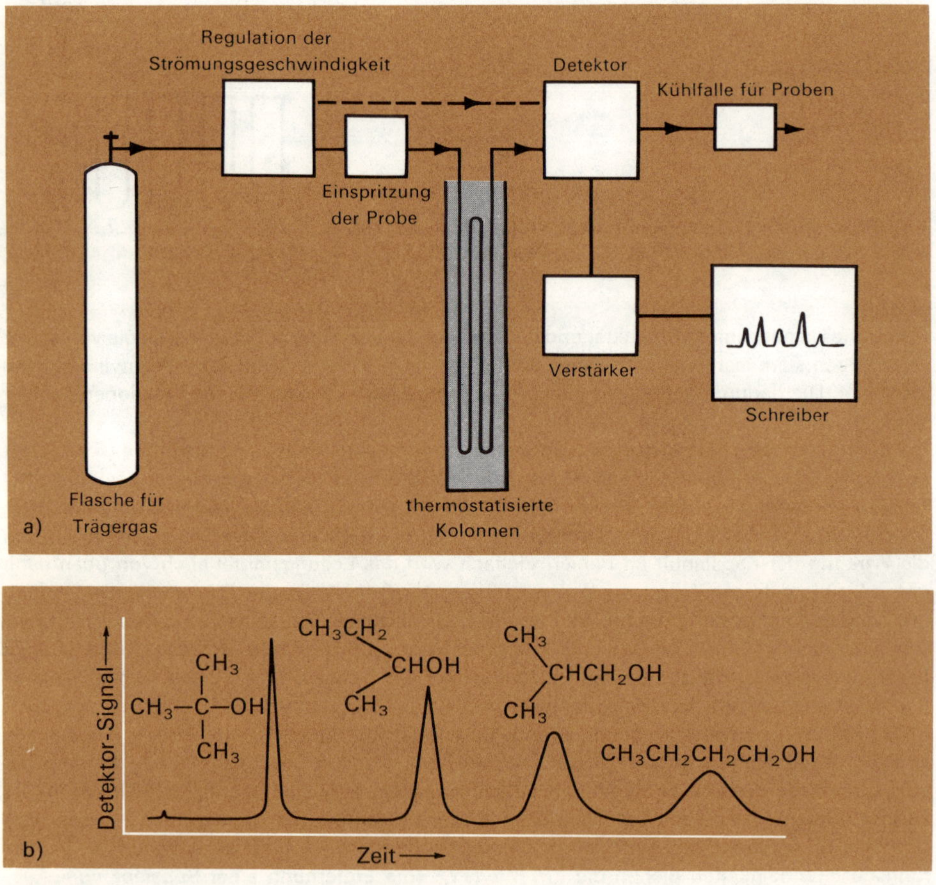

Abb. 11.6. a) Schematische Darstellung eines Gaschromatographen; b) Gaschromatogramm der Mischung der vier isomeren Butylalkohole

platte auf die dünne Schicht aufgetragen. Die mobile Phase (die Lösung des Substanzgemisches) steigt senkrecht empor. Ähnlich wie bei der Papierchromatographie verteilen sich die einzelnen Komponenten eines Gemisches zwischen beweglicher und stationärer Phase und zeigen sich – meist nach Sichtbarmachung durch eine Farbreaktion oder durch Fluoreszenz bei UV-Bestrahlung – als Flecken. Gegenüber der Papierchromatographie besitzt dieses Verfahren den sehr großen Vorteil, daß es viel weniger Zeit beansprucht und daß durch Variation der stationären Phase viel mehr Trennungsmöglichkeiten bestehen. Neben der Verteilung zwischen zwei flüssigen Phasen spielen dann oft auch eigentliche Adsorptionserscheinungen eine große Rolle.
Bei der **Gaschromatographie** (Abb. 11.6) wird das Substanzgemisch verdampft und zusammen mit einem inerten Trägergas (Helium oder Stickstoff), das die bewegliche Phase bildet, durch ein langes, dünnes Rohr geleitet. Als stationäre Phase dient eine nichtflüchtige Flüssigkeit, mit welcher ein Festkörpergranulat getränkt wurde («gepackte Kolonne») oder die als dünner Film auf die Innenseite einer Kapillare von 0,2 bis 1 mm Durchmesser und bis zu 70 m Länge möglichst gleichmäßig aufgetragen wurde («Kapillarkolonne»). Die einzelnen Komponenten des Gemisches lösen sich je nach ihrem Charakter mehr oder weniger gut in der stationären Phase und werden von dieser mehr oder weniger stark zurückgehalten. Am Ende der Kolonne können sie somit nach kürzerer oder längerer Strömungszeit des Trägergases nachgewiesen werden (z. B. durch die Veränderung der Wärmeleitfähigkeit des Trägergases oder durch Ionisation einer Wasserstoffflamme). Die Gaschromatographie eignet sich zur Untersuchung gasförmiger oder vollständig verdampfbarer (d. h. relativ niedermolekularer) Stoffe; durch Variation der stationären Phase (je nach der Art des zu untersuchenden Gemisches) ist sie sehr vielseitig anwendbar und zudem außerordentlich empfindlich (0,1 μl genügt für eine gaschromatographische Bestimmung!).

Zur **Identifizierung** einer Substanz bestimmt man möglichst zahlreiche *physikalische Konstanten*, welche mit den entsprechenden Werten der in Frage kommenden Verbindungen übereinstimmen müssen: Schmelzpunkt, Siedepunkt, Brechungsindex, R_f-Werte und insbesondere das Absorptionsvermögen für Licht bestimmter Wellenlänge (für die Identifizierung am wichtigsten sind Infrarot- und Massenspektrum). Insbesondere kann durch Vergleich mit einer bekannten Substanz im *Mischschmelzpunkt* die Identität eines Stoffpaares relativ einfach bewiesen werden: Sinkt der Schmelzpunkt des Gemisches aus beiden Stoffen unter den Wert des Schmelzpunktes der reinen Komponente, so sind die beiden Substanzen nicht identisch. In sehr vielen Fällen stellt man von der zu prüfenden Substanz durch eine chemische Reaktion gut kristallisierende, meist schwerlösliche *Derivate* her, die einen scharfen Schmelzpunkt besitzen und durch diesen sowie ihre Farbe, Löslichkeit u. a. leicht zu identifizieren sind. Dieses Verfahren schlägt man besonders dann oft ein, wenn flüssige Substanzen identifiziert werden müssen (Schmelzpunkte lassen sich leichter genau bestimmen als Siedepunkte!). Beispiele bilden etwa die 2,4-Dinitrophenylhydrazone von Carbonylverbindungen (vgl. S. 462).

Übungen

11.1 Erklären Sie die auffallende Tatsache, daß das Element Kohlenstoff eine so große Zahl von Verbindungen bildet.
11.2 Was sind funktionelle Gruppen? Geben Sie zwei Beispiele!
11.3 Erklären Sie die Eigenschaften der Doppelbindung!
11.4 Vergleichen Sie den Säurecharakter von CF_3CH_2OH und CH_3CH_2OH!
11.5 Charakterisieren Sie die funktionelle Gruppe $-C(=O)NH_2$ in bezug auf ihr Verhalten gegenüber Säuren und Basen.

11.6 Ordnen Sie folgende Verbindungen nach steigendem Siedepunkt: HCOOH, CH_3NH_2, CH_4, CH_3OH.

11.7 0,2 g einer organischen Verbindung verbrennen zu 0,456 g CO_2 und 0,186 g H_2O. 100 ml Dampf (gemessen bei Normalbedingungen) wiegen 0,259 g. Berechnen Sie die Molekularformel der Substanz und schlagen Sie eine mögliche Strukturformel vor!

11.8 Ein Stoff A wird mit einem weiteren Stoff B gut vermischt. Wenn man das Reaktionsgemisch sofort aufarbeitet (d. h. die Komponenten sofort trennt) erhält man die Substanz C. Läßt man aber das Gemisch von A und B einige Tage stehen, so hat sich an Stelle von C ein anderer Stoff D gebildet. Erklären Sie das Ergebnis!

11.9 Wie werden die C—Cl-, C—H- und O—H-Bindungen bei einer Reaktion am ehesten getrennt?

11.10 Erklären Sie die Ausdrücke «Radikal», «nucleophil», «elektrophil», «Kryptoion» und «heterolytisch».

11.11 Welche Reaktionstypen sind vom Standpunkt der Molekülstruktur aus bei organischen Molekülen möglich?

11.12 Welche Reaktionsarten könnten bei folgenden Substanzen zu erwarten sein:

$$CH_3CH_2OH \quad CH_3Br \quad CH_3{-}CH{=}CH{-}CH_3 \quad CH_3CH_2\underset{\displaystyle OH}{\underset{|}{C}}HCH_3$$

11.13 Erklären Sie das Prinzip der Wasserdampfdestillation, der Säulen-, der Dünnschicht- und der Gaschromatographie. Geben Sie die Vor- und Nachteile der verschiedenen chromatographischen Methoden an.

11.14 Als Nebenprodukt einer bestimmten Reaktion erhält man eine Substanz der Molekularformel C_4H_8O. Wie könnte die Vermutung, daß es sich dabei um die Verbindung $CH_3CH_2\underset{\displaystyle O}{\underset{\|}{C}}CH_3$ handelt, bestätigt werden?

Literatur

N. L. Allinger et al.	*Organic Chemistry*. Worth Publishers, New York 1971
H. Becker	*Einführung in die Elektronentheorie organisch-chemischer Reaktionen*. VEB Deutscher Verlag der Wissenschaften, Berlin 1964
H. R. Christen	*Grundlagen der organischen Chemie*. Sauerländer, Aarau 1972
J. B. Hendrickson, D. Cram und G. Hammond	*Organic Chemistry*. McGraw-Hill, New York 1970
L. und Mary Fieser	*Organische Chemie*. Verlag Chemie, Weinheim 1965
W. Geissman	*Organic Chemistry*. Freeman, San Francisco 1958
G. K. Helmkamp und H. W. Johnson	*Selected Experiments in Organic Chemistry*. Freeman, San Francisco 1964
K. Hutton	*Chemistry*. Penguin Books, Harmondsworth 1961
F. Klages	*Lehrbuch der Organischen Chemie,* Band II. De Gruyter, Berlin 1959
R. Noller	*Lehrbuch der Organischen Chemie*. Springer, Berlin 1960
Organikum	(Organisch-chemisches Grundpraktikum; von einem Autorenkollektiv). VEB Deutscher Verlag der Wissenschaften, Berlin 1964
J. M. Tedder und A. Nechvatal	*Basic Organic Chemistry,* Part I und II. Wiley, London 1966 und 1967
A. I. Vogel	*Elementary Practical Organic Chemistry,* Part I: *Small Scale Preparations*. Longmans, London 1960

11.2 Kohlenwasserstoffe

Die einfachsten organischen Verbindungen bestehen nur aus Kohlenstoff und Wasserstoff. Diese *«Kohlenwasserstoffe»* lassen sich nach ihren chemischen Eigenschaften in drei Gruppen gliedern: gesättigte Kohlenwasserstoffe («Paraffine» oder «Alkane»), ungesättigte Kohlenwasserstoffe («Alkene» oder «Olefine» und «Alkine») sowie aromatische Kohlenwasserstoffe.

11.2.1 Gesättigte Kohlenwasserstoffe (Alkane)

In den Molekülen der Paraffinkohlenwasserstoffe sind die C-Atome nur durch gewöhnliche Einfachbindungen verbunden; alle «freien» Bindungen sind mit H-Atomen «abgesättigt». Ihre Moleküle enthalten also *keine funktionelle Gruppen*, und sie gehören deshalb zu den reaktionsträgsten organischen Verbindungen. Dieser auffallenden Reaktionsträgheit verdanken sie ihren Namen *(parum* lat. wenig, *affinis* lat. verwandt, beteiligt [d.h. an Umsetzungen]).

Die homologe Reihe der Alkane

Vom einfachsten möglichen Kohlenwasserstoff, dem *Methan*, CH_4, lassen sich durch Aufbau des Kohlenstoffgerüstes weitere Kohlenwasserstoffe ableiten, die sich jeweils durch Hinzukommen einer CH_2-Gruppe unterscheiden und deren Formeln der allgemeinen Zusammensetzung C_nH_{2n+2} entsprechen. Auf die chemischen Eigenschaften hat das Vorhandensein einer weiteren CH_2-Gruppe nur einen sehr geringen Einfluß; die physikalischen Eigenschaften ändern sich hingegen im allgemeinen regelmäßig mit zunehmender Kohlenstoffzahl. Eine derartige Reihe von Verbindungen, die sich um eine CH_2-Gruppe unterscheiden, nennt man eine **«homologe Reihe»**.

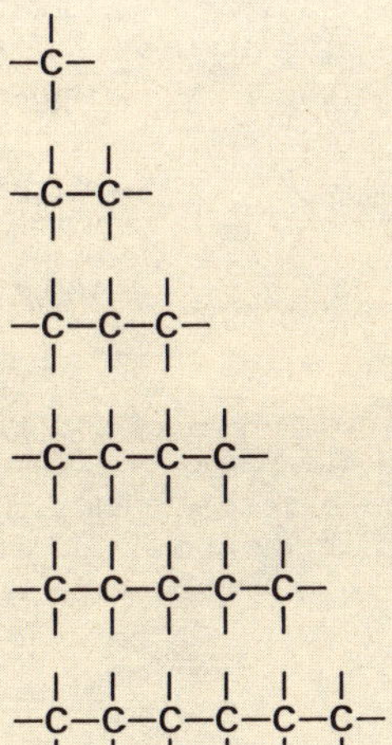

C_1H_4	Methan
C_2H_6	Äthan
C_3H_8	Propan
C_4H_{10}	Butan
C_5H_{12}	Pentan
C_6H_{14}	Hexan
usw.	

Bereits für das Molekül C_4H_{10} sind zwei Strukturen möglich. Der Molekularformel C_5H_{12} entsprechen drei, der Molekularformel C_6H_{14} schon fünf Isomere:

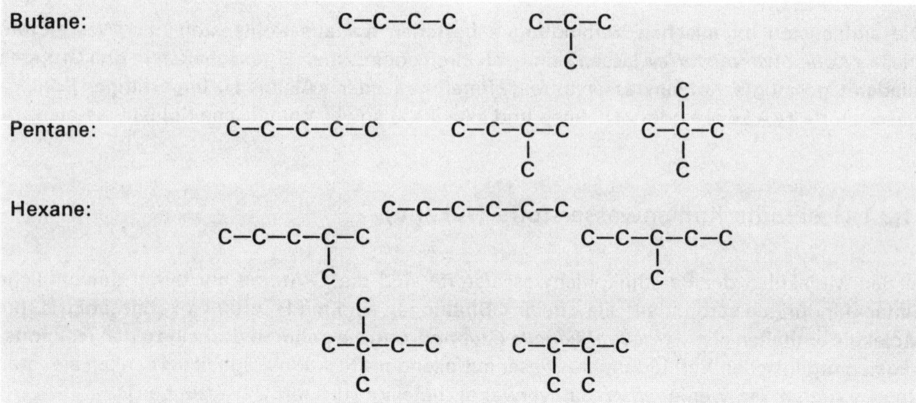

Die Isomerenzahl wächst sehr rasch mit steigender Kohlenstoffzahl. Von C_7H_{16} existieren 9, von $C_{10}H_{22}$ schon 75 Isomere. Von $C_{15}H_{32}$ sind 4347 und von $C_{20}H_{42}$ gar 366 319 Isomere möglich. Die Zahl der wirklich dargestellten Isomere ist natürlich viel kleiner als die Zahl der theoretisch möglichen. Die einzelnen Isomere sind sich in ihren Eigenschaften stets sehr ähnlich (z. B. sind die Verbrennungswärmen isomerer Moleküle nahezu gleich); nur Schmelz- und Siedepunkt sowie Dichte hängen stärker von der Struktur der Moleküle ab und zeigen bei verschiedenen Isomeren deutliche Unterschiede (vgl. Tabelle 11.3).

Tabelle 11.3. Schmelz- und Siedepunkte isomerer gesättigter Kohlenwasserstoffe

	Smp. (°C)	Sdp. (°C)
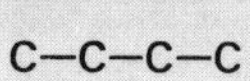	−138,3°	− 0,5°
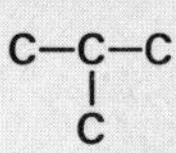	−159,4°	− 11,7°
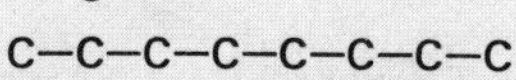	− 56,8°	+125,7°
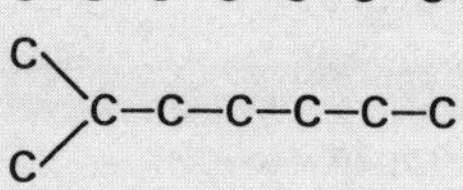	−109,2°	+117,6°
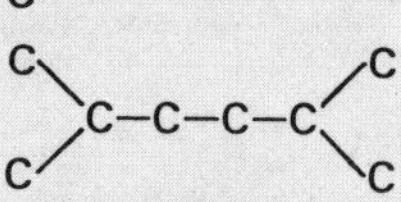	−121,2°	+106,8°
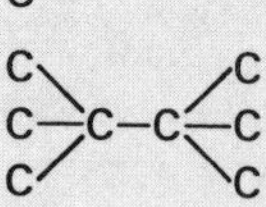	+100,7°	+106,3°

Zur **Bezeichnung** der höheren Glieder der Reihe (ab 4 C) verwendet man griechische Zahlwörter und versieht sie mit der Endung **-an**, die für Paraffinkohlenwasserstoffe kennzeichnend ist. Die zu ihnen durch Abspaltung eines H-Atoms gehörigen Gruppen (Radikale) mit einer freien

Bindung (C_nH_{2n+1}-) erhalten die Endung **-yl**: CH_3- = Methyl-, C_2H_5- = Äthyl- usw. Um Kohlenwasserstoffe mit verzweigten Ketten *rationell* zu benennen, sucht man die längste im Molekül vorhandene Kohlenstoffkette. Durch Numerierung und Einfügung der Namen der Seitenketten ergibt sich die Bezeichnung der betreffenden Verbindung[1]. Beispiele:

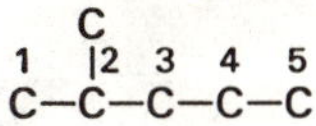

2-Methylpentan

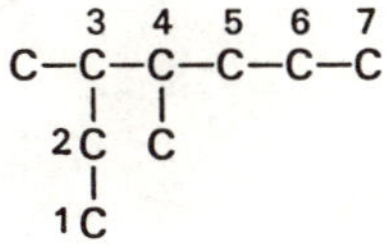

3,4-Dimethylheptan

Molekülbau, physikalische Eigenschaften

Im Methan umgeben die vier Wasserstoffatome das Kohlenstoffatom regelmäßig tetraedrisch (Abb. 11.7 a, b). Moleküle der normalen (unverzweigten) höheren Glieder bilden zickzackförmige Ketten (Abb. 11.7 c). Bei Molekülen mit mehreren Kohlenstoffatomen sind an sich mehrere Formen denkbar (Abb. 11.8). Man hat jedoch keine solchen Isomere gefunden und muß daher annehmen, daß die Atome im Prinzip um jede Bindung frei drehbar sind (vgl. jedoch S. 470). Im gasförmigen und im flüssigen Zustand können sich solche Molekülformen ineinander umwandeln. Im *kristallisierten Zustand* ist jedoch die gegenseitige Lage der Atome fixiert; die Ketten sind gestreckt zickzackförmig.

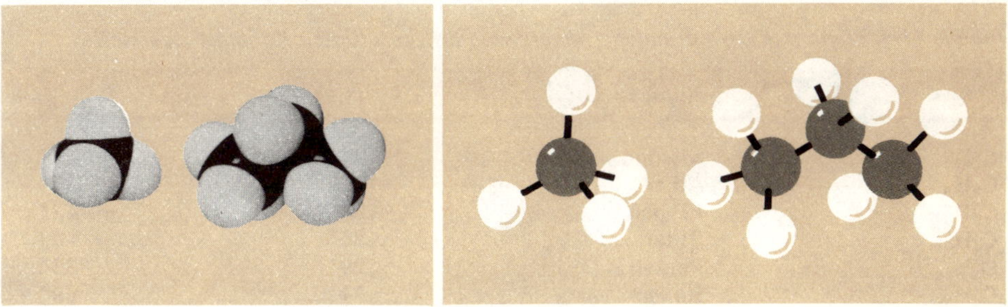

a) b)

Abb. 11.7. Räumliche Darstellung des Methan- und Propanmoleküls
a) Kalottenmodell, gibt die Wirkungssphäre der Atome und deutet damit das «Aussehen» an;
b) «Kugel-Stäbchen-Modell», veranschaulicht die räumliche Anordnung der Atome besser

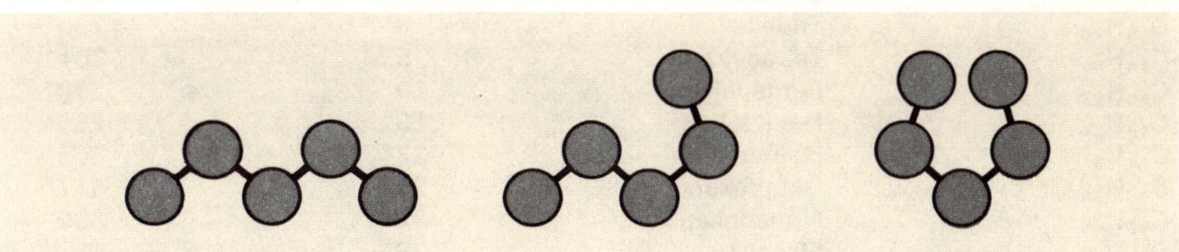

Abb. 11.8. Mögliche Formen (Konformationen) einer Kette von fünf C-Atomen

[1] Diese Bezeichnungsweise geht zurück auf Beschlüsse, die am Internationalen Chemikerkongreß in Genf (1892) gefaßt und seither von Zeit zu Zeit ergänzt und erweitert wurden; sie heißt deshalb auch «Genfer Nomenklatur».

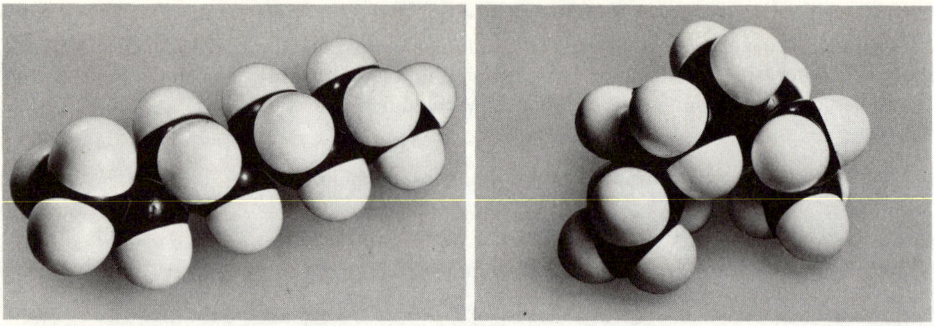

Abb. 11.9. Kalottenmodell von n-Oktan; links Kette gestreckt-zickzackförmig, rechts Kette gefaltet

Die Paraffine C_1 bis C_4 sind bei Zimmertemperatur gasförmig, C_5 bis C_{16} sind flüssig und die höheren Glieder fest. Die tiefersiedenden flüssigen Kohlenwasserstoffe bilden leichtbewegliche, farblose Flüssigkeiten mit einem an Benzin erinnernden Geruch; die schwererflüchtigen sind dickflüssig, ölig und geruchlos. – Der Anstieg von Schmelz- und Siedepunkt mit zunehmender Molekülmasse (Tabelle 11.4) ist auf die steigenden Van der Waals-Kräfte zurückzuführen (vgl. S. 112). Dabei macht sich bei geringeren Molekülmassen das Hinzukommen einer CH_2-Gruppe viel stärker bemerkbar als bei den höheren Gliedern, so daß die Siedepunktdifferenzen

Tabelle 11.4. Fixpunkte der normalen (unverzweigten) gesättigten Kohlenwasserstoffe

Formel	Name	Smp. (°C)	Sdp. (°C)
CH_4	Methan	−184°	−164°
C_2H_6	Äthan	−172°	− 89°
C_3H_8	Propan	−190°	− 42°
C_4H_{10}	Butan	−135°	− 0,5°
C_5H_{12}	Pentan	−129°	36°
C_6H_{14}	Hexan	− 94°	69°
C_7H_{16}	Heptan	− 90°	98°
C_8H_{18}	Oktan	− 59°	126°
C_9H_{20}	Nonan	− 54°	151°
$C_{10}H_{22}$	Dekan	− 30°	174°
$C_{11}H_{24}$	Undekan	− 26°	196°
$C_{12}H_{26}$	Dodekan	− 10°	216°
$C_{13}H_{28}$	Tridekan	− 6°	230°
$C_{14}H_{30}$	Tetradekan	5,5°	251°
$C_{15}H_{32}$	Pentadekan	10°	268°
$C_{16}H_{34}$	Hexadekan	18°	280°
$C_{17}H_{36}$	Heptadekan	22°	303°
$C_{18}H_{38}$	Oktadekan	28°	317°
$C_{19}H_{40}$	Nonadekan	32°	330°
$C_{20}H_{42}$	Eicosan	36°	
$C_{25}H_{52}$	Pentacosan	53°	
$C_{30}H_{62}$	Triacontan	66°	
$C_{40}H_{82}$	Tetracontan	81°	

am Anfang der Reihe beträchtlich größer sind. Moleküle mit verzweigten Ketten sieden immer tiefer als unverzweigte, weil die Van der Waals-Kräfte zwischen kompakteren Molekülen kleiner sind als zwischen langgestreckt-kettenförmigen (Einfluß der Oberfläche, siehe S. 112). Die Schmelzpunkte der Kohlenwasserstoffe mit unverzweigten Ketten hingegen steigen nicht regelmäßig, sondern alternierend an; die Moleküle mit ungeraden Kohlenstoffzahlen schmelzen jeweils etwas tiefer. Offenbar passen solche Moleküle im Kristallgitter nicht so eng zusammen, so daß die Van der Waals-Kräfte weniger stark wirksam sein können. Die verschiedenen Schmelzpunkte der Isomere hängen ebenfalls davon ab, wie dicht sich die Moleküle im Kristall zusammenlagern können.
Wegen der geringen Polarität der Bindungen und des symmetrischen Baues ist das Dipolmoment aller gesättigten Kohlenwasserstoffe Null; die Moleküle sind als Ganzes *unpolar*. Dies erklärt ihre *Löslichkeit in unpolaren Lösungsmitteln*, wie z. B. anderen Kohlenwasserstoffen und CCl_4, und ebenso die fehlende Mischbarkeit mit extrem polaren Lösungsmitteln (Wasser). Allgemein bezeichnet man mit Wasser nicht (oder nur sehr beschränkt) mischbare Stoffe als «hydrophob» (wasserfeindlich) oder «**lipophil**» (fettliebend); polare Moleküle sind im Gegensatz dazu wasserliebend («**hydrophil**»).

Chemische Eigenschaften

Wie bereits erwähnt, ist die bei Zimmertemperatur ausgesprochene Reaktionsträgheit für die Alkane sehr charakteristisch. Bei höherer Temperatur oder unter der Wirkung von Licht (insbesondere Ultraviolett) lassen sich jedoch H-Atome durch Halogenatome **substituieren.**
Als Beispiel diene *die Reaktion von Hexan mit Brom.* Wird ein Gemisch von Hexan mit Brom kräftig belichtet, so entstehen stechend riechende, sauer reagierende Dämpfe von HBr, und das Gemisch entfärbt sich allmählich. Schüttelt man das farblos gewordene Reaktionsgemisch mit verdünnter NaOH (zur Entfernung von im Hexan gelöstem HBr) und trennt die beiden Phasen, so läßt sich mittels der *«Beilstein-Probe»*[1] nachweisen, daß die organische Phase Halogenverbindungen enthält. Beim Belichten tritt also die folgende Reaktion ein:

$$C_6H_{14} + Br_2 \longrightarrow C_6H_{13}Br + HBr$$

Die *Wirkung des Lichtes* besteht darin, daß die (selbst farbigen, d. h. Licht absorbierenden) Br_2-Moleküle durch die Lichtabsorption energiereicher werden und bei einem Zusammenstoß mit einem anderen Molekül in Atome (also in **Radikale**!) zerfallen. Stößt ein (energiereiches) Atom mit einem Hexanmolekül zusammen, so bildet sich ein HBr-Molekül nebst einem organischen Radikal. Dieses erzeugt bei einem weiteren Zusammenstoß mit einem Br_2-Molekül wieder ein Br-Atom, so daß die Reaktion als **Kettenreaktion** weiterläuft. Zusammenstöße zweier Radikale oder zweier Br-Atome (die aber nur verhältnismäßig selten eintreten) oder Reaktionen mit der Gefäßwand führen zum *Kettenabbruch*.

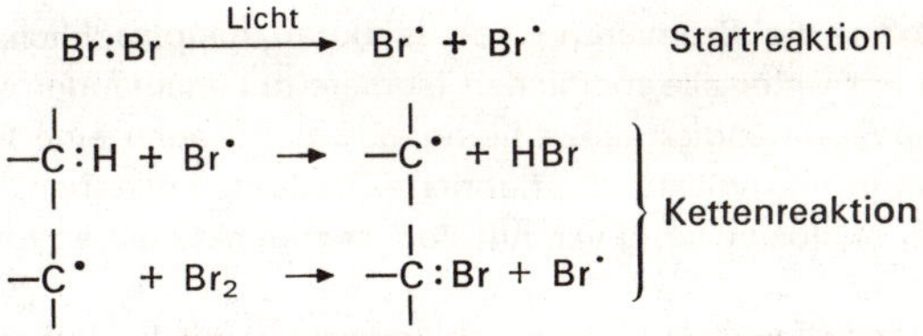

[1] Zur Durchführung dieser für organische Chlor-, Brom- und Iodverbindungen charakteristischen Reaktion gibt man eine kleine Probe Substanz auf ein oxidiertes Kupferblech und hält dieses in die Flamme. Es bilden sich (flüchtige) Cu-Halogenide, welche die Flamme charakteristisch blaugrün färben. Da CuF_2 zu schwerflüchtig ist, läßt sich Fluor auf diese Weise nicht nachweisen.

Dank der höheren Polarität der Br—H- oder der Cl—H-Bindung übersteigt ihre Bindungsenergie zusammen mit der Bindungsenergie der C—Br- bzw. C—Cl-Bindung den zur Trennung der Br—Br- bzw. Cl—Cl- und der C—H-Bindung nötigen Energiebetrag; die Reaktion als Ganzes verläuft deshalb schwach exotherm.

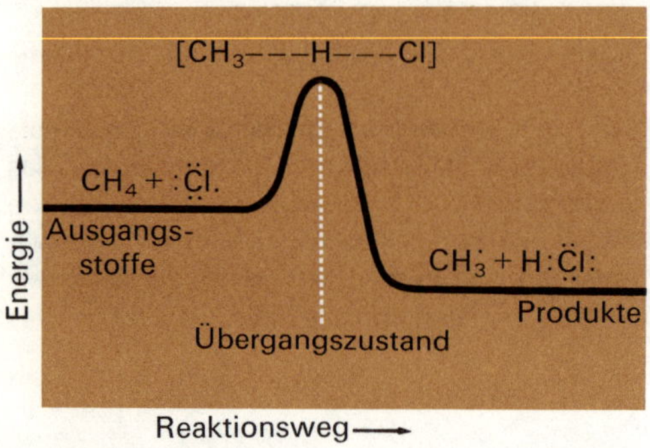

Abb. 11.10. Energiediagramm für die Reaktion $CH_4 + :\ddot{Cl}\cdot \rightarrow CH_3\cdot + HCl$

Bei **Radikalsubstitutionen** an Alkanen entstehen vielfach verschiedene Isomere nebeneinander, die sich z.B. gaschromatographisch trennen lassen, denn im Prinzip kann ein Halogenatom jedes H-Atom ersetzen. Allerdings nimmt die Reaktionsfähigkeit der C—H-Bindungen in folgender Reihe deutlich ab:

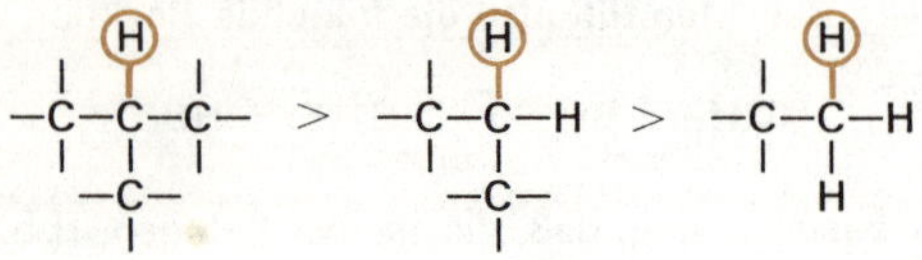

(1) (2) (3)

Im Fall (1) ist das H-Atom an ein C-Atom gebunden, das mit drei weiteren C-Atomen verbunden ist (an ein *«tertiäres»* C-Atom); bei (2) bzw. (3) ist das H-Atom an ein *«sekundäres»* bzw. *«primäres»* C-Atom gebunden. *Brom,* das reaktionsträgere Halogen, reagiert vorwiegend mit den reaktionsfähigeren C—H-Bindungen, während das reaktionsfähigere *Chlor* mit irgendwelchen C—H-Bindungen reagieren kann. Die Bromierung von Hexan liefert also vorzugsweise 2-Bromhexan und 3-Bromhexan, die Bromierung von Isobutan hauptsächlich 2-Brom-2-methylpropan, während man mit Chlor alle möglichen Isomere nebeneinander erhält. Das ganz besonders reaktionsfähige *Fluor* reagiert derart heftig, daß dabei auch eine Trennung von C—C-Bindungen eintreten kann und vollständig fluorierte Produkte entstehen, wobei die Reaktion unter Umständen sogar explosionsartig verläuft. *Iod* ist zu reaktionsträg und vermag H-Atome nicht zu substituieren.

An der Luft oder in Sauerstoff *verbrennen* die Kohlenwasserstoffe bei höheren Temperaturen zu Wasser und Kohlendioxid:

$$CH_4 + 2\,O_2 \rightarrow CO_2 + 2\,H_2O$$
$$2\,C_6H_{14} + 19\,O_2 \rightarrow 12\,CO_2 + 14\,H_2O$$

Mischungen von Luft mit Kohlenwasserstoffdämpfen oder mit gasförmigen Kohlenwasserstoffen können bei Zündung explosionsartig verbrennen (Benzinmotor!). Die bei diesen Verbrennungen freiwerdende große Wärmemenge ist auf die starke Polarität, d.h. *große Bindungsenergie der entstehenden C—O- und H—O-Bindungen* zurückzuführen. Auf ihr beruht die Verwendung von Kohlenwasserstoffen als **Energiequelle** (Benzin, Heizöl, Dieselöl, Petroleum). Erhitzt man Kohlenwasserstoffe unter Ausschluß von Sauerstoff auf einige 100°C, so zersetzen sich die Moleküle («Hitzespaltung», in der Technik **Cracking** genannt [*to crack* engl. = zerknacken]). Dabei werden Bindungen zwischen C-Atomen gespalten, so daß kleinere Bruchstücke der Moleküle (auch Kohlenstoff [Ruß], Wasserstoff und wasserstoffärmere Kohlenwasserstoffe) entstehen. Dies belegt die relativ geringe Thermostabilität der Paraffine.

Vorkommen und wichtige Beispiele

Dank ihrer Reaktionsträgheit und Beständigkeit sind die Paraffinkohlenwasserstoffe die einzige Gruppe organischer Verbindungen, die *mineralisch* in der Natur auftreten *(Erdöl, Erdwachs, Asphalt, Erdgas)*. In der belebten Natur hingegen sind sie – ebenfalls wegen ihrer Reaktionsträgheit – selten.

Methan, ein farb- und geruchloses Gas, bildet den Hauptanteil der in vielen Gegenden gewonnenen *Erdgase* (Poebene, Frankreich, Niederlande, Rußland, USA u.a.). Wie auch das Erdöl sammeln sich die Erdgase in porösen Gesteinsschichten, welche von undurchlässigen Felsschichten überdacht sind. Legt man eine Bohrung durch die undurchlässige Schicht, so treibt der hydrostatische Druck das Gas (oder Öl) an die Oberfläche. Die Erdgase besitzen als *Rohstoffe* für die organisch-chemische Großtechnik, als Brennstoff und zur Rußgewinnung (unvollständige Verbrennung!) eine sehr große Bedeutung. Besonders Methan ist seit einiger Zeit zu einem außerordentlich wichtigen Rohstoff zur Gewinnung von Ausgangssubstanzen für viele Synthesen geworden. Durch thermische Spaltung oder durch Reaktion mit Wasserdampf (an Ni-Katalysatoren) wird daraus Wasserstoff gewonnen, durch partielle Oxidation oder durch Hitzespaltung gewinnt man Acetylen (C_2H_2):

$$CH_4 \xrightarrow{1200\,°C} C + 2\,H_2$$

$$CH_4 + H_2O \xrightarrow[800-900\,°C]{Ni} \underbrace{CO + 3\,H_2}_{\text{«Synthesegas»}}$$

$$2\,CH_4 \xrightarrow{1400\,°C} C_2H_2 + 3\,H_2$$

Methan entsteht auch bei Fäulnisprozessen am Grunde von Teichen und in Sümpfen *(«Sumpfgas»)* und bei der biologischen Abwasserreinigung sowie bei der Cellulosegärung (Wiederkäuer); in den Steinkohlengruben kann es als *«Grubengas»* die «schlagenden Wetter» (Methan-Luft-Explosionen) verursachen. Methan ist auch in bedeutenden Mengen in den Gasen enthalten, die bei der trockenen Destillation der Steinkohle («Verkokung») entstehen (siehe S. 391).

Propan und **Butan** treten ebenfalls in Erdgasen, als Begleiter des Erdöls und in Crackgasen auf. Butan (und Propan) kommen in Stahlflaschen verflüssigt in den Handel («Butagas»).

Benzin enthält vorwiegend Kohlenwasserstoffe von C_7 bis C_{10}, **Petroläther** (wichtiges Lösungsmittel), Pentane und Hexane. **Paraffinöle** sind Mischungen flüssiger Kohlenwasserstoffe mit C_{12} bis C_{16}. Gewöhnliches **Paraffin** besteht aus Mischungen fester Alkane (C_{22} bis etwa C_{40}); Hartparaffin enthält mehr höherschmelzende, längere Ketten, Weichparaffin kürzere und mehr verzweigte Ketten.

Alizyklische Kohlenwasserstoffe («Cycloparaffine»)

Neben den «aliphatischen» Kohlenwasserstoffen mit offener, «gerader» oder verzweigter C-Kette existieren auch gesättigte Kohlenwasserstoffe mit *ringförmigem* Kohlenstoffgerüst:

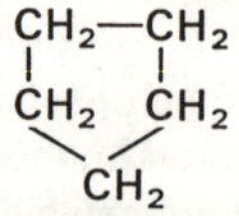

Cyclopentan

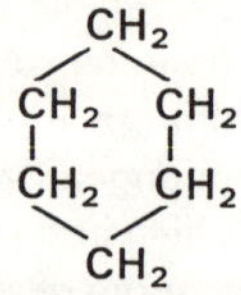

Cyclohexan

Im Gegensatz zu den später zu besprechenden «aromatischen» Verbindungen mit ebenfalls ringförmigem C-Gerüst besitzen diese *«alizyklischen»* Kohlenwasserstoffe die typischen physikalischen und chemischen Eigenschaften der Paraffine. In der Natur spielen alizyklische Ringsysteme (auch Drei- und Vierringe sowie Ringe mit höheren C-Zahlen) als Bestandteile vieler pflanzlicher und tierischer Stoffe eine große Rolle; gewisse Erdöle (z. B. aus südrussischen Erdölgebieten [Baku]) enthalten vorwiegend Cycloparaffine (sogenannte *Naphthene)*.

Cyclopropan (brennbares Gas, Sdp. −33°C) und *Cyclobutan* (ebenfalls brennbares Gas; Sdp. 12,5°C) sind ziemlich reaktionsfähige Substanzen, weil die Winkel zwischen den C-Atomen ziemlich stark vom Tetraederwinkel abweichen und die Ringe daher unter einer gewissen inneren Spannung stehen. Kompliziertere Verbindungen, die in ihren Molekülen Drei- und Vierringe enthalten, sind hingegen oft recht beständig. *Cyclopentan* (farblose Flüssigkeit; Sdp. 49°C) und *Cyclohexan* (farblose Flüssigkeit, Sdp. 81 °C) sind ebenso wie die kettenförmigen Kohlenwasserstoffverbindungen sehr beständig. Im Cyclopentan bilden die C-Atome einen nahezu ebenen Fünfring, hingegen ist der Sechsring in Cyclohexan nicht eben gebaut (vgl. S. 472). Verbindungen mit höhergliedrigen Ringen sind ebenfalls beständig. Die C-Atome liegen auch bei ihnen nicht in einer Ebene, so daß die Bindungswinkel dem Tetraederwinkel entsprechen. Ringe mit 14 bis 18 C-Atomen sind in gewissen Riechstoffen (Moschus-Riechstoffe) enthalten.

Halogenderivate gesättigter Kohlenwasserstoffe

Viele dieser Verbindungen *(dériver* frz. = ableiten; Derivat = «Abkömmling») sind wichtige *Zwischenprodukte* für Synthesen. Man gewinnt sie durch direkte Halogenierung gesättigter Kohlenwasserstoffe oder aus Alkoholen (Substitution der Hydroxylgruppe durch Halogene mittels Halogenwasserstoff):

$$C_2H_5OH + HCl \rightarrow C_2H_5Cl + H_2O$$

Auch aus ungesättigten Verbindungen lassen sich Halogenverbindungen erhalten (Addition von Halogenen oder von Halogenwasserstoffverbindungen an Doppel- oder Dreifachbindungen).

Durch Reaktion mit Lithium- oder Natrium-Metall lassen sich aus ihnen Kohlenwasserstoffe von verdoppelter Kettenlänge erhalten *(«Wurtzsche Synthese»)*:

$$2\,C_2H_5I + 2\,Na \rightarrow C_2H_5{-}C_2H_5 + 2\,NaI$$

Wichtige Beispiele einfacher Halogenverbindungen bilden *Chloroform* ($CHCl_3$), eine süßlich riechende, schwere Flüssigkeit (Narkotikum!), *Iodoform* (CHI_3), eine gelbliche, charakteristisch riechende Substanz, die zu Desinfektionszwecken verwendet wird, und *Tetrachlorkohlenstoff*

(CCl_4), eine nicht brennbare Verbindung von ebenfalls süßlichem Geruch (Lösungsmittel, Feuerlöschmittel). CF_2Cl_2 und ähnliche Verbindungen, leicht zu verflüssigende Gase, werden als Kühlflüssigkeiten in Kühlschränken und als Druckgase in Aerosolpackungen verwendet *(Freon).*

11.2.2 Ungesättigte Kohlenwasserstoffe

Wie wir bereits gesehen haben (S. 352), besitzen **Doppel-** und **Dreifachbindungen** die Fähigkeit, andere Atome (Atomgruppen) zu **addieren,** d.h. die entsprechenden Verbindungen verhalten sich «**ungesättigt**». Ungesättigte Kohlenwasserstoffe enthalten also in ihren Molekülen C=C-Doppelbindungen bzw. C≡C-Dreifachbindungen und sind deshalb reaktionsfähiger als die Alkane. Man bezeichnet sie als **Alkene** (Olefine) bzw. **Alkine;** die Endungen -en bzw. -in dienen zur Bezeichnung einer C=C-Doppel- bzw. C≡C-Dreifachbindung.

Zur *Einführung* einer Doppel- oder Dreifachbindung ist eine **Elimination** nötig. Eine vielfach benutzte Methode besteht darin, daß aus *Alkoholen* (Verbindungen mit der Hydroxylgruppe als funktioneller Gruppe) durch Erhitzen unter der Einwirkung starker Säuren (konzentrierte Schwefel- oder Phosphorsäure) *Wasser abgespalten* wird. So erhält man beispielsweise ein farbloses Gas, welches beim Durchleiten durch Bromwasser dieses rasch entfärbt, wenn man Äthanol (C_2H_5OH) unter der katalytischen Wirkung von Quarzsand mit konzentrierter Schwefelsäure erhitzt (vgl. S. 404):

$$\underset{\text{Äthanol}}{C_2H_5OH} \xrightarrow[\text{Sand}]{H_2SO_4} \underset{\substack{\text{Äthen}\\ \text{(Äthylen)}}}{C_2H_4} + H_2O$$

Die leichte *Entfärbung von Bromwasser* durch das Reaktionsprodukt *beweist* dessen *ungesättigten Charakter,* denn Alkane würden unter diesen Umständen nur äußerst langsam mit Bromwasser reagieren.
Eine weitere Möglichkeit zur Einführung einer Doppelbindung besteht in der *Elimination von Halogenwasserstoff* aus einem Halogenid unter der Wirkung einer starken Base (NaOH):

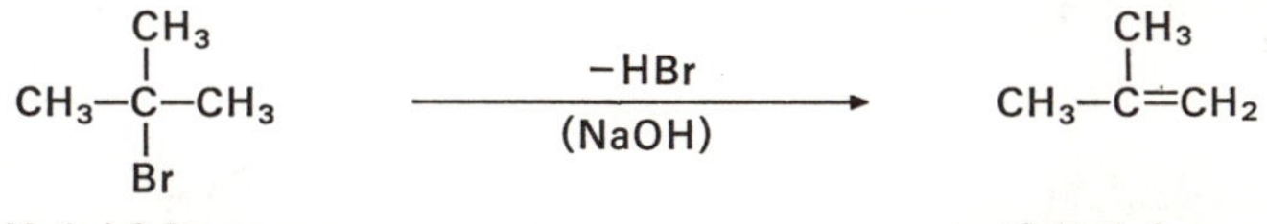

2-Methyl-2-Brompropan («tert. Butylbromid») — 2-Methylpropen («Isobuten»)

Als *Nebenreaktion* tritt dabei allerdings häufig eine Substitution des Halogenatoms durch —OH auf (vgl. S. 397 und S. 444).
In der *Technik* erhält man Alkene als Produkte des Crackens von Petrol und Benzin *(«Benzinspaltung»)* oder auch durch katalytische Dehydrierung («Wasserstoffabspaltung») aus Alkanen.

Das *charakteristische Merkmal* ungesättigter Kohlenwasserstoffe ist ihre *Fähigkeit zur* **Addition** anderer Substanzen: Halogene, Halogenwasserstoffe, Säuren, Wasser (unter der katalytischen Wirkung von starken Säuren) usw. Führt man die Additionsreaktionen in der *Gasphase* oder *in unpolaren Lösungsmitteln* durch, so handelt es sich meist um **Radikaladditionen** (A_R), wobei dann zuerst Radikale durch Belichtung oder durch Zerfall eines «Initiators» (einer «Startersubstanz») gebildet werden müssen.

Anders verlaufen die Additionen in *polaren Lösungsmitteln,* von welchen wir als Beispiel die *Bromaddition* betrachten wollen. (Die Entfärbung von Bromwasser dient häufig zum Nachweis von Doppelbindungen! [1])
Nähert sich ein Br_2-Molekül einer Doppelbindung, so kann deren eine Elektronenwolke ein Br^+-Ion binden, während gleichzeitig das Br_2-Molekül *heterolytisch* getrennt wird. Die Trennung des Br_2-Moleküls tritt hier also gleichzeitig mit der Ausbildung einer neuen Bindung ein (im Gegensatz zur Radikalsubstitution an Alkanen!); die dafür notwendige Aktivierungsenergie ist die kinetische Energie genügend energiereicher Br_2-Moleküle.
Die Addition eines Br^+-Ions ergibt einen Zwischenstoff (1), in welchem das Br-Atom von beiden C-Atomen gleichmäßig gebunden ist. Im zweiten Reaktionsschritt bindet dieser Zwischenstoff (ein Kryptoion) ein Br^--Ion, das sich aus räumlichen Gründen (Platzbeanspruchung durch das große Br-Atom im Kryptoion) von «rückwärts» nähern muß (vgl. S. 480).

Schema (vgl. Abb. 11.10):

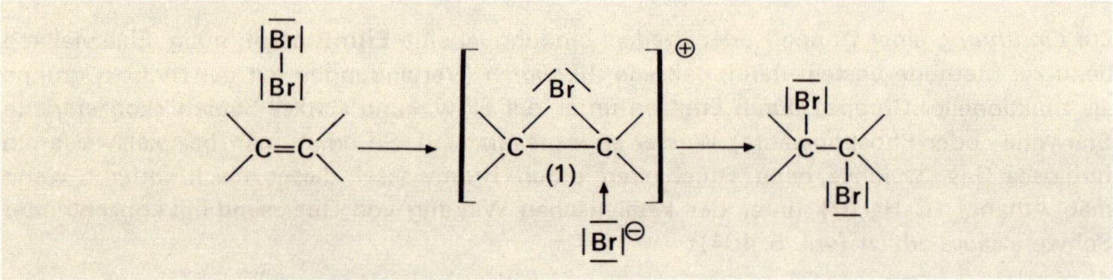

Von den beiden Schritten der Reaktion verläuft der erste langsamer; er ist somit *geschwindigkeitsbestimmend.* Da die Bindung eines Br^+-Ions leichter erfolgt, wenn die Elektronendichte der Doppelbindung hoch ist, bewirken stark elektronegative Nachbaratome (welche die Elektronen der Doppelbindung zu sich ziehen) einen deutlich *langsameren* Verlauf der Addition.
Eine *Bestätigung* der Vorstellung, daß die Bromaddition in zwei Schritten erfolgt und daß in einem Schritt ein negatives Ion addiert wird, liefert folgendes Versuchsergebnis: Löst man das Brom in einer konzentrierten NaCl- oder $NaNO_3$-Lösung, so erhält man z. B. aus Aethen neben dem erwarteten Dibromäthen auch die Produkte

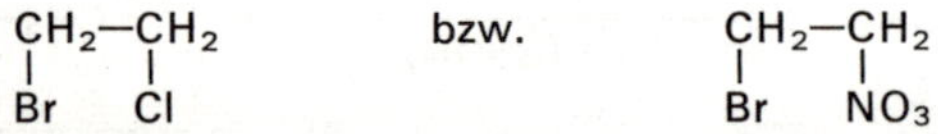

Dies ist nur dadurch zu erklären, daß das Zwischenprodukt (1) in obigem Schema in diesem Fall Cl^-- bzw. NO_3^-- Ionen aus der Lösung addiert.

Bei der Bromaddition in polaren Lösungsmitteln wird im ersten Reaktionsschritt ein elektrophiles Br^+-Ion addiert; es handelt sich um eine **elektrophile Addition.** Auch Halogenwasserstoffe, Säuren, Wasser u. a. werden über elektrophile Additionen addiert. Da die Doppelbindung ein Gebiet von relativ hoher (negativer!) Ladungsdichte darstellt, können nucleophile Teilchen üblicherweise nicht addiert werden. Nur wenn stark elektronenanziehende Gruppen an die Doppelbindung gebunden sind, lassen sich an C=C-Doppelbindungen auch *nucleophile Additionen* durchführen.

[1] Aus *Nebenreaktion* kann dabei allerdings auch die *Radikalsubstitution* durch –Br auftreten, insbesondere an sekundären oder tertiären H-Atomen.

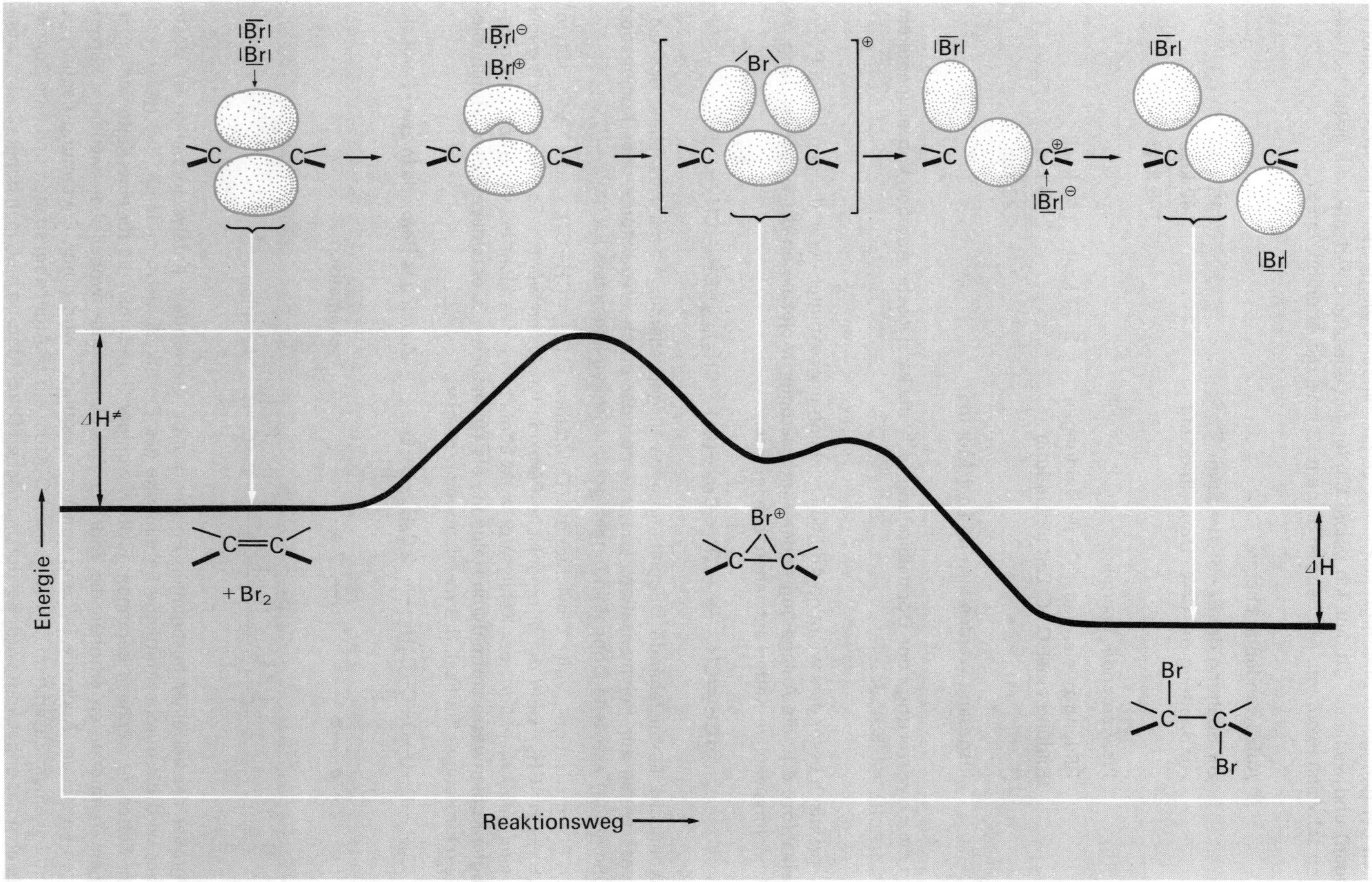

Abb. 11.11. Verlauf der Addition an eine C=C-Doppelbindung

Wegen der geringeren Bindungsenergie der Doppelbindung (verglichen mit zwei Einfachbindungen) und weil auch oft deutlich polare Bindungen entstehen, verlaufen die meisten Additionen schwach *exotherm*. Als Beispiel diene nochmals die Addition von Brom:

Aufzuwendende Energie:		
zur Spaltung der Br—Br-Bindung		46 kcal
zur Spaltung der C=C-Doppelbindung		142 kcal
		188 kcal
Freiwerdende Energie:		
Bildung zweier neuer C—Br-Bindungen	2·71 kcal =	142 kcal
Bildung einer C—C-Einfachbindung		80 kcal
		222 kcal

Insgesamt werden also 34 kcal/Mol frei

Über die «**Hydrierung**» der Doppelbindung (d.h. die katalytische Addition von elementarem Wasserstoff) vgl. S.459.

Eine praktisch besonders wichtige Additionsreaktion ungesättigter Verbindungen ist die **Polymerisation**, d.h. die Anlagerung anderer ungesättigter Moleküle an die Doppelbindung, so daß hochmolekulare Ketten entstehen; schematisch:

$$n\,CH_2{=}CH_2 \rightarrow -CH_2-CH_2-(CH_2-CH_2)_{n-2}-CH_2-CH_2-$$

Gewöhnliche einzelstehende Doppelbindungen neigen allerdings (mit Ausnahme des Isobutens) wenig zur Polymerisation; endständige oder durch Fremdatome oder Konjugation (siehe unten) aktivierte Doppelbindungen polymerisieren besonders leicht.

Die Polymerisation von Vinylchlorid (Chloräthen, $CH_2{=}CH-Cl$) oder von Styrol ($C_6H_5-CH{=}CH_2$) kann durch organische Peroxide katalysiert werden. Es handelt sich dabei um eine *Radikalreaktion;* der Katalysator wirkt ähnlich wie das Licht bei der Substitution gesättigter Kohlenwasserstoffe durch Halogene als «Initiator», d.h. er bildet mit dem Grundmolekül ein kurzlebiges Radikal, das nachher weiter reagiert:

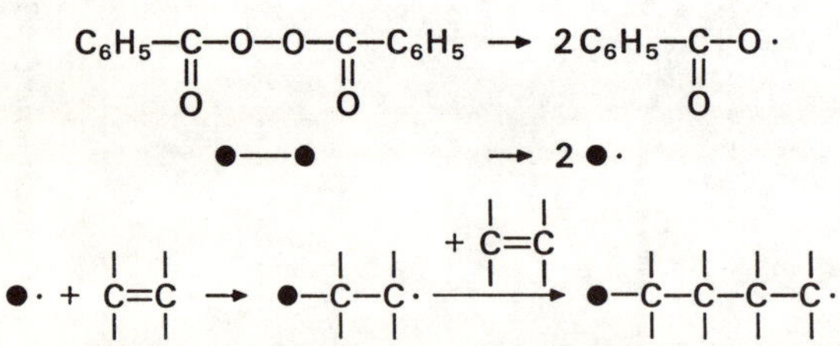

Zerfall des Peroxids in zwei Radikale

schematisch

Addition

Je größer die bei einer bestimmten Polymerisation verwendete Katalysatormenge ist, desto kürzer wird die durchschnittliche Kettenlänge des Produktes, denn dadurch, daß gleichzeitig mehr Ketten zu wachsen beginnen, bleiben weniger Grundmoleküle für eine Kette verfügbar. Höhere Temperaturen erhöhen die Zahl der Zusammenstöße, wobei aber wiederum kürzere Ketten entstehen. Auch die Bildung von Verzweigungen wird durch Erwärmung begünstigt, wenn bei einem Zusammenstoß von einem C-Atom ein H-Atom abgespalten und eine Seitenkette an jenes angehängt wird. Bei der praktischen Durchführung muß man daher für eine möglichst gute Ableitung der Wärme sorgen (die Polymerisation erfolgt wegen der Neubildung einfacher Bindungen exotherm!), was am besten dadurch geschieht, daß in einer wäßrigen Emulsion polymerisiert wird. Die Wärme wird dann gleichmäßig vom Wasser aufgenommen. Der Kettenabbruch geschieht hauptsächlich durch gleichzeitigen Zusammenstoß zweier Radikale oder durch «Disproportionierung»:

$$-CH_2-CH_2-CH_2^{\bullet} + {}^{\bullet}CH_2-CH_2-CH_2- \rightarrow -CH_2-CH{=}CH_2 + CH_3-CH_2-CH_2-$$

Andere Polymerisationen werden durch Säuren oder Basen katalysiert; sie verlaufen nach einem polaren Mechanismus (S. 457).
Verbindungen, in denen einfache mit doppelten Bindungen abwechseln (sogenannte *konjugierte Doppelbindungen* wie im Butadien) sind *noch reaktionsfähiger* und polymerisieren sehr leicht. Bei der Addition von z.B. 1 Mol Brom und ebenso bei der Polymerisation bleibt eine Doppelbindung zwischen den ursprünglichen Doppelbindungen erhalten:

$$CH_2{=}CH-CH{=}CH_2 + Br_2 \rightarrow Br-CH_2-CH{=}CH-CH_2-Br$$

$$n\,CH_2{=}CH-CH{=}CH_2 \rightarrow -[CH_2-CH{=}CH-CH_2]_n-$$

Butadien-(1,3)

Die beiden Enden des «konjugierten Systems» sind also besonders reaktionsfähig. Dies kommt davon, daß die Elektronen der konjugierten Doppelbindungen miteinander in Wechselwirkung treten und eine über das ganze Molekül verteilte «π-Wolke» bilden. Dadurch wird die Ladungsdichte an den endständigen Kohlenstoffatomen verringert und gleichzeitig die Ladungsdichte zwischen den «Doppelbindungen» erhöht. Bei der Polymerisation und der normalen Addition bleibt deshalb die mittlere Doppelbindung bestehen.

Eine zur Strukturaufklärung ungesättigter Verbindungen (und zur Synthese gewisser Verbindungen mit Carbonylgruppen) wichtig gewordene Additionsreaktion ist die *Oxidation* von Doppelbindungen durch **Ozon**. Dabei wird die Doppelbindung aufgespalten, und es entstehen Fünfringe, welche die drei O-Atome enthalten:

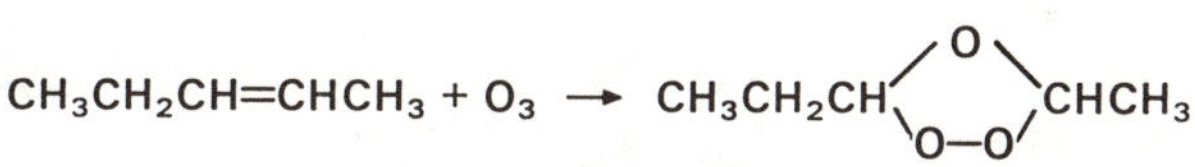

ein «Ozonid»

Die bei der Oxidation gebildeten «Ozonide» enthalten eine unbeständige O—O-Bindung und zerfallen leicht. Mit Wasser reagieren sie unter Bildung von «Aldehyden» oder «Ketonen», d.h. Verbindungen, welche C=O-Gruppen *(Carbonylgruppen)* als funktionelle Gruppen besitzen:

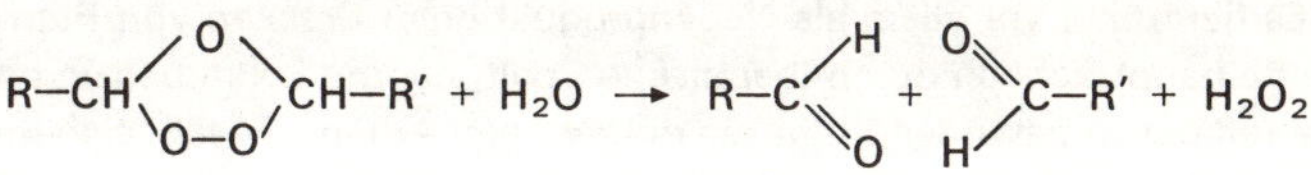

Beispiel

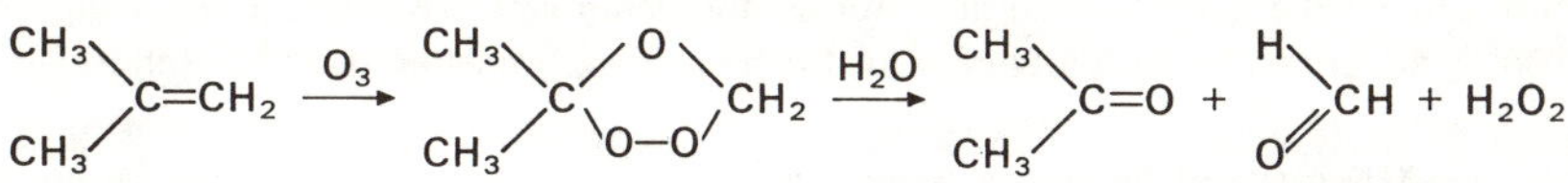

Isobuten Aceton Formaldehyd

Da die bei der Reaktion eines Ozonids mit Wasser entstandenen Carbonylverbindungen relativ leicht isolierbar und identifizierbar sind, wird diese «Ozonspaltung» häufig dazu verwendet, um die *Lage einer Doppelbindung* in einem ungesättigten Molekül zu bestimmen.
Auch durch Luftsauerstoff oder gewisse andere Oxidationsmittel können Doppelbindungen zu sauerstoffhaltigen Produkten oxidiert werden. Die Oxidation durch Luftsauerstoff ergibt meist ziemlich instabile *Peroxide;* mit angesäuerter *$KMnO_4$-Lösung* erhält man *«Glykole»,* d.h. Verbindungen, welche an zwei benachbarten C-Atomen je eine OH-Gruppe besitzen. Da sich dabei die $KMnO_4$-Lösung entfärbt, wird diese Reaktion oft zum Nachweis ungesättigter Verbindungen verwendet; sie ist allerdings nicht spezifisch, da sich auch zahlreiche andere organische Verbindungen durch $KMnO_4$ oxidieren lassen.

Beispiele ungesättigter Kohlenwasserstoffe

Wegen der Reaktionsfähigkeit ihrer funktionellen Gruppe besitzen viele ungesättigte Verbindungen als *Zwischenprodukte* zur Herstellung anderer Verbindungen eine sehr große Bedeutung (Synthese von Äthanol aus Äthen; Gewinnung von Halogenverbindungen durch Addition von Halogenwasserstoffverbindungen [z.B. von Vinylchlorid, $CH_2{=}CH{-}Cl$, aus Acetylen, $HC{\equiv}CH$]; Polymerisation zu Kunstfasern, Kunstharzen und Kautschuken).
Nach der Genfer Nomenklatur werden Kohlenwasserstoffe mit Doppelbindungen durch die Endung **-en** charakterisiert. Die Endung **-in** (englisch -yne) wird für dreifache Bindungen verwendet. Die Lage der Doppelbindung im Molekül wird durch die Nummer des C-Atoms bezeichnet, das in der Doppelbindung die kleinere Nummer trägt.

Beispiele:

C_2H_4 Äthen[1] **$CH_3{-}CH{=}CH_2$ Propen**

$CH_2{=}CH{-}CH{=}CH_2$ Butadien-(1,3) ***(di = zwei!)***

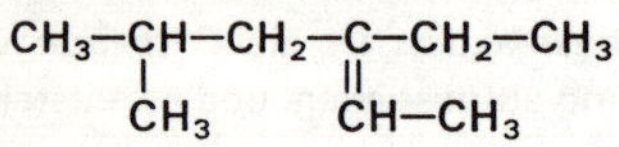

3-Äthyl-5-methylhexen-(2)

[zur Numerierung wird die Kette, welche die Doppelbindung enthält gewählt; die Doppelbindung erhält dabei die *niedrigste* Ziffer]

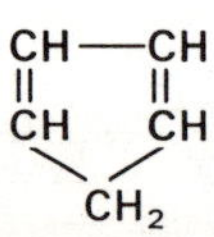

Cyclopentadien

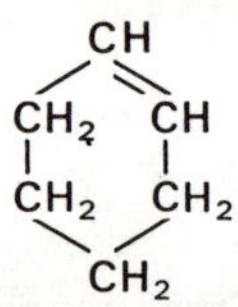

Cyclohexen

Äthen (Äthylen), C_2H_4, ein Gas (Smp. −169,2°C, Sdp. −103,7°C), ist heute einer der wichtigsten Ausgangsstoffe für die *Synthese* zahlreicher Großprodukte (Acetylen, Alkohol, Styrol, Kunststoffe). Es fiel früher vor allem als Nebenprodukt beim Cracken von Petroleum an; man gewinnt es heute hauptsächlich durch thermische Spaltung von Leichtbenzin oder Rohöl oder durch Dehydrieren des in gewissen Erdgasen enthaltenen Äthans. Es läßt sich unter Druck und der Wirkung von Spuren von molekularem Sauerstoff zu einem weichen, durchscheinenden, wachsartigen Produkt polymerisieren: *Polyäthylen* («Polythen», «Lupolen» u.a.). Polyäthylen zeigt gute Chemikalienfestigkeit, ist aber nur relativ wenig wärmebeständig (es beginnt oberhalb 105°C zu erweichen); Verwendung für Flaschen, Kanister, Kessel, Schüsseln usw.

[1] Die ersten vier Kohlenwasserstoffe mit einer Doppelbindung werden oft auch als Äthylen, Propylen, Butylen und Amylen bezeichnet. Acetylen ist Äthin.

Äthylen (und ebenso Propylen, $CH_3{-}CH{=}CH_2$) läßt sich auch bei normalem Druck unter Verwendung spezifischer Metallkatalysatoren polymerisieren, wobei sich intermediär metallorganische Verbindungen bilden, welche die Reaktion in Gang setzen. Dieses «Niederdruck-Polyäthylen» besitzt eine etwas höhere Wärmebeständigkeit. Polyäthylen ist einer der wichtigsten Kunststoffe und wird technisch in sehr großen Mengen erzeugt (mehrere Mill. t/Jahr).

Butadien, $CH_2{=}CH{-}CH{=}CH_2$, und **Chlorbutadien**, $CH_2{=}C(Cl){-}CH{=}CH_2$, zwei Moleküle mit konjugierten Doppelbindungen, dienen als Ausgangsmaterial zur Gewinnung von künstlichem Kautschuk durch Polymerisation.

Kautschuk, eine im Milchsaft tropischer Pflanzen (vor allem *Hevea brasiliensis*, eines Wolfsmilchgewächses) enthaltene Verbindung ist ein ungesättigtes Polymerisat des Grundmoleküls Isopren:

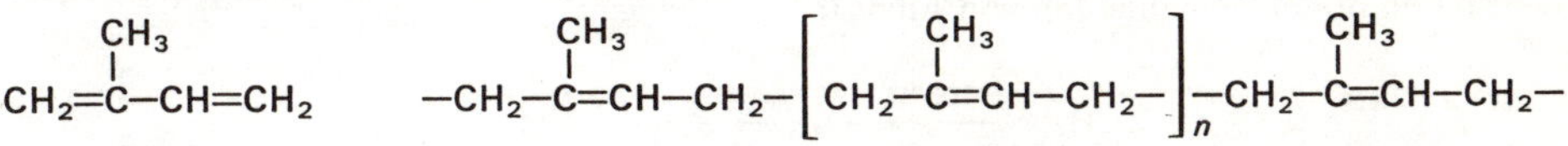

Isopren — Kautschuk

Die in natürlichem Kautschuk vorkommenden Kettenmoleküle haben Molekülmassen der Größenordnung 250000 u und bestehen aus ungefähr 5000 Isoprenmolekülen.

Äthin (Acetylen), $CH{\equiv}CH$, ist der wichtigste Kohlenwasserstoff mit dreifacher Bindung und ist ein wichtiger Ausgangsstoff für Synthesen. Es ist ein farbloses, in reinem Zustand nicht unangenehm riechendes Gas (Sublimationstemperatur −83,6°C; der schlechte Geruch von gewöhnlichem Acetylen rührt von beigemischtem Phosphorwasserstoff her), das beim Erhitzen unter starker Wärmeabgabe in seine Elemente zerfällt:

$$C_2H_2 \rightarrow 2\,C + H_2 \quad | \, \Delta H = -54{,}2 \text{ kcal}$$

Bei geringer Druckerhöhung tritt der Zerfall (explosionsartig) schon bei gewöhnlicher Temperatur ein [1]. Acetylen ist also eine metastabile, endotherme Verbindung. Die Verbrennung einer solchen Verbindung liefert dementsprechend sehr viel Wärme:

$$2\,C_2H_2 + 5\,O_2 \rightarrow 4\,CO_2 + 2\,H_2O \quad | \, \Delta H = -624 \text{ kcal}$$

Mischungen von Acetylen mit Luft können zu äußerst heftigen Explosionen führen; die Explosionsgrenzen liegen dabei ziemlich weit auseinander (Acetylen/Luft-Gemische mit einem Acetylengehalt von 3–70% sind explosiv!). Verbrennt man Acetylen in besonders konstruierten «Acetylenbrennern», so erhält man trotz des relativ hohen Kohlenstoffgehaltes eine nur wenig rußende Flamme; die abgeschiedenen Kohlenstoffkörnchen glühen vielmehr bei der hohen Flammentemperatur hell auf und verbrennen zum größten Teil. Die hohe Verbrennungswärme wird beim autogenen Schweißen und Schneiden ausgenützt; Verbrennung im Gemisch mit Sauerstoff ergibt Flammentemperaturen bis 3100°C. Beim Schneiden wird zuerst eine Stelle zur Weißglut erhitzt, dann die Acetylenzufuhr abgestellt; der Sauerstoff verbrennt das Eisen zu Oxid und bläst dieses weg.

[1] In Stahlflaschen wird Acetylen unter geringem Überdruck in Aceton gelöst, das in einer porösen Masse aufgesaugt ist («Dissous-Gas»).

Acetylen hat ganz schwach *sauren* Charakter. Beim Einleiten in ammoniakalische Kupfer- oder Silbersalzlösungen bilden sich schwerlösliche, im trockenen Zustand explosive Salze («Acetylide»), welche $[C_2]^{2-}$-Komplex-Ionen enthalten.
Bis vor kurzem wurde Acetylen ausschließlich aus Calciumcarbid und Wasser hergestellt:

$$CaC_2 + 2\,H_2O \rightarrow C_2H_2 + Ca(OH)_2$$

Calciumcarbid entsteht im Lichtbogen elektrischer Öfen aus Koks und gebranntem Kalk:

$$CaO + 3\,C \rightarrow CaC_2 + CO \quad |\,\Delta H = +\,110{,}5\ \text{kcal}$$

Heute gewinnt man die Hauptmenge des Acetylens aus *Erdgasen* oder *Erdöl* (thermische Umwandlung von Methan im elektrischen Lichtbogen, partielle Oxidation von Methan oder Leichtbenzin und durch Dehydrierung von Äthen):

$$2\,CH_4 \xrightarrow{1400\,°C} C_2H_2 + 3\,H_2$$
$$4\,CH_4 + O_2 \rightarrow C_2H_2 + 2\,CO + 7\,H_2$$

Da sich das Acetylen bei derart hohen Reaktionstemperaturen bereits merklich zersetzt, müssen die Reaktionsprodukte sofort mit Wasser abgeschreckt werden.
Acetylen dient dank der Reaktionsfähigkeit seiner Dreifachbindung als Ausgangsstoff für zahlreiche technisch durchgeführte Synthesen:

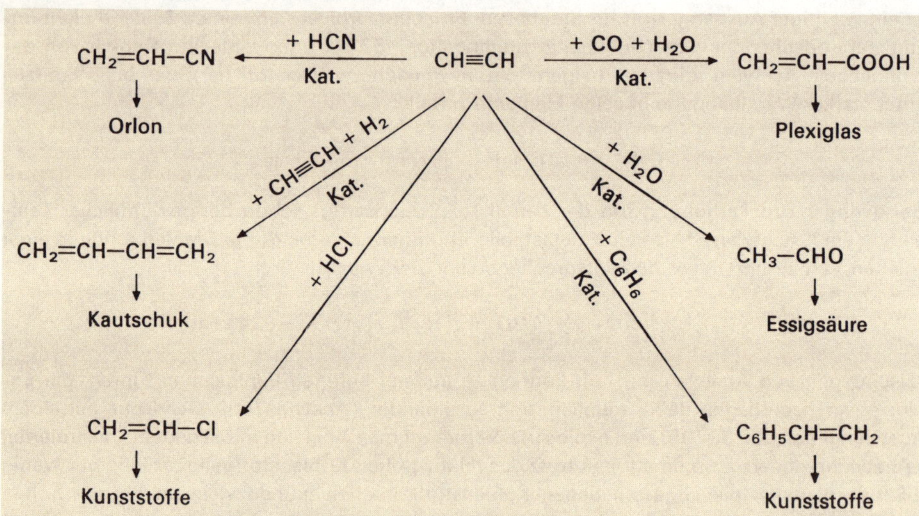

11.2.3 Aromatische Kohlenwasserstoffe

Schon in der ersten Hälfte des 19. Jahrhunderts war eine große Zahl von Substanzen meist pflanzlichen Ursprungs bekannt, welche wegen ihres charakteristischen Geruches als *«aromatische Verbindungen»* zusammengefaßt wurden: Vanillin, Wintergrünöl, Cumarin (aus Waldmeister) u.a. Aus solchen Naturstoffen konnten auch einfachere Verbindungen, wie Benzoe-

säure, Zimtsäure, Anilin, Phenol usw., hergestellt werden; der strukturelle Aufbau auch der einfacheren Derivate und die Beziehungen dieser Stoffe zu den einfacher gebauten aliphatischen Verbindungen blieben jedoch lange Zeit unklar.
Allmählich erkannte man aber, daß alle aromatischen Verbindungen einen «Kern» von sechs C-Atomen enthalten, der auch in einem von Faraday 1825 im Leuchtgas entdeckten Kohlenwasserstoff, dem **Benzol,** enthalten ist. Es gelang auch, ausgehend vom Benzol, «aromatische» Verbindungen synthetisch herzustellen. Da der Benzol-«Kern» gewisse charakteristische, in mancher Beziehung von den gewöhnlichen aliphatischen Verbindungen abweichende Eigenschaften zeigt, wurden in der Folgezeit alle Stoffe, die sich vom Benzol ableiten, «aromatisch» genannt, ungeachtet, ob sie einen besonderen Geruch besitzen oder nicht oder ob es sich um natürlich vorkommende oder synthetisch hergestellte Stoffe handelt.

Das Benzol[1]

Benzol, der Grundkörper aller aromatischen Verbindungen, ist eine farblose, leichtbewegliche Flüssigkeit (Smp. 5,5°C, Sdp. 80,1 °C) von charakteristischem Geruch, die, bestehend aus unpolaren Molekülen, Fette, Harze, Kohlenwasserstoffe sehr gut löst.
Analyse und Molekülmassenbestimmung führen auf die Molekularformel C_6H_6. Es wäre zu erwarten, daß ein solches Molekül als stark ungesättigte Verbindung z. B. Halogene sehr leicht addiert. In Wirklichkeit wird jedoch Bromwasser von Benzol nicht entfärbt. Unter der katalytischen Wirkung von Fe oder $FeBr_3$ erhält man aus Benzol und Brom Verbindungen wie C_6H_5Br oder $C_6H_4Br_2$; es muß also Substitution eingetreten sein. Von der Verbindung C_6H_5Br existieren keine Isomere (es gibt also nur *ein* Monobrombenzol); der Ersatz von zwei Wasserstoffatomen durch Bromatome (z. B. durch Anwendung eines Überschusses von Brom) führt

Abb. 11.12. F. A. Kekulé

[1] In der angelsächsischen Literatur heißt Benzol *benzene* (fr. *benzène*). Deutsch Benzin entspricht engl. *petrol*, amerik. *gasoline*. Der Rest C_6H_5– heißt *Phenyl-*.

zu drei verschiedenen Produkten mit der Molekularformel $C_6H_4Br_2$, also zu drei Isomeren. Diese Ergebnisse lassen sich mit der Annahme einer *ringförmigen* Struktur des Moleküls deuten:

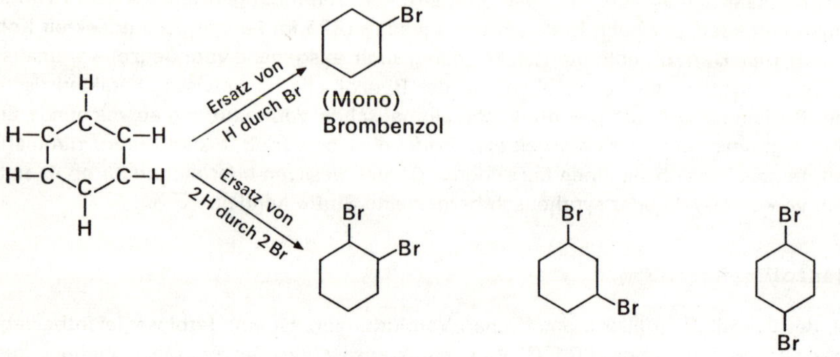

«ortho»-(o)- *«meta»-(m-)* *«para»-(p-)*
Dibrombenzol

Kekulé [1], einer der Begründer der Strukturlehre und der Schöpfer der Vorstellung von der «Vierbindigkeit» des Kohlenstoffatoms, schrieb abwechselnd einfache und doppelte Bindungen im Ring, um die Vierbindigkeit des C-Atoms zu «retten» (1865):

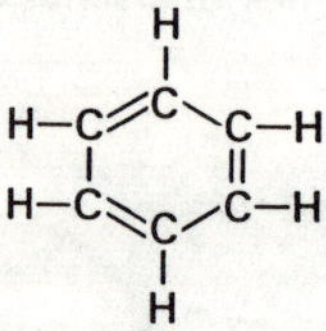

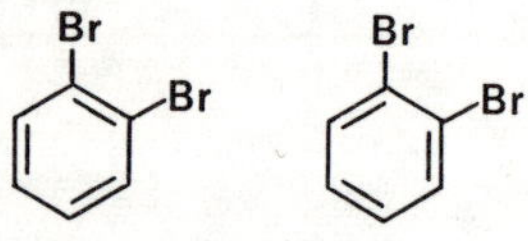

(1) (2)

Dieser Formel widerspricht aber nicht nur das nicht typisch ungesättigte Verhalten von Benzol (Addition ist nur unter ganz besonderen Bedingungen möglich), sondern auch die Beobachtung, daß nur ein, nicht zwei verschiedene Ortho-Dibrombenzole (1) und (2) existieren. Die Kekulé-Formel würde zudem drei kürzere und drei längere Bindungen im Ring erwarten lassen; in Wirklichkeit ist das Benzolmolekül ein ebenes, völlig regelmäßiges Sechseck, wie durch röntgenographische Untersuchungen direkt bewiesen werden konnte.

Das Molekül des Benzols bildet das klassische *Beispiel eines Teilchens, das mit den Mitteln der Elektronenpaar-Strukturformeln nicht richtig beschrieben werden kann.* Das einfache Wolkenmodell mit der Annahme tetraedrisch gerichteter Elektronenwolken vermag ebenfalls kein richtiges Bild davon zu geben. Man kann aber den wirklichen Zustand des Benzolmoleküls formal so veranschaulichen, daß man ihn als einen *Zwischenzustand* zwischen zwei *(nicht existierenden,* hypothetischen!) Kekulé-Formeln auffaßt:

[1] F. A. Kekulé (1829–1896), studierte zuerst Architektur, wurde aber dann durch Liebigs Vorträge in Gießen derart gefesselt, daß er beschloß, Chemie zu studieren. Professor in Gent und Bonn. Seine Strukturlehre ist der Anwendung «architektonischer» Prinzipien zu verdanken; die wichtigsten Ergebnisse erreichte Kekulé über den Weg von Visionen. Seine Lehre von der «Vieratomigkeit» des Kohlenstoffes, zusammen mit dem gleichzeitig von Couper vorgeschlagenen Strich als Ausdruck der Bindekraft, führten zu den heute noch üblichen «Strukturformeln» und gaben der organischen Chemie ein solides Fundament.

Das Benzolmolekül ist also **mesomer**[1]: Die sechs C-Atome sind im Ring durch je eine Einfachbindung miteinander verbunden, während die sechs Elektronen der drei Kekuléschen Doppelbindungen **über den ganzen Ring verteilt,** also **nicht auf bestimmte Stellen lokalisiert** sind. Diese nicht lokalisierten Elektronen werden als «**π-Elektronen**» bezeichnet.

Die räumliche Verteilung der Ladungsdichte eines Systems mit π-Elektronen kann durch das Kugelwolkenmodell – das nur paarweise mit Elektronen besetzte, lokalisierte Wolken kennt – *nicht* wiedergegeben werden. Zur Beschreibung mesomerer Systeme benötigt man ein stärker differenziertes Modell, das im nächsten Abschnitt erläutert wird.
Die C-Atome zeigen im Benzol die gleiche Anordnung wie im Graphit. Die einzelnen Schichten des Graphitgitters bestehen aus einer sehr großen Zahl aneinandergebundener Benzolringe. Die elektrische Leitfähigkeit des Graphits wird durch die hier nicht mehr nur innerhalb eines einzigen Sechsringes, sondern in der ganzen Schicht beweglichen π-Elektronen bedingt.

Ein **mesomeres System,** wie es das Benzolmolekül darstellt, ist **besonders stabil** und **energiearm,** weil *den delokalisierten Elektronen ein größerer Raum zur Verfügung steht* (vgl. S. 79). Jede der (nicht existierenden!) «Grenzstrukturen» wäre energiereicher als das wirkliche Benzolmolekül mit den sechs delokalisierten Elektronen. Würde beispielsweise das Benzolmolekül drei echte Doppelbindungen enthalten, so müßte bei der Hydrierung eine Wärmemenge von 3·28,6 kcal/Mol = 85,8 kcal/Mol frei werden (die Hydrierungswärme einer einzelnen Doppelbindung beträgt 28,6 kcal/Mol); tatsächlich erhält man aber bei der katalytischen Hydrierung von Benzol nur 49,8 kcal/Mol. Die Differenz von 36 kcal/Mol (die «Mesomerieenergie» oder «**Delokalisationsenergie**») entspricht der Energiedifferenz zwischen nicht existierender (fiktiver) Grenzstruktur und tatsächlichem (mesomerem) Zustand.

Weitere Beispiele aromatischer Kohlenwasserstoffe: Im **Naphthalin** sind zwei Benzolringe, im **Anthracen** drei Ringe miteinander verbunden («kondensiert)»:

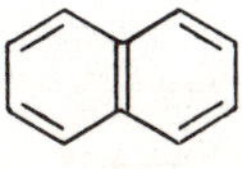

Naphthalin
glänzende, weiße Schuppen, mit charakteristischem Geruch
Smp. 81 °C

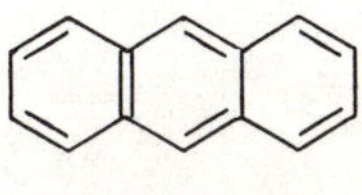

Anthracen
farblose Blättchen mit schwach violetter Fluoreszenz und charakteristischem Teergeruch
Smp. 216 °C

Beide Verbindungen sind im Steinkohlenteer enthalten und besitzen zur Herstellung von Farbstoffen große Bedeutung. Das ebenfalls im Teer enthaltene Benzpyren, eine Verbindung mit

[1] Zur abgekürzten Darstellung des Benzolmoleküls verwendet man gewöhnlich die alte Kekulé-Formel weiter, ohne die H-Atome anzugeben.

fünf kondensierten Ringen, wirkt krebserregend [1]. – Der aromatische Charakter der Verbindungen bleibt erhalten, wenn Seitengruppen am Ring vorhanden sind:

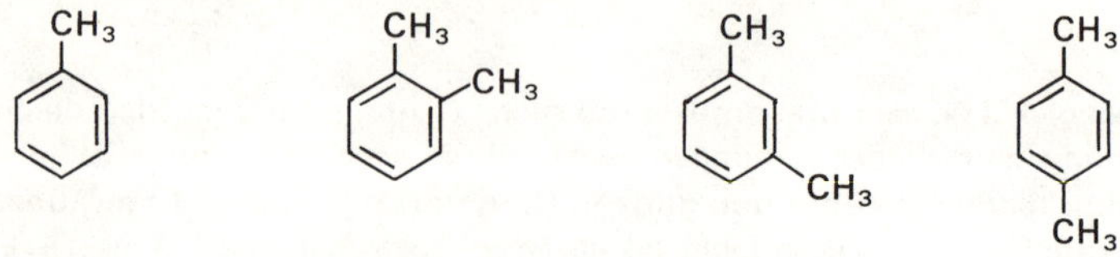

Toluol	*ortho*-Xylol	*meta*-Xylol	*para*-Xylol
Sdp. 111 °C	Sdp. 144 °C	Sdp. 139 °C	Sdp. 138 °C

Toluol und die drei isomeren Xylole werden häufig als Lösungsmittel verwendet.

Chemisches Verhalten aromatischer Kohlenwasserstoffe, verglichen mit gesättigten Kohlenwasserstoffen

Eine auffallende Eigenschaft aromatischer Verbindungen ist die, verglichen mit gesättigten Kohlenwasserstoffen, größere Leichtigkeit, mit der **Substitutionsreaktionen** möglich sind. So verläuft die Substitution von H-Atomen *aliphatischer Kohlenwasserstoffe* durch Halogene bei Zimmertemperatur nur äußerst langsam. Katalysatoren, die sie beschleunigen, sind nicht bekannt. Erst nach Aktivierung durch Licht oder durch Erwärmen tritt die Substitution ein, wobei aber stets Gemische verschiedener Isomere entstehen, weil kein H-Atom im Kohlenwasserstoffmolekül bevorzugt ist.

Benzol hingegen reagiert zwar bei Zimmertemperatur mit Brom auch nicht; setzt man aber ein wenig Eisenpulver, $FeBr_3$ oder $AlCl_3$ zu (die als Katalysator wirken), so beginnt sich Bromwasserstoff zu entwickeln, und es bildet sich Monobrombenzol. Ein Überschuß von Brom ergibt vorwiegend *p*-Dibrombenzol neben wenig *o*-Dibrombenzol.

Die Substitutionen an aromatischen Ringsystemen besitzen zur Darstellung von Zwischenprodukten sehr große Bedeutung. Besonders wichtige Reaktionen sind die *«Nitrierung»* (Ersatz von —H durch $—NO_2$), die *«Sulfonierung»* (Ersatz von —H durch $—SO_3H$) und die *«Halogenierung»:*

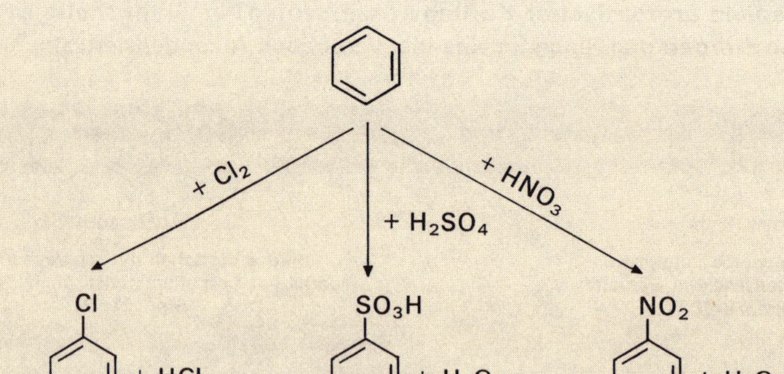

[1] Auch Tabakrauch enthält Benzpyren!

Im Gegensatz zu den Substitutionen an aliphatischen Kohlenwasserstoffen verlaufen alle diese Reaktionen über *Kryptoionen* als Zwischenstoffe. Ihr prinzipieller Verlauf soll am Beispiel der *Nitrierung* erklärt werden:

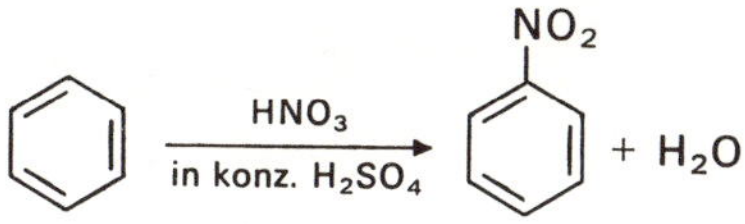

Nitrobenzol

Eine Lösung von Salpeter- in konz. Schwefelsäure enthält neben HSO_4^-- und H_3O^+- auch NO_2^+-Ionen («Nitrylkationen», siehe S. 297). Die *elektrophilen* NO_2^+-Ionen lagern sich zunächst an das π-Elektronensystem an und werden dadurch vom aromatischen Ring gebunden, wie auch in ähnlicher Weise bei der elektrophilen Addition an C=C-Doppelbindungen zuerst ein elektrophiles Teilchen (z. B. ein Br^+-Ion) angelagert wird. Der entstandene Zwischenstoff spaltet sofort ein H^+-Ion ab:

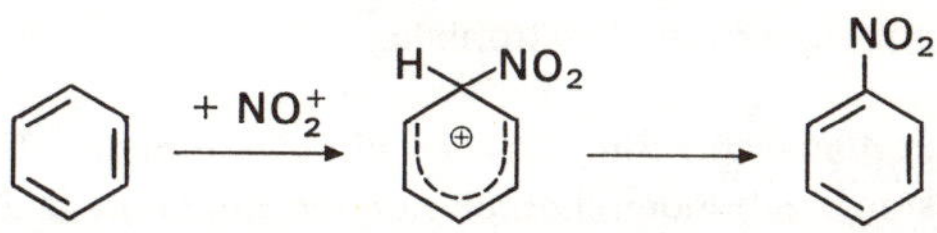

Benzol Zwischenstoff (σ-Komplex) Nitrobenzol

Die Reaktion erfolgt also in *zwei Stufen* (Abb. 11.13); die Existenz der Zwischenverbindung, des sogenannten *σ-Komplexes,* läßt sich spektroskopisch nachweisen.

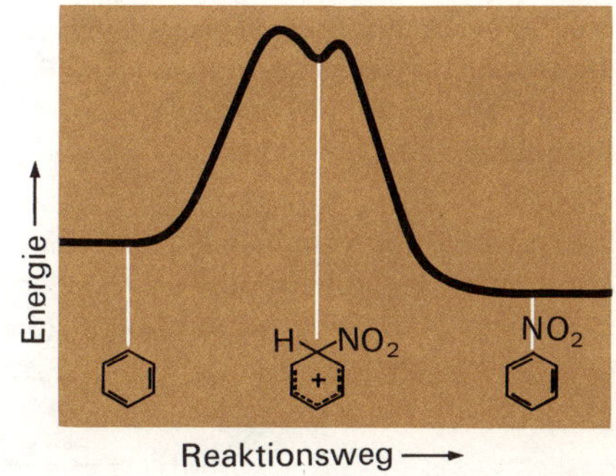

Abb. 11.13. Energiediagramm für die Nitrierung von Benzol

Die typische Reaktion aromatischer Verbindungen ist also die **elektrophile Substitution** (S_E–Reaktion), eine Substitution, die – ebenso wie die elektrophile Addition an C=C-Doppelbindungen – durch den *Angriff eines elektrophilen Teilchens* auf das Substrat eingeleitet wird. Den Grund dafür, daß *im zweiten Reaktionsschritt nicht ein zweites Teilchen* (ein Nucleophil) *addiert, sondern ein H^+-Ion abgespalten* wird, *liegt in der besonderen Stabilität des* *delokalisierten aromatischen Elektronensystems.* Dies wird durch einen Vergleich der Reaktionswärmen für die Substitution durch Brom bzw. die Addition von einem Mol Brom bestätigt:

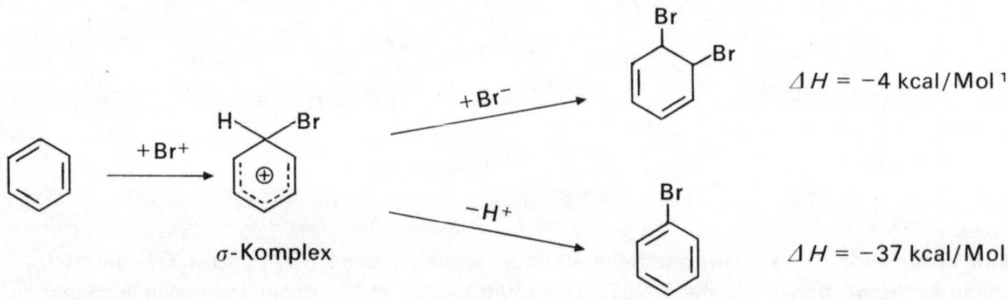

Wie hier dargestellt, wirken im Fall der Halogenierung (der Substitution eines H-Atoms durch ein Halogen-Atom) positive Halogen-Ionen als Elektrophile[2], während bei der Sulfonierung (der Substitution eines H-Atoms durch $—SO_3H$) wahrscheinlich SO_3-Moleküle (die in konzentrierter Schwefelsäure durch Wasserabspaltung entstehen können und mit den H_2SO_4-Molekülen im Gleichgewicht stehen) als Elektrophile.

Bei der Substitution am aromatischen Ring werden die elektrophilen Teilchen zunächst von zwei Elektronen des π-Systems gebunden. Enthält nun ein Ring bereits *Substituenten, welche die Fähigkeit, Elektronen zur Verfügung zu stellen, erhöhen,* so erfolgt die Substitution beträchtlich *leichter.* Umgekehrt wird *die Substitution erschwert, wenn am Ring stark elektronenanziehende* (elektronegative) *Substituenten vorhanden* sind. Aus diesem Grund entsteht z. B. Dinitrobenzol nur mittels einer Mischung von rauchender Salpetersäure und konzentrierter Schwefelsäure aus Nitrobenzol (Nitrogruppen wirken stark elektronegativ).

Neben der Substitution ist auch die **Addition** anderer Atome an den aromatischen Ring möglich. Die Anlagerung von Chlor erfolgt nach einem Radikalmechanismus und benötigt Ultraviolettlicht zur Aktivierung. Sie ergibt $C_6H_6Cl_6$ (Hexachlorcyclohexan); es werden also drei Mol Chlor addiert. Dieser Formel entsprechen neun stereoisomere Verbindungen mit verschiedener Lage der sechs Chloratome zum Ring. Eines dieser Isomere besitzt stark insektizide (insektentötende) Wirkung («Gammexan», «Hexachlor», «Hexa»). Katalytische Hydrierung von Benzol führt zu Cyclohexan.

Interessant ist das Verhalten *aromatisch-aliphatischer Kohlenwasserstoffe* wie z. B. Toluol, Äthylbenzol, Isopropylbenzol usw. gegenüber *Halogenen.* Bei kräftiger *Belichtung* wird ein H-Atom in der *Seitenkette* substituiert (S_R-Reaktion), so daß z. B. aus Toluol und Brom Benzylbromid entsteht:

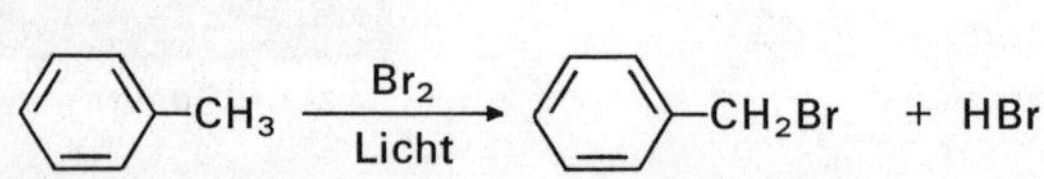

Benzylbromid

[1] Diese Reaktion kann praktisch nicht ausgeführt werden; die (fiktive) Reaktionswärme wurde aus Bindungsenergien berechnet.

[2] Die Wirkung von $FeBr_3$ oder $AlCl_3$ (bzw. Fe, das zunächst $FeBr_3$ bildet) besteht darin, daß der heterolytische Zerfall der Br_2-Moleküle begünstigt oder mindestens die Br—Br-Bindung gelockert wird, weil $[FeBr_3]^-$-Komplexe entstehen können:

$$Br{-}Br + FeBr_3 \longrightarrow Br^+[FeBr_4]^-$$

Führt man aber die Reaktion unter der Wirkung von $FeBr_3$ bzw. $AlCl_3$ aus, so erhält man hauptsächlich *p*-Bromtoluol neben weniger *o*-Bromtoluol:

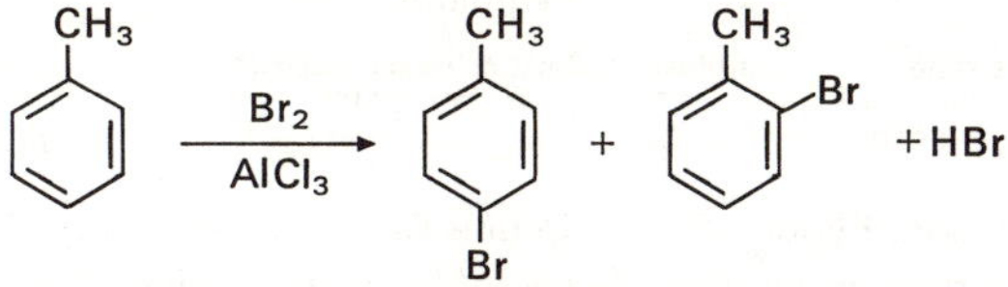

p-Bromtoluol *o*-Bromtoluol

Durch entsprechende Wahl der Reaktionsbedingungen hat man es damit in der Hand, bestimmte (gewünschte) Substitutionsprodukte zu erhalten.

Heterozyklische aromatische Verbindungen

Eine Anzahl Verbindungen, deren ringförmige Moleküle neben C-Atomen auch andere Atome enthalten *(«heterozyklische Verbindungen»)*, besitzt ebenfalls typisch *«aromatische»* Eigenschaften: auffallende Stabilität, sehr geringe Neigung zu Additionsreaktionen (obschon die Strukturen dieser Moleküle gemäß klassischer Formulierung mit Doppelbindungen geschrieben werden müssen), leichte Substituierbarkeit von H-Atomen. Der Grund für dieses «benzolähnliche» Verhalten besteht darin, daß bei den Verbindungen mit einem Fünfring (Thiophen, Pyrrol, Furan) freie Elektronenpaare der Heteroatome (S-, N- bzw. O-Atome) mit den «Doppelbindungselektronen» im Ring ein geschlossenes System von 6 π-Elektronen bilden. Auch beim Pyridin und Pyrimidin (heterozyklische Verbindungen mit Sechsring) tritt ein ringförmig geschlossenes π-System auf. Diese *Delokalisation* von Elektronen bedingt genau gleich wie beim Benzol die große Stabilität dieser Verbindungen und die Schwierigkeit, mit der Additionsreaktionen durchgeführt werden können. Das π-System, das beim Benzol und seinen Derivaten die Substitution von H-Atomen durch elektrophile Teilchen ermöglicht, ist auch hier die Ursache der entsprechenden Reaktion.

Beispiele

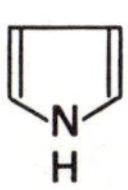

Pyrrol

Farblose Flüssigkeit; Sdp. 131 °C

Thiophen

farblose Flüssigkeit; Sdp. 84 °C. In geringen Mengen im Teerbenzol enthalten

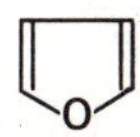

Furan

farblose, chloroformartig riechende Flüssigkeit; Sdp. 31 °C

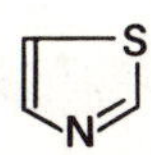

Thiazol

farblose, unangenehm riechende Flüssigkeit; Sdp. 117 °C

Von diesen Verbindungen zeigt Thiophen den aromatischen Charakter am stärksten, Furan am wenigsten ausgeprägt. Das S-Atom ist am wenigsten, das O-Atom am stärksten elektronegativ, so daß im Thiophen freie Elektronenpaare vollständiger in das π-System eingegliedert werden als im Furan. Trotz dem Vorhandensein einer —NH-Gruppe wirkt Pyrrol kaum basisch (das freie Elektronenpaar am N-Atom ist in das π-System einbezogen!).

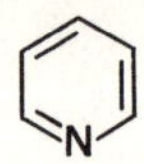

Pyridin

farblose, schwach basische Flüssigkeit von sehr unangenehmem Geruch; Sdp. 115,5 °C

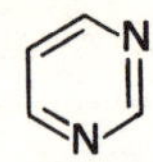

Pyrimidin

farblose, äußerst schwach basische Flüssigkeit; Sdp. 124 °C

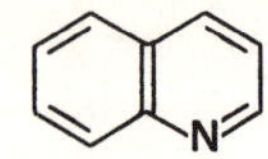

Chinolin

farblose, unangenehm riechende Flüssigkeit; Sdp. 237 °C. Schwach basisch

Derivate von Pyrrol, Furan, Pyridin, Pyrimidin und Chinolin besitzen als Naturstoffe und Heilmittel eine sehr große Bedeutung. Das *Hämoglobin* (roter Blutfarbstoff) und das *Chlorophyll* enthalten in ihrem Molekül je vier Pyrrol-Ringe («Pyrrolfarbstoffe»). Von den Pyrimidin-Derivaten sind zu erwähnen die *Barbitursäure* und ihre Abkömmlinge (Phenobarbital, Veronal u.a.; Beruhigungs- und Schlafmittel), die *Harnsäure, Coffein, Theobromin* und die für die Chemie der *Nucleinsäuren* außerordentlich wichtigen Basen (Adenin, Cytosin, Uracil, Guanin und Thymin; siehe S. 453). Pyridin- und Chinolinringe sind Bestandteile vieler Pflanzenbasen *(«Alkaloide»)*.

11.2.4 Das Ein-Elektronen-AO-Modell («Orbital-Modell»)

Wie wir bereits auf S. 80 gesehen haben, läßt sich die *Ladungsdichteverteilung* des Elektrons im H-Atom sowohl für den Grundzustand (1s-Niveau) wie für angeregte Zustände (2s-, 2p-, 3s-, 3p-, 3d- usw. Niveaux) *exakt* berechnen (vgl. Abb. 11.14). Jedes dieser Niveaux wird durch eine bestimmte ψ-Funktion charakterisiert. Diese Funktionen wurden ursprünglich als **«atomic orbitals» (AO)** bezeichnet; der Ausdruck **«Orbital»** wird heute allerdings vielfach auch im Sinn von «Ladungswolke» verwendet.

Da es unmöglich ist, die Wechselwirkungen zwischen den einzelnen Elektronen mathematisch zu bewältigen, können die ψ-Funktionen von Elektronen *höherer Atome* nicht mehr exakt berechnet werden. Damit läßt sich aber auch die Ladungsdichteverteilung

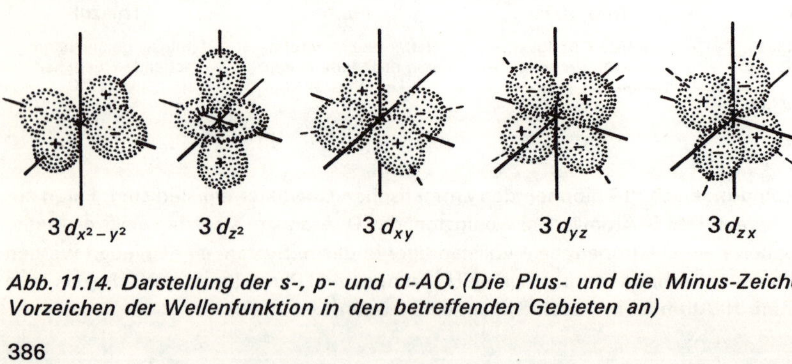

Abb. 11.14. Darstellung der s-, p- und d-AO. (Die Plus- und die Minus-Zeichen geben das Vorzeichen der Wellenfunktion in den betreffenden Gebieten an)

eines Elektrons in einem bestimmten Energiezustand nur *näherungsweise* angeben. Man verfährt dabei meist in der Weise, daß man die am H-Atom gewonnenen Ergebnisse auch auf höhere Atome überträgt, *also für die s-, p-, d- und f-Elektronen der verschiedenen Hauptquantenzahlen Aufenthaltswahrscheinlichkeitsräume* (Orbitale) *von derselben Form annimmt, wie man sie für das H-Atom exakt ermitteln kann.* Da diese Orbitale auf Berechnungen für das H-Atom zurückzuführen sind, handelt es sich um *«Ein-Elektronen-AO»,* denn das H-Atom besitzt ja nur ein einziges Elektron. Wir bezeichnen deshalb auch das entsprechende Modell, welches für höhere Atome wasserstoffähnliche Ein-Elektronen-AO annimmt, als **«Ein-Elektronen-AO-Modell»**. In der Literatur spricht man häufig auch vom *«Orbital-Modell»,* obschon diese Bezeichnung eigentlich nicht ganz gerechtfertigt ist (denn auch das Kugelwolkenmodell benützt «Orbitale»!).

Dieses Ein-Elektronen-Modell erlaubt es, die *Ladungsdichteverteilung* für die Energieniveaux (*s-*, *p-*, *d-* und *f-*Niveaux) der verschiedenen Hauptquantenzahlen auch *höherer Atome* anzugeben. Wie aber ebenfalls bereits auf S. 81 angedeutet worden ist, führt es bei der *Erklärung des räumlichen Baues* auch einfacher Moleküle wie CH_4, NH_3 oder H_2O zu *Schwierigkeiten.* So besitzt beispielsweise das C-Atom im Grundzustand die Elektronenkonfiguration $1s^2$, $2s^2$ und $2p^2$, wobei die $2s$-Wolke mit zwei Elektronen, die beiden senkrecht aufeinanderstehenden (parallel der x- und der y-Koordinatenachse orientierten) $2p$-Niveaux mit je einem Elektron besetzt sind. Als einfachste Wasserstoffverbindung von Kohlenstoff wäre also ein Molekül CH_2 zu erwarten (die beiden einfach besetzten $2p$-Niveaux überlappen mit je einer $1s$-Wolke eines H-Atoms), das zwar existiert, jedoch extrem unstabil ist. Um die experimentell vielfach

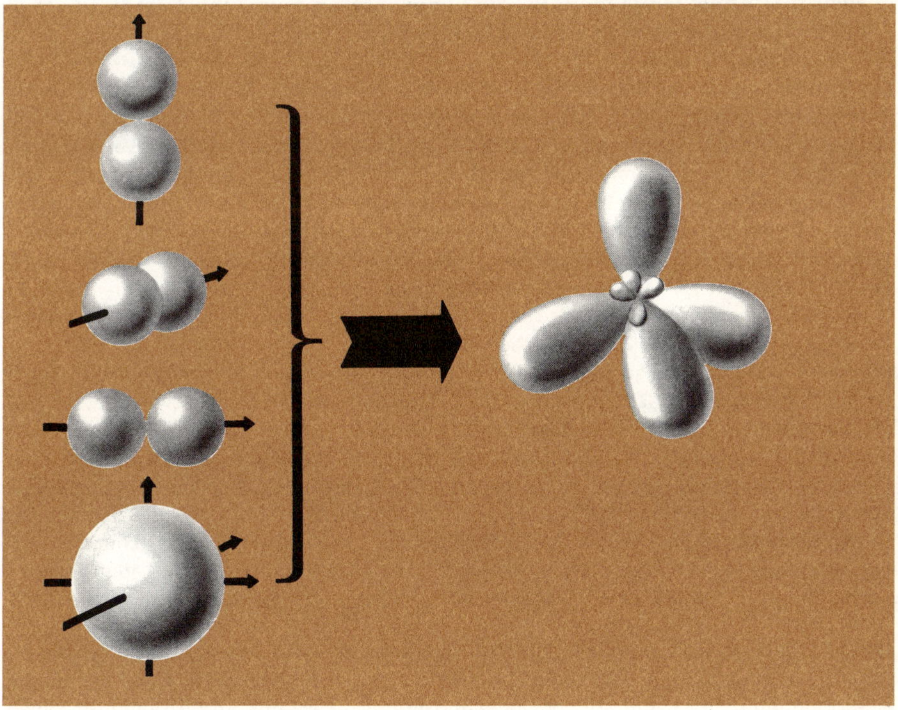

Abb. 11.15. Modell des Aufbaus eines sp^3-Hybrid-Orbitals aus einer s- und drei p-Wolken

erhärtete *Vierbindigkeit* des C-Atoms erklären zu können, muß man annehmen, daß bei der Verbindungsbildung zunächst ein 2*s*-Elektron des C-Atoms in ein (unbesetztes) 2*p*-Niveau *«gehoben»* wird. Ein solches «angeregtes» C-Atom könnte dann vier Bindungen eingehen, die aber nicht gleichwertig sind, denn die drei 2*p*-Wolken stehen senkrecht aufeinander, während die 2*s*-Wolke kugelsymmetrisch ist. Durch eine mathematische Kombination der ψ-Funktionen dieser vier Elektronen gelingt es nun aber, vier neue ψ-Funktionen zu erhalten, die *vier energetisch gleichwertigen* «**p-Orbitalen**» entsprechen, welche nach den Ecken eines Tetraeders gerichtet sind (Abb.11.15). Durch Überlappung je eines *q*-Orbitals mit einem 1*s*-Orbital eines H-Atoms bildet sich das CH_4-Molekül.

Die Kombination mehrerer (energetisch ähnlicher) ψ-Funktionen zu neuen, energetisch gleichwertigen (!) *q*-Orbitalen wird als «**Hybridisierung**» bezeichnet. **Diese Hybridisierung** von *s*- und *p*- (und in besonderen Fällen auch von *d*-) Niveaux **bedeutet einen notwendigen Zusatz zum einfachen Ein-Elektronen-AO-Modell,** *damit das Modell die beobachteten Molekülstrukturen beschreiben kann,* denn die aus dem H-Atom abgeleiteten Ein-Elektronen-Orbitale sind dazu ungeeignet. *Physikalisch gesehen bedeutet diese Hybridisierung die Aufhebung der im Atom unterscheidbaren Individualität der s-, p- und d-Zustände und die Berücksichtigung der gegenseitigen Abstoßung zwischen den Elektronen.* Man muß sich aber auch hier bewußt sein, daß das *CH_4-Molekül* **nicht** *etwa deswegen tetraedrisch gebaut ist, weil das C-Atom q-Orbitale* (hier sogenannte «*sp*^{3}-Hybride») *zur Bildung der Bindung «benützt»;* die räumliche Anordnung der Atome und der Elektronenwolken wird durch ihre gegenseitigen Wechselwirkungen bestimmt und entspricht einem Zustand niedrigster Energie. **Man verwendet Hybrid-Orbitale lediglich dazu, die beobachteten räumlichen Verhältnisse auf möglichst einfache Weise zu beschreiben.**

Für das NH_3- oder das H_2O-Molekül gilt im Prinzip dasselbe. Die beobachteten Bindungswinkel lassen sich am besten beschreiben, wenn man auch für das N- bzw. das O-Atom *sp*^{3}-Hybrid-AO benützt, wobei dann im Fall des N-Atoms ein *q*-Orbital mit zwei Elektronen besetzt ist, während die drei anderen die H-Atome binden. Im Fall des O-Atoms sind zwei *q*-Orbitale mit je zwei Elektronen besetzt, und die beiden anderen binden die H-Atome. Das Ein-Elektronen-AO-Modell liefert also prinzipiell dieselben Ergebnisse wie das *Kugelwolkenmodell* (vgl. S. 81 und S. 109); der Unterschied zwischen den beiden Modellen besteht darin, daß das *Ein-Elektronen-AO-Modell* eine Darstellung der *Ladungsdichteverteilung* der freien Atome im *Grundzustand* zu geben imstande ist, während das *Kugelwolkenmodell* die Atome gewissermaßen im *«gebundenen»* Zustand beschreibt.
Bei *Mehrfachbindungen* gelangt das Ein-Elektronen-AO-Modell zu einer *anderen* Darstellung als das Kugelwolkenmodell. Im Fall der **C=C-Doppelbindung** beispielsweise ist ein C-Atom mit drei anderen Atomen verbunden. Zur Beschreibung dieser Bindungen benützt man die Kombination aus einem 2*s*- und zwei 2*p*-Orbitalen (sogenannte *sp*^{2}*-Hybrid-Orbitale).* Pro C-Atom bleibt dann zunächst ein 2*p*-Elektron übrig, dessen Wolke senkrecht zur Ebene, die durch die drei *sp*^{2}-Hybrid-AO bestimmt ist, steht (vgl. Abb. 11.16). Durch Überlappung der beiden *p*-Wolken bildet sich die *zweite Bindung* der Doppelbindung, wodurch die *freie Drehbarkeit* um die C—C-Achse *aufgehoben* wird. Die zweite Bindung (deren Ladung nicht rotationssymmetrisch um die C—C-Achse verteilt ist) wird als **π-Bindung** bezeichnet.

Wir bekommen auf diese Weise folgendes **Modell der C=C-Doppelbindung:** Die beiden Atome sind durch zwei ungleichwertige Bindungen verbunden. Die bindende Wolke der einen Bindung (deren Ladungsdichteverteilung bezüglich der C—C-Achse rotationssymmetrisch ist) entspricht der Verteilung der Ladungsdichte einer «gewöhnlichen» Einfachbindung; sie

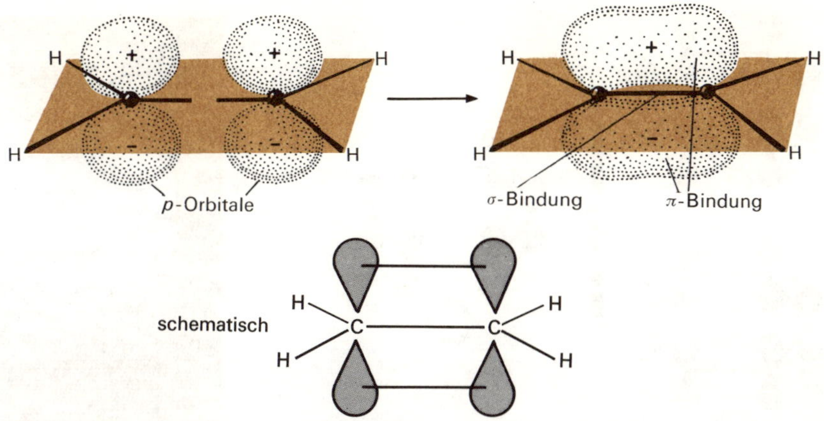

Abb. 11.16. Bildung einer π-Bindung durch Überlagerung zweier p-AO

wird als «**σ-Bindung**» bezeichnet. Die zweite, die **π-Bindung**, besitzt zwei wurstartige Gebiete größter Ladungsdichte, die unterhalb bzw. oberhalb der C—C-Achse liegen (Abb. 11.16). Da sich die *p*-Wolken nicht so stark überlagern können wie die sp^2-Orbitale, ist die π-Bindung schwächer als die σ-Bindung. Die Bindungsenergie einer Doppelbindung ist also geringer als die Summe der Bindungsenergien zweier Einfachbindungen.

Es ist jedoch experimentell nicht möglich, eine Verschiedenheit zwischen den beiden Bindungen der Doppelbindung nachzuweisen, und es ist eine dem Ein-Elektronen-AO-Modell eigentümliche Vorstellung, zwischen σ- und π-Bindung zu unterscheiden. Berechnungen, die vor einigen Jahren durch Pauling durchgeführt worden sind, zeigen, daß die auf S. 351 angegebene Ladungsdichteverteilung der Doppelbindung *mit zwei gleichwertigen* (als «Bananen-Bindungen» bezeichneten) *Bindungen den tatsächlichen Verhältnissen besser gerecht wird. Die Auftrennung der Doppelbindung in eine σ- und eine π-Bindung ist jedoch rechnerisch besonders einfach zu bewältigen* und erlaubt zudem ziemlich leicht, auch *angeregte Zustände* ungesättigter Moleküle (wie sie zur Erklärung ihrer Lichtabsorption von Bedeutung sind) zu erfassen.

Seine besondere *Leistungsfähigkeit* zeigt das *Ein-Elektronen-AO-Modell* jedoch nicht nur bei der quantitativen (rechnerischen) Durcharbeitung ungesättigter Moleküle, sondern vor allem auch bei der **Beschreibung delokalisierter Elektronensysteme.** Im Fall des *Benzols* beispielsweise geschieht die Verknüpfung der C-Atome untereinander sowie die Bindung der H-Atome an die C-Atome durch sp^2-Hybrid-AO. Die zunächst bei jedem C-Atom noch vorhandenen 2*p*-Elektronen überlagern sich zu einer **ringförmig geschlossenen π-Elektronenwolke,** deren größte Ladungsdichte sich oberhalb bzw. unterhalb der Ringebene befindet[1] (vgl. Abb. 11.7). In prinzipiell gleicher Weise werden auch andere mesomere Partikeln beschrieben (Abb. 11.18); stets überlagern sich jeweils mehrere *p*-Elektronen zu einer einzigen, über alle Atome ausgedehnten π-Wolke. Damit eine solche Delokalisation möglich ist, *müssen alle beteiligten Atome in einer einzigen Ebene liegen;* eine wichtige Voraussetzung für die Mesomerie!
Dieses Modell erklärt also nicht nur in einfacher und durchsichtiger Weise die Bindungsverhältnisse sowie die Ladungsdichteverteilung in Partikeln mit delokalisierten Elektronensyste-

[1] Diese ringförmige π-Wolke stellt in Wirklichkeit eine Kombination dreier Wolken dar, von denen jede mit zwei Elektronen besetzt ist (Pauli-Prinzip!); vgl. *Grundlagen der allgemeinen und anorganischen Chemie,* S. 115.

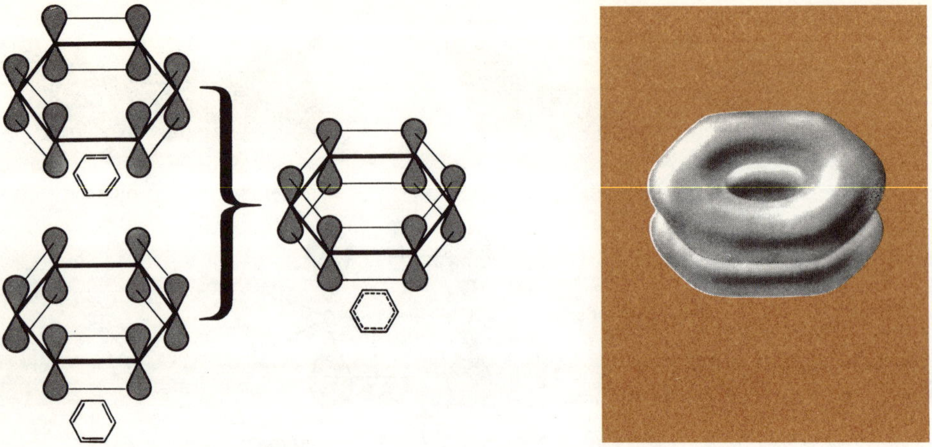

Abb. 11.17. Orbital-Modell des Benzols. Links die den beiden Kekulé-Formeln entsprechende Verteilung der π-Elektronen. Rechts das delokalisierte π-System

men; es wird vielmehr auch nochmals deutlich, daß die auf S. 381 benützten *«Grenzstrukturen» keine reale Bedeutung besitzen,* sondern nur als «**Schreibhilfen**» zu betrachten sind, und daß dem Teilchen nur eine *einzige,* durch Elektronenpaar-Strichformeln eben *nicht* wiederzugebende Elektronenverteilung entspricht.

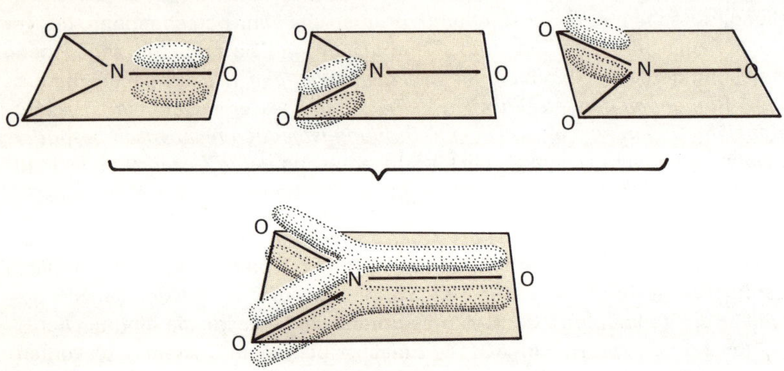

Abb. 11.18. Orbital-Modell des NO_3^--Ions. Oben: Darstellung der drei Grenzformeln (eine Doppel- und zwei Einfachbindungen); unten: über alle vier Atome ausgedehntes π-System

11.2.5 Kohle und Erdöl

Für die technische Gewinnung organischer Verbindungen stehen zwei hauptsächliche Quellen zur Verfügung: die Kohle und das Erdöl.

Kohle kommt in festen, geschichteten Lagern vor und ist durch Zersetzung von Pflanzen unter Einwirkung von Hitze und Druck und unter Luftabschluß entstanden. Fortschreitende Stadien dieser Entwicklung sind *Torf, Braunkohle, Steinkohle* und *Anthrazit* (Tabelle 11.5). Mit zuneh-

Tabelle 11.5. Zusammensetzung verschiedener Stadien des Verkohlungsprozesses

	Zusammensetzung (Gew.-%) C	O	H	Heizwert (kcal/kg)
Holz	50	44	6	4000
Torf	55–65	30–40	5,5 bis 7	5000–6000
Braunkohle	65–75	20–30	5 bis 6	6000–7000
Steinkohle	75–90	5–18	4 bis 6	7000–8000
Anthrazit	>90	2– 3	2 bis 3	8000–9000

mendem Alter steigt der Kohlenstoffgehalt stark an; infolge Abgabe von Wasser und Kohlendioxid sinken Sauerstoff- und Wasserstoffgehalt, während sich der Anteil an mineralischen Begleitstoffen («Aschegehalt») nur langsam verändert. Der Heizwert nimmt entsprechend dem Kohlenstoffgehalt zu.

Erhitzt man Holz-, Braunkohle oder Steinkohle unter Luftabschluß, so bleibt eine poröse, feste Masse zurück, während gasförmige und flüssige Produkte entweichen *(«trockene Destillation»)*. Aus Holz erhält man als Rückstand Holzkohle (früher in Meilern hergestellt), aus Steinkohle harten Koks, der bei genügender Luftzufuhr rauch- und fast flammenlos verbrennt.

Technisch besonders wichtig ist die «**Verkokung**» von Steinkohle. Neben dem als Brennmaterial und zur Reduktion von Erzen im Hochofen in großen Mengen verwendeten *Koks* entstehen dabei *Steinkohlengas, Gaswasser* und *Steinkohlenteer*.

Steinkohlengas besteht zur Hauptsache aus Methan und Wasserstoff neben Kohlenmonoxid, Äthan, Benzol, Äthylen, Blausäure, Stickstoff, Ammoniak, Schwefelwasserstoff, Wasser. Es enthält also die Gase, welche durch Kombination der Elemente C, H, N, O und S denkbar sind und die bei der hohen Temperatur der Verkokung noch stabil sind. Bei der Reinigung entfernt man Ammoniak durch Herauswaschen mit Wasser, Blausäure (HCN) und Schwefelwasserstoff durch feuchtes Eisenhydroxid. Der Kohlenoxidgehalt wird neuerdings durch katalytische Oxidation oder durch Herauslösen mit spezifischen Lösungsmitteln herabgesetzt. Zur Regulierung des je nach der verwendeten Steinkohle schwankenden Heizwertes wird dem gereinigten Gas Wassergas zugesetzt, bevor es als «Leuchtgas» oder «Stadtgas» verwendet wird. – Aus dem Gaswasser können erhebliche Mengen Ammoniak und Schwefel (aus gelöstem H_2S) gewonnen werden.

Der *Steinkohlenteer,* ursprünglich ein schwer zu verwertendes Nebenprodukt, enthält vor allem in größeren Mengen aromatische Verbindungen. Bisher sind etwa 250 Verbindungen daraus isoliert worden; den Hauptanteil haben Toluol, Xylole, Naphthalin und andere aromatische Kohlenwasserstoffe. Durch fraktionierte Destillation werden die wichtigsten Komponenten voneinander getrennt. Die Produkte des Steinkohlenteers bildeten lange Zeit die wichtigste Basis für viele Zweige der organischen Industrie (Farbstoffe, Sprengstoffe, Pharmazeutika). Erst seit etwa zwanzig Jahren wurde es möglich, durch katalytische Dehydrierung und Ringbildung Benzol und Toluol in technischem Maßstab aus Hexan und Heptan, also aus Erdölprodukten, zu gewinnen.

Erdöl, das in großen Mengen in der Natur vorkommt, ist eine komplizierte Mischung vor allem gesättigter (neben wenig ungesättigter) Kohlenwasserstoffe. Meist überwiegen darin kettenförmige Kohlenwasserstoffe; südrussisches Erdöl enthält besonders viel alizyklische und Erdöl von Borneo auch größere Anteile aromatischer Kohlenwasserstoffe. Erdöl ist gewöhnlich in porösen Sedimentgesteinen in größeren Tiefen abgelagert, wo es wahrscheinlich durch Zer-

Tabelle 11.16

	Sdp.
Petroläther, Gasolin	40– 70°
Leichtbenzin	60–110°
Schwerbenzin	100–150°
Ligroin	100–180°
Petroleum (Kerosin)	150–300°
Gas- und Dieselöl	300–350°
Schmieröle	>350°

setzung von abgestorbenen, fettreichem pflanzlichem und tierischem Plankton in Seen oder abgetrennten Meeresarmen entstanden ist (eine Vorstufe davon ist die Bildung des Faulschlammes am Grunde sehr nährstoffreicher Seen). Einen Hinweis auf die biologische Herkunft von Erdöl bildet das Auftreten von Chlorophyll- und Hämin-(Blutfarbstoff!) derivaten im rohen Erdöl. Meist ist das Erdöl von Erdgasen begleitet, die bei der Erbohrung zuerst entweichen.

Rohes Erdöl («Rohöl») ist eine braune, meist grünlich fluoreszierende Flüssigkeit von charakteristischem Geruch. In den *Raffinerien* wird das Rohöl zunächst bei Atmosphärendruck destilliert (Abb.11.19). Der über 350°C siedende Rückstand wird dann im Vakuum destilliert, wobei schweres Gasöl, Heizöl und Schmieröle erhalten werden (aus den letzteren gewinnt man durch «Entparaffinierung» Paraffin).

Die beim Erhitzen des Rohöls zunächst entweichenden Gase enthalten gesättigte C_1- bis C_4-Kohlenwasserstoffe. Sie werden den Crack- und Reforming-Gasen beigemischt und bilden zusammen das «**Raffineriegas**», das zur Gewinnung von Synthesegas (Kohlenoxid/Wasserstoff-Gemisch) dient. Leichtbenzin sowie Gasöl und auch Rohöl selbst werden mittels verschiedener Verfahren (Cracken, partielle Oxidation, Rohölspaltung) auf Äthen, Acetylen und andere, für Synthesen wichtige ungesättigte Kohlenwasserstoffe verarbeitet.

Seit etwa einem Jahrzehnt ist auch das **Erdgas** (das hauptsächlich aus Methan besteht) zu einem sehr wichtigen (vom Standpunkt des Umweltschutzes aus sogar zu einem geradezu idealen) Energieträger geworden. Große Erdgaslager finden sich in der Poebene, in Südfrankreich, in den Niederlanden und in der Sowjetunion; es wird von dort durch ausgedehnte (unterirdisch verlegte) Pipelines den Verbraucherzentren zugeleitet. Es ist zu erwarten, daß dem Erdgas als Brennstoff in Zukunft noch wesentlich mehr Bedeutung zukommen wird als heute, insbesondere auch deswegen, weil es praktisch vollkommen zu CO_2 und Wasser verbrennt.

Der *Bedarf an Erdölprodukten* steht aber keineswegs im Einklang mit dem Mengenverhältnis, in dem diese von Natur aus in Rohöl enthalten sind. Vor dem starken Anstieg des Heizölverbrauchs war vor allem der Benzinanteil (etwa 20%) viel zu klein. Zur Erschließung zusätzlicher Benzinmengen begann man schon um 1912 die weniger wertvollen, treibstofftechnisch nicht brauchbaren (zu schwerflüchtigen) hochsiedenden Öle und auch die Hauptmenge der Petrolfraktion durch Hitzespaltung in flüchtigere, benzinartige Produkte aufzuspalten (**Cracking**). Gleichzeitig erhält man neben den niedermolekularen gesättigten Kohlenwasserstoffen (C_5 bis C_9) als Nebenprodukte Kohle sowie große Mengen wertvoller ungesättigter Kohlenwasserstoffe, welche die Treibstoffeigenschaften verbessern und teilweise die Ausgangsmaterialien für viele Synthesen sehr große Bedeutung erlangt haben. Das Cracken geschieht durch kurzes Erhitzen auf 450–500°C entweder mit nachherigem Abschrecken, wobei Drucke von 20 bis 70 atm nötig sind, oder mit Ton oder künstlichen Aluminiumsilicaten als Katalysatoren bei gerin-

Fraktioniertürme (Bildmitte) und sphärische Lagertanks für Erdgas (Vordergrund links und rechts) in der Esso-Raffinerie Baytown (USA) (Aufnahme: Esso-Standard Switzerland)

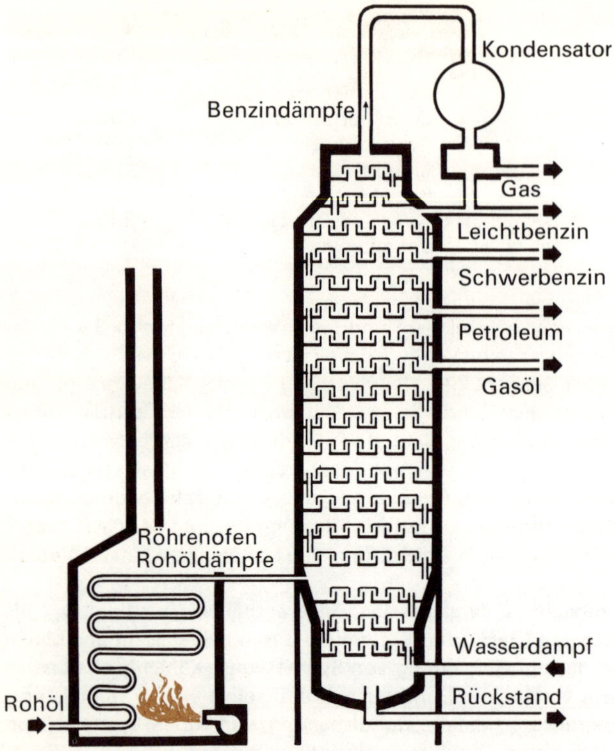

Abb. 11.19. Erdöldestillationsturm. Der Turm ist durch Zwischenböden abgeteilt, auf denen sich Destillat ansammelt. Jeder Boden hat durch Glocken überdeckte Durchlässe. Die aufsteigenden Dämpfe durchströmen die Flüssigkeit auf den Böden, so daß auf jeder Stufe eine Destillation stattfindet. Die höhersiedenden Fraktionen werden von den unteren, die niedrigsiedenden von den höheren Böden abgesogen. Oben entweicht nicht kondensiertes Gas

gerem Überdruck. Katalytisches Cracken liefert ein Benzin mit noch besseren Treibstoffeigenschaften als das rein thermische Crackverfahren.

Die Chemie von Erdöl und Erdgas hat nach dem Zweiten Weltkrieg einen ungeheuren Aufschwung genommen und die Bezeichnung «**Petrochemie**» erhalten. In Deutschland (Bundesrepublik) liefern Erdöl und Erdgas 1966 schon gegen 80% der Rohstoffe für die organisch-chemische Industrie; in den USA macht der Anteil der Petrochemikalien nahezu 100% aus. Trotzdem sind die petrochemisch verwerteten Anteile von Erdöl und Erdgas nur klein; die Hauptmengen werden als Treibstoffe, Heizöle bzw. Heizgase, Schmieröle, Paraffine u.a. verwendet. Rund 85% des Erdöls dienen der Energiegewinnung (davon ¼ als Motorenbenzin und ¾ als Heizöl!); 7% dienen als Schmierstoff und Paraffine, 5% als Bitumen und nur 3% als *petrochemische Rohstoffe!*

Der Wirkungsgrad von Benzinmotoren hängt vom *Verdichtungsverhältnis* ab (Verhältnis von Anfangs- zu Endvolumen des Treibstoff/Luft-Gemisches). Höhere Kompressionsverhältnisse führen aber leicht zum *«Klopfen»* des Motors, einer Folge einer zu plötzlichen Verbrennung des letzten Gemischrestes nach der Zündung. Das Klopfen bewirkt zusätzlichen Motorverschleiß und erhöhten Benzinverbrauch. Um höhere Verdichtungen erreichen zu können, ist es notwendig, die «Klopffestigkeit» der Treibstoffe zu steigern.

Ein Maß für die Klopffestigkeit ist die sogenannte *«Oktanzahl»*. Man vergleicht dabei den zu untersuchenden Treibstoff mit einer Mischung aus *n*-Heptan (neigt sehr stark zum Klopfen) und 2,2,4-Trimethylpentan (Isooktan, sehr klopffest) in einem genormten Einzylindermotor. Verhält sich ein Treibstoff wie ein Gemisch aus 90% Isooktan und 10% Heptan, so erhält er die Oktanzahl 90. In dem Maß, wie man bessere Treibstoffe und Treibstoffzusätze entwickelt hat, mußte die Skala über 100 hinaus (mit anderen Vergleichsstoffen) fortgesetzt werden.
Gesättigte unverzweigte Kohlenwasserstoffe haben niedrige, verzweigte und vor allem ungesättigte Kohlenwasserstoffe haben höhere Oktanzahlen. Besonders hohe Oktanzahlen (aber geringere Verbrennungswärmen) besitzen Alkohol und aromatische Kohlenwasserstoffe. Im sogenannten *«Reforming-Prozeß»* gewinnt man aus Alkanen und alizyklischen Kohlenwasserstoffen (Cyclopentan und Cyclohexan) durch Katalyse Benzin mit höherem Gehalt an aromatischen Kohlenwasserstoffen. Gleichzeitig fallen große Mengen Wasserstoff an. Benzine mit Oktanzahlen über 100 (stark verzweigte Ketten) kann man auch durch Polymerisation ungesättigter Kohlenwasserstoffe aus den Crackgasen erhalten. Zusätze, wie Bleitetraäthyl $[Pb(C_2H_5)_4]$ und organische Phosphate, wirken als *Antiklopfmittel* und erhöhen die Oktanzahl stark [1].
Synthetisch kann Benzin auf zwei Wegen gewonnen werden. Im Verfahren von Bergius («Kohleverflüssigung») wird Braunkohle unter Druck katalytisch hydriert. Dabei entstehen neben wenig aromatischen Kohlenwasserstoffen vorwiegend Paraffine. Durch katalytische Hydrierung von Kohlenoxid lassen sich durch geeignete Wahl des Katalysators[2] auch Kohlenwasserstoffe erhalten. Dieser *«Fischer-Tropsch-Prozeß»* erfordert keinen Überdruck, liefert aber Produkte niedriger Oktanzahlen, die anschließend einem Reforming-Prozeß unterworfen werden müssen. Höhersiedende Produkte eignen sich hingegen sehr gut als Dieseltreibstoffe. Beide synthetische Verfahren wurden in Deutschland während des Zweiten Weltkrieges in großem Maßstab durchgeführt und sind heute noch in der DDR (Leuna-Werke) von Bedeutung.

An dieser Stelle ist es notwendig, noch kurz auf den Anteil der Verbrennungsprodukte fossiler Brennstoffe an der **Verschmutzung der Luft** hinzuweisen. Kohle beispielsweise liefert bei der Verbrennung nicht nur Staub und Ruß, sondern auch feinstverteilte *Verbindungen von Metallen*. Man schätzt z.B., daß in den USA jährlich etwa 70000 t *Nickel* in die Luft gelangen, das deshalb besonders gefährlich ist, weil es sich mit dem Kohlenoxid der Autoabgase zu dem äußerst giftigen Nickeltetracarbonyl $[Ni(CO_4)]$ verbindet[3]. Auch andere Metalle wie Arsen, Quecksilber, Cadmium u.a. gelangen in großen Mengen in Form giftiger Verbindungen durch die Verbrennung von Kohle in die Luft. Der in der Kohle enthaltene *Schwefel* führt zu SO_2, welches teilweise zu SO_3 bzw. H_2SO_4 weiteroxidiert wird. Thermische Kraftwerke, die mit *Rohöl* betrieben werden, führen ebenfalls zu einem enormen SO_2-Ausstoß. Selbst die Verbrennung von *Heizöl* ergibt trotz seines minimalen Schwefelgehaltes eine deutliche Erhöhung des SO_2-Gehaltes der Atmosphäre während des Winters. Schwefeloxide bilden die Hauptursache der Gefährlichkeit des sogenannten *Smogs*, wie er in Großstädten (London, Los Angeles) und Industrieballungszentren regelmäßig auftritt. Der *Benzinmotor* liefert in seinen Abgasen nicht nur CO, sondern auch Stickstoffoxide; zudem enthalten die Autoabgase

[1] $Pb(C_2H_5)_4$ wird in kleinen Mengen (0,15 bis 0,6 cm^3/l) dem Benzin zugesetzt. Es entsteht aus einer Pb/Na-Legierung mit C_2H_5Cl. Etwa die Hälfte der Natrium-Produktion wird in den USA zur Herstellung von Bleitetraäthyl verbraucht! Damit das bei der Verbrennung entstehende PbO sich nicht in Zylinder und Auspuff niederschlägt, setzt man u.a. $C_2H_4Br_2$ zu, das PbO in flüchtiges $PbBr_2$ überführt. Um diese Verbindung in den entsprechenden Mengen herstellen zu können, mußten ganz neue Methoden zur Gewinnung von Brom aus Meerwasser entwickelt werden! Sowohl $Pb(C_2H_5)_4$ wie seine Verbrennungsprodukte sind stark giftig.

[2] Durch die Wahl des Katalysators lassen sich bei der Hydrierung von CO ganz verschiedene Produkte (Methan, Methanol, höhere Alkohole) erhalten. Jeder Katalysator beeinflußt nur bestimmte Reaktionen, so daß durch die Wahl entsprechender Katalysatoren auch die Reaktionsrichtung bestimmt werden kann.

[3] Auch *Tabakrauch* enthält Spuren von Ni, das mit dem darin ebenfalls enthaltenen Co zu $Ni(CO)_4$ umgesetzt wird!

noch einen erheblichen Teil unverbrannter Kohlenwasserstoffe. NO und NO_2 können als Radikale (sie besitzen ungerade Elektronenzahlen!) die photochemische Oxidation dieser Kohlenwasserstoffe in Gang setzen, wodurch oxidierte organische Verbindungen (Aldehyde, Carbonsäuren u.a.) entstehen. Auch diese Oxidationsprodukte sind zum Teil giftig und schädigen die Lebewelt. Die immer stärker zunehmende Motorisierung, die Entwicklung von Motoren mit hohem Kompressionsverhältnis (die ein hochoktaniges Benzin erfordern) und der vielfach übermäßige Verbrauch von Supertreibstoffen hat zusätzlich zu einem enormen Ausstoß von *Blei* (in Form von PbO, $PbBr_2$ usw.) geführt, so daß heute der *Benzinmotor* die *Hauptursache* für die immer stärker fortschreitende Verschmutzung der Luft darstellt. Die Entwicklung von Verbrennungsmotoren, die mit Treibstoffen geringerer Oktanzahl arbeiten, oder – als Fernziel! – der Ersatz des Verbrennungsmotors durch Elektromotoren (Brennstoffzellen!) oder gar Dampfmotoren ist deshalb für die Zukunft eine unbedingte Notwendigkeit.

Übungen

11.16 Welche Produkte erhält man bei folgenden Reaktionen:
   a) Reaktion von 2-Methylpentan mit Brom (am Licht)
   b) Reaktion von Hexan mit Chlor (am Licht)

11.17 Wie verlaufen folgende Reaktionen:
   a) Reaktion von 2-Methylpropan mit Brom (Licht)
   b) Reaktion von Buten-(2) mit Chlor (in der Gasphase)
   c) Reaktion von Cyclohexan mit Bromwasser
   d) Reaktion von Benzol mit Brom (unter Wirkung von $AlCl_3$)

11.18 Wie viele Liter Luft werden zur Verbrennung von 100g Hexan benötigt?

11.19 Welche Möglichkeiten bestehen zur Herstellung von 2-Brompropan?

11.20 Wie wird Äthen mit HCl reagieren? Formulieren Sie den Ablauf der Reaktion, wenn diese in wäßriger Lösung durchgeführt wird.

11.21 Mit welcher Halogenwasserstoffverbindung wird Aethen am raschesten reagieren?

11.22 Propen addiert Brom rascher als Äthen. Wie wird sich Chloräthen in dieser Hinsicht verhalten?

11.23 Beschreiben Sie den Verlauf der Radikalpolymerisation von Styrol ($C_6H_5{-}CH{=}CH_2$).

11.24 Begründen Sie das Ungenügen der Kekulé-Formel.

11.25 Was hat man sich unter einer «Grenzstruktur» vorzustellen?

11.26 Erklären Sie die Struktur des NH_3-Moleküls mittels des Kugelwolkenmodells und mittels des Ein-Elektronen-AO-Modells und vergleichen Sie beide Modelle.

11.27 Zeichnen Sie Modelle der Ladungsdichteverteilung für das Benzolmolekül und für die konjugierte Base der Carboxylgruppe.

11.28 Fluorbenzol läßt sich schwerer nitrieren als Benzol. Warum?

11.29 Diskutieren Sie das σ-π-Modell der Doppelbindung.

11.30 Um Nitrobenzol zu nitrieren, benötigt man ein Gemisch von konzentrierter Schwefelsäure mit rauchender Salpetersäure. Welchen Zweck hat der Zusatz der Schwefelsäure? Warum geht diese Nitrierung kaum mit gewöhnlicher konzentrierter Salpetersäure?

Literatur

H.C. Brown — Foundations of the Structural Theory. *J. Chem. Educ. 36* (1959) 104

H.R. Christen — *Grundlagen der allgemeinen und anorganischen Chemie.* Sauerländer, Aarau 1973

– — *Grundlagen der organischen Chemie.* Sauerländer, Aarau 1972

E. S. Gould — *Mechanismus und Struktur in der organischen Chemie.* Verlag Chemie, Weinheim 1962
F. Henglein — *Grundlagen der chemischen Technik.* Verlag Chemie, Weinheim 1961
P. Karrer — *Lehrbuch der organischen Chemie,* Thieme, Stuttgart 1959
F. A. Kekulé — *Ann. Chem. 106* (1858) 129
– — *Ann. Chem. 137* (1865) 129 (Benzolformel!)
F. Klages — *Lehrbuch der Organischen Chemie,* Band I und II. De Gruyter, Berlin 1959
C. Noller — *Lehrbuch der Organischen Chemie.* Springer, Berlin 1960
E. Rey — 100 Jahre Benzolformel. *Chem. Rdsch. 18* (1965) No. 3
E. E. van Tamelen — Benzene, the Story of its Formulas. *Chemistry 38* (1965) No. 1
J. M. Tedder und A. Nechvatal — *Basic Organic Chemistry I.* Wiley, London 1966
K. Scherf — Die chemischen Grundstoffe aus Kohle, Erdöl und Erdgas. *Die BASF 15* (1965) No. 1
P. Sykes — *Reaktionsmechanismen der organischen Chemie.* Verlag Chemie, Weinheim 1971

11.3 Einfache sauerstoffhaltige Verbindungen

11.3.1 Alkohole

Allgemeines

Die einfachsten organischen sauerstoffhaltigen Verbindungen, die **Alkohole**[1], enthalten in ihrem Molekül eine oder mehrere **Hydroxylgruppen.** Bei den **Phenolen** sind Hydroxylgruppen direkt an Benzolkerne gebunden.

Beweisend für die *Struktur der Alkohole* als Derivate des Wassers (ein H-Atom ist durch einen organischen Rest ersetzt!) ist z. B. ihre Herstellung aus Halogenderivaten von Kohlenwasserstoffen:

$$CH_3Br + KOH \longrightarrow CH_3OH + KBr$$

Im Verlauf dieser Reaktion wird ein Halogenatom durch eine Hydroxylgruppe ersetzt. Die substituierend wirkenden Teilchen sind OH^--Ionen; es muß sich also um eine polare Reaktion handeln.
Da die C-Halogen-Bindung polar ist, besitzt das C-Atom eine geringe positive Überschußladung. Trifft nun ein OH^--Ion «von hinten» auf dieses C-Atom (also von der Seite, welche der C—Br-Bindung gegenüberliegt), so kann sich die C—Br-Bindung lockern, während sich eine neue C—O-Bindung auszubilden beginnt. In einem bestimmten Zeitpunkt muß die C—Br-Bindung schon stark gedehnt (halb gelöst), die C—O-Bindung aber noch nicht ganz gebildet sein (Abb. 11.20 b); das Br-Atom ist dann noch nicht völlig abgetrennt. Löst sich nun das Br^--Ion von diesem *aktivierten Komplex* ab (wobei sich gleichzeitig das OH^--Ion dem C-Atom noch mehr nähert und die C—O-Bindung fertig ausgebildet wird), so hat ein *Ersatz* des Br-Atoms durch die OH-Gruppe stattgefunden:

$$CH_3Br + OH^- \longrightarrow CH_3OH + Br^-$$

[1] Der Name «Alkohol» stammt aus dem Arabischen *(al Kuhl)* und wurde im späten Mittelalter im Sinne von «Essenz» verwendet (Paracelsus). Als *alcool vini* bezeichnete man den Weingeist, die «Essenz» des Weines; er hat später der ganzen Gruppe den Namen gegeben.

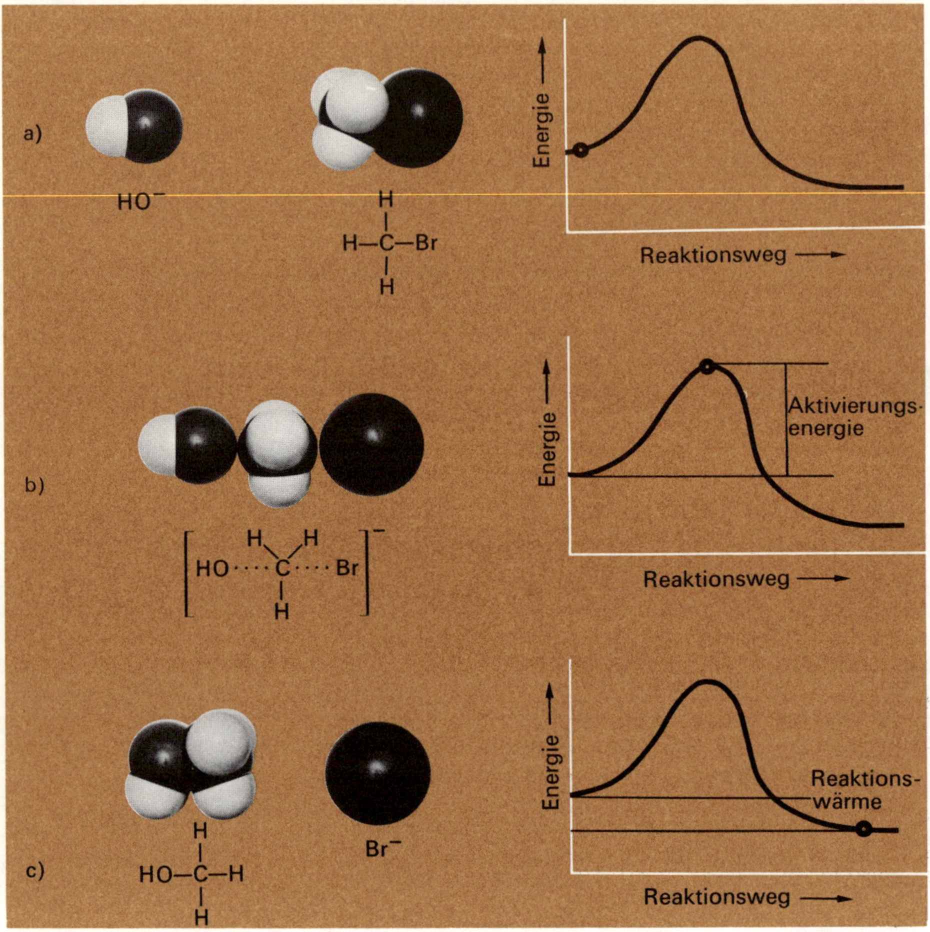

Abb. 11.20. Verlauf der Reaktion von Methylbromid (CH_3Br) mit OH^-. Links Kalottenmodelle, rechts Energiediagramme
a) Ausgangszustand: ein OH^--Ion trifft auf ein CH_3Br-Molekül; b) Aktivierter Komplex; c) Endzustand: Das Br^--Ion ist frei geworden, und ein CH_3OH-Molekül ist entstanden

Der Reaktionsablauf kann schematisch folgendermaßen dargestellt werden:

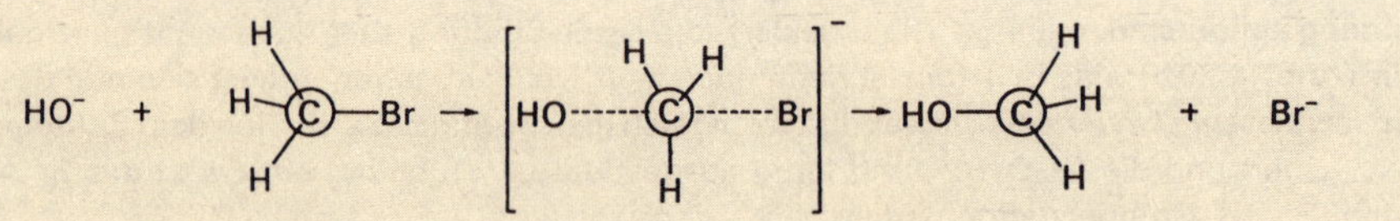

(1)

Im Verlaufe dieser Substitution tritt also ein *«Umklappen»* der C—H-Bindungen ein, ähnlich dem *Umkehren eines Regenschirmes.* Im «**aktivierten Komplex**» (1), der dem *Übergangszu-*

stand – dem «höchsten» Punkt des Energiediagramms – entspricht, stehen die drei H-Atome mit dem C-Atom in einer Ebene.
Die Bildung von Alkoholen durch Reaktion von Halogeniden mit OH^--Ionen ist ein Beispiel für einen bei organischen Verbindungen häufigen Reaktionstyp: die **nucleophile Substitution (S_N-Reaktion)**. Eine Voraussetzung dafür, daß an einer Verbindung eine solche Substitution durchgeführt werden kann, ist, daß die Bindung zwischen dem C-Atom und dem mit ihm verbundenen austretenden Atom (bzw. der austretenden Atomgruppe) *polar* ist, wobei das *C-Atom positiv polarisiert* sein muß. C—H-Bindungen von *Kohlenwasserstoffen* reagieren deshalb mit Nucleophilen *nicht*.

Benennung der Alkohole. Zur Bezeichnung der funktionellen Gruppe —OH dient die Endung **-ol,** welche an den Namen des entsprechenden Kohlenwasserstoffes angehängt wird. Der «Stammname» wird dabei durch die längste Kohlenstoffkette bestimmt, welche eine —OH-Gruppe trägt. Wenn man die C-Atome zur Bezeichnung der Stellung der —OH-Gruppe oder der Seitenketten numerieren muß, beginnt man mit dem Ende, welches der OH-Gruppe am nächsten steht.

Beispiele:

$CH_3—CH_2—OH$ Äthanol

$CH_3—CH_2—CH_2—OH$ Propanol-1

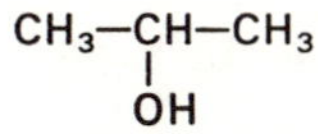
Propanol-2

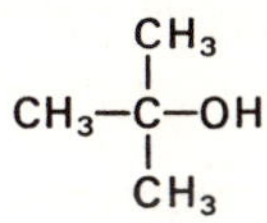
2-Methylpropanol-2

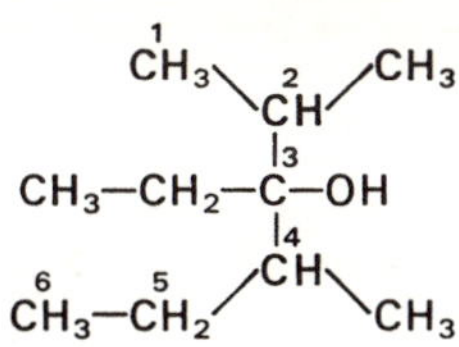
2,4-Dimethyl-3-äthyl-hexanol-3

Durch Einführung einer OH-Gruppe in das Molekül wird die *Zahl der Isomeriemöglichkeiten stark vergrößert*. So gibt es zwei Alkohole der Molekularformel C_3H_7OH und vier Alkohole der Molekularformel C_4H_9OH:

$CH_3—CH_2—CH_2—OH$
n-Propanol

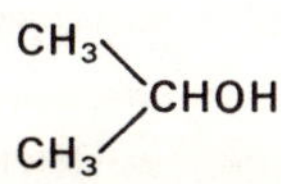
«Isopropanol»

$CH_3—CH_2—CH_2—CH_2—OH$
n-Butanol

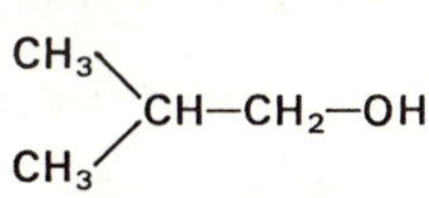
«Isobutylalkohol»

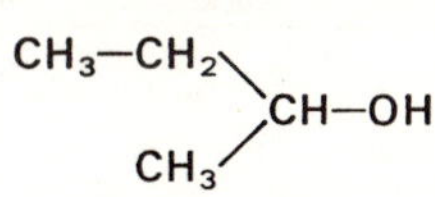
sek. Butylalkohol

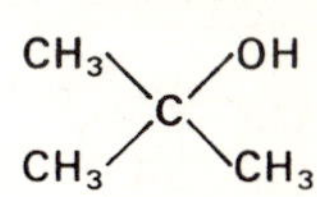
tert. Butylalkohol

(*n*-«normal», unverzweigt; iso- für Ketten mit der Endgruppe 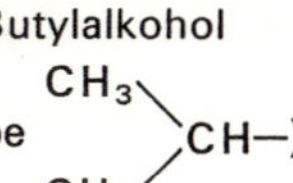).

Je nach der Stellung der Hydroxylgruppe unterscheidet man «**primäre**», «**sekundäre**» und «**tertiäre**» Alkohole. Bei primären Alkoholen ist die OH-Gruppe an ein primäres C-Atom gebunden; für sie ist die Atomgruppe $-CH_2OH$ charakteristisch (Beispiele: *n*-Propanol und *n*-Butanol sowie Isobutylalkohol). Sekundäre Alkohole werden durch die Atomgruppe $>CHOH$ gekennzeichnet; das die OH-Gruppe tragende C-Atom ist ein sekundäres C-Atom (Beispiele: Isopropylalkohol, sek. Butylalkohol). Das die OH-Gruppe der tertiären Alkohole tragende C-Atom ist tertiär: tert. Butylalkohol. Die drei Alkoholtypen *unterscheiden* sich z. B. *in ihrem Verhalten gegenüber Oxidationsmitteln;* auch die Reaktionsgeschwindigkeit gewisser Reaktionen (Esterbildung) ist bei den verschiedenen Alkoholklassen sehr verschieden.

Tabelle 11.7. Schmelz- und Siedepunkte einiger Alkohole

Formel	Trivialname	Rationeller Name	Smp. (°C)	Sdp. (°C)
CH_3OH	Methylalkohol	Methanol	− 97°	65°
CH_3CH_2OH	Äthylalkohol	Äthanol	−114°	78°
$CH_3CH_2CH_2OH$	Propylalkohol	Propanol-(1)	−126°	97°
$CH_3CH(OH)CH_3$	Isopropylalkohol	Propanol-(2)	− 90°	82°
$CH_3CH_2CH_2CH_2OH$	*n*-Butylalkohol	Butanol-(1)	− 90°	117°
$(CH_3)_2CH-CH_2-OH$	Isobutylalkohol	2-Methylpropanol-(1)	− 108°	108°
$(CH_3CH_2)(CH_3)CHOH$	sek. Butylalkohol	Butanol-(2)	− 89°	100°
$(CH_3)_3C-OH$	tert. Butylalkohol	2-Methylpropanol-(2)	+ 25°	83°
$CH_3CH_2CH_2CH_2CH_2OH$	*n*-Amylalkohol	Pentanol-(1)	− 79°	138°
$(CH_3)_2CH-CH_2-CH_2OH$	Isoamylalkohol	3-Methylbutanol-(1)	−117°	131°
$CH_3(CH_2)_4CH_2OH$	*n*-Hexylalkohol	Hexanol-(1)	− 52°	156°
$CH_3(CH_2)_5CH_2OH$	*n*-Heptylalkohol	Heptanol-(1)	− 35°	174°
$CH_3(CH_2)_6CH_2OH$	*n*-Oktylalkohol	Oktanol-(1)	− 16°	194°
$CH_3(CH_2)_7CH_2OH$	*n*-Nonylalkohol	Nonanol-(1)	− 5°	214°
$CH_3(CH_2)_8CH_2OH$	*n*-Dekylalkohol	Dekanol-(1)	+ 7°	231°
$CH_2(OH)-CH_2(OH)$	Glykol	Äthandiol-(1,2)	− 17°	197°
$CH_2(OH)-CH(OH)-CH_2(OH)$	Glycerin	Propantriol-(1,2,3)	+ 18° [1]	290°

[1] Smp. von reinem (wasserfreiem) Glycerin.

Alkohole mit mehreren OH-Gruppen werden *«mehrwertig»* genannt. Diese Hydroxylgruppen sind dabei *stets an verschiedene C-Atome gebunden; Verbindungen, die zwei oder drei OH-Gruppen an ein einziges C-Atom gebunden enthalten, sind* – mit wenigen Ausnahmen – *im freien Zustand nicht existenzfähig*. Wenn bei einem Vorgang solche Verbindungen entstehen sollten, spalten die betreffenden Moleküle spontan Wasser ab:

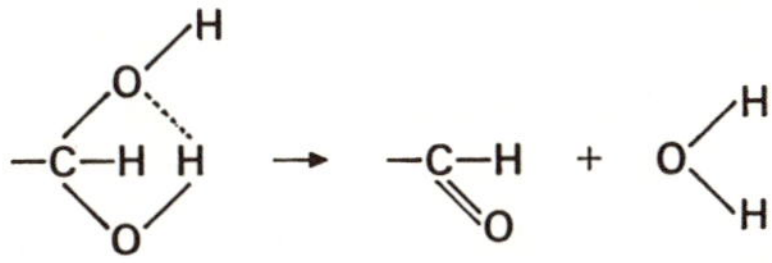

Infolge der starken elektrischen Anziehung zwischen positiv polarisierten Wasserstoff- und negativ polarisierten Sauerstoffatomen kann offenbar ein Wasserstoff- einem Sauerstoffatom so stark genähert werden, daß es als Proton überspringt und ein Molekül Wasser gebildet wird. Auf dem gleichen Effekt beruht auch die Unstabilität des *Kohlensäuremoleküls:*

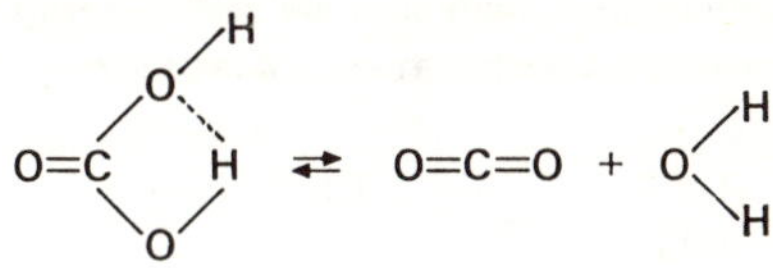

Physikalische Eigenschaften

Die funktionellen Gruppen beeinflussen die chemischen und auch die physikalischen Eigenschaften eines Moleküls. Dies wird am Beispiel der Alkohole besonders deutlich. Die polare Hydroxylgruppe macht die Alkohole *« wasserähnlich »*. Die Wasserähnlichkeit ist jedoch nur bei niederen Alkoholen stärker ausgeprägt (die hydrophile OH-Gruppe macht bei ihnen einen relativ großen Teil des Gesamtmoleküls aus); höhere Alkohole gleichen dagegen mehr den Kohlenwasserstoffen, weil der lipophile «organische» Teil im Molekül überwiegt.
Die niedrigen Alkohole sind farblose, leichtbewegliche Flüssigkeiten von charakteristischem Geruch. Höhere Alkohole (C_6 bis C_{11}) sind dickflüssig. Dodekanol («Laurylalkohol») ist der erste geradkettige Alkohol, der bei Zimmertemperatur fest ist. Schmelz- und Siedepunkte steigen also wie bei den Kohlenwasserstoffen mit zunehmender Molekülmasse an. Alkohole mit verzweigten Ketten sieden meist tiefer als die entsprechenden geradkettigen Alkohole; manche Alkohole mit kompakten, beinahe kugelförmigen Molekülen schmelzen besonders hoch und sieden relativ tief (tert. Butanol mit Smp. + 25°C und Sdp. + 83°C).

Schmelz- und Siedepunkte der Alkohole liegen allgemein beträchtlich höher als bei den Kohlenwasserstoffen von entsprechender Molekülmasse. Methanol ($M = 32$) siedet bei 65°C; Äthan ($M = 30$) siedet bei −87°C. Die verglichen mit den Kohlenwasserstoffen viel höheren zwischenmolekularen Kräfte sind auf das Vorhandensein von **Wasserstoffbrücken** zwischen den positiv polarisierten Wasserstoff- und den negativ polarisierten Sauerstoffatomen der Hydroxylgruppe zurückzuführen:

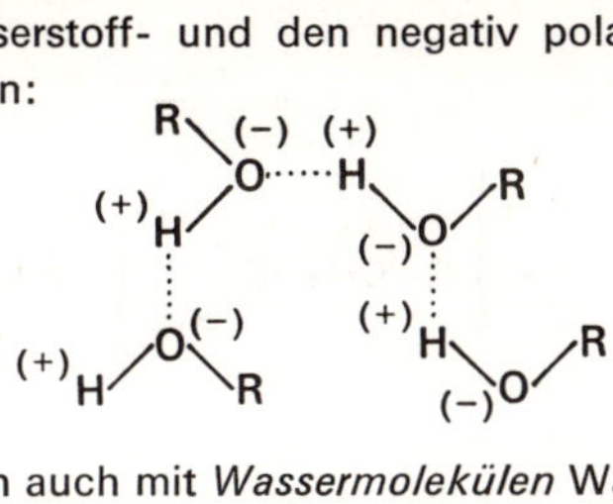

Die Alkoholmoleküle vermögen auch mit *Wassermolekülen* Wasserstoffbrücken zu bilden. Mit steigender Molekülmasse nehmen jedoch die durch die Länge der Kohlenstoffkette bedingten

Van der Waals-Kräfte zu und werden schließlich größer als die Wirkungen der Wasserstoffbrücken. Die gegenseitige Anziehung der Alkoholmoleküle wird dann stärker als die Anziehung zwischen Alkohol- und Wassermolekülen, und es bilden sich aus Alkohol und Wasser zwei Phasen. *Nur die Alkohole mit einem bis drei C-Atomen sowie tert. Butylalkohol mischen sich deshalb in jedem Verhältnis mit Wasser;* die Butanole (ausgenommen tert. Butylalkohol) sowie die Amylalkohole (C_5) lösen sich nur noch in beschränktem Maß in Wasser. *In unpolaren Lösungsmitteln lösen sich auch die (wasserfreien) niederen Alkohole.* Methanol und Äthanol haben deshalb als Lösungsmittel eine sehr große Bedeutung.

Chemische Eigenschaften

1. Alkohole zeigen *die Eigenschaften ihrer funktionellen Gruppe:* Wirkung als Protonenspender und Protonenfänger sowie als Ligand in Metallkomplexen (ähnlich den Wassermolekülen in hydratisierten Ionen); Reaktion mit unedlen Metallen. Die Alkohole sind aber schwächere Säuren und Basen als Wasser (feste Salze des Typus $[ROH_2]^+X^-$, sogenannte *Oxoniumsalze,* sind nicht bekannt). Mit Alkalimetallen reagieren sie mäßig heftig. Aus dem Metall und dem Alkohol entstehen dabei salzartige «**Alkoholate**» («**Alkoxide**»):

$$\begin{array}{lll} 2\,CH_3CH_2OH & \rightarrow & 2[CH_3CH_2O]^- + 2\,H^+ \\ 2\,H^+ + 2\,Na & \rightarrow & 2\,Na^+ + H_2 \\ \hline 2\,CH_3CH_2OH + 2\,Na & \rightarrow & 2\,CH_3CH_2O^-Na^+ + H_2 \\ \text{Äthanol} & & \text{Na-äthylat} \end{array}$$

Die Alkoholat-Anionen sind ähnlich *starke Basen* wie OH^--Ionen. Mit Wasser bildet sich ein Gleichgewicht mit Alkohol und OH^--Ionen, das mit viel Wasser auf die rechte Seite verschoben ist:

$$C_2H_5O^- + H_2O \rightleftarrows C_2H_5OH + OH^-$$

2. Die C—O-Bindung des die Hydroxylgruppe tragenden Kohlenstoffatoms ist zwar stärker polar als die C—H-Bindungen in Kohlenwasserstoffen, jedoch genügt die Polarität nicht, um z.B. in Lösung die Abspaltung der Hydroxylgruppe als OH^--Ion zu ermöglichen. Auch die *direkte Substitution der Hydroxylgruppe* durch ein *nucleophiles Teilchen* (eine Reaktion, die an sich durchaus denkbar wäre) ist *nicht möglich,* weil das dabei austretende OH^--Ion selbst sehr stark nucleophil ist.
Arbeitet man dagegen in stark sauren Lösungen, so wird das Alkoholmolekül protoniert, d.h. in seine konjugierte Säure (ein «**Oxonium-Ion**») übergeführt; wird dieses Oxonium-Ion durch ein Nucleophil angegriffen, so tritt ein (verglichen mit dem OH^--Ion) sehr viel schwächer nucleophiles H_2O-Molekül aus, und die nucleophile Substitution wird möglich. **S_N-Reaktionen an Alkoholen verlaufen deshalb nur in stark saurer Lösung.**
Schema:

(1) Bildung des Oxonium-Ions

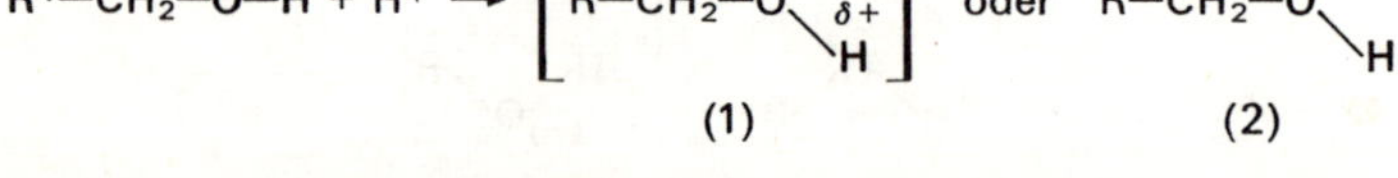

(1) (2)

[1] In diesen und weiteren Formeln bedeutet «R» einen organischen Rest beliebiger Zusammensetzung. Sind in eine Gleichung verschiedene solche Reste zu unterscheiden, so bezeichnet man sie mit R, R′, R″ usw.

Die Symbole $\delta+$ und $\delta-$ dienen zur Bezeichnung positiv bzw. negativ polarisierter Atome; der Buchstabe «δ» soll andeuten, daß es sich nur um *partielle Ladungen,* nicht um ganze Elementarladungen handelt. Die positive Ladung des Oxonium-Ions ist über alle Atome verteilt; sehr häufig verwendet man aber die Schreibweise (2), um anzudeuten, daß die Elektronegativität des O-Atoms hier (und ebenso in anderen Fällen, wo ein O-Atom drei Elektronenpaarbindungen eingegangen hat) größer geworden ist.

(2) S_N-Reaktion

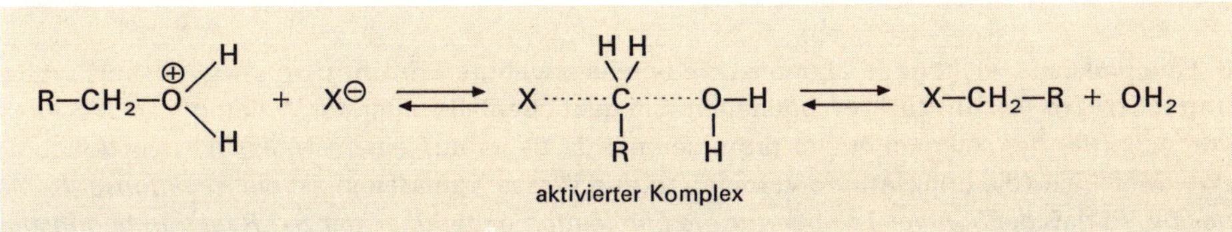

Die praktisch *wichtigste S_N-Reaktion an Alkoholen* ist die **Bildung von Halogeniden** aus Alkohol und Halogenwasserstoff (bzw. einem Gemisch von Alkalihalogenid und konzentrierter Schwefelsäure). Hier ist das Nucleophil X^- ein Halogenid-Ion. Andere starke Säuren wie konzentrierte Schwefel- oder Salpetersäure reagieren ähnlich (wenn man die Reaktion bei Zimmertemperatur durchführt); ihre Anionen (HSO_4^-, SO_4^{2-} bzw. NO_3^-) wirken dann als Nucleophile, und es bildet sich ein sogenannter **Ester**[1]:

$$\underset{\text{Dodekanol («Laurylalkohol»)}}{C_{12}H_{25}OH} + H_2SO_4 \longrightarrow \underset{\text{Dodekylhydrogensulfat; wirkt als Waschmittel}}{C_{12}H_{25}SO_4H} + H_2O$$

Läßt man aber zu einem erhitzten Gemisch von Alkohol und starker Säure fortwährend weiteren Alkohol hinzutropfen, so reagieren die jetzt im Überschuß vorhandenen *Alkoholmoleküle* als substituierend wirkende *nucleophile* Teilchen, und es entsteht ein **Äther**:

schematisch:

$$\underset{\text{Alkohol}}{R{-}CH_2OH} + \underset{\text{Alkohol}}{HOCH_2{-}R'} \longrightarrow \underset{\text{Äther}}{R{-}CH_2{-}O{-}CH_2{-}R'} + H_2O$$

genauer Ablauf:

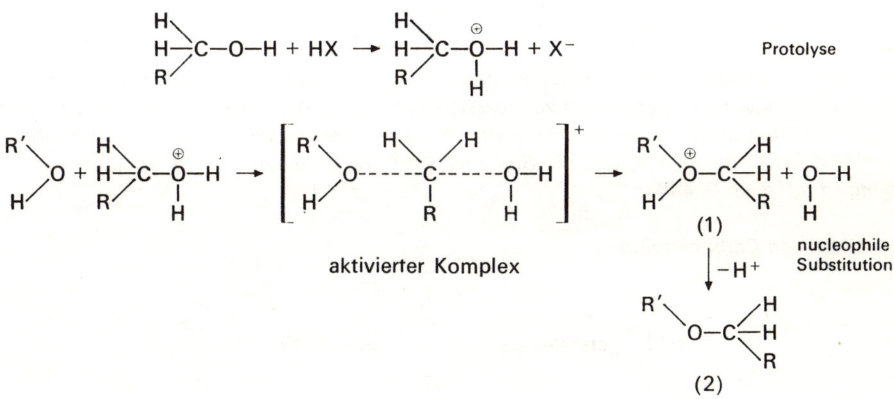

[1] Als **Ester** bezeichnet man Verbindungen, die aus Alkoholen und Säuren unter Abspaltung von Wasser erhalten werden können.

Das im Verlauf dieser Substitution entstehende Teilchen (1) ist das Oxonium-Ion eines Äthers und geht durch Abspaltung des H^+-Ions in das Äthermolekül selbst (2) über.
Die *Ätherbildung durch S_N-Reaktion an Alkoholen* ist allerdings *keine allgemein brauchbare Reaktion,* da die erforderlichen Bedingungen (Temperaturen von 140°C bis 150°C; stark saure Lösung) *Nebenreaktionen* wie z.B. die Elimination von Wasser so sehr begünstigen können, daß diese zur Hauptreaktion wird. Aus sekundären und tertiären Alkoholen und auch aus primären Alkoholen mit mehr als vier C-Atomen erhält man deshalb auf diese Weise nur sehr wenig oder überhaupt keinen Äther.

3. Eine praktisch wichtige Reaktion ist die bereits erwähnte **Elimination von Wasser,** wobei **ungesättigte Verbindungen** entstehen. Sie geht ebenfalls unter der Wirkung starker Säuren vor sich (die den Alkohol zuerst protonieren); da dabei aus einem Molekül (dem Alkohol) zwei Moleküle (die ungesättigte Verbindung und Wasser) entstehen, ist die *Reaktionsentropie positiv,* so daß *bei höherer Temperatur die Elimination gegenüber der S_N-Reaktion begünstigt* wird. Primäre Alkohole erfordern Reaktionstemperaturen um 180°C und einen Zusatz von Quarzsand oder geglühtem Aluminiumsulfat als Katalysator, während sekundäre Alkohole bereits bei etwa 130°C, tertiäre Alkohole bei noch niedrigerer Temperatur reagieren.

Bei der Elimination von Wasser wird vom Oxonium-Ion des Alkohols zuerst ein Molekül Wasser abgespalten:

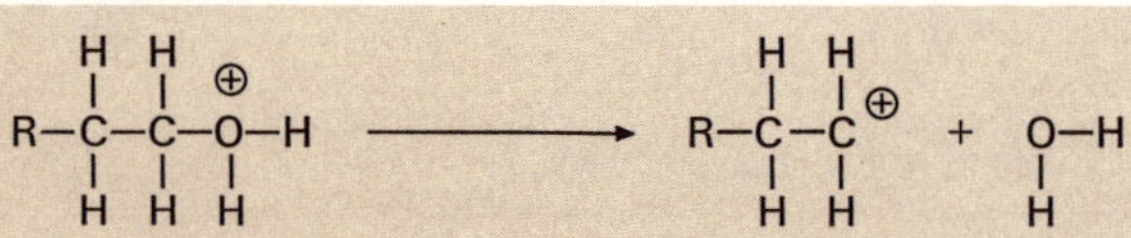

(1)

Dabei entsteht ein Ion, bei welchem ein C-Atom eine positive Ladung trägt [ein sogenanntes **Carboniumion**; (1)]; dieses stabilisiert sich in einem weiteren Reaktionsschritt dadurch, daß es ein H^+-Ion abspaltet und dadurch eine Doppelbindung bildet:

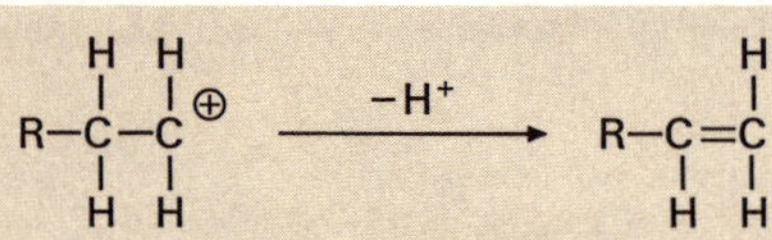

Von den zwei Reaktionsschritten ist die *Abspaltung von Wasser* (die Bildung des Carboniumions) der langsamere, also *geschwindigkeitsbestimmend;* die Tatsache, daß die Leichtigkeit der Elimination in der Reihenfolge primärer Alkohol < sekundärer Alkohol < tertiärer Alkohol zunimmt, weist darauf hin, daß die *Stabilität der Carboniumionen in dieser Reihenfolge zunimmt* (vgl. auch S. 446):

Stabilität von Carboniumionen

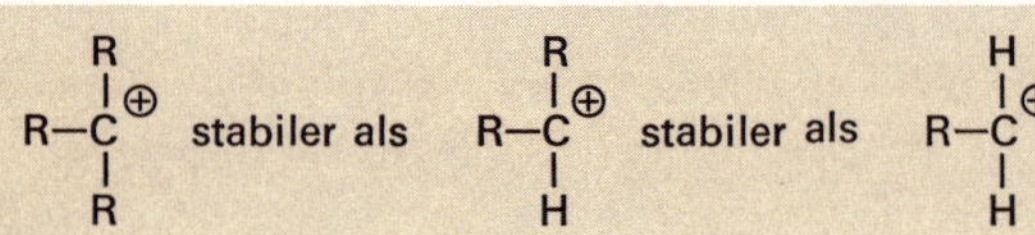

4. Beim Erhitzen an der Luft *verbrennen* Alkohole zu CO_2 und Wasser. Ihre Verbrennungswärmen sind allerdings geringer als bei entsprechenden Kohlenwasserstoffen, weil sie – verglichen mit diesen – bereits einen höher oxidierten Zustand darstellen. Durch $KMnO_4$, $K_2Cr_2O_7$ oder andere Oxidationsmittel lassen sich Alkohole auch zu anderen sauerstoffhaltigen Produkten **oxidieren.** Je nach der Stellung der OH-Gruppe im Alkoholmolekül erhält man verschiedene Produkte.

Schema:

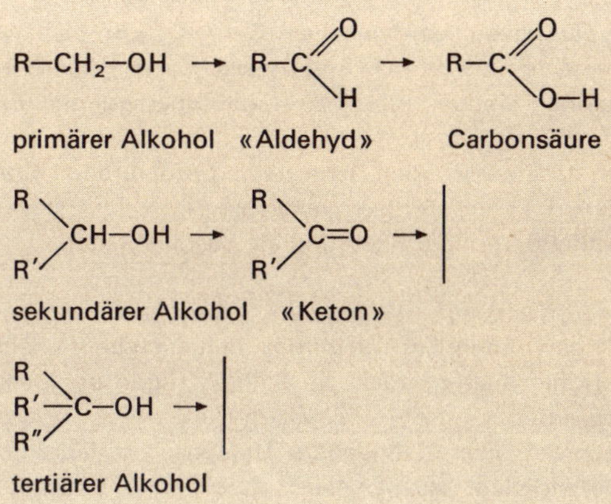

Bei schonender Durchführung der Reaktion läßt sich ein *primärer Alkohol* stufenweise oxidieren, indem das zunächst entstehende Produkt, der «**Aldehyd**», noch weiter zu einer Säure oxidiert werden kann. *Aldehyde wirken daher reduzierend* und können z. B. durch Bildung eines Silberspiegels aus ammoniakalischer Silbersalzlösung oder mit der «Fehling»-Reaktion (Reduktion von Cu^{+II} zu Cu^{+I}) leicht nachgewiesen werden. «**Ketone**», die Oxidationsprodukte *sekundärer Alkohole,* lassen sich unter vergleichbaren Bedingungen nicht mehr weiter oxidieren; die Anwendung stärkerer Oxidationsmittel oder stärkeres Erhitzen führt in gewissen Fällen zu Peroxiden und schließlich zum *Abbau* des Moleküls (Sprengung von C—C-Bindungen). Wie die Ketone lassen sich auch *tertiäre Alkohole* nur durch ganz besonders kräftige Oxidation oxidieren, wobei ebenfalls C—C-Bindungen gespalten werden. *Durch ihr Verhalten gegenüber Oxidationsmitteln lassen sich deshalb primäre, sekundäre und tertiäre Alkohole leicht unterscheiden.*
Zur praktischen Durchführung leitet man ein Gemisch von Alkoholdampf und Luft über erhitztes Kupfer, Platin oder andere Katalysatoren, oder man oxidiert die Alkohole mit $K_2Cr_2O_7$ (orangerotes Salz) in wäßriger Schwefelsäure oder CrO_3 (dunkelrote Nadeln) in wasserfreier Essigsäure. Als Reduktionsprodukte erhält man dunkelgrün gefärbte Chrom (III)-salze.
Der Mechanismus dieser Oxidationsvorgänge ist ziemlich verwickelt und nur in einzelnen Fällen genau bekannt. Bei der Oxidation mit Luftsauerstoff kann dieser als «Wasserstoffakzeptor» dienen und die dem Molekül des primären oder sekundären Alkohols entzogenen H-Atome aufnehmen. Die Oxidationsmittel, wie CrO_3, $KMnO_4$ oder $K_2Cr_2O_7$, müssen ebenfalls als Wasserstoffakzeptoren wirken und dabei reduziert werden; der Verlauf gerade dieser Vorgänge ist jedoch zum Teil noch wenig untersucht.

Darstellung und wichtige Beispiele von Alkoholen

Vielfach erhält man Alkohole *aus Halogenverbindungen* durch Reaktion mit Alkalihydroxiden oder *durch Reduktion von Carbonsäure-Estern, Aldehyden und Ketonen* nach verschiedenen Methoden. Auch *durch Behandlung ungesättigter Verbindungen mit verdünnter Säure* lassen sich häufig Alkohole gewinnen (Umkehrung der Wasserabspaltung!).

Methanol, CH_3OH (Methylalkohol), der einfachste Alkohol, entsteht neben Essigsäure, Aceton, Holzteer u.a. bei der trockenen Destillation von Holz («Holzgeist») oder großtechnisch durch Hydrierung von Kohlenoxid unter Druck mit Zinkoxid/Chromoxid-Katalysatoren:

$$CO + 2H_2 \xrightarrow[400^\circ C,\ 200\ atm]{ZnO, Cr_2O_3} CH_3OH$$

Es ist eine wasserklare Flüssigkeit von typischem Geruch (Sdp. 65°C). Als primärer Alkohol läßt es sich leicht zu Formaldehyd (HCHO) und Ameisensäure (HCOOH) oxidieren. Methanol ist *stark giftig;* schon geringe Mengen führen zu Augenschädigungen, Erblindungen oder zum Tod.

Methanol ist eine der in größten Mengen hergestellten organischen Chemikalien. Der größte Teil wird auf Formaldehyd (Kunststoffe!) weiterverarbeitet; der Rest dient als Zwischenprodukt zur Synthese anderer Verbindungen und als Lösungsmittel.

Äthanol, CH_3CH_2OH (Äthylalkohol, «Weingeist», Alkohol schlechthin) wird synthetisch aus Äthen (Rohölspaltung!) gewonnen. Ein Teil wird jedoch auch heute noch durch Vergären von Traubenzucker[1] durch Hefe erhalten; auch die Sulfitablaugen der Cellulosefabriken können auf Alkohol verarbeitet werden.

Die von Pasteur[2] vertretene Ansicht, daß lebende Hefepilze zur Vergärung von Traubenzucker notwendig seien, wurde widerlegt, als es gelang, durch einen Preßsaft aus völlig zerstörten Hefezellen die Gärung zu bewirken. Dieser Preßsaft enthält eine ganze Anzahl verschiedener *Enzyme (Fermente)* (in ihrer Gesamtheit als *Zymase* bezeichnet), die von den Hefepilzen gebildet werden. Jedes dieser Enzyme vermag einen bestimmten Schritt des über eine ganze Reihe von Zwischenstufen verlaufenden Gärungsvorganges zu katalysieren. Als Endprodukt der Traubenzuckergärung entstehen Alkohol und CO_2:

$$C_6H_{12}O_6 \longrightarrow 2\,CH_3CH_2OH + 2\,CO_2 \quad |\Delta H = -26\ \text{kcal.}$$

Hohe Konzentrationen von Zucker oder Alkohol sowie ein geringer Überdruck von Kohlendioxid (5–7 atm) hemmen die Gärung. Am Ende enthält das Reaktionsgemisch maximal 20 Vol.-% Äthanol, das durch Destillation abgetrennt werden kann. Man erhält allerdings durch

Tabelle 11.8. Alkoholgehalt verschiedener Getränke

	Gehalt (Vol.-%) Messung	Mittel	25 cm³ Alkohol sind enthalten in
Bier	3–8	5	5 dl
Most, Obstwein	4–7	6	4 dl
Wein	7–14	10	2–3 dl
Süßwein	16–20	18	140 cm³
Bitter, Liköre	20–50	25	50–100 cm³
Branntwein	40–77	50	35– 60 cm³

[1] Neben Traubenzucker können auch einige andere Zuckerarten durch Hefepilze vergoren werden. Rohrzucker und andere «Disaccharide» werden vor der eigentlichen Gärung in einfachere Zucker (u.a. Traubenzucker) gespalten.

[2] L. Pasteur (1822–1895), Professor in Dijon, Straßburg und Lille; nachher im Institut Pasteur in Paris. Ursprünglich Chemiker. Seine hauptsächlichsten Leistungen liegen auf dem Gebiet der Medizin (Gärung, Schutzimpfung u.a.).

Destillation höchstens azeotrope Mischung mit 95,6 % Äthanolgehalt; das restliche Wasser muß z. B. mittels wasserfreiem $CuSO_4$ oder CaO entfernt werden.

Äthanol, eine wasserklare Flüssigkeit von charakteristischem, erfrischendem Geruch, siedet bei 78,3 °C. Die Dichte (bei wasserfreiem Äthanol 0,79 g/cm^3) nimmt mit zunehmender Verdünnung zu. Äthanol besitzt für Synthesen und als Lösungsmittel für Harze, Riechstoffe usw. eine sehr große Bedeutung. Ein großer Teil Äthanol wird zu Acetaldehyd (CH_3CHO) und Essigsäure (CH_3COOH) oxidiert. Technischer Alkohol wird durch Zusatz von 1 bis 2% Benzol, Aceton, Pyridin oder Campher «vergällt», d. h. ungenießbar gemacht. Der reine Alkohol unterliegt in allen Staaten einer hohen Besteuerung.
Der Äthanolgehalt *alkoholischer Getränke* ist sehr verschieden (vgl. Tabelle 11.8). Ein Teil des aufgenommenen Alkohols wird im Körper oxidiert; seine Verbrennungswärme kann indessen nicht zur Muskelarbeit ausgenützt werden. Alkohol wirkt besonders auf die Großhirnrinde und lähmt dadurch die Kontroll- und Regulierungsvorgänge im Körper (Enthemmung, Störung des Gleichgewichtssinnes, des Tiefensehens usw.; Erweiterung der peripheren Blutgefäße und dadurch Wärmegefühle, aber vermehrte Wärmeabgabe: Erfrierungen). Fortgesetzter Alkoholmißbrauch schädigt insbesondere auch Leber, Herz und Nieren.

Höhere Alkohole: Amylalkohole (Pentanole), ölige Flüssigkeiten mit unangenehmem, zum Husten reizenden Geruch, entstehen als Nebenprodukte der alkoholischen Gärung aus Eiweißen[1]. Sie dienen zur Herstellung von Riechstoffen und als Lösungsmittel und wirken stärker giftig als Äthanol («Fuselöle»). **Längerkettige Alkohole** treten als Ester in vielen pflanzlichen Wachsen und im Walrat auf. Natriumsalze der Schwefelsäureester höherer Alkohole haben als *Waschmittel* Bedeutung erlangt (siehe S. 433), z. B. Natrium-Laurylsulfat:

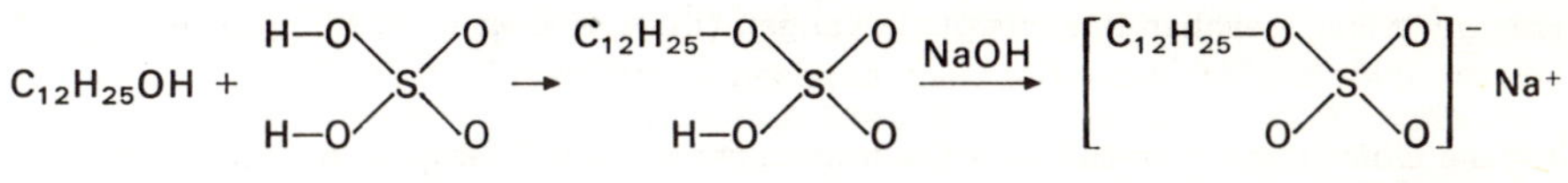

Glykol (Äthandiol) ist der einfachste Alkohol mit zwei OH-Gruppen (ein «zweiwertiger» Alkohol). Er ist eine farblose, dickliche Flüssigkeit von schwach süßem Geschmack *(glykys* gr. = süß). Verwendung z. B. als Frostschutzmittel für Motorkühler.

Glycerin, Glycerol (Propantriol-1,2,3), ist ein «dreiwertiger» Alkohol und enthält zwei primäre und eine sekundäre OH-Gruppe. Die zähflüssige, ebenfalls süße Flüssigkeit siedet auffallend hoch (290 °C) und mischt sich in jedem Verhältnis mit Wasser (Wasserstoffbrücken durch drei OH-Gruppen!). Glycerin kommt als Ester von höheren Carbonsäuren in der Natur vor *(Fette* und *fette Öle).* Man gewinnt es aus Fetten; eine Synthese geht von dem in Crackgasen vorhandenen Propan aus. Glycerin wird ebenfalls als Frostschutzmittel sowie in der Pharmazie (z. B. in Salbengrundlagen und als Lösungsmittel) verwendet; ein großer Teil des technischen Glycerins dient zur Herstellung von Glycerintrinitrat.

CH_2OH
|
$CHOH$
|
CH_2OH

Der *Salpetersäureester des Glycerins, Glycerintrinitrat* (fälschlicherweise meist Nitroglycerin genannt; die Verbindung enthält aber keine Nitrogruppe —NO_2!), ist einer der wichtigsten Sprengstoffe. Die farblose, schwere, ölige Flüssigkeit bildet sich aus Glycerin und konz. Salpetersäure und zersetzt sich auf Schlag (auch auf Erschütterung) oder geringes Erwärmen

[1] Man war ursprünglich der Ansicht, daß auch die Amylalkohole aus Stärke entstehen *(amylum* lat. = Stärke).

mit äußerster Heftigkeit (Bildung des sehr stabilen N_2-Moleküls!). Es entstehen dabei lauter gasförmige Produkte:

$$4\,C_3H_5(NO_3)_3 \longrightarrow 12\,CO_2 + 10\,H_2O_{Dampf} + 5\,N_2 + 2\,NO$$

Zur praktischen Verwendung wird es in Kieselgur aufgesaugt (Dynamit, Nobel[1] 1866) oder mit Nitrocellulose gelatiniert.

11.3.2 Phenole

Verbindungen, welche Hydroxylgruppen direkt an einen Benzolring gebunden enthalten, heißen **Phenole.** Das Phenol, C_6H_5OH, hat der ganzen Gruppe den Namen gegeben[2].

Der aromatische Ring verstärkt die Polarität der O—H-Bindung, weil sich die freien Elektronenpaare des Sauerstoffatoms in geringem Maß mit der π-Wolke des Ringes überlagern und dadurch etwas in den Ring hineingezogen werden. Phenole reagieren daher stärker sauer als die Alkohole. Ähnlich wie in der Carboxylgruppe wird auch bei den Phenolen die Abspaltung des Protons durch Mesomerie des entstehenden Anions zusätzlich erleichtert.

$$C_6H_5OH \rightleftharpoons [C_6H_5O]^- + H^+$$

Phenol (pK_s = 10,0) selbst ist schwächer sauer als Kohlensäure und rötet Lackmus nur ganz schwach; das Phenolat-Anion ist deshalb eine starke Base. Sind aber am aromatischen Ring elektronenanziehende Substituenten vorhanden (z. B. Nitrogruppen), so wird die Abspaltung des Protons stark erleichtert. *Trinitrophenol* («Pikrinsäure»), $C_6H_2(NO_2)_3OH$, ist daher eine ziemlich starke Säure (pK_s = 0,75). Wegen ihres sauren Charakters lösen sich auch die in Wasser nur wenig löslichen Phenole gut in Laugen (KOH, NaOH) unter Bildung von Phenolat. In Wasser unlösliche Alkohole lösen sich dagegen in Hydroxidlösung nicht.

Durch die Überlagerung eines freien Elektronenpaares der OH-Gruppe mit der π-Wolke wird der **Ring aktiviert** und die **Substitution von H-Atomen erleichtert.** Neu eintretende elektrophile Gruppen werden in die *o*- und *p*-Stellung dirigiert. So reagiert Phenol sehr heftig mit Brom oder mit HNO_3, wobei drei H-Atome substituiert werden; Benzol selbst reagiert mit Brom nur unter der katalytischen Wirkung von Eisenpulver oder $FeBr_3$ und bildet Mono- (bei Bromüberschuß Di-)brombenzol.

Beispiele von Phenolen

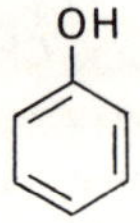

Phenol («Carbolsäure»)
blaßrote Kristalle
Smp. 41 °C

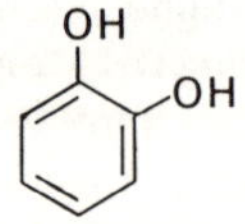

Brenzcatechin
Smp. 105 °C

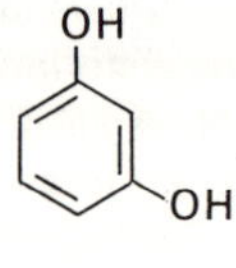

Resorcin
Smp. 110 °C

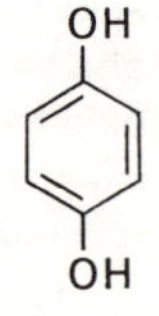

Hydrochinon
Smp. 170 °C

Alle drei weißliche Kristallpulver

[1] A. Nobel (1833–1896), schwedischer Chemiker. Nobel gelang es, das vom Italiener Sobrero (1847) entdeckte Nitroglycerin durch Aufsaugen in Kieselgur verwendbar zu machen. Er hoffte, die starke Sprengwirkung seines Produktes würde abschreckend wirken und so zukünftige Kriege unmöglich machen. Gemäß seinem Willen werden aus den Zinsen seines Vermögens jährlich die Nobelpreise verliehen (für Chemie, Physik, Medizin, Literatur und für die Förderung des Friedens). Die Nobelpreise gelten als die höchste wissenschaftliche Auszeichnung, die einem Gelehrten zuteil werden kann.

[2] Die C_6H_5-Gruppe heißt daher *Phenyl*-Gruppe.

Manche Phenole mit mehreren OH-Gruppen werden leicht zu «Chinonen» oxidiert:

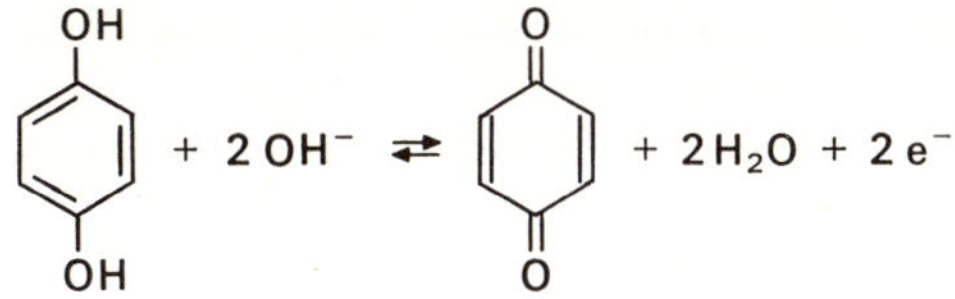

Hydrochinon Chinon

Darauf beruht die Verwendung von Hydrochinon und Brenzcatechin in *photographischen Entwicklern*. Pyrogallol mit drei OH-Gruppen dient zur Absorption von Sauerstoff in Gasgemischen. Eine Additionsverbindung von Hydrochinon und Chinon im Molverhältnis 1:1 *(«Chinhydron»)* kann zur *p*H-Messung verwendet werden, weil das Potential einer Platinelektrode in einer gesättigten Lösung von Chinhydron nur vom *p*H abhängt (solange die Konzentrationen von Hydrochinon und Chinon unverändert bleiben, was dank der geringen Löslichkeit von Chinhydron unterhalb von *p*H 9 weitgehend der Fall ist).

Zu den Phenolen gehören eine Anzahl verbreiteter *Pflanzenstoffe*. Die *Gerbstoffe* fällen Leimlösungen und härten Eiweiß (Verwendung für die «Gerbung» bei der Umwandlung von Haut in Leder) und sind durch bitteren, herben Geschmack ausgezeichnet. Wie auch viele andere Pflanzenstoffe sind die Gerbstoffe in der Pflanze an bestimmte Zuckerarten chemisch gebunden. Solche Verbindungen von Zuckern mit zuckerfremden Molekülen bezeichnet man als *Glucoside*. Durch die Verbindungsbildung mit Zuckermolekülen werden wasserunlösliche Moleküle häufig wasserlöslich, wodurch die Ausscheidung in den Zellsaft ermöglicht wird. – Das schwarzblaue Eisensalz der Gallussäure, eines einfachen, in Galläpfeln und Teeblättern enthaltenen Gerbstoffes, wurde früher als Tinte verwendet. – Auch die gelben, roten und blauen *Blütenfarbstoffe* sind (allerdings komplizierter aufgebaute) Phenole. Gewisse Phenolverbindungen treten als *Riech- oder Aromastoffe* auf: Anethol im Anisöl, Vanillin in der Vanilleschote, Thymol im Thymian, u.a.

11.3.3 Äther

Wie die Alkohole können auch die Äther als Derivate des Wassers aufgefaßt werden. Dabei sind aber beide Wasserstoffatome durch Kohlenwasserstoffreste ersetzt:

Wasser Äther

Äther können durch Einwirkung starker Säuren auf Alkohole (siehe S. 403) oder auch aus Alkoholaten und Halogenverbindungen entstehen:

$$R{-}O^-Na^+ + Cl{-}R' \rightarrow R{-}O{-}R' + Na^+Cl^-$$

Auch diese Reaktion ist eine *nucleophile Substitution,* wobei das sehr stark basische Alkoholat-Ion das Cl-Atom ersetzt:

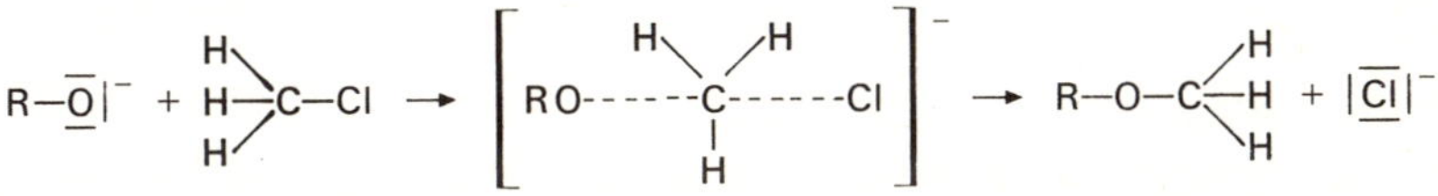

Die Äther mit niedriger C-Zahl sind stark flüchtig und sieden nur wenig höher als die Kohlenwasserstoffe gleicher Kohlenstoffzahl, weil die Moleküle infolge des am Sauerstoffatom fehlenden Wasserstoffatomes nicht assoziieren *(keine Wasserstoffbrücken!)*. Hingegen können die freien Elektronenpaare des Sauerstoffatoms Wasserstoffbrücken mit Wasser- oder Alkoholmolekülen bilden; die Löslichkeiten der niedrigen Äther in Wasser sind daher fast gleich groß wie die der Alkohole von gleicher Kohlenstoffzahl. Mit starken Säuren bilden ebenfalls vor allem niedrige Äther wasserlösliche *Oxoniumsalze:*

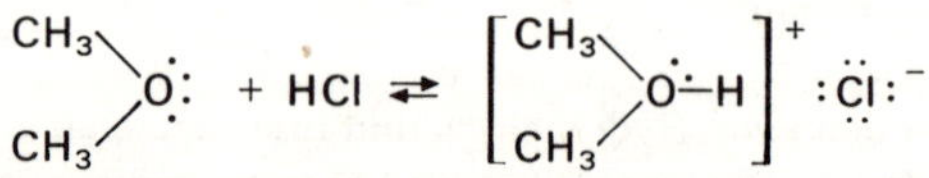

Äthyläther, der wichtigste Äther, wird aus Äthanol mit konz. Schwefelsäure hergestellt. Er ist ein wichtiges Lösungsmittel (z. B. um organische Stoffe aus wäßrigen Lösungen zu extrahieren oder «auszuäthern»); seine Nachteile sind die leichte Entzündbarkeit seiner Dämpfe sowie die explosiven Peroxide, die sich beim Stehenlassen an der Luft bilden können (ätherische Lösungen sollten aus diesem Grund nie bis zum völligen Verdampfen destilliert werden!). In der Medizin wird er als Narkosemittel immer noch häufig verwendet.

11.3.4 Oxidationsprodukte der Alkohole: Aldehyde und Ketone

Die Oxidation (eigentlich Dehydrierung) primärer und sekundärer Alkohole ergibt Verbindungen mit einer **Carbonylgruppe** (Aldehyde, Ketone). Die Carbonylgruppe ist dank der hohen EN des O-Atoms sehr stark polar (Doppelbindungen lassen sich leichter polarisieren als Einfachbindungen; S. 352). Man kann dies formelmäßig auf verschiedene Weise zum Ausdruck bringen:

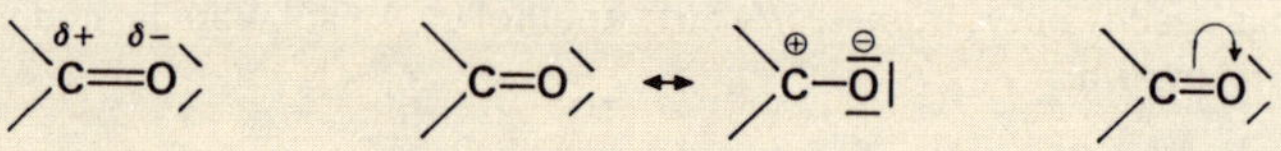

(1) (2) (3)

Die Schreibweise (2) gibt den effektiven Zustand als Zwischenzustand zwischen einer unpolaren und einer polaren Grenzform; der gebogene Pfeil der Schreibweise (3) deutet an, daß ein Elektronenpaar stärker zum O-Atom gezogen ist.

Die Carbonylverbindungen sind im allgemeinen *sehr reaktionsfähig* und haben deshalb als Zwischenprodukte für zahlreiche Synthesen Bedeutung. Ihre Reaktionsfähigkeit beruht im wesentlichen auf folgenden Effekten:

1. Durch die Wirkung der starken Polarität der C=O-Gruppe werden auch die C—H-Bindungen am benachbarten, dem sogenannten α-ständigen C-Atom polarisiert (die bindende Wolke der C—H-Bindung wird etwas zum C-Atom hin verschoben):

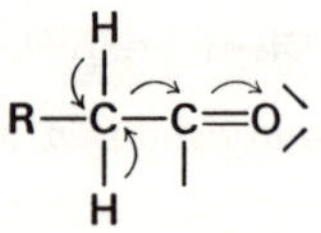

Ein an das α-C-Atom gebundenes H-Atom kann deshalb unter der Wirkung einer sehr starken Base als Proton abgespalten werden. *Carbonylverbindungen verhalten sich also als (allerdings nur sehr schwache!) Säuren* (pK_s von Aceton, CH_3COCH_3, etwa 19). Im Gegensatz dazu sind C—H-Bindungen an gewöhnlichen gesättigten C-Atomen jedoch kaum zu ionisieren; so wird z. B. der pK_S-Wert von Methan auf etwa 45 geschätzt!

Als Folge dieser «**C—H-Acidität**» kann eine *intramolekulare Protonenübertragung* eintreten:

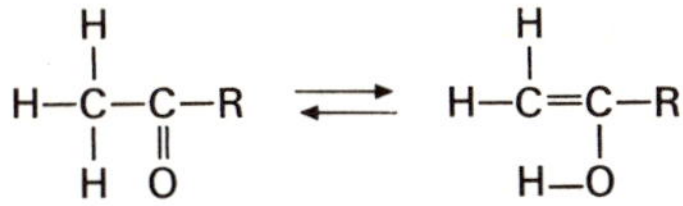

oder

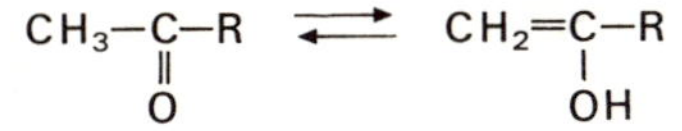

Dadurch bildet sich ein **Enol**, das eine C=C-Doppelbindung (-en) und eine Hydroxylgruppe (-ol) enthält. In der reinen Substanz stehen die beiden Molekülarten *in einem dynamischen Gleichgewicht*, wobei die Gleichgewichtseinstellung – die gegenseitige Umwandlung – relativ *langsam* erfolgt (heterolytische Trennung einer C—H-Bindung!), jedoch durch Spuren einer starken Säure oder Base katalysiert werden kann. Reaktionen von Aldehyden oder Ketonen, bei denen zuerst eine Enolisierung eintreten muß, laufen deshalb verhältnismäßig langsam ab, sind aber säure- und basenkatalysiert.

Beispielsweise reagiert bei der (basenkatalysierten) *Bromierung von Ketonen* das Enolat-Anion mit Brom:

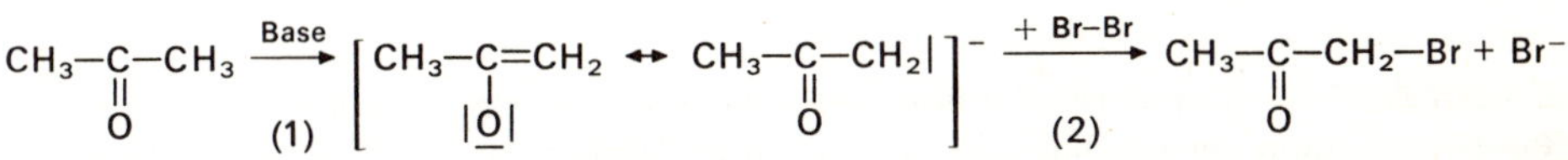

Da die Reaktion (1) wesentlich langsamer als die Reaktion (2) verläuft, kann man durch Messung des in kurzer Zeit verbrauchten Broms den *Enolgehalt* eines Gleichgewichtsgemisches bestimmen.

Das Carbonyl/Enol-Gleichgewicht liegt gewöhnlich stark auf der Seite der Carbonylverbindung. In gewissen Fällen, wie z. B. beim Pentandion-2,4 («Acetylaceton»), wo die H-Atome am dritten C-Atom unter der Wirkung zweier Carbonylgruppen stehen und ihre Acidität entsprechend erhöht ist (pK_S = 9!), überwiegt die Enolform im Gleichgewicht stark (bei Acetylaceton 80% Enol, in anderen Fällen bis beinahe 100%!).

Die Erscheinung, daß eine Substanz in zwei verschiedenen Strukturen auftreten kann, die sich in der Anordnung der Atome unterscheiden (also strukturisomer sind), aber in einem dynamischen Gleichgewicht stehen, bezeichnet man als **Tautomerie.** Tautomerie ist scharf zu unter*scheiden* von *Mesomerie;* im letzteren Fall existiert nur eine *einzige* Molekülform, welche – aus Zweckmäßigkeitsgründen! – durch verschiedene Strukturformeln beschrieben werden kann. Diese «Grenzformeln» unterscheiden sich aber nicht in der Anordnung der Atome, sondern nur in der Verteilung der Elektronen!

Durch die Abspaltung eines Protons aus einer Carbonylverbindung entsteht ein Anion, in welchem ein C-Atom eine negative Ladung trägt (ein sogenanntes **Carbanion**). Carbanionen von Carbonylverbindungen sind jedoch *mesomer* (zwei Elektronenpaare sind über drei Atome delokalisiert, ein Effekt, der zweifellos dazu beiträgt, die Ionisierung der C—H-Bindung zu erleichtern) und zugleich identisch mit der konjugierten Base des Enols (dem *Enolat-Ion):*

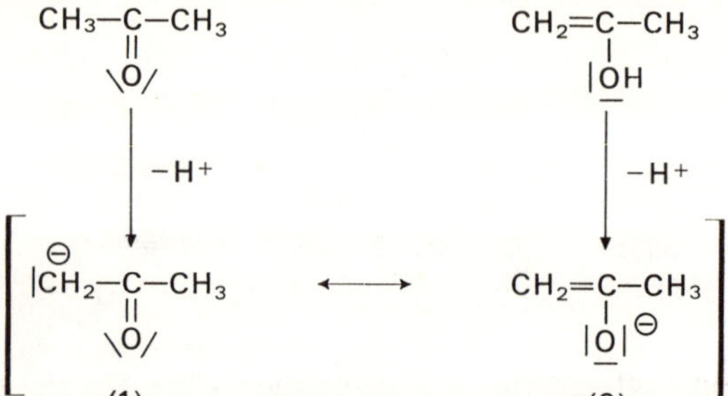

(1) (2)

Die Carbanion-Struktur (1) und die Enolat-Struktur (2) stellen somit zwei *Grenzstrukturen* dar.

Dank der C—H-Acidität reagieren Carbonylverbindungen ähnlich wie Alkohole mit metallischem Natrium unter Wasserstoffentwicklung, wobei sich das entsprechende Carbanion bildet:

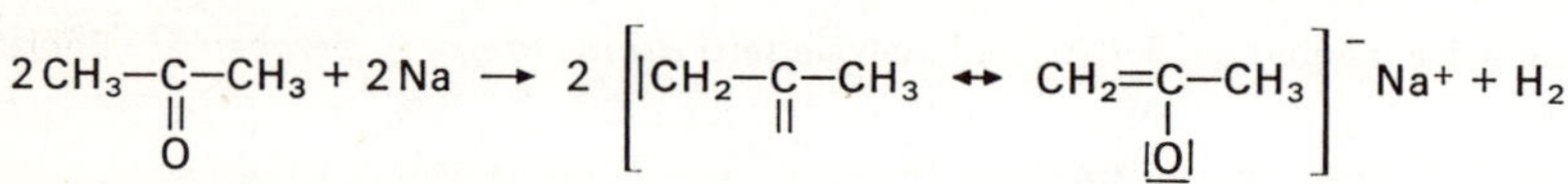

2. Auch die C=O-Gruppe ist zu **Additionsreaktionen** befähigt, wobei meistens der erste Reaktionsschritt in der Addition eines *nucleophilen* Teilchens an das Carbonyl-C-Atom besteht (**A_N-Reaktion**). Gewisse Additionen werden *durch Säuren katalysiert,* weil das Carbonyl-O-Atom deutlich basisch ist, somit ein Proton addieren kann, wodurch die positive Polarisierung des Carbonyl-C-Atoms erhöht und dessen Bereitschaft zur Addition eines Nucleophils erleichtert wird.

Von den zahlreichen Beispielen nucleophiler Additionen an Carbonylgruppen erwähnen wir hier drei Reaktionen:

a) *Addition von Derivaten des Ammoniaks* bzw. *des Hydrazins:* Reaktion mit Phenylhydrazin ($C_6H_5NH—NH_2$), Hydroxylamin (NH_2OH), Semicarbazid ($NH_2CONHNH_2$) usw. Die entstehenden Produkte *(Phenylhydrazone, Oxime, Semicarbazone)* kristallisieren meist gut und besitzen einen scharfen Schmelzpunkt; man benützt sie deshalb oft zur Identifizierung von Carbonylverbindungen. Über den Ablauf der Reaktion siehe S. 462.

b) Addition von **Grignard-Reagenzien.** Grignard-Verbindungen[1] sind organische Magnesium-Verbindungen, die in ätherischer (wasserfreier!) Lösung aus Halogeniden und metallischem Magnesium hergestellt werden:

$$R—Br + Mg \longrightarrow \underset{\text{Grignard-Verbindung}}{R—Mg—Br}$$

[1] V. Grignard (1871–1935), Professor in Nancy und Lyon. Für seine Arbeiten über die nach ihm benannten Verbindungen erhielt er 1912 den Nobelpreis.

Ihre Struktur ist nicht mit Sicherheit bekannt; möglicherweise handelt es sich bei ihnen um dicht gepackte Ionenpaare, die mit Äthermolekülen solvatisiert sind. Sicher ist das C-Atom, welches mit dem Mg-«Atom» verbunden ist, sehr stark negativ polarisiert und dadurch sowohl *stark basisch* wie *stark nucleophil*. Ihr basischer Charakter zeigt sich z. B. darin, daß Grignard-Verbindungen mit Substanzen, die auch nur schwach sauer sind (wie z. B. Wasser, Alkohole u. a.) den ihnen entsprechenden *Kohlenwasserstoff* bilden:

$$R{-}Mg^+X^- + H_2O \longrightarrow R{-}H + Mg^{2+}X^-OH^-$$

Grignard-Verbindungen lassen sich leicht an Carbonylgruppen addieren. Die Produkte werden gewöhnlich nicht isoliert, sondern durch Zugabe von Wasser oder verdünnten Säuren in **Alkohole** übergeführt:

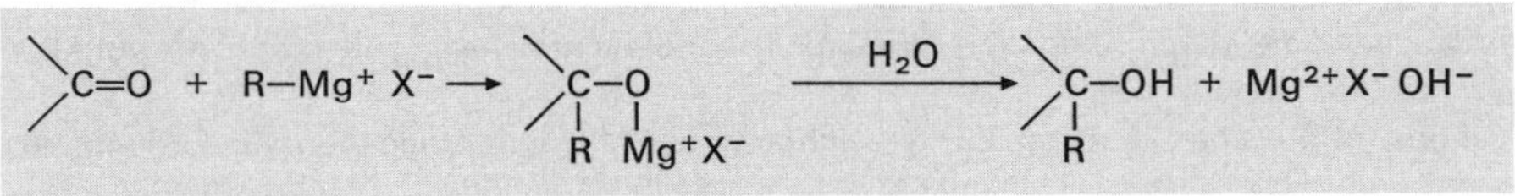

Die Grignard-Reaktion ist zur Knüpfung von C—C-Bindungen sehr vielseitig verwendbar. Aus Aldehyden erhält man sekundäre, aus Ketonen tertiäre Alkohole; Formaldehyd (der einfachste Aldehyd) ergibt primäre Alkohole. Durch Addition von Grignard-Verbindungen an CO_2 (in Form von Trockeneis) erhält man *Carbonsäuren:*

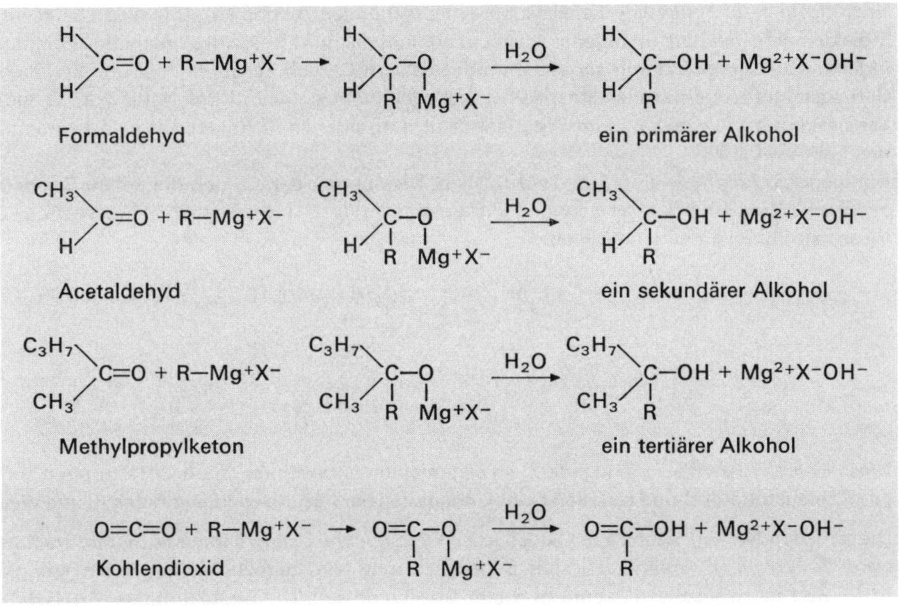

c) Addition von **Carbanionen.** Wir haben bereits erwähnt, daß Carbonylverbindungen unter der Wirkung starker Basen ein H^+-Ion abspalten können und dabei Carbanionen bilden. Auch gewisse andere C—H-acide Verbindungen wie z. B. Acetylen u. a. vermögen unter der Einwirkung einer Base ein Carbanion zu bilden. Carbanionen sind naturgemäß *sehr stark nucleophil* und werden leicht an ein Carbonyl-C-Atom addiert, wodurch sich ebenfalls neue C—C-Bindungen bilden.

Den einfachsten Fall einer solchen Reaktion stellt die Bildung von Aldol aus zwei Molekülen Acetaldehyd dar (die sogenannte **Aldoladdition**):

$$CH_3CHO + CH_3CHO \xrightarrow{\text{Base}} CH_3{-}\underset{\displaystyle OH}{\underset{|}{C}H}{-}CH_2{-}CHO$$

Aldol

Über den genauen Ablauf dieser für synthetische Zwecke sehr wichtigen Reaktion siehe S. 463.

Aldehyde

Aldehyde[1], die durch Oxidation primärer Alkohole entstehen, sind durch die funktionelle Gruppe $-C{\scriptstyle\begin{matrix}\diagup H\\ \diagdown\!\!\diagdown O\end{matrix}}$ charakterisiert. Zur Bezeichnung der Aldehydgruppe dient die Endung **-al**; die niederen Aldehyde werden gewöhnlich nach der aus ihnen durch Oxidation entstehenden Säure benannt (Formaldehyd ergibt Ameisensäure, *acidum formicicum;* Acetaldehyd ergibt Essigsäure, *acidum aceticum;* Propionaldehyd ergibt Propionsäure, usw.).

Dank der stark polaren Carbonylgruppe sind die Aldehydmoleküle permanente Dipole; ihre Siedepunkte liegen daher höher als die Siedepunkte von Kohlenwasserstoffen gleicher Kohlenstoffzahl, jedoch deutlich tiefer als bei entsprechenden Alkoholen. Aldehyde von niedriger Molekülmasse riechen unangenehm-stechend; höhere und besonders manche aromatische Aldehyde sind jedoch durch angenehm aromatischen Geruch ausgezeichnet und kommen als Geruchsträger verschiedener ätherischer Öle oder Pflanzenteile in der Natur vor: Vanillin in Vanilleschoten, Benzaldehyd im Bittermandelöl, Anisaldehyd in Anisöl, Citral in Lemongrasöl und Citronenöl, usw.

Die niederen Aldehyde sind gut wasserlöslich. Dies beruht darauf, daß die polare Doppelbindung ein Wassermolekül addiert und die entstehenden OH-Gruppen mit Wassermolekülen Wasserstoffbrücken bilden können:

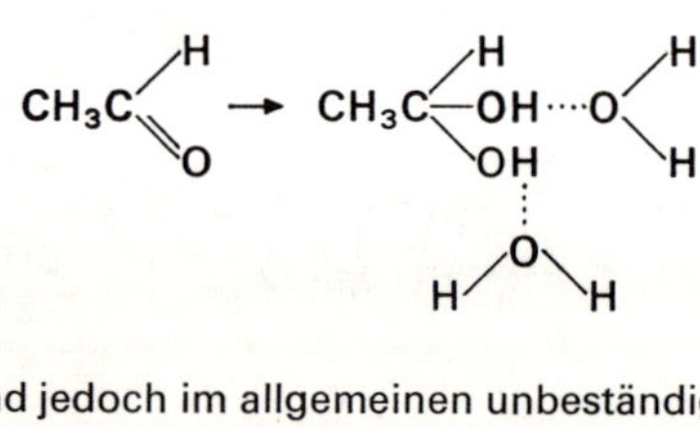

Diese «Aldehyd-hydrate» sind jedoch im allgemeinen unbeständig (zwei OH-Gruppen am selben Kohlenstoffatom) und zerfallen beim Eindampfen der Lösung wieder in Aldehyd und Wasser.

Die auffallendste Eigenschaft der Aldehyde ist ihre *leichte Oxidierbarkeit* (d.h. ihre *stark reduzierende Wirkung)*. Ammoniakalische Silbersalzlösung wird zu metallischem Silber, komplexes Cu^{+II}-Salz in alkalischer Lösung zu rotem Cu_2O reduziert. Die Reduktion des $[Ag(NH_3)_2]^+$-Komplexes mit Aldehyden wird zur Herstellung von Silberspiegeln verwendet; die Reduktion von Cu^{+II}-Salzen wird als «Fehling-Reaktion» insbesondere zum Nachweis und zur quantitativen Bestimmung von Aldehydgruppen in Kohlenhydraten viel benutzt. Auch durch Luftsauerstoff oder sauerstoffabspaltende Verbindungen werden Aldehyde oxidiert. Bei der Luftoxi-

[1] Name: *Al*kohol *dehyd*rogenatus, d.h. Alkohol, dem Wasserstoff entzogen wurde.

dation wird wahrscheinlich zuerst ein Molekül Sauerstoff aufgenommen; die entstehende «Peroxy»-Säure bildet dann mit einem weiteren Aldehydmolekül zwei Moleküle Säure:

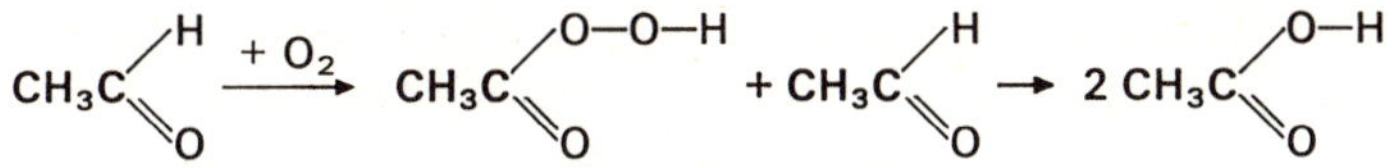

In wäßriger Lösung können Wasserstoffakzeptoren, wie z. B. Chinone, den Aldehydhydraten Wasserstoff entziehen und dadurch ebenfalls Aldehyde zu Säuren oxidieren.

Manche Aldehyde neigen zur *Polymerisation,* besonders Formaldehyd und Acetaldehyd. Unter katalytischer Wirkung von OH^--Ionen entstehen aus ihren wäßrigen Lösungen oft harzartige oder schmierige Polymerisationsprodukte. Ihre Bildung erfolgt wahrscheinlich durch fortgesetzte Aldoladdition:

$$CH_3CHO + CH_3CHO \xrightarrow{\text{Base}} CH_3-\underset{\displaystyle OH}{\underset{|}{CH}}-CH_2-CHO + CH_3CHO \xrightarrow{\text{Base}}$$

$$CH_3-\underset{\displaystyle OH}{\underset{|}{CH}}-CH_2-\underset{\displaystyle OH}{\underset{|}{CH}}-CH_2-CHO \text{ usw.}$$

Formaldehyd, Methanal 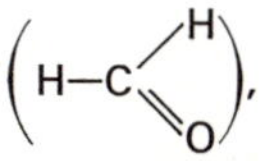, der einfachste Aldehyd, ist ein farbloses, stechend riechendes Gas (Sdp. −21 °C), das sich in Wasser sehr gut löst. Eine 30%-Lösung kommt als «Formalin» in den Handel.
Formaldehyd ist giftig und dient als Gas oder in Lösung zur Desinfektion. Manche Heilmittel (z. B. Formitrol) enthalten in geringer Menge Formaldehyd-Polymerisate, welche wieder zum einfachen Aldehyd depolymerisieren können. Eiweiß wird durch Formaldehyd gehärtet und gegerbt (Verwendung zum Konservieren von anatomischen Präparaten, als Gerbstoff und zum Härten von Filmen).
Formaldehyd polymerisiert leicht zu festem *«Paraformaldehyd»* $(CH_2O)_n$ [n etwa 12–30]. Hochmolekulare Formaldehyd-Polymerisate können zu Fasern versponnen werden und bilden wichtige Kunststoffe *(«Delrin»)*. Durch Reaktion von sechs Formaldehydmolekülen entstehen zuckerartige Produkte:

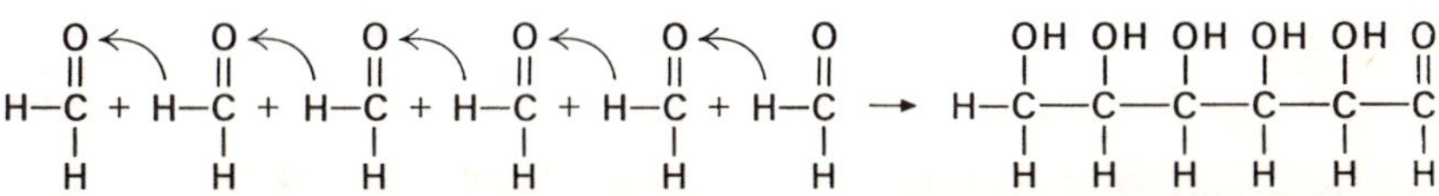

ein Kohlenhydrat (siehe S. 521)

Der größte Teil des technisch durch Dehydrierung von Methanol hergestellten Formaldehyds dient zur Gewinnung von *Kunstharzen*. Beim Erhitzen von Formaldehyd mit Phenol, Anilin oder Harnstoff erhält man harzartige, feste Massen (Bakelit, Aminoplaste), welche durch fortgesetzte Kondensation [1] von Phenol-, Anilin- oder Harnstoffmolekülen mit Formaldehyd entstehen.

[1] In der organischen Chemie versteht man unter dem Ausdruck «Kondensation» oft die Verknüpfung zweier Moleküle unter Abspaltung eines dritten.

Durch die OH- bzw. NH_2-Gruppe (im Anilin) wird der aromatische Ring derart aktiviert, daß drei H-Atome besonders leicht substituierbar sind. Bei der Kondensation mittels Formaldehyd entsteht aus je einem H-Atom eines Phenol-(oder Anilin-) moleküls und dem O-Atom des Formaldehyds ein Molekül Wasser, das frei wird, und die beiden Ringe werden durch eine CH_2-Brücke verknüpft. Die fortgesetzte Kondensation ergibt dreidimensionale, netzartige Gerüstmoleküle, da am Benzolring drei Stellen zur Kondensation zur Verfügung stehen. Über den Ab-auf dieser Reaktion siehe S. 454.

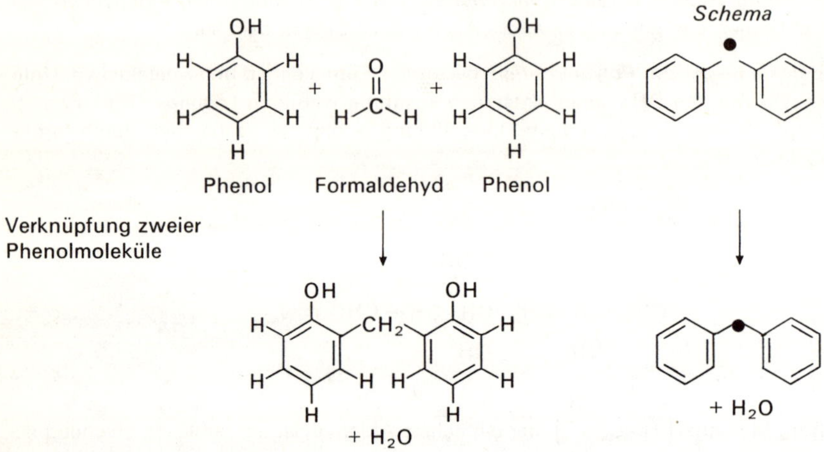

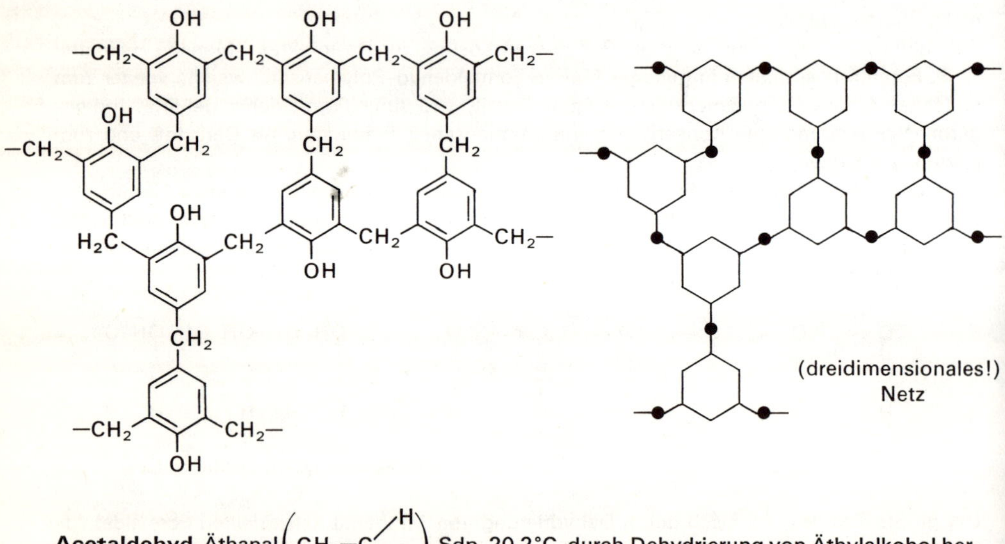

Acetaldehyd, Äthanal $\left(CH_3-C\begin{matrix}{}^{\diagup H}\\{}_{\diagdown\!\!\diagdown O}\end{matrix}\right)$, Sdp. 20,2 °C, durch Dehydrierung von Äthylalkohol herstellbar, ist ein Zwischenprodukt bei der technischen Essigsäuresynthese und wird in großem Maßstab durch direkte Oxidation von Äthylen oder durch Addition von Wasser an Acetylen unter der katalytischen Wirkung von $HgSO_4$ hergestellt:

$$HC{\equiv}CH + HOH \rightarrow CH_3{-}CHO$$

Auch durch Luftoxidation von Äthanol (über einem Ag-Katalysator) oder durch gemäßigte Luftoxidation gewisser Erdgase wird Acetaldehyd technisch gewonnen.
Mit konz. Schwefelsäure als Katalysator polymerisiert Acetaldehyd beim Erhitzen zu Paraldehyd mit einem ringförmigen Molekül.
Der flüssige Paraldehyd kann leicht wieder katalytisch depolymerisiert werden. Metaldehyd, ein ähnliches Polymerisat von vier Acetaldehydmolekülen, wird als Brennstoff verwendet («Meta-Tabletten»).
Weitere Beispiele von Aldehyden sind *Acrolein,* ein ungesättigter Aldehyd von äußerst stark stechendem Geruch, der beim Erhitzen von Glycerin mit wasserabspaltenden Mitteln (z.B. $NaHSO_4$) entsteht, sowie die als Riechstoffe wichtigen Verbindungen *Benzaldehyd, Vanillin, Citral* usw.

$CH_2{=}CH{-}CHO$

Acrolein

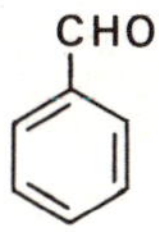

Benzaldehyd

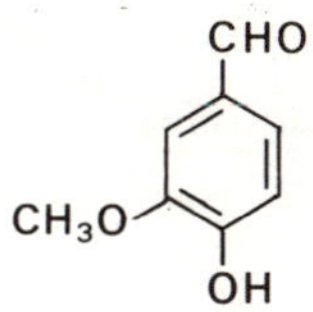

Vanillin

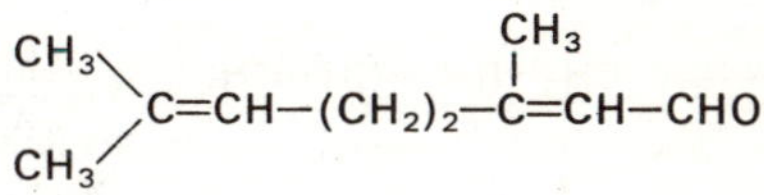

Citral

Ketone

Die Oxidationsprodukte sekundärer Alkohole, die *Ketone,* enthalten eine Carbonylgruppe, die an zwei Kohlenwasserstoffreste gebunden ist:

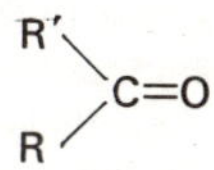

Ketone sind weniger reaktionsfähig als Aldehyde; insbesondere polymerisieren sie nicht und können nicht zu Carbonsäuren gleicher C-Zahl oxidiert werden. Dank der leichten Substituierbarkeit der Wasserstoffatome an den beiden α-ständigen Kohlenstoffatomen bilden jedoch viele Ketone wichtige Zwischenprodukte bei der Synthese anderer Verbindungen.

Aceton (Propanon), 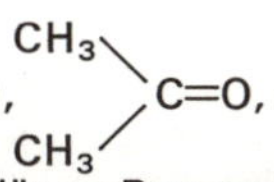 das einfachste und wichtigste Keton, entsteht durch Dehydrierung von sekundärem Propanol («Isopropanol») und kann auch durch trockene Destillation von Kalium- oder Calciumacetat erhalten werden. Die charakteristisch riechende Flüssigkeit (Sdp. 56,5°C) mischt sich in jedem Verhältnis mit Wasser, ist aber gleichzeitig deutlich lipophil: Verwendung als Lösungsmittel für Lacke, Kunstharze, Kunstseide, Plexiglas, Klebstoffe usw.

Übungen

11.31 Wie lautet der Genfer Name für 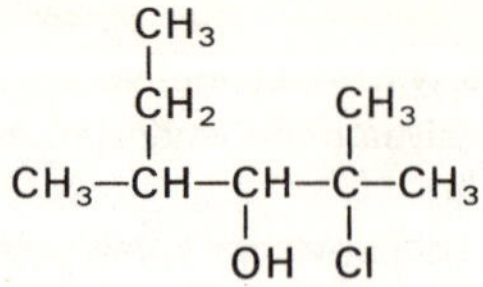 ?

11.32 Stellen Sie die Strukturformel auf von 2,3,3-Trimethyl-4-äthyl-hepten-(5)-ol-(1).

11.33 Geben Sie die Isomere von $C_5H_{11}OH$ an.

11.34 Wie verhalten sich folgende Verbindungen in bezug auf ihre Löslichkeit in Wasser und in Hexan: $C_5H_{11}OH$, $C_3H_6(OH)_2$, C_2H_5—O—C_2H_5?

11.35 Formulieren Sie den Mechanismus der Reaktion von C_2H_5OH mit HBr.

11.36 Wie kann C_2H_5—O—C_2H_5 hergestellt werden?

11.37 Stellen Sie die Gleichungen der Oxidation folgender Verbindungen auf:

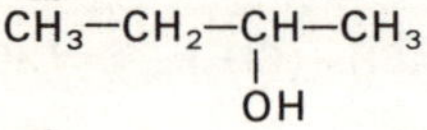

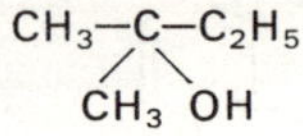

11.38 Warum reagiert Äthanol mit NaBr nicht?

11.39 Beschreiben Sie den Verlauf der Elimination von Wasser aus Cyclohexanol unter der Wirkung von Phosphorsäure.

11.40 Warum verläuft die Elimination bevorzugt bei höherer Temperatur? Warum muß bei tertiären Alkoholen vergleichsweise viel weniger hoch erhitzt werden, um Wasser zu eliminieren, als bei primären?

11.41 Was sind Carboniumionen, Carbanionen?

11.42 Erklären Sie die Reaktion von Aceton mit Natrium!

11.43 Worin besteht der Unterschied zwischen Tautomerie und Mesomerie?

11.44 Geben Sie einige Beispiele von Reaktionen, die für Carbonylverbindungen typisch sind!

11.45 Wie kann man wasserfreien Äthanol herstellen?

11.46 Wie verhalten sich Cyclohexanol bzw. Phenol gegenüber Brom, gegenüber NaOH und beim Mischen mit Wasser?

11.47 Geben Sie an, wie man mittels Grignard-Reaktionen folgende Substanzen herstellen kann:
Diphenylmethylalkohol Pentanol-(2) 2-Methylbutanol-(1) Butanol-(2)

11.48 Nach welchem Schema bildet sich Bakelit? (Ausgangsstoffe Phenol und Formaldehyd)

Literatur

H. R. Christen — *Grundlagen der organischen Chemie.* Sauerländer, Aarau 1972

L. und Mary Fieser — *Organische Chemie.* Verlag Chemie, Weinheim 1965

E. S. Gould — *Mechanismus und Struktur in der Organischen Chemie.* Verlag Chemie, Weinheim 1962

Durchführung organisch-chemischer Reaktionen im Laboratorium und im Betrieb

Diazotierung im Labor: Aus dem Tropftrichter (links) wird eine Lösung von Nitrit zur gekühlten und angesäuerten Lösung eines Amins getropft (Aufnahme: Ciba-Geigy AG, Basel)

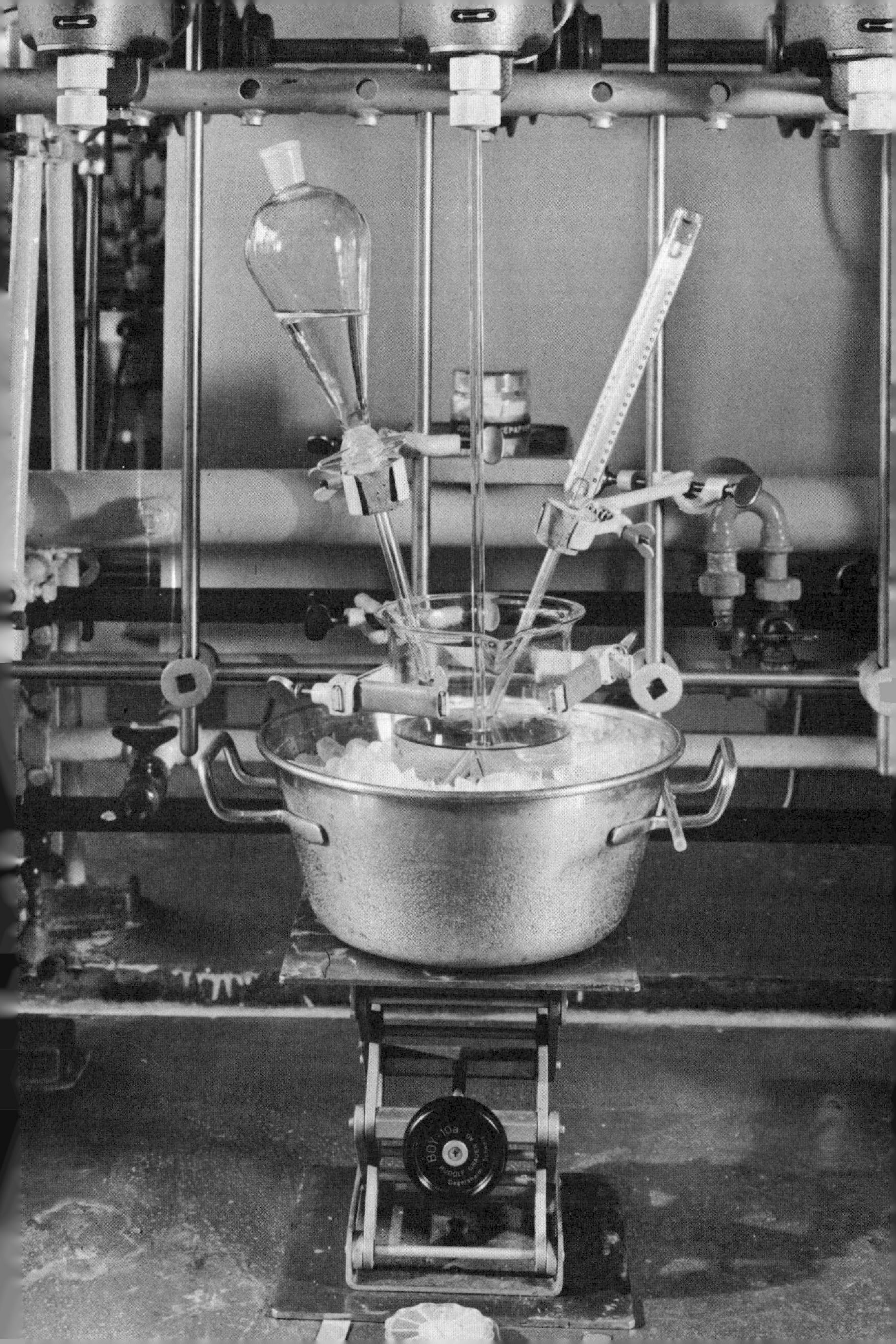
BOY 10a
RUDOLF GRAUPNER

11.4 Carbonsäuren und ihre wichtigsten Derivate

11.4.1 Die homologe Reihe der aliphatischen Carbonsäuren

Carbonsäuren enthalten in ihrem Molekül **Carboxylgruppen,** welchen sie ihren Säurecharakter verdanken. Die O—H-Bindung in der Carboxylgruppe ist durch die Wirkung der mit ihr verbundenen Carbonylgruppe noch stärker polar als in den Phenolen; die Stabilisierung des Anions durch Mesomerie erschwert zudem die Anlagerung des Protons an das Carboxylat-Anion. Die unsubstituierten Carbonsäuren sind allerdings ziemlich schwache Säuren. Werden aber am α-ständigen C-Atom H-Atome durch elektronegative Atome oder Atomgruppen ersetzt, so wird die Polarität der O—H-Bindung verstärkt, wodurch die Säurestärke unter Umständen ganz wesentlich erhöht werden kann. Trichloressigsäure oder gar Trifluoressigsäure sind in ihrer Stärke durchaus den starken anorganischen Säuren vergleichbar. Die Tatsache, daß Essigsäure, Propionsäure usw. deutlich schwächer sind als Ameisensäure, zeigt, daß Kohlenwasserstoffreste (CH_3—, C_2H_5— usw.) eher elektronenabstoßend wirken. Man sagt, daß die Substituenten am α-C-Atom auf die Carboxylgruppe einen «**induktiven Effekt**» ausüben. Halogenatome zeigen einen *−I-Effekt:* sie verhalten sich stark elektronegativ und ziehen Elektronen an. Alkylgruppen üben dagegen einen *+I-Effekt* aus; sie werden selbst schwach positiviert.

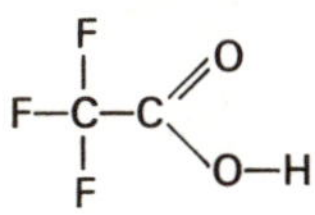

Trifluoressigsäure
$pK_S = -3$

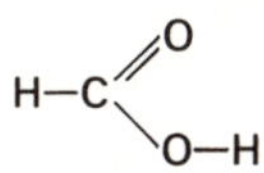

Ameisensäure
$pK_S = 3{,}7$

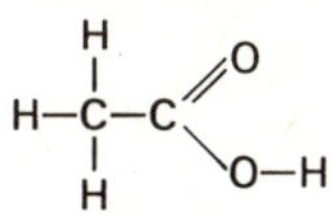

Essigsäure
$pK_S = 4{,}76$

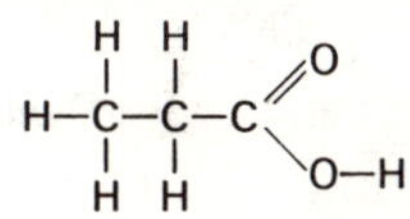

Propionsäure
$pK_S = 4{,}88$

Ein *Vergleich der Säurestärke* in der folgenden Reihe zeigt den Einfluß der Polarität auf die Leichtigkeit, mit der das Proton vom Sauerstoffatom der Hydroxylgruppe abgetrennt werden kann:

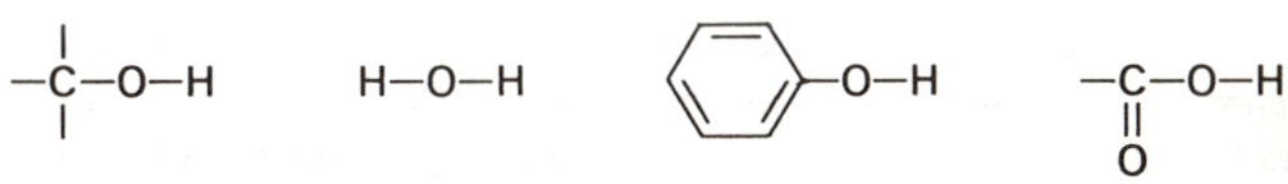

Die elektronenanziehende Wirkung der an die Hydroxylgruppe gebundenen Atome oder Atomgruppen nimmt in dieser Reihe nach rechts deutlich zu. Das Molekül der Kohlensäure, H_2CO_3, das eine weitere Hydroxylgruppe an die Carboxylgruppe gebunden enthält, ist noch stärker sauer als Ameisensäure (das pK_S wurde zu 3,3 berechnet), aber sehr instabil, da zwei OH-Gruppen an dasselbe C-Atom gebunden sind. Es existiert daher nur im Gleichgewicht mit viel überschüssigem Kohlendioxid, und man mißt die «scheinbare» Säurekonstante des Systems (CO_2 + H_2CO_3), welche wesentlich kleiner ist als die Säurekonstante der Ameisensäure.

Diazotierung im Betrieb: In den großen Rührkesseln werden die salzsauren Aminlösungen mit Nitrit (das von oben zufließt) diazotiert. Zur Kühlung sind große Mengen Eis erforderlich (Aufnahme: Ciba-Geigy AG, Basel)

Tabelle 11.8. Fixpunkte und pK_S-Werte einiger Carbonsäuren

Formel	Name	Smp. (°C)	Sdp. (°C)	Sdp. des entsprechenden Alkohols	Sdp. des Methylesters	pK_S
HCOOH	Ameisensäure	8,4°	100°	65°	32°	3,7
CH_3COOH	Essigsäure	16,6°	118°	78°	57°	4,76
C_2H_5COOH	Propionsäure	−20°	141°	97°	78°	4,88
C_3H_7COOH	Buttersäure	− 5°	162°	117°	102°	4,82
C_4H_9COOH	Valeriansäure	−35°	187°	138°	127°	4,81
$C_5H_{11}COOH$	Capronsäure	− 4°	205°	157°	149°	4,85
$C_6H_{13}COOH$	Önanthsäure	−10°	223°	176°	172°	4,89
CH_2FCOOH	Fluoressigsäure	33°	165°	103°	–	2,66
$CH_2ClCOOH$	Chloressigsäure	63°	190°	129°	131°	2,81
$CH_2BrCOOH$	Bromessigsäure	50°	208°	150°	–	2,87
$CH_2I\,COOH$	Iodessigsäure	82°	–	–	–	3,13
$CHCl_2COOH$	Dichloressigsäure	5°	193°		153°	1,29
CCl_3COOH	Trichloressigsäure	58°	196°			0,08
$CH_3CH(OH)COOH$	Milchsäure	18°	122° (15 mm)		145°	3,87
COOH–COOH	Oxalsäure	189°	subl.	197°	163°	1,46 4,40
C_6H_5COOH	Benzoesäure	122°	249°	205°	199°	4,22

Die *homologe Reihe der gesättigten Carbonsäuren* (Tabelle 11.8) entspricht der Reihe der gesättigten Kohlenwasserstoffe und der Alkohole. Carbonsäuren mit unverzweigter C-Kette werden oft als Fettsäuren bezeichnet, weil manche von ihnen Bestandteile der Fette sind.

Die Eigenschaften der *niedrigen Säuren* werden durch die Carboxylgruppe bestimmt. Die ersten vier Säuren lösen sich in jedem Verhältnis in Wasser und reagieren (ziemlich schwach) sauer. Die *höheren Säuren* (ab etwa sechs C-Atomen) sind in Wasser praktisch unlöslich; die lipophilen Eigenschaften der Kohlenwasserstoffreste überwiegen immer mehr. *Ihr saurer Charakter wird* wegen der Unlöslichkeit in Wasser *nur bei der Reaktion mit starken Basen offenbar,* z. B. bei der Neutralisation mit Natrium- oder Kaliumhydroxid.

Ameisensäure, Essigsäure und Propionsäure sind stechend riechende, farblose Flüssigkeiten. Die Säuren mit vier bis acht C-Atomen sind dickflüssiger und riechen unangenehm schweißartig bis ranzig. Säuren mit mehr als zehn C-Atomen sind weiche, paraffinartige, in lipophilen Lösungsmitteln leichtlösliche Substanzen. Die Siedepunkte steigen innerhalb der homologen Reihe regelmäßig an, liegen jedoch noch höher als bei Alkoholen von entsprechender Molekülmasse (Tabelle 11.9).

Tabelle 11.9

	Molekülmasse (u)	Siedepunkt (°C)
Ameisensäure	46	101°
Äthanol	46	78°
Essigsäure	60	118°
Propan	60	98°
n-Oktan	114	126°

Die Moleküle der Carbonsäuren können unter sich *zwei Wasserstoffbrücken* bilden und assoziieren dadurch zu ziemlich stabilen «Doppelmolekülen», die nach Dampfdichtemessungen sogar im Dampfzustand erhalten bleiben (vgl. die Siedepunkte von Essigsäure mit $M = 60$ und von Oktan mit nahezu der doppelten Molekülmasse!). Im festen Zustand liegen die Säuren ebenfalls als Doppelmoleküle vor. Die Säuren mit einer geraden Zahl von C-Atomen können dabei eine symmetrischere und dichtere Anordnung bilden und schmelzen deshalb jeweils etwas höher als die Säuren mit ungeraden C-Zahlen (vgl. besonders Essigsäure mit Smp. 16,6°C und Propionsäure mit Smp. −20°C!).

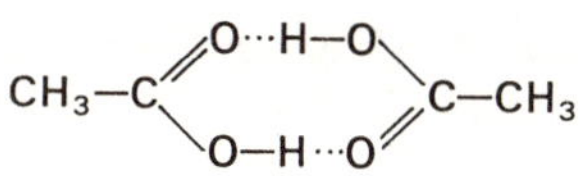

Essigsäure-Doppelmolekül

Beispiele

Ameisensäure, HCOOH, ist die stärkste der unsubstituierten Carbonsäuren. Sie tritt in bestimmten Ameisen, im Zellsaft der Brennhaare von Brennesseln und in den Nesselkapseln der Hohltiere auf und kann als verdünnte Lösung z. B. durch Destillation von mit Wasser zerriebenen Brennesseln erhalten werden. Sie enthält in ihrem Molekül auch eine Aldehydgruppe und wirkt deshalb reduzierend, wobei sie selbst zu Kohlensäure oxidiert wird.

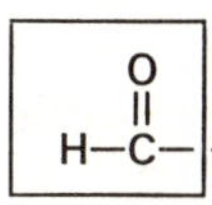

als Aldehyd

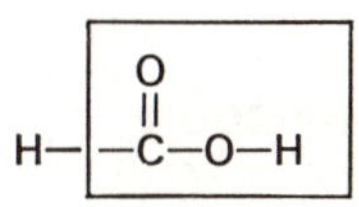

als Säure

Essigsäure, CH_3COOH, eine der wichtigsten organischen Säuren, entsteht durch Oxidation von Äthanol über Acetaldehyd als Zwischenprodukt. In kleineren Mengen ist Essigsäure im Holzteer enthalten. Die Hauptmenge der technisch hergestellten Essigsäure wird aus Acetylen oder Äthylen gleichfalls über Acetaldehyd gewonnen.

Die Essigsäure als Hauptbestandteil des *Speiseessigs* entsteht durch bakterielle Oxidation des Alkohols vergorener Fruchtsäfte oder von Wein. Diese sogenannte «Essiggärung» bildet den Dissimilationsvorgang der Essigbakterien (Acetobacter). Im Gegensatz zur alkoholischen Gärung unterbleibt die Essiggärung bei Luftabschluß, weil Sauerstoff als Wasserstoffakzeptor oder Oxidationsmittel notwendig ist:

$$CH_3CH_2OH + O_2 \rightarrow CH_3COOH + H_2O \qquad | -\overset{\nearrow}{E}$$

Reine Essigsäure *(«Eisessig»)* erstarrt bei 16,6°C zu einer eisartigen, festen Masse. Sie ist ein wichtiges Zwischenprodukt zur Herstellung ihrer Salze, zur Darstellung ihrer Ester (z. B. Celluloseacetat) und wird überall dort verwendet, wo eine billige organische oder schwache Säure gebraucht wird. Auch im Stoffwechsel (Abbau von Traubenzucker) spielt sie eine wichtige Rolle, und viele Biosynthesen (z. B. von Carotinoiden, Riechstoffen, Phenolen) gehen von Essigsäure aus.

Buttersäure, C_3H_7COOH, kommt als Glycerinester in der Butter vor. Ranzige Butter und Schweiß enthalten geringe Mengen der freien Säure (Geruch!). Durch bestimmte Bakterien können Kohlenhydrate zu Buttersäure vergoren werden. Im Gegensatz zur Säure besitzen ihre Ester oft einen angenehm-fruchtartigen Geruch (Verwendung als Aromastoffe).

Die eigentlichen **Fettsäuren,** Laurinsäure ($C_{11}H_{23}COOH$), Palmitinsäure ($C_{15}H_{31}COOH$) und Stearinsäure ($C_{17}H_{35}COOH$), bilden als Glycerinester den Hauptanteil pflanzlicher und tierischer Fette. Technisches Stearin ist eine Mischung aus Palmitin- und Stearinsäure.

Von den **ungesättigten Carbonsäuren** besitzt die Acrylsäure sowie die Methacrylsäure zur Herstellung glasartiger Polymerisate große Bedeutung. Plexiglas ist ein polymerer Methacrylsäureester.

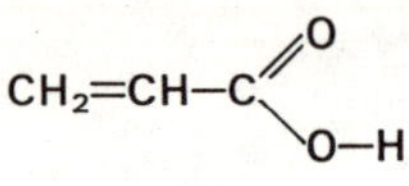

Acrylsäure

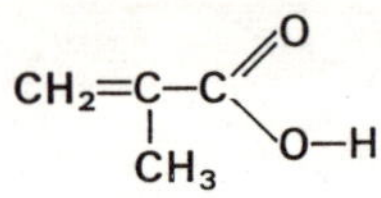

Methacrylsäure

Höhere ungesättigte Carbonsäuren wie *Ölsäure* (mit einer Doppelbindung) und *Linolsäure* (mit zwei Doppelbindungen) treten ebenfalls als Glycerinester in Fetten und «fetten Ölen» auf (Olivenöl, Leinöl u.a.).

$CH_3(CH_2)_7CH{=}CH(CH_2)_7COOH$
Ölsäure

$CH_3(CH_2)_4CH{=}CHCH_2CH{=}CH(CH_2)_7COOH$
Linolsäure

Gewisse ungesättigte Säuren, wie z.B. Linolsäure, sind für die menschliche Ernährung unentbehrlich.

11.4.2 Mehrprotonige Carbonsäuren

Die als saures Kaliumsalz im Sauerklee, Rhabarber und vielen anderen Pflanzen (Spinat, Trauben usw.) vorkommende **Oxalsäure** ist die einfachste Dicarbonsäure. Die beiden gleichsinnig polarisierten C=O-Bindungen verringern die Stabilität der C—C-Bindung, erhöhen aber gleichzeitig Polarität der O—H-Bindung. Oxalsäure ist daher eine viel stärkere Säure als Ameisensäure (pK_s = 1,46); die feste, gut kristallisierende Substanz zerfällt aber schon bei mäßigem Erhitzen in CO, CO_2 und Wasser. Durch Oxidationsmittel (z.B. $KMnO_4$) wird sie leicht zu CO_2 und Wasser oxidiert. Von ihren Salzen dient das Calciumoxalat wegen seiner Schwerlöslichkeit zur quantitativen Bestimmung von Ca^{2+}-Ionen. Es findet sich in Form gut ausgebildeter Kristalle in vielen Pflanzenzellen. Manche Schwermetall-Ionen bilden mit Oxalsäure wie auch mit anderen Dicarbonsäuren *lösliche Chelatkomplexe* (Verwendung der Säure zum Entfernen von Rostflecken).

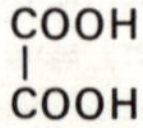

Oxalsäure

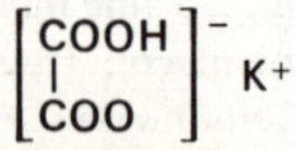

Sauerkleesalz

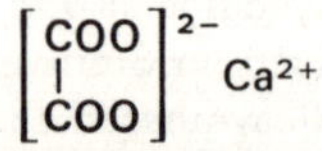

Calciumoxalat

Andere mehrprotonige Säuren sind *Malonsäure, Bernsteinsäure* (ein Destillationsprodukt von Bernstein), *Adipinsäure* (Rohstoff zur Herstellung von Nylon) sowie die beiden stereoisomeren ungesättigten Säuren *Maleinsäure* und *Fumarsäure:*

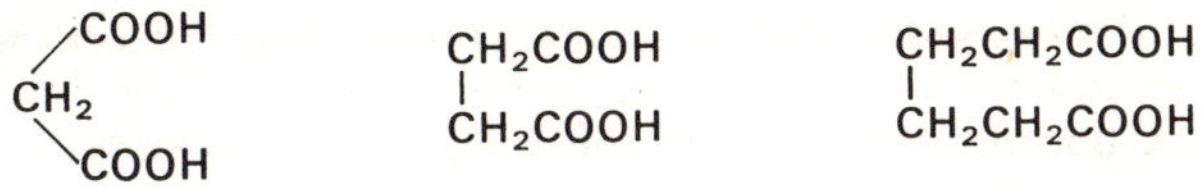

Malonsäure | Bernsteinsäure | Adipinsäure

Maleinsäure
cis-Konfiguration
$pK_s = 1{,}85$

Fumarsäure
trans-Konfiguration
$pK_s = 3{,}02$

Maleinsäure spaltet beim Erhitzen Wasser ab und geht dabei in eine Verbindung mit Ringstruktur über; Fumarsäure hingegen sublimiert unverändert.

11.4.3 Aromatische Carbonsäuren

Benzoesäure (entdeckt durch Destillation von Benzoeharz, einem aromatisch riechenden Harz), eine feste, in Wasser wenig lösliche Substanz, ist etwas stärker sauer als Essigsäure ($pK_s = 4{,}22$), weil der aromatische Ring etwas stärker elektronenanziehend wirkt als die CH_3-Gruppe. Natriumbenzoat dient zur Konservierung von Lebensmitteln. *Salicylsäure* und manche ihrer Derivate wirken als Heilmittel gegen Schmerzen und Fieber; *Aspirin* ist der Essigsäureester von Salicylsäure. *Phthalsäure* und *Terephthalsäure,* zwei aromatische Dicarbonsäuren, besitzen zur Herstellung von Kunstharzen, Farbstoffen und Kunstfasern große Bedeutung. *p-Aminobenzoesäure* ist ein für das Wachstum bestimmter Bakterien nötiger Stoff (zur Bildung der Folsäure eines Vitamins).

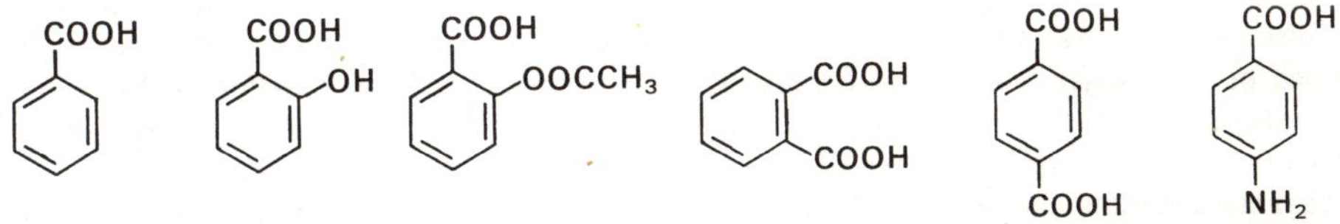

Benzoesäure | Salicylsäure | Aspirin | Phthalsäure | Terephthalsäure | *p*-Aminobenzoesäure

11.4.4 Hydroxysäuren

Säuren, welche neben der Carboxyl- noch eine (oder mehrere) Hydroxylgruppen enthalten, werden als «Hydroxysäuren» bezeichnet. Zu ihnen gehören viele wichtige Naturstoffe.

Beispiele

Milchsäure entsteht aus Zucker durch «Milchsäuregärung», die durch bestimmte Bakterien hervorgerufen wird, und tritt in saurer Milch, in Sauerkraut, in altem Käse u.a. auf. Im arbeitenden Muskel entsteht aus Glykogen freie Milchsäure, wenn die Sauerstoffzufuhr nicht ausreichend ist.

Weinsäure kommt als saures Kaliumsalz im «Weinstein» vor, der sich als schwerlösliches Salz in Wein bei längerem Stehen ausscheidet und den Hauptanteil des «Satzes» von altem Wein bildet. Das Anion der Weinsäure bildet mit Cu^{2+}-Ionen Komplexe, die auch bei hohen *p*H-Werten noch stabil sind (Fehlingsche Lösung).
Die dreiprotonige **Citronensäure** ist ebenfalls eine Hydroxysäure. Sie kommt nicht nur in Zitronen, sondern auch in vielen anderen Pflanzen (vor allem Früchten) vor, z. B. Johannisbeeren, Stachelbeeren u.a. Citronensäure spielt auch eine wichtige Rolle im Stoffwechsel. Milchsäure, Weinsäure und Citronensäure sind bei Zimmertemperatur feste, gut wasserlösliche Substanzen von stark hydrophilem Charakter. Es sind stärkere Säuren als die normalen Carbonsäuren. Verwendung u.a. zur Herstellung von Limonaden.

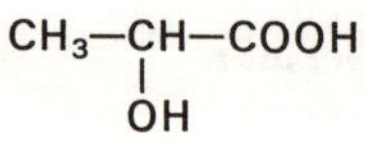
Milchsäure

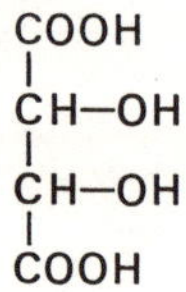
Weinsäure

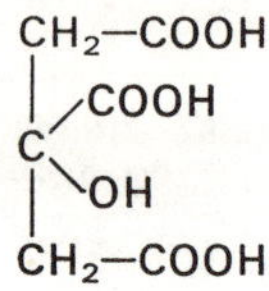
Citronensäure

11.4.5 Ester der Carbonsäuren

Carbonsäuren bilden mit Alkoholen **Ester,** wobei gleichzeitig Wasser entsteht:

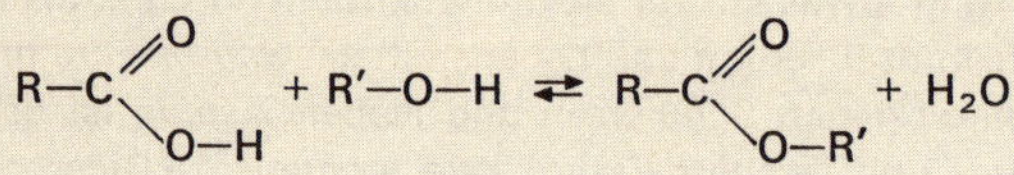

Durch Kochen mit Wasser können Ester wieder in Säure und Alkohol gespalten («**verseift**») werden. Die Esterbildung («**Veresterung**») verläuft also umkehrbar und führt gewöhnlich zu typischen Gleichgewichten, in welchen sowohl Alkohol wie Säure neben Ester und Wasser noch in erheblichen Mengen vorhanden sind (Gleichgewichtskonstante für die Veresterung von Essigsäure mit Äthanol = 4). Die Einstellung des Gleichgewichtszustandes dauert meist sehr lange, kann aber durch katalytische Wirkung von H^+-Ionen (aus H_2SO_4 konz. oder HCl-Gas) stark beschleunigt werden. Die *Hydrolyse* [1] des Esters wird durch Protonenspender ebenfalls beschleunigt. Meistens spaltet man allerdings den Ester durch Kochen mit Lauge, wobei die OH^--Ionen den entstehenden Säuremolekülen Protonen entziehen und sie als Anionen aus dem Gleichgewicht entfernen, so daß die Esterspaltung (die «Verseifung») dann praktisch vollständig verläuft:

$$R{-}COOR' + Na^+OH^- \longrightarrow R{-}COO^-Na^+ + R'OH$$

Durch Veresterung einer Carbonsäure mit einem Alkohol, der statt gewöhnlichen Sauerstoff das schwere Isotop ^{18}O enthält, entsteht normales Wasser und Ester mit dem schweren Sauer-

[1] Unter **Hydrolyse** versteht man einen Vorgang, bei dem *Kovalenzbindungen* unter Aufnahme von Wasser gespalten werden. Die Esterspaltung («Verseifung») ist also eine echte Hydrolyse.

stoffisotop (Nachweis durch Massenspektroskopie). Die Veresterung muß also folgendermaßen verlaufen:

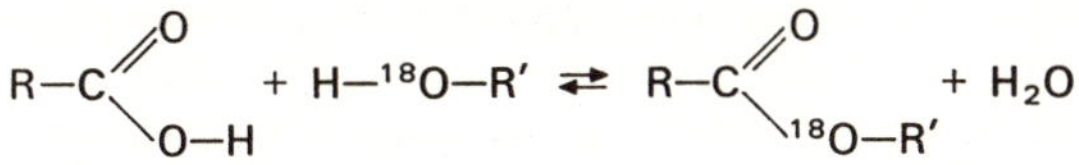

Das Wasser entsteht aus der OH-Gruppe der Säure und dem Wasserstoffatom des Alkohols. Die Veresterung bildet ein Beispiel einer **nucleophilen Addition,** indem sich zuerst ein Alkoholmolekül an das positiv polarisierte C-Atom der Carboxylgruppe anlagert:

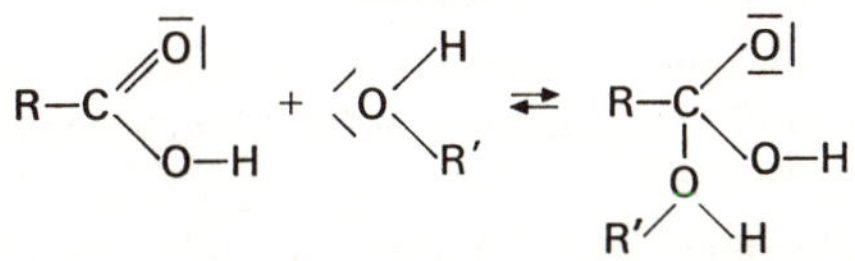

Die Zwischenverbindung (1) stabilisiert sich durch Übergang eines Protons und Abspaltung von Wasser:

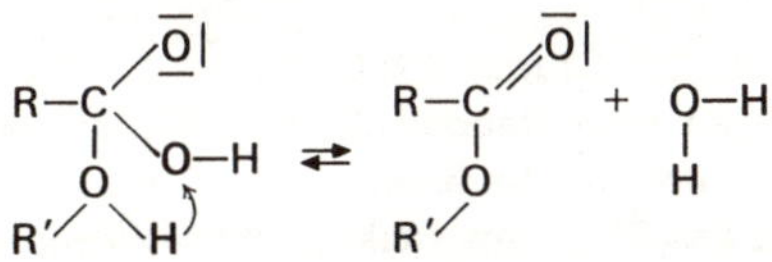

(1) Ester

Bei der *säurekatalysierten Veresterung* wird zunächst ein Proton an die zum elektronegativen O-Atom gezogenen Elektronen der Carbonylgruppe addiert, wodurch das C-Atom der Carboxylgruppe noch stärker positiv polarisiert und damit die Addition des nucleophilen Alkoholmoleküls erleichtert wird[1]:

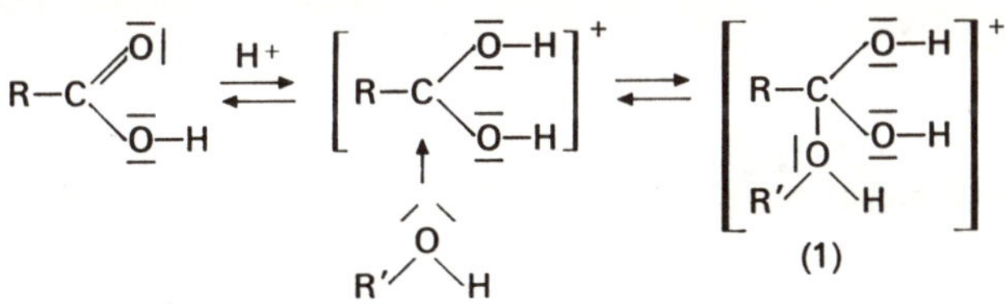

(1)

Die Zwischenverbindung (1) spaltet ebenfalls Wasser ab; das Proton wird von einer Base (z. B. dem Säure-Anion oder Wasser) aufgenommen:

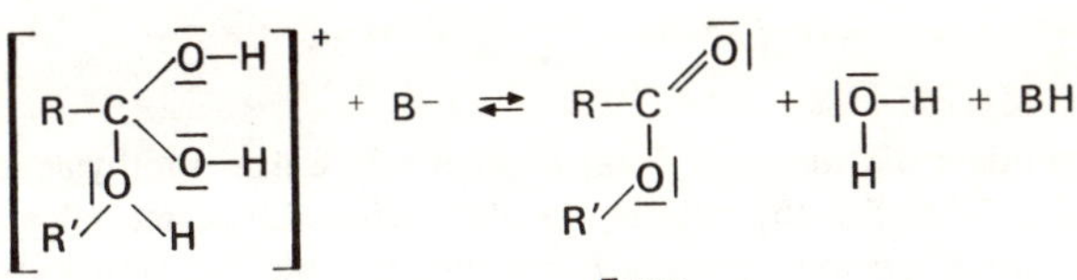

Ester

[1] Carbonsäuren verhalten sich also einer starken Säure gegenüber als Base. Eine Lösung von konzentrierter Schwefelsäure in Eisessig zeigt ziemlich gute elektrische Leitfähigkeit und enthält neben HSO_4^- auch $[CH_3COOH_2]^+$-Ionen.

Da alle Teilschritte auch in umgekehrter Richtung verlaufen können, tritt beim Kochen eines Esters mit einem Überschuß von Wasser unter der katalytischen Wirkung einer Säure Verseifung ein *(«saure Verseifung»)*. Die *katalytische Wirkung der Säure* besteht also darin, daß durch die Addition eines Protons an das Carbonsäure- (bzw. Ester-) molekül die *Anlagerung eines nucleophilen Alkohol-* (bzw. Wasser-) moleküls an das C-Atom der Carbonylgruppe wesentlich *erleichtert wird*.

Die Summengleichung des Vorganges der Veresterung erinnert formal an die stöchiometrische Gleichung der Neutralisation. In Wirklichkeit verlaufen jedoch die beiden Vorgänge vollkommen verschieden; bei der Neutralisation entsteht das Wasser durch Protonenübergang auf ein OH^--Ion, und die Reaktion verläuft praktisch momentan.

Statt durch direkte Veresterung können Ester auch durch Reaktion von *Salzen* der Carbonsäuren mit *Halogenkohlenwasserstoffen* oder von *Alkoholen* mit *«Säurechloriden»* erhalten werden:

Ester aus Silbersalz und Halogenid: $CH_3COO^-Ag^+ + C_2H_5I \rightarrow CH_3COOC_2H_5 + AgI$

Ester aus Säurechlorid und Alkohol: $CH_3C(=O)Cl + HOC_2H_5 \rightarrow CH_3COOC_2H_5 + HCl$

In den **Säurechloriden** ist die OH-Gruppe des Carboxyls durch ein Halogenatom ersetzt; man stellt diese sehr reaktionsfähigen Verbindungen durch Einwirkung von PCl_5 oder $SOCl_2$ («Thionylchlorid») auf die Carbonsäuren dar. In ihnen ist das C-Atom der Carbonylgruppe als Folge der hohen Elektronegativität des Cl-Atoms stärker positiv polarisiert als in den Carbonsäuren: das Cl-Atom läßt sich deshalb leicht durch nucleophile Teilchen (H_2O-, NH_3-, Alkoholmoleküle u.a.) substituieren. Die Reaktion ist – wie die Veresterung – eigentlich eine *Addition/Elimination*, weil das Nucleophil zuerst an das Carbonyl-C-Atom addiert wird, bevor die Abgangsgruppe austritt:

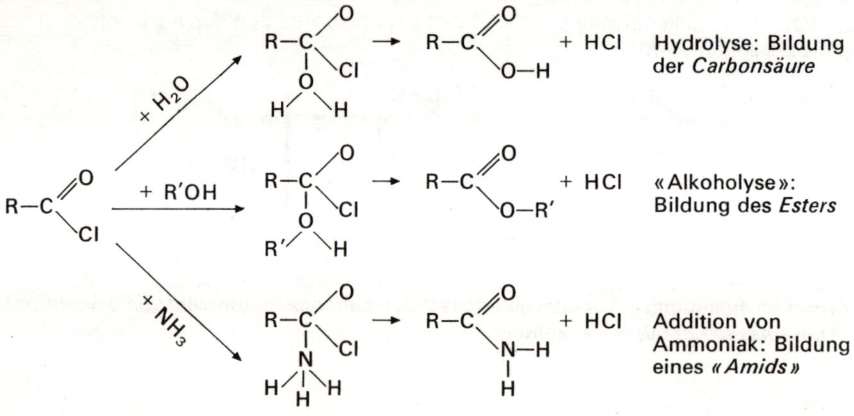

Man benennt besonders die niederen Ester ähnlich wie Salze: Methylacetat für Essigsäuremethylester (CH_3COOCH_3), Äthylbutyrat für Buttersäureäthylester ($C_3H_7COOC_2H_5$) usw. Ester niederer Carbonsäuren mit niederen Alkoholen (C_1 bis C_5) sind ziemlich stark flüchtig und durch einen angenehmen, fruchtartigen Geruch ausgezeichnet. Manche von ihnen kommen in geringer Menge in reifen Früchten vor *(«Fruchtester»)* und werden als Aromastoffe für Limonaden und Bonbons sowie als Lösungsmittel für Lacke verwendet. *Wachse* sind Ester höherer Carbonsäuren mit höheren Alkoholen. Bienenwachs enthält hauptsächlich Säuren und Alkohole mit 26 und 28 C-Atomen.

Fette. Die festen oder halbfesten eigentlichen **Fette** sowie die zum Unterschied von den «Mineralölen» (aus dem Erdöl stammende Kohlenwasserstoffe!) als «**fette Öle**» bezeichneten flüssigen Fette sind *Glycerinester höherer Carbonsäuren* (der «Fettsäuren»). Gewöhnlich bestehen die Fette aus Mischungen von Einzelverbindungen aus Glycerin und Fettsäuren, den «Glyceriden», wobei Glycerin entweder mit nur einer oder gleichzeitig mit verschiedenen Fettsäuren verestert sein kann:

$$\begin{array}{l} CH_2OOCC_{17}H_{35} \\ | \\ CHOOCC_{17}H_{35} \\ | \\ CH_2OOCC_{17}H_{35} \end{array}$$

Glycerin mit drei Molekülen Stearinsäure verestert

$$\begin{array}{l} CH_2OOCC_{17}H_{35} \\ | \\ CHOOCC_{17}H_{33} \\ | \\ CH_2OOCC_{17}H_{35} \end{array}$$

Glycerin mit zwei Molekülen Stearinsäure und einem Molekül Ölsäure verestert

Die Unterschiede zwischen Fetten verschiedener Herkunft werden durch die verschiedenen in ihnen vorhandenen Fettsäuren bedingt. Es ist indessen sehr schwer, aus den natürlichen Fetten die einzelnen Glyceride in reiner Form zu isolieren, so daß die einzelnen Fette nur durch die Zusammensetzung des bei ihrer Spaltung entstehenden Fettsäuregemisches charakterisiert werden können (Tabelle 11.10). Die wirtschaftlich wichtigsten Fette sind Schweineschmalz, Rindertalg, Kokosfett, Butter sowie Erdnuß-, Baumwollsamen-, Oliven-, Lein- und Walöl.

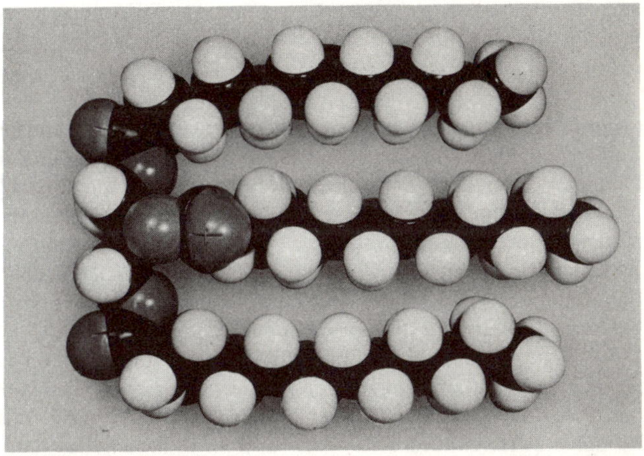

Abb. 11.21. Modell eines Glycerid-Moleküls (Ester aus Glycerin und drei Molekülen Laurinsäure, $C_{11}H_{23}COOH$)

Mengenmäßig die bedeutendste Fettsäure ist die Ölsäure ($C_{17}H_{33}COOH$), eine ungesättigte Fettsäure mit einer Doppelbindung. Ölsäure ist in wechselnden Mengen in allen natürlichen Fetten enthalten. In pflanzlichen Fetten (Kokosfett und Palmkernfett) sind vor allem Laurinsäure und Myristinsäure ($C_{11}H_{23}COOH$ und $C_{13}H_{27}COOH$) vorhanden; tierische Fette (Butter, Talg, Schweineschmalz) enthalten vorwiegend Glyceride der Palmitin- und Stearinsäure ($C_{15}H_{31}COOH$ und $C_{17}H_{35}COOH$). In der Butter kommen ferner geringe Mengen von Butter-

Tabelle 11.10. Zusammensetzung einiger Fette und Öle (Gew.-%)

	P	St	Ö	L	Iz
Kokosfett	4–10	1–5	2–10	0–2	8–10 [1]
Palmfett	34–43	3–6	38–40	5–11	48–58
Butter	23–26	10–13	30–40	4–5	26–45 [2]
Schweineschmalz	28–30	12–18	41–48	6–7	46–66
Talg	24–32	14–32	35–48	2–4	32–47
Ricinusöl	0–1	–	0–9	3–7	81–90 [3]
Olivenöl	5–15	1–4	69–84	4–12	74–94
Arachidöl	6–9	2–6	50–70	13–26	83–98 [4]
Rapsöl	0–1	0–2	20–38	10–15	94–106
Baumwollsamenöl	19–24	1–2	23–33	40–48	103–115
Leinöl	4–7	2–5	9–38	3–43	170–204 [5]
Lebertran	10–16	1–2			120–190 [6]

[1] 45–51% Laurinsäure ($C_{11}H_{23}COOH$)
[2] 3–4 % Buttersäure (C_3H_7COOH)
[3] 80–92% Ricinolsäure [$C_{17}H_{32}(OH)COOH$], eine ungesättigte Hydroxysäure
[4] 2–5 % Arachinsäure ($C_{19}H_{39}COOH$)
[5] 25–58% Linolensäure [$CH_3CH_2CH{=}CHCH_2CH{=}CHCH_2CH{=}CH(CH_2)_7COOH$]
[6] 31–45% C_{20}- und C_{22}- ungesättigte Säuren

P = Palmitinsäure ($C_{15}H_{31}COOH$)
St = Stearinsäure ($C_{17}H_{35}COOH$)
Ö = Ölsäure ($C_{17}H_{33}COOH$)
L = Linolsäure ($C_{17}H_{31}COOH$)
Iz = Iodzahl (Maß für ungesättigten Charakter)

säure-Glycerinester vor. Die natürlichen Fette enthalten fast ausnahmslos Fettsäuren mit gerader Kohlenstoffzahl; synthetisch hergestellte Fette, die z. B. für Zuckerkranke verwendet werden können, können auch Fettsäuren mit ungerader Kohlenstoffzahl aufweisen.

Infolge des räumlichen Baues der Kohlenstoffkette ungesättigter Säuren (*«cis*-Konfiguration» an der Doppelbindung) ordnen sich ihre Glyceride schwerer in ein Kristallgitter ein. Die Fette werden deshalb im allgemeinen um so weicher und leichter schmelzbar, je höher der Anteil der ungesättigten Fettsäuren an ihrer Zusammensetzung ist. Fette Öle, wie Oliven- oder Erdnußöl, bestehen fast nur aus Glyceriden ungesättigter Säuren.

Trocknende Öle wie z. B. Leinöl enthalten ungesättigte Säuren mit mehreren Doppelbindungen. Diese vermögen Luftsauerstoff anzulagern und zu polymerisieren, wobei die zuerst entstandenen Peroxide wahrscheinlich katalytisch wirken. Auf diese Weise entstehen harte, harzartige Produkte (Verwendung für Firnisse und für Ölfarben).

Durch Wasserstoff können ungesättigte Fette katalytisch hydriert werden. Diese «**Fetthärtung**» ist von großer wirtschaftlicher Bedeutung, weil es dadurch gelingt, in großer Menge anfallende, teilweise besonders billige pflanzliche und tierische Öle in höher schmelzende, für manche, besonders technische Zwecke besser geeignete Fette umzuwandeln. Allerdings werden dadurch gewisse, für den Menschen lebenswichtige ungesättigte Fettsäuren (Linolsäure u.a.) ebenfalls hydriert, so daß gehärtete Fette ohne künstlichen Zusatz dieser Fettsäuren für die Ernährung weniger wertvoll sind.

Die in *Pflanzen* vorkommenden Fette oder Öle werden meist durch Auspressen oder durch Extrahieren mit Benzin oder Trichloräthylen gewonnen. *Tierische* Fette werden häufig auch ausgeschmolzen und auf diese Weise abgetrennt. *Synthetisch* können Fette durch milde Oxidation von Paraffinen (Produkte des Fischer-Tropsch-Prozesses) zu Fettsäuren und anschließende

Veresterung mit Glycerin gewonnen werden. Synthetische Fette eignen sich weniger als Nahrungsmittel, die betreffenden Fettsäuren können aber z. B. zur Seifenherstellung Verwendung finden.
In den Fetten sind die hydrophilen OH- und COOH-Gruppen des Glycerins und der Fettsäuren verschwunden; Fette sind deshalb ganz ausgesprochen wasserunähnliche, **lipophile** Substanzen *(lipos* gr. = Fett). Sie lösen sich nur in ebenfalls lipophilen Lösungsmitteln (Äther, Benzin, Chlorkohlenwasserstoffe); beim Schütteln mit Wasser entstehen trübe Emulsionen (Aufschwemmungen feiner Tröpfchen), die sich sehr schnell wieder scheiden. Durch bestimmte Stoffe («Emulgatoren»), vor allem Seifen, Gallensäuren oder Eiweiße, können indessen solche Emulsionen stabilisiert werden, indem sich die Fetttröpfchen mit einer dünnen Haut des Emulgators überziehen und sich dann gegenseitig abstoßen.
Neben den Kohlenhydraten und Eiweißstoffen sind die Fette die dritte Gruppe der *Nahrungs- und Reservestoffe.* Sie sind die energiereichsten aller Nahrungsmittel und besitzen eine etwa doppelt so große physiologische Verbrennungswärme wie die Kohlenhydrate oder die Eiweiße. In den Organismen treten die Fette fast ausschließlich als Reservestoffe (Energiespeicher!) auf, oft angereichert in bestimmten Organen oder Geweben. Im Darm des Menschen und der Säugetiere werden die Fette zunächst durch die Wirkung von Galle und Bauchspeichel emulgiert und dann unter dem Einfluß bestimmter Fermente («Lipasen») in Glycerin und die freien Säuren gespalten. Anschließend werden die Bestandteile in der Darmwand zu körpereigenen spezifischen Fetten neu aufgebaut und durch Lymphe und Blut im Körper verteilt. Als Emulgatoren zur Stabilisierung der Fettemulsion wirken geringe Mengen Eiweißstoffe. Auch in den verschiedenen Geweben können Fette wiederum ab- und aufgebaut und damit ineinander umgewandelt werden; die Synthese von Fetten aus Kohlenhydraten ist ebenfalls möglich. – Beim Ranzigwerden entstehen durch bakterielle Oxidation der Fettsäureketten freie Säuren mit kürzeren Ketten, welche den unangenehmen Geruch bedingen.

11.4.6 Salze der Carbonsäuren; Seifen

Durch Neutralisation mit Alkalihydroxiden und -carbonaten erhält man *Salze* der Carbonsäuren. Die Alkalisalze der Säuren mit 1 bis 10 C-Atomen lösen sich sehr leicht in Wasser; Alkalisalze höherer Fettsäuren («**Seifen**») bilden kolloidale Lösungen. Die Anionen der normalen Carbonsäuren sind schwache Basen; Lösungen ihrer Salze reagieren daher deutlich alkalisch. Manche Säuren bilden auch schwerlösliche Salze; *besonders schwerlöslich sind die Calcium-* (und zum Teil auch die Magnesium-) *salze mancher Säuren,* z. B. *der höheren Fettsäuren.*
Seifen entstehen auch dadurch, daß man Fette mit Laugen (NaOH, KOH, Na_2CO_3) kocht (daher der Ausdruck *«Verseifung»* für die Hydrolyse eines Esters).

$$\begin{array}{lcl} CH_2OOCC_{17}H_{35} & & CH_2OH \\ | & & | \\ CHOOCC_{17}H_{35} + 3\,NaOH & \longrightarrow & CHOH + 3\,C_{17}H_{35}COONa \\ | & & | \\ CH_2OOCC_{17}H_{35} & & CH_2OH \end{array}$$

Die Herstellung eines reinigenden Breies aus Fett und Asche (enthält K_2CO_3) war schon im Altertum bekannt. Im Mittelalter wurde Seife durch Kochen von Fetten mit Soda oder mit Holzasche hergestellt *(Seifensiederei).* Erst seit der Entwicklung technischer Verfahren zur Soda- und Natronlaugenherstellung wurde die Seife zum billigen Massenprodukt und erlangte ihre heutige Bedeutung als Reinigungsmittel.
Ein großer Teil der Seife wird auch heute noch durch Sieden von Fetten mit wäßrigen Lösungen von NaOH hergestellt. Das Produkt wird nach beendeter Verseifung durch Zusatz von Kochsalz

ausgefällt *(«ausgesalzen»)*. Die nach diesem Verfahren gewonnenen Seifen enthalten jedoch noch viel Wasser und Glycerin. Um dieses besser abtrennen zu können, werden Fette heute meist mit Schwefelsäure als Katalysator verseift und die Fettsäuren anschließend mit Soda neutralisiert. Nach dem modernsten Verfahren werden Fette durch überhitzten Wasserdampf (180°C) verseift, wobei ein kontinuierlicher Betrieb möglich ist und das Glycerin fast vollkommen abgetrennt werden kann.
Gewöhnliche feste Fette ergeben härtere Seifen *(«Kernseifen»)*. Aus stark ungesättigten Ölen erhält man *weichere Seifen*. Auch Kaliseifen sind gewöhnlich weicher und lösen sich zudem besser (Verwendung z. B. als Rasierseifen). Durch sorgfältiges Mischen der zur Seifenherstellung nötigen Fette und hydrierten Öle lassen sich Seifensorten ganz bestimmter Eigenschaften erzeugen.

Die **reinigende Wirkung der Seife** und anderer Waschmittel beruht auf verschiedenen Effekten, die alle auf den besonderen Bau der in ihnen vorhandenen Anionen zurückgeführt werden können. Diese Anionen enthalten eine extrem lipophile lange Kohlenstoffkette und am einen Ende die stark hydrophile, elektrisch geladene $-COO^-$-Gruppe (Abb. 11.22). Im Wasser hydratisiert sich die $-COO^-$-Gruppe und wird ins Wasser hineingezogen, während die hydrophoben Fettsäureketten aus dem Wasser herausgedrängt werden. Die Anionen reichern sich deshalb in den oberflächlichen Zonen besonders stark an und bilden dort eine «monomolekulare» Schicht. Dadurch wird die Oberflächenspannung[1] herabgesetzt. Als Folge dieser *«Oberflächenaktivität»* der Seife hält die Oberfläche weniger zusammen; die Flüssigkeit wird beweglicher, dringt leichter in kapillare Räume ein und bildet leichter haltbare Schäume. Aus dem gleichen Grund wirkt Seife auch als *Netzmittel*. Vom Wasser nicht benetzbare lipophile Körper werden durch dünne Anionenschichten gewissermaßen mit dem Wasser «verbunden» (Abb. 11.22 b), indem sich die Fettsäureketten gegen die Unterlage, die $-COO^-$-Gruppen aber gegen das Wasser richten. Schließlich bedecken sich auch kleinere Fetttröpfchen an der Oberfläche mit einem dünnen Film von Seifen-Anionen (Abb. 11.22 c), wobei die lipophilen Ketten wiederum gegen das Innere des Fettes gerichtet sind. Damit werden aber die Fetttröpfchen elektrisch aufgeladen und stoßen sich gegenseitig ab, so daß sie nicht zusammenfließen, sondern eine im Wasser haltbare Emulsion bilden. Seife besitzt daher für Fette ein beträchtliches *Emulgiervermögen*.
Beim eigentlichen *Waschvorgang* wirkt die Seife zunächst benetzend; die Seifenlösung dringt dann beim Reiben der Oberfläche des Gegenstandes zwischen Schmutzteilchen (die meist aus Staub, Erde u. a. und Hautfett bestehen) und Unterlage, so daß diese abgelöst werden können. Die Fette werden emulgiert und können dadurch mit der Lösung fortgespült werden.

Nachteile der Seife sind ihre **stark alkalische Reaktion** sowie ihre **Unbrauchbarkeit in stärker saurem sowie hartem Wasser.**

Die Seifen-Anionen sind als konjugierte Basen schwacher Säuren ziemlich stark basisch und ergeben in wäßrigen Lösungen *p*H-Werte von 10 bis 11. Aus diesem Grund empfindet man Seife in den Augen als Schmerz. Bei häufigem Waschen kann empfindliche Haut stark gereizt und unter Umständen sogar geschädigt werden. Durch stärkere Säuren werden die Anionen in freie Fettsäuren übergeführt, die sich aus der Lösung ausscheiden, so daß Seife in Lösungen von $pH < 6$ schlecht oder gar nicht mehr wirkt. Ca^{2+}-Ionen verbinden sich mit Seife zu unlöslicher *Kalkseife*, wodurch ein Teil der gelösten Seife unnütz verbraucht wird. Die Kalkseife schlägt sich

[1] Die Oberflächenspannung ist eine Folge der Tatsache, daß die Teilchen an der Oberfläche einer Flüssigkeit unter der einseitig nach innen gerichteten Anziehungskraft anderer Teilchen stehen. Wasser hat dank den großen zwischenmolekularen Kräften (Wasserstoffbrücken!) eine besonders große Oberflächenspannung. Die Anziehungskräfte zwischen Kohlenwasserstoffketten sind aber beträchtlich kleiner, so daß die Oberflächenspannung sinkt, wenn vorwiegend Seifen-Anionen in den Oberflächenschichten vorhanden sind.

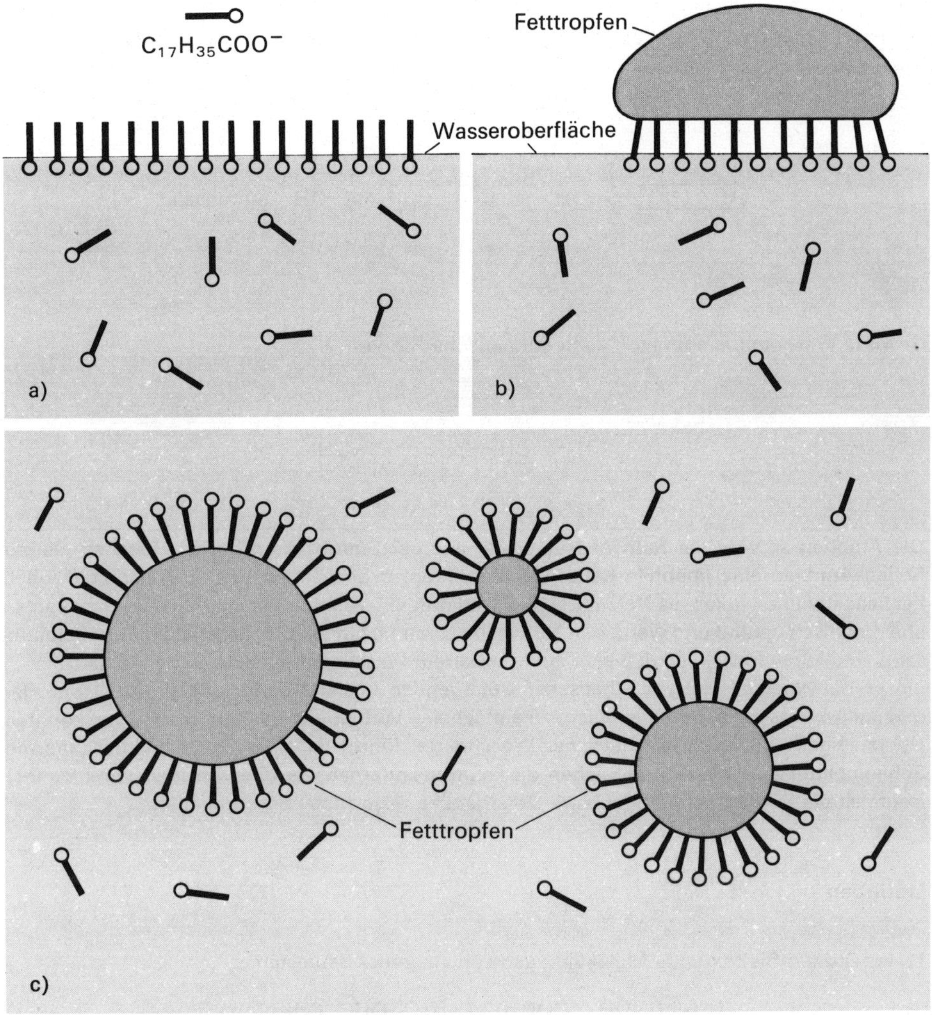

Abb. 11.22. Wirkungen der Waschmittel

a) Oberflächenaktivität: Anreicherung der polar gebauten Ionen in der Wasseroberfläche; b) Wirkung als Netzmittel; c) Emulgierende Wirkung

in den Textilien nieder («Kalkflecken») und macht sie dadurch brüchig oder kann sie in anderer Weise schädigen.

Die seit einigen Jahrzehnten immer mehr an Bedeutung gewinnenden «**synthetischen Waschmittel**» («**Detergentien**») besitzen die reinigende Wirkung der Seife ohne ihre Nachteile. Es handelt sich bei ihnen entweder um *Schwefelsäureester höherer Alkohole* oder um Produkte aus Paraffinen und Schwefelsäure *(«Sulfonsäuren»)*, die durch Neutralisation mit Natriumhydroxid in wasserlösliche Salze übergeführt werden.

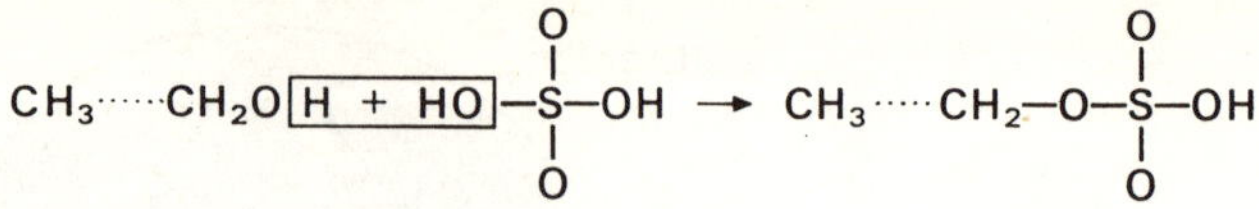

Schwefelsäureester

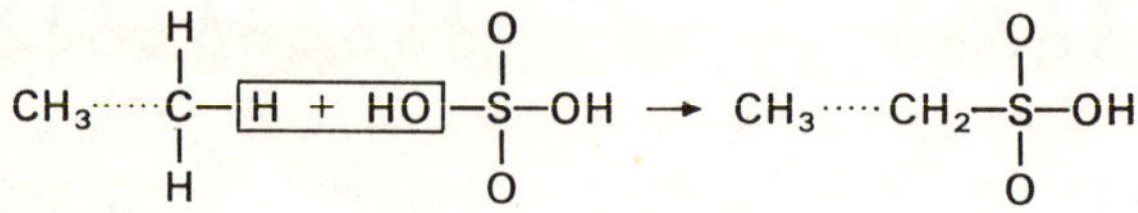

Sulfonsäure

Gewisse Waschmittel enthalten auch aromatische Ringe:

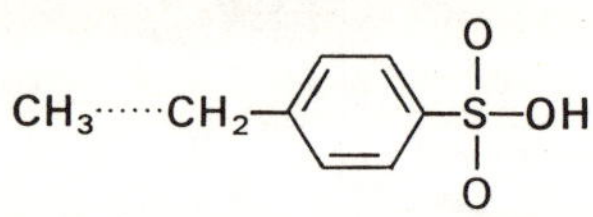

Die Anionen sowohl der Schwefelsäureester wie der Sulfonsäuren besitzen ebenso wie die Seifen-Anionen eine lipophile Kette und ein extrem hydrophiles Ende, sind also stark oberflächenaktiv und wirken als Netzmittel und Emulgatoren. Als Salze starker Säuren reagieren sie aber praktisch neutral und werden in schwach sauren Lösungen nicht ausgefällt. Ihre Calciumsalze sind leicht löslich, so daß sich auch in hartem Wasser mit ihnen waschen läßt.
Ein großer Nachteil vieler synthetischer Detergentien bestand darin, daß sie in Kläranlagen oder im Abwasser von Bakterien nicht zu einfacheren Verbindungen abgebaut werden konnten. Übermäßiger Verbrauch synthetischer Waschmittel führte daher oft zu manchmal enormer Schaumbildung in Flüssen und Bächen, die kaum zu entfernen war (Gewässerverschmutzung!). Heute ist die Verwendung abbaubarer Detergentien gesetzlich vorgeschrieben.

Übungen

11.49 Ordnen Sie folgende Moleküle nach zunehmender Säurestärke:

$$\begin{array}{l}CH_2\text{—}COOH,\\ |\\ OH\end{array}\quad \begin{array}{l}COOH,\\ |\\ COOH\end{array}\quad C_2H_5COOH,\quad CHF_2COOH$$

11.50 Wie reagiert Natriumphenolat mit Wasser, mit CH_3I?
11.51 Warum ist der Wasserstoff am α-C-Atom im CH_3COO^--Ion leichter substituierbar als im Äthanolmolekül?
11.52 Wie reagiert Ameisensäure mit Fehling-Lösung?
11.53 Beschreiben Sie die Reaktion von Acrylsäure mit HBr!
11.54 Erklären Sie den Unterschied zwischen alkalischer und saurer Verseifung.
11.55 Wie verläuft die Reaktion zwischen C_2H_5COOH und C_2H_5OH? Warum führt sie zu einem Gleichgewicht?
11.56 Wie verhalten sich die Verbindungen 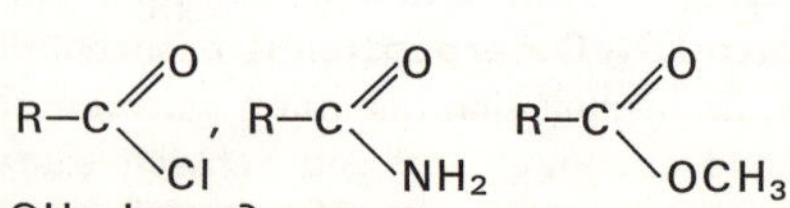 in bezug auf die Leichtigkeit der Hydrolyse mit OH^--Ionen?

11.57 Überlegen Sie sich den Mechanismus der Esterbildung aus Natriumsalzen von Säuren und Halogeniden wie C_2H_5Br.

11.58 Erklären Sie, warum auch Verbindungen vom Typus $[(C_{10}H_{21})NH_3]^+ Cl^-$ reinigende Wirkungen haben, und vergleichen Sie die Waschkraft solcher «Kationenseifen» in hartem, stark alkalischem und saurem Wasser mit der Waschkraft der Seife.

Literatur

H. R. Christen	*Grundlagen der organischen Chemie.* Sauerländer, Aarau 1972
L. und Mary Fieser	*Organische Chemie.* Verlag Chemie, Weinheim 1965
E. S. Gould	*Mechanismus und Struktur in der Organischen Chemie.* Verlag Chemie, Weinheim 1962
C. R. Noller	*Lehrbuch der Organischen Chemie.* Springer, Berlin 1960

11.5 Stickstoff- und schwefelhaltige Verbindungen

11.5.1 Nitroverbindungen

Bei der Einwirkung von konz. Salpetersäure auf *aromatische* Kohlenwasserstoffe lassen sich unter Wasserabspaltung Produkte erhalten, bei welchen Wasserstoffatome durch $—NO_2$-Gruppen («**Nitro-Gruppen**») ersetzt sind:

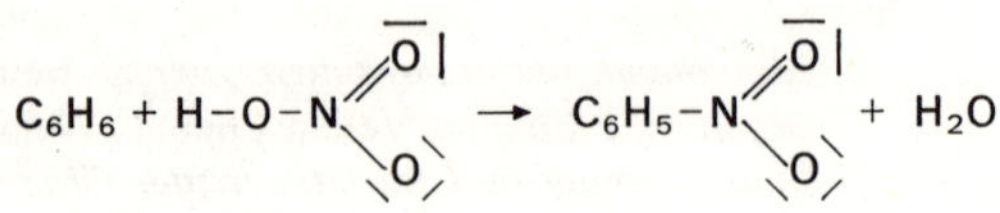

Man verwendet bei der Nitrierung die Salpetersäure meist im Gemisch mit konz. Schwefelsäure; aus HNO_3 entsteht in dieser Lösung das NO_2^+-Ion (siehe S. 297), welches das eigentlich substituierend wirkende Teilchen ist. Gewisse *aliphatische* Kohlenwasserstoffe können ebenfalls nitriert werden (bei 450 bis 500°C mit Salpetersäuredampf), wobei die Reaktion wahrscheinlich ähnlich wie bei der Substitution durch Brom über kurzlebige Radikale führt.
Dank der Elektronegativität der Sauerstoffatome und des Stickstoffatoms wirkt die Nitrogruppe stark elektronenanziehend; Nitroverbindungen besitzen im allgemeinen beträchtliche Dipolmomente.

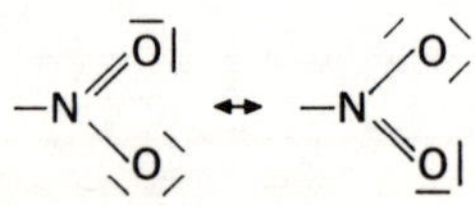

Mesomerie der NO_2-Gruppe

Obschon die Nitrogruppe durch Mesomerie stabilisiert wird, sind manche Verbindungen mit mehreren Nitrogruppen im Molekül wenig stabil und neigen zu explosionsartiger Zersetzung (hoher Sauerstoffgehalt; geringe Polarität der N—O-Bindung; beim Zerfall Bildung des sehr stabilen N_2-Moleküls mit ganz besonders hoher Bindungsenergie). Eine Reihe von Nitroverbindungen wird deshalb als *Sprengstoffe* verwendet. Wegen der verhältnismäßig leichten Reduzierbarkeit der $—NO_2$- zur $—NH_2$-Gruppe besitzen viele – besonders aromatische – Nitroverbindungen eine große Bedeutung als *Zwischenprodukte* für Synthesen.

Beispiele

Nitrobenzol, $C_6H_5NO_2$, eine giftige, gelbe, ölige Flüssigkeit mit charakteristischem Bittermandelgeruch (Sdp. 209°C), entsteht leicht durch Nitrierung von Benzol. Reduktion von Nitrobenzol mit Eisen und Salzsäure ergibt Anilin ($C_6H_5NH_2$).

Pikrinsäure, $C_6H_2(NO_2)_3OH$, eine ziemlich starke Säure, entsteht u.a. durch Nitrierung von Phenol. Die in reinem Zustand ganz schwach gelblichen Kristalle von ausgesprochen bitterem Geschmack *(pikros* gr. = bitter; Smp. 122°C) lösen sich nur mäßig gut in Wasser. In Lauge bildet sich das stark gelbe Pikrat-Ion; durch Zusatz von konz. Salzsäure erhält man wieder eine beinahe farblose Lösung, die vorwiegend Pikrinsäuremoleküle enthält. Pikrinsäure wirkt also als Indikator; ihr Umschlagsgebiet liegt um pH 0 bis 1 (pK_s = 0,75).

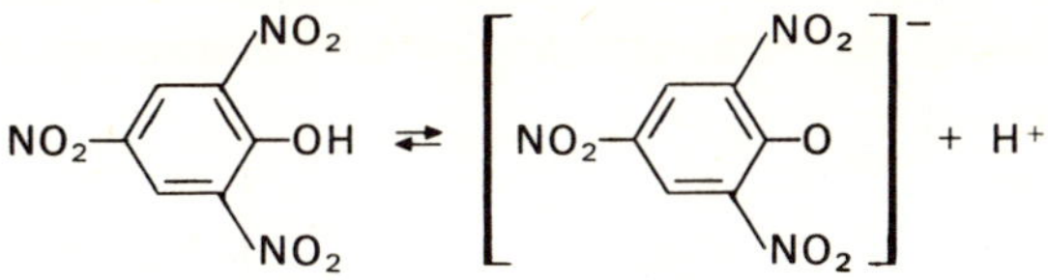

Pikrinsäure — schwach gelblich

Pikrat-Ion — dunkelgelb

Als Säure vermag Pikrinsäure mit Eiweißen (Wolle, Haut) salzartige Verbindungen zu bilden und wirkt deshalb als Farbstoff. Bei raschem Erhitzen, unter Umständen auch auf Schlag, können sich Pikrinsäure und besonders auch ihre Salze explosionsartig zersetzen. Ammoniumpikrat wird deshalb als Sprengstoff verwendet («Melinit»).

Trinitrotoluol, $C_6H_2(NO_2)_3CH_3$, ist einer der wichtigsten Sprengstoffe («Trotyl»). Trotyl ist weniger wärme- und schlagempfindlich als Pikrinsäure und wird durch Initialzünder (Knallquecksilber, Bleiazid) zur Explosion gebracht.
Gewisse *aromatische Nitroverbindungen* («Nitromusk») sind durch einen angenehmen, moschusartigen Geruch ausgezeichnet und werden als Parfum verwendet. Chloramphenicol *(«Chloromycetin»)*, ein Antibiotikum, ist eine natürlich vorkommende Nitroverbindung.

11.5.2 Amine und Amide

Die organischen Derivate von Ammoniak nennt man **Amine.** Je nach der Anzahl der durch organische Reste ersetzten H-Atome unterscheidet man «primäre», «sekundäre» und «tertiäre» Amine. «Quartäre» Amine existieren nur als Ionen in Salzen.

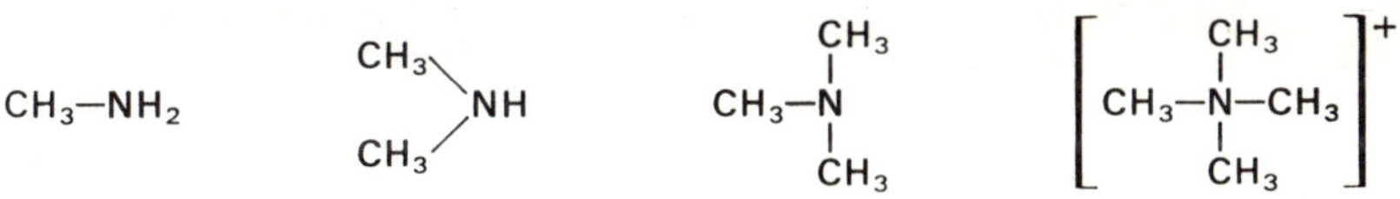

Methylamin (primär) — Dimethylamin (sekundär) — Trimethylamin (tertiär) — Tetramethylammonium-Ion (quartär)

Mit Säuren bilden Amine wasserlösliche, zum Teil gut kristallisierende und beständige *Salze.* Auch Amine höherer Kohlenstoffzahl lösen sich deshalb gut in wäßrigen Säuren. Die niedrigen aliphatischen Amine sind flüchtig, unangenehm fischartig riechende Substanzen. Höhere Amine sind ölige und schlecht wasserlösliche Flüssigkeiten.
Infolge der schwach elektronenabstoßenden Wirkung der Alkylgruppen sind aliphatische Amine deutlich stärker basisch als Ammoniak. Aromatische Amine, wie z. B. Anilin ($C_6H_5NH_2$), sind hingegen viel schwächere Basen: Das freie Elektronenpaar des N-Atoms tritt mit dem π-Elektronensystem des aromatischen Ringes in Wechselwirkung; die Anlagerung eines Protons wird dadurch erschwert, der basische Charakter verringert.

Aromatische Amine dienen als Ausgangsstoffe für viele Synthesen. Einmal erleichtert die Aminogruppe die Substitution von H-Atomen im Ring durch elektrophile Teilchen in der gleichen Weise wie die Hydroxylgruppe bei den Phenolen (siehe S. 408). Dann kann aber auch die Aminogruppe selbst an Reaktionen teilnehmen und z. B. mit salpetriger Säure (aus $NaNO_2$ und

Salz- oder Schwefelsäure) die reaktionsfähigen, im festen Zustand instabilen «**Diazoniumsalze**» bilden:

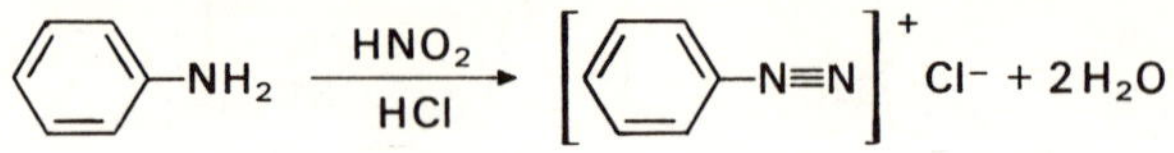

Bei dieser Reaktion wirkt wahrscheinlich die Aminogruppe als nucleophiles Teilchen und greift Distickstofftrioxid (oder eventuell NO^+-Ionen), das mit salpetriger Säure im Gleichgewicht steht, an. Nach Wanderung der beiden Protonen und Abspaltung von Wasser entsteht das Diazoniumsalz:

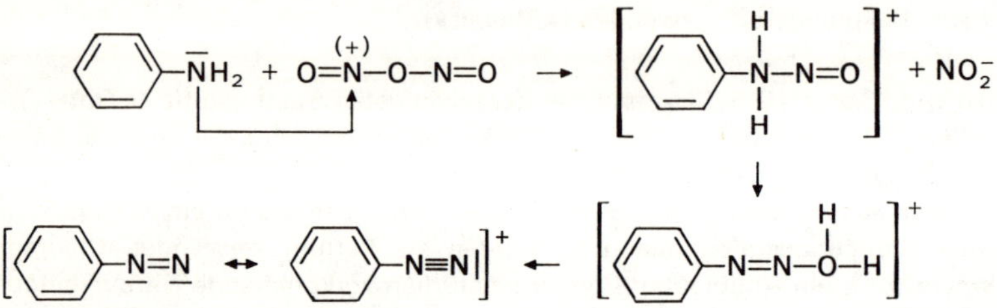

Die Diazoniumsalze spalten bei geringem Erwärmen in Lösung N_2 ab, wobei entweder das Lösungsmittel, ein Anion oder ein anderes nucleophiles Teilchen die $-N_2^+$-Gruppe substituiert:

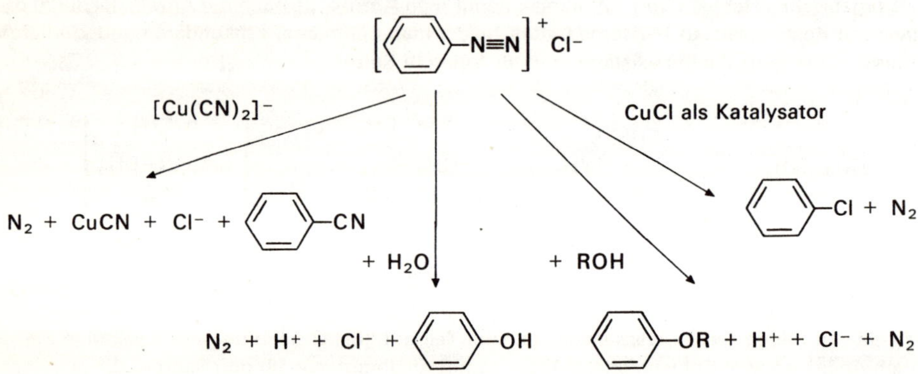

Mit gewissen anderen aromatischen Molekülen vermögen Diazoniumsalze zu Verbindungen mit der —N=N—-Gruppe zu «**kuppeln**». Schon die einfachsten dieser *«Azo-Verbindungen»* sind farbig; Amine bilden daher das Ausgangsmaterial für eine große Zahl wichtiger Farbstoffe («**Azofarbstoffe**»):

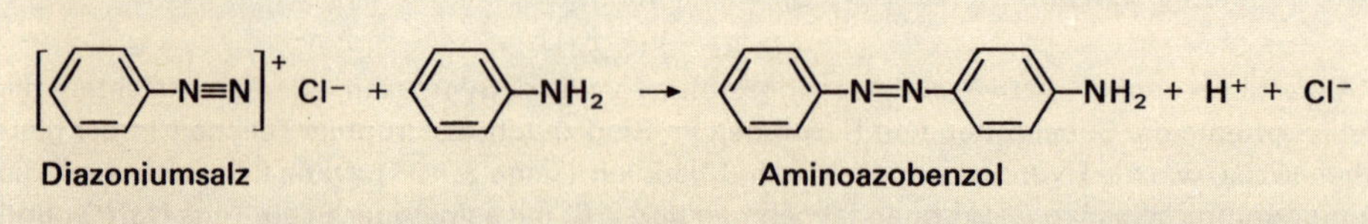

Die Kupplungsreaktion ist eine *elektrophile Substitution* analog der Nitrierung (das Diazonium-Ion, $R—N_2^+$, bildet das angreifende Teilchen). Der elektrophile Charakter dieses Ions ist aber verhältnismäßig schwach; es sind daher vor allem aromatische Ringe, welche durch Amino- oder Hydroxylgruppen aktiviert sind, zur Kupplung befähigt. Die Kupplung mit primären Aminen verläuft etwas anders; sie ist ein Beispiel einer *Umlagerungsreaktion:*

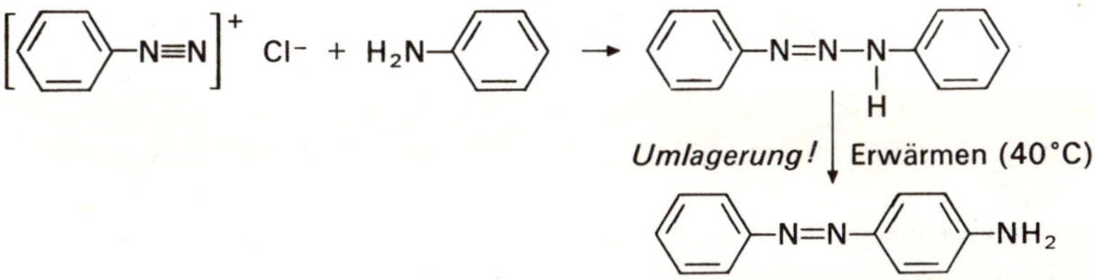

Dagegen verläuft die Kupplung mit tertiären Aminen «normal»:

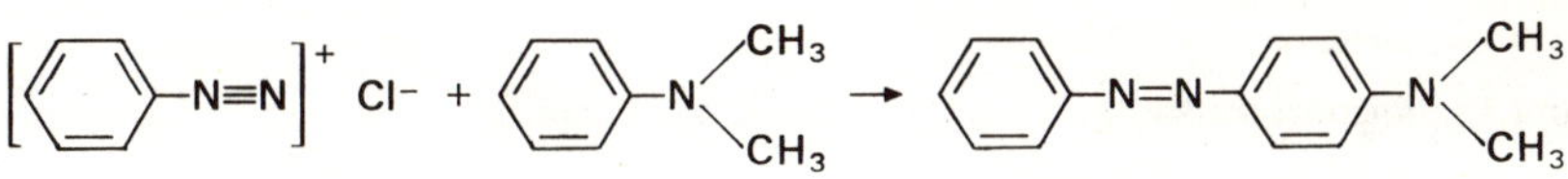

Beispiele aromatischer Amine:

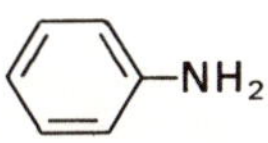

Anilin («Aminobenzol»)

Sdp. 184 °C; in Wasser wenig lösliche, farblose Flüssigkeit; gut löslich in Salzsäure

$pK_b = 9{,}3$

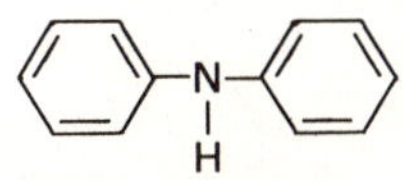

Diphenylamin

Smp. 54 °C; weiße Kristalle

$pK_b = 13{,}1$

Wird in einer Carbonsäure die Hydroxylgruppe durch eine Aminogruppe ersetzt (z. B. indem man einen Ester mit Ammoniak kocht oder ihr Ammoniumsalz erhitzt), so erhält man **Amide**:

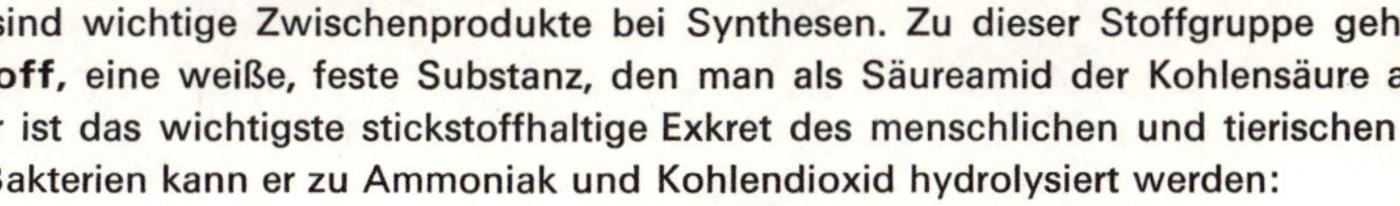

Säure Amid Ester

Dank der großen Elektronegativität der Carbonylgruppe wirken die Amide kaum basisch. Viele Amide sind wichtige Zwischenprodukte bei Synthesen. Zu dieser Stoffgruppe gehört auch **Harnstoff,** eine weiße, feste Substanz, den man als Säureamid der Kohlensäure auffassen kann. Er ist das wichtigste stickstoffhaltige Exkret des menschlichen und tierischen Körpers. Durch Bakterien kann er zu Ammoniak und Kohlendioxid hydrolysiert werden:

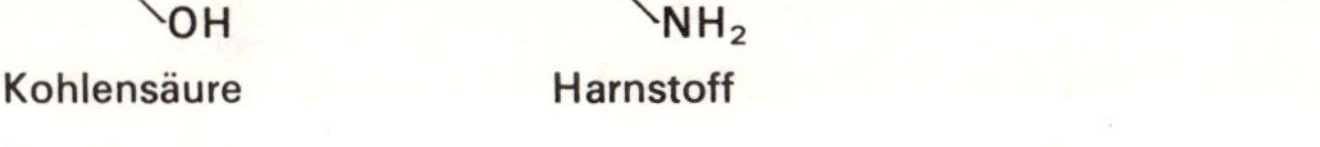

Kohlensäure Harnstoff

11.5.3 Aminosäuren

Aminosäuren enthalten neben der Carboxyl- eine oder mehrere Aminogruppen. Die α-Aminosäuren haben als Bausteine der **Eiweißstoffe** sehr große Bedeutung. Die wichtigsten aus Eiweißen erhaltenen Aminosäuren sind in Tabelle 11.11 zusammengestellt.

Tabelle 11.11. Wichtige in Eiweißen vorkommende Aminosäuren

	Symbol	R
Glycin (Aminoessigsäure)	Gly	$-H$
Alanin (Aminopropionsäure)	Ala	$-CH_3$
Valin (Aminoisovaleriansäure)	Val	$-CH(CH_3)_2$
Leucin (Aminoisocapronsäure)	Leu	$CH_2-CH(CH_3)_2$
Serin (Hydroxyalanin)	Ser	$-CH_2OH$
Threonin	Thr	$-CH(OH)-CH_3$
Methionin	Met	$-CH_2-CH_2-S-CH_3$
Phenylalanin	Phe	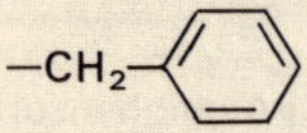
Tyrosin	Tyr	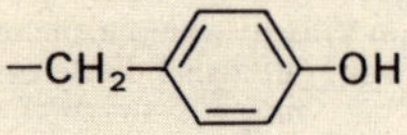
Cystein	CySH	$-CH_2-SH$
Asparaginsäure	Asp	$-CH_2-COOH$
Asparagin		$-CH_2-CONH_2$
Glutaminsäure	Glu	$-CH_2-CH_2-COOH$
Glutamin		$-CH_2-CH_2-CONH_2$
Arginin	Arg	$-CH_2-CH_2-CH_2-NH-C(=NH)-NH_2$
Lysin	Lys	$-CH_2-CH_2-CH_2-CH_2-NH_2$
Histidin	His	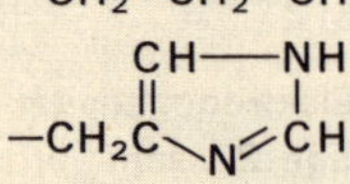
Tryptophan	Try	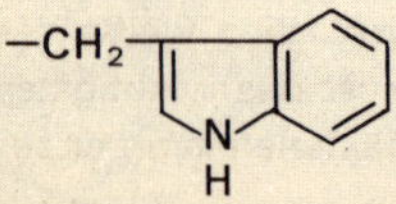
Allgemeine Formel der Aminosäuren		$HOOC-CH(NH_2)-R$

Aminosäuren enthalten zugleich eine saure und eine basische Gruppe. Sie liegen daher gewöhnlich als *«Zwitter-Ionen»* vor, indem das Proton der Carboxylgruppe auf die Aminogruppe übergeht:

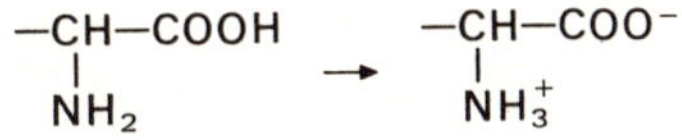

Als Zwitter-Ionen stehen die Aminosäuren in ihren physikalischen Eigenschaften den Salzen nahe: hohe Schmelzpunkte, Destillation ohne Zersetzung unmöglich, ausgesprochen hydrophil.

Abb. 11.23. Modell einer Polypeptidkette aus fünf Aminosäuren

Die in wäßriger Lösung *sauer* wirkende Gruppe einer Aminosäure ist die $-NH_3^+$-Gruppe; die «Säurekonstante» der Aminosäuren (welche aus *p*H-Messungen bestimmbar ist) mißt die Säurestärke der $-NH_3^+$-Gruppe. Durch Zusatz einer Säure zu einer solchen Lösung erhält man die Aminosäure als Kation (die Carboxylat-Gruppe nimmt ein Proton auf); durch Reaktion mit einer Base entsteht die Aminosäure als Anion. Die wäßrige Lösung einer Aminosäure reagiert schwach basisch bzw. sauer, je nachdem die basische bzw. saure Wirkung der $-COO^-$- bzw. $-NH_3^+$-Gruppe überwiegt. Die Zahl der negativen Gruppen muß in einer solchen Lösung gleich der Zahl der positiven sein. Versucht man sie zu elektrolysieren, so beobachtet man keine Wanderung der Zwitter-Ionen. Der diesem Zustand entsprechende *p*H-Wert wird *isoelektrischer Punkt* genannt. Dieser hat für jede Aminosäure einen charakteristischen Wert. Im isoelektrischen Punkt zeigt die Aminosäure ein Löslichkeitsminimum, da sie dann größtenteils in Form des Zwitter-Ions vorkommt und dessen Konzentration also ein Maximum erreicht. Unterhalb und oberhalb dieses *p*H gehen wesentliche Anteile der Substanz in die besser löslichen Kationen oder Anionen über.

Mit Ausnahme der einfachsten, der Aminoessigsäure, enthalten alle Aminosäuren ein «asymmetrisches» Kohlenstoffatom, können also in *zwei spiegelbildlichen stereoisomeren Formen* auftreten (S. 475). Alle natürlichen Aminosäuren sind optisch aktiv und gehören ihrer Konfiguration nach zur L-Reihe.

Wenn die Aminogruppe eines Aminosäuremoleküls mit der Carboxylgruppe eines anderen Säuremoleküls kondensiert, können *«Amid-Bindungen»* zwischen den beiden Molekülen gebildet werden. Durch fortgesetzte Kondensation vieler Aminosäuren entstehen Kettenmoleküle («**Polypeptid-Ketten**»), welche das Grundgerüst der Eiweiße bilden:

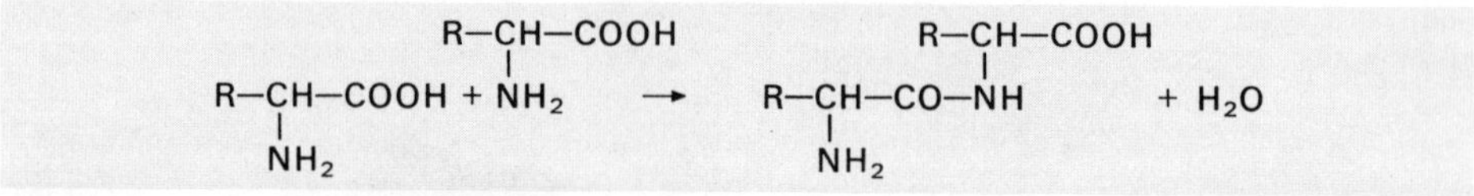

Kondensation zweier Moleküle

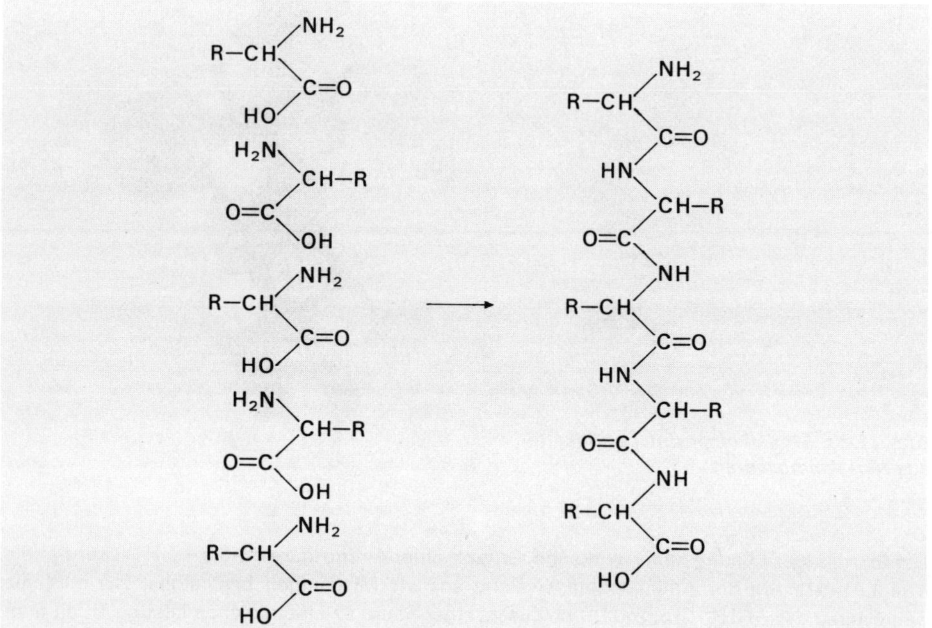

Verknüpfung von fünf Aminosäuremolekülen zu einer Peptidkette

In letzter Zeit wurden viele Polypeptide aus Aminosäuren (darunter auch biologisch wichtige) synthetisch aufgebaut.

Durch die Amidbindung werden die Amino- und die Carboxylgruppen in den Polypeptidketten «maskiert»; die basischen und sauren Eigenschaften der Kettenmoleküle werden also durch die *Seitenketten* «R» bestimmt. Je nach den am Aufbau der Kette beteiligten Aminosäuren können diese Seitenketten saure oder basische Gruppen, schwefelhaltige Gruppen, aromatische Ringe, Alkylgruppen, heterozyklische Ringe usw. enthalten (siehe Tabelle 11.11, S. 440).

11.5.4 Schwefelhaltige Verbindungen

Thioalkohole oder *Mercaptane* enthalten die —SH-(«Sulfhydryl»-)Gruppe. Es sind wenig polare und, soweit sie flüchtig sind, äußerst unangenehm riechende Verbindungen, die sehr leicht oxidiert werden. Die schwefelhaltige Aminosäure Cystein z. B. kann im Körper an einem reversiblen Reduktions-Oxidations-Vorgang teilnehmen:

$$O + \begin{array}{l} HS{-}CH_2{-}CH(NH_2){-}COOH \\ HS{-}CH_2{-}CH(NH_2){-}COOH \end{array} \rightleftarrows H_2O + \begin{array}{l} S{-}CH_2{-}CH(NH_2){-}COOH \\ | \\ S{-}CH_2{-}CH(NH_2){-}COOH \end{array}$$

Cystein   Cystin

Durch Erhitzen von Benzol oder anderen aromatischen Verbindungen mit konz. Schwefelsäure erhält man *Sulfonsäuren:*

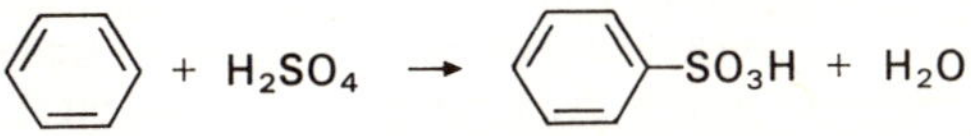

Benzolsulfonsäure

Benzolsulfonsäure ist eine hygroskopische, stark saure und gut wasserlösliche Substanz. Die als Heilmittel häufig verwendeten *«Sulfonamide»* sind Amide von Sulfonsäuren. Ihre «bakteriostatische» (das Wachstum von Bakterien hemmende) Wirkung beruht darauf, daß sie von bestimmten Bakterienarten an Stelle des für ihr Gedeihen notwendigen «Vitamins» *p*-Aminobenzoesäure aufgenommen werden. Die Sulfonamide besitzen jedoch keine Vitaminwirkung, so daß die betreffenden Bakterien nicht weiter wachsen und sich nicht mehr vermehren können.

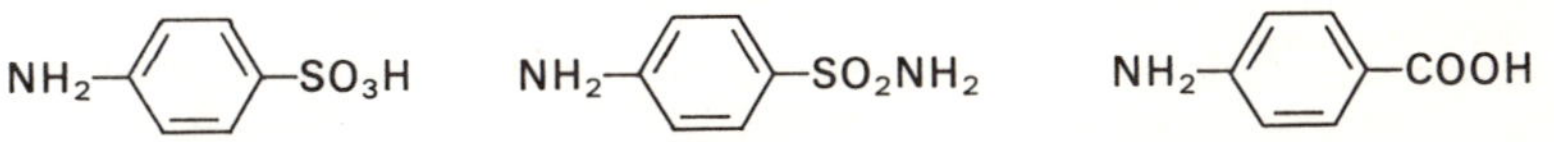

Sulfanilsäure   Sulfanilamid [Amid der Sulfanilsäure]   *p*-Aminobenzoesäure

Übungen

11.59 Aus $(CH_3)_3N$ und CH_3I entsteht das Salz Tetramethylammoniumiodid $[(CH_3)_4N]I$. Überlegen Sie sich den Mechanismus dieser Reaktion.

11.60 Warum ist Guanidin, $(NH_2)_2C{=}NH$, eine sehr starke Base? (Struktur der konjugierten Säure beachten!) Wie wird sich Harnstoff in bezug auf diese Eigenschaft verhalten?

11.61 Ist Pyridin 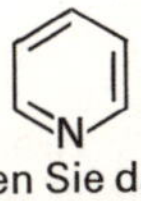 stärker oder schwächer basisch als Anilin?

11.62 Beschreiben Sie das Verhalten eines Aminosäure-Zwitter-Ions in wäßriger Lösung, wenn man durch Zusatz von OH^--Ionen das pH allmählich erhöht.

11.63 Wie erfolgt die Bildung der Polypeptidketten aus Aminosäuren? Was würde man erhalten, wenn man statt α-Aminosäuren β- oder δ-Aminosäuren

$$\begin{array}{l} CH_2CH_2COOH \\ | \\ NH_2 \end{array} \quad \text{oder} \quad \begin{array}{l} CH_2CH_2CH_2CH_2COOH \\ | \\ NH_2 \end{array}$$

zur Kondensation verwenden würde?

11.6 Organische Reaktionen

Bei chemischen Reaktionen werden einzelne Bindungen gelöst und andere Bindungen neu gebildet. Die Umwandlung der Ausgangsstoffe in die Produkte kann sich dabei in einem einzigen Schritt oder in mehreren Schritten, über einen oder mehrere Zwischenstoffe, vollziehen. Der Reaktionsweg (der «**Mechanismus**») vieler Vorgänge ist heute schon sehr genau bekannt, und es ist deshalb möglich, diese entsprechend dem verschiedenen Ablauf vergleichend zu betrachten. Zwar können Zwischenstoffe gewöhnlich nicht als stabile Teilchen isoliert und untersucht werden; die Erforschung der Reaktionsmechanismen muß deshalb oft durch indirekte Methoden geschehen. Kinetische Untersuchungen zeigen beispielsweise die Abhängigkeit der Reaktionsgeschwindigkeit von den Konzentrationen der Reaktionsteilnehmer und geben damit Aufschluß darüber, ob es sich um eine Reaktion erster, zweiter oder gar dritter Ordnung handelt, usw. Die Variation der bei einer bestimmten Reaktion herrschenden Bedingungen und die Identifikation der dabei jeweils entstehenden Endstoffe ermöglicht unter Umständen einen Entscheid darüber, welche Bindungen bei einer Reaktion gelöst bzw. gebildet werden. Oft ergeben sich auch aus der Art, wie eine Reaktion beschleunigt bzw. verzögert werden kann, Hinweise auf den Reaktionsablauf. Labile Zwischenstufen können oft durch spektroskopische Messungen nachgewiesen werden. Insbesondere sind auch stereochemische Untersuchungen sowie die Markierung bestimmter Atome als radioaktive oder schwere Isotope (^{14}C, radioaktiv; ^{13}C und ^{18}O, nicht radioaktiv) für die Aufklärung von Reaktionsmechanismen wichtig geworden. In vielen Fällen besteht indessen auch heute noch keine Klarheit über den Reaktionsablauf, sei es, weil die Beobachtungsergebnisse mit mehreren, verschiedenen Mechanismen vereinbar sind, zwischen welchen keine eindeutige Entscheidung möglich ist, sei es, daß die betreffenden Reaktionen besonders schwierig zu untersuchen sind.

11.6.1 Substitutionsreaktionen

Nucleophile Substitution

Nucleophile Substitutionen verlaufen nach folgendem Schema:

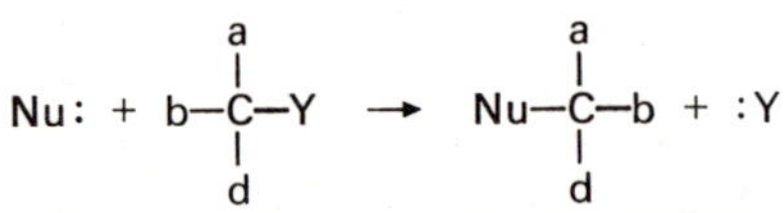

Das substituierend wirkende nucleophile Reagens (das *«Nucleophil»)* muß dabei ein freies Elektronenpaar zur Verfügung stellen und geht eine neue Bindung zu einem C-Atom, das positiv polarisiert sein muß, ein.

Verlauf. Nucleophile Substitutionen können auf drei verschiedene Weisen vor sich gehen. Im einen Fall wird die alte Bindung gelöst, bevor sich eine neue Bindung ausgebildet hat. Die Reaktion verläuft in *zwei Schritten,* wobei ein Ion, bei welchem ein C-Atom eine positive Ladung trägt (ein «**Carbonium-Ion**») als Zwischenstoff auftritt:

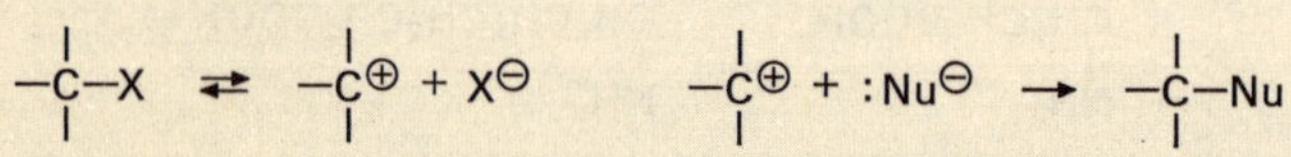

Im zweiten Fall erfolgt das Trennen und Neubilden der Bindungen gleichzeitig, also in einem Übergangszustand. Der Vorgang verläuft damit in *einem einzigen Schritt:*

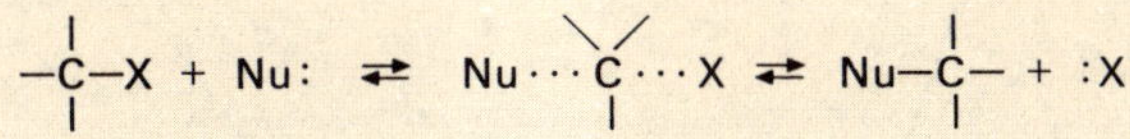

Da die Trennung von C—X-Bindungen im allgemeinen eine ziemlich hohe Aktivierungsenergie erfordert, ist bei einer Zweistufensubstitution der erste Reaktionsschritt geschwindigkeitsbestimmend, denn der zweite Schritt – die Kombination eines Carbonium-Ions mit einem Nucleophil – verläuft praktisch momentan. Die Reaktionsgeschwindigkeit hängt damit nur von der Konzentration der Teilchen ab, an denen die Substitution stattfindet. Die Substitution ist also in diesem Fall eine *Reaktion erster Ordnung,* und man bezeichnet diesen Reaktionstyp als **S_N1-Reaktion**[1]. Im anderen Fall muß aber die Reaktionsgeschwindigkeit von den Konzentrationen zweier Teilchenarten abhängen; die Substitution ist bimolekular und verläuft nach der *zweiten* Ordnung. Sie wird als **S_N2-Reaktion** bezeichnet. Die Untersuchung der Konzentrationsabhängigkeit der Reaktionsgeschwindigkeit kann also Aufschluß darüber geben, ob es sich in einem bestimmten Fall um eine S_N1- oder um eine S_N2-Reaktion handelt. Man hat gefunden, daß Substitutionen an primären C-Atomen nach S_N2, Substitutionen an tertiären C-Atomen dagegen meist nach S_N1 erfolgen.

Im *dritten* Fall einer nucleophilen Substitution wird im ersten Reaktionsschritt das Nucleophil an ein positiv polarisiertes C-Atom *addiert,* während die Abgangsgruppe (das austretende Teilchen) erst im zweiten Reaktionsschritt *abgetrennt* wird. Da der erste Schritt, die Addition, geschwindigkeitsbestimmend ist, verläuft die Gesamtreaktion (eine *Kombination von Addition und Elimination)* nach der *zweiten* Ordnung. Sie ist *nur an ungesättigten C-Atomen* (besonders Carbonsäurederivaten) möglich:

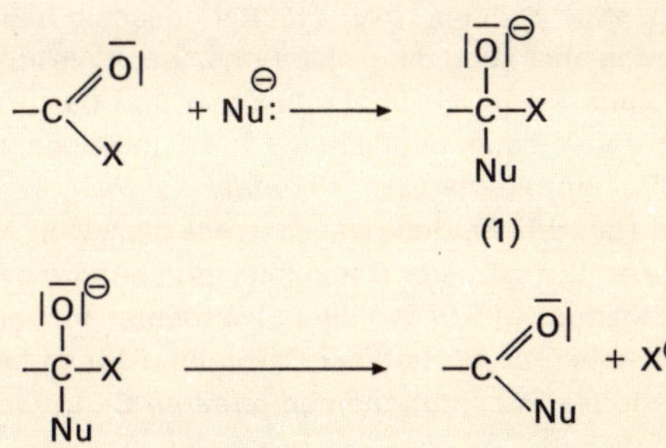

Im Zwischenstoff (1) ist das C-Atom, an welchem die Substitution stattfindet, tetraedrisch mit vier Liganden verbunden; man bezeichnet deshalb diesen Reaktionstyp als **S_N2_t-Reaktion.**

S_N1- und S_N2-Reaktionen. Ob in einem bestimmten Fall eine Substitution erster oder zweiter Ordnung eintritt, hängt von verschiedenen Einflüssen ab. Da von zwei an sich möglichen Reaktionen diejenige *schneller* verläuft, welche die *kleinere Aktivierungsenergie* benötigt, werden S_N2-Reaktionen durch alle Faktoren begünstigt, welche in erster Linie den Übergangszustand

[1] **Substitution, nucleophil, 1.** Ordnung.

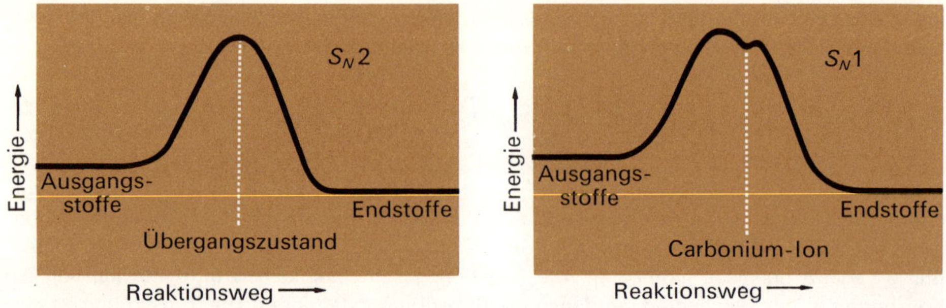

Abb. 11.24. Energiediagramm für S_N2- und S_N1-Reaktionen

stabilisieren, d.h. dessen Energie herabsetzen. Bei S_N1-Reaktion ist nur die Bildung des Carbonium-Ions geschwindigkeitsbestimmend. Faktoren, welche die Aktivierungsenergie dieses Schrittes herabsetzen oder die Stabilität des Carbonium-Ions erhöhen, begünstigen damit einen Ablauf nach S_N1.

Zu den wichtigsten solchen Effekten gehören die Wirkungen des *Lösungsmittels* sowie *sterische* (räumliche) *Faktoren*. Die Übergangszustände, ganz besonders aber die Carbonium-Ionen, sind stets solvatisiert, so daß nucleophile Substitutionen ohne Mitwirkung eines Lösungsmittels wohl überhaupt nicht vor sich gehen können. Polare Lösungsmittel wie Äthanol oder Eisessig können aber Carbonium-Ionen ganz besonders stark solvatisieren und damit stabilisieren; indem dadurch das Gleichgewicht des ersten Teilschrittes der Substitution auf die Seite des Carbonium-Ions verschoben wird, erleichtern sie die Ionisierung und «ziehen» das austretende Teilchen gewissermaßen aus dem Molekül «heraus». Nucleophile Substitutionen an gesättigten C-Atomen verlaufen in stark polaren Lösungsmitteln deshalb häufig nach S_N1.
Carbonium-Ionen werden aber auch dann *stabilisiert,* wenn die an das positiv geladene C-Atom gebundenen Substituenten einen + I - Effekt ausüben und damit diese positive Ladung etwas verkleinern. Da Alkylgruppen einen deutlichen + I - Effekt zeigen, nimmt die *Stabilität von Carbonium-Ionen* in der Reihenfolge *tertiär – sekundär – primär* ab. Da zudem Carbonium-Ionen stets *eben* gebaut sind (die drei Bindungen liegen wie beim Bor-Atom [S. 82] in einer Ebene!), können sperrige Gruppen mit größerer Raumbeanspruchung einen größeren Abstand voneinander haben als im Ausgangsmolekül, wo die Substituenten tetraedrisch angeordnet sind. Auch dieser Effekt trägt zur Stabilisierung tertiärer Carbonium-Ionen bei. Aus allen diesen Gründen *müssen* deshalb nucleophile Substitutionen an *tertiären C-Atomen* über *Carbonium-Ionen* als Zwischenstoffe ablaufen.
Sterische Faktoren können sich aber auch auf die Stabilität der *Übergangszustände* im Falle von S_N2-Reaktionen auswirken. Da der Angriff eines Nucleophils in diesem Fall «von hinten», d.h. von der dem verdrängten Teilchen entgegengesetzten Richtung aus, erfolgen muß, kann sich das Nucleophil dem Atom, an welchem die Substitution stattfindet, um so weniger nähern, je größer die Raumbeanspruchung der weiteren, an dieses C-Atom gebundenen Substituenten ist. Aus diesem Grund nimmt z. B. die Substitutionsgeschwindigkeit mit OH^--Ionen als Nucleophil (gemessen in Aceton) in folgender Reihe sehr stark ab:

CH_3-CH_2-Br $\quad$ $CH_3-CH_2-CH_2-Br$ $\quad$ $(CH_3)_2CH-CH_2-Br$ $\quad$ $(CH_3)_3C-CH_2-Br$

(Die Substitution erfolgt in allen Fällen an einem primären C-Atom!)

Nucleophilie des substituierenden und des austretenden Teilchens. Bei einer *S_N2-Reaktion* hängt die Geschwindigkeit von den Konzentrationen *beider* Reaktionspartner ab. *Der Übergangszustand bildet sich um so leichter* (benötigt um so weniger Aktivierungsenergie), *je höher die Nucleophilie des substituierenden Teilchens ist und je weniger nucleophil die verdrängte Atomgruppe ist.* Bei *S_N1-Reaktionen* ist die Nucleophilie des substituierenden Teilchens *ohne Einfluß* auf die Reaktionsgeschwindigkeit, die ja in diesem Fall nur davon abhängt, wie rasch sich das Carbonium-Ion bildet und dies beim Zusammenstoß des reagierenden Moleküls mit irgendeinem anderen Teilchen von genügender Energie geschehen kann.
Nucleophile Teilchen müssen mindestens ein freies Elektronenpaar besitzen. Man erkennt sofort die *Parallele zwischen Nucleophil und Base:* in beiden Fällen kann das freie Elektronenpaar eine neue Bindung eingehen. Reagiert ein Teilchen als Base, so bindet es ein H^+-Ion; verhält es sich dagegen nucleophil, so greift es ein positiv polarisiertes C-Atom (bei anorganischen Komplexreaktionen ein Zentralatom eines Komplexes) an. Seine Basenstärke kann durch die Gleichgewichtskonstante seiner Reaktion mit Wasser angegeben werden; seine Nucleophilie (die sich also bei organischen Reaktionen nur auf sein Verhalten gegenüber einem C-Atom bezieht) wird aber gewöhnlich durch den Vergleich verschiedener *Reaktionsgeschwindigkeiten* charakterisiert, weil Gleichgewichtskonstanten von S_N-Reaktionen im allgemeinen nur schwierig zu messen sind, und vor allem, weil keine für alle nucleophilen Substitutionen geeignete «Bezugssubstanz» (wie es das Wasser im Falle der Säure/Base-Reaktionen darstellt) existiert. Man muß sich deshalb bewußt sein, daß die «Nucleophilie» keine thermodynamische (auf die Gleichgewichtslage bezogene), sondern eine *kinetische* Größe ist. Nucleophilie und Basenstärke eines Teilchens gehen deshalb einander nur im großen ganzen parallel. So nimmt z. B. in der folgenden Reihe die Nucleophilie ebenso wie die Basenstärke nach rechts zu:

$$ClO_4^- \quad H_2O \quad CH_3COO^- \quad CO_3^{2-} \quad C_6H_5O^- \quad HO^- \quad C_2H_5O^-$$

In der Reihe

$$F^- \quad Cl^- \quad Br^- \quad I^-$$

nimmt aber die Basenstärke nach rechts ab, die Nucleophilie dagegen zu. Sehr wahrscheinlich sind dafür Solvationseffekte verantwortlich. Kleine Ionen, wie z. B. das F^--Ion, sind stark solvatisiert; beim nucleophilen Angriff eines solchen Teilchens muß aber zuerst die Solvathülle zerstört werden, was einen gewissen Energieaufwand bedeutet.

Nebenreaktionen. *S_N1*- und *S_N2*-Reaktionen sind sehr oft von Nebenreaktionen begleitet. So beobachtet man in vielen Fällen, daß neben (oder sogar an Stelle) der erwarteten Substitution eine **Elimination** stattfindet, so z. B. bei der Reaktion von Alkoholen mit Halogenwasserstoffverbindungen oder von Halogeniden mit OH^--Ionen:

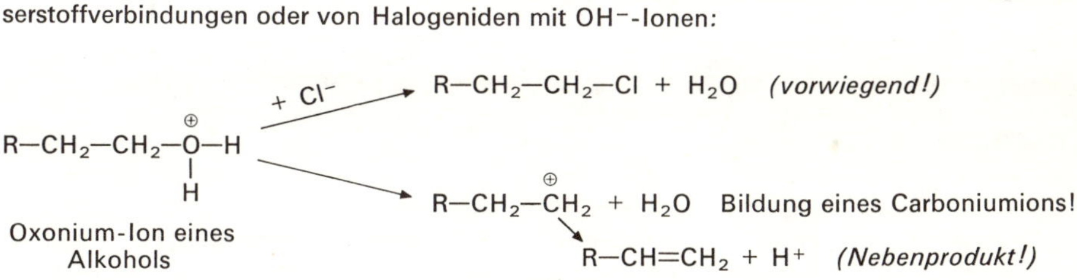

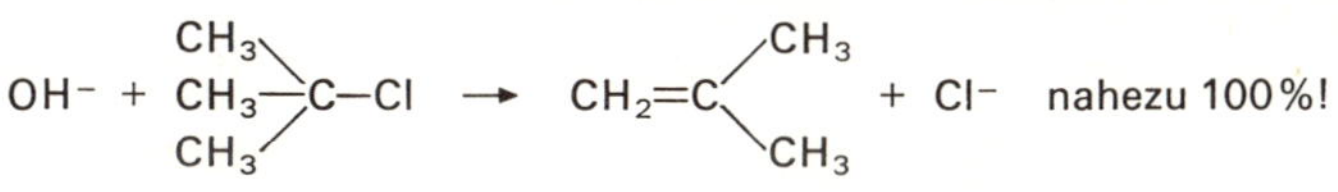

Die Leichtigkeit der Elimination nimmt dabei in der Reihenfolge primäres – sekundäres – tertiäres C-Atom zu, weil in der gleichen Reihenfolge auch die Stabilität des intermediär entstehenden Carbonium-Ions zunimmt (+ I - Effekt der Alkylgruppen!). Bei S_N1-*Reaktionen* tritt daher besonders *häufig* eine *Elimination als Nebenreaktion* ein. Wegen der positiven *Reaktionsentropie* ist die Elimination bei höherer Temperatur begünstigt, so daß sie mit wachsender Temperatur schließlich zur Hauptreaktion werden kann.

Auch **Umlagerungen** können – wiederum besonders als Nebenreaktionen zu S_N1-Reaktionen – auftreten. So ergibt die Reaktion von 2,2-Dimethylpropanol-(1) mit H Br nicht das zu erwartende Produkt (1), sondern das Produkt (2), das ein ganz anderes C-Gerüst als der ursprüngliche Alkohol aufweist. Offenbar muß im Verlaufe der Reaktion eine Umlagerung der C-Atome eingetreten sein. Dies kann dadurch erklärt werden, daß man für die Substitution einen S_N1-Mechanismus annimmt; weil tertiäre Carbonium-Ionen erheblich stabiler sind als primäre oder sekundäre, lagert sich offenbar das dabei zuerst gebildete Carbonium-Ion (3) in das tertiäre Ion (4) um:

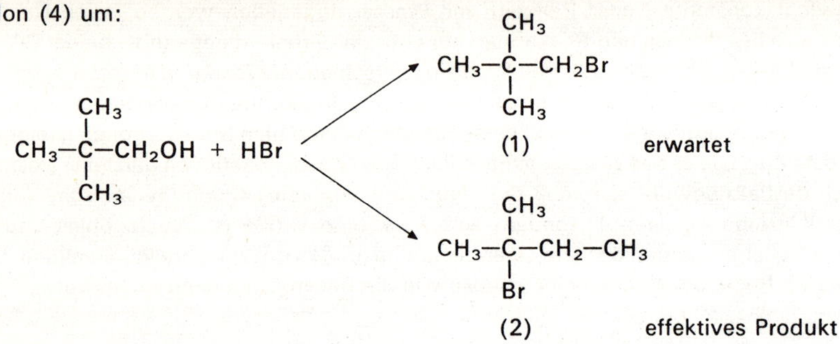

Verlauf der Reaktion:

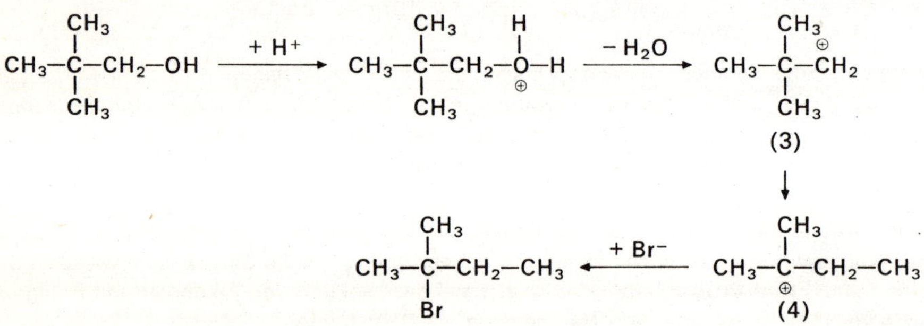

Beispiele. Nucleophile Substitutionen gehören zu den häufigsten und wichtigsten organischen Reaktionen. Wir diskutieren hier bloß einige ausgewählte Beispiele.

1. Reaktionen von *Halogeniden:*

R-Halogen R—X +	OH^-	→	R—OH	(Alkohole)	(1)
	SH^-	→	R—SH	(Thioalkohole, «Mercaptane»)	(2)
	$O{-}R'^-$	→	R—O—R′	(Äther)	(3)
	$OOCR'^-$	→	R—OOCR′	(Ester)	(4)
	CN^-	→	R—CN	(Nitrile) und R—NC (Isonitrile)	(5)
	NH_3	→	$R{-}NH_2$	(Amine)	(6)

Die Reaktivität der Halogenide nimmt vom Iodid zum Fluorid sehr stark ab; in der Praxis verwendet man an Stelle der relativ kostspieligen Iodide meist die entsprechenden Bromide. Die Reaktionen (1) bis (3) werden zur Darstellung von *Alkoholen, Thioalkoholen* und *Äthern* häufig angewandt. Die Reaktion (5) liefert neben dem Hauptprodukt, dem *«Nitril»*, stets auch etwas *Isonitril*, da das Cyanid-Ion, [:C≡N:]⁻, sowohl am C- wie am N-Atom ein freies Elektronenpaar besitzt. Die Reaktion mit Ammoniak (6) ergibt zunächst ein substituiertes Ammonium-Ion, $[R{-}NH_3]^+$, das durch Austritt eines Protons das *Amin* bildet. Weil aber auch die Amine noch nucleophil sind (freies Elektronenpaar am N-Atom!), geht die Reaktion meist weiter; im Extremfall lassen sich durch solche Reaktionen *quartäre Ammoniumsalze* gewinnen:

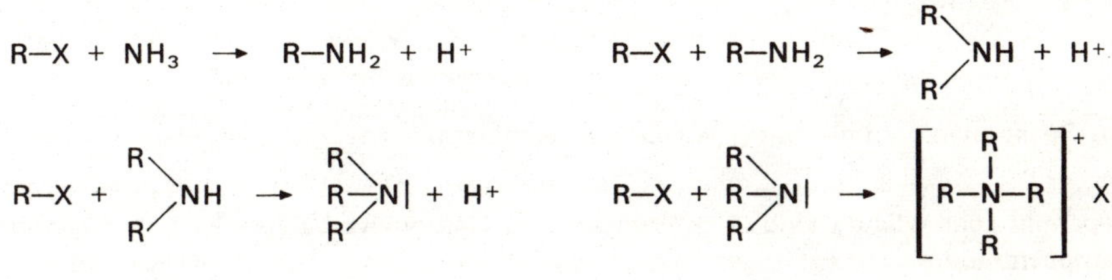

Die meisten der besprochenen Reaktionen lassen sich auch unter Verwendung von *Alkylsulfaten* [Dimethylsulfat, $(CH_3)_2SO_4$ oder Diäthylsulfat, $(C_2H_5)_2SO_4$], d. h. Estern der Schwefelsäure, durchführen. Die entsprechenden Substitutionen verlaufen sehr glatt, da das sehr wenig nucleophile SO_4^{2-}-Ion leicht zu verdrängen ist.

2. Reaktionen von *Alkoholen* (S. 402); nur in stark saurer Lösung, in welcher der Alkohol als Oxonium-Ion vorliegt (Austritt eines weniger nucleophilen H_2O-Moleküls an Stelle eines OH^--Ions!). Präparativ von Bedeutung zur Gewinnung von Halogeniden.

3. *Spaltung von Äthern* mit Iodwasserstoff

$$R{-}O{-}R' + HI \rightarrow R{-}I + HO{-}R$$

Auch diese Reaktion geht nur in stark saurer Lösung vor sich (Verdrängung eines Alkohol-Moleküls anstatt eines sehr stark nucleophilen Alkoholat-Anions!) und benötigt zudem das sehr stark nucleophil wirkende I^--Ion als substituierendes Teilchen.

4. Reaktionen von *Carbonsäurechloriden* und *-anhydriden* (verlaufen nach S_N2_t):

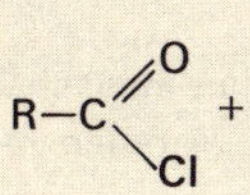

+ H_2O	→	R-COOH	Carbonsäure	(1)
R'OH	→	R-COOR'	Ester	(2)
NH_3	→	$R{-}CONH_2$	Säureamid	(3)
CN^-	→	R-COCN	Nitril	(4)

In den Säurechloriden ist das C-Atom der Carbonylgruppe dank dem induktiven Effekt des Cl-Atoms stark positiv polarisiert. Die Verdrängung des nur wenig nucleophilen Cl^--Ions wird dadurch erleichtert, so daß die oben zusammengestellten Reaktionen alle sehr leicht vor sich gehen. Im Gegensatz zur entsprechenden Reaktion der Halogenide bleibt hier die Reaktion mit

Ammoniak beim Amid stehen, weil der Aminostickstoff – als Folge der elektronenanziehenden Wirkung der Carbonylgruppe – nicht mehr genügend nucleophil ist, um eine weitere Substitution zu ermöglichen.

In prinzipiell gleicher Weise reagieren *Säureanhydride,* die man durch Wasserentzug aus den entsprechenden Carbonsäuren herstellen kann (z. B. mittels P_4O_{10}):

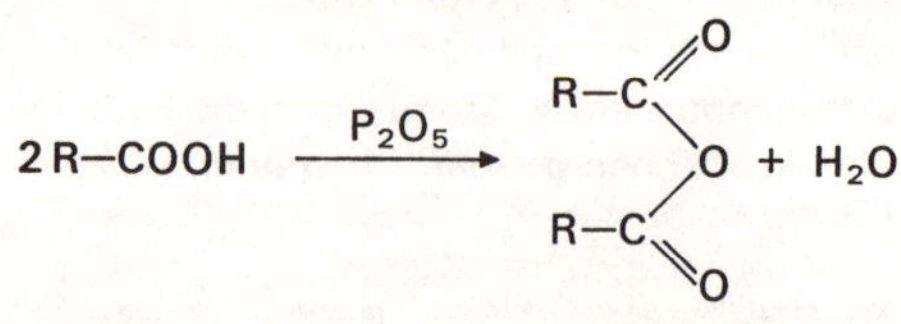

Säureanhydrid

Bei S_N-Reaktionen wird hier ein R—COO⁻-Ion verdrängt.

5. Präparativ sehr wichtig sind *Alkylierungen* von Carbonylverbindungen wie *Malonester, Acetessigester* u. a.:

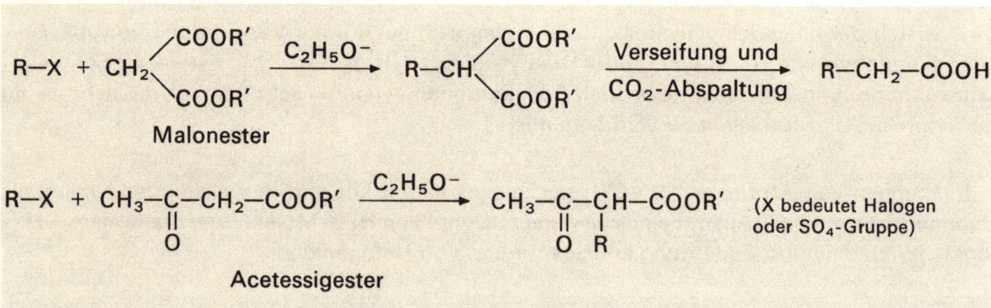

Beide Reaktionen verlaufen nur unter der Wirkung sehr starker *Basen,* wie z B. $C_2H_5O^-$(Alkoholat-Anionen), welche im ersten Reaktionsschritt ein H^+-Ion aus den Carbonylverbindungen abspalten («acide» H-Atome am α-C der Carbonylverbindungen!) und diese dadurch in ihre sehr stark nucleophilen konjugierten Basen überführen. – Malonsäure und ihre Derivate spalten beim Erhitzen relativ leicht CO_2 ab; die dargestellte Reaktion besitzt deshalb für die *Synthese von Carbonsäuren* Bedeutung. Auch die nach der Verseifung erhaltene substituierte Acetessigsäure spaltet leicht CO_2 ab; die Acetessigestersynthese bildet daher eine wichtige Methode zu *Synthese von Ketonen.*

Elektrophile Substitution

Verlauf. Substitutionen durch elektrophile Teilchen haben vor allem für aromatische Ringe eine große Bedeutung; sie sind jedoch auch an anderen ungesättigten C-Atomen möglich. Die *aromatische Substitution* verläuft stets in prinzipiell gleicher Weise:

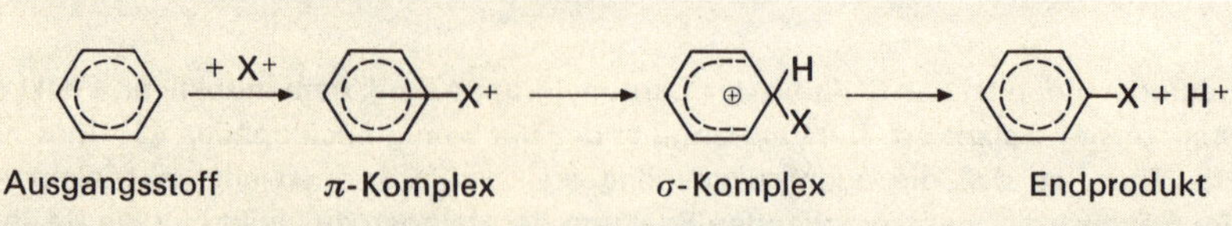

Das Elektrophil bildet zunächst mit dem π-System des Ringes einen sehr lockeren «π-Komplex», den man als Übergangszustand auffassen kann und der sich nachher unter Ausbildung einer Atombindung zwischen dem Elektrophil und einem Ring-C-Atom in einen *σ-Komplex* umwandelt. Dieser σ-Komplex stellt einen echten *Zwischenstoff* dar und kann spektroskopisch nachgewiesen werden. Salze mit σ-Komplexen als Kationen können bei Temperaturen unter –50°C auch isoliert werden. Die Konzentration von σ-Komplexen ist allerdings normalerweise sehr gering, da sie sich ziemlich schnell in das Endprodukt umwandeln und auch die Rückbildung des π-Komplexes rasch verläuft. Die Substitution ist also eine *Zweistufenreaktion,* bei welcher die *Bildung des σ-Komplexes den geschwindigkeitsbestimmenden Schritt darstellt.*

Einflüsse bereits am Ring vorhandener Substituenten auf eine weitere Substitution

Die *Reaktionsgeschwindigkeit* bei aromatischen Substitutionen hängt einmal von der Elektrophilie der substituierenden Teilchen, dann aber auch von der Leichtigkeit, mit der sich der π-Komplex bildet (d. h. von der Höhe der *Aktivierungsenergie),* ab. Gewisse an einem Ring bereits vorhandene Substituenten vermögen die Bereitschaft des π-Systems, eine Atombindung einzugehen, zu erhöhen, mit anderen Worten, *sie stabilisieren den Übergangszustand* (den π-Komplex) und *erniedrigen damit die Aktivierungsenergie.* Solche Substituenten *aktivieren* den Ring. Andere Substituenten dagegen wirken *desaktivierend,* d. h. sie erhöhen die Aktivierungsenergie und erschweren dadurch eine weitere Substitution. Vgl. Abb. 11.25 (S. 453).

Beispiel: Nitrobenzol entsteht aus Benzol mittels einer Mischung von konz. H_2SO_4 und konz. HNO_3 bei einer Temperatur von 60°C. Zur Bildung von *m*-Dinitrobenzol aus Nitrobenzol muß jedoch ein Gemisch von H_2SO_4 mit rauchender HNO_3 verwendet werden. Phenol ergibt bereits bei 25°C mit nur 20% HNO_3 ein Gemisch von *o*- und *p*-Nitrophenol.

Die Nitrogruppe wirkt also desaktivierend, während eine Hydroxylgruppe den Ring aktiviert. Zum Verständnis der Einflüsse solcher Substituenten müßte man ihre Wirkung auf den *Übergangszustand* (den π-Komplex) betrachten. Da aber die Energien der Übergangszustände nur schwierig abzuschätzen sind, verwenden wir zur Veranschaulichung dieser Verhältnisse die Energien der *Zwischenstoffe* (der σ-Komplexe), die sicher sehr nahe den Energien der Übergangszustände liegen dürften.

Aktivierende Substituenten stabilisieren den σ-Komplex, indem **seine positive Ladung stärker delokalisiert** wird. Dies geschieht entweder dadurch, daß die betreffenden Substituenten einen + I-*Effekt* zeigen (wie z. B. Alkylgruppen), oder dadurch, daß sie freie Elektronenpaare besitzen, welche sich in einem gewissen Ausmaß mit dem π-System des Ringes überlagern können. Man kann dies formal durch weitere Grenzformeln zum Ausdruck bringen und spricht deshalb von einem **«mesomeren Effekt»** des betreffenden Substituenten (+ M-*Effekt,* weil der Substituent Elektronen «wegstößt»):

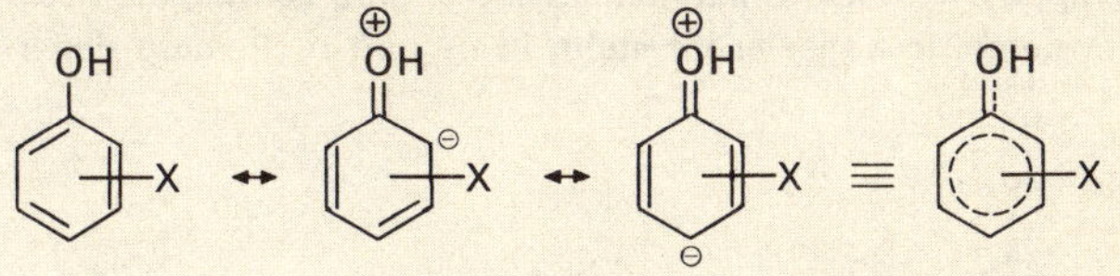

(Mit der etwas ungewohnten Schreibweise soll angedeutet werden, daß die Gruppe X an kein bestimmtes C-Atom gebunden sein muß.)

Es zeigt sich nun, daß bereits am Ring vorhandene Substituenten auch die **Orientierung** neu *eintretender Substituenten* am Ring beeinflussen. Nitriert man z. B. Chlorbenzol, Toluol und Nitrobenzol, so erhält man nicht alle drei möglichen Isomere, sondern nur ganz bestimmte Substitutionsprodukte:

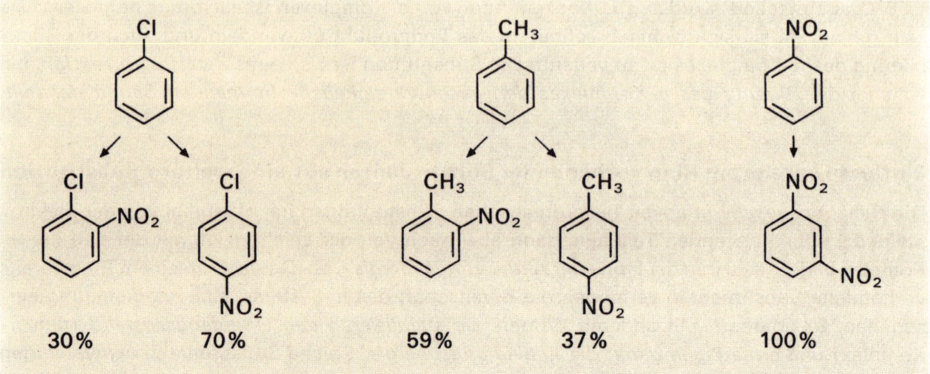

Dieser «lenkende» **(dirigierende) Einfluß eines Substituenten beruht darauf, daß er einen bestimmten σ-Komplex** (eigentlich den Übergangszustand) **mehr stabilisieren kann als die anderen.** Prinzipiell kann nämlich ein elektrophiles Teilchen alle Stellen im Ring angreifen; die Reaktionsgeschwindigkeiten der verschiedenen Konkurrenzreaktionen werden aber durch die unterschiedlichen Aktivierungsenergien bestimmt, und es werden hauptsächlich diejenigen Vorgänge ablaufen, welche die geringste Aktivierungsenergie benötigen. Wie bereits erwähnt, ist ein σ-Komplex um so stabiler (ist seine Energie um so niedriger), je mehr seine positive Ladung delokalisiert ist. Um die dirigierende Wirkung von Substituenten zu verstehen, muß man deshalb ihren Einfluß auf die verschiedenen, bei *o*-, *m*- und *p*-Substitution möglichen σ-Komplexe betrachten.

Ein σ-Komplex läßt sich durch folgende Formelbilder veranschaulichen:

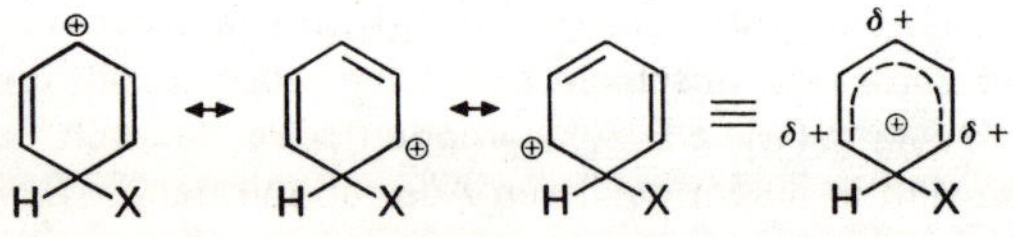

In der *o*- und *p*-Stellung zum neu eingetretenen Substituenten müssen also geringe positive Partialladungen auftreten. Ein weiterer am Ring bereits vorhandener Substituent mit *+I-Effekt* (z. B. eine Alkylgruppe), der Elektronen in den Ring abgibt, vermag die positive Ladung um so stärker zu kompensieren, je näher er ihr steht, in *o*- und *p*-Stellung daher stärker als in *m*-Stellung:

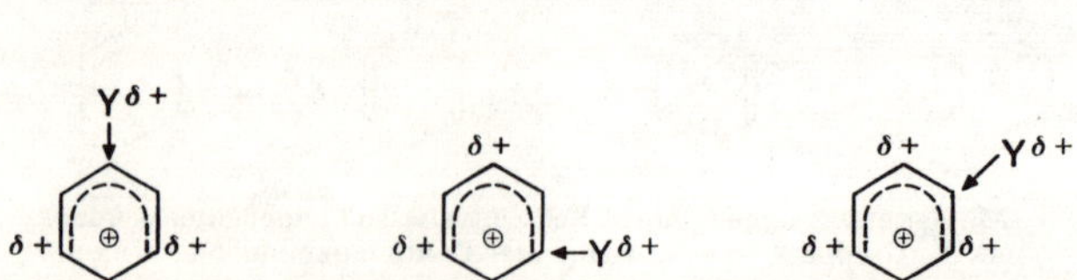

Substituenten mit + *M-Effekt* (OH-, CH_3O- und NH_2-Gruppen) wirken noch stärker, weil sie durch ihre freien Elektronenpaare die positive Ladung stark delokalisieren können, falls sie in *o*- oder *p*-Stellung zum Zweitsubstituenten stehen:

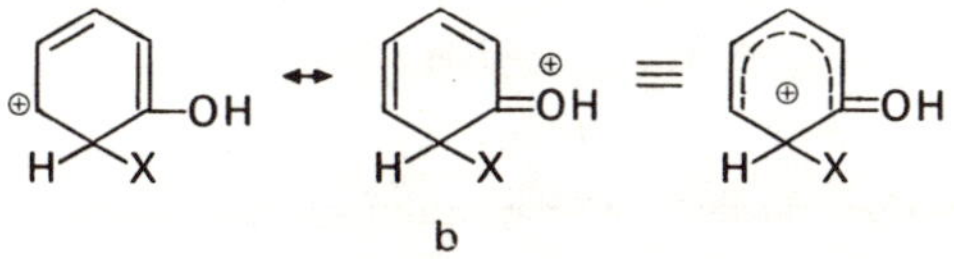

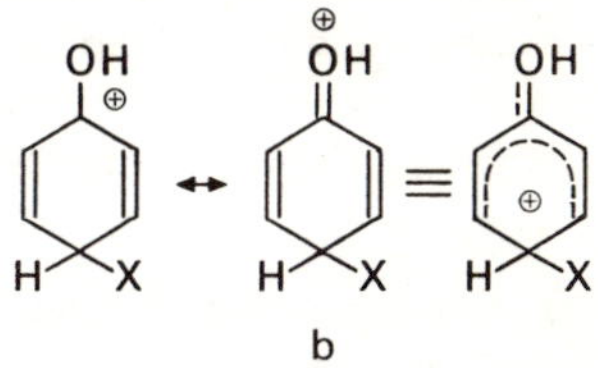

(Für die *m*-Stellung ist dies nicht möglich; es läßt sich keine den Grenzformeln b entsprechende Grenzformel zeichnen!)
Substituenten mit *+ I- oder +* ***M-Effekt*** erniedrigen also die Energie des σ-Komplexes für den Fall der *o*- und *p*-Substitution; die *o*- und ***p-Substitutionsprodukte*** bilden sich daher *schneller*.

Umgekehrt wird ein *Substituent mit – I- oder – M-Effekt* (NO_2-, CHO- und COOH-Gruppen) die positive Ladung des σ-Komplexes um so stärker erhöhen, je näher er den Partialladungen steht, in *o*- und *p*-Stellung also mehr als in *m*-Stellung:

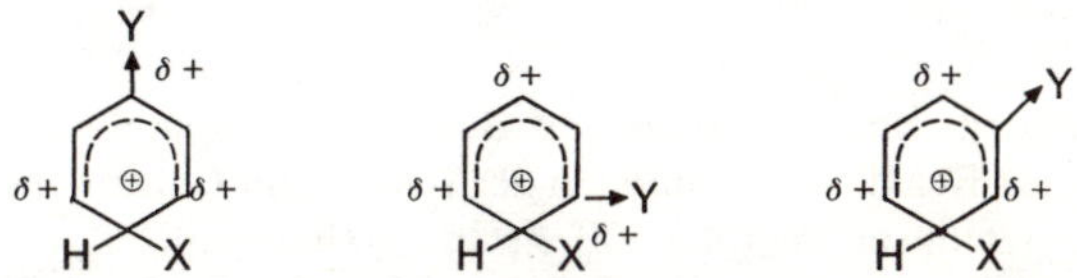

Die Energiedifferenz zum Ausgangszustand ist damit für den m-σ-Komplex am kleinsten; die *m-Substitution* läuft deshalb *am schnellsten* ab.
Interessant ist die Wirkung von *Halogenatomen* am Ring. Halogenbenzole werden schwerer substituiert als Benzol selbst; die weitere Substitution geht aber nahezu ausschließlich in *o*- und *p*-Stellung. Offenbar sind hier sowohl *–I-* wie + *M-Effekt* wirksam. Als Folge des –I-Effektes ist die Substitutionsgeschwindigkeit erniedrigt, er reicht jedoch nicht aus, um den + M-Effekt – der die Richtung der Zweitsubstitution bestimmt – zu kompensieren.

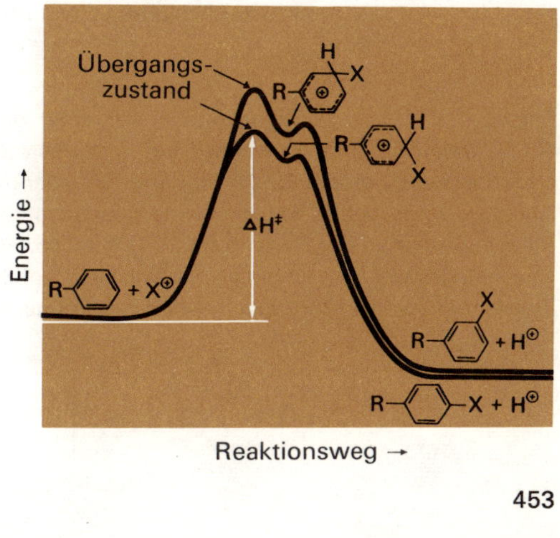

Abb. 11.25. Energiediagramm für die Substitution einer Verbindung C_6H_5R in der meta- bzw. para-Stellung. Die Produkte der m- und p-Substitution besitzen praktisch dieselbe Energie (nach Roberts und Caserio)

Zusammenfassung:

Substituenten mit + M-Effekt wirken aktivierend; sie dirigieren einen Zweitsubstituenten in die *o*- und *p*-Stellung:

$-OH$ $-OCH_3$ $-O^-$ $-NH_2$ $-NH-CH_3$

Substituenten mit + I-Effekt wirken in derselben Weise; die Aktivierung ist etwas weniger stark ausgeprägt:

$-CH_3$ $-C_2H_5$ $-CH(CH_3)_2$

Substituenten mit – M- oder – I-Effekt desaktivieren den Ring und dirigieren einen Zweitsubstituenten in die *m*-Stellung:

$-NO_2$ $-C(=O)H$ $-C(=O)OH$

Beispiele. Die Nitrierung, Halogenierung und Sulfonierung von Benzol wurde bereits auf S. 383 besprochen; diese Reaktionen werden in der Technik zur Gewinnung von Zwischenprodukten für zahlreiche Synthesen in großem Maßstab durchgeführt.
Eine weitere, sehr wertvolle Substitution ist die *«Friedel-Crafts-Reaktion»*. Dabei wirken Moleküle, die stark positiv polarisierte C-Atome enthalten, wie z. B.

$R-CH_2-Cl$ oder $R-C(=O)Cl$ (Säurechloride) als elektrophile Teilchen:

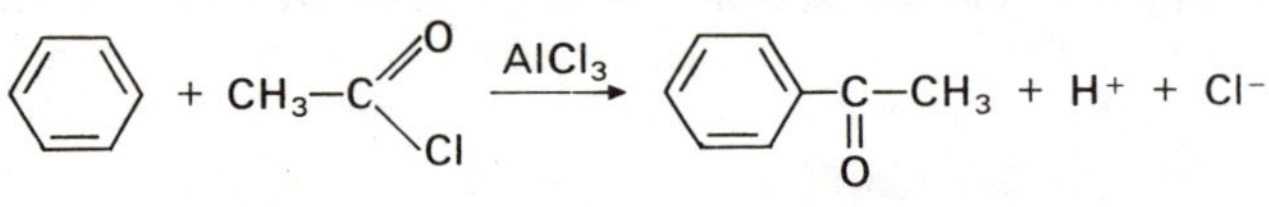

Acetylchlorid Methylphenylketon («Acetophenon»)

Friedel-Crafts-Reaktionen verlaufen nur unter der katalytischen Wirkung von wasserfreiem $AlCl_3$, welches – ähnlich wie das $FeBr_3$ im Falle der Bromierung (S. 382) – $AlCl_4^-$-Komplexe bildet und dadurch die C—Cl-Bindung löst oder mindestens stark lockert.
Auch die schon auf S. 416 erwähnte Kondensation von *Phenol* (und auch anderen reaktionsfähigen Aromaten sowie von Harnstoff) mit *Formaldehyd* – die zur Herstellung von *Kunstharzen* eine sehr große Bedeutung hat – ist eine elektrophile Substitution. Führt man die Reaktion unter Zusatz von starker Säure aus, so wird der Formaldehyd zuerst protoniert:

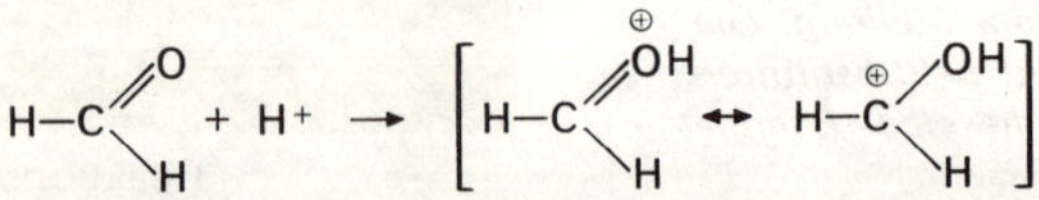

Dadurch wird seine Elektrophilie (d.h. die positive Partialladung am C-Atom) erhöht; die Reaktion führt dann zur Bildung dreidimensionaler netzartiger Gerüste.

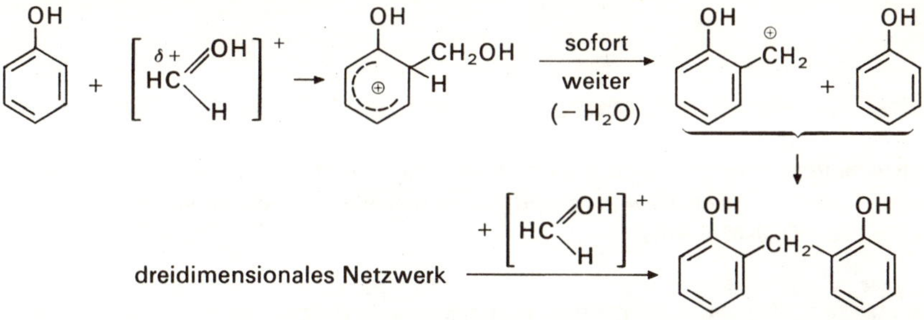

In *alkalischer* Lösung ist Formaldehyd bedeutend weniger reaktionsfähig; die Reaktion führt dann zu relativ niedrig molekularen Ketten von Benzolringen, die durch CH_2-Gruppen verbunden sind und noch zahlreiche OH-Gruppen tragen (sogenannte *Resole)*. Durch Erhitzen, in gewissen Fällen auch durch Zusatz von weiterem Formaldehyd, können die Resole *«gehärtet»*, d.h. weiter vernetzt werden.

Ein weiteres, sehr wichtiges Beispiel einer S_E-Reaktion ist die *Azokupplung,* wobei ein Diazonium-Ion als Elektrophil wirkt (S. 438).

Die Substitutionen am *Naphthalin* verlaufen prinzipiell gleich wie beim Benzol. Besonders Naphthalinsulfonsäuren, Naphthylamine und Naphthole besitzen als Zwischenprodukte für die Herstellung von Farbstoffen große Bedeutung.

Auch an aromatischen Systemen, die *Heteroatome* enthalten *(Thiophen, Pyrrol, Furan; Pyridin)*, sind elektrophile Substitutionen möglich. Thiophen zeigt dabei eine, verglichen mit Benzol, deutlich erhöhte Reaktionsfähigkeit, weil die freien Elektronenpaare des S-Atoms die Elektronendichte im Ring stark erhöhen. Furan und auch Pyridin sind jedoch schwerer zu substituieren als Benzol selbst, weil die, verglichen mit Kohlenstoff, viel größere Elektronegativität von Sauerstoff und Stickstoff bewirkt, daß das π-System stärker zu den Heteroatomen gezogen wird und damit weniger leicht zur Bildung eines π- (bzw. σ-) Komplexes zur Verfügung steht. Als Base bildet Pyridin in saurer Lösung ein positives «Pyridinium-Ion»; durch dessen positive Ladung wird die Substitution noch mehr erschwert. Eine direkte Nitrierung von Pyridin ist deshalb nicht möglich.

11.6.2 Additionsreaktionen

Additionen an C=C-Doppelbindungen

Beispiele von elektrophilen Additionsreaktionen an Doppelbindungen bilden die Reaktionen ungesättigter Verbindungen mit Halogenwasserstoffverbindungen, Wasser, Halogenen, Säuren u.a. Im einfachsten Fall wird dabei das Elektrophil direkt durch ein Elektronenpaar der Doppelbindung gebunden:

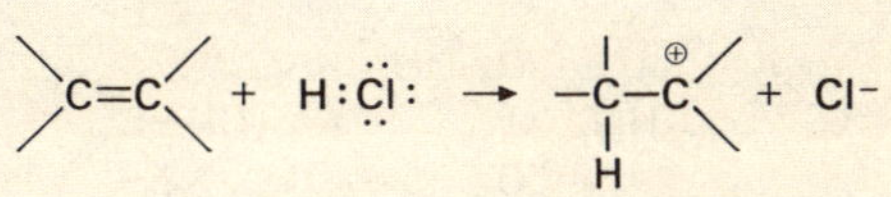

(1)

Das *Carbonium-Ion* (1) addiert sofort ein weiteres (nucleophiles) Teilchen:

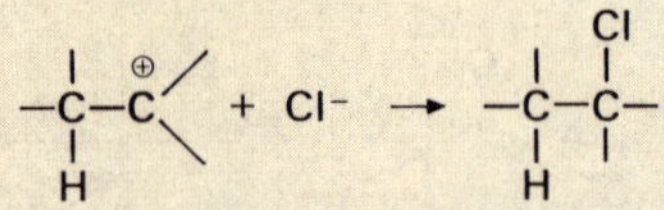

Ähnlich verläuft auch die Addition von Unterchloriger Säure (HOCl), die zur Bildung von Chloralkoholen führt. Im ersten Reaktionsschritt wird hier ein Cl^+-Ion angelagert (heterolytische Trennung des HOCl-Moleküls):

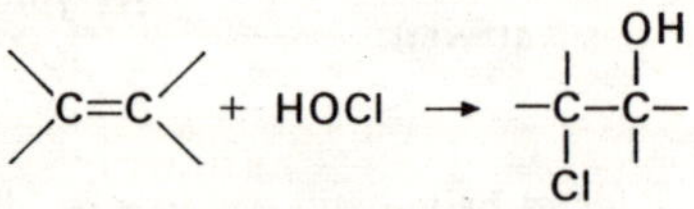

Die Addition von *Wasser* erfolgt nur unter der katalytischen Wirkung starker Säuren; das durch Anlagerung von Wasser an das Carbonium-Ion (1) entstandene Oxonium-Ion (2) ist eine sehr starke Säure und spaltet wieder ein H^+-Ion ab:

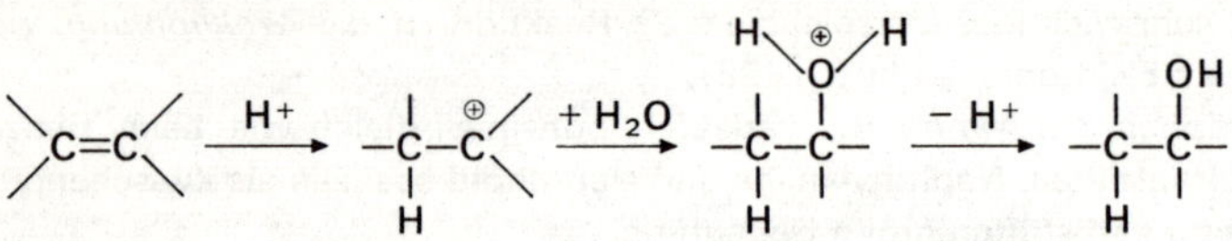

(1) (2)

Die Addition von *Halogenen* führt – wie bereits auf S. 372 angedeutet wurde – über ringförmige Zwischenstoffe *(«Halogenonium-Ionen»)*, da das zuerst addierte positive Halogenatom vom entstehenden Carbonium-C-Atom gebunden wird:

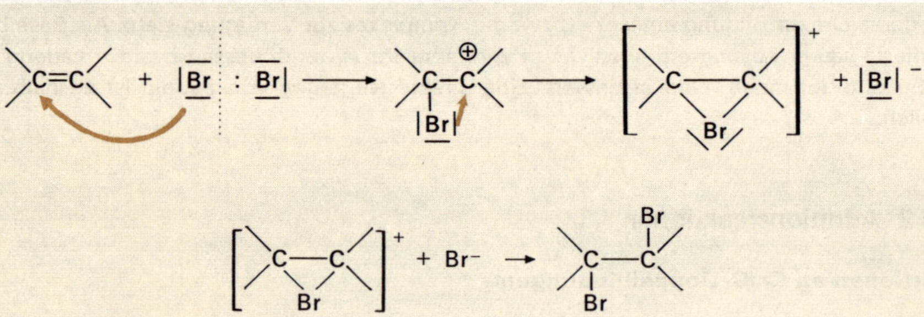

Weitere Beispiele von Additionen, die vor allem für synthetische Zwecke Bedeutung besitzen, sind die Anlagerung von Sauerstoff (Bildung von *Epoxiden)* und die Oxidation mit schwach alkalischer $KMnO_4$-Lösung:

(1) 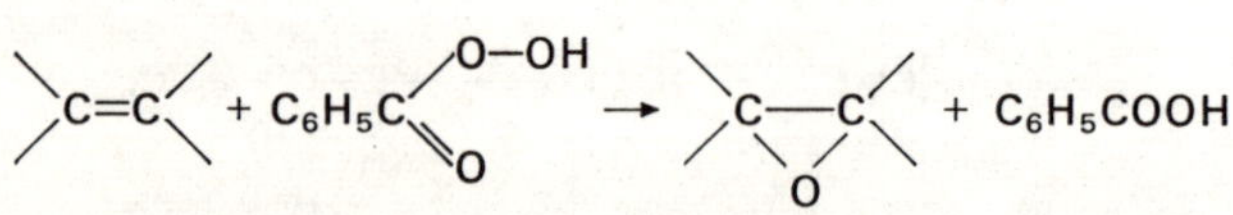

ein «Epoxid»

(2) 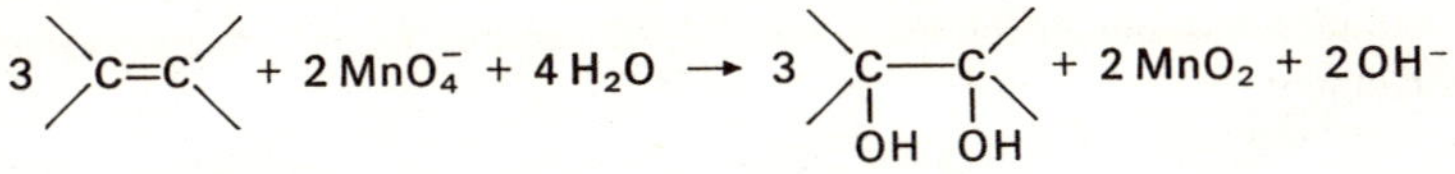

Die unter anderem zur Herstellung bestimmter Kunstharze (Araldite) wichtigen Epoxide gewinnt man durch Oxidation mit Benzopersäure oder Peressigsäuren (Derivaten des Wasserstoffperoxids); die Reaktion mit $KMnO_4$ dient zur Gewinnung von Glykolen sowie auch zum *Nachweis* von Doppelbindungen (Baeyersche Probe; Bildung von Braunstein).
Die bereits auf S. 375 erwähnte Addition von Ozon wird vielfach dazu verwendet, die genaue Lage einer Doppelbindung innerhalb einer C-Kette zu bestimmen (Spaltung des Ozonids mit Wasser und Identifikation der Spaltprodukte).

Als letztes Beispiel einer elektrophilen Addition soll die *kationische Polymerisation* gewisser ungesättigter Kohlenwasserstoffe, wie Propen und Isobuten, erwähnt werden. Im ersten Reaktionsschritt wird dabei ein H^+-Ion an die Doppelbindung eines ungesättigten Moleküls addiert; das dadurch gebildete Carbonium-Ion ist sehr stark elektrophil und kann an ein weiteres ungesättigtes Molekül addiert werden. Durch fortgesetzte Wiederholung entstehen schließlich kettenförmige Makromoleküle; der Abbruch der Reaktionskette geschieht meist durch Abspaltung eines H^+-Ions.

Schema: 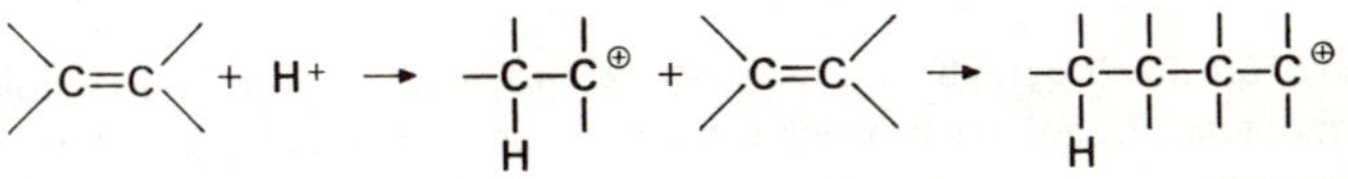 usw.

Die kationische Polymerisation besitzt vor allem für die Gewinnung von Butylkautschuk, einem Mischpolymerisat von Isobuten mit 1 bis 2% Isopren, eine große Bedeutung.
Die Bildung von *Polybutadien* (Buna-Kautschuk) durch Polymerisation von Butadien unter der Wirkung von Natrium sowie die *Niederdruckpolymerisation* von Äthylen und Propylen unter der Wirkung von *«Ziegler-Katalysatoren»* (metallorganischen Verbindungen) beruhen dagegen auf einer *anionischen Polymerisation,* d.h. auf der Addition eines (im ersten Reaktionsschritt gebildeten) nucleophilen Carbanions (mit negativ geladenem C-Atom) an eine Doppelbindung:

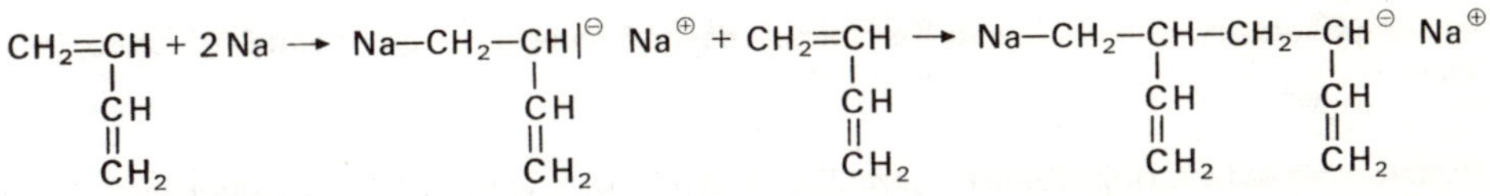

Reaktionsfähigkeit verschiedener Doppelbindungen und Orientierung bei Additionen unsymmetrischer Moleküle. Bei der elektrophilen Addition an C=C-Doppelbindungen besteht der *langsamste* (geschwindigkeitsbestimmende) Schritt im *Angriff des Elektrophils.* Substituenten, welche die Ladungsdichte der Doppelbindung erhöhen (einen + I-Effekt ausüben), steigern die Reaktionsfähigkeit, Substituenten mit – I- oder – M-Effekt senken die Reaktionsfähigkeit. Aus diesen Gründen nimmt die Leichtigkeit der Addition in folgenden Reihen nach rechts zu:

$$CH_2{=}CH_2 < R{-}CH{=}CH_2 < R_2C{=}CH_2 < R_2C{=}CHR < R_2C{=}CR_2$$
$$CH_2{=}CH{-}CN < CH_2{=}CH{-}Cl < CH_2{=}CH_2$$

Bei der Addition unsymmetrisch gebauter Moleküle sollten eigentlich zwei verschiedene Produkte entstehen:

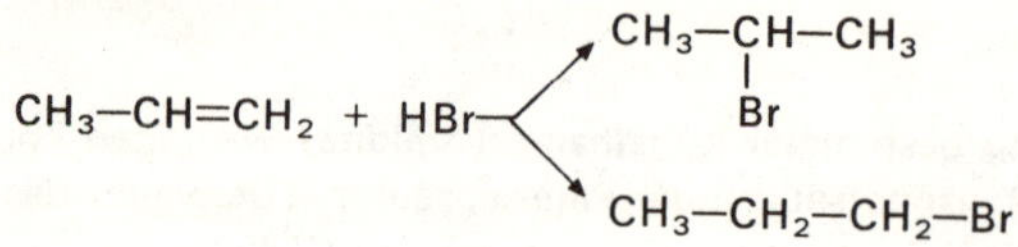

einziges, tatsächlich erhaltenes Produkt

wird nicht gebildet

Die Erklärung dafür liegt darin, daß im ersten Schritt der Reaktion ein *Carbonium-Ion entsteht;* weil tertiäre Carbonium-Ionen stabiler sind als sekundäre und diese wiederum stabiler sind als primäre (+I-Effekt der Alkylgruppen!), sind die Aktivierungsenergien für die Bildung tertiärer Carbonium-Ionen am geringsten, für die Bildung primärer Carbonium-Ionen am höchsten[1], so daß beim erwähnten Beispiel ausschließlich das stabilere Carbonium-Ion (1) als Zwischenstoff gebildet wird:

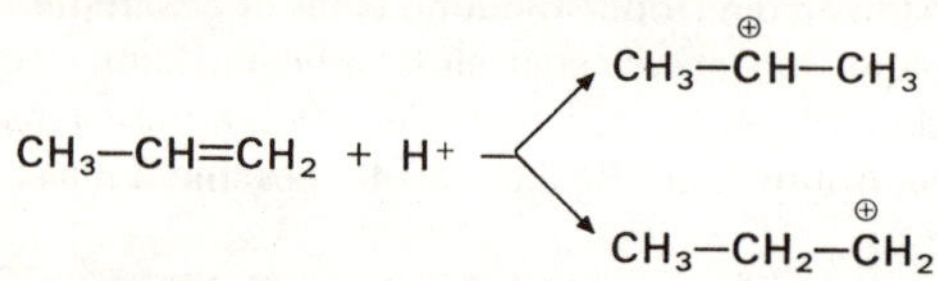

(1)

(2)

Die Addition verläuft damit gemäß einer von *Markownikow* schon um 1880 empirisch gefundenen und formulierten *Regel,* nach welcher bei der Addition von Halogenwasserstoffverbindungen an eine Doppelbindung das Halogenatom vom H-ärmeren C-Atom gebunden wird. Sind aber an der Doppelbindung stark elektronenanziehende Substituenten vorhanden, so wird dadurch das Carbonium-Ion destabilisiert, und die Addition erfolgt gerade *entgegen* der Regel von Markownikow:

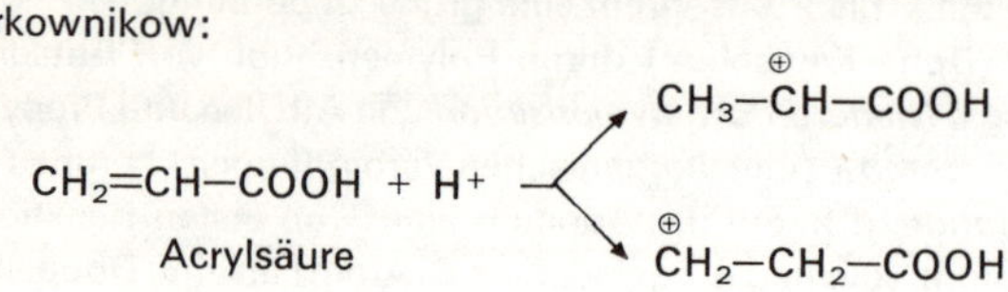

(weniger stabil)

(stabiler)

Aus Acrylsäure und Chlorwasserstoff erhält man deshalb nahezu ausschließlich β-Chlorpropionsäure.

Hydrierung von Doppelbindungen. Die Addition von Wasserstoff an Doppelbindungen («Hydrierung») verläuft exotherm:

$$CH_2{=}CH_2 + H_2 \longrightarrow CH_3{-}CH_3 \qquad |\,\Delta H = -30\ \text{kcal}$$

Der dabei experimentell bestimmte Wert stimmt allerdings meist nicht genau mit der aus den Bindungsenergien berechneten Hydrierungswärme überein, weil die «Stärke» einer Doppelbindung in einem bestimmten Molekül auch durch ihre Umgebung, also durch strukturelle Faktoren, beeinflußt wird. Insbesondere zeigen Doppelbindungen, deren C-Atome mit Alkylgruppen substituiert sind, gewöhnlich eine etwas geringere Hydrierungswärme; ebenso besitzen

[1] Auch hier sollten eigentlich die Stabilitäten der verschiedenen *Übergangszustände* an Stelle der Carbonium-Ionen – die *Zwischenstoffe* darstellen! – betrachtet werden.

die *trans*-Isomere gewöhnlich eine um einen allerdings nur geringen Betrag kleinere Hydrierungswärme (größere Stabilität des *trans*-Isomers, weil die Atome bzw. Atomgruppen räumlich weiter voneinander entfernt und damit ihre Wechselwirkungen geringer sind!).
Trotz des relativ stark exothermen Verlaufes der Hydrierung reagieren Verbindungen mit einzeln stehenden Doppelbindungen (Äthen, Propen usw.) nicht mit molekularem Wasserstoff, weil die notwendige Aktivierungsenergie relativ sehr groß ist. Wegen der hohen Bindungsenergie des H_2-Moleküls ist auch eine durch Wärme oder Ultraviolettlicht ausgelöste Radikal-Ketten-Hydrierung unwahrscheinlich. Nur bei Anwendung gewisser *Metall-Katalysatoren* (Platin, Palladium, Nickel) ist die Hydrierung möglich (Fetthärtung unter der Wirkung von feinverteiltem Nickel als Katalysator; siehe S. 430). Die Wirkung des Katalysators besteht darin, daß die Metalloberfläche sowohl organische Moleküle wie auch H_2-Moleküle binden kann, wobei sowohl die Doppelbindung wie besonders auch die H—H-Bindung gelockert werden:

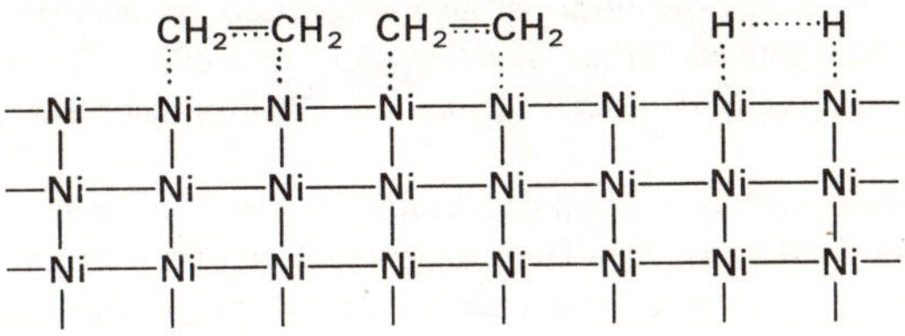

Die Hydrierung besteht damit in der *gleichzeitigen* Addition zweier H-Atome an die Doppelbindung; das dadurch entstehende gesättigte Molekül kann vom Metall nicht mehr gebunden werden und trennt sich von der Metalloberfläche, so daß neue ungesättigte Moleküle sowie H_2-Moleküle adsorbiert werden können und die Reaktion langsam weiterschreitet. Da dabei die beiden H-Atome von derselben Seite her an die Doppelbindung angelagert werden, verläuft die Hydrierung *«stereospezifisch»*, und man erhält stets *cis*-Additionsprodukte.

Addition an konjugierte Diene. Verbindungen mit zwei konjugierten Doppelbindungen [z. B. Butadien-(1,3); $CH_2{=}CH{-}CH{=}CH_2$] addieren meistens viel leichter als Verbindungen mit einzeln stehenden Doppelbindungen. Man erhält dabei gewöhnlich ein Gemisch zweier Substanzen, nämlich der Produkte einer 1,2- oder 1,4-Addition:

$$CH_2{=}CH{-}CH{=}CH_2 + HCl \longrightarrow \begin{cases} CH_3{-}CH{=}CH{-}CH_2{-}Cl & \text{1,4-Addition} \\ CH_3{-}\underset{\displaystyle Cl}{\underset{|}{C}}H{-}CH{=}CH_2 & \text{1,2-Addition} \end{cases}$$

Ebenso wie bei der Addition an einzelstehende Doppelbindungen wird auch hier im ersten Reaktionsschritt ein Elektrophil (z. B. ein H^+-Ion) addiert, und zwar nahezu ausschließlich an das erste C-Atom der C_4-Kette, weil auf diese Weise ein durch Delokalisation stabilisiertes Carbonium-Ion entstehen kann:

$$CH_2{=}CH{-}CH{=}CH_2 + H^+ \longrightarrow CH_3{-}\overset{\oplus}{C}H{-}CH{=}CH_2 \longleftrightarrow CH_3{-}CH{=}CH{-}\overset{\oplus}{C}H_2$$
$$\equiv \left[CH_3{-}\overset{\delta+}{C}H\cdots CH\cdots\overset{\delta+}{C}H_2\right]^+$$

Je nachdem, ob im zweiten Schritt das Nucleophil (z. B. Cl^-) am C_2 oder C_4 angreift, erhält man das Produkt der 1,2- oder 1,4-Addition:

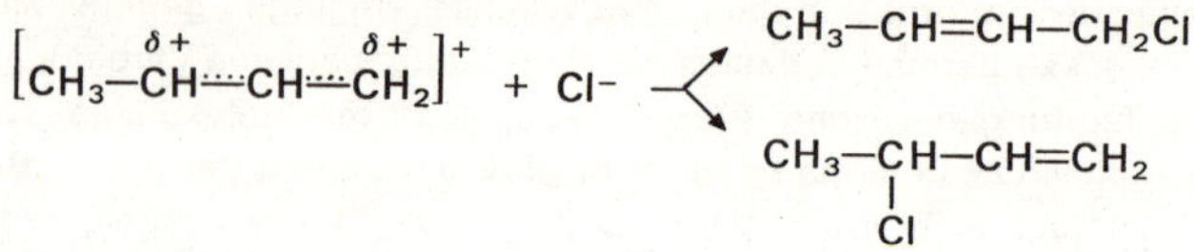

Wir haben damit ein schönes Beispiel dafür, daß zwei mögliche Reaktionen als *Konkurrenzreaktionen* auftreten können. Das Mengenverhältnis, in welchem die beiden Produkte gebildet werden, hängt stark von den Reaktionsbedingungen ab. Bei tieferen Temperaturen erhält man hauptsächlich das Produkt der 1,2-Addition, während bei höheren Temperaturen vorwiegend das Produkt der 1,4-Addition gewonnen werden kann. Offenbar ist die Aktivierungsenergie für die 1,2-Addition kleiner; die 1,2-Addition ist also *«kinetisch kontrolliert»*. Das 1,4-Additionsprodukt ist jedoch stabiler und damit im Gleichgewicht in größerer Konzentration vorhanden. Die 1,4-Addition ist *«thermodynamisch»* (durch die Gleichgewichtslage) *kontrolliert* (Abb. 11.26).

Eine für synthetische Zwecke sehr wichtig gewordene Addition an konjugierte Diene ist die sogenannte *«Diels-Alder-Reaktion»*. Das Dien bildet dabei durch Addition eines ungesättigten Moleküls (eines «Dienophils») eine Verbindung mit ringförmiger Struktur:

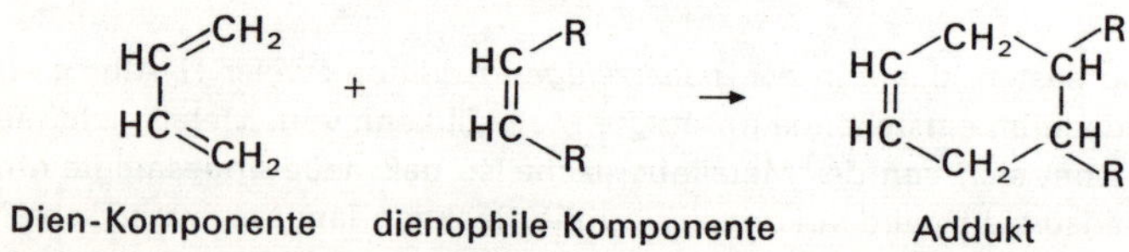

Das Äthen selbst ist für solche *«Dien-Synthesen»* schlecht geeignet. Sind indessen die Atomgruppen «R» stark elektronenanziehend (z. B. —COOH, —COOR, —CN usw.), so wird die Elektronendichte der Doppelbindung herabgesetzt, und die betreffende Verbindung kann als «dienophile Komponente» für Diels-Alder-Reaktionen verwendet werden.

Die Diels-Alder-Reaktion hat zur *Synthese polyzyklischer Ringsysteme,* wie sie in zahlreichen Naturstoffen vorkommen, enorme Bedeutung erlangt[1], nicht zuletzt auch deshalb, weil auch diese Addition *streng stereospezifisch* verläuft, d. h. zu Additionsprodukten von einer ganz be-

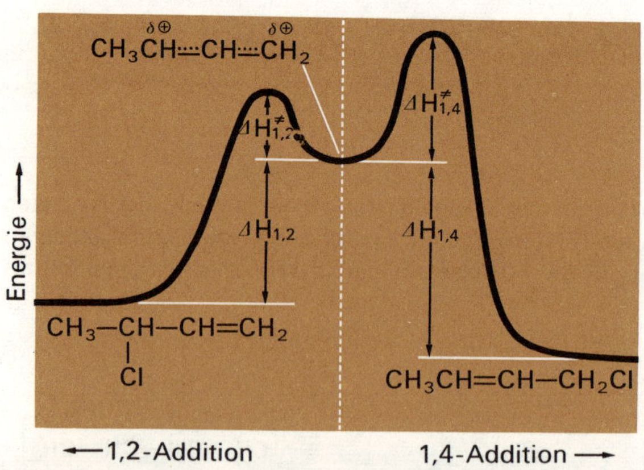

Abb. 11.26. Energiediagramm für die Addition von HCl an Butadien (nach Roberts und Caserio)

[1] O. Diels (1876–1954) und K. Alder (1902–1958) erhielten für die Entdeckung der nach ihnen benannten Reaktion gemeinsam den Nobelpreis (1950). Die Reaktion wurde bereits 1928 bekannt; in ihrer Bedeutung für die Naturstoffchemie jedoch erst in den Jahren um 1940–1945 erkannt.

stimmten räumlichen Struktur führt. Sie ist auch in bezug auf ihren Mechanismus von großem Interesse; es handelt sich nämlich bei ihr weder um eine polare noch eine Radikalreaktion, denn die beiden Bindungen werden höchstwahrscheinlich *gleichzeitig* gebildet. Sie verläuft damit ganz ähnlich wie die schon auf S. 169 beschriebene Synthese von Iodwasserstoff.

Additionen an C=O-Doppelbindungen

Wie bereits erwähnt (S. 412), werden Additionen an Carbonylgruppen meistens durch den Angriff eines **Nucleophils** auf das positiv polarisierte Carbonyl-C-Atom eingeleitet *(A_N)*. Viele A_N-Reaktionen sind *säurekatalysiert* (vgl. S. 412), wobei allerdings die Reaktionsgeschwindigkeit bei sehr tiefen *p*H-Werten stark absinkt. Dies kommt davon, daß dann auch das angreifende Nucleophil (eine Base!) protoniert und damit seine Nucleophilie verringert wird. Für solche Additionen an Carbonylgruppen findet man deshalb einen *optimalen pH-Bereich* von etwa 4 bis 5.

Reaktionsfähigkeit der Carbonylgruppe. Während die Positivierung des Carbonyl-C-Atoms als Folge der Addition eines H^+-Ions an das O-Atom größer wird und damit die Reaktionsfähigkeit der Carbonylgruppe steigt, sinkt die Bereitschaft zur Addition eines Nucleophils (ihre Reaktionsfähigkeit), wenn Atome oder Atomgruppen, welche einen + I- oder + M-Effekt ausüben, an dieses C-Atom gebunden sind. In der Reihe

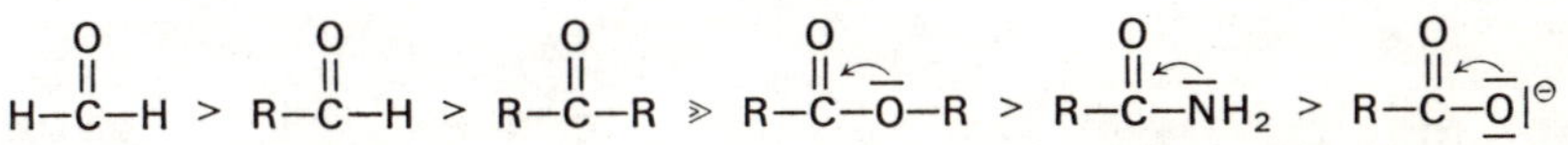

Formaldehyd > Aldehyd > Keton ≫ Ester > Amid > Carbonsäure-Anion

fällt deshalb die Reaktionsfähigkeit der Carbonylgruppe nach rechts stark ab.
Aldehyde und Ketone, bei welchen voluminöse Alkylgruppen oder aromatische Ringe an die Carbonylgruppe gebunden sind, addieren ebenfalls langsamer, da hier der Angriff eines Nucleophils *«sterisch gehindert»* ist.
Die C=O-Doppelbindung kann ganz verschiedenartige Gruppen anlagern; Additionsreaktionen an Carbonylverbindungen sind deshalb für verschiedene Zwecke sehr wichtig. Hier sollen nur die wichtigsten Beispiele behandelt werden.

Addition von Basen. Als Beispiele seien erwähnt

Addition von Wasser

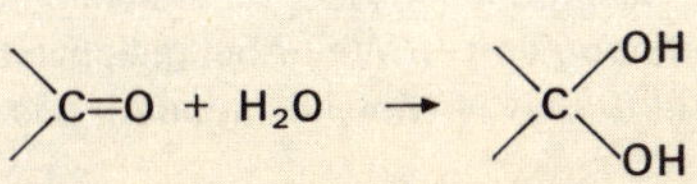

Addition von Alkoholen

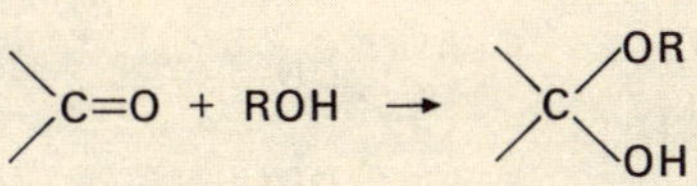

Addition von Cyanwasserstoff (Blausäure; HCN)

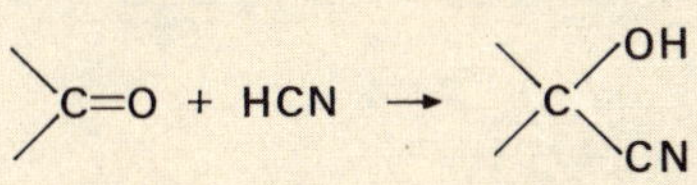

Addition von Ammoniak bzw. seinen Derivaten

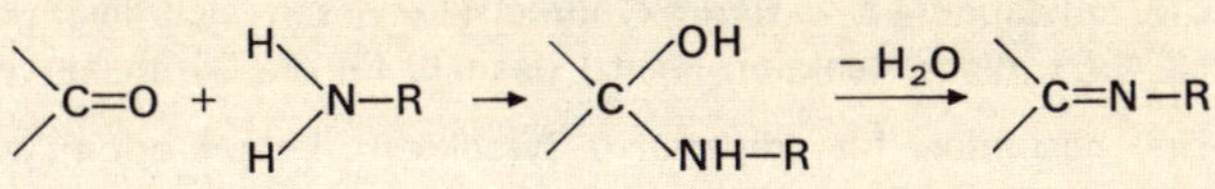

Die Additionen von *Wasser, Alkohol, Ammoniak* und *Derivaten des Ammoniaks* verlaufen nach demselben Schema:

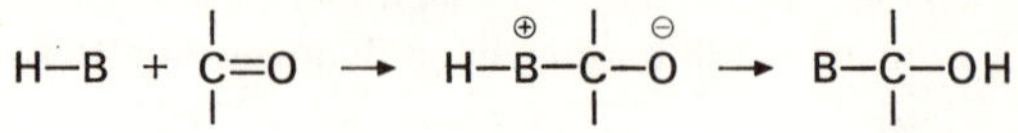

(1) (2)

Die Zwischenverbindung (1) stabilisiert sich dabei durch intramolekulare Übertragung eines H^+-Ions vom B- auf das Carbonyl-O-Atom. Die Additionsprodukte des Typus (2) stellen aber relativ energiereiche Substanzen dar, denn eine C=O-Doppelbindung ist energieärmer als eine C—C- und eine C—O-Einfachbindung zusammengenommen. Die Addukte von Wasser und Alkoholen können deshalb gewöhnlich nicht isoliert werden und existieren nur in Lösung; beim Verdampfen des Lösungsmittels bildet sich die Carbonylverbindung wieder zurück. Nur wenn stark elektronenanziehende Substituenten am Carbonyl-C-Atom gebunden sind, kann man z. B. solche Hydrate von Aldehyden als Substanz fassen.

Besonders wichtig sind die Reaktionen von Carbonylverbindungen mit Derivaten des Ammoniaks: *Hydroxylamin* (NH_2OH), *Hydrazin* und substituierte Hydrazine ($NH_2—NH_2$) und *Semicarbazid* ($NH_2CONHNH_2$). In allen genannten Fällen stabilisieren sich die Additionsprodukte des Typus (2) durch Abspaltung von Wasser, so daß *Oxime* bzw. *Hydrazone bzw. Semicarbazone* entstehen:

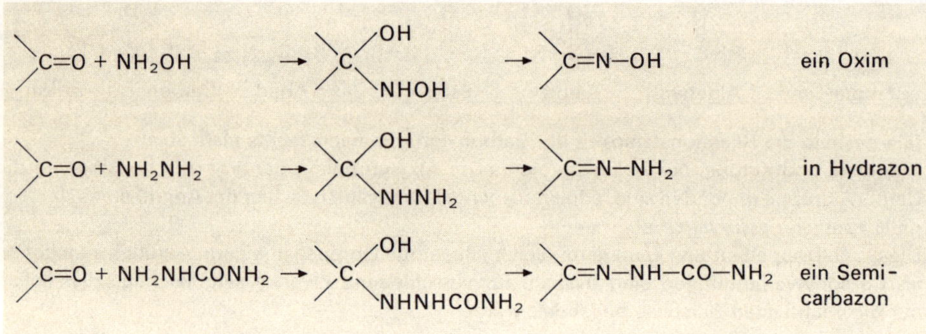

Im Gegensatz zu den bisher besprochenen Additionen, welche in einem *p*H-Bereich etwa 4 optimal verlaufen, geht die *Addition von HCN* nur bei gleichzeitiger Anwesenheit einer Base vor sich. Dies beweist, daß nicht das HCN-Molekül, sondern das stärker nucleophile CN^--Ion das angreifende Teilchen ist:

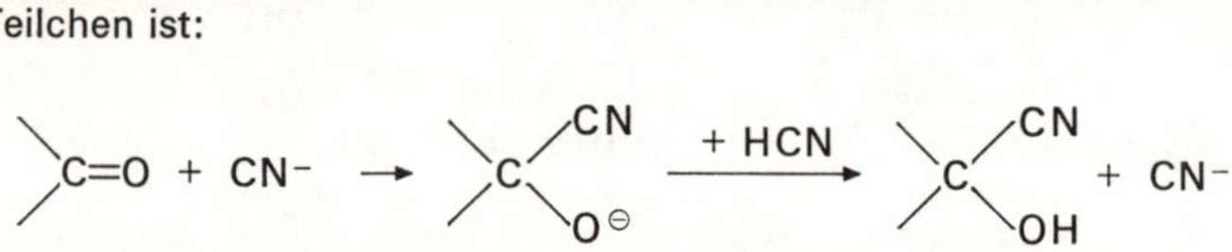

(1)

Die entstandenen α-Hydroxynitrile (1) lassen sich leicht zu Carbonsäuren hydrolysieren (S. 465); diese Reaktion besitzt deshalb für die Synthese von α-Hydroxysäuren Bedeutung.

Eine besonders für präparative Zwecke im Laboratorium wichtige nucleophile Addition ist schließlich die *Reduktion* von Carbonylverbindungen mit *Lithiumaluminiumhydrid*, $Li[AlH_4]$.

Man erhält diese salzartige, jedoch ätherlösliche und äußerst feuchtigkeitsempfindliche Verbindung aus Lithiumhydrid und Aluminiumchlorid:

$$AlCl_3 + 4\,LiH \rightarrow LiAlH_4 + 3\,LiCl$$

Die reduzierende Wirkung beruht darauf, daß das Salz Hydrid-Ionen (H^-) liefern kann, welche extrem nucleophil wirken:

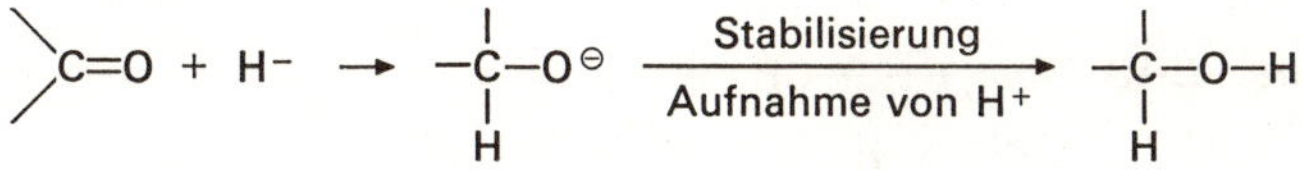

Mittels Lithiumaluminiumhydrid können nicht nur Aldehyde und Ketone, sondern auch Ester und Säurechloride zu Alkoholen reduziert werden; Säureamide werden damit in Amine, Nitrile ebenfalls in Amine übergeführt.

Addition von C—H-aciden Verbindungen. Eine Reihe von Verbindungen, welche zwar an sich keine nucleophilen (basischen) Eigenschaften besitzen, können unter der Wirkung sehr starker Basen ein Proton einer C—H-Bindung verlieren, so daß ein «**Carbanion**» (mit negativ geladenem C-Atom) entsteht, welches an Carbonyl-C-Atome addiert werden kann. Dabei werden *neue C—C-Bindungen* gebildet, so daß die entsprechenden Reaktionen für zahlreiche Synthesen sehr wertvoll sind.
Die wichtigsten Beispiele solcher C—H-acider Verbindungen sind *Carbonylverbindungen*, die *in α-Stellung zur C=O-Gruppe ein H-Atom* besitzen (S. 411):

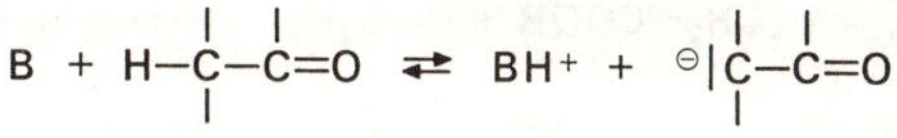

Zur Addition besonders geeignet sind Substanzen, bei welchen die C—H-Bindung durch die Wirkung zweier Carbonylgruppen verhältnismäßig leicht ionisiert wird, wie z. B. bei Malonester.

Beispiele:

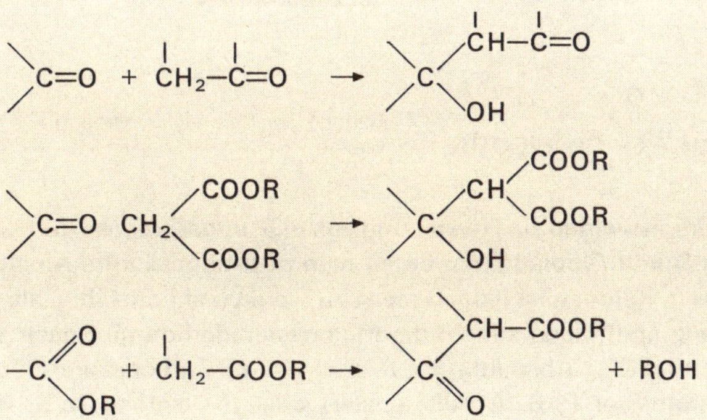

Aldoladdition: Addition eines Aldehyds oder Ketons an eine Carbonylgruppe

Addition von *Malonester*

Esterkondensation: Addition eines Esters an die Carbonylgruppe eines anderen Esters unter Austritt eines Alkoholmoleküls

Für die *Aldoladdition* und die Addition von *Malonester* können OH^--Ionen als Base verwendet werden. Die entstehenden Carbanionen sind aber ebenfalls starke Basen und konkurrieren mit den OH^--Ionen um das Proton; sie sind deshalb im Reaktionsgemisch nur in sehr kleiner

Konzentration als freie Ionen vorhanden. Die Additionsprodukte spalten aber sehr häufig spontan Wasser ab[1] (und können aus diesem Grund oft nicht isoliert werden), weil sich auf diese Weise ein System konjugierter Doppelbindungen ausbilden kann. Dadurch werden sie den Reaktionsgleichgewichten entzogen, und die Gesamtreaktion verläuft nahezu vollständig:

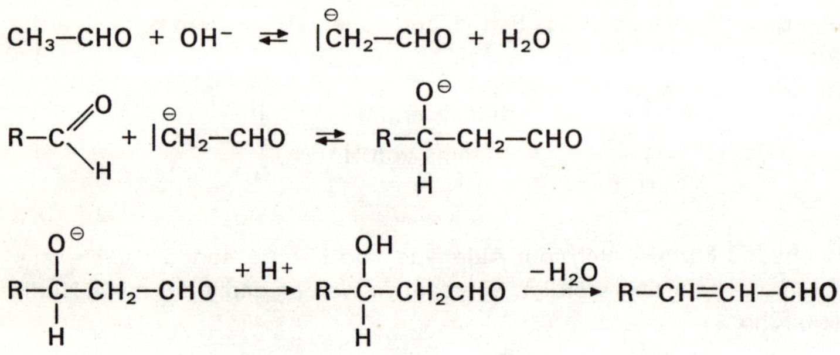

Bildung des Carbanions; links liegendes Gleichgewicht!

Addition

Stabilisierung durch Aufnahme eines Protons (das Produkt der Addition ist eine starke Base!) und Abspaltung von Wasser

Die *Esterkondensation* verläuft im Prinzip ähnlich. Als Carbonylkomponente dienen hier Carbonsäure-Ester, an welche Carbonsäure-Ester oder Ketone addiert werden können. Als Folge der geringeren Reaktionsfähigkeit der Ester-Carbonylgruppe (d.h. der geringeren C—H-Acidität des Esters) muß man zur Kondensation Natriumäthylat, eine stärkere Base, verwenden. Das zunächst gebildete Additionsprodukt spaltet Alkohol ab, so daß sich ein durch Mesomerie stabilisiertes Enolat-Anion bildet. Dadurch wird das ungünstig liegende Gleichgewicht der Carbanionbildung verschoben:

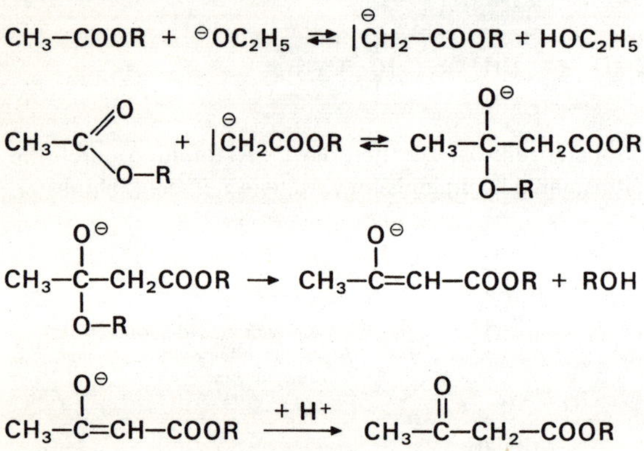

Bildung des Carbanions

Addition

Abspaltung von ROH und dadurch Bildung des Enolat-Anions

Bildung der Carbonylverbindung aus dem Enolat

Aldoladdition und Malonesteraddition werden zur Herstellung von α, β-*ungesättigten Carbonylverbindungen* häufig verwendet. Durch Aldoladdition erhält man α, β-ungesättigte Aldehyde oder Ketone (die Carbonylgruppe in Ketonen ist jedoch meist zu wenig reaktionsfähig, als daß Addition einer Carbonylverbindung stattfinden kann); die Malonesteraddition gibt nach Verseifung des Esters und anschließender CO_2-Abspaltung α, β-ungesättigte Carbonsäuren. Durch Esterkondensation entstehen β-Ketoester (z.B. Acetessigester) oder β-Diketone (z.B. Pentandion-2,4 [Acetylaceton]; durch Reaktion von Essigsäureester mit Aceton). β-Ketoester und β-Diketone sind leicht enolisierbar; die stark nucleophilen Enolat-Anionen reagieren leicht mit

[1] Wegen dieser leicht eintretenden Abspaltung von Wasser bezeichnet man die Reaktion oft auch als *Aldolkondensation* (statt Aldoladdition).

Alkylhalogeniden (S.448), so daß sie für Synthesen sehr vielseitig verwendbar sind. Durch intramolekulare Esterkondensation lassen sich auch Verbindungen mit ringförmigem C-Gerüst aufbauen.

Über die **Addition von Grignard-Verbindungen** siehe S.413.

Reaktionen von C≡N-Bindungen. Die C≡N-Bindung in *Nitrilen* verhält sich in mancher Beziehung sehr ähnlich wie die C=O-Bindung in Carbonylverbindungen. So addieren Nitrile unter gewissen Bedingungen sowohl Basen (z.B. H^- aus $LiAlH_4$) wie Grignard-Verbindungen. Besonders wichtig ist die Addition von Wasser, welche Carbonsäuren ergibt; bei sorgfältigem Arbeiten können in manchen Fällen die dabei intermediär entstehenden Amide isoliert werden:

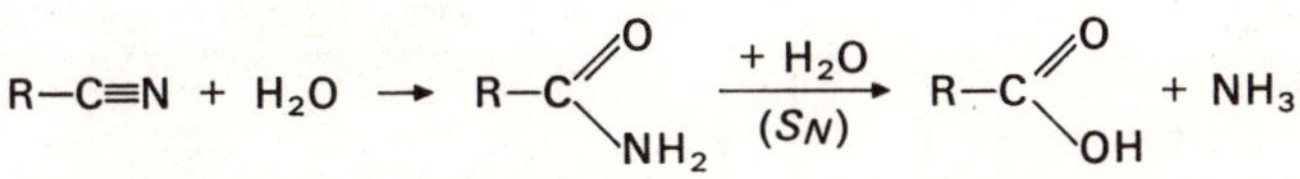

Nitril Amid Carbonsäure

Die Addition wird durch Säuren katalysiert. Bei hohen *p*H-Werten wird direkt ein OH^--Ion an das Nitril-C-Atom addiert, und das Additionsprodukt bindet ein H^+-Ion.

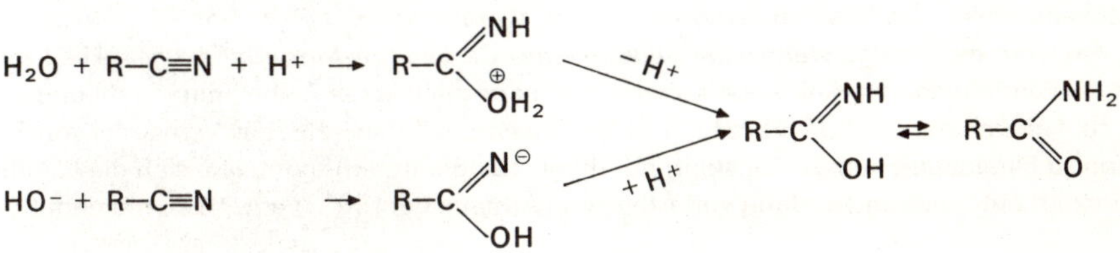

11.6.3 Eliminationsreaktionen

Werden bei organischen Reaktionen Atome oder Atomgruppen abgetrennt, ohne daß gleichzeitig neue Atome oder Atomgruppen in das Molekül eintreten, so spricht man von **Elimination** (*E*-Reaktion). Es bilden sich dabei Mehrfachbindungen zwischen C- oder zwischen C- und O- bzw. C- und N-Atomen. In manchen Fällen entstehen durch eine Elimination aber auch Verbindungen mit ringförmigem C-Gerüst.

Beispiele:

(1) $CH_3{-}CH_2{-}CH_2{-}Cl \xrightarrow{-\,HCl} CH_3{-}CH{=}CH_2$

(2) $CH_3{-}CH_2{-}CH_2OH \xrightarrow{-\,H_2O} CH_3{-}CH{=}CH_2$

(3) 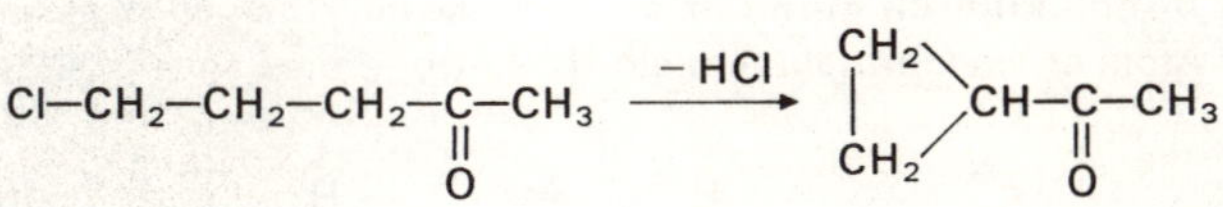

Schon auf S. 447 wurde darauf hingewiesen, daß *bei nucleophilen Substitutionen* als *Nebenreaktionen* häufig *Eliminationen* beobachtet werden. Der Ablauf der beiden Reaktionstypen zeigt tatsächlich große Ähnlichkeiten: In beiden Fällen handelt es sich um eine Reaktion einer Verbindung R—X mit einem Nucleophil Y^-. Bei einer S_N-Reaktion wird der Substituent X aus dem Molekül verdrängt, und das Nucleophil tritt an seine Stelle; bei einer *E*-Reaktion wird zwar der Substituent ebenfalls verdrängt, aber das nucleophile Reagens entzieht zudem der angegriffenen Verbindung am benachbarten C-Atom ein Proton, wobei eine Doppelbindung entsteht. Es ist deshalb verständlich, daß **Substitution und Elimination häufig nebeneinander** verlaufen. Dabei hängt das Verhältnis von Substitution zu Elimination hauptsächlich ab von der *Temperatur* (Temperaturerhöhung begünstigt meist die Elimination) sowie von der Basenstärke des Nucleophils und der räumlichen Struktur der Reaktionspartner.

Ebenso wie die S_N-Reaktion kann auch die Elimination als Reaktion erster oder zweiter Ordnung ablaufen.
Bei der **unimolekularen Elimination** besteht der geschwindigkeitsbestimmende Schritt wie bei der S_N1-Reaktion in der Bildung eines *Carbonium-Ions;* statt daß aber das vorhandene Nucleophil von diesem gebunden wird, kann es dem Nachbar-C-Atom ein Proton entziehen:

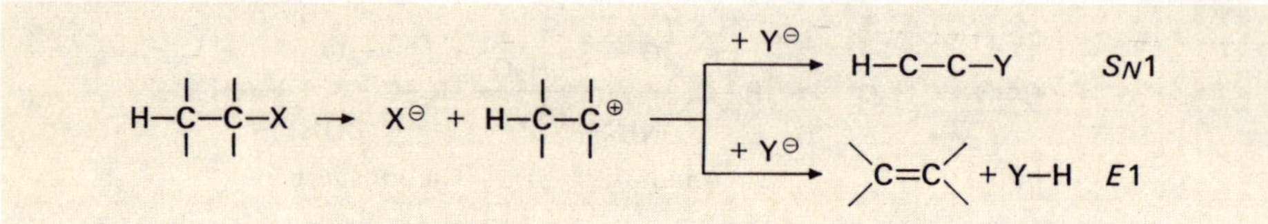

Hier hängt das Verhältnis vom Ausmaß der Substitution zum Ausmaß der Elimination weder vom Substituenten X noch vom Nucleophil Y oder vom Lösungsmittel ab; da der erste Teilschritt die Geschwindigkeit der Gesamtreaktion bestimmt, werden *sowohl S_N1- wie E1-Reaktion durch alle Faktoren begünstigt, welche die Bildung eines Carbonium-Ions ermöglichen.* Die Leichtigkeit der Elimination von H_2O aus Alkoholen nimmt deshalb in der Reihe primär – sekundär – tertiär zu. Für eine bestimmte Verbindung ist bei konstanter Temperatur das Verhältnis von Substitution zu Elimination nahezu konstant; nur durch Temperaturerhöhung läßt sich die Elimination bevorzugt durchführen (Bildung von Äthen aus Äthanol bei 180°C) entsprechend dem Schema

$$R{-}CH_2{-}CH_2{-}OH \xrightarrow{H^+} R{-}CH_2{-}CH_2{-}\overset{\displaystyle H}{\overset{|}{O}}{}^{\oplus}{-}H \xrightarrow{-H_2O} R{-}CH_2{-}\overset{\oplus}{C}H_2 \xrightarrow{-H^+} R{-}CH{=}CH_2$$

Bekanntlich nimmt die *Stabilität* von *Carbonium-Ionen* in der Reihe primär – sekundär – tertiär zu. Bei *E*1-Reaktionen an primären oder sekundären Alkoholen beobachtet man deshalb oft die Bildung **umgelagerter C-Gerüste,** indem sich das zunächst gebildete primäre bzw. sekundäre Carbonium-Ion in ein stabileres tertiäres Carbonium-Ion umlagert, bevor ein H^+-Ion austritt. So erhält man beispielsweise bei der Wasserabspaltung als 2,2-Dimethylbutanol-(3) hauptsächlich 2,3-Dimethylbuten-(2) neben 2,3-Dimethylbuten-(1) und nur ganz wenig 3,3-Dimethylbuten-(1). (d.h. nur ganz wenig nicht umgelagertes Produkt).

Im Falle der **bimolekularen Elimination** greift die am Übergangszustand beteiligte Base das Nachbar-C-Atom an und entzieht ihm ein H^+-Ion:

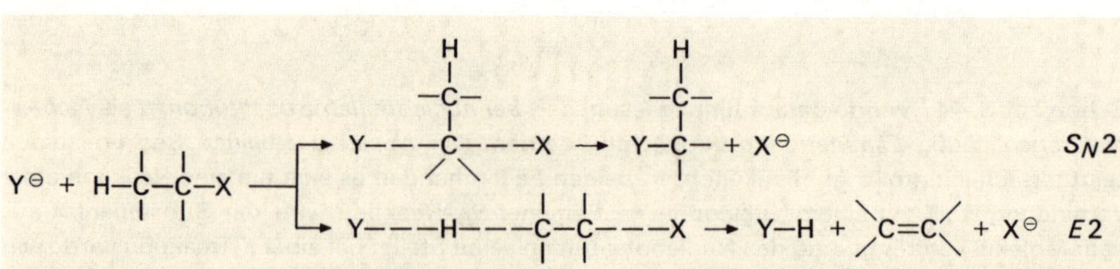

Die Base löst also beim Zusammenstoß mit dem organischen Molekül ein Proton vom β-C-Atom ab; gleichzeitig wird die Doppelbindung gebildet und das X^--Ion weggedrängt. Im Übergangszustand ist das Proton der Base zwar schon etwas genähert, das X^--Ion aber noch nicht ganz abgelöst. Je stärker und höher konzentriert die angreifende *Base* ist, desto mehr wird die *E*2-Reaktion bevorzugt. Die wichtigsten, für *E*2-Reaktionen in Frage kommenden Basen sind Acetat-Ionen, Phenolat-Ionen, Hydroxyl-Ionen und Alkoholat-Ionen.
Das Verhältnis von Substitution zu Elimination wird hier hauptsächlich durch die *Basenstärke* des Nucleophils bestimmt (Nucleophilie und Basenstärke gehen einander nicht unbedingt parallel! Vgl. S. 447). So ist z. B. das Br^--Ion wohl stark nucleophil, aber nur eine schwache Base; es geht deshalb viel leichter Substitutionen als Eliminationen ein. Die Elimination läßt sich also durch Verwendung einer sehr starken Base gegenüber der Substitution stark begünstigen; besonders wirksam sind sehr voluminöse Basen, wie z. B. das tertiäre Butylat-Anion.

Ein schönes *Beispiel* dafür, wie je nach der Stellung eines bestimmten Atoms (oder einer Atomgruppe) in einem Molekül *verschiedenartige Reaktionen* möglich sind, bietet die Reaktion der *Chlorderivate der Buttersäure mit KOH*. Die Atomgruppen, auf welche der Angriff eines OH^--Ions einen wesentlichen Effekt haben kann, sind mit ↓ bezeichnet.

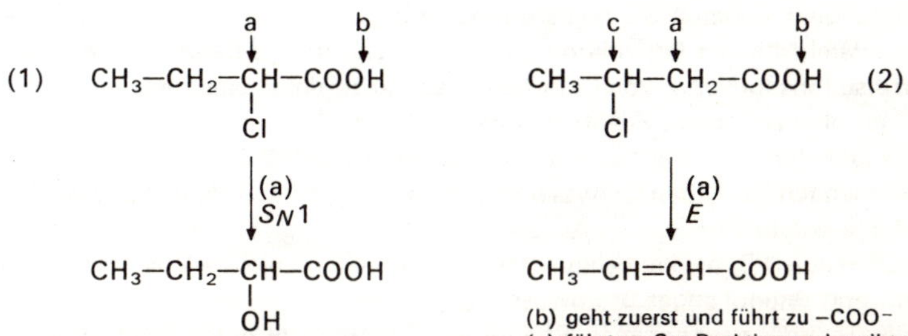

(b) geht zuerst und führt zu $-COO^-$

(b) geht zuerst und führt zu $-COO^-$
(c) führt zu S_N-Reaktion und ergibt eine β-Hydroxysäure, welche möglicherweise als Nebenprodukt in geringer Menge auftritt

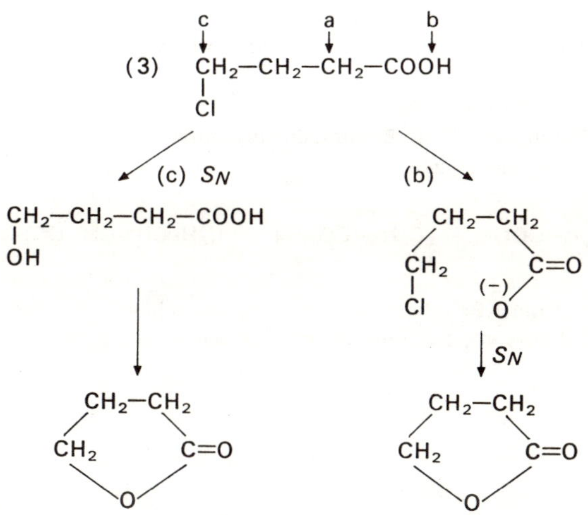

(a) führt zu $-\overset{\ominus}{C}H-COOH$, was aber höchstens Anlaß zu Nebenreaktionen geben, die Reaktionen (c) und (b) jedoch nicht stark beeinflussen wird

α-Chlorbuttersäure (1) gibt mit KOH leicht α-Hydroxybuttersäure, weil das α-ständige C-Atom durch die C=O-Gruppe aktiviert und so das Cl-Atom leicht substituiert wird. β-Chlorbuttersäure ergibt hauptsächlich Acrylsäure (*E*-Reaktion), weil die erhöhte Polarität der C—H-Bindung am α-C-Atom die Abspaltung eines Protons erleichtert (vgl. den Mechanismus der Elimination). γ-Chlorbuttersäure (3) führt unter der Einwirkung von KOH zu einem Ringschluß (Bildung eines zyklischen Esters, eines «Lactons»). Beim Angriff (c) entsteht γ-Hydroxybuttersäure, die – wie alle γ-Hydroxysäuren – leicht solche zyklische Ester bildet; das durch den Angriff (b) entstehende Säureanion wirkt als nucleophiles Teilchen und greift das γ-ständige C-Atom an (intramolekulare S_N-Reaktion!), da dabei ein stabiler Ring gebildet werden kann.

Übungen

11.64 Stellen Sie die verschiedenen Möglichkeiten der Substitution zusammen.

11.65 Warum lassen sich H-Atome an gesättigten Kohlenwasserstoffen weder durch nucleophile noch durch elektrophile Reagenzien substituieren?

11.66 In der Reihe primärer – sekundärer – tertiärer Butanol nimmt die Geschwindigkeit der Reaktion mit HCl so stark zu, daß tert. Butanol bereits mit wäßriger, konzentrierter Salzsäure reagiert. Erklären Sie diese Beobachtung!

11.67 Was entsteht bei der Einwirkung von Schwefelsäure auf Benzol, bei der Nitrierung von Benzolsulfonsäure bzw. von Chlorbenzol sowie bei der Bromierung von Nitrobenzol bzw. *m*-Dinitrobenzol (unter Zusatz von $FeBr_3$)?

11.68 Anilin läßt sich in saurer Lösung kaum substituieren. Warum?

11.69 Kann man tert. Butylbenzol besser oder schwerer nitrieren als Benzol selbst, und welche Produkte entstehen?

11.70 Warum reagiert Benzol mit elementarem Brom – ohne weitere Zusätze! – nicht, während Anilin und Phenol sogar Bromwasser entfärben?

11.71 In der Technik gewinnt man Phenol aus Chlorbenzol durch Erhitzen mit NaOH. Um welche Reaktion muß es sich handeln?

11.72 Was entsteht bei der Reaktion von Benzaldehyd und Aceton bzw. von Acetaldehyd und Aceton unter dem Einfluß von NaOH? Mechanismus angeben!

11.73 Vergleichen Sie das Verhalten der C=C- und der C=O-Doppelbindung gegenüber verschiedenen Reagenzien!

11.74 Warum verhält sich die C≡N-Dreifachbindung in vieler Hinsicht wie eine C=O-Doppelbindung?

11.75 Reagiert Äthanol mit einer Lösung von KBr in Aceton?

11.76 Stellen Sie die Methoden zur Bildung von C—C-Bindungen zusammen!

11.77 Suchen Sie Synthesen für folgende Substanzen:

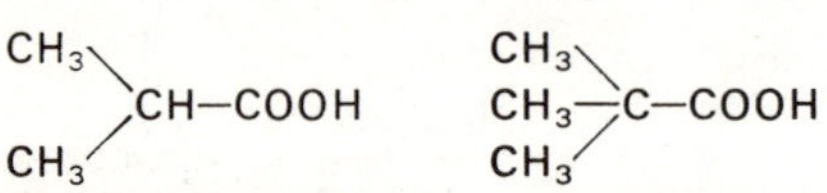

C_6H_5—$COCH_3$ C_6H_5CH=$CHCOCH_3$

11.78 Durch Reaktion von Äthylchlorid mit KBr erhält man praktisch ausschließlich Äthylbromid; durch Reaktion mit KOH aber entsteht sowohl Äthanol wie Äthen. Erklärung?

Literatur

H. Becker — *Einführung in die Elektronentheorie organisch-chemischer Reaktionen.* VEB Deutscher Verlag der Wissenschaften, Berlin 1964

R. Breslow — *Organic Reaction Mechanisms.* Benjamin, New York 1965

M. C. Caserio — Reaction Mechanisms in Organic Chemistry. *J. Chem. Educ. 42* (1965) 570, 627

H. R. Christen — *Grundlagen der organischen Chemie.* Sauerländer, Aarau 1972

E. S. Gould — *Mechanismus und Struktur in der Organischen Chemie.* Verlag Chemie, Weinheim 1962

C. K. Ingold — *Structure and Mechanism in Organic Chemistry.* Cornell University Press, Ithaca 1953

Organikum — (Organisch-chemisches Grundpraktikum; von einem Autorenkollektiv). VEB Deutscher Verlag der Wissenschaften, Berlin 1969

W. H. Saunders jr. — *Ionic Aliphatic Reactions.* Prentice Hall, Englewood Cliffs 1965

R. Stewart — The Reactive Intermediates of Organic Chemistry. *J. Chem. Educ. 38* (1961) 308

P. Sykes — *Reaktionsmechanismen der organischen Chemie.* Verlag Chemie, Weinheim 1970

11.7 Stereochemie organischer Moleküle

Bisher wurden zur Darstellung der Struktur organischer Moleküle meist Formeln verwendet, welche den räumlichen Bau nicht zum Ausdruck bringen konnten. Bereits der Abschnitt über organische Reaktionen zeigt indessen, daß räumliche («sterische») Faktoren einen wesentlichen Einfluß auf den Ablauf einer Reaktion ausüben können. Stereochemische Betrachtungen sind deshalb zum Verständnis des Verhaltens organischer Substanzen unentbehrlich.

11.7.1 Bindungslängen und Bindungswinkel

Im Methan ist das C-Atom von den vier H-Atomen *exakt tetraedrisch* umgeben. Die Bindungslänge (Abstand zwischen C- und H-Kern) beträgt 1,07 Å; der Bindungswinkel ist der Tetraederwinkel (109° 28′). Messungen an zahlreichen organischen Molekülen haben gezeigt, daß die *Längen* der Bindungen zwischen den verschiedenen Atomen nahezu konstant sind (Tabelle 11.12). Die *Bindungswinkel* können hingegen etwas variieren. Das Molekül des Dichlormethans (CH_2Cl_2) beispielsweise bildet wegen der gegenseitigen Abstoßung der beiden Cl-Atome kein regelmäßiges Tetraeder, und die Bindungswinkel weichen deshalb etwas von 109° 28′ ab. Größere Abweichungen von den gewöhnlichen Bindungswinkeln bedeuten einen erhöhten Energieinhalt und damit geringere Stabilität. Dies kann sich beispielsweise in größerer Reaktionsfähigkeit äußern. Ein Beispiel dafür ist das Cyclopropan,

$CH_2{-}CH_2$ (beide CH_2-Gruppen verbunden mit einem dritten CH_2, Dreiring)

Der Bindungswinkel von 60° hat eine starke Spannung zur Folge, und diese wiederum bedingt die, verglichen mit kettenförmigen Kohlenwasserstoffen und anderen Cycloparaffinen, viel größere Reaktionsfähigkeit. So addiert z. B. Cyclopropan Brom nahezu so leicht wie Äthen.

Tabelle 11.12. Bindungslängen einiger in organischen Molekülen häufiger Bindungen

Bindung	Bindungslänge Å	Bindung	Bindungslänge Å
C—H	1,07	C—Cl	1,76
N—H	1,00	C=C	1,35
O—H	0,96	C≡C	1,20
C—C	1,54	C⋯C (Benzol)	1,39
C—N	1,47	C≡N	1,19
C—O	1,43	C=O	1,22

11.7.2 Rotation um Einfachbindungen

Aus der Tatsache, daß es niemals gelang, von Verbindungen des Typus Dichloräthan ($ClCH_2$—CH_2Cl) zwei verschiedene Isomere zu isolieren, schloß man schon frühzeitig, daß um eine C—C-Bindung *vollständig freie Rotation* der Substituenten möglich sei. Bei einer solchen Drehung durchlaufen aber die Atome bestimmte, ausgezeichnete Stellungen (Abb. 11.27, 11.28; Beispiel Äthan). Man bezeichnet die einzelnen räumlichen Anordnungen – die also durch Drehung um die C—C-Einfachbindung ineinander übergeführt werden können – als **Konformationen** des betreffenden Moleküls.

Im Äthan-Molekül sind zwei Extremkonformationen von besonderem Interesse: die *gestaffelte* und die *ekliptische* Konformation.
Sorgfältige Untersuchungen haben nun gezeigt, daß zwar die *Umwandlung* der einzelnen Konformationen relativ leicht vor sich geht, daß diese *Konformationen* einander aber *energetisch nicht gleichwertig* sind. So ist die gestaffelte Konformation stets energieärmer als die ekliptische. Die Energiedifferenzen sind zwar meist gering (einige kcal/Mol) und können deshalb durch die Energie der Wärmebewegung überwunden werden; bei Verbindungen mit verhältnismäßig großen, raumerfüllenden oder mit stark elektronegativen Substituenten (die sich abstoßen), können die Energiedifferenzen aber bis 10 kcal/Mol betragen. Auch im Gaszustand treten deshalb die Moleküle vorwiegend in der *energieärmsten* – der *gestaffelten* – *Konformation* auf; die ekliptischen Konformationen wirken bei der freien Rotation um die C—C-Bindung gewissermaßen als «Energiebarriere», setzen also der Drehung einen gewissen Widerstand entgegen und werden dabei nur rasch durchlaufen; sie sind also keine stabilen Zustände.

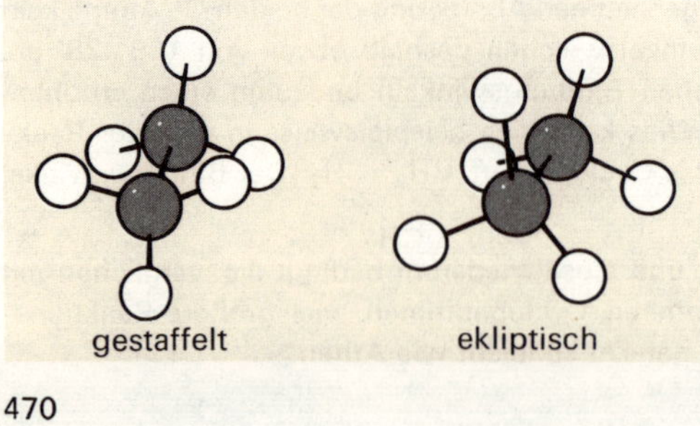

Abb. 11.27. Zwei Konformationen des Äthan-Moleküls

Projektionsformel

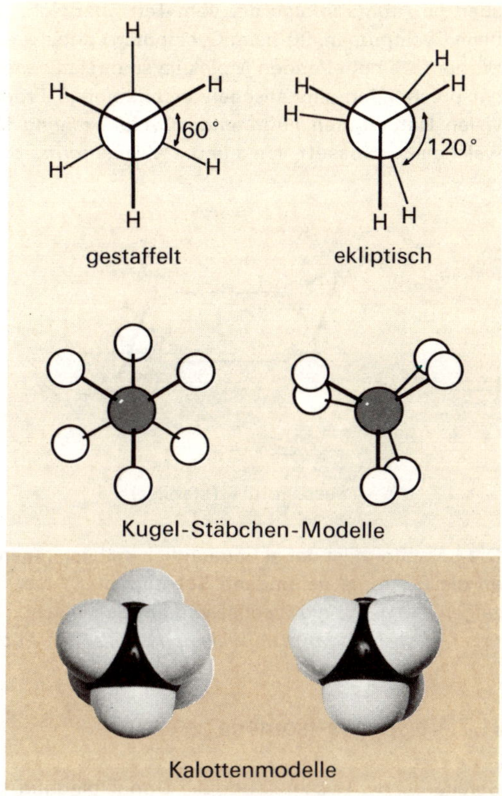

Abb. 11.28. Zwei Konformationen von Äthan, von vorne gesehen (verschiedene Darstellungen)

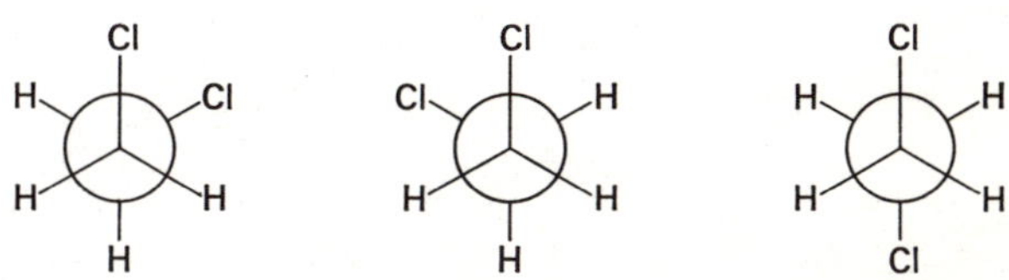

Abb. 11.29. Drei Konformationen von Dichloräthan

11.7.3 Räumlicher Bau zyklischer Verbindungen

Die Moleküle von Verbindungen mit *aromatischen Ringsystemen* (Benzol, Naphthalin, Pyridin, Thiophen usw.) sind sämtlich *vollkommen eben* gebaut. Der ebene Bau ist dabei eine unabdingbare Voraussetzung für das Zustandekommen eines geschlossenen π-Elektronensystems, denn eine Überlagerung von 6 Elektronenwolken zu einem geschlossenen Ring ist nur möglich, wenn die Atome in einer Ebene liegen (S. 390). Im Gegensatz zu den aromatischen Molekülen sind aber die Moleküle alizyklischer Verbindungen *(Cycloparaffine;* siehe S. 370) *meist nicht eben* gebaut, eine Folge der tetraedrischen Richtung der Bindungen im gesättigten C-Atom. Einzig der Cyclopropan- und der Cyclobutanring sind eben; in beiden Ringsystemen stehen aber die Atome infolge der vom Tetraederwinkel stark abweichenden Bindungswinkel (60° beim Cyclopropan, 90°beim Cyclobutan) unter verhältnismäßig starker Spannung; mit anderen Worten, die betreffenden Moleküle sind relativ energiereich und damit reaktionsfähiger als die entsprechenden aliphatischen Verbindungen Propan und Butan (siehe S. 367). Der in sehr vielen Naturstoffen auftretende Cyclohexanring kann in zwei Konformationen vorkommen, welche als «**Sesselform**» und «*Wannenform*» bezeichnet werden:

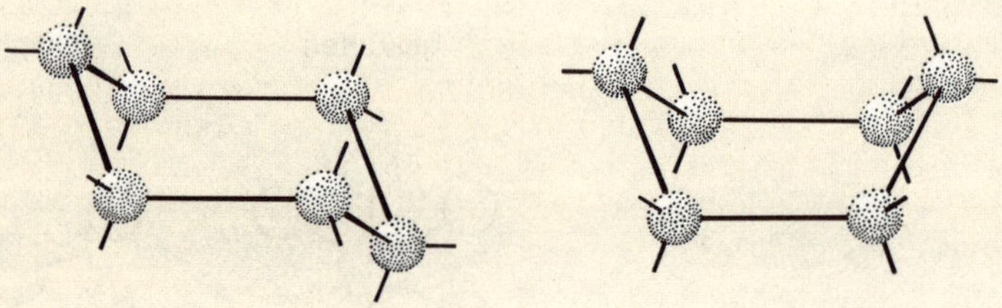

«Sesselform» (stabiler) «Wannenform»

Die Sesselform ist dabei beträchtlich stabiler (energieärmer), weil die H-Atome (bzw. andere, an die C-Atome gebundene Substituenten) hier die größtmögliche Entfernung voneinander zeigen und damit die Wechselwirkungen zwischen ihnen am geringsten sind. Der Cyclohexanring tritt deshalb *normalerweise ausschließlich in der Sesselform* auf.

11.7.4 *cis/trans*-Isomerie

Bereits bei der Beschreibung der Doppelbindung (S. 351) wurde darauf hingewiesen, daß die *freie Drehbarkeit* um eine *Doppelbindung aufgehoben* ist. In allen Fällen, wo die beiden C-Atome der Doppelbindung mit zwei verschiedenen Atomen bzw. Atomgruppen verbunden sind, sind zwei räumliche Anordnungen möglich, welche man als «**cis-**» und «**trans-Form**» unterscheidet:

cis- *trans-*

Die Energiebarriere zwischen den beiden Formen ist so hoch, daß die Substituenten in einer starren Anordnung verharren und die beiden räumlichen Anordnungen als stabile Isomere isoliert und untersucht werden können. Die Umwandlung der beiden Formen ineinander (unter Trennung einer Bindung der Doppelbindung!) kann meist erst bei ziemlich hoher Temperatur erreicht werden. Nur in gewissen Fällen, wo aus räumlichen Gründen (Raumbeanspruchung der Substituenten!) das eine Isomer (gewöhnlich die *trans*-Form) viel stabiler ist als das andere, tritt die Isomerisierung (d.h. die Umlagerung des weniger stabilen in das stabilere Isomer) bereits bei relativ tiefer Temperatur ein.

Das klassische Beispiel eines *cis/trans*-Isomerenpaares bilden *Malein*- und *Fumarsäure* (S. 425). Beide Säuren entsprechen den Formeln HOOC—CH=CH—COOH, unterscheiden sich jedoch stark in ihren Eigenschaften (Tabelle 11.13). Erhitzt man Maleinsäure, so bildet sich bei 160°C

Tabelle 11.13. Physikalisch-chemische Konstanten von Malein- und Fumarsäure

	Maleinsäure	Fumarsäure
Schmelzpunkt (°C)	130 °C	287 °C
Löslichkeit in Wasser (g/100 ml; 25 °C)	78,8	0,7
Dichte	1,590	1,635
Verbrennungswärme (kcal/Mol)	327	320
pK_{s_1}	1,9	3,0
pK_{s_2}	6,5	4,5

unter Wasserabspaltung das zyklische Anhydrid; beim Erhitzen der Säure in einem zugeschmolzenen Rohr (wobei kein Wasser entweichen kann) isomerisiert sie bei 200°C in die beständigere Fumarsäure. Diese bleibt bis weit über 200°C unverändert und bildet erst oberhalb 275°C das Anhydrid, wobei sie offenbar zuerst in Maleinsäure umgelagert wird. Auch der Unterschied in den Verbrennungswärmen der beiden Substanzen zeigt, daß Fumarsäure um 7 kcal/Mol stabiler ist als Maleinsäure. Sie entspricht der *trans*-Form; Maleinsäure, die weniger stabile, aber stärkere Säure, ist die *cis*-Form.

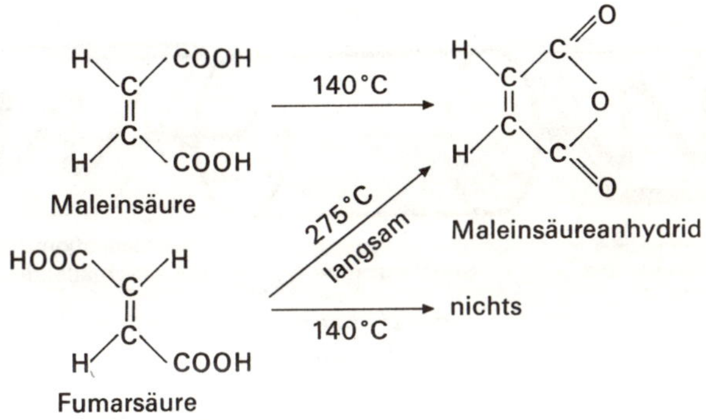

Hier wie übrigens in zahlreichen Fällen von *cis*/*trans*-Isomerie bildet die *trans*-Form auch das stabilere Gitter (höhere Gitterenergie), was sich im höheren Schmelzpunkt und in der geringeren Löslichkeit deutlich zeigt. Von Interesse ist, daß sich das energiereichere *cis*-Isomere unter der Wirkung von Katalysatoren wie HCl oder HBr bereits bei Zimmertemperatur in die *trans*-Säure umlagert. Offenbar findet dabei eine vorübergehende Addition der Halogenwasserstoffmoleküle an die Doppelbindung statt; die Elimination führt dann hauptsächlich zum stabileren Isomer.

11.7.5 Molekülchiralität

Schon sehr früh wurde beobachtet, daß gewisse Substanzen in zwei verschiedenen Formen existieren, welche in den meisten physikalischen und chemischen Eigenschaften übereinstimmen, sich aber durch ihr *Verhalten gegenüber polarisiertem Licht* unterscheiden (Malus, 1808; Biot, 1812). Beispiele solcher Stoffe sind sek. Butylalkohol (Butanol-2), Glycerinaldehyd, Milchsäure, Weinsäure usw.

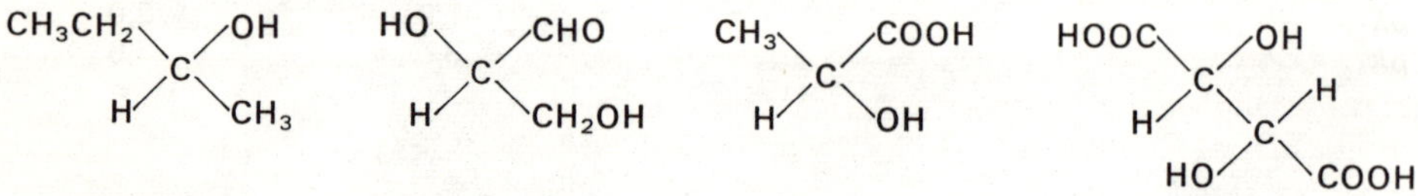

Butanol-2 Glycerinaldehyd Milchsäure Weinsäure

Dabei dreht die eine Form die Schwingungsebene des polarisierten Lichtes nach rechts, die andere um den genau gleichen Betrag nach links (Abb. 11.30). Das Ausmaß der Drehung hängt dabei von der Konzentration der betreffenden Substanz, ihrer Schichtdicke und zudem von der Wellenlänge des benutzten Lichtes ab; das Drehvermögen (die «**optische Aktivität**» ist also auch in verdünnter Lösung zu beobachten und muß eine charakteristische Eigenschaft der betreffenden Moleküle sein.

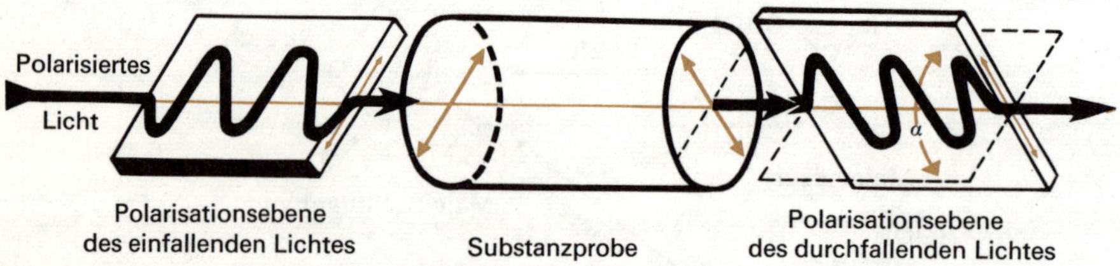

Abb. 11.30. Schematische Darstellung der Drehung der Polarisationsebene von polarisiertem Licht durch eine optisch aktive Substanz (Drehwinkel α)

Linear polarisiertes Licht läßt sich als Überlagerung zweier zirkular polarisierter Lichtwellen entgegengesetzten Drehsinnes auffassen (Abb. 11.31 a). Laufen beide Strahlen mit gleicher Geschwindigkeit durch eine Substanz (sie legen in der Zeit t die Bogenstrecke AB bzw. AC zurück), so ergibt ihre Projektion die Ebene AA', die Polarisationsebene. In optisch aktiven Substanzen sind nun die Brechungsindices (die Geschwindigkeiten) für die beiden zirkular polarisierten Wellen verschieden, was eine Drehung der Polarisationsebene um den Winkel α zur Folge hat (Abb. 11.31 b).

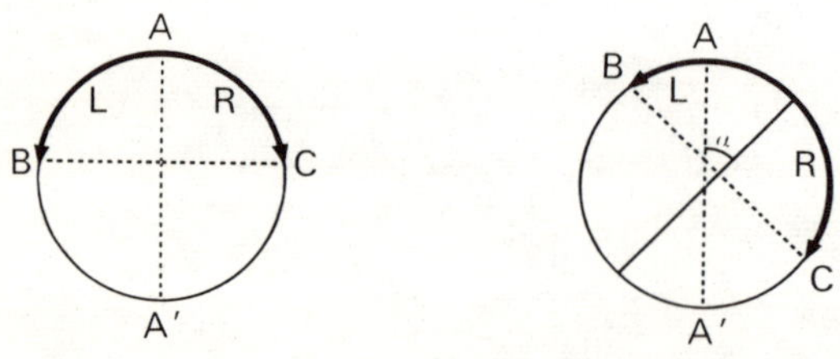

Abb. 11.31. Zustandekommen von linear polarisiertem Licht durch Überlagerung zweier Wellen von zirkular polarisiertem Licht

Spiegelbildisomerie. Untersucht man den räumlichen Bau optisch aktiver Verbindungen, so zeigt sich, daß ihre Moleküle immer in *zwei räumlich verschiedenen, zueinander* **spiegelbildlichen** *Formen* existieren können, *die sich miteinander nicht zur Deckung bringen lassen.* Die optische Aktivität beruht also auf einer besonderen Art räumlicher Isomerie («Stereoisomerie»), der **Spiegelbildisomerie.** Spiegelbildisomerie kann aber nur dann auftreten, wenn die Moleküle dissymmetrisch («**chiral**») sind, d.h. *weder Spiegelebene noch Symmetriezentrum* besitzen. Ein solches chirales Molekül kann in zwei Formen vorkommen, die sich zueinander wie rechte und linke Hand verhalten, miteinander also nicht zur Deckung gebracht werden können, und von denen die eine Form die Polarisationsebene nach rechts, die andere nach links dreht (Abb.11.32). Solche zueinander spiegelbildliche Formen werden **Enantiomere** genannt.

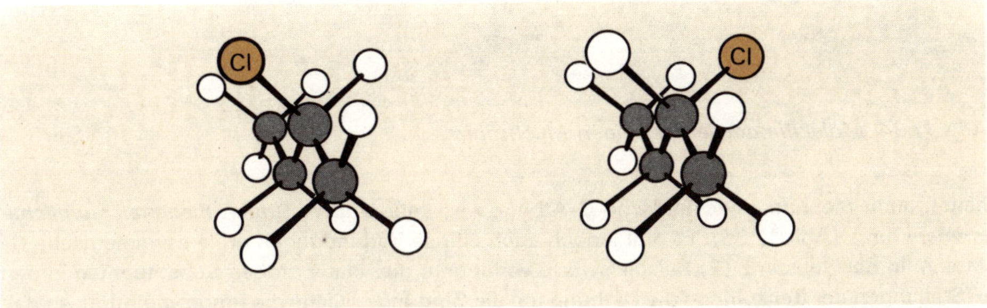

Abb. 11.32. 2-Chlorbutan: die beiden spiegelbildlich zueinanderstehenden, aber nicht zur Deckung zu bringenden Formen (Enantiomere)

Der häufigste Fall von Molekülasymmetrie kommt dadurch zustande, daß die betreffenden Moleküle ein C-Atom enthalten, das mit vier verschiedenen Substituenten verbunden ist (ein sogenanntes *«asymmetrisches» C-Atom;* in den Formeln als C* bezeichnet). Als Folge der tetraedrischen Richtung der vier Bindungen sind dann zwei verschiedene, zueinander spiegelbildliche Anordnungen der Substituenten möglich (Abb.11.33). Zahlreiche Verbindungen ent-

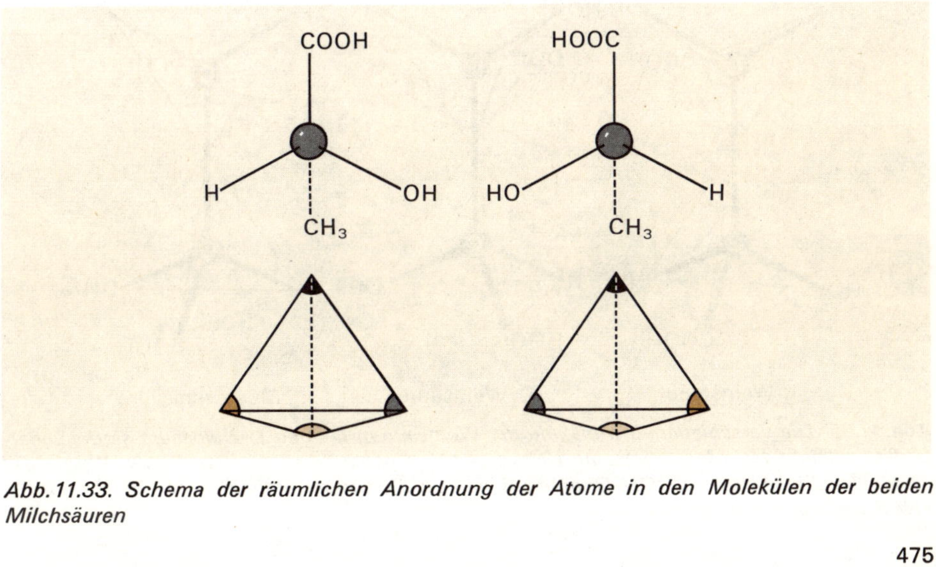

Abb. 11.33. Schema der räumlichen Anordnung der Atome in den Molekülen der beiden Milchsäuren

Abb. 11.34. Molekülmodelle der beiden Milchsäuren

halten auch mehrere asymmetrische C-Atome, was dann zum Auftreten *mehrerer räumlicher Isomere* führt (Abb. 11.35). Es gibt jedoch auch chirale Verbindungen ohne asymmetrische C-Atome; in der Substanz (2) beispielsweise verhindern die relativ großen Substituenten in den *o*-Stellungen der Benzolringe die Drehung um die Bindung, welche die Ringe verknüpft, so daß zwei spiegelbildliche Anordnungen möglich werden. Substanz (1) ist dagegen nicht chiral und nicht optisch aktiv.

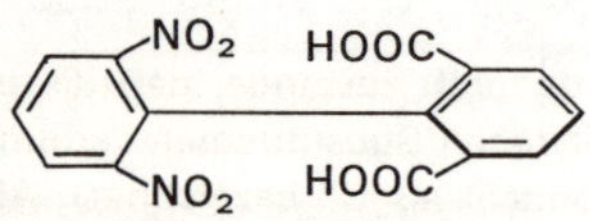

(1)

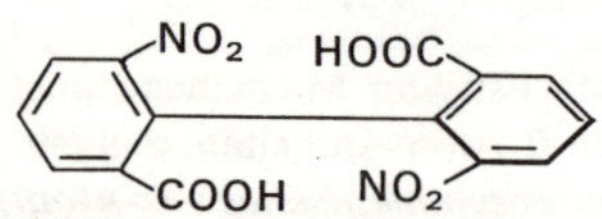

(2)

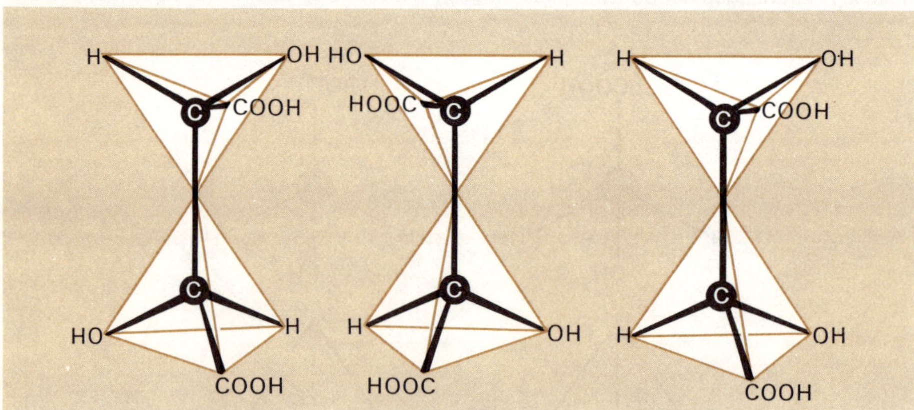

L-Weinsäure D-Weinsäure Mesoweinsäure

Abb. 11.35. Die verschiedenen Moleküle der Weinsäuren. D- und L-Weinsäure sind spiegelbildlich zueinander. Mesoweinsäure ist symmetrisch gebaut und optisch inaktiv. Würde das Molekül an Stelle einer —COOH-Gruppe z. B. eine —CH_3-Gruppe enthalten, so wären im ganzen vier Stereoisomere möglich

Bezeichnungsweise. Um die räumliche Anordnung der Substituenten am asymmetrischen C-Atom einer optisch aktiven Substanz angeben zu können, hat man den *Glycerinaldehyd* als *Bezugssubstanz* gewählt und dabei die rechtsdrehende Form – welcher man zunächst willkürlich die räumliche Anordnung (die «**Konfiguration**») (1) zuschrieb – als D-Form bezeichnet *(dexter* lat. = rechts). Entsprechend heißt die andere Form L-Form *(laevis* lat. = links).

(1) 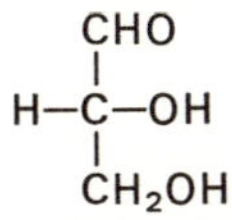

D-(+) Glycerinaldehyd

(2) 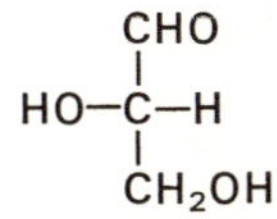

L-(−) Glycerinaldehyd

Es gelang indessen erst 1951, die wirkliche Anordnung der Substituenten am asymmetrischen C-Atom des D-Glycerinaldehyds zu bestimmen, indem ein Salz der Weinsäure röntgenographisch untersucht und dann dessen Konfiguration mit der Konfiguration des D-Glycerinaldehyds in Beziehung gesetzt werden konnte. Dabei ergab sich, daß – zufälligerweise! – die vorher angenommene Konfiguration der tatsächlich vorhandenen Anordnung entspricht. Alle Moleküle, die sich vom D-Glycerinaldehyd ableiten oder mit diesem in Beziehung gebracht werden konnten, wurden ebenfalls als D-Verbindungen bezeichnet. Die Bezeichnung sagt indessen nichts über den wirklichen Drehsinn eines bestimmten Enantiomers aus (D-Milchsäure z.B. dreht links!), sondern will nur die *räumliche* Anordnung der Substituenten, die *Konfiguration,* zum Ausdruck bringen. Die Drehung einer bestimmten Substanz wird dann zusätzlich mit (+) – rechtsdrehend – oder (−) – linksdrehend – angegeben.
Die sich auf den D-Glycerinaldehyd gründende Nomenklatur bewährte sich insbesondere bei den als Naturstoffen sehr wichtigen Kohlenhydraten und Aminosäuren; sie konnte jedoch für die sehr zahlreichen Verbindungen, welche in keinerlei Beziehung zum Glycerinaldehyd gesetzt werden konnten, nicht verwendet werden. Um die Konfiguration jedes beliebigen asymmetrischen C-Atoms eindeutig wiederzugeben, wurde 1956 eine neue Bezeichnungsweise vorgeschlagen, bei welcher man das asymmetrische C-Atom in einer ganz bestimmten Weise betrachtet und dazu den verschiedenen Substituenten verschiedenes «Gewicht» beilegt. Über diese heute bereits vielfach verwendete «R,S-Nomenklatur» (R von *rectus,* lat. = rechts; S von *sinister,* lat. = links) siehe *Grundlagen der organischen Chemie.*

Racemate und ihre Trennung. Wie bereits erwähnt wurde, verhalten sich Enantiomere in ihren physikalischen und chemischen Eigenschaften weitgehend gleich; sie können nur durch ihr Verhalten gegen asymmetrische Effekte (wie es linear polarisiertes Licht ist) oder aber gegen selbst chirale Reagenzien unterschieden werden. Synthesen chiraler Verbindungen aus nichtchiralen Substanzen ergeben deshalb in der Regel Gemische beider Enantiomere (über Ausnahmen davon siehe unten). Solche Gemische kristallisieren fast immer als einheitliche Substanzen. Man bezeichnet sie als **Racemate.** Es handelt sich bei ihnen meist um feste Lösungen *(Mischkristalle)* oder um *eigentliche racemische Verbindungen.* In beiden Fällen enthält das Kristallgitter die beiden Enantiomere im Molekülverhältnis 1:1; bei racemischen Verbindungen tritt aber eine andere Gitterstruktur auf als bei den reinen Enantiomeren, und sie schmelzen deshalb höher oder tiefer als diese. Racemate drehen die Polarisationsebene natürlich nicht; sie sind optisch inaktiv. Beim Schmelzen ergeben sie flüssige racemische Gemische, beim Lösen optisch inaktive Lösungen.

Die *Trennung («Spaltung»)* von *Racematen* geschieht meist dadurch, daß man sie mit einer optisch aktiven Verbindung reagieren läßt. Die beiden Produkte einer solchen Reaktion sind zwar stereoisomer, aber *nicht spiegelbildlich* zueinander und unterscheiden sich daher in ihren physikalischen Eigenschaften, wie Löslichkeit, Schmelz- und Siedepunkt usw. Nach ihrer Trennung werden die Produkte zerlegt und die optisch aktiven Komponenten des ursprünglichen Racemats in reiner Form erhalten. Die wichtigsten und am häufigsten angewandten Methoden bestehen in der Bildung von Salzen mit optisch aktiven Säuren bzw. Basen (welche als reine Enantiomere in der Natur vorkommen).

Beispiel: Trennung von racemischer Milchsäure durch eine optisch aktive Base B

$$\underset{\text{(+), (−) Milchsäure Racemat}}{CH_3CHOHCOOH} + \underset{\text{optisch aktive Base (−)}}{B} \longrightarrow \underset{\text{Salz I (+) (−)}}{CH_3CHOHCOO^-HB^+} + \underset{\text{Salz II (−) (−)}}{CH_3CHOHCOO^-HB^+}$$

Trennung, Reinigung; Erwärmen mit Salzsäure

$$\underset{\text{(+)-Milchsäure}}{CH_3CHOHCOOH} \qquad \underset{\text{(−)-Milchsäure}}{CH_3CHOHCOOH}$$

Historisches. Die optische Aktivität wurde, wie erwähnt, bereits von Malus (1808) und Biot (1812), später auch von Liebig (um 1840) und anderen Forschern an gewissen Kristallen (z. B. Quarz) und auch an organischen Substanzen beobachtet. Man vermutete schon früh, daß diese Erscheinung mit irgendeiner Asymmetrie im Aufbau der betreffenden Substanz zusammenhängt; da beim Quarz (und auch bei einigen anderen Stoffen) die optische Aktivität nur im kristallisierten Zustand auftritt, muß sie dort eine Folge des Gitteraufbaues sein (vgl. Links- und Rechtsquarz, S. 310). Die organischen, optisch aktiven Verbindungen zeigen die für sie charakteristischen Erscheinungen jedoch auch in Lösung, weshalb Pasteur bereits 1848 vermutete, daß die optische Aktivität in einem asymmetrischen Aufbau der betreffenden Moleküle selbst begründet sein müsse. Pasteur gelang es auch zum ersten Male, die beiden Enantiomere der Weinsäuren durch Spaltung des Racemates zu erhalten. Die endgültige Erklärung gelang schließlich – unabhängig voneinander! – den beiden Physikochemikern Van't Hoff und Le Bel (1873)[1] durch die Annahme, daß die vier Bindungen des Kohlenstoffatoms tetraedrisch gerichtet seien. Trotzdem diese Vorstellungen zunächst auf Widerstand stießen (Kolbe, ein berühmter Chemiker, tat die Arbeiten von Van't Hoff und Le Bel als «Phantasiespielereien und übernatürliche Erklärungen zweier so gut wie unbekannter Chemiker» ab), vermochten sie bald ein großes Tatsachenmaterial widerspruchslos zu deuten. Indessen gelang es erst viel später (um 1920), die tetraedrische Anordnung der Bindungen um das C-Atom auf röntgenographischem Weg direkt zu beweisen und aus dem Atommodell zu begründen.

[1] J. H. Van't Hoff (1852–1911), holländischer Chemiker, Professor in Berlin. Neben der Begründung des Tetraedermodells verdankt man Van't Hoff vor allem auch Untersuchungen über das osmotische Verhalten von Lösungen, welche als wichtige Bestätigungen der von Arrhenius (1883) aufgestellten Ionentheorie dienten. Nobelpreis 1901. J. A. Le Bel (1847–1930), französischer Chemiker.

11.7.6 Sterischer Verlauf organischer Reaktionen

Im vorletzten Abschnitt wurde gezeigt, wie der räumliche Bau der Reaktionspartner die Geschwindigkeit bestimmter Reaktionen beeinflussen kann. Wir wollen nun zum Schluß noch auf den allgemeinen sterischen Verlauf einiger Reaktionstypen eingehen.

Nucleophile Substitution. S_N-Reaktionen an gesättigten C-Atomen können bekanntlich nach zwei verschiedenen Mechanismen, dem S_N2- und dem S_N1-Typ, ablaufen. Die beiden Reaktionstypen, welche sich durch die (experimentell feststellbare) Reaktionsordnung unterscheiden, zeigen auch einen verschiedenen sterischen Ablauf.

S_N2-Reaktionen an *asymmetrischen C-Atomen* führen immer zu einer *Umkehr der Konfiguration* (das entstehende Molekül verhält sich spiegelbildlich zum Ausgangsmolekül), weil im Verlauf der Substitution ein «Umklappen» der Substituenten an diesem C-Atom eintritt, ähnlich dem Umklappen eines Regenschirmes («**Regenschirm-Mechanismus**»):

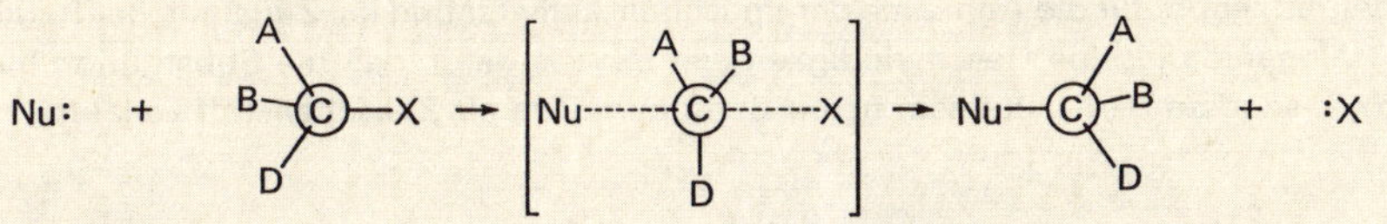

Aus D-Brompropionsäure entsteht deshalb bei der Substitution eines Br^--Ions durch ein OH^--Ion L-Milchsäure.

Die *Festlegung* der *Konfiguration* der beteiligten Moleküle ist allerdings meist ein ziemlich mühsames Unterfangen (der Drehsinn einer Substanz sagt über die wirkliche Konfiguration der Moleküle nichts aus!). Man muß zu diesem Zweck beide Substanzen mit einer Bezugssubstanz von willkürlich festgelegter Konfiguration in Beziehung setzen, und zwar ohne dabei Bindungen am asymmetrischen Atom zu trennen. Eine elegante und relativ einfache Methode, um die Konfigurationsumkehr nachzuweisen und damit den für die S_N2-Reaktion postulierten sterischen Ablauf direkt zu beweisen, stammt von Ingold[1]. Ingold ließ dabei ein optisch aktives primäres Alkylhalogenid mit radioaktivem Iodid reagieren:

$$(+)\,R{-}I + I^{*-} \longrightarrow (-)\,R{-}I^{*} + I^{-}$$

Aus dem optisch aktiven, nicht radioaktiven Halogenid R—I mit der Konfiguration (+) entstand dabei das radioaktive Halogenid R—I*, das gemäß den Ingoldschen Vorstellungen die spiegelbildliche Konfiguration (−) besitzen muß. Tritt nun die Konfigurationsumkehr wirklich ein, so führt jeder Angriff eines Iodid-Ions zur Bildung eines RI-Moleküls von entgegengesetzter Konfiguration; da aber die Drehung eines solchen, neuentstandenen (−)-Moleküls die Dre-

[1] C. K. Ingold (geb. 1893), Professor am University College in London. Viele bahnbrechende Arbeiten über Reaktionsmechanismen, insbesondere über nucleophile und elektrophile Substitutionen.

hung eines noch vorhandenen (+)-Moleküls gerade kompensiert, verliert das Alkyliodid seine optische Aktivität (es entsteht schließlich ein Racemat), und zwar zweimal so rasch, wie es radioaktiv wird. Würde die Reaktion aber ohne Konfigurationsumkehr verlaufen, so würde sich die optische Aktivität überhaupt nicht ändern. Die von Ingold durchgeführten Messungen bestätigten den angenommenen Ablauf ausgezeichnet.

Bei S_N1-*Reaktionen* tritt hingegen ein – *eben* gebautes! – *Carbonium-Ion* als Zwischenstoff auf. Kommt es dabei zu einer völligen Trennung des Carbonium-Ions und des austretenden Ions X^-, so kann das Nucleophil das Carbonium-Ion ebensogut von der Vorderseite wie von der Rückseite her angreifen, und man erhält dann bei der Substitution an einem asymmetrischen C-Atom beide möglichen Enantiomere, also das *Racemat*. Sehr häufig überwiegt jedoch im Gemisch der Produkte die Substanz, deren Moleküle die umgekehrte Konfiguration zeigen (es tritt dann nur teilweise Racemisierung ein). Dies kommt davon, daß besonders in nur wenig polaren Lösungsmitteln Carbonium-Ion und austretendes Ion als Ionenpaar bestehen bleiben, so daß dann das Nucleophil ebenfalls nur von «hinten», also der dem austretenden Ion entgegengesetzten Seite her, vom Carbonium-Ion gebunden werden kann.

Die Ingoldsche Substitution mit radioaktivem Iodid, an einem tertiären, optisch aktiven Halogenid durchgeführt, ergibt für die Abnahme der optischen Aktivität und die Zunahme der Radioaktivität im Halogenid dieselbe Geschwindigkeit, ein Beweis dafür, daß die Substitution hier nicht nach S_N2, sondern S_N1 mit einem freien Carbonium-Ion als Zwischenstoff verläuft.

Additionsreaktionen. Auch Additionen an Doppelbindungen ergeben häufig nur bestimmte Stereoisomere, zeigen also einen ganz bestimmten sterischen Verlauf. Beispielsweise erhält man bei der Addition von Brom an Cyclohexen *ausschließlich* das *trans*-Dibromcyclohexan:

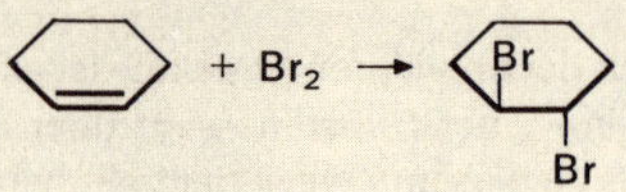

(ohne Berücksichtigung der Ring-Konformation)

Man erklärt dieses Ergebnis mit der Annahme eines ringförmigen *«Bromonium-Ions»* als Zwischenstoff (S. 372); im zweiten Reaktionsschritt muß dann das Br^--Ion von der dem bereits gebundenen Br^+-Ion entgegengesetzten Seite her addiert werden. Würden beide Br-Atome dagegen gleichzeitig gebunden, so würde man ausschließlich *cis*-Dibromcyclohexan erhalten; würde aber im ersten Reaktionsschritt ein Br^+-Ion zu einem echten Carbonium-Ion addiert, so müßte man neben der *trans*-Form ebenfalls die *cis*-Form erhalten. Obschon diese Bromonium-Ionen lange Zeit nicht direkt nachgewiesen werden konnten, bildet die *trans*-Addition einen starken Beweis für den angenommenen Ablauf der Reaktion.
Da um C—C-Einfachbindungen freie Rotation besteht, zeigt sich allerdings die *trans*-Addition nur dann, wenn – wie im Falle von Ringverbindungen – keine Rotation um die C—C-Achse möglich ist oder wenn bei der Addition Verbindungen mit asymmetrischen C-Atomen entstehen. So erhält man bei der Addition von Brom an Maleinsäure ein racemisches Gemisch von (+)- und (–)-Dibrombernsteinsäure; Fumarsäure dagegen liefert bei der Bromaddition eine optisch inaktive (sogenannte meso-) Dibrombernsteinsäure:

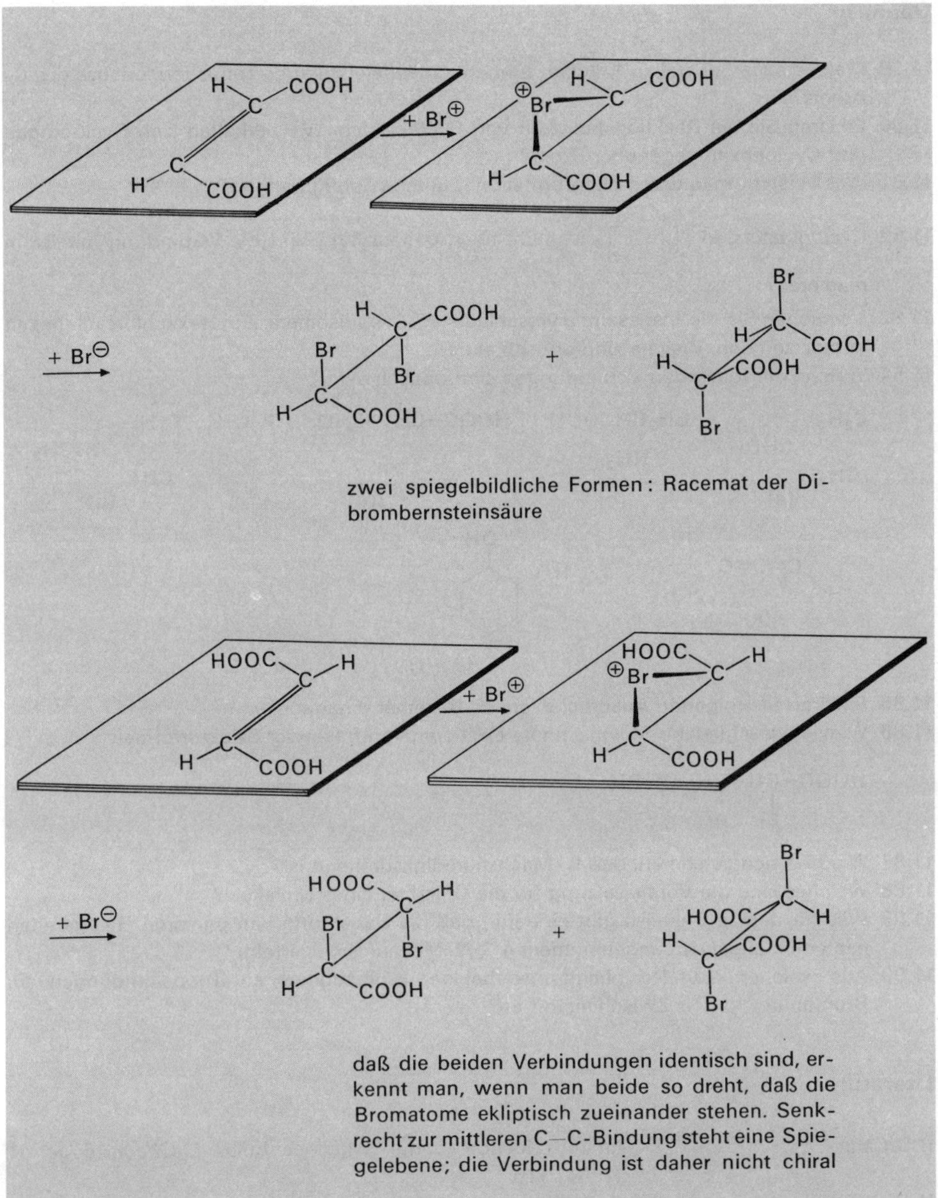

Abb. 11.36. Sterischer Verlauf der Addition von Brom an Malein- bzw. Fumarsäure

In manchen besonderen Fällen ist jedoch auch *cis-Addition* möglich, z. B. bei der Oxidation von Doppelbindungen zu Dihydroxyverbindungen mit $KMnO_4$ oder OsO_4, bei der Diels-Alder-Reaktion und bei der katalytischen Hydrierung.

Übungen

11.79 Welche experimentellen Kriterien führten zur Aufstellung des Tetraedermodelles des C-Atoms?

11.80 Erklären Sie die Reaktionsfähigkeit von Cyclopropan. Wie verhalten sich Cyclopropan und Cyclohexan gegenüber Brom?

11.81 Was versteht man unter «Konformation», unter «Konfiguration»?

11.82 Cyclooctatetraen 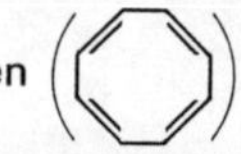 ist nicht eben gebaut. Wie wird die Verbindung mit Brom reagieren?

11.83 Versuchen Sie die insgesamt 9 verschiedenen Stereoisomere von Hexachlorcyclohexan herauszufinden. Welche sind optisch aktiv?

11.84 Welche der folgenden Verbindungen sind optisch aktiv?

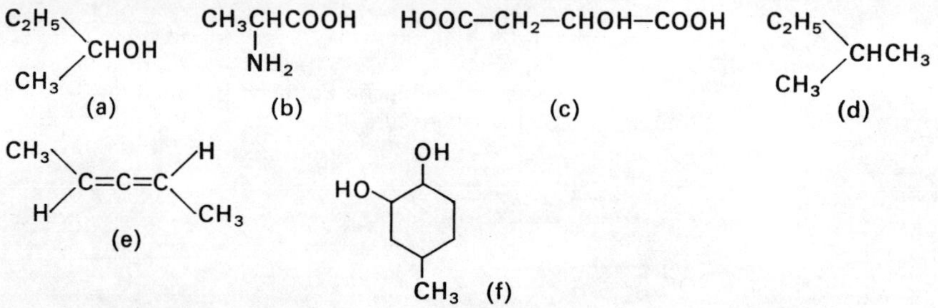

11.85 Erklären Sie folgende Ausdrücke: chiral, Racemat, Enantiomer.

11.86 Wieviel verschiedene Stereoisomere existieren von folgender Strukturformel:

$$HOOC{-}\underset{\displaystyle Br}{\underset{|}{CH}}{-}\underset{\displaystyle Br}{\underset{|}{CH}}{-}COOH$$

11.87 Wie läßt sich verstehen, daß D-Milchsäure linksdrehend ist?

11.88 Welches sind die Voraussetzung für die Chiralität eines Moleküls?

11.89 Was für direkte Beweise gibt es dafür, daß die Substitution an primären Halogeniden nach dem allgemein angenommenen S_N2-Mechanismus erfolgt?

11.90 Aus welchen Gründen nimmt man bei der Bromaddition an Doppelbindungen ein Bromonium-Ion als Zwischenstoff an?

Literatur

R. S. Cahn — An Introduction to the Sequence Rule. *J. Chem. Educ.* 41 (1964) 116

H. R. Christen — *Grundlagen der organischen Chemie*. Sauerländer, Aarau 1972

E. L. Eliel — *Stereochemistry of Carbon Compounds*. McGraw-Hill, New York 1962

L. und Mary Fieser — *Organische Chemie*. Verlag Chemie, Weinheim 1965

K. Mislow — *Introduction to Stereochemistry*. New York 1965

J. D. Roberts und M. C. Caserio — *Basic Principles of Organic*. Benjamin, New York 1964

W. H. Saunders jr. — *Ionic Aliphatic Reactions*. Prentice Hall, Englewood 1965

J. G. Traynham — The Bromonium-Ion. *J. Chem. Educ.* 40 (1963) 392

11.8 Probleme der Strukturaufklärung und Synthese

Die Aufklärung der Molekülstruktur und die Synthese neuer Verbindungen gehören zu den wichtigsten Aufgaben des Organikers. Dabei stehen Strukturaufklärung und Synthese in enger gegenseitiger Beziehung, denn ohne Kenntnis des «Bauplanes» eines Moleküls ist eine sinnvolle Synthese nicht denkbar. Auch sind hypothetische Strukturen von Molekülen sehr oft dadurch bewiesen worden, daß nach ihnen die Verbindung aufgebaut werden konnte.

11.8.1 Strukturbestimmung

Vorgängig jeder Strukturbestimmung werden *Substanzformel* und *Molekülmasse* bestimmt. Die Ermittlung der Substanzformel erfordert eine quantitative *Elementaranalyse,* die auch heute noch durch die Verbrennung der Substanz im Sauerstoffstrom – allerdings häufig in weitgehend automatisierten Verfahren – durchgeführt wird. Zur Molekülmassenbestimmung wird heute immer mehr auch die **Massenspektrometrie** benützt, wobei die betreffende Substanz in ein

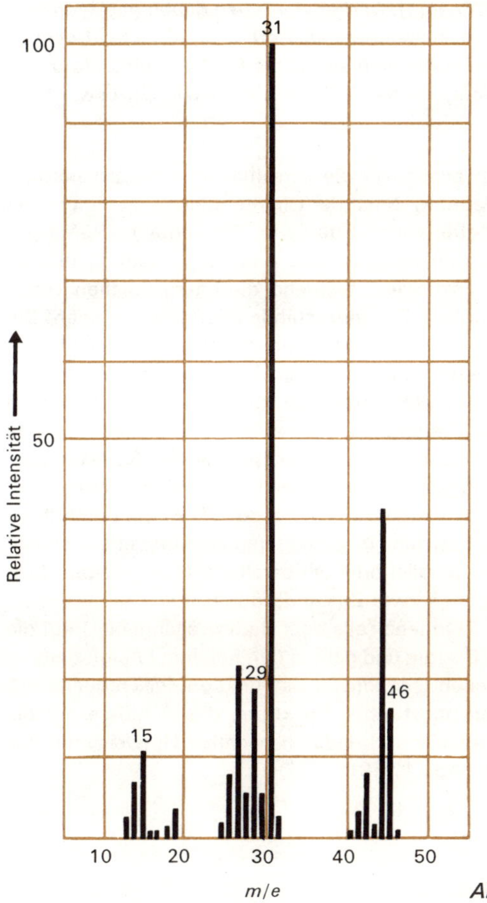

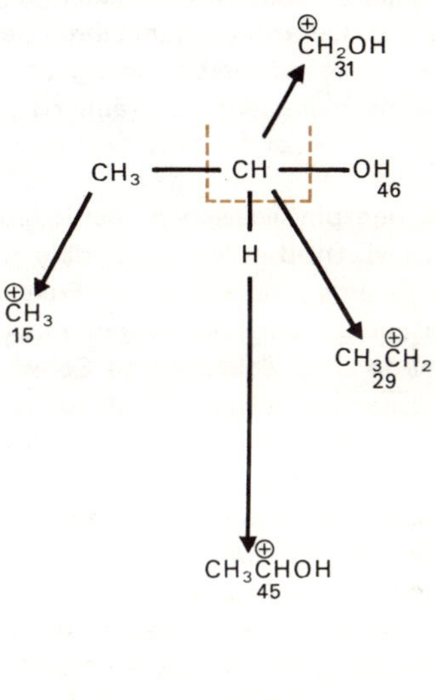

Abb. 11.37. Massenspektrogramm von Äthanol

Hochvakuum eingeschleust und durch Bestrahlung mit energiereichen Elektronen ionisiert wird. Zum Teil zerfallen dann die Moleküle in kleinere Bruchstücke, die ebenfalls positiv geladen sind. Jedes dieser Ionen besitzt ein charakteristisches Verhältnis von Masse zu Ladung (m/e); da die Ladung vorwiegend +1 beträgt (zur Abspaltung mehrerer Elektronen ist gewöhnlich ein größerer Energiebetrag nötig), entspricht m/e gerade der Masse des betreffenden Ions. Die Ionen werden durch ein elektrisches Feld beschleunigt und anschließend mittels eines Magnetfeldes nach ihrer Masse getrennt, wobei Ionen mit demselben Verhältnis m/e (also mit derselben Masse) am selben Punkt eintreffen und ein elektrisches Signal geben. Die Intensität dieser Signale widerspiegelt die relative Häufigkeit der einzelnen Ionen (Abb.11.37). Oft entspricht das Signal mit höchster Massenzahl dem «Muttermolekül» und gibt die Molmassenzahl mit großer Genauigkeit wieder.

Anschließend sucht man mittels *physikalischer Meßmethoden* oder auch durch charakteristische *chemische Reaktionen* möglichst viel über die in dem betreffenden Molekül vorhandenen *Bindungsarten, Atomgruppen* und *funktionellen Gruppen* in Erfahrung zu bringen. Manche funktionelle Gruppen lassen sich durch einfache *chemische Reaktionen* erkennen: *Doppelbindungen* können durch Entfärbung von Bromwasser oder von angesäuerter $KMnO_4$-Lösung erkannt werden; *alkoholische Hydroxylgruppen* bilden mit Säurechloriden Ester (unter denen besonders die Benzoesäure-Ester oft gut kristallisieren); *Carbonylgruppen* geben mit Hydroxylamin und Hydrazin (bzw. mit ihren Derivaten) gut kristallisierende Additionsprodukte; *Aldehyde* insbesondere reduzieren Fehling-Lösung; *primäre Amine* bilden beim Erhitzen mit Chloroform und KOH charakteristisch (äußerst unangenehm) riechende Isonitrile (R—N=C), usw.

Unter den physikalischen Methoden besitzen besonders die verschiedenen **spektroskopischen Methoden** eine besonders große Bedeutung. Nach der Quantentheorie ist die Energie eines Quants proportional der Frequenz der betreffenden Strahlung. Die verhältnismäßig geringe Energie der Infrarotstrahlung (Wellenlängen zwischen 2,5 und 15 μ) genügt, um die Atome in den Molekülen zu Schwingungen anzuregen, während die energiereichen Ultraviolettstrahlen Elektronen «anregen», d.h. in höhere Energiezustände überführen können. Die **Infrarotspektren** vermögen damit Aufschluß über die in dem untersuchten Molekül vorhandenen Bindungen und die schwingenden Massen (also über das Vorhandensein bestimmter Atomgruppen) zu geben, während aus **Ultraviolettspektren** Hinweise auf vorhandene Doppel- und Dreifachbindungen, aromatische Systeme usw. erhalten werden können (siehe S.499). Seit einigen Jahren ist auch die Kernresonanz-Spektroskopie (**NMR-Spektroskopie**[1]) zu einem wichtigen Hilfsmittel für Strukturuntersuchungen geworden. Dieses Verfahren beruht darauf, daß die Atomkerne gewisser Atome (^1H, ^{19}F oder ^{31}P) ein durch ihren Spin hervorgerufenes magnetisches Moment besitzen. In einem starken Magnetfeld stellen sich die magnetischen Kernmomente entweder parallel oder antiparallel zum angelegten Feld ein, wobei sich die auf diese Weise entstandenen zwei Zustände durch ihre Energie unterscheiden. Läßt man Strahlung von geeigneter Frequenz (aus dem Radiowellengebiet) auf die Substanz einwirken, so absorbiert der Kern die Energie und geht in den höheren Energiezustand über. Trägt man die Absorption bei verschiedenen Frequenzen als Funktion der Frequenz auf, so bekommt man ein für jede Substanz charakteristisches Spektrum, das Schlüsse auf die jeweilige Umgebung der betreffenden Kerne erlaubt und dadurch wichtige Hinweise auf das Vorhandensein bestimmter Atomgruppen gibt (Abb.11.38).

[1] Abkürzung aus dem Englischen: **N**uclear **m**agnetic **r**esonance.

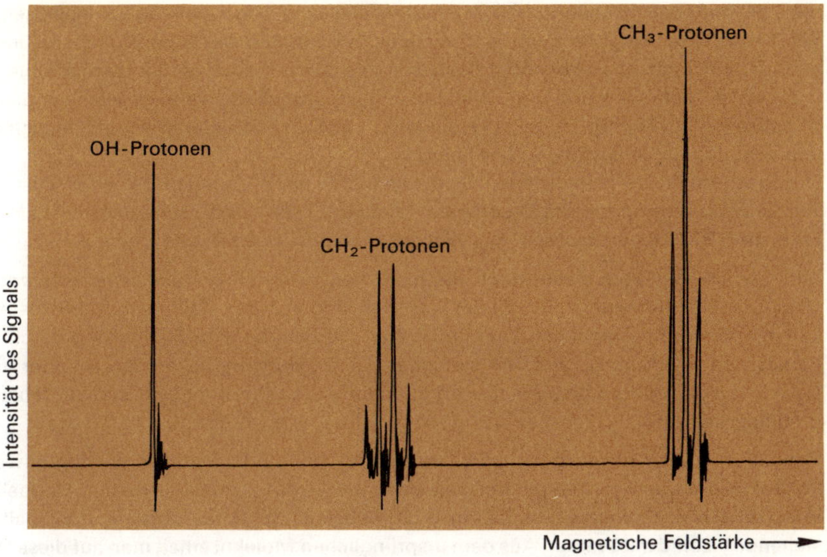

Abb. 11.38. NMR-Spektrum von Äthanol (CH_3CH_2OH)

Wie schon erwähnt, zerfallen im **Massenspektrometer** die Moleküle in verschiedene (elektrisch geladene) Bruchstücke. Diese können durch ihre Masse größtenteils identifiziert werden und erlauben sehr weitgehende Schlüsse auf den Bau des ursprünglichen Moleküls; die Massenspektrometrie ist deshalb in den letzten Jahren ebenfalls zu einem sehr wichtigen Hilfsmittel für die Strukturuntersuchung organischer Verbindungen geworden.

Als Beispiel für die *überragende Bedeutung physikalischer Methoden* zur Aufklärung einer Struktur sei auf die Erforschung des *Vitamins* B_{12} hingewiesen. Diese Substanz besitzt die wohl komplizierteste niedermolekulare Struktur, die wir kennen, und seine Strukturaufklärung wäre

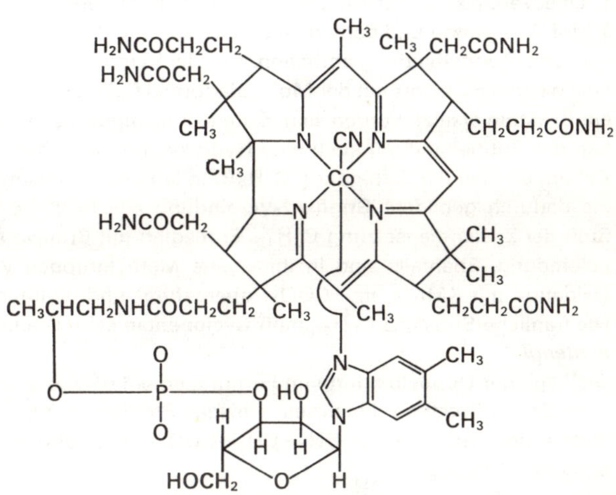

Struktur des Vitamin-B_{12}-Moleküls

mit konventionellen chemischen Methoden vielleicht sogar unmöglich gewesen; auf jeden Fall hätte diese Aufgabe noch vor wenigen Jahrzehnten die Lebensarbeit mehrerer ausgezeichneter Forscherteams benötigt. Insbesondere durch die Anwendung spezifischer röntgenographischer Methoden und ihre raffinierte mathematische Auswertung gelang es der englischen Chemikerin D. Crowfoot-Hodgkin (Nobelpreis 1964), die Struktur in der erstaunlich kurzen Zeit von acht Jahren vollständig aufzuklären!
Die *Synthese* dieses komplizierten Moleküls wurde nach 12jähriger Arbeit in Zusammenarbeit zweier Forschergruppen um Woodward (Harvard, USA) und Eschenmoser (ETH Zürich) im Frühjahr 1972 abgeschlossen. Vgl. *Nachrichten aus Chemie und Technik 20* (1972) 147.

Indessen spielen auch heute noch die mehr konventionellen *chemischen Methoden* für die Strukturaufklärung eine Rolle. Damit man den Bauplan des Kohlenstoffgerüstes einer unbekannten Verbindung ermitteln kann, muß man die betreffenden Substanzen durch chemische Reaktionen *«abbauen»*, d.h. in einfachere Verbindungen bekannter Struktur überführen. Natürlich müssen die Abbaureaktionen in ihrem Verlauf bekannt sein und zu definierten Endprodukten führen.

Von den zahlreichen Reaktionen, welche zum Abbau von C-Gerüsten wichtig geworden sind, können hier nur einige wenige Beispiele erwähnt werden. Um die Lage von Doppelbindungen in einem Molekül zu erkennen, läßt man die Substanz mit Ozon reagieren und spaltet das entstehende Ozonid mit Wasser. Aus dem ursprünglichen Molekül erhält man auf diese Weise leicht identifizierbare Carbonylverbindungen. Durch Oxidation ist es möglich, Ketone oder Säuren in Verbindungen mit geringerem C-Gehalt zu spalten (Trennung von C—C-Bindungen!) und dann aus der Natur der Spaltprodukte auf den Bau der ursprünglichen Verbindung zu schließen. OH-Gruppen können durch Oxidation, COOH-Gruppen durch Reduktion in die gut zu charakterisierenden C=O-Verbindungen übergeführt werden; Halogenide oder Alkohole bilden durch Abspaltung von HCl bzw. Wasser Doppelbindungen, deren Lage durch Ozonisierung bestimmt wird. Bei gewissen komplizierten Ringsystemen erweist es sich als wertvoll, die Verbindung katalytisch zu dehydrieren, wodurch meist aromatische Ringsysteme entstehen. Deren Identifikation mit bekannten aromatischen Verbindungen gibt wichtige Hinweise auf den Aufbau des ursprünglichen C-Gerüstes.

Beispiele von einfachen Strukturbestimmungen

1. Eine Verbindung der Molekularformel C_5H_8O verbraucht bei der katalytischen Hydrierung 1 Mol Wasserstoff und geht in eine Verbindung $C_5H_{10}O$ über. Die ursprüngliche Substanz muß also eine Doppelbindung enthalten. Aus der Verbindung $C_5H_{10}O$ erhält man mit HBr oder PBr_3 eine weitere Substanz mit der Molekularformel C_5H_9Br. Es muß also eine Hydroxylgruppe durch ein Br-Atom ersetzt worden sein. Damit ist nachgewiesen, daß die ursprüngliche Substanz neben der Doppelbindung auch eine Hydroxylgruppe enthält.
Behandelt man die Verbindung C_5H_9Br in ätherischer Lösung mit Magnesium und hydrolysiert die dadurch gebildete Grignard-Verbindung anschließend mit Wasser, so erhält man einen Stoff der Zusammensetzung C_5H_{10}. Er reagiert mit Bromwasser nicht, enthält also keine Doppelbindung. Ebenfalls sind in ihm keine Methylgruppen vorhanden (welche durch kräftige Oxidation mit $KMnO_4$ in —COOH übergeführt und dadurch nachgewiesen werden können). Die fragliche Substanz C_5H_{10} muß Cyclopentan sein. Die ursprüngliche Verbindung ist *Cyclopentenol*.
Die Lage der Doppelbindung im Fünfring erhellt daraus, daß man durch Ozonisierung und anschließende Spaltung aus ihr ein einziges Produkt erhält, das durch Oxidation in α-Hydroxyglutarsäure ($\mathrm{HOOC{-}\underset{\displaystyle OH}{\underset{|}{CH}}{-}CH_2{-}CH_2{-}COOH}$) überführbar ist. Damit ist die Lage der Doppelbindung festgelegt:

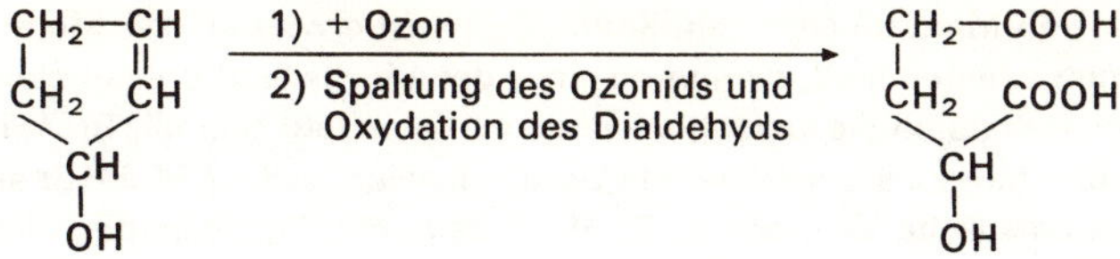

Ursprüngliche Substanz
[Cyclopenten (2) ol-1]

2. *Citronensäure* (Molekularformel $C_6H_8O_7$) enthält drei Carboxylgruppen (eine 1-M Lösung verbraucht bei der Titration 3 Mol NaOH). Sie spaltet leicht Wasser ab, wobei eine ungesättigte Tricarbonsäure («Aconitsäure») entsteht. Ein O-Atom ist also in der Citronensäure als OH-Gruppe vorhanden. Aconitsäure ($C_6H_6O_6$) nimmt bei der katalytischen Hydrierung 1 Mol Wasserstoff auf. Die naheliegende Vermutung, daß das dabei entstehende Produkt Propantricarbonsäure-1,2,3 ist, läßt sich durch Synthese beweisen:

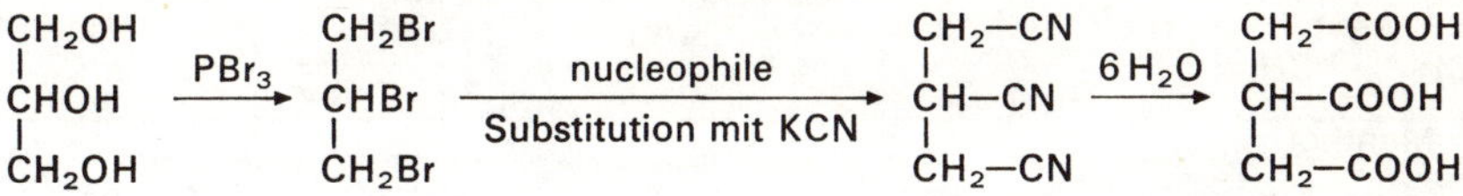

Glycerin (1) Propantricarbonsäure-1,2,3

Durch Hydrolyse des Produkts (1) entsteht eine Tricarbonsäure, welche mit dem aus Aconitsäure durch Hydrierung der Doppelbindung erhaltenen Produkt identisch ist. Citronensäure kann damit eine der folgenden Strukturen besitzen:

(1) (2)

Die Struktur (2) enthält ein asymmetrisches C-Atom; die entsprechende Verbindung existiert also in zwei optischen Isomeren. Citronensäure ist nicht optisch aktiv und läßt sich auch nicht in optische Isomere zerlegen; ihre Struktur entspricht demnach der Formel (1). Sie kann durch Synthese bestätigt werden.

3. Eine Verbindung der Molekularformel $C_{10}H_{20}O$ *(«Menthol»)* bildet den Hauptbestandteil des Pfefferminzöls. Durch vorsichtige Dehydrierung erhält man daraus *p*-Cymol, einen aromatischen Kohlenwasserstoff bekannter Struktur. Dadurch ist das C-Gerüst von Menthol festgelegt:

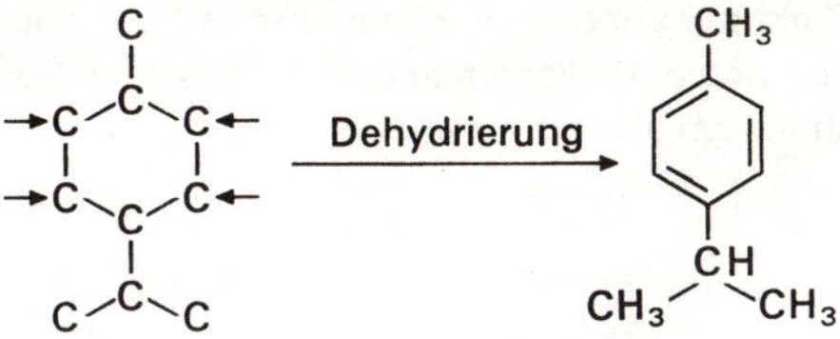

p-Cymol

Die Oxidation von Menthol ergibt ein Keton. Damit ist erwiesen, daß Menthol eine sekundäre Alkoholgruppe enthalten muß, die nur an eines der mit Pfeilen bezeichneten C-Atome gebunden sein kann. Das durch die Oxidation erhaltene Keton läßt sich mit Brom in eine Verbindung $C_{10}H_{16}Br_2O$ überführen, aus welcher mit Basen ziemlich leicht 2 Mol HBr abspaltbar sind. Die entstehende aromatische Verbindung $C_{10}H_{14}O$ zeigt die Eigenschaften eines Phenols; durch Erhitzen mit P_4O_{10} verliert sie Propylen ($CH_2{=}CH{-}CH_3$) und geht in *m*-Kresol (*m*-Hydroxytoluol) über. Damit ist die Lage der OH-Gruppe sowohl im Phenol $C_{10}H_{14}O$ wie auch im Menthol festgelegt:

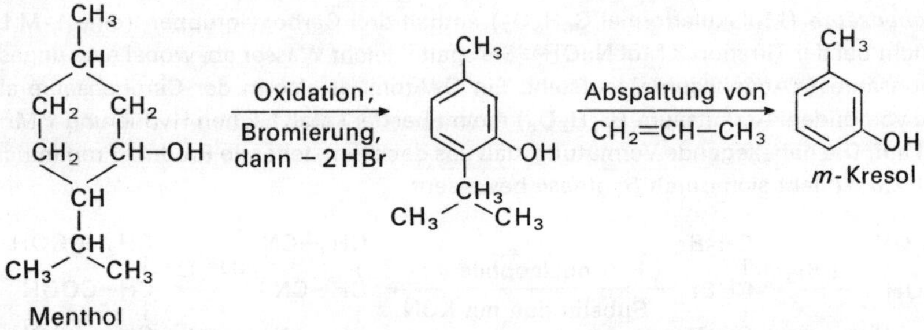

4. Bei der Reaktion von Benzaldehyd mit Phenylessigsäure ($C_6H_5CH_2COOH$), einer Aldoladdition, die unter der Wirkung einer Base (Pyridin) durchgeführt werden kann, entsteht ein Gemisch zweier isomerer *α-Phenylzimtsäuren:*

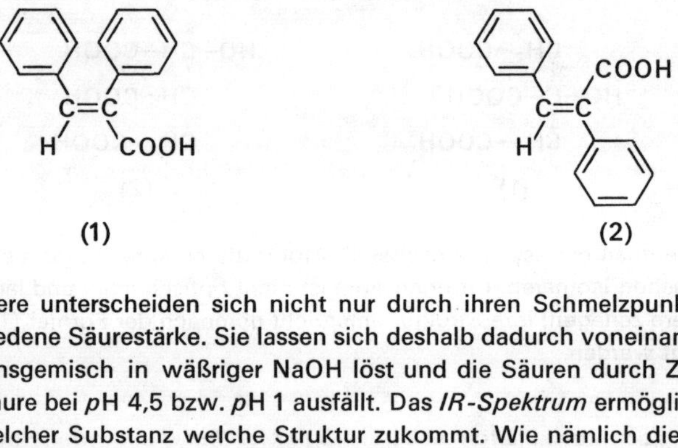

(1) (2)

Die beiden Isomere unterscheiden sich nicht nur durch ihren Schmelzpunkt, sondern auch durch die verschiedene Säurestärke. Sie lassen sich deshalb dadurch voneinander trennen, daß man das Reaktionsgemisch in wäßriger NaOH löst und die Säuren durch Zusatz von Essigsäure bzw. Salzsäure bei *p*H 4,5 bzw. *p*H 1 ausfällt. Das *IR-Spektrum* ermöglicht die Entscheidung darüber, welcher Substanz welche Struktur zukommt. Wie nämlich die Molekülmodelle der beiden Isomere zeigen, können die C=C- und die C=O-Doppelbindung bei der Substanz (1) in einer Ebene liegen, so daß die Doppelbindungselektronen in einem gewissen Ausmaß *delokalisiert* werden. Dies schwächt die C=O-Bindung (die Elektronendichte wird hier geringer), so daß die für Carbonylgruppen charakteristische Absorptionsbande im IR-Spektrum der Substanz (1) bei etwas längerer Wellenlänge auftritt als bei der Substanz (2), wo aus räumlichen Gründen eine solche Delokalisation unmöglich ist.

11.8.2 Synthese

Synthetische Aufgaben waren in der organischen Chemie seit jeher von großer Wichtigkeit (Harnstoffsynthese von Wöhler, 1828!). Im *Laboratorium* werden Synthesen von Substanzen zu wissenschaftlichen Zwecken durchgeführt, insbesondere um einen endgültigen Strukturbeweis einer bestimmten Verbindung zu liefern oder um Verbindungen zu gewinnen, an denen bestimmte Probleme (Stereochemie, Reaktionsmechanismen, Dipolmomente, Untersuchung von Spektren, Bindungslängen usw.) studiert werden können. Auch zur Ausarbeitung späterer technischer Synthesen sind synthetische Arbeiten im Laboratorium notwendig. In der *Großtechnik* werden zahlreiche Synthesen durchgeführt, um Werkstoffe, Farbstoffe, Medikamente, Schädlingsbekämpfungsmittel, Reinigungsmittel, Sprengstoffe usw. zu gewinnen. *Technische Synthesen* erfordern möglichst billige, leicht zugängliche und in genügender Menge zur Verfügung stehende Ausgangsstoffe; sie sollen über möglichst wenig Zwischenstufen verlaufen und die Produkte in hohen Ausbeuten liefern. Katalysen sind bei technisch durchgeführten Synthesen häufig. Im Gegensatz dazu verlaufen *Laboratoriumssynthesen* oft über sehr zahlreiche Zwischenstufen und ergeben oft auch nur kleine Ausbeuten; trotzdem können auch solche Synthesen als Strukturbeweise sehr wertvoll sein. Bei Arbeiten im Laboratorium (die ja stets nur mit kleineren Mengen – im «Halbmikromaßstab» mit einigen Grammen, bei größeren Ansätzen vielleicht einigen Kilogrammen – durchgeführt werden) können die für eine bestimmte Reaktion erforderlichen Bedingungen meist auch viel genauer innegehalten werden (Verwendung absolut wasserfreier Lösungsmittel, sehr gute Durchmischung, äußerst genaue Konstanz von Temperatur oder *p*H, Einhalten bestimmter Konzentrationen usw.); es können auch Reaktionen, die tagelanges Erhitzen, Erhitzen unter Druck in einem zugeschmolzenen Glasrohr («Bombenrohr») oder sorgfältige Kühlung verlangen oder Reaktionen mit unstabilen, leicht zersetzlichen oder sogar explosiven Substanzen im Laboratorium ohne weiteres durchgeführt werden, die wegen dieser Schwierigkeiten überhaupt nicht oder nur unter ganz besonderen Maßnahmen in die Technik übertragen werden können. So ist es nicht verwunderlich, daß auch heute noch zahlreiche Naturstoffe (Hormone, Vitamine, Antibiotika) aus pflanzlichem oder tierischem Material gewonnen werden, obschon ihre Synthese im Laboratorium schon längst verwirklicht wurde.

Die *Rohstoffe* für *technische Synthesen* organischer Substanzen stammen aus dem *Erdöl,* aus *Erdgasen* oder aus dem *Steinkohlenteer. Acetylen* wird teilweise auch noch über Calciumcarbid aus anorganischen Stoffen – Kalk und Kohle – gewonnen.

Der *Steinkohlenteer* bildete bis vor wenigen Jahren die Hauptquelle der aromatischen Grundstoffe Benzol, Naphthalin, Anthracen sowie Toluol, Xylole usw., daneben aber auch heterozyklische Verbindungen, wie Thiophen Pyrrol und Chinolin. Dank der Leichtigkeit, mit der sich die aromatischen Ringe substituieren lassen, kann man aus ihnen eine riesige Zahl von Substanzen mit komplizierteren C-Gerüsten aufbauen. Besonders wichtige Zwischenprodukte sind dabei die Nitroverbindungen und die Sulfonsäuren von Benzol, Naphthalin und ihren Derivaten. Nitroverbindungen lassen sich zu Aminen reduzieren, welche sich durch salpetrige Säuren in Diazoniumsalze umwandeln lassen. Wegen ihrer vielseitigen Reaktionsfähigkeit können diese als Ausgangsstoffe zur Gewinnung einer großen Zahl weiterer Substanzen (Farbstoffe, Zwischenprodukte) dienen. Sulfonsäuren ergeben beim Schmelzen mit NaOH oder KOH Phenole. Durch Oxidation von Naphthalin erhält man die für Farbstoffsynthesen wichtige Phthalsäure; Oxidation von Anthracen ergibt Anthrachinon, ebenfalls ein Ausgangsstoff zur Gewinnung bestimmter Farbstoffe. Die erwähnten heterozyklischen Ringe verhalten sich wie aromatische Systeme und lassen sich ebenfalls leicht substituieren; auch sie sind für zahlreiche Synthesen verwendbar. Katalytische Hydrierung von Benzol, seinen Derivaten und den heterozyklischen Ringverbindungen ergibt Verbindungen mit gesättigten Ringsystemen, die als Lösungsmittel und als Zwischenprodukte Bedeutung besitzen.

Von den *Erdölprodukten* sind für die synthetische Chemie besonders die Verbindungen mit niedrigen C-Zahlen von Bedeutung. Die Crackgase enthalten verhältnismäßig viel ungesättigte Verbindungen, welche entweder wie Äthylen oder Propylen direkt zu Synthesen verwendet werden (Synthese von Äthanol durch katalytische Addition von Wasser an Äthylen; Addition von Äthylen an Benzol ergibt Äthylbenzol, das katalytisch zu Styrol dehydriert wird; Polymerisation von Äthylen, Propylen und Styrol führt zu den Kunststoffen Polythen, Polypropylen und Polystyrol) oder dann katalytisch zu Verbindungen mit der doppelten oder dreifachen C-Zahl polymerisiert werden. Durch direkte thermische Spaltung von Rohöl erhält man weitere erhebliche Mengen von Äthylen, das heute teilweise auch die Basis zur Gewinnung des Acetylens bildet (S. 376) und damit einen der wichtigsten Grundstoffe der organischen Großindustrie darstellt. Durch katalytische Zyklisierung von C_5- und C_6-Verbindung erhält man alizyklische Ringverbindungen, welche katalytisch zu den einfacheren Aromaten Benzol, Toluol und den Xylolen dehydriert werden können. Wie bereits früher (S. 394) erwähnt worden ist, hat heute die «**Petrochemie**» (die Gewinnung von Chemikalien aus Erdöl) die Steinkohlenteerchemie – gemessen an der wirtschaftlichen Bedeutung – weit überflügelt. Einzig die Aromaten mit kondensierten Ringsystemen, wie Naphthalin, Anthracen, Phenanthren u.a., welche besonders für die Farbenindustrie unentbehrliche Grundstoffe bilden, werden auch heute noch hauptsächlich aus dem Steinkohlenteer gewonnen. Zu diesem Zweck wurden in den USA Verfahren entwikkelt, die es gestatten, durch besondere Methoden beim Vergasen der Steinkohle den Gehalt des Teers an Naphthalin und anderen schwereren Aromaten sehr stark zu steigern.

Acetylen schließlich dient als Ausgangsstoff zur technischen Gewinnung von Essigsäure (über Acetaldehyd) und von ungesättigten Verbindungen, wie Acrylnitril ($CH_2{=}CH{-}CN$) Vinylchlorid ($CH_2{=}CH{-}Cl$), Butadien, 2-Chlorbutadien, Acrylsäure usw., welche für den Aufbau von Kunststoffen und Kautschuken Bedeutung besitzen. Der größere Teil des auf der Welt produzierten Acetylens wird aus Methan (Erdgas!) oder Äthylen (Erdöl!) und nicht mehr aus Carbid gewonnen.

Von den in sehr großer Zahl existierenden Reaktionen, die zum Aufbau organischer Verbindungen im *Laboratorium* brauchbar sind, können hier nur ganz wenige Beispiele erwähnt werden, um wenigstens die allgemeinen Prinzipien zu erläutern. Für den Aufbau von C-Gerüsten haben besonders die Additionsreaktionen an Carbonylverbindungen (Aldoladdition, Esterkondensation, Grignard-Reaktion) Bedeutung; durch die Addition von Grignard-Verbindungen an CO_2 oder an Äthylenoxid $\left(\underset{\diagdown O \diagup}{CH_2-CH_2}\right)$ lassen sich beispielsweise C-Ketten um ein bzw. zwei C-Atome verlängern. Die Grignard-Reaktionen sind typische Beispiele für Methoden, die wegen der sorgfältig einzuhaltenden Bedingungen vor allem für Laboratoriumsarbeiten geeignet sind und nur ausnahmsweise technisch durchgeführt werden. Die früher (S. 448 und S. 450) diskutierten Substitutionen und Additionen dienen zur Einführung funktioneller Gruppen, die ihrerseits wieder Ausgangspunkte für Synthesen darstellen können: Aus Halogeniden entstehen durch Substitution Alkohole, Amine oder Nitrile; die Hydrolyse von Nitrilen ergibt Carbonsäuren (S. 465); durch Oxidation von Alkoholen erhält man Carbonylverbindungen. Aus Carbonsäuren lassen sich ihre reaktionsfähigen Derivate (Amide, Säurechloride und Anhydride) gewinnen; über die Amide als Zwischenstufe gelangt man unter Abspaltung eines C-Atoms als CO_2 zu Aminen niedrigerer C-Zahl. Durch Reduktion von Carbonsäuren oder Estern erhält man Aldehyde oder sogar Kohlenwasserstoffe.

Für synthetische Zwecke sind auch die verschiedenen Methoden, mit welchen man Verbindungen mit *ringförmigem Gerüst* aufbauen kann, sehr wichtig. Ringschlüsse sind z. B. möglich durch Elimination von Halogenen oder Halogenwasserstoffverbindungen oder durch intramolekulare Aldol- oder Esterkondensation:

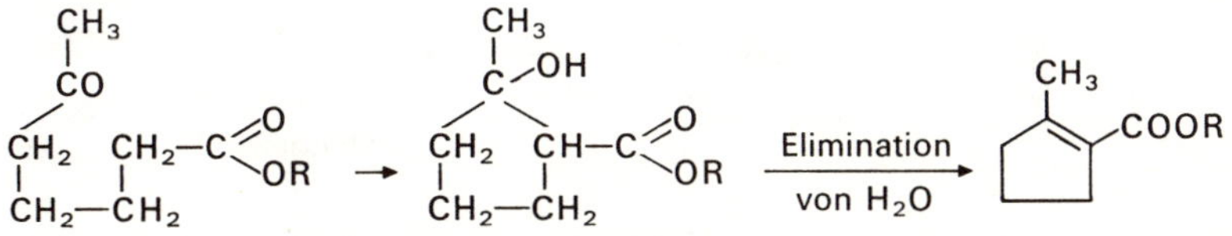

(Mechanismus analog der Aldolkondensation)

Auch aus γ- oder ε-Hydroxy- bzw. Aminosäuren lassen sich zyklische Verbindungen erhalten:

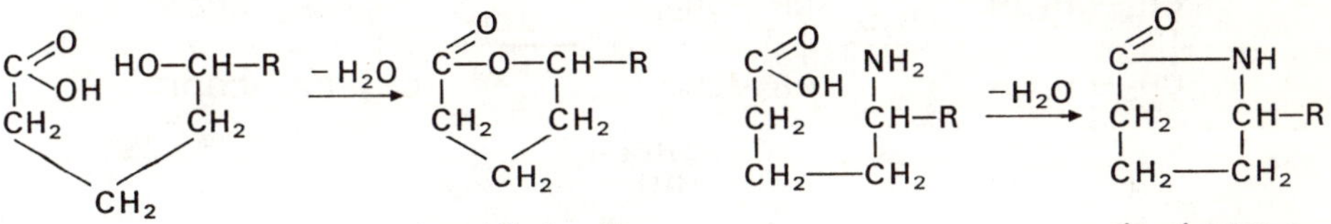

ein zyklischer Ester (ein «Lacton»)

ein «Lactam» (zyklisches Amid)

Gewisse Lactame polymerisieren zu kettenförmigen Molekülen und haben zur Herstellung von Kunstfasern Bedeutung erlangt *(Grilon, Perlon)*.

Beispiele von technischen oder Laboratoriumssynthesen:

1. Der wichtige Farbstoff *Indigo* (der bis zum Ende des 19. Jahrhunderts ausschließlich aus der in Indien angebauten Indigopflanze gewonnen wurde) wird heute aus Anilin und Chloressigsäure synthetisch hergestellt:

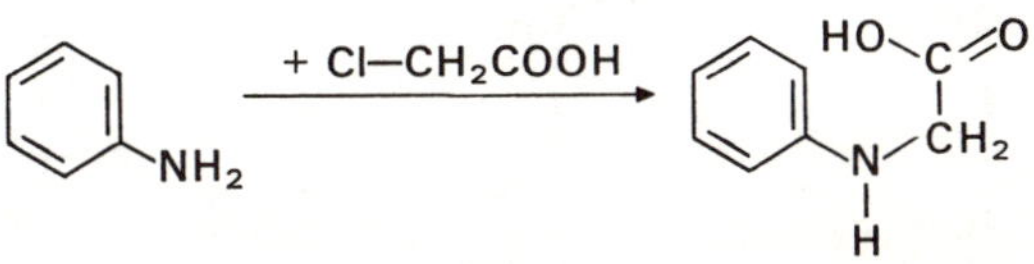

(1)

Das Zwischenprodukt (1) wird unter Wirkung von Natriumamid ($NaNH_2$) zu «Indoxyl» kondensiert, welches an der Luft zu Indigo oxidiert wird:

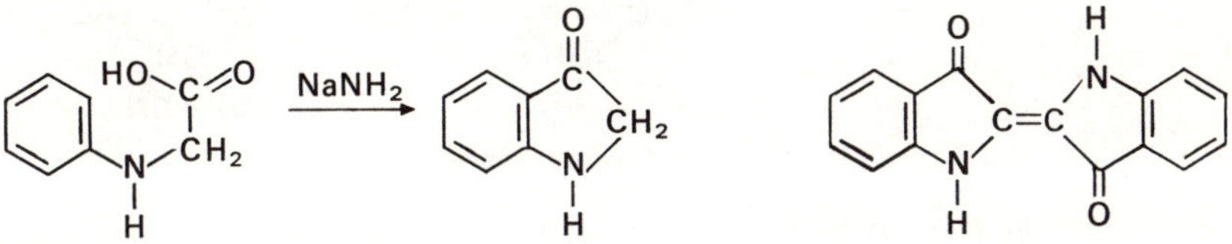

Indoxyl

Indigo

2. *Nylon,* eine der wichtigsten Kunstfasern, entsteht durch Reaktion von Adipinsäure mit 1,6-Diaminohexan. Adipinsäure wird durch Oxidation von Cyclohexanol (welches durch Hydrierung von Phenol erhalten wird) gewonnen; man stellt sie auch nach einer interessanten Reaktionsfolge aus Acetylen, Formaldehyd und Kohlenmonoxid her:

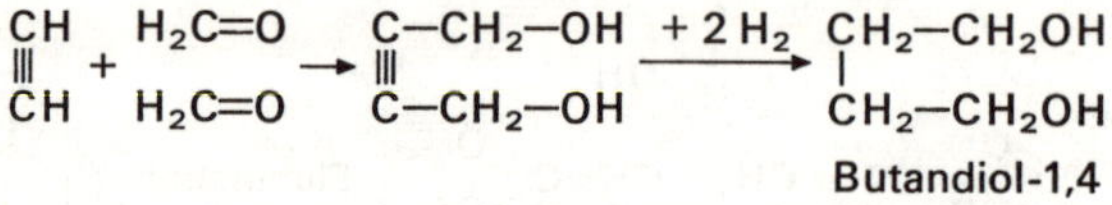

Durch Elimination von H_2O aus Butandiol-1,4 erhält man eine zyklische Verbindung, welche katalytisch mit CO und Wasser in Adipinsäure übergeführt wird. Dieselbe Ringverbindung ergibt durch Reaktion mit HCl (unter Wasserabspaltung) und anschließender Substitution der Cl-Atome durch CN^- Adiponitril, aus welchem mit Wasserstoff 1,6-Diaminohexan hergestellt wird:

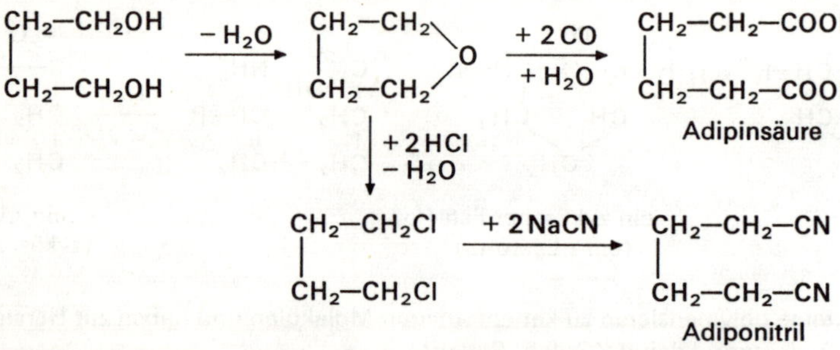

Über die Bildung von Nylon aus den beiden Ausgangsstoffen siehe S. 515.

3. Zur Synthese der *Citronensäure* geht man von Aceton aus, welches durch Substitution zunächst in das Dibromid (1) verwandelt wird. Nun addiert man HCN an die Carbonylgruppe und hydrolysiert das Cyanid (2) zur entsprechenden Carbonsäure. Substitution der Br-Atome durch CN^- und nochmalige Hydrolyse liefert Citronensäure:

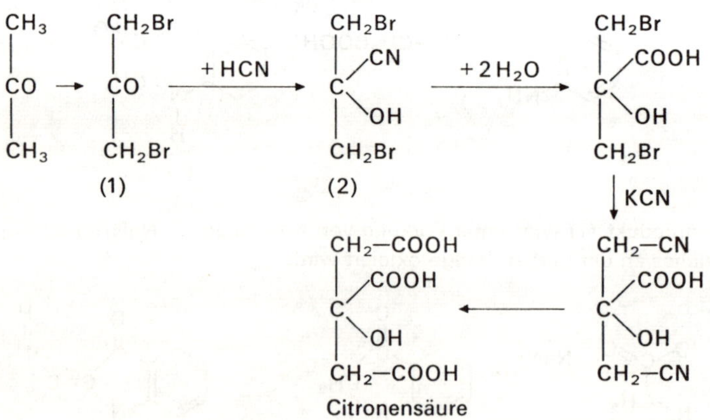

Diese Reaktionsfolge bietet zugleich Beispiele für die Einführung von Carboxylgruppen in C-Gerüste.

4. Die Synthese der *p-Aminobenzoesäure* zeigt eine bei Reaktionen mit Aminen häufig zu treffende Maßnahme. Aus Toluol stellt man über *p*-Nitrotoluol durch Reduktion *p*-Aminotoluol her. Um daraus die gewünschte Säure zu erhalten, kann man mit $KMnO_4$ die Methylgruppe am Benzolring oxidieren. Dabei muß aber die Aminogruppe durch Überführung in ein Derivat der Essigsäure «geschützt» werden, weil sonst die Aminogruppe ebenfalls oxidiert wird:

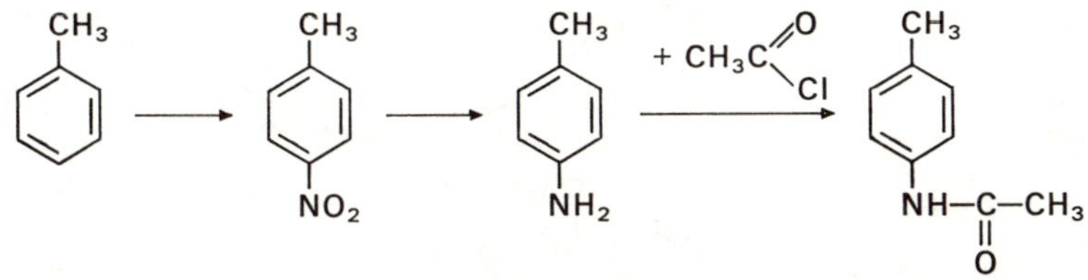

Durch Oxidation und anschließende Wiedergewinnung der Aminoverbindung erhält man *p*-Aminobenzoesäure:

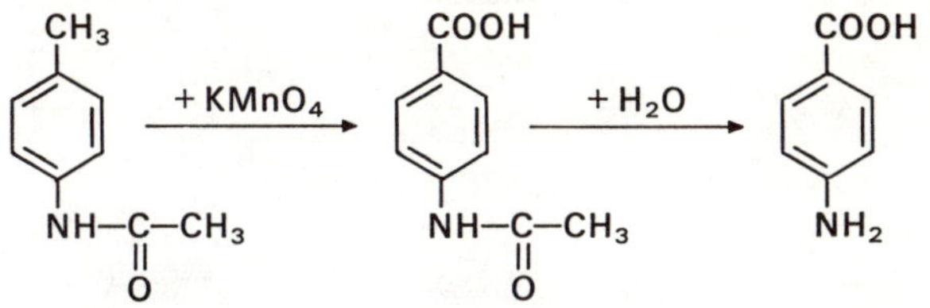

5. Zur Synthese des Insektizids *DDT* (Dichlordiphenyltrichloräthan) geht man von Chlorbenzol und Chloralhydrat aus. Unter der Wirkung von Schwefelsäure wird zunächst eine Hydroxylgruppe des Chloralhydrats protoniert und dann als Wasser abgespalten. Das entstehende Carboniumion reagiert mit einem Molekül Chlorbenzol (S_E-Reaktion). Nach Protonierung der zweiten Hydroxylgruppe und Abspaltung von Wasser erfolgt eine zweite S_E-Reaktion:

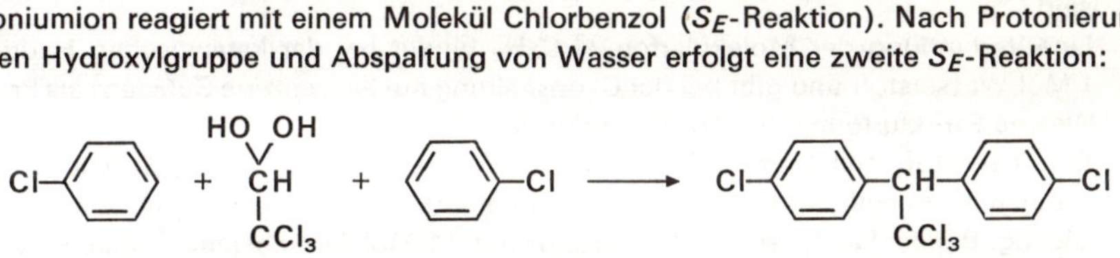

6. Als Beispiel einer bereits recht komplizierten, mehrstufigen Laboratoriumssynthese diene die Synthese des *Nicotins*.
Ausgangsstoff bildet das β-Cyanpyridin (aus Pyridin über Pyridin-β-sulfonsäure und Schmelze mit NaCN darstellbar). An dieses wird die Grignard-Verbindung (1) angelagert; die durch Hydrolyse des Additionsproduktes gebildete Carbonylverbindung wird in das Oxim übergeführt und mit H_{nasc} zum Amin reduziert:

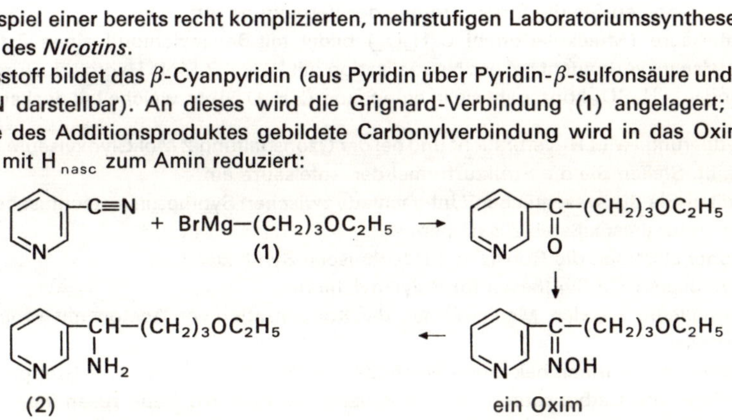

Der Äther (2) wird mit HBr gespalten und die Verbindung (3) durch Elimination von HBr zyklisiert. Durch Methyliodid und NaOH läßt sich der N-Wasserstoff durch die CH_3-Gruppe ersetzen, und man erhält Nicotin:

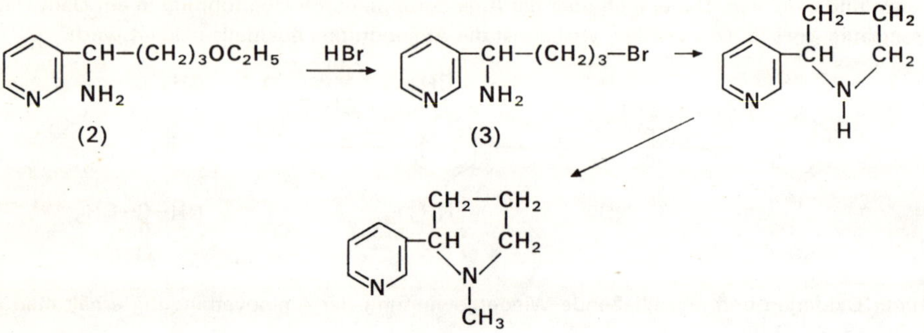

(2) (3)

Nicotin

Übungen

11.91 Wie weist man Aldehyde, Ketone, Doppelbindungen nach?

11.92 Wie werden Substanzgemische getrennt und die einzelnen Komponenten charakterisiert?

11.93 Eine Verbindung der Molekularformel C_4H_8 bindet bei der katalytischen Hydrierung 1 Mol Wasserstoff und gibt bei der Ozonspaltung nur eine einzige Substanz als Produkt. Welche Strukturformel besitzt die Verbindung?

11.94 Ein Riechstoff aus Citronenöl besitzt die Molekularformel $C_{10}H_{16}O$. Die Substanz bildet mit Phenylhydrazin ein gut kristallisierendes Hydrazon und reduziert Fehling-Lösung. Bei der katalytischen Hydrierung nimmt 1 Mol der Substanz 2 Mole H_2 auf; die Ozonspaltung ergibt Aceton, 4-Oxopentanal-1 und Glyoxal (Äthandial). Vorsichtiges Erwärmen mit wäßriger K_2CO_3-Lösung führt zu 2-Methylhepten-(2)-on-6 und Acetaldehyd. Stellen Sie die Strukturformel der Verbindung auf.

11.95 Äpfelsäure (Molekularformel $C_4H_6O_5$) bildet mit Benzoylchlorid einen Ester; 1 Mol Äpfelsäure verbraucht bei der Neutralisation mit NaOH 2 Mole Hydroxid. Durch Einwirkung von H_2SO_4 konz. geht sie in eine Säure $C_4H_4O_4$ über, welche bei der katalytischen Hydrierung 1 Mol H_2 verbraucht und bei der Ozonspaltung 2 Mol Glyoxylsäure (CHO–COOH) ergibt. Stellen Sie die Strukturformel der Äpfelsäure auf.

11.96 Stellen Sie die wesentlichen Unterschiede zwischen Synthesen im technischen und im Laboratoriumsmaßstab zusammen.

11.97 Woher stammen die Rohstoffe für technische Synthesen?

11.98 Formulieren Sie Synthesen für Polyvinylchlorid.

11.99 Formulieren Sie den Mechanismus der Kondensation von Aceton mit Propionsäuremethylester.

11.100 Stellen Sie die Ihnen bekannten Methoden zur Einführung von –OH-Gruppen, zur Herstellung von Carbonsäuren und zur Verlängerung einer C-Kette zusammen.

11.101 Suchen Sie einen Weg zur Synthese folgender Verbindungen:

– 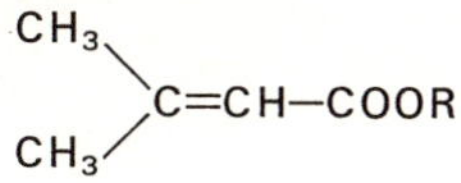 ausgehend von Aceton und Acetaldehyd

– Milchsäure aus Äthanol

– 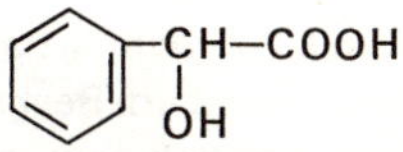 aus Benzaldehyd

(Mandelsäure)

– 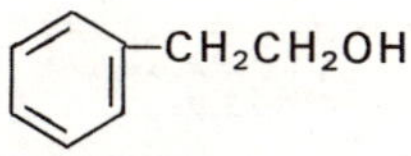 aus Toluol

(ein Riechstoff aus Rosenöl)

– 2-Methylpropanol-2 sowie Butanol-2

– Brenztraubensäure 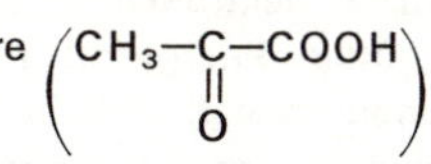 aus Essigsäure

Literatur

H. R. Christen — *Grundlagen der organischen Chemie.* Sauerländer, Aarau 1972

J. R. Dyer — *Application of Absorption Spectroscopy of Organic Compounds.* Prentice Hall, Englewood Cliffs 1965

I. Fleming und D. H. Williams — *Spectroscopic Methods in Organic Chemistry.* McGraw-Hill, New York 1966

R. O. C. Norman — *Principles of Organic Synthesis.* Methuen, London 1968

11.9 Farbstoffe

11.9.1 Lichtabsorption organischer Moleküle

Elektromagnetische Wellen der Wellenlängen 400 bis 800 nm empfinden wir als **Licht.** Weißes Licht enthält alle sichtbaren Wellenlängen, monochromatisches Licht (z. B. das gelbe Licht einer Natriumdampflampe) nur Licht einer einzigen bestimmten Wellenlänge (Farbe). *Ultraviolett* (UV) ist Licht von kürzeren Wellenlängen als 400 nm, *Infrarotlicht* (IR) besitzt längere Wellenlängen als 800 nm. Das *«Mikrowellengebiet»* umfaßt Strahlung mit den Wellenlängen von rund 50 μ ($5 \cdot 10^{-4}$ nm) bis etwa 71 mm. *Röntgenstrahlen* haben noch kürzere Wellenlängen als UV (<0,1 nm).

Die Lichtenergie wird nicht kontinuierlich, sondern quantenhaft emittiert bzw. absorbiert; nach der Planckschen Formel (S. 60) ist die Energie eines bestimmten Lichtquants (eines «Photons») porportional der Frequenz der betreffenden Strahlung bzw. umgekehrt proportional ihrer Wellenlänge:

$$E = h \cdot \nu \quad \text{und da} \quad \nu = \frac{c}{\lambda} \quad \text{ist} \quad E = \frac{h \cdot c}{\lambda}$$

(λ = Wellenlänge, c = Lichtgeschwindigkeit).

Die *Absorption* einer bestimmten Substanz wird durch das Verhältnis von durchgelassener zu eingestrahlter Lichtintensität gegeben; sie hängt nach dem Gesetz von Lambert-Beer exponentiell von der Schichtdicke der untersuchten Probe und ihrer molaren Konzentration ab:

$$\frac{I}{I_0} = e^{-\varepsilon c \cdot d} \quad \text{oder} \quad 2{,}303 \log \frac{I_0}{I} = \varepsilon c d$$

(I = Intensität des durchgelassenen Lichtes, I_0 = Intensität des eingestrahlten Lichtes; ε = molarer Absorptionskoeffizient; c = molare Konzentration, d = Schichtdicke; e = Basis der natürlichen Logarithmen).

Prinzipiell absorbieren alle organischen Substanzen elektromagnetische Wellen. Die dabei aufgenommene Energie vermag die Moleküle in höhere Energiezustände überzuführen. Da aber ein Molekül meist mehrere anregbare Elektronen besitzt, welche zudem auch mehrere, nur wenig voneinander verschiedene Energiezustände einnehmen können und da zudem bei der Absorption auch Dämpfungseffekte auftreten, zeigen die *Absorptionsspektren* (Abb. 11.40 und 11.41) keine Spektrallinien (wie Einzelatome), sondern «**Absorptionsbanden**». Die Moleküle absorbieren also stets in einem bestimmten Spektral*bereich*. Die Energie von sichtbarem oder ultraviolettem Licht ist an sich sogar genügend groß, um Bindungen zu trennen. Beispielsweise benötigt die Spaltung von Äthan in zwei $CH_3\cdot$-Radikale eine Energie von 84,2 kcal/Mol, die nach Planck einer Wellenlänge von 340 nm entspricht. Indessen kann aber nur von Molekülen tatsächlich absorbiertes Licht in solcher Weise photochemisch wirksam sein, und die weitaus meisten organischen Substanzen absorbieren hauptsächlich im UV (und IR). Das energiereichste UV gelangt aber infolge der Absorption durch die Atmosphäre überhaupt nicht auf die Erde. (Sauerstoff absorbiert Wellenlängen unter 200 nm stark; um das Absorptionsspektrum einer Substanz im kurzwelligen UV aufzunehmen, muß man deshalb im Vakuum arbeiten [«Vakuum-UV»].)

Wirkungen der absorbierten Strahlung. Die Energie von kurzwelligem Infrarot ist groß genug, daß Moleküle zu *Vibrationen* angeregt werden können. Die Atomabstände («Bindungslängen») sind nämlich keineswegs starr fixiert; sie stellen vielmehr Gleichgewichtslagen dar, um welche in einem gewissen Maß Schwingungen möglich sind. Die einzelnen Bindungen werden dabei um geringe Beträge gestreckt oder verbogen (Abb. 11.39). Je nach der Art der betreffenden Atome (d.h. der betreffenden Bindung) besitzen diese Schwingungen ganz bestimmte Eigenfrequenzen, die von den Nachbaratomen nur wenig beeinflußt werden. Das schwingende elektrische Feld des Lichtes vermag nun die Schwingungen der Atome zu verstärken, wobei diese Verstärkung am wirksamsten ist, wenn die Frequenz der Lichtstrahlung gerade gleich der Eigenfrequenz einer Atomschwingung wird. Um den Betrag der Schwingungsenergie, den das Molekül aufgenommen hat, wird wegen des Energie-Erhaltungssatzes der Lichtstrahl geschwächt, und zwar fehlen gerade diejenigen Wellenlängen, welche mit den Schwingungsfrequenzen der Atome in Resonanz treten. Aus der Messung der Wellenlängen (Frequenzen), die von einem bestimmten Molekül absorbiert werden, können deshalb Schlüsse

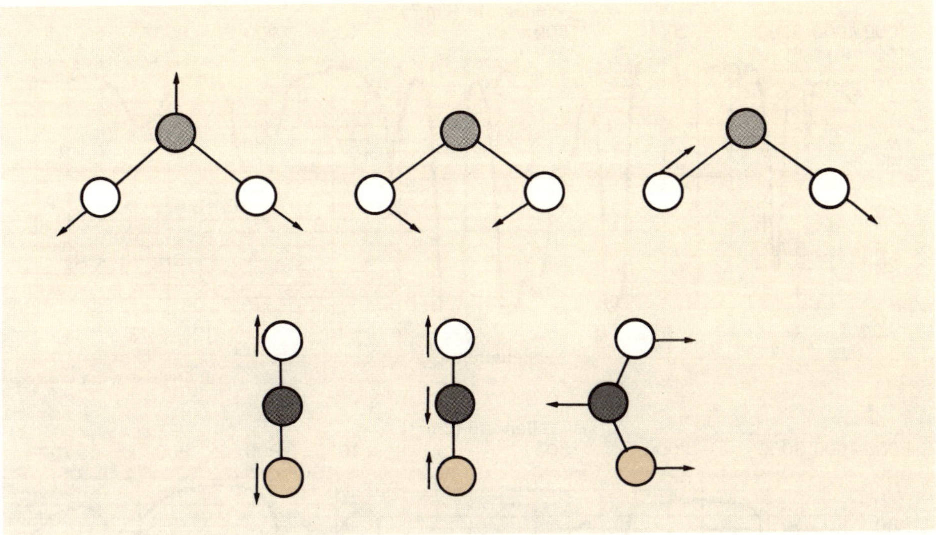

Abb. 11.39. Schwingungsmöglichkeiten dreiatomiger Moleküle; oben: gewinkeltes Molekül (H_2O), unten: lineares Molekül (HCN)

auf die in dem betreffenden Molekül vorhandenen Bindungen und die schwingenden Massen gezogen werden. Die *Infrarotspektroskopie* ist damit zu einem unschätzbaren Hilfsmittel für die *Strukturaufklärung* unbekannter Moleküle geworden, denn die einzelnen Absorptionsbanden in den IR-Spektren lassen sich fast immer ganz bestimmten Bindungen oder Atomgruppen zuordnen. Das IR-Spektrum einer Substanz bildet aber gewissermaßen auch einen eindeutigen *«Fingerabdruck»* ihrer Moleküle, da sich schon die Änderung einer einzigen Bindung, einer einzigen Masse oder einer einzigen geometrischen Anordnung im Spektrum ausdrückt. IR-Spektren werden deshalb sehr häufig auch zur eindeutigen Charakterisierung einer Substanz verwendet.

Im Gegensatz zum Infrarot vermögen *sichtbares* und *Ultraviolettlicht einzelne Elektronen in höhere Energiezustände zu heben.* Absorption ist aber nur dann möglich, wenn das Molekül überhaupt Elektronen besitzt, welche durch die betreffenden Wellenlängen «angeregt» werden können. So absorbieren z. B. Paraffinkohlenwasserstoffe nur UV mit Wellenlängen unter 160 nm, weil alle Elektronen in den C—C- und C—H-Bindungen fest gebunden sind und daher nur durch relativ sehr energiereiches Licht angeregt werden können. Elektronen in *ungesättigten* Gruppen ($>C{=}C<$ $>C{=}O$, $-NO_2$) hingegen können viel leichter in höhere Energiezustände übergeführt werden; die erwähnten Atomgruppen absorbieren deshalb im längerwelligen UV. Die *Konjugation* von Doppelbindungen führt – ebenso wie die *Mesomerie* in aromatischen Ringen – zu ausgedehnteren π-Elektronenwolken, die noch leichter angeregt werden können und noch längerwelliges UV absorbieren. Systeme mit 6 bis 7 konjugierten Doppelbindungen absorbieren bereits im sichtbaren Bereich und erscheinen damit *farbig;* die entsprechenden Substanzen zeigen dann die Komplementärfarbe der absorbierten Farbe (Tabelle 11.13). Auch die *UV-Spektren* sind für *Strukturuntersuchungen* sehr wertvoll; man erhält aus ihnen Hinweise auf das Vorhandensein ungesättigter Gruppen, konjugierter Systeme oder aromatischer Ringe in den Molekülen der untersuchten Substanz.

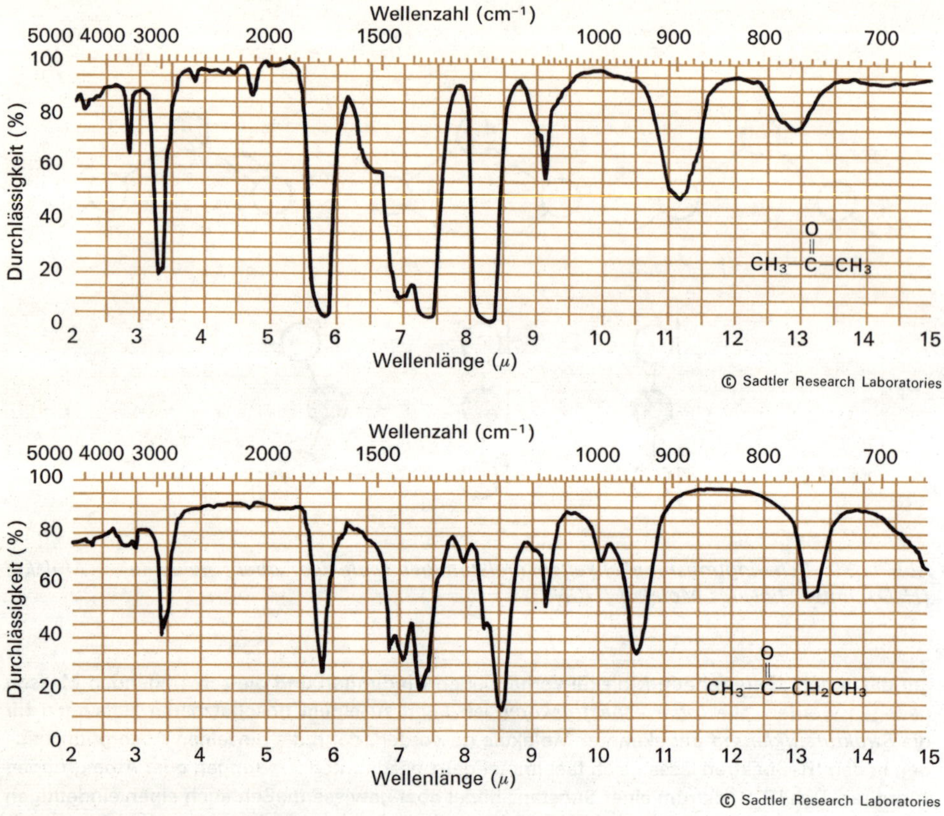

Abb. 11.40. IR-Spektren von Aceton (oben) und Methyläthylketon (unten)

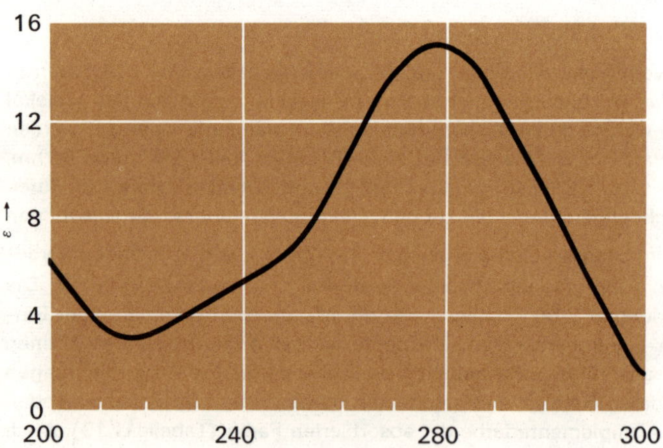

Abb. 11.41. Ultraviolettspektrum von Aceton (in Cyclohexan gelöst)

Tabelle 11.14

Absorbiertes Licht Wellenlänge nm	Entsprechende Farbe	Beobachtete Farbe
400	violett	grünlichgelb
425	indigoblau	gelb
450	blau	orange
490	blaugrün	rot
510	grün	purpur
530	gelbgrün	violett
550	gelb	indigoblau
590	orange	blau
640	rot	blaugrün
730	purpur	grün

Zustandekommen der Farbe farbiger Stoffe. Bei der Untersuchung von farbigen Stoffen hat man schon früh gefunden, daß gewisse charakteristische Atomgruppen (sogenannte «**Chromophore**») einem Molekül Farbe verleihen können. Zu den wichtigsten Chromophoren gehören die —N=N— - («Azo-») Gruppe, die Nitrogruppe (in Verbindung mit einem oder mehreren Benzolringen) und – wie bereits erwähnt – besonders auch Systeme konjugierter Doppelbindungen. Die Absorption ist in allen diesen Fällen auf das Vorhandensein von π-Elektronen zurückzuführen, die relativ leicht in höhere Energiezustände übergeführt werden können und damit sichtbares Licht (dessen Energiequanten energieärmer sind als die Quanten des UV) absorbieren. Enthält nun aber ein Molekül neben dem Chromophor noch Atomgruppen mit freien Elektronenpaaren (wie z.B. Hydroxyl- oder Aminogruppen), die sich mit dem π-System der mesomeren Gruppe überlagern können, so vermag sich die π-Wolke noch weiter auszudehnen. Sie ist dann gewissermaßen weniger «fixiert» und damit noch leichter anzuregen, so daß nun auch noch energieärmere Quanten absorbiert werden können. Derartige Atomgruppen bewirken also eine Verschiebung der Absorption nach den längeren Wellenlängen; sie wirken *«farbvertiefend»*. Den extremen Fall eines «farbigen» Systems bildet Graphit, dessen innerhalb der ganzen Schichten ausgedehntes π-System Quanten jeglicher Wellenlänge absorbieren kann und der deshalb schwarz erscheint.

Beispiele:

Äthen (1) und Stilben (2) sind farblos (absorbieren nur im UV und IR); Azobenzol (3) dagegen ist orange. Die *Azo-Gruppe* (—N=N—) wirkt als *Chromophor,* weil die freien Elektronenpaare der N-Atome in geringem Maß in Wechselwirkung mit den Doppelbindungselektronen und dem π-System treten und damit bereits durch die Quanten von sichtbarem Licht angeregt werden können.

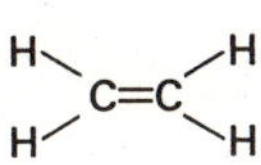

(1)

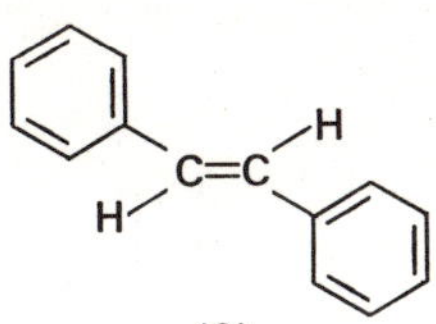

(2)

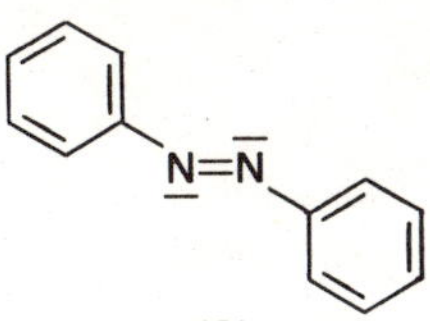

(3)

Die Wirkung *konjugierter Doppelbindungen* als Chromophore wird durch die Reihe der «Diphenylpolyene» (4) gut illustriert. Die Verbindung mit $n = 2$ ist farblos, während bereits die Verbindung mit $n = 3$ schwach gelb erscheint (Absorption im Violett!). Mit zunehmender Anzahl Doppelbindungen verschiebt sich die Absorption immer mehr gegen die längeren Wellenlängen; die Verbindung mit $n = 5$ erscheint bereits orange, und die Verbindung mit $n = 7$ ist von kupferbronzener Farbe. Sind die Benzolringe jedoch nicht in das konjugierte System einbezogen, wie bei Verbindungen des Typus (5), so tritt Absorption von sichtbarem Licht erst bei längeren Ketten von konjugierten Doppelbindungen (ab 6) auf.

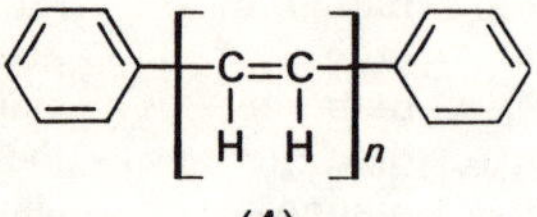

(4)

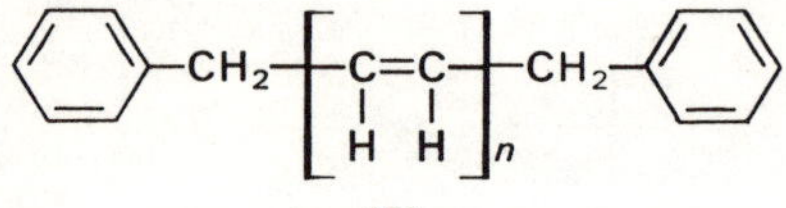

(5)

Im *Lycopin,* dem stark roten Farbstoff von *Tomaten,* ist eine Kette von insgesamt 11 konjugierten Doppelbindungen vorhanden, welche als Chromophor wirkt.

Ein Vergleich von Benzol, Nitrobenzol, Nitrocyclohexan und *p*-Nitranilin zeigt die Bedeutung der Aminogruppe als farbvertiefende («**auxochrome**») Gruppe:

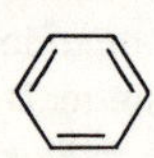

Benzol; farblos. Die π-Elektronen sind nur über die sechs C-Atome des Ringes ausgedehnt und absorbieren nur sehr energiereiche (UV-) Quanten.

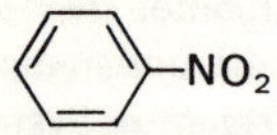

Nitrobenzol; schwach gelb. Die Nitrogruppe tritt in geringem Maß in Wechselwirkung mit dem π-System und wirkt als Chromophor.

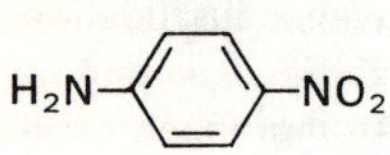

p-Nitranilin; orange. Das freie Elektronenpaar des N-Atoms in der Aminogruppe wird in das π-System hineingezogen, so daß sich dieses stärker ausdehnt. Die Aminogruppe wirkt als auxochrome Gruppe (Verschiebung der Absorption nach längeren Wellenlängen). Man kann diese Verhältnisse formal dadurch zum Ausdruck bringen, daß man *p*-Nitranilin als mesomeren Zwischenzustand zwischen zwei Grenzformeln darstellt:

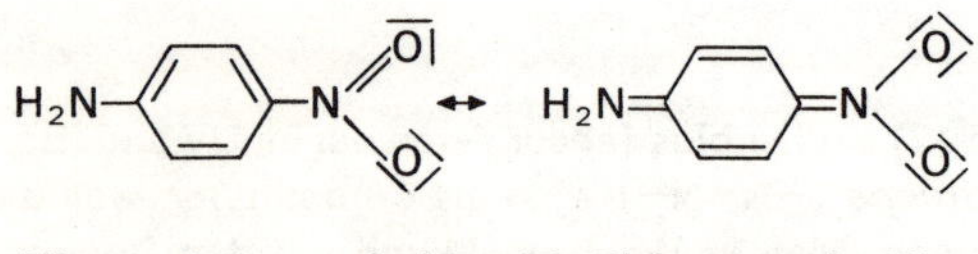

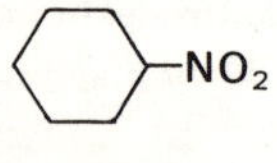

Nitrocyclohexan; farblos. Die Elektronen der Nitrogruppe allein können durch sichtbares Licht nicht angeregt werden.

11.9.2 Farbstoffe und Färbeverfahren

Nicht alle farbigen Substanzen können als Farbstoffe verwendet werden. Man bezeichnet gewöhnlich nur solche Stoffe als eigentliche Farbstoffe, welche sich aus einer Lösung oder einer Suspension fest an ein bestimmtes Material (Textilfasern, Papier, Leder, Kunststoffe u.a.) binden.
Von den organischen Farbstoffen sind die *Mineralfarben* zu unterscheiden, welche zusammen mit einem Binde- oder Klebemittel auf die Unterlage aufgebracht werden und hohe Deckfähigkeit, Abriebfestigkeit und Geschmeidigkeit besitzen müssen (Ölfarben!).

Beispiele:	Ocker	$Fe(OH)_3$
	Blanc fixe	$BaSO_4$
	Chromgrün	Cr_2O_3
	Chromgelb	$PbCrO_4$
	Zinnober	HgS
	Oxydrot	Fe_2O_3
	Mennige	Pb_3O_4

Je nach der Art des Färbeprozesses und der Art der Haftung auf der Faser unterscheidet man verschiedene Gruppen von *Textilfarbstoffen*. *Saure* bzw. *basische Farbstoffe* besitzen saure (z.B. Sulfonsäure-) oder basische (z.B. Amino-) Gruppen; beim Färben tritt eine Protolyse ein, und die Haftung geschieht durch salzartige (Ionen-) Bindungen. *Dispersionsfarbstoffe* gelangen als feine «Dispersion» zur Verwendung; sie sind in Wasser praktisch unlöslich, lagern sich als feste Substanz auf der Faser an und diffundieren in diese hinein (sie lösen sich also gewissermaßen in der Faser selbst). Die hauptsächlich zum Färben von Kunststoffen und Kunstfasern sowie für den Farbdruck auf Papier (Offsetdruck) verwendeten *Pigmentfarbstoffe* werden der zu färbenden Masse vor der Verarbeitung (also z.B. vor dem Verspinnen des Materials) zugesetzt; die Färbung geschieht also «in der Masse», und die Farbstoffe sind in den Kunststoffen (Kunstfasern) in Form winzigster, unlöslicher Partikel vorhanden. *«Küpenfarbstoffe»* sind wasserunlöslich, können aber durch die Wirkung starker Reduktionsmittel vor dem Färben zu wasserlöslichen, farblosen oder andersfarbigen Verbindungen reduziert werden («Küpe» oder «Leukoform»). Die Fasern werden dann mit der Küpe durchtränkt, und der Luftsauerstoff verwandelt die Leukoform bei der Trocknung allmählich in den eigentlichen Farbstoff. Die Haftfestigkeit der Küpenfarbstoffe ist meistens ganz ausgezeichnet. Eine ebenfalls sehr gute Haftfestigkeit besitzen die erst vor verhältnismäßig kurzer Zeit (seit 1956) entwickelten *Reaktivfarbstoffe* (Ciba, ICI), welche beim Färben mit der Faser Kovalenzbindungen eingehen, mit ihr also chemisch reagieren.

Für den *Färbeprozeß* spielt aber auch die Natur der zu färbenden Faser eine große Rolle. Nur relativ wenige Farbstoffe eignen sich ohne weiteres zur Färbung verschiedenartiger Fasern.

Tierische Fasern (Wolle, Seide) bestehen aus Eiweißen und besitzen Ampholytcharakter. Sie lassen sich deshalb verhältnismäßig leicht mit sauren oder basischen Farbstoffen färben. Viel schwieriger ist die Färbung von *Baumwolle (Cellulose!)* und von der durch Umwandlung von Cellulose gewonnenen Kunstseide und Zellwolle. Cellulose ist ein Kohlenhydrat, also ein Polyalkohol (S. 526), und besitzt Hydroxylgruppen als funktionelle Gruppen. Ihre Färbung mit *Reaktivfarbstoffen* beruht darauf, daß diese mit den Hydroxylgruppen durch eine S_N-Reaktion Ätherbindungen bilden können. Andere Farbstoffe, wie z.B. Kongorot oder Benzopurpurin, werden von der Faser als Kolloidteilchen adsorbiert und lagern sich in submikroskopische Hohlräume der Faser (sogenannte «intermicellare» Räume) ein *(«substantive* Farbstoffe»). Die

«Entwicklungsfarbstoffe» werden in Form löslicher Bestandteile auf die Faser gebracht und erst dort gebildet; in bestimmten Fällen z. B. dadurch, daß die Faser zuerst mit einer Lösung der Kupplungskomponente imprägniert und dann in ein Bad eines geeigneten Diazoniumsalzes gebracht wird. Ein wichtiges Beispiel eines Entwicklungsfarbstoffes bildet das Anilinschwarz, das durch Oxidation von Anilin entsteht und z. B. zur Färbung von Regenschirmen verwendet wird. Entwicklungsfarbstoffe werden ebenfalls in intermicellare Räume der Cellulose eingelagert. *«Metallkomplexfarbstoffe»* sind wasserlösliche Komplexe farbiger Substanzen mit Cr^{3+}- oder Cu^{2+}-Ionen. Man färbt mit ihnen (ebenso wie mit allen bereits erwähnten Farbstofftypen) aus verdünnten wäßrigen Lösungen; die Bindung an die Faser geschieht z. T. durch Van der Waals-Kräfte, z. T. aber auch durch salzartige Bindung oder durch Koordination (Komplexbildung) mit dem Eiweiß der Wolle. Die wirtschaftlich sehr wichtigen, besonders lichtechten *Küpenfarbstoffe* (zu denen die Anthrachinonfarbstoffe und der Indigo gehören) werden, wie bereits erwähnt, auf der Faser erzeugt und lagern sich als submikroskopische Kriställchen in die Faser ein. Zur Färbung von Kunststoffen und Kunstfasern eignen sich *Dispersions-* und *Pigmentfarbstoffe*.

Als letzte Gruppe der «Farbstoffe» müssen schließlich die *optischen Aufheller* genannt werden. Bei diesen Substanzen handelt es sich zwar um farblose Stoffe; sie fluoreszieren jedoch bei Bestrahlung im Ultraviolettlicht sehr intensiv bläulich und werden darum benützt, um Textilien oder Papier «weißer» erscheinen zu lassen. Viele Papiersorten und Textilgewebe sind mit solchen Aufhellern imprägniert, und auch die meisten Waschmittel enthalten solche Stoffe zur Erzielung eines «reineren» Weiß, d. h. eines scheinbar stärkeren Wascheffektes.

Farbstoffe wurden von alters her zur Verschönerung verwendet. Die wichtigsten *natürlichen Farbstoffe* waren Indigo (aus der Indigopflanze oder dem in Europa heimischen Färberwaid), Alizarin (Krapplack), aus tropischen Hölzern gewonnene Farbstoffe u. a. Der erste künstliche Farbstoff wurde 1855 von dem damals 18jährigen Engländer W. H. Perkin[1] (im Laboratorium von A. W. v. Hofmann[2] in London) hergestellt (vor der Aufstellung der Strukturtheorie und der Benzolformel!). Perkin, der die Summenformel von Chinin ($C_{20}H_{24}N_2O_2$) kannte, versuchte, durch Oxidation von Anilin mit $K_2Cr_2O_7$ Chinin herzustellen. Er erhielt eine schwarzbraune, schmutzige Masse, aus welcher er mit Alkohol einen blaßvioletten Farbstoff extrahieren konnte. (Die Synthese des Chinins ist erst 1944 gelungen!) Perkins Farbstoff, *«Mauvein»* genannt, vermochte Seide zu färben, fand aber zunächst in England keinen Absatz, weil die Färber davon nichts wissen wollten. Die Lyoner Seidenfärber erkannten hingegen die Bedeutung des Farbstoffes, lancierten eine neue Modefarbe *(mauve,* malvenfarbig), und damit war der Bann gebrochen. Entgegen dem Rat von v. Hofmann entschloß sich Perkin, die wissenschaftlichen Arbeiten eine Zeitlang einzustellen und den neuen Farbstoff in größeren Mengen zu produzieren. Es war zunächst ein recht unsicheres Unternehmen, weil Benzol nur in geringer Menge zur Verfügung stand und die Nitrierung von Benzol sowie die Reduktion des Nitrobenzols zu Anilin zuerst in die Technik übertragen werden mußten. Der Preis des Farbstoffes entsprach zuerst dem Preis von Platin; trotzdem erfreute sich das Mauvein einige Jahre großer Beliebtheit.

Nach Perkins Entdeckung begann A. W. v. Hofmann selbst systematisch mit der Untersuchung von Anilinderivaten auf Farbstoffcharakter. Zuerst fand er die Triphenylmethanfarbstoffe (Fuchsin, Gentianaviolett u. a.), welche sich durch hohe Farbintensität auszeichnen. Wenig

[1] W. H. Perkin (1838–1907), war von 1853 an Schüler von A. W. v. Hofmann. Auch nach der Entdeckung und der industriellen Auswertung des Mauveins war Perkin weiter als Forscher tätig und führte eine Reihe neuer Synthesen durch.

[2] A. W. v. Hofmann (1818–1892), deutscher Chemiker, begründete den Ruf der deutschen Farbenindustrie. Arbeitete zuerst längere Zeit in London, war später Professor der Chemie in Berlin. Viele Untersuchungen über Farbstoffe.

später entdeckte P. Grieß[1] die Diazotierungs- und Kupplungsreaktion und fand damit die sehr wichtig gewordenen Azofarbstoffe. Der damals wichtigste Naturfarbstoff, der Indigo, wurde nach 13jähriger Arbeit erstmals von A. v. Baeyer[2] synthetisch gewonnen (1883), aber erst nach weiteren zwanzig Jahren konnte eine brauchbare technische Synthese verwirklicht werden. Der synthetische Indigo, ein viel reinerer und billigerer Farbstoff als das Naturprodukt, verdrängte dieses in kurzer Zeit vollkommen vom Markt.

Die Farbenfabrikation bildete bis etwa 1920 die Schlüsselindustrie der gesamten chemischen Industrie. Nicht nur ergab die systematische Bearbeitung der Farbstoffe eine Fülle neuer, theoretischer und praktischer Erkenntnisse, sondern es mußten zur Herstellung der Farbstoffe auch in vielen anderen Gebieten der chemischen Technik neue Verfahren entwickelt werden, um die benötigten Ausgangsstoffe in genügenden Mengen und billig zur Verfügung zu haben. Die Teerfarbenindustrie hat damit weite Gebiete der Chemie gefördert: Elektrolyse, Katalyse, Lösungsmittel-, Netzmittel- und Kunstharzindustrie usw. Fast alle organisch-chemischen Großbetriebe haben ursprünglich mit der Fabrikation von Farbstoffen begonnen; heute allerdings ist die Herstellung von pharmazeutischen Spezialitäten und Kunststoffen wirtschaftlich mindestens gleichwertig geworden.

11.9.3 Beispiele von Farbstoffen

Azofarbstoffe. Die Azofarbstoffe enthalten stets eine (eventuell mehrere) Azogruppen (—N=N—) und entstehen leicht durch Kupplung aromatischer Verbindungen mit diazotierten aromatischen Aminen. Durch Variation der beiden Kupplungskomponenten läßt sich eine sehr große Vielfalt von Farbstoffen (sauren und basischen Farbstoffen, Reaktivfarbstoffen, Entwicklungsfarbstoffen) herstellen. Als Zwischenprodukte spielen zahlreiche Naphthalinderivate (Sulfosäuren, Aminonaphthole u. a.) eine große Rolle.

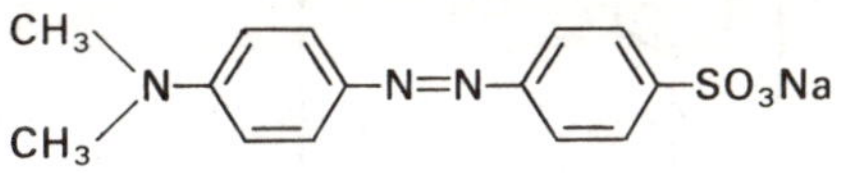

Methylorange (Indikator; Umschlagsgebiet *p*H 3,2 bis 4,5)

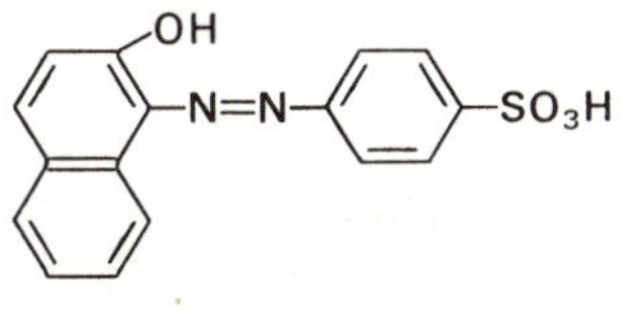

Naphtholorange, ein saurer Wollfarbstoff

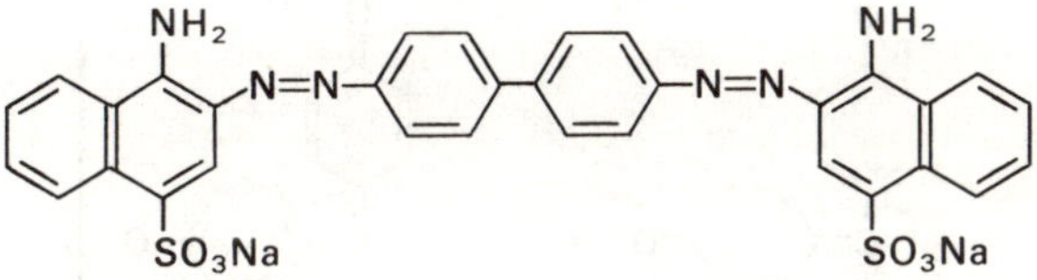

Kongorot, der erste substantive Baumwollfarbstoff

[1] P. Griess (1829–1888), Assistent von A. W. v. Hofmann.

[2] A. v. Baeyer (1835–1917), Professor in Berlin, Straßburg und München. Bedeutender, experimentell arbeitender Forscher auf dem Gebiet der organischen Chemie, Begründer einer ebenfalls sehr bedeutenden Schule von Chemikern. Nobelpreis 1905.

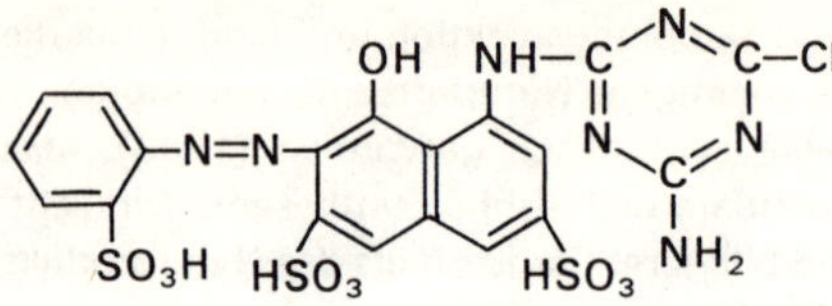

Cibacronbrillantrot B,
ein Reaktivfarbstoff

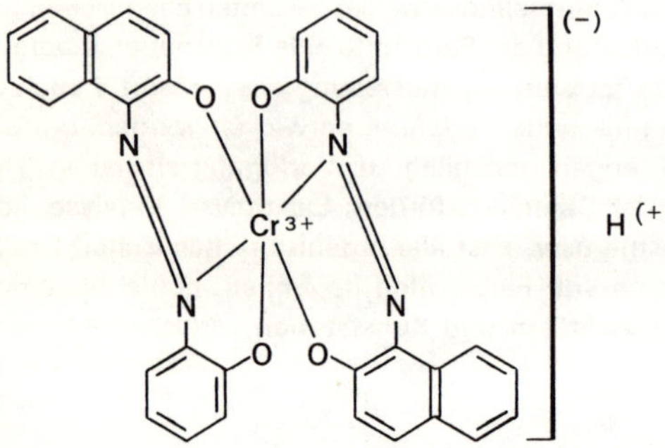

ein 2:1 Metallkomplexfarbstoff
(Das zentrale Cr^{3+}-Ion ist oktaedrisch mit zwei Monoazofarbstoffmolekülen koordiniert)

Triphenylmethanfarbstoffe. Alle zu dieser Gruppe gehörenden Farbstoffe besitzen das Grundgerüst des Triphenylmethans (Phenyl- = C_6H_5—). Beispiele sind Fuchsin, Gentianaviolett, Malachitgrün, Eosin (Farbstoff von roter Tinte), Fluoreszein (mit intensiv gelbgrüner Fluoreszenz, die auch in sehr großer Verdünnung noch wahrzunehmen ist) sowie die Phthaleine (Phenolphthalein, Bromthymolblau usw.).

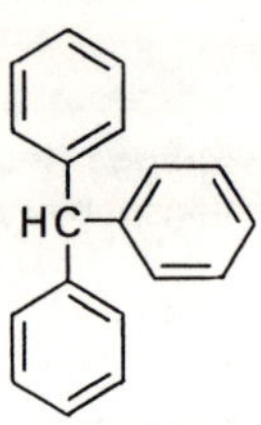

Triphenylmethan

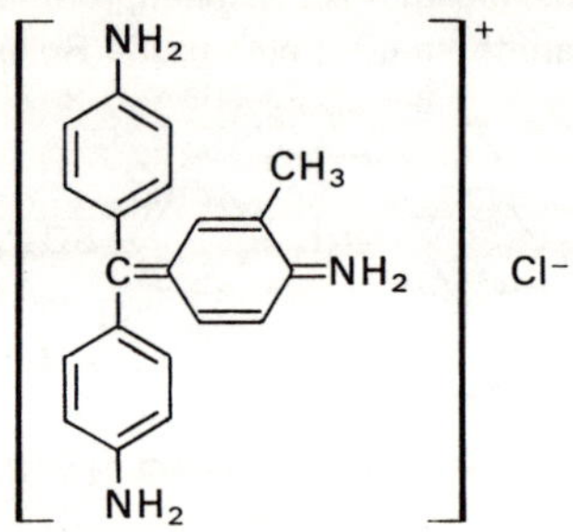

Fuchsin (rot)

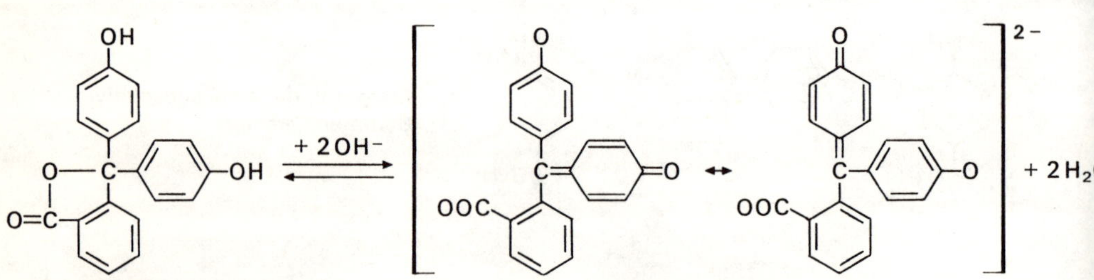

Phenolphthalein (farblos)
(jeder der drei Benzolringe mit eigenem π-System)

Phenolphthalein-Anion
intensiv rot;
π-Elektronen über zwei Ringe ausgedehnt

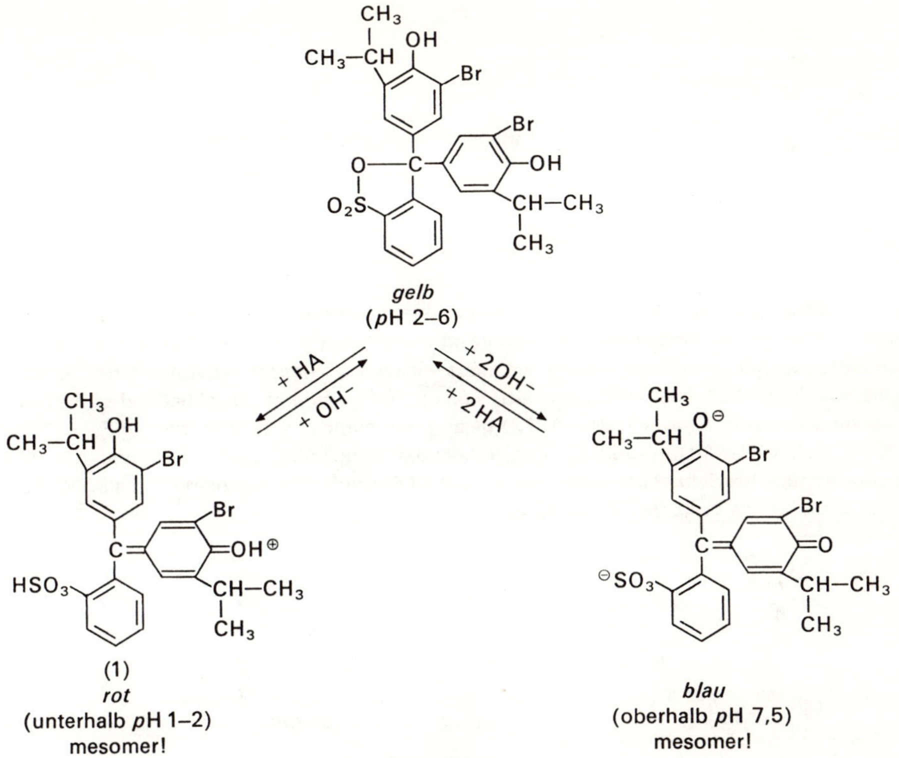

Bromthymolblau

Das Ion (1) ist eine dreiprotonige Säure. In bezug auf die erste Protolysenstufe verhält es sich als starke Säure (—SO_3H-Gruppe!). Die phenolischen Hydroxylgruppen sind nur schwach sauer und geben ihre Protonen bei höheren *p*H-Werten ab.

Die **Anthrachinonfarbstoffe** enthalten das C-Gerüst des Anthrachinons, das durch Oxidation von Anthracen erhalten werden kann. Zu ihnen gehören Beizenfarbstoffe, wie das *Alizarin* (der Farbstoff der Krappwurzel), saure Farbstoffe und Dispersionsfarbstoffe sowie vor allem zahlreiche, dank ihrer Lichtechtheit wertvolle, ziemlich kompliziert gebaute *Küpenfarbstoffe*.

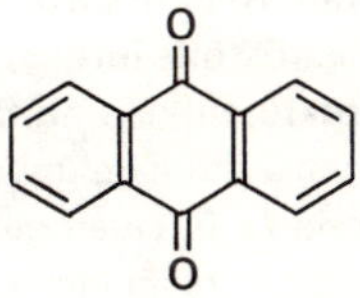

Anthrachinon

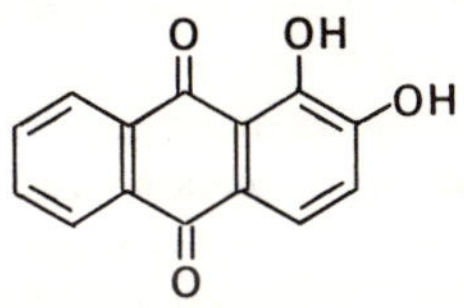

Alizarin; bis 1870 aus Krappwurzeln *(Rubia tinctorum)* gewonnen. Gibt mit gewissen Metall-Ionen verschiedene, charakteristische Farblacke

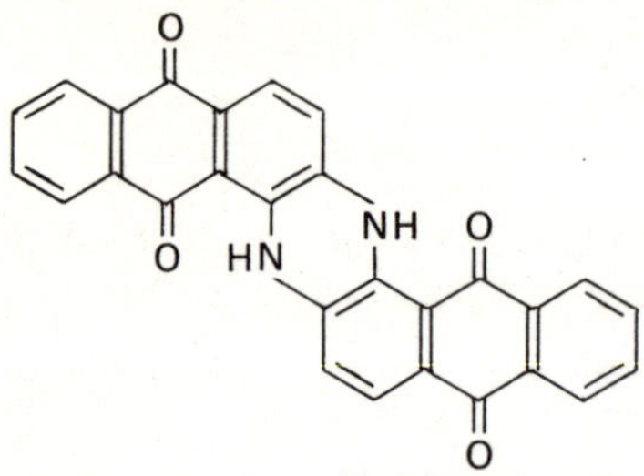

Indanthronblau, ein Küpenfarbstoff

Zu den **Indigofarbstoffen** gehören zahlreiche wertvolle natürliche und synthetische Farbstoffe. *Indigo* tritt in zahlreichen Pflanzen (Färberwaid, Indigopflanze) als Glucosid auf (an Traubenzucker gebunden) und wurde seit alters aus diesen Pflanzen gewonnen. Bereits ägyptische Mumientücher (über 4000 Jahre alt!) sind mit Indigo gefärbt. Anschließend an die Strukturaufklärung durch Baeyer (1865–1872) gelang Heumann die technische Synthese (siehe S. 491), welche das Naturprodukt in kurzer Zeit vom Markt verdrängte. – Ein Indigoderivat ist der im Altertum aus Schnecken gewonnene «antike *Purpur*» (Dibromindigo); aus 9000 Tieren erhielt man 1 g des kostbaren Farbstoffes!

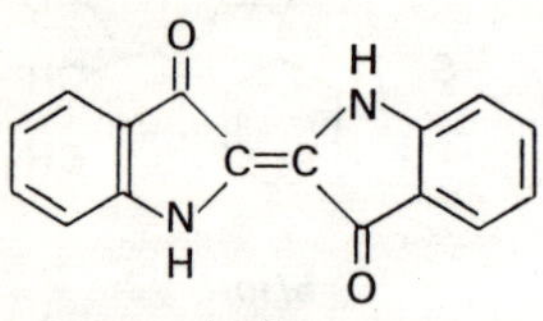

Indigo

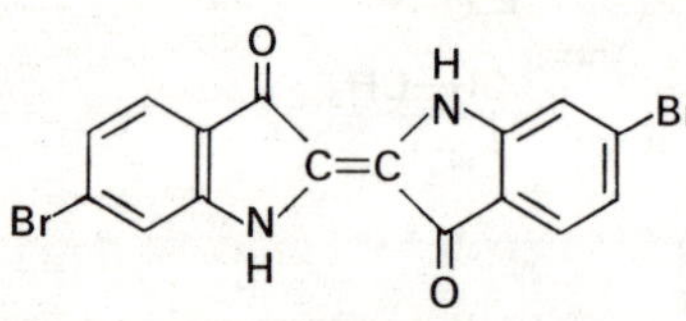

Purpur

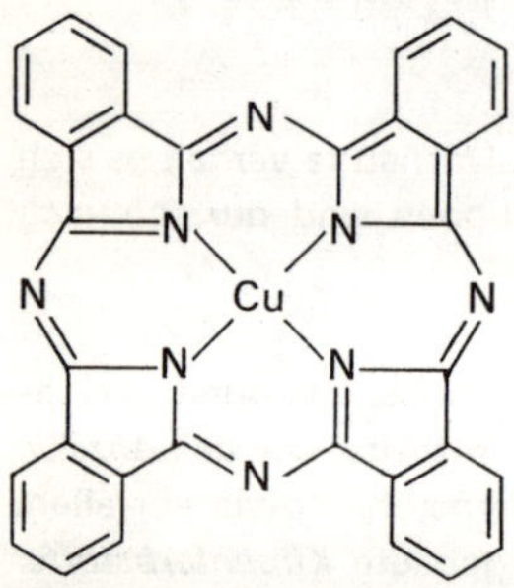

Phthalocyaninfarbstoffe. Diese wichtige Gruppe von Farbstoffen besitzt ein vielgliedriges Ringsystem mit sehr weitgehend delokalisierten Elektronen als Chromophor. Anstelle des hier gezeichneten Cu-Ions können auch andere Metall-Ionen mit den N-Atomen koordiniert sein. Phthalocyanine sind in Wasser unlöslich und besitzen zur Färbung von Kunststoffen als *Pigmentfarbstoffe* eine große Bedeutung.

Blüten- und Blattfarbstoffe, Carotinoide. Die roten, blauen und gelben Blütenfarbstoffe, der Farbstoff der Karotten und das Blattgrün sind farbige Stoffe, aber keine Farbstoffe im eigentlichen Sinn. Es sind teilweise recht kompliziert gebaute Moleküle; die Strukturaufklärung des Chlorophylls dauerte rund dreißig Jahre, und die Synthese ist erst vor wenigen Jahren gelungen. Die *gelben Blütenfarbstoffe* sind meist verschiedenartig substituierte Flavone (z. B. Quercetin). Die *roten* und *blauen Blütenfarbstoffe* (Anthocyane) sind Oxoniumsalze; die verschiedenartigen Farben bzw. Farbtöne werden durch Komplexe mit verschiedenen Metall-Ionen bedingt. Das die Farbigkeit des *Chlorophylls* bewirkende System, der sogenannte Porphinring, ist auch im roten Blutfarbstoff enthalten, dort allerdings nicht als Magnesium-, sondern als Eisenkomplex. Die *gelben Blattfarbstoffe* sowie die im Pflanzenreich verbreiteten Carotinoide (z. B. die Farbstoffe der Tomate oder der Karotte) sind ungesättigte Kohlenwasserstoffe mit C-Zahlen von rund 40; auch sie verdanken ihre Farbigkeit einem System konjugierter Doppelbindungen.

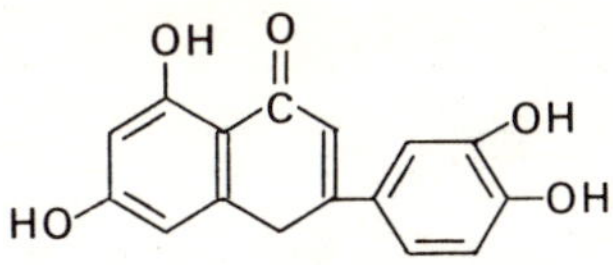

Quercetin, ein Flavon; im Goldlack, gelben Stiefmütterchen u.a.

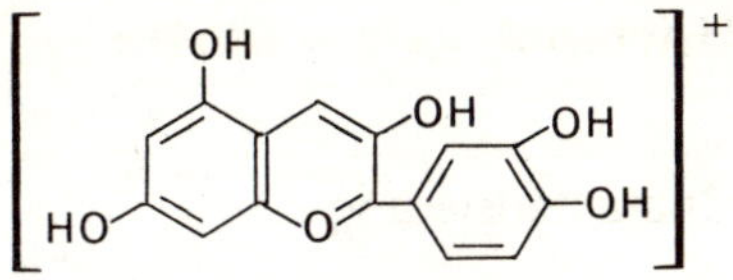

Cyanidin-Kation (ein Anthocyan), in Rosen, Mohn, Kornblumen

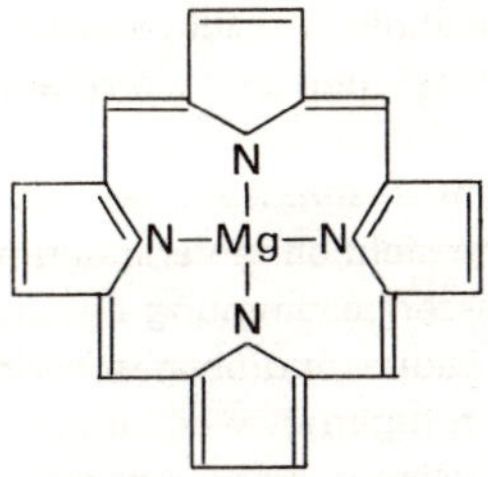

Porphinring im Chlorophyll

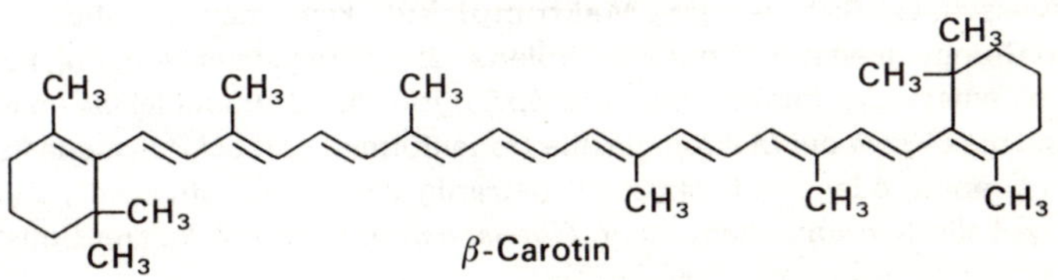

β-Carotin

Übungen

11.102 Erklären Sie die Zusammenhänge zwischen Farbigkeit und Molekülstruktur.

11.103 Warum ist Azobenzol kein Wollfarbstoff?

11.104 *p*-Nitrophenol ist ein Indikator. Im *p*H-Gebiet von 6 bis 8 erfolgt ein Umschlag von Farblos nach Gelb. Erklären Sie dieses Verhalten.

11.105 Versuchen Sie, die Farben der drei Formen von Bromthymolblau zu verstehen (Ausdehnung des π-Systems beachten).

11.106 Worauf beruht die Farbänderung beim Ansäuern des Zellsaftes von Kornblumen-(Blütenblatt-)zellen?

Literatur

G. M. Barrow — *The Structure of Molecules*. Benjamin, New York 1964

J. R. Dyer — *Applications of Absorption Spectroscopy of Organic Compounds.* Prentice-Hall, Englewood 1965

E. E. Jaffe und W. J. Marshall — Origin of Color in Organic Compounds. *Chemistry 37* (1964) No. 12

P. R. Jones — Infrared Spectroscopy and Molecular Architecture. *Chemistry 38* (1965) No. 2

N. J. Juster — Color and Chemical Constitution. *J. Chem. Educ. 39* (1962) 596

G. C. Pimentel — Infrared Spectroscopy, a Chemist's Tool. *J. Chem. Educ. 37* (1960) 651

11.10 Hochmolekulare Stoffe

11.10.1 Charakterisierung

Wegen ihrer besonderen Eigenschaften spielen die hochmolekularen Stoffe als Gerüst- oder als Werkstoffe sowohl in der Natur als auch in der Technik eine sehr wichtige Rolle. Weil sie meist keine einheitlichen Verbindungen im Sinn von Dalton sind und mit den konventionellen Methoden des Organikers nur unvollständig erforscht werden können, wurden sie früher lange vernachlässigt. Erst in den letzten Jahrzehnten sind sie zu einem sehr wichtigen Gebiet der organischen Chemie geworden.

Hochmolekulare Substanzen haben immer *sehr hohe Molekülmassen*. Da sie nicht als einheitliche Stoffe verdampft und häufig auch nicht ohne Veränderung gelöst werden können, mußten besondere Methoden zur Molekülmassenbestimmung entwickelt werden. Die wichtigste von ihnen besteht in der Messung der Sedimentationsgeschwindigkeit der Stoffe in besonders hochtourigen Zentrifugen («Ultrazentrifugen»), welche vom Teilchengewicht abhängt. Feste und flüssige hochmolekulare Stoffe stellen immer *Gemische mehrerer ähnlicher, nicht voneinander trennbarer Molekülarten* dar, die jedoch in einer bestimmten Substanz stets *das gleiche Bauprinzip* aufweisen. Ein Riesen- oder «**Makromolekül**» kann man sich stets aus einer sehr großen Zahl von Grundeinheiten («Grundmolekülen») durch Polymerisation, Polykondensation oder Polyaddition entstanden denken; die *Verknüpfungsart* der Grundmoleküle im Makromolekül einerseits und die *Gestalt* der Makromoleküle (fadenförmig, z. B. bei Polymerisaten; schichtförmig, z. B. bei Graphit, oder dreidimensional-netzartig wie bei Kunstharzen), anderseits bestimmen die physikalischen und chemischen *Eigenschaften* hochmolekularer Substanzen.

Tabelle 11.15. Arten hochmolekularer Stoffe

Verknüpfungsart der Grundmoleküle		Beispiele	
Art der Bindung	Symbol	synthetisch	natürlich
Kohlenstoff-Kohlenstoff-Bindung	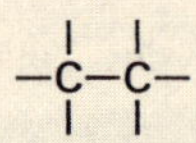	Polyäthylen Kautschuk	Kautschuk
Esterbindung	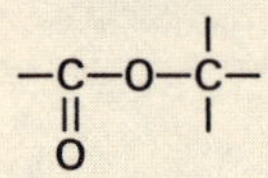	Polyesterfasern	Nucleinsäuren (Phosphorsäureester von Kohlenhydraten; im Zellkern)
Amidbindung	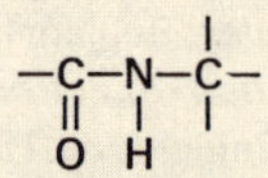	Polyamidfasern (Nylon, Perlon)	Eiweiße (auch Wolle, Seide)
Urethanbindung	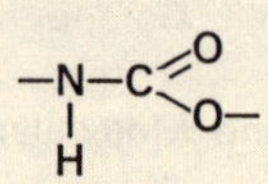	Polyurethane	
Ätherbindung	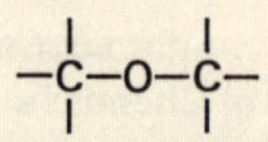	Polymerisate von Formaldehyd	Cellulose, Stärke, Glykogen

11.10.2 Der Aufbau von Makromolekülen

Um Makromoleküle aus einfachen Grundmolekülen aufzubauen, sind folgende Wege offen:

Polykondensation

Bei einer «Kondensation» werden zwei Moleküle zu einem neuen Molekül verbunden, wobei ein weiteres Molekül (meistens Wasser) abgespalten wird. Werden Moleküle, die zwei reaktionsfähige Stellen besitzen («bifunktionelle» Moleküle) miteinander kondensiert, so erhält man ebenfalls *Fadenmoleküle*. Ist das eine der kondensierten Grundmoleküle trifunktionell, so entstehen dreidimensional *netzartige Makromoleküle*. Durch Kondensation gebildete Fadenmoleküle liegen z. B. in den Kunstfasern Nylon und Terylen, netzartige Makromoleküle in den eigentlichen Kunstharzen vor. Von den vielen an sich möglichen Kondensationsreaktionen werden praktisch nur die Veresterung, die Amidbildung sowie die Kondensation mit Formaldehyd verwendet. Der Verlauf von Kondensationsreaktionen kann durch Wahl bestimmter Katalysatoren ebenfalls beeinflußt werden.

Polymerisation

Als Ausgangsstoffe dienen *ungesättigte Verbindungen,* welche radikalisch (S.374), kationisch oder anionisch (S. 457) zu Makromolekülen polymerisiert werden. In jedem Fall werden zur Polymerisation *Starter* («Katalysatoren») benötigt, welche die Reaktion in Gang setzen. Durch Polymerisation entstehen gewöhnlich *Fadenmoleküle* (also thermoplastische Stoffe); Unregelmäßigkeiten im Verlauf der Polymerisation führen häufig zu Verzweigungen. Der Polymerisationsgrad, d. h. die Anzahl der im Makromolekül enthaltenen Grundmoleküle, ist bei den einzelnen Polymerisaten sehr verschieden und kann oft durch Wahl entsprechender Reaktionsbedingungen beeinflußt werden. Um die Eigenschaften der Makromoleküle zu verbessern, werden oft auch verschiedene ungesättigte Moleküle miteinander polymerisiert *(«Kopolymerisation»);* man erhält dann Makromoleküle, die aus verschiedenen Grundmolekülen aufgebaut sind.

Bei der anionischen Polymerisation ist es durch geeignete Wahl der Beschleuniger möglich geworden, Makromoleküle mit ganz bestimmten räumlichen Konfigurationen aufzubauen (sogenannte *stereospezifische Polymerisation)*. Bei Vinylpolymeren (Grundmoleküle der Struktur $CH_2{=}CH{-}R$) können nämlich die Makromoleküle verschiedenen räumlichen Bau besitzen:

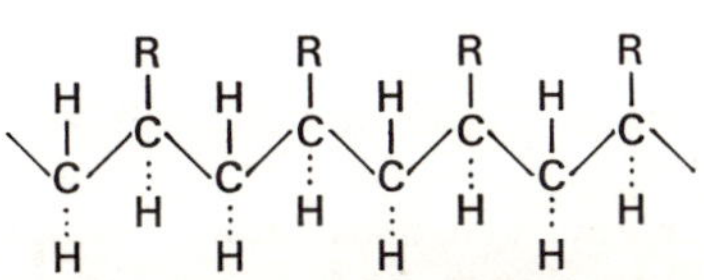

isotaktische Struktur: Im Makromolekül folgen sich die ehemals monomeren Bausteine regelmäßig; die Konfiguration aller tertiärer C-Atome ist dieselbe

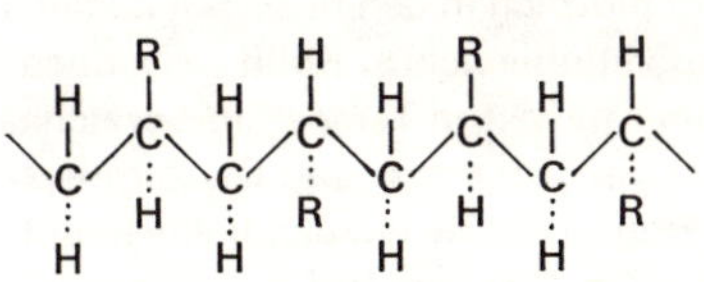

syndiotaktische Struktur: Auch hier folgen sich die ehemals monomeren Moleküle regelmäßig, aber an jedem zweiten tertiären C-Atom tritt die entgegengesetzte Konfiguration auf

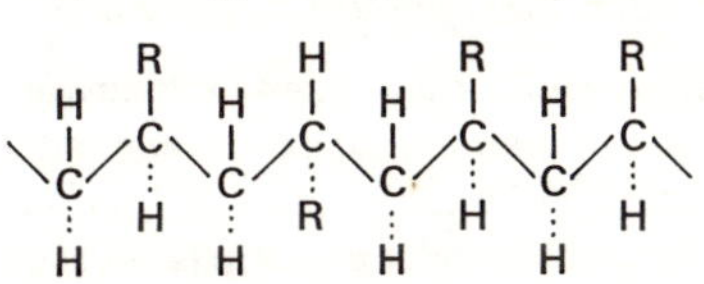

ataktische Struktur: Keine regelmäßige Anordnung

Der sterische Aufbau der Makromoleküle beeinflußt die *Eigenschaften* der betreffenden Substanzen stark. So sind Polymere mit ataktischer Struktur stets weniger hart und besitzen eine niedrigere Erweichungstemperatur als die entsprechenden isotaktischen Polymere. Manche ataktische Polymere sind sogar klebrig oder dickflüssig. Der stereospezifischen Polymerisation – als Methode zur Gewinnung von Polymerisaten mit ganz bestimmten, erwünschten Eigenschaften – dürfte deshalb in der Zukunft noch erhöhte Bedeutung zukommen.

Polyaddition

Ebenso wie bei Polymerisation entstehen auch in diesem Fall die Makromoleküle durch fortgesetzte Addition. Man geht dabei aber nicht von einer einzigen Molekülart (welche durch einen «Starter» zur Polymerisation gebracht wird) aus, sondern es werden *zwei* verschiedene, mindestens bifunktionelle Moleküle miteinander umgesetzt. Es ist auch möglich, trifunktionelle Moleküle zu verwenden, so daß vernetzte Makromoleküle (Duroplaste) entstehen. Von den vielen möglichen Additionsreaktionen werden heute die Addition an Diisocyanate und an Epoxide praktisch ausgenutzt (Polyurethane, Epoxidharze).

$$O{=}C{=}N{-}(CH_2)_x{-}N{=}C{=}O$$

Diisocyanat

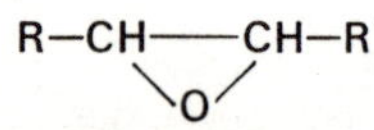

Epoxid

Polymerisation durch oxidatives Kuppeln

Dieses Verfahren wurde erst vor kurzer Zeit entwickelt. Es ermöglicht den Aufbau von fadenförmigen Makromolekülen und ergibt gegen Erwärmen relativ beständige, chemikalienfeste *Thermoplaste*. Man geht dabei von disubstituierten Phenolen aus, welche durch Einwirkung von Luftsauerstoff (unter der katalytischen Wirkung von Cu [I]-Komplexen) zu Makromolekülen verbunden werden:

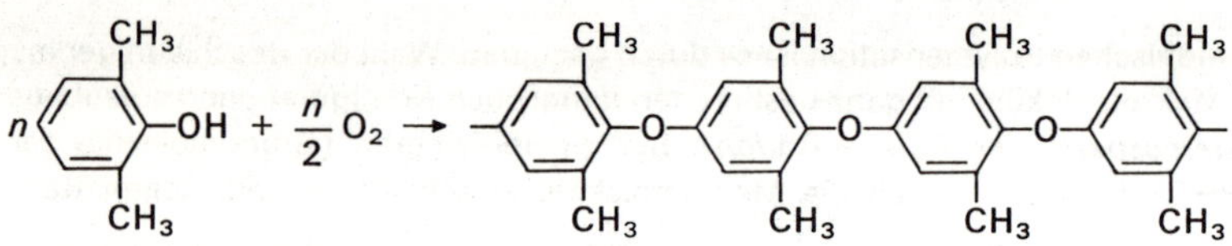

11.10.3 Allgemeine Eigenschaften

Hochmolekulare Stoffe zeigen – im Gegensatz zu niedermolekularen Substanzen – *keinen scharfen Schmelzpunkt*. Beim Erwärmen gehen sie also nicht plötzlich in den flüssigen Zustand über, sondern *erweichen* innerhalb eines bestimmten Temperaturbereiches. Kühlt man hochmolekulare Stoffe dagegen ab, so erstarren sie unterhalb eines gewissen Temperaturbereiches (der «**Glastemperatur**») glasartig hart und werden spröde. Erweichungs- und Glastemperatur sind für eine bestimmte hochmolekulare Substanz charakteristisch; sie werden beide hauptsächlich durch die Anordnung und den Aufbau der betreffenden Makromoleküle bestimmt.

Besonders die aus Fadenmolekülen aufgebauten hochmolekularen Stoffe werden beim Erwärmen plastisch verformbar. Solche «**Thermoplaste**» können im warmen Zustand verarbeitet (geformt) werden; beim Abkühlen bleibt die neue Form erhalten. Im Gegensatz zu den Thermoplasten sind «**Duroplaste**» härter und meist nicht ohne Zersetzung schmelzbar; sie müssen

Tabelle 11.16. Verhalten verschiedener hochmolekularer Stoffe

Duroplaste stark vernetzte Makromoleküle	Gebrauchsbereich spröd					Zersetzung
Elaste wenig vernetzte Makromoleküle	spröder Zustand	Glas-temperatur	Gebrauchsbereich			Zersetzung
Thermoplaste Fadenmoleküle, nicht verletzt	spröder Zustand	Glas-temperatur	Gebrauchs-bereich	Erweichungs-temperatur	Schmelze zähflüssig	Zersetzung
	Temperatur →					

direkt in der fertigen Form hergestellt oder mechanisch bearbeitet werden. Duroplaste sind stets aus stark miteinander vernetzten Makromolekülen aufgebaut. Gewisse Thermoplaste lassen sich z. B. durch Erhitzen härten *(wärmehärtbare Thermoplaste)*; dabei werden die Makromoleküle nachträglich miteinander vernetzt, und die Thermoplastizität verschwindet. Stoffe mit nur in beschränktem Maß vernetzten Makromolekülen verhalten sich häufig ähnlich wie Gummi (sehr hohe Elastizität); man bezeichnet sie als **Elaste.**

Erweichungs- und *Glastemperatur* hängen in erster Linie von den zwischenmolekularen Kräften, der Gestalt der Makromoleküle und dem Ausmaß der Kristallinität ab. Bei stark vernetzten Makromolekülen (den Duroplasten) liegt die Zersetzungstemperatur oft tiefer als die Erweichungstemperatur liegen würde, so daß solche Substanzen durch Erwärmen nicht verflüssigt werden können.

Wegen ihrer großen Ausdehnung lassen sich Makromoleküle nicht ohne weiteres in ein Kristallgitter ordnen. Auch Fadenmoleküle sind im allgemeinen stark ungeordnet und ineinander verschlungen. Nur in kleineren Bezirken können sich besonders Fadenmoleküle regelmäßig ordnen (Abb.11.42); man bezeichnet ein solches Gebiet als «**kristallinen Bereich**» oder *«Micelle»*. Die einzelnen Moleküle sind aber meistens viel länger als diese kristallinen Bereiche und verlaufen zwischen ihnen ungeordnet. Der *Kristallisationsgrad* (kristallisiertes Volumen in Prozenten des Gesamtvolumens) wird durch die Größe der zwischenmolekularen Kräfte und die Gestalt der Makromoleküle bestimmt.

Abb. 11.42. Ordnung fadenförmiger Makromoleküle (umrandet = kristalliner Bereich)

Verzweigte oder unregelmäßig gebaute Fadenmoleküle ergeben meist geringere Kristallisationsgrade (vergleiche die Eigenschaften isotaktischer und ataktischer Polymerer!). Steigerung des Kristallisationsgrades führt im allgemeinen nicht nur zur besserer mechanischer Festigkeit, sondern auch zu höheren Erweichungstemperaturen. Besonders hohe Kristallisationsgrade fadenförmiger Moleküle ergeben starken Zusammenhalt in der Längsrichtung, aber geringen Zusammenhalt senkrecht dazu: ausgeprägt *fasrige* Stoffe (z. B. Cellulose, Kunstfasern).

Infolge der durch die hohe Molekülmasse bedingten großen zwischenmolekularen Kräfte ergeben die meisten hochmolekularen Stoffe keine echten, sondern nur *kolloidale Lösungen;* häufig sind sie sogar nur quellbar. Wenn in solchen Lösungen Fadenmoleküle in kleiner Konzentration vorhanden sind, so bewegen sich die Einzelmoleküle mehr oder weniger frei, und die Lösung verhält sich wie eine kolloidale Lösung von sehr großen Teilchen, ein *«Sol»*. Bei höheren Konzentrationen beginnen sich die Moleküle aber zu durchdringen und zu verknäueln und bilden ein lockeres «Netz». Eine solche stark viskose Lösung wird als *«Gel-Lösung»* bezeichnet. Gewisse Fadenmoleküle können sich untereinander noch verbinden (z. B. mit Wasserstoffbrücken, durch Ionenbindung oder durch Kondensationen von Seitenketten), so daß dann ein lockeres Netz, ein *«Gel»*, entsteht, das keine eigentliche Lösung mehr bildet, aber zwischen den Makromolekülen viel Lösungsmittel enthält. Dieser Gel-Zustand ist der Zustand des lebenden Cytoplasmas.

Die *Quellung* (d. h. die Aufnahme von Lösungsmittel in den hochmolekularen Körper) erleichtert das Aneinandervorbeigleiten der Makromoleküle. Die Substanz wird geschmeidiger und weicher, und es tritt ein allmählicher Übergang zum gelösten Zustand ein. Diese Erscheinung wird bei der Verwendung von sogenannten *Weichmachern* ausgenützt, d. h. von Stoffen, welche spröde Kunststoffe weicher und damit leichter verformbar machen.

Eine auffallende Eigenschaft mancher hochmolekularer Stoffe ist ihre *Elastizität*. Sie ist dann besonders ausgeprägt, wenn die Substanz aus Fadenmolekülen besteht, die teilweise gegeneinander beweglich, teilweise aber vernetzt sind, und wenn der Kristallisationsgrad sehr gering ist. Beim Erwärmen solcher Stoffe tritt ein Übergang vom elastischen zum plastischen Zustand ein; bei tieferer Temperatur verschwindet die Elastizität meistens, und der Stoff ist spröde (Gummi!). Im elastischen Zustand liegen die Fadenmoleküle in völliger Unordnung, d. h. regellos aufgeknäuelt, vor. Bei der Verformung werden die Moleküle gestreckt und parallelisiert, gehen aber nachher wieder in den ungeordneten (entropiereicheren, d. h. wahrscheinlicheren!) Zustand über. Bei sehr starker Beanspruchung können hohe Kristallisationsgrade erreicht werden (weitgehende Parallelisierung der Ketten!); wenn das «Kristallgitter» stabil ist, kann es nach der Beanspruchung erhalten bleiben, so daß die Verformung des Stoffes dauernd bestehen bleibt (plastisches Verhalten).

Tabelle 11.17. Übersicht über einige wichtige Polymerisate

Bezeichnung	Formel des Grundmoleküls	Handelsnamen	Eigenschaften, Verwendung
Polyacrylnitril	$CH_2{=}CH{-}CN$	Orlon Dralon Acrilan PAN	Wollähnliche Kunstfaser von großer Beständigkeit und Festigkeit
Polyacrylsäureester	$CH_2{=}CH{-}COOR$	Acronal Stabol Plexigum	Glasklar, gummiähnlich, weich, klebrig. Imprägnierungen, Klebstoffe

Bezeichnung	Formel des Grundmoleküls	Handelsnamen	Eigenschaften, Verwendung
Polyäthylen (Polyäthen)	$CH_2{=}CH_2$	Polythen Lupolen Hostalen	Durchscheinend, wachsartig; relativ niedrige Erweichungstemperatur (110 °C). Löslich in Benzin, Benzol und Trichloräthylen über 60 °C. Sehr chemikalienfest, daher für unzerbrechliche Gefäße, Flaschen, Behälter, Eimer. Isoliermaterial
Polybutadien	$CH_2{=}CH{-}CH{=}CH_2$ + Styrol	Buna	Gummielastisch, vulkanisierbar. Wichtiger synthetischer Kautschuk
Polychloropren	$CH_2{=}C(Cl){-}CH{=}CH_2$	Neopren Perbunan C	Gummielastisch, vulkanisierbar. Wichtigster Kunstkautschuk
Polyisobutylen	$(CH_3)_2C{=}CH_2$ + Isopren	Enjay Butyl Polysar Butyl	Polyisobutylen als oxidations- und wetterbeständiges Dichtungsmaterial; Mischpolymerisat mit Isopren als Kautschuk (Butylkautschuk); ebenfalls gute Oxidationsbeständigkeit; im Vergleich mit anderen Kautschuktypen extrem geringe Gasdurchlässigkeit (Reifen!)
Polymethacrylsäureester	$CH_2{=}C(COOR){-}CH_3$	Plexiglas Lucit	Glasklar, hart, spröde. Stäbe, Rohre, Platten. Gebrauchsgegenstände, Seiten- und Rückenfenster in Karosserien, Brillengläser. Niedrig polymerisiert als Klebstoff
Polypropylen	$CH_2{=}CH{-}CH_3$	Hostalen PPH Luparen	Ähnliche Eigenschaften wie Polyäthylen. Erweichungstemperatur besonders bei isotaktischem Polypropylen höher
Polystyrol	$C_6H_5{-}CH{=}CH_2$	Lustrex Trolitul Styroflex Styropor Vestyron Luran	Glasklar, hart. Gebrauchsartikel, Elektrotechnik, optische Linsen, Lacke, Schaumstoff (Isolier- und Verpackungsmaterial). In Benzol, Chlor- und Nitrobenzol löslich
Polytetrafluoräthen	$CF_2{=}CF_2$	Teflon Hostaflon TF	Weiße, harte Masse. Schwierig zu verarbeiten (kein Lösungsmittel bekannt!). Hervorragende Chemikalienfestigkeit. Bis 325 °C fest; keine Warmverformung möglich. Rohre, Dichtungen, Folien; Apparaturen für die chemische Industrie
Polyvinylchlorid	$CH_2{=}CH{-}Cl$	PVC Hostalit Mipolam Vinidur Vinylite	Weißes Pulver; gepreßt ziemlich hart. Preßartikel, Dichtungen, Kabelisolierungen, Rohre, Schläuche. Mit Weichmacher für Überzüge auf Gewebe und Papier (Tischbeläge, Regenbekleidung)

11.10.4 Beispiele wichtiger hochmolekularer Stoffe

Polymerisate

Polymerisate sind gewöhnlich ausgesprochen **thermoplastisch.** Bei Zimmertemperatur spröde Polymerisate können durch Verwendung von Weichmachern in leichter zu verformende Massen verwandelt werden; allerdings sinkt dadurch meist die Wärmebeständigkeit und die mechanische Festigkeit. Zur *Verarbeitung* von Polymerisatkunststoffen dienen sowohl *Warm-* wie *Kaltverformung*. Letztere kommt vor allem für Stoffe mit sehr hohem Erweichungspunkt in Frage (Teflon). Die Warmverformung geschieht durch Walzen, Pressen oder Spritzen. Eine besonders große Bedeutung besitzt dabei das «Warmpressen». Der Kunststoff wird als Pulver oder Tablette in die Presse gegeben und erhitzt; das plastisch gewordene Material füllt alle Hohlräume der Preßform genau aus. Durch Verarbeitung von Lösungen können auch Folien gegossen werden. Lösungen von Polymerisaten mit niedrigen Polymerisationsgraden können als *Klebstoffe* verwendet werden (Cementit).
Den *Einfluß des Molekülbaues auf die Eigenschaften* zeigt ein Vergleich von Polyäthylen (Polyäthen), PVC und Teflon. Polyäthylen, ein bei Zimmertemperatur ziemlich weicher, biegsamer Paraffin-Kohlenwasserstoff, besitzt trotz sehr hoher Kettenlänge (Polymerisationsgrade bis 10000) infolge der schwachen zwischenmolekularen Kräfte eine relativ tiefe Erweichungstemperatur (100–110°C). Durch Polymerisation bei niederen Drucken erhält man Produkte mit weniger stark verzweigten Fadenmolekülen und mit dank höherem Kristallisationsgrad etwas höherer Erweichungstemperatur (130°C). *Polyvinylchlorid* enthält an jedem zweiten C-Atom ein Cl-Atom; die Polarität der C—Cl-Bindungen erhöht die zwischenmolekularen Kräfte, während die größeren Cl-Atome die Fadenmoleküle zugleich sperriger machen und ihr Aufknäueln erschweren. PVC-Kunststoffe sind daher schon mit wesentlich niedrigeren Polymerisationsgraden (einige 100 bis 1000) bei Zimmertemperatur hart und spröde. Durch Zusatz von Weichmachern wird PVC zu einem weichen, für Folien, Schläuche und Überzüge geeigneten Material; durch Chemikalien (unpolare Lösungsmittel, Fette) können jedoch die Weichmacher wieder herausgelöst werden. Da Polyäthylen wegen seiner geringeren zwischenmolekularen Kräfte keine Weichmacher benötigt, ist es gegen Chemikalien beständiger. Die sehr stark polaren C—F-Bindungen im *Teflon* (Polytetrafluoräthen) bewirken derart hohe zwischenmolekulare Kräfte, daß die Substanz bis 325°C fest bleibt und nur kalt (mechanisch) bearbeitet werden kann. Einzigartig ist auch die Chemikalienbeständigkeit: Teflon wird nur von flüssigen Alkalimetallen angegriffen, ist also gegen stärkste Säuren (auch gegen Königswasser) und auch gegen alle organischen Lösungsmittel völlig indifferent.

PVC und Teflon werden meist durch *Emulsionspolymerisation* erhalten (siehe S. 375). Styrol und Methacrylsäureester werden gewöhnlich in größeren Behältern ohne Lösungs- oder Emulgierungsmittel zu Blöcken polymerisiert *(«Blockpolymerisation»)*. Man erhält dann durchsichtige, glasklare, thermoplastische Massen. Eine durch Polymerisation hergestellte Kunstfaser ist Orlon, ein Polymerisat aus Acrylnitril ($CH_2{=}CH{-}CN$).

Kautschuk, ein im Milchsaft verschiedener Pflanzen vorkommendes natürliches Polymerisat, ist ein ungesättigter Kohlenwasserstoff (Polymerisationsgrad etwa 5000, Grundmolekül Isopren). Rohkautschuk, der durch Ausfällung der in der wäßrigen Flüssigkeit des Milchsaftes («Latex») suspendierten Tröpfchen und anschließendes Trocknen und Räuchern (zur Konservierung!) gewonnen wird, ist wenig wärme- und chemikalienbeständig (erweicht schon oberhalb 30°C und wird klebrig) und thermoplastisch. Bei der *Vulkanisation* mit Schwefel oder mit S_2Cl_2 werden die Fadenmoleküle teilweise vernetzt (Bildung von S-Brücken unter Addition an die Doppelbindungen), und man erhält den hochelastischen, wesentlich wärmebeständigeren

«Gummi». Vulkanisierter Kautschuk ist wegen der Vernetzung auch in unpolaren Lösungsmitteln unlöslich und quillt bloß. Zur Herstellung der üblichen Weichgummiarten braucht man 3–5% Schwefel; durch Verwendung größerer Schwefelmengen wird die Vernetzung so weit getrieben, daß die Elastizität verschwindet *(Hartgummi)*. Bei der Herstellung von Autoreifen wird durch Zusatz von Ruß, Zinkoxid, Antioxidantien u.a. die Abriebfestigkeit und die Alterungsbeständigkeit erhöht.

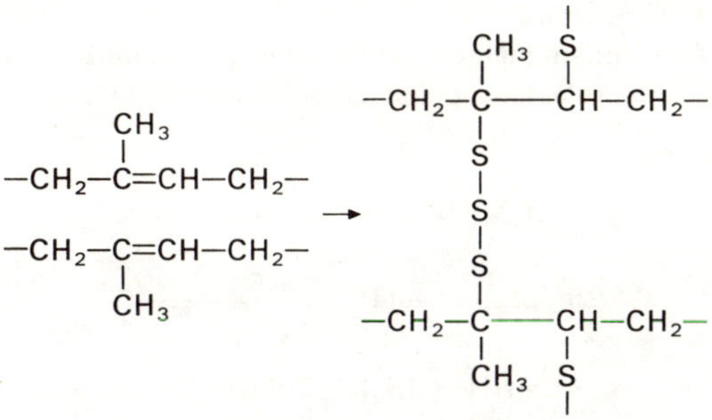

Nach längerer Zeit kann Gummi an der Luft *«altern»*. Ähnlich wie bei der Vulkanisation bilden sich dann C—O—O—C-Brücken, die aber wegen der gleichsinnigen Polarisierung der C—O-Bindungen leicht zum Zerfall neigen: Der Gummi zerbröckelt.
Die wichtigsten *künstlichen Kautschuke* sind Polymerisate von Chlorbutadien oder Butadien bzw. Mischpolymerisate von Butadien mit Styrol, Acrylsäurenitril oder Isobuten. Synthetische Kautschukarten zeichnen sich oft durch gewisse günstige Eigenschaften aus (z.B. Ölfestigkeit) und müssen ebenfalls vulkanisiert werden.

Polykondensate

Wie bereits erwähnt wurde, lassen sich je nach den Ausgangsstoffen sowohl Faden- wie Netzmoleküle durch Polykondensation herstellen. Von den durch Kondensation hergestellten **Kunstfasern** sind die Polyamidfasern (Nylon, Perlon) und die Polyesterfasern (Terylen, Dacron) am wichtigsten.

Nylon entsteht durch fortgesetzte Kondensation von Hexamethylendiamin (1,6-Diaminohexan) und Adipinsäure:

$$H_2N{-}(CH_2)_6{-}NH_2 + HOOC{-}(CH_2)_4{-}COOH + H_2N{-}(CH_2)_6{-}NH_2 + HOOC{-}(CH_2)_4{-}COOH$$
$$\downarrow$$
$$H_2N{-}(CH_2)_6{-}NH{-}\underset{\underset{O}{\|}}{C}{-}(CH_2)_4{-}\underset{\underset{O}{\|}}{C}{-}NH{-}(CH_2)_6{-}NH{-}\underset{\underset{O}{\|}}{C}{-}(CH_2)_4{-}\underset{\underset{O}{\|}}{C}{-}$$

Das nach diesem Schema entstehende «Nylon 6,6» besitzt Kondensationsgrade von 100 bis 200. Kondensation von Diaminen und Dicarbonsäuren von kürzerer Kettenlänge ergibt größtenteils ringförmige Moleküle.
Die Kondensation der beiden Ausgangsstoffe ergibt eine amorphe Schmelze; indem man diese durch Düsen zu Fäden auspreßt und die Fäden sehr stark streckt, werden die Kettenmoleküle parallelisiert und der Kristallisationsgrad erhöht, so daß eine sehr *reißfeste* Faser entsteht. Wenn die Moleküle gut geordnet nebeneinanderliegen, sind auch die zwischenmolekularen Kräfte

ziemlich groß, weil zwischen positiv polarisierten H-Atomen der NH-Gruppen in der einen Kette und stark negativ polarisierten O-Atomen der Carbonylgruppen der andern Kette Wasserstoffbrücken auftreten. Nylon zeigt *hohe mechanische Festigkeit* (auch gegen Abscheuern) und Fäulnisbeständigkeit. Es widersteht den meisten Chemikalien, wird aber durch gewisse Bleichmittel und durch starke Säuren geschädigt (Säuren hydrolysieren die Amidbindungen!). Die beiden anderen Polyamidfasern **Perlon** und **Grilon** werden aus *ε-Caprolactam* (S. 491) hergestellt. Wird dieses mit Spuren von Wasser unter Druck erhitzt, so bildet sich vorübergehend freie ε-Aminocapronsäure. Indem mehrere Moleküle dieser Säure kondensieren, entsteht wieder Wasser, das weiteres Caprolactam spaltet, bis schließlich die Polyamidkette entstanden ist:

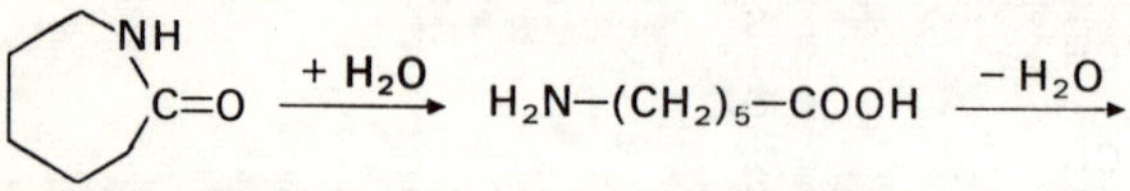

ε-Caprolactam ε-Aminocapronsäure

$$-\underset{\underset{O}{\|}}{C}-NH-(CH_2)_5-\underset{\underset{O}{\|}}{C}-NH-(CH_2)_5-(CH_2)_5-\underset{\underset{O}{\|}}{C}-NH-(CH_2)_5-$$

Terylen (Diolen, Dacron, Trevira, Tergal), die einzige Polyesterfaser von Bedeutung, entsteht durch Kondensation von Terephthalsäure (S. 425) mit Glykol (S. 407). Die geringeren zwischenmolekularen Kräfte (gegenseitige Abstoßung gegenüberliegender Carbonyl-Sauerstoffatome verschiedener Ketten!) erschweren wiederum die Kristallisation; zur Erreichung genügender Festigkeit sind daher wiederum beträchtlich höhere Kondensationsgrade notwendig.

Polycarbonate («Makrolon») sind durch Kondensation entstandene *Thermoplaste*. Sie bilden sich durch Umsetzung von Diphenolen mit Phosgen ($COCl_2$), meist in alkalischer Lösung. Es entstehen dabei Polyester der Kohlensäure:

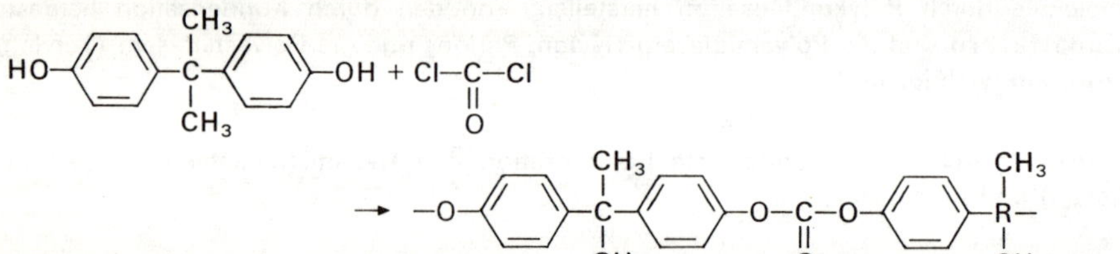

Polycarbonate eignen sich sehr gut zur Verarbeitung durch Spritzguß, sie sind ziemlich stark kristallisiert und daher verhältnismäßig hart.

Zu räumlichen *dreidimensionalen, netzartigen* Makromolekülen kondensierte Stoffe liegen in den eigentlichen **Kunstharzen** vor. *Phenolharze* entstehen aus Phenolen (Phenol selbst sowie häufig Resorcin) und Formaldehyd, *Aminoplaste* aus Harnstoff oder Melamin (einem zyklischen Amin) und Formaldehyd. Bei der Kondensation von Formaldehyd mit Phenolen unter der katalytischen Wirkung von OH^--Ionen (S. 455) entstehen als erste Kondensationsprodukte die sogenannten **Resole,** kettenförmige Makromoleküle, welche noch zahlreiche Hydroxylgruppen enthalten. Die Resole sind noch beschränkt thermoplastisch (noch nicht oder nur wenig vernetzte Makromoleküle!) und löslich z. B. in Alkohol. Bei stärkerem Erhitzen (auf 160 bis 180°C) werden sie gehärtet, indem die zunächst beweglich werdenden Ketten weiter kondensieren und nun ein dreidimensionales Netzwerk bilden. Resole sind also *wärmehärtbare Harze;* das ausgehärtete Material besitzt die typischen Eigenschaften von **Duroplasten.**

Tabelle 11.18. Beispiele von Polykondensaten

Bezeichnung	Ausgangsstoffe für die Kondensation	Handelsnamen	Eigenschaften, Verwendung
Anilin/Formaldehydharz	Anilin + Formaldehyd	Anilinharz Cibanit	Duroplast; für Preßmassen
Epoxyharz	Epichlorhydrin + Dihydroxyverbindung	Araldit Epikote	Klebstoff von ausgezeichneten Klebeeigenschaften; besonders auch zum Kleben von Metallen
Harnstoff-Formaldehydharz	Harnstoff + Formaldehyd	Carbalit Iporka Caurit	Weißer Duroplast; für Preßmassen. Iporka als Schaumstoff
Melamin-Formaldehydharz	Melamin + Formaldehyd	Cibanoid Ultrapas	Duroplast, für Preßmassen. Durch Verpressen von Papieren, die mit noch nicht ganz ausgehärtetem Melaminharz getränkt sind, erhält man Hartplatten (Textolithe, Formica)
Phenoplaste	Phenol + Formaldehyd	Bakelit Luphen	Duroplast, für Preßmassen. Ältester Kunststoff
Polyamid	Diaminohexan + Adipinsäure	Nylon	Faser von sehr hoher Zugfestigkeit
Polycaprolactam	Caprolactam	Perlon Grilon	Polyamidfaser mit prinzipiell gleichem Aufbau der Makromoleküle wie beim Nylon
Polycarbonat	Dihydroxyverbindungen + Phosgen ($COCl_2$)	Makrolon	Thermoplaste von relativ hoher Härte. Folien, Rohre, Spritzgußartikel
Polyester	Dicarbonsäuren (Phthalsäure, Maleinsäure) + Dialkohole	Alkydharze Polatal Leguval	Duroplaste (Alkydharze); ungesättigte Polyester nachträglich härtbar. Gießharze. Häufig mit Glasfasern verstärkt; Herstellung großer Platten
Polyterephthalat	Terephthalsäure + Glykol	Terylen Trevira Tergal Diolen Dacron	Kunstfaser von relativ hoher Festigkeit. Polyterephthalatgewebe sind insbesondere durch hohe Knitterfestigkeit ausgezeichnet
Polyurethan	Isocyanate + Dialkohole	Moltopren Vulkollan	Thermoplaste; durch Abspaltung von CO_2 bei der Polyaddition oder durch Einblasen von Druckluft Bildung von Schaumgummi

Das hauptsächlichste Anwendungsgebiet *härtbarer Harze* ist die Herstellung von **Preßmassen.** Die Harze werden dazu unter Zusatz weiterer Stoffe (Holzmehl, Textilfasern, Asbest, Glimmermehl, Metallpulver usw. sowie Härtebeschleuniger und Farbstoffe) verarbeitet, wodurch sich die Eigenschaften der Preßmaterialien in vielfältiger Weise variieren lassen. So kann die Härte und die (bei netzartigen Makromolekülen an sich schon höhere) Temperaturbeständigkeit wesentlich erhöht werden; aus derart verbessertem Material lassen sich z. B. Zahnräder und Schmirgelscheiben herstellen. Die Formgebung erfolgt durch Warmpressen; man verwendet dazu die noch nicht gehärteten Harze. Im Gegensatz zur Verarbeitung der Thermoplaste ist hier keine Abkühlung notwendig, weil das in der Hitze gehärtete Preßstück auch in der Hitze hart ist und heiß der Presse entnommen werden kann.
Auch durch Wahl geeigneter Ausgangsstoffe für die Kondensation mit Formaldehyd lassen sich die Eigenschaften der Produkte beeinflussen. Aminoplaste eignen sich z. B. besser zur Herstellung von Gebrauchsgegenständen, die geschmacklos sein müssen (Teller, Tassen), weil die Phenolharze stets in ganz geringen Spuren Phenol abspalten und damit einen unangenehmen Geschmack erzeugen. Verwendet man Aminophenole oder Phenolsulfon- bzw. -carbonsäuren für die Kondensation, so erhält man basische bzw. saure Harze *(Ionenaustauschharze)*.

Polyesterharze entstehen aus bi- und trifunktionellen Alkoholen (Glykol, Glycerin) und gesättigten sowie ungesättigten Dicarbonsäuren. Die Kondensationsprodukte werden mit Styrol oder einigen anderen ungesättigten Verbindungen zu Makromolekülen *vernetzt*. Polyesterharze eignen sich wegen ihrer guten Chemikalienfestigkeit zur Herstellung großoberflächiger Konstruktionsteile, besonders wenn sie mit Glasfasern u. a. verstärkt werden (Boote, Balkonverkleidungen, Karosserieteile, Wandbeläge).
Die *natürlichen Polykondensate* Eiweiß, Stärke und Cellulose werden im nächsten Abschnitt besprochen. Immerhin sei bereits hier erwähnt, daß man besonders aus Cellulose eine Reihe von «Kunststoffen» herstellt (Celluloid aus Cellulose und Campher; Kunstseide durch Umwandlung und Lösen der Cellulose und Verspinnen der Lösung in ein Fällbad; Zellwolle).

Polyaddukte

Epoxidharze entstehen durch Addition bifunktioneller Phenole an Verbindungen vom Typus Äthylenoxid (sogenannte *«Epoxide»:* $-CH\underset{O}{\text{——}}CH-$). Das für diese Zwecke wichtigste Epoxid ist das aus Glycerin durch Reaktion mit 2 Mol HCl (Substitution!) und Abspaltung von HCl durch Erwärmen mit NaOH (Elimination!) leicht zugängliche Epichlorhydrin:

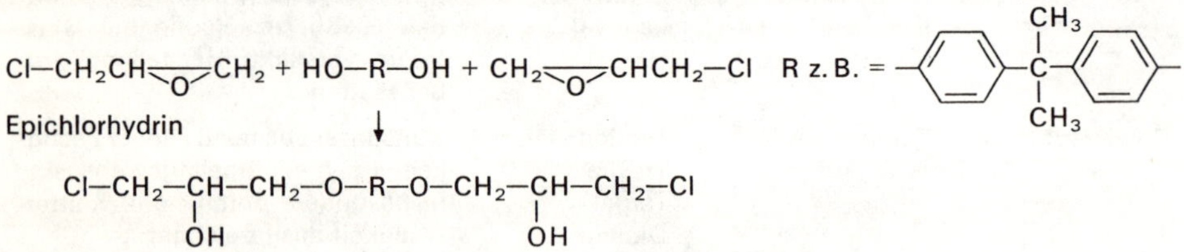

Durch Erwärmen mit NaOH kann dem Additionsprodukt wieder HCl entzogen werden, so daß die Epoxyringe wieder entstehen und weitere Addition stattfinden kann.
Dank ihrer hervorragenden *Klebeeigenschaften* haben die Epoxidharze in der Technik eine große Bedeutung erlangt (Beispiel: *Araldit* Ciba). Man kann mit ihnen Metalle, Glas und kerami-

sche Materialien außerordentlich dauerhaft verkleben. Zu diesem Zweck verwendet man Additionsprodukte mittlerer Molekularmassen (dünn- oder zähflüssig), welche durch *«Härtungsmittel»* in der Wärme oder auch «kalthärtend» vernetzt werden. Wird nämlich bei der Polyaddition ein Überschuß von Epichlorhydrin verwendet, so enthalten die kettenartigen Makromoleküle endständige Epoxygruppen, welche z. B. Basen (höhere Amine u. a.) addieren können, so daß eine Vernetzung möglich ist:

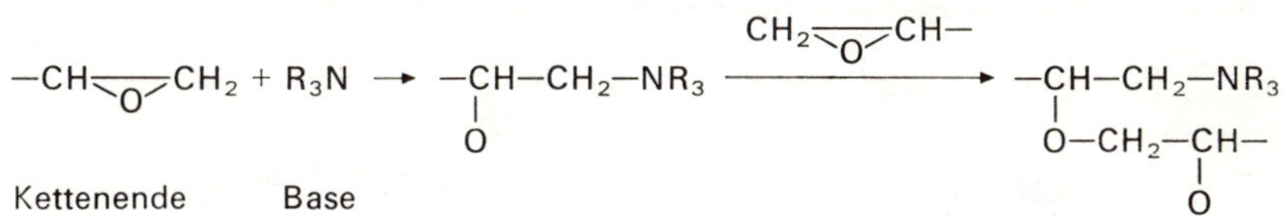

Durch andere Substanzen können auch Hydroxylgruppen einer Kette mit den Epoxygruppen an den Enden einer anderen Kette vernetzt werden.
Da durch Wahl entsprechender Härtungsmittel zusammen mit geeigneten Additionsprodukten der Prozeß des Erhärtens beschleunigt oder verzögert werden kann, werden Harze vom Typus Araldit auch vielfach dort verwendet, wo flüssige Massen allmählich zu einem harten Material erstarren sollen (Herstellung biologischer Präparate u. a.).

Polyurethane entstehen durch Addition bifunktioneller Alkohole an Diisocyanate:

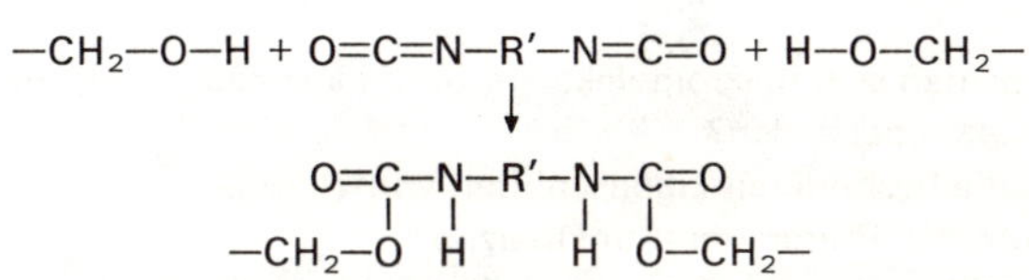

Gewöhnlich geht man dabei von verhältnismäßig niedermolekularen Polyestern aus, welche an den Kettenenden OH-Gruppen tragen, und erhält durch Addition längere kettenförmige Moleküle. Zusätzlich verwendete bifunktionelle Alkohole können eine Vernetzung bewirken.

Setzt man Wasser zu, so gehen die noch vorhandenen Isocyanatgruppen in $-\mathrm{N(H)}-\mathrm{C}(=\mathrm{O})\mathrm{OH}$ über und spalten dann CO_2 ab. Dieses bleibt in Form von Gasblasen in der Masse enthalten: Bildung von *Schaumgummi.*

Silicone

Als letzte Gruppe hochmolekularer Verbindungen seien die sogenannten *Silicone* erwähnt. Diese vor etwa 30 Jahren entwickelten Kunststoffe enthalten neben Kohlenstoff, Wasserstoff und Sauerstoff auch Silicium und nehmen damit eine interessante Zwischenstellung zwischen organischen und anorganischen Verbindungen ein. Silicone sind wasserabstoßend, wärmebeständig und elektrisch isolierend. *Siliconharze* können bis 75% Si und O enthalten; sie sind daher stark silicatähnlich, spröde und hart. Ihre Makromoleküle stellen dreidimensionale Netze dar; die Si-Atome sind auch hier nicht direkt miteinander verbunden, sondern jeweils nur über ein O-Atom als «Brücken-Atom». *Siliconkautschuke* enthalten nicht völlig vernetzte Si—O—CH_3-Ketten. Sie bilden weiche, zähflüssige Materialien, welche sich durch «Vulkanisation» mit aktivem Siliciumdioxid in einen wärmebeständigen, weichen, kautschukelastischen Gummi verwandeln lassen, der seine Elastizität von −50°C bis +200°C beibehält. Siliconkautschuke sind gegenüber Sauerstoff beständig (altern also nicht), hingegen gegen Laugen empfindlich und auch gegen organische Lösungsmittel nicht sehr beständig. Siliconkunststoffe mit relativ kurzen Ketten *(«Siliconöle»)* sind flüssig und mischen sich mit Fetten und lipophilen Lösungsmitteln. Man verwendet sie zum Wasserabstoßendmachen von Glas, Keramik, Textilien, Papieren usw. *Siliconfette* (deren Kettenlängen zwischen jenen der Siliconöle und der Siliconkautschuke liegen) dienen als wasserbeständige Schmiermittel.

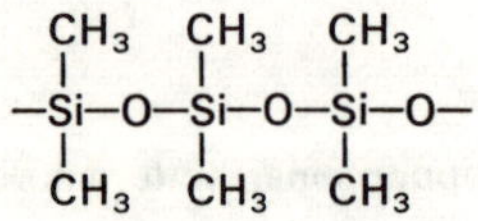

Silicon-Kette

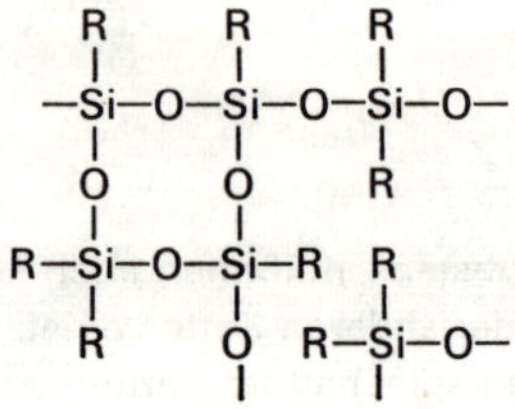

Silicon-Netz

Übungen

11.107 Stellen Sie die Reaktionstypen zusammen, welche zur Bildung von Makromolekülen führen.

11.108 Wie unterscheiden sich makromolekulare Stoffe aus Fadenmolekülen von solchen aus vernetzten Kettenmolekülen?

11.109 Erklären Sie die besonderen Eigenschaften von Teflon.

11.110 Worauf beruht das Härten von Kunstharzen?

11.111 Müssen künstliche Kautschuke auch vulkanisiert werden?

11.112 Wie wirkt sich der verschiedene Aufbau auf die Eigenschaften von Nylon und Terylen aus? Worauf beruht insbesondere die hohe Festigkeit von Nylon?

11.113 Was sind Weichmacher?

Literatur

H. Batzer — *Einführung in die makromolekulare Chemie*. Hüthig, Heidelberg 1958

J. Becke — *Leichtverständliche Einführung in die Kunststoffchemie*. Hanser, München 1964

F. W. Billmeyer jr. — *Textbook of Polymer Science*. Interscience, New York 1962

H. Christen — *Materiallehre*. Huber, Frauenfeld 1962

K. F. O'Driscoll — *The Nature and Chemistry of High Polymers*. Reinhold, New York 1964

E. Preiswerk — Zwanzig Jahre Araldit-Funktionserfindung. *Technica 1965*, 247, 355

F. Runge — *Einführung in die Chemie und Technologie der Kunststoffe*. VEB Akademie-Verlag, Berlin 1963

G. Schulz — *Die Kunststoffe*. Hanser, München 1964

W. R. Sorenson und T. W. Campbell — *Präparative Methoden der Polymeren-Chemie*. Verlag Chemie, Weinheim 1962

11.11 Kohlenhydrate, Proteine und Proteide

Die *Biochemie (bios* gr. = Leben) befaßt sich mit der Erforschung des Aufbaues und der chemischen Umsetzungen der lebenden Substanz. Sie hat sich in den letzten Jahrzehnten zu einem außerordentlich wichtigen Zweig der Chemie entwickelt; in ganz besonders stürmischer Entwicklung begriffen ist die *«Molekularbiologie»,* welche sich die Erforschung der physikalischen und chemischen Grundlagen der Lebensvorgänge zum Ziel setzt. Da es im Rahmen eines einzigen Buches unmöglich ist, neben einem Überblick über die gesamte Chemie zugleich auch über die wichtigsten Ergebnisse der Biochemie und der Molekularbiologie (die – im Widerspruch zu ihrer Bezeichnung! – viel eher ein Teilgebiet der Chemie als der Biologie darstellt) zu informieren, beschränken wir uns auf die Charakterisierung der drei biochemisch wohl wichtigsten Substanzklassen, der Kohlenhydrate, der Proteine und Proteide.

11.11.1 Kohlenhydrate

Die Kohlenhydrate dienen in erster Linie als *Energiequelle;* die Organismen gewinnen die zum Leben (d.h. zum Aufbau der Lebenssubstanz) notwendige Energie vor allem durch Abbau von Kohlenhydraten. Pflanzen benötigen Kohlenhydrate (Cellulose) außerdem als *Gerüstsubstanz.* Ihr Name rührt davon her, daß sie neben Kohlenstoff noch Wasserstoff und Sauerstoff, und zwar meist im Atomverhältnis 2:1, enthalten. Obschon manche Stoffe, die ihrem Charakter nach unzweifelhaft zu den Kohlenhydraten gehören, eine etwas andere Zusammensetzung besitzen und anderseits Essigsäure ($C_2H_4O_2$) oder Milchsäure ($C_3H_6O_3$) keine Kohlenhydrate sind, hat man den Sammelnamen beibehalten. Zu den eigentlichen Kohlenhydraten rechnet man gewöhnlich die Zuckerarten, Stärke, Glykogen, Cellulose und ihre Derivate.
Die echten Kohlenhydrate sind stets *Polyalkohole,* d.h. enthalten mehrere oder viele Hydroxylgruppen in ihrem Molekül. Darauf beruht ihr extrem lipophobes Verhalten. So löst sich z.B. Traubenzucker nicht in Petroläther, einer Mischung niedriger, gesättigter Kohlenwasserstoffe, während sich Petroläther mit reinem Methanol (dem niedrigsten Alkohol) mischt. Umgekehrt zeigen die (niedermolekularen) Kohlenhydrate eine sehr große Wasserlöslichkeit. So enthält eine gesättigte Lösung von Rohrzucker bei 20°C 67 Gew.-%Zucker. Die zahlreichen Hydroxylgruppen vermögen nicht nur mit Wassermolekülen, sondern auch mit Hydroxylgruppen anderer Kohlenhydratmoleküle Wasserstoffbrücken zu bilden; die echten Kohlenhydrate, wie Traubenzucker, Rohrzucker usw., sind deshalb feste, verhältnismäßig harte Substanzen. Die meisten Kohlenhydrate zersetzen sich bereits bei mäßigem Erwärmen (über 150°C); sie sind nicht unzersetzt destillierbar und meistens nicht einmal unzersetzt schmelzbar. Die zwischenmolekularen Kräfte sind also größer als die Bindungskräfte zwischen den Atomen.

Monosaccharide

Den Typus der einfachsten Zucker, der «Monosaccharide» oder «Einfachzucker», stellt der **Traubenzucker («Glucose»)** dar. Analyse und Molekülmassenbestimmung führen auf die Molekularformel $C_6H_{12}O_6$; durch Veresterung mit Essigsäure lassen sich fünf Hydroxylgruppen nachweisen, und seine Lösung reduziert Fehling-Lösung, wobei Traubenzucker zu einer Säure oxidiert wird. Es muß also auch eine Aldehydgruppe im Molekül vorhanden sein. Durch Reduktionsmittel wie Iodwasserstoff entsteht aus Traubenzucker *n*-Hexan. Alle diese Ergebnisse lassen sich mit der Struktur (1) befriedigend erklären.

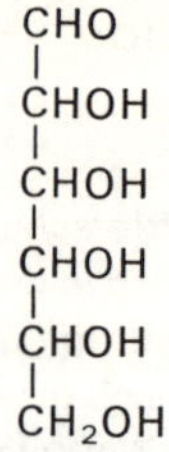

(1)

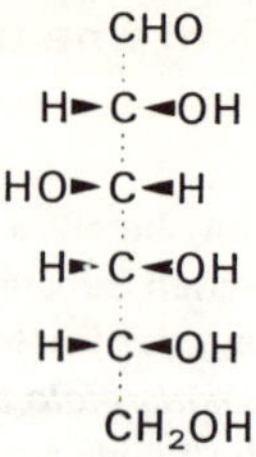

(2)[1]

Traubenzucker ist damit ein Beispiel einer *« Hexose »,* d. h. eines Kohlenhydrates, dessen Molekül sechs C-Atome enthält. In diesem Molekül sind insgesamt vier asymmetrische Kohlenstoffatome vorhanden; es existieren deshalb insgesamt sechzehn verschiedene Stereoisomere der Struktur (1). Eingehende Untersuchungen von E. Fischer haben zur Festlegung der Konfiguration der vier asymmetrischen C-Atome im Glucosemolekül geführt, d. h. zur Abklärung der Beziehungen zwischen der räumlichen Anordnung der Hydroxylgruppen und H-Atome in der Glucose und in anderen optisch aktiven Verbindungen. Die Konfiguration der D-Glucose entspricht der Formel (2), die als Projektion der räumlichen Anordnung auf die Papierebene aufgefaßt werden muß.

Es hat sich indessen gezeigt, daß mit Formel (2) nicht alle Eigenschaften des Traubenzuckermoleküls erklärt werden können. So ist die Bildung hochmolekularer Polysaccharide aus Glucose und die Existenz zweier verschiedener, isomerer D-Glucosen nach Formel (2) nicht verständlich. Im Kristallzustand sowie in den Di- und Polysacchariden liegt das Glucosemolekül vielmehr in der Form eines heterozyklischen *Sechsringes* vor, der sich dadurch bildet, daß durch (nucleophile) Addition einer OH-Gruppe an die C=O-Gruppe vom ersten zum fünften C-Atom eine Verbindung über eine O-Brücke entsteht (die Beweglichkeit der Atome in dieser Kette, bedingt durch die freie Drehbarkeit um Einfachbindungen, erlaubt die dazu notwendige starke Näherung):

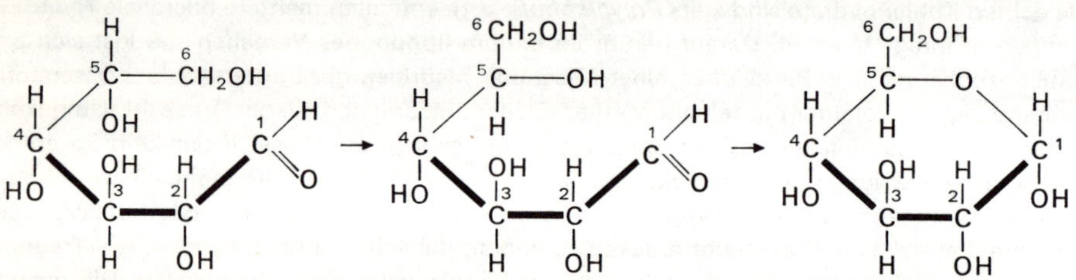

«offene Form» α-D-Glucose Ringform

Um den Ringschluß vollziehen zu können, müssen die Atome um alle C—C-Bindungen gedreht werden, damit sich das C-Atom der Aldehydgruppe der Hydroxylgruppe am C-Atom 5 genügend nähern kann. Die beiden stereoisomeren D-Glucosen unterscheiden sich durch die Stellung der Hydroxylgruppe am C-Atom 1 zur Ringebene; bei der α-Glucose ist sie nach unten, bei der β-Glucose nach oben gerichtet. In diesen perspektivischen Formeln hat man sich den Ring senkrecht zur Papierebene zu denken; sie werden nach der üblichen Konvention so gezeichnet, daß der «untere» Teil nach vorn zeigt. Tatsächlich liegen jedoch die sechs Atome des Ringes nicht in einer Ebene (Abb. 11.43):

[1] Die Formel (2) stellt eine Projektion der räumlichen Anordnung der Atome dar. Durch ▬ dargestellte Bindungen sind «nach vorn» gerichtet (oberhalb der Papierebene); die punktierten Bindungen hingegen sind «nach hinten» gerichtet.

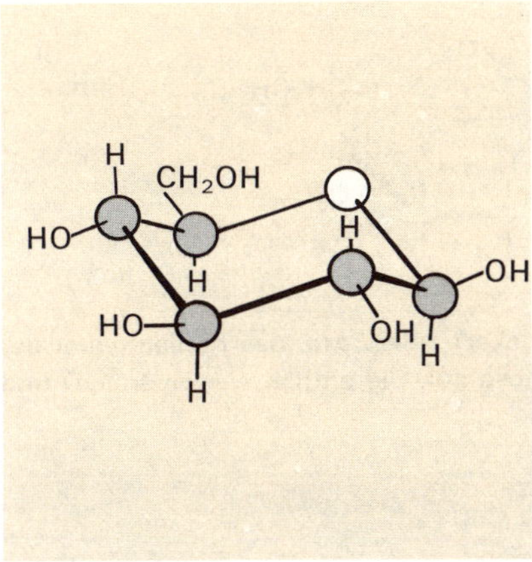

Abb. 11.43. Molekül der β-Glucose. a) Schema, b) Kalottenmodell

Die Tatsache, daß eine wäßrige Traubenzuckerlösung Fehling-Lösung reduziert, zeigt, daß *in Lösung* ein *Gleichgewicht* zwischen der «offenen» Molekülform und der Ringform herrschen muß. Die «offene» Form ist allerdings in diesem Gleichgewicht nur in sehr geringer Menge vorhanden.

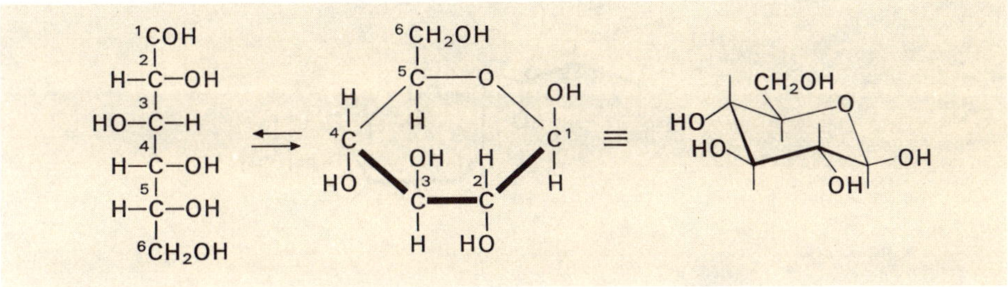

Traubenzucker kommt in Früchten, in Honig usw. vor. Im menschlichen Blut wird der Traubenzuckergehalt durch die Leber reguliert und konstant auf 0,1% gehalten. Im Harn von Zuckerkranken kann Glucose in Mengen bis zu 10% auftreten. Traubenzucker ist eine weiße, ziemlich harte Substanz von schwächer süßem Geschmack als Rohrzucker.

Eine weitere wichtige Hexose ist der ebenfalls in Früchten, in Honig usw. auftretende **Fruchtzucker («Fructose»).** Fructose ist süßer als Rohrzucker und neigt nur wenig zur Kristallisation; man erhält sie meist in Form einer dicklichen sirupartigen Flüssigkeit. Fructose enthält eine Carbonyl-, aber keine Aldehydgruppe. Trotzdem wirkt sie (besonders in alkalischem Milieu) reduzierend; offenbar aktiviert die C=O-Gruppe die benachbarten Hydroxylgruppen derart, daß diese leicht oxidiert werden können. Durch Veresterung lassen sich im Fructosemolekül wie bei der Glucose insgesamt fünf Hydroxylgruppen nachweisen. Fructose kann deshalb als «Keto-Hexose» bezeichnet werden; Glucose ist eine «Aldo-Hexose».

Fructose liegt ebenfalls vorwiegend als Ring vor, im kristallisierten Zustand als Sechsring; in Lösungen und in Di- und Polysacchariden treten Fünfringe auf:

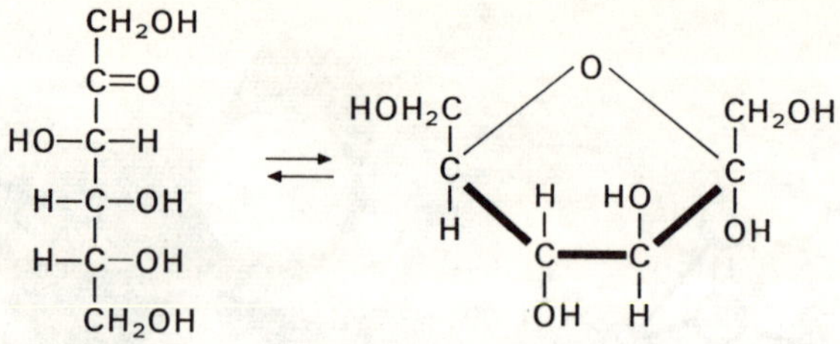

Die biologisch wichtigste Pentose (5-Kohlenstoff-Zucker) ist *Ribose,* das Kohlenhydrat der Nucleinsäuren. Auch in manchen Fermenten tritt Ribose auf. Sie enthält vier Hydroxyl- und eine Aldehydgruppe, ist also eine Aldo-Pentose.

Disaccharide

Das wichtigste Disaccharid ist der **Rohrzucker** («**Saccharose**»), der im Alltag verwendete Zucker. Durch Kochen mit verdünnter Säure wird ein Mol Rohrzucker unter Aufnahme von 1 Mol Wasser in ein Mol Traubenzucker und ein Mol Fruchtzucker hydrolysiert. Seine Molekularformel ist deshalb $C_{12}H_{22}O_{11}$. Die beiden Bausteine sind ätherartig miteinander verbunden; da die Lösung von Rohrzucker nicht reduzierend wirkt, muß die Verbindung über das O-Atom am C-Atom 1 des Glucosemoleküls erfolgen (das in Lösung mit der Aldehydgruppe im Gleichgewicht steht und im Rohrzucker durch die Bindung zur Fructose blockiert ist).

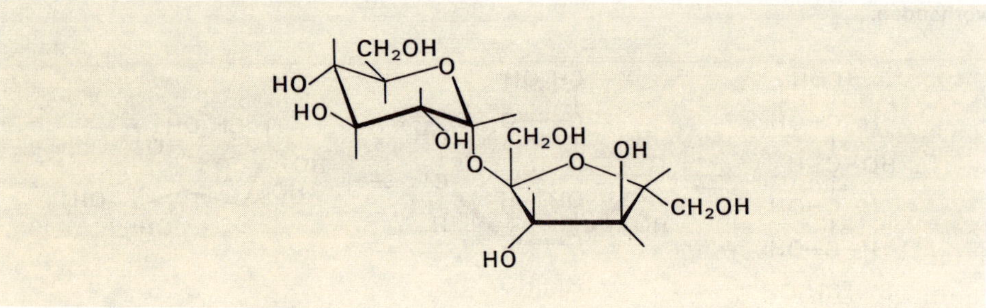

Rohrzucker (Fructose als Fünfring vorhanden)

Rohrzucker wird durch starke Säuren leicht hydrolysiert; die H_3O^+-Ionen wirken dabei katalytisch. Die Geschwindigkeit der Spaltung kann direkt als Maß der Säurestärke verwendet werden.
Rohrzucker kommt in vielen Pflanzensäften vor, in besonders hoher Konzentration in den dicken Halmen des Zuckerrohrs (aus dem er von alters her gewonnen wird) und in den Zuckerrüben. Die Zuckerrübe ist eine künstlich aus der Runkelrübe gezüchtete Art mit einem Zuckergehalt von 17 bis 20% ihres Gewichtes. Der Zuckerrübenanbau ist besonders in Europa von Bedeutung; als zur Zeit der Napoleonischen Kriege (Kontinentalsperre!) die Einfuhr von Zuckerrohr unmöglich wurde, mußte nach einheimischem Ersatz gesucht werden, und man begann mit der systematischen Züchtung von Rübenrassen mit höheren Zuckergehalten. Den Zucker gewinnt man durch Auspressen des Zuckerrohres oder durch Auslaugen von Rübenschnitzeln. Begleitstoffe (Säuren und Eiweiße) werden mit $Ca(OH)_2$ ausgefällt und die Lösung anschließend in Vakuumverdampfern eingedampft. Die Rückstände werden zu Alkohol vergoren oder als Viehfutter verwendet (Melasse).

Abb. 11.44. Modell eines Rohrzuckermoleküls. Links der Glucose-, rechts der Fructose-Ring; in der Mitte das O-Atom, welches die beiden Ringe ätherartig verknüpft

Weitere Disaccharide von Bedeutung sind *Malzzucker («Maltose»)* und *Milchzucker («Lactose»)*. Malzzucker entsteht in keimender Gerste (Malz) aus der Stärke und entsteht aus zwei Molekülen α-Glucose. Am einen Glucose-Ring ist die OH-Gruppe des C-Atoms 1 nicht blockiert und kann in wäßriger Lösung in das Gleichgewicht mit der Aldehydform treten; Malzzucker wirkt deshalb reduzierend. Milchzucker besteht aus einem Molekül Glucose und einem Molekül Galactose. Galactose ist wie Glucose eine Aldo-Hexose, besitzt aber eine andere räumliche Anordnung der OH-Gruppen.

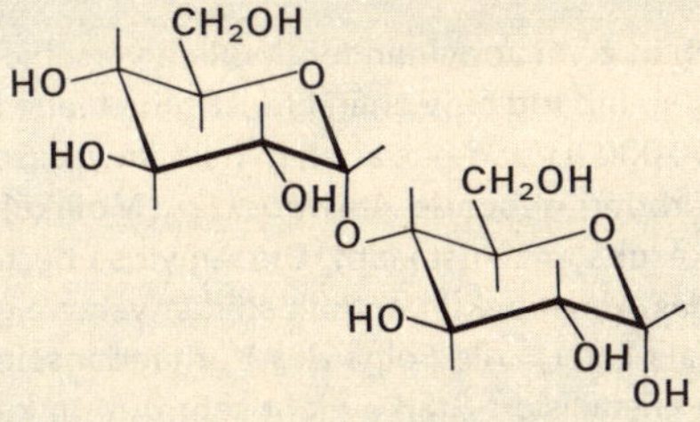

Malzzucker
(aus zwei Molekülen α-Glucose gebildet)

Polysaccharide

Polysaccharide sind hochmolekulare, aus zahlreichen Monosacchariden unter Wasserabspaltung entstandene Kettenmoleküle. Sie unterscheiden sich von den niedermolekularen Zuckern hauptsächlich durch ihre Unlöslichkeit in kaltem Wasser (wesentlich höhere Molekülmassen und damit wesentlich stärkere zwischenmolekulare Kräfte!). Stärke und einige andere Polysaccharide können sich in heißem Wasser kolloidal lösen; die Gerüstkohlenhydrate (Cellulose) lösen sich aber auch in heißem Wasser nicht. Die Quellbarkeit zeigt jedoch den noch deutlich hydrophilen Charakter auch der Polysaccharide. Durch katalytische Wirkung der Säuren können sie zu Di- oder Monosacchariden hydrolysiert werden; ihre Hydroxylgruppen können ebenso wie in den einfachen Zuckern mit Säuren verestert werden.

Stärke, der wichtigste pflanzliche *Reservestoff*, ist das erste ohne weiteres nachweisbare Assimilationsprodukt und tritt gewöhnlich in charakteristisch geformten, für jede Pflanzenart typischen Körnern auf («Stärkekörner»). Sie wird durch Diastase, einen in keimender Gerste auftretenden Fermentkomplex, in Maltose gespalten, besteht also aus lauter Glucoseringen. Auch durch Kochen mit Wasser oder (schneller) mit verdünnten Säuren wird Stärke hydrolysiert; man erhält dann meist zuerst Produkte von etwas niedrigerer Molekülmasse («Dextrine») und schließlich Glucose:

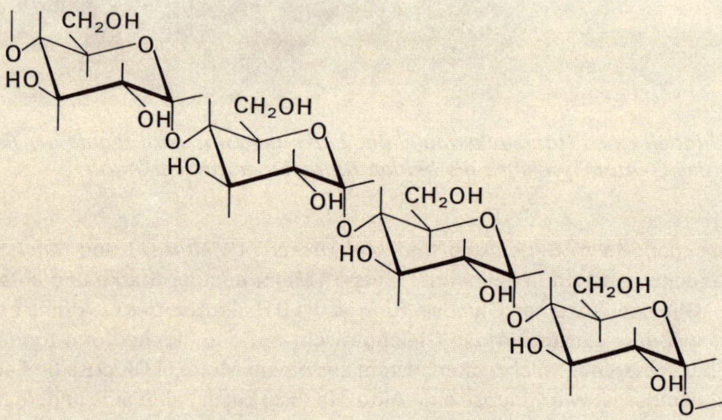

Ausschnitt aus einer Stärke-Kette

Gewöhnliche Stärke läßt sich in zwei voneinander deutlich verschiedene Bestandteile trennen: die in warmem Wasser lösliche, mit Iod eine charakteristische blaue Färbung zeigende *Amylose* (Molekülmasse 10000 bis 50000 u) und das auch in heißem Wasser sehr schwer lösliche, mit Iodlösung eine rotviolette Färbung gebende *Amylopektin* (Molekülmasse bis 1 Million u), das 65–85% der gesamten Stärkesubstanz ausmacht. Die Amylose besteht aus wenig verzweigten Ketten aus Glucoseringen; das Amylopektin enthält stärker verzweigte Ketten und einen geringen Anteil Phosphorsäure (als Ester). Als Folge des Vorhandenseins mehr oder weniger stark verzweigter Kettenmoleküle kristallisiert Stärke nicht sehr gut. In kaltem Wasser tritt Quellung ein. Bei schwachem Erwärmen erhält man Stärkekleister, der beim Erkalten das Amylopektin ausscheidet. Konzentrierter Kleister erstarrt beim Abkühlen vollständig als Gel (Verwendung als Klebstoff und zum «Stärken» der Wäsche). Auch beim Backen verkleistert die Stärke unter Aufsaugen von Wasser und erstarrt nachher zu einem homogenen Gel.
Die Stärke in Nahrungsmitteln wird durch Fermente *(«Amylasen»)* des Speichels und Bauchspeichels zu Maltose abgebaut. Fermente im Sekret der Darmwand spalten die Maltose in Glucose, welches ins Blut übergeht und in der Leber (teilweise auch in den Muskeln) als Glykogen gespeichert wird. *Glykogen,* die sogenannte «tierische Stärke», besteht ebenfalls aus Glucoseringen, die aber zu stärker verzweigten Makromolekülen verbunden sind.

Cellulose, der wichtigste pflanzliche Gerüststoff, tritt in den Zellwänden auf. Nahezu reine Cellulose liegt in den Samenhaaren der Baumwolle vor; technisch gewinnt man sie aus Holz, indem man mit Calciumhydrogensulfit das als Begleitstoff vorhandene Lignin, eine aromatische hochmolekulare Verbindung («Holzstoff»), herauslöst. In Wasser und anderen polaren Lösungsmitteln ist Cellulose völlig unlöslich. Manche Cellulosederivate (z. B. die Essigsäure- und Salpetersäureester) lösen sich ziemlich leicht in Äther und anderen mehr lipophilen Lösungsmitteln. Cellulose selbst kann in einer wäßrigen Lösung von Kupfertetramminsulfat $[Cu(NH_3)_4]SO_4$ gelöst werden. Cellulose ist die mengenmäßig auf der Erde wohl häufigste organische Verbindung. Sie ergibt beim Kochen mit konz. Salzsäure oder 65% Schwefelsäure nur Glucose, ist also ebenfalls ein aus Glucose aufgebautes Polysaccharid. Die Cellulose-Makromoleküle sind aber gegen biochemischen Abbau auffallend resistent. Nur einige Bakterien und Pilze sowie viele Schnecken- und Insektenarten besitzen Fermente, welche Cellulose

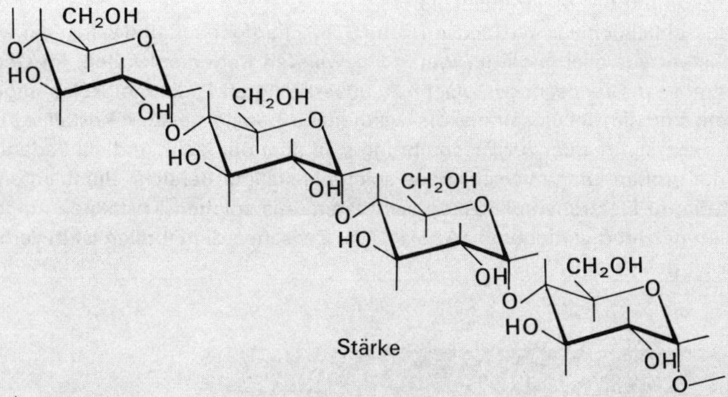

Stärke

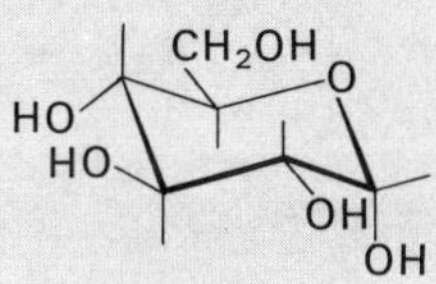

α-Glucose

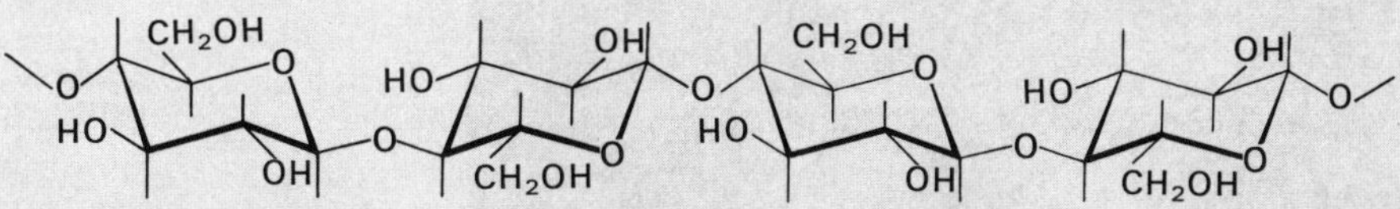

Cellulose

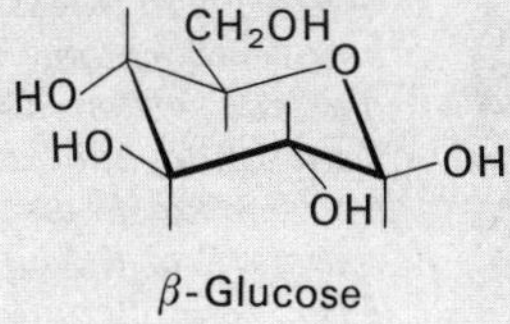

β-Glucose

in einfachere Kohlenhydrate abbauen oder zu anderen Verbindungen (z. B. Methan) vergären können. Celluloseabbauende Bakterien spielen in der Natur eine außerordentlich bedeutungsvolle Rolle, indem sie die großen Mengen der jährlich in den Boden gelangenden Cellulose (absterbende Pflanzen, Blätter) vernichten. Wirbeltiere vermögen Cellulose allein nicht auszunützen; Pflanzenfresser, wie die Wiederkäuer, besitzen in ihrem Magen eine spezifische Bakterienflora, welche die Cellulose abbauen kann.

Die Makromoleküle der Cellulose bestehen aus über 10000 Glucoseringen und können eine Länge von bis 1,5 μ erreichen. (Trotzdem sind sie wegen ihrer geringen Dicke selbst im Elektronenmikroskop unsichtbar!) Ihre Molekülmasse beträgt mehrere Millionen u. Die großen und augenfälligen Unterschiede zwischen den beiden Polysacchariden Stärke und Cellulose beruhen einerseits auf der verschiedenen Verknüpfung der Glucoseringe, anderseits auf einer anderen Anordnung der Makromoleküle.

Stärke ist ausschließlich aus α-Glucose (siehe S. 522) aufgebaut, und selbst die wasserlösliche Amylose besteht aus allerdings nur wenig verzweigten Kettenmolekülen. Im Gegensatz dazu enthält Cellulose β-Glucoseringe, welche zu unverzweigten Fadenmolekülen angeordnet sind. In den Fasern sind die Cellulosemoleküle weitgehend parallel gelagert kristallisiert. Die Dimensionen der «Kristallite» quer zur Faserrichtung sind aber nur klein, und ein Fadenmolekül kann wegen seiner großen Länge verschiedene solche kristalline Bereiche durchlaufen. In der Zellwand sind die im Elektronenmikroskop sichtbaren, aus solchen Kristalliten aufgebauten Cellulosefibrillen netzartig verflochten (Abb. 11.45). Zwischen die Fibrillen ist in verholzten Zellen das Lignin eingelagert.

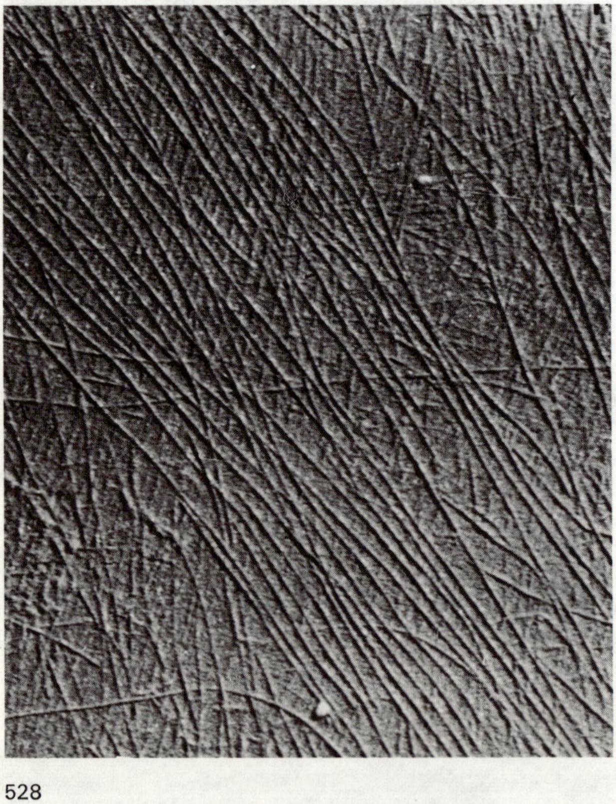

Abb. 11.45. Struktur der Primärzellwand (Kresse). Netzartig verflochtene Fibrillen, die aus vielen Cellulose-Ketten aufgebaut sind. Elektronenmikroskopische Aufnahme: Prof. K. Mühlethaler, ETH. Vergrößerung 32000-mal

Die wichtigsten technisch aus Cellulose hergestellten Produkte sind Papier, Kunstseide, Zellwolle, Celluloid und Schießbaumwolle. *Papier* ist ein Filz aus feinen Cellulosefäserchen, die durch eine Zwischenmasse (das Füllmaterial) verkittet sind. Die Rohstoffe (vom Lignin befreites Holz, Lumpen oder Stroh) werden sehr fein zerkleinert, gebleicht und ausgewaschen. Die dadurch entstehende Fasermasse wird mit einem Füllmaterial (Gips, Schwerspat u.a.) versehen, damit sich die Fasern gut verbinden, eventuell gefärbt und durch Zugabe von Harz und Alaun geleimt (so daß Tinte auf solchem Papier nicht zerfließt). Filterpapiere und Löschblätter bleiben ungeleimt und sind frei von Füllstoffen. Bei der *Kunstseide*-Herstellung bringt man zunächst die Cellulose selbst oder ihren Essigsäureester in Lösung. Die dickflüssigen Lösungen werden durch Spinndüsen in «Fällbäder» ausgepreßt, in welchen sich ein aus Cellulose bestehender Faden ausscheidet. Zur Herstellung von *Zellwolle* wird dieser Faden zu kurzen, 3–15 cm langen Fasern zerschnitten, die anschließend zu Garnen versponnen werden. *Celluloid* entsteht aus Cellulosenitrat unter Zusatz von Campher, der als Weichmacher wirkt, und war der erste thermoplastische, in der Wärme verformbare «Kunst»-Stoff (Filme!). *Schießbaumwolle* ist ebenfalls Cellulosenitrat und wird durch Veresterung von Baumwolle mit Salpetersäure hergestellt. Wegen ihrer starken Explosivkraft findet sie in der Sprengtechnik vielfache Anwendung; an der Luft verbrennt sie blitzartig ohne Explosion; in gepreßter Form und nach Zündung mit einem Initialsprengstoff explodiert sie heftig («rauchloses Schießpulver» für Schußwaffen).

11.11.2 Proteine (Eiweiße)

Allgemeines

Die Eiweiße oder Proteine sind für die Biochemie von ganz außerordentlicher Bedeutung. Sie bilden die wichtigsten *Bau-* und *Gerüststoffe* des *menschlichen* und *tierischen* Körpers; der *Zellinhalt* aller Lebewesen besteht zu einem großen Teil aus Eiweißen oder eiweißartigen Substanzen; als Bausteine der *Nucleoproteide* nehmen sie eine Schlüsselstellung bei der *Vermehrung* der lebenden Substanz und bei der *Vererbung* ein, und als Bausteine der *Enzyme* regeln sie den Stoffwechsel aller Lebewesen. Das «Leben» in unserem Sinn ist ohne Proteine völlig undenkbar. Proteine (und Proteide) sind damit die eigentlichen «Träger» des Lebens.

Die Molekülmassenbestimmungen von Eiweißen ergeben Werte > 10000 u; ihre Hydrolyse (die durch längeres Kochen des Proteins mit konzentrierter Salzsäure oder mit 30% Schwefelsäure durchgeführt wird) liefert ein komplexes Gemisch von *α-Aminocarbonsäuren,* dessen Zusammensetzung je nach der untersuchten Eiweißart verschieden ist. Da aus gewöhnlichen Proteinen bei der Hydrolyse keine weiteren Produkte entstehen, muß man schließen, daß es sich bei ihnen um hochmolekulare, nur aus α-Aminosäuren aufgebaute Substanzen handelt.

Wegen des beinahe salzartigen Charakters der freien α-Aminosäuren machte die vollständige *Trennung* eines *Eiweißhydrolysates* anfänglich sehr große Schwierigkeiten. E. Fischer, der als erster mit der systematischen Untersuchung des Aufbaues der Eiweißstoffe begann, veresterte das Aminosäuregemisch mit Methanol oder Äthanol und trennte die Ester durch fraktionierte Destillation. Bedeutend einfacher ist natürlich die gaschromatographische Trennung solcher Estergemische. Auch durch selektive Fällung als Salze gewisser mehrkerniger Komplexe (Silicowolframate, Phosphormolybdate) wurden in der Frühzeit der Eiweißchemie Aminosäuregemische getrennt. Heute bieten die verschiedenen chromatographischen Verfahren, insbesondere auch die Ionenaustausch-Chromatographie (an Kationen- und Anionenaustauschern), bequeme Möglichkeiten zur Aminosäuretrennung und speziell auch zur Abtrennung und zur Untersuchung sehr kleiner Substanzmengen. Seit einigen Jahren sind sogar Geräte im Handel, mit welchen man Aminosäuregemische vollautomatisch trennen und zugleich die einzelnen Säuren quantitativ bestimmen kann. Über die wichtigsten, in natürlichen Proteinen vorkommenden α-Aminosäuren vgl. Tabelle 11.11 (S. 440).

Alle natürlichen Aminosäuren sind chiral (außer Glycin!) und gehören ihrem räumlichen Bau nach zur L-Reihe [1]. Die Carboxyl- und die Aminogruppe zeigen also dieselbe räumliche Anordnung (dieselbe «Konfiguration») wie die Carboxyl- und die Hydroxylgruppe in der L-Milchsäure. Ein Aufbau von Eiweißen aus D-Aminosäuren wäre an sich ohne weiteres denkbar; wegen der gerade in stereochemischer Hinsicht oft strengen Spezifität der Fermente könnten allerdings solche Proteine von den Organismen nicht ausgenützt werden.
Wegen der verschiedenen basischen und sauren Seitenketten der am Aufbau der Eiweiße beteiligten Aminosäuren sind die meisten Proteine wie die Aminosäuren selbst *Ampholyte*. Im isoelektrischen Punkt, wo die Ionisierung der sauren und der basischen Gruppen minimal ist, zeigen sie ebenfalls häufig ein Löslichkeitsminimum.

Eine Reihe von Farbreaktionen kann zum Nachweis von Proteinen dienen. Konz. Salpetersäure färbt Eiweiß gelb («Xanthroproteinreaktion»); die Färbung beruht wahrscheinlich auf der Bildung von Nitrofarbstoffen mit der Aminosäure Tyrosin (die einen aromatischen Ring enthält).

Ninhydrin, eine bizyklische Verbindung, färbt Proteine und Aminosäuren charakteristisch violettblau; die Ninhydrinreaktion wird z. B. zur Sichtbarmachung von Aminosäuren bei Papierchromatographie, Elektrophorese und Ionenaustausch verwendet. Durch Kochen mit einer Quecksilber (II)-nitratlösung erhält man eine intensive Rotfärbung der Proteine («Millons-Reaktion»).

Zwei Aminosäuren können formal unter Wasserabspaltung zu einem **Dipeptid** kondensieren (Bildung einer *Amidbindung):*

$$H_2N{-}CH_2{-}COOH + H_2N{-}CH_2{-}COOH \rightleftharpoons H_2N{-}CH_2{-}\underset{\underset{O}{\|}}{C}{-}NH{-}CH_2{-}COOH + H_2O$$

ein Dipeptid aus zwei Molekülen Glycin
(tatsächlich als Zwitterion auftretend)

Das Gleichgewicht dieser Kondensation liegt bei Raumtemperatur allerdings ganz auf der linken Seite *(die Peptidbildung ist also endergonisch!)*, da die Aminogruppe viel zu schwach nucleophil ist, um direkt mit der Carboxylgruppe ein Amid zu liefern. Sowohl bei Laboratoriumssynthesen von Peptiden wie bei der Biosynthese von Peptiden und Proteinen müssen deshalb die reaktiven Gruppen zuerst «aktiviert», d. h. in eine *reaktionsfähigere Form* gebracht werden (z. B. indem man die Carboxylgruppe zunächst in eine Acylhalogenid-Gruppe überführt).

Durch fortgesetzte Kondensation bilden sich *Tripeptide, Tetrapeptide* und schließlich *Polypeptide,* kettenförmige, aus Aminosäuren aufgebaute Makromoleküle:

$$H_3\overset{\oplus}{N}\underset{\underset{R}{|}}{C}HCO\,(NH\underset{\underset{R}{|}}{C}HCO)_n\,NH\underset{\underset{R}{|}}{C}HCOO^{\ominus}$$

[1] Nur in Proteinen aus gewissen Bakterien und Pilzen sind einige wenige Aminosäuren der entgegengesetzten [D]-Konfiguration nachgewiesen worden.

Wenn man die Standard-Abkürzungen der Aminosäuren zur Beschreibung ihrer Reihenfolge («**Sequenz**») in den Peptiden verwenden will, so wird, um Unklarheiten zu vermeiden, diejenige Aminosäure mit der freien Aminogruppe am linken Ende, diejenige mit der freien Carboxylgruppe am rechten Ende geschrieben.

Die Röntgenanalyse von Aminosäuren und Dipeptiden zeigt, daß die *Amid-Gruppe* eben gebaut ist, daß also das Carbonyl-C-Atom, das N-Atom und die vier an diese beiden Atome gebundenen Atome in einer Ebene liegen. Die relativ kleine Länge der C—N-Bindung (1,32 Å; gewöhnliche C—N-σ-Bindungen 1,47 Å) zeigt, daß ihr in einem gewissen Maß Doppelbindungscharakter zukommt, daß also die Carbonyl-π-Elektronen etwas delokalisiert sind.

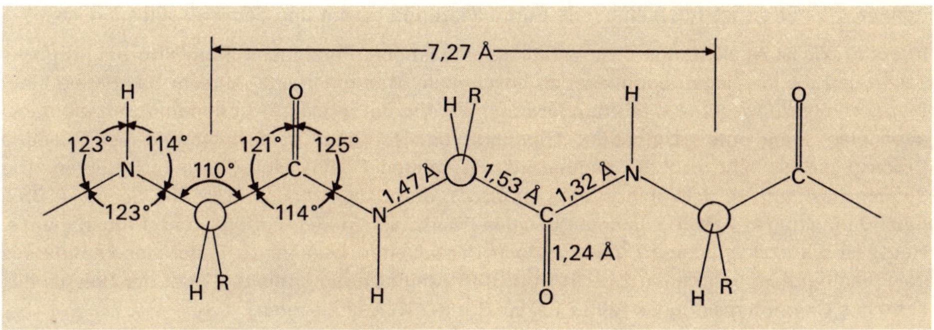

Abb. 11.46. Geometrie der Peptidbindung

Polypeptidketten bilden das *primäre Strukturelement* der **Proteine.** Auch gewisse *Oligopeptide* sind von großer biologischer Bedeutung. *Glutathion,* ein Tripeptid (γ-Glutamyl-cysteyl-glycin), das in den meisten lebenden Zellen auftritt, ist an Redoxvorgängen beteiligt. *Ocytocin* und *Vasopressin,* zwei Nonapeptide, sind **Hormone** und werden im Hypophysenhinterlappen gebildet. Ocytocin bewirkt die Kontraktion des Uterus, so daß es bei der Geburt (Wehen!) eine wichtige Rolle spielt; Vasopressin wirkt auf die Niere und fördert die Rückresorption des Wassers. Weitere Peptid-Hormone sind *Corticotropin* (adenocorticotropes Hormon, «ACTH»; ein Peptid aus 39 Aminosäuren, das im Hypophysenvorderlappen gebildet wird und die Nebennierenrinde stimuliert) sowie *Insulin* (aus zwei Peptidketten von 21 bzw. 30 Aminosäuren bestehend, die durch zwei Disulfid-Brücken verbunden sind; wird in den Langerhansschen Inseln der Bauchspeicheldrüse gebildet und senkt den Blutzuckerspiegel; Insulinmangel führt zur Zuckerkrankheit).

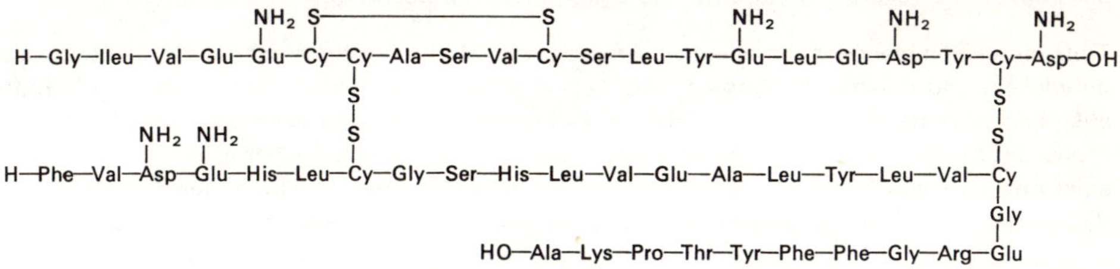

Insulin

Sequenzbestimmung. Eine grundlegend wichtige Aufgabe der Peptid- (und Protein-) chemie ist die Festlegung der *Sequenz der einzelnen Aminosäuren.* Sie ist möglich durch eine *Kombination von partieller Hydrolyse mit der Bestimmung der jeweils terminalen Aminosäure.* Die Ermittlung der N-terminalen Aminosäure (die eine freie Aminogruppe besitzt) geschieht z.B. mit 2,4-Dinitrofluorbenzol («DNF»). Dieses erfährt durch die Aminogruppe eine S_N-Reaktion (Verdrängung von F^-), so daß nach der Hydrolyse des Peptids die entstandene N-(2,4-Dinitrophenyl-) Aminosäure identifiziert werden muß.

Zur Bestimmung der C-terminalen Aminosäure (mit einer freien Carboxylgruppe) kann man das Peptid mit Hydrazin erhitzen. Dabei werden (mit Ausnahme der C-terminalen) alle Aminosäure in Hydrazide überführt (es tritt also eine «Hydrazinolyse» der Amidbindungen ein). Wird das Gemisch nun mit DNF behandelt, so läßt sich das Derivat der C-terminalen Säure mit NaOH abtrennen, da nur dieses noch eine freie Carboxylgruppe besitzt und damit alkalilöslich ist.

In der Praxis ist es allerdings kaum möglich, eine längere Peptidkette Schritt für Schritt abzubauen und die jeweiligen Endglieder zu bestimmen. Man unterwirft vielmehr das Peptid einer *partiellen Hydrolyse* (enzymatisch oder durch verdünnte Salzsäure) und identifiziert die dabei gebildeten Fragmente (Dipeptide, Tripeptide usw.). Kennt man genügend verschiedene Bruchstücke, so läßt sich die Sequenz des gesamten Peptid-Moleküls rekonstruieren. Die Sequenzbestimmung der Aminosäuren im *Insulin* durch die Arbeitsgruppe von Sanger (1952, nach zehnjähriger Arbeit!) bedeutete einen Markstein in der Peptid- und Proteinchemie. Heute ist die exakte Sequenz vieler anderer Peptidketten bekannt (u.a. der vier Peptide aus dem Hämoglobin, von denen zwei 141 und 146 Aminosäuren enthalten, oder der Polypeptidkette des Chymotrypsinogens [eines Enzyms] mit 246 Aminosäuren).

Peptidsynthesen. Die Synthese von Petiden ist nicht nur zur Bestätigung der experimentell ermittelten Sequenz natürlicher Peptidketten von Interesse; es lassen sich auf diese Weise auch Peptide aufbauen, die als *Modellsubstanzen* zur Untersuchung von charakteristischen Eigenschaften oder Reaktionen von Peptiden und Proteinen dienen können.
Bei der Synthese von Peptiden aus α-Aminosäuren stellen sich verschiedene grundlegende Probleme. Da nämlich bei der Reaktion zweier verschiedener Aminosäuren insgesamt vier Produkte entstehen können (zwei durch Selbstkondensation und zwei durch «gekreuzte» Kondensation), muß die Aminogruppe des einen und die Carboxylgruppe des anderen Reaktanten derart *geschützt* werden, daß die Kondensation nur auf eine einzige Art möglich ist, wobei die Schutzgruppen nach der Peptidbildung unter so milden Bedingungen abgetrennt werden müssen, daß dabei keine Hydrolyse der entstandenen Amidbindung eintritt. Weiter muß die *Carboxylgruppe* in einer Weise *aktiviert* werden, daß zur Bildung des Peptids keine allzu drastische Bedingungen erforderlich sind, welche zu unerwünschten Nebenreaktionen führen könnten. Schließlich darf bei der Synthese auch *keine Racemisierung* eintreten, denn wenn ein natürliches Peptid synthetisiert werden soll, müssen alle Asymmetriezentren in der Peptidkette (alle «α-C-Atome») die L-Konfiguration besitzen.

Trotz dieser Schwierigkeiten gelang es, verschiedene Methoden zur Synthese von Peptiden zu entwickeln und damit auch längere, natürlich vorkommende Peptidketten Schritt um Schritt aufzubauen. Dabei ist zu bedenken, daß im Fall eines Peptides von beispielsweise 50 Aminosäuren 50 Syntheseschritte notwendig sind, und daß – sogar wenn jeder einzelne Schritt mit einer Ausbeute von 90% verläuft – die Gesamtausbeute sehr gering wird. In der Praxis werden deshalb meist zunächst kürzere Peptidstücke aufgebaut und diese erst nachher verknüpft. Weiteres über die zum Schutz der Amino- und Carboxylgruppen benötigten Reaktionen und über den Aufbau von Peptiden siehe *Grundlagen der organischen Chemie,* S. 807 ff.

Proteine

Wie wir schon erwähnten, bilden Peptidketten das primäre Strukturelement der Proteine. Eine scharfe Abgrenzung zwischen Peptiden und Proteinen ist allerdings nicht möglich; im allgemeinen werden Polypeptide mit Molekülmassenzahlen > 10 000 als Proteine bezeichnet. Nach ihren wichtigsten Merkmalen kann man zwei große Gruppen von Proteinen unterscheiden: die **Skleroproteine** (*Faserproteine*) und die **globulären Proteine** *(Kugelproteine)*. Skleroproteine treten hauptsächlich als Gerüststoffe auf und sind in Wasser völlig unlöslich, während globuläre Proteine *(«Globuline»)* in Wasser oder Salzlösungen kolloidal löslich sind. Im Gegensatz zu den Skleroproteinen sind bei ihnen die Polypeptidketten zu kompakten, oft kugelförmigen Einheiten aufgefaltet. Beispiele von Skleroproteinen sind *Kollagen* (in Knorpel und Sehnen, in Bindegeweben sowie in der eiweißhaltigen Grundsubstanz der Knochen), *Keratin* (Haare, Nägel, Horn und Vogelfedern), *Seidenfibroin* (Seide; bei der Bildung des Seidenfadens in der Spinndrüse der Raupe werden die gelösten und gefalteten Polypeptidketten parallelisiert und kristallin geordnet) und schließlich das *Muskeleiweiß (Myosin)*. Zu den globulären Proteinen zählen die Proteine der *Enzyme* und der *«Antikörper»* im Blut, das *Hämoglobin*, das *Albumin* (Hauptbestandteil des Hühnereiweißes) und das *Fibrinogen* (im Blut; wird durch die Wirkung von Enzymen aus verletzten Geweben zum unlöslichen Fibrin [einem Skleroprotein] und bewirkt dadurch die Gerinnung des Blutes). *Gelatine* entsteht aus Kollagen durch längeres Kochen mit Wasser oder durch Behandlung mit überhitztem Wasserdampf; sie ist in der Wärme im Wasser löslich und erstarrt beim Abkühlen zu einer festen Gallerte. Bei sehr starkem Erwärmen solcher Lösungen nimmt ihre Viskosität ab, und es entsteht *Leim*.

Primärstruktur der Proteine. Die *Sequenz der Aminosäuren* in den Polypeptidketten eines Proteins wird als seine *Primärstruktur* bezeichnet. Sie läßt sich im Prinzip mit Hilfe der bereits (S. 483) diskutierten Methoden aufklären, bietet aber – als Folge der längeren Ketten – erheblich größere Schwierigkeiten als bei Peptiden. 1959 wurde die Sequenz der *Ribonuclease* (eines Enzyms, welches die Hydrolyse von Ribonucleinsäure katalysiert) mit insgesamt 124 Aminosäuren aufgeklärt. Später folgte die Sequenzanalyse des Proteins des Tabakmosaikvirus (158 Aminosäuren), des *Hämoglobins* (574 Aminosäuren) usw. Wie sich dabei zeigte, treten kaum irgendwelche Regelmäßigkeiten in der Aufeinanderfolge der verschiedenen Aminosäuren in den Polypeptidketten auf. Hingegen steht fest, daß alle Moleküle eines bestimmten Proteins dieselbe Sequenz zeigen und daß diese *erblich fixiert* ist. Man hat nämlich gefunden, daß homologe Proteine verschiedener Herkunft Unterschiede aufweisen. Es gibt z. B. beim Menschen neben dem normalen Hämoglobin der Erwachsenen ein fötales Hämoglobin sowie verschiedene Hämoglobine, deren Auftreten zu Krankheiten führt. So geht die Sichelzellanämie (eine bei Negern vorkommende Blutkrankheit, die sich durch sichelförmige rote Blutkörperchen im venösen Blut manifestiert) auf ein verändertes Hämoglobin zurück und ist erblich. Das Sichelzell-Hämoglobin unterscheidet sich vom normalen Hämoglobin nur dadurch, daß an einer einzigen Stelle die Aminosäure Glutaminsäure durch Valin ersetzt ist.

Die *chemischen Eigenschaften* der verschiedenen Proteine werden in erster Linie durch die verschiedenen *Seitenketten* «R» der einzelnen Aminosäuren bestimmt. Da sowohl basische wie saure Seitenketten auftreten, besitzen Proteine ebenso wie die freien Aminosäuren *Ampholytcharakter*. Im *isoelektrischen Punkt* entspricht die Summe aller positiven Ladungen der Summe aller negativen Ladungen; in einer Lösung vom betreffenden *p*H-Wert findet im elektrischen Feld keine Wanderung statt. Die Trennung der Proteine durch *Elektrophorese* beruht darauf, daß man den *p*H-Wert der Lösung verändert; je nach der Größe der Proteinmoleküle und ihrer Ladung wandern sie mit verschiedenen Geschwindigkeiten zur Anode oder zur Kathode. Cystein-Seitenketten verschiedener Polypeptidketten können Disulfid-(—S—S—) Brücken bilden

Kristallisiertes Tabak-Nekrose-Virus mit kugelförmigen Proteid-Makromolekülen; 133000 mal vergrößert (aus einer Arbeit von Labaw und Wyckoff)

und dadurch zwei Makromoleküle miteinander verbinden; diese Disulfid-Brücken können z. B. durch überhitzten Wasserdampf oder auch durch chemische Mittel gelöst werden, so daß das betreffende Protein verformbar wird. Abkühlen an der Luft bewirkt dann eine Neubildung der Disulfid-Brücken und damit wieder ein Erstarren des Proteins. Der hohe Kristallisationsgrad von *Seidenfibroin* (und damit seine große Festigkeit) ist unter anderem eine Folge der Tatsache, daß Seidenfibroin, im Gegensatz zur Wolle, besonders viel Glycin und Alanin besitzt (also besonders viele kurze Seitenketten —H und $—CH_3$).

Sekundärstruktur der Proteine. Polypeptid-Makromoleküle, die aus mehreren hundert Aminosäuren aufgebaut sind, können naturgemäß räumlich verschiedenartigen Bau besitzen (gestreckte Ketten, ungeordnete Knäuel, Schraube u.a.). Die Art dieser *räumlichen Anordnung* der Polypeptidketten bezeichnet man als *Sekundärstruktur* der Proteine. Sie läßt sich nicht durch chemische Methoden allein, sondern nur unter Zuhilfenahme der *Röntgenstrukturanalyse* aufklären.

Bei vielen *Faserproteinen* findet man, daß sich gewisse strukturelle Einheiten in regelmäßiger Weise wiederholen. Die Länge dieser «Identitätsperioden» beträgt beispielsweise beim Seidenfibroin und β-Keratin 6,5 bis 7,0 Å, beim α-Keratin und Myosin 5,1 bis 5,4 Å und beim Kollagen 2,8 bis 2,9 Å. Um die Sekundärstruktur aufzuklären, genügen allerdings diese röntgenanalytischen Daten nicht (die Polypeptidketten sind in den Proteinen wesentlich weniger gut geordnet als die Gitterbausteine in Kristallen), und es müssen zusätzlich die Ergebnisse der Primärstrukturanalyse berücksichtigt werden: Bindungslängen und -winkel, ebene Anordnung der Amidgruppe, gleichartige Konfiguration an den α-C-Atomen der Aminosäuren, Sequenz der Aminosäuren usw. Besonders wichtig war die Erkenntnis, daß die *Konfiguration* einer Polypeptidkette in hohem Maß durch die Ausbildung von **H-Brücken** zwischen C=O- und —NH-Gruppen *stabilisiert* wird (Bindungsenergie 5 bis 10 kcal/Mol); die stabilen Strukturen müssen also eine maximale Zahl solcher H-Brücken enthalten. Pauling und Corey gelang die Entwicklung von Sekundärstrukturmodellen, die sowohl mit den röntgenanalytischen Ergebnissen in Einklang stehen als auch den Ergebnissen der Primärstrukturanalyse Rechnung tragen, wobei sie sich unter

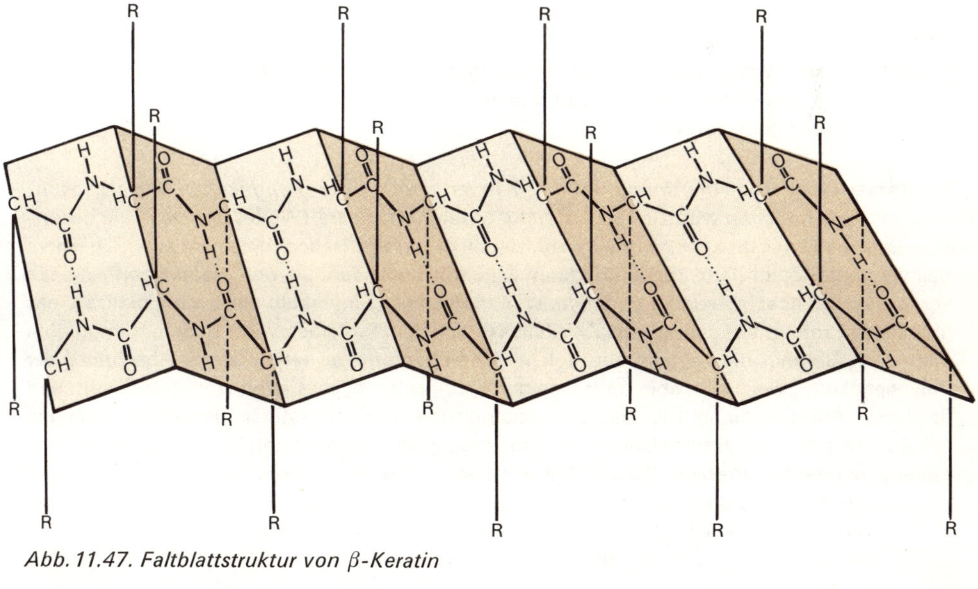

Abb. 11.47. Faltblattstruktur von β-Keratin

anderem auch auf Untersuchungen an Modellsubstanzen (einfachere Polypeptide, die z. B. nur aus Molekülen einer einzigen Aminosäure aufgebaut sind) stützten.
Die Dimensionen einer *gestreckten Peptidkette* wurde in Abb. 11.46 (S. 531) wiedergegeben. Hier wäre die Identitätsperiode 7,27 Å. Eine mehr oder weniger *flache, rostartige Anordnung* der Polypeptidketten (wobei jeweils —NH- und $\rangle$C=O-Gruppen zweier Ketten einander gegenüberliegen müßten) ist aber wegen der verschiedenen Raumbeanspruchung der Seitenketten nicht möglich. Durch eine leichte *Auffaltung* des «Rostes» erhalten die Seitenketten mehr Raum und stehen senkrecht in die Höhe (Abb. 11.47; Sekundärstruktur von β-Keratin). Diese «**Faltblattstruktur**» tritt beim Seidenfibroin und beim β-Keratin auf. Proteine dieses Typus enthalten vor allem Aminosäuren mit kurzen Seitenketten (Alanin, Serin) oder ohne Seitenkette (Glycin). Als Folge der Auffaltung wird die Identitätsperiode etwas kleiner als 7,27 Å, was mit den experimentell bestimmten Daten übereinstimmt.
Während bei der Faltblattstruktur H-Brücken zwischen —NH- und $\rangle$C=O-Gruppen *verschiedener* Ketten auftreten, besteht durch die Bildung einer *schraubenförmigen* Anordnung der Polypeptidkette (gewissermaßen um einen Zylinder gewickelt) die Möglichkeit der Ausbildung von H-Brücken zwischen solchen Gruppen *ein und derselben Kette*, wenn sich diese Gruppen im «richtigen» Abstand gegenüberstehen. Dies ist die sehr verbreitete «**α-Helix**» (Pauling; Abb. 11.48) mit einer Identitätsperiode von etwa 5,4 Å. (*α-Keratin, Myosin;* auch in zahlreichen globulären Proteinen). In dieser α-Helix kommen 3,7 Aminosäuren auf eine Umdrehung; die L-Konfiguration der Aminosäuren führt zwangsläufig zu einer rechtsgewundenen Schraubenstruktur. Die Seitenketten der Aminosäuren stehen in der α-Helix vom eigentlichen Schraubenkörper nach außen ab.
Beim Verstrecken von *Wolle* wird das α-Keratin in β-Keratin umgewandelt. Dabei werden die Schrauben «entspiralisiert» und die Peptidketten gestreckt, so daß sich die Faltblattstruktur ausbildet. Die H-Brücken innerhalb der Helixumgänge werden getrennt, und an ihrer Stelle bilden sich H-Brücken zwischen den verschiedenen Peptidketten. Möglicherweise tritt eine solche Umwandlung auch bei *der Muskelkontraktion* auf (Myosin besitzt die α-Helix als Sekundärstruktur).

Die *Kollagene* besitzen wahrscheinlich ebenfalls eine schraubenförmige Sekundärstruktur; nach einem von Rich und Crick entworfenen Modell (das mit den Ergebnissen der Röntgenstrukturanalyse gut im Einklang steht) sind drei Polypeptidketten nach der Art eines Seils umeinander gedreht, wobei pro Windung drei Aminosäuren vorhanden sind. Der Zusammenhalt zwischen den drei Peptidketten erfolgt durch H-Brücken zwischen Glycinresten und den Hydroxylgruppen von Hydroxyprolin.

Tertiärstruktur. Die *Anordnung* der *miteinander verbundenen Peptidketten* und insbesondere der *Helix* im *Raum* wird als *Tertiärstruktur* bezeichnet. *Haare* (Wolle) besitzen eine besonders einfache Tertiärstruktur; hier sind wahrscheinlich einzelne Helices umeinander wie zu einem Seil verdreht. Komplizierte Tertiärstrukturen liegen insbesondere bei den *globulären* Proteinen vor; sie sind sehr schwierig zu ermitteln, weil die Ordnung innerhalb eines «Moleküls» eines globulären Proteins viel geringer ist. Zweifellos tritt auch in Proteinen wie z. B. dem Hämoglobin oder dem Albumin die α-Helix auf; solche schraubenförmige, relativ starre Abschnitte der Polypeptidkette wechseln aber mit weniger regelmäßig spiralisierten, mehr lockeren und flexibleren Abschnitten ab. Die exakte Tertiärstruktur ist nur bei wenigen globulären Proteinen bekannt, so z. B. beim *Hämoglobin* und beim *Myoglobin* (einem ebenfalls zur Sauerstoffübertragung befähigten Protein; Perutz und Kendrew). Das Hämoglobin-Molekül enthält vier Polypeptid-Einheiten, deren Grundstruktur aus α-Helix-Abschnitten besteht, die sich in einer unregelmäßigen Doppelschleife um die prosthetische Gruppe, das Häm, legen, wobei je zwei dieser Einheiten miteinander identisch sind.

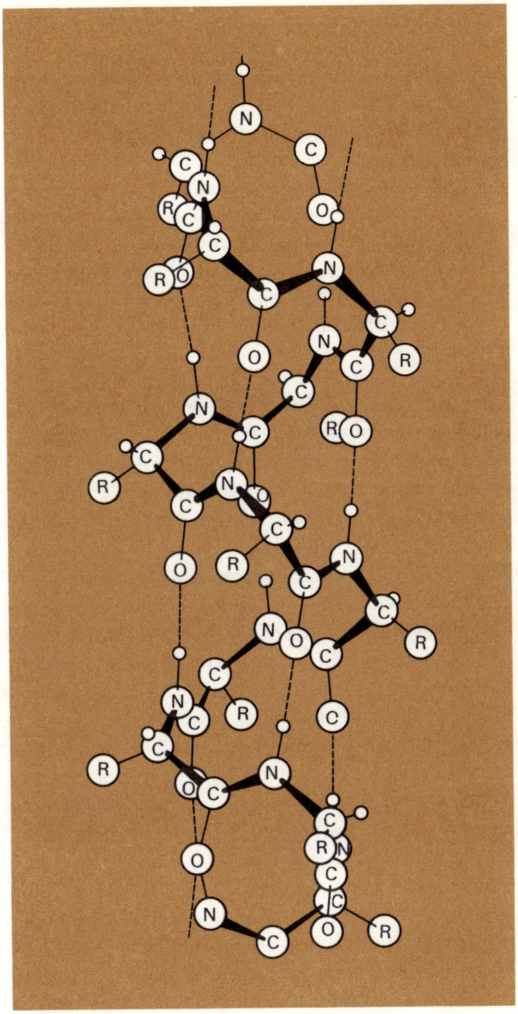

Abb. 11.48. Schraubenförmige Anordnung einer Polypeptidkette (sogenannte α-Helix nach Pauling)
Die Polypeptidkette bildet eine Schraube; die Aminosäurebausteine sind miteinander durch Peptidbindungen und außerdem durch Wasserstoffbrücken zwischen Bausteinen benachbarter Gänge verbunden (gestrichelte Linien). Die Seitenketten sind mit «R» bezeichnet

Beim Erhitzen auf Temperaturen über 60°C oder auch bei der Einwirkung bestimmter Substanzen (Säuren, Alkalien, organische Lösungsmittel) koagulieren die globulären Proteine, wobei sie unlöslich werden und häufig auch die charakteristischen biologischen Wirkungen verlieren. Dieser Prozeß, die *«Denaturierung»* des Proteins, ist *meist irreversibel*; er beruht auf einer Änderung der Tertiärstruktur, d.h. in einem Übergang von einem geordneten in einen wenig geordneten Zustand. Dementsprechend ist mit der Denaturierung stets eine starke *Entropiezunahme* verbunden. Obschon die Denaturierung an sich endotherm verläuft, wird sie deshalb oberhalb einer bestimmten Temperatur *exergonisch*. Unter ganz bestimmten Bedingungen läßt sich die Denaturierung aber auch *reversibel* durchführen, und es besteht Grund zur Annahme, daß die bei Raumtemperatur verwirklichte *Tertiärstruktur* eines globulären Proteins zugleich seine *thermodynamisch stabilste Struktur* darstellt, so daß sie sich beim Aufbau des betreffenden Proteins gewissermaßen von selbst bildet.

11.11.3 Proteide

Zahlreiche eiweißartige Substanzen bestehen aus einem *Proteinanteil* und einer nicht-eiweißartigen, oft verhältnismäßig einfach gebauten «**prosthetischen Gruppe**». Solche zusammengesetzte Eiweißkörper nennt man **Proteide.** Je nach der prosthetischen Gruppe unterscheidet man zwischen

Chromoproteiden, in denen die prosthetische Gruppe *Farbstoff*charakter besitzt (z. B. Hämoglobin, die Atmungsfermente u. a.)
Glykoproteiden, in denen das Protein mit einem *Kohlenhydrat* verbunden ist
Phosphoproteiden, die *Phosphorsäure* als prosthetische Gruppe enthalten
Nucleoproteiden, welche (hochmolekulare) *Nucleinsäuren* als prosthetische Gruppe enthalten

Enzyme. Enzyme sind *Kalalysatoren* der lebenden Zelle. Die chemischen Umsetzungen in einem Organismus (sein *«Stoffwechsel»)* sind nur unter der Wirkung solcher Katalysatoren möglich. Enzyme vermögen ebensowenig wie einfach gebaute Katalysatoren ein Gleichgewicht zu verschieben; sie vermindern aber die erforderliche Aktivierungsenergie und ermöglichen dadurch den Ablauf von vielen Vorgängen, die bei der Temperatur des lebenden Körpers nicht eintreten könnten.
Alle bisher bekannten Enzyme sind Proteine oder Proteide. Viele sind in reiner Form *kristallin* gewonnen worden (als erstes Enzym die *Urease,* ein harnstoffspaltendes Enzym; 1926). Von einer Reihe von Enzymen kennt man auch die Aminosäuresequenz. Das bisher einzige totalsynthetisch aufgebaute Enzym ist die Ribonuclease (1969). *Proteid-Enzyme* bestehen aus Protein und prosthetischer Gruppe. Bei vielen Proteid-Enzymen ist es gelungen, die prosthetische Gruppe reversibel abzuspalten. In solchen Fällen wird das Protein als *Apoenzym,* die prosthetische Gruppe als *Coenzym* bezeichnet.
Enzyme zeigen gewöhnlich eine ausgesprochene «**Wirkungsspezifität**», d. h. sie vermögen nur eine ganz bestimmte Reaktion zu katalysieren. Anders gesagt, besitzt ein Enzym die Fähigkeit, von verschiedenen thermodynamisch möglichen Umsetzungen einer bestimmten Substanz (des «Substrats») eine einzige *auszuwählen* und die Aktivierungsenergie nur dieser Reaktion herabzusetzen. Die Enzyme werden nach dem umgesetzten Substrat oder nach der von ihnen katalysierten Reaktion benannt: *Esterasen* vermögen Ester zu hydrolysieren, *Carbohydrasen* hydrolysieren Di- und Polysaccharide, *Peptidasen* hydrolysieren Peptidbindungen, *Dehydrogenasen* entziehen (und übertragen) Wasserstoff, *Carboxylasen* vermögen Carbonsäuren zu decarboxylieren, *Katalasen* spalten Wasserstoffperoxid in Wasser und Sauerstoff usw. (Selbstverständlich werden jeweils auch die entsprechenden «Rückreaktionen» katalysiert; unter der Wirkung der Maltase wird also nicht nur Malzzucker in zwei Moleküle α-Glucose gespalten, sondern es ist auch möglich, mittels des Enzyms Malzzucker aus α-Glucose aufzubauen.) Oft wird auch eine ausgeprägte *«Substratspezifität»* der Enzyme beobachtet. So vermag Amylase nur Stärke abzubauen, während Cellulose nicht angegriffen wird. Fast stets reagiert auch nur das eine von zwei Enantiomeren mit dem Enzym (welches als Protein oder Proteid selbst chiral gebaut ist). Die Arginase spaltet z. B. nur das natürlich vorkommende L-, nicht aber das D-Arginin.

Während über die Beziehungen zwischen Substrat und Enzym im einzelnen noch recht wenig bekannt ist, kennt man die *allgemeinen Prinzipien der Enzymwirkung* recht gut. So bestimmt der *Proteinanteil* des Enzyms seine *Substratspezifität,* entscheidet also darüber, welche von den zahlreichen vorhandenen Substanzen als Substrat des Enzyms umgesetzt werden soll. Dies geschieht dadurch, daß das Enzymprotein zunächst mit dem Substrat einen «**Enzym-Substrat-Komplex**» bildet, der dann anschließend weiter reagiert. Offenbar besitzt das Protein ganz bestimmte *«aktive Zentren»,* an denen die Bindung des Substrats möglich ist. Für die Auswahl des Substrats ist wohl in erster Linie die Gestalt und Art der *Proteinoberfläche* verantwortlich zu machen, wobei diese vielleicht eine Art räumliches Negativ des Substratmoleküls bildet (vergleichbar einem Gipsabguß). Die Oberflächenstruktur hängt vor allem von der *Tertiärstruktur* des Enzymproteins ab, wobei die Seitenketten der Aminosäuren in den Polypeptidketten möglicherweise die Bindung des Substrats durch H-Brücken, Van der Waals-Kräfte oder elektrische Anziehung zwischen geladenen Gruppen bewerkstelligen. Da durch die *Denaturierung* die Tertiärstruktur zerstört wird (während die Primär- und wahrscheinlich auch die Sekundärstruktur erhalten bleiben), verlieren Enzyme beim Erwärmen auf Temperaturen $>60°C$ ihre Wirkung. Die häufig beobachtete starke *p*H-Abhängigkeit der Enzymwirkung sowie der fördernde, manchmal auch hemmende Einfluß bestimmter Ionen dürfte wohl unter anderem darauf zurückzuführen sein, daß auf diese Art nicht nur die Oberflächenstruktur des Proteins verändert, sondern auch die Natur der Kräfte zwischen Protein und Substrat beeinflußt wird.

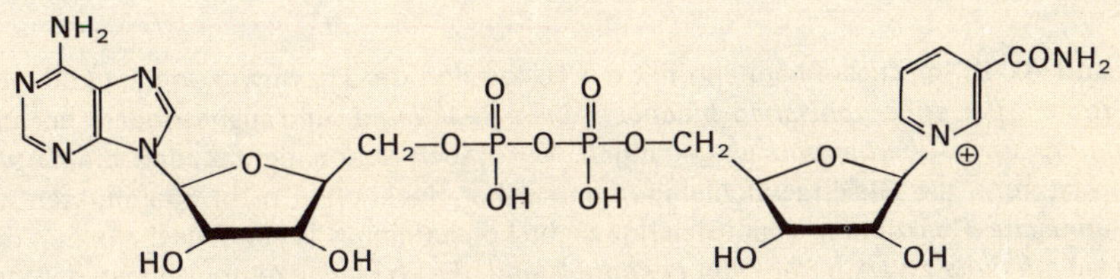

Coenzym I (Nicotinamid-adenin-dinucleotid, NAD[1])

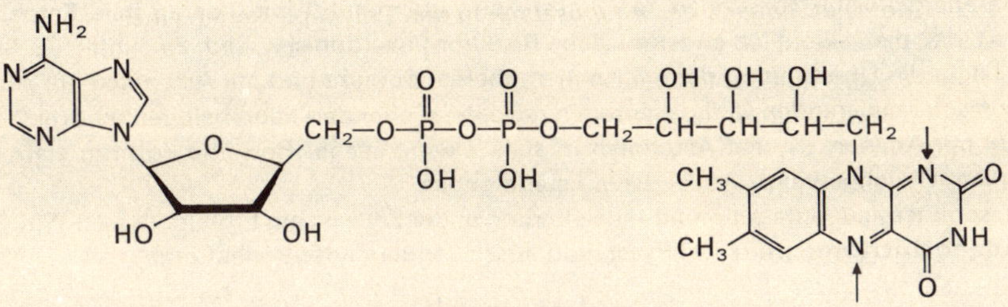

Flavin-adenin-dinucleotid

(Wirkgruppe eines wasserstoffübertragenden Enzyms; die durch Pfeile markierten N-Atome wirken als H-Akzeptoren)

In vielen Fällen (vielleicht in der großen Mehrzahl) wird auch die *Wirkungsspezifität* des Enzyms durch sein *Protein* bestimmt, denn man kennt zahlreiche Coenzyme, die je nach dem mit ihnen verbundenen Proteinanteil ganz verschiedene Reaktionen katalysieren können.

In jedem Fall ist die *prosthetische Gruppe* – bei reinen Protein-Enzymen das *aktive Zentrum* – *an der eigentlichen,* durch das Enzym katalysierten *Reaktion beteiligt.* Sie reagiert dabei in *stöchiometrischer Weise* mit dem Substrat (d.h. Mol pro Mol, also nicht in katalytischen Mengen!) und wird dadurch chemisch verändert. Der *ursprüngliche Zustand* wird nachher durch Reaktion mit einem *weiteren Substrat* wiederhergestellt. Dabei lassen sich *zwei typische Fälle* unterscheiden. Läßt sich die prosthetische Gruppe leicht vom Protein-Enzym abtrennen (man

1 Unter «Nucleotid» versteht man eine Einheit, die aus einer heterozyklischen Base, der Ribose (einem C-5-Kohlenhydrat) und Phosphorsäure zusammengesetzt ist. Statt Ribose kann auch Desoxyribose (bei welcher an einem C-Atom eine Hydroxylgruppe fehlt) vorhanden sein.

sollte eigentlich nur in solchen Fällen von «Coenzymen» sprechen), so tritt die *Folgereaktion* an einem *anderen Enzymprotein* ein. So übernimmt beispielsweise NAD$^{\oplus}$, die Wirkgruppe der Dehydrase, vom Substrat ein Molekül Wasserstoff, löst sich vom Protein ab und wird von einem anderen Protein gebunden, worauf an ein zweites Substrat ein Molekül Wasserstoff abgegeben wird. NAD$^{\oplus}$ ist also ein typisches *Coenzym;* seine eigentliche *katalytische Wirkung* kommt erst durch die *Kopplung mit zwei Enzymproteinen zu einem Enzymsystem* zustande. Im zweiten Fall findet die *Folgereaktion* am *selben Protein* statt; die Wirkgruppe ist dann fest mit dem Protein verbunden, und das Enzym reagiert zunächst mit dem ersten und anschließend sofort mit dem zweiten Substrat. Auch hier tritt eine stöchiometrische Umsetzung der Wirkgruppe mit den Substraten ein. Während der Organismus grundsätzlich in der Lage ist, den Proteinanteil seiner Enzyme selbst aufzubauen, trifft dies für die Wirkgruppen merkwürdigerweise nicht immer zu. In diesem Fall ist der Organismus auf die Zufuhr solcher Substanzen (oder von Verbindungen, die im Körper in die aktiven Wirkgruppen umgewandelt werden können) angewiesen («**Vitamine**»).

ATP und ADP. Im Zusammenhang mit der Diskussion der Enzymwirkung sei kurz noch auf das Problem der *endergonischen biochemischen Reaktionen* und insbesondere der *Energiegewinnung* und *-übertragung* eingegangen. Wir haben schon betont, daß die Enzyme als «Katalysatoren» die Gleichgewichtslage chemischer Reaktionen nicht beeinflussen können. *Endergonische* Reaktionen (mit Gleichgewichtskonstanten <1) sind deshalb nur möglich, wenn sie *mit einer zweiten Reaktion gekoppelt* sind, die so stark exergonisch ist, daß die algebraische Summe der freien Enthalpien beider Reaktionen negativ wird. Eine häufige Form dieser «Kopplung» besteht darin, daß die Ausgangssubstanz einer endergonischen Reaktion zuerst in eine energiereiche (besonders aktivierte) Form übergeführt wird, deren freie Enthalpie so hoch ist, daß die (eigentlich endergonische Reaktion) exergonisch wird. Ein einfaches Beispiel dafür bildet die Überführung der mit Aminen überhaupt nicht und mit Alkoholen nur schwach exergonisch reagierenden Carbonsäuren in die entsprechenden Säurehalogenide, welche dann sowohl mit Aminen wie mit Alkoholen in stark exergonischer Reaktion (d.h. in stark rechts liegendem Gleichgewicht) Amide bzw. Ester ergeben.
Bei dieser Energieübertragung und -speicherung in der Zelle ist ein Proteid, dessen Wirkgruppe das **Adenosintriphosphat** (ATP) ist, von ausschlaggebender Bedeutung.

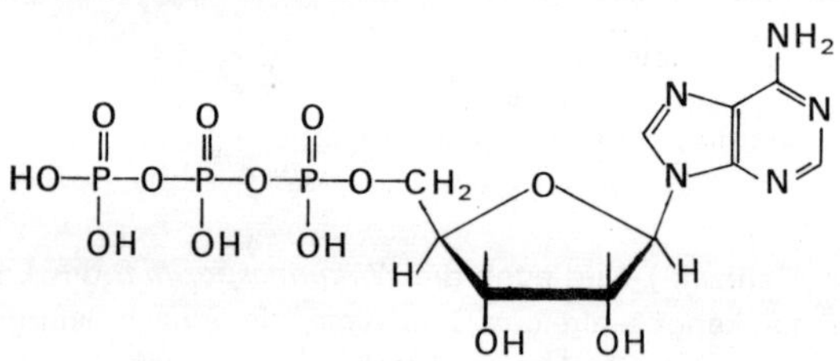

Adenosintriphosphat (als Säure)

Die Hydrolyse von ATP zu ADP oder AMP (Adenosindi- bzw. monophosphat) ist nämlich ziemlich stark *exergonisch* ($\Delta G°$ etwa -8 kcal pro Mol und pro Bindung); man spricht deshalb in der Biochemie geradezu von «energiereichen Bindungen», wenn wie bei der —P—O—P—-Bindung durch die Hydrolyse Energie freigesetzt wird. Wie nun diese Reaktion mit endergonischen biochemischen Reaktionen gekoppelt wird, läßt sich am besten an einem Beispiel zeigen. Die Bildung von Glucose-6-phosphat (des sogenannten Robinson-Esters; Glucose-6-phosphat ist eine stoffwechselaktive Form der Glucose) aus Glucose und Phosphorsäure ist stark endergonisch (das Gleichgewicht liegt ganz auf der Seite der Ausgangsstoffe). Reagiert aber Glucose mit ATP an Stelle von freier Phosphorsäure, so wird die Reaktion exergonisch, und sie kann unter der Wirkung eines Enzyms in der Zelle ablaufen. Durch diese *«Phosphorylierung»* können auch zahlreiche andere Verbindungen in einen energiereicheren Zustand versetzt werden. Die Bildung von Di- oder Polysacchariden aus Glucose ist z. B. ebenfalls endergonisch; ist aber die Glucose phosphoryliert, so wird beispielsweise die Bildung von Rohrzucker exergonisch:

$$\text{Glucose-1-phosphat} + \text{Fructose} \longrightarrow \text{Rohrzucker} + \text{Phosphat} \qquad \Delta G° < 0$$

(Diese Reaktion verläuft nicht über Glucose-6-phosphat, sondern über den sogenannten Cori-Ester, Glucose-1-phosphat.)

Dadurch, daß das an Glucose gebundene Phosphat im Verlauf des Kohlenhydratabbaues auf AMP oder ADP übertragen wird, wird ein großer Teil der sonst frei werdenden Wärmeenergie als *chemische Energie* von ATP gespeichert und damit für andere (endergonische) Prozesse (die dann mit der Hydrolyse von ATP zu ADP bzw. AMP gekoppelt sind) verfügbar. Als Beispiel betrachten wir die Energiebilanz der *«Glykolyse»*, d.h. des unter Sauerstoffmangel ablaufenden Abbaues von Glucose zu Milchsäure im Muskel:

$$\text{Glucose} \longrightarrow \text{Milchsäure} \qquad \Delta H = -36\ \text{kcal}$$

$$\text{Glucose} + 2\,H_3PO_4 + 2\,\text{ADP} \longrightarrow 2\,\text{ATP} + 2\,H_2O + 2\ \text{Milchsäure} \qquad \Delta H = -13\ \text{kcal}$$

Das gebildete ATP speichert also über 60% der frei werdenden Energie.
Die *Bildung von ATP* aus anorganischem Phosphat ist in der Zelle mit der *Oxidation* der *Nährstoffe* gekoppelt. So entsteht ATP beispielsweise im Verlauf des Kohlenhydratabbaues, wenn Glycerinaldehyd zu Glycerinsäure oxidiert wird:

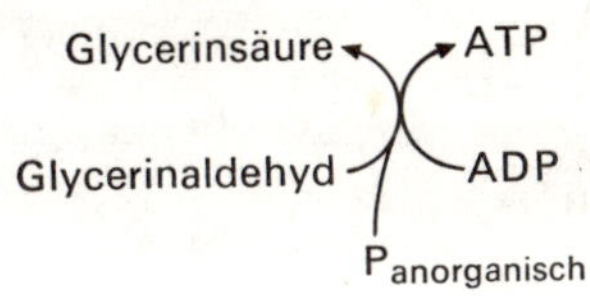

Auch bei der *Photosynthese* wird ATP aus anorganischem Phosphat gebildet, wodurch die Lichtenergie zum Teil direkt als chemische Energie gespeichert wird.

Nucleoproteide. Jede lebende Zelle enthält Nucleoproteide, Substanzen, in denen ein Protein mit Nucleinsäuren verbunden ist. Nucleoproteide bilden die Hauptbestandteile der *Zellkerne*. Auch im *Cytoplasma* treten (gelöste) Nucleinsäuren auf. Besonders reich an Nucleinsäuren sind die *Ribosomen*, kleine, im Plasma vorhandene, nur mit dem Elektronenmikroskop sichtbare Körperchen. Die biologische Bedeutung der Nucleinsäuren ist außerordentlich groß: sie sind die Träger der *«Erbfaktoren»*.
Nucleinsäuren sind hochmolekulare Verbindungen, die aus einer großen Zahl von «**Nucleotiden**» aufgebaut sind, d.h. Einheiten, die aus je einer heterozyklischen Base, aus D-Ribose oder D-2-Desoxyribose und Phosphorsäure bestehen:

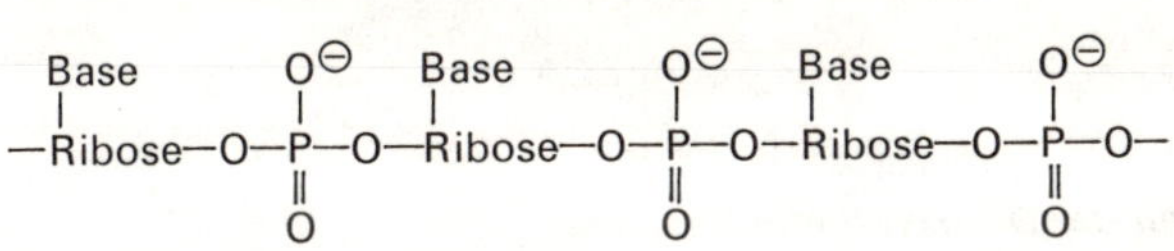

Die Nucleinsäuren der Zellkerne enthalten stets Desoxyribose, während die im Plasma und in den Ribosomen vorhandenen Nucleinsäuren Ribose enthalten. Man unterscheidet deshalb zwischen DNS (**Desoxyribonucleinsäure**) und RNS (**Ribonucleinsäure**). Die Zuckereinheiten treten in der furanoiden Form (als Fünfring) auf und sind durch die Hydroxylgruppen an C3 und C5 mit Phosphorsäure verestert. Die Basen sind durch eine β-glykosidische Bindung an das C-Atom 1 gebunden. *Desoxyribonucleinsäure* enthält vier Basen: *Adenin* und *Guanin* (zweier Purinbasen) und *Cytosin* und *Thymin* (zwei Pyrimidinbasen). Wie von Chargaff (1950) festgestellt wurde, treten Adenin und Thymin in gleicher Häufigkeit auf und ebenso Guanin und Cytosin. Bezüglich der Basenzusammensetzung hat die DNS also nur einen Freiheitsgrad (eine variable Größe): das Verhältnis von (Adenin + Thymin) zu (Guanin + Cytosin). *Ribonucleinsäure* enthält statt Thymin *Uracil,* daneben auch geringere Mengen 5-Methylcytosin, 5-Hydroxymethylcytosin u. a.

Die Aufklärung der *Primärstruktur* von Nucleinsäuren – d. h. die Ermittlung ihrer *Basensequenz* – ist aus zwei Gründen ganz besonders schwierig. Einmal sind die Molekülmassen der Nucleinsäuren besonders groß (DNS bis $10 \cdot 10^6$ u) (die Makromoleküle sind also ganz besonders

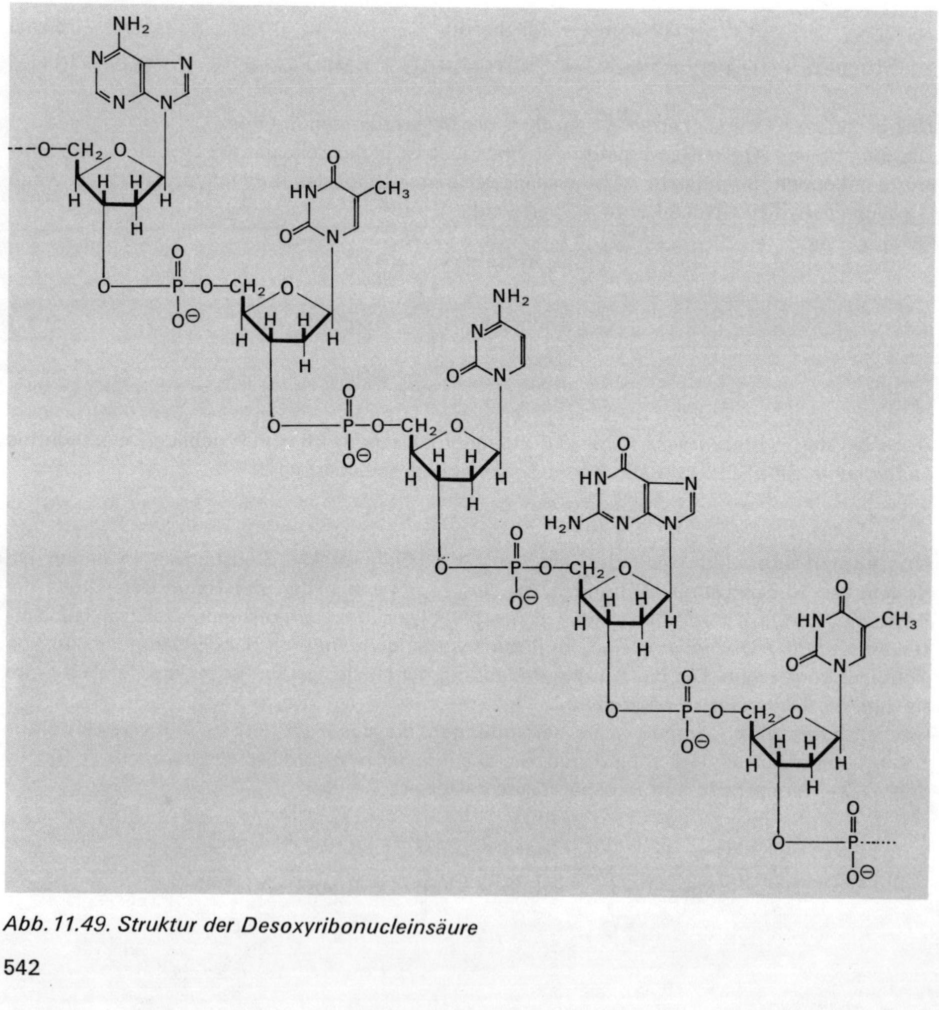

Abb. 11.49. Struktur der Desoxyribonucleinsäure

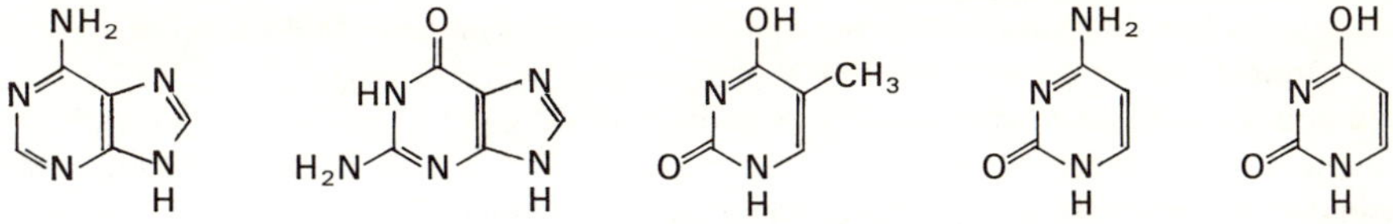

Adenin Guanin Thymin Cytosin Uracil

lang), und dann werden bei der partiellen Hydrolyse sehr viele gleiche oder ganz ähnlich gebaute Bruchstücke erhalten, da (in der DNS) nur vier verschiedene Basen auftreten (im Gegensatz zu den etwa 20 Aminosäuren der Polypeptide), so daß die Reihenfolge dieser Bruchstücke nur sehr schwierig zu bestimmen ist. Ribonucleinsäuren zeigen im allgemeinen niedrigere Molekülmassen (lösliche RNS 20000 bis 500000 u; RNS aus Ribosomen bis $2 \cdot 10^6$ u). Hier ist deshalb die Sequenzermittlung etwas leichter, insbesondere auch deswegen, weil die RNS nicht nur vier Basen enthält. Von einzelnen Ribonucleinsäuren ist heute die genaue Basensequenz bekannt.
Chemische Methoden (die Feulgensche Nuclealreaktion [1]) und die UV-Absorption zeigen, daß die DNS im Zellkern in den *Chromosomen* lokalisiert ist. Seit den klassischen Untersuchungen von Sutton, Boveri und Morgan steht fest, daß die Chromosomen die Erbfaktoren enthalten. Da sich die Chromosomen bei der Zellteilung längs teilen und jede Tochterzelle alle Erbfaktoren erhält, muß kurz vor oder während der *Kernteilung* eine *Vermehrung* der *Erbsubstanz* eintreten, und zwar derart, daß sich jedes «Gen» selbst reproduziert, d.h. in identischer Form verdoppelt. Die Substanz, welche als Träger der genetischen Information wirkt, muß somit diese Fähigkeit zur **identischen Reduplikation** besitzen. Daß tatsächlich die DNS – und nicht etwa Proteine, wie man vorher allgemein angenommen hatte – die eigentliche «Erbsubstanz» darstellt, wurde erstmals und auf überzeugende Weise durch Versuche von Avery (1944) bewiesen.

Wegen ihrer großen Bedeutung sei hier kurz auf diese Versuche eingegangen. Bestimmte Arten von Pneumokokken unterscheiden sich durch die Art Kapselsubstanz, die hier ein artspezifisches, erbliches Merkmal darstellt. Zerreibt man Zellen einer bestimmten Art so, daß die Zellwände zerstört werden, der Zellinhalt aber einigermaßen unversehrt bleibt, und vermischt man Zellen einer anderen Art mit Extrakten des Zellinhaltes der ersten Art, so erhalten die Zellen der zweiten Art nach kurzer Zeit die Fähigkeit, ebenfalls die für die erste Art charakteristische Kapselsubstanz zu bilden, wobei diese Fähigkeit bei den derart behandelten Stämmen der zweiten Art erblich bleibt. Avery trennte den Rohextrakt aus solchen Zellen in verschiedene Fraktionen (Zucker, Proteine, Nucleinsäuren, niedermolekulare Bestandteile) und versuchte, mit den Einzelkomponenten dieselbe Wirkung zu erzielen. Dabei fand er, daß die Beeinflussung der Zellen der zweiten Art nur durch DNS möglich war; RNS, Proteine oder andere Substanzen blieben ohne Einfluß.

Für die DNS haben Watson und Crick (gestützt auf die röntgenanalytischen Untersuchungen von Wilkins und Franklin) ein *Modell* der *Sekundärstruktur* entwickelt, das den Anforderungen entspricht, die an eine die genetischen Informationen tragende Substanz gestellt werden müssen (1952). Je zwei DNS-Makromoleküle sind als *«Doppelfaden»* schraubig angeordnet («**Doppel-Helix**»), wobei die Verbindung zweier Fadenmoleküle untereinander durch *H-*

[1] Nach schwachem Erwärmen mit Salzsäure können Zellkerne mit fuchsinschwefliger Säure, einem Reagens auf Aldehyde (die damit eine charakteristische Violettfärbung liefert) angefärbt werden. Durch die Salzsäure wird die DNS teilweise hydrolysiert, so daß die Aldehydgruppen der Pentosen freigelegt werden. RNS ist gegenüber Hydrolyse weniger empfindlich und reagiert auf diese Weise nicht.

Brücken zwischen den Basen des einen und den Basen des anderen Moleküls geschieht. Eine solche Doppel-Helix gleicht damit einer Wendeltreppe, wobei die «Treppenstufen» durch die Basen und die H-Brücken zwischen ihnen dargestellt werden.
Da nun weiter die Basenmoleküle verschieden «lang» sind und die beiden DNS-Makromoleküle in der Doppel-Helix genau parallel verlaufen und zudem H-Brücken nur zwischen Adenin und Thymin sowie zwischen Guanin und Cytosin (aber nicht zwischen Adenin und Cytosin oder Guanin und Thymin) möglich sind, können die «Treppenstufen» der Wendeltreppe nur aus dem einen oder anderen der erstgenannten Basenpaare zusammengesetzt sein (vergleiche die Ergebnisse von Chargaff!):

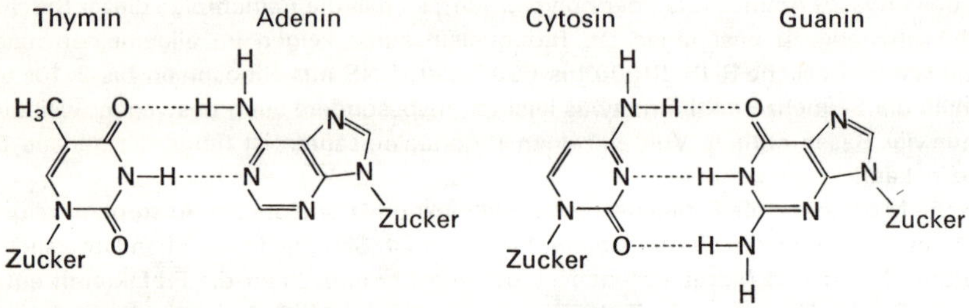

Die Reihenfolge der Basen im einen Makromolekül bestimmt damit eindeutig auch die Basensequenz in dem einzigen möglichen Molekül, das mit dem ersten eine Doppel-Helix bilden kann:

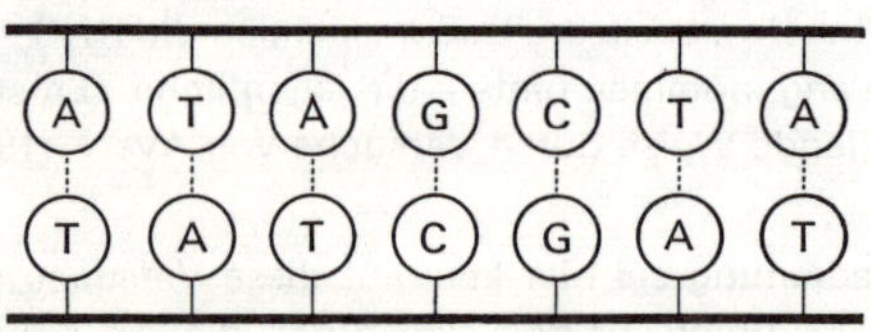

(ohne Berücksichtigung der Spiralisierung)

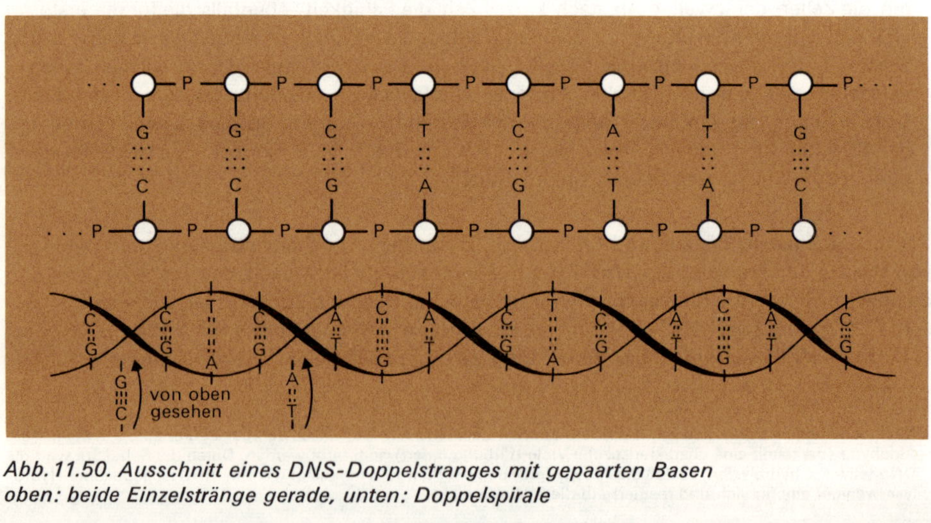

Abb. 11.50. Ausschnitt eines DNS-Doppelstranges mit gepaarten Basen
oben: beide Einzelstränge gerade, unten: Doppelspirale

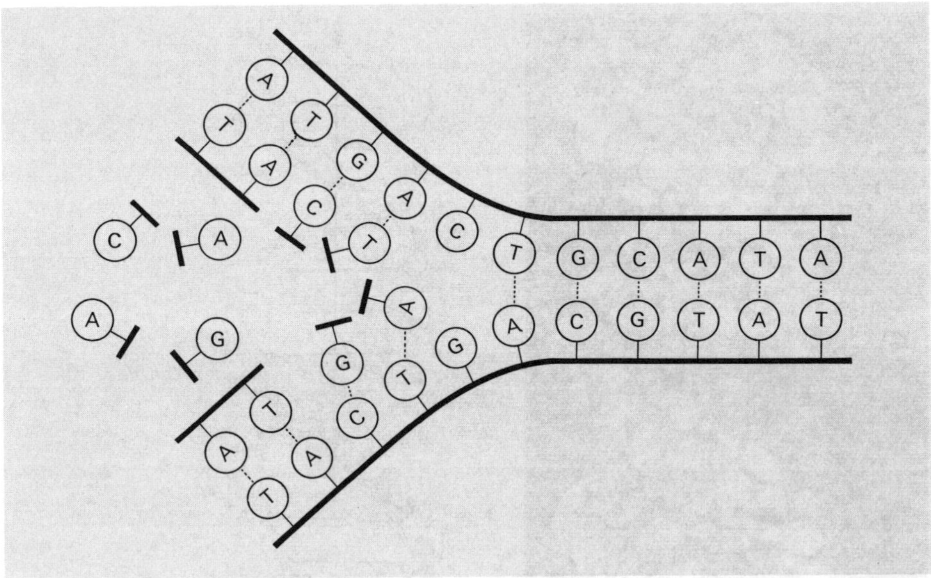

Abb. 11.51. Verdopplung der DNS

Wenn sich nun eine solche Doppel-Helix am einen Ende reißverschlußartig öffnet (Abb. 11.51 und 11.52), können die zur Verfügung stehenden Nucleotide so ausgewählt und aneinandergefügt werden, daß zwei neue, mit den bereits vorhandenen Makromolekülen identische Nucleinsäuren entstehen: Die DNS vermag sich auf diese Weise *identisch zu reduplizieren*. Tatsächlich zeigten Versuche von Kornberg (1955), daß es möglich ist, mittels des aus Bakterien isolierten Enzyms DNS-Polymerase aus Desoxyribonucleosid-Triphosphaten [1] (die energiereicher sind als die Nucleosid-Monophosphate, die gewöhnlichen Nucleotide) DNS aufzubauen, wenn – und nur wenn! – man dem Reaktionsgemisch gleichzeitig eine kleine Menge fertiger DNS zusetzt. Die dabei gebildete neue DNS zeigt die gleichen Eigenschaften (Basenzusammensetzung und Basensequenz) wie die eingesetzte Starter-DNS. Diese vorgelegte DNS wurde somit identisch redupliziert, was gemäß den oben entwickelten Modellvorstellungen geschehen sein muß. Die Bedeutung der DNS als Träger der Erbfaktoren ist damit heute gesichert; *die eigentliche genetische Information muß dabei in der Basensequenz gespeichert sein.*

Die *Sekundärstruktur* der verschiedenen Arten von RNS ist schwieriger zu ermitteln; man nimmt heute an, daß auch hier mindestens in einzelnen Fällen Schraubenstrukturen auftreten.

Die Erkenntnis, daß die DNS der Kern-Nucleoproteide die genetische Information speichert, führt zur Frage, wie die *Ausprägung eines bestimmten Merkmals* geschieht, d. h. auf welche Weise die Basensequenz der DNS die Ausbildung einer bestimmten Eigenschaft bewirkt. Man nimmt heute allgemein an, daß ein bestimmtes Merkmal durch eine Reihe (unter Umständen natürlich durch sehr viele) chemischer Reaktionen zustande kommt, wobei jeder einzelne Re-

[1] Als «Nucleosid» wird eine Verbindung einer Purin- oder Pyrimidinbase mit Ribose oder Desoxyribose bezeichnet.

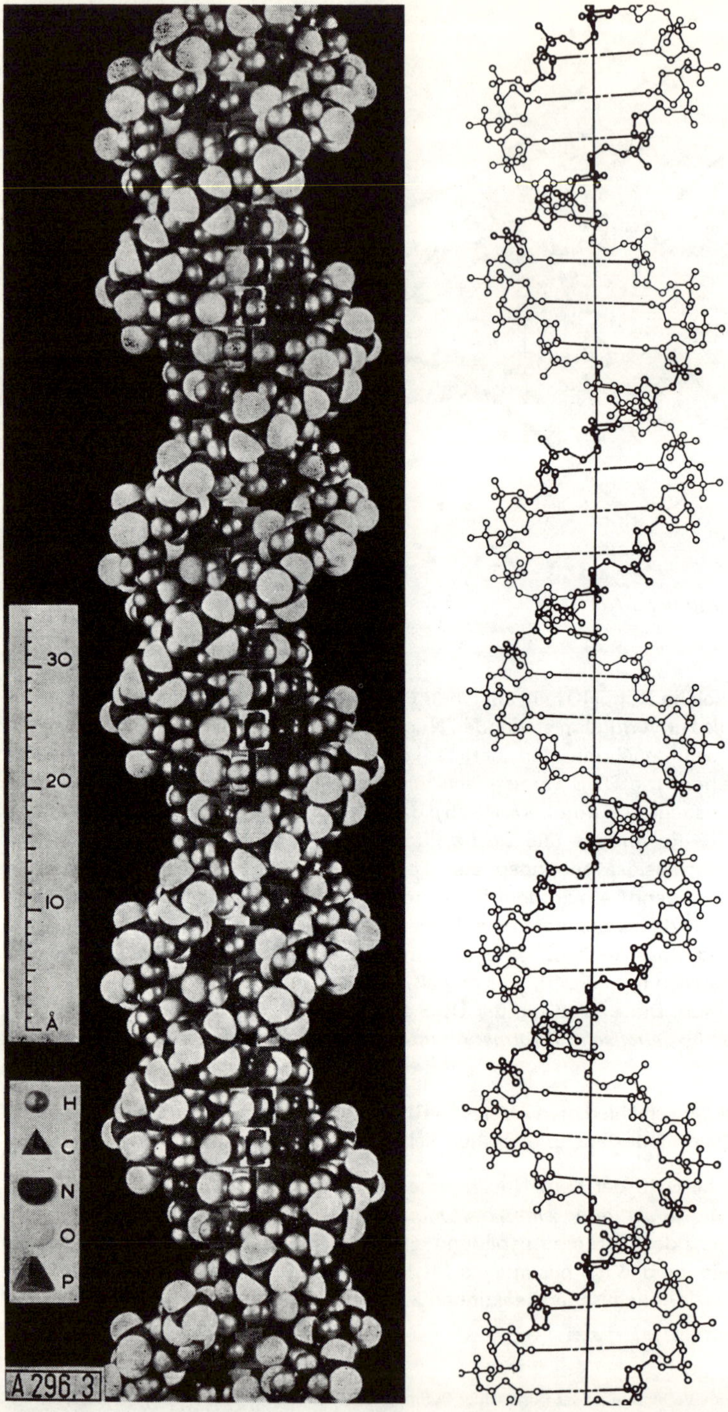

Abb. 11.52. Links Kalottenmodell von Desoxyribonucleinsäure («DNS»). Rechts Schema des Molekülmodells. Die beiden durch Wasserstoffbrücken zwischen den Basen zusammengehaltenen Nucleinsäure-Ketten sind deutlich zu erkennen (aus Angewandte Chemie 75 [1963] 10; mit Genehmigung von Professor M.H.F. Wilkins)

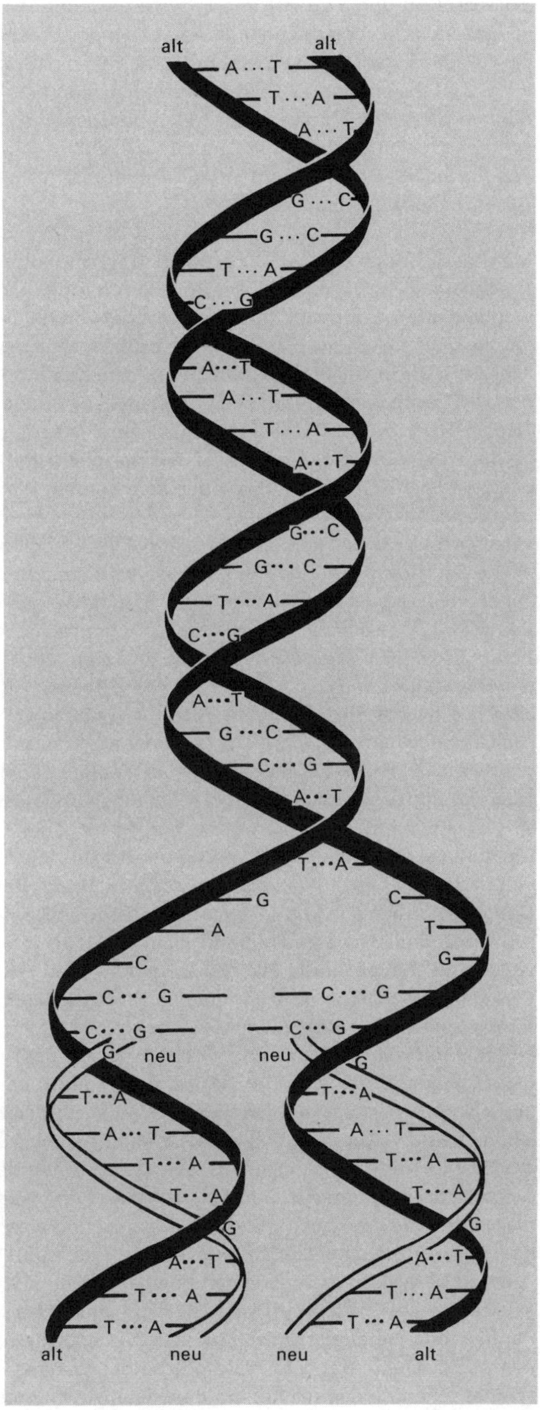

Abb. 11.53. Modell der Verdopplung der DNS
Die beiden «Elternstränge» der DNS werden voneinander getrennt, und an jedem der beiden Stränge erfolgt nach dem Prinzip der Basenpaarung die Synthese eines neuen, komplementären Stranges

aktionsschritt durch spezifische Enzyme gesteuert wird. Wird die Ausprägung eines Merkmals vererbt, so muß auch der richtige Ablauf der entsprechenden Reaktionsketten und muß deshalb die *Fähigkeit der Bildung der benötigten Enzyme vererbt* werden. Die Abhängigkeit der Merkmale, d.h. der zu ihrer Ausbildung erforderlichen biochemischen Reaktionen von den dazugehörigen Genen beruht also darauf, daß die *Gene die Produktion spezifischer Enzyme veranlassen*. Dies bedeutet aber nichts anderes, als daß durch die DNS die *Synthese von Enzymproteinen gesteuert* wird, wobei dann die Aminosäuresequenz offenbar nach dem Code der DNS-Basensequenz bestimmt wird.

Man weiß jedoch, daß die **Protein-Biosynthese** nicht im Zellkern, sondern im *Cytoplasma* (genauer in den *Ribosomen)* erfolgt. Die zum Aufbau der «richtigen» Aminosäuresequenz notwendige Information muß deshalb zunächst von der DNS weiter übertragen werden. Nach den heutigen Vorstellungen bilden sich im Zellkern nach dem Muster der DNS komplementäre RNS-Moleküle, die in das Plasma wandern und an den Ribosomen adsorbiert werden. Weil sie die in der DNS enthaltene Information weiterleiten, bezeichnet man sie als «**messenger-RNS**» (Boten-RNS, *m*-RNS). Die DNS im Zellkern bildet damit gewissermaßen die *«Matrize»,* welche im Kern «aufbewahrt» und an die Tochterzellen und Nachkommen weitergegeben wird und nach welcher RNS-«Abdrücke» gebildet werden. Wahrscheinlich bilden je drei Basen zusammen das *«Schlüsselwort»* für *eine Aminosäure* (das sogenannte *Codon);* weil in der DNS vier verschiedene Basen vorkommen, sind $4^3 = 64$ solche Codons möglich, so daß vermutlich einige Dreiergruppen dieselbe Aminosäure bedeuten und anderen gar keine Aminosäure entspricht. Nun ist der Aufbau einer Polypeptidkette aus *Aminosäuren* eine endergonische Reaktion (S. 532), so daß die der Zelle zur Verfügung stehenden Säuren zuerst in eine energiereichere Form übergeführt *(«aktiviert»)* werden müssen. Zudem müssen sie mit Substanzen verbunden werden, welche den Code *«lesen»* können. Beides wird dadurch erreicht, daß die freien Aminosäuren zunächst unter Elimination von Pyrophosphat enzymatisch an ATP gebunden und anschließend an eine lösliche RNS (sogenannte Träger- oder **transfer-RNS,** *t*-RNS) übertragen werden. Die *t*-RNS besitzt eine relativ niedrige Molekülmasse (etwa 25000 u) und besteht aus rund 80 Nucleotiden, die immer am einen Ende der Kette die Basensequenz Cytosin-Cytosin-Adenin trägt. Die Verbindung der Aminosäure mit der *t*-RNS geschieht am Ende des Makromoleküls, und zwar esterartig an das C-Atom 2 oder 3 der mit dem terminalen Adenin verbundenen Ribose. *Für jede Aminosäure* existiert eine *charakteristische t-RNS,* und *jedem Codon der m-RNS* ist ein *«Anticodon» der t-RNS zugeordnet,* das aus ebenfalls drei, den Basen des Codons komplementären (mit ihnen H-Brücken bildenden) Basen besteht. Die *Enzyme,* welche die Aminosäuren auf die entsprechenden *t*-RNS-Moleküle übertragen, müssen zwei «Erkennungsstellen» besitzen: eine für die Seitenkette der betreffenden Aminosäure und eine für die spezifische *t*-RNS. Die Zelle benötigt also nicht nur rund 20 verschiedene Arten von *t*-RNS-Molekülen, sondern eine ebenso große Zahl ebenfalls spezifischer, die Aminosäuren übertragender Enzyme. Dadurch, daß sich in den Ribosomen die *t*-RNS-Moleküle mitsamt den angehängten Aminosäuren an die *m*-RNS gemäß der in dieser durch die Basensequenz festgelegten Reihenfolge anlagern, werden auch die *Aminosäuren* in die *«richtige» Sequenz* gebracht und können anschließend – wiederum unter der Mitwirkung von Enzymen – zur Polypeptidkette verknüpft werden. Ist die ganze Peptidkette aufgebaut, so wird sie auf eine noch nicht bekannte Weise vom Ribosom abgelöst und wandert ins Plasma, so daß das Ribosom von neuem ein Proteinmolekül aufbauen kann (vgl. Abb. 11.55).
Auf welche Weise aus der linearen Polypeptidkette die charakteristische Sekundär- und Tertiärstruktur gebildet wird, ist unbekannt; möglicherweise stellen diese Strukturen die für bestimmte Peptidketten thermodynamisch günstigsten Anordnungen dar, so daß sie sich gewissermaßen von selbst bilden. Bei der Totalsynthese des Enzyms Ribonuclease ordnete sich jedenfalls die synthetische Polypeptidkette ohne weitere Maßnahmen.

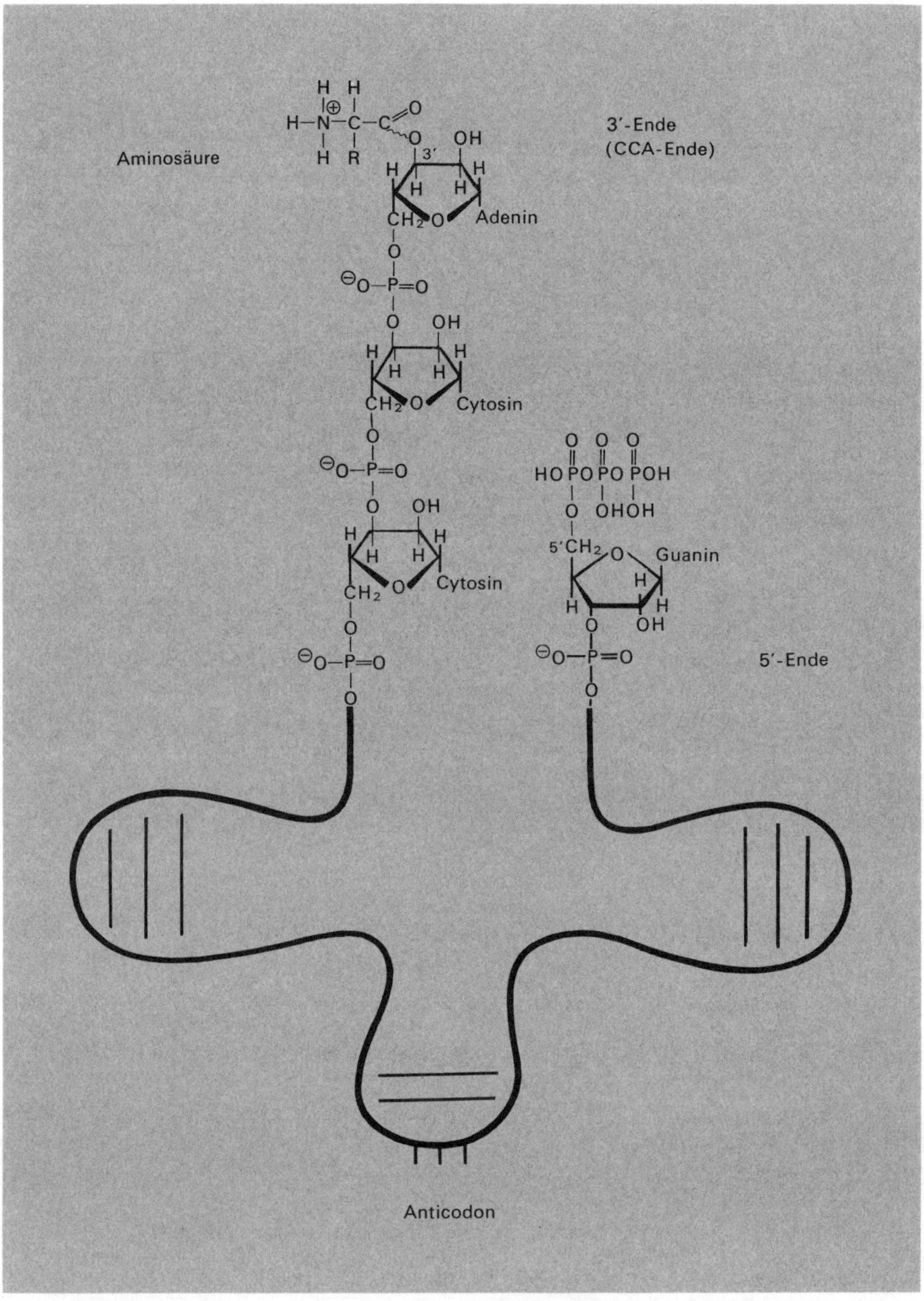

Abb. 11.54. Schema einer t-RNS mit daran gebundener Aminosäure

Die «Kleeblatt»-Form der Faltung dieser RNS ist durch komplementär gepaarte und ungepaarte Abschnitte der RNS-Kette bedingt. Drei spezifische Basen wirken als «Anticodon»

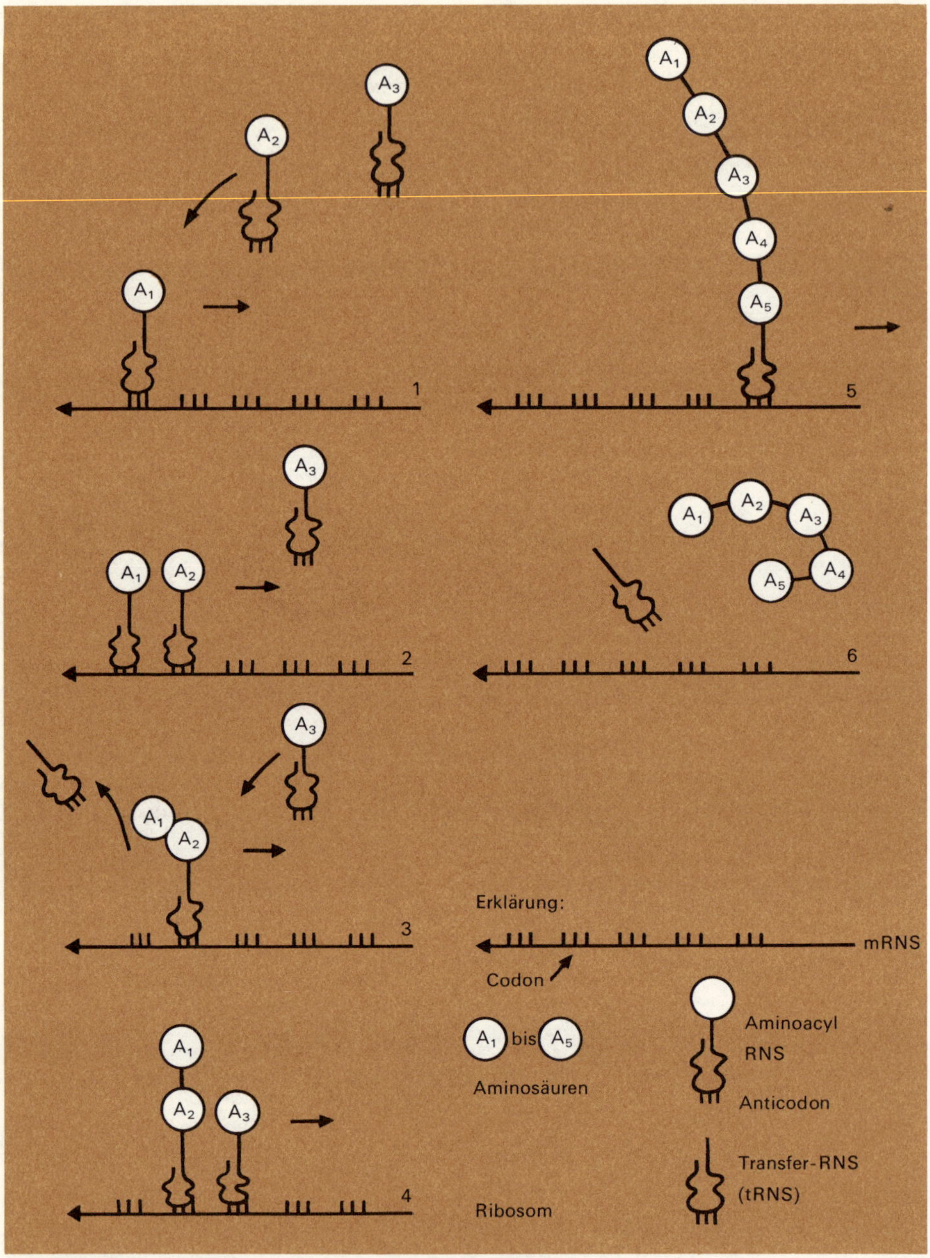

Abb. 11.55. Schema der biologischen Proteinsynthese

Die verschiedenen t-RNS-Moleküle werden (zusammen mit den an sie gebundenen Aminosäuren A_1–A_5) nacheinander durch Basenpaarung mit der m-RNS-Kette verbunden. Nachdem zwei Aminosäuren miteinander verknüpft sind (2), löst sich ein t-RNS-Molekül ab, und ein neues t-RNS-Molekül tritt an die m-RNS heran

Wesen und Entstehung des Lebens

Es liegt nahe, sich am Schlusse des kurzen Abschnittes über die biochemisch wichtigsten Stoffgruppen zu fragen, was eigentlich den Komplex von Eigenschaften ausmacht, den wir mit dem Wort *«Leben»* bezeichnen. Sicher ist das «Wesen» des Lebens äußerst kompliziert und nicht einfach zu definieren. Immerhin sind verschiedene Erscheinungen aufs engste mit dem Leben verknüpft und können damit zu seiner Charakterisierung und zur Unterscheidung gegenüber unbelebter Substanz dienen.

Die wohl auffallendste Eigenschaft der lebenden Substanz ist, *sich selbst zu reproduzieren,* d.h. zu bereits vorhandenen neue, mit ihr identische Stoffe aufbauen zu können. Die Vermehrung der Zellsubstanz führt zur Zellteilung und damit zum Körperwachstum und auch zu den verschiedenen Arten der Fortpflanzung. Eine weitere, charakteristische Lebenserscheinung ist der *Stoffwechsel.* Schließlich besitzen die meisten Lebewesen die *Fähigkeit, auf Reize ihrer Umwelt zu reagieren* und sich diesen Reizen entsprechend zu verhalten. Vermehrung, Stoffwechsel und Reizempfindlichkeit sind wohl die drei typischen Eigentümlichkeiten des «Lebens».

Bei der Selbstvermehrung der lebenden Substanz spielen die *Nucleinsäuren* eine Hauptrolle. Nucleinsäuren können sich selbst reproduzieren und sind sicher an der Synthese der Proteine (und damit auch der Enzyme) beteiligt. Die DNS-Moleküle in den Zellkernen (Chromosomen) enthalten die genetischen Informationen, welche mittels Enzymen bzw. ganzen Enzymketten ihre Ausprägung im Körper des betreffenden Organismus erfahren. Untersuchungen an *Viren* haben diese Vorstellungen im wesentlichen bestätigen können. Viele Viren bestehen nur aus einem Protein und Nucleinsäure (also aus einem Nucleoproteid) und können kristallisiert erhalten werden (siehe S. 534). Dringen diese Makromoleküle in lebende Zellen ein, so vermehrt sich das Nucleoproteid des Virus mit Hilfe der Nucleotide und ihrer Bausteine sowie der Aminosäuren, die in der Zelle vorhanden sind. Viren zeigen also wie echte Lebewesen die Fähigkeit zur Selbstvermehrung; hingegen nehmen sie keine Nahrung auf und zeigen keinen Stoffwechsel. Von diesem Gesichtspunkt aus sind die Viren nicht als lebende Organismen zu bezeichnen, obschon sie sich (allerdings ausschließlich in lebenden Zellen) vermehren können. Hingegen kann man sie als *Modelle von Genen* (Erbfaktoren) betrachten: Auch diese vermehren sich nur in der lebenden Zelle und können in ihr – wie auch die Viren – bestimmte sekundäre biochemische Reaktionen hervorrufen.

Ein Charakteristikum sämtlicher *Stoffwechselvorgänge* ist ihre Steuerung durch spezifische Enzyme, deren Zahl in jedem Organismus offenbar ungeheuer groß sein muß. Die energiereiche Verbindung ATP dient als wichtigster Energiespeicher; sie entsteht im Verlaufe des Abbaues organischer Verbindungen (Kohlenhydrate, Fette; unter Umständen auch Eiweiße) und wird zum Aufbau komeplizirterer Moleküle (der endergonisch ist!) gebraucht. Das Vorhandensein von Kohlenhydraten, Eiweißen und Fetten bildet also die Voraussetzung für die Entstehung von ATP. Im tierischen und menschlichen Körper stehen diese Substanzen aus der aufgenommenen Nahrung zur Verfügung. Die grüne Pflanze baut sie unter Ausnützung des Sonnenlichtes auf. Die *«Photosynthese»,* d.h. die CO_2-Assimilation, ist damit wohl der wichtigste biochemische Vorgang überhaupt. Alle Lebewesen, die nicht selbst zur Photosynthese befähigt sind, leben direkt oder indirekt von der Assimilation grüner Pflanzen (allerdings mit Ausnahme gewisser Bakterien, welche H_2S zu S oxidieren und die dabei frei werdende Energie zur Aufrechterhaltung ihrer Lebensvorgänge ausnützen können). Das «Leben» in seiner heutigen Form ist nur dank der CO_2-Assimilation möglich, und die Energie zu seiner Erhaltung ist das Licht, das vom Chlorophyll eingefangen und durch eine komplizierte chemische Reaktionsfolge nutzbar gemacht wird. Bemerkenswert ist übrigens, daß die chemischen Reaktionen des Kohlenhydratabbaues bei den grünen Pflanzen, bei den meisten Tieren und beim Menschen fast vollkommen gleichartig verlaufen. Man muß in dieser Tatsache eine ganz gewichtige Stütze des Gedankens der *«Abstammung»* der Lebewesen sehen. Die Reaktionsfolge dieser Vorgänge ist offenbar im

Laufe der phylogenetischen Entwicklung ein einziges Mal entstanden und wurde nachher durch Mutationen nur in wenigen Fällen verändert. Anderswie läßt sich die auffallende Übereinstimmung im chemischen Geschehen in einer Bakterienzelle, in einem Mammutbaum, in einer Katze und im Menschen kaum verstehen.

Man hat nun heute Grund, anzunehmen, daß schon vor dem Vorhandensein von Lebewesen organische Substanzen (also komplizierte Kohlenstoff-, Wasserstoff-, Sauerstoff- und Stickstoffverbindungen) auf der Erde existieren. Biochemische wie geochemische Untersuchungen lassen den Schluß zu, daß die *ursprüngliche Erdatmosphäre* in erster Linie aus Wasserdampf, CO_2, N_2, CO, H_2, CH_4 und NH_3 zusammengesetzt war, also reduzierende Eigenschaften zeigte, im Gegensatz zur heutigen, oxidierenden Atmosphäre, die erst im Laufe der Erdgeschichte als Folge in erster Linie der CO_2-Assimilation und damit der O_2-Ausscheidung durch die Pflanzen entstanden ist. Es gelang nun amerikanischen und russischen Forschern, aus einer «Atmosphäre» aus CH_4, NH_3, H_2O und H_2 eine ganze Anzahl verschiedener *Aminosäuren* zu erhalten, indem das Gasgemisch längere Zeit elektrischen Entladungen ausgesetzt wurde. Man vermutet, daß dabei zunächst Aldehyde, HCN und ihre Derivate sowie einfache Polymere davon als Zwischenprodukte gebildet werden, und es wäre denkbar, daß aus solchen Aldehyden auch Kohlenhydrate entstehen könnten. Es ist sehr wohl möglich, daß sich auch in der Uratmosphäre der Erde solche Reaktionen abgespielt und zur Entstehung organischer Verbindungen geführt haben. Ob aber aus Aminosäuren durch Polykondensation Polypeptide entstanden sind, ist wegen ihrer hohen Bildungsenergie nicht sehr wahrscheinlich. Andere Wege über einfachere Zwischenprodukte scheinen eher in Frage zu kommen.

Die *«Entstehung des Lebens»* ist natürlich mit solchen Versuchen noch keineswegs geklärt. Eine Hypothese, die verschiedentlich in Betracht gezogen wird, nimmt an, daß ein einziges einmal entstandenes Nucleoproteidmolekül, das durch seine Struktur die Fähigkeit besaß, unter den damals vorherrschenden Bedingungen seinesgleichen «herzustellen», den Ausgang zur Entwicklung des Lebens gebildet hat. Ein solches Molekül könnte ja nicht nur durch Selbstvermehrung weitere mit ihm selbst identische Moleküle, sondern auch durch ausgewählte Anlagerung von Aminosäuren Eiweißmoleküle bilden; eine natürliche Selektion könnte dann dafür gesorgt haben, daß in der Folgezeit immer kompliziertere, unter den bestehenden Bedingungen rationeller funktionierende Moleküle entstanden wären. Aus diesen müssen sich allmählich einfachste Zellen und aus diesen wiederum mehrzellige, komplizierte Organismen entwickelt haben. Ob aber so komplizierte Fragen, wie die Bildung von ganz spezifisch katalytisch wirksamen Enzymen, die Entstehung eines «Stoffwechsels» und die Entwicklung des einfachen Stoffwechsels von Bakterien zum äußerst komplizierten, durch eine vorläufig gar nicht übersehbare Zahl von Enzymen gesteuerten chemischen Geschehen im Körper eines Tieres oder des Menschen je beantwortet werden können, vermag man heute nicht zu sagen.

Übungen

11.114 Erklären Sie die physikalischen Eigenschaften von Rohrzucker.

11.115 Welche experimentellen Gründe führten zur Aufstellung der «Aldehydformel» der Glucose? Welche Gründe sprechen für die Ringformel? Wie lassen sich beide miteinander vereinbaren?

11.116 Warum wirkt Rohrzucker nicht reduzierend? Wie verhält sich Malzzucker in dieser Hinsicht?

11.117 Worin besteht der Unterschied zwischen Stärke und Cellulose?

11.118 Stärke wird einige Zeit mit verdünnter Schwefelsäure gekocht. Von Zeit zu Zeit entnimmt man eine Probe, die mit Fehling-Lösung und mit Iodlösung geprüft wird. Was wird man dabei beobachten?

11.119 Was ist Kunstseide?

11.120 Warum ist die Trennung der Aminosäuren eines Eiweißhydrolysats besonders schwierig? Erläutern Sie die verschiedenen dabei angewandten Methoden!

11.121 Ein Peptid besteht aus folgenden Aminosäuren: Arg, CySH, Glu, Gly_2, Leu, Phe_2, Thyr, Val. Bei der Hydrolyse erhält man Spaltstücke mit den nachstehenden Sequenzen: Val.CySH.Gly + Gly.Phe.Phe. + Glu.Arg.Gly + Tyr.Leu.Val + Gly.Glu.Arg. Geben Sie die Sequenz des Proteins an!

11.122 Welchen Schwierigkeiten begegnet man bei der Peptidsynthese?

11.123 Worin unterscheiden sich Peptide, Proteine und Proteide?

11.124 Erläutern Sie die verschiedenen Sekundärstrukturen von Proteinen! Wie lassen sie sich ermitteln?

11.125 Was versteht man unter «Denaturierung» der Proteine? Was geschieht dabei?

11.126 Erklären Sie die folgenden Ausdrücke: prosthetische Gruppe, Coenzym, Codon, *t*-RNS, Phosphorylierung

11.127 Weshalb riechen faule Eier nach H_2S?

11.128 Versuchen Sie zu erklären, weshalb die meisten Zellen bei Temperaturen >60°C absterben!

11.129 Worin besteht die Bedeutung von ATP?

11.130 Schildern Sie die Sekundärstruktur der DNS! Zeigen Sie, wie diese Struktur die Anforderungen, die man an eine Substanz stellt, welche die genetischen Informationen gespeichert enthält, erfüllt!

Literatur

J. A. Bassham — Photosynthesis. *J. Chem. Educ. 36* (1959) 548

R. Dickerson und I. Geis — *Struktur und Funktion der Proteine*. Verlag Chemie, Weinheim 1971

J. F. Fairley — Nucleic Acids, Genes and Viruses. *J. Chem. Educ. 36* (1959) 544

H. Fraenkel-Conrat — Ribonucleic Acid, the Simplest Information Transmitting Molecule. *J. Chem. Educ. 40* (1963) 216

D. M. Gibson — The Biosynthesis of Fatty Acids. *J. Chem. Educ. 42* (1965) 236

V. M. Ingram — *The Biosynthesis of Macromolecules*. Benjamin, New York 1965

P. Karlson — *Kurzes Lehrbuch der Biochemie*. Thieme, München 1970

A. L. Lehninger — *Bioenergetics*. Benjamin, New York 1965

F. Leuthardt — *Lehrbuch der physiologischen Chemie*. De Gruyter, Berlin 1960

R. B. Park — Advances in Photosynthesis. *J. Chem. Educ. 38* (1961) 164

J. S. Roth — Ribonucleic Acid and Protein Synthesis. *J. Chem. Educ. 38* (1961) 164

J. D. Watson — *The Molecular Biology of the Gene*. Benjamin, New York 1965

W. Weidel — *Virus und Molekularbiologie*. Heidelberger Taschenbücher; Springer, Heidelberg 1963

Anhang

Lösungen der Übungsaufgaben

Die Übungsaufgaben wollen den Leser zur selbständigen Arbeit anregen. Die Lösungen sollen deshalb nur zur Kontrolle der eigenen Überlegungen dienen. Bei Aufgaben, deren Lösung mehr oder weniger direkt im vorausgehenden Text zu finden ist, wurde auf eine Angabe der Lösung verzichtet; einzelnen solchen Fällen werden Hinweise auf die richtige Beantwortung der Fragen gegeben.

1. Übungen von Seite 36

1.1 Trennbarkeit ohne chemische Veränderungen.

1.3 Mischungen sind Wein, Beton, Kohle, Gneis.

1.4 Destillation mit Fraktionierkolonne; Herauslösen des Zuckers und anschließend Filtrieren und Verdunstenlassen.

1.5 Die starke Erwärmung deutet auf einen chemischen Vorgang.

1.7 Eine Kerze erlischt, wenn man sie in einem abgeschlossenen Raum brennen läßt. Das Luftvolumen nimmt dabei ab (sichtbar bei Verwendung einer unten offenen Glasglocke, die im Wasser steht).

1.8 Fügt man dem abgeschlossenen Raum wieder ein dem verbrauchten Anteil der Luft entsprechendes Volumen reinen Sauerstoff bei, so kann die Kerze wieder brennen.

2. Übungen von Seite 85

2.1 40,08.

2.2 $0{,}405 \cdot 10^{23}$.

2.3 16g, 18g, 24g.

2.4 Na_2CO_3.

2.5 $1{,}38 \cdot 10^{11}$ km (unter Verwendung des auf S. 47 berechneten Atomdurchmessers).

2.6 2 g H, 32 g O und 4 g He müssen gleich viele Teilchen enthalten. Da 2 g H und 32 g O 2 N_L Atome, 4 g He aber nur N_L Atome enthalten, müssen Wasserstoff und Sauerstoff aus zweiatomigen Molekülen bestehen, während Helium aus freien Atomen besteht.

2.7 Kanalstrahlen, Radioaktivität.

2.8 $n_e : n_p : n_n$ = O: 8,8,8; F: 9,9,10; Al: 13,13,14; Cr: 24,24,28; Bi: 83,83,126; Cs: 55,55,78.

2.9 Viele Elemente sind Mischungen von Isotopen.

2.11 Elektronen nehmen nur ausgewählte Energiezustände ein.

2.12 Spektren, Ionisierungsenergien.

2.13 Weil es für die Elektronen genau bestimmte Bahnen annimmt (im Widerspruch zur Unschärfebeziehung).

2.15 Sie ist eine Annäherung an die Wirklichkeit; ein *Modell.*

2.16 Die Ordnungszahl ist gleich der Zahl der Protonen; die Atommasse wird aber im wesentlichen durch Zahl der Protonen *und* Neutronen bestimmt.

2.17 Beide Atome haben fünf Außenelektronen.

3. Übungen von Seite 106

3.1 Die äußere Schale der Atome der zweiten Periode (*M*-Schale) kann mehr als acht Elektronen enthalten!

3.2 Bindung durch gemeinsame Ladungswolke, d.h. durch elektrische Kräfte, bedingt; ist um so stärker, je mehr Elektronen gemeinsam, je kompakter die bindenden Wolken und je polarer die Bindung ist.

3.3 Elektronenformeln: 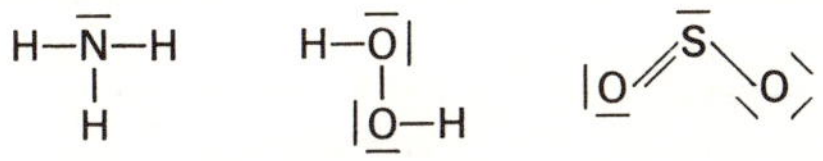

3.4 $\begin{matrix} NCl_3 \\ PH_3 \end{matrix} \rightarrow \begin{matrix} H_2S \\ CH_4 \end{matrix} \rightarrow F_2O \rightarrow CO_2 \rightarrow HF.$

3.5 Aus unpolaren C—H- entstehen polare C—O- und H—O-Bindungen.

3.6 Mg_3N_2, Na_3P, Al_2O_3, BaS, CsF, K_2O.

3.8 Dank der hohen Gitterenergie sehr stark exotherm.

3.9 Hohe Gitterenergie: Mg^{2+}- und N^{3-}-Ionen.

4. Übungen von Seite 144

3.12 Die Ionenradien von Li^+ und K^+ sind zu stark voneinander verschieden.

3.13 Nein. Es gibt viele Verbindungen, die eine schwankende Zusammensetzung aufweisen. Das Gesetz der konstanten Proportionen gilt nur für einfache Salze und Molekülverbindungen.

3.15 Wasserfreies $CaCl_2$ hydratisiert sich; das kristallwasserhaltige Salz benötigt die Gitterenergie.

3.16 Abnahme der Gitterenergie.

3.17 Kathode: Lithium-Metall; Anode: H_2-Gas.

3.18 Fast 300 Stunden.

3.20 Beide enthalten Komplex-Ionen: $[ClO_3]^-$, $[ClO_2]^-$.

3.21 Kaliumhydroxid, Natriumsulfat, Calciumcarbonat, Eisenphosphat, Bariumnitrat.

3.22 Die Komplex-Ionen zersetzen sich, bevor der Schmelzpunkt erreicht ist.

3.24 Die 4 F^--Ionen vermögen das kleine Si^{4+}-Ion zu umhüllen.

3.25 Die 8 OH-Gruppen bilden H-Brücken mit Wassermolekülen.

3.27 Gleiches Gitter wie Diamant; gleiche Bindung zwischen B- und N-Atom wie zwischen den C-Atomen im Diamant.

3.30 Benzinmoleküle sind ganz unpolar.

3.33 Weil sonst die roten Blutkörperchen platzen.

3.34 + VI, + V, + V, + III, – I, – III, + IV.

3.35 $Fe_2(SO_4)_3$, $Al(OH)_3$, KNO_3, Mg_3N_2, $BaBr_2$, $CuSO_4$, Li_2CO_3, ZnO, Na_3N.

5. Übungen von Seite 153

4.3 N_L CO_2-Moleküle; ½ N_L Na^+-Ionen und ½ N_L Cl^--Ionen (insgesamt N_L Ionen); insgesamt 3 N_L Ionen; insgesamt 5 N_L Ionen.

4.5
$$4\,FeS_2 + 11\,O_2 \rightarrow 8\,SO_2 + 2\,Fe_2O_3$$
$$2\,C_6H_{14} + 19\,O_2 \rightarrow 12\,CO_2 + 14\,H_2O$$
$$Mg_3N_2 + 6\,H_2O \rightarrow 3\,Mg(OH)_2 + 2\,NH_3$$
$$3\,Fe_3O_4 + 8\,Al \rightarrow 4\,Al_2O_3 + 9\,Fe$$

4.6 296 l.
4.7 48,1 l.
4.8 1880 kg.
4.9 28 u
4.10 2,86 g.
4.11 CO_2 ist 1,54 mal so schwer wie Luft; CO ist 0,973 mal so schwer wie Luft.
4.12 342 u
4.13 4550 kg Eisen; $18{,}4 \cdot 10^6$ l.
4.14 Fe_2O_3.
4.16 45%.
4.17 4,56 g.
4.18 BaO_2; 5,53 g.
4.19 53,5 g bzw. 38 ml.
4.20 1,9 molal bzw. 1,84 molar.
4.21 3,85 °C.
4.22 256 u.

6. Übungen von Seite 185

5.1 Heizplatte (Kochherd); Elektromotor; Benzinmotor.

5.3 Der Energieumsatz beim Übergang von Zustand A in Zustand B muß gleich groß sein, gleichgültig, ob A direkt in B oder über C in B umgewandelt wird; wäre dies nicht der Fall, so könnte man durch einen geeigneten Kreisprozeß Energie aus Nichts gewinnen, was im Widerspruch zum Energiesatz steht.

5.4 – 24,8 kcal/Mol; + 23,1 kcal/Mol; + 88 kcal/Mol.

5.5 2 Mol H_2 + 1 Mol O_2 in einer kalorimetrischen Bombe zur Reaktion bringen.

5.6 Weil neben dem Erreichen des Zustandes minimaler Gesamtenergie auch das Streben nach größter Unordnung für die «Triebkraft» eines Vorganges eine Rolle spielt.

5.7 Nein; weder H_2 noch O_2 absorbieren sichtbares Licht.

5.9 Das Glied $-T \cdot \Delta S$ übertrifft $+\Delta H$.

5.10 Zu (Teilchenzahl nimmt zu); ungefähr gleich; zu (Unordnung größer).

5.12 Polare Bindungen können nach polaren Mechanismen reagieren; dank der Polarität ist die Trennung in Krypto-Ionen relativ leicht möglich; braucht also relativ wenig Aktivierungsenergie.

5.15 Weil im Gleichgewicht auch die Ausgangsstoffe noch in meßbaren Konzentrationen vorhanden sind.

5.16 Metastabil: Zufügen eines Katalysators bewirkt Übergang ins Gleichgewicht (d.h. den stabilen Zustand). Auf die Lage des Gleichgewichts ist ein Katalysator ohne Einfluß.

5.17 a) Erhöhung der Konzentration eines Ausgangsstoffes; Entziehen eines Produktes; Vorgang bei möglichst tiefer Temperatur.
b) Wie unter a), aber Vorgang bei möglichst hoher Temperatur.

5.18 Für ein Salz vom Typus AB_2 gilt (B) = 2 (A), also $L_p = 4\ (A)^3$. Damit wird die molare Löslichkeit in Wasser = $1{,}62 \cdot 10^{-2}$ Mol/l, in 0,5-M NaCl-Lösung [näherungsweise wird (Cl^-) = 0,5 Mol/l gesetzt] = $6{,}8 \cdot 10^{-5}$ Mol/l.

5.19 Auch hier ist das $L_p = 4\ (Mg^{2+})^3$; (Mg^{2+}) ist aber $= \frac{0{,}075\ g}{62{,}3\ g} = 1{,}2 \cdot 10^{-3}$ Mol/l. $L_p = 6{,}95 \cdot 10^{-9}$.

7. Übungen von Seite 216

6.2 NaCl: Ionengitter zerfällt, Ionen hydratisieren sich; HCl: Protolyse.

6.3 Anilin löst sich – als Base! – besser in verdünnter Säure.

6.5 Bei der Ableitung des *p*H-Begriffes wurde (H_2O), die molare Konzentration des Wassers, als konstant angenommen. Dies gilt nur für verdünnte Lösungen (<1-M).

6.6 Die $[Al(H_2O)_6]^{3+}$-Ionen geben H^+ an die Ac^--Ionen ab $\rightarrow$ HAc (= Essigsäure!). Beim Eindampfen entsteht $Al(OH)_3$.

6.7 Nach zunehmender Beständigkeit geordnet: $(NH_4)_2S$, NH_4Ac, NH_4F, NH_4Cl, NH_4ClO_4.

6.8 $O^{2-} + H_2O \rightarrow 2\,OH^-$; $H^- + H_2O \rightarrow H_2 + OH^-$.

6.9 Ammoniumsalz + Base (die stärker ist als NH_3); Sulfid + Säure (die stärker ist als H_2S).

6.10 $(NH_4)_2HPO_4$ (H_2O und 1 Mol NH_3 entweichen).

6.11 a) In verd. Säure; b) in verd. Natronlauge; c) in Wasser; d) in verd. Säure.

6.12 Nach NH_3.

6.13 Na^+-Ionen, H_2O-Moleküle; S^{2-}-, HS^-- und OH^--Ionen.

6.14 Das Gleichgewicht $NH_3 + H_2O \rightleftarrows NH_4^+ + OH^-$ wird durch Zusatz der Säure NH_4^+ so stark nach links verschoben, daß das *p*H unter 8,5 sinkt. NaCl enthält keine Säure!

6.15 Eine Mischung von NH_4Cl und Ammoniaklösung hat ein tieferes *p*H als reine Ammoniaklösung (siehe Aufgabe 6.14!); die zur Überschreitung des L_p von $Mg(OH)_2$ nötige Konzentration der OH^--Ionen ist zu klein, um das L_p von $Mg(OH)_2$ zu überschreiten.

6.16 1; 11,62; 2,42; 13,7; 7; 12,95; 2,65.

6.17 0,764%; 24,1%.

6.18 Nein, die Säure $H_2PO_4^-$ ist zu schwach.

6.19 Vorgang: $Cu^{2+} + 2\,H_2O + H_2S \rightleftarrows 2\,H_3O^+ + CuS\ (s)$
Die extreme Schwerlöslichkeit von CuS bewirkt, daß dieses Gleichgewicht nach rechts verschoben wird!

6.20 $(H_2PO_4^-) : (HPO_4^{2-}) = 1{,}62 : 1$.

6.21 8,91.

6.22 40%.

6.23 a) $CO_3^{2-} + H_3O^+ \rightarrow HCO_3^- + H_2O$; b) $CO_3^{2-} + 2\,H_3O^+ \rightarrow H_2CO_3 + 2\,H_2O$.

8. Übungen von Seite 222

7.1 Ag^+ gibt mit NH_3 den Komplex $[Ag(NH_3)_2]^+$. Das Salz $[Ag(NH_3)_2]Cl$ ist löslich (kleine Gitterenergie). Zusatz von HNO_3 entzieht die basischen NH_3-Moleküle dem Komplexgleichgewicht; es entstehen wieder freie Ag^+-Ionen, die sich mit den Cl^--Ionen zu AgCl verbinden.

7.2 In konz. $CuCl_2$-Lösung ist das Kupfer hauptsächlich in Form des grünen $[CuCl_4]^{2-}$-Komplexes vorhanden.

7.3 Die Base CO_3^{2-} entzieht der Kationsäure $Fe^{3+}aq$ H^+-Ionen; schließlich scheidet sich wasserhaltiges $Fe(OH)_3$ aus.

7.4 Konz. H_2SO_4 gibt an SO_4^{2-}-Ionen in einem gewissen Ausmaß H^+-Ionen ab; dem schwerlöslichen Salz werden deshalb SO_4^{2-}-Ionen (als HSO_4^--Ionen) entzogen.

7.5 Der Hydroxokomplex steht im Gleichgewicht mit OH^-- und Pb^{2+}-Ionen. Die sehr geringe Konzentration der letzteren genügt, um das L_p des sehr schwer löslichen PbS zu überschreiten, nicht aber, um das weniger schwer lösliche PbI_2 auszufällen.

9. Übungen von Seite 255

8.2 Redoxreaktionen sind b) und c). b): $Fe^{3+} \rightarrow Fe^{2+}$ und $I^- \rightarrow I^0$. c) $Mg^0 \rightarrow Mg^{2+}$ und $N^0 \rightarrow N^{3-}$.

8.3 $Cu^{2+} \rightarrow Cu$ mit Reduktionsmitteln mit $E < +0{,}35$ (z.B. Fe),
$S \rightarrow S^{2-}$ mit Reduktionsmitteln mit $E < -0{,}51$ (z.B. Zn),
$Fe^{3+} \rightarrow Fe^{2+}$ mit Reduktionsmitteln mit $E < +0{,}75$ (z.B. I^-),
$S^{2-} \rightarrow S$ mit Oxidationsmitteln mit $E > -0{,}51$ (z.B. O_2),
$Cl^- \rightarrow Cl_2$ mit Oxidationsmitteln mit $E > +1{,}36$ (z.B. MnO_4^-).

8.5 $14\,H_3O^+ + Cr_2O_7^{2-} + 6\,Fe^{2+} \rightarrow 2\,Cr^{3+} + 6\,Fe^{3+} + 21\,H_2O$
$6\,H_3O^+ + 2\,MnO_4^- + 5\,SO_3^{2-} \rightarrow 2\,Mn^{2+} + 5\,SO_4^{2-} + 9\,H_2O$

8.6 Li-Metall bzw. F_2-Gas.

8.7 Messung der Spannung zwischen einer Normalwasserstoffelektrode und einer Cd-Elektrode in 1-M $CdSO_4$-Lösung gibt E^0 von Cadmium.

8.8 a) Spannung steigt, weil (H_3O^+) größer wird und damit $E_{MnO_4^-}$ positiver wird.
b) Spannung sinkt, weil (Fe^{3+}) größer wird und damit $E_{Fe^{2+}/Fe^{3+}}$ positiver wird.
c) Spannung steigt, weil (Fe^{3+}) durch die Komplexbildung sehr klein wird.

8.9 $FeSO_4$ mit F^--Zusatz ist ein starkes Reduktionsmittel, weil F^--Ionen die auch in einer solchen Lösung vorhandenen Fe^{3+}-Ionen binden.

8.10 Nein, die Oxidation ist beim *p*H der Sulfidlösung möglich.

8.11 $pH \approx 0{,}125$

8.12 10^{-10}.

8.14 Die (Zn^{2+}) nimmt zu, die (Cu^{2+}) nimmt ab. Möglichst verdünnte $ZnSO_4$- und möglichst konzentrierte $CuSO_4$-Lösung.

8.15 Korrosion durch Säure, durch Lokalelementbildung und durch vagabundierende Ströme, wenn Al als Anode wirkt. Schutz durch Oberflächenbehandlung. Vermeiden der Berührung mit anderen Metallen.

8.16 Nach Erreichen der Zersetzungsspannung von Wasser (theoretisch 1,24 V) fließt ein Strom. – Strom fließt sofort; keine Zersetzungsspannung.

8.18 a) Zersetzung des Wassers, Bildung von H_2 und O_2. Zersetzungsspannung = 1,24 V.
b) Abscheidung von Blei (Kathode), Bildung von O_2 (Anode). Zersetzungsspannung = 0,95 V.

8.20 Fe wird durch konz. Salpetersäure passiviert (Schutzschicht!).

8.21 Al durch Schmelzelektrolyse eines Al-Salzes; F_2 durch Schmelzelektrolyse eines Fluorids oder durch eine Lösung eines Fluorids in wasserfreiem HF. Sowohl Al wie F_2 können aus wäßriger Lösung durch Elektrolyse nicht erhalten werden (Al höchstens an einer Hg-Kathode).

10. Übungen von Seite 274

Die Antworten für die Aufgaben 9.3, 9.4, 9.6, 9.7, 9.9 und 9.11 finden Sie im Text.

9.1 Doppelbindungsregel: Außenelektronen sitzen an der Oberfläche von voluminösen Atomrümpfen und können sich nicht mehr so stark überlagern.

9.2 In Molekülen oder Komplexen, durch Atombindungen gebunden; als H^--Ion.

9.5 Das Ozon-Molekül zerfällt exotherm und exergonisch in O_2 und O_{nasc}.

9.8 $P^{3-} + 3\,H_2O \rightarrow PH_3 + 3\,OH^-$.

9.10 Die relativ voluminösen Anionen werden durch die Kationen bereits in merkbarem Maß deformiert, so daß ein Übergang zur Atombindung auftritt.

11. Übungen von Seite 289

Die Antworten für die Aufgaben 9.12, 9.17, 9.18 und 9.21 finden Sie im Text.

9.13 «Abnorm» hoher Siedepunkt, bedingt durch die H-Brücken.
Dichtemaximum bei 4°C, bedingt durch die besondere Struktur von Eis und von flüssigem Wasser.

9.15 $NH_2^- + H_2O \rightarrow NH_3 + OH^-$
$S^{2-} + H_2O \rightleftarrows HS^- + OH^-$
$PH_4^+ + H_2O \rightarrow PH_3 + H_3O^+$
$(NH_4)_2SO_4 \rightarrow 2\,NH_3 + H_2SO_4$
$H_2S + 3\,H_2SO_4 \rightarrow 4\,H_2O + 4\,SO_2$ (Redoxreaktion!)

9.16 Bei $pH < 0$: HgS, CuS, PbS, CdS; bei $pH > 7$: HgS, CuS, CdS, PbS, ZnS, FeS, NiS.

9.19 Essigsäure in Ammoniak gelöst (ist stärker ionisiert).

9.20 Alle Lösungen sind gleich stark (die drei Halogenwasserstoffverbindungen sind in 1-M Lösung zu 100% ionisiert). HCl und HBr halten sich unverändert; HI wird durch Luftsauerstoff langsam oxidiert.

12. Übungen von Seite 314

Die Antworten für die Aufgaben 9.22, 9.24, 9.28, 9.31, 9.32, 9.33, 9.34, 9.35, 9.36 9.37 und 9.38 finden Sie im Text (für 9.22 siehe S. 201).

9.23 $2\,HNO_3 + 3\,SO_3^{2-} \rightarrow 2\,NO + 3\,SO_4^{2-} + H_2O.$
$6\,H_3O^+ + 2\,HNO_3 + 3\,Zn \rightarrow 2\,NO + 3\,Zn^{2+} + 10\,H_2O.$

9.25 Ja! Protolyse: $HNO_3 + HNO_3 \rightarrow NO_2^+ + NO_3^- + H_2O.$

9.26 Hydrationswärme der Ca^{2+}-Ionen!

9.27 Weil Al durch konz. HNO_3 passiviert wird.

9.29 $KNO_3 \rightarrow KNO_2 + O$; $S + 2\,O \rightarrow SO_2$; $C + 2\,O \rightarrow CO_2$. Daneben tritt auch die Reaktion $8\,KNO_3 + 2\,C + 11\,S \rightarrow 2\,K_2S + 2\,K_2CO_3 + 9\,SO_2 + 4\,N_2$ ein.

9.30 Bei schwachem Sauerstoffstrom entsteht durch die Verbrennung nur wenig Wärme; es bildet sich hauptsächlich CO_2 als Produkt. Dieses gibt mit $Ba(OH)_2$ $BaCO_3$. Starker Sauerstoffstrom führt zu starker Erwärmung; bei der hohen Verbrennungstemperatur entsteht vorwiegend CO, welches Ag^{+I} zu Ag^0 reduziert.

9.39 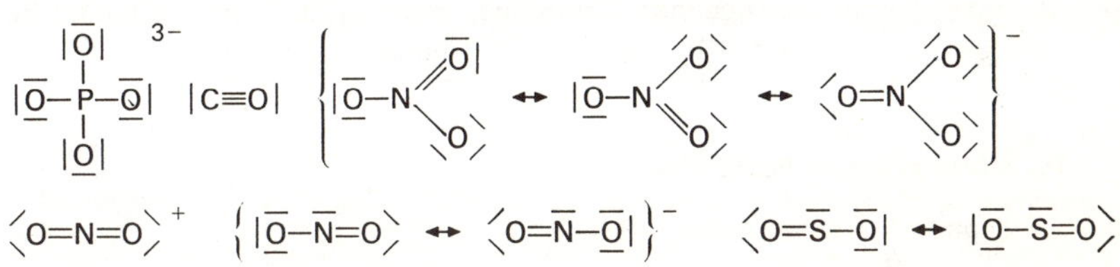

13. Übungen von Seite 345

Die Antworten für die Aufgaben 10.1, 10.3 bis 10.9 und 10.11 bis 10.13 finden Sie im Text.

10.2 Chrom, Wolfram und die Platinmetalle haben ziemlich viele Außenelektronen und kristallisieren in der Magnesium- oder Wolframstruktur. Die Alkalimetalle (Goldstruktur!) besitzen nur ein einziges Außenelektron; der Zusammenhalt des Metallgitters ist daher geringer.

10.10 Die OH^--Ionen verschieben das Gleichgewicht (3) (S. 334) nach links und wirken damit dem Rosten entgegen.

14. Übungen von Seite 361

Die Antworten für die Aufgaben 11.1, 11.2, 11.3, 11.10, 11.11 und 11.13 finden Sie im Text.

11.4 CF_3CH_2OH ist dank den elektronegativen F-Atomen stärker sauer.

11.5 Wegen der benachbarten (elektronenanziehenden) C=O-Gruppe ist die $-NH_2$-Gruppe kaum basisch. Mit Basen reagiert sie nicht.

11.6 CH_4, CH_3NH_2, CH_3OH, HCOOH.

11.7 C_3H_6O, z.B. 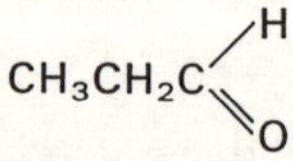 .

11.8 Die Bildung der Substanz C ist kinetisch kontrolliert, während die Bildung von D thermodynamisch kontrolliert ist.

11.9 C—Cl in Krypto-Ionen (das Elektronenpaar verbleibt dem Cl-Atom); C—H in Radikale; O—H in Krypto-Ionen (das Elektronenpaar verbleibt dem O-Atom).

11.12 Substitution, Substitution, Addition, Substitution oder Elimination

11.14 Man identifiziert die Verbindung durch Vergleich ihrer physikalischen Eigenschaften (z.B. Sdp., Brechungsindex usw.) mit den Eigenschaften von $CH_3CH_2\underset{\displaystyle\overset{\|}{O}}{C}CH_3$.

15. Übungen von Seite 396

11.16 a) 2-Brom-2-methylpentan.
b) drei isomere Chlorhexane.

11.17 S_R, A_R, A_E, S_E.

11.18 Rund 1240 Liter.

11.19 Reaktion von Propan mit Brom (am Licht) oder Addition von HBr an Propen oder Substitution der Hydroxylgruppe in $CH_3{-}\underset{\displaystyle\overset{|}{OH}}{CH}{-}CH_3$ durch —Br.

11.21 Mit HI (stärkste Säure!).

11.22 Chloräthen addiert langsamer (Elektronendichte der Doppelbindung kleiner!).

11.28 Das elektronegative F-Atom setzt die Elektronendichte im Benzolring herab.

11.30 Auch die elektronenanziehende Nitrogruppe setzt die Elektronendichte im Benzolring herab, so daß Nitrobenzol schwerer zu nitrieren ist als Benzol.

16. Übungen von Seite 418

11.31 2,4-Dimethyl-2-chlorhexanol-(3).

11.32

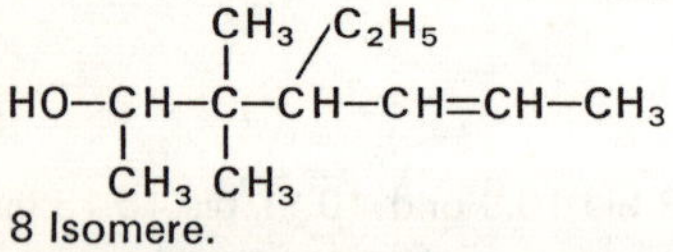

11.33 8 Isomere.

11.34 $C_5H_{11}OH$ und $C_2H_5OC_2H_5$ besser in Hexan löslich (in Wasser nur wenig). $C_3H_6(OH)_3$ gut wasserlöslich.

11.35 Zuerst Protolyse, dann S_N-Reaktion.

11.36 Aus Äthanol (im Überschuß) und konz. Schwefelsäure.

11.37 Die erste Verbindung ergibt Butanon-(2), die zweite ist nicht oxidierbar.

11.38 Das Br^--Ion ist zu wenig nucleophil, um ein OH^--Ion zu verdrängen.

11.42 Aceton ergibt mit Natrium das Na-Salz des Enols.

11.45 Durch Erhitzen von 95% Äthanol mit wasserentziehenden Mitteln wie CaO oder wasserfreies $CuSO_4$.

11.46 Cyclohexanol: mit Br_2 höchstens Radikalsubstitution eines H-Atoms (am Licht); mit NaOH keine Reaktion; mit Wasser kaum mischbar;

Phenol: mit Br_2 S_E-Reaktion (Bildung von Tribromphenol); mit NaOH reagiert Phenol als Säure (es löst sich in NaOH aq); in Wasser wenig löslich, dabei Protolyse (*p*H etwa 4–5).

11.47 Diphenylmethylalkohol aus Diphenylketon und CH_3MgBr;

Pentanol-(2) aus Butyraldehyd und CH_3MgBr;

2-Methylbutanol-(1) aus Formaldehyd und $CH_3—\underset{\displaystyle MgBr}{\underset{|}{C}H}—CH_2—CH_3$;

Butanol-(2) aus Propionaldehyd und CH_3MgBr.

17. Übungen von Seite 434

11.49 C_2H_5COOH, $\underset{\displaystyle OH}{\underset{|}{C}H_2COOH}$, $\underset{\displaystyle COOH}{\underset{|}{C}OOH}$, CHF_2COOH.

11.50 In Wasser Protolyse: $C_6H_5O^- + H_2O \rightarrow C_6H_5OH + OH^-$. Mit Methyliodid Bildung des Phenoläthers: $C_6H_5O^- + CH_3I \rightarrow C_6H_5OCH_3 + I^-$ (S_N!)

11.51 Aktivierung durch die —COOH-Gruppe (C—H-Bindung stärker polar!).

11.52 Ameisensäure wird durch Fehling-Lösung zu CO_2 und Wasser oxidiert.

11.56 Die Leichtigkeit der Hydrolyse nimmt in der angegebenen Reihenfolge ab, weil die *EN* von —Cl am höchsten, der $—OCH_3$-Gruppe am kleinsten ist.

11.57 S_N-Reaktion: Verdrängung von —Br durch das nucleophile Säure-Anion.

11.58 Solche Kationenseifen besitzen ebenfalls ein hydrophiles Ende und daran eine lipophile C-Kette. Da ihre Kationen weder mit Ca^{2+}-Ionen noch mit Säuren oder starken Basen reagieren, waschen sie in jeder Art von Wasser.

18. Übungen von Seite 443

11.59 Das nucleophile $(CH_3)_3N$ verdrängt das I^--Ion.

11.60 Die konjugierte Säure von Guanidin ist durch Mesomerie stabilisiert. Für Harnstoff gilt dies nicht; das elektronegative O-Atom der Carbonylgruppe vermindert die Basenstärke noch mehr. Harnstoff ist eine sehr schwache Base.

11.61 Pyridin verhält sich ähnlich wie Anilin; das freie Elektronenpaar des N-Atoms überlagert sich in einem gewissen Maß mit dem π-System.

11.63 β- oder δ-Aminosäuren bilden ringförmige Verbindungen. Aus zwei β-Aminosäuremolekülen entsteht ein 8-Ring; eine δ-Aminosäure bildet einen 6-Ring.

19. Übungen von Seite 468

11.65 Bei einer nucleophilen Substitution eines H-Atoms müßte ein äußerst stark nucleophiles H^--Ion verdrängt werden, was unmöglich ist. Elektrophile Reagenzien können an den unpolaren C—H-Bindungen nicht angreifen.

11.66 In der erwähnten Reihe wechselt der Reaktionstyp von S_N2 zu S_N1.

11.67 Benzolsulfonsäure ergibt bei der Nitrierung hauptsächlich das *m*-Disubstitutionsprodukt; Chlorbenzol ergibt *o*- und *p*-Nitrochlorbenzol. Nitrobenzol ergibt bei der Bromierung *m*-Bromnitrobenzol. Aus *m*-Dinitrobenzol erhält man (allerdings schwer) 1-Brom-3,5-Dinitrobenzol.

11.68 Das Anilin liegt dann als Anilinum-Ion vor; die $-NH_3^+$-Gruppe zeigt einen sehr starken −I-Effekt.

11.69 Leichter (+ I-Effekt); *o*- und *p*-Substitutionsprodukt.

11.70 Erhöhte Reaktionsfähigkeit von Anilin und Phenol wegen + M-Effekt.

11.71 S_N-Reaktion.

11.72 a) $C_6H_5CH{=}CH{-}CO{-}CH_3$ b) $CH_3{-}CH{=}CH{-}CO{-}CH_3$.

11.75 Nein; das Br^--Ion vermag das OH^--Ion nicht zu verdrängen.

11.77 a) Malonester + CH_3I (S_N), dann Verseifen und CO_2 abspalten.
b) Tert. Butylchlorid → Grignard-Verbindung; diese an CO_2 addieren und spalten.
c) Benzol + Acetylchlorid (Friedel-Crafts).
d) Benzyldehyd + Aceton unter der Wirkung von NaOH kondensieren; Wasser abspalten.

11.78 Br^--Ionen sind viel schwächer basisch als OH^--Ionen.

20. Übungen von Seite 482

11.79 Beobachtung von Spiegelbild- und *cis/trans*-Isomerie.

11.82 Weil es nicht eben gebaut ist, kann Cyclooctatetraen nicht aromatisch sein. Brom wird deshalb addiert.

11.83 Optisch aktiv ist nur 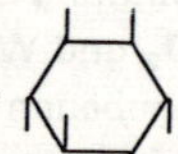

11.84 Optisch aktiv sind a), b), c), e) und f).

11.86 3 (vgl. Abb. 11.35 : Weinsäuren!).

11.87 Konfiguration und wirklicher Drehsinn müssen nicht übereinstimmen.

21. Übungen von Seite 494

11.93 $CH_3{-}CH{=}CH{-}CH_3$

11.94 $(CH_3)_2C{=}CH{-}CH_2{-}CH_2{-}C(CH_3){=}CH{-}CHO$

11.95 $HOOC{-}CH_2{-}CH(OH){-}COOH$

11.98 Benzol + Äthen gibt (katalytisch) Äthylbenzol; Dehydrierung führt zu Styrol, welches polymerisiert wird. Addition von HCl an Acetylen ergibt Vinylchlorid, welches polymerisiert wird.

11.99 Die Reaktion verläuft wie die Aldolkondensation, nur werden hier Estermoleküle an die C=O-Gruppe des Acetons addiert.

11.101 Acetaldehyd wird zu Essigsäure oxidiert und dann verestert; nach der Kondensation mit Aceton wird Wasser abgespalten.
Äthanol wird mit HCl in Äthylchlorid übergeführt. Nach Substitution mit KCN und anschließender Hydrolyse entsteht Propionsäure. Am α-C wird ein H- durch ein Cl-Atom ersetzt und dieses gegen OH ausgetauscht (Chlorierung mit Chlor; Einführung der OH-Gruppe mit KOH).

Addition von HCN und anschließende Hydrolyse ergibt Mandelsäure.
Durch Reaktion mit Chlor (am Licht!) erhält man aus Toluol Benzylchlorid ($C_6H_5CH_2Cl$). Dieses wird mit KCN in das Cyanid übergeführt; die durch Hydrolyse des Cyanids entstandene Säure wird zum Alkohol reduziert.
Addition von CH_3MgCl an Aceton bzw. Propionaldehyd.
Aus Essigsäure stellt man über das Säurechlorid das Cyanid $CH_3{-}\underset{\underset{O}{\|}}{C}{-}CN$ her; durch Hydrolyse entsteht daraus Brenztraubensäure.

22. Übungen von Seite 507

11.104 Das Nitrophenolat-Ion besitzt, ähnlich wie Pikrinsäure, ein ausgedehntes π-System.
11.105 Die rote und blaue Form zeigt ein stärker ausgedehntes π-System und absorbiert deshalb auch Licht längerer Wellenlängen. Die gelbe Form absorbiert nur blaues Licht.
11.106 Beim Ansäuern lagern die Phenolat-O-Atome Protonen an, wodurch die Eingliederung der freien Elektronen an diesen O-Atomen in das π-System erschwert wird.

23. Übungen von Seite 520

Die Antworten auf die Fragen sind im vorausgehenden Text enthalten.

24. Übungen von Seite 552

11.114 Sehr große Wasserlöslichkeit, verhältnismäßig hoher Schmelzpunkt und ziemlich harte Kristalle dank den zahlreichen H-Brücken.
11.116 Die OH-Gruppe der Glucose, welche der —CHO-Gruppe entspricht, ist mit Fructose verbunden. Maltose wirkt reduzierend, weil sich der zweite Glucosering in die Kettenform umwandeln kann.
11.118 Mit fortschreitender Hydrolyse reduzieren die Proben Fehling-Lösung immer stärker (Bildung der Maltose bzw. Glucose), während die Blaufärbung der Iodlösung allmählich zurückgeht (nur Stärke färbt Iod!).
11.121 Tyr.Leu.Val.CySH.Gly.Glu.Arg.Gly.Phe.Phe.
11.127 Aus dem im Eiweiß enthaltenen Schwefel entsteht H_2S.

Komplexzerfallskonstanten

Die angegebenen Konstanten beziehen sich auf die Gleichgewichte $MeX_n^+ \rightleftarrows Me^+ + nX$

Ligand	Kation	Komplex	pK_K
NH_3	Ag^+	$[Ag(NH_3)_2]^+$	7,1
	Co^{2+}	$[Co(NH_3)_6]^{2+}$	4,7
	Co^{3+}	$[Co(NH_3)_6]^{3+}$	35,1
	Cu^{2+}	$[Cu(NH_3)_4]^{2+}$	13,3
	Ni^{2+}	$[Ni(NH_3)_4]^{2+}$	8,7
	Zn^{2+}	$[Zn(NH_3)_4]^{2+}$	9,6
F^-	Al^{3+}	$[AlF_6]^{3-}$	19,8
	Fe^{3+}	$[FeF_6]^{3-}$	9,16
Cl^-	Ag^+	$[AgCl_2]^-$	5,4
	Cu^{2+}	$[CuCl_4]^{2-}$	5,6
	Fe^{3+}	$[Fe(H_2O)_5Cl]^{2+}$	0,5
I^-	Hg^{2+}	$[HgI_4]^{2-}$	30,5
	Pb^{2+}	$[PbI_4]^{2-}$	6,2
CN^-	Ag^+	$[Ag(CN)_2]^-$	20,8
	Au^+	$[Au(CN)_2]^-$	21
	Cd^{2+}	$[Cd(CN)_4]^{2-}$	18,6
	Cu^+	$[Cu(CN)_3]^{2-}$	20,8
	Fe^{2+}	$[Fe(CN)_6]^{4-}$	24
	Fe^{3+}	$[Fe(CN)_6]^{3-}$	31
	Ni^{2+}	$[Ni(CN)_4]^{2-}$	22,0
	Zn^{2+}	$[Zn(CN)_4]^{2-}$	16,9
SCN^-	Ag^+	$[Ag(SCN)_2]^-$	9,8
	Fe^{3+}	$[Fe(H_2O)_4(SCN)_2]^+$	5,94
$S_2O_3^{2-}$	Ag^+	$[Ag(S_2O_3)_2]^{3-}$	13,5
OH^-	Al^{3+}	$[Al(OH)_4]^-$	32
	Pb^{2+}	$[Pb(OH)_4]^{2-}$	14,55
	Zn^{2+}	$[Zn(OH)_4]^{2-}$	15,75

$pK_K = -\log K_K$

Löslichkeitsprodukte[1]

Substanz	*pL*	Substanz	*pL*
AgBr	12,3	HgS	54
AgCl	10		
Ag_2CO_3	11,3	$KClO_4$	2,05
Ag_2CrO_4	11,7		
AgI	16	$MgCO_3$	3,7
AgOH	7,7	MgF_2	8,16
Ag_2S	49	$Mg(OH)_2$	12
AgSCN	12	$MgNH_4PO_4$	12,6
$Al(OH)_3$	33	$Mn(OH)_2$	14,15
		MnS	15
$BaCO_3$	8,3		
$BaCrO_4$	9,7	$NiCO_3$	6,85
BaF_2	5,77	$Ni(OH)_2$	14
$BaSO_4$	10	NiS	21
$CaCO_3$	8,32	$PbCl_2$	4,77
CaC_2O_4	8,07	$PbCO_3$	13,48
CaF_2	10,46	$PbCrO_4$	13,8
$CaSO_4$	4,32	PbF_2	7,5
		PbI_2	7,86
$Cd(OH)_2$	13,92	$Pb(OH)_2$	15,55
CdS	28	$PbSO_4$	8
CoS	22	PbS	28
CuCl	6	SnS	28
CuI	11,3		
$Cu(OH)_2$	19,75	$SrCO_3$	8,8
Cu_2S	46,7	SrF_2	8,52
CuS	etwa 40	$SrSO_4$	6,56
$Fe(OH)_2$	15	$ZnCO_3$	10,2
$Fe(OH)_3$	38	$Zn(OH)_2$	16,75
FeS	21	ZnS	23

$pLp = -\log L$

[1] Der Übersichtlichkeit halber werden die Substanzen auf dieser und den folgenden Tabellen alphabetisch angeordnet.

Säurekonstanten

Säure	Konjugierte Base	pK_s	Säure	Konjugierte Base	pK_s
$[Al(H_2O)_6]^{3+}$	$[Al(H_2O)_5OH]^{2+}$	4,9	NH_4^+	NH_3	9,21
			NH_3	NH_2^-	23
H_3AsO_3	$H_2AsO_3^-$	9,22	HNO_2	NO_2^-	3,35
H_3AsO_4	$H_2AsO_4^-$	2,32	HNO_3	NO_3^-	−1,32
$H_2AsO_4^-$	$HAsO_4^{2-}$	7			
$HAsO_4^{2-}$	AsO_4^{3-}	13	H_3O^+	H_2O	−1,74
			H_2O	OH^-	15,74
HBr	Br^-	−6	OH^-	O^{2-}	24
$HBrO_3$	BrO_3^-	0	H_2O_2	HO_2^-	11,62
CH_4	CH_3^-	34	PH_4^+	PH_3	0
(H_2CO_3)	HCO_3^-	6,46	H_3PO_2	$H_2PO_2^-$	2,0
HCO_3^-	CO_3^{2-}	10,40	H_3PO_3	$H_2PO_3^-$	1,8
CH_3COOH	CH_3COO^-	4,76	H_3PO_4	$H_2PO_4^-$	1,96
HCN	CN^-	9,4	$H_2PO_4^-$	HPO_4^{2-}	7,21
$HSCN$	SCN^-	4	HPO_4^{2-}	PO_4^{3-}	12,32
HCl	Cl^-	−6	H_2S	HS^-	7,06
$HClO$	ClO^-	7,25	HS^-	S^{2-}	12,9
$HClO_2$	ClO_2^-	2	H_2SO_3	HSO_3^-	1,96
$HClO_3$	ClO_3^-	0	HSO_3^-	SO_3^{2-}	7,2
$HClO_4$	ClO_4^-	−9	H_2SO_4	HSO_4^-	−3
			HSO_4^-	SO_4^{2-}	1,92
H_2F^+	HF	−6			
HF	F^-	3,14	H_2Se	HSe^-	3,77
			HSe^-	Se^{2-}	10,0
$[Fe(H_2O)_6]^{3+}$	$[Fe(H_2O)_5OH]^{2+}$	2,22	H_2SeO_3	$HSeO_3^-$	2,54
			H_2SeO_4	$HSeO_4^-$	−3
H_2	H^-	etwa 40			
			H_2Te	HTe^-	2,64
HI	I^-	−8	HTe^-	Te^{2-}	5,0
HIO	IO^-	10,8	H_6TeO_6	$H_5TeO_6^-$	7,68
HIO_3	IO_3^-	0			
H_5IO_6	$H_4IO_6^-$	1,64	$[Zn(H_2O)_4]^{2+}$	$[Zn(H_2O)_3OH]^+$	9,66

$pK_s = -\log K_s$

Säurekonstanten organischer Säuren

Säure	pK_s	Säure	pK_s
Aceton	19,00	Glutarsäure	4,34 5,31
Acrylsäure	4,25	Hydrochinon	10,35
Adipinsäure	4,43 4,41	Iodessigsäure	3,13
Ameisensäure	3,70	Isobuttersäure	4,84
p-Aminobenzoesäure	4,92	Maleinsäure	1,85 6,07
Aminoessigsäure	2,4 9,8	Malonsäure	2,83 5,69
Anthranilsäure	5,00	Milchsäure	3,87
Äpfelsäure	3,4 5,11	*o*-Nitrobenzoesäure	2,16
Aspirin	3,48	*p*-Nitrobenzoesäure	3,41
Äthanol	16,00	*o*-Nitrophenol	7,17
Benzoesäure	4,22	*p*-Nitrophenol	7,15
Benzolsulfonsäure	0,70	Oxalsäure	1,46 4,40
Bernsteinsäure	4,16 6,61	Phenol	9,89
Bromessigsäure	2,87	Phenylessigsäure	4,28
n-Buttersäure	4,82	Phthalsäure	2,89 4,41
Chloressigsäure	2,81	Pikrinsäure	0,75
α-Chlorbuttersäure	2,86	Propionsäure	4,88
β-Chlorbuttersäure	4,05	Resorcin	9,81
γ-Chlorbuttersäure	4,52	Sulfanilsäure	3,23
α-Chlorpropionsäure	2,83	Terephthalsäure	3,51
β-Chlorpropionsäure	3,98	Thioessigsäure	3,33
Citronensäure	3,08 4,74 5,40	Trichloressigsäure	0,08
Dichloressigsäure	1,29	Trichlorphenol	6,00
2,4-Dinitrophenol	3,96	Trimethylessigsäure	5,03
Essigsäure	4,76	Valeriansäure	4,81
Fluoressigsäure	2,66	Weinsäure	2,98 4,34
Fumarsäure	3,02 4,44		

Basenkonstanten organischer Basen

Hier sind – ausnahmsweise! – die pK_b-Werte tabelliert!

Base	pK_b	Base	pK_b
Acetamid	12,60	Hydrazin	5,52
Aminoäthanol	4,56	Methylamin	3,36
Anilin	9,3	N-Methylanilin	9,30
Äthylamin	3,25	Morphin	6,13
Benzidin	9,03 10,25	Nicotin	6,15
n-Butylamin	3,39	Phenylhydrazin	8,79
Colchicin	12,35	Piperidin	2,79
Diäthylamin	3,02	Pyridin	8,77
N-Dimethylanilin	8,94	Semicarbazid	10,57
Dimethylamin	3,28	Thioharnstoff	14,96
Diphenylamin	13,1	Triäthylamin	3,24
Harnstoff	13,82	Trimethylamin	4,26

Redoxpotentiale

Normalpotentiale *(E^0)* bei 25°C; Volt

Redoxpaar	Reduzierte Form	Oxidierte Form	*n*	E^0
Ag (0) – Ag (+ I)	Ag	Ag^+aq	1	+ 0,81
Ag (0) – Ag (+ I)	$Ag + 2CN^-$	$Ag(CN)_2^-$	1	− 0,31
Al (0) – Al (+ III)	Al	$Al^{3+}aq$	3	− 1,67
Al (0) – Al (+ III)	$Al + 3OH^-$	$Al(OH)_3$ (s)	3	− 2,31
Al (0) – Al (+ III)	$Al + 6F^-$	AlF_6^{3-}	3	− 2,07
As (− III) – As (0)	$AsH_3 + 3H_2O$	$As + 3H_3O^+$	3	− 0,60
As (− III) – As (0)	$AsH_3 + 3OH^-$	$As + 3H_2O$	3	− 1,43
As (0) – As (+ III)	$As + 5H_2O$	$HAsO_2aq + 3H_3O^+$	3	+ 0,25
As (0) – As (+ III)	$As + 4OH^-$	$AsO_2^- + 2H_2O$	3	− 0,68
As (+ III) – As (+ V)	$HAsO_2 + 4H_2O$	$H_3AsO_4 + 2H_3O^+$	2	+ 0,56
As (+ III) – As (+ V)	$AsO_2^- + 4OH^-$	$AsO_4^{3-} + 2H_2O$	2	− 0,67
Au (0) – Au (+ I)	Au	Au^+	1	+ 1,70
Au (0) – Au (+ I)	$Au + 2CN^-$	$Au(CN)_2^-$	1	− 0,60
Au (0) – Au (+ III)	$Au + 4Cl^-$	$AuCl_4^-$	3	+ 1,00
B (0) – B (+ III)	$B + 6H_2O$	$H_3BO_3 + H_3O^+$	3	− 0,87
Ba (0) – Ba (+ II)	Ba	$Ba^{2+}aq$	2	− 2,92
Bi (0) – Bi (+ III)	$Bi + 3H_2O$	$BiO^+ + 2H_3O^+$	3	+ 0,32
Bi (0) – Bi (+ III)	$2Bi + 6OH^-$	$Bi_2O_3 + 3H_2O$	6	− 0,44
Br (− I) – Br (0)	$2Br^-$	Br_2 (l)	2	+ 1,06
Br (− I) – Br (0)	$2Br^-$	Br_2 (aq)	2	+ 1,09
Br (− I) – Br (+ I)	$Br^- + 2OH^-$	$BrO^- + H_2O$	2	+ 0,76
Br (− I) – Br (+ V)	$Br^- + 9H_2O$	$BrO_3^- + 6H_3O^+$	6	+ 1,42
Br (− I) – Br (+ V)	$Br^- + 6OH^-$	$BrO_3^- + 3H_2O$	6	+ 0,61
Br (0) – Br (+ I)	$Br_2 + 4H_2O$	$2HOBr + 2H_3O^+$	2	+ 1,59
Br (0) – Br (+ I)	$Br_2 + 4OH^-$	$2BrO^- + 2H_2O$	2	+ 0,45
Br (0) – Br (+ V)	$Br_2 + 18H_2O$	$2BrO_3^- + 12H_3O^+$	10	+ 1,51
Br (+ I) – Br (+ V)	$HOBr + 7H_2O$	$BrO_3^- + 5H_3O^+$	4	+ 1,49
Br (+ I) – Br (+ V)	$BrO^- + 4OH^-$	$BrO_3^- + 2H_3O^+$	4	+ 0,54
Ca (0) – Ca (+ II)	Ca	$Ca^{2+}aq$	2	− 2,76
Cd (0) – Cd (+ II)	Cd	$Cd^{2+}aq$	2	− 0,40
Ce (0) – Ce (+ III)	Ce	$Ce^{3+}aq$	3	− 2,48
Ce (+ III) – Ce (+ IV)	$Ce^{3+}aq$	$Ce^{4+}aq$	1	+ 1,61

Redoxpaar	Reduzierte Form	Oxidierte Form	*n*	*E*°
Cl (− I) − Cl (0)	$2\,Cl^-$	Cl_2 (g)	2	+ 1,36
Cl (− I) − Cl (0)	$2\,Cl^-$	Cl_2 (aq)	2	+ 1,40
Cl (− I) − Cl (+ I)	$Cl^- + 3\,H_2O$	$ClO^- + 2\,H_3O^+$	2	+ 1,49
Cl (− I) − Cl (+ I)	$Cl^- + 2\,OH^-$	$ClO^- + H_2O$	2	+ 0,89
Cl (− I) − Cl (+ V)	$Cl^- + 9\,H_2O$	$ClO_3^- + 6\,H_3O^+$	6	+ 1,45
Cl (− I) − Cl (+ V)	$Cl^- + 6\,OH^-$	$ClO_3^- + 3\,H_2O$	6	+ 0,63
Cl (− I) − Cl (+ VII)	$Cl^- + 12\,H_2O$	$ClO_4^- + 8\,H_3O^+$	8	+ 1,34
Cl (− I) − Cl (+ VII)	$Cl^- + 8\,OH^-$	$ClO_4^- + 4\,H_2O$	8	+ 0,56
Cl (0) − Cl (+ I)	Cl_2 (g) $+ 4\,H_2O$	$2\,HOCl + 2\,H_3O^+$	2	+ 1,63
Cl (0) − Cl (+ I)	Cl_2 (g) $+ 4\,OH^-$	$2\,HOCl + 2\,H_2O$	2	+ 0,40
Cl (+ I) − Cl (+ III)	$ClO^- + 2\,OH^-$	$ClO_2^- + H_2O$	2	+ 0,66
Cl (+ III) − Cl (+ V)	$HClO_2 + 4\,H_2O$	$ClO_3^- + 3\,H_3O^+$	2	+ 1,21
Cl (+ III) − Cl (+ V)	$ClO_2^- + 2\,OH^-$	$ClO_3^- + H_2O$	2	+ 0,33
Cl (+ V) − Cl (+ VII)	$ClO_3^- + 3\,H_2O$	$ClO_4^- + 2\,H_3O^+$	2	+ 1,19
Cl (+ V) − Cl (+ VII)	$ClO_3^- + 2\,OH^-$	$ClO_4^- + H_2O$	2	+ 0,36
Co (0) − Co (+ II)	Co	Co^{2+}aq	2	− 0,27
Co (0) − Co (+ II)	$Co + 2\,OH^-$	$Co(OH)_2$	2	− 0,42
Co (0) − Co (+ III)	Co	Co^{3+}aq	3	+ 0,40
Co (+ II) − Co (+ III)	Co^{2+}aq	Co^{3+}aq	1	+ 1,80
Co (+ II) − Co (+ III)	$Co(NH_3)_6^{2+}$	$Co(NH_3)_6^{3+}$	1	+ 0,10
Co (+ II) − Co (+ III)	$Co(CN)_6^{4-}$	$Co(CN)_6^{3-}$	1	− 0,83
Co (+ II) − Co (+ III)	$Co(OH)_2 + OH^-$	$Co(OH)_3$	1	+ 0,2
Cr (0) − Cr (+ II)	Cr	Cr^{2+} aq	2	− 0,91
Cr (0) − Cr (+ III)	Cr	Cr^{3+}aq	3	− 0,74
Cr (+ II) − Cr (+ III)	Cr^{2+}aq	Cr^{3+}aq	1	− 0,41
Cr (+ III) − Cr (+ VI)	$2\,Cr^{3+} + 21\,H_2O$	$Cr_2O_7^{2-} + 14\,H_3O^+$	6	+ 1,36
Cr (+ III) − Cr (+ VI)	$Cr^{3+} + 12\,H_2O$	$CrO_4^{2-} + 8\,H_3O^+$	3	+ 1,34
Cr (+ III) − Cr (+ VI)	$Cr(OH)_3 + 5\,OH^-$	$CrO_4^{2-} + 4\,H_2O$	3	− 0,13
Cs (0) − Cs (+ I)	Cs	Cs^+aq	1	− 2,99
Cu (0) − Cu (+ I)	$Cu + Cl^-$	CuCl (s)	1	+ 0,13
Cu (0) − Cu (+ I)	$Cu + I^-$	CuI (s)	1	− 0,185
Cu (0) − Cu (+ I)	$Cu + 2\,CN^-$	$Cu(CN)_2^-$	1	− 0,43
Cu (0) − Cu (+ I)	$Cu + 2\,NH_3$	$Cu(NH_3)_2^+$	1	− 0,11
Cu (0) − Cu (+ I)	$2\,Cu + S^{2-}$	Cu_2S	2	− 0,95
Cu (0) − Cu (+ II)	Cu	Cu^{2+}aq	2	+ 0,35
Cu (0) − Cu (+ II)	$Cu + 2\,OH^-$	$Cu(OH)_2$	2	− 0,224
Cu (0) − Cu (+ II)	$Cu + 4\,NH_3$	$Cu(NH_3)_4^{2+}$	2	− 0,05
Cu (+ I) − Cu (+ II)	Cu^+	Cu^{2+}aq	1	+ 0,17
Cu (+ I) − Cu (+ II)	CuI	Cu^{2+}aq $+ I^-$	1	+ 0,85

Redoxpaar	Reduzierte Form	Oxidierte Form	n	E^0
F(−I) − F(0)	$2F^-$	F_2 (g)	2	+2,85
Fe(0) − Fe(+II)	Fe	Fe^{2+}aq	2	−0,44
Fe(0) − Fe(+II)	$Fe + 2OH^-$	$Fe(OH)_2$	2	−0,88
Fe(0) − Fe(+III)	Fe	Fe^{3+}aq	3	−0,04
Fe(+II) − Fe(+III)	Fe^{2+}aq	Fe^{3+}aq	1	+0,75
Fe(+II) − Fe(+III)	$Fe(OH)_2 + OH^-$	$Fe_2O_3 \cdot 3H_2O$	1	−0,75
Fe(+II) − Fe(+III)	$Fe(CN)_6^{4-}$	$Fe(CN)_6^{3-}$	1	+0,36
Fe(+II) − Fe(+III)	Fe^{2+} in 1-M HCl	Fe^{3+} in 1-M HCl	1	+0,67
Fe(+II) − Fe(+III)	Fe^{2+} in 1-M $HClO_4$	Fe^{3+} in 1-M $HClO_4$	1	+0,70
Ga(0) − Ga(+III)	Ga	Ga^{3+}aq	3	−0,52
H(0) − H(+I)	$H_2 + 2H_2O$	$2H_3O^+$	2	0,00
H(0) − H(+I)	$H_2 + 2H_2O$	$2H_3O^+$ bei *p*H 7	2	−0,42
H(0) − H(+I)	$H_2 + 2OH^-$	$2H_2O$	2	−0,84
H(−I) − H(0)	$2H^-$	H_2	2	−2,24
Hg(0) − Hg(+I)	2Hg	$Hg_2{}^+$aq	2	+0,80
Hg(0) − Hg(+I)	$2Hg + 2Cl^-$	Hg_2Cl_2	2	+0,268
Hg(0) − Hg(+I)	$2Hg + 2CN^-$	$Hg_2(CN)_2$	2	−0,36
Hg(0) − Hg(+II)	Hg	Hg^{2+}aq	2	+0,85
Hg(0) − Hg(+II)	$Hg + 4I^-$	HgI_4^{2-}	2	−0,04
Hg(+I) − Hg(+II)	Hg_2^{2+}	$2Hg^{2+}$aq	2	+0,91
Hg(+I) − Hg(+II)	$Hg_2Cl_2 + 2Cl^-$	$2HgCl_2$	2	+0,63
I(−I) − I(0)	$2I^-$	I_2 (s)	2	+0,54
I(−I) − I(0)	$2I^-$	I_2 (aq)	2	+0,58
I(−I) − I(+I)	$I^- + 2H_2O$	$HOI + H_3O^+$	2	+0,99
I(−I) − I(+V)	$I^- + 9H_2O$	$IO_3^- + 6H_3O^+$	6	+1,09
I(−I) − I(+V)	$I^- + 6OH^-$	$IO_3^- + 3H_2O$	6	+0,26
I(0) − I(+I)	$I_2 + 4H_2O$	$2HOI + 2H_3O^+$	2	+1,45
I(0) − I(+I)	$I_2 + 4OH^-$	$2IO^- + 2H_2O$	2	+0,45
I(0) − I(+V)	$I_2 + 12OH^-$	$2IO_3^- + 6H_2O$	10	+0,20
I(+I) − I(+V)	$IO^- + 4OH^-$	$IO_3^- + 2H_2O$	4	+0,14
I(+V) − I(+VII)	$IO_3^- + 4H_2O$	$H_5IO_6 + H_3O^+$	2	+1,70
I(+V) + I(+VII)	$IO_3^- + 3OH^-$	$H_3IO_6^{2-}$	2	+0,70
In(0) − In(+III)	In	In^{3+}aq	3	−0,34
K(0) − K(+I)	K	K^+aq	1	−2,92
La(0) − La(+III)	La	La^{3+}aq	3	−2,52
Li(0) − Li(+I)	Li	Li^+aq	1	−3,02
Mg(0) − Mg(+II)	Mg	Mg^{2+}aq	2	−2,40

Redoxpaar	Reduzierte Form	Oxidierte Form	*n*	E^0
Mn (0) – Mn (+II)	Mn	$Mn^{2+}aq$	2	–1,18
Mn (0) – Mn (+II)	$Mn + 2OH^-$	$Mn(OH)_2$	2	–1,55
Mn (0) – Mn (+III)	Mn	$Mn^{3+}aq$	3	–0,28
Mn (+II) – Mn (+III)	$Mn^{2+}aq$	$Mn^{3+}aq$	1	+1,51
Mn (+II) – Mn (+III)	$Mn(CN)_6^{4-}$	$Mn(CN)_6^{3-}$	1	–0,22
Mn (+II) – Mn (+III)	$Mn(CN)_4^{2-} + 2CN^-$	$Mn(CN)_6^{3-}$	1	–0,70
Mn (+II) – Mn (+III)	$Mn(OH)_2 + OH^-$	$Mn(OH)_3$	1	+0,10
Mn (+II) – Mn (+IV)	$Mn^{2+}aq + 6H_2O$	$MnO_2 + 4H_3O^+$	2	+1,35
Mn (+III) – Mn (+IV)	$Mn(OH)_3 + OH^-$	$MnO_2 + 2H_2O$	1	+0,20
Mn (+IV) – Mn (+VII)	$MnO_2 + 6H_2O$	$MnO_4^- + 4H_3O^+$	3	+1,63
Mn (+IV) – Mn (+VII)	$MnO_2 + 4OH^-$	$MnO_4^- + 2H_2O$	3	+1,23
Mn (+II) – Mn (+VII)	$Mn^{2+}aq + 12H_2O$	$MnO_4^- + 8H_3O^+$	5	+1,51
Mn (+VI) – Mn (+VII)	MnO_4^{2-}	MnO_4^-	1	+0,60
N (–III) – N (0)	$2NH_4^+ + 8H_2O$	$N_2 + 8H_3O^+$	6	+0,27
N (–III) – N (0)	$2NH_3 + 6OH^-$	$N_2 + 6H_2O$	6	–0,73
N (–III) – N (–II)	$2NH_4^+ + 3H_2O$	$N_2H_5^+ + 3H_3O^+$	2	+1,275
N (–III) – N (–I)	$NH_4^+ + 3H_2O$	$NH_3OH^+ + 2H_3O^+$	2	+1,35
N (–II) – N (0)	$N_2H_5^+ + 5H_2O$	$N_2 + 5H_3O^+$	4	–0,23
N (–II) – N (0)	$N_2H_4 + 4OH^-$	$N_2 + 4H_2O$	4	–1,16
N (–III) – N (+III)	$NH_4^+ + 9H_2O$	$HNO_2 + 7H_3O^+$	6	+0,86
N (–III) – N (+V)	$NH_4^+ + 13H_2O$	$NO_3^- + 10H_3O^+$	8	+0,87
N (–III) – N (+V)	$NH_3 + 9OH^-$	$NO_3^- + 6H_2O$	8	–0,12
N (+II) – N (+III)	$NO + 2H_2O$	$HNO_2 + H_3O^+$	1	+0,99
N (+II) – N (+III)	$NO + OH^-$	HNO_2	1	–0,46
N (+III) – N (+IV)	$HNO_2 + H_2O$	$NO_2 + H_3O^+$	1	+1,07
N (+II) – N (+IV)	$NO + 3H_2O$	$NO_2 + 2H_3O^+$	2	+1,03
N (+II) – N (+V)	$NO + 6H_2O$	$NO_3^- + 4H_3O^+$	3	+0,95
N (+III) – N (+V)	$HNO_2 + 4H_2O$	$NO_3^- + 3H_3O^+$	2	+0,94
N (+III) – N (+V)	$NO_2^- + 2OH^-$	$NO_3^- + H_2O$	2	+0,01
N (+IV) – N (+V)	$NO_2 + 3H_2O$	$NO_3^- + 2H_3O^+$	1	+0,81
N (–II) – N (+V)	$N_2H_5^+ + 23H_2O$	$2NO_3^- + 17H_3O^+$	14	+0,84
N (–I) – N (+V)	$NH_3OH^+ + 10H_2O$	$NO_3^- + 8H_3O^+$	6	+0,73
N (–I) – N (+V)	$NH_2OH + 7OH^-$	$NO_3^- + 5H_2O$	6	–0,30
Na (0) – Na (+I)	Na^+	Na^+aq	1	–2,71
Ni (0) – Ni (+II)	Ni	$Ni^{2+}aq$	2	–0,25
Ni (0) – Ni (+II)	$Ni + 2OH^-$	$Ni(OH)_2$	2	–0,66
Ni (+II) – Ni (+III)	$Ni(OH)_2 + OH^-$	$Ni_2O_3 \cdot 3H_2O$	1	+0,49
	$O_2 + 3H_2O$	$O_3 + 2H_3O^+$	2	+1,90
O (–II) – O (0)	$6H_2O$	$O_2 + 4H_3O^+$	4	+1,24
O (–II) – O (0)	$6H_2O$	$O_2 + 4H_3O^+$ bei *p*H 7	4	+0,82

Redoxpaar	Reduzierte Form	Oxidierte Form	*n*	*E*°
O(−II) − O(0)	$4\,OH^-$	$O_2 + 2\,H_2O$	4	+0,40
O(−II) − O(−I)	$4\,H_2O$	$H_2O_2 + 2\,H_3O^+$	2	+1,77
O(−II) − O(−I)	$3\,OH^-$	$HO_2^- + H_2O$	2	+0,87
O(−II) − O(+II)	$2\,F^- + 3\,H_2O$	$OF_2 + 2\,H_3O^+$	4	+2,10
O(−I) − O(0)	$HO_2^- + OH^-$	$O_2 + H_2O$	2	−0,08
O(−I) − O(0)	$H_2O_2 + 2\,H_2O$	$O_2 + 2\,H_3O^+$	2	+0,68
P(−III) − P(0)	$PH_3 + 3\,OH^-$	$P + 3\,H_2O$	3	−0,89
P(−III) − P(0)	$PH_3 + 3\,H_2O$	$P + 3\,H_3O^+$	3	−0,06
P(0) − P(+I)	$P + 3\,H_2O$	$H_3PO_2 + H_3O^+$	1	−0,51
P(0) − P(+I)	$P + 2\,OH^-$	$H_2PO_2^-$	1	−2,05
P(+I) − P(+III)	$H_3PO_2 + 3\,H_2O$	$H_3PO_3 + 2\,H_3O^+$	2	−0,50
P(+III) − P(+V)	$H_3PO_3 + 3\,H_2O$	$H_3PO_4 + 2\,H_3O^+$	2	−0,28
P(+III) − P(+V)	$HPO_3^{2-} + 3\,OH^-$	$PO_4^{3-} + 2\,H_2O$	2	−1,12
Pb(0) − Pb(+II)	Pb	$Pb^{2+}aq$	2	−0,13
Pb(0) − Pb(+II)	$Pb + SO_4^{2-}$	$PbSO_4$	2	−0,356
Pb(+II) − Pb(+IV)	$Pb^{2+}aq + 6\,H_2O$	$PbO_2 + 4\,H_3O^+$	2	+1,47
Pb(+II) − Pb(+IV)	$Pb^{2+}aq$	$Pb^{4+}aq$	2	+1,80
Pb(+II) − Pb(+IV)	$PbSO_4 + 6\,H_2O$	$PbO_2 + 4\,H_3O^+ + SO_4^{2-}$	2	+1,68
Pt(0) − Pt(+IV)	$Pt + 4\,Cl^-$	$PtCl_4^{2-}$	4	+0,73
Pt(+IV) − Pt(+VI)	$PtCl_4^{2-} + 2\,Cl^-$	$PtCl_6^{2-}$	2	+0,68
Ra(0) − Ra(+II)	Ra	$Ra^{2+}aq$	2	−2,92
Rb(0) − Rb(+I)	Rb	Rb^+aq	1	−2,99
S(−II) − S(0)	S^{2-}	S	2	−0,51
S(−II) − S(0)	$HS^- + OH^-$	$S + H_2O$	2	−0,48
S(−II) − S(0)	$H_2S(g) + 2\,H_2O$	$S + 2\,H_3O^+$	2	+0,17
S(0) − S(+IV)	$S + 7\,H_2O$	$H_2SO_3 + 4\,H_3O^+$	4	+0,45
S(+IV) − S(+VI)	$H_2SO_3 + 5\,H_2O$	$SO_4^{2-} + 4\,H_3O^+$	2	+0,14
S(+IV) − S(+VI)	$SO_3^{2-} + 2\,OH^-$	$SO_4^{2-} + H_2O$	2	−0,90
S(+III) − S(+IV)	$S_2O_4^{2-} + 4\,OH^-$	$2\,SO_3^{2-} + 2\,H_2O$	2	−1,4
S(−II) − S(−I)	$2\,S_2O_3^{2-}$	$S_4O_6^{2-}$	2	+0,08
	$2\,SO_4^{2-}$	$S_2O_8^{2-}$	2	+2,05
Sb(−III) − Sb(0)	$SbH_3 + 3\,H_2O$	$Sb + 3\,H_3O^+$	3	−0,51
Sb(0) − Sb(+III)	$2\,Sb + 9\,H_2O$	$Sb_2O_3 + 6\,H_3O^+$	6	+0,15
Sb(0) − Sb(+III)	$Sb + 4\,OH^-$	$SbO_2^- + 2\,H_2O$	3	−0,66
Sb(0) − Sb(+III)	$Sb + 3\,H_2O$	$SbO^+ + 2\,H_3O^+$	3	+0,21
Sb(+III) − Sb(+V)	$Sb_2O_3 + 6\,H_2O$	$Sb_2O_5 + 4\,H_3O^+$	4	+0,73
Sb(+III) − Sb(+V)	$2\,SbO^+ + 9\,H_2O$	$Sb_2O_5 + 6\,H_3O^+$	4	+0,58

Redoxpaar	Reduzierte Form	Oxidierte Form	*n*	E^0
Se (− II) − Se (0)	$H_2Se(g) + 2H_2O$	$Se + 2H_3O^+$	2	+ 0,36
Se (0) − Se (+ IV)	$Se + 7H_2O$	$H_2SeO_3 + 4H_3O^+$	4	+ 0,74
Se (0) − Se (+ IV)	$Se + 6OH^-$	$SeO_3^{2-} + 3H_2O$	4	− 0,35
Se (+ IV) − Se (+ VI)	$SeO_3^{2-} + 2OH^-$	$SeO_4^{2-} + H_2O$	2	+ 0,03
Si (0) − Si (+ IV)	$Si + 6H_2O$	$SiO_2 + 4H_3O^+$	4	− 0,86
Si (0) − Si (+ IV)	$Si + 6OH^-$	$SiO_3^{2-} + 3H_2O$	4	− 1,70
Sn (0) − Sn (+ II)	Sn	$Sn^{2+}aq$	2	− 0,16
Sn (0) − Sn (+ II)	$Sn + 2OH^-$	$Sn(OH)_2$	2	− 0,91
Sn (+ II) − Sn (+ IV)	$Sn^{2+}aq$	$Sn^{4+}aq$	2	+ 0,15
Sn (+ II) − Sn (+ IV)	$Sn(OH)_2 + 4OH^-$	$Sn(OH)_6^{2-}$	2	− 0,90
Sr (0) − Sr (+ II)	Sr	$Sr^{2+}aq$	2	− 2,89
Te (− II) − Te (0)	$H_2Te + 2H_2O$	$Te + 2H_3O^+$	2	− 0,69
Te (− II) − Te (0)	Te^{2-}	Te	2	− 1,14
Te (0) − Te (+ IV)	$Te + 6H_2O$	$TeO_2 + 4H_3O^+$	4	+ 0,53
Te (0) − Te (+ IV)	$Te + 6OH^-$	$TeO_3^{2-} + 3H_2O$	4	− 0,57
Te (+ IV) − Te (+ VI)	$TeO_2 + 6H_2O$	$H_6TeO_6 + 2H_3O^+$	2	+ 1,02
Ti (0) − Ti (+ II)	Ti	Ti^{2+}	2	− 1,63
Ti (0) − Ti (+ III)	Ti	Ti^{3+}	3	− 1,2
Ti (+ II) − Ti (+ III)	Ti^{2+}	Ti^{3+}	1	− 0,37
Ti (+ III) − Ti (+ IV)	$Ti^{3+} + 3H_2O$	$TiO^{2+} + 2H_3O^+$	1	+ 0,1
Ti (0) − Ti (+ IV)	$Ti + 6H_2O$	$TiO_2 + 4H_3O^+$	4	− 0,95
Tl (0) − Tl (+ I)	Tl	Tl^+aq	1	− 0,336
Tl (0) − Tl (+ III)	Tl	$Tl^{3+}aq$	3	+ 0,72
Tl (+ I) − Tl (+ III)	Tl^+aq	$Tl^{3+}aq$	2	+ 1,25
U (0) − U (+ IV)	$U + 6H_2O$	$UO_2 + 4H_3O^+$	4	+ 1,40
U (0) − U (+ VI)	$U + 6H_2O$	$UO_2^{2+} + 4H_3O^+$	6	− 0,82
U (+ IV) − U (+ VI)	UO_2	UO_2^{2+}	2	+ 0,33
V (0) − V (+ II)	V	$V^{2+}aq$	2	− 1,2
V (0) − V (+ III)	V	$V^{3+}aq$	3	− 0,85
V (+ II) − V (+ III)	$V^{2+}aq$	$V^{3+}aq$	1	− 0,255
V (0) − V (+ V)	$V + 8H_2O$	$V(OH)_4^+ + 4H_3O^+$	5	− 0,353
V (+ III) − V (+ IV)	$V^{3+} + 3H_2O$	$VO^{2+} + 2H_3O^+$	1	+ 0,36
Zn (0) − Zn (+ II)	Zn	$Zn^{2+}aq$	2	− 0,76
Zn (0) − Zn (+ II)	$Zn + 4CN^-$	$Zn(CN)_4^{2-}$	2	− 1,26
Zn (0) − Zn (+ II)	$Zn + 2OH^-$	$Zn(OH)_2$	2	− 1,245
Zn (0) − Zn (+ II)	$Zn + 4OH^-$	$Zn(OH)_4^{2-}$	2	− 1,22

Spezifische Eigenschaften von 64 Elementen

	Dichte g/cm³	Smp. °C	Sdp. °C
Aluminium	2,70	660,1	2500
Antimon	6,684	630,5	1645
Argon	1,37[1]	−189,3	−186
Arsen	5,73	817[2]	610 (subl.)
Barium	3,61	710	1638
Beryllium	1,86	1280	2967
Blei	11,344	327,4	1750
Bor	2,33	~2050	~2550
Brom	3,14	−7,3	58,8
Cadmium	8,642	320,9	765
Caesium	1,90	28,5	690
Calcium	1,55	850	1439
Cer	6,78	804	2700
Chlor	1,557[1]	−101	−34,1
Chrom	6,92	1920	2327
Deuterium	–	−254,6	−249,7
Eisen	7,86	1535	2730
Fluor	1,11[1]	−218	−188,3
Gold	19,3	1063	2960
Helium	0,13[1]	−270,7[2]	−268,94
Iridium	22,421	2443	4400
Iod	4,93	113,6	184,5
Kalium	0,851	63,5	776
Kobalt	8,89	1489,7	3185
Kohlenstoff { Diamant	3,51	–	–
Kohlenstoff { Graphit	2,25	3570[2]	4350 (subl.)
Krypton	2,155[1]	−157,2	−152,9
Kupfer	8,929	1083	2595
Lithium	0,534	179	1370
Magnesium	1,74	650	1102
Mangan, α-	7,47	1247	2090
Molybdän	10,21	2620	~4800
Natrium	0,971	97,7	883
Neon	1,204[1]	−248,6	−246
Nickel	8,90	1454,8	3177

	Dichte g/cm³	Smp. °C	Sdp. °C
Osmium	**22,48**	2700	> 5300
Palladium	11,97	1555	> 2000
Phosphor { weiß	1,82	44,1	282
Phosphor { rot	2,20	590[2]	416 (subl.)
Platin	21,45	1769	4400
Quecksilber	13,546	−38,87	357
Radium	~6	700	1140
Radon	4,4[1]	−71	−61,9
Rhenium	21,0	3170	–
Rhodium	12,5	1966	> 2500
Rubidium	1,532	39	713
Ruthenium	12,43	> 1950	~4100
Sauerstoff { gewöhnlicher	1,14[1]	−218,7	−182,97
Sauerstoff { Ozon	1,03[1]	−251	−112,5
Schwefel { α-	2,07	112,8[3]	–
Schwefel { β-	1,96	119	444,6
Schwefel { γ-	1,92	–	–
Selen, γ- (metallisch)	4,82	220	685
Silber	10,5	960,5	~2170
Silicium	2,33	1440	2630
Stickstoff	0,812[1]	−210	−195,8
Strontium	2,60	757	1364
Tantal	16,6	~3000	~4100
Tellur	6,24	452	1390
Thorium	11,68	1827	~3530
Titan	4,50	1727	> 3000
Uran	18,95	1130	~3500
Wasserstoff	0,071[1]	−259,211	−252,78
Wismut	9,845	271,3	~1560
Wolfram	19,32	**3380**	**~6000**
Xenon	3,52[1]	−111,9	−108,1
Zink	7,14	419,4	907
Zinn { grau	5,75	–	–
Zinn { weiß	7,28	231,9	2337
Zirkon	6,52	1530	> 2900

[1] flüssig, nahe dem Sdp. [2] bei erhöhtem Druck [3] schwankend wegen der unvermeidlichen Bildungvon β-Schwefel

Atommassenzahlen (Atomgewichte) 1965

	Symbol	Ordnungszahl	Atommasse		Symbol	Ordnungszahl	Atommasse
Actinium	Ac	89	226,81	Neon	Ne	10	20,183
Aluminium	Al	13	26,9815	Nickel	Ni	28	58,71
Antimon	Sb	51	121,75	Niob	Nb	41	92,906
Argon	Ar	18	39,948	Osmium	Os	76	190,2
Arsen	As	33	74,9216	Palladium	Pd	46	106,4
Barium	Ba	56	137,34	Phosphor	P	15	30,9738
Beryllium	Be	4	9,0122	Platin	Pt	78	195,09
Blei	Pb	82	207,19	Polonium	Po	84	210
Bor	B	5	10,811	Praseodym	Pr	59	140,907
Brom	Br	35	79,909	Protactinium	Pa	91	231
Cadmium	Cd	48	112,40	Quecksilber	Hg	80	200,59
Caesium	Cs	55	132,905	Radium	Ra	88	226,05
Calcium	Ca	20	40,08	Radon	Rn	86	222
Cer	Ce	58	140,12	Rhenium	Re	75	186,2
Chlor	Cl	17	35,453	Rhodium	Rh	45	102,905
Chrom	Cr	24	51,996	Rubidium	Rb	37	85,47
Dysprosium	Dy	66	162,50	Ruthenium	Ru	44	101,07
Eisen	Fe	26	55,847	Samarium	Sm	62	150,35
Erbium	Er	68	167,26	Sauerstoff	O	8	15,9994
Europium	Eu	63	151,96	Scandium	Sc	21	44,956
Fluor	F	9	18,9984	Schwefel	S	16	32,064
Gadolinium	Gd	64	157,25	Selen	Se	34	78,96
Gallium	Ga	31	69,72	Silber	Ag	47	107,870
Germanium	Ge	32	72,59	Silicium	Si	14	28,086
Gold	Au	79	196,967	Stickstoff	N	7	14,0067
Hafnium	Hf	72	178,49	Strontium	Sr	38	87,62
Helium	He	2	4,0026	Tantal	Ta	73	180,948
Holmium	Ho	67	164,930	Tellur	Te	52	127,60
Indium	In	49	114,82	Terbium	Tb	65	158,924
Iod	I	53	126,9044	Thallium	Tl	81	204,37
Iridium	Ir	77	192,2	Thorium	Th	90	232,038
Kalium	K	19	39,102	Thulium	Tm (Tu)	69	168,934
Kobalt	Co	27	58,9332	Titan	Ti	22	47,90
Kohlenstoff	C	6	12,01115	Uran	U	92	238,03
Krypton	Kr	36	83,80	Vanadium	V	23	50,942
Kupfer	Cu	29	63,54	Wasserstoff	H	1	1,00797
Lanthan	La	57	138,91	Wismut	Bi	83	208,980
Lithium	Li	3	6,939	Wolfram	W	74	183,85
Lutetium	Lu	71	174,97	Xenon	Xe	54	131,30
Magnesium	Mg	12	24,312	Ytterbium	Yb	70	173,04
Mangan	Mn	25	54,9381	Yttrium	Y	39	88,905
Molybdän	Mo	42	95,94	Zink	Zn	30	65,37
Natrium	Na	11	22,9898	Zinn	Sn	50	118,69
Neodym	Nd	60	144,24	Zirkonium	Zr	40	91,22

Radioaktive Elemente

Element	OZ	Symbol	Masse des langlebigsten Isotops	Halbwertszeit
Techneticum	43	Tc	97	$2{,}6 \cdot 10^5$ Jahre
Promethium	61	Pm	145	18 Jahre
Wismut	83	Bi	210[1]	5 Tage
Polonium	84	Po	210	138 Tage
Astatin	85	At	210	8,3 Std.
Radon	86	Rn	222	3,825 Tage
Francium	87	Fr	223	21 min.
Radium	88	Ra	226	1622 Jahre
Actinium	89	Ac	227	$2{,}17 \cdot 10^4$ Jahre
Thorium	90	Th	232	$1{,}39 \cdot 10^{10}$ Jahre
Protactinium	91	Pr	231	$3{,}43 \cdot 10^4$ Jahre
Uran	92	U	238	$4{,}51 \cdot 10^9$ Jahre
Neptunium	93	Np	237	$2{,}20 \cdot 10^8$ Jahre
Plutonium	94	Pu	244	$7{,}60 \cdot 10^7$ Jahre
Americium	95	Am	243	$7{,}95 \cdot 10^3$ Jahre
Curium	96	Cm	247	$4{,}00 \cdot 10^7$ Jahre
Berkelium	97	Bk	247	$7 \cdot 10^3$ Jahre
Californium	98	Cf	251	660 Jahre
Einsteinium	99	Es	252	140 Tage
Fermium	100	Fm	253	45 Tage
Mendelevium	101	Mv	256	1,5 Std.
Nobelium	102	No	253	10 min
Lawrencium	103	Lw	257	8 sec

[1] Natürliches Wismut besteht zu 99,99 % aus dem stabilen Isotop $^{209}_{83}Bi$.

Periodensystem
der Elemente

H 1	He 2

O	I	II	III	IV	V	VI	VII	O
He 2	Li 3	Be 4	B 5	C 6	N 7	O 8	F 9	Ne 10
Ne 10	Na 11	Mg 12	Al 13	Si 14	P 15	S 16	Cl 17	Ar 18

O	Ia	IIa	IIIa	IVa	Va	VIa	VIIa	VIII			Ib	IIb	IIIb	IVb	Vb	VIb	VIIb	0
Ar 18	K 19	Ca 20	Sc 21	Ti 22	V 23	Cr 24	Mn 25	Fe 26	Co 27	Ni 28	Cu 29	Zn 30	Ga 31	Ge 32	As 33	Se 34	Br 35	Kr 36
Kr 36	Rb 37	Sr 38	Y 39	Zr 40	Nb 41	Mo 42	Tc 43	Ru 44	Rh 45	Pd 46	Ag 47	Cd 48	In 49	Sn 50	Sb 51	Te 52	I 53	Xe 54
Xe 54	Cs 55	Ba 56	La 57 *	Hf 72	Ta 73	W 74	Re 75	Os 76	Ir 77	Pt 78	Au 79	Hg 80	Tl 81	Pb 82	Bi 83	Po 84	At 85	Rn 86
Rn 86	Fr 87	Ra 88	Ac 89 ⊙															

Ce 58	Pr 59	Nd 60	Pm 61	Sm 62	Eu 63	Gd 64	Tb 65	Dy 66	Ho 67	Er 68	Tm 69	Yb 70	Lu 71
Th 90	Pa 91	U 92	Np 93	Pu 94	Am 95	Cm 96	Bk 97	Cf 98	E 99	Fm 100	Mv 101	No 102	Lw 103

*Metalle der seltenen Erden (Lanthaniden)

⊙ Uran-Metalle (Actiniden)

Register